Lexikon Süsswasser Aquarienfische

Rolf Meyer

Lexikon Süsswasser Aquarienfische

780 Arten

Haltung · Pflege · Zucht

Bechtermünz

Der Autor:

Rolf Meyer, Jahrgang 1938, Diplomlandwirt, studierte 1956/62 an der landwirtschaftlichen Fakultät der Friedrich-Schiller-Universität Jena.
1965/68 und 1978/84 wissenschaftlicher Mitarbeiter im Zoologischen Garten Erfurt und seit 1984 Direktor des Aquariums in Erfurt.
Der überwiegende Teil der im Lexikon beschriebenen Fischarten wurde von ihm gepflegt und gezüchtet, so daß er bei der Erarbeitung des Werkes auf einen Erfahrungsschatz zurrückgreifen konnte.

Foto auf Seite 2:
Save-Bild, Burkard Kahl

Weltbild Verlag GmbH, Augsburg

Satz: Gesetzt aus der 9/10 p Palatino von Cicero Lasersatz, Dinkelscherben
Reproduktion: Repro Ludwig, Zell am See
Layout: Ruth Bost
Umschlaggestaltung: Külen und Grosche, Augsburg
Umschlagmotive: Jürgen Glaser, Schleitz
Druck und Bindung: Druckerei Appl, Wemding
Printed in Germany
ISBN 3-8289-1599-x

2003 2002 2001 2000

Die letzte Jahreszahl gibt die aktuelle Ausgabe an.

Vorwort

Die Zucht und Haltung von Wildtieren in Gefangenschaft kann eindeutig als Bestandteil des Tier- und Artenschutzes angesehen werden, und der Ideenreichtum und das Engagement vieler Aquarianer stellt einen wesentlichen Bestandteil zur Erhaltung mancher Fischarten dar. Doch gibt es hierzu offensichtlich kontroverse Ansichten. Wenn es nach den Vorstellungen einiger übereifriger Tier- und Naturschützer ginge, dann brauchte dieses Handbuch nicht mehr zu erscheinen. Aus ihrer Sicht heraus, die Natur und ihre Geschöpfe als Privat-, Vereins- oder Verbandseigentum zu vereinnahmen, setzten sie sich seit Jahren in entsprechenden Kreisen vehement dafür ein, die Heimtierhaltung insgesamt zu beschränken.

Erreicht werden sollte dies über eine Bundesratsinitiative zur Einführung von sogenannten Positivlisten. Dies hätte neben engagierten Vogelzüchtern vor allem die Aquaristik hart getroffen, wäre doch die Zahl der zur ungestraften Haltung und Zucht freigegebenen Arten auf weniger als 30 geschrumpft. Hunderttausendfacher, durch Unterschriften belegter Protest und vor allem die Tatsache der Unvereinbarkeit mit EG-Recht, haben diesen Kelch fürs erste an der Heimtierhaltung vorübergehen lassen.

Doch unbeirrt hiervon erstellt man zur gleichen Zeit, da dieses Manuskript erarbeitet wird, sogenannte »Importlisten«. Andere Überlegungen laufen darauf hinaus, die Haltungsanforderungen für Heimtiere so hoch zu schrauben, daß jeder als Tierquäler verurteilt werden könnte, der seinen 10 Neonsalmlern weniger als 1000 Liter zur Verfügung stellt. Auf die Aquarianer wird sicher noch einiges zukommen, wenn sie sich nicht gemeinsam und organisiert wehren und damit der Politik klarmachen, daß sie ein zahlenmäßig nicht zu unterschätzendes Wählerpotential darstellen.

Die Haltung in Aquarien hat noch keine Fischart an den Rand der Ausrottung geführt. Die Wurzeln des Übels sind vielmehr woanders zu suchen.

Insbesondere die Fischarten des Süßwassers sind mit ihrem oft begrenzten Verbreitungsgebiet auf eine intakte Umwelt angewiesen. Wie empfindlich sie auf oft scheinbar geringfügige Veränderungen im Wasserchemismus reagieren, das weiß jeder, der wie der Autor seit vier Jahrzehnten hunderte von Fischarten betreut, beobachtet und gezüchtet hat.

Keine Importliste und kein Einfuhrverbot rettet auch nur eine einzige Fischart, wenn gleichzeitig der Lebensraum dieser Art zerstört wird und einem Denken zum Opfer fällt, das ausschließlich ökonomisch orientiert ist.

Die Abholzung der tropischen Regenwälder, die Vergiftung des Amazonas mit Quecksilber aus der Goldwäsche, das Zubetonieren von brasilianischen Tümpeln, dem Lebensraum annueller Saisonfische, oder die Ausbeutung von Ölvorkommen, die Seen in Papua-Neuguinea zur Ölkloake machen, bringen hundertfachen Artentod. Wer nie in seinem Leben Tiere aus diesen bedrohten Lebensräumen gepflegt und in ihrer Schönheit und Verhaltensvielfalt bewundert hat, der nimmt die Nachrichten von ihrem Verschwinden ohne Emotionen zur Kenntnis und geht zur von Fortschrittsgläubigkeit bestimmten Tagesordnung über.

Ohne über Herkunft und Wert zu reflektieren, werden weiterhin Möbel gekauft, die aus tropischen Hölzern gefertigt worden sind, wertvolle Erdölprodukte sinnlos vergeudet und Goldschmuck erworben, für dessen Gewinnung ganze Landstriche vergiftet wurden. Die Liste der Beispiele ließe sich beliebig fortsetzen.

Da weder wissenschaftliche Neugier noch emotionale Beziehungen zu einem der kleinen Lebewesen aus dieser fernen Region aufgebaut wurden, bleiben viele Menschen vom Schicksal dieser Lebensräume unberührt. Aus dieser Geisteshaltung werden schließlich solche fatalistischen Bemerkungen geboren wie, man solle die Tierarten in Würde aussterben lassen, der Mensch als Verursacher hätte es nicht anders verdient, als daß seine Umwelt immer ärmer würde.

Sicher ist nur, die Natur braucht uns wirklich nicht, und wenn der Störfaktor Mensch sich durch Unvernunft als Art eines Tages selbst eliminiert haben wird, dann läßt die Evolution auf unseren Hinterlassenschaften neue, angepaßte Arten entstehen. Eine für den Menschen apokalyptische Vision, die dann Realität wird, wenn die Entfremdung von der Natur weiter fortschreitet. Natur hautnah erlebbar zu machen, und sei es durch die Scheiben eines Aquariums, heißt emotionale Beziehungen zum Lebewesen bleibend zu begründen und Verständnis für das gesamte natürliche Beziehungsgefüge zu wecken. Fische sind keine empfindungslosen, kalten Wesen, sondern Wirbeltiere, die von uns ebenso mit Ehrfurcht vor dem Leben zu behandeln sind wie die uns näherstehenden Säugetiere.

Daß im Umgang mit Fischen noch vieles im argen liegt, weiß keiner besser als der Autor. Kritikwürdig sind vor allem Praktiken des Transports und des Handels. Lebewesen haben im Angebot eines Warenhauses nichts zu suchen. Wenn auf den Gebieten Transport- und Handel EG-einheitliche Regelungen rechtsverbindlich würden, dann wäre dies sehr zu begrüßen. Nicht die Beschränkung der Zahl der Fischarten darf das Ziel sein, sondern eine kompromißfähige Beschränkung der Individuenzahl je Transportbehälter. Es dürfte spätestens zur Jahrtausendwende keinen Aquarienfisch-Groß- oder -Einzelhändler mehr geben, der nicht umfassende Kenntnisse über die Ansprüche jeder einzelnen der von ihm vertriebenen Arten belegbar nachweisen kann. Nur so kann er seiner Beraterfunktion gerecht werden. Wenn Beratung und Kompetenz über Geschäftssinn gestellt würde, und der Kunde das Geschäft mit dem Bewußtsein verließe, in seinem Transportbeutel ein Stück kostbaren, mit aller Sorgfalt zu behandelnden Lebens nach Hause zu tragen, dann wäre ein Idealzustand erreicht. Der Autor und viele andere, die in der ehemaligen DDR jahrzehntelang Aquaristik betrieben, kennen dieses Gefühl. Bei den damals selten ins Land kommenden Importtieren wurde jedes einzelne so behandelt, als wäre es das letzte seiner Art, das in eine Züchterhand gelangt. In dieser Isolation wurde jedes Tier zur Kostbarkeit, deren Erhaltung alle Aufmerksamkeit gewidmet wurde. Aus dieser Haltung heraus resultiert die Tatsache, daß nirgendwo anders so viele erfolgreiche Erstnachzuchten gelangen wie in Sachsen und Thüringen. Eine Wegwerfmentalität konnte unter diesen Umständen gar nicht erst entstehen, etwas durchaus Bewahrenswertes.

Mit Ausnahme der annuellen Saisonfische bei den eierlegenden Zahnkarpfen können viele Fischarten weitaus älter werden, als es die steigenden jährlichen Umsatzzahlen bei den Zoohändlern erwarten lassen. Dieses Handbuch soll dazu beitragen, durch Wissen über die Bedürfnisse der vorgestellten 740 häufigsten Aquarienfischarten die Grundlagen zu schaffen, sie viele Jahre lang gesund und fortpflanzungsfähig zu halten. Es entspricht nicht der Wahrheit, wenn manche Autoren behaupten, man könne in einem Aquarium ein biologisches Gleichgewicht herstellen oder Biotope aufbauen. Aquarienfischhaltung wird immer ein Kompromiß zwischen den ästhetischen Bedürfnissen des Menschen und den Ansprüchen der gepflegten Tiere bleiben. Was erreichbar ist, die Umwelt im begrenzten Lebensraum Aquarium den natürlichen Bedingungen so weit anzunähern, daß die Fische ihre artspezifischen Verhaltensweisen weitgehend ausleben können, wird in diesem Buch aus langjähriger Erfahrung heraus dargestellt.

Obwohl im vorliegenden Buch 740 Aquarienfischarten einzeln besprochen werden, bilden sie nur einen Ausschnitt aus der Fülle des Angebots. Für jeden ernsthaft interessierten Aquarianer ist die Mitgliedschaft in einem Aquarienverein eine wichtige Quelle für neue Erkenntnisse. Der Autor denkt mit Dankbarkeit an die »alten Hasen« im Verein seiner sächsischen Heimatstadt, die ihn bereits als Zehnjährigen in ihre kleinen und großen Geheimnisse einweihten und damit den Weg für die späteren Erfolge ebneten. Heute stehen darüber hinaus jedem Interessierten überregionale Gesellschaften und Gemeinschaften offen, die sich mit ausgewählten Fischfamilien beschäftigen. Genannt seien hier (die Anschriften sind jeder guten Fachzeitschrift zu entnehmen):

- Arbeitskreis Barben, Salmler, Schmerlen, Welse im Verband Deutscher Vereine für Aquarien- und Terrarienkunde (VDA) e.V.
- Deutsche Killifisch Gemeinschaft e.V.
- Deutsche Gesellschaft für Lebendgebärende Zahnkarpfen e.V.
- Deutsche Cichliden-Gesellschaft (DCG) e.V.
- Internationale Gemeinschaft für Labyrinthfische (IGL)
- Internationale Gesellschaft für Regenbogenfische (IRG) e.V.

Die wichtigste Interessenvertretung für alle, die sich mit der Pflege exotischer Tiere und Pflanzen beschäftigen, ist der Bundesverband für fachgerechten Natur- und Artenschutz (BNA). Ausreichend durch Mitglieder gestärkt, ist er der einzige Verband, der den eingangs genannten Verfechtern von Positiv- oder Importlisten mitsamt ihrer Politiker-Lobby Paroli bieten kann.

Mein Dank gilt zum Schluß dem Obertierpfleger des Aquariums Erfurt, Herrn Rainer Eisenblätter, der seine Erfahrungen bei der jahrelangen erfolgreichen Zucht von afrikanischen Cichliden und südamerikanischen Zwergbuntbarschen beisteuerte, sowie allen, die zur Ausstattung des Buches beitrugen.

Vorwort zur erweiterten Auflage

In den sieben Jahren seit Erscheinen der Erstauflage hat sich manches in der aquaristischen Landschaft verändert, viel Bewährtes ist aber auch geblieben.

Eine kaum überschaubare Zahl von Zuschriften und telefonischen Anfragen haben dem Autor bestätigt, daß dieses Buch die meisten Fragen zur optimalen Pflege und Zucht der ausgewählten Arten ausreichend beantwortet und für viele zum unverzichtbaren Nachschlagewerk geworden ist.

Ich bin dem Bechtermünz Verlag dankbar, daß er mir die Möglichkeit gegeben hat, den Artenteil auf nunmehr 840 Arten zu erweitern. Eine Vielzahl neuer Arten ist in den letzten Jahren im Angebot aufgetaucht, nur einige konnten hier berücksichtigt werden. Wichtigstes Auswahlkriterium waren wiederum nur Arten, die vom Autor selbst im Aquarium Erfurt oder bei zuverlässigen Freunden gepflegt und gezüchtet wurden. Auf eine Besprechung wurde verzichtet, wenn sie bereits bewährten großen Gattungen angehören und sich in den Ansprüchen kaum von den in den Gattungsbeschreibungen angeführten unterscheiden. Dagegen fanden viele der Arten Aufnahme in dieses Buch, die neu aus Südostasien, vor allem aus dem indischen Subkontinent oder aus Westafrika in die Händlerbecken kamen und über die bisher nur wenig publiziert wurde. Es sind viele Perlen darunter, die in den nächsten Jahren ihren Platz im Standardangebot erobern werden, wenn man ihre Ansprüche erfüllt. Den Anregungen von Benutzern folgend, fanden neu auch solche Fische Berücksichtigung, die schlecht beratende Zoohändler noch immer als Süßwasserfische anbieten, obwohl sie in das Meerwasser gehören oder die wegen ihrer zu erwartenden Endgröße den Rahmen eines Wohnzimmeraquariums sprengen.

Die Systematik der Fische ist weiter in Bewegung, und wenig scheinbar endgültig Gesichertem steht nach wie vor eine Unmenge offener und in der Diskussion befindlicher Neu- und Zuordnungen entgegen. Verwirrend für den praktizierenden Aquarianer ist vor allem die Tatsache, daß manche der neu eingeführten Untergattungen in Publikationen als Gattungsnamen erscheinen. Selbst auf die Gefahr hin, wissenschaftlicher Ignoranz bezichtigt zu werden, habe ich in dieser Auflage eine Neuordnung unterlassen und weise nur in Einzelfällen auf zu erwartende Änderungen hin. Trotz der nicht unerheblichen Umfangserweiterung soll dieses Buch weiterhin für jedermann vom Preis her erschwinglich sein. Auf eine komplette Überarbeitung aller Texte und Umschreibung in die neue Rechtschreibung wurde daher dieses Mal noch verzichtet.

Mein besonderer Dank gilt Herrn Jürgen Glaser, Schleiz, der mit 40 neuen Fotos diesen Band bereichert hat.

Erfurt, April 2000 Rolf Meyer

Einführung

I. Fische als Heimtiere – Vom Nutzen der Aquaristik

Tiere aus exotischen Ländern aus der Nähe zu sehen, reizt den Menschen seit langem. War es anfangs reine Sensationsgier, so wurde diese bald durch Freude an Farben und Formen und eine gesunde Neugier verdrängt. Neben zahlreichen Arten aus der Vogelwelt sind es vor allem Fische gewesen, die in den letzten 20 Jahren Einzug in den häuslichen Bereich gehalten haben. Goldfische und Paradiesfische (Makropoden) waren Vorreiter beim Einstieg in die noch neue Welt der Aquaristik. Heute schwimmen in deutschen Wohnzimmeraquarien mehrere Millionen Fische, die meisten davon pflegeleicht und mehr oder weniger liebevoll umsorgt. Es handelt sich ausnahmslos um Exoten. Während sich die Generation der heute über Fünfzigjährigen zur Befriedigung der ersten Neugier über die zappelnden Schuppenträger noch in unbegrenzter Menge heimische Stichlinge, Moderlieschen oder Bitterlinge aus dem nächstgelegenen Gewässer fangen konnte, bleibt der heutigen Generation dieser Weg verschlossen. Die Fische und meist auch die Gewässer existieren nicht mehr, sie sind dem sogenannten Fortschritt zum Opfer gefallen. Eine wichtige Quelle zur Annäherung an die heimische Tierwelt und der Beobachtung ist damit, wahrscheinlich für immer, versiegt und die zunehmende Entfremdung von der Natur vorgezeichnet. Die Faszination, die Fische auf Kinder ausüben, ist jedoch geblieben. Selbst einen Zweijährigen interessiert das bunte Treiben hinter den Aquarienscheiben mehr als irgendein Streicheltier. Aquarienfische und deren Beobachtung bilden auch heute noch für das Kind einen wichtigen und prägenden Einstieg in die von der Welt des Menschen so verschiedene Welt der Tiere, helfen positive Emotionen zu wecken und innere Beziehungen aufzubauen. Kein Aquarianer schämt sich bis heute seiner fassungslos vergossenen Kindertränen beim Verlust des ersten Guppyweibchens. Einfühlsam geführt, kann das Kind durch diese erste Begegnung mit der Vergänglichkeit des Lebens die Achtung auch vor dem Leben eines Tieres erwerben.

Ein gut eingerichtetes Aquarium mit gesunden Tieren kann nicht nur ästhetische Bedürfnisse eines Erwachsenen befriedigen, es beruhigt und entspannt auch den Streßgeplagten. Ernsthaft betriebene Aquaristik bringt zudem einen erheblichen Wissensgewinn und lehrt, naturwissenschaftliche Zusammenhänge zu erkennen und zu begreifen. Eine erfolgreiche Nachzucht verschafft Erfolgserlebnisse, die manche Enttäuschung im Berufsleben kompensieren können. Auch wenn die Aquaristik nicht als eigenständige Wissenschaft geführt wird, haben Generationen von leidenschaftlichen Aquarianern wesentliche Beiträge zur Erweiterung des Wissens über das Leben und Verhalten der Fische geleistet. Eine Voraussetzung hierfür ist selbstverständlich, daß alle Beobachtungen auch aufgeschrieben und veröffentlicht werden. Wichtige Erkenntnisse zur Fortpflanzungsbiologie stammen nicht aus Freilandbeobachtungen, sondern aus der Haltung in Aquarien. Die gegenwärtig so stark in Bewegung geratene Systematik der Fische, bei der sehr oft morphologische Gesichtspunkte oder Zeichnungsmuster zur Bearbeitung und Einordnung der Fische zugrunde gelegt werden, scheint ein Unterfangen ohne Ende zu werden. Manches theoretische Konzept wird aber sicher spätestens dann ins Wanken geraten, wenn praktizierende Aquarianer nachweisen können, daß von Systematikern in verschiedene Arten, Gattungen oder gar Familien eingeordnete Fische sich in beiden Geschlechtern über mehrere Generationen hinweg fruchtbar kreuzen und damit per Definition als eine Art gelten.

II. Der Lebensraum Wasser und die Haltung von Fischen in Aquarien

Das **Wasser** als wichtigstes Lebenselement der Fische stellt ein komplexes und hochempfindliches System dar. Seine physikalischen und chemischen Ausgangswerte sind von Ort zu Ort, oft sogar innerhalb einer Stadt mit verschiedenen Versorgungssystemen sehr unterschiedlich. Bei der Beschreibung der einzelnen Fischarten werden die Toleranzwerte in den Ansprüchen an die Härte, gemessen in Grad Deutscher Härte (Gesamthärte °dH), an den Säuregrad (pH-Wert < 7) oder die Alkalität (pH-Wert > 7) und die Temperatur angegeben. Sofern nicht anders vermerkt, sollte der Mittelwert zwischen den beiden Eckzahlen als Optimum für die Haltung gewählt werden. Alle angegebenen Werte lassen sich ohne Spezialkenntnisse der Wasserchemie mit Hilfe von in jeder Zoofachhandlung erhältlichen Testsets problemlos ermitteln. Für einige heiklere Fischarten wird auch die Ermittlung der Karbonathärte (°KH) erforderlich, auch dafür gibt es Testsets. Hat man die Parameter seines Leitungs- oder Brunnenwassers ermittelt, dann führen zwei Wege zur erfolgreichen Aquarienfischhaltung: Der einfachere ist, sich aus der Artenfülle diejenigen Tiere auszuwählen, deren Ansprüche sich mit den gefundenen Wasserwerten decken. Zu beachten ist dabei, daß hohe Abweichungen in einem Teilbereich bereits zu verminderter Widerstandsfähigkeit und Lebenserwartung der Fische führen können. Viele der seit langem in Deutschland nachgezüchteten Arten sind jedoch sehr anpassungsfähig, wenn man sie langsam an die neuen Bedingungen gewöhnt. Hat man jedoch bestimmte Vorstellungen über die zur Pflege vorgesehenen Fischarten und stimmen deren Ansprüche überhaupt nicht mit dem zur Verfügung stehenden Wasser überein, dann bleibt als zweiter Weg nur der der Wasseraufbereitung. Mit Ausnahme der Fische aus den ostafrikanischen Seen, aus Mittelamerika und einiger lebendgebärender Zahnkarpfen, die härteres und alkalisches Wasser benötigen, fordert die Mehrzahl der Fischarten weiches und neutrales bis saures Wasser. Weiches Ausgangswasser aufzuhärten ist relativ problemlos. Meist genügt es schon, die Dekoration ausschließlich aus Kalkgestein aufzubauen. Steht dagegen nur hartes Wasser zur Verfügung und man will Salmler, Barben oder südamerikanische Buntbarsche pflegen und züchten, dann lohnt sich die Anschaffung eines Revers-Osmose-Gerätes. Solche speziell für die Aquaristik entwickelten Geräte sind im Fachhandel erhältlich. Der positive Nebeneffekt eines solchen, durchaus preiswerten Gerätes ist, daß die Filterpatrone nicht nur härtebestimmende Ionen, sondern auch nahezu alle hochmolekularen Schadstoffe, Keime und organischen Belastungen aus Leitungs- oder Brunnenwasser entfernt. Das so aufbereitete Wasser wird mit dem Ausgangswasser in solchem Umfang gemischt, bis der für die Fische notwendige Wert erreicht ist. Im Revers-Osmose-Gerät aufbereitetes Wasser kann aber auch, im Gegensatz zum lebensfeindlichen destillierten Wasser, sofort mit Fischen besetzt werden. Empfehlenswert ist in jedem Fall das Frischwasser vor dem Einsetzen der Fische mit einer im Zoofachhandel erhältlichen, flüssigen Bakterien-Speziallösung zu impfen, welche die Biologie des Wassers in Gang zu bringen hilft. Nach dem Einsetzen der Fische tragen diese speziellen Bakterien, es handelt sich dabei um Nitrobacter-Kulturen, dazu bei, deren Ausscheidungsprodukte unschädlich abzubauen und damit das Wasser zu entgiften. Verfügt man über bereits »eingefahrene« Aquarien, dann hat die Zugabe von Altwasser aus diesen Becken zum neueingerichteten die gleiche Wirkung. Das schwierigste Problem bei ungünstigem Ausgangswasser ist, den von vielen Fischarten benötigten niedrigen pH-Wert einzustellen. Zwar bietet der Handel auch dazu Reagenzien an, doch sollte sich ein guter Aquarianer davor hüten, sich zum chemischen Laboranten entwickeln zu wollen, auch wenn das entsprechende Handelsangebot verlockend ist. Der Lehrmeister für jeden, der für Lebewesen Verantwortung übernommen hat, sollte stets die Natur und nicht das Chemielehrbuch sein. Das Säure-Basen-Gleichgewicht natürlicher Gewässer wird u. a. durch zwei organisierte Säurenkomplexe beeinflußt. Es sind einmal die durch Auswaschung des Mutterbodens ins Gewässer gelangten Huminsäuren und zum zweiten die bei der Zersetzung von Falllaub und anderem pflanzlichem Material freiwerdenden Gerbsäuren. Im Gegensatz zu anorganischen Säuren, wie es die gelegentlich zur Ansäuerung empfohlene Phosphorsäure ist, besitzen diese organischen Säuren eine die Schleimhaut der Fische stabilisierende Schutzwirkung. Die Natur stellt uns diese Säuren in ausreichendem Maße bereit. Das wichtigste und an vielen Stellen des vorliegenden Buches empfohlene Ansäuerungsmittel ist die Filterung des Wassers über Torf. Zu beachten ist, daß nicht jeder im Handel angebotene Torf den Anforderungen der Zierfischhaltung entspricht. Ideal ist reiner Hochmoorfasertorf, frei von Düngemitteln und anderen Zusätzen. Niedermoortorf enthält meist einen relativ hohen natürlichen Salzanteil. Geprüft werden kann das am einfachsten dadurch, indem man eine Handvoll Torf mit einer Tasse Wasser übergießt, kräftig durchdrückt und das Wasser auf einer Glasplatte verdunsten läßt. Zeigen sich danach keine Salzkristalle, ist der Torf salzfrei. Zur Feststellung, ob der Torf zur Ansäuerung geeignet ist (das gilt auch für die im Handel angebotenen Torfgranulate, die nicht in jedem Fall das halten, was sie versprechen!), übergießt man eine Handvoll Torf mit 1 l heißem Wasser. Nach 24 Stunden wird das Wasser über einen Kaffeefilter abgegossen. Ergibt die anschließende Prüfung des pH-Wertes Werte zwischen 4 und 4,5 oder darunter, dann ist das Substrat als Filtertorf geeignet. Fasertorf oder gute Torfgranulate sind bei säureliebenden Fischarten auch hervorragend zur Beimischung im Bodengrund geeignet. Neben der kontinuierlichen Säureabgabe setzt Torf Wirkstoffe mit enzym- und hormonverwandter Wirkung frei, die das Wohlbefinden der Fische fördern, ihre Widerstandsfähigkeit gegenüber Krankheitskeimen erhöhen und stimulierend auf die Fortpflanzungsbereitschaft wirken. Gerbsäurelieferanten sind u. a. Erlenzäpfchen, Walnußschalen und Eichenrinde. Sie können durch Abkochung dieser Materialien entweder einen längere Zeit haltbaren Sud herstellen, der tropfenweise bis zum Erreichen des gewünschten pH-Wertes zugegeben wird, oder kleine Stücke in den Außenfilter zur kontinuierlichen Säureabgabe einlegen. Eine daraus resultierende bernsteingelbe Verfärbung des Wassers kommt den Bedürfnissen der meisten Weichwasserfische sehr entgegen, deren natürlicher Lebensraum ja meist das Schwarzwasser tropischer Flüsse ist. Einige Arten, auf die bei der Besprechung speziell hingewiesen wird, verlangen geradezu braunes, aber filterklares Wasser. Leitungswasserklares Aquarienwasser fordern im wesentlichen nur die Fische aus den ostafrikanischen Seen; werden andere Fische darin gehalten, dann erfüllt es zwar die ästhetischen Forderungen des Menschen, genügt aber nur selten den Ansprüchen der Fische. Ihr Unbehagen über diese glasklare Zumutung signalisieren diese Fische durch Verblassen der Farben, wird ihr Wasser »eingebräunt«, dann blühen diese Farben regelrecht wieder auf.

Die Filterung des Aquarienwassers hat mehrere Funktionen zu erfüllen. Dazu gehört das Entfernen grober Ausscheidungsprodukte aus dem Wasser, die Entgiftung von Eiweißabbauprodukten durch im Filtermaterial lebende Bakterien, die Anreicherung von Sauerstoff durch die Wasserbewegung und das Erzeugen einer von vielen Fischarten geschätzten Wasserströmung über den Filterauslauf. Um die äußerst wichtige Bakterienflora im Filter nicht zu zerstören, darf das Filtermaterial niemals heiß ausgewaschen werden. Stark verschmutzte und selten gereinigte Filtereinsätze verkehren die Wirkung ins Gegenteil, sie machen den Filter zum Giftmüllproduzenten. Wenn bei der Besprechung der Arten von der Notwendigkeit der Installation einer kräftigen Filterung gesprochen wird, dann bedeutet dies, daß die Filterleistung so zu bemessen ist, daß der Beckeninhalt mindestens zweimal stündlich umgewälzt wird. Bei Filterpumpen mit hoher Durchlaufleistung ist der Sog am Ansaugstutzen oft so stark, daß er zur tödlichen Falle für kleinere Fische werden kann. Durch Anbringen einer Röhre aus Kunststoffgaze kann der Sog über eine größere Fläche verteilt und abgeschwächt werden.

Der regelmäßige **Teilwasserwechsel** ist neben der Fütterung die wichtigste Arbeit für den Aquarianer. Beim Wasserwechsel werden Mulm und organische Abbauprodukte aus dem Wasser entfernt bzw. auf ein für die Fische erträgliches Maß verdünnt. Fische aus rasch fließenden Gewässern benötigen einen regelmäßigen Teilwasserwechsel von größerem Umfang (ein Drittel bis eine Hälfte des Beckeninhaltes ein- bis zweimal wöchentlich), bei Fischen aus stehenden Gewässern genügt in der Regel die wöchentliche Erneuerung von einem Viertel bis einem Fünftel des

Beckeninhaltes. Mit der Frischwasserzugabe werden gleichzeitig neue Salze zugeführt, die beim Stoffwechsel von Fischen, Pflanzen und Mikroorganismen verbraucht wurden. Chlorbelastetes Trinkwasser oder solches, das in seinem Chemismus an der Grenze des für den Menschen Zulässigen liegt, sollte mit einem der im Handel erhältlichen Wasseraufbereitungsmittel versetzt werden, bevor es ins Aquarium gefüllt wird. Arten, die in ihrer Beschreibung Altwasser verlangen, dürfen nur Frischwasser erhalten, das 24 Stunden in einem Gefäß, möglichst durchlüftet, abgestanden hat.

Beckengröße und **Beckeneinrichtung** sollten sich in erster Linie an den Grundbedürfnissen der zu pflegenden Arten orientieren. Den höchsten Stellenwert hat dabei die Berücksichtigung des artspezifischen Sozialverhaltens einzunehmen. Schwarmfische lediglich paarweise zu halten ist nicht nur nicht artgerecht, es befriedigt auch den Betrachter nicht, weil die Tiere scheu werden und ihre Farben bestenfalls andeutungsweise zeigen. Acht bis zehn Tiere sind daher bei Schwarmfischen die Mindestzahl. Revierbildende Arten können dagegen meist nur im Paar oder im Harem (♂ mit mehreren ♀♀) gepflegt werden. Das Revierzentrum kann dabei ein Pflanzenbusch, eine Höhle, eine Spalte im Steinaufbau oder ein Unterstand unter Wurzeln sein. Pflegt man in großen Becken zwei Paare einer revierbildenden Art, dann sind durch Steine, Wurzeln oder Pflanzengruppen optische Reviergrenzen zu gestalten, die von den Fischen in aller Regel akzeptiert werden. Die Bewegungsfreudigkeit der einzelnen Arten ist sehr unterschiedlich. Beobachtungen im natürlichen Lebensraum und in großen Schauaquarien haben gezeigt, daß zahlreiche Arten, z.B. bei Salmlern, Barben, Bärblingen, Welsen und kleinen Buntbarschen, sehr ortstreu sind und auch einen sehr großen Aquarienraum nicht voll in Anspruch nehmen. Als Grundregel für die Länge eines Aquariums kann gelten: Die Beckenlänge sollte das Zehnfache der Länge des größten zur Pflege vorgesehenen Fisches betragen. Da der Trend in der Aquaristik in den letzten Jahren eher zu großen Wohnzimmeraquarien geht, die optisch zum attraktiven Mittelpunkt einer Wohnungseinrichtung werden, wird diese Regel meist erfüllt. Je größer das Aquarium gewählt wird, um so pflegeleichter und störungsunanfälliger ist es. Dem Trend zu großen Aquarien Rechnung tragend, wurden in dieses Handbuch auch einige größere Arten aufgenommen, die früher Schauaquarien vorbehalten waren.

Der Bodengrund spielt eine bedeutende Rolle im biologischen System eines Aquariums. In seinen Zwischenräumen siedeln Bakterien und andere Mikroorganismen, die Stoffwechselprodukte abbauen und teilweise für die Pflanzenwurzeln dieses Bereiches verfügbar machen. Voraussetzung für ein reiches Leben im Boden ist seine gute Durchlässigkeit. Feiner Sand (Seesand) ist daher völlig ungeeignet. Die Pflanzenwurzeln verfaulen wegen Sauerstoffmangels, sauerstoffempfindliche Bakterien vermehren sich massenhaft und produzieren Giftstoffe, die jedes Fischleben auslöschen können. Ab 3 mm Korngröße tritt dieses Problem kaum noch auf, dieser Sand ist auch für die Fische geeignet, die sich gern in den Bodengrund einwühlen (z.B. Stachelaale). Grundsätzlich sollte jeder Bodengrund, ob Sand, feiner oder grober Kies, frei von scharfen Kanten sein. Splitt ist also völlig ungeeignet, da sich die Fische daran verletzen können (vor allem Welse und barteltragende Karpfenfische). Am besten geeignet sind Sand und Kies aus sauberen Bächen und Flüssen, da das Wasser die Kanten bereits gerundet hat. Die mineralische Herkunft des Bodengrundes kann Einfluß auf den Wasserchemismus haben. Bei säureliebenden Fischen darf im Kies kein Kalk enthalten sein. Die Kalkprobe läßt sich rasch mit einem handelsüblichen Kaffeemaschinen-Entkalker durchführen, wenn man nicht verdünnte Salzsäure zur Hand hat. Schäumt das Substrat beim Übergießen mit z.B. Salzsäure auf, dann enthält es Kalk. Auch die als Dekorationsmaterial beliebten und durch ihren Ballaststoffgehalt für manche Welse überlebensnotwendigen Moorkienwurzeln beeinflussen den pH-Wert des Wassers, und zwar zum sauren Bereich hin.

Pflanzen schaffen Versteckplätze für Fische, helfen den Wasserchemismus zu stabilisieren und erhöhen den ästhetischen Reiz eines Aquariums, auch wenn viele Aquarienfische Pflanzen in ihrem natürlichen Lebensraum nicht kennen.

III. Fütterung und Futtertierzucht

Viele Fische in den Wohnzimmeraquarien sterben nicht deshalb lange vor ihrer möglichen Lebenserwartung, weil sie verhungern, sondern sie wurden zu Tode gefüttert. Ihre verfetteten Lebern auf dem Sektionstisch beweisen es. Da im natürlichen Lebensraum Futtertiere nicht regelmäßig und unbegrenzt zur Verfügung stehen, schlagen sie sich bei Futterangebot die Bäuche voll, um über die nächsten mageren Tage zu kommen. Der unerfahrene Aquarianer schließt daraus, seine Fische seien hungrig, nur weil sie sich bei jeder Bewegung vor dem Aquarium an der Scheibe drängeln. Ein bis zwei Fastentage in der Woche erhöhen die Lebenserwartung bereits beträchtlich, und vierzehntägiges Fasten während eines Urlaubs bekommt ihnen oft besser als die Mästung durch einen wohlmeinenden Nachbarn. Jungfische müssen allerdings regelmäßig gefüttert werden.

Auch wenn die Flockenfutterproduzenten an dieser Stelle aufschreien werden, muß aus langjähriger Erfahrung festgestellt werden: Natürliches Futter, lebend oder notfalls gefrostet, ist langfristig durch nichts zu ersetzen. Flockenfutter kann immer nur Ergänzungsfutter sein, vor allem für Fische, die einen hohen pflanzlichen Anteil an der Nahrung benötigen. Solange aber die genaue Zusammensetzung der einzelnen Flocken nicht genau auf der Packung ausgewiesen wird, und bunte Lebensmittelfarben lediglich eine meist nicht gegebene Vielfalt vorspiegeln, sollte ein guter Aquarianer beim Kauf Zurückhaltung üben.

Zur ernsthaft betriebenen Aquaristik gehörte früher die Tümpeltour bei Sonnenschein und Regen. Sie liefert nicht nur den Fischen die Grundnahrung, sondern läßt für den Aquarianer auch die Verbindung zur Natur außerhalb seiner Aquarienscheiben nicht abreißen. Da Kleingewässer jedoch immer seltener werden, und die verbliebenen wertvolle Refugien für die Natur darstellen, muß dringend geraten werden, diese Lebensräume zu schonen.

Was nach einer Tümpeltour als Lebendfutter nach Hause getragen wird, besteht aus einer je nach Jahreszeit und Gewässerqualität unterschiedlichen Mischung von Wasserflöhen und Hüpferlingen. Zu den Wasserflöhen zählen die großen Arten der Gattung *Daphnia* und die kleineren *Bosmina* und *Moina*. Letztgenannte Arten sind auch als Futter für kleinere Fische gut geeignet, die mit den großen Daphnien Probleme haben. Wie aus der Übersicht über Nährstoff der Futtertiere ersichtlich wird, sind Daphnien am nährstoffärmsten. Sie besitzen jedoch als einzige hochwirksame Verdauungsenzyme, die im Fischdarm dazu beitragen, gehaltvolleres Futter aufzuschließen. Ernährungsphysiologisch wertvoll sind die mit pflanzlichem Plankton gefüllten Därme der Daphnien und ihre positive mechanische Wirkung auf die Darmträgheit. Rote, Weiße und Schwarze Mückenlarven sind weitere gehaltvolle Lebendfuttermittel, die zudem den Vorteil haben, sich im Kühlschrank in flachen Schalen längere Zeit auf Vorrat halten zu lassen. Nur aus der Schwarzen Mückenlarve schlüpft eine Stechmücke, man sollte deshalb nur soviel füttern, wie die Fische in fünf Minuten fressen können, um nicht unangenehme Überraschungen zu erleben. Besser ist, sie gut durchzuwaschen und in der Tiefkühltruhe einzufrieren. Libellenlarven und Kaulquappen müssen für jeden Aquarianer als Futtertiere tabu sein, und sollten sofort wieder ins Wasser zurückgesetzt werden. Ein hervorragendes Futter für Problemfische, vor allem für importierte Wildfänge, stellen die Larven der Eintagsfliege dar, die an ihren fadenförmigen Hinterleibsanhängen gut zu erkennen sind. Wo sie vorkommen, ist die Wasserwelt noch in Ordnung. Wer größere Arten pflegt, der kommt nicht umhin, gelegentlich auch Regenwürmer suchen zu müssen. Zum Wurmfutter gehören auch die kleinen Grindalwürmer *(Enchytraeus buchholzi)* und Enchyträen *(Enchytraea albus)*, die sich beide gut züchten lassen, sowie der Bachröhrenwurm *(Tubifex tubifex)*. Tubifex ist nicht zuletzt wegen seines hohen Gehaltes an rotem Blutfarbstoff ein wertvolles Futtermittel, das von allen Fischen gern gefressen wird. Seine Probleme bestehen darin, daß es vor allem in stark belasteten Gewässern vorkommt und alle Giftstoffe speichert. Daher ist Vorsicht bei unklarer Herkunft angeraten und Tubifex, das nicht mindestens eine Woche lang gewässert wurde, wird vom Autor, nach schlechten Erfahrungen vor allem bei seltenen Panzerwelsen, nicht verfüttert.

Übersicht über den Eiweiß- und Fettgehalt von Lebendfutter
. . . . . (Prozentanteile in der Frischemasse)

	Eiweiß%	Fett%
Daphnien	2,5	0,7
Cyclops	8,6	2,5
Schwarze Mückenlarven	10,5	4,0
Rote Mückenlarven	6,5	2,0
Grindal und Enchyträen	15,0	6,0
Eintagsfliegenlarven	8,0	2,0
Regenwürmer	11,5	2,5

Weitere Futtertiere, die uns die Natur bietet, sind Blattläuse, Fliegenmaden (auch im Anglerbedarfsfachhandel erhältlich), als Leckerbissen Maden der Pilzfliege und Kleininsekten, die mit einem großen Kescher über jedem Rasen gefangen werden können. Insekten sollten vor der Verfütterung einige Minuten lang im Tiefkühlfach gelagert werden, um ihre Flugfähigkeit einzuschränken. Ergänzt durch angequetschte Feinfrosterbsen, überbrühte Rosenkohlröschen, Vogelmiereblättchen und pürierten Spinat als pflanzliche Beikost kann bereits aus dieser Übersicht ein abwechslungsreiches Menü für die meisten Aquarienfische zusammengestellt werden.

Räuberisch lebende Arten, die darüber hinaus Fischfleisch oder Rinderherz zur vollkommenen Ernährung benötigen, sind in der Artbeschreibung als solche ausgewiesen. Für den »normalen« Aquarienfisch ist Muskelfleisch von Säugetieren, z. B. Rinderherz, sehr schwer verdaulich und kann zu lebensbedrohenden Verdauungsstörungen oder zur Unfruchtbarkeit führen. Wer noch mehr Abwechslung in die Fischernährung bringen will, der kann sich mit einer der nachfolgenden Futtertierzuchten beschäftigen:

Fruchtfliegen *(Drosophila)*: Fruchtfliegen sind ein wichtiges Ergänzungsfutter für alle oberflächenorientierten Fische. Bei manchen Regenbogen- und Ährenfischen sowie bei fast allen Eierlegenden Zahnkarpfen ist ihre Verfütterung der Schlüssel zum Zuchterfolg. Das Zuchtmedium für Fruchtfliegen muß leicht sauer sein. Es gibt viele Rezepte für Kulturmedia, beim Autor bewährte sich eine Mischung, die zu gleichen Teilen aus eingeweichtem Altbrot, Bananen und Haferflocken besteht. Auf 1/2 l dieser krümelfeuchten Masse werden 10 g Bäckerhefe untergemischt und einige Kiwischeiben aufgelegt. Die Masse wird 2–3 cm hoch in Konservengläser oder Kunststoffbehälter gefüllt und nach dem Einsetzen der Fliegen und Einbringen von etwas Toilettenpapier als Verpuppungsmedium mit feiner Gaze (Damenstrumpf) verschlossen. Vorteilhaft ist es, sich bei einem befreundeten Aquarianer die flugunfähige stummelflügelige Drosphila zu besorgen, 30–40 Fliegen reichen für den ersten Ansatz. Der Behälter wird an einen 25 °C warmen Ort gestellt. Nach 2–3 Wochen schlüpft die nächste Fliegengeneration, von der wieder einige Tiere für den nächsten Zuchtansatz eingesetzt werden. Züchtet man einen noch flugfähigen Stamm, dann werden die in eine Tüte geschütteten Fliegen für einige Minuten ins Tiefkühlfach gelegt, bevor sie auf die Wasseroberfläche gestreut werden.

Wachsmotten: Sowohl die Große *(Galleria mellonella)* als auch die Kleine Wachsmitte *(Achroia grisella)* sind im Raupenstadium hervorragende Futtertiere für Buntbarsche und Große Barben. Als Ausgangsmaterial für die Zucht beschafft man sich bei einem Imker eine mit diesem Schädling befallene Wabe. Sie wird in Stücke geschnitten, in ein 2-l-Glas gefüllt, mit Gaze abgedeckt und dunkel gestellt. Bei 27 bis 28 °C schlüpfen nach 5 bis 8 Tagen die kleinen Raupen. Sie sind nach 18 bis 25 Tagen ausgewachsen und verpuppen sich für 12 bis 18 Tage, bevor die nächste Schmetterlingsgeneration schlüpft. Die Weibchen der Wachsmotten sind sehr produktiv. Die Großen produzieren bis zu 800, die Kleinen bis zu 300 Eier je Weibchen. Gefüttert werden die Raupen der Wachsmotten mit Bienenwaben, den beim Wachsschmelzen entstehenden Trester oder einem Kunstfutterteig, der aus 500 g Maismehl, 500 g Weizenmehl, 250 g Magermilchpulver, 125 g Trockenhefe, 75 g Weizenkeimschrot, 125 g Bienenhonig und 125 g Glyzerin geknetet wird. Man läßt ihn aushärten und schneidet ihn in Stücke, die im Kühlschrank aufbewahrt und nach Bedarf verfüttert werden können.

Grillen: Als Futtertiere geeignet sind vor allem frühe Entwicklungsstadien der Zweifleck-Grille *(Gryllus bimaculatus)* aus dem Mittelmeerraum oder der nicht zirpenden Afrikanischen Höhlengrille *(Pholeogrillus geertsi)*. Das Grundfutter besteht aus einer Mischung von Haferflocken und Trockenmilch im Verhältnis 4 : 1, das mit geriebener Möhre und Zwieback ergänzt wird. Die Eiablage erfolgt in einem Sand-Torf-Gemisch, welches in eine Kunststoffdose gefüllt wird. Der Zuchtbehälter kann sowohl ein gut mit Gaze abgedecktes Aquarium als auch ein etwa 10 l fassender Behälter mit Deckel sein. Zusammengerollte Wellpappe oder Knüllpapier schafft die notwendigen Versteckplätze. Bei 25 °C dauert die Eientwicklung 11–13 Tage, nach 70 Tagen sind die Mittelmeergrillen, nach 120 Tagen die Höhlengrillen fortpflanzungsfähig.

Mehlkäferlarven (Mehlwürmer): Die Larven des Mehlkäfers *(Tenebrio molitor)* können für große Fische besonders deshalb ein wertvolles Ergänzungsfutter sein, weil man über ihre Fütterung den Fischen Zusatzstoffe verabreichen kann, die sie in reiner Form kaum annehmen würden (Vitaminpräparate, Edelsüßpaprika zur besseren Farbentwicklung u. ä.). Mehlwürmer sind zwar meist im Handel erhältlich, ihre Zucht ist jedoch problemlos. Zuchtansätze sollte man stets mit verpuppten Larven beginnen. Das Nährsubstrat besteht aus einem Weizenkleie-Haferflockengemisch im Verhältnis 1:1, das durch Sojamehl und Trockenhefe ergänzt werden kann. Zwei- bis dreimal wöchentlich werden zusätzlich geriebene Möhre, Apfelstücke oder Salat zugegeben. Die Eier werden ins Futtersubstrat gelegt, die Larven schlüpfen nach etwa 7 Tagen. Die Larvenzeit (Mehlwurmstadium) dauert 6–8 Wochen. In zerknülltem Papier können sich die Larven zurückziehen und problemlos entnommen werden. Nach 6–10 Tagen Puppenruhe schlüpfen schließlich die Käfer. Sie sind, frischgeschlüpft und noch weich, ein besonderer Leckerbissen für Buntbarsche.

Essigälchen, Mirkowürmchen: Diese nur millimetergroßen Tierchen sind ein wichtiges Ergänzungsfutter für die Aufzucht von Fischbrut. Ihre Zucht ist problemlos, aber nicht ganz geruchsfrei. Es gibt viele Zuchtmethoden, der Autor züchtet sie seit Jahrzehnten erfolgreich auf eingeweichten Scheiben altbackenen Brotes, wobei die Backkruste entfernt wurde. Als Zuchtgefäße eignen sich flache Kunststoffbehälter mit Deckel. Der Zuchtansatz, den man sich über Annoncen in Fachzeitschriften oder bei einem befreundeten Züchter besorgt, wird über die Brotscheibe gegeben, und diese mäßig feucht gehalten. Bei 25 °C entwickelt sich der Ansatz schnell, die Würmchen kriechen an den Seitenscheiben hoch und können von dort mit einem kleinen Pinsel oder einem Spatel abgenommen und direkt an die Fischbrut verfüttert werden. Ein anderes bewährtes Zuchtsubstrat sind dickgekochte Haferflocken.

Grindalwürmchen: Diese kleine Enchyträenart ergänzt bei der Jungfischaufzucht die Futterpalette, wenn Cyclops-Nauplien nicht in ausreichender Menge zur Verfügung stehen, sie werden aber auch gern von kleinen Rasbora-, Salmler- und Ährenfischarten als Futter genommen. Wegen ihres hohen Nährstoffgehaltes dürfen sie aber nur sparsam verfüttert werden. Die einfachste Zuchtmethode besteht darin, einen feinporigen, synthetischen Schwamm in eine Größe zu schneiden, daß er eine kleine, etwa 5 cm hohe Kunststoffdose mit Deckel fast ausfüllt. Der Schwamm wird gut durchfeuchtet, mit einem Zuchtansatz besetzt und mit Haferschmelzflocken bestreut. Diese werden mit einer Sprühflasche leicht angefeuchtet. Gefüttert werden darf nur soviel, wie die Grindal in 24 Stunden verzehren können, andernfalls bildet sich schnell Schimmel. Nach wenigen Tagen bereits hat sich der Wurmbesatz so vermehrt, daß mit einem Löffelchen die an der Schwammoberfläche versammelten Würmer, vor dem Aufstreuen der nächsten Haferflocken, zur Verfütterung abgenommen werden können. Wenn sich der Schwamm nach einiger Zeit durch die Ausscheidungsprodukte verfärbt, wird er mit den Würmern unter fließendem, etwa 20 °C warmem Wasser durch mehrmaliges Zusammendrücken ausgewaschen. Den Würmern, die fest in den Schwammporen sitzen, schadet diese Prozedur nicht.

Enchyträen: Dieses energiereiche Futtertier hat sich vor allem bei der Zuchtvorbereitung von Fischen bewährt. In zu umfangreichem Maße verfüttert, führt es jedoch zur Verfettung der Fische. Enchyträen züchtet man am besten in kleinen, aus Kernholzbrettern gefertigten Holzkästen mit etwa 10 l Inhalt. Laubhumus ist das beste Zuchtmedium, ein Kompost-Erde-Torf-Gemisch erfüllt den gleichen Zweck. Die Erdmischung muß immer gut krümelfeucht gehalten werden, darf aber nicht durchnässen. Der Zuchtansatz wird auf die Erde gegeben und mit einer Glasscheibe bedeckt. Gefüttert wird kohlehydratreich, die wenigsten Probleme bereiten überbrühte Haferflocken. Enchyträen nehmen aber auch gekochte Teigwaren, gemischt mit gekochtem Blumenkohl und anderen Gemüsen an. Nach jeder Fütterung wird die Glasscheibe wieder fest auf die Erde gedrückt, um ein Austrocknen zu verhindern. Nachdem das Futter aufgezehrt ist, ist die beste Gelegenheit zur Wurmentnahme, denn ein großer Teil sitzt an der Glasscheibe und kann dort relativ sauber abgenommen werden. Der beste Standort für die Enchyträenkiste ist ein nicht zu trockener Keller.

Regenwürmer: Um Regenwürmer stets verfügbar zu machen, empfiehlt es sich, einige Tiere der kleinerbleibenden Arten in eine mit Laub-, Kompost- oder guter Gartenerde gefüllte Kiste zu setzen und eine Zucht zu beginnen. Regenwürmer verwerten alle Küchenabfälle einschließlich Kaffee- und Teesatz. Die Erde muß stets krümelfeucht gehalten und bei Verfestigung gelockert werden.

Pantoffeltierchen *(Paramecium):* Eine Pantoffeltierchenzucht als Reservefutter für kleinste Fischbrut macht sich dann bezahlt, wenn witterungsbedingt Tümpelstaubfutter nicht oder nur ungenügend zur Verfügung steht. Manche erfahrene Aquarienfischzüchter verfügen über stabile Zuchtstämme, von denen man sich einige Milliliter für den eigenen Ansatz beschaffen sollte. Die Zucht kann in einem mit abgestandenem Wasser gefüllten 5-l-Aquarium betrieben werden. Die beim Autor im Erfurter Aquarium bewährte Fütterungsmethode für Pantoffeltierchen sieht so aus, daß in 1/2 l Wasser ein Eidotter und ein Eßlöffel Kondensmilch verrührt werden. Diese Lösung wird im Eiswürfelbereiter zu Würfeln gefroren. Verfüttert wird ein solcher Würfel immer dann, wenn das Zuchtwasser in der Kultur sich zu klären beginnt, die vorhergehende Dosis also von den Pantoffeltierchen aufgebraucht wurde. So wird verhindert, daß das Wasser zu stinken beginnt und die Kultur zusammenbricht. Zur Entnahme wird ein Teil der Kultur in eine längere, dünne, unten geschlossene Glasröhre gefüllt. Die Pantoffeltierchen konzentrieren sich innerhalb kürzester Zeit am oberen, offenen Ende der Röhre und können so in höchster Reinheit verfüttert werden.

Steht kein Zuchtstamm zur Verfügung, kann man sich in relativ kurzer Zeit eine verfütterungsfähige Infusorienkultur nach der von unseren aquaristischen Vorvätern praktizierten Methode, dem Aufguß von Heu oder Bananenschalen, helfen. Warm gestellt, bildet sich auf der Wasseroberfläche dieses Aufgusses eine von Kahm- oder Heubakterien gebildete Haut, die nicht zerstört werden sollte. Sie ist die erste Nahrung für die sich bildende Infusorienfauna. Je niedriger der Sauerstoffgehalt im Aufguß, um so mehr verschiebt sich die Infusorienmischung zugunsten der widerstandsfähigen Pantoffeltierchen. Sie können nach dem oben beschriebenen Verfahren zur Verfütterung konzentriert, oder aber wie Zuchtpantoffeltierchen über längere Zeit weiterkultiviert werden.

Artemia-Nauplien: Die Nauplien des Salinenkrebses sind das am schnellsten beschaffbare Ergänzungsfutter zur Jungbrutaufzucht, da die ständig im Handel erhältlichen Dauereier mit geringem Aufwand innerhalb von 24 Stunden schlüpfen, wenn die herkunftsspezifischen Hinweise befolgt werden.

IV. Grundregeln für die Zierfischzucht

Die erfolgreiche Nachzucht von Heimtieren ist Ziel und Krönung aller tierpflegerischer Bemühungen. Das gilt für die Aquaristik mit ihrer Artenfülle in besonderem Maße. Es gibt Arten, die durch fast nichts an der Fortpflanzung zu hindern sind und andere, an denen sich selbst erfahrenste Aquarianer mit dem berühmten »goldenen Daumen« im übertragenen Sinne seit Jahren die Zähne ausbeißen. Rezepte, die unter allen Umständen eine erfolgreiche Nachzucht garantieren, gibt es nicht. Zu unterschiedlich sind die konkreten Bedingungen, unter denen sich eine Art bei dem einen Aquarianer fortpflanzt, im Vergleich zum Becken eines Zuchtfreundes, bei dem die gleichen Tiere bei scheinbar gleichen Voraussetzungen einige Wochen später nicht einmal ein müdes Balzspiel von sich geben. Mancher Hygienefanatiker und Wasserchemiker müht sich mit hohem Aufwand vergebens, während sich im verlotterten Becken des Nachbarn eine sensationelle Erstnachzucht prächtig entwickelt.

So kann auch in diesem Handbuch nur das dargestellt werden, was sich beim Autor oder zuverlässigen Freunden in vier Jahrzehnten Züchtungspraxis als empfehlenswerte Zuchtbedingung erwiesen hat. Es sind manche kleinen Geheimnisse darunter, die bisher in keinem anderen Buch veröffentlicht wurden, weil Züchter sie aus egoistischen Motiven für sich behalten haben und die für Autorenkollegen von der abschreibenden Zunft damit nicht zugänglich waren. So stand bisher nirgends zu lesen, daß die Embryonen in den Eiern mancher Salmler absterben, wenn die Eier beim Herausfangen der Alttiere zu stark bewegt werden, und gerade das ist eine der häufigsten Ursachen für Mißerfolge, für die viele andere Faktoren verantwortlich gemacht wurden. Wo ähnliche »Kleinigkeiten« über Erfolg oder Mißerfolg einer Nachzucht entscheiden können, sind sie bei der jeweiligen Art konkret beschrieben.

Das Leben eines Aquarianers, der um eine Nachzucht bemüht ist, wird bestimmt von Versuch und Irrtum. Mehr als jedes Nachvollziehen eines Zuchtrezeptes bringt die ständige Beobachtung der Tiere unter verschiedenen Bedingungen. Das Verhalten der Fische nach einem größeren Wasserwechsel, bei veränderten Lichtverhältnissen, nach Umgestaltung eines Beckens, nach Installation einer Wasserströmung oder eines regensimulierenden Sprührohrs, in den verschiedenen Jahreszeiten oder bei fallendem Luftdruck, weist bei richtiger Interpretation oft den Weg zum Erfolg.

Einige Grundregeln, die jeweils für mehrere Familien oder Gattungen zutreffen, sollen hier genannt werden, um zu helfen, Fehlschläge zu vermindern:

1. Salmler und Gattungen der Familie Karpfenfische *(Cyrpinidae)*

1.1. Männliche Tiere (♂♂) werden meist später geschlechtsreif als die gleichaltrigen Weibchen (♀♀). Bei einem Zuchtansatz gleichaltriger Tiere können die ♀♀ oft den Laich bereits nicht mehr absetzen, während die ♂♂ gerade zuchtfähig werden (u.a. Salmler, Barben, Bärblinge). Der Ansatz eines ♀ mit dem ersten Laichansatz und eines älteren ♂ erhöht die Erfolgsaussicht.

1.2. Die ♂♂ sind oft empfindlicher gegen unzureichende Wasserqualität und mangelhafte Ernährung. Sie werden unfruchtbar, während die ♀♀ unter den gleichen Bedingungen durchaus noch Laich ansetzen können. Den ♂♂ ist deshalb besondere Aufmerksamkeit zu widmen.

1.3. Die ♂♂ vieler Arten (vor allem Salmler, Barben, Bärblinge) können während des Laichaktes die Paarungsklammer nur von einer Seite her vollziehen. Sie muß jeweils der Seite des ♀ entgegenstehen, auf welcher der Eierstock – sichtbar durch eine deutliche Ausbuchtung des Leibes – besser entwickelt ist. Nähert sich dem ♀ ein ♂, das diese Voraussetzung nicht erfüllt, also von der falschen Seite, dann kommt es nicht zur Paarung.

1.4. Nicht wenige Arten haben im Verlauf eines Jahres nur eine oder zwei mehrwöchige Laichperioden, denen Monate völliger Ruhe folgen (u.a. große Barben). Außerhalb dieser Perioden, die der aufmerksame Aquarianer am Verhalten seiner Fische erkennen sollte, ist jeder Zuchtansatz sinnlos und kann zum Verlust des vom ♂ zu sehr getriebenen ♀ führen. Während der Laichperiode können die Fische mit kurzem Abstand und kräftiger Zwischenfütterung mehrmals hintereinander angesetzt werden.

1.5. Wenn ein zur Zucht angesetztes Paar auch nach Tagen keine Balzhandlungen zeigt und auch der Austausch des ♂ keinen Erfolg bringt, sollte der Versuch abgebrochen werden. Bei manchen Arten lohnt der Versuch, 2–3 Paare als Gruppe anzusetzen. Bei einer weit größeren Zahl von Arten als in der allgemeinen Literatur angegeben, besetzen die stärksten ♂♂ Reviere, in welche die laichbereiten ♀♀ kommen. Der Bereich dieses Laichplatzes wird weitgehend auch vor laichräubernden Gruppenmitgliedern verteidigt.

1.6. Dauerlaichende Arten, bei denen das einzelne ♀ täglich nur wenige Eier, dafür aber über einen Zeitraum von mehreren Tagen oder Wochen ablegt, sollten stets mit ♀♀-Überzahl angesetzt werden. Je nach Zuchtbeckengröße haben sich die Kombinationen 1 ♂ 3 ♀♀, 3 ♂ 8 ♀♀ und 5 ♂♂ 15 ♀♀ bewährt, die ♂♂ sollten dabei jeweils nach vier bis fünf Tagen ausgetauscht werden. Dauerlaicher stellen in der Regel den Jungfischen nicht nach, diese können im Wochenabstand abgesaugt oder abgeschöpft werden. Werden Jungfische aus mehreren Zuchtbecken in einem gemeinsamen Aufzuchtbecken großgezogen, so sollte ihr Altersunterschied nicht mehr als neun bis zehn Tage betragen.

2. Eierlegende Zahnkarpfen
Die spezifischen Ansprüche variieren sehr stark und sind jeweils bei den Gattungs- oder Artbeschreibungen angeführt. Die meisten Arten laichen aber williger, wenn sie in ein Zuchtbecken mit höherem Frischwasseranteil eingesetzt werden. Wenn nicht anders angegeben, sollte das ♀ immer vor dem ♂ ins Zuchtbecken einge-

setzt werden, damit es bei zu starker Bedrängnis durch das ♂ die Versteckplätze im Becken kennt.

3. Labyrinthfische
Die meisten Labyrinthfische sind relativ gut zur Fortpflanzung zu bringen, indem die Temperatur erhöht wird. Ein (bisher nicht veröffentlichter) Züchtertrick bei Paaren, die keine Anstalten zum Balzen machen, besteht darin, Tümpelstaubfutter ins Zuchtbecken zu geben. Das reiche Nahrungsangebot für die zu erwartende Brut löst meist das Balzverhalten und die Eiablage aus.

4. Welse
Bei vielen Welsarten löst ein größerer Teilwasserwechsel (bis zu 75%) verbunden mit einer Temperaturabsenkung um 3–5°C die Laichbereitschaft aus, vor allem dann, wenn nach der Wettervorhersage ein stärkerer Luftdruckabfall zu erwarten ist. Für Jungwelse ist Beckenhygiene in besonders starkem Maß überlebenswichtig. Schleimige Beläge auf dem Beckenboden führen, selbst wenn sie nur wenige Stunden vorliegen, zum Totalverlust der Brut.

5. Buntbarsche
Buntbarsche haben nicht zuletzt durch ein breites Spektrum von Brutpflegeverhalten eine große Anhängerschar unter den Aquarianern. Grundsätzlich sollte deshalb für jeden Aquarianer die natürliche Aufzucht absoluten Vorrang vor einer künstlichen haben. Nur so bleibt auch bei unseren Aquarienfischen das natürliche Verhaltensinventar der Arten erhalten. Die Aquarienstämme einiger Arten, bei denen das Geschäftsinteresse höher stand als die Freude am natürlichen Ablauf der Brut, sind bereits so sehr verdorben, daß es großer züchterischer Geduld bedarf, einzelne Paare nach vielen Mißerfolgen wieder zur natürlichen Brut zu bringen. Es wird deshalb an dieser Stelle kein Hinweis darauf gegeben, wie z.B. Maulbrüter zu »melken« sind.

Entscheidender Auslösefaktor für ein artspezifisches Brutpflegeverhalten können in der Mehrzahl der Fälle Beifische als »Feindfaktor« sein. Bei kleinen Buntbarschen bieten sich dafür Guppys, Blackmollys oder junge Schwertträger an, bei Skalaren haben sich Fadenfische der Gattung Colisa bewährt, und Großcichliden vergesellschaftet mit einigen Tieren einer kleineren Buntbarschart.

Als erfolgversprechender Ablaich- und Brutpflegeort für höhlenbrütende Buntbarsche haben sich nach jahrelangen Versuchen Keramikvasen erwiesen. Ihre Öffnung sollte so klein sein, daß das größere der Elterntiere gerade hineinschlüpfen kann (das gilt auch für die ebenfalls geeigneten Tonblumentöpfe). Bevorzugt werden von den Fischen Vasen, die an geschützter Stelle halb in den Bodengrund eingelassen werden. Für Zwergbuntbarsche sind oft bereits kleinste Tischvasen ausreichend, heiklere Arten wie die *Acarichthys* wünschen dagegen schlanke Bodenvasen ab 35 cm Länge. Welche Vasenform für die jeweilige Art am günstigsten ist, muß im Einzelfall erprobt werden; ein guter Cichlidenzüchter sollte über den Vasenbestand der verständnisvollen (?) Hausfrau genau Bescheid wissen. Leicht bauchige Vasen werden von den meisten Arten bevorzugt. Bei den offenbrütenden Buntbarschen ist es manchmal nicht leicht, Paare aneinander zu gewöhnen. Um die Aggression zwischen den Tieren zu mindern, hat es sich bewährt, in der Eingewöhnungsphase die Temperatur zu senken, das Becken nur gedämpft zu beleuchten und jeden größeren Wasserwechsel zu unterlassen. Halten die Auseinandersetzungen an, empfiehlt es sich, die Partner durch eine Kunstglasscheibe quer durch das Becken zu trennen. Diese sollte eine größere Zahl kleiner Löcher enthalten und an der in den Bodengrund geschobenen Fläche einen Schlitz, der gerade so groß ist, daß sich das meist kleinere Weibchen, auf der Seite liegend, hindurchzwängen kann. Wenn das an der Zwischenwand balzende Männchen signalisiert, daß es ohne weitere Auseinandersetzungen zum Brutgeschäft bereit ist, kommt das Weibchen zu ihm und kann im Notfall zurückfliehen.

6. Lebendgebärende Zahnkarpfen
Die meisten Lebendgebärenden züchten williger, wenn sie nicht paarweise, sondern in Gruppen gepflegt werden. Jungtiere, die für eine spätere Nachzucht vorgesehen sind, sollten nach Geschlechtern getrennt aufgezogen werden, sobald Geschlechtsunterschiede zu erkennen sind, und ♀♀ nicht vor ihrem 9. Lebensmonat verpaart werden.

Das gehäufte Auftreten von Frühgeburten und lebensschwacher oder -unfähiger Jungfische deutet in der Mehrzahl der Fälle darauf hin, daß durch einseitige Ernährung essentielle Fettsäuren fehlen und der Dottersack nur schwach ausgebildet ist. Bereits wenige Tropfen Leinöl, mit Lebend- oder Trockenfutter vermengt, führen nach regelmäßiger Verabreichung in kurzer Zeit zur Behebung dieses Mangels.

Für die Aufzucht aller Jungfische gilt der Grundsatz: Je häufiger ein Teilwasserwechsel durchgeführt wird, desto stärker wird der Stoffwechsel angeregt und um so rascher verläuft, ausreichendes (Lebend-)Futterangebot vorausgesetzt, das Wachstum. Was beim Anfüttern und in der ersten Lebenswoche der Jungfische versäumt wurde, das ist kaum wieder aufzuholen. Die Qualität der zur Abgabe an den Handel oder andere Aquarianer vorgesehenen Jungfische muß Vorrang haben vor der Menge der Fische. Wenn bei nachkommensstarken Arten die Vorwüchser zur gesonderten Aufzucht aus dem Jungfischschwarm herausgefangen sind, sollten im verbleibenden Schwarm nur die Tiere großgezogen werden, die im Durchschnitt ihrer Schwarmgenossen liegen. Was darunter bleibt, ist so früh wie möglich zu selektieren. Jede Form der »Dampfzüchterei«, d.h. Jungfische mit hohen Temperaturen schnell zur Verkaufsreife zu treiben, ist verantwortungsloses Handeln gegenüber dem Käufer dieser Fische, die unter normalen Bedingungen wegen verminderter Widerstandskraft nur geringe Überlebenschancen haben. Dieses Vorgehen ist damit auch tierfeindlich. Die Verzwergung mancher beliebter Aquarienfischart, ihre Tuberkuloseanfälligkeit und Kurzlebigkeit liegt im verantwortungslosen Tun dieser schwarzen Schafe unter den Züchtern begründet.

V. Quarantäne von Fischen und Umgang mit Wildfängen (Importen)

In jedem biologischen System »Aquarium« sind Keime allgegenwärtig, darunter auch die Erreger der häufigsten Fischkrankheiten. Solange dieses System stabil bleibt, kommt es kaum zu Krankheitsausbrüchen, die alteingesessenen Fische haben Widerstandskräfte gegen die beckenspezifischen Keime aufgebaut. Jeder Neuzugang bringt jedoch eigene Keime mit, die sich verheerend auf den Altbestand auswirken können, der dagegen nicht gerüstet ist. Auch der Neuling muß Gelegenheit haben, sich an die neuen Bedingungen, den häufig anderen Wasserchemismus u.ä. anpassen zu können. Eine Quarantäne in einem Separatbecken ohne jede

Einrichtung ist deshalb unerläßlich. Läßt sich der Wasserchemismus des Herkunftsbeckens nicht ermitteln oder sind die Ansprüche des Neulings nicht bekannt, so stellt neutrales Wasser (pH-Wert 7) von mittlerer Härte (um 10 °dH) einen Kompromiß dar, der von den meisten Fischen toleriert wird. Fang- und transportbedingte Schleimhautschäden, die schnell zur Eingangspforte für Bakterien- und Pilzkeime werden können, lassen sich durch ein im Handel erhältliches Wasseraufbereitungsmittel mit Schleimhautschutzwirkung am schnellsten regenerieren. 24 Stunden später empfiehlt sich die Zugabe eines sauerstoffabgebenden Salzes nach Vorschrift des Herstellers, das Wohlbefinden des Fisches wird erhöht und eventuell in der Vermehrung befindliche Keime abgeschwächt. Signalisieren die Quarantänefische danach durch Flossenklemmen weiterhin Unbehagen, dann schafft die Zugabe von bis zu einem Eßlöffel Seesalz (notfalls auch Kochsalz) je 10 Liter Wasser in den meisten Fällen Abhilfe, bei Lebendgebärenden ist Salz sogar das Mittel der Wahl. Medikamente sollten erst dann eingesetzt werden, wenn sich eine beginnende Erkrankung diagnostizieren läßt. Erscheint der Neuling nach einer Woche weiterhin gesund, dann kann bereits 50% des Quarantänewassers durch Wasser aus dem Aquarium ersetzt werden, für welches der Neuling vorgesehen ist. Um auszuschließen, daß er Keime trägt, gegen die der Neuling zwar resistent ist, die aber die Alteingesessenen schädigen, kann ihm ein Fisch der gleichen Fischfamilie aus dem Altbestand als Testfisch zugesellt werden. Wenn keine Komplikationen auftreten, kann der Neuling frühestens eine Woche später dem Bestand eingefügt werden. Die genannten Grundsätze gelten auch für die Quarantäne von Importtieren aus asiatischen Züchtereien oder von Wildfängen. Nach eigenen Erfahrungen sprechen Ostasienimporttiere bei Auftreten von Erkrankungen nicht auf Oxytetracyclin an, was bei südamerikanischen Wildfängen in der Regel gute Ergebnisse bringt. Im Aquarium Erfurt werden Ostasiaten deshalb im Bedarfsfall mit handelsüblichen Kombinatspräparaten auf Farbstoffbasis (Malachitgrün u. ä.) behandelt.

Bei Wildfängen kommen zwei, die Eingewöhnung in der Quarantäne erschwerende Faktoren dazu. Der eine ist die Gewöhnung an ein von den Heimatgewässern unterschiedliches Zooplanktonspektrum. Eintagsfliegenlarven werden von allen Fischen gern genommen, leider stehen sie nur in seltenen Fällen zur Verfügung. Mit einigem Abstand folgen in der Beliebtheitsskala Weiße Mückenlarven und kleine Wasserflöhe *(Moina)*. Mit Cyclops haben besonders kleine Salmler Probleme, sie schießen oft wild durchs Becken, wenn ein Cyclop sich auf ihnen festsetzt. Freßunlustige Wildfänge können zur Futteraufnahme in manchen Fällen animiert werden, indem man ihnen eingewöhnte Fische verwandter Arten beigesellt.

Der zweite, die Eingewöhnung erschwerende Faktor ist die oft starke Durchseuchung der Wildfänge mit Darmparasiten. Sie ist an den typischen weißlichen Kotfäden zu erkennen. Der anfallende Kot muß mehrmals am Tag abgesaugt werden, um eine Neuinfektion zu unterbinden.

Eine für alle Wildfangarten in gleichem Maße wirksame Behandlungsempfehlung zu geben, ist deshalb nicht einfach, weil sie den konkreten Grad der Vorschädigung der einzelnen Tiere bei Fang, Zwischenhälterung ohne Fütterung sowie beim Transport nicht berücksichtigen kann. Manche Arten erweisen sich zudem als medikamentenempfindlich. Wenn hier dennoch die Verfahrensweise dargestellt wird, die beim Autor die besten Erfolge und geringsten Verluste brachte, so kann sie bestenfalls als Anregung verstanden werden. Sie setzt ein ständiges Beobachten der Fische voraus. Zeigen diese Unbehagen oder Kurzatmigkeit, dann ist die Medikamentenkonzentration durch Teilwasserwechsel schnellstmöglich zurückzufahren.

Das Quarantänebecken sollte so groß wie möglich bemessen sein und pro cm Fischlänge etwa 1 l Wasser berechnet werden. Wenn es sich um Fische handelt, die weiches und neutral-saures Wasser verlangen, wird eine Mischung von 80% Revers-Osmose-Wasser und 20% Wasser aus einem alteingefahrenen Aquarium hergestellt. Dieser Mischung wird ein schleimhautschützendes Wasseraufbereitungsmittel nach Vorschrift des Herstellers zugesetzt. Bei kräftiger Durchlüftung wird nach dem Einsetzen der Fische die Temperatur so weit erhöht, daß sie den bei den Artbeschreibungen angegebenen oberen Wert erreicht. 12 Stunden später werden 800–1000 mg Oxytetracyclin je 100 l Wasser zugegeben und erstmals Lebendfutter gereicht. Der Kot wird in regelmäßigen Abständen entfernt. Nach 48 Stunden werden 80% des Beckeninhalts durch Wasser der Ausgangsmischung ersetzt und Sauerstoffsalz nach Vorschrift des Herstellers zugesetzt. Nach weiteren 12 Stunden haben sich die Fische meist soweit stabilisiert, daß mit der Darmparasitenbehandlung begonnen werden kann. Bewährt hat sich dafür Metronidazol in einer Dosierung von 0,5 g je 100 l Wasser. Die meisten Fische sind inzwischen futterfest und nehmen auch das erste Frostfutter an. Der Kot ist weiterhin in kurzen Abständen zu entfernen. Nach 48 Stunden werden 50% des Wassers gewechselt, einen Tag später noch einmal, und die Temperatur schrittweise auf die für diese Art angegebene Durchschnittstemperatur gesenkt. Eine Gabe von Sauerstoffsalz im Abstand von jeweils 2 Tagen unterstützt die Rekonvaleszenz der Fische. Nur in sehr seltenen Fällen ist eine Wiederholung der Behandlung nach 10 Tagen erforderlich.

Vorsicht ist bei der Anwendung von Sauerstoffsalz bei Welsen mit Darmatmung geboten.

Bevor Wildfänge nach 3–4 Wochen Quarantäne in ein Gemeinschaftsbecken gesetzt werden, sollte auf jeden Fall der Test mit einem Fisch aus dem Altbestand gemacht werden, um das immer noch mögliche Vorhandensein von Krankheitserregern zu prüfen, die beim Wildfang unbemerkt bleiben, aber den Altbestand infizieren können.

VI. Tierschutz und Artenschutz in der Aquaristik

1. Tierschutz bedeutet auch für Aquarienfische arten- und verhaltensgerechte Haltung, das heißt vor allem die Erfüllung der Ansprüche an den Wasserchemismus, an die Beckeneinrichtung und Beckengröße und an das Sozialverhalten. Tierschutz in der Aquaristik heißt aber auch Verzicht auf den Erwerb und die Haltung aller Produkte einer Qualzüchtung. Dazu gehören nicht nur monströse Goldfischgestalten, sondern auch extreme Schleierflossen bei bekannten Aquarienfischen, welche die Schwimmfähigkeit weitgehend beeinträchtigen (u. a. Zebrabärblinge, Trauermantelsalmler, Skalare, Prachtbarben und sogenannte Hochzuchtformen von Guppys und Schwertträgern). Aus Tierschutzgründen abzulehnen ist auch das Hochquälen von Kampffischmännchen zur Ausstellungsreife in Batterien von engen Marmeladengläsern.

2. Artenschutz im engeren Sinne ist nur im natürlichen Lebensraum einer Art möglich, hat also Biotopschutz zur Voraussetzung. Eine Art existiert und überlebt in der Auseinandersetzung mit der Umwelt, in der sie entstanden ist, mit Freßfeinden, Krankheitserregern, Witterungsunbilden und Artgenossen. Deshalb kann weder ein Zoo noch ein Aquarium eine Art wirklich erhalten, sondern bestenfalls ihr äußeres Erscheinungsbild. Bereits der ersten Nachzuchtgeneration fehlt vieles, was zur Überlebensstrategie in der Natur notwendig war. Die Anerkennung dieser Erkenntnis entkleidet Tiergärten aller Art ihrer Alibifunktion für die Wirtschaftsstrategen und Politiker, die Lebensräume weiter mit dem Hintergedanken zu zerstören, daß es genügend Menschen und Einrichtungen gäbe, die Tiere in Gefangenschaft als Art zu erhalten.

Der Beitrag, den ein Aquarianer zum Artenschutz leisten kann, besteht darin, durch Nachzucht und Aufzucht gesunder Fische die ständig wachsende Nachfrage soweit zu befriedigen, daß die Entnahme von Tieren aus dem natürlichen Lebensraum reduziert werden kann. Die Beschäftigung mit neuentdeckten oder erstmals eingeführten Arten bringt Erkenntnisgewinn, manchmal auch nicht unerhebliche Verkaufserlöse aus der Nachzucht. Einen guten Aquarianer zeichnet aber aus, daß er daneben Patenschaften zur Erhaltung von bereits länger eingeführten Arten übernimmt, auch wenn sie nicht das große Geschäft bringen. Der Autor hat bewußt im vorliegenden Buch einige fast vergessene Arten ausführlicher behandelt, um sie gegenüber sogenannten Modefischen wieder salonfähig zu machen. Die Aquaristik würde verarmen, wenn sie sich nur noch mit den plakativen Arten aus den ostafrikanischen Seen beschäftigen würde und die stillen Schönheiten übersähe. Besondere Aufmerksamkeit muß der Erhaltung der Aquarienbestände der im Anhang II des Washingtoner Artenschutzabkommens aufgeführten Fischarten geschenkt werden, deren Bestand im natürlichen Lebensraum bedroht ist. Es sind dies hauptsächlich die *Cynolebias-Arten* C. constanciae, C. marmoratus, C. opalescens und *C. splendens.* Die anderen Süßwasserfische des Artenschutzabkommens haben für das Heimaquarium keine Bedeutung.

Von unseren einheimischen Süßwasserfischen sind nach Anlage 1 der Bundesartenschutzverordnung lediglich die Rundmäuler (Neunaugen) voll geschützt (in der ehemaligen DDR waren es immerhin bereits elf Arten, die unter Naturschutz standen!). Um jedoch über der Beschäftigung mit Fischen aus fremden Ländern nicht die Gefährdung der Fische in unserer Heimat aus den Augen zu verlieren, soll abschließend aus der »Roten Liste der gefährdeten Tiere und Pflanzen in der Bundesrepublik Deutschland« (4. Auflage) der Gefährdungsstatus einheimischer Süßwasserfische zitiert werden:

0. Ausgestorben oder verschollen
Acipenser ruthenus L., Sterlet
Acipenser sturio L., Stör
Coregonus oxyrhynchus (L.), Wandermaräne
Pelecus cultratus (L.), Ziege

1. Vom Aussterben bedroht
Abramis sapa (PALLAS), Zobel
Alburnoides bipunctatus (BLOCH), Schneider
Alosa alosa (L.), Maifisch
Alosa fallax (LACEPEDE), Finte
Chalcalburnus chalcoides mento (AGASSIZ), Mairenke
Cyprinus carpio L., Karpfen (Wildform)
Gobio uranoscopus (AGASSIZ), Steingreßling
Gymnocephalus (Acerina) schraetzer (L.), Schraetzer
Hucho hucho (L.), Huchen
Leuciscus souffia agassizi (CUVIER & VALENCIENNES), Strömer
Rutilus frisli meidingeri (Heckel), Perlfisch
Rutilus pigus virgo (HECKEL), Frauennerfling
Salmo salar (L.), Lachs
Salmo trutta trutta L., Meerforelle
Zingel streber SIEBOLD), Streber
Zingel zingel (L.), Zingel

2. Stark gefährdet
Abramis ballerus (L.), Zope
Aspius aspius (L.), Rapfen
Barbus barbus (L.), Barbe
Chondrostoma nasus (L.), Nase
Cobitis taenia L., Steinbeißer
Cottus gobio L., Groppe
Lampetra fluviatilis (L.), Flußneunauge
Leuciscus idus (L.), Aland
Lota lota (L.), Quappe
Misgurnus fossilis (L.), Schlammpeitzger
Osmerus eperlanus (L.), Stint
Petromyzon marinus L., Meerneunauge
Phoxinus phoxinus L., Elritze
Rhodeus sericeus amarus BLOCH, Bitterling
Salvelinus alpinus salvelinus (L.), Saibling
Thymallus thymallus (L.) Äsche

3. Gefährdet
Carassius carassius (L.), Karausche
Gasterosteus aculeatus L., Dreistachliger Stichling
Gobio albipinnatus LUKASCH, Weißflossiger Gründling
Gymnocephalus (Acerina) cernua (L.), Kaulbarsch
Lampetra planeri (BLOCH), Bachneunauge
Leucaspius delineatus (HECKEL), Moderlieschen
Noemacheilus barbatulus (L.), Bachschmerle
Pungitius pungitius (L.), Zwergstichling
Salmo trutta fario L., Bachforelle
Salmo trutta lacustris L., Seeforelle
Scardinius erythrophthalmus (L.), Rotfeder
Silurus glanis L., Wels
Vimba vimba (L.), Zährte

4. Potentiell gefährdet
Coregonidae spp., Renkenartige

VII. Hinweise zur Benutzung

1. Auf Symbole und Abkürzungen wurde weitgehend verzichtet. Bei der Beschreibung der Geschlechtsunterschiede bedeuten:
GU: Geschlechtsunterschied
♂: Männchen; ♀ Weibchen

2. Als Ordnungsprinzip wurden die wissenschaftlichen Namen in alphabetischer Reihenfolge gewählt. Dabei wurden die Revisionen der letzten Jahre weitgehend berücksichtigt. Manche davon sind fragwürdig, werden jedoch in Beiträgen von Aquarienzeitschriften bereits angewendet. Der Autor mußte deshalb in diesem Dilemma Entscheidungen treffen, die den einen oder anderen Kritiker auf den Plan rufen werden. Es ist zwar Mode geworden, sich aus diesem Anlaß von vornherein zu entschuldigen, der Autor unterläßt dies aber, denn dieses Buch ist ein Ratgeber für die Pflege und Zucht von Aquarienfischen für den praktizierenden Aquarianer und nicht für den Systematiker.

3. Um das Auffinden von Arten zu erleichtern, die noch unter ihren »klassischen« Namen angeboten werden, ist ein umfangreiches Synonymverzeichnis angefügt. Verwiesen sei auch auf die Übersicht über die Einordnung der im Buch besprochenen Gattungen im zoologischen System.

4. Das Register der deutschen Fischnamen (Trivialnamen) berücksichtigt die im allgemeinen Gebrauch oder in der Literatur verwendeten Bezeichnungen. Die deutsche Teilung hatte teilweise auch zu unterschiedlichen Trivialnamen für die gleiche Fischart geführt, auch dies wurde weitgehend berücksichtigt.

A

Abramites hypselonotus

Brachsensalmler
Familie: *Anostomidae*

Vorkommen: Flußgebiete des Amazonas und Orinoco. **Größe:** 13 cm: **GU:** sind bei diesen nur selten eingeführten Vertretern der Engmaulsalmler bisher noch nicht beschrieben, die ♂♂ scheinen jedoch kontrastreicher gefärbt zu sein als die blasseren ♀♀. **Ansprüche:** Becken ab 120 cm Länge; Wasser 3–15 °dH, pH-Wert 6–7,5; Temperatur 23–27 °C.

Als Bodengrund ist Kies geeignet, wobei ein Zusatz von Torf die Farbigkeit der Fische erhöht. Wegen ihres hohen Bedarfs an pflanzlicher Nahrung haben selbst robuste Pflanzen durch Verbiß der Austriebe wenig Überlebenschance. Eine Vergesellschaftung sollte daher mit anderen Großsalmlern erfolgen, die ähnliche Ansprüche haben (→ *Distichodus*). In zu kleinen Becken kommt es oft zu Streitereien zwischen Artgenossen. Deshalb sollten durch Wurzeln und Steinaufbauten ausreichend Versteckmöglichkeiten geboten werden. Eine starke Filterung ist zur Beseitigung der reichlich anfallenden Ausscheidungsprodukte unerläßlich, beim notwendigen Wasserwechsel sollte über Torf aufbereitetes und abgestandenes Wasser verwendet werden.

Die **Nachzucht** ist vermutlich noch nicht geglückt.

Acanthodoras (Dornwelse)

Eine Gattung aus der Familie *Doradidae.*

A. cataphractus

Gemeiner Dornwels
Familie: *Doradidae*

Vorkommen: Mündungsbereich des Amazonas. **Größe:** 19 cm: **GU:** Die Barteln der ♂♂ sind braun und gelblichweiß geringelt, die der ♀♀ einfarbig gelblichweiß. **Ansprüche:** Becken ab 100 cm Länge; Wasser 4–25 °dH, pH-Wert 6–7,5; Temperatur 22–26 °C.

Der Bodengrund sollte feinkörnig sein und Torfanteile enthalten. Bei Verwendung von Kies benötigen die Fische mindestens eine Sandecke, die frei von Pflanzen ist. *A.c.* geht nicht an Pflanzen, doch sollten fester wurzelnde bevorzugt werden. Die vorwiegend nachtaktive Art benötigt am Tag ausreichend Verstecke zwischen Wurzeln und Steinen. *A.c.* kann mit allen Fischen vergesellschaftet werden und macht sich als Verwerter von Futterresten nützlich. In stark besetzten Gesellschaftsbecken sollte jedoch vor Ausschalten des Lichts Zusatzfutter gereicht werden.

Zucht: Obwohl die ♀♀ bei guten Bedingungen relativ leicht Laich ansetzen, ist eine Zucht noch nicht gelungen.

A. spinosissimus

Kammdornwels

Vorkommen: Ecuador und Ostperu. **Größe:** 16 cm. **GU:** Die Barteln des ♂ sind braun und weiß geringelt, die des ♀ einfarbig hell. **Ansprüche:** Becken ab 100 cm Länge; Wasser 1–20 °dH, pH-Wert 5,8–7,5; Temperatur 20–26 °C, kurzzeitig werden Temperaturen bis 15 °C vertragen.

Der größte Teil des Beckenbodens sollte aus einem Sand-Torf-Gemisch bestehen, in welches sich die Tiere einwühlen können. Pflanzen werden nicht behelligt, schwach wurzelnde jedoch bei der Futtersuche herausgewühlt. Zwischen Wurzeln und in Spalten von Steinaufbauten verbringt die dämmerungs- und nachtaktive Art den Tag. *A.s.* verlangt kräftiges Futter (gewürfeltes Rinderherz, Tubifex, kleine Regenwürmer). Eine kräftige Wasserfilterung erhöht die Aktivität der Fische ebenso wie die Teilwasserwechsel mit nicht zu frischem, möglichst über Torf aufbereitetem Wasser.

Über eine gelungene **Nachzucht** liegen bisher keine Angaben vor.

Acanthophthalmus (Pangio)

Eine Gattung wurmartig langgestreckter Fische aus der Familie *Cobitidae*, deren meist auffällig gezeichnete Arten und Unterarten in Südostasien beheimatet sind. Das Zeichnungsmuster innerhalb der Arten und Unterarten variiert so stark, daß eine sichere Bestimmung für den Laien oft sehr schwierig ist.

Ansprüche: Becken ab 60 cm Länge, Wasser 2–8 °dH, pH-Wert 6–6,5; Temperatur 24–30 °C, auf keinen Fall darunter.

Als günstigster Bodengrund haben sich Sand mit einer Torfschicht oder ein Sand-Torf-Gemisch bewährt. Die Bepflanzung sollte dicht sein, zwischen den Blättern großblättriger Pflanzen ruhen die Tiere gern tagsüber in dichten Knäueln, ebenso in Röhren und Spalten. Obwohl die Tiere eine Mulmschicht mit abgestorbenen Pflanzenteilen lieben, sollte das Wasser darüber klar und gut gefiltert sein, bei Infusorientrübung oder Wasserblüte zeigen sie deutlich Unbehagen.

Zucht: Ein Ansatz zur Zucht ist nur dann sinnvoll, wenn bei dem ♀ durch die Bauchwand hindurch ein deutlicher Laichansatz zu erkennen ist und sich ♂♂ aus der Gruppe für dieses ♀ interessieren. Durch schrittweisen Teilwasserwechsel mit Osmosewasser ist die Gesamthärte im Zuchtbecken alle 3–4 Tage um 3 °dH zu senken und die Beleuchtung abends auf 1/4–1/5 der Ausgangsstärke zurückzunehmen. Die Installation einer kräftigen Wasserumwälzung fördert die Laichbereitschaft. Gefüttert werden sollte grundsätzlich abends. Wenn die äußeren Bedingungen stimmen, kommt es nach einer Fütterung zum Ablaichen. Der Laichakt vollzieht sich in Oberflächennähe zwischen *Riccia*, Schwimmpflanzenwurzeln oder Triebspitzen von feinfiedrigen Pflanzen. Man hört ein deutliches Plätschern, die Tiere sind nach etwa einer Stunde heftigen Treibens sehr erschöpft, liegen am Boden und sollten vorsichtig herausgefangen werden.

Die Eier sind hellgrün und kleben in weichem Wasser sehr gut. Da der Keimgehalt im Zuchtbecken unter den angegebenen Bedingungen sehr hoch ist (in einem sterilen Zuchtbecken ist bisher noch keine Nachzucht gelungen!), ist unbedingt die Zugabe eines verpilzungshemmenden Mittels nach Vorschrift erforderlich (jede Überdosierung führt zum Absterben der Embryonen). Wenn zwischen *Riccia* abgelaicht wurde, kann dieses auch mit den daran haftenden Eiern in ein Aufzuchtbecken überführt werden, dessen Boden mit ausgekochten Torffasern belegt ist. Die Jungen schlüpfen bereits nach 20 Stunden. Larven und die drei Tage später freischwimmenden Jungfische sind klein und lichtscheu. Angefüttert werden sollte mit Tümpelstaubfutter bis Rädertierchengröße, eine Woche später können auch frischgeschlüpfte Artemia-Nauplien und Mikrowürmchen verfüttert werden. Alle zwei Tage sollte im Aufzuchtbecken 1/4 des Wassers gewechselt und durch abgestandenes, über Torf gefiltertes Frischwasser ersetzt werden.

A. kuhli

Geflecktes Dornauge

Vorkommen: *A.k.* ist mit drei Unterarten von Thailand bis zu den Großen Sundainseln beheimatet. **Größe:** bis 10 cm. **GU:** Die ♀♀ sind, vor allem auf der Bauchseite, heller als die ♂♂, mit letzter Sicherheit sind sie jedoch oft erst am Laichansatz zu erkennen. **Ansprüche:** Wie in der Gattungsbeschreibung angegeben. **Zucht:** Wie in der Gattungsbeschreibung angegeben.

A. semicinctus

Halbbinden-Dornauge

Vorkommen: Halbinsel-Malakka. **Größe:** 8 cm. **GU:** Beim ♂ ist der 2. Flossenstrahl der Brustflosse deutlich verdickt, seine Flossen sind insgesamt etwas größer als beim ♀. **Ansprüche** und **Zucht:** Wie in der Gattungsbeschreibung beschrieben.

Acanthopsis choirorhynchus

Rüsselschmerle
Familie: *Corbitidae*

Vorkommen: Thailand, Burma, Vietnam und die Großen Sundainseln. **Größe:** 12 cm. **GU:** Die Brustflossen des ♂ sind deutlich größer als die des ♀. **Ansprüche:** Becken ab 90 cm Länge; Wasser 2–10 °dH, pH-Wert 6–6,5; Temperatur 24–28 °C.

Als Bewohner schnellfließender Bäche benötigen die Fische eine kräftige Filterung mit Wasserströmung. Der Bodengrund sollte aus einer mindestens 5 cm starken Sand- oder Sand-Torf-Schicht bestehen, in welche sich die Fische einwühlen können. Pflanzen werden nicht verbissen, eine Pflanzung in Töpfe ist jedoch, besonders wenn erwachsene Tiere gepflegt werden, angezeigt. Zahlreiche Wurzeln und einige Steine müssen Versteckmöglichkeiten bieten, in denen die nachtaktiven Tiere den Tag verbringen können. *A.c.* ist eine friedliche Art, die mit allen Fischen vergesellschaftet werden kann. Gefüttert wird abends. Neben Wurm- und Larvenfutter werden auch Feinfrosterbsen gern angenommen. Morsches Moorkienholz scheint zur Deckung des Bedarfs an Ballaststoffen wichtig zu sein.

Zucht: Obwohl die ♀♀ bereits mit 6 cm Länge Laichansatz zeigen, scheint eine Zucht noch nicht gelungen zu sein.

Acarichthys

Eine Gattung südamerikanischer Buntbarsche der Familie *Cichlidae.* **GU:** Die Geschlechter sind farblich kaum zu unterscheiden, eine sichere Bestimmung ist nur an der Form der Genitalpapille möglich, welche beim ♂ spitz und meist leicht nach hinten gerichtet und beim ♀ stumpf und nach unten oder leicht nach vorn gerichtet ist. Bei erwachsenen Tieren sind die ♂♂ 2–3 cm größer als die ♀♀.

A. geayi

Sattelfleckenbuntbarsch

Vorkommen: Guayana, nördliches Brasilien. ♂ 15 cm, ♀ 13 cm. **Ansprüche:** Becken ab 90 cm Länge; Wasser 5–20 °dH, pH-Wert 6–7,5; Temperatur 22–25 °C.

Feinkörniger Bodengrund sowie Wurzeln und Steinaufbauten mit Höhlen als Versteck werden den Ansprüchen der Art am besten gerecht, bei manchen Paaren lohnt der Versuch, in Töpfe gesetzte Pflanzen robusterer Arten für längere Zeit zu erhalten. Gute Filterung und regelmäßiger Teilwasserwechsel sind notwendig.

Zucht: Ansatz als Paar bei Temperaturen zwischen 26 und 28 °C in einem Becken, welches mit mindestens einer Höhle ausgestattet ist, die der Größe der Fische entspricht. Die Eiablage erfolgt an der Höhlendecke. Gut vorbereitete Paare können 400–500 Eier bringen. Das ♀ betreut und bewacht das Gelege bis zum Schlupf der Larven nach 3 Tagen und hält diese bis zum Freischwimmen zusammen, das ♂ verteidigt das Revier. Nach dem Freischwimmen wird der Jungfischschwarm etwa einen Monat lang von beiden Eltern betreut.

A. heckelii

Heckels Buntbarsch

Vorkommen: Guayana, Suriname, Amazonasgebiet, Peru. **Größe:** 20 cm. **Ansprüche:** Becken ab 120 cm Länge; Wasser 2–18 °dH, pH-Wert 6–7,5; Temperatur 23–26 °C.

Gute Filterung und regelmäßiger wöchentlicher Teilwasserwechsel (30 %) sind bei dieser Art besonders wichtig. Die Beckeneinrichtung und die **Zucht** erfolgen wie bei *A. geayi* beschrieben, meistens jedoch weniger produktiv.

Achtbindenbuntbarsch

→ *Parapetenia octofasciatum.*

Acipenser

Störe, Sterlet, Waxdick
Familie: *Acipenseridae*

Vorkommen: Süß-, Brack- und Meerwasser von Europa, Asien bis Nordamerika. **Ansprüche:** Obwohl die Vertreter der Familie ebenso wie Löffelstöre, Hausen und alle Kreuzungen, wie zum Beispiel der Bester (**Be**luga-Hausen x **Ster**let), unter Schutz gestellt sind und Handelsbeschränkungen unterliegen, werden immer wieder Tiere angeboten. Als letzter Vertreter einer altertümlichen Fischgruppe reizen die Jungfische durch ihr ungewöhnliches Aussehen zum Kauf. Sie sind aber weder Aquarienfische noch auf Dauer für die Haltung im Gartenteich geeignet. Selbst der kleine Sterlet *(A. ruthenus)* sprengt mit 80 cm Körperlänge jeden Rahmen, der häufig angebotene Sibirische Stör *(A. baeri)* erreicht mehr als 200 cm, der Waxdick *(A. gueldenstedti)* 400 cm Körperlänge. Alle Arten sind mehr oder weniger Wanderfische, zur Absicherung von Wohlbefinden und Langlebigkeit gehört ein zumindest vorübergehender Aufenthalt im Brackwasser. Verantwortungsbewußte Aquarianer und Gartenteichbesitzer sollten besser auf den Erwerb von Störfischen verzichten. Wer jedoch bereits im Besitz von Tieren dieser Gattung ist, hat zu beachten: Pflege in Becken, die nicht wenigstens das Sechsfache der Körperlänge erwachsener Tiere bieten, sind Tierquälerei. Der Bodengrund muß aus abgerundetem Flußkies oder Sand bestehen, an scharfen Kanten verletzen Störfische beim Gründeln ihre empfindlichen Barteln. Die Temperatur darf 20 °C nicht längerfristig übersteigen, eine Kühlung ist also Bedingung. Im Winter ist auch bei Freilandhaltung durch eine Heizung dafür zu sorgen, daß die untere Grenze von 10 °C nicht unterschritten wird. Hochwirksame Filterung, kräftige Durchlüftung und regelmäßiger Teilwasserwechsel, besser noch schadstofffreies Frischwasser im Durchfluß, sind weitere Grundanforderungen an den Halter. Die Fische nehmen Nahrung auf, ohne sie zu kauen, die Größe der Futterbrocken hat dem Rechnung zu tragen. Garnelen, Würmer aller Art und Störpellets werden bevorzugt genommen. **Zucht:** Eine Nachzucht unter Aquarien- oder Gartenteichbedingungen ist nahezu ausgeschlossen und wird bisher nur in Fischfarmen durchgeführt.

Adamas formosus

Zwergkillifisch
Familie: *Aplocheilidae*

Vorkommen: Zaire. **Größe:** 2,5–3 cm. **GU:** Das ♂ ist wesentlich intensiver gefärbt als das unscheinbare ♀. **Ansprüche:** Becken ab 40 cm Länge; Wasser 2–8 °dH, pH-Wert 5,5–6,5; Temperatur 22–24 °C.

Als Bodengrund eignen sich ausgekochte Torffasern oder ein Sand-Torf-Gemisch. In bräunlich eingefärbtem Wasser zeigen die Tiere ihre Farbe. Zur Bepflanzung sind alle zarten Pflanzen geeignet. Die Haltung eines kleinen Schwarms im Artbecken wird diesen Zwergen am besten gerecht, bei Vergesellschaftung mit größeren Arten wird *A.f.* scheu.

Zucht: Die Fische sind Dauerlaicher und wenig produktiv. Die Laichablage erfolgt bevorzugt zwischen Torffasern. Will man sich nicht die Mühe machen, die Eier regelmäßig herauszulesen, dann bringt ein Umsetzen im Abstand von 14 Tagen noch die besten Ergebnisse. Die Jungfische sind winzig und müssen mit feinstem Staubfutter angefüttert werden. Sie wachsen sehr langsam.

Adinia multifasciata

Diamantkillifisch
Familie: *Cyprinodonditae*

Vorkommen: Texas bis Westflorida, in Süß- und Brackwasser. **Größe:** 5 cm. **GU:** Das ♂ besitzt 10–14 helle, schimmernde Bänder zwischen dunklen Querstreifen, das ♀ ist nicht gebändert. **Ansprüche:** Becken ab 60 cm Länge; Wasser: *A.m.* läßt sich in hartem, leicht alkalischem Süßwasser gut halten, bleibt dort aber blaß. Die prächtigsten Farben zeigt die Art in Brackwasser, welches durch Auflösen von 100–150 g Seesalz, notfalls auch jodfreiem Speisesalz, je 10 l Ansatz hergestellt werden kann. Nachteilig ist, daß in diesem Wasser außer *Vallisneria americana* kaum eine Pflanze gedeiht. Dunkler, feinkörniger Bodengrund, der Torffasern enthalten kann, trägt zur Farbentfaltung bei. Versteckmöglichkeiten sind durch Einbringen von Wurzeln und Steinen zu bieten. **Zucht:** Erfolgreiche Zucht ist nur im Brackwasser möglich. Das Zuchtbecken sollte Torffasern und einige Büschel feinfiedriger Pflanzen enthalten, zwischen denen das Paar ablaichen kann. Die Jungfische sind relativ groß und können Artemia-Nauplien als Erstfutter erhalten. Ab der 3. Lebenswoche empfiehlt sich die Zufütterung pflanzlicher Nahrung (Spinat, Salat). *A.m.* wird in seiner Heimat zur biologischen Schädlingsbekämpfung als Mückenlarvenvertilger eingesetzt.

Adonissalmler

→ *Lepidarchus adonis.*

Aequidens (Buntbarsche)

Familie: *Cichlidae*

Vorkommen: Mittel- und Südamerika. Diese artenreiche Gattung mit zahlreichen in Aquarien gepflegten Arten befindet sich seit einiger Zeit in der wissenschaftlichen Überarbeitung. Einige Arten wurden bereits ausgegliedert und sind in diesem Buch unter ihren neuen Namen → *Bujurquina,* → *Cleithracara,* → *Krobia* und → *Laetacara* zu finden. Von den im folgenden Text aufgeführten Arten gehören nur noch *A. metae* und *A. tetramerus* zu den bestätigten, die anderen müßten korrekt als »*Aequidens*« bezeichnet werden. Aus Gründen der Übersichtlichkeit wurde darauf verzichtet, zumal sich für die aquaristische Praxis, was Ansprüche und Verhalten betrifft, aus einer Neuordnung keine Konsequenzen ergeben.

GU: Die Geschlechter sind meist gleich gefärbt und deshalb schwer zu unterscheiden, erwachsene ♂♂ sind in der Regel erheblich größer als die ♀♀ und haben oft verlängerte Rücken- und Afterflossen. Die stumpfe Genitalpapille, welche das ♀ während der Laichzeit zeigt, bleibt das sicherste Unterscheidungsmerkmal. Die **Ansprüche** gleichen sich bei den Arten der Gattung vor allem darin, daß ein hoher Sauerstoffbedarf gegeben ist, der sehr regelmäßigen wöchentlichen Teilwasserwechsel erfordert, dabei sind 25–30 % des Beckeninhalts zu erneuern. Altwasser, besonders wenn es belastet ist, führt schnell zu Erkrankungen, so zu Erblindungen, die kaum mit Medikamenten zu heilen sind. Wird dies beachtet, können die meisten Arten über viele Jahre gut in hartem und leicht alkalischem Wasser gehalten werden. Zur Zucht ist allerdings weiches und leicht saures Wasser der Schlüssel zum Erfolg.

Der Bodengrund sollte aus einer mindestens 5 cm starken Schicht groben Sandes oder feinen Kieses bestehen, die Beckeneinrichtung Versteckmöglichkeiten aus Wurzeln und Steinen bieten. Pflanzen werden außerhalb der Laichzeit kaum behelligt, sollten bei den größeren Arten jedoch in Töpfe gepflanzt werden, welche mit Steinplatten abgedeckt sind. Die größeren Arten werden am besten paarweise gehalten, die kleineren können in ausreichend großen Becken mit optischen Reviergrenzen zu mehreren Paaren gepflegt werden.

Die **Zuchtaussichten** sind dann am größten, wenn man die Paare sich aus einer Jungfischgruppe selbst finden läßt. Im Normalfall sind *A.* Offenbrüter, die Eier werden auf flachen Steinen oder Wurzeln abgelegt, welche vorher von einem oder beiden Elternteilen gründlich gereinigt wurden. Die Fischchen schlüpfen nach zwei Tagen und werden in Gruben gesammelt und gepflegt, die in den Sand gewühlt werden. Oft werden die Jungfische mehrmals umgebettet. Der Jungfischschwarm wird über mehrere Wochen intensiv betreut.

A. latifrons

Blaupunktbarsch

Diese Art wurde in den letzten Jahren fälschlicherweise als *A. pulcher* gehandelt, obwohl sie in der älteren Literatur bereits einmal unter ihrem richtigen Namen geführt wurde. *A. pulcher* ist dagegen aquaristisch bisher kaum in Erscheinung getreten (Heimat ist Trinidad).

Vorkommen: Panama, Nordvenezuela, Kolumbien. **Größe:** 18 cm. **GU:** Farblich sind die Geschlechter nicht zu unterscheiden, jedoch sind bei dem meist größeren ♂ die Strahlen von After- und Rückenflosse sehr stark verlängert und reichen häufig sogar um die Schwanzflosse herum. **Ansprüche:** Becken ab 100 cm Länge, Wasser 5–25 °dH, pH-Wert 6,5–8; Temperatur 18–23 °C. Grober Sand oder Kies sind als Bodengrund für diese Art, die nur wenig wühlt, am besten geeignet, eine Bepflanzung mit robusten Pflanzenarten ist gut möglich. Wurzeln und Steine sollten dieser Art, die in den meisten Fällen selbst gegen Artgenossen friedlich ist, ausreichend Versteckmöglichkeiten bieten.

Zucht: Die Fische können bereits mit einer Länge von 7 cm fortpflanzungsfähig sein. Geschlechtsunterschiede sind bei dieser Größe kaum festzustellen, so daß man die Paare sich am besten aus einem Jungfischschwarm finden läßt.

Paare, die einmal zusammen gelaicht haben, tun dies willig mehrmals im Jahr wieder. *A.l.* ist ein Offenlaicher, der wegen seiner leichten Züchtbarkeit dem Anfänger sehr zu empfehlen ist. Voraussetzung für ein zufriedenstellendes Ergebnis ist allerdings weiches (bis 10 °dH), schwach saures bis neutrales und sehr häufig gewechseltes Wasser (alle 4 Tage 1/3 des Beckeninhalts). Die Ausscheidungsprodukte der Fische trüben das Wasser sehr schnell, verbleiben sie im Becken, dann schwindet sehr schnell die Laichbereitschaft und die Fische erkranken. Der häufige Teilwasserwechsel muß auch während der Gelegepflege und der Jungfischaufzucht unbedingt durchgeführt werden.

A. metae

Metabuntbarsch

Vorkommen: Flußgebiet des Rio Meta im Grenzbereich von Venezuela und Kolumbien. **Größe:** ♂ 20 cm, die ♀♀ bleiben etwas kleiner. **GU:** Die Geschlechter sind nur an der Genitalpapille des ♀ zu unterscheiden. **Ansprüche:** Diese, trotz ihrer Größe sehr friedliche, neueingeführte Art benötigt Becken ab 120 cm Länge. Bei Gemeinschaftshaltung mit anderen Arten dieser oder verwandter Gattungen sollte jedoch die Beckenlänge größer als 150 cm gewählt werden, da sich einzelne Tiere im Alter oder während der Balz zu nicht zu unterschätzenden Tyrannen entwickeln können. Ausreichend Versteckplätze müssen immer vorhanden sein. Wasser 1–10 °dH, pH-Wert 5–6; Temperatur 24–27 °C.

Als Bodengrund eignen sich grober Sand oder feiner Kies, als Versteckmöglichkeiten müssen Wurzeln und Steine gegeben werden. Pflanzen werden außerhalb der Laichzeit kaum behelligt, es empfiehlt sich jedoch, sie in Töpfe zu pflanzen. *A.m.* fordert kräftiges und abwechslungsreiches Futter (Wurmfutter, Insektenlarven, Bachflohkrebse), vor allem dann, wenn Laichbereitschaft erreicht werden soll.

Zucht: Der Zuchtverlauf unterscheidet sich nicht von dem anderer offenbrütender Arten, allerdings ist sehr weiches Wasser (unter 5 °dH), dessen pH-Wert zwischen 5 und 5,5 liegen sollte, gegenwärtig noch eine wichtige Vorbedingung für eine erfolgreiche Zucht. Günstig wirkt sich die Verwendung von über Torf gefiltertem oder mit Extrakten aus gerbsäurehaltigen Pflanzenteilen (Erlenzäpfchen u.a.) versehenem Wasser aus, das eine leichte Braunfärbung zeigen sollte. Als Erstfutter für die Jungfische haben sich Artemia-Nauplien bewährt. Beide Eltern führen den Jungfischschwarm über eine längere Zeit.

A. rivulatus, *A. spec. »Silbersaum«*

Orangesaumbuntbarsch,
Silbersaumbuntbarsch

Bei den beiden unter den Namen Orangesaum- bzw. Silbersaumbuntbarsch aquaristisch eingeführten Formen könnte es sich sowohl um Unterarten von *A.r.* als auch um verschiedene Arten handeln. Wie diese systematische Unsicherheit wissenschaftlich entschieden wird, ist für die aquaristische Praxis ohne Bedeutung, denn Orangesaum und Silbersaum gleichen sich in ihren Ansprüchen, ihrem Verhalten und in der Zucht so weitgehend, daß in diesem, für die Praxis gedachten Buch keine Differenzierung vorgenommen werden braucht.

Aequidens rivulatus, ♂

Vorkommen: Mittelperu und westliches Ekuador. **Größe:** ♂ 20 cm, ♀ 12–15 cm. **GU:** Erwachsene ♂♂ zeigen deutlich verlängerte After- und Rückenflossenstrahlen und bilden früher oder später einen Buckelkopf aus. **Ansprüche:** Becken ab 120 cm Länge; Wasser 5–25 °dH, pH-Wert 6–7,5, Temperatur 20–24 °C. Kies als Bodengrund, viele Steine und Wurzeln als Versteckmöglichkeiten gehören bei *A.r.*, der in beiden Formen gelegentlich aggressiv sein kann, zur Grundausstattung der Becken. Eine Vergesellschaftung mit sehr friedlichen Arten ist nicht empfehlenswert, auch wenn gelegentlich Ausnahmen vorkommen können. Regelmäßiger wöchentlicher Teilwasserwechsel ist bei *A.r.* ebenso wichtig wie bei den anderen Arten. Was die Verträglichkeit gegenüber Pflanzen anbelangt, so muß jeder Aquarianer seine Tiere selbst testen, die Erfahrungen sind sehr unterschiedlich und nicht zu verallgemeinern.

Zucht: Sowohl Orangesaum als auch Silbersaum gehören zu den Buntbarschen, die relativ leicht zu züchten sind, selbst wenn die Wasserwerte vom Optimum (weich bis mittelhart, leicht sauer) entfernt liegen. Auch die Verpaarung ist mit wenig Problemen verbunden, selbst dann, wenn die Größenunterschiede der Partner beträchtlich sind. So haben beim Verfasser 6 cm große Orangesaum-♀♀ mit kräftigen erwachsenen ♂♂ hervorragend harmoniert und erfolgreich gemeinsam ihre Brut großgezogen. Bei guten Paaren braucht sich im Zuchtbecken lediglich ein flacher Stein zu befinden, auf dem die Tiere ablaichen können. Die Larven schlüpfen zwischen dem 3. und 4. Tag nach dem Ablaichen, die Jungfische beginnen 7–8 Tage später freizuschwimmen. Selbst bei regelmäßigem Wasserwechsel und gutem Futterangebot verläuft das Wachstum anfangs sehr langsam, erst ab 2 cm Länge geht es zügig voran.

A. sapayensis

Sapayo-Buntbarsch

Vorkommen: Rio Sapayo in Ekuador. **Größe:** ♂ 18–20 cm, ♀ 15 cm. **GU:** Die Geschlechter sind bei dieser Art besonders schwer zu unterscheiden, da oft auch die ♂♂ ausgezogene Rücken- und Afterflossen zeigen können. Erwachsene ♀♀ wirken stets etwas fülliger als die ♂♂. **Ansprüche:** Becken ab 100 cm Länge, Wasser 5–15 °dH, pH-Wert 6,5–7,2; Temperatur 24–26 °C.

A.s. bevorzugt feinkörnigen Bodengrund, zur weiteren Beckeneinrichtung sollten einige flache Steine, Wurzeln als Versteckplätze und eine dichte Hintergrund- und Randbepflanzung gehören. Besonders im Jugendalter wird sehr viel freier Schwimmraum benötigt. Über die Verträglichkeit liegen gute Erfahrungen vor, die Vergesellschaftung mit anderen süd- und mittelamerikanischen Buntbarschen ist gut möglich. Der Frischwasserbedarf entspricht dem anderer Arten, d.h., wöchentlicher Teilwasserwechsel (25 % erneuern) ist notwendig.

Zucht: Wegen der nur schwer feststellbaren Geschlechtsunterschiede hat es sich bewährt, daß man ein Zuchtpaar aus einer Jungfischgruppe sich finden läßt. Die Zucht ist bei Temperaturen zwischen 26 und 28 °C und neutralem Wasser mit einer Härte unter 12 °dH nicht schwierig. Der von den Fischen zum Ablaichen ausgewählte flache Stein wird sehr sorgfältig, bereits Tage vorher, geputzt. Zur Laichvorbereitung gehört auch das Ausheben von flachen Gruben rund um den Laichplatz, störende Pflanzen werden dabei beseitigt. In Abhängigkeit von der Temperatur schlüpfen die bis zu 400 Larven nach 72–84 Stunden. Sie werden mehrmals vom ♀ umgebettet, bevor sie nach weiteren 3–4 Tagen beginnen, freizuschwimmen. Artemia-Nauplien und ausgesiebtes Tümpelfutter vergleichbarer Größe werden gerne als Erstfutter angenommen. Bei regelmäßigem Teilwasserwechsel verläuft das Wachstum vergleichsweise zügig.

A. tetramerus

Grünglanzbuntbarsch

Vorkommen: Weit verbreitet über das zentrale und nordöstliche Südamerika. **Größe:** 20 cm. **GU:** Die ♂♂ sind manchmal farblich etwas intensiver und oft größer als die ♀♀. Während bei den ♀♀ Rücken- und Afterflosse nur zugespitzt sind, sind sie bei den ♂♂ stark verlängert. **Ansprüche:** Becken ab 120 cm Länge; Wasser 5–20 °dH, pH-Wert 6,5–7,2; Temperatur 24–26 °C.

Über nicht zu grobem Bodengrund und in einem mit zahlreichen Verstecken aus Wurzeln und Steinen ausgestatteten Becken fühlen sich die Fische am wohlsten. Robuste Pflanzen, die zweckmäßigerweise in Töpfe gepflanzt werden sollten, bleiben unbehelligt, solange sie nicht in der Umgebung des Laichplatzes stehen. Die Art kann besonders im Alter sehr aggressiv gegenüber anderen Fischen werden, oft sogar ausgesprochen bissig. Es gibt jedoch auch andere Erfahrungen. Wasserwechsel wirkt ausgesprochen aktivitätsfördernd, dennoch sollte er genau so regelmäßig wie bei anderen Arten durchgeführt werden.

Zucht: Ein Paar, welches sich aus einer Jungfischgruppe gefunden hat, laicht problemlos und regelmäßig. Häufiger Wasserwechsel im Zuchtbecken wirkt stimulierend auf die Laichbereitschaft.

Die Zuchttemperatur sollte zwischen 28 und 30 °C liegen, die Härte unter 12 °dH, der pH-Wert bei 6,5. *A.k.* kann sehr produktiv sein. Die Gelegestärke beträgt 1000 Eier, abgelaicht wird auf Steinen und Wurzeln. Gelege, Larven und Jungfische werden von beiden Eltern sehr intensiv betreut, bei regelmäßigem Teilwasserwechsel wachsen die Jungfische rasch heran.

Afrikanische Hechtlinge

→ Epiplatys.

Afrikanische Längsstrichbarbe

→ *Barbus holotaenia.*

Afrikanischer Bodensalmler

→ *Nannocharx fasciatus.*

Afrikanischer Einstreifensalmler

→ *Nannaethiops unitaeniatus.*

Afrikanischer Großschuppensalmler

→ *Arnoldichthys spilopterus.*

Afrikanischer Längsstreifensalmler

→ *Neolebias unifasciatus.*

Afrikanischer Schlangenkopffisch

→ *Channa africana.*

Afrikanischer Schmetterlingsbuntbarsch

→ *Anomalochromis thomasi.*

Agamyxis flavopictus

Sterndornwels
Familie: *Doradidae*

Vorkommen: Amazonasbecken in Peru und in Brasilien. **Größe:** 12 cm. Die ♂♂ wirken schlanker und gestreckter als das durch seine Bauchpartie rundlichere ♀. **Ansprüche:** Becken ab 80 cm Länge; Wasser 4–20 °dH, pH-Wert 6–7,2; Temperatur 22–26 °C.

Feinkörniger Bodengrund, der etwas Torfanteil haben kann, kommt den Bedürfnissen der Tiere entgegen, die sich gelegentlich eingraben wollen. In einem Becken mit Kiesboden sollte mindestens eine Ecke so gestaltet sein. Zahlreiche Wurzeln müssen den vorwiegend nachtaktiven Welsen ausreichend Tagesverstecke bieten. Pflanzen werden nicht angegriffen, sollten jedoch besser in Töpfe gepflanzt werden. *A.f.* ist friedlich und kann mit vielen Arten vergesellschaftet werden, eine Zusatzfütterung abends vor

Agamyxis flavopictus

Ausschalten des Lichtes ist vor allem im Gesellschaftsbecken angezeigt.

Zucht: Die Zucht ist bisher nur durch hormonelle Beeinflussung und künstliche Befruchtung gelungen (Grundmann 1983). Interessant bei der Aufzucht war die Beobachtung, daß die Jungwelse auch am Tag aktiv auf Futtersuche gingen.

Agassiz's Zwergbuntbarsch

→ *Apistogramma agassizii.*

Ährenfische

1. → Bedotia.– **2.** → Pseudomugil.– **3.** → Telmatherina.

Aland

→ *Leuciscus idus.*

Alburnoides bipunctatus

Schneider
Familie: *Cyprinidae*

Vorkommen: West- und Mitteleuropa. **Größe:** 14 cm. **GU:** Die ♀♀ sind deutlich voller in der Körperform. **Ansprüche:** Die Beckenlänge für diesen einheimischen Schwarmfisch sollte nicht unter 90 cm liegen; Wasser 5–20 °dH, pH-Wert 6,5–7,5; Temperatur 10–18 °C, höchstens kurzzeitig darüber. Feinkörniger Bodengrund entspricht den Bedürfnissen der Art am besten, eine kräftige Durchlüftung, verbunden mit Wasserbewegung, bilden die Voraussetzung dafür, die Tiere lange am Leben erhalten zu können. Wasserdurchlauf wirkt sich sehr günstig aus. Bei häufiger mit Chlor belastetem Wasser, auf das die Fische sehr empfindlich reagieren, ist häufiger Wasserwechsel mit abgestandenem Wasser allerdings angebrachter.

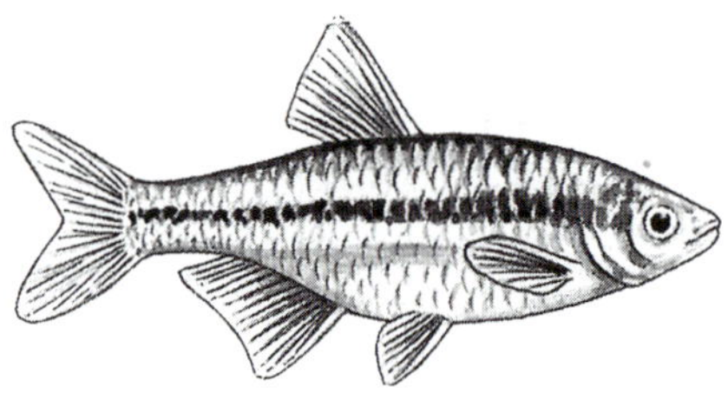

Alburnoides bipunctatus

Zucht: Die Zucht ist unter Aquarienbedingungen möglich, die Fische laichen als Paar oder im Schwarmansatz frei über kiesigem Bodengrund. Die Alttiere müssen nach dem Ablaichen entfernt und das Zuchtbecken gut durchlüftet werden. Rädertierchen und Mikrowürmchen sind als Erstfutter geeignet, die Jungfische wachsen bei regelmäßigem Wasserwechsel schnell.

Alestopetersius smykalai

Blauer Diamantsalmler
Familie: *Alestiidae*

Vorkommen: Nigerdelta in Nigeria. **Größe:** ♂ 9 cm, ♀ 7 cm. **GU:** Die Afterflosse des ♂ ist großflächig, ihr Rand blauweiß gesäumt. **Ansprüche:** Diamantsalmler sind friedliche Schwarmfische, die mit anderen afrikanischen Salmlern der Gattungen → *Phenacogrammus,* → *Hemigrammopetersius* usw. in Becken ab 100 cm Länge gut vergesellschaftet werden können. Die prachtvolle diamantblaue Färbung der ♂♂ kommt erst bei diffusem, schräg von oben und vorn einfallendem Licht voll zur Wirkung. Im Händlerbecken wirken sie blaß und farblos und finden deshalb leider nicht die Beachtung, die sie verdienen. Das Becken sollte an den Seiten und im Hintergrund bepflanzt sein und in der Mitte genügend Schwimmraum lassen. In den Ruhephasen stellen sich die Tiere gern zwischen den Stengeln langblättriger Cryptocorynen ein. Importierte Tiere sind in den ersten Wochen beim Einschalten des Lichtes und Hantieren im Becken sehr schreckhaft, eingewöhnt aber sehr ausdauernd und kaum anspruchsvoll. In über Torf gefiltertem bernsteingelbem Wasser bei einem pH-Wert um 6,5 und einer Wasserhärte unter 10 °dH zeigen die Tiere die beste Farbe. Die Haltung ohne Zuchtabsichten ist bis zum pH-Wert von 7,8 und einer Härte bis 25 °dH problemlos möglich. Die optimale Temperatur liegt bei 25 °C und kann im Tag-Nacht-Rhythmus zwischen 22 und 27 °C schwanken. Empfindlich reagieren die Fische nach unseren Erfahrungen auf Infusorientrübungen und organisch belastetes Wasser. Ein wöchentlich regelmäßiger Teilwasserwechsel, der 1/5 des Beckeninhalts umfaßt, ist deshalb dringend angeraten.

Zucht: Die Männchen treiben sehr intensiv, die Länge des Zuchtbeckens sollte deshalb nicht zu kurz bemessen sein und mindestens 80 cm betragen. Voraussetzung für eine gute Schlupfrate ist leicht saures (pH-Wert 6–6,5) und weiches, über Torf gefiltertes Wasser unter 7 °dH. Zur Zucht angesetzt werden sollten ein ♀ mit deutlich sichtbarem Laichansatz und ein kräftiges ♂, das bereits im Schwarm dominierte. Büschel von Myriophyllum oder aufgelockerte Javamoospolster werden vom ♂ als Revier besetzt und zur Laichabgabe gewählt. Werden mehrere Pflanzenbüschel im Becken verteilt, so ist auch ein Schwarmansatz möglich. Obwohl die Tiere keine großen Laichräuber sind, ist ein

Laichrost oder die Abdeckung des Bodens mit Glaskugeln zu empfehlen. Der Einfall von Morgensonnenlicht ins Zuchtbecken erhöht die Laichbereitschaft. Nach dem Ablaichen werden die Elterntiere herausgefangen, und der Laich muß vor Licht geschützt werden. Die Jungfische schlüpfen nach 5–6 Tagen und schwimmen 36 Stunden später frei. Feines Tümpelstaubfutter sichert die höchste Aufzuchtrate, es kann ergänzt werden mit einem hochwertigen, spirulinahaltigen Aufzuchtfutter. Artemia-Nauplien werden erst nach einer Woche angenommen.

Alfaro cultratus

Messerkärpfling
Familie: *Poeciliidae*

Vorkommen: Klare Bäche der Atlantikseite von Nikaragua, Costa Rica und Panama. **Größe:** ♂ 6 cm, ♀ 8 cm. **GU:** Das ♂ hat ein langes Gonopodium und lang ausgezogene Bauchflossen. **Ansprüche:** Becken ab 70 cm Länge; Wasser 1–8 °dH, pH-Wert 6,5–7,2; Temperatur 24–28 °C.

Dunkler, nicht zu grober Bodengrund, der etwas Torfanteil haben kann, erhöht die Farbigkeit der Fische. Die Filterung muß kräftig sein und sollte eine Wasserströmung erzeugen. Spätestens nach 14 Tagen muß ein Teilwasserwechsel erfolgen, der 1/3 des Beckeninhalts erfaßt. Manchmal reagieren die Fische bei nicht ganz einwandfreiem Frischwasser empfindlich, günstig ist deshalb in jedem Fall eine Filterung über Torf oder der Zusatz von Extrakten aus gerbsäurehaltigen Pflanzen (Erlenzäpfchen u. a.). Zur Bepflanzung sollten Pflanzen gewählt werden, die im mittleren Beckenbereich ausreichend Schwimmraum lassen. In seiner Verträglichkeit gegenüber anderen Fischen ist *A.c.* besser als sein Ruf, nach eigenen Erfahrungen kann er z. B. mit großen *Rivulus*-Arten problemlos vergesellschaftet werden.

Zucht: Die Tragzeit dieses Lebendgebärenden beträgt im Durchschnitt 24 Tage. Die Zahl der Jungfische je Wurf liegt zwischen 10 bei kleinen und 30 bei großen ♀♀, sie kann jedoch auch bei einem einzelnen ♀ von Wurf zu Wurf stark schwanken. Die Jungfische kommen mit einer Länge von 8 mm auf die Welt. Cyclops- und Artemia-Nauplien sind als Erstfutter geeignet. Da die Alttiere den Jungfischen nachstellen, sollten entweder die Alten oder die Jungen herausgefangen werden. Zu zeitig oder in zu kleine Ablaichkästen umgesetzte ♀♀ bringen häufig nicht lebensfähige Frühgeburten.

Alfaro cultratus, Paar

Die Jungfische sind anfällig gegen Bakterien, peinlichste Sauberkeit ist wichtig. Eine Zugabe von Torf- oder Erlenzäpfchen schränkt die Infektionsgefahr stark ein und macht meist den Einsatz von Medikamenten (Acridinfarbstoffe) überflüssig. Das Wasser für den notwendigen regelmäßigen Teilwasserwechsel sollte zumindest die ersten Wochen über Torf aufbereitet sein. Die Geschlechtsreife tritt ungefähr im Alter von sechs Monaten ein.

Algenfresser

→ *Crossocheilus siamensis.*

Algensalmler

→ *Parodon pongoense.*

Altolamprologus

Eine Gattung räuberisch lebender Buntbarsche der Familie *Cichlidae* mit hochrückiger, seitlich zusammengedrückter Körperform und tief eingeschnittener Maulspalte.

Vorkommen: Felsküsten des Tanganjikasees. **Ansprüche:** Wasser 7–15 °dH, pH-Wert 8–9; Temperatur 24–26 °C. Für eine artgerechte Haltung sollte die Beckenlänge nicht unter 150 cm liegen. In Gemeinschaft mit anderen Fischen des Tanganjikasees ist die Haltung mehrerer Tiere möglich, im Artbecken kann nur ein Paar gepflegt werden. Steinaufbauten, die an der Rückwand bis zur Wasseroberfläche reichen, müssen zahlreiche Höhlen und Spalten als Versteckplätze enthalten, als Bodengrund genügt feiner Kies, auf den zahlreiche größere Schneckengehäuse (*Rapana* u. ä.) gelegt werden. Zur Bepflanzung eignen sich besonders *Anubias* und Riesenvallisnerien. Eine wirksame Filterung muß die Ansprüche der Arten nach klarem und sauerstoffreichem Wasser befriedigen. Ein wöchentlicher Teilwasserwechsel, der 1/4 des Beckeninhalts umfaßt, ist unbedingt erforderlich. Obwohl die Arten der Gattung spezialisierte Fischfresser sind, deren Körperbau auch erlaubt, ihre Beutefische aus engen Spalten heraus zu erjagen, nehmen sie im Aquarium neben Fischfiletstücken auch gefrorene Garnelen, Mükkenlarven und Cichliden-Mix als Ersatzfutter an. Bei Tieren, die keine Anstalten zur Zucht machen, kann auf die Verfütterung von Futterfischen nicht verzichtet werden, ergänzt durch Schwarze Mükkenlarven.

Zucht: Willkürlich zusammengeführte Paare harmonieren nicht immer miteinander, bei einem Paaransatz im Artbecken sollte sich deshalb das Paar aus einer Gruppe heraus gefunden haben. Günstiger ist, wenn sich im Gemeinschaftsbecken die jeweils laichreifen ♀♀ das ♂ aussuchen können. Abgelaicht wird in großen Schneckengehäusen. Stehen diese nicht zur Verfügung, erfolgt die Eiablage auch in Spalten oder Höhlen, z. B. einem Blumentopf. Das Gelege wird vom ♀ betreut. Stand ein Schneckengehäuse zur Verfügung, dann verschwindet das ♀ über längere Zeit darin. Die Jungen schlüpfen zwischen der 50. und 60. Stunde nach der Eiablage. Man erkennt es daran, daß das ♀ vor dem Schneckenhaus steht und Frischwasser hineinfächelt. 8–9 Tage später schwimmen die Jungfische frei. Wenn die Zucht im Gemeinschaftsbecken erfolgte, ist zu empfehlen, das Schneckenhaus etwa am 7. Tag nach der Eiablage mit der Brut in ein Aufzuchtbecken umzusetzen. Da das ♀ bei Gefahr stets in das Schneckengehäuse schlüpft, sich regelrecht verkeilt, wird es in den meisten Fällen zwangsläufig mit umgesetzt. Will man das ♀ von der Brut trennen, dann muß es mehr oder weniger unsanft herausgespült werden. Der Jungfischschwarm ist bei guten Zuchtbedingungen groß und kann bis zu 200 Tiere betragen. Für eine erfolgreiche Aufzucht sind ausgesiebte kleine Cyclops unbedingt erforderlich, Artemia-Nauplien taugen bestenfalls als Ergänzungsfutter. Cyclops müssen auch mindestens in den ersten drei Lebenswochen ständig und ausreichend angeboten werden, um lebenstüchtige Jungfische heranzuziehen. Große Aufmerksamkeit sollte dem Wasserwechsel gewidmet werden. Täglicher Teilwasserwechsel, bei dem 1/8 des Beckeninhaltes erneuert wird, ist einem größeren Wasserwechsel im Wochenabstand vorzuziehen.

So erstrebenswert eine Aufzucht der Jungfische in Gegenwart des ♀ auch sein mag, ergeben sich daraus nach Zurücksetzen des ♀ ins Gemeinschaftsbecken doch häufig Probleme mit dem ♂, welches sehr aggressiv sein kann. Die Gefahr einer ernsthaften Beschädigung des ♀ ist nur dann gemindert, wenn das ♂ mehrere ♀♀ in einem sehr großen Becken zur Verfügung hat.

A. calvus

Größe: ♂ 13 cm, ♀ 7 cm. **GU:** Die Geschlechter sind nur schwer unterscheidbar, neben der unterschiedlichen Größe zeigen Erwachsene ♂♂ oft etwas verlängerte Bauchflossen sowie spitzer als beim ♀ ausgezogene Rücken- und Afterflossen.

Von dieser Art sind inzwischen auch weiße und gelbe Fundortformen eingeführt und beliebt. **Ansprüche:** Wie in der Gattungsbeschreibung angegeben. **Zucht:** Der Zuchtverlauf entspricht dem in der Gattungsbeschreibung angeführten. Das Schneckenhaus braucht nur so groß zu sein, daß das ♀ gerade hineinschlüpfen kann, die Spermien des ♂ werden beim Herausschwimmen des ♀ in das Schneckenhaus hineingewirbelt und befruchten das Gelege. Wenn die Brut herausgespült wurde, dann muß anschließend das Schneckenhaus genau an derselben Stelle und in derselben Lage wie vor dem Herausnehmen wieder eingebracht werden, um vom ♀ wieder angenommen zu werden. Der Laichrhythmus beträgt 6–8 Wochen.

A. compressiceps

Nanderbuntbarsch

Größe: ♂ 12 cm, ♀ 7 cm. **GU:** Die Geschlechter sind nur an der unterschiedlichen Körpergröße mit Sicherheit zu unterscheiden. Von dieser Art sind wie bei *A. calvus* inzwischen weiße und gelbe Fundortformen eingeführt, die häufig zu Verwechslungen zwischen beiden Arten führen. Während jedoch bei *A. calvus* die Stirnlinie geradlinig verläuft, weist sie bei *A. compressiceps* eine deutliche Einsenkung über dem Auge auf, der Nanderbuntbarsch ist außerdem hochrückiger. Ansprüche und Zuchtverlauf entsprechen den in der Gattungsbeschreibung angeführten Grundsätzen.

Neu in unseren Aquarien ist *A. spec. sumbu*, der »Schnecken-Compressiceps«, der nur halb so groß wird und ausschließlich in Schneckenhäusern lebt. Er wird wie die anderen Arten gepflegt und gezüchtet.

Amarillokärpfling

→ *Girardinichthys viviparus.*

Ambloplites rupestris

Steinbarsch
Familie: *Centrarchidae*

Vorkommen: Von den Großen Seen Südkanadas bis Louisiana über Nordamerika verbreitet. **Größe:** 25 cm. **GU:** Die Brustflossen des ♂ sind bräunlich gefärbt, sein schwarzer Kiemendeckelfleck ist goldfarben umrandet. **Ansprüche:** Beckenlänge mindestens 100 cm, Wasser 10–25 °dH, pH-Wert 7; Temperatur höchstens 10–20 °C.

Dieser interessante, jedoch räuberisch lebende und recht unverträgliche Sonnenbarsch, sollte nur paarweise gehalten werden. Klares, kaltes Wasser, stark gefiltert

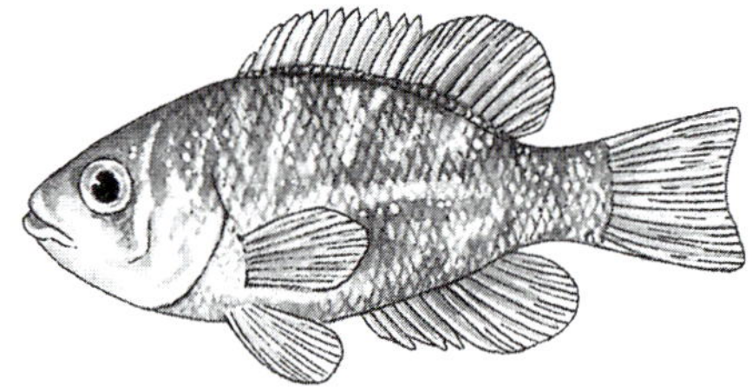

Ambloplites rupestris

oder besser im Durchlauf, Verstecke und Höhlen aus Wurzeln und Steinen sowie ein guter Bestand an Kaltwasserpflanzen kommen den Bedürfnissen der Art entgegen. Der Bodengrund kann aus Sand oder Kies bestehen.

Zucht: Bei Temperaturen zwischen 16 und 20 °C beginnen gutgenährte Paare mit der Balz. Das ♂ hebt Gruben im Bodengrund aus, in welche hinein abgelaicht wird. Das ♀ muß nach dem Ablaichen aus dem Becken entfernt werden. Die Gelege und Brutpflege wird vom ♂ allein betrieben. Drei bis vier Wochen nach dem Freischwimmen der rasch wachsenden Jungfische wird auch das ♂ herausgefangen.

Amblydoras hancocki

Knurrender Dornwels
Familie: *Doradidae*

Vorkommen: Schlammige und veralgte Flüsse und Urwaldseen in Guayana und dem Amazonasgebiet. **Größe:** 13 cm. **GU:** Die Geschlechter sind schwer zu unterscheiden, bei den ♂♂ sind die Sprenkel auf der Bauchunterseite meist dunkler als bei

Amblydoras hancocki

den ♀♀. **Ansprüche:** Becken mit einer Länge von 80 cm und einer Wasserhöhe von 10–20 cm genügen bereits den Ansprüchen dieser dämmerungs- und nachtaktiven Art. Wasser 2–20 °dH, pH-Wert 6–7,5; Temperatur 23–27 °C. Über sandigem Bodengrund sollten einige Wurzeln und, zumindest in einer Ecke, eine größere Handvoll Erlenblätter ausreichend Versteckmöglichkeiten bieten. Ein für diese Art günstiges Algenwachstum ist am einfachsten durch sonnigen Stand des Bekkens zu erreichen. Zur Vergesellschaftung eignen sich größere Hochlandkärpflinge, wie → *Xenotoca eiseni,* ausgezeichnet.

Zucht: Die Nachzucht ist bisher vermutlich nur durch hormonelle Beeinflussung gelungen, dabei wurde der Laich auf und zwischen Erlenblätter gelegt und wahrscheinlich sogar aktiv damit bedeckt. Die Jungfische schlüpften nach einem Tag und nahmen drei Tage später erstmals Cyclops-Nauplien auf.

Ameca splendens

Flitterkärpfling
Familie: *Goodeidae*

Vorkommen: Mexiko. **Größe:** ♂ 6–8 cm, ♀ 7–12 cm. **GU:** Die Afterflosse des ♂ ist zu einem Begattungsorgan (Andropodium) umgebildet, seine Schwanzflosse endet mit einem schwarzen und gelben Streifen, die Rückenflosse ist vergrößert. **Ansprüche:** Becken ab 80 cm Länge; Wasser 5–15 °dH, pH-Wert 6,5–7,5; Temperatur: 25–32 °C, nach Eingewöhnung werden Temperaturen bis 22 °C vertragen.

Ameca splendens, ♂ *und* ♀

Der Bodengrund sollte aus feinem Kies bestehen, der größere Steine enthält. Je dunkler der Bodengrund ist, desto kräftiger kommen die Farben der Fische zur Wirkung. Eine Bepflanzung mit Pflanzengruppen, zwischen denen ausreichend freier Schwimmraum bleibt, ist sehr zu empfehlen. Am besten gedeihen die Fische in Becken, die viel Sonnenlicht erhalten und damit viel Algenaufwuchs zeigen. Die Filterung sollte kräftig sein und eine Wasserströmung erzeugen. Häufiger Wasserwechsel in kleineren Mengen wirkt sich günstiger aus als seltener Wasserwechsel mit zu großen Wasserveränderungen.

Eine Gemeinschaftshaltung mit langflossigen Fischen, z. B. Guppys, ist nicht empfehlenswert, da die Flitterkärpflinge bei eintöniger Ernährung beginnen, deren Flossen zu zerfetzen.

Zucht: Die Tragzeit dieses lebendgebärenden Hochlandkärpflings beträgt 55–60 Tage, die besten Zuchtergebnisse werden in weichem Wasser unter 10 °dH erzielt. Die Zahl der Jungfische je Wurf ist selbst bei ein und demselben ♀ sehr unterschiedlich und schwankt zwischen 5 und 30. Charakteristisch für die 17–20 mm langen Jungfische ist, daß sie mit einer Nabelschnur von etwa 6 mm Länge geboren werden, die sich erst im Verlauf von 24–36 Stunden zurückbildet. In gut bepflanzten Becken kommen Jungfische auch bei Anwesenheit der Alttiere auf, besser ist jedoch die Trennung und gesonderte Aufzucht. Für eine gute Entwicklung ist ein hoher pflanzlicher Anteil im Futter unerläßlich, dabei sollte vor allem Algenaufwuchs mit seinem Gehalt an Kleinstlebewesen nicht fehlen.

Amphilophus

Eine Gattung großer Buntbarsche der Familie *Cichlidae,* die aus der Gattung *Cichlasoma* ausgegliedert wurde.

Vorkommen: Mittelamerika. Die Haltung ist nur in großen Becken ab mindestens 300 Liter Inhalt möglich. Da die Fische vor allem in der Brutvorbereitung das Becken nach ihren Vorstellungen umgestalten, ist das Einbringen von Pflanzen sinnlos. Steinaufbauten müssen auf dem Beckenboden stehen, da sie sonst zum Einsturz gebracht werden. Die unbedingt notwendigen Versteckplätze sind am zweckmäßigsten durch Einbringen zahlreicher großer Wurzeln zu schaffen. Eine Vergesellschaftung mit anderen Großcichliden ist nur bei Jungtieren möglich, hat sich ein Paar gefunden, dann beansprucht es selbst das größte Zimmeraquarium für sich allein.

Zucht: Wenn sich ein Paar gebildet hat, dann verläuft das Zuchtgeschehen problemlos. Die Brutpflege ist sehr intensiv. Abgelaicht wird auf großen Steinen, die Eizahl ist groß. Die Jungen schlüpfen nach drei Tagen, die sechs Tage später freischwimmenden Jungfische können sofort mit Cyclops angefüttert werden.

A. citrinellum

Zitronenbuntbarsch

Vorkommen: Seen und deren Zuflüsse in Nikaragua und Costa Rica. **Größe:** 30 cm. **GU:** Erwachsene ♂♂ zeigen einen kräftig entwickelten Stirnbuckel. *A.c.* tritt in vielen natürlichen Farbformen auf (graubraun, olivgrün, gelb, weißlich, kupferfarben, rosa, orange oder Flecken dieser Farben) und wird deshalb häufig mit *A. labiatum* verwechselt. *A.c.* ist gedrungen, hat längere Flossen und weniger dicke Lippen als *A. labiatum,* dessen Kopf außerdem deutlich spitzer und höchstens mit schwachem Stirnbuckel ausgestattet ist. **Ansprüche:** Becken ab 150 cm Länge; Wasser 10–25 °dH, pH-Wert 7,5–8,5; Temperatur 24–27 °C. Die Beckeneinrichtung erfolgt wie in der Gattungsbeschreibung angegeben, der Bodengrund kann aus grobem Kies bestehen. *A.c.* frißt neben dem üblichen Futter gern Algen und Schnecken – beides trägt zur Intensivierung der Rottöne in der Körperfärbung bei – ebenso erwachsene Salinenkrebse.

Zucht: Wegen der Unverträglichkeit der Fische untereinander stellt das Zusammenstellen des geeigneten Paares das größte Problem dar. Hat sich ein Paar gefunden, dann verläuft die Zucht, wie in der Gattungsbeschreibung angegeben, ohne Probleme.

A. labiatum

Flamingobuntbarsch

Vorkommen: Managua- und Nikaraguasee in Nikaragua. **Größe:** 30 cm. **GU:** Das ♂ ist größer als das ♀, seine Flossen sind etwas verlängert und die Stirn ist höher, im Alter mit leichtem Stirnbuckel. In unseren Aquarien werden hauptsächlich die rote und eine gelblichweiße Farbform

Amphilophus labiatum, Jungtier

gehalten, die zum Teil auch großflächige Plattenscheckung aufweisen. Die Art kommt in der Natur auch in grauen, graugrünen, rosa und weiß gefleckten Formen vor, die alle zudem eine Plattenscheckung aufweisen können. Über die Unterschiede zur ähnlich aussehenden Art *A. citrinellum* siehe dort. Die für die Art *A.l.* typischen Wulstlippen bleiben nur erhalten, wenn die Fische von Jugend an ständig Algenaufwuchs geboten bekommen, bei vorwiegend animalischer Kost bleiben die Lippen schwach entwickelt. **Ansprüche:** Becken ab 150 cm Länge, eine Vergesellschaftung erwachsener Tiere mit anderen Arten ist kaum möglich. *A.l.* gehört nach eigenen Erfahrungen zu den bissigsten Großcichliden, die selbst im 1000-l-Becken andere Cichliden bis zur Größe erwachsener → *Astronotus* tödlich verletzen können. Die Einzelhaltung eines Paares, das sich aus einer Gruppe zusammengefunden haben sollte, ist deshalb sehr zu empfehlen. Wasser 10–25 °dH, pH-Wert 7,5–8,5; Temperatur 24–26 °C. Die Beckeneinrichtung erfolgt wie in der Gattungsbeschreibung angegeben.

Zucht: Bei einem eingespielten Paar ist die Zucht problemlos möglich und verläuft, wie in der Gattungsbeschreibung angegeben. Als Platz für die Eiablage werden schräge Flächen, oder, wenn vorhanden, die Seitenwände großer Höhlen bevorzugt. Die Gelege umfassen 600–700 Eier, nach drei Tagen schlüpfen die Jungfische und schwimmen 6–7 Tage später frei.

Anabas testudineus

Kletterfisch
Familie: *Anabantidae*

Vorkommen: Von Indien bis zum Malaiischen Archipel über Südostasien weit verbreitet. **Größe:** Je nach Herkunft 10–23 cm. **GU:** Die Afterflosse des ♂ ist stärker ausgezogen als beim ♀. **Ansprüche:** Becken ab 100 cm Länge, ein Wasserstand von 20–30 cm Höhe ist völlig ausreichend, Wasser 5–25 °dH, pH-Wert 6–8; Temperatur 22–30 °C.

Die Bepflanzung kann ausschließlich aus Schwimmpflanzen bestehen. Die Fische sind hervorragende Springer, daher muß das Becken gut abgedeckt werden. In ihrer Heimat wandern die Fische bei feuchtem Wetter mit Hilfe ihrer Brustflossen oft weite Strecken über Land. Obwohl der Kletterfisch wegen seiner Anspruchslosigkeit einer der ersten mit Erfolg gehaltenen Aquarienfische war, wird er heute kaum noch außerhalb von Schauaquarien gepflegt. Er ist farblich zu unauffällig und wegen seiner häufigen Aggressivität nur mit wenigen anderen Großfischen zu vergesellschaften.

Nach eigenen jahrelangen Erfahrungen im Aquarium Erfurt ist die Gemeinschaftshaltung mit → *Belontia*- und → *Ctenopoma*-Arten sowie Welsen ab der Größe von → *Mystus* gut möglich, wenn große Wurzeln ausreichend Versteckplätze bieten und das Becken länger als 170 cm ist. Kletterfische sind Allesfresser im umfassenden Sinne des Wortes. Im Wohnzimmeraquarium warten sie regelrecht darauf, daß Kartoffeln oder Nudeln vom Mittagsmahl übrigbleiben!

Zucht: Zur Zucht ist ein 120 cm langes, 50 cm breites, niedriges Becken am besten geeignet. Eine Wasserhöhe von 25 cm reicht völlig aus. Die Eier dieses Labyrinthfisches sind ölhaltig und steigen nach dem Laichakt an die Wasseroberfläche. Die Alttiere können nach dem Ablaichen herausgefangen werden, denn eine Betreuung der Eier ist nicht notwendig. Die Fischchen schlüpfen bereits nach 24 Stunden. Sobald der Dottersack aufgezehrt ist und die Jungfische zu schwimmen beginnen, müssen sie regelrecht in Futterwolken stehen. Kleine Infusorien, notfalls auch durch ein feines Netz geriebenes hartgekochtes Eidotter werden als Erstfutter angenommen. Bei regelmäßigem, jedoch vorsichtigem Teilwasserwechsel verläuft das Wachstum der Jungfische ziemlich rasch, die Geschlechtsreife ist spätestens bei einer Länge von 12 cm erreicht.

Anableps anableps

Vierauge
Familie: *Anablepidae*

Vorkommen: Weit verbreitet über das tropische Mittelamerika und nördliche Südamerika. **Größe:** 30 cm. **GU:** Die Afterflosse des ♂ ist zu einem Begattungsorgan (Gonopodium) umgebildet. **Ansprüche:** Das Becken für diese nicht alltägliche Fischart, die sich meist unmittelbar an der Wasseroberfläche aufhält, sollte breit, flach und nicht unter 120 cm lang sein. Eine Wasserhöhe von 20–25 cm ist völlig ausreichend. Temperatur 24–28 °C. Die Augen sind so gestaltet, daß ihr oberer Teil zum Sehen in der Luft, ihr unterer zum Sehen unter Wasser geeignet ist. Das gab dem Fisch den Namen Vierauge. Er kommt zwar in Süß- und Brackwasser vor, für eine erfolgreiche Aquarienhaltung ist jedoch Brackwasser vorzuziehen, aus diesem Grunde wird er immer nur ein Fisch für die Liebhaber außergewöhnlicher Fischgestalten bleiben. Für die Haltung ist die Zugabe von 1 kg Seesalz auf 100 l Wasser ausreichend, die Härte sollte nicht unter 15 °dH, der pH-Wert um 8 liegen. Als Bodengrund wird Sand gewählt, eine Randbepflanzung ist günstig, doch nur wenige Pflanzen vertragen diese Salzkonzentration.

Zucht: Nach allen vorliegenden Erfahrungen ist die erfolgreiche Zucht dieses Lebendgebärenden nur im Wasser möglich, welches Meerwasserqualität hat, also 3 kg Salz auf 100 l Wasser enthält. Als Wasserhöhe im Zuchtbecken sind 10–15 cm ausreichend. Die Jungfische werden mit einer Länge von 3–4 cm geboren und wachsen bei regelmäßiger Fütterung relativ schnell. Es sollten stets nur kleine Mengen Tümpelfutter gegeben werden, da es im Salzwasser schnell abstirbt. Ab der vierten Lebenswoche kann die Umgewöhnung stufenweise auf das Brackwasser erfolgen. *A.a.* ist mit ca. 15 cm Länge geschlechtsreif.

Anamalugo

→ *Nothobranchius microlepis.*

Anatolienkärpfling

→ *Aphanius anatoliae.*

Ancistrus (Antennen-Harnischwelse)

Eine Gattung der Familie *Loricariidae.* **Vorkommen:** Nördliches Südamerika. **GU:** Die Geschlechter sind bei dieser Gattung relativ gut zu unterscheiden, denn die erwachsenen ♂♂ tragen auf der Stirn bzw. über dem Maul mehr oder weniger verzweigte Fortsätze, die manchmal fast geweihartig wirken. **Ansprüche:** Für die Haltung dieser friedlichen, mit allen Arten zu vergesellschaftenden Fische ist ein Becken ab 80 cm Länge ausreichend. Voraussetzung für eine erfolgreiche Haltung über lange Zeit – die Tiere können zehn Jahre und älter werden – ist die regelmäßige Zufütterung von pflanzlicher Kost, die sehr vielseitig gestaltet sein sollte (Feinfrosterbsen, Salat, Spinat, Haferflokken u.a.). Moorkienholz und gut gewässerte frische Wurzeln werden zur Deckung des hohen Ballaststoffbedarfs ständig beraspelt und sollten deshalb nie fehlen. Die Wurzeln müssen so eingebracht werden, daß Überhänge entstehen, unter denen die Tiere ruhen können. Pflanzen werden von den Fischen nicht behelligt, so daß eine dichte Bepflanzung zusätzliche Versteckmöglichkeiten bieten kann.

Zucht: Die Zucht ist sehr einfach, wenn die Haltungsbedingungen stimmen. Die Laichablage erfolgt meist in Eitrauben und bevorzugt unter Wurzeln, seltener in Röhren oder unter den Überhängen von Steinen. Pflegt man Tiere, die nicht so laichwillig sind, dann kann spätestens gegen Ende des Herbstes durch einen großen Teilwasserwechsel, der 2/3 des Beckeninhalts umfaßt, verbunden mit einer Temperaturabsenkung um 5 °C das Ablaichen ausgelöst werden. Die Eitrauben werden vom ♂ etwa zehn Tage lang intensiv betreut und bewacht. Zur Aufzucht der Jungwelse haben sich neben Tümpelstaubfutter vor allem feinzerdrückte Feinfrosterbsen bewährt, die vorher von ihrer Schale befreit wurden. Sehr wertvoll für die Entwicklung der Jungwelse ist auch Algenaufwuchs mit seinen Kleinstlebewesen. Alle Arten erfreuen sich als Algenfresser und damit Scheibenreiniger einer großen Beliebtheit und sind in vielen Aquarien zu finden. Eine Zuordnung der vorhandenen Tiere zu einer bestimmten Art ist jedoch meist schwer möglich, da ihre Herkunft unbekannt geblieben ist. Es bleibt daher ratsam, bei den meisten Aquarienstämmen weiterhin von *A.spec.* zu sprechen. Andererseits sollte alles versucht werden, die beiden nachfolgend besprochenen Arten, die mit Sicherheit eingeführt wurden, zu erhalten und Bastardierungen auf keinen Fall zuzulassen.

Ancistrus spec., ♂

A. dolichopterus

Blauer Antennenwels

Vorkommen: Schnellfließende, klare Amazonaszuflüsse. **Größe:** 13 cm. **GU:** Die ♂♂ dieser Art tragen große, geweihförmige Gebilde auf der Stirn. **Ansprüche:** Beckengröße ab 80 cm; Wasser 2–30 °dH, pH-Wert 5,8–7,8; Temperatur 23–27 °C. Einrichtung wie in der Gattungsbeschreibung angegeben.

Zucht: Bei Wasserwerten, die unter 10 °dH und im pH-Wert leicht unter 7 liegen, sind die Zuchtaussichten am größten. Für die Ablage der Eiballen werden bevorzugt lichtabgewandte Vertiefungen an der Unterseite von Wurzeln, ebensogern aber auch Röhren genutzt. Aus dem vom ♂ betreuten Gelege schlüpfen die Jungfische nach fünf Tagen, ihr Dottersack ist meist erst nach 14 Tagen aufgezehrt.

A. temminckii

Gelbbrauner Antennenwels

Vorkommen: Suriname, Französisch-Guayana, Nordbrasilien. **Größe:** 12 cm. **GU:** Die ♂♂ dieser Art tragen zahlreiche kurze Borsten am Maul und der vorderen Kopfregion. Das ansprechende gelbbraune Färbungsmuster bei *A.t.*, welches beide Geschlechter tragen, ist meist nur bei Jungfischen deutlicher sichtbar. Die Färbung wird stark von der Stimmung, den Wasser- und Haltungsbedingungen und der Farbe der Umgebung beeinflußt.

Zucht: Wie in der Gattungsbeschreibung angegeben.

Anomalochromis thomasi

Afrikanischer Schmetterlingsbuntbarsch
Familie: *Cichlidae*

Vorkommen: Sierra Leone, Südostguinea, Westliberia. **Größe:** ♂ 10 cm, ♀ 7 cm. **GU:** Die Geschlechter sind äußerlich schwer unterscheidbar. Das ♀ wirkt etwas fülliger und das schwarze Zeichnungsmuster ist häufig dunkler als beim ♂. **Ansprüche:** Becken ab 70 cm Länge; Wasser 7–12 °dH, pH-Wert 6,5; Temperatur 23–27 °C. Als

Anomalochromis thomasi, ♀

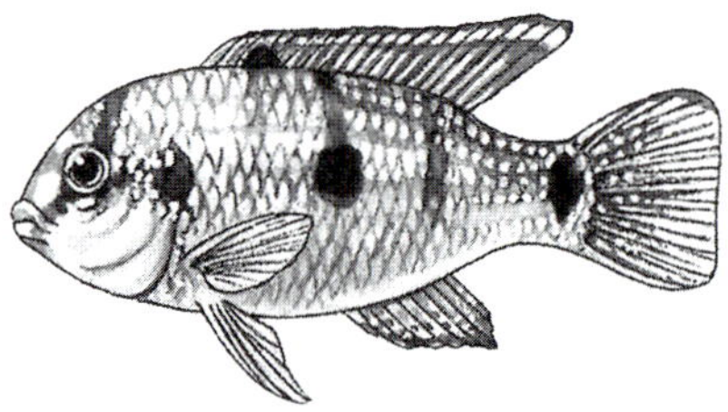

Anomalochromis thomasi, ♂, Brutpflegekleid, Fundortform Cilissi River in Guinea

Bodengrund sollte grober Sand oder feiner Kies gewählt werden, auf dem man einige flache Steine verteilt. Größere Steine und Wurzeln müssen ausreichend Versteckmöglichkeiten bieten, ebenso ein dichter Pflanzenbestand in Gruppen, die dazwischen Schwimmraum freilassen. Für das Wohlbefinden der Fische ist eine gute Filterung ebenso wichtig wie regelmäßiger wöchentlicher Teilwasserwechsel, der 1/4 des Beckeninhalts umfassen soll. Bei nicht zu heller Beleuchtung wirkt diese Art am farbigsten, wenn nötig wird mit Schwimmpflanzen abgeschattet.

Zucht: Es ist von Vorteil, wenn sich das zur Zucht vorgesehene Paar aus einer Jungfischgruppe selbst gefunden hat. Tiere, welche einmal gemeinsam Brutpflege betrieben haben, züchten ein Leben lang gut und regelmäßig. *A.t.* sind Offenbrüter, die Laichabgabe erfolgt auf einem flachen Stein, manchmal auch auf einem breiten Pflanzenblatt. Die zum Ablaichen vorgesehene Stelle wird vorher intensiv geputzt. Gut vorbereitete Tiere können bis zu 500 Eier bringen. Die Pflege von Gelege und Brut wird von beiden Eltern gemeinsam betrieben. Die geschlüpften Larven werden in Gruben in der Nähe des Laichplatzes gesammelt, die Jungfische nach ihrem Freischwimmen, das 8–10 Tage später erfolgt, von beiden Eltern geführt. Regelmäßiger Teilwasserwechsel während der Aufzucht ist wichtig, jedoch sollten in den ersten Wochen stärkere Schwankungen im Wasserchemismus und Temperaturabsenkungen vermieden werden. Als Erstfutter für die Jungfische haben sich Artemia- und Cyclops-Nauplien sowie Mikrowürmchen bewährt. Obwohl die Eltern gut führen, ist es günstig, sie drei Wochen nach dem Freischwimmen aus dem Becken zu nehmen.

Anostomus (Kopfsteher)

Eine Gattung schlanker Fische aus der Familie *Anostominidae.* **Vorkommen:** Nördliches Südamerika. Der Bau ihres Maules und ihre mit dem Kopf schräg nach unten gerichtete Schwimmweise weist sie als Aufwuchsfresser an senkrechten Wänden oder aufrecht wachsenden Pflanzen aus. Allen Arten gemeinsam ist ein sehr hohes Sauerstoffbedürfnis, das durch eine starke Filterung befriedigt werden muß. Der Filterstrom sollte so stark sein, daß der Beckeninhalt mindestens einmal, besser zweimal in der Stunde durch den Filter läuft. Die Becken müssen eine Höhe von mindestens 50 cm aufweisen, nur dann können die Fische weitgehend artgerecht leben. Um den Fischen bei fehlendem Algenaufwuchs dennoch das pflanzliche Futter artgemäß bieten zu können, ist es günstig, in die Gestaltung der Rückwand kleine Nischen und Taschen einzubeziehen, in welche das pflanzliche Futter (angedrückte Feinfrosterbsen, Spinat, Salat u.a.) gelegt wird. Den Tieren bleibt dabei erspart, sich bei der Futteraufnahme vom Boden auf den Rücken drehen zu müssen. Trotz ihrer Größe sind die Arten friedlich, sie werden jedoch selbst größeren Fischen dadurch lästig, daß sie ständig versuchen, diese zu putzen. Leider sind die Vertreter dieser Gattung, die bisher in unsere Bekken kamen, Importtiere. Die Schwierigkeiten der Zucht liegen darin, daß die natürlichen Bedingungen im Aquarium kaum zu simulieren sind, zum Teil leben die Fische in und an den Spalten der Felswände im Stromschnellenbereich der Flüsse und legen dort auch die Eier ab. Bisher hat daher nur hormonelle Beeinflussung diese Schranke überwinden können, die erzielten Nachzuchttiere blieben jedoch steril.

A. anostomus

Prachtkopfsteher

Vorkommen: Stromschnellen in Bächen und Flüssen des Einzugsgebietes von Amazonas und Orinoco. **Größe:** 18 cm. **GU:** Farblich sind die Geschlechter nicht zu unterscheiden, die ♀♀ wirken jedoch deutlich fülliger. **Ansprüche:** Becken ab 100 cm Länge und 50 cm Höhe; Wasser 8–20 °dH, pH-Wert 5,8–7,5; Temperatur 22–28 °C.

Wenn es die Stärke der Bodenscheibe hergibt, sollte die Beckenrückwand als Felsenaufbau mit senkrechten Spalten gestaltet sein. Durch kräftige Filterung ist für eine starke Wasserbewegung zu sorgen. Zum Wohlbefinden der Fische tragen hochwachsende Pflanzen (*Cryptocoryne usteriana,* Riesenvallisnerie) wesentlich bei. Sonniger Stand des Beckens ist für guten Algenaufwuchs günstig, ansonsten muß eine starke Beleuchtung für den gleichen Effekt vorhanden sein. Bei Beachtung dieser Voraussetzungen sind *A.a.* sehr ausdauernde Pfleglinge, die selbst Veränderungen im Wasserchemismus gut verkraften.

A. taeniatus

Gestreifter Kopfsteher

Vorkommen: Ruhig fließendes Wasser des mittleren Amazonasgebietes. **Größe:** 20 cm. **GU:** Farblich sind keine Geschlechtsunterschiede zu erkennen, die ♀♀ sind lediglich am etwas fülligeren Körper herauszufinden. **Ansprüche:** Becken ab 120 cm Länge, Wasser 0–5 °dH, pH-Wert 6; Temperatur 24–28 °C. Dunkler, feinkörniger, torfhaltiger Bodengrund ist zur längeren Haltung dieser Art unerläßlich. Die Filterung muß über Torf erfolgen und kräftig sein. Dichte Pflanzenbestände bieten Schutz und Unterstand.

A. ternetzi

Goldstreifen-Kopfsteher

Vorkommen: Orinoco, Nordbrasilien. **Größe:** 15 cm. **GU:** Farblich sind keine Unterschiede festzustellen. Bei Tieren ab 10 cm Größe zeigen die ♀♀ jedoch deutlich

Anostomus ternetzi

mehr Körperfülle, während die Bauchlinie beim ♂ immer gerade bleibt. Tiere, die parallel schwimmend Kommentkämpfe austragen, sind immer ♂♂. **Ansprüche:** *A. ternetzi* ist unter den bisher eingeführten *Anostomus* die kleinste Art. Sie wird Fischpartnern durch Putzen weniger lästig als die anderen, vergreift sich jedoch bei fehlender Pflanzenkost gelegentlich an den Austrieben von Echinodorus-Pflanzen. Sie ist wenig anfällig gegen Fischkrankheiten und tolerant gegenüber den Wasserwerten. Die übrigen Ansprüche gleichen den in der Gattungsbeschreibung angeführten.

A. trimaculatus

Dreifleckkopfsteher

Vorkommen: Sauerstoffreiche Gewässer von Brasilien und Guayana. **Größe:** 12 cm. **Ansprüche:** Becken ab 100 cm Länge, welche die Haltung einer größeren Zahl dieses friedlichen Schwarmfisches gestatten; Wasser 3–10 °dH, pH-Wert 6–7; Temperatur 23–27 °C.

A.t. hat eine sehr große Vorliebe für Pflanzenaustriebe, die nur durch ein ausreichendes Angebot an pflanzlicher Nahrung einigermaßen in Grenzen gehalten werden kann. Der Bodengrund sollte dunkel und feinkörnig sein, eine intensive Beleuchtung zur Förderung von ausreichend Algenaufwuchs ist ebenso wichtig wie eine starke Filterung des Wassers. *A.t.* ist nicht sehr empfindlich, vorausgesetzt, die Sauerstoffversorgung ist abgesichert.

Zucht: Über eine gelungene Nachzucht dieser interessanten Art liegen bisher keine Angaben vor.

Ansorges Salmler

→ *Neolebias ansorgei.*

Antennenharnischwels

→ *Ancistrus.*

Aphanius

Eine Gattung von Kärpflingen der Familie *Cyprinodontidae,* die in der Alten Welt am weitesten nach Norden vorgedrungen ist. Die Arten kommen in den küstennahen Bereichen des Mittelmeers, von Spanien bis Kleinasien sowie um die Arabische Halbinsel herum bis Indien vor. Der Lebensraum schließt Brackwasser ebenso wie Binnengewässer, einschließlich Bitterseen, ein. Die Umgewöhnung aller Arten auf hartes Süßwasser ist ohne Probleme möglich, solange der pH-Wert über 7 liegt. Wichtige Voraussetzung für eine erfolgreiche Haltung sind gut besonnte oder stark beleuchtete Becken, die sehr viel Algenaufwuchs bringen. Dieser bildet den Hauptbestandteil der Nahrung. Außerdem wird kräftiges Lebendfutter, vor allem Mückenlarven, bevorzugt.

Die **Zucht** ist nicht übermäßig schwierig, das Wachstum der Jungfische erfolgt rasch. Im Alter von sechs Monaten sind die Tiere fortpflanzungsfähig.

A. anatoliae

Anatolienkärpfling

Vorkommen: Diese Art, die vier Unterarten einschließt, lebt in der südlichen Türkei. **Größe:** 5 cm. **GU:** Das ♂ weist dunkle Querbinden, das ♀ eine dunkle Marmorierung auf. **Ansprüche:** Becken ab 50 cm Länge; Wasser über 15, pH-Wert 7,2–9, ein Salzzusatz von 20– 60 g auf 10 l Wasser trägt sehr zum Wohlbefinden bei.

Die durchschnittliche Beckentemperatur sollte bei 20 °C liegen. Temperaturschwankungen zwischen 7 und 30 °C werden ohne Probleme vertragen. Mindestens eine kühle Hälterungsperiode im Jahr wirkt sich sogar sehr günstig auf die Färbung und die Lebenserwartung aus. Der Bodengrund sollte feinkörnig und kalkhaltig sein, um die möglichen pH-Wert-Beeinflussungen durch die zum Verstecken notwendigen Wurzeln zu puffern. Neben Wurzelverstecken werden auch Pflanzendickichte gern von den Fischen aufgesucht.

Zucht: Die Paare werden in Becken, die mit Büscheln von Fadenalgen oder Dederonwolle ausgestattet sind, angesetzt. Die Fische sind Haftlaicher, die ihre Eier zwischen den Fasern ablegen. Eine Zucht im Daueransatz ist möglich, jedoch nicht zu empfehlen, da die Fische starke Laichräuber sind. In Abhängigkeit von der Temperatur schlüpfen die Jungen nach 10–14 Tagen und müssen, sobald ihr Dottersack aufgezehrt ist, feinstes Staubfutter erhalten. Steine, welche sehr viel Algenaufwuchs besitzen, werden von den Jungfischen sehr intensiv nach Kleinstlebewesen abgesucht.

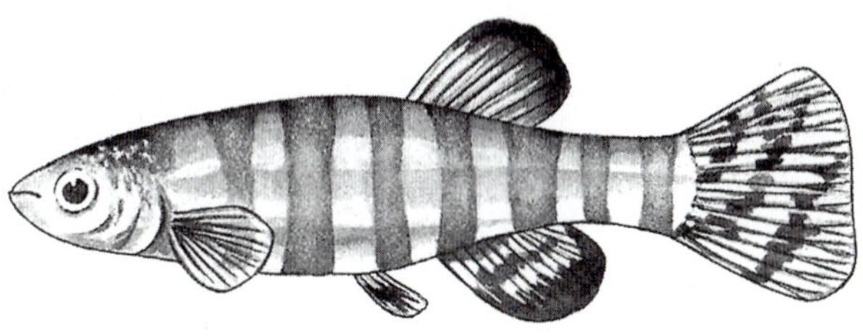

Aphanius anatoliae

A. dispar

Perlmutterkärpfling

Vorkommen: Küstenbereiche des östlichen Mittelmeeres und der Arabischen Halbinsel. **Größe:** 8 cm. **GU:** Das ♂ ist braun bis dunkelblau gefärbt und weist blausilberne Fleckenreihen auf, das ♀ ist grau mit schmalen Querbinden. **Ansprüche:** Beckenlänge und Einrichtung sowie Wasserwerte wie bei *A. anatoliae.* Nur in sonnig stehenden Becken zeigen die Fische ihre volle Farbigkeit. Die Temperatur sollte im Winter bei 18 °C, im Sommer bei 30 °C gehalten werden.

Zucht: Der Paaransatz erfolgt in einem Becken, welches mit einem großen Büschel vermulmten Javamooses ausgestattet ist. Im unteren Bereich dieses Büschels, wo der Mulm am stärksten ist, geben die Fische bevorzugt ihre Eier ab. Die Alttiere sollten nach 2–3 Tagen herausgefangen werden. Die Jungfische schlüpfen nach 15–20 Tagen, ihre Aufzucht entspricht der von *A. anatoliae.*

A. fasciatus

Zebrakärpfling

Vorkommen: Brackwasserzone der Mittelmeerküste. **Größe:** 7 cm. **GU:** Das ♂ ist von olivbrauner Grundfarbe und hat 10–14 gelbweiße Querbinden, das ♀ ist graubraun und trägt Längsreihen dunkler

Flecke. **Ansprüche:** Beckengröße und Einrichtung sind wie bei *A. anatoliae.* Wenn auch die Haltung in sehr hartem Wasser gut möglich ist, entfalten die Fische ihre volle Schönheit erst in einem Wasser, das mindestens 100 g See- oder Speisesalz je 10 l enthält. Die günstigste Haltungstemperatur liegt bei 18–20 °C, sie kann unbeschadet zwischen 10 und 24 °C schwanken.

Zucht: Die Zucht sollte in Brackwasser mit dem oben angeführten Salzgehalt durchgeführt werden. Bevorzugtes Laichsubstrat ist ein Büschel Javamoos. Die Jungfische schlüpfen nach 10–14 Tagen. Eine Umstellung auf hartes Süßwasser sollte nicht vor der sechsten Lebenswoche erfolgen, ist dann aber, wenn sie schrittweise erfolgt, ohne Risiko.

Aphanius mento

A. iberus

Spanienkärpfling

Vorkommen: Mittelmeerküsten Spaniens, Marokkos und Algeriens. **Größe:** 5 cm. **GU:** Die Grundfarbe des ♂ ist blaugrün, die unpaaren Flossen haben Zeichnungsmuster, die Grundfarbe des ♀ ist olivgrün, alle Flossen sind farblos und ohne Zeichnung. **Ansprüche:** *A.i.* ist von den Arten der Gattung am ehesten in Süßwasser zu halten, sofern es eine Mindesthärte von 8 °dH und einen pH-Wert von 7 aufweist. Einer kühlen Überwinterung bei Temperaturen zwischen 10 und 16 °C sollte eine Sommerhaltung bei Temperaturen von 26–32 °C gegenüberstehen. Damit wird nicht nur die Lebenserwartung erhöht, es ist auch die beste Voraussetzung für eine erfolgreiche Zucht.

Zucht: Die Tiere nehmen im Paaransatz jede feinfiedrige Pflanze als Laichsubstrat an. Bei guter Fütterung während des Zuchtansatzes stellen sie dem Laich kaum nach und brauchen erst kurz vor dem Schlupf der Jungfische, der 6–8 Tage nach dem Ablaichen erfolgt, herausgefangen zu werden. *A.i.* gehört zu den Fischen, die wegen ihrer Vorliebe für Mückenlarven in ihrer Heimat gezielt zur Mückenbekämpfung eingesetzt werden.

A. mento

Orientkärpfling

Vorkommen: Nordisrael bis Irak und Südtürkei, vielfach in Bitterseen lebend. **Größe:** 5 cm. **GU:** Das ♂ trägt hellblaue Punkte auf blauschwarzem Grund, das ♀ zeigt dunkle Flecken auf braungrauer Grundfarbe. **Ansprüche:** Becken ab 50 cm Länge, besser größer, da die ♂♂ revierbildend sind und gelegentlich aggressiv werden. Hartes Süßwasser über 15 °dH mit einem pH-Wert von 7 ist zur Haltung geeignet. Der Herkunft der Art entsprechend, hat sich der Zusatz von Jod- und Magnesiumsulfat sehr bewährt: Je 10 l Wasser werden 5 Tropfen Lugolsche Lösung und ein Teelöffel Magnesiumsulfat gut verrührt. Die Temperatur sollte sowohl im Tag-Nacht-Rhythmus als auch jahreszeitlich schwanken, der mögliche Bereich liegt zwischen 10 und 25 °C.

Zucht: Die Zucht ist im Daueransatz möglich, wenn das Laichsubstrat (Javamoos oder Dederonwolle) jede Woche in ein Aufzuchtbecken überführt wird. Die Entwicklungsdauer der Eier liegt bei 8–10 Tagen.

Aphyocharax anisitsi

Aphyocharax

Eine Gattung südamerikanischer schlanker Salmler der Familie *Characidae,* die grundsätzlich nur im Schwarm gehalten werden sollte.

A. anisitsi

Rotflossensalmler

Vorkommen: Rio Parana in Argentinien. **Größe:** 5 cm. **GU:** Die ♂♂ sind schlanker als die ♀♀ und besitzen eine Leiste kleiner Häkchen an der Afterflosse. **Ansprüche:** Becken ab 60 cm Länge, Wasser 5–30 °dH, pH-Wert 6–8; Temperatur 18–28 °C. *A.a.* ist in seinen Ansprüchen sehr tolerant und damit ein Anfängerfisch, er wird jedoch in nicht zu hartem und leicht saurem Wasser älter. Das Rot seiner Flossen wird über dunklem Bodengrund und bei nicht zu hellem Licht intensiver, eine dichte Bepflanzung sollte diesem sehr ruhigen Schwarmfisch genügend Unterstand geben.

Zucht: Zur Zucht ist ein Becken von 40 cm Länge ausreichend, dessen Boden mit einem Laichrost bedeckt ist und einige lange Stengel *Myriophyllum* enthält. Bei einer Temperatur von 25–28 °C und leicht saurem Wasser unter 12 °dH sind die Ergebnisse am besten. Die als Paar angesetzten Tiere laichen in Oberflächennähe zwischen den Triebspitzen der feinfiedrigen Pflanzen, die Zahl der Eier liegt zwischen 300 und 500. Die Alttiere stellen dem Laich stark nach und müssen daher nach dem Ablaichen herausgefangen werden. Der Laich muß vor Licht geschützt werden. Die Jungfische schlüpfen nach 22–26 Stunden und hängen noch fast zwei Tage an Scheiben und Pflanzen. Als Erstfutter nach dem Freischwimmen ist feinstes Staubfutter erforderlich. Bei regelmäßigem Wasserwechsel wachsen die Jungfische rasch.

A. dentatus

Falscher Rotflossensalmler

Vorkommen: Paraguay-Becken. **Größe:** 12 cm. **GU:** Die ♂♂ sind deutlich schlanker als die ♀♀, ihre Afterflosse ist hakenförmig gebogen. **Ansprüche:** Die Beckenlänge für diesen sehr lebhaften Schwarmfisch sollte nicht unter 90 cm liegen; Wasser 5–25 °dH, pH-Wert 6–7,5; Temperatur 16–23 °C, nicht darüber, denn höhere Temperaturen über einen längeren Zeitraum mindern die Lebenserwartung dieses sonst sehr ausdauernden und anspruchslosen Salmlers.

Über dunklem Bodengrund und bei gedämpftem Licht zeigen die Fische ihre Farben am besten. Die Bepflanzung soll dicht, aber so gestaltet sein, daß ausreichend Schwimmraum bleibt. Der Bedarf der Fische an kräftigem Lebendfutter ist sehr hoch. Langjährige eigene Erfahrungen konnten die Literaturangaben nicht bestätigen, daß *A.d.* anderen Fischen an die Flossen gehe, selbst die Vergesellschaftung mit → *Phenacogrammus interruptus* war problemlos möglich. Vermutlich tritt die Erscheinung des Flossenfressens nur bei mangelernährten Tieren auf.

Zucht: Die Zucht ist im Paaransatz möglich, vorteilhafter ist jedoch der Ansatz eines kleinen Schwarms von drei ♂♂ und drei ♀♀. Das Zuchtbecken sollte nicht unter 80 cm lang sein, denn die Fische treiben sehr stark. Der Boden wird mit einem Laichrost abgedeckt. Zur Beckeneinrichtung gehören einige Büschel *Myriophyllum,* die durch *Riccia* u.a. Schwimmpflanzen ergänzt werden können. Die Temperatur sollte zwischen 22 und 24 °C liegen, das Zuchtbecken muß gut abgedeckt werden. Die Fische laichen an der Oberfläche zwischen den Pflanzen ab und springen häufig darüber hinaus. Die Alttiere werden herausgefangen; der Laich sollte vor zu hellem Licht geschützt werden. Die Jungen schlüpfen 24–28 Stunden nach dem Ablaichen und hängen dann an Pflanzen und Scheiben. Zwei Tage später beginnen sie freizuschwimmen und benötigen viel feines Staubfutter und Zuchtpantoffeltierchen. Bei häufigem Teilwasserwechsel wachsen sie sehr rasch.

Aphyosemion (Prachtkärpflinge)

Diese Gattung ist die mit Abstand artenreichste der Familie *Aplocheilidae,* mit einer nur noch für den Spezialisten überschau-

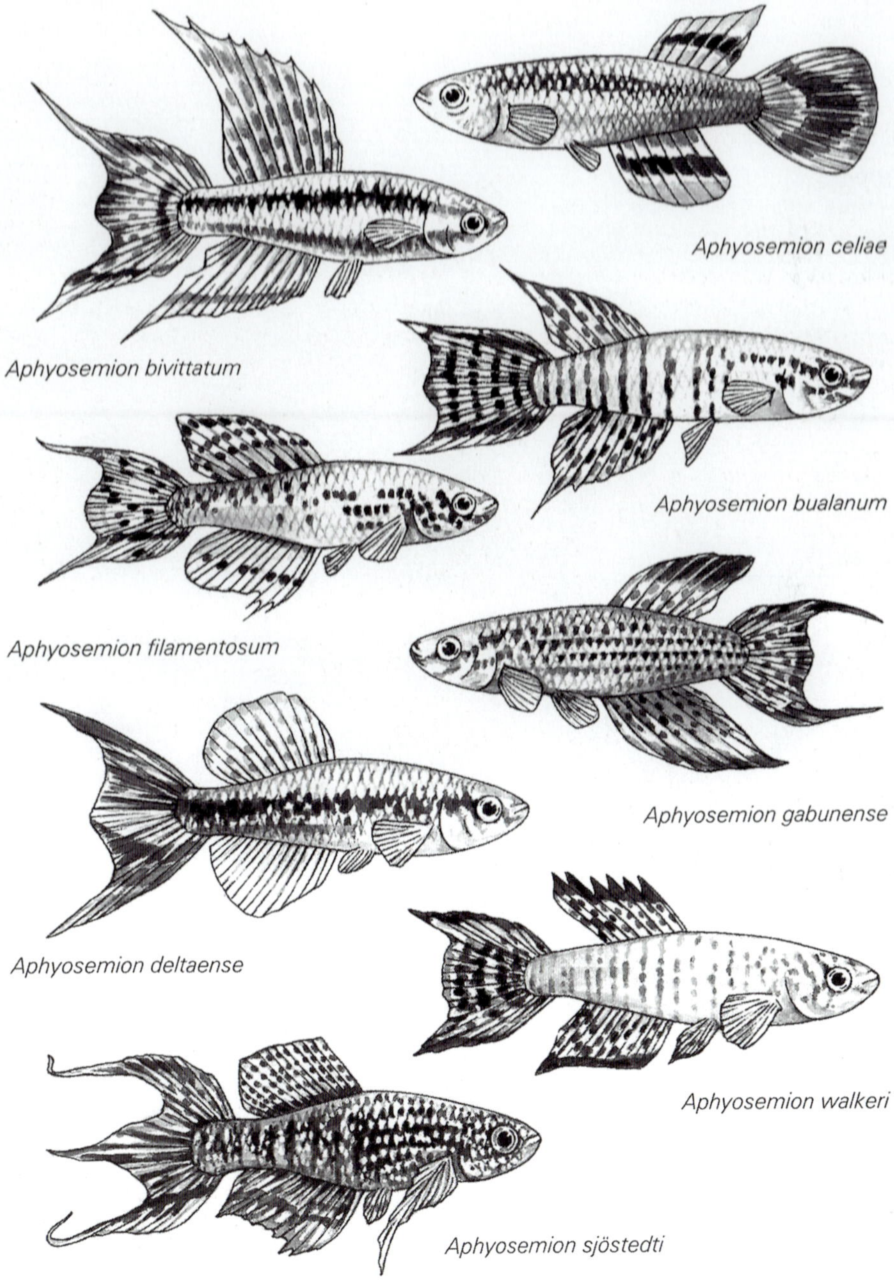

Formenvielfalt der Gattung *Aphyosemion*

baren Fülle von Arten, Unterarten und Fundortformen. Eine Revision, die Ordnung in diese Fülle bringen soll, ist im Gange, doch ihre bisherigen Ergebnisse tragen eher zur Verwirrung bei. So wurde nicht nur die bisherige Gattung → *Roloffia* für ungültig erklärt und vorläufig in die Gattung *Aphyosemion* integriert (in der vorliegenden Ausgabe jedoch noch als eigenständig besprochen), es wurde zudem eine Reihe von Untergattungen aufgestellt, die häufig in Publikationen bereits als Gattungsnamen deklariert werden. *Chromaphyosemion* und *Fundulopanchax* sind am häufigsten zu finden, in der Diskussion sind jedoch auch *Archiaphyosemion, Mesoaphyosemion, Paraphyosemion, Scriptaphyosemion, Callopanchax, Gularopanchax* und viele andere. Für den Liebhaber dieser farbenprächtigen, oft als schwimmende Edelsteine bezeichneten Fische ist dies jedoch von zweitrangiger Bedeutung.

Aphyosemion-Biotop, Kamerun

Entscheidender sind das Wissen und die Herkunft seiner Art und damit ihre Zuordnung in eine der beiden vom Temperaturregime bestimmten Pflegegruppen (Küstengebiete: warme Haltung über 24 °C, Berggebiete: kühle Haltung unter 22 °C). Prachtkärpflinge sind weit über das westliche und zentrale Afrika verbreitet. Sie leben dort meist in vorwiegend von Regenwasser gespeisten stehenden oder fließenden Gewässern, aber auch in zeitweise austrocknenden Wasserlöchern. Sehr weiches und leicht saures Wasser ist deshalb unter Aquarienbedingungen eine wichtige Voraussetzung für die Haltung über längere Zeit, vor allem aber für eine erfolgreiche Zucht. Bei den meisten Arten der Gattung besteht ein ausgeprägter farblicher Geschlechtsdimorphismus, die ♂♂ sind sehr prächtig, die ♀♀ in der Regel unscheinbar gefärbt. Da sich die ♀♀ vieler Arten nur schwer voneinander unterscheiden lassen, sollten die Arten, besonders aber die Unterarten, im Interesse der Reinerhaltung getrennt gehalten werden. Die Nahrung von *A.* in ihrem Verbreitungsgebiet besteht vor allem aus Anfluginsekten von der Wasseroberfläche; im Aquarium benötigen sie entsprechend kräftige Lebendnahrung, wie Mückenlarven, Wurmfutter und als zeitweiligen Ersatz mageres Fleisch.

Fortpflanzung und **Zucht**: Die Fische laichen bei günstigen Bedingungen meist über einen längeren Zeitraum ab, der Zuchtansatz ist paarweise möglich, oft ist der Ansatz als Trio (ein ♂, zwei ♀♀) vorteilhafter. Innerhalb der Gattung gibt es sowohl Haftlaicher, die ihre Eier an feinfiedrige Pflanzen als Laichsubstrat heften, als auch ausgesprochene Bodenlaicher, die zum Teil beim Ablaichen in den Boden eintauchen. Zwischen diesen beiden Varianten existieren eine Reihe von Übergängen und Zwischenformen. Eine zeitweilige Trockenlegung des Laichs ist bei den meisten Arten möglich, zur Erzielung eines gleichmäßigen Schlupfes sogar die günstigste Variante. Die Eier der meisten Arten sind so fest und groß, vielfach über 1 mm, daß sie mit dem Finger aus dem Laichsubstrat herausgelesen und in Aufzuchtschalen überführt werden können, ohne Schaden zu nehmen.

Für die Eier der Haftlaicher hat sich folgendes Verfahren am besten bewährt: Man bereitet kleine Wasserschalen vor, die 2–3 cm hoch mit Wasser gefüllt sind, und gibt eine Spur Acriflavin zu, um das Verpilzen der Eier zu verhindern. Die Flüssigkeit darf nur ganz schwach gefärbt sein, denn jeder Tropfen zuviel bewirkt, daß die Eihüllen verhärten und der Schlupf erschwert oder verhindert wird. Die richtige Menge muß jeder Aquarianer für seine Wasserverhältnisse selbst durch Erfahrung ermitteln. Je 100 ml Wasser werden gleichmäßig über den Boden der Schale 30–35 Eier verteilt. Diese Wasserschalen werden bei Temperaturen von 22–24 °C aufbewahrt, bis die Entwicklung der Embryonen abgeschlossen ist. Die Schalen kann man abdecken, um Verdunstungsverluste einzuschränken. Gegebenenfalls wird etwas weiches Wasser nachgefüllt, ansonsten kann sich die Pflege auf das Entfernen verpilzter Eier beschränken.

Die Entwicklung der Embryonen ist an der Ausbildung ihrer Augen deutlich zu verfolgen. Um den Schlupf gleichmäßig zu gestalten, ist es ein bewährter Züchterkniff, die entwickelten Eier mit Hilfe eines Siebes für 30–60 s in kühles Wasser von 12–15 °C zu tauchen, und sie sofort in die Aufzuchtschale zurückzugeben. Der Schlupf erfolgt wenige Stunden danach gleichmäßig. Wem diese Mühen zuviel sind, weil er nur seinen Stamm Haftlaicher für sich erhalten will, für den genügt es, einen kleinen Schwarm in einem dicht mit Javamoos ausgestatteten größeren Artbecken zu pflegen, bei guter Ernährung der Alttiere kommen immer genügend Jungfische auf, um den Stamm über viele Jahre zu erhalten.

Bei den Bodenlaichern werden die Eier entweder aus dem Substrat herausgelesen und in sauberen, ausgekochten, halbfeuchten Torf überführt, oder es wird der gesamte Bodengrund samt den Eiern in einem engmaschigen Netz gut ausgedrückt. Die krümelfeuchte Torfmasse wird in Kunststofftüten oder verschließbare Kunststoffdosen gefüllt, verschlossen und bei einer artspezifischen Temperatur (siehe bei den einzelnen Arten) aufbewahrt. Die Augenentwicklung der Embryonen im Ei zeigt an, wann aufgegossen werden kann. Der Aufguß mit weichem, 16 °C kühlem und sauerstoffarmem Wasser hat sich in den meisten Fällen am besten bewährt. Gut geeignet ist z.B. das Wasser alter Zuchtpantoffeltierchenkulturen. Steht dieses nicht zur Verfügung, dann helfen sich manche Aquarianer damit, daß dem Aufguß einige getrocknete Wasserflöhe zugegeben werden. Deren Zersetzung führt schnell zur Sauerstoffverarmung.

Die weitere Behandlung der geschlüpften Jungfische ist bei Boden- und Haftlaichern gleich. Sie werden in etwas größere Schalen oder kleine, niedrige Becken überführt. Das Aufzuchtwasser muß weich, leicht sauer und 22–24 °C warm sein. Pantoffeltierchen, Rädertierchen, Artemia-Nauplien und Mikrowürmchen sind als Erst- und Aufzuchtnahrung sehr gut geeignet. Das Wachstum der Jungfische verläuft bei den meisten Arten sehr zügig. Wenn die Geschlechter zu unterscheiden sind, ist es günstig, ♂♂ und ♀♀ zu trennen und bis zur Zuchtreife getrennt zu halten. Damit werden innerartliche Auseinandersetzungen vermieden, und es wachsen leistungsstarke Zuchttiere heran. Aus der Fülle der inzwischen aquaristisch eingeführten Arten und Unterarten werden im folgenden nur die Arten besprochen, die mehr oder weniger häufiger bei uns im Angebot auftauchen. Viele von ihnen haben, obwohl sie bereits jahrelang gehalten und gezüchtet werden, keine deutsche Bezeichnung, es ist wohl auch nicht notwendig, um jeden Preis eine solche zu erfinden.

A. amieti

Vorkommen: Sanagafluß in Südwestkamerun. **Größe:** 7 cm. **GU:** Das ♀ ist etwas kleiner und weniger intensiv gefärbt. **Ansprüche:** Becken ab 50 cm Länge mit dunklem Bodengrund und dichter Bepflanzung; Wasser 5–22 °dH, pH-Wert 6,5; Temperatur 20–26 °C.

Zucht: Ansatz als Paar oder Trio in Wasser von 2–5 °dH und pH-Wert 6–6,5. Die Laichabgabe erfolgt bevorzugt in Javamoos. Eibehandlung siehe Gattungsbeschreibung, die Entwicklungsdauer im Wasser beträgt in Abhängigkeit von der Temperatur 2–3 Wochen. Eine Trockenlegung der Laichkörner ist möglich, der Aufguß sollte nach 4, spätestens aber nach 6 Wochen erfolgen.

A. arnoldi

Arnolds Prachtkärpfling

Vorkommen: Sumpfgräben im westlichen Nigerdelta. **Größe:** 5,5 cm. **GU:** Das ♂ ist sehr farbenprächtig, seine Schwanzflosse dreilappig und ausgezipfelt, das ♀ ist einfarbig bräunlich mit braunen Flecken, seine Flossen sind abgerundet. **Ansprüche:** Becken ab 50 cm Länge, dessen Bodengrund aus Torf bestehen oder zumindest dunkel sein sollte. Die Fische fühlen sich bei gedämpftem Licht wohler und lieben größere, aufgelockerte Javamoosbüschel als Unterstand.

Zucht: Die Zucht gelingt bei dieser Art nicht immer auf Anhieb. Die Aussichten sind dann am größten, wenn kräftige Tiere vor dem Zuchtansatz nach Geschlechtern getrennt gehalten und intensiv, vor allem mit Mückenlarven, aufgefüttert werden. Das Zuchtbecken für diesen Bodenlaicher muß eine 3–4 cm hohe Torfschicht als Bodengrund haben und sollte 10–15 l Wasser mit 2–10 °dH und pH-Wert 6 fassen. Angesetzt wird ein ♂ mit 2–3 ♀♀, nach einer Woche werden die Alttiere herausgefangen und Eier bzw. Torf, wie in der Gattungsbeschreibung angegeben, weiterbehandelt. Bei Temperaturen von 18–24 °C liegt die Entwicklungszeit zwischen 8 und 15 Wochen, das Aufgußwasser kann sehr kühl sein (8–12 °C). *A.a.* produziert auch Dauereier, die erst nach drei Monaten reifen. Es ist günstig, das Substrat nach dem

Aphyosemion amieti, ♂

ersten Aufguß erneut trockenzulegen und einen späteren zweiten Aufguß durchzuführen. Eine rechtzeitige Trennung der Geschlechter, sobald sie zu erkennen sind, ist für das Wachstum der Tiere sehr förderlich.

A. australe

Bunter Prachtkärpfling »Kap Lopez«

Vorkommen: Küstennahe Gebiete in Zaire und Gabun. **Größe:** 6 cm. **GU:** Das farbenprächtige ♂ hat ausgezogene unpaare Flossen, die Flossen des schlicht gefärbten ♀ sind abgerundet. **Ansprüche:** Beckenlänge 50 cm; Wasser 1–10 °dH, pH-Wert 5,5–6,5; Temperatur 21–24 °C. Die Art bevorzugt dunklen Bodengrund aus Torf, Wurzeln als Verstecke und dichte Bepflanzung, darunter einige Schwimmpflanzen zur Dämpfung des Lichtes. Eine zusätzliche Filterung des Wassers über Torf hat sich sehr bewährt, ebenso der Zusatz von einem Teelöffel See- oder Kochsalz auf 10 l Wasser.

Zucht: Zur Zucht sind kleine Becken ausreichend. Das Zuchtwasser muß torfgefiltert, sehr weich (unter 5 °dH) und leicht sauer (pH-Wert 6–6,5) sein. Zu einem ♂ werden 2–3 ♀♀ gegeben, die Fische laichen an feinfiedrigen Pflanzen ab. Bei gut vorbereiteten Tieren können jeden Tag zehn und mehr Eier abgelesen werden, ohne daß die Laichwilligkeit der Fische beeinträchtigt wird. Die Eier werden in Aufzuchtschalen überführt (siehe Gattungsbeschreibung), die Entwicklungsdauer beträgt 12–14 Tage, manchmal bis zu 21 Tage. Eine vorübergehende Trockenlegung, wie bei den Bodenlaichern ist mit den Eiern dieser Art möglich.

Aphyosemion australe

A. bivittatum

Gebänderter Prachtkärpfling

Vorkommen: Grenzbereich zwischen Nigeria und Kamerun. **Größe:** 5 cm. **GU:** Das ♂ ist farbenprächtiger als das ♀ und hat an der Schwanzflosse zipfelförmige Verlängerungen. **Ansprüche:** Beckenlänge 60 cm; Wasser 1–8 °dH, pH-Wert 6–6,5; Temperatur 22–24 °C. Die Art hält sich auch in Wasser von 15 °dH eine Weile, ist aber dann gegen Infusorien- und Bakterienbelastung noch anfälliger als sie es ohnehin schon ist. Der Bodengrund muß aus Torf bestehen, dichte Bepflanzung und einige Wurzeln werden als Verstecke gern genutzt, es sollte aber stets genügend Schwimmraum bleiben. Der Standort des Beckens muß schattig sein.

Zucht: Bei einer Zuchttemperatur von 24–26 °C werden in ein 5-l-Becken zu einem ♂ 2–3 ♀♀ gegeben. Bevorzugtes Ablaichsubstrat ist ein lockeres Bündel Javamoos, aus dem von Zeit zu Zeit die Eier herausgelesen und in eine Aufzuchtschale überführt werden können (siehe Gattungsbeschreibung). Die Entwicklungsdauer liegt zwischen 12 und 16 Tagen, bei niedrigen Temperaturen beträgt sie bis zu 21 Tagen.

A. bualanum

Vorkommen: Zentralafrikanische Republik und östliches Kamerun. **Größe:** 5 cm. **GU:** Das ♂ ist farbenprächtiger, mit blaumetallischem Schimmer, das ♀ stumpf grünlichbraun gefärbt. Unpaare Flossen des ♂ sind ausgezipfelt, beim ♀ abgerundet. **Ansprüche:** Becken ab 50 cm Länge; Wasser 5–15 °dH, pH-Wert 5,5–6,5; Temperatur 21–24 °C. Die Tiere lieben dämmrige Becken, die durch dichte Bepflanzung, darunter Schwimmpflanzen, zahlreiche Wurzeln und schattigen Stand am besten erzielt werden.

Zucht: Becken zwischen 5 und 10 l Inhalt sind für die Zucht ausreichend, das Wasser sollte torfgefiltert sein und nicht über 10 °dH sowie einen pH-Wert um 6,5 aufweisen. Javamoos oder andere feinfiedrige Pflanzen werden als Laichsubstrat dieser Haftlaicher bevorzugt, die günstigste Zuchtgruppe besteht aus einem ♂ und 2–3 ♀♀. Die Eier können regelmäßig abgelesen und, wie in der Gattungsbeschreibung angegeben, weiterbehandelt werden. Die Jungfische wachsen langsam, die Geschlechtsreife tritt erst mit sieben Monaten ein. Es muß besonders während der Aufzuchtphase darauf geachtet werden, daß der pH-Wert nicht über 7 ansteigt.

Aphyosemion bivittatum, ♂

A. calliurum

Rotsaumprachtkärpfling

Vorkommen: Küstenbereiche Westafrikas. **Größe:** 5 cm. **GU:** Das ♂ ist farbenprächtig, seine Flossen sind ausgezogen, die des kleineren und einfarbigen ♀ abgerundet. **Ansprüche:** Becken ab 50 cm Länge; Wasser 5–12 °dH, pH-Wert 6,5; Temperatur 24–26 °C. Der dunkel zu haltende Bodengrund sollte zumindest Torfanteile enthalten, wenn nicht, dann ist die Filterung über Torf unerläßlich. *A.c.* ist nicht ganz so lichtscheu wie viele andere Arten, das Becken kann also mit vielen Pflanzen sehr dekorativ gestaltet werden.

Zucht: *A.c.* ist sowohl Boden- als auch Haftlaicher, es liegt in der Hand des Aquarianers, nach welchem Verfahren er die Tiere vermehren will. Aus praktischen Erwägungen heraus wird meist der Trockenlegung der Vorzug gegeben. Bei beiden Varianten werden die Tiere als Trio eine Woche lang in einem 5-l-Zuchtbecken mit 5 °dH weichem, leicht saurem Wasser und einer Temperatur von 26 °C belassen. Die Eientwicklung im Wasser dauert zwischen 2–3 Wochen, bei Trockenlegung muß nach 3–4, spätestens nach 6 Wochen aufgegossen werden.

A. cameronense

Vorkommen: *A.c.* ist mit vier Unterarten in langsamen Fließgewässern von Ostkamerun bis Gabun verbreitet. **Größe:** 5

cm. **GU:** Die ♂♂ aller Unterarten sind wesentlich bunter als ihre ♀♀. **Ansprüche:** Becken ab 60 cm Länge, wegen ihrer Empfindlichkeit gegen Wasserbelastungen sind Beckengrößen darunter nicht empfehlenswert. Wasser 2–8 °dH, pH-Wert 6,5; Temperatur 20–22 °C. Temperaturen bis 18 °C werden gut vertragen, Temperaturen auf Dauer über 23 °C machen die Tiere hinfällig.

Wenn Torf nicht bereits als Bodengrund eingesetzt wird, dann ist auf jeden Fall eine kräftige Filterung über Torf erforderlich. Die Bepflanzung sollte dicht sein und in Verbindung mit Wurzeln ausreichend Deckung und Unterstand bieten. *A.c.* sollte in erster Linie mit Mückenlarven (lebend oder gefrostet) gefüttert werden, bei Tubifexfütterung treten oft Probleme auf.

Zucht: Die besten Zuchterfolge verspricht noch immer der Daueransatz im Artbecken, das mit feinfiedrigen Pflanzen bzw. Javamoos ausgestattet ist. Bei Temperaturen zwischen 22 und 24 °C laichen die Tiere ab, die Eier können problemlos abgelesen und, wie in der Gattungsbeschreibung angegeben, weiterbehandelt werden. Die Entwicklungsdauer liegt zwischen 12 und 14 Tagen. Die Ausfärbung der Jungfische erfolgt im Vergleich zu anderen Arten sehr spät.

A. celiae

Vorkommen: Mit zwei Unterarten in den Bächen des Regenwaldes von Westkamerun verbreitet. **Größe:** 5 cm. **GU:** Die ♂♂ beider Unterarten sind prächtiger gefärbt als die ♀♀. **Ansprüche:** Becken ab 50 cm Länge; Wasser 8–15 °dH, pH-Wert 6,5–7; Temperatur 24 °C. Weicher, dunkler Bodengrund und eine dichte Bepflanzung erfüllen die Ansprüche der Art, die in mittelhartem und neutralem Wasser noch gut zu halten und auch zu züchten ist. Es muß eine gute Filterung gewährleistet sein.

Zucht: Der Daueransatz im Artbecken, aus dem regelmäßig die Eier herausgelesen werden, ist die einfachste Zuchtmethode. Die Entwicklungsdauer beträgt 12–14 Tage, zu verfahren ist wie in der Gattungsbeschreibung angegeben. Die Jungfische wachsen relativ langsam und färben spät aus.

A. christyi

Kongoprachtkärpfling

Vorkommen: Zentrale Gebiete des Zairebeckens. **Größe:** 6 cm. **GU:** Die Flossen des ♂ sind lang ausgezogen, die des ♀ abgerundet. **Ansprüche:** Becken ab 50 cm Länge; Wasser 2–10 °dH, pH-Wert 6–6,5; Temperatur 20–24 °C. Dunkler Bodengrund mit einem Anteil an Torffasern, dichte Bepflanzung und gute Filterung sind die Mindestanforderungen der Art, von der eine große Zahl farblich unterschiedlicher Fundortformen existiert.

Zucht: *A.c.* kann sowohl als Haft- als auch als Bodenlaicher zur Zucht angesetzt werden. Ein Paar oder ein Trio werden in einem 10-l-Becken angesetzt, das je nach Verfahren mit Javamoos oder Fasertorf bestückt ist. Die Verfahrensweise ist wie in der Gattungsbeschreibung vorgesehen. Bei Aufzucht in der Wasserschale schlüpfen die Jungfische nach 12–16 Tagen, bei der Trockenlegung sollten die Eier nach 21 Tagen aufgegossen werden.

A. cinnamomeum

Zimtprachtkärpfling

Vorkommen: Gewässer in den Bergen Westkameruns. **Größe:** 5 cm. **GU:** Flossen der farbigeren ♂♂ gelb gerandet, die der ♀♀ farblos durchscheinend. **Ansprüche:** Becken ab 80 cm Länge; Wasser 5–15 °dH, pH-Wert 6; Temperatur 22–24 °C. Die Art wünscht nicht zu hellen Bodengrund, der Torfanteil enthalten soll, eine lockere bis dichte Bepflanzung und gute Filterung. Regelmäßiger Teilwasserwechsel alle zwei Wochen ist vor allem in der Vorbereitung der Zucht empfehlenswert. Werden die Tiere in härterem Wasser gehalten, so sollte schrittweise eine Angleichung an die für die Zucht notwendigen niedrigen Werte erfolgen.

Zucht: Der Zuchtansatz erfolgt als Trio, die Tiere laichen sowohl an feinfiedrigen Pflanzen als auch am Boden. Als besonders günstig für die Zucht hat sich über Torf gefiltertes Wasser mit einer Härte von 5–6 °dH und einem pH-Wert von 5,6 erwiesen. Dem Ablaichverhalten der Art kommt sehr langfasriger Torf am besten entgegen, evtl. kann zusätzlich ein Büschel Javamoos eingebracht werden. Die Eibehandlung ist der Gattungsbeschreibung zu entnehmen. Im Wasser schlüpfen die Jungfische nach 18–22 Tagen, wird der Torf halbfeucht aufbewahrt, dann sollte er bereits nach 21 Tagen aufgegossen werden, bei krümeltrockener Aufbewahrung wird der Aufguß erst nach 6–8 Wochen erforderlich. Zum Aufguß sollte in jedem Fall sehr weiches Wasser (unter 5 °dH) verwendet werden. *A.c.* ist, vor allem wenn die Temperaturen häufiger die 24-°C-Marke überschreiten, anfällig gegen Fischtuberkulose; diese Temperaturgrenze sollte stets

Aphyosemion christyi, ♂

Aphyosemion cognatum, ♂

beachtet werden. In gewissem Umfang kann die Widerstandsfähigkeit der Fische durch Zugabe von 20 g Kochsalz auf 10 l Wasser erhöht werden. Diese Salzgabe ist auch dann zu empfehlen, wenn man Tiere erwirbt, über deren vorangehende Haltungsbedingungen man nichts weiß.

A. cognatum

Gepunkteter Prachtkärpfling

Vorkommen: Zentralzaire. **Größe:** 5 cm. **GU:** Das ♂ zeigt auf rotbrauner Grundfarbe zahlreiche rote Flecken, die Flossen sind zugespitzt. Das ♀ trägt rotbraune Flecken auf brauner Grundfarbe, seine Flossen sind abgerundet. **Ansprüche:** Bekken ab 50 cm Länge mit dunklem, torfhaltigem Bodengrund und nicht zu lockerer Bepflanzung sagen diesem etwas scheuen Fisch am meisten zu. Wasser 5–8 °dH, pH-Wert 6–6,5; Temperatur 22–24 °C.

Zucht: Je nach dem im 10-l-Zuchtbecken eingesetzten Laichsubstrat sind die Fische Haft- oder Bodenlaicher, der Ansatz sollte als Trio erfolgen. Das günstigste Laichsubstrat ist langfasriger Torf, es bleibt dann dem Züchter überlassen, ob er die Eier naß (Schlupf nach 12–16 Tagen) oder über eine Trockenlegung (Aufguß nach 21 Tagen) entsprechend dem in der Gattungsbeschreibung angegebenen Verfahren weiterbehandelt. Obwohl die Jungfische sofort Artemia-Nauplien annehmen, ist die Zufütterung von Pantoffeltierchen anzuraten.

A. deltaense

Deltaprachtkärpfling

Vorkommen: Westliches Nigerdelta. **Größe:** 12 cm; häufig etwas kleiner bleibend. **GU:** Das ♂ wird größer und ist farbiger als das ♀, seine Schwanzflosse ist ausgezipfelt, die des ♀ gerundet. **Ansprüche:** Diese recht große Art benötigt ein Becken nicht unter 80 cm Länge, vor allem dann, wenn mehrere ♂♂ gemeinsam gehalten werden sollen; Wasser 5–15 °dH, pH-Wert 6,5–7; Temperatur 22–26 °C. Dunkler Bodengrund unterstreicht die Farbigkeit der Fische. Wurzeln und dichte Bepflanzung sollten für ausreichend Versteckmöglichkeiten sorgen, denn die ♂♂ sind untereinander recht streitsüchtig.

Zucht: *A.d.* ist ein reiner Bodenlaicher, das Zuchtbecken muß also mit einer mindestens 4 cm dicken Torfschicht versehen sein. Bei dieser Art ist es besonders wichtig, daß nur ♀♀ mit deutlichem Laichansatz mit dem ♂ zusammengebracht werden, denn nicht laichbereite ♀♀ werden oft zu Tode getrieben. Es ist deshalb geraten, in das Zuchtbecken zusätzlich ein großes Büschel Javamoos einzubringen, in das sich zu sehr getriebene ♀♀ flüchten können. Die Weiterbehandlung des Laiches erfolgt in der in der Gattungsbeschreibung für Bodenlaicher angegebenen Weise, der Aufguß kann meist nach drei Monaten erfolgen, die Jungfische wachsen rasch heran. Will man besonders große Tiere erzielen, dann sind die Geschlechter so früh wie möglich zu trennen und getrennt aufzuziehen.

A. exigoideum

Vorkommen: Bäche im Regenwald Südwestgabuns und Kameruns. **Größe:** 4 cm. **GU:** Die Flossen des ♂ sind bunt gefärbt, die des ♀ farblos. **Ansprüche:** Für diese kleine Art sind Becken mit einer Länge von 50 cm völlig ausreichend; Wasser 2–10 °dH, pH-Wert 6,5; Temperatur 22 °C. Der Bodengrund wird dunkel gehalten, Torfanteil ist vorteilhaft. Die Bepflanzung muß dicht gestaltet werden, zusätzlich sollten Schwimmpflanzen für gedämpftes Licht sorgen.

Zucht: Der Zuchtansatz sollte als Trio in einem kleinen Becken, welches Torf als Bodengrund und feinfiedrige Pflanzen als Laichsubstrat enthalten muß, erfolgen. Das Zuchtbecken darf keinesfalls hell stehen, da sonst die Fische kaum in Laichstimmung kommen. Die Eier können nach beiden in der Gattungsbeschreibung angegebenen Verfahren weiterbehandelt werden. Im Wasser schlüpfen die Jungfische manchmal schon nach 12 Tagen, meist aber zwischen dem 15. und 20. Tag. In halbfeuchtem Torf ist eine Lagerung der Eier vier Wochen lang möglich. Die Geschlechter, die bereits nach zehn Wochen gut zu unterscheiden sind, sollten getrennt aufgezogen werden. Ausgewachsen und zuchtfähig sind die Fische mit sechs Monaten. In jeder Nachzucht färben nur relativ wenige ♂♂ gut aus; um einen farbenprächtigen Aquarienstamm zu erhalten, sollten nur diese Tiere zur Weiterzucht verwendet werden.

A. exiguum

Kamerunprachtkärpfling

Vorkommen: Waldgebiete Ost- und Südkameruns und Gabuns. **Größe:** 4 cm. **GU:** Das ♂ ist viel prächtiger gefärbt als das ♀. **Ansprüche:** Die Beckenlänge für diese sehr schwimmfreudige Art sollte nicht unter 50 cm liegen; Wasser 5–12 °dH, pH-Wert 6–7; Temperatur 21–24 °C.

Die Bepflanzung über dunklem Bodengrund muß ausreichend Schwimmraum freilassen, einige Schwimmpflanzen bieten den Fischen Unterstand und gedämpftes Licht. *A.e.* ist eine der wenigen Arten der Gattung, die nach entsprechender Umgewöhnung auch mit ungünstigeren Wasserwerten zurechtkommt und die bei 20 °dH und pH-Wert 7 oder 8 nicht nur gut zu halten, sondern auch zu züchten ist.

Zucht: Die optimalen Wasserwerte für diesen Haftlaicher liegen bei 5 °dH und pH-Wert 6. Der Ansatz kann als Paar oder Trio erfolgen, bevorzugtes Laichsubstrat ist Javamoos. Die Entwicklung der in Wasserschalen überführten Eier (siehe Gattungsbeschreibung) ist nach 12–14 Tagen abgeschlossen, bei niedrigen Temperaturen kann sich der Schlupf bis zum 21. Tag verzögern. Die Jungfische benötigen Pantoffeltierchen als Erstfutter und wachsen sehr langsam.

A. filamentosum

Fadenprachtkärpfling

Vorkommen: Sümpfe in Südwestnigeria und Togo. **Größe:** 5,5 cm. **GU:** Das ♂ ist größer und farbenprächtiger als das ♀ und hat lang ausgezogene Schwanz- und Afterflossenstrahlen. **Ansprüche:** Die Beckenlänge sollte nicht weniger als 50 cm betragen; Wasser 5–10 °dH, pH-Wert 5,5–6,5; Temperatur 21–23 °C. Dunkler Bodengrund mit hohem Torfanteil, schattiger Stand des Beckens, dichte Bepflanzung, darunter Schwimmpflanzen, sowie zahlreiche Wurzeln, die Versteckplätze bieten, sind die Bedingungen, die für eine erfolgreiche Haltung dieser Art die Voraussetzung bilden.

Zucht: Für die Zucht eignen sich am besten schmale, langgestreckte Becken, ein Wasserstand von 20 cm Höhe ist ausreichend. Das Zuchtbecken muß dunkel stehen, zusätzlich sollte mindestens die untere Hälfte abgedunkelt werden. Die Art ist Bodenlaicher, der Bodengrund muß also aus Torf bestehen, daneben sollte das

Becken dicht mit feinfiedrigen Pflanzen oder Javamoos bepflanzt sein. Zu einem ♂ werden zwei bis drei ♀♀ gegeben. Nach dem Ablaichen werden die Eier noch für drei Wochen im Becken belassen. Erst dann wird der Torfgrund herausgenommen, ausgedrückt und in gutschließenden Behältnissen bei 18–29 °C gelagert. Von Feuchte und Lagertemperatur wird die Entwicklungszeit beeinflußt, eine regelmäßige Kontrolle der Augenentwicklung der Embryonen ist angezeigt. Sie entscheidet darüber, ob bereits nach vier Wochen oder erst nach drei Monaten aufgegossen werden muß. Zum Aufguß wird weiches Wasser verwendet. Artemia-Nauplien in ausreichenden Mengen sind ein notwendiges Erstfutter für die Jungfische.

A. gabunense

Gabunprachtkärpfling

Vorkommen: Mit drei Unterarten in Nordwestgabun verbreitet. **Größe:** 5 cm. **GU:** Die ♂♂ aller Unterarten sind viel farbiger als die einfarbig bräunlichen ♀♀. **Ansprüche:** Becken ab 50 cm Länge; Wasser 5–10 °dH, pH-Wert 5,6–7; Temperatur 22–24 °C. Der Bodengrund sollte dunkel sein, die Einrichtung braucht allerdings nicht so düster gehalten zu werden wie bei vielen anderen Arten der Gattung. *A.g.* fühlt sich auch in gut beleuchteten Wasserpflanzenbecken wohl.

Zucht: Die Zucht als Haftlaicher erfolgt als Paar- oder Trioansatz in einem 10-l-Becken, welches Torf als Bodengrund und viele feinfiedrige Pflanzen enthält. Mit den Eiern ist, wie in der Gattungsbeschreibung bei Haftlaichern angegeben, zu verfahren, die Jungfische schlüpfen nach 19–21 Tagen. Eine Lagerung der Laichkörner in halbfeuchtem Torf ist möglich, der Aufguß sollte dann nach vier Wochen erfolgen. Die Jungfische sind in bezug auf das Futter nicht wählerisch, sie nehmen sogar vorübergehend staubfeines Trockenfutter an, dennoch ist ihr Wachstum sehr langsam. Sie sind erst im Alter von 11–12 Monaten ausgewachsen.

A. gardneri

Stahlblauer Prachtkärpfling

Vorkommen dieser Art, in der neben vier Unterarten eine Vielzahl von Farb- und Fundortvarietäten enthalten sind, sind die

Urwälder und Savannen Nigerias und Westkameruns. **Größe:** 6 cm. **GU:** Die ♂♂ aller Unterarten und Varietäten sind farbenprächtiger als ihre ♀♀. **Ansprüche:** Becken ab 60 cm Länge; Wasser 10–15 °dH, pH-Wert 6,5; Temperatur 22–25 °C. In der Beckeneinrichtung sollten neben dunklem Bodengrund sperrige Wurzeln, viele lockere Bündel Javamoos und langwurzelige Schwimmpflanzen nicht fehlen, zwischen denen die Fische bei Bedarf Versteck und Unterstand finden. Unter solchen Bedingungen ist die Haltung einer größeren Gruppe über lange Zeit möglich.

Zucht: Bei Temperaturen von 24–26 °C ist die Zucht dieser Haftlaicher sowohl im Paar- als auch im Gruppenansatz möglich. Bei kräftig gefütterten Alttieren kommen selbst im Artbecken genügend Jungfische auf, die regelmäßig abgefischt werden können. Die Entwicklungsdauer der Eier liegt zwischen 12 und 14 Tagen, unter ungünstigen Verhältnissen kann sie bis zu 21 Tagen dauern. Bei *A.g.* ist eine einigermaßen zufriedenstellende Nachzucht auch noch in härterem Wasser möglich. Im Aquarium Erfurt reproduzierten sich zwei Unterarten im Artbecken über viele Jahre bei 30 °dH und pH-Wert 7,5. *A.g.* ist für die Haltung im Gesellschaftsbecken gut geeignet, wenn ihm Versteckplätze zur Verfügung stehen. Bei unzureichender Fütterung können sich allerdings die ♂♂ der Art an den Schwanzflossen anderer Fische vergreifen.

A. gulare

Gelber Prachtkärpfling

Vorkommen: In Wasserlöchern und im Delta des Niger in Südnigeria. **Größe:** 8 cm. **GU:** Beim ♂ sind neben dem farbenprächtigeren Körper auch Brust- und Bauchflossen gefärbt, beim ♀ sind diese farblos. **Ansprüche:** Die Beckenlänge für diese untereinander sehr unverträgliche Art darf nicht unter 70 cm liegen. Erwachsene Tiere sind echte Räuber und sollten nicht mit kleinen Fischen vergesellschaftet werden. Die Art fühlt sich in einem düster gehaltenen Becken mit dunklem, torfhaltigem Bodengrund, dichter Bepflanzung, darunter Schwimmpflanzen, und zahlreichen Wurzelverstecken am wohlsten. Sie ist unter diesen Bedingungen sehr tolerant, was den Chemismus des Wassers anbelangt, das Optimum liegt aber bei 10–15 °dH und einem pH-Wert von 6,5. Die Temperatur sollte 20–22 °C auf Dauer nicht überschreiten, sie kann nur während der Zucht um 2 °C erhöht werden.

Zucht: *A.g.* gehört zu den Bodenlaichern, mit den Laichkörnern wird entsprechend der Gattungsbeschreibung verfahren. Der eihaltige Torf sollte krümeltrocken aufbewahrt werden. Nach einem ersten Aufguß nach 6–10 Wochen sollte nach erneuter Trockenlegung drei Monate nach dem Ablaichen ein weiterer Aufguß erfolgen, um die verbliebenen Dauereier zum Schlupf zu bringen. Die Art ist sehr produktiv, die Jungfische wachsen rasch.

A. labarrei

Vorkommen: Unterer Zaire. **Größe:** 5 cm. **GU:** Das ♂ ist größer und wesentlich farbiger als das ♀. **Ansprüche:** Becken ab 60 cm Länge; Wasser 5–12 °dH, pH-Wert 6,5; Temperatur 22–24 °C. Wenn der Bodengrund dunkel gehalten wird, fühlt sich die Art auch in einem etwas heller beleuchteten Becken wohl, vorausgesetzt, ihr wird wenigstens in einem Beckenteil durch dichte Bepflanzung Versteckplatz und Unterstand geboten. Regelmäßiger Teilwasserwechsel übt sehr günstigen Einfluß auf Wohlbefinden und Lebenserwartung aus, dabei kann durchaus Leitungswasser verwendet werden.

Zucht: *A.l.* gehört zu den Haftlaichern. Da das ♂ die ♀♀ sehr stark treibt, sollten ihm 2–3 ♀♀ zugesellt werden. Eine sehr dichte Bepflanzung des Zuchtbeckens muß den ♀♀ Rückzugsmöglichkeiten bieten. Mit den Eiern ist wie in der Gattungsbeschreibung angegeben zu verfahren, die Jungfische schlüpfen nach 12–14 Tagen, regelmäßiger Teilwasserwechsel fördert das Wachstum.

A. lamberti

Lamberts Prachtkärpfling

Vorkommen: Kleine Bäche im Regenwald Zentralgabuns. **Größe:** 5 cm. **GU:** Das ♂ trägt auf blaugrüner Grundfarbe rote Flekken, das ♀ auf braungrauer Grundfarbe rote Pünktchen. **Ansprüche:** Becken ab 50 cm Länge; Wasser 5–10 °dH, pH-Wert 6,5; Temperatur 18–22 °C, höchstens während der Zucht um 1–2 °C darüber. Diese Art fühlt sich nur in Becken mit gedämpftem Licht richtig wohl, der Bodengrund sollte dunkel und weich (Torf) sein, eine dichte Bepflanzung und die Verwendung von Schwimmpflanzen schaffen diese Bedingungen. Für einen wöchentlichen Teilwasserwechsel mit über Torf gefiltertem Wasser ist *A.l.* sehr dankbar.

Zucht: Durch kräftiges Lebendfutter gut vorbereitete Tiere sind im Paar- oder Trioansatz in dunkel stehenden Becken ohne größere Probleme zur Fortpflanzung zu bringen. *A.l.* gehört zu den Haftlaichern, neben Javamoos wird auch *Myriophyllum* gern als Laichsubstrat angenommen. Die Eier werden abgelesen und wie in der Gattungsbeschreibung angegeben weiterbehandelt. Die Jungfische schlüpfen nach 12–14, in Ausnahmefällen auch erst nach 20 Tagen und wachsen zügig.

A. louessense

Louesseprachtkärpfling

Vorkommen: Obere Zuflüsse des Kouilouflusses in Zaire. **Größe:** 5 cm. **GU:** Das farbigere ♂ hat ausgezogene Flossen, die des ♀ sind abgerundet. **Ansprüche:** Becken ab 50 cm Länge; Wasser 5–12 °dH, pH-Wert 5,5–6; Temperatur 18–22 °C, keinesfalls über längere Zeit darüber, da sonst die Fische sehr schnell vergreisen. Über dunklem Bodengrund sollten sperrige Wurzeln oder eine dichte Bepflanzung für ausreichend Versteckmöglichkeiten sorgen, vor allem, wenn eine größere Gruppe dieser Art im Artbecken gepflegt wird.

Zucht: *A.l.* ist ein Haftlaicher, bei Fehlen von Pflanzen laicht er auch am Boden, vor allem, wenn der Bodengrund aus langfasrigem Torf besteht. Der Zuchtansatz erfolgt als Paar oder besser als Trio. Die Eier sollten, auch in den Fällen, wo am Boden abgelaicht wurde, abgelesen und in Wasserschalen zur Entwicklung gebracht werden, wie es in der Gattungsbeschreibung angegeben ist. Der Schlupf der Jungfische erfolgt zwischen dem 12. und 14. Tag nach dem Ablaichen.

A. lujae

Vorkommen: Einzugsgebiet des Kassal im zentralen Zairebecken. **Größe:** 5 cm. **GU:** Das ♂ ist farbenprächtiger als das ♀. **Ansprüche:** Becken ab 50 cm Länge; Wasser 5–12 °dH, pH-Wert 5,5–6; Temperatur 21–22 °C, höchstens kurzzeitig wenig darüber. Über dunklem Bodengrund und zwischen langwurzligen Schwimmpflanzen fühlt sich diese Art wohl, fehlen diese, so sollte eine dichte Bepflanzung genügend Unterstand bieten.

Zucht: *A.l.* ist ein Haftlaicher, der Zuchtansatz kann als Paar oder im Trio erfolgen. Voraussetzung für den Zuchterfolg sind durch Lebendfuttergabe gut vorbereitete Tiere. Mit den Eiern wird wie in der Gattungsbeschreibung für Haftlaicher angegeben verfahren. Der Schlupf der Jungfische erfolgt nach 12–14 Tagen.

A. marmoratum

Marmorierter Prachtkärpfling

Vorkommen: Kleine Fließgewässer in Westkamerun. **Größe:** 5 cm. **GU:** Das ♂ ist wesentlich farbenprächtiger als das ♀. **Ansprüche:** Für diese sehr friedliche Art ist ein Becken von 40 cm Länge als Artbecken bereits ausreichend, nur bei Vergesellschaftung mit anderen *Aphyosemion* sollte es unbedingt etwas größer gewählt werden; Wasser 3–12 °dH, pH-Wert 6; Temperatur 21–23 °C. Neben dunklem Bodengrund sowie dichten Pflanzendickichten und Schwimmpflanzen zur Lichtdämpfung verlangt diese Art sehr sauberes und klares Wasser. Kräftige Filterung und häufiger Teilwasserwechsel erfüllen diese Anforderung, dabei ist über Torf aufbereitetes Frischwasser von Vorteil. *A.m.* ist sehr anfällig gegen Ektoparasiten, zur Vorbeugung hat sich ein Salzzusatz von einem Teelöffel auf 10 l Wasser gut bewährt.

Zucht: Um diese Art, deren Laichperiode sich über mehrere Wochen erstreckt, rationell züchten zu können, empfehlen sich Kurzzeitansätze in regelmäßigen Abständen. Für einen Kurzzeitansatz ist eine flache Schale mit 2 l ausreichend. Das Wasser sollte 1–6 °dH und einen pH-Wert von 6,5 aufweisen. Als Laichsubstrat für diese Haftlaicher wird ein Büschel Javamoos in die Schale eingebracht und ein kräftiges Paar eingesetzt. Die Schale ist lückenlos abzudecken, da die Fische gern springen. An einem nicht zu hellen Standort werden die Fische 16–24 Stunden im Zuchtgefäß belassen, anschließend herausgefangen und getrennt gehältert sowie kräftig gefüttert. Bereits 2–3 Tage später können die Fische in der nächsten Schale angesetzt werden. Diese Prozedur kann man mehrmals wiederholen. Um allerdings einen vorzeitigen Verschleiß der Zuchttiere zu vermeiden, ist nach dem vierten oder fünften Ansatz eine längere Pause einzuschieben. Bei guten Tieren erbringt jeder Zuchtansatz zwischen 20 und 30 Eier. Diese können, zumal sie mit ihren Haftfäden sehr gut am Substrat hängen, in der Zuchtschale belassen und darin bis zum Schlupf der Jungfische nach 10–15 Tagen an einem nicht zu hellen Ort aufbewahrt werden. Es ist aber auch möglich, sie in kleinere Aufzuchtschalen zu überführen und wie in der Gattungsbeschreibung angegeben zu verfahren. Die Jungfische können abgefischt und gemeinsam aufgezogen werden. Sowohl Pantoffeltierchen als auch Artemia-Nauplien haben sich als Erstfutter gut bewährt.

A. melanopteron

Schwarzer Prachtkärpfling

Vorkommen: Gambafluß im Einzugsbereich des Zaire. **Größe:** 4,5 cm. **GU:** Die Flossen des farbigeren ♂ sind zugespitzt, beim ♀ abgerundet. **Ansprüche:** Für diese gegen Wasserverunreinigungen sehr empfindliche Art sollte das Becken nicht zu klein bemessen werden, damit die Zersetzungsprodukte des nicht gefressenen Futters ausreichend verdünnt werden. Ein Becken ab 60 cm Länge muß diesem kleinen, schönen, aber heiklen Fisch zugestanden werden; Wasser 2–8 °dH, pH-Wert 5,5–6; Temperatur 22 °C. Kräftige Filterung, möglichst über Torf, und regelmäßiger Teilwasserwechsel mit über Torf aufbereitetem Wasser sind anzuraten, dabei sind Veränderungen im Wasserchemismus unbedingt zu vermeiden. Dies ist auch bei Umsetzungen oder neu erworbenen Tieren dringend zu beachten, denn ein plötzlicher Wechsel der Wasserwerte kann den Tod der Tiere zur Folge haben. Dunkler Bodengrund, der zumindest einen Torfanteil enthalten sollte, und dichter Wasserpflanzenbestand tragen sehr zum Wohlbefinden der Tiere bei.

Großes Gesellschaftsaquarium mit Fischen aus Südamerika.

Zucht: In sehr weichem, durch Torfextraktstoffe bräunlich gefärbtem, aber klarem Wasser bei Temperaturen zwischen 22 und 23 °C sind die Erfolgsaussichten noch am größten. Der Bodengrund des Zuchtbeckens sollte langfasrigen Torf enthalten, zur Laichabgabe werden Javamoos oder feinfiedrige Pflanzen bevorzugt. Der Zuchtansatz erfolgt als Paar oder Trio und die Weiterbehandlung der Eier erfolgt wie in der Gattungsbeschreibung für Haftlaicher angegeben. Die Entwicklungsdauer der Eier liegt in der Regel zwischen 12 und 22 Tagen. Auch bei der Aufzucht der Jungfische ist unbedingt auf gleichbleibende Wasserwerte beim Wasserwechsel streng zu achten.

A. microphthalmum

Vorkommen: Südliches Zaire und nördliches Gabun. **Größe:** 4,5 cm. **GU:** Beide Geschlechter können ein rotes Punktemuster zeigen, die ♂♂ auf mehr blaugrauem, die ♀♀ auf mehr bräunlichem Grund. Die Flossen des ♂ sind farbig, die des ♀ durchscheinend. **Ansprüche:** Für die Haltung dieser Art ist ein Becken von 50 cm Länge ausreichend; Wasser 2–10 °dH, pH-Wert 6–6,5; Temperatur 22–24 °C, keinesfalls darüber. In einem dunkel stehenden Becken, das durch dichte Bepflanzung, Wurzeln und langfasrigen Torf als Bodengrund ausreichend Unterstände und Versteckmöglichkeiten bietet, fühlen sich die Fische am wohlsten. Eine Vergesellschaftung mit anderen kleinen Arten, die ähnliche Ansprüche stellen (→ Epiplatys) ist dabei möglich.

Zucht: Zur Zucht ist ein Becken zwischen 5 und 10 l Inhalt ausreichend, der Zuchtansatz erfolgt im Trio (ein ♂, zwei ♀♀). *A.m.* ist sowohl Haft- als auch Bodenlaicher, Javamoos oder lange Torffasern sind deshalb als Laichsubstrat am geeignetsten. Die Eier können vom Substrat abgelesen und wie in der Gattungsbeschreibung für Haftlaicher angegeben weiterbehandelt werden. Der Schlupf der Jungfische in den Wasserschalen erfolgt nach 10–14 Tagen. Werden die Eier wie bei den Bodenlaichern weiterbehandelt (siehe Gattungsbeschreibung), so sollte der Torf eher tropfnaß als zu trocken in verschließbaren Kunststoffbehältern gelagert werden. Der Aufguß muß nach drei Wochen erfolgen. Die geschlüpften Jungtiere fressen von Anfang an Artemia-Nauplien, eine Zufütterung von Pantoffeltierchen und Rädertierchen hat sich bewährt.

A. mirabile

Lasurwunderkärpfling

Vorkommen: *A.m.* ist mit vier Unterarten in langsam fließenden Gewässern in Westkamerun verbreitet. **GU:** Das ♂ ist viel farbenprächtiger als das schlicht bräunlich gefärbte ♀. **Größe:** ♂ 6 cm, ♀ 5 cm. **Ansprüche:** Becken ab 60 cm Länge; Wasser 1–6 °dH, bei Eingewöhnung bis zu 15 °dH möglich, pH-Wert 6–6,5; Temperatur 22–25 °C. Im Abstand von 14 Tagen ist ein vorsichtiger Teilwasserwechsel (bis 1/4 des Beckeninhalts) zu empfehlen. Bei nicht zu hellem Stand des Beckens sollte der Bodengrund dunkel sein und unbedingt Torfanteile enthalten. Dichte Bepflanzung und einige Wurzeln bieten ausreichend Versteckmöglichkeiten.

Zucht: In das Zuchtbecken, welches nicht viel größer als 20–25 cm zu sein braucht, werden ein ♂ und 2–3 ♀♀ gesetzt. Die Wasserhärte sollte 5–6 °dH nicht überschreiten. Als Laichsubstrat für diese Haftlaicher ist ein großes, lockeres Büschel Javamoos am geeignetsten. Da die Laichperiode von *A.m.* relativ lang ist, ist es am günstigsten, die Eier einmal wöchentlich aus dem Substrat abzulesen. Diese sollten in Wasserschalen überführt werden, die Wasser des Zuchtbeckens enthalten, dem eine Spur Acriflavin zugesetzt wurde. Ein Zuviel dieser Substanz verhärtet die Eihüllen und erschwert oder verhindert den Schlupf, der meist zwischen dem 15. und 20. Tag erfolgt. Als Erstfutter bei *A.m.* ist Staubfutter erforderlich, Nauplien werden erst nach einigen Tagen von den Jungfischen angenommen.

A. multicolor

Vielfarbiger Prachtkärpfling

Vorkommen: In küstennahen Gewässern von Togo bis zur Mündung des Niger. **Größe:** 5 cm, die ♀♀ bleiben etwas darunter. **GU:** Beide Geschlechter zeigen die für diese Art charakteristischen zwei Längsstreifen, die Flossen des ♂ sind sehr lang ausgezogen, die des ♀ nicht. **Ansprüche:** Becken von 50 cm Länge sind ausreichend; Wasser 2–12 °dH, pH-Wert 6–6,5; Temperatur 22–24 °C. Diese ansprechende, sehr zierlich wirkende Art, ist der ideale Besatzfisch für ein schön eingerichtetes Pflanzenbecken, allerdings sollte zumindest in einer Ecke eine Decke aus Schwimmpflanzen vorhanden sein, um den Fischen Unterstand zu bieten. Über dunklem Bodengrund wirken die Fische noch farbiger; er sollte Torf- oder Torffaseranteil enthalten. Wo das nicht gegeben ist, muß die Filterung des Wassers über Torf erfolgen.

Zucht: *A.m.* ist in erster Linie ein Haftlaicher an Javamoos oder anderen feinfiedrigen Pflanzen, laicht aber gelegentlich auch am Boden ab, vor allem im Bereich langer Torffasern. Zum Ansatz gebracht werden in einem 5–10 l fassenden Becken ein ♂ und zwei ♀♀. Die Kombination von Fasertorf als Bodengrund mit einem Büschel Javamoos kommt den Bedürfnissen der Art am besten entgegen. Die Eier sind in regelmäßigen Abständen herauszulesen und werden, wie in der Gattungsbeschreibung angegeben, in Wasserschalen überführt. Eine Überführung in ausgekochten Torf ist ebenso möglich. Der eihaltige Torf muß in diesem Falle krümeltrocken aufbewahrt werden, der Aufguß

Aphyosemion multicolor, ♂

wird nach 3–4 Wochen erforderlich. Bei der Zeitigung in Wasserschalen erfolgt der Schlupf nach 15–20 Tagen. Als Erstfutter für die Jungfische sind Artemia-Nauplien geeignet. Um langlebige und gesunde Tiere zu erhalten, sollten bei der Aufzucht Temperaturen über 24 °C vermieden werden.

A. ocellatum

Schulterfleck-Prachtkärpfling

Vorkommen: Bäche in Südgabun. **Größe:** 5 cm. **GU:** Körpergrundfarbe des ♂ prächtig blau bis blauviolett mit gelborange gefärbten Flossen, Farbe des ♀ bräunlich, Flossen durchsichtig. **Ansprüche:** Becken ab 50 cm Länge; Wasser 2–8 °dH, pH-Wert 6–6,5; Temperatur 18–22 °C, keinesfalls darüber. Der Bodengrund für *A.o.* muß aus Torf, zumindest aber aus einer Torf-Sand-Mischung bestehen, da die manchmal scheuen und schreckhaften Fische sich bei vermeintlicher Gefahr regelrecht in den Bodengrund hineinstürzen. Seine Höhe sollte deshalb auch nicht unter 5 cm liegen. Die Becken müssen gut abgedeckt sein, weil andererseits die Fische ihr Heil in der Flucht aus dem Wasser suchen. Ein dunkler Standort des Beckens und eine dichte Bepflanzung tragen wesentlich zum Wohlbefinden dieser immer noch etwas heiklen Art bei, ebenso ein regelmäßiger wöchentlicher Teilwasserwechsel in geringen Mengen (10 %), bei dem über Torf aufbereitetes Wasser mit Wasserwerten verwendet werden muß, die denen des Beckenwassers entsprechen.

Zucht: Diese schöne Art ist leider nicht sehr produktiv und nicht leicht zu vermehren. Ein Zuchterfolg hängt wesentlich davon ab, daß das Zuchtbecken in einer abgelegenen Ecke steht, wo die Fische so wenig wie möglich durch Bewegungen außerhalb des Beckens gestört werden. Der Bodengrund des Beckens sollte eine dicke Schicht Fasertorf enthalten und zu zwei Dritteln mit lockeren Javamoosbüscheln ausgefüllt sein, da die Fische, die als Paar oder Trio (ein ♂, zwei ♀♀) angesetzt werden, sowohl an Pflanzen als auch am und im Boden ablaichen können. Die Eier, die einmal wöchentlich abgelesen werden sollten, können sowohl in Wasserschalen als auch mit Trockenlegung zur Entwicklung gebracht werden (siehe Gattungsbeschreibung). In der Wasserschale schlüpfen die Jungfische nach 15–21 Tagen. Für das Verfahren der Trockenlegung ist es vorteilhafter, nach einer Woche Laichzeit die Zuchttiere in ein gleichgestaltetes Becken umzusetzen und den gesamten Bodengrund mit den Eiern für 4–6 Wochen bis zum Aufguß krümelfeucht trockenzulegen und in verschlossenen Behältnissen aufzubewahren. Tümpelstaub, Zuchtpantoffeltierchen und Rädertierchen sind als Erstfutter für die Jungfische notwendig. Der Teilwasserwechsel muß mit Vorsicht geschehen, dabei darf die Temperatur von 22 °C nicht für längere Zeit überschritten werden.

A. pürzli

Vorkommen: Westliches Kamerun. **Größe:** 6 cm. **GU:** Das ♂ ist, vor allem auf Kopf und Kiemendeckeln, intensiver gefärbt als das ♀. **Ansprüche:** Becken ab 60 cm Länge; Wasser 2–8 °dH, pH-Wert 7–7,5; Temperatur 22–25 °C. Diese farblich vergleichsweise weniger auffällige Art, deren Vorzug jedoch darin besteht, auch in neutralem und leicht alkalischem Wasser gehalten werden zu können, wirkt über dunklem Bodengrund besser. Ihren Ansprüchen genügt jedoch auch ein helleres Pflanzenbecken, das zumindest teilweise eine Schwimmpflanzendecke aufweisen sollte.

Zucht: Die Haltungsbedingungen haben wesentlichen Einfluß darauf, ob *A.p.* als Haft- oder Bodenlaicher angesetzt werden sollte. Tiere aus hellen Becken laichen lieber zwischen Pflanzen ab, die aus dunklen Becken lieber am Bodengrund aus Torf. Die Wasserhärte sollte bei beiden Verfahren 5 °dH nicht überschreiten. Sowohl die aus Pflanzen als auch die vom Bodengrund gelesenen Eier können in Wasserschalen entsprechend dem in der Gattungsbeschreibung angegebenen Verfahren zur Entwicklung gebracht werden, die Zeitigungsdauer beträgt dabei 18–21 Tage. Günstiger ist jedoch das Überführen der Eier in ausgekochten, feuchten Torf. Dieser wird am besten in einem etwas größeren geschlossenen Kunststoffgefäß bei mäßiger Feuchte gelagert und nach 6–8 Wochen aufgegossen. Das Aufgußwasser muß sehr sauerstoffarm sein (siehe Gattungsbeschreibung). Neben Pantoffeltierchen und Rädertierchen können Artemia-Nauplien als Erstfutter gegeben werden.

A. riggenbachi

Vorkommen: Quelltümpel im südwestlichen Kamerun. **Größe:** 8 cm, nur bei optimalen Bedingungen auch darüber. **GU:** Die Schwanzflosse des intensiver gefärbten ♂ ist oben und unten zu Spitzen ausgezogen, die des ♀ ist abgerundet. **Ansprüche:** Die Beckenlänge für diesen schwimmfreudigen Fisch sollte nicht unter 7 cm liegen; Wasser 1–6 °dH, pH-Wert 5,5–7,5; Temperatur 20–22 °C.

Der Herkunft der Fische entsprechend, ist klares, sehr sauberes Wasser die wichtigste Voraussetzung für eine erfolgreiche Haltung. Wasserverunreinigungen führen sehr schnell zum Siechtum der Tiere. Zur Haltung sind flache Becken mit einem Wasserstand von 10–15 cm am besten geeignet. Der Bodengrund sollte aus Torf bestehen, eine dichte Randbepflanzung und Wurzeln bieten ausreichend Versteckmöglichkeiten und Unterstand, in der Mitte muß genügend Schwimmraum freigelassen werden. Die Fütterung der Fische muß mit viel Sachverstand und individuell erfolgen, da sich die gefräßigen Tiere sehr schnell überfressen. Geschieht dies häufiger, dann gehen sie früher oder später an Verdauungsstörungen ein.

Zucht: Der Zuchtansatz kann als Paar oder im Trio erfolgen, ein 10-l-Becken ist für die Zucht ausreichend. Als Laichsubstrat kann Javamoos eingebracht werden, vorteilhafter ist die Verwendung von Torffasern oder die Kombination beider. Die besten Erfahrungen wurden gemacht, wenn zur Zucht junge ♀♀ verwendet wurden. Sie können sehr produktiv sein. Die Eier sind herauszulesen und können nach beiden in der Gattungsbeschreibung angeführten Verfahren weiterbehandelt werden. Einen nennenswerten Unterschied in der Entwicklungsdauer bei beiden Verfahren gibt es kaum, da auch der Torf relativ feucht aufbewahrt werden sollte. Im Wasser schlüpfen die Jungfische meist nach 21 Tagen, der Aufguß des Torfs wird zwischen dem 21. und 24. Tag erforderlich. Die Aufzuchtschalen müssen peinlich saubergehalten werden, schleimiger Bakterienbelag auf dem Schalenboden kann den Verlust der Jungfische nach sich ziehen. Das Wasser muß deshalb regelmäßig teilweise gewechselt werden. Eine ansprechende Größe erreichen die rasch wachsenden Jungtiere dann, wenn die Geschlechter sehr zeitig getrennt werden.

A. robertsoni

Robertsons Prachtkärpfling

Vorkommen: Sümpfe in Westkamerun, die nahezu regelmäßig völlig austrocknen. **Größe:** 6 cm. **GU:** Das ♂ ist farbiger als das ♀ und hat eine dreilappige Schwanzflosse, während die des ♀ abgerundet ist. **Ansprüche:** Becken ab 50 cm Länge, bei Haltung mehrerer ♂♂ besser größer; Wasser 3–10 °dH, pH-Wert 6,5–7; Temperatur 21–24 °C. Ein nicht zu heller Standort des Beckens sagt den Fischen am besten zu, der Bodengrund sollte dunkel sein, die Bepflanzung so dicht, daß ausreichend Versteckplätze für die einzelnen Tiere gegeben sind.

Zucht: Zur Zucht ist ein Becken mit 10 l Inhalt ausreichend, dessen Boden mit einer Torfschicht versehen ist. Eine Erhöhung der Temperatur auf 26 °C erhöht die Laichbereitschaft. Zum Ansatz kommen ein ♂ und zwei ♀♀. Dabei ist darauf zu achten, daß die ♀♀ deutlich Laichansatz zeigen, denn nicht laichbereite ♀♀ werden häufig von dem ♂ zu Tode gehetzt, selbst ein als Deckung eingebrachtes Büschel Javamoos bietet dann kaum Schutz. *A.r.* ist ein ausgesprochener Bodenlaicher, der Zuchtansatz sollte nicht länger als eine Woche laufen. Während dieser Woche ist die regelmäßige Fütterung mit Mückenlarven in kleinen Mengen von positiver Wirkung auf das Ablaichergebnis. Nach dieser Zeit werden die Alttiere herausgenommen, das Wasser abgegossen und der Torf ausgedrückt wie in der Gattungsbeschreibung angegeben. Der eihaltige Torf sollte nicht zu trocken gelagert werden, da sich sonst die Entwicklungszeit bis auf sechs Monate verlängern kann, sofern das nicht beabsichtigt wird. Mäßig warm und mäßig feucht gelagerter Torf kann nach 8–10 Wochen aufgegossen werden. Die rasch schlüpfenden Jungfische werden mit Artemia-Nauplien problemlos angefüttert.

A. rubrolabiale

Rotmaulprachtkärpfling

Vorkommen: Sumpfregenwald im südwestlichen Kamerun. **Größe:** 6 cm. **GU:** Die Schwanzflosse des etwas größeren ♂ ist dreilappig, die des ♀ abgerundet. Die ♀♀ dieser Art sind von denen der vorgenannten *A. robertsoni* nur sehr schwer zu unterscheiden, beide Arten sollten deshalb streng getrennt gepflegt werden. **Ansprüche:** Becken ab 50 cm Länge; Wasser 3–12 °dH, pH-Wert 6,5; Temperatur 21–24 °C. Dunkler Bodengrund, dunkler Standort des Beckens und eine Schwimmpflanzendecke neben dichter Bepflanzung sagen dieser Art am meisten zu.

Zucht: *A.r.* ist ein Bodenlaicher. Für den Zuchtansatz, der als Trio erfolgen sollte, ist ein Becken mit 10 l Inhalt und einer Torfschicht als Bodengrund ausreichend. Das ♂ wird manchmal gegenüber nicht laichbereiten ♀♀ aggressiver, deshalb sollten nur ♀♀ mit deutlichem Laichansatz zur Zucht angesetzt werden. Während des Zuchtansatzes, der über eine Woche laufen sollte, sind die Tiere regelmäßig, aber in Maßen, mit Mückenlarven zu füttern. Die Alttiere werden nach einer Woche herausgefangen, das Wasser abgegossen und der eihaltige Bodengrund angetrocknet, wie in der Gattungsbeschreibung angegeben. Die Entwicklungsdauer der Eier ist abhängig von der Torffeuchte und der Lagertemperatur. Ab der achten Woche sollte die Augenentwicklung der Embryonen regelmäßig kontrolliert werden, ihr entsprechend wird der Zeitpunkt des Aufgusses gewählt. Dieser kann bereits nach 8 Wochen, manchmal aber auch erst nach 5 Monaten gegeben sein. Zu verfahren ist nach den in der Gattungsbeschreibung aufgeführten Hinweisen.

A. scheeli

Vorkommen: Weite Verbreitung über das tropische Westafrika. **Größe:** 6 cm. **GU:** Das ♂ ist größer und farbenprächtiger als das ♀. **Ansprüche:** Becken ab 50 cm Länge; Wasser 5–12 °dH, pH-Wert 6–6,5; Temperaturoptimum bei 23 °C, doch verträgt diese robuste Art Schwankungen im Temperaturbereich zwischen 15 und 30 °C. Eine Haltung im Rahmen dieser Temperaturgrenzen ist den Sommer über im Freilandteich sehr gut möglich und führt zu besonders gut durchgefärbten und gesunden Tieren. Auch wenn die Art mit fast jeder Beckeneinrichtung zurechtkommt, so fühlt sie sich doch über dunklem Bodengrund, einer Bepflanzung, welche Unterstand und Deckung bietet, und unter einigen Schwimmpflanzen am wohlsten. Ein regelmäßiger wöchentlicher Teilwasserwechsel, bei dem 2/3 des Wassers erneuert werden, kann die Lebenserwartung der Fische bis auf drei Jahre verlängern, manchmal sogar darüber hinaus.

Zucht: *A.s.* ist Haftlaicher. Der Zuchtansatz erfolgt als Paar, besser im Trio in einem kleinen, mit Javamoos ausgestatteten Becken von 5–10 l Inhalt. Etwas Torf als Bodengrund ist von Vorteil. Die Eier werden regelmäßig aus dem Laichsubstrat abgelesen und, wie in der Gattungsbeschreibung angegeben, in Wasserschalen überführt und weiterbehandelt. Die Jungfische schlüpfen häufig bereits nach 12 Tagen, spätestens nach 18 Tagen. Eine Lagerung in halbtrockenem Torf ist möglich, der Aufguß sollte aber dann am 21. Tag erfolgen. Die Jungfische sind bei regelmäßigem Teilwasserwechsel ohne wesentliche Probleme aufzuziehen und wachsen zügig.

A. schoutedeni

Vorkommen: Pflanzenreiche Gewässer in Nordwest- und Zentralzaire. **Größe:** 6 cm. **GU:** Das ♂ ist größer und farbiger als das

Aphyosemion scheeli, ♂

♀. **Ansprüche:** Becken ab 50 cm; Wasser 3–12 °dH, pH-Wert 5,5–6; Temperatur 22 °C, höchstens kurzzeitig etwas darüber. Dunkler Bodengrund und sehr dichte Bepflanzung erfüllen die Ansprüche dieser Art am besten, eine gute Filterung über Torf hat sich als vorteilhaft erwiesen, vor allem bei Haltung in mittelhartem Wasser.

Zucht: Ein Zuchtbecken mit 5–10 l Inhalt reicht für die Zucht dieses Haftlaichers aus. Zur Einrichtung sollte neben Javamoos eine Torfschicht als Bodengrund gehören. Der Ansatz erfolgt als Paar oder im Trio. Die Eier werden regelmäßig aus dem Laichsubstrat abgelesen, in Wasserschalen überführt und wie in der Gattungsbeschreibung angegeben weiterbehandelt. Bei Temperaturen zwischen 22 und 24 °C schlüpfen die Jungfische nach 12–14 Tagen, bei der weiteren Aufzucht sollte die Temperaturmarke von 22 °C nicht überschritten werden, um gesunde und widerstandsfähige Tiere zu erhalten.

A. sjöstedti

Blauer Prachtkärpfling

Vorkommen: In Wasserlöchern Westafrikas von Südnigeria über Westkamerun bis Ghana verbreitet. **Größe:** 12 cm, die ♀♀ bleiben kleiner. **GU:** Das farbenprächtigere ♂ besitzt eine in drei Spitzen auslaufende Schwanzflosse, die des ♀ ist nicht zugespitzt. **Ansprüche:** Die Beckenlänge für diese verhältnismäßig räuberische Art, zu deren Nahrungsspektrum auch kleine Fische gehören, sollte nicht unter 80 cm liegen; Wasser 3–12 °dH, pH-Wert 6,5; Temperatur 23–26 °C. Ein Wasserstand von 25–30 cm Höhe ist ausreichend, wenn zahlreiche Wurzeln und eine dichte Bepflanzung für genügend Unterstand und Versteckmöglichkeiten sorgen; dunkler Bodengrund kommt den Ansprüchen der Art entgegen. Gut eingewöhnte Tiere tolerieren auch härteres Wasser, doch sollte dann eine Filterung über Torf erfolgen.

Zucht: Die Zucht kann bei einem Paaransatz bereits im 10-l-Becken erfolgreich sein, das mit einer 5–10 cm hohen Torfschicht versehen ist. Die Art gehört zu den Bodenlaichern, sie ist sehr produktiv. Nach dem Ablaichen wird der eihaltige Torf, wie in der Gattungsbeschreibung angegeben, trockengelegt und bei 18–20 °C 4–6 Wochen lang nicht zu trocken in verschlossenem Behälter gelagert. Wer sehr schnell Jungfische sehen möchte, der kann allerdings auch Eier aus dem Torf herauslesen und in Wasserschalen überführen. Bei einer Temperatur von 32 °C schlüpfen die Jungfische bereits nach 21 Tagen. Die Aufzucht ist problemlos, die Jungfische wachsen rasch, wenn ausreichend Futter zur Verfügung steht und regelmäßiger Teilwasserwechsel durchgeführt wird. Bei dieser Art treten besonders häufig Vorwüchser auf, die, wenn es sich um ♂♂ handelt, aggressiv gegenüber kleineren Tieren werden können. Es empfiehlt sich daher, nicht nur die Geschlechter sehr früh voneinander zu trennen, sondern auch die ♂♂ nach Größe zu sortieren.

A. spoorenbergi

Spoorenbergs Prachtkärpfling

Vorkommen: Grenzbereich von Nigeria und Kamerun. **Größe:** 8 cm. **GU:** Das ♂ ist wesentlich farbiger als das ♀. **Ansprüche:** Becken ab 80 cm Länge; Wasser 3–12 °dH, pH-Wert 6–6,5; Temperatur 20–24 °C. *A.s.* zählt zu den robusteren Arten und kann erfolgreich auch noch in Wasser bis 20 °dH und einem pH-Wert bis 7,2 gehalten werden, ohne daß seine Lebenserwartung geschmälert wird. Er liebt dichtbepflanzte, nicht zu hell stehende Becken. Um diesen manchmal etwas scheuen Fisch häufiger zu sehen, ist die Haltung einer größeren Gruppe angebracht.

Zucht: Die Zucht wird manchmal dadurch erschwert, daß nicht alle ♀♀ Laich ansetzen. Für einen erfolgreichen Zuchtverlauf sind weiches Wasser (unter 10 °dH) mit einem pH-Wert von 6–6,5 und ein nicht zu klein gewähltes Zuchtbecken wichtige Voraussetzungen. Am besten bewährt hat sich bisher ein Haremsansatz mit Männchenrotation, d.h., ein ♂ wird mit 4–5 ♀ in das Zuchtbecken gesetzt, und nach jeweils drei Tagen wird das ♂ durch ein anderes ersetzt. Nach dem vierten Männchendurchgang kann man ziemlich sicher sein, daß alle ♀♀ abgelaicht haben. Die Eier werden bevorzugt an Javamoos, aber auch an aus dem Bodengrund ragende Torffasern abgelegt. Nach Überführung des abgelesenen Laichs in Aufzuchtschalen schlüpfen die Jungfische 12–14 Tage nach dem Ablaichen. Will man einen möglichst gleichzeitigen Schlupf bewirken, so kann man die im Zweitageabstand aufgesammelten Eier auch in halbfeuchtem Torf aufbewahren, diesen bei 18 °C lagern und erst nach Zugabe der letzten Eier die Temperatur auf 24 °C erhöhen. Nach Kontrolle der Augenentwicklung der Embryonen erfolgt, wie in der Gattungsbeschreibung angegeben, nach 18–24 Tagen der Aufguß. Die geschlüpften Jungfische nehmen als Erstfutter Artemia-Nauplien an. Die Geschlechtsreife tritt bei *A.s.* ungefähr im Alter von acht Monaten ein, die prächtige Färbung der ♂♂ ist allerdings erst nach 18 Monaten voll ausgebildet.

A. striatum

Gestreifter Prachtkärpfling

Vorkommen: Nordwestgabun, Zaire. **Größe:** 5 cm. **GU:** Das ♂ ist bunt gestreift, das ♀ einfarbig oliv gefärbt. **Ansprüche:** Becken ab 50 cm Länge; Wasser 2–12 °dH, pH-Wert 6–6,5; Temperatur 20–22 °C. Über dunklem Bodengrund und bei gedämpftem Licht fühlt sich die Art am wohlsten. Zwischen Wurzeln und dichtem Pflanzenbestand sollte genügend Raum für Ver-

Aphyosemion striatum, ♂

steckplätze und Unterstand vorhanden sein. Durch eine kräftige Filterung, möglichst über Torf, ist ständig sauberes Wasser abzusichern. *A.s.* ist etwas anfällig gegen Ektoparasiten, ein geringer Kochsalzzusatz von einem Teelöffel auf 10 l Wasser ist zur Vorbeugung zu empfehlen.

Zucht: *A.s.* ist ein Haftlaicher mit einer langen Laichperiode. Zur rationellen Zucht ist es vorteilhaft, die Fische in Intervallen anzusetzen. Als Zuchtbecken für dieses Verfahren reicht eine Wasserschale mit 2 l Inhalt aus, welche ein Büschel Javamoos enthält. Das Zuchtwasser sollte in seiner Härte unter 6 °dH liegen. In dieses Gefäß wird für 12–24 Stunden ein Zuchtpaar eingesetzt, gut vorbereitete Tiere geben in dieser Zeit bis zu 30 Eier ab, die mit kurzen Haftfäden am Javamoos kleben. Nach dieser Zeit werden die Fische herausgefangen, für 2–3 Tage in einem Hälterungsbecken gut gefüttert und anschließend in die nächste Zuchtschale eingesetzt. Diese Prozedur kann mehrmals wiederholt werden, bis die Zahl der abgelegten Eier spürbar geringer wird, und die Fische eine längere Pause erhalten müssen. Die Eier können in der Zuchtschale verbleiben, oder aber, wie in der Gattungsbeschreibung angegeben, in Wasserschalen überführt werden. Die Jungfische schlüpfen nach 10–15 Tagen, in etwas härterem Wasser kann sich der Schlupf bis zu 21 Tagen verzögern. Es ist jedoch auch möglich, die Eier eines Tagesansatzes in halbfeuchten, ausgekochten Torf zu überführen und diesen nach 14 Tagen aufzugießen. Diese Methode bringt vor allem dort, wo weiches Wasser nicht zur Verfügung steht, die besten Erfolge. Die Jungfische können nach dem Schlupf sofort Artemia-Nauplien erhalten, eine zusätzliche Fütterung von Pantoffeltierchen ist jedoch von Vorteil. Ein Zusatz von einem Teelöffel Kochsalz je 10 l Wasser in den Aufzuchtschalen nach der ersten Lebenswoche erhöht die Widerstandsfähigkeit der Fische gegen Ektoparasiten ebenso wie die strikte Einhaltung der oberen Temperaturgrenze von 22 °C.

A. volcanum

Vulkanprachtkärpfling

Vorkommen: Langsam fließende Bäche im Gebiet der Kamerunberge. **Größe:** 4,5 cm. **GU:** Das ♂ ist bunt, seine Rücken- und Schwanzflossen sind lang ausgezogen, die des unscheinbar gefärbten ♀ abgerundet. **Ansprüche:** Becken ab 60 cm Länge; Wasser 1–5 °dH, pH-Wert 6–6,5; Temperatur 23–26 °C. *A.v.* ist einer der wenigen Prachtkärpflinge, die auf höhere Temperaturen nicht mit Hinfälligkeit reagieren, jedoch sollten Temperaturen über 27 °C vermieden werden. In gut bepflanzten Becken mit dunklem Bodengrund und einer Schwimmpflanzendecke zur Lichtdämpfung kommen die Farben der ♂♂ besonders gut zur Wirkung. Der Bodengrund sollte aus Torf bestehen oder wenigstens einen Torfanteil enthalten. Eine Handvoll gut ausgekochter Buchenblätter in einer Beckenecke wird von den Fischen gern als Unterstand aufgesucht. Regelmäßiger wöchentlicher Teilwasserwechsel (20% des Beckeninhalts) erhöht die Lebenserwartung der Fische beträchtlich.

Zucht: Von positivem Einfluß auf das Zuchtergebnis ist es, wenn die Geschlechter vor dem Zuchtansatz getrennt gehalten wurden. *A.v.* gehört zu den Haftlaichern. Für die Zucht ist ein Becken mit 10 l Inhalt ausreichend, der Ansatz erfolgt im Trio (ein ♂, zwei ♀♀). Als Laichsubstrat haben sich neben *Javamoos* lange Torffasern bewährt. Die Eier werden regelmäßig abgelesen und, wie in der Gattungsbeschreibung angegeben, in Wasserschalen zum Schlupf gebracht. In Abhängigkeit von der Temperatur schlüpfen die Jungfische nach 14–18 Tagen. Wurden Torffasern als Laichsubstrat verwendet, so ist auch eine Trockenlegung möglich. In diesem Fall wird nach einer Woche Laichabgabe das gesamte eihaltige Torfmaterial aus dem Becken genommen, leicht ausgedrückt und drei Wochen lang in einem verschlossenen Behälter gelagert. Das zum Aufguß verwendete Wasser sollte eine Temperatur von 16 °C haben. Die Jungfische nehmen als Erstfutter Artemia-Nauplien an, regelmäßiger Teilwasserwechsel in den Aufzuchtschalen bildet eine wichtige Voraussetzung für ein zügiges Wachstum.

A. walkeri

Ghanaprachtkärpfling,
Walkers Prachtkärpfling

Vorkommen: Urwälder im Südwesten Ghanas und im Südosten der Elfenbeinküste. **Größe:** 6,5 cm, ♀ etwas kleiner bleibend. **GU:** Nur das ♂ zeigt prächtige Farben. **Ansprüche:** Becken ab 60 cm Länge; Wasser 5–10 °dH, pH-Wert 6,5; Temperatur 20–23 °C. Dunkler, möglichst torfhaltiger Bodengrund, eine dichte Bepflanzung mit Schwimmpflanzen zur Lichtdämpfung sowie einige Wurzeln als zusätzliche Versteckmöglichkeit sagen diesem lebhaften Fisch, der wenig Scheu zeigt und sich gern an kleineren Fischen vergreift, sehr zu. Empfindlich ist er nur gegen zu hohe Wassertemperaturen, er verblaßt dann sehr und zeigt kaum noch Farbe, er wird sehr hinfällig, anfällig gegen Krankheiten und geht früher oder später ein. Regelmäßiger Wasserwechsel (wöchentlich 20% des Beckeninhalts) und eine kräftige Filterung, möglichst über Torf, steigern sein Wohlbefinden deutlich.

Zucht: Während der Zuchtphase kann die Temperatur bis auf 25 °C erhöht werden, der Zuchtansatz erfolgt im Trio (ein ♂, zwei ♀♀). Das günstigste Laichsubstrat sind lange Torffasern, jedoch wird auch Javamoos angenommen. *A.w.* zählt zu den halbannuellen Arten, die Eier können sowohl im Wasser kontinuierlich zur Entwicklung gebracht werden als auch mit einer Entwicklungsphase durch Trockenlegung in Torf. Da die Laichentwicklung im Wasser 4–5 Wochen beträgt und damit risikoanfällig ist, sollte die Trockenlegung bevorzugt werden. Zu verfahren ist wie in der Gattungsbeschreibung angegeben. Nach einer Lagerung des Torfs in luftiger, aber feuchter Atmosphäre kann nach 8–12 Wochen aufgegossen werden.

Apistogramma (Zwergbuntbarsche)

Diese Gattung ist die artenreichste aus der Familie *Cichlidae.* Bisher wurden etwa 50 Arten beschrieben, etwa weitere 25 Arten wurden entdeckt und teilweise als *Apistogramma spec.* mit Herkunftsbezeichnung oder charakteristischen Körpermerkmalen bereits eingeführt. Nahezu jede Fischfangreise europäischer Aquarianer in die Heimatgebiete, die sich von den Regenwaldgebieten Amazoniens, dem Rio Orinoco und dem Rio Paraguay bis in die offenen Savannen Argentiniens und Venezuelas erstrecken, bringt neue Arten oder geographische Rassen dazu. Für die nachfolgenden Seiten wurden die Arten ausgewählt, die häufiger im Angebot von Zoohandlungen oder auf Fischbörsen der Vereine zu finden sind.

Die Haltung in kleineren Becken ist durchaus möglich, doch dem interessanten Sozialverhalten der Fische wird man erst dann gerecht, wenn sie in größeren Becken gepflegt werden. Als Richtwert kann gelten: zehnmal die Körperlänge des ♂ =

Beckenlänge. Die in den Artbeschreibungen angegebenen Beckenlängen sind als Mindestlängen zu verstehen, die nicht unterschritten werden sollten. Die Ansprüche der meisten Arten an die Wasserqualität sind hoch, sie reichen von sehr weich bis mittelhart und sollten immer im leicht sauren Bereich liegen. Wenn auch einige der bereits länger eingeführten und vermehrten Arten ohne größere Probleme in härterem Wasser ausdauern, ist für eine erfolgreiche Zucht weiches Wasser unerläßlich. Im Abstand von 8, spätestens 14 Tagen, ist ein Teilwasserwechsel erforderlich, bei dem 1/3 des Beckeninhalts erneuert wird. Der Bodengrund sollte dunkel und nicht zu grobkörnig sein, Torfanteil ist zumindest bei den neu eingeführten Arten vorteilhaft. Gut bewährt hat sich in vielen Fällen auch das Einbringen einer Handvoll gut ausgekochten Buchenlaubs in eine Beckenecke, doch sollte in diesem Fall der pH-Wert häufiger überprüft werden. Die Bepflanzung soll an den Rändern und im Hintergrund dicht sein und freien Schwimmraum in der Mitte lassen. Einige Wurzeln in diesem Bereich dienen der optischen Revierabgrenzung, wenn eine größere Gruppe gehalten wird. Jedem Tier ist mindestens ein Versteck aus Wurzeln, Steinen oder Höhlen zu bieten. Viele Arten reagieren empfindlich auf Wasserverunreinigungen, eine kräftige Filterung ist daher in jedem Fall nützlich und notwendig.

Alle Arten der Gattung *A.* sind Versteck- und Höhlenbrüter, die eine Vater-Mutter-Familie bilden, d.h., die ♀♀ betreuen Gelege und Brut, die ♂♂ verteidigen das Brutrevier und dürfen sich nur in Ausnahmefällen den Jungfischen nähern. In ausreichend großen Becken hat sich die Haltung im Harem bewährt, einem ♂ werden 3–5 ♀♀ zugegeben. Für die Eiablage unter Aquarienbedingungen werden Blumentöpfe oder halbe Kokosnußschalen bevorzugt, deren Öffnung nach unten gerichtet und in deren Seitenwand ein kleines Loch gebohrt ist. Diese Öffnung kann so klein bemessen sein, daß nur das meist kleinere ♀ hindurchpaßt, eine Befruchtung des Geleges wird durch in die Höhle hineingewirbelte Spermien trotzdem gewährleistet. Wenn nicht genügend Höhlen zur Verfügung stehen, dann laichen die ♀♀ auch unter breiteren Wurzeln an dunklen Stellen des Beckens ab, notfalls sogar an der Unterseite breiter Blätter. Die Eier besitzen eine rotbraune Färbung. Die Jungen schlüpfen meist drei Tage nach dem Ablaichen, werden vom ♀ am Boden der Höhle gesammelt und beginnen meist neun Tage nach dem Ablaichen aufzuschwimmen. Als Erstfutter sind neben Tümpelstaub entsprechender Größe Artemia-Nauplien geeignet. Eine mutterlose Aufzucht von diesem Zeitpunkt ab ist möglich, um jedoch artspezifische Verhaltenswesen zu erhalten, sollten die Jungfische mindestens zwei Wochen unter der Obhut der Mutter bleiben. Tiere, die unter naturnahen Bedingungen aufgewachsen sind, versagen als spätere Zuchttiere viel seltener als die um jeden Preis künstlich aufgezogenen.

Viele Jahre lang beobachteten Züchter das Phänomen, daß in den Nachzuchten in einem Wurf jeweils fast nur ♂♂ oder überwiegend nur ♀♀ auftraten. Bei einigen Arten führte dies wegen fehlender Partner fast zum Erlöschen der Bestände. Dem Rätselraten über die Ursachen setzte Dr. Uwe Römer mit Versuchsreihen ein Ende. Er wies nach, daß bei den meisten Arten hohe Temperaturen und ein saurer pH-Wert für das Überwiegen der ♂♂ verantwortlich sind (Details siehe Mergus Cichliden Atlas 1, Melle 1998).

A. agassizii

Agassiz's Zwergbuntbarsch

Vorkommen: In verschiedenen Farbformen (blauweiß, rot und gelb) im gesamten Stromgebiet des Amazonas verbreitet. **Größe:** ♂ 9 cm, ♀ 5 cm. **GU:** Das ♂ ist farbiger als das ♀, seine Schwanzflosse ist lanzenförmig zugespitzt, die des ♀ dagegen abgerundet. **Ansprüche:** Becken ab 90 cm Länge, bei Haltung im Harem darüber; Wasser 2–10 °dH, pH-Wert 6–6,5; Temperatur 24–27 °C. Gut eingewöhnte Tiere dauern auch bei 22 °C längere Zeit aus, das Optimum liegt jedoch bei 27 °C. Die Einrichtung des Beckens wird, wie in der Gattungsbeschreibung angegeben, vorgenommen. Vorsicht ist beim Einsatz von Medikamenten angeraten, die oft den Fischen eher schaden als nützen. Häufiger hoher Nitratgehalt und Sauerstoffmangel läßt die Fische schnell hinfällig werden. Deshalb sind eine gute Filterung und häufiger Teilwasserwechsel unerläßlich, will man lange Freude an den Fischen haben.

Zucht: Das Zuchtbecken darf nicht zu klein gewählt werden, da manche ♀♀ das ♂ nach dem Ablaichen heftig angreifen, andererseits setzen aktive ♂♂ den noch nicht laichbereiten ♀♀ oft sehr zu. Ein Ansatz von 3–4 ♀♀ und einem ♂ in einem Becken von 100 cm Länge läßt diese Probleme kaum aufkommen. Den Tieren sollten auch in diesem Fall ausreichend Versteckmöglichkeiten zur Verfügung stehen. Laichabgabe und Jungfischaufzucht verlaufen wie in der Gattungsbeschreibung angegeben.

A. bitaeniata

Zweistreifen-Zwergbuntbarsch

Vorkommen: Einzugsbereich des Amazonas in Kolumbien und Peru. **Größe:** ♂ 8 cm, ♀ 5 cm. **GU:** Beim ♂ sind die Stacheln der Rückenflosse verlängert, seine Schwanzflosse ist zweizipflig ausgezogen, die des ♀ ist abgerundet. Die Geschlechter sind ab 4 cm Länge deutlich zu unterscheiden. **Ansprüche:** Becken ab 60 cm Länge; Wasser 2–10 °dH, pH-Wert 5–6,5; Temperatur 24–26 °C. Die Einrichtung des Beckens erfolgt wie in der Gattungsbeschreibung angegeben, ein Torfanteil im

Apistogramma agassizii

Apistogramma bitaeniata, ♂

Bodengrund ist sehr zu empfehlen. *A.b.* stellt hohe Ansprüche an den Sauerstoffgehalt des Wassers, ein sehr häufiger Teilwasserwechsel, bei dem im Abstand von 2–5 Tagen jeweils 1/3 des Beckeninhalts erneuert wird, erhöhen Wohlbefinden und Lebenserwartung der Fische beträchtlich.

Zucht: Die Zucht ist bei Haremshaltung (ein ♂, 3–4 ♀♀) im Artbecken möglich. Das Ablaichen wird stimuliert durch Erhöhung der Temperatur auf 26–29 °C und einen Teilwasserwechsel, bei dem 50% des Beckeninhalts durch über Torf gefiltertes Frischwasser (notfalls Torfextraktzugabe) ersetzt werden. *A.b.* ist nicht sehr produktiv, 50 Eier je Gelege sind bereits ein sehr gutes Ergebnis. Laichakt und Jungfischaufzucht verlaufen wie in der Gattungsbeschreibung angegeben. Für ein gutes Wachstum der Jungfische sind häufige Teilwasserwechsel und möglichst mehrmaliges Füttern am Tage wichtige Voraussetzungen.

A. borelli

Gelber Zwergbuntbarsch,
Borellis Zwergbuntbarsch

Vorkommen: Einzugsbereich des Rio Paraguay und Matto Grosso in Südbrasilien und Nordargentinien. **Größe:** ♂ 6 cm, ♀ 3 cm. **GU:** Rücken- und Afterflosse des ♂ sind länger ausgezogen als beim weniger farbigen ♀. **Ansprüche:** Becken ab 50 cm Länge; Wasser 2–15 °dH, pH-Wert 6–6,5; Temperatur 25–28 °C. Die Beckeneinrichtung erfolgt wie in der Gattungsbeschreibung angegeben. *A.b.* ist sehr empfindlich gegen jede Art von Wasserverunreinigung, der notwendige Teilwasserwechsel sollte nach Möglichkeit im Abstand von vier Tagen durchgeführt werden. Über torfigem Bodengrund zeigen die ♂♂ ihre beste Farbe. Ein besonders bei dieser Art häufig zu beobachtendes Phänomen ist das Auftreten von »Pseudoweibchen«. Es handelt sich dabei um rangniedrige ♂♂, die sich durch Anlegen der Brutpflegetracht des ♀ tarnen und damit den Angriffen des Alphamännchens entziehen. Da sie auch in ihrem Verhalten ein Weibchenrevier beziehen, haben sie auch schon erfahrene Aquarianer genarrt.

Zucht: Bei ausreichendem Angebot an Höhlen kann *A.b.* im Haremsansatz (ein ♂, 3–4 ♀♀) bereits in einem Becken ab 50 cm Länge erfolgreich gezüchtet werden. Sehr weiches Wasser (unter 5 °dH) und Temperaturen zwischen 25–28 °C sind die wesentlichen Vorbedingungen für den Zuchterfolg. Trotz ihrer geringen Größe können gute ♀♀ 50–70 Eier je Gelege bringen. Laichakt und Jungfischaufzucht erfolgen wie in der Gattungsbeschreibung angegeben. Neben Artemia-Nauplien sollten den Jungfischen nach dem Freischwimmen auch Rädertierchen und Mikrowürmchen angeboten werden. Oft werden sogar Pantoffeltierchen als Erstfutter akzeptiert. Regelmäßiger Teilwasserwechsel im Aufzuchtbecken ist für gutes Gedeihen Bedingung.

A.b. steht die unter der Bezeichnung *A.spec.* »Opal« verbreitete Art sehr nahe. Sie stellt die gleichen Ansprüche.

Apistogramma borelli »Opal«

A. cacatuoides

Kakaduzwergbuntbarsch

Vorkommen: Peruanischer Teil des Amazonasflußgebietes. **Größe:** ♂ 8 cm, ♀ 5 cm. **GU:** Beim ♂ sind die Strahlen der Rückenflosse verlängert und die Schwanzflosse ist zweizipflig ausgezogen. **Ansprüche:** Becken ab 80 cm Länge; Wasser 8–12 °dH, pH-Wert 7–8; Temperatur 24–26 °C. *A.c.* gehört damit zu den wenigen Arten der Gattung *Apistogramma,* die nicht nur etwas härteres und leicht alkalisches Wasser vertragen, sondern die es für eine erfolgreiche Haltung sogar benötigen. Nicht zuletzt deshalb ist er zu einem der beliebtesten und am weitesten verbreiteten Zwergbuntbarsche geworden. Intensiven züchterischen Bemühungen ist es zu verdanken, daß inzwischen Stämme im Handel sind, bei denen Schwanz- und Rückenflosse einen sehr hohen Rotanteil aufweisen, allerdings neigen Stämme mit extrem hohem Rotanteil zur Verzwergung.

Der Bodengrund des Beckens sollte dunkel und feinkörnig sein, Wurzeln, Steinhaufen und in Gruppen gesetzte Pflanzen

Apistogramma cacatuoides, ♀

Apistogramma cacatuoides, Paar

müssen Versteckplätze bieten. *Apistogramma cacatuoides* liebt es besonders, wenn er sich zwischen Laubblättern verstecken kann, eine Handvoll abgekochter Buchenblätter in zumindest einer Beckenecke kommt diesem Bedürfnis sehr entgegen. Auf Wasserverunreinigungen aller Art reagiert diese Art häufig empfindlich, bei der Verwendung von Medikamenten ist ebenfalls Vorsicht angeraten. Eine gute Filterung und ein regelmäßiger Teilwasserwechsel, der spätestens nach jeweils zwei Wochen 1/4–1/3 des Beckeninhalts umfassen sollte, tragen zum Abbau der Belastungen bei und schaffen die Voraussetzung für eine hohe Lebenserwartung der Fische.

Zucht: Die Zucht ist im Paaransatz in einem 50-l-Becken durchaus möglich. Artgerechter und wesentlich interessanter ist jedoch der Haremsansatz im größeren Becken, wobei einem ♂ bis zu sechs ♀♀ beigesellt werden können. Voraussetzung für diese Zuchtform ist, daß für jedes ♀ eine Bodenfläche von etwa 30 cm x 40 cm zur Verfügung steht, auf der sie ihr ♀-Revier besetzen können, in dessen Mittelpunkt die Bruthöhle steht. Alle ♀-Reviere werden von dem ♂ lebhaft als Gesamtrevier gegen Fremdfische im Becken verteidigt.

Bei Temperaturen zwischen 25 und 28 °C schlüpfen aus den an der Höhlendecke abgelegten Eiern die Jungen meist nach 48 Stunden, und fünf Tage später schwimmen sie frei. Sie werden innerhalb des Reviers vom ♀ sehr sorgfältig betreut und bewacht. Als Erstfutter werden Artemia-Nauplien angenommen, sie können mit Pantoffeltierchen ergänzt werden. Um eine gute Versorgung der Jungfische zu gewährleisten, ist es vorteilhaft, die Futtertiere in den Jungfischschwarm hineinzupipettieren.

A. caetei

Caete-Zwergbuntbarsch

Vorkommen: Rio Caete und Rio Apeo in Nordostbrasilien. **Größe:** ♂ 6 cm, ♀ 3,5 cm. **GU:** Die Geschlechter sind bei jüngeren Tieren kaum zu unterscheiden, neben der Größe unterscheidet sich das erwachsene ♂ durch etwas spitzere Rücken- und Afterflossen sowie durch ein kräftiger ausgeprägtes Pünktchenmuster auf der Schwanzflosse vom ♀. Laichbereite ♀♀ weisen eine gelbe Körpergrundfarbe auf, während das ♂ seine graublaue Färbung im wesentlichen behält. **Ansprüche:** Becken ab 70 cm Länge; Wasser 2–10 °dH, pH-Wert 6,5–7; Temperatur 25–27 °C. Bei der Beckeneinrichtung und dem Teilwasserwechsel ist wie in der Gattungsbeschreibung angegeben zu verfahren.

Zucht: In einem kleinen Becken wird im Paaransatz gezüchtet, im größeren besser im Harem mit zwei oder drei ♀ auf ein ♂. Die günstigste Zuchttemperatur liegt zwischen 25 und 30 °C, nach der Eiablage wird das ♂ in zu kleinen Becken oft heftig attackiert. Es gibt Aquarianer, die bei dieser Art schon 200 Eier gesehen haben wollen; wenn jedoch das ♀ 10 Tage nach dem Ablaichen mit 50–65 Jungfischen die Höhle verläßt, dann ist dies schon als gutes Ergebnis zu bewerten. Die Jungfische nehmen Artemia-Nauplien als Erstfutter an. Wenn ein Pärchen in einem nicht zu kleinen Becken zur Zucht angesetzt wurde, dann darf sich in den meisten Fällen 10 Tage nach dem Freischwimmen der Jungfische auch das ♂ an der Führung und Betreuung des Jungfischschwarms beteiligen, ohne vom ♀ verjagt zu werden.

A. commbrae

Corumba-Zwergbuntbarsch

Vorkommen: Mittellauf des Rio Paraguay in Südwestbrasilien. **Größe:** ♂ 5 cm, ♀ 3 cm. **GU:** Die Geschlechter sind schwer zu unterscheiden, außer der unterschiedlichen Größe zeigen bei manchen Stämmen die ♂♂ mehr oder weniger deutliche rote Flecken auf den Kiemendeckeln, die den ♀♀ fehlen. Wenn sich in einem Jungfischschwarm die Rangordnung auszubilden beginnt, dann verfärbt sich das ♂, welches die Alphastellung errungen hat, für kurze Zeit prächtig gelb. Selbst Aquarianer, die jahrelang diesen friedlichen Zwerg pflegen, haben nur selten das Glück, dieses Farbwunder einmal sehen zu können, denn es wiederholt sich nicht. Leider verschwindet diese relativ anspruchslose und bescheiden gefärbte Art, verdrängt durch farbenprächtigere Neueinführungen, immer mehr aus den Becken der Aquarianer, in denen sie sich 70 Jahre lang bewährt hat, ohne je im Vordergrund gestanden zu haben. **Ansprüche:** Becken ab 50 cm Länge; Wasser 5–10 °dH, pH-Wert 6,5–7,2; Temperatur 23–28 °C. Bei Beckeneinrichtung und Wasserwechsel ist so zu verfahren wie in der Gattungsbeschreibung angegeben. *A.c.* kann mit allen Friedfischen gemeinsam gehalten werden, doch sollten ruhigere Fische beigegeben werden, weil er sich

Apistogramma commbrae, ♀ mit Jungfischen

Apistogramma commbrae, ♂

sonst kaum aus seinen Verstecken hervorwagt und selten zu sehen ist.

Zucht: *A.c.* kann in einem etwas größeren Becken in einem kleinen Harem mit bis zu drei ♀ für das ♂ angesetzt werden. Günstiger ist jedoch der Ansatz eines gut zusammengewöhnten Paares, weil in diesem Falle gelegentlich auch das ♂ sich an der Brutpflege beteiligen darf und damit interessante Verhaltensbeobachtungen möglich werden. Trotz ihrer geringen Größe können es gute ♀♀ bis auf 80 Eier bringen. Als Erstfutter sollten Pantoffeltierchen, Rädertierchen und Mikrowürmchen geboten werden, Artemia-Nauplien können meist erst ab dem 5. oder 6. Tag von den Jungfischen bewältigt werden. Mehrere Fütterungen täglich und gute Wasserhygiene schaffen die Voraussetzungen für eine zügige Entwicklung der Jungfische.

A. gibbiceps

Schwarzbindenzwergbuntbarsch

Vorkommen: Rio-Negro-Gebiet in Brasilien. **Größe:** ♂ 8 cm, ♀ 5,5 cm. **GU:** Die Geschlechter sind erst ab etwa 5 cm Länge sicher zu unterscheiden, bei dem ♂ beginnen sich ab diesem Zeitpunkt die ersten Rückenflossenstrahlen leicht zu verlängern und die Schwanzflosse wird zweizipflig, die des ♀ bleibt gerundet bis gerade. **Ansprüche:** Becken ab 70 cm Länge; Wasser 3–7 °dH, pH-Wert 5,8–6,4; Temperatur 27–29 °C. Die Beckeneinrichtung erfolgt wie in der Gattungsbeschreibung angegeben. Auf sehr sauberes Wasser muß besonderer Wert gelegt werden. Der Teilwasserwechsel sollte möglichst im 10-Tage-Abstand 1/3 des Beckeninhalts umfassen und durch kräftige Filterung, am besten über Torf, ergänzt werden.

Zucht: Zuchterfolge gehören bei dieser Art noch nicht zur Regel. Nachdem beim vorgesehenen Zuchtpaar durch abwechslungsreiche Fütterung das ♀ Laichansatz zeigt, kann manchmal durch Umsetzen des Paares in ein Zuchtbecken mit extrem weichem Wasser (möglichst nur Karbonathärte bis 5°) und ein vorsichtiges Absenken des pH-Wertes durch natürliche Säurespender (Eichenrinden- bzw. Eichenblätterextrakt, Walnußschalen- oder Erlenzäpfchenextrakt), die im Verlaufe von 2–3 Tagen teelöffelweise zugegeben werden, auf Werte zwischen pH 5 und 5,5, die Laichbereitschaft ausgelöst werden. Kokosnußschalenhälften mit sehr kleiner Öffnung werden gern angenommen, einige kleine friedliche Beifische im Zuchtbecken tragen zur Erhaltung des Brutpflegetriebes bei. Die Jungen schlüpfen bei 29 °C nach 2–3 Tagen und schwimmen 4–6 Tage später frei. Artemia-Nauplien werden als Erstfutter angenommen. Die Werte des Zuchtwassers sollten in den ersten vier Lebenswochen beibehalten werden. Wasserbelastungen sind unbedingt zu vermeiden, doch selbst bei Einhaltung aller optimalen Bedingungen wachsen die Jungfische nur sehr langsam.

Apistogramma gibbiceps

A. hongsloi

Rotstreifenzwergbuntbarsch

Vorkommen: Westliches Orinocogebiet in Kolumbien. Die Zugehörigkeit dieser unter den Trivialnamen Rotstrich- oder Rotstreifen-*A.* bei uns aquaristisch eingeführten Form zur Art *A.h.* ist noch umstritten, sie sollte deshalb bis zur Klärung dieser Frage als *A. spec. aff. hongsloi* bezeichnet werden. Der charakteristische kräftigrote Streifen, der beim ♂ von der Schwanzflossenbasis an der Körperunterseite bis zum After verläuft, fehlt den Typusexemplaren von *A.h.*, die lediglich einen roten Fleck auf der Schwanzflossenbasis aufweisen. Die folgenden Angaben beziehen sich deshalb auf *A. spec. aff. Hongsloi.* **Größe:** ♂ 7 cm, ♀ 5 cm. **GU:** Neben dem roten Streifen ist das ♂ an seinen verlängerten ersten Rückenflossenstrahlen sowie sehr spitz ausgezogenen Rücken- und Afterflossen gut vom ♀ zu unterscheiden. **Ansprüche:** Becken ab 70 cm; Wasser 1–6 °dH, pH-Wert 5; Temperatur 27–29 °C. Beckeneinrichtung und Wasserwechsel sind wie in der Gattungsbeschreibung angegeben vorzunehmen. Sehr dunkler Bodengrund (Basaltsplit und Torf) sowie zahlreiche dunkle Moorkienwurzeln lassen die prächtige Färbung dieser hochrückigen Art besonders gut zur Wirkung kommen. Auf Wasserbelastungen reagiert sie dann empfindlich, wenn sich die Wasserwerte vom angegebenen Optimum entfernen; eine gute Filterung über Torf wirkt sich stets günstig aus.

Zucht: Zuchterfolge sind noch nicht selbstverständlich, die meisten Probleme traten bisher in der Phase zwischen dem Schlupf und dem Freischwimmen der Jungfische bzw. in den ersten Lebenstagen der Jungfische auf. Versuche, durch Zugabe von Wasserstoffperoxid eine Erhö-

Apistogramma hongsloi, ♂

hung der Sauerstoffkonzentration bei gleichzeitig keimhemmender Wirkung zu erreichen, haben, wie bei anderen schwierigen Arten auch, Erfolge gebracht. Da die Wirkung dieses Mittels jedoch vom konkret vorliegenden Milieu beeinflußt wird, und selbst eine Spur zuviel davon mehr Schaden als Nutzen bringt, können hier keine allgemeingültigen Rezepte gegeben werden. Eigene langjährige Erfahrungen haben gezeigt, daß die oberste Grenze, an die man sich tropfenweise herantasten muß, bei 4 ml H_2O_2 (30%ig) auf 100 l liegt. Überschreitet man diese Menge, dann gehen die Fische an Kiemenschäden zugrunde. Vorsicht ist also angeraten.

Apistogramma iniridae

A. iniridae

Fadenflossenzwergbuntbarsch

Vorkommen: Flußbereich des Orinoco in Kolumbien. **Größe:** ♂ 7 cm, ♀ 5 cm. **GU:** Sicherstes Unterscheidungsmerkmal sind die lang ausgezogenen, bis zum Schwanzstiel reichenden Bauchflossen des ♂. **Ansprüche:** Becken ab 100 cm Länge; Wasser 1–5 °dH, pH-Wert 5–5,5; Temperatur 27–28 °C. Der Bodengrund muß feinkörnig sein, zahlreiche kleine Steinaufbauten sollten Höhlen enthalten, die der Größe der Fische entsprechen und nach drei Seiten von dichten Pflanzenbeständen umgeben werden. *A.i.* fordert Wasser von höchster Reinheit, jede Wasserbelastung bringt sofort Probleme im Wohlbefinden der Fische. Ein großer Filter mit hoher Leistung muß vorhanden sein, bevor man sich zur Haltung dieser heiklen, aber schönen Art entschließt. Ein wöchentlicher Teilwasserwechsel mit möglichst über Torf aufbereitetem Frischwasser mit den oben genannten Werten ist unerläßlich. Als idealer Zweitbesatz für *A.i.* hat sich ein Schwarm des aus dem gleichen Vorkommensgebiet stammenden Roten Neons (→ *Paracheirodon axelrodi*) bewährt.

Zucht: Die Nachzucht ist noch nicht häufig gelungen, aber durchaus möglich, wenn einige Grundanforderungen der Art erfüllt werden. Dazu gehören von jeder Verunreinigung freies Wasser mit einer Härte unter 2 °dH und einem pH-Wert, der durch Zugabe natürlicher Säurebildner (siehe *A. gibbiceps*) auf 4,5–4,6 konstant eingestellt wird. Bereits bei pH-Wert 5,1 wird die Entwicklung der Embryonen zum Stillstand gebracht und werden die Eier vom ♀ gefressen! Die Zuchttemperatur muß zwischen 28 und 30 °C liegen. Wenn unter diesen Bedingungen das ♀ beginnt, sich lehmgelb einzufärben und das ♂ anzubalzen, dann ist bereits die erste Hürde überwunden. Der für die Eiablage bestimmte umgestülpte Blumentopf sollte auf einer mindestens 3 cm dicken Sandschicht stehen und das Einschlupfloch im unteren Drittel angebracht sein. Ein wichtiger Bestandteil der Laichvorbereitung liegt darin, daß das ♀ den Sand aus der Höhle herausschafft und die Höhlenöffnung zum Teil damit zubaut. Gelegentlich beteiligt sich auch das ♂ an dieser Arbeit. Abgelaicht wird an der Höhlendecke, die roten Eier hängen an kurzen Stielen. Drei Tage nach dem Ablaichen schlüpfen die Jungen, das ♀ leistet dabei aktive Schlupfhilfe, indem sie sie aus den Eihüllen »herauslutscht«. Die Jungen können bis zum Freischwimmen, das meist 4 Tage später erfolgt, mehrmals in Gruben umgebettet werden. Das ♂ darf sich den Jungfischen nicht nähern, seine Aufgabe bleibt die Verteidigung des Außenreviers. Nach dem Freischwimmen nehmen die Jungfische Artemia-Nauplien und Mikrowürmchen als Erstfutter an. Mindestens während der ersten 14 Tage müssen die Werte des Zuchtwassers beibehalten werden, bevor vorsichtig auf das vorgesehene Hälterungswasser umgestellt werden kann. Ein Ergebnis von 50–60 Jungfischen ist bereits als sehr gut zu bewerten.

A. linkei

Gelbbrustzwergbuntbarsch

Vorkommen: Flache Wasseransammlungen in Bolivien. **Größe:** ♂ 6 cm, ♀ 4 cm. **GU:** Die Flossen sind beim ♂ größer und länger als beim ♀. Das ♀ ist von hellgraubrauner Grundfarbe und färbt sich nur in der Laichzeit gelb, während das ♂ immer mehrfarbig auf hellblauer Grundfarbe gekennzeichnet ist. **Ansprüche:** Becken ab 60 cm Länge; Wasser 5–10 °dH, pH-Wert 6,8–7,8; Temperatur 24–29 °C. Flache Becken mit feinkörnigem Bodengrund und dichter Bepflanzung mit großblättrigen Pflanzen kommen den Bedürfnissen der Art am meisten entgegen. Die Filterung kann mäßig sein, sollte jedoch eine gute Wasserqualität absichern. Für den Wasserwechsel ist ein Abstand von 14 Tagen ausreichend, dabei sind 1/4–1/3 des Wassers zu erneuern.

Zucht: Der Ansatz erfolgt in kleinen Becken als Paar, in größeren ist er auch im Harem (ein ♂, 2–4 ♀♀) möglich. *A.l.* laicht bevorzugt an der Unterseite von glatten, großen Pflanzenblättern ab, dabei werden dunkle Stellen des Beckens lieber angenommen als zu helle. Es muß also für eine dichte Bepflanzung im Zuchtbecken gesorgt werden. Die nach drei Tagen schlüpfenden Jungfische werden vom ♂ in Gruben im Schutz von Pflanzendickichten gesammelt und sehr intensiv betreut. Ein Absinken des pH-Wertes während der Ei- und Embryonalentwicklung unter 7 sollte vermieden werden, da sich daraus negative Auswirkungen auf das Aufzuchtergebnis ergeben können, welches im Normalfall zwischen 80 und 100 Jungfische je Brut beträgt. Die Jungfische nehmen nach dem Freischwimmen sofort Artemia-Nauplien als Erstfutter an, die durch Mikrowürmchen ergänzt werden sollten.

Apistogramma linkei

Apistogramma luelingi

Apistogramma macmasteri

A. luelingi

Lülings Zwergbuntbarsch

Vorkommen: Bolivien. **Größe:** 6 cm. **GU:** Die Bauchflossen des ♂ sind farblos, die des ♀ dunkel gefärbt. **Ansprüche:** Becken ab 80 cm Länge; Wasser 1–5 °dH, pH-Wert 6,5–7,2; Temperatur 24–29 °C. Den Bedürfnissen dieser neu eingeführten Art kommt torfgefiltertes, braungefärbtes, aber klares Wasser entgegen, das dicht bepflanzte Becken sollte hell stehen. Übrige Ansprüche wie in der Gattungsbeschreibung angegeben.

Zucht: Der Zuchtverlauf entspricht dem der anderen Art der Gattung, befriedigende Nachzuchtergebnisse sind bisher nur in sehr weichem Wasser zu erwarten.

A. macmasteri

Villavicenciozwergbuntbarsch

Vorkommen: Rio Ocoa in Kolumbien. **Größe:** ♂ 9 cm, ♀ 6 cm. **GU:** Die Schwanzflosse des ♂ ist oben und unten rot eingefaßt, die des ♀ einfarbig schwach gelblich, die Körpergrundfarbe des ♂ ist bläulich, die des ♀ gelblich. **Ansprüche:** Beckengröße nicht unter 70 cm Länge, besser größer; Wasser 0–5 °dH, pH-Wert 5,5–6,5; Temperatur 25–30 °C. Dunkler, feinkörniger Bodengrund mit hohem Torfanteil und eine sehr dichte Bepflanzung entsprechen den Anforderungen der Art am besten. Neben zahlreichen Stein- und Wurzelverstecken ist auch das Einbringen einer Handvoll abgekochten Buchenlaubs in eine Beckenecke, in das sich die Tiere bei Gefahr gern zurückziehen, sehr vorteilhaft für das Wohlbefinden dieser etwas scheuen Art. Eine kräftige Filterung, möglichst über Torf, muß eine einwandfreie Wasserqualität absichern helfen, der Teilwasserwechsel sollte wöchentlich 1/3 des Beckeninhalts umfassen.

Zucht: In einem Becken von 70 cm Länge ist der Zuchtansatz sowohl als Paar als auch im Trio (ein ♂, zwei ♀♀) möglich. Sehr weiches und nach Möglichkeit über Torf gefiltertes Wasser bildet eine wichtige Voraussetzung für eine erfolgreiche Zucht. Das ♀ sucht sich gern Höhlen mit kleinem Eingang oder enge Nischen aus, in welche das ♂ nicht hineinpaßt. Eine Befruchtung des Geleges findet trotzdem statt, die Spermienwolke wird durch Schwanzbewegungen in die Höhle hineinbefördert. Während der Brutpflege ist das ♀ intensiv goldgelb gefärbt. Die Jungen schlüpfen nach 3 Tagen, schwimmen 4 Tage später frei und nehmen Artemia-Nauplien als Erstfutter an. Bei einer Temperatur von 27 °C und einem pH-Wert um 6,7 wachsen die Jungfische bei regelmäßigem Teilwasserwechsel vergleichsweise zügig.

A. nijsseni

Pandazwergbuntbarsch

Vorkommen: Rio Ucayali in Peru. **Größe:** ♂ 8 cm, ♀ 5 cm. **GU:** Unter den verschiedenen Pastelltönen, welche die Färbung des prächtigen ♂ charakterisieren, herrscht eine hellblaue Grundfarbe vor. Die Schwanzflosse des ♂ ist kräftig rot gesäumt, die Bauchflossen sind ohne schwarze Zeichnung. Die Grundfarbe des ♀ ist vom Zeitpunkt der Geschlechtsreife an ein kräftiges Cadmiumgelb, seine Bauchflossen sind schwarzgefleckt und auf der Schwanzflossenbasis ist ein schwarzer Fleck deutlich sichtbar. **Ansprüche:** Becken ab 100 cm Länge; Wasser 1–10 °dH, pH-Wert 5,5–7; Temperatur 26–28 °C.

Der Bodengrund sollte sehr feinkörnig sein, Torfanteil ist vorteilhaft. In der Bepflanzung sollten großflächige Pflanzendickichte vorherrschen, zwischen denen freie Fläche bleiben. Zahlreiche Wurzeln, einige Steinaufbauten und künstliche Höhlen müssen ausreichend Versteck und Unterstand bieten. Die Vergesellschaftung mit friedlichen Beifischen fördert eine frühe Ausbildung der Färbung, und die Paarbindung verläuft rascher als bei allein gehaltenen Tieren. Die Ansprüche der Art an die Wasserqualität sind hoch, deshalb ist eine gute Filterung über Torf sehr zu empfehlen. Beim wöchentlich durchzuführenden Teilwasserwechsel sind 1/4–1/3 des Beckeninhalts zu erneuern.

Zucht: Obwohl *A.n.* inzwischen selbst in mittelhartem und leicht alkalischem Was-

Oben: *Apistogramma nijsseni*, ♂
Unten: *Apistogramma nijsseni*, ♀

ser nachgezogen wurden, sind gegenwärtig kontinuierliche Zuchterfolge noch nicht die Regel. Die bisher besten Ergebnisse wurden in Wasser mit 0–2 °dH bei pH-Werten zwischen 5 und 5,5 erzielt. Bei gut vorbereiteten Tieren, die sehr abwechslungsreich und kräftig gefüttert wurden, konnte in vielen Fällen die Laichbereitschaft durch einen umfangreichen Teilwasserwechsel (50% und mehr) ausgelöst werden, durch den die Wasserhärte spürbar gesenkt wurde. Entsalztes und über Torf aufbereitetes Frischwasser erfüllt diese Bedingung am besten. Die Zucht erfolgt im Paaransatz. Ein besonderes Zuchtbecken ist nicht erforderlich, da Beifische zur Ausprägung des Pflegetriebes sich als notwendig erwiesen haben. Bei jungen Paaren ist häufig beobachtet worden, daß erst ab dem dritten Gelege die Brut ordnungsgemäß gepflegt wurde. Paare, die zusammen abgelaicht haben, bleiben zusammen und bewähren sich von Brut zu Brut besser. Abgelaicht wird an der Decke von Höhlen sowie unter bodennahen Wurzeln oder Blättern. Die Jungen schlüpfen nach 48 Stunden, 4 Tage später schwimmen sie frei, anfangs ausschließlich vom ♀ betreut. Bewährte Zuchtpaare können bei optimalen Bedingungen bis zu 60 Jungfische bringen. Als Erstfutter werden Artemia-Nauplien angenommen. Bei Einhaltung der optimalen Wasserbedingungen und häufiger Fütterung sind die Jungfische dieser Art die schnellwüchsigsten unter den *Apistogramma*-Arten, denn sie haben im Alter von 3 Monaten bereits 4 cm Länge erreicht. Aus bisher noch nicht geklärten Gründen überwiegen in den Jungfischschwärmen mit sehr hohem Anteil die ♂♂.

A. pertensis

Genetzter Zwergbuntbarsch

Vorkommen: Rio Negro und Amazonas in Brasilien. **Größe:** ♂ 7 cm, ♀ 5 cm. **GU:** Das ♂ hat eine hohe, segelförmige Rückenflosse, die des ♀ ist deutlich schmaler. **Ansprüche:** Becken ab 70 cm Länge; Wasser 1–5 °dH, pH-Wert 5,5–6; Temperatur 25–30 °C. Die Beckeneinrichtung erfolgt wie in der Gattungsbeschreibung angegeben, der zeitliche Abstand zwischen den Teilwasserwechseln sollte 14 Tage nicht überschreiten.

Zucht: Paare, die sich gefunden haben, bleiben ein Leben lang zusammen, der Zuchtansatz sollte daher stets als Paar erfolgen. Ein Absenken der Wasserhärte auf nahe 0 °dH bei bis zu 5° Karbonathärte und des pH-Wertes auf 5 durch einen größeren Teilwasserwechsel mit entsalztem, über Torf aufbereitetem Frischwasser kann in den meisten Fällen die Laichbereitschaft gut vorbereiteter Tiere auslösen. Ablaichen und Brutpflege verläuft bei Temperaturen zwischen 28 und 30 °C wie in der Gattungsbeschreibung angegeben. Die Jungfische sind relativ klein und nehmen erst nach etwa einer Woche Freischwimmen mühelos Artemia-Nauplien an. Rädertierchen, Mikrowürmchen und ausgesiebtes Tümpelfutter entsprechender Größe sind daher als Erstfutter vorzuziehen.

A. steindachneri

Steindachners Zwergbuntbarsch

Vorkommen: Guayana. **Größe:** ♂ 9 cm, ♀ 6 cm. **GU:** Die Schwanzflosse des ♂ ist in zwei Spitzen ausgezogen, die des ♀ gerundet. **Ansprüche:** Becken ab 100 cm Länge, Wasser 2–10 °dH, pH-Wert 6–7; Temperatur 23–26 °C. Die Einrichtung des Beckens ist wie in der Gattungsbeschreibung angegeben vorzunehmen, die angebotenen Höhlen müssen der Größe der Tiere entsprechen. Die Haltung der Art im Harem ist artgerechter als die Paarhaltung, da jedes ♀ jedoch eine Bodenfläche von 40 cm x 40 cm als Revier beansprucht, entscheidet die zur Verfügung stehende Beckengröße darüber, wieviele ♀♀ einem ♂ zugesellt werden können. Es ist vorteilhaft, die Reviergrenzen der einzelnen ♀♀ durch entsprechende Wurzeldekorationen und Pflanzengruppen optisch zu markieren.

Apistogramma steindachneri, ♀

Zucht: In entsprechend großen Becken laicht ein ♂ nacheinander mit mehreren ♀♀ im jeweiligen ♀-Revier ab. *A.s.* gehört zu den produktivsten Arten der Gattung, ein gut vorbereitetes ♀ kann bis zu 250 Jungfische aufziehen. Voraussetzung für die Zucht und die erfolgreiche Aufzucht bildet weiches und leicht saures Wasser (unter 5 °dH, pH 6–6,5), welches möglichst über Torf gefiltert werden sollte.

Die Eiablage erfolgt bevorzugt an den Wänden der Höhle, die Brutpflege wird nach der in der Gattungsbeschreibung angegebenen Weise vorgenommen. Hat man schließlich mehrere Jungfischschwärme im Becken, dann stellt die Beschaffung ausreichenden Futters das größte Problem dar. Artemia-Nauplien sind als Erstfutter geeignet, der Bedarf ist jedoch sehr groß. Unerläßlich für ein gutes Wachstum der Jungfische ist ein sehr häufiger Wasserwechsel, der bei einem Jungfischschwarm im Abstand von 5 Tagen, bei mehreren spätestens aller 2 Tage 1/3 des Beckeninhalts umfassen sollte. Bei ausreichendem Futterangebot und häufigem Wasserwechsel sind die Jungfische nach drei Monaten ca. 3 cm lang.

A. trifasciata

Dreistreifenzwergbuntbarsch

Vorkommen: Bolivien bis Paraguay. **Größe:** ♂ 6 cm, ♀ 3,5 cm. **GU:** Beim ♂ sind die vorderen Rückenflossenstrahlen und die Bauchflossen auffallend verlängert, die des ♀ kurz. **Ansprüche:** Becken ab 60 cm Länge, bei Haremshaltung größer, da jedem ♀ ein Revier mit einem Durchmesser von 30 cm zur Verfügung stehen muß;

Apistogramma steindachneri, ♂

Apistogramma trifasciata, ♂

Wasser 1–5 °dH (bis 10 °dH noch möglich), pH-Wert 6,5; Temperatur 26–29 °C. Die Beckeneinrichtung wird wie in der Gattungsbeschreibung angegeben vorgenommen. Optische Reviergrenzen durch Wurzeln und Pflanzengruppen um die ♀-Reviere vermindern die Gefahr von Auseinandersetzungen. Da *A.t.* sehr empfindlich auf Darmparasiten reagiert, sollte der Wasserhygiene besondere Aufmerksamkeit geschenkt werden. Kräftige Filterung und häufiges Entfernen des Mulms beim regelmäßigen Teilwasserwechsel mindern die Gefahr der Reinfektion sehr erheblich.

Zucht: In sauberem, weichem und leicht saurem Wasser ist die Zucht verhältnismäßig leicht. Sie ist im Paaransatz möglich, günstiger sind jedoch bei entsprechender Beckengröße drei oder vier ♀♀ je ♂. Laichakt und Brutpflege verlaufen wie in der Gattungsbeschreibung angegeben. Bei dieser nicht sehr produktiven Art sind 40–50 Jungtiere je Brut bereits als gutes Ergebnis zu werten. Artemia-Nauplien werden als Erstfutter angenommen.

A. viejita

Schwarzkehlzwergbuntbarsch

Vorkommen: Einzugsbereich des Rio Meta in Kolumbien. **Größe:** ♂ 7 cm, ♀ 4 cm. **GU:** Beim ♂ sind Rücken-, After- und Bauchflossen deutlich verlängert. Charakteristisch für das ♀ ist die mit Eintritt der Geschlechtsreife deutlich sichtbar werdende Schwarzfärbung der Kehle, welche der Art den Trivialnamen einbrachte. Von *A.v.* sind bisher freifarblich unterschiedliche Fundortformen bekannt, bei denen die ♀ immer, die ♂ nicht in jedem Fall und höchstens blaß, die Schwarzfärbung von Kehle und Kiemendeckel zeigen. **Ansprüche:** Becken ab 70 cm Länge, bei einer artgerechten Haltung im Harem mindestens 100 cm; Wasser 1–5 °dH, pH-Wert 5–5,5; Temperatur 25–30 °C.

Die Beckeneinrichtung erfolgt wie in der Gattungsbeschreibung angegeben. Eine gute Filterung über Torf trägt wesentlich zur Stabilisierung der notwendigen niedrigen Werte bei Wasserhärte und pH-Wert bei. Zeigen die Fische dennoch Anzeichen von Unbehagen, dann kann die Zugabe von natürlichen Extraktstoffen (Erlenzäpfchen, Walnußschalen oder Eichenrinde) in den meisten Fällen schnell zur Besserung des Allgemeinbefindens führen. Wegen der hohen Anfälligkeit der Art gegenüber Darmparasiten sollte auf Tubifexfütterung ganz verzichtet werden. Da jedoch eine abwechslungsreiche Kost notwendig ist und auf Rote Mückenlarven dabei nicht verzichtet werden kann, sollten diese erst nach einer Frostbehandlung verabreicht werden. Regelmäßiger Teilwasserwechsel im 10- bis 14-Tage-Rhythmus, bei dem angefallener Mulm sehr sorgfältig entfernt wird, vermindert die Gefahr der Reinfektion und ist für das Wohlbefinden der Fische unerläßlich.

Zucht: Regelmäßige Zuchterfolge sind bisher noch nicht selbstverständlich. Die Zuchtaussichten sind in Wasser ohne Gesamthärte bei einer Karbonathärte unter 5 °dH und bei einem pH-Wert um 5 noch am größten. Ein Absenken der Gesamthärte von 5 °dH auf nahe 0 °dH durch einen Wasserwechsel kann bei Tieren mit deutlichem Laichansatz die Laichbereitschaft auslösen. Laichakt und Brutpflege verlaufen wie in der Gattungsbeschreibung angegeben, der Zuchtansatz im Harem mit 2–4 ♀♀ ist aussichtsreicher als ein Paaransatz. Die Jungfische nehmen nach dem Freischwimmen Artemia-Nauplien als Erstfutter an. Eine Erhöhung des pH-Wertes während der Ei- und Embryonalentwicklung ist unbedingt zu vermeiden, da dies mit Verlusten verbunden ist. Neben den aufgeführten Arten erfreuen sich eine Reihe weiterer, zum Teil noch nicht bestimmter *A.*-Arten zunehmender Beliebtheit. Nicht bei allen der als *A. spec.* »Trivialname« geführten Neuheiten gelingt die Zucht problemlos. Im Zweifelsfalle verfahre man wie bei → *A. hongsloi* beschrieben.

Oben links: *A. spec.* Vierstreifen, ♂
Oben rechts: *A. spec.* Rotpunkt, ♂
Mitte links: *A. spec.* Rotkeil, ♂
Mitte rechts: *A. spec.* Breitmaul, ♂
Unten: *A. spec.* Segelflosse, ♂

Apistogrammoides pucallpaensis

Pucallpa-Zwergbuntbarsch
Familie: *Cichlidae*

Vorkommen: Rio Ucayali in Peru. **Größe:** ♂ 4 cm, ♀ 3 cm. **GU:** Das ♂ ist vor allem in den unpaaren Flossen farbiger als das ♀. **Ansprüche:** *A.p.* ist bereits in einem Becken ab 40 cm Länge gut zu halten; Wasser 2–12 °dH, pH-Wert 6–7; Temperatur 26–29 °C. *A.p.* wurde vor allem deshalb zur eigenen Gattung mit einer einzigen Art erklärt, weil sie sich durch den Besitz von 7 Hartstrahlen in der Afterflosse von der mit nur 3–5 Hartstrahlen ausgestatteten

Apistogrammoides pucallpaensis, ♀

Gattung → *Apistogramma* unterscheidet. Natürlicher Lebensraum, und daraus abgeleitet, die Ansprüche an die Haltung sind mit denen von *Apistogramma* vergleichbar. Dunkler, feinkörniger Bodengrund, eine dichte Bepflanzung und zahlreiche Steinaufbauten mit kleinen Höhlen erfüllen die artspezifischen Bedürfnisse am besten. Als Beifische sollten ähnlich kleine und ruhige Arten eingesetzt werden, da *A.p.* sonst scheu wird und selten zu sehen ist. Eine der Beckengröße entsprechende Filterung muß eine ständig gute Wasserqualität absichern, der Abstand zwischen zwei Teilwasserwechseln sollte 14 Tage nicht überschreiten.

Zucht: Der Zuchtansatz erfolgt als Paar in einem Becken von 40 cm Länge. Zur Beckeneinrichtung gehören neben Sand als Bodengrund einige gabelig verzweigte Wurzeln und Steinaufbauten mit senkrechten Spalten, die im Schutz von Pflanzen stehen sollten. Abgelaicht wird an den Wänden der Spalten oder im Gabelungsbereich der Wurzeln. Die Betreuung und Pflege von Gelege und Brut wird nur anfangs vom ♀ allein betrieben, nach dem Freischwimmen der Jungfische beteiligt sich auch das ♂ an der Führung der Jungen. Gelegentlich kann man sogar beobachten, daß das ♂ einen Teil des Schwarms unabhängig vom ♀ durch das Becken führt. Die Jungfische sind bereits nach dem Freischwimmen in der Lage, Artemia-Nauplien als Erstfutter aufzunehmen. Sie wachsen bei Einhaltung einer guten Wasserqualität und häufigem Teilwasserwechsel sehr schnell. Bereits nach drei Wochen löst sich der Jungfischschwarm, der 60–80 Tiere umfassen kann, auf. Die zu diesem Zeitpunkt völlig selbständigen Jungfische sollten herausgefangen werden, da die Alttiere meist kurze Zeit später mit der nächsten Brut beginnen.

Aplocheilichthys (Leuchtaugenfische)

Eine Gattung lebhafter und friedlicher Schwarmfische aus der Familie *Aplocheilichthyidae,* deren Arten durch die im auffallenden Licht leuchtende Iris gekennzeichnet sind. Sie besitzen kaum Körperfarben, der auffallende, metallische Glanz beruht auf Interferenz-(Reflex-)Farben. Das Verbreitungsgebiet der Gattung liegt im Bereich des Nils und in großen Teilen Afrikas südlich der Sahara. Die Lebenserwartung der meisten Arten übersteigt selten mehr als ein Jahr, zu hohe Temperaturen verkürzen sie noch mehr, ebenso die Vergesellschaftung mit anderen Fischarten. Alle Arten der Gattung sollten als Schwarm nicht unter acht Tieren im Artbecken gehalten werden, dessen Länge mindestens 50 cm betragen muß. Eine Wasserhöhe von 25–30 cm ist ausreichend. Über dunklem Bodengrund, bei dichter Hintergrundbepflanzung und von vorn einfallendem Licht kommen die zarten Farben am besten zur Wirkung. Zur Bepflanzung im mittleren Beckenbereich sollten Pflanzen gewählt werden, die im oberen Beckendrittel ausreichend Schwimmraum frei lassen. Weiches, leicht saures Wasser entspricht den Bedürfnissen der Fische am besten, für die Haltung ohne Zuchtabsichten kommt auch härteres Wasser in Frage. Eine Filterung über Torf ist jedoch in diesem Fall notwendig, um die Lebenserwartung der Fische nicht zu sehr herabzusetzen. Ein wöchentlicher Teilwasserwechsel, der mindestens 1/4 des Beckeninhalts umfassen sollte, sowie eine kräftige Filterung tragen zur Deckung des relativ hohen Sauerstoffbedarfs der Fische bei und verbessern das Wohlbefinden.

Zucht: Die aquaristisch interessanten Arten der Gattung *A.* sind Haftlaicher. Die Eier werden nach heftigem Treiben einzeln oder in kleinen Trauben zwischen Pflanzen in Oberflächennähe abgelegt. Sie bleiben mit kurzen Fäden an den Pflanzen hängen. Die Zucht ist im Artbecken möglich, bei guter Fütterung der Alttiere kommen genügend Jungfische auf, die man von Zeit zu Zeit an der Oberfläche abschöpfen kann. Für eine rationelle Zucht wird ein kleiner Schwarm in ein Becken von 50 cm Länge gesetzt, das mit Torf als Bodengrund und aufgelockerten Büscheln Javamoos ausgestattet ist. Zum Ansatz sollten diejenigen ♀♀ gebracht werden, bei denen die Laichreife an den im Körper deutlich sichtbaren Eiern zu erkennen ist. Die Temperatur im Zuchtbecken ist günstig, wenn sie 2–3 °C über der Hälterungstemperatur liegt. Abgelaicht wird fast regelmäßig in den Morgenstunden. Nach einer Woche werden die Alttiere herausgefangen und der Wasserstand im Zuchtbecken auf 10 cm abgesenkt. Gleichzeitig wird eine feinperlige Durchlüftung eingebracht. Will man den Zeitraum des Zuchtansatzes verlängern oder die Tiere im Artbecken zur Zucht halten, so ist es auch möglich, die großen Eier regelmäßig abzulesen und in einem Aufzuchtbecken mit niedrigem Wasserstand zur Entwicklung zu bringen. Die geschlüpften Jungfische erhalten Pantoffeltierchen als Erstfutter und nehmen bald darauf auch Artemia-Nauplien an. Da Jungfische manchmal gegen Infusorien empfindlich sein können, ist es angebracht, so früh wie möglich mit der Fütterung von Nauplien zu beginnen. Es ist häufig, aber sparsam zu füttern, da die Jungfische nur Futter aufnehmen, das sich im Oberflächenbereich befindet, abgesunkenes wird nicht beachtet und verdirbt das Wasser. Regelmäßiger Teilwasserwechsel, bei dem der Boden der Aufzuchtschale gereinigt wird, ist unbedingt erforderlich.

A. katangae

Katangaleuchtaugenfisch

Vorkommen: Verbreitet von Südzaire bis Natal in Südafrika. **Größe:** 4 cm. **GU:** Das ♂ besitzt einen kräftigen Messingglanz, seine Flossen sind gelb bis orange gefärbt. Das ♀ zeigt kaum Glanz, seine Flossen sind farblos durchscheinend. **Ansprüche:** Becken ab 50 cm Länge; Wasser 3–8 (bis 12) °dH, pH-Wert 6,5–7,5; Temperatur 20–26 °C. Die Beckeneinrichtung erfolgt wie in der Gattungsbeschreibung angegeben.

Zucht: Gezüchtet wird wie es in der Gattungsbeschreibung angegeben ist. Als Ablaichsubstrat wird Javamoos bevorzugt. Die Entwicklungsdauer der Eier beträgt in Abhängigkeit von der Temperatur 14–20 Tage.

A. macrophthalmus

Roter Leuchtaugenfisch,
Blauer Leuchtaugenfisch

Vorkommen: Urwaldgewässer vom südlichen Dahome bis zum Nigerdelta. **Größe:** 4 cm. **GU:** Die unterschiedliche Namensgebung in der deutschsprachigen Literatur bezieht sich einmal auf die kräftig orangefarben gepunkteten unpaaren Flossen des ♂, und zum anderen auf seine beiden blau irisierenden Längsbinden. Beide Merkmale fehlen dem unscheinbar gefärbten ♀, dessen Flossen durchscheinend sind. **Ansprüche:** Becken ab 50 cm Länge; Wasser 8–12 °dH, pH-Wert 7–7,5; Temperatur 22–25 °C. Die Beckeneinrichtung erfolgt wie in der Gattungsbeschreibung angegeben, eine durch entsprechenden Filterauslauf erzeugte oberflächennahe Wasserströmung wird von den Tieren sehr gern aufgesucht.

Zucht: *A.m.* ist in mittelhartem und leicht alkalischem Wasser gut zu züchten, der pH-Wert sollte möglichst nicht unter 7 sinken. Die Zucht wird wie in der Gattungsbeschreibung angegeben vorgenommen. Eier und Jungfische sind verhältnismäßig klein. Die Entwicklungsdauer der Eier liegt zwischen 10 und 14 Tagen, als Erstfutter wird feiner Tümpelstaub eingesetzt. Die Fütterung der Jungfische muß häufiger und in kleinen Mengen erfolgen, da sie bei manchen Stämmen empfindlich auf Infusorien, auch auf Zuchtpantoffeltierchen, reagieren können. Von dem Zeitpunkt an, da die Jungfische Artemia-Nauplien annehmen, muß jede Infusorientrübung des Wassers verhindert werden.

A. normani

Vorkommen: Einzugsgebiete des Nil und des Tschad, von Senegal bis Nordkamerun und Zentralafrika. **Größe:** 3,5 cm. **GU:** Flossen des ♂ gelborange gefärbt, die des ♀ farblos. **Ansprüche:** Haltung in Becken ab 40 cm Länge gut möglich; Wasser 14–20 °dH, pH-Wert 7,5; Temperatur 22–26 °C. *A.n.* verlangt härteres Wasser als viele andere Arten der Gattung. Die Beckeneinrichtung erfolgt wie in der Gattungsbeschreibung angegeben. Eine Vergesellschaftung dieser sehr ruhigen Art mit anderen friedlichen und ruhigen Arten bei entsprechend größerem Becken ist gut möglich.

Zucht: Die Zucht erfolgt wie in der Gattungsbeschreibung angegeben. Der Bodengrund des Zuchtbeckens sollte dunkel gehalten sein, als Laichsubstrat für die großen Eier wird Javamoos bevorzugt. Die Entwicklungsdauer der Eier beträgt 10–14 Tage. Eine schwache Wasserbewegung an der Oberfläche sollte den Jungfischen, die sich sehr wenig bewegen, die als Erstfutter geeigneten Artemia-Nauplien vor die Mäuler treiben.

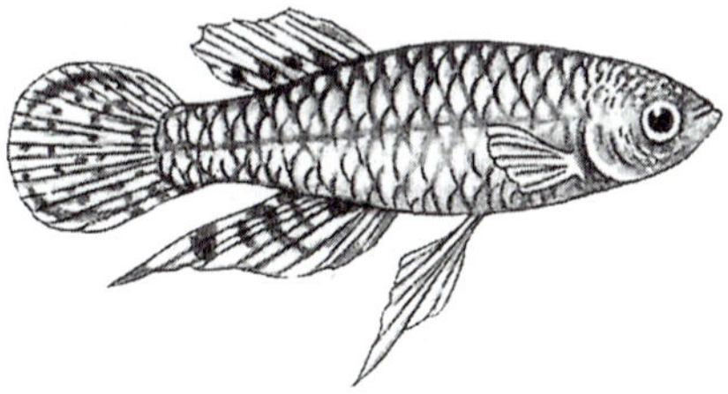

Aplocheilichthys normani

A. pumilus

Vorkommen: Die Kraterseen Ostafrikas. **Größe:** 5,5 cm. **GU:** Beim ♂ sind mit Ausnahme der Brustflossen alle Flossen orangebraun gefärbt, die des ♀ sind farblos. **Ansprüche:** Becken ab 60 cm Länge; Wasser 12–25 °dH, pH-Wert 7,5; Temperatur 22–26 °C. *A.p.* ist empfindlich gegen organische Wasserbelastungen. Eine starke Filterung und regelmäßige Mulmentfernung gehören deshalb zu den Mindestanforderungen der Pflege dieser Art. Je höher die Sauerstoffkonzentration des Wassers ist, umso intensiver entwickelt sich die Färbung der Fische, eine zusätzliche kräftige Durchlüftung ist daher sehr empfehlenswert. Die Beckeneinrichtung wird wie in der Gattungsbeschreibung angegeben vorgenommen.

Zucht: Zur Zucht geeignet sind Becken von 60 cm Länge mit einem Wasserstand von 10–12 cm Höhe. Das Zuchtbecken wird gut durchlüftet. Das Zuchtwasser muß weicher sein als das Hälterungswasser, die günstigsten Werte liegen bei 5–8 °dH, eine Verminderung der Wasserhärte um mehr als 50% gegenüber dem Hälterungswasser muß jedoch vermieden werden. Gegebenenfalls muß sehr hartes Wasser vor der geplanten Zucht bereits im Artbecken etwas in der Härte abgesenkt werden. Durch Filterung über Torf sollte der pH-Wert knapp unter 7 gesenkt werden, als optimaler Wert hat sich 6,5 erwiesen. Die Fische bevorzugen Javamoos u.a. feinfiedrige Pflanzen als Laichsubstrat, die Eier sind groß (1,6 mm). Die Entwicklungsdauer der Eier liegt zwischen 14 und 20 Tagen, eine tägliche zeitweilige Lichteinwirkung auf die Eier beschleunigt die Entwicklung. Mikrowürmchen sind neben Artemia-Nauplien geeignetes Erstfutter, regelmäßiger Wasserwechsel im Aufzuchtbecken ist wichtig, um die Anfälligkeit der Art gegen Fischtuberkulose zu mindern.

Aplocheilus (Hechtlinge)

Eine Gattung der Familie *Aplocheilidae* mit Verbreitungsschwerpunkt in Indien und Sri Lanka. Alle Arten der Gattung sind ausgesprochene Oberflächenfische, deren natürliche Hauptnahrung aus Anfluginsekten der Wasseroberfläche besteht. Kräftige Lebendnahrung (Würmer, Mükkenlarven, Kellerasseln und mageres Fleisch) ist für das Gedeihen der Fische unbedingt notwendig, obwohl gelegentlich auch grobes Flockenfutter angenommen wird. Fehlt die kräftige Nahrung, dann vergreifen sich die größeren Arten an Fischen bis zur Größe der Neonfische. Alle Arten sind hervorragende Springer, das Becken muß deshalb absolut lückenfrei abgedeckt werden. Die Beschaffenheit des Bodengrundes ist ohne Bedeutung. Neben einer dichten Bepflanzung sollten Schwimmpflanzen, zwischen denen sich die Fische verstecken können, nicht fehlen. In ausreichend großen Becken und bei genügend Versteckmöglichkeiten wird man die Haltung eines kleinen Schwarms der Paarhaltung vorziehen. An den Chemismus des Wassers werden keine hohen Anforderungen gestellt, vorausgesetzt, daß eine kräftige Filterung und regelmäßiger Teilwasserwechsel sauberes Wasser garantieren. Die Farbunterschiede zwischen den Geschlechtern sind bei den meisten Arten der Gattung nicht so groß wie bei anderen Eierlegenden Zahnkarpfen. Charakteristisch für die ♀♀ ist ein mehr oder weniger deutlich sichtbarer dunkler Fleck (Rivulusfleck) in der Rükkenflosse, der bereits bei Jungtieren rasch die Unterscheidung der Geschlechter ermöglicht.

Die Zucht ist nicht schwierig, wenn auch nicht sehr ergiebig, denn alle Arten der Gattung sind Dauerlaicher mit langen Laichperioden, dabei werden vom einzelnen ♀ meist nur bis zu zehn Eier täglich einzeln abgegeben. Abgelaicht wird in Oberflächennähe zwischen den Wurzeln von Schwimmpflanzen oder an den Spitzen feinfiedriger Pflanzen. Die Eier sind groß und sollten für eine rationelle Zucht regelmäßig abgelesen und in einem flachen Aufzuchtbecken zur Entwicklung gebracht werden.

Die Entwicklung der Embryonen in den Eiern kann an der Augenentwicklung sehr gut verfolgt werden. Wenn Haltung und Zucht im Artbecken erfolgen, so wird dies mit *Riccia* ausgestattet. Die geschlüpften Jungfische halten sich in den *Riccia*-Polstern versteckt und können mit diesen zusammen in größeren Abständen abgeschöpft werden. Als Erstfutter werden Artemia-Nauplien angenommen, die Aufzucht der Jungfische ist problemlos.

A. blockii

Zwergpanchax, Madrashechtling

Vorkommen: Madras in Südindien und Sri Lanka. **Größe:** 5 cm. **GU:** Das ♀ ist we-

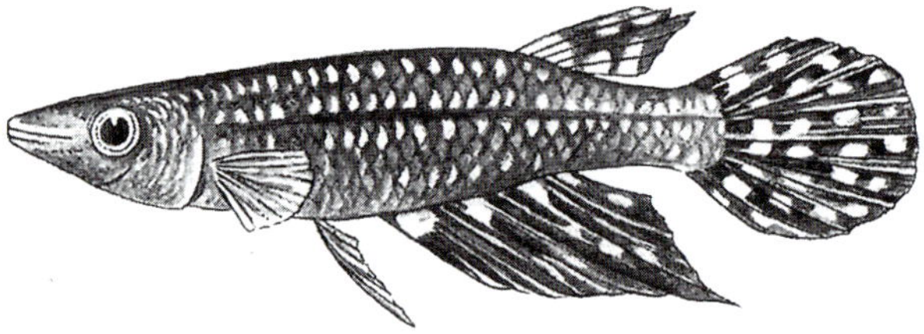

Aplocheilus blockii

sentlich unauffälliger gefärbt als das ♂ und bleibt kleiner. **Ansprüche:** Becken ab 5 cm Länge; Wasser 5–10 °dH, pH-Wert 6–6,8; Temperatur 23–26 °C. Die Beckeneinrichtung erfolgt wie in der Gattungsbeschreibung angegeben. *A.b.* kann auch gut mit anderen kleinen Fischarten vergesellschaftet werden.

Zucht: Voraussetzung für eine erfolgreiche Zucht ist die gute Vorbereitung der Tiere durch kräftiges Lebendfutter, vor allem Mückenlarven. Bei einem Paaransatz ist ein Zuchtbecken mit 20 l Inhalt ausreichend, für die Laichablage werden Schwimmpflanzenwurzeln bevorzugt. Im übrigen ist zu verfahren wie in der Gattungsbeschreibung angegeben. Die Zeitigungsdauer der Eier beträgt in Abhängigkeit von der Temperatur bei 25–28 °C 14–10 Tage. Den geschlüpften Jungfischen sollte auch bei separater Aufzucht *Riccia* als Unterstand gegeben werden. Während der Aufzucht wird durch regelmäßigen Teilwasserwechsel sauberes Wasser abgesichert, dabei hat sich die Verwendung von über Torf gefiltertem Frischwasser besonders bewährt.

A. dayi

Grüner Streifenhechtling

Vorkommen: Sri Lanka. **Größe:** 10 cm. **GU:** Rücken- und Afterflosse des ♀ sind kürzer als die des ♂ und gerundet, der dunkle Rivulusfleck in der Rückenflosse ist beim ♀ deutlich sichtbar. **Ansprüche:** Becken ab 90 cm Länge; Wasser 5–10 °dH, pH-Wert 6,5–6,8; Temperatur 21–26 °C. Die Beckeneinrichtung erfolgt wie in der Gattungsbeschreibung angegeben. Wenn eine Gruppe mit Größenunterschieden gepflegt wird oder ein besonders großes ♂ darunter ist, dann müssen ausreichende Versteckmöglichkeiten für die schwächeren Tiere vorhanden sein.

Zucht: Zur Zucht sollten mindestens zwei deutlich laichvolle ♀♀ zu einem großen ♂ gegeben werden. Die Beckenlänge beim Trioansatz sollte nicht unter 70 cm liegen, die 2 mm großen Eier werden bevorzugt an Schwimmpflanzen abgelegt. Von jedem ♀ sind täglich zehn Eier zu erwarten. Auch bei täglich kräftiger Fütterung sollte der Ansatz nach zehn Tagen abgebrochen werden, um die Tiere nicht zu erschöpfen. Die Zeitigungsdauer der Eier, mit denen wie in der Gattungsbeschreibung angegeben zu verfahren ist, liegt bei einer Temperatur von 26 °C zwischen 12 und 14 Tagen. Bei guter Fütterung und häufigem Teilwasserwechsel im Aufzuchtbecken sind die Jungfische sehr schnellwüchsig.

A. lineatus

Streifenhechtling, Piku

Vorkommen: Vorderindien. **Größe:** 10 cm. **GU:** Das ♀ ist weniger intensiv gefärbt als das ♂, jedoch sind die Querbänder der hinteren Körperhälfte bedeutend kräftiger ausgebildet als beim ♂. **Ansprüche:** Becken ab 90 cm Länge; Wasser 5–12 °dH, wenn keine Zucht angestrebt wird, auch noch bei 30 °dH gut ausdauernd, pH-Wert 6–6,8; Temperatur 22–25 °C. Die Beckeneinrichtung erfolgt wie in der Gattungsbeschreibung angegeben. *A.l.* liebt hellen Standort des Beckens und stellt sich darin gern unter Schwimmpflanzen ein.

Zucht: Beim Paaransatz ist ein Becken mit 20 l, beim Trioansatz mit 30 l Inhalt und mit einem Wasserstand von 20 cm Höhe zur Zucht ausreichend. Bei Verwendung von über Torf gefiltertem Frischwasser mit einer Härte unter 12 °dH sind die Zuchtergebnisse am besten, die Zuchttemperatur kann bis auf 28 °C erhöht werden. Um die Tiere zu schonen, sollte der Zuchtansatz nach einer Woche abgebrochen werden. Die Eier können entweder im Zuchtbecken verbleiben oder täglich abgesammelt und in eine flache Aufzuchtschale überführt werden. Die Jungfische schlüpfen nach 12–14 Tagen und wachsen bei guter Fütterung und regelmäßigem Teilwasserwechsel rasch und problemlos heran.

A. panchax

Panchax

Vorkommen: Das weiträumige Verbreitungsgebiet dieser Art, welche fünf Unterarten umfaßt, reicht von Vorderindien über Thailand und Kambodscha bis nach Indonesien. **Größe:** 8 cm. **GU:** Die Geschlechter ähneln sich farblich sehr, das ♀ ist nur wenig blasser gefärbt als das ♂. **Ansprüche:** Becken ab 70 cm Länge; Wasser 5–12 °dH, pH-Wert 6–6,8; Temperatur 20–25 °C. Die Beckeneinrichtung erfolgt wie in der Gattungsbeschreibung angegeben.

Zucht: Beim Paar- oder Trioansatz erfolgt die Zucht im 30-l-Becken für etwa eine Woche. Als Laichsubstrat wird Java-

Aplocheilus lineatus

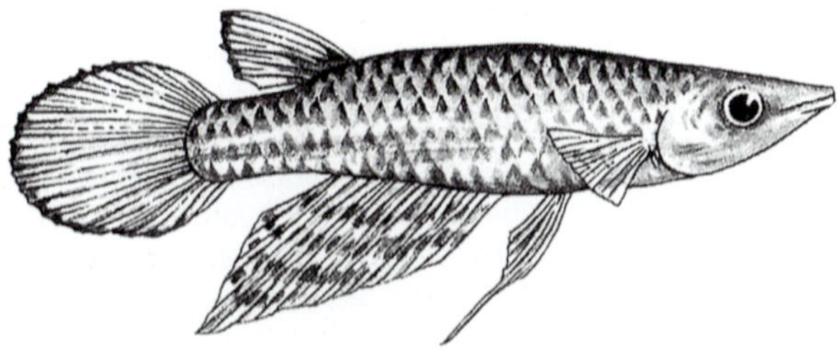

Aplocheilus panchax

moos bevorzugt, falls vorhanden auch Fadenalgenpolster, die Weiterbehandlung der Eier erfolgt nach den in der Gattungsbeschreibung angegebenen Verfahren; die Jungfische schlüpfen nach 10–14 Tagen und sind problemlos aufzuziehen.

Araberkugelfisch

→ *Tetraodon fahaka.*

Archocentrus

Eine Gattung mittelgroßer Buntbarsche der Familie *Cichlidae*, die aus der Gattung *Cichlasoma* ausgegliedert wurde. **Vorkommen:** Mittelamerika: **Ansprüche:** Die Arten der Gattung sind sehr tolerant in bezug auf den Wasserchemismus, große Differenzen beim Umsetzen sollten allerdings vermieden werden. Zur Beckeneinrichtung müssen stets höhlenartige Versteckplätze in Steinaufbauten und unter Moorkienwurzeln gehören. Als Bodengrund ist nicht zu grober Kies ohne scharfe Kanten geeignet. In ausreichend großen Becken haben robuste Pflanzen durchaus eine Überlebenschance, sie sollten in Blumentöpfe gesetzt oder an der Pflanzstelle mit Steinplatten abgedeckt sein. Regelmäßiger wöchentlicher Teilwasserwechsel, der mindestens 1/4 des Beckeninhaltes umfaßt, sowie eine wirksame Filterung erfüllen die Ansprüche der Arten nach sauberem, sauerstoffreichem Wasser. An das Futter werden keine spezifischen Ansprüche gestellt, pflanzliche Anteile in Form von Feinfrosterbsen dürfen jedoch nicht fehlen.

Zucht: Die Zucht der Arten dieser Gattung bereitet keine besonderen Schwierigkeiten, vorteilhaft ist, wenn sich die Partner aus einer Gruppe heraus selbst gefunden haben. Ein Paaransatz ist bereits in Zuchtbecken möglich, die das Fünffache der Körperlänge der Art als Beckenlänge besitzen. Um jedoch die Ansprüche der zu erwartenden zahlreichen Jungtiere an wenig belastetes Wasser von vornherein absichern zu können, ist die Wahl größerer Becken empfehlenswert. Im Bereich des Ablaichplatzes (Höhle, Steinüberhang u.ä.) sollte das Becken durch eine Schwimmpflanzendecke abgedunkelt sein. Mikrowürmchen, Artemia-Nauplien und feinzerriebenes Trockenfutter mit hohem Pflanzenanteil werden als Erstfutter nach dem Freischwimmen der Jungfische angenommen.

A. nigrofasciatus

Grünflossenbuntbarsch, Zebrabuntbarsch

Vorkommen: Von Guatemala bis Panama über Mittelamerika verbreitet. **Größe:** 15 cm. **GU:** Das ♀ ist sicher an den orangefarbenen Schuppen in der Bauchregion und an der Rückenflossenbasis zu erkennen, diese besitzt das ♂ nicht, bei ihm sind Rücken- und Afterflosse lang ausgezogen. Bei der in den letzten Jahren verbreiteten leuzistischen Form (Weißlinge) sind die ♀♀ sicher an einer orange gefärbten Bauchregion von den stets einfarbig weißlichen ♂♂ zu unterscheiden. **Ansprüche:** Becken ab 100 cm Länge; Wasser 5–20 °dH, pH-Wert 6,8–8; Temperatur 20–24 °C. *A.n.* ist relativ friedlich, anspruchslos und ausdauernd, er bevorzugt sandigen Bodengrund und vergreift sich nicht an robusten Pflanzen. Als Versteckplätze werden neben Wurzel- und Steinverstecken auch Tonröhren gern angenommen.

Zucht: Die Zucht ist unter fast allen Wasserbedingungen und oft bereits in kleinen Becken ab 60 cm möglich und dem Anfänger in der Cichlidenhaltung als Einstieg zu empfehlen. Als Laichplatz werden Höhlen bevorzugt, sind diese nicht vorhanden, dann laichen die Paare auch an dunkel gelegenen, offenen Stellen ab. Bei Beachtung der in der Gattungsbeschreibung genannten Grundsätze ist die Aufzucht völlig problemlos.

A. sajica

Sajicabuntbarsch,
Weinrotflossiger Buntbarsch

Vorkommen: Costa Rica. **Größe:** ♂ 17 cm, ♀ 12 cm. **GU:** Die Geschlechter sind relativ

Archocentrus nigrofasciatus, ♀

Archocentrus sajica, ♀

früh zu unterscheiden. Die Grundfarbe der Rückenflosse beim ♀ ist gelb bis orange und trägt unter dem oberen Rand einen blauschwarzen Strich. Die Strahlen der Rückenflosse des ♂ sind kräftig weinrot, die Flossenhäute dazwischen himmelblau irisierend gefärbt. Bei erwachsenen ♂♂ sind Rücken- und Afterflossenende zugespitzt und etwas verlängert, bei den ♀♀ immer abgerundet. **Ansprüche:** Für die Haltung eines Paares dieser relativ friedlichen Art ist ein Becken ab 70 cm Länge ausreichend, bei Vergesellschaftung mit anderen mittelgroßen Arten sollte es 120 cm nicht unterschreiten; Wasser 10–15 °dH, pH-Wert 7; Temperatur 23–26 °C. Die Beckeneinrichtung erfolgt wie in der Gattungsbeschreibung angegeben, Pflanzen werden nur in der Umgebung der Laichplätze behelligt, der Bodengrund sollte feinkörnig sein.

Zucht: Ein Becken von 70 cm Länge ist zur Zucht ausreichend. Zur Ausstattung gehören Sand als Bodengrund sowie ein ausreichend großer umgestülpter Blumentopf mit großer Öffnung. Die Eiablage erfolgt bevorzugt in Höhlen, fehlen sie, so werden in Ausnahmefällen auch halboffene Nischen im Bereich von Steinaufbauten und Wurzeln als Ablageplatz benutzt, vorausgesetzt, daß dieser Ort dunkel liegt (eine Schwimmpflanzendecke ist dazu bereits ausreichend). Die nach drei Tagen schlüpfenden Jungen werden in Gruben im Sand gesammelt und bis zum Freischwimmen nach 5–7 Tagen darin betreut. In nicht zu hartem Wasser können bis zu 300 Jungfische erwartet werden, deren Aufzucht bei Beachtung der in der Gattungsbeschreibung angeführten Regeln problemlos verläuft.

A. spilurus

Schwanzfleckenbuntbarsch

Vorkommen: Guatemala, Belize. **Größe:** ♂ 12 cm, ♀ 8 cm. **GU:** Rücken- und Afterflosse des ♂ sind länger ausgezogen als beim ♀, seine Stirn ist steiler ansteigend. Im Alter bildet sich eine Stirnwulst. **Ansprüche:** Für die Haltung eines Paares ist ein Becken von 70 cm Länge ausreichend, bei Vergesellschaftung dieser relativ friedlichen Art mit anderen ist eine Mindestlänge von 100 cm erforderlich; Wasser 5–20 °dH, pH-Wert 6,5–7,5; Temperatur 22–25 °C. Der Bodengrund sollte aus Kies bestehen, über den durch Steinaufbauten zahlreiche, voneinander getrennte Höhlen anzulegen sind. Wenn durch robuste Pflanzen zusätzlich optische Reviergrenzen geschaffen werden, ist die Haltung von 2–3 Paaren durchaus möglich. Unter einer leichten Schwimmpflanzendecke fühlen sich die Fische wohler.

Zucht: *A.s.* bevorzugt zur Laichablage Höhlen, sind diese nicht vorhanden, dann werden auch geschützte dunkle Stellen auf Steinen als Laichplatz gewählt. Ein Teil des Bodengrundes im Zuchtbecken sollte aus Sand bestehen, da die Jungen nach dem Schlupf von den Alttieren aus der Höhle herausgetragen und in Gruben gesammelt werden, meist übernimmt das ♂ diesen Transport allein. Bei Temperaturen von 26–27 °C sind etwa 300 Jungfische zu erwarten. Neben der üblichen Aufzuchtkost sollten ihnen so früh wie möglich Algenaufwuchs, überbrühter Salat und feinzerquetschte Feinfrosterbsen angeboten werden.

Ariari-Panzerwels

→ *Corydoras loxozonus.*

Aripiranga-Ziersalmler

→ *Nannostomus beckfordi.*

Arius seemani (jordani)

Westamerikanischer Kreuzwels, Minihai
Familie: *Ariidae*

Vorkommen: Flüsse der Pazifikseite von Kalifornien im Norden bis Kolumbien im Süden. **Größe:** 30 cm und darüber. **GU:** Bei Jungtieren sind die Geschlechter nicht zu unterscheiden, mit zunehmender Größe verblassen beim ♀ die ursprünglich lackschwarzen Flossen, die ♂♂ scheinen kleiner zu bleiben. **Ansprüche:** Dieser in den letzten Jahren häufiger importierte und als Jungfisch sehr attraktive Wels mit dem gefährlich klingenden Händlernamen benötigt zum Wohlbefinden ein großes Becken ab 120 cm Länge. Jungfische sollten im kleinen Schwarm gehalten werden, ab 20 cm Länge eignen sie sich als Beifische für sehr große Cichlidenbecken; Wasser 6–30 °dH, pH-Wert 6,8–7,8; Temperatur 22–26 °C. Da die Art in ihrer Heimat zwischen Süß- und Brackwasser wechselt, ist eine Salzzugabe von 200 g auf 100 l Wasser vorteilhaft. Die Welse sind starke Fresser, neben kräftigem Lebendfutter wird auch grobes Trockenfutter angenommen. Eine starke Filterung ist zur Beseitigung der Ausscheidungen dringend geboten. Läßt sich über den Filterauslauf eine kräftige Strömung installieren, so schwimmen die Welse gern dagegen an. Der Bodengrund sollte dunkel und nicht zu grobkörnig sein. Zahlreiche Wurzeln und Steinhaufen mit vielen Höhlen müssen für ausreichend Versteckmöglichkeiten sorgen. Das Becken sollte nicht zu hell stehen, eine Schwimmpflanzendecke zur Dämpfung des Lichts ist sehr zu empfehlen. Die Becken für Jungwelse können mit robusten Pflanzen stellenweise dicht bepflanzt sein, dazwischen muß jedoch genügend Schwimmraum gelassen werden. Über die Pflanzenverträglichkeit älterer Welse gibt es bisher unterschiedliche Erfahrungen.

Zucht: Über eine gelungene Aquarienzucht ist bisher nichts bekannt.

Armbrustsalmler

→ *Triportheus angulatus.*

Arnoldichthys spilopterus

Afrikanischer Großschuppensalmler, Arnolds Rotaugensalmler
Familie: *Alestidae*

Vorkommen: von Lagos bis zum Nigerdelta über das tropische Westafrika weit verbreitet. **Größe:** 8 cm. **GU:** Die Afterflosse des ♂ ist dreifarbig gestreift und an ihrem hinteren Ende konvex gerundet, die

Arnoldichthys spilopterus

des ♀ trägt einen schwarzen Punkt, der hintere Rand verläuft gerade. **Ansprüche:** Die Beckenlänge sollte bei diesem friedlichen Schwarmfisch mindestens 100 cm betragen und der Schwarm wenigstens aus 6–8 Tieren bestehen. Eine Vergesellschaftung mit anderen afrikanischen Salmlern vergleichbarer Größe (→ *Phenacogrammus*, → *Brycinus*) ist gut möglich und empfehlenswert. Wasser 5–20 °dH, pH-Wert 6–7,2; Temperatur 23–28 °C. Der Bodengrund sollte dunkel und nicht zu grob sein, eine lockere Bepflanzung muß ausreichend Platz für Schwimmraum lassen. Eine Wasserhöhe von 25 cm ist ausreichend. Wichtig für das Wohlbefinden der Fische ist eine kräftige Filterung, welche ständig sauberes Wasser garantieren muß. Erfolgt sie über Torf, so wird damit nicht nur die Widerstandsfähigkeit der Fische erhöht, auch ihre Farben sind dann deutlich intensiver. Beim Teilwasserwechsel, der im Abstand von drei Wochen 1/3 des Beckeninhalts umfassen sollte, wird aus diesem Grund möglichst über Torf aufbereitetes Frischwasser zum Auffüllen verwendet. Neben kräftigem Lebendfutter, vor allem Mückenlarven, nehmen die Fische gern auch pflanzliche Nahrung an (Salat, Spinat und angequetschte Feinfrosterbsen).

Zucht: Die Zucht von *A.s.* ist nicht ganz problemlos, aber durchaus möglich. Manchmal laichen die Fische im Schwarm im alteingerichteten Gesellschaftsbecken ab und machen nach dem Umsetzen ins Zuchtbecken keine Anstalten mehr zum Laichen. Das Hauptproblem scheint in der Zusammenstellung des geeigneten Paares zu liegen. Das Zuchtbecken sollte möglichst groß sein, 90 cm und darüber. Der Bodengrund wird mit einer dünnen Schicht ausgekochten, fasrigen Torfs versehen, über das Becken sind einige Büschel feinfiedriger Pflanzen zu verteilen. Das Zuchtwasser muß weich und leicht sauer sein, es sollte in seinem pH-Wert und in der Härte unter den Werten des Hälterungswassers liegen, die Temperatur ist auf 27–28 °C zu erhöhen. Vorteilhaft ist die Verwendung von über Torf gefiltertem Wasser, das eine leichte Braunfärbung aufweist, aber noch klar ist. Nach kräftiger und abwechslungsreicher Fütterung werden zwei ♀♀, die deutlich Laichansatz zeigen, aus dem Schwarm herausgefangen und ins Zuchtbecken gesetzt. Am Tag darauf werden zwei ♂ dazugesetzt. Wenn man eine glückliche Hand hatte, dann laichen beide Pärchen, meist wird man jedoch das weniger beachtete ♀ und das inaktivere ♂ wieder herausfangen müssen. Abgelaicht wird frei in Oberflächennähe zwischen den Pflanzenbüscheln, ein gutes Paar kann bis zu 1000 Eier bringen. Die Alttiere werden nach dem Ablaichen herausgefangen, die Eier vor zu hellem Licht geschützt. Die Jungfische schlüpfen bei 28 °C nach 30 Stunden, bei niedrigeren Temperaturen etwas später. Sie versammeln sich, noch immer mit kleinem Dottersack versehen, 4 Tage später an der Oberfläche und beginnen nach zwei weiteren Tagen mit der Futtersuche. Das Erstfutter muß aus feinem Staubfutter bestehen, erst nach einer Woche werden Mikrowürmchen und Artemia-Nauplien angenommen. Ist diese Phase erreicht, dann wachsen sie bei regelmäßigem, aber vorsichtig durchgeführtem Teilwasserwechsel schnell. Die Jungfische sind längere Zeit sehr schreckhaft und stürzen sich bei Beunruhigungen in den Bodengrund, der auch aus diesem Grund weich sein sollte. Wenn man größere Teile der Wasseroberfläche mit *Riccia*-Polstern belegt, dann suchen die Jungfische darin Schutz und bleiben ruhiger. Bei günstigen Futterbedingungen können sie mit 8 Wochen bereits 4,5 cm lang sein.

Arnolds Prachtkärpfling

→ *Aphyos semion arnoldi.*

Arnolds Rotaugensalmler

→ *Arnoldichthys spilopterus.*

Asiatischer Streifenwels

→ *Mystus vittatus.*

Aspidoras (Schmerlenpanzerwelse)

Eine Gattung der Familie *Callichthyidae* mit kleinbleibenden Arten aus Brasilien. Sie ähneln in Aussehen, Verhalten und Ansprüchen den Arten der Gattung → *Corydoras*, unterscheiden sich von ihnen aber durch den Besitz von zwei Fontanellen. Geschlechtsunterschiede wurden bisher nur bei *A. menezesi* (Punktierter Schmerlenpanzerwels) beschrieben, bei welchem die ♂♂ wenig über 2 cm und die ♀♀ 3–4 cm lang werden. **Ansprüche:** Die Arten der Gattung sind friedlich und können sehr gut als Beifische im Salmlerbecken gepflegt werden. Bei einer Mindestlänge des Beckens von 60 cm sollten die Welse stets in Gruppen von mindestens 4 Tieren gehalten werden; Wasser 2–25 °dH, pH-Wert 6–7,2; Temperatur 22–24 °C. Die Welse gründeln gern, dunkler, feinkörniger und weicher Bodengrund entspricht ihren Bedürfnissen am besten. Eine Mischung von Sand und Torf hat sich bewährt. Für die Bepflanzung sind alle Arten geeignet, dabei sollten sich dichte Pflanzengruppen als Versteckplätze mit viel freiem Schwimmraum abwechseln. Die Filterung muß kräftig sein, eine durch sie bewirkte Wasserströmung ist günstig. Beim regelmäßigen wöchentlichen Teilwasserwechsel wird 1/4 des Beckeninhalts erneuert. Lebendfutter wird bevorzugt, nach Eingewöhnung wird jedoch auch jedes andere Futter angenommen.

Zucht: Die Zucht ist innerhalb der oben genannten Wasserwerte möglich, die Schlupfergebnisse sind jedoch nur in sehr weichem und leicht saurem Wasser befriedigend. In ein Zuchtbecken ohne Bodengrund wird eine Gruppe von Tieren mit ♂♂-Überzahl eingesetzt. Die Paarung findet am Boden statt und gleicht der von → *Corydoras.* Die Eier werden im Schutz von Pflanzen an die Seitenscheiben geheftet. Für das Zuchtbecken eignen sich besonders gut langgezogene Javamoosbüschel, die von oben so ins Becken gehängt werden, daß sie die Seitenscheibe berühren. Das Ablaichen erfolgt stets in den Morgenstunden. Nach der Laichablage vergreifen sich die Welse an den Eiern und müssen daher herausgefangen werden. Die milchigweißen Eier haften sehr fest und sind nicht sehr derb, so daß ein Ablösen und Überführen in eine Aufzuchtschale nicht zu empfehlen ist. Besser ist, eine feinperlige Durchlüftung in die Nähe des Geleges zu bringen. In Abhängigkeit von der Temperatur schlüpfen die Jungen nach 4–6 Tagen und beginnen zwei Tage später mit der Futtersuche. Rädertierchen sind als Erstfutter geeignet.

Asprotilapia leptura

Leptura-Maulbrüter
Familie: *Cichlidae*

Vorkommen: Tanganjikasee. **Größe:** 11 cm. **GU:** Die Geschlechter sind mit Sicherheit erst beim Ablaichen voneinander zu unterscheiden. Das ♂ wird etwas größer, seine Afterflosse ist etwas spitzer als beim ♀. **Ansprüche:** Wasser 10–18 °dH, pH-Wert 7,5–8,5; Temperatur 24–26 °C. Die Art ist außerhalb der Brutzeit verträglich und kann gut mit anderen, nicht aggressiven Arten des Tanganjikasees in Becken ab 120 cm Länge vergesellschaftet werden. Bei Pflege mehrerer Paare sollte jedem Paar ein Revier von mindestens 50 cm Länge im Felsaufbau zur Verfügung stehen. Als Bodengrund ist grober Sand geeignet. Für eine artgerechte Haltung sollte das Becken volle Sonne erhalten. So wird kräftiger Algenwuchs gefördert, der von den Tieren abgeweidet werden kann. Zerquetschte Feinfrosterbsen, überbrühter Rosenkohl und Spinat werden zwar ebenso angenommen wie Flockenfutter mit hohem Pflanzenanteil, stellen jedoch nur eine Ersatzlösung dar, welche die Fortpflanzungsbereitschaft der Fische nicht fördert. An animalischer Kost werden alle Arten Lebend- und Frostfutter gefressen. Eine kräftige Filterung und wöchentlicher Teilwasserwechsel, der 1/4 des Beckeninhaltes umfaßt, sind für das Wohlbefinden dieser interessanten Fische unerläßlich.

Zucht: Um das besonders interessante Brutpflegeverhalten in vollem Umfang erleben zu können, sollte ein Paar, das im Gemeinschaftsbecken ein Revier besetzt hat, in ein Zuchtbecken von 70 cm Länge gesetzt werden. Abgelaicht wird auf dem Sandboden, die Eier werden danach sofort vom ♀ ins Maul genommen. Um den Brutpflegetrieb zu stimulieren, sollten jetzt einige Guppy als »Feindfische« ins Becken gesetzt werden. Im Unterschied zu der Mehrzahl anderer Maulbrüter wird bei dieser Art im Laufe des sechsten Tages die gesamte Brut vom ♀ an das ♂ übergeben, der sie bis zum Ende der Maulbrutzeit nach 13 Tagen trägt. Die freischwimmenden Jungfische nehmen sofort Cyclops-Nauplien an und weiden, wenn vorhanden, Algenbeläge ab. Sie wachsen sehr schnell und werden dennoch jeden Abend und bei vermeintlicher Gefahr vom ♂ wieder ins Maul genommen. Passen wegen ihrer Größe nicht mehr alle ins Maul des ♂, dann schlafen einige auch im Maul des ♀.

Astatoreochromis vanderhorsti

Bronzefarbener Maulbrüter
Familie: *Cichlidae*

Vorkommen: Flußgebiet und Mündungsbereich des Malagarasiflusses im Tanganjikasee. **Größe:** ♂ 14 cm, ♀ 9 cm. **GU:** Das ♂ ist im vorderen Rumpfdrittel stimmungsabhängig mehr oder weniger rötlich gefärbt. Seine Körpergrundfarbe ist graublau bis graugrün. Das ♀ ist unscheinbar gelbbräunlich gefärbt. Beide Geschlechter besitzen Eiflecken an der Afterflosse. **Ansprüche:** Becken ab 100 cm Länge; Wasser 7–15 °dH, pH-Wert um 8,5; Temperatur 23–26 °C. Mindestens einmal wöchentlich sollten 20% des Wassers durch Frischwasser ersetzt werden, eine vorübergehende Temperaturabsenkung auf 21 °C wird dabei ohne Schaden vertragen. Feinkörniger Bodengrund entspricht dem natürlichen Lebensraum der Art. Kleinere Felsaufbauten aus Kalkgestein puffern pH-Wert-Schwankungen ab und bieten in Verbindung mit Dekorationswurzeln Unterstand und Versteck. Eine dichte Bepflanzung mit robusteren Arten ist gut möglich, die Fische vergreifen sich kaum an den Pflanzen. Die Art sollte paarweise, in größeren Becken mit ♀♀-Überzahl, gehalten werden. Eine Vergesellschaftung mit gleichgroßen Arten ist gut möglich.

Zucht: Die Tiere laichen willig sowohl im Paaransatz im Zuchtbecken als auch im Gesellschaftsbecken ab. Die Eier werden meist in flachen Gruben, aber auch auf Steinen und breiten Wurzeln abgesetzt und vom ♀ sofort nach dem Laichakt ins Maul genommen. In Abhängigkeit von der Temperatur dauert die Maulbrut 21–25 Tage. Bei Haltung im Gesellschaftsbecken sollte das ♀ am 20. Tag vorsichtig herausgefangen und in ein kleineres, gut durchlüftetes Aufzuchtbecken umgesetzt werden. Bewährt haben sich eine Ton- oder Kunststoffröhre von etwa 6 cm Innendurchmesser, in welcher das ♀ die Jungfische ungestört aus dem Maul entlassen kann, sowie ein Bodengrund aus walnußgroßen Kieseln, zwischen denen die Jungfische Deckung und Unterschlupf finden. Die ersten 3–5 Tage nach dem Freilassen flüchten die Jungfische bei Gefahr ins mütterliche Maul zurück. Bei regelmäßigem Teilwasserwechsel und guter Fütterung (Rotatorien, Artemia- und Cyclopsnauplien) ist die Aufzucht nach diesem Zeitpunkt auch ohne die Anwesenheit der Mutter problemlos möglich.

Astatotilapia burtoni

Schwarzkehlmaulbrüter, Burtons Maulbrüter
Familie: *Cichlidae*

Vorkommen: Tanganjika- und Kiwusee sowie Bereich des Oberen Nils. **Größe:** ♂ 12 cm, ♀ 7 cm. **GU:** Das ♂ ist wesentlich bunter gefärbt als das ♀, es hat einen roten Saum in der Rückenflosse und deutlich sichtbare Eiflecken in der Afterflosse. **Ansprüche:** Becken ab 80 cm Länge; Wasser 12–16 °dH, pH-Wert 8,5–9; Temperatur 21–25 °C. Der Bodengrund sollte zur Hälfte aus Sand und zur anderen Hälfte aus Kies bestehen. Steinaufbauten unter Verwendung von Kalkgestein müssen ausreichend Versteckplätze bieten. Die Art ist friedlich gegenüber anderen Arten, zeigt sich gegen Artgenossen aber gelegentlich aggressiv. Eine Bepflanzung der Randzonen des Beckens mit robusten Arten ist gut möglich.

Zucht: Für eine erfolgreiche Zucht ist der Ansatz im Harem am günstigsten, zu einem ♂ sollten 3–5 ♀♀ gesellt werden. Die Eiablage erfolgt bevorzugt in Gruben im Sand, die Eier werden sofort nach dem Laichakt vom ♀ ins Maul genommen und 21–25 Tage bebrütet. Eine Eianzahl von 35 wird selten überschritten. Das ♀ wird am 20. Tag vorsichtig herausgefangen und die

Astatotilapia burtoni ♀

Jungfische weiterbehandelt wie bei → *Astatoreochromis* beschrieben.

Astronotus ocellatus

Pfauenaugenbuntbarsch
Familie: *Cichlidae*

Vorkommen: Amazonas, Parana, Rio Paraguay, Rio Negro. **Größe:** 30–35 cm. **GU:** Die Geschlechter sind schwer zu unterscheiden, denn nicht bei allen erwachsenen ♂♂ sind Rücken- und Afterflosse etwas zugespitzt. Diese Flossen sind bei den ♀♀ immer abgerundet. Während der Laichzeit sind die ♀♀ an der deutlich hervortretenden Genitalpapille sicher zu erkennen. **Ansprüche:** Becken ab 120 cm Länge; Wasser 5–30 °dH, pH-Wert 6,5–7,5; Temperatur 22–25 °C. Der Bodengrund sollte aus einer mindestens 10 cm hohen Sand-Kies-Schicht bestehen. Zur Beckenausstattung gehören einige große, flache Steine, zur Dekoration werden größere Wurzeln verwendet, da selbst robuste Pflanzen kaum Überlebenschancen haben. 35jährige Haltungserfahrungen im Aquarium Erfurt haben bewiesen, daß Pfauenaugenbuntbarsche durchaus nicht die »gewaltigen Fresser und Räuber« sind, wie oft in der Literatur behauptet wird. Eine Vergesellschaftung mit den meisten *Aequidens-* und *Cichlasoma*-Arten ist möglich, in ausreichend großen Becken können 2–3 Paare *A.o.* problemlos zusammen gehalten werden. Kräftige Lebendnahrung (Regenwürmer), häufiges Verabreichen pflanzlicher Kost (darunter Feinfrosterbsen) sowie regelmäßiger Teilwasserwechsel (wöchentlich 25 %) sind wichtige Voraussetzungen für gesunde und farblich ansprechende Tiere.

Zucht: Die Zucht sollte im Paaransatz geschehen. Bei Jungtieren, die ab 12 cm Körperlänge zuchtfähig sind, ist die Zucht bereits in einem 150-l-Becken möglich, zur produktiven Zucht mit erwachsenen Tieren sind 500 l erforderlich. Die Eiablage erfolgt auf größeren Steinen, die vorher von den Tieren geputzt werden. Die Eianzahl bei großen Tieren beträgt 1000–2000 Eier und mehr. Die Zuchttemperatur sollte zwischen 26 und 30 °C liegen. Beide Eltern pflegen das Gelege, die geschlüpften Jungen werden bis zum Freischwimmen sehr häufig in neu angelegte Gruben umgebettet. Der Futterbedarf der Jungfische (Nauplien, Grindal) ist hoch. Bei täglichem Teilwasserwechsel wachsen sie sehr schnell. Obwohl die Eltern die Jungen bis zu 4 Wochen führen, sollten sie wenige Tage nach dem Freischwimmen der Jungfische entfernt werden, um eine zusätzliche Wasserbelastung zu vermeiden. Verunreinigtes Wasser führt schnell zu Wachstumsstockungen und Verlusten und kann auch durch kräftige Filterung und Durchlüftung kaum kompensiert werden.

Astyanax

Eine Gattung mäßig groß werdender Salmler aus der Familie *Characidae*, deren Vertreter von Texas über Mittelamerika bis Argentinien beheimatet sind. Die meisten sind wenig anspruchsvolle und sehr robuste Aquarienfische für mittlere bis größere Aquarien. Einige Arten vergreifen sich bei ungenügender Zufütterung pflanzlicher Stoffe an zarten Aquarienpflanzen.

A. bimaculatus

Rautensalmler

Vorkommen: Östliches Südamerika bis Paraguay. **Größe:** 15 cm. **GU:** Schwanz- und Afterflosse des ♂ sind rötlich gefärbt, im Körper ist es deutlich schlanker als das ♀, dessen Flossen schwach gelblich gefärbt sind. **Ansprüche:** Die Beckenlänge für diesen schwimmfreudigen Schwarmfisch sollte nicht unter 120 cm liegen; Wasser 5–25 °dH, pH-Wert 5,5–7,5; Temperatur 20–28 °C. Die Beschaffenheit des Bodengrundes ist für das Befinden der Tiere ohne Bedeutung, wegen des relativ großen Kotanfalls sollte er jedoch sehr gut strömungsdurchlässig sein. Eine dichte Randbepflanzung mit robusten Pflanzen ist möglich, zarte Pflanzen werden bei Mangel an pflanzlicher Kost verbissen. Regelmäßiger wöchentlicher Teilwasserwechsel (30 %) trägt wesentlich zum Wohlbefinden dieser recht anspruchslosen Art bei.

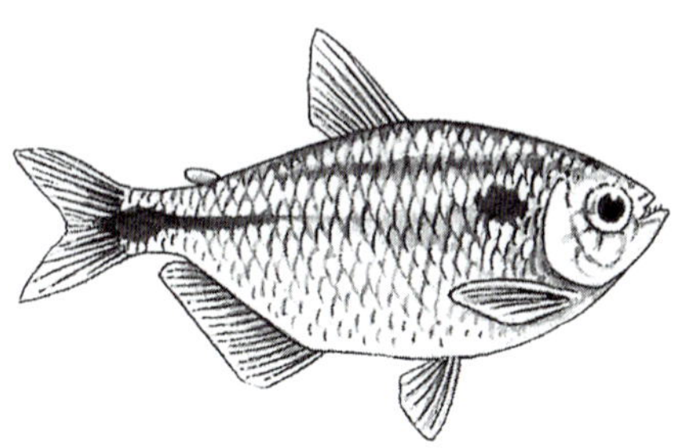

Astyanax bimaculatus

Zucht: Die Zucht ist bei Temperaturen zwischen 26 und 28 °C, nicht zu hartem (3–8 °dH) und leicht saurem (pH-Wert um 6,7) Wasser sowie bei Wasser, welches durch Filterung über Torf oder Zusatz von Erlenzäpfchenextrakt bernsteingelb eingefärbt ist, gut möglich. Die Tiere treiben sehr stark, deshalb sollte das Zuchtbecken möglichst 150 cm lang sein und gut abgedeckt werden. Die Zuchttiere können als Paar oder Schwarm angesetzt werden. Abgelaicht wird zwischen Büscheln feinfiedriger Pflanzen oder aufgelockertem Javamoos, ein Laichrost sollte die sehr zahlreich abgegebenen Eier vor dem Zugriff der Alttiere schützen. Nach dem Ablaichen sind die Alttiere herauszufangen und die Eier dunkel zu halten. Die Jungen schlüpfen in Abhängigkeit von der Temperatur nach 40–72 Stunden und hängen bis zum Freischwimmen am sechsten Tag an den Scheiben oder Pflanzen. Das Becken sollte während der Eientwicklung schwach, später stärker belüftet werden. Bei guter Fütterung und regelmäßigem Teilwasserwechsel entwickeln sich die Jungfische rasch.

A. fasciatus mexicanus

Blinder Höhlensalmler

Vorkommen: Texas und von Mexiko bis Panama. **Größe:** 9 cm. **GU:** Das ♂ ist deutlich schlanker als das ♀. **Ansprüche:** Beckenlänge 80 cm; Wasser 10–30 °dH, pH-Wert 6–7,8; Temperatur 20–25 °C, nicht darüber. Der Bodengrund sollte feinkörnig, der Standort des Beckens nicht zu hell sein. Pflanzendickichte und eine Schwimmpflanzendecke kommen den Bedürfnissen der Tiere nach Versteckplätzen entgegen, sie können jedoch auch in jedem Salmlergesellschaftsbecken gehalten werden.

Zucht: Ansatz als Paar oder im kleinen Schwarm bei Temperaturen um 20 °C. Die Fische laichen frei, bevorzugt in der Nähe von Pflanzenbüscheln ab. Die Jungen schlüpfen nach 48–72 Stunden, hängen zuerst an den Scheiben und schwimmen am sechsten Tag frei. Die Aufzucht ist problemlos.

Neben dieser in Höhlen lebenden Unterart von *A. fasciatus* sind in den letzten Jahren unter dem Trivialnamen Band-Salmler weitere Unterarten aquaristisch eingeführt worden, die in Haltung und Zucht wie *A. bimaculatus* zu behandeln sind.

Astyanax spec. Lago Tefé

Goldflossensalmler

Vorkommen: Lago Tefé und Umgebung in Brasilien. **Größe:** ♂ 3,5 cm, ♀ bis 5 cm. GU: Das kleiner bleibende ♂ ist deutlich schlanker. **Ansprüche:** Dieser friedliche und attraktive Schwarmfisch wurde viele Jahre unter der falschen Bezeichnung *Hemigrammus ulreyi* gehandelt. Die Art fühlt sich in dicht bepflanzten Becken bei gedämpftem Licht am wohlsten und ist sehr ausdauernd. Sie kann gut mit anderen südamerikanischen Salmlern, die gleich groß oder kleiner sind, vergesellschaftet werden. Pflanzen bleiben unbehelligt. Nach unseren Erfahrungen neigen die Fische in zu hartem und alkalischem Wasser zu verstärkter Bildung schwarzer Guaninschuppen. Die optimalen Werte liegen bei einer Wasserhärte zwischen 5 und 10 °dH und bei pH-Werten zwischen 6,5 und 7,2. Länger andauernde Temperaturen über 28 °C führen zum vorzeitigen Altern, die günstigsten Werte liegen zwischen 24 und 26 °C. Der Goldflossensalmler sollte stets im Schwarm von mindestens 10 Tieren und in Becken ab 80 cm Länge gepflegt werden. Regelmäßiger wöchentlicher Teilwasserwechsel, der 25 % des Beckeninhaltes umfaßt, erhöht das Wohlbefinden der Tiere und ist Voraussetzung dafür, daß sie fortpflanzungsbereit werden.

Zucht: Es hat sich als vorteilhaft erwiesen, die zur Zucht vorgesehenen Tiere verstärkt mit vitaminisierten gefrosteten Mysis zu füttern. Der Ansatz von zwei Paaren in einem Becken, dessen Wasser zur Hälfte aus über Torf gelaufenem Regenwasser besteht, erhöht die Laichbereitschaft. Die ♂♂ treiben heftig, die Größe des Zuchtbeckens sollte deshalb nicht unter 60 cm liegen. Dichte Büsche von Myriophyllum und aufgelockertes Javamoos bieten den ♀♀ Rückzugsmöglichkeiten und werden zum Ablaichen genutzt. Ein Laichrost schützt die Eier vor den Nachstellungen der Alttiere. Becken ohne Bodengrund müssen auf einer dunklen Unterlage stehen. Auf Störungen reagieren die Paare empfindlich, das Abdecken der Hälfte des Beckens mit einer Zeitung hat sich bewährt. Der weitere Verlauf entspricht dem bei → *A. bimaculatus* angegebenen.

Astyanax spec. Lago Tefé

Atoyacschwertplaty

→ *Xiphophorus alvarezi.*

Augenfleckbuntbarsch

→ *Heros severus.*

Augenfleckhechtsalmler

→ *Ctenolucius hujeta hujeta.*

Augenfleckkammbuntbarsch

→ *Crenicichla notophthalmus.*

Augenfleckkärpfling

→ *Poecilia vivipara.*

Augenfleckkugelfisch

→ *Tetraodon leiurus brevirostris.*

Augenfleckprachtbarsch

→ *Pelvicachromis subocellatus.*

Augenfleckstachelaal

→ *Mastacembelus argus.*

Aulonocara (Kaiserbuntbarsche)

Eine artenreiche Gattung von Maulbrütern der Familie *Cichlidae* aus dem Malawisee. Die ♂♂ dieser Gattung sind durch leuchtend blaue Farben gekennzeichnet, die ♀♀ sind unscheinbar gefärbt. Die ♀♀ der meisten Arten dieser Gattung gleichen sich so sehr im Aussehen, daß man stets nur eine Art dieser Gattung in einem Aquarium pflegen sollte, um Bastardisierungen zwischen den sich sowieso sehr nahestehenden Arten zu verhindern.

Eine enge verwandtschaftliche Beziehung besteht zur Gattung *Trematocranus.* Von einigen Autoren werden Arten aus der Gattung *Aulonocara* unter *Trematocranus* geführt und umgekehrt.

A. hansbaenschi

(Bisher aquaristisch oft als *A. nyassae* geführt, der bisher aber kaum eingeführt wurde und Sandbodenbewohner ist.) **Größe:** 18 cm. **GU:** Das ♂ ist farbenprächtiger, mit tintenblauer Grundfarbe, das ♀ unscheinbar blaßviolett gefärbt. **Ansprüche:** Becken ab 120 cm Länge; Wasser 10–15 °dH, pH-Wert um 8; Temperatur 25–26 °C. Der Bodengrund muß aus grobem Kies bestehen; höhlenreiche Felsaufbauten sollten ausreichend Versteckmöglichkeiten für diese revierbildende Art bieten. Zur Pufferung des pH-Wertes ist die Verwendung von Kalkgestein zweckmäßig. Pflanzen werden nur in Ausnahmefällen unbehelligt gelassen, ein Versuch mit einigen robusten Pflanzen kann dennoch erfolgreich verlaufen. Gute Filterung und regelmäßiger Teilwasserwechsel tragen wesentlich zum Wohlbefinden bei.

Zucht: Der Paaransatz im Zuchtbecken bringt die besten Erfolge, die Zucht gelingt jedoch auch im ausreichend großen Gesellschaftsbecken. Die Eiablage erfolgt bevorzugt auf steinigem Grund. Sofort nach dem Ablaichen werden die Eier vom ♀ ins Maul genommen. Bei Temperaturen zwischen 26 und 28 °C beträgt die Brutdauer 21–23 Tage. Durch kräftiges Lebendfutter gut auf die Zucht vorbereitete ♀♀ können bis zu 60 Eier bringen. Nach dem Freilassen der Jungfische werden diese noch 3–5 Tage intensiv vom ♀ betreut, die weitere Aufzucht kann mutterlos geschehen. Rotatorien, Nauplien und Mikrowürmchen sind nur die ersten Tage angezeigt, die relativ großen Jungfische nehmen sehr schnell kleine Cyclops und Grindal an. Bei guter Fütterung, regelmäßigem Teilwasserwechsel und Temperaturen zwischen 26 und 28 °C wachsen die Jungfische zügig heran.

Australische Riesengrundel

→ *Mogurnda spec. aff. Pulchra.*

Australischer Zwergbarsch

→ *Edelia vittata.*

Austrofundulus limnaeus

Venezuelakärpfling
Familie: *Aplocheilidae*

Vorkommen: Nördliches Südamerika. **Größe:** 8 cm. **GU:** Das ♂ ist größer und farbiger als das ♀, seine Flossen sind stärker ausgezogen, manchmal gezipfelt. **Ansprüche:** Becken ab 60 cm Länge; Wasser 4–6 °dH, pH-Wert 6–6,5; Temperatur 20–25 °C. Die Haltung dieser friedlichen, etwas bullig wirkenden Vertreter der Eierlegenden Zahnkarpfen im Gesellschaftsbecken ist gut möglich. Im Artbecken kommen die Tiere jedoch besser zur Geltung. Der Bodengrund sollte dunkel sein, aus Torf bestehen oder zumindest einen Torfanteil aufweisen. In bräunlich getöntem Wasser und bei diffuser Beleuchtung zeigen die Tiere ihr Farben am besten. Zur Bepflanzung sind Pflanzen einzusetzen, die mit wenig Licht auskommen (Schwarzwurzelfarn, Javamoos).

Zucht: *A.l.* gehört zu den Saisonfischen, die im Bodengrund ablaichen. Zur rationellen Zucht werden ein ♂ und zwei ♀♀ in ein Becken gesetzt, in dem auf freiem Bodengrund eine flache Schale steht, die eine etwa 5 cm hohe Schicht ausgekochten Torfs enthält. Als Versteck für die ♀♀, die zu stark getrieben werden, kann diese

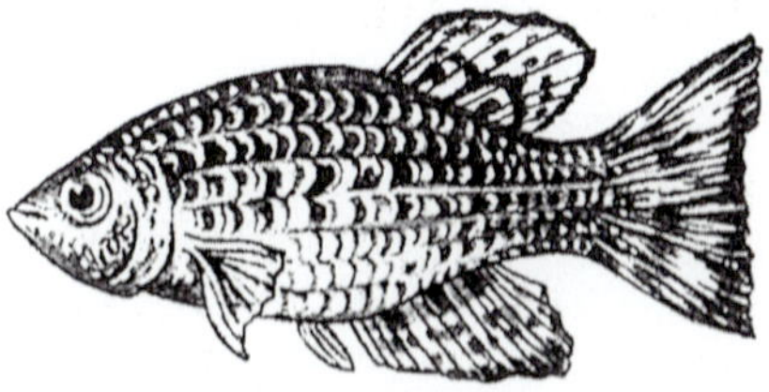

Austrofundulus limnaeus

Schale eine Pflanze enthalten. Bei guter Fütterung wird dieses Trio eine Woche lang im Becken belassen. Die Fische werden herausgefangen, das Wasser des Beckens abgegossen und der eihaltige Torf in einem feinmaschigen Netz vorsichtig ausgedrückt, bis der Großteil des Wassers entfernt ist. Die feuchte Torfmasse wird danach noch auf einem saugfähigen

Gesellschaftsaquarium mit Salmlern, Skalaren, lebendgebärenden Zahnkarpfen, Welsen und Diskusfischen

Papier nachgetrocknet, bis nur noch eine schwach spürbare Restfeuchte bleibt. Der Torf wird in verschließbare Dosen oder Tüten eingefüllt und bei Temperaturen zwischen 20 und 25 °C 3–6 Monate abgelagert. Wenn die Embryonalentwicklung abgeschlossen ist, die gut an der Ausbildung der Augen der Embryonen im Ei zu erkennen ist, wird der Torf mit weichem Frischwasser von 15–18 °C aufgegossen, zweckmäßig ist dabei die Verwendung einer flachen Schale. Die Jungfische schlüpfen in kurzer Zeit und werden mit einer Pipette abgesaugt oder mittels einer kleinen Glasfangglocke herausgefangen. Da nicht alle Embryonen schlüpfen, wird der Torf noch einmal trockengelegt und einige Wochen später erneut aufgegossen. Zur Aufzucht der Jungfische werden flache Schalen verwendet. Als Erstfutter werden bereits Artemia-Nauplien angenommen. Bei häufigem Wasserwechsel wachsen die Jungfische sehr schnell.

Awaous strigatus

Schmetterlingsgrundel
Familie: *Gobiidae*

Vorkommen: Flüsse und deren Mündungen an der Atlantikküste des nördlichen Südamerika. **Größe:** Bis 10 cm. **GU:** Die Flossenstrahlen in der 2. Rücken- und der Afterflosse sind beim ♂ deutlich länger als beim ♀; es besitzt zudem ein größeres Maul und intensivere Farben. **Ansprüche:** Diese attraktiv gezeichnete Art verlockt immer wieder zum Kauf, ihre erfolgreiche Haltung über eine längere Zeit erwies sich jedoch nicht nur beim Autor als schwierig. Die Schmetterlingsgrundel gilt als Süßwasserfisch, ohne die Zugabe von Meersalz ins Wasser (1 Eßlöffel je 10 l) ist sie jedoch besonders gegen Krankheitserreger wie Oodinium sehr anfällig. Das Wasser sollte mittelhart (ab 12 °dH) und leicht alkalisch (pH-Wert 7,5–8) sein, die Temperatur kann zwischen 24 und 27 °C schwanken. Die Männchen dieser ausschließlich bodenorientierten Art sind sehr territorial, bei der Pflege mehrerer Männchen sollte jedem eine Beckenlänge von mindestens 40 cm zur Verfügung stehen. Als Bodengrund ist grober Sand geeignet. Die Tiere graben sich bei Gefahr darin ein und kauen ihn auf der Suche nach Nahrung regelmäßig durch. Sie finden dabei jeden in den Boden eingegrabenen Tubifex-Wurm und verhindern die Bildung von Fäulnisherden. Um größere Auseinandersetzungen zu vermeiden, sollte jedem Männchen eine in den Boden eingegrabene Ton- oder Kunststoffröhre oder Dekorationsmaterial mit Höhlungen zur Verfügung stehen. Eine Vergesellschaftung mit anderen bodenorientierten Arten ist problematisch, selbst *Corydoras* werden attackiert. Freischwimmende größere Salmler oder Lebendgebärende werden dagegen nicht behelligt.

Zucht: Die Art wurde schon wiederholt zur Eiablage gebracht, die an der Decke von Höhlen oder Röhren erfolgt. Bewachung und Gelegepflege werden vom Männchen übernommen. Eine erfolgreiche Aufzucht der bereits nach 13 Stunden schlüpfenden und sich noch im embryonalen Frühstadium befindlichen Jungfische ist noch nicht gelungen. Bei Versuchen haben sie bisher im Meerwasser am längsten überlebt.

Axelrods Bärbling

→ *Rasbora axelrodi.*

B

Bachling

→ *Rivulus.*

Badis badis badis

Blaubarsch
Familie: *Badidae*

Vorkommen: Stehende Gewässer in Indien. **Größe:** 8 cm. **GU:** Das ♂ ist intensiver gefärbt, seine Bauchlinie ist konkav, die Bauchlinie des ♀ verläuft konvex. **Ansprüche:** Becken ab 60 cm Länge; Wasser 5–20 °dH, pH-Wert 6–7,5; Temperatur 23–26 °C.

Die Fische bevorzugen sandigen, nicht zu hellen Bodengrund und lieben dichte Bepflanzung. Wurzeln und Steine sollten ausreichend Versteckmöglichkeiten bieten, auch Höhlen werden gern aufgesucht. *B.b.b.* ist sehr friedlich und kann in jedem Salmlerbecken gehalten werden, in unruhiger Gesellschaft ist er jedoch selten zu sehen.

Zucht: Bei Temperaturen zwischen 26 und 30 °C ist die Zucht bereits in Becken von 40 cm Länge möglich, wenn Höhlen vorhanden sind (Blumentopf oder halbierte Kokosnußschale). Die Tiere werden paarweise angesetzt. Abgelaicht wird an die Höhlenwand, das Gelege, das zwischen 30 und 100 Eier umfassen kann, wird vom ♂ betreut und bewacht. Die Jungen schlüpfen nach 3 Tagen und werden bis zum Verschwinden des Dottersacks vom ♂ zusammengehalten. In großen Becken können die Eltern nach dem Freischwimmen der Jungfische verbleiben, in kleinen sollten sie zu diesem Zeitpunkt entfernt werden. Beim notwendigen regelmäßigen Teilwasserwechsel sollten starke Temperaturschwankungen vermieden werden, die Aufzucht ist problemlos.

Badis badis badis

B. b. burmanicus

Chamäleonfisch, Roter Badis

Vorkommen: Diese zweite Unterart lebt im Inlé-See in Burma. In ihren Ansprüchen und in der Zucht ist sie wie *B.b. badis* zu behandeln, die beste Farbentwicklung zeigt sie jedoch in bernsteingelbem, über Torf gefiltertem Wasser und nicht zu hellen Becken. Unter günstigen Bedingungen ist die Unterart produktiver (bis 150 Eier) als *B.b. badis.*

B. spec. »Scarlet«

Scharlachroter Blaubarsch

Vorkommen: Langsam fließende, pflanzenreiche Gewässer in Westbengalen. **Größe:** ♂ 25 mm, ♀ 20 mm. **GU:** Das ♂ ist intensiver gefärbt, auch in seinen gegenüber denen des Weibchens breiteren Flossen. **Ansprüche:** Diesem erstmals 1999 nach Deutschland eingeführten Fischzwerg steht mit hoher Wahrscheinlichkeit eine große aquaristische Zukunft bevor. Nach einigen Monaten Erfahrungen mit diesem Fisch beim Autor im Aquarium Erfurt ließ sich feststellen, daß die Art bei Einhaltung einiger Grundregeln sehr gut zu halten und zu züchten ist. Ich schlage den oben angeführten deutschen Namen vor, der lediglich die Übersetzung der englischen Bezeichnung darstellt und die Pracht des Fisches am besten wiedergibt. Scharlachrote Blaubarsche sind sehr ruhige, wenig schwimmfreudige Fische. Sie sind friedlich gegenüber anderen kleinen Fischarten und auch untereinander. Die ♂♂ bilden allerdings kleine Reviere, die je nach Dichte der Bepflanzung zwischen 15 und 25 cm Durchmesser liegen und durch Drohen mit gespreizten Flossen gegenüber dem Nachbarn verteidigt werden. Die Beckengröße sollte sich daher nach der Zahl der Männchenreviere richten und nicht kleiner als 60 cm sein. Grober Sand ist als Bodengrund geeignet, an Pflanzen sollte das Becken neben Cryptocorynen viel Javamoos enthalten. Moorkienwurzeln, Bambusröhren und halbe Kokosnußschalen, aber auch die Lücken zwischen einigen in das Wasser gelegten Eichen- oder Buchenblättern werden von den ♂♂ als Reviermittelpunkt angenommen. Bei gedämpftem Licht unter einer Schwimmpflanzendecke zeigen die Fische deutlich kräftigere Farben. Die optimale Wasserhärte liegt zwischen 5 und 10 °dH, der pH-Wert zwischen 6,5 und 7. Als günstige Temperatur haben sich Werte zwischen 25 und 30 °C erwiesen. Eine ständige leichte Wasserbewegung durch Filterauslauf oder Durchlüftung erhöht das Wohlbefinden der Tiere. Beim wöchentlichen Teilwasserwechsel sollte nicht mehr als 1/4 des Beckeninhaltes ausgetauscht werden. An Futter nehmen die Fische alle ihrer Größe entsprechenden Frost- und Lebendfutterarten an.

Zucht: Laichreife ♀♀ sind am eckig wirkenden Hinterleib sicher zu erkennen. Zum Zuchtansatz eines Paares genügt ein Becken von 30 cm Länge, das wie das Haltungsbecken eingerichtet ist und einige vorher abgebrühte Eichen- und Buchenblätter enthält. Deren Unterseite bzw. die von Cryptocorynenblättern werden vom ♂ als Laichplatz ausgewählt. Mit dem Bauch nach oben heftet das ♀ die gelblichgrauen und für die Kleinheit der Fische relativ großen Eier dort an und das ♂

besamt sie sofort. Bereits nach 36 Stunden (bei einer Temperatur von 28 °C) schlüpfen die Embryonen und verstecken sich in der Bodenschicht oder im Javamoos. Sie finden dort erstes Futter und nehmen Artemia-Nauplien an. Auf die Fütterung von Cyclops-Nauplien sollte verzichtet werden, weil sie die ruhigen Jungfische sehr schnell überfallen.

Balantiocheilus melanopterus

Haibarbe
Familie: *Cyprinidae*

Vorkommen: Thailand, Borneo, Sumatra, Malaiische Halbinsel. **Größe:** 30 cm. **GU:** Das ♂ bleibt kleiner, seine Bauchlinie verläuft gerader und das Gelb in den Flossen ist kräftiger als beim ♀. **Ansprüche:** Dieser trotz seines gefährlich klingenden Händlernamens sehr friedliche Schwarmfisch benötigt zur Entfaltung ein Becken, das nicht unter 150 cm lang sein sollte. Die Vergesellschaftung mit Arten von → *Barbus* und → *Botia* ist problemlos möglich. *B.m.* kommt mit fast jedem Wasser zurecht (bis 30 °dH und pH-Wert 7,5), die volle Leuchtkraft seiner Farben, denen er den älteren Trivialnamen Thailändische Glühschwanzbarbe verdankt, entfaltet dieser Fisch allerdings nur bei weichem Wasser um 5 °dH und einem pH-Wert um 6,5. In härterem Wasser bleibt das Gelb blaß. Das Sauerstoffbedürfnis der Art ist hoch, es muß durch kräftige Filterung, zusätzliche Durchlüftung und regelmäßigen wöchentlichen Teilwasserwechsel, der 1/3 des Beckeninhalts umfaßt, befriedigt werden. Der Bodengrund kann aus grobem Kies bestehen. Robustere Pflanzen wie *Cryptocoryne usteriana* und Riesenvallisnerie werden auch von erwachsenen Tieren unbehelligt gelassen, wenn für ausreichend pflanzliche Zukost gesorgt wird. Neben Salat werden vor allem Feinfrosterbsen sehr gern gefressen. Obwohl in jedem Alter sehr viel Schwimmraum benötigt wird, stellen sich die Fische gern für längere Zeit zwischen langen Pflanzen oder hochragenden, sparrigen Wurzeln ein. Die Fische lieben hellen, möglichst sonnigen Standort des Beckens. Die Haltungstemperatur kann zwischen 22 und 28 °C liegen.

Die Fische springen, nicht nur während der Balzspiele, gern und gut. Das Hälterungsbecken sollte deshalb gut abgedeckt werden, dabei ist wegen der Verletzungsgefahr einem Netz der Vorzug vor einer Glasscheibe zu geben.

Zucht: Obwohl in einem 1000-l-Becken nach einem großen Teilwasserwechsel (50 %) mit gleichzeitiger Erhöhung der Temperatur um 5 °C dicht unter der Wasseroberfläche heftiges Treiben im Schwarm ausgelöst werden konnte, ist eine Nachzucht bisher noch nicht gelungen.

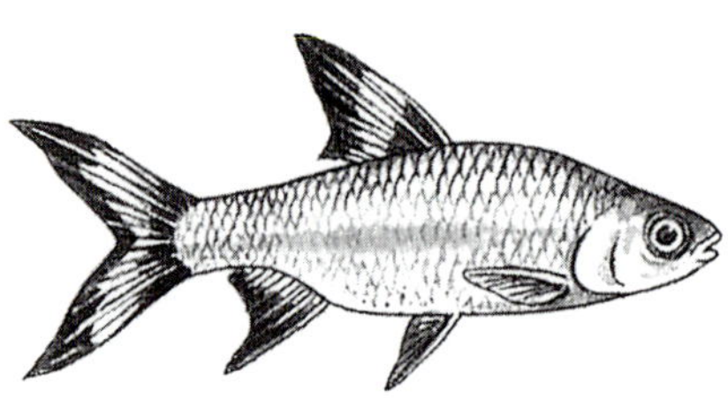

Balantiocheilus melanopterus

Ballonkopferdfresser

→ *Gymnogeophagus balzanii.*

Balsas Hochlandkärpfling

→ *Iyodon whitei.*

Bänderkärpfling

→ *Poecilia vittata.*

Barberostetra

→ *Coelurichthys tenuis.*

Bärbling

1. → *Brachydanio.*– **2.** → *Danio.*– **3.** → *Rasbora.*

Barbus (Barben)

Eine artenreiche Gattung aus der Familie *Cyprinidae* (Karpfenfische), deren Vertreter in der Alten Welt beheimatet sind. Viele kleine und mittelgroße Arten gehören seit Jahrzehnten zum festen Bestand in der Aquaristik, da sie als friedliche Schwarmfische mit anderen Arten vergleichbarer Größe gut zu vergesellschaften sind. Die meisten Arten der Gattung *B.* sind in bezug auf die Wasserwerte sehr tolerant, wenn bei der Haltung berücksichtigt wird, daß sie als Bewohner von Fließgewässern einen hohen Sauerstoffbedarf haben. Dem wird durch gute Filterung und Durchlüftung sowie häufigen und regelmäßigen Teilwasserwechsel Rechnung getragen. Wird dies berücksichtigt, dann gehören sie zu den ausdauerndsten Aquarienfischen, an denen man 8 Jahre und länger Freude haben kann. Die notwendige Beckenlänge ist von der Größe und dem bei den einzelnen Arten unterschiedlichen Schwimmbedürfnis abhängig, als Richtwert kann jedoch gelten, daß als Mindestmaß das Zehnfache der Körperlänge genommen werden sollte. Der Bodengrund sollte feinkörnig und keinesfalls scharfkantig sein, viele Barben gründeln gern und könnten sich die Barteln verletzen. Bewährt hat es sich, den Futterplatz im Barbenbecken mit einer flachen Sandschale auszustatten. Damit wird vermieden, daß die Fische beim Gründeln an anderen Beckenstellen schwachwurzelnde Pflanzen ausheben. Barben lieben Bepflanzung in Pflanzengruppen, zwischen denen viel Schwimmraum bleibt. Als Ruheplätze werden neben Pflanzendickichten auch sparrige Wurzeln gern angenommen. An das Futter stellen die meisten Arten keine besonderen Ansprüche, viele sind sogar über lange Zeit mit einem vielseitig zusammengesetzten Trockenfutter gut zu halten. Die Zucht ist meist nicht schwierig. Die lebhaften Arten sind in der Regel Freilaicher, die ruhigeren bevorzugen feinfiedrige Pflanzen oder ein aufgelockertes Büschel Javamoos. Paaransatz ist genauso möglich wie Schwarmansatz. Alle Barben stellen ihrem Laich nach, so daß entweder der gesamte Boden des Zuchtbeckens mit kirschgroßen Kieseln bedeckt oder mit einem Laichrost versehen sein sollte. Eine dünne Schicht aufgelockertes Javamoos über diesem Boden ausgebreitet und mit wenigen Kieseln gehalten, erhöht die Laichbereitschaft und schützt die Eier zusätzlich. Nach dem Ablaichen werden die Alttiere herausgefangen. In Ausnahmefällen nach 18–24, meist aber nach 30 und mehr Stunden schlüpfen die Jungen und hängen anschließend noch 1–2 Tage als winzige Glasnadeln an Pflanzen, Scheiben oder der Wasseroberfläche. Sobald die ersten Jungfische freizuschwimmen beginnen, muß angefüttert werden. Neben feinstem Staubfutter kann auch durch ein feines Sieb gedrücktes hartgekochtes Eigelb oder ein feingesiebtes hochwertiges Trockenfutter zum Einsatz kommen. Nach etwa einer Woche werden bereits Mikrowürmchen und bald darauf auch Nauplien angenommen. Bei häufigem Teilwasserwechsel, der wegen der großen Zahl von Jungfischen meist nicht einfach, aber dringend notwendig ist, und gutem Futterangebot wachsen die Jungfische der meisten Arten sehr rasch.

Anmerkung: Eine Revision der Gattung ist notwendig und wird von verschiedenen Autoren versucht, ohne daß bisher schlüssige Ergebnisse zu verzeichnen sind. Als Kriterien werden u.a. die unterschiedliche Zahl und Stellung der Barteln, Größe und Zahl der Schuppen oder die Herkunftsgebiete als Grundlage genommen. Neben Barbus (4 Oberkieferbarteln, kleine Schuppen) tauchen die so klassifizierten Arten in der Literatur unter den Gattungsbezeichnungen *Barbodes* (4 Oberkieferbarteln, mittlere bis große Schuppen), *Capoeta* (2 Barteln) oder *Puntius* (keine Barteln) auf. Von einigen Autoren und Fachzeitschriften werden inzwischen viele der asiatischen Barben als *Puntius* geführt. Eine zufriedenstellende Lösung ist auch hier noch nicht gefunden. In diesem Buch werden der praktischen Übersichtlichkeit wegen alle aus der Fülle ausgewählten Arten weiterhin unter dem Gattungsbegriff *Barbus* geführt, obwohl dieser korrekt in Anführungszeichen gesetzt werden müßte. Im Zweifelsfall sei der Benutzer auf das Synonymverzeichnis verwiesen.

B. arulius

Prachtglanzbarbe

Vorkommen: Süd- und Südostindien. **Größe:** 12 cm, in sehr großen Becken auch darüber. **GU:** Die Rückenflossenstrahlen des ♂ sind fadenförmig verlängert, die Rückenflosse des ♀ ist ganzrandig. Während der Laichzeit zeigen die ♂♂ kleine weiße Pünktchen ums Maul, den sogenannten Laichausschlag. **Ansprüche:** Das Becken sollte nicht unter 100 cm lang sein; Wasser 3–10 °dH, pH-Wert 6–6,5; Temperatur 20–25 °C. In härterem und neutralem Wasser halten die Fische zwar längere Zeit aus, wirken aber stets blasser und zeigen kaum die volle Leuchtkraft ihrer Farben. Zur Bepflanzung bei der Haltung erwachsener Tiere sind vorrangig festwurzelnde, robuste Pflanzen einzusetzen. Als Unterstände werden von den Fischen neben Wurzeln auch Steinhaufen gern aufgesucht.

Zucht: Trotz ihrer Größe ist die Art wenig produktiv. Die Fische, die als Paar angesetzt werden sollen, treiben sehr stark und springen häufig über die Oberfläche hinaus. Das Zuchtbecken muß daher sehr groß (nicht unter 100 cm Länge) und gut abgedeckt sein. Ein dichter Besatz mit feinfiedrigen Pflanzen ist notwendig, zwischen denen das ♀ von Zeit zu Zeit Schutz findet. Die Laichabgabe findet vorwiegend im Oberflächenbereich statt, die Eier sind groß und gut zu sehen. Falls das ♀ trotz sichtbaren Laichansatzes nicht laichbereit ist, kann eine Temperaturerhöhung bis auf 27 °C und der Zusatz von Erlenzäpfchen- oder Torfextrakt stimulierend wirken. Bringt dies keinen Erfolg, dann sollte der Zuchtversuch abgebrochen werden, um das ♀ zu schonen, und einige Tage später in sehr weichem Wasser wiederholt werden. Die Jungen schlüpfen nach 36–40 Stunden und schwimmen erst 6 Tage später frei. Sie nehmen relativ schnell Mikrowürmchen an und wachsen bei regelmäßigem Wasserwechsel rasch. Die charakteristische Färbung tritt jedoch meist erst im sechsten Lebensmonat in Erscheinung.

B. barilioides

Blaustrichbarbe

Vorkommen: Angola, Nordsimbabwe, Sambia und Südzaire. **Größe:** 5 cm. **GU:** Die Bauchlinie des ♂ verläuft fast gerade, es wirkt dadurch schlanker als das ♀. **Ansprüche:** Diese sehr lebhafte und schwimmfreudige Art verlangt Becken, die nicht unter 80 cm lang sein sollten;

Barbus barilioides

Wasser 3–7 °dH, pH-Wert 6–6,5; Temperatur 20–26 °C. Die Temperatur kann nachts bis auf 18 °C absinken, eine etwas kühlere Haltung im Winterhalbjahr bei 19–21 °C hat positiven Einfluß auf die Färbung, die Lebenserwartung und die Laichbereitschaft. Im düster gehaltenen Becken kommen die Farben am besten zur Wirkung, deshalb ist feiner Basaltsplitt der empfehlenswerteste Bodengrund. Steht er nicht zur Verfügung, so leistet ein Torfanteil im Bodengrund gute Dienste. Dichte Bepflanzung sollte sich mit Schwimmraum abwechseln, eine Ecke mit Schwimmpflanzen sorgt für den notwendigen schattigen Unterstand. Da *B.b.* bei Mangel an pflanzlicher Nahrung die Spitzen zarter Wasserpflanzen verbeißt, werden für die Bepflanzung derbblättrige Arten eingesetzt.

Zucht: Die Zucht gelingt nicht in jedem Fall auf Anhieb. Das Zuchtbecken darf nicht zu hell stehen, als Zuchtwasser ist über Torf gefiltertes und dadurch bräunlich gefärbtes, aber klares Wasser am besten geeignet. Es muß sehr weich und leicht sauer sein. Das Zuchtbecken wird dicht mit feinfiedrigen Pflanzen oder aufgelockerten Büscheln von Javamoos ausgestattet. Eine mindestens zweitägige Trennung der Geschlechter vor dem Zuchtansatz hat sich in vielen Fällen als günstig erwiesen. Durch abwechslungsreiche Fütterung gut vorbereitete ♀♀ können sehr produktiv sein und mehr als 300 Eier bringen. Die erfolgversprechendste Zuchttemperatur liegt bei 26–27 °C. Bei dieser Temperatur schlüpft die Brut nach 36–42 Stunden und hängt noch 3–4 Tage an Wasserpflanzen und Scheiben, bevor die Jungfische freischwimmen. Die Anfütterung der Jungfische erfolgt wie in der Gattungsbeschreibung angegeben, nach einer Woche sind sie meist so groß, daß sie Artemia-Nauplien aufnehmen können. Im Alter von 6 Monaten sind sie zuchtreif.

B. bimaculatus

Zweifleckbarbe

Vorkommen: Sri Lanka. **Größe:** 7 cm. **GU:** Das ♂ bleibt kleiner und schlanker als das ♀ und hat eine kräftig rote Längsbinde, die vom Kiemendeckel bis zur Schwanzwurzeln reicht. **Ansprüche:** Die Beckenlänge für diesen Schwarmfisch sollte nicht unter 80 cm liegen; Wasser 5–15 °dH, pH-Wert 6,5; Temperatur 21–25 °C. Ein Schwarm von 8–10 Tieren kommt in einem langen, niedrigen Becken (ein Wasserstand

Barbus bimaculatus

von 20 cm ist ausreichend) mit dunklem Bodengrund, dichter Hintergrundbepflanzung und ausreichend Schwimmraum im Vordergrund am vorteilhaftesten zur Wirkung. Einige Wurzeln, zwischen denen die Fische Unterstand finden, tragen dazu bei, die häufig recht scheuen Tiere ruhiger zu machen. Dieser schöne Fisch verdient mehr Aufmerksamkeit, als ihm bisher zugestanden wird.

Zucht: Zur Zucht ist ein Becken mit 30 l Inhalt zu empfehlen, welches mit Büscheln feinfiedriger Pflanzen oder Javamoos ausgestattet ist. Die Wasserhärte sollte möglichst etwas unter der des Hälterungsbeckens liegen und 10 °dH nicht übersteigen. Zum Ansatz kommen ein ♀ mit deutlichem Laichansatz und zwei ♂. Abgelaicht wird in zahlreichen Laichgängen mit jeweils sehr geringer Eizahl (3–5) zwischen den Pflanzen. Insgesamt sind von einem guten ♀ bis zu 400 Eier zu erwarten. Der Bodengrund des Zuchtbeckens sollte gestaltet sein wie in der Gattungsbeschreibung angegeben, die Tiere sind nach dem Ablaichen sofort herauszufangen. Nach 24 Stunden sind die meisten Jungen geschlüpft, als Erstfutter nach dem Freischwimmen der Jungfische sind Mikrowürmchen und Artemia-Nauplien geeignet. Auf regelmäßigen Teilwasserwechsel muß großer Wert gelegt werden, da bei Wasserverunreinigungen die Verluste unter den Jungfischen sehr hoch sein können.

B. binotatus

Große Fleckenbarbe

Vorkommen: Malaysia, Indonesien, Philippinen. **Größe:** 12 cm, nur in sehr großen Becken und bei optimalen Bedingungen auch darüber. **GU:** Die Bauchlinie des ♂ verläuft gerade bis leicht gerundet, das ♀ ist besonders zur Laichzeit sehr rundlich. **Ansprüche:** Becken ab 100 cm Länge; Wasser 5–12 °dH, pH-Wert 6,5; Temperatur nicht unter 24–26 °C, bei länger anhaltenden niedrigen Temperaturen werden die Fische schnell krankheitsanfällig. *B.b.* ist eine schlicht gefärbte Art für den Liebhaber stiller Schönheiten, die erst bei Schwarmhaltung ab 8 Tieren in nicht zu hellen Becken zur Wirkung kommt. Bei über Torf gefiltertem Wasser mit bernsteingelber Farbe zeigen die Fische noch am ehesten eine etwas rötliche Farbe. Das Becken wird so gestaltet, wie es in der Gattungsbeschreibung angegeben ist.

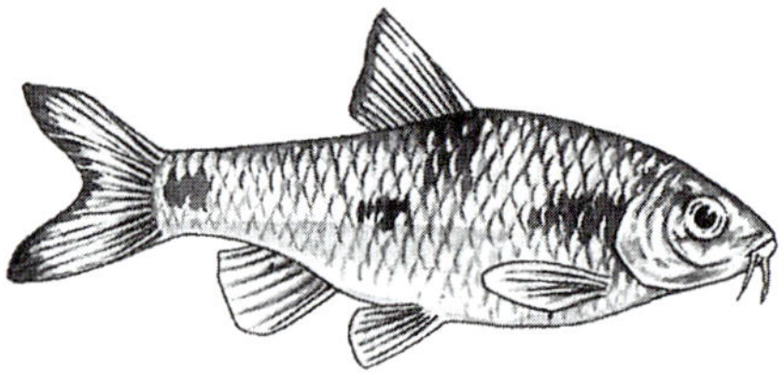

Barbus binotatus

Zucht: Für die Zucht sind Becken bis 70 cm Länge geeignet, die Einrichtung sollte wie in der Gattungsbeschreibung angegeben vorgenommen werden, dabei ist ein dichter Bestand feinfiedriger Pflanzen wichtig. Bei einer Temperatur von 27–28 °C werden abends ein ♂ und zwei ♀♀ eingesetzt, die meist am darauffolgenden Morgen schon ablaichen. *B.b.* ist sehr produktiv, von den zwei ♀♀ sind bis zu 1000 Eier zu erwarten. Die Entwicklung der Jungen und Jungfische erfolgt wie in der Gattungsbeschreibung angegeben, als Erstfutter sind Mikrowürmchen und Artemia-Nauplien geeignet. Regelmäßiger Teilwasserwechsel ist für die Entwicklung der Jungfische ebenso wichtig wie die Einhaltung einer Temperatur von 26–28 °C in den ersten 6 Lebenswochen.

B. camptacanthus

Buckelbarbe

Vorkommen: Kamerun, Gabun, Nigerdelta. **Größe:** 12 cm. **GU:** In Färbung und Zeichnung kaum Unterschiede, das ♀ ist jedoch deutlich fülliger. **Ansprüche:** Eine wegen ihrer Robustheit und relativen

Anspruchslosigkeit sehr empfehlenswerte afrikanische Barbe. Sie ist jedoch zur Gemeinschaftshaltung mit anderen nur sehr bedingt geeignet, sie zeigt sich rüpelhaft. Bei uns erwiesen sich bei der Suche nach geeigneten Partnern lediglich Buntbarsche der Gattungen → *Pelvicachromis* und → *Lamprologus* als Gesellschaft geeignet. Die Buckelbarbe ist ein Schwarmfisch, der in Becken ab 90 cm Länge gepflegt werden kann. Bei den Wasserwerten werden Härten zwischen 5 und 25 °dH, pH-Werte zwischen 6,5 und 7,5 und Temperaturen zwischen 23 und 28 °C toleriert. Pflanzen werden selbst bei regelmäßiger Zufütterung von Grünzeug aller Art zumindest in den Austrieben verbissen. Am widerstandsfähigsten erwiesen sich Flußfarn (Bolbitis) und Schwarzwurzelfarn. Buckelbarben sind Alles- und Vielfresser, dementsprechend hoch ist die Wasserbelastung durch Ausscheidungen. Eine sehr wirksame Filterung und wöchentlicher Teilwasserwechsel (1/3 des Beckeninhaltes) sind vor allem in kleineren Becken unerläßlich.

Zucht: Die Tiere sind ab etwa 7 cm Länge fortpflanzungsfähig. Weiches (5–7 °dH) und neutrales bis leicht saures Wasser fördert die Laichbereitschaft. Zuchtverlauf und Jungfischaufzucht gleichen den Abläufen anderer großer Barben.

B. canius

Hundsbarbe

Vorkommen: Ganges in Indien. **Größe:** 5 cm. **GU:** Die ♂♂ bleiben schlanker, ihre Flossen sind rot, die der ♀♀ gelblich. **Ansprüche:** Diese Barbe ähnelt zwar → *B. gelius*, unterscheidet sich jedoch von dieser durch einen spindelförmigen Körper und vor allem durch die Farbigkeit des ♂. Sie stellt ein Juwel unter den kleineren Arten dar und verdankt ihren irreführenden deutschen Namen einer falschen Übersetzung. Sie kann gut mit anderen → *Barbus* und → *Rasbora* gemeinsam gepflegt werden, ist durch ihren Spieltrieb jedoch kein Partner für langflossige oder fadentragende Fische. Weiches bis mittelhartes (6–12 °dH) und leicht saures bis neutrales Wasser (pH-Wert 6,5–7) sagt ihr am besten zu. Sie sollte im kleinen Schwarm ab 10 Tieren und in gut bepflanzten Becken ab 60 cm Länge gepflegt werden. Die volle Farbigkeit entwickeln die ♂♂ bei gedämpftem Licht und bei Plänkeleien mit Artgenossen.

Zucht: Abwechslungsreich ernährte Tiere sind problemlos im Paar- oder Gruppenansatz zur Fortpflanzung zu bringen. Teilwasserwechsel mit Regenwasser fördert die Laichbereitschaft. Der Zuchtverlauf entspricht dem in der Gattungsbeschreibung angeführten.

B. conchonius

Prachtbarbe

Vorkommen: Nördliches Vorderindien. **Größe:** Die heutigen Aquarienstämme erreichen selten mehr als 6 cm Länge. Die noch vor drei Jahrzehnten zu beobachtenden prächtigen Fische von 8–10 cm Länge gehören wohl leider der Vergangenheit an. Auch bei dieser Art hat das Umsichgreifen der Schleierflossenmode einschneidende Substanzverluste für einen schönen Aquarienfisch gebracht. Es existiert vermutlich in den Becken unseres Landes kein Stamm von *B.c.* mehr, der nicht mit Schleierflossigkeit durchseucht ist. **GU:** Die für das ♂ charakteristische Rotfärbung ist relativ früh, bereits im Jungfischschwarm, in Ansätzen zu erkennen. Seine Rückenflosse färbt sich erst während der Laichzeit schwarz. **Ansprüche:** Ein Schwarm von 8–10 Tieren ist bereits in einem Becken ab 70 cm Länge gut zu halten. Wasser: *B.c.* ist in bezug auf die Wasserhärte sehr tolerant und kann im Bereich von 5–30 °dH gut gehalten werden, der optimale Wert liegt allerdings unter 10 °dH. Für den pH-Wert gilt ähnliches, bei einer Toleranz von 6,2–7,5 liegt das Optimum bei pH 6,5.

Prachtbarben werden meist als Jungfische bei zu hohen Temperaturen zur Verkaufsreife getrieben und zu warm gehalten, auch darin liegt eine Ursache für die Zwergwüchsigkeit begründet. Die günstigste Hälterungstemperatur liegt zwischen 18 und 22 °C. Der Bodengrund sollte weich sein und kann Mulm enthalten, für die Beckeneinrichtung gilt das in der Gattungsbeschreibung Gesagte. Bei der Bepflanzung werden etwas robustere Pflanzen verwendet.

Zucht: Zur Zucht sind flache Becken mit 15 cm Wasserhöhe und einem Fassungsvermögen ab 20 l am besten geeignet. Die Zuchttemperatur sollte zwischen 23 und 25 °C liegen. Zum Ansatz kommen ein ♂ und zwei ♀♀. Abgelaicht wird nach Scheinpaarungen zwischen feinfiedrigen Pflanzen, die Eier haften sehr gut an den Pflanzen und sind damit den Nachstellungen der Alttiere ausgesetzt. Diese sollten deshalb unmittelbar nach dem Ablaichen herausgefangen werden. Bei hohen Temperaturen können die Jungen zwar bereits nach 18–24 Stunden schlüpfen, für die Entwicklung großer und kräftiger Tiere

Barbus conchonius, Zuchtform, ♂ und ♀

ist jedoch eine längere Zeitigung von 30–36 Stunden bei Temperaturen um 22 °C günstiger. Vorteilhaft wirkt sich auch das Absenken der Wasserhöhe auf 8–10 cm aus, sie sollte erst im Verlauf der nächsten 4 Wochen langsam wieder auf 20–25 cm gesteigert werden. Regelmäßiger Teilwasserwechsel und kräftige sowie häufige Fütterung sind Vorbedingungen für die Aufzucht von Fischen, die den Namen Prachtbarbe auch verdienen. Eine Haltung dieser Art im schattigen Freilandbecken während der Sommermonate ist möglich.

B. cumingi

Ceylonbarbe

Vorkommen: Bergwaldbäche in Sri Lanka. **Größe:** 5 cm. **GU:** Die Flossen des ♂ sind kräftiger gefärbt, seine Bauchlinie ist nur wenig gerundet. **Ansprüche:** Becken ab 60 cm Länge sind das Mindeste, was man diesen munteren und verspielten Schwarmfischen anbieten muß. Wasser: 2–10 °dH, pH-Wert 6,2–7; Temperatur 22–27 °C, keinesfalls darunter. Der Bodengrund sollte einen hohen Torfanteil enthalten und feinkörnig sein. Bei einem nicht zu hellen Standort des Beckens und zusätzlicher Lichtdämpfung durch eine Schwimmpflanzendecke fühlen sich die Fische am wohlsten und zeigen ihre beste Farbe. Das Wasser kann durchaus bernsteingelb bis bräunlich gefärbt sein. Wöchentlicher Teilwasserwechsel, der 1/4 des Beckeninhalts umfaßt, sowie kräftige Filterung oder Durchlüftung sind zur Befriedigung des hohen Sauerstoffbedarfs der Art notwendig.

Barbus cumingi

Zucht: Die Zucht gelingt am besten dann, wenn man es schafft, aus dem Schwarm 2 Tiere herauszufangen, die bereits im Hälterungsbecken füreinander Interesse zeigten. Gelingt dies nicht, dann empfiehlt sich der Ansatz von zwei ♂♂ und zwei ♀♀, die unter Umständen solange ausgetauscht werden müssen, bis sich ein miteinander harmonierendes Paar gefunden hat. Das Zuchtwasser sollte in der Härte unter 8 °dH liegen, seine Temperatur 25–27 °C betragen. Becken mit 20 l Inhalt und einem Wasserstand von 15 cm mit guter Ausstattung an feinfiedrigen Pflanzen sind für die Zucht geeignet. Die Zugabe von Torf- oder Erlenzäpfchenextrakt kann zusätzlich die Laichbereitschaft stimulieren und wirkt sich auch günstig auf das Schlupfergebnis aus. Die Jungen schlüpfen nach 30–36 Stunden. Für eine gute Entwicklung der Jungfische ist regelmäßiger Teilwasserwechsel sehr wichtig, doch oft nicht ohne Probleme, denn nicht selten führt ein solcher Wasserwechsel zum Verlust der gesamten Brut, vor allem dann, wenn das Wasser durch Chlor u.a. belastet ist. Es hat sich daher sehr bewährt, ausschließlich über Torf aufbereitetes Frischwasser beim Wechsel zu verwenden; diese Mühe zahlt sich aus. Die Zugabe von Erlenzäpfchenextrakt erhöht zusätzlich die Widerstandsfähigkeit der Jungfische. *B.c.* ist auch in ihrer Heimat sehr selten und sollte deshalb unbedingt in unseren Aquarien erhalten werden.

B. dunckeri

Harlekinbarbe

Vorkommen: Singapur. **Größe:** 15 cm. **GU:** Bei jüngeren Tieren sind die Geschlechter nicht zu unterscheiden, bei älteren ♂♂ sind die Flossen etwas kräftiger rot als beim ♀, welches auch deutliche Körperfülle zeigt. **Ansprüche:** Wie in der Gattungsbeschreibung für große Arten der Gattung angegeben. *B. dunckeri* sieht *B. everetti* sehr ähnlich, vermutlich werden in Deutschland vorwiegend *B. dunckeri* gepflegt.

Zucht: Im Aquarium Erfurt wurde die Art erfolgreich in einem 130 cm langen Becken mit 250 l Inhalt gezüchtet, dessen Bodengrund aus kirschgroßen Flußkieseln bestand. Die einzige Beckeneinrichtung war ein großes Büschel lockeren Javamooses. Angesetzt wurden 3 Paare mit 4jährigen Tieren von 12 cm Länge im Grupenansatz. Die Wasserhärte betrug 20 °dH, der pH-Wert 7,8; die Temperatur schwankte zwischen Tag und Nacht von 23–27 °C. Das Zuchtbecken erhielt volle Morgensonne. Nachdem über einen Sprührohrauslauf einer Motorpumpe Regen simuliert wurde, laichten alle Tiere der Gruppe in den Morgenstunden gemeinsam ab. Obwohl die Alttiere den Laichkörnern zwischen den Kieseln sehr nachstellten, kamen aus diesem Ansatz mehr als 1000 Jungfische auf. Die Jungfische halten sich die ersten 3 Wochen nach dem Schlupf fast ausschließlich zwischen den Bodenkieseln auf und sind deshalb nur schwer zu entdecken. Die ersten Balzspiele zeigen sie nach 18 Monaten bei ca. 8 cm Länge.

B. eugrammus

Linienbarbe

Vorkommen: Malaiische Halbinsel, Sumatra, Borneo. **Größe:** 10 cm, selten etwas darüber. **GU:** Die Linienzeichnung des ♂ ist wesentlich kräftiger als die des ♀, es bleibt kleiner und schlanker. **Ansprüche:** Becken ab 100 cm Länge; Wasser 2–12 °dH, pH-Wert 5,8–6,8; Temperatur 23–25 °C. Dunkler, möglichst torfhaltiger Bodengrund, eine dichte Bepflanzung mit nicht zu zarten Pflanzen, nicht zu heller Standort des Beckens und Haltung im Schwarm tragen wesentlich dazu bei, den Fischen etwas die Scheu zu nehmen. Sehr helle Becken verkürzen die Lebenserwartung beträchtlich, da die Fische darin nicht zur Ruhe kommen. Dagegen hat die Vergesellschaftung mit anderen lebhaften Arten (→ *Brachydanio* bzw. → *Danio*) keine negativen Auswirkungen auf das Wohlbefinden der Tiere.

Zucht: Die Zucht von *B.e.* ist nicht schwierig, wenn Wasser mit 2–3 °dH bei pH-Werten zwischen 5,8 und 6,3 zur Verfügung steht. Die Fische treiben sehr stark, die Länge des Zuchtbeckens sollte daher 70 cm nicht unterschreiten. Vorteilhaft ist es, den Boden des Zuchtbeckens mit ausgekochtem Torf auszulegen und das Becken dicht mit feinfiedrigen Pflanzen auszustatten, zwischen denen die Eier abgegeben werden. Eine Wasserhöhe von 20 cm ist ausreichend und empfehlenswert. Bei einer Temperatur von 25–26 °C schlüpfen die Jungen nach 24–30 Stunden, nach dem Freischwimmen werden Mikrowürmchen und feines Trockenfutter als Erstfutter angenommen, kurze Zeit später auch Nauplien. Bei Einhaltung der angegebenen Wasserwerte, zumindest in den ersten vier Lebenswochen, ist die Aufzucht der Jungfische problemlos.

B. everetti

Clownbarbe, Everetts Barbe

Vorkommen: Borneo, Singapur. **Größe:** 10 cm. **GU:** Das ♂ bleibt deutlich schlan-

Barbus everetti, Jungtier

ker und ist intensiver gefärbt als das ♀. **Ansprüche:** Becken ab 90 cm Länge, besser darüber; Wasser 3–12 °dH, pH-Wert 6–7; Temperatur 24–30 °C, nicht darunter. *B.e.* benötigt viel Schwimmraum, aber auch Unterstände zwischen Wurzeln und Steinen und in dichter Hintergrund- und Randbepflanzung.

Zucht: Die Schwierigkeiten in der Zucht dieser und manch anderer größeren Barbenart liegen darin begründet, daß die ♂♂ später geschlechtsreif werden als die ♀♀, und damit die Verwendung gleichaltriger Tiere aus einem Schwarm erfolglos bleiben muß. Wenn die ♂♂ die Zuchtreife erreicht haben, ist der Laich gleichaltriger ♀♀ bereits verhärtet und steril. Die ♀♀ sind mit 12, die ♂♂ frühestens mit 18 Monaten zuchtfähig. Vor dem geplanten Zuchtversuch sollten die Geschlechter mindestens 2 Wochen voneinander getrennt gehältert und mit kräftigem Futter, das auch pflanzliche Anteile (Salat, Futterhefe, angequetschte Feinfrosterbsen) enthalten muß, gut vorbereitet werden. Je größer das Zuchtbecken gewählt wird, umso besser sind die Erfolgsaussichten, 100 cm Länge und 50 cm Breite sind Mindestmaße, die Wasserhöhe braucht 20 cm nicht zu übersteigen. Die günstigste Zuchttemperatur liegt bei 27–28 °C. Grober Kies als Bodengrund und viele über das Becken verteilte Büschel aus *Myriophyllum* gehören zur Grundausstattung des Zuchtbeckens. Sehr günstig auf die Auslösung der Laichbereitschaft wirkt sich aus, wenn das Becken so steht, daß Morgensonnenstrahlen es treffen, mit ihrem Erscheinen setzt meist das Treiben und Laichen ein. Der weitere Verlauf entspricht den in der Gattungsbeschreibung angegebenen Regeln, dabei muß ein strenges Teilwasserwechselregime, das wöchentlich 1/4 des Beckeninhalts umfaßt, in jedem Lebensalter der Fische eingehalten werden. Es sollte ab und zu über Torf aufbereitetes Wasser verwendet werden.

B. filamentosus

Schwarzfleckbarbe

Vorkommen: Gebirgsbäche in Süd- und Südwestindien sowie Sri Lanka. **Größe:** 12 cm. **GU:** Die Rückenflosse des ♂ weist verlängerte Strahlen auf, die ♂♂ sind etwas intensiver gefärbt und der Körper zeigt mehr Glanz als dies bei den ♀♀ der Fall ist. **Ansprüche:** Becken ab 120 cm Länge; Wasser 5–15 °dH, pH-Wert 6–7; Temperatur 20–24 °C, besonders im Winterhalbjahr werden auch über längere Zeit 18 °C problemlos überstanden. Der Sauerstoffbedarf der Tiere ist hoch, neben regelmäßigem Teilwasserwechsel (25% erneuern) sind kräftige Filterung und Durchlüftung notwendig. Ihre volle Schönheit zeigen die Fische in Becken, die für einige Stunden am Tage Sonnenlicht erhalten, sonst wirken sie blaß und wenig ansehnlich. Der Futterbedarf dieser schwimmfreudigen Schwarmfische ist hoch, neben kräftigem Lebendfutter und Fleischwürfeln gehört unbedingt auch pflanzliche Kost auf ihren Speiseplan (Salat, Algen, Feinfrosterbsen). Sie nehmen jedoch auch gern grobflockiges Trockenfutter an.

Zucht: Die Mindestlänge für das Zuchtbecken sind 100 cm, das neben Kies als Bodengrund mit *Myriophyllum* und Javamoos ausgestattet sein sollte. Eine Temperatur im Bereich von 24–26 °C ist ausreichend; für die Vorbereitung der Zuchttiere gilt das bei *B. everetti* Gesagte. Auch bei *B.f.* wirken Morgensonnenstrahlen oder gute Beleuchtung stimulierend auf die Laichbereitschaft. Die Brut schlüpft in Abhängigkeit von der Temperatur nach 36–48 Stunden, dabei wird einer Temperatur von 24 °C der Vorzug gegeben. Die Jungfische nehmen nach dem Freischwimmen Mikrowürmchen und Artemia-Nauplien an, ihre Aufzucht ist problemlos, wenn regelmäßiger Teilwasserwechsel durchgeführt wird.

Barbus filamentosa

B. gambiensis, (B. ablabes)

Gambiabarbe

Vorkommen: Gambiafluß in Westafrika. **Größe:** ♂ 8 cm, ♀ 10 cm; *B.g.* wird häufig mit *B. holotaenia* verwechselt, unterscheidet sich von dieser vor allem durch kaum gefärbte Flossen (bei *B. holotaenia* sind diese rötlich) und ein schwarzbraunes Längsband (bei *B. holotaenia* blauschwarz). **GU:** Das ♂ ist deutlich schlanker und kleiner und zeigt nach Eintritt der Geschlechtsreife einen rötlichen Schimmer. **Ansprüche:** Becken ab 80 cm Länge; Wasser 3–15 °dH, pH-Wert 6–7,2; Temperatur 24–28 °C. *B.g.* bevorzugt dunklen Bodengrund, der Torfanteil haben sollte und eine dichtere Bepflanzung mit langstengeligen Pflanzen, zwischen denen sie sich unterstellen kann. Als lebhafter Schwarmfisch zeigt sie sich vor allem bei höheren Temperaturen, bei niedrigeren bleibt sie träge. *B.g.* ist relativ unempfindlich gegen Schwankungen im Wasserchemismus, sofern dieser in den oben angegebenen Toleranzen bleibt.

Zucht: Der Ansatz erfolgt als Paar oder mit zwei ♂ und einem ♀ in einem Becken

Barbus filamentosa, Jungtier

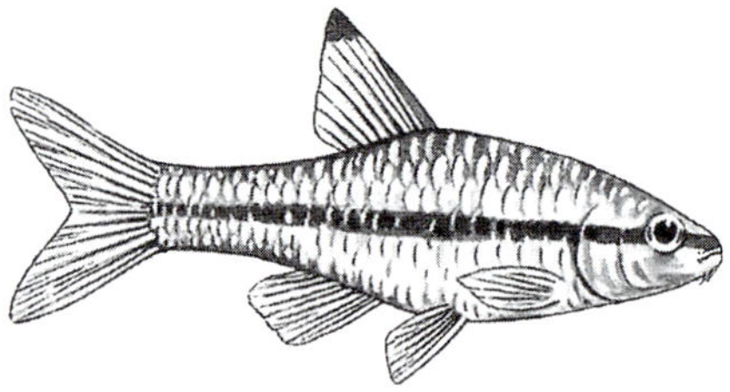

Barbus gambiensis

von mindestens 80 cm Länge bei einem Wasserstand von 15–20 cm Höhe; die Zuchttemperatur sollte 28–30 °C betragen. Über kiesigem Bodengrund sind einige lockere Büschel feinfiedriger Pflanzen oder Javamoos einzubringen, dabei sollte 1/3 der Fläche von Pflanzen frei bleiben. Die sehr kleinen Eier haften nicht, fallen zwischen die Kiesel und sind damit vor den Nachstellungen der Alttiere gut geschützt. Die Jungen schlüpfen oft bereits nach 18 Stunden und schwimmen 4–5 Tage später frei. Da sie sich vorwiegend in Bodennähe aufhalten, ist es günstig, das erste Futter (Staubfutter und Mikrowürmchen) in diesen Bereich zu pipettieren. Die weitere Aufzucht dieser produktiven Art ist nicht schwierig.

B. gelius

Fleckenbarbe

Vorkommen: Stehende und ruhig fließende Gewässer in Zentralindien bis Assam. **Größe:** ♂ 4 cm, ♀ 4,5 cm. **GU:** Die Körpergrundfarbe des rundlicheren ♀ ist mehr grünlichgelb, die des schlankeren ♂ gold- bis kupferfarben. **Ansprüche:** Als Beckenlänge für diesen ruhigen Fisch, der nur im Schwarm von mindestens 8 Tieren richtig zur Wirkung kommt, sind 50 cm ausreichend. In alteingerichteten Becken mit dunklem, torfhaltigem Bodengrund und bernsteingelbem Wasser wird er zum kleinen Juwel. Wasser 3–12 °dH, pH-Wert 6–6,8; Temperatur 18–22 °C, höchstens kurzzeitig darüber. Teilwasserwechsel in 14tägigem Abstand ist ausreichend, dabei sollte jeweils 1/5 des Beckeninhalts durch über Torf aufbereitetes Wasser ersetzt werden. Zur Bepflanzung sind vor allem kleine und mittelgroße Arten der Gattung *Cryptocoryne* geeignet, zwischen deren Stengeln sich die Fische gern unterstellen. Neben Lebendfutter, das in seiner Größe dem kleinen Maul der Tiere entsprechen muß, werden sehr gern auch zarte Algen gefressen.

Zucht: Zur Zucht sollten nur Tiere angesetzt werden, die älter als 12 Monate sind und die besten Farben zeigen. Ein Becken von 30 cm Länge mit einer Wasserhöhe von 15 cm ist ausreichend. Die günstigste Zuchttemperatur liegt zwischen 22 und 23 °C. Die als Paar angesetzten Fische laichen an der Unterseite von Blättern, die Eier werden dort angeheftet. Welche Pflanzenart bevorzugt wird, ist von Paar zu Paar verschieden, so daß es günstig ist, sowohl einige wenige *Cryptocorynen* als auch einige nicht zu kleinblättrige *Luwigia* in das Zuchtbecken zu bringen. Auch ein gutes ♀ bringt selten mehr als 70–80 Eier. Nicht alle Tiere stellen dem Laich nach, dennoch ist es besser, die Alttiere herauszufangen. Die günstigsten Ergebnisse werden in Wasser unter 5 °dH bei pH-Wert 6–6,5 erreicht. Während der Eientwicklung ist der Temperatur besondere Aufmerksamkeit zu widmen, sie muß zwischen 20 und 22 °C liegen. Wird diese Grenze überschritten, dann sterben viele Eier ab und verpilzen. Als Erstfutter für die sehr kleinen Jungfische, die nach etwas mehr als 24 Stunden schlüpfen und 3–4 Tage später freischwimmen, ist feinstes Staubfutter, ersatzweise auch durch ein feines Sieb geriebenes hartgekochtes Eidotter, notwendig. Die Jungfische wachsen sehr langsam und verstecken sich meist zwischen den Pflanzen.

B. holotaenia

Afrikanische Längsstrichbarbe

Vorkommen: Fließgewässer von Kamerun bis Zaire. **Größe:** 12 cm; Unterscheidungsmerkmale zur ähnlichen *B. gambiensis*, siehe dort. **GU:** Das ♂ ist deutlich schlanker als das ♀ und geringfügig kleiner. **Ansprüche:** Becken ab 100 cm Länge und Wasser mit 3–8 °dH gelten als optimal, die Art wird im Aquarium Erfurt seit Jahren bei 25 °dH erfolgreich gehalten und setzt unter diesen Bedingungen auch Laich an. Der pH-Wert kann zwischen 6 und 7 liegen, die Temperatur 24–30 °C betragen, jedoch nicht darunter. *B.h.* liebt dicht bepflanzte, nicht zu helle Becken, die im Vordergrund Schwimmraum bieten. Wurzeln werden neben Stengelgewirr gern als Unterstand angenommen. Bei Paarhaltung leben die Fische sehr versteckt, erst im Schwarm ab 8 Tieren entfalten sie sich richtig. Trotz ihrer Größe und des Bedarfs an pflanzlicher Nahrung werden selbst feinblättrige Pflanzen unbehelligt gelassen, wenn Salat und angequetschte Feinfrosterbsen regelmäßig gegeben werden. Bei kräftiger Fütterung genügt ein Teilwasserwechsel im Abstand von 14 Tagen, wobei 1/5 des Wassers gewechselt werden kann. Vor allem dann, wenn die Fische zur Zucht vorbereitet werden sollen, ist beim Wasserwechsel die Verwendung von über Torf gefiltertem Frischwasser zu empfeh-

Barbus holotaenia

len. Steht dieses nicht zur Verfügung, dann ist der Zusatz von Torf- oder Erlenzäpfchenextrakt anzuraten, deren Inhaltsstoffe bei abwechslungsreicher Ernährung den Laichansatz stimulieren.

Zucht: Das Zuchtbecken darf nicht unter 100 cm lang sein und muß mit einer Schicht von kleinen Kieseln als Bodengrund und lockeren Büscheln Javamoos und anderen feinfiedrigen Pflanzen ausgestattet werden. Das Zuchtbecken wird eine Woche vor dem geplanten Zuchtversuch eingerichtet, als Zuchtwasser ist über Torf gefiltertes Frischwasser zu verwenden, das bräunlich gefärbt, aber klar sein muß und gut durchlüftet wird. Das Zuchtbecken sollte nicht zu hell stehen, aber doch so, daß die Morgensonne von den Fischen wahrgenommen werden kann. Der Ansatz erfolgt als Paar, nachdem die Geschlechter vorher mindestens eine Woche getrennt wurden; manchmal macht sich die Zuführung eines zweiten ♂ oder der Partnertausch notwendig, da nicht alle Tiere miteinander harmonieren. Die Eier, die über dem Boden zwischen den lockeren Pflanzen abgegeben werden, sind klein. Die Zuchttemperatur sollte zwischen 28 und 30 °C liegen. Befriedigende Ergebnisse sind nur in Wasser zu erwarten, welches weniger als 6 °dH und einen pH-Wert von 6–6,5 aufweist. Bei der angegebenen Temperatur schlüpfen die ersten Jungen bereits nach 18–20 Stunden, ein etwas späterer, aber gleichmäßigerer Schlupf wird erreicht, indem die Temperatur nach dem Herausfangen der Alttiere langsam auf 26 °C abgesenkt wird. 4–5 Tage später schwimmen die Jungfische in Bodennähe frei und sind mit kleinem Futter (Rädertierchen, Mikrowürmchen), das in ihre Nähe pipettiert wird, anzufüttern.

B. hulstaerti

Schmetterlingsbarbe

Vorkommen: Unterlauf des Zaire. **Größe:** 3 cm, ♀ etwas darüber. **GU:** Beim ♂ ist der vordere Seitenfleck sichelförmig und deutlich sichtbar, beim ♀ ist er rund und blaß. **Ansprüche:** Diese sicher schönste Art der Gattung erfordert aquaristisches Fingerspitzengefühl bei der Haltung, sie wird deshalb immer zu den seltenen Kostbarkeiten in unseren Becken gehören. Für einen Schwarm von 8–10 Tieren ist ein Becken von 50 cm Länge ausreichend. Da diese Art jedoch auf Wasserbelastungen aller Art sehr empfindlich reagiert, sollte ihr ein größeres, das dieses Risiko vermindert, zugestanden werden; Wasser 1–5 °dH, pH-Wert 6–6,5; Temperatur 20–24 °C, nicht darüber. *B.h.* liebt etwas dunklere Becken, deren Bodengrund im Wechsel aus Sand- und Torfflächen besteht, und das Pflanzengruppen als Unterstand sowie einige lichtdämpfende Schwimmpflanzen bietet. Zur Vergesellschaftung sind nur Fische mit vergleichbaren Ansprüchen und Größen geeignet (*B. gelius*, einige Arten der Gattung → *Rasbora*). Ansonsten ist die Schmetterlingsbarbe kaum zu sehen, obwohl sie sehr bewegungsfreudig sein kann. Gut gefiltertes Altwasser sagt *B.h.* mehr zu als Frischwasser, der notwendige Teilwasserwechsel muß deshalb sehr dosiert erfolgen; wöchentlich ist 1/10 des Beckeninhalts durch möglichst über Torf aufbereitetes Frischwasser zu ersetzen. Ein Zusatz von Erlenzäpfchenextrakt erhöht die Widerstandsfähigkeit der Fische, das Einbringen eines Erlenzäpfchens je 40–50 l Wasser, das nach 3–4 Wochen durch ein neues ersetzt werden sollte, bringt ähnlichen Erfolg.

Zucht: Sehr weiches Wasser (0–2 °dH), ein pH-Wert von 5–5,5 und dunkler Standort des Beckens sind die wichtigsten technischen Voraussetzungen für einen möglichen Zuchterfolg. Ein Becken mit 30 l Inhalt ist ausreichend, die Wasserhöhe kann zwischen 10 und 15 cm liegen. Das gesamte Becken wird mit Javamoos ausgelegt, in einem Drittel des Beckens sollte es sehr dicht liegen. Torfgefiltertes Frischwasser mit einem Zusatz an natürlichen Säurebildnern (Erlenzäpfchen-, Walnußschalen-, Eichenrinden- oder Erlenblätterextrakt) erhöht die Erfolgsaussichten. Die Einrichtung des Zuchtbeckens sollte eine Woche vor dem geplanten Ansatz erfolgen und das Becken bis zu diesem Zeitpunkt gut durchlüftet werden. Vor dem Einsatz des Paares muß das Becken im unteren sowie im dichtbepflanzten Teil abgedunkelt werden. *B.h.* ist Dauerlaicher und wenig produktiv. Nach einer Woche, in welcher das Paar möglichst nicht gestört wurde, werden die Tiere herausgefangen. Ist die Zucht geglückt, erscheinen 1–2 Tage später die ersten Jungen. Die Temperatur darf zu keiner Zeit 22 °C überschreiten, sonst sterben Eier und Jungfische ab. Die Jungfische sind in der ersten Zeit lichtscheu, als Erstfutter sind Zuchtpantoffeltierchen geeignet. Im Alter von fünf Monaten haben sie ihre volle Größe erreicht.

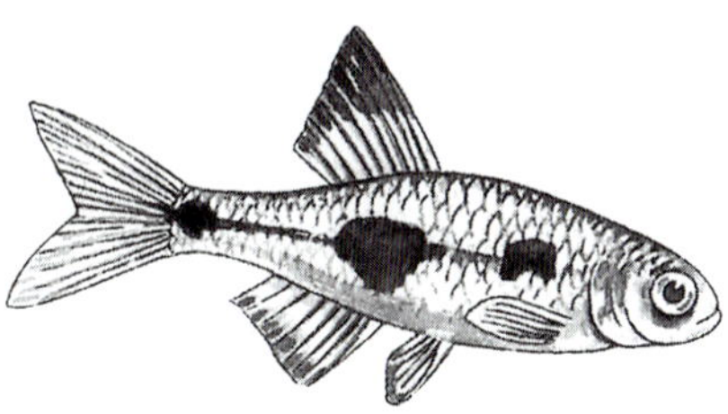

Barbus hulstaerti, ♂

B. jae

Jae-Barbe

Vorkommen: Yae- und Kribi-Fluß in Südkamerun. **Größe:** ♀ 4 cm, ♂ 3 cm. **GU:** Die Bauchlinie des ♂ ist fast gerade, die des ♀ konkav. Das Rot ist beim ♂ intensiver, die Querbinden sind weniger deutlich sichtbar. **Ansprüche:** Die Jae-Barbe gehört zu den schönsten afrikanischen Barben, erwies sich jedoch immer wieder als ein sehr heikler Pflegling. Nachzuchten sind längst noch nicht die Regel, und die Wildfänge erfordern eine sehr intensive Zuwendung. Probleme bereitet vor allem die Bekämpfung der bei fast jedem Wildfangtier vorhandenen Endoparasiten. Es erwies sich, daß Heilmittel auf pflanzlicher Basis noch am besten vertragen werden. Weiches (unter 8 °dH) und leicht saures (pH-Wert 6–6,5) Wasser mit Temperaturen um 26 °C ist in der Eingewöhnungszeit unerläßlich. Bewährt hat sich Regenwasser, das über Torf gelaufen war. Die Fische sollten im kleinen Schwarm in gut bepflanzten Becken ab 60 cm Länge gehalten werden. Etwas Buchenlaub am Boden hilft, die Wasserwerte zu stabilisieren. Die Nahrung muß in der Größe den Tieren angepaßt sein und pflanzliche Anteile enthalten.

Zucht: Die Art ist nicht sehr produktiv, auch große ♀♀ bringen kaum mehr als 60–70 Eier. Der Zuchtansatz kann als Paar oder Gruppe in sehr weichem und leicht saurem Wasser bei einer Temperatur von 27 °C erfolgen. Laichrost und ein aufgelockertes Büschel Javamoos genügen als Ausstattung. Das Zuchtbecken muß an einem störungsfreien und nicht zu hellen Ort stehen. Die Larven schlüpfen nach 36 Stunden und schwimmen nach 5–6 Tagen frei. Sie sind sehr klein und benötigen anfangs feinstes Tümpelstaubfutter.

B. lateristriga

Schwarzbandbarbe

Vorkommen: Große Sundainseln, Inseln des Malaiischen Archipels sowie Thailand. **Größe:** 12 cm, nur in sehr großen Becken auch darüber. **GU:** Das schlankere ♂ zeigt eine intensivere Schwarzzeichnung, das Rot in der Rückenflosse ist kräftiger als beim ♀. **Ansprüche:** Becken ab 100 cm Länge; Wasser 3–12 °dH, pH-Wert 6–6,8; Temperatur 24–28 °C, nicht darunter. Die Beckeneinrichtung für diesen lebhaften und nicht sehr anspruchsvollen Schwarmfisch ist wie in der Gattungsbeschreibung angegeben vorzunehmen. Ältere Tiere sind oft sehr gefräßig und haben einen hohen Bedarf an pflanzlicher Kost, der vor allem durch Salat und Feinfrosterbsen befriedigt werden kann. Sie lieben es, in einer dicken Mulmschicht aus abgestorbenen Pflanzenteilen zu wühlen, eine kräftige Filterung ist daher unerläßlich. Die Bepflanzung kann sich auf einige Gruppen derbblättriger Pflanzen beschränken, die gut zu reinigen sind, als Versteckplätze können Wurzeln angeboten werden.

Zucht: Die Zucht ist in einem gut mit feinfiedrigen Pflanzen ausgestatteten Becken von 80 cm Länge bei einer Temperatur von 26–28 °C und den oben angegebenen Wasserwerten problemlos möglich, sie verläuft, wie in der Gattungsbeschreibung angegeben. Die Eier haften an den Pflanzen und sind den Nachstellungen der Alttiere stark ausgesetzt. Die Brut schlüpft nach 48 Stunden, als Erstfutter für die nach 3–4 Tagen freischwimmenden Jungfische sind Mikrowürmchen und Artemia-Nauplien geeignet. Die Jungfische sind relativ träge und werden deshalb gern von Cyclops überfallen, auf dieses Futter sollte deshalb verzichtet werden, bis die Fische in lockeren Schwärmen schwimmen. Bei regelmäßigem Teilwasserwechsel verläuft das Wachstum zügig.

B. musumbi

Musumbi-Barbe

Vorkommen: Die in Deutschland nachgezogenen Tiere gehen auf Wildfänge in Angola zurück, weitere Vorkommen in den Flüssen Quanza, Bengo und dem Kilundasee. **Größe:** 6 cm. **GU:** Das ♂ ist schlanker, seine Körpergrundfarbe stimmungs- und alterabhängig von zartem bis kräftigem Rosa, die Körpergrundfarbe des ♀ zeigt gelblichbraune bis hellolive Farbtöne. **Ansprüche:** Wasser 2–12 °dH, pH-Wert 6–7; Temperatur 23–26 °C. Bei Haltung eines Schwarmes von 10 Tieren im Artbecken ist eine Beckenlänge von 80 cm ausreichend, bei der empfehlenswerten Vergesellschaftung mit anderen afrikanischen Barben sollte die Beckengröße bei 100 cm liegen. Als Bodengrund ist feiner Flußkies ohne scharfe Kanten gut geeignet, die Bepflanzung ist auch mit feinblättrigen Arten möglich, es werden lediglich Algenbeläge abgezupft. Bepflanzung und Dekoration sind so zu gestalten, daß vor allem im unteren Beckendrittel genügend Schwimmraum bleibt. Eine gute Filterung und regelmäßiger wöchentlicher Teilwasserwechsel, der 1/3 des Beckeninhaltes umfaßt, sind für das Wohlbefinden der Art wichtig. Neben Lebend- und Frostfutter aller Art werden auch Flockenfutter mit hohem pflanzlichem Anteil sowie angequetschte Feinfrosterbsen angenommen.

Zucht: Bei Pflege im großen Artbecken und ausreichender Fütterung kommen viele Jungfische auf. Für eine rationelle Zucht ist der Ansatz von 2–3 Paaren, die vorher einige Tage lang nach Geschlechtern getrennt gehältert wurden, am effektivsten. Ein großer, aufgelockerter Busch Javamoos sowie ein Laichrost oder Kiesel zum Schutz der Eier vor dem Gefressenwerden sind als Ausstattung des Zuchtbeckens ausreichend. Abends werden die Zuchttiere eingesetzt und die Temperatur auf 28–30 °C erhöht. Abgelaicht wird meist bereits am nächsten Vormittag, gute ♀♀ bringen mehr als 400 Eier. Die Alttiere werden nach dem Ablaichen herausgefangen, dem Wasser ein verpilzungshemmendes Mittel zugesetzt und eine kräftige, aber feinperlige Durchlüftung installiert. Bei hellem Standort des Beckens ist der Laich durch Abdecken vor zu grellem Licht zu schützen. Die Brut schlüpft nach 24–30 Stunden und ist glasklar. Am folgenden Tag hängen die Jungen an Scheiben und Pflanzen, und 5 Tage nach dem Schlupf schwimmen sie frei im oberen Beckendrittel und nehmen Tümpelstaub, ergänzt mit feinem Aufzuchtfutter an. Wenige Tage später bereits werden Artemia-Nauplien und Mikrowürmchen bewältigt. Nach 4–5 Monaten sind die Jungfische bereits geschlechtsreif.

B. nigrofasciatus

Purpurkopfbarbe

Vorkommen: Langsam fließende Bergbäche im Süden von Sri Lanka. **Größe:** ♂ 6,5 cm, ♀ kleiner. **GU:** Das ♂ ist hochrückiger gebaut und auch außerhalb der Laichzeit, in der es sich schwarz verfärbt, farbiger als das ♀. **Ansprüche:** Becken ab 70 cm Länge sind für die Haltung eines Schwarms von 10 Tieren ausreichend; Wasser 5–15 °dH, pH-Wert 6–6,5; Temperatur 22–26 °C. Die Art ist auch in härterem und leicht alkalischem Wasser bis pH 7,3 noch gut zu halten, allerdings bleiben die Tiere darin kleiner und erreichen selten die prachtvolle Ausfärbung, sie wirken meist blaß. Eine etwas kühlere Haltung im Winterhalbjahr bei 20–22 °C zeigt günstige Auswirkung auf Größe, Farbigkeit, Laichwilligkeit und Lebenserwartung. Über dunklem Bodengrund und bei durch Schwimmpflanzen gedämpftem Licht sind die Fische am lebhaftesten und farbigsten. Zwischen Wurzeln und dichten Pflanzengruppen, in denen die Fische Unterstand finden, ist genügend Freiraum zum Ausschwimmen zu lassen.

Zucht: Ein Zuchtbecken von 50 cm Länge ist für den Ansatz eines Paares ausreichend. Um bestmögliche Schlupfergebnisse zu erzielen, sollte das Zuchtwasser nicht mehr als 12 °dH bei einem pH-Wert von 6 aufweisen, die günstigste Zuchttemperatur liegt zwischen 25 und 28 °C. Besonders gern laicht *B.n.* zwischen langen Wurzeln von Schwimmpflanzen ab; stehen diese nicht zur Verfügung, so werden auch feinfiedrige Pflanzen oder Javamoos angenommen. Das ♂ leitet die Balz ein, doch leider ist nicht jedes sich aktiv

Barbus nigrofasciatus

gebärdende ♂ auch befruchtungsfähig, schafft es aber, das ♀ zur Laichabgabe anzuregen. Solche ♂♂ sollten für einige Wochen in einem gesonderten Becken kräftig und abwechslungsreich aufgefüttert werden, bevor der nächste Versuch gestartet wird. Der Laichvorgang selbst ist relativ kurz und spätestens nach zwei Stunden abgeschlossen. Abgelaicht wird meist kurz nach Sonnenaufgang oder beim Einschalten des Lichtes. Nach 24 Stunden sind die meisten Jungen geschlüpft, doch dauert es meist 7 Tage, bis sie freischwimmen. Die Aufzucht ist problemlos, doch sollte die Aufzuchttemperatur nicht zu hoch gehalten werden.

B. oligolepis

Eilandbarbe

Vorkommen: Sumatra und Große Sunda-Inseln. **Größe:** 5 cm, durch zu warme Aufzucht meist kleiner bleibend. **GU:** Die Flossen des insgesamt intensiver gefärbten ♂ sind schwarz gesäumt. **Ansprüche:** Für die Haltung einer kleinen Gruppe, in der die ♂♂ bei harmlosen Scheingefechten ihre schönsten Farben zeigen, ist ein Becken ab 50 cm Länge ausreichend; Wasser 5–20 °dH, pH-Wert 6–6,8; Temperatur 20–24 °C. Die Beckeneinrichtung erfolgt wie in der Gattungsbeschreibung angegeben, dabei ist sandigem Bodengrund mit etwas Torflage oder Mulm der Vorzug vor Kies zu geben. Bei zu häufigen Frischwassergaben werden die Fische etwas anfällig gegen Hautparasiten, es genügt den Ansprüchen, wenn im Abstand von 2–3 Wochen 1/5 des Beckeninhalts ausgetauscht wird.

Barbus oligolepis, ♂ und ♀

Zucht: Die Zucht ist einfach und in fast jedem Wasser möglich, die besten Schlupfergebnisse sind jedoch in Wasser unter 10 °dH und bei einem pH-Wert zwischen 6 und 6,5 zu verzeichnen. Ein Becken mit 15–20 l Inhalt ist für den Paaransatz bereits ausreichend. Das Zuchtwasser sollte je zur Hälfte aus Frisch- und aus Altwasser des Hälterungsbeckens bestehen. Als Beckenausstattung genügen einige Bündel *Myriophyllum*. Die Eiablage erfolgt in oberflächennahen Teilen der Pflanzen, gute ♀♀ können bis zu 300 Eier bringen. Die Alttiere müssen nach Ende des Ablaichens sofort herausgefangen werden, da sie sich sehr für die Eier interessieren. Bei Temperaturen zwischen 24 und 26 °C schlüpfen die Jungen nach 36–48 Stunden, schwimmen 2–3 Tage später frei und können bei Beibehaltung der hohen Temperatur bereits nach vier Monaten wieder zuchtreif sein. Da dies jedoch auf Kosten der Größe geht, sollte die Aufzucht bei niedrigeren Temperaturen (22–23 °C) erfolgen, um einer Verzwergung entgegenzuwirken. Die Fische sind dann ab dem 6. und 7. Monat zuchtreif.

B. pentazona

Fünfgürtelbarbe

Vorkommen: Mit mehreren Unterarten über die Malaiische Halbinsel und Borneo verbreitet. **Größe:** 5 cm, ♂ etwas kleiner. **GU:** Das ♂ ist schlanker und deutlich intensiver gefärbt als das ♀. **Ansprüche:** Ein Becken ab 60 cm Länge ist für diese auch im Schwarm ruhige Art ausreichend; Wasser 3–10 °dH, für eine Haltung ohne Zuchtabsichten sind bis 25 °dH möglich, pH-Wert 6–7; Temperatur 23–26 °C, keinesfalls darunter. Die Beckeneinrichtung wird wie in der Gattungsbeschreibung angegeben gestaltet. Eine sehr abwechslungsreiche Ernährung ist vor allem dann wichtig, wenn die Tiere auf die Zucht vorbereitet werden sollen.

Zucht: Die Einrichtung des Zuchtbeckens kann nach den in der Gattungsbeschreibung angegebenen Grundsätzen erfolgen, seine Länge sollte 50 cm nicht unterschreiten. Die bei der Zucht noch immer häufig auftretenden Probleme ergeben sich einmal daraus, daß die Fische zwar bereits nach einem Jahr fortpflanzungsfähig sind, ihre höchste Produktivität aber erst zwischen dem 3. und 6. Lebensjahr erreichen, und zum anderen aus der Schwierigkeit, ein miteinander

Barbus pentazona, Paar

harmonierendes Paar aus dem Schwarm herauszufinden. Gelingt dies mit einiger Geduld, dann ist die größte Schwierigkeit überwunden. Das Paar darf vor dem Zuchtansatz auf keinen Fall getrennt werden. Bei Temperaturen zwischen 27 und 30 °C ist der Laichvorgang zwischen lockeren Pflanzenbüscheln meist bereits nach zwei Stunden beendet und die Alttiere sind herauszufangen. 200 Eier sind als gutes Ergebnis zu werten. Die Jungen schlüpfen nach 30–36 Stunden und schwimmen fünf Tage später frei und nehmen Rädertierchen sowie Mikrowürmchen an. Für eine erfolgreiche Aufzucht ist peinlichste Sauberkeit im Becken erforderlich, die Jungfische von *B.p.* gehören zu den empfindlichsten der gesamten Gattung *Barbus*. Zur notwendigen Hygiene gehört nicht nur häufiger Teilwasserwechsel, es muß auch darauf geachtet werden, daß jeder sich am Boden bildende Belag rasch entfernt wird, zusätzlich ist für eine der Größe der Jungfische entsprechende Durchlüftung zu sorgen. Jedes Versäumnis führt zum Verlust der gesamten Jungen oder zur Verkrüppelung der überlebenden Tiere, besonders an den Flossen. Neben der am häufigsten gepflegten Unterart *B.p. pentazona* wird gelegentlich auch die Unterart *B.b. hexazona*, die Sechsgürtelbarbe, gehalten. Ihre Ansprüche bei den Haltungsbedingungen sowie die Probleme bei Fortpflanzung und Aufzucht gleichen sich weitgehend.

B. phutunio

Zwergbarbe

Vorkommen: Östliches Indien und Sri Lanka. **Größe:** 5 cm. **GU:** Das schlankere ♂

zeigt eine intensivere Fleckenzeichnung an den Körperseiten, seine Bauchflossen sind rötlich, die des ♀ gelblich gefärbt. **Ansprüche:** Becken ab 60 cm Länge sind für die Haltung eines Schwarmes von 8–10 Tieren ausreichend; Wasser 5–15 °dH, pH-Wert 6,5; Temperatur 22–24 °C. Über dunklem Bodengrund und vor dichter Hintergrundbepflanzung wirken die Fische farblich am schönsten, eine Wasserhöhe von 20 cm ist ausreichend, wenn genügend Schwimmraum zur Verfügung steht. Bei zu häufigen Frischwassergaben verblassen die Tiere. *B.p.* ist der ideale Fisch für alteingerichtete Becken, die ruhig Mulm enthalten dürfen und deren Wasser bernsteingelb gefärbt ist. Es ist ausreichend, wenn alle 2–3 Wochen 1/10 des Beckeninhalts erneuert wird, Torfzusatz ist in jedem Falle günstig.

Zucht: Der Zuchtansatz erfolgt paarweise in einem Becken mit 50 cm Länge, das einige Tage vor dem Einsetzen der Fische mit einer Altwasser-Frischwasser-Mischung im Verhältnis 1:1 gefüllt und dicht mit feinfiedrigen Pflanzen ausgestattet wurde. Die übrige Einrichtung ist vorzunehmen wie in der Gattungsbeschreibung angegeben. Die Fische laichen in den Morgenstunden in Oberflächennähe zwischen den Pflanzen, der größte Teil der Eier bleibt in den Pflanzen hängen. Die Alttiere müssen sofort nach dem Ablaichen herausgefangen werden. Bei Temperaturen zwischen 24 und 26 °C schlüpfen die Jungen nach 30–40 Stunden. Die nach weiteren 48–72 Stunden freischwimmenden Jungfische können Mikrowürmchen und Artemia-Nauplien als Erstfutter erhalten. Der notwendige Teilwasserwechsel im Aufzuchtbecken muß vorsichtig erfolgen. Auf zu große Frischwassermengen können die Jungfische empfindlich reagieren, deshalb ist der Einsatz von über Torf aufbereitetem Frischwasser zu empfehlen. Um der bei dieser Art gelegentlich zu beobachtenden Neigung zur Verkümmerung vorzubeugen, ist es vorteilhaft, die Aufzuchttemperatur bei 22 °C zu halten, dabei kann nachts die Temperatur durchaus auf 20 °C absinken.

B. rhomboocellatus

Rhombenbarbe

Vorkommen: Borneo. **Größe:** 5 cm. **GU:** Beim schlanken ♂ sind Körper und alle Flossen rot, beim volleren ♀ sind nur Rücken- und Schwanzflosse mehr oder weniger rot gefärbt. **Ansprüche:** Die Rhombenbarbe gehört bei optimalen Haltungsbedingungen zu den Juwelen der Gattung. Sie ist erst in den letzten Jahren wieder in Importsendungen aufgetaucht und verdient weite Verbreitung. Sie ist ein ruhiger und friedlicher Schwarmfisch und liebt mit Cryptocorynen dicht bepflanzte Becken. Ihre prachtvolle Färbung zeigt sie nur in weichem (Wasserhärte 5–12 °dH) und leicht saurem bis neutralem (pH-Wert 6,3 bis 7) Wasser. Die Zugabe von über Torf gelaufenem Regenwasser beim Teilwasserwechsel im Abstand von 14 Tagen (20 % erneuern) hat sich im Aquarium Erfurt sehr vorteilhaft auf Wohlbefinden, Farbe und Fortpflanzungsbereitschaft ausgewirkt. Da → *B. pentazona* die gleichen hohen Ansprüche stellt, ist sie in Becken ab 70 cm Länge hervorragend als Partner geeignet.

Zucht: Zur Zucht setzt man Tiere an, die durch kräftige Rotfärbung Fortpflanzungsbereitschaft signalisieren. Fängt man ein Paar heraus, das sich bereits im Gemeinschaftsbecken füreinander interessiert, und setzt es abends in das Zuchtbecken, dann wird bereits in den Morgenstunden des nächsten Tages gelaicht. Kommt es nicht zum Ablaichen, dann bringt der Austausch des ♂ oder die Zugabe eines zweiten ♂ Erfolg. Alle anderen Zuchtbedingungen und Probleme bei der Jungfischaufzucht sind mit den bei → *B. pentazona* beschriebenen nahezu identisch.

B. schwanefeldi

Brassenbarbe, Schwanefelds Barbe

Vorkommen: Thailand, Malaiische Halbinsel, Sumatra, Borneo. **Größe:** ♂ 25 cm, ♀ 35 cm. **GU:** Die ♂♂ bleiben kleiner und schlanker, ihre Rückenflosse ist schwarz mit schwacher roter Basis, die Rückenflosse der ♀♀ ist dreifarbig rot-schwarz-weiß. **Ansprüche:** Wer sich zur Pflege dieser schönen, aber großen Art entschließt, der sollte ein Becken von mindestens 500 l zur Verfügung haben, denn zur Wirkung kommen die Tiere nur im Schwarm ab 8 Tieren. In kleineren Becken kann der sehr hohe Sauerstoffbedarf der Tiere nicht abgesichert werden. Ein Versagen von Filter oder Durchlüftung führt innerhalb weniger Stunden zum Tod der Fische. Wasser 5–25 °dH, pH-Wert 6,5–7; Temperatur 21–25 °C. Die Korngröße des Bodengrundes ist ohne Bedeutung, er darf jedoch nicht scharfkantig sein, damit sich die Fische beim Gründeln nicht verletzen. *B.s.* ist ein starker Fresser, der neben Mückenlarven und Fleischwürfeln auch Guppys nicht verschmäht und zusätzlich erhebliche Mengen pflanzlicher Nahrung benötigt (Salat, Haferflocken, Feinfrosterbsen). Die Filterung muß kräftig sein, um die in großen Mengen anfallenden Ausscheidungsprodukte zu entfernen. In ausreichend großen Becken ist ein schwacher Durchlauf sehr zu empfehlen.

Zucht: Bisher ist eine Zucht noch nicht gelungen, dürfte in sehr großen Becken jedoch durchaus möglich sein. Im Aquarium Erfurt löste 50%iger Wasserwechsel mit Temperaturerhöhung in einem 1000-l-Becken häufig starkes Treiben in Oberflächennähe aus, an dem sich der gesamte Schwarm (drei ♂♂, fünf ♀♀) beteiligte. Eine Laichabgabe konnte nicht beobachtet werden, obwohl die ♀♀ danach deutlich dünner geworden waren. Die zahlreichen Beifische (Arten der Gattungen *Botia* und *Labeo*) ließen evtl. aufkommenden Jungfischen keine Chance.

B. semifasciolatus

Messingbarbe

Vorkommen: Südöstliches China. **Größe:** ♂ 7 cm, ♀ 10 cm. **GU:** Das ♂ ist kleiner, schlanker und intensiver gefärbt als das ♀. **Ansprüche:** Becken ab 80 cm Länge; Wasser 3–12 °dH, pH-Wert 6,5–7; Temperatur 18–24 °C, nicht darüber. *B.s.* fühlt sich in alteingerichteten Becken mit dichtem Pflanzenwuchs, dunklem Bodengrund und etwas Torf- oder Mulmauflage am wohlsten. In zu kleinen Becken bleiben die Fische scheu und verstecken sich oft

Barbus semifasciolatus »Schuberti«

im dichtesten Stengelgewirr, in größeren sind sie lebhafte Schwarmfische. Gute Filterung vorausgesetzt, ist Teilwasserwechsel (20%) nur alle drei Wochen notwendig. Nach Möglichkeit sollte das Becken sonnig stehen, Algenaufwuchs wird sehr gern abgeweidet und trägt sehr zur Intensivierung der Färbung bei.

Zucht: *B.s.* ist leicht zu züchten, auch in etwas härterem Wasser, jedoch sind die Schlupfergebnisse bei Werten unter 8°dH am höchsten. In ein dicht bepflanztes Becken mit mindestens 50 cm Länge wird abends ein Paar eingesetzt, das meist bereits bei Sonnenaufgang am nächsten Morgen zwischen den Pflanzen ablaicht. Die Beckeneinrichtung erfolgt wie in der Gattungsbeschreibung angegeben, um die Eier vor den Nachstellungen der Alttiere zu schützen. Nach 20–30 Laichgängen sind die ♀♀ leer, ein gutes ♀ kann bis zu 300 Eier bringen. Die Alttiere werden herausgefangen. Die Jungfische schlüpfen nach 30–36 Stunden und schwimmen 2–3 Tage später frei. Mikrowürmchen und Artemia-Nauplien sind als Erstfutter geeignet, die Aufzucht ist problemlos.

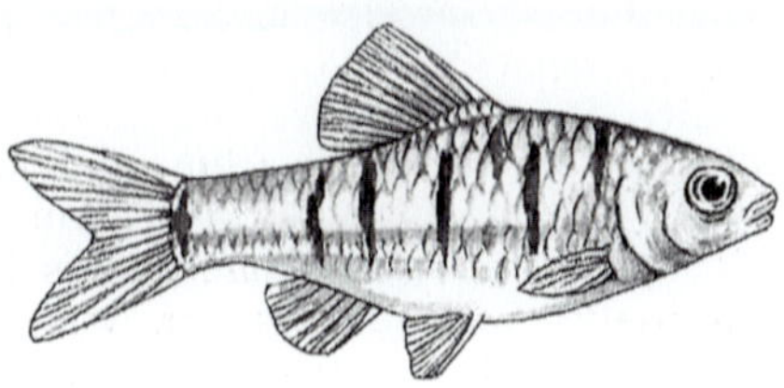

Barbus semifasciolatus

Von *B.s.* ist eine vermutlich unter Aquarienbedingungen entstandene gelbe (xanthische) Form bekannt, die unter der wissenschaftlich nicht gültigen Bezeichnung *B. schuberti* oder Brokatbarbe, weit verbreitet ist. Sie bleibt etwas kleiner als die Ausgangsform und besitzt kräftiger rot gefärbte Flossen. Ansprüche an die Haltungsbedingungen und Verlauf der Zucht stimmen weitgehend überein.

B. tetrazona

Hongkongbarbe, Moosbarbe, Sumatrabarbe

Vorkommen: Sumatra, Borneo. **Größe:** 7cm. **GU:** Das ♂ bleibt kleiner und schlanker als das ♀ und ist intensiver gefärbt. **Ansprüche:** *B.t.* ist sicher mit Abstand die beliebteste und am häufigsten gepflegte Barbe, der man scheinbar alles zumuten kann. Das Ergebnis sind kleinwüchsige Tiere, die kaum 5 cm erreichen und schnell an der *Ichthyosporidium*-Krankheit erkranken. Auch wenn Sumatrabarben sehr tolerant in bezug auf die Wasserwerte sind, großwüchsige und langlebige Tiere erhält man dann, wenn man sich den folgenden Haltungsanforderungen weitgehend nähert: Haltung eines Schwarms von mindestens zehn Tieren in einem Becken ab 70 cm Länge. Sumatrabarben sind so lebhaft, spielfreudig und schön, daß auf Beifische verzichtet werden kann, zumal sie meist mit ihrem Spieltrieb andere Fische stark belästigen. Auf keinen Fall dürfen sie mit längerflossigen Fischen (→ *Pterophyllum*, → *Trichogaster* u.ä.) zusammen gepflegt werden, da diese sehr bald gerupft aussehen. Vorteilhaft ist es, neuerworbene Tiere in ein alteingerichtetes Becken zu setzen, dessen Bodengrund feinkörnig ist, einen Anteil an ausgekochtem fasrigem Torf und etwas Mulm aus abgestorbenen Pflanzenteilen enthält, in dem sie gründeln können. Die günstigste Wasserhärte liegt bei Werten zwischen 5 und 10°dH, der pH-Wert sollte auf Werte um 6,5 eingestellt werden, was über Torffilterung durchaus möglich ist. In bernsteingelb gefärbtem Wasser zeigen die Fische die besten Farben. Der notwendige Teilwasserwechsel sollte im Abstand von 14 Tagen erfolgen und 10–15% des Beckeninhalts umfassen. Bei stark mit Chlor oder anderweitig belastetem Frischwasser ist eine Aufbereitung über Torf sehr zu empfehlen. Eine kräftige Filterung ist zur Deckung des Sauerstoffbedarfs und zum Abbau der Wasserverunreinigungen unbedingt notwendig. Die Haltungstemperatur kann zwischen 20 und 26°C liegen, dabei sollte dem niedrigeren Bereich der Vorzug gegeben werden oder aber eine Temperaturschwankung von 2–3°C zwischen Tag und Nacht angestrebt werden, die Fische danken dies mit hoher Lebenserwartung.

Barbus tetrazona

Zucht: Die Zucht erfolgt im Paaransatz in einem Becken ab 50 cm Länge, das wie in der Gattungsbeschreibung angegeben auszustatten ist. Das Zuchtpaar sollte direkt aus dem Schwarm kommen und gute Farbe zeigen. Laichakt, Ei- und Brutentwicklung verlaufen wie in der Gattungsbeschreibung angegeben. Die ♀♀ setzen bei guter Filterung schnell wieder Laich an, den ♂♂ wird jedoch immer eine Pause von 3 Wochen gegönnt, da sonst die Befruchtungsergebnisse schlecht sind. Von *B.t.* sind inzwischen einige Mutationen in unseren Aquarien verbreitet, darunter die Moosgrüne Sumatrabarbe, meist kurz Moosbarbe genannt. Unter den albinotischen Stämmen gibt es einige, bei denen den Fischen ganz oder teilweise Kiemendeckel fehlen. Da es das Anliegen jedes gesund empfindenden Aquarianers sein müßte, nur körperlich intakte Tiere zu pflegen, sollten diese Krüppel so schnell wie möglich wieder aus der Zucht und dem Angebot verschwinden, denn das ist keine Frage guten oder schlechten Geschmacks, sondern eine Einstellung zum Lebewesen Fisch.

B. ticto ticto

Odessabarbe, Zweipunktbarbe

Vorkommen: Indien und Sri Lanka. **Größe:** 9 cm, meist kleiner bleibend. **GU:** Die Rückenflosse des Männchens ist kräftig getüpfelt und zeigt eine blauschwarze Grundfärbung. Geschlechtsreife ♂♂ zeigen bei Haltung im Schwarm einen mehr oder weniger breiten rötlichen Längsstreifen. **Ansprüche:** Becken ab 70 cm Länge, Haltung im Schwarm von mindestens 6 Tieren, Wasser 5–20°dH, pH-Wert 6,3–7; Temperatur 18–22°C, im Winterhalbjahr Haltung bei 14–18°C möglich und empfehlenswert. *B.t.t.* ist für die Haltung in schattig liegenden Freilandteichen von Mai bis Oktober hervorragend geeignet, unter diesen Bedingungen wachsen die prächtigsten Tiere heran. Die Beckeneinrichtung erfolgt wie in der Gattungsbeschreibung angegeben, der Teilwasserwechsel (20%) muß im Abstand von 14 Tagen durchgeführt werden.

Zucht: Die Zucht ist problemlos möglich in einem Becken von 50 cm Länge, das wie

Barbus ticto »Odessa«

in der Gattungsbeschreibung angegeben einzurichten ist. Es ist günstig, zu einem ♀ mit deutlich sichtbarem Laichansatz mehrere ♂♂ zu geben. Die Temperatur wird auf 24–26 °C erhöht und bis zum Freischwimmen der Jungtiere in dieser Höhe gehalten. Um große und widerstandsfähige Fische zu erzielen, ist es günstig, die Temperatur etwa eine Woche nach dem Freischwimmen langsam auf 22 °C abzusenken und beizubehalten, dabei kann ab der vierten Lebenswoche die Temperatur nachts sogar regelmäßig auf 19 °C sinken. Bei guter Fütterung verläuft das Wachstum der Jungfische zügig.

Unter den Trivialnamen Odessa- oder Rubinbarbe ist eine Variante von *B.t.t.*, die zuerst in der Sowjetunion auftauchte, inzwischen viel weiter verbreitet als die Nominatform. Die Odessabarbe bleibt kleiner, sie erreicht höchstens 6 cm Länge und färbt im männlichen Geschlecht intensiv rot aus. Die Intensität der Rotfärbung, die meist erst nach 9, seltener bereits nach 6 Monaten auftritt, wird stark von der Fütterung beeinflußt, vor allem durch natürliche Träger roten Farbstoffs (Cyclops, Daphnien, Mückenlarven). Sie kann jedoch auch verstärkt werden, wenn man unter Trockenfutter, welches etwas Feuchtigkeit gezogen hat, Edelsüßpaprikapulver mengt. Haltungsansprüche und Zucht gleichen weitgehend der Nominatform, dabei sollte allerdings die Mindesttemperatur von 18 °C nicht längerfristig unterschritten werden, denn unsere Aquarienstämme sind inzwischen sehr verwöhnt worden.

Weitaus seltener gehalten als *B.t.t.* wird die zweite Unterart:

B. t. stoliczkanus

Sonnenfleckbarbe

Vorkommen: Flußgebiet des Irawadi und östliches Burma. **Größe:** 6 cm. **GU:** Das ♂ hat eine blutrote Rückenflosse mit schwarzen Flecken oder Tupfen, die dazu schwarz gesäumt ist. Die Rückenflosse des ♀ ist blaßrot ohne Zeichnung. **Ansprüche:** Haltung im Schwarm ab 6 Tieren in einem Becken ab 60 cm Länge; Wasser 5–12 °dH, pH-Wert 6,5; Temperatur 22–26 °C. Die Beckeneinrichtung erfolgt wie in der Gattungsbeschreibung angegeben.

Zucht: Bei Temperaturen zwischen 24 und 26 °C in einem dicht mit feinfiedrigen Pflanzen ausgestatteten Zuchtbecken ab 50 cm Länge ist die Zucht ohne große Probleme möglich. Sollten die Fische nicht laichwillig sein, so kann ein Teilwasserwechsel mit über Torf aufbereitetem Frischwasser (1/3 erneuern) in den meisten Fällen zum Erfolg führen. Es ist günstig, die zur Zucht ausgesuchten ♂♂ zwei Tage vor dem ♀ ins Zuchtbecken zu geben, das ♀ dann spät abends vor Ausschalten des Lichtes. In den ersten zwei Stunden nach Sonnenaufgang laichen die Fische ab und müssen danach sofort herausgefangen werden, um die mehreren hundert Eier vor dem Zugriff zu schützen. Nach 30–36 Stunden schlüpft die Brut, 4–5 Tage später schwimmen die Jungfische frei und benötigen wegen ihrer Kleinheit Infusorien, Rädertierchen und Mikrowürmchen als Erstfutter. Im Notfall hilft auch durch ein feines Sieb gedrücktes hartgekochtes Eidotter über die erste Hürde, später sollten auch zarte Algen angeboten werden.

B. titteya

Bitterlingsbarbe

Vorkommen: Schattige Fließgewässer in Sri Lanka. **Größe:** 5 cm. **GU:** Das ♂ ist außerhalb der Laichzeit blaßrot, zur Laichzeit tiefrot gefärbt, beim ♀ überwiegen gelblichbraune Farbtöne. **Ansprüche:** *B.t.* kann als Paar gehalten werden, doch gerade während ihrer ständigen Rangeleien zeigen die ♂♂ im kleinen Schwarm in einem Becken ab 50 cm Länge ihre schönste Farbe. Durch dichte Bepflanzung, eine lichtdämpfende Schwimmpflanzendecke und sparrige Wurzeln sollten bei Schwarmhaltung den Einzeltieren genügend Versteck- und Ruheplätze zur Verfügung stehen; Wasser 5–18 °dH, pH-Wert 6,5–7,5; Temperatur 23–26 °C. Feinkörniger Bodengrund, der wenigstens zum Teil eine leichte Torfauflage und Mulm aus abgestorbenen Pflanzenteilen enthält, kommt dem Gründelbedürfnis der Fische entgegen, das Wasser kann bräunlich verfärbt sein. *B.t.* ist zwar in seinen Wasseransprüchen

Barbus titteya

Barbus titteya, ♂

sehr tolerant, dennoch ist Altwasser, das nur im Abstand von 14 Tagen zu 1/5 durch Frischwasser ergänzt wird, einer zu starken Frischwasserzugabe vorzuziehen.

Zucht: Die Zucht ist bei Paaransatz problemlos bereits in einem 10-l-Becken möglich. Da die gelblichen Eier jedoch bei jedem Laichgang nur in geringer Stückzahl (1–3) abgegeben werden und mit kurzen Fädchen an den Pflanzen hängenbleiben, sind sie den Nachstellungen der Tiere bei zu kleinem Raum stark ausgesetzt. Je größer das Zuchtbecken gewählt wird, um so mehr Jungfische sind zu erwarten, bei guten Paaren bis zu 300 Stück. Das Zuchtbecken sollte dicht mit feinfiedrigen Pflanzen bestückt sein, die Härte des Wassers unter 12 °dH und der pH-Wert zwischen 6 und 6,5 liegen. Bei 24–26 °C schlüpfen die Larven bereits nach 24, spätestens nach 30 Stunden und halten sich vorwiegend in Bodennähe auf. Die Aufzucht bereitet kaum Schwierigkeiten. Der notwendige Teilwasserwechsel erfordert besonders dann etwas Aufmerksamkeit, wenn das Leitungswasser mit Chlor oder anderweitig belastet ist. In diesem Falle ist eine Aufbereitung des Wassers über Torf anzuraten, um Verkrüppelungen der Jungfische entgegenzuwirken. Besonders große und widerstandsfähige Fische erhält man, wenn die Aufzuchttemperatur nicht zu hoch gewählt wird, 23 °C sind ausreichend. Die Fische wachsen dabei etwas langsamer und färben später aus.

Bassamsalmler

→ *Hemigrammus marginatus.*

Batanga lebretonis

Lehmgrundel
Familie: *Eleotridae*

Vorkommen: Westafrika von Senegal bis Südangola. **Größe:** Bis 12 cm. **GU:** Das ♂ ist farblich intensiver und wirkt bulliger. Erwachsene Tiere zeigen häufig ihre Genitalpapille, sie ist beim ♂ sehr groß und läuft spitz zu. **Ansprüche:** In zu kleinen Becken und beim Fehlen von Versteckmöglichkeiten sind die Tiere sowohl untereinander als auch gegenüber anderen Fischen relativ unverträglich. In Becken ab 100 cm Länge kann problemlos eine zehnköpfige Gruppe gemeinsam mit größeren westafrikanischen Salmlern (→ *Brycinus*, → *Phenacogrammus* usw.) gepflegt werden. Schlanke Fische werden gelegentlich als Beute betrachtet. Lehmgrundeln sind nicht ausschließlich bodenorientiert, sie nutzen den gesamten Aquarienraum. Ihr Zupfen an Pflanzen hat sie in Verruf gebracht, sie fressen jedoch nur im Absterben begriffene Pflanzenteile und lassen gesunde Triebe in Ruhe. In der Bepflanzung sollten Pflanzendickichte mit Freiräumen wechseln. Aufgelockerte Javamoosbüschel und künstliche oder natürliche Höhlen werden als Versteck- und Ruheplätze aufgesucht. Das Wasser sollte beim pH-Wert leicht über 7 und in der Härte über 10 °dH liegen. Auf weiches und saures Wasser reagieren die Fische mit Schleimhauttrübungen, die allerdings durch Zugabe von Meersalz (1 Teelöffel auf 10 l Wasser) leicht behoben werden können. Neben tierischem Lebend- und Frostfutter nehmen die Tiere sehr gern kleingeschnittenes Obst (Äpfel und Bananen) und weichgekochtes Gemüse (Brokkoli) an.

Zucht: Laichreife ♀♀ drängen sich dem stärksten ♂ regelrecht auf. Wenn in dessen Bereich eine größere Höhle oder breitblättrige Pflanzen (Anubias) stehen, dann können mehrere ♀♀ gleichzeitig darin oder darauf ablaichen. Das ♂ besamt nach Cichlidenart die Gelege und bewacht und betreut sie. Eine erfolgreiche Aufzucht der sich noch in einem embryonalen Zustand befindlichen und sehr kleinen Jungfische scheiterte bisher am Fehlen des geeigneten kleinen Futters. Wie die Larven einiger Meeresfische, gehen die Jungfische nicht auf Nahrungssuche, sondern warten, daß ihnen geeignete Futtertiere in das Maul schwimmen.

Bathyaethiops caudomaculatus

Afrikanischer Mondsalmler
Familie: *Alestidae*

Vorkommen: Kamerun, Kongogebiet. **Größe:** 7 cm. **GU:** Beim ♂ ist der rote Fleck in der Rückenflosse intensiver und größer, sein Körper ist im Gegensatz zum weitgehend silberfarbenen des ♀ farblich getönt. **Ansprüche:** Mondsalmler kamen bisher nur als fast erwachsene Wildfangtiere zu uns. Neben *B. caudomaculatus* wurde unter dem gleichen deutschen Namen auch der sehr ähnliche *B. breuseghemi* eingeführt, der einige Querstreifen auf den Körperseiten trägt. Beide Arten sind eine attraktive Bereicherung im Angebot afrikanischer Salmler und gleichen sich weitgehend in ihren Ansprüchen. Sie erweisen sich in der Anfangsphase als sehr pflegeintensiv, eingewöhnt jedoch als ausdauernd. Wichtige Voraussetzung für die erfolgreiche Eingewöhnung ist die Pflege im Schwarm in weichem (unter 7 °dH), leicht saurem (pH-Wert 6,5) und über Torf gefiltertem Wasser. Später werden dann auch 15 °dH und ein pH-Wert bis 7,5 toleriert. Die optimale Temperatur liegt bei 25 °C, sie kann zwischen 23 und 27 °C schwanken. Besondere Aufmerksamkeit muß den Darmparasiten gewidmet werden, mit denen die Importtiere meist reichlich ausgestattet sind; ein Wurmmittel auf pflanzlicher Basis schafft Abhilfe. Die oft mageren und geschwächten Tiere erreichen nach unseren Erfahrungen mit Mysis, Schwarzen Mückenlarven und einem garnelenhaltigen Mischfutter am schnellsten eine gute Kondition. Gern wird auch Anflugnahrung (Fruchtfliegen, Blattläuse) angenommen. Mondsalmler benötigen zum Wohlbefinden die Gesellschaft des Schwarms. Stehen nicht genügend Artgenossen zur Verfügung, so schließen sie sich gern dem Gelben Kongosalmler → *Hemigrammopetersius caudalis* an und ziehen mit ihm durch den Schwimmraum des Aquariums. Es sollte nicht unter 100 cm lang und nur an den Seiten und im Hintergrund dicht bepflanzt sein.

Zucht: Ausgehend von der Beobachtung, daß nach einer Reihe wolkenverhangener Tage die Tiere am ersten Tag mit Sonnenschein im Gemeinschaftsbecken Balzaktivitäten zeigten, läßt sich die Zucht wie folgt organisieren: In ein mit reichlich feinblättrigen Pflanzen ausgestattetes Zuchtbecken von 50 cm Länge und einem Wasserstand von nicht mehr als 20 cm werden 1–2 Paare mit guter Kondition eingesetzt. Das Wasser kann mit dem des Gemeinschaftsbeckens identisch sein. Das

Becken wird 2–3 Tage lang mit einer milchtrüben Folie abgedeckt und nur schwach beleuchtet. Am Abend des 3. Tages wird das Zuchtbecken mit über Torf gefiltertem Regenwasser aufgefüllt und die Folie entfernt. Sonnenlicht am nächsten Morgen oder das Licht einer Glühbirne von mindestens 60 Watt lösen das Ablaichen aus. Die Alttiere stellen dem Laich nach und sind zu entfernen. Wie beim Gelben Kongosalmler ist der Laich bis zum Schlüpfen der Jungfische nach 5–6 Tagen vor Licht zu schützen. Die Aufzucht der Jungfische entspricht der bei dieser Art angegebenen.

Batrachus grunniens

Froschfisch
Familie: *Batrachoididae*

Vorkommen: Indischer Ozean, bis in die Flußmündungen einwandernd. **Größe:** ♂ 15 cm, ♀ 20 cm. **GU:** Das Männchen bleibt kleiner und ist auch nach Futteraufnahme schlanker als das Weibchen. **Ansprüche:** Der Froschfisch ist kein Süßwasserfisch, obwohl häufig als solcher angeboten. Er wurde hier aufgenommen, um den Süßwasser-Aquarianer vor dem Kauf zu warnen. In Brackwasser hält er einige Wochen aus, muß dann aber auf Meerwasser mit einer Mindestdichte von 1,020 umgestellt werden. Froschfische leben versteckt und sind sehr gefräßig; selbst für halberwachsene Tiere sind Fische bis zur Größe einer Sumatrabarbe eine mühelos zu bewältigende Beute. Sie werden durch Aufreißen des gewaltigen Maules in einem Stück eingesaugt. Hungrige Tiere beißen auch in die Finger des Pflegers, die Verletzungen sind schmerzhaft und wegen der Eiweißunverträglichkeit nicht ungefährlich.

Zucht: Eine erfolgreiche Nachzucht ist auch im Meerwasserbecken noch nicht gelungen.

Bedotia geayi

Rotschwanzährenfisch,
Madagaskarährenfisch
Familie: *Atherinidae*

Vorkommen: Madagaskar. **Größe:** 10 cm, nur in sehr großen Becken größer werdend (bis 15 cm). **GU:** Das ♂ ist kontrastreicher gefärbt als das ♀, seine vordere Rückenflosse endet zugespitzt, die des ♀ ist abgerundet. Die Schwanzflosse beim ♂ zeigt stets rote Säume, während sie bei den ♀♀ der meisten Aquarienstämme weißlich sind. **Ansprüche:** Dieser friedliche und sehr schwimmfreudige Schwarmfisch benötigt zur vollen Entfaltung ein Becken von mindestens 100 cm Länge; Wasser 10–25 °dH, nicht darunter, pH-Wert 7; Temperatur 20–24 °C. Da diese Art den unteren Beckenbereich kaum aufsucht, ist die Beschaffenheit des Bodengrundes ohne Bedeutung. Die Bepflanzung sollte sich auf den Rand und den Hintergrund beschränken, um genügend Schwimmraum frei zu lassen. *B.g.* nimmt Futter nur im oberen bis mittleren Bereich auf, was zu Boden sinkt, bleibt unberührt, deshalb sollte vor allem bei Einsatz von Frostfutter nur in kleinen Mengen, aber häufiger gefüttert werden. Ein Besatz mit Beifischen, die vorrangig Bodenfutter aufnehmen (→ *Corydoras* u.a.) ist sehr zu empfehlen. Auf organisch belastetes Wasser reagiert die Art empfindlich, und wiederholte Infusorientrübung kann zum Siechtum der Fische führen. Eine wirksame Filterung ist ebenso notwendig wie regelmäßiger wöchentlicher Teilwasserwechsel, der 1/4–1/3 des Beckeninhalts umfassen sollte. Plötzliche Veränderungen in der Wasserhärte werden ohne Auswirkungen verkraftet, nur der pH-Wert sollte nicht in den sauren Bereich absinken.

Zucht: Wichtige Vorbedingungen für die Zucht sind kristallklares Wasser und ein Becken mit mindestens 50 l Inhalt. Der Ansatz kann sowohl als Paar als auch im kleinen Schwarm erfolgen. Die Eier werden zwischen feinfiedrigen Pflanzen abgesetzt, an denen sie an kurzen Fäden hängenbleiben. Da die Alttiere dem Laich nicht nachstellen, kann der Zuchtansatz über mehrere Tage laufen. In diesem Fall ist es günstig, die Pflanzen vorrangig in einer Beckenhälfte zu plazieren und diesen Bereich vor zu hellem Licht, vor allem direktem Sonnenlicht, zu schützen, gegen das die Eier empfindlich sind. Nach sieben Tagen tauchen die ersten Jungen auf, die in eigenartiger Körperhaltung durch das Wasser treiben. Diese schräge Schwimmlage mit dem Kopf nach oben wird erst nach einigen Tagen aufgegeben. Obwohl die Alttiere auch den Jungfischen kaum nachstellen, ist es besser, sie kurz vor dem Schlupf der ersten Brut herauszufangen, um sie nicht zu erschöpfen. Das Hauptproblem der Zucht liegt in der Aufzucht der Jungfische, vor allem im Finden des geeigneten Staubfutters. Manche Infusorien (darunter auch Zuchtpantoffeltierchen) scheinen die Jungfische regelrecht zu nesseln. Es muß immer in kleinen Mengen gefüttert und die Reaktion geprüft werden. Trockeneipulver oder durch ein feines Sieb geriebenes hartgekochtes Eidotter helfen im Notfall, wenigstens einen Teil der Jungfische über die schwierigen ersten 14 Tage zu bringen. Eine Massenvermehrung von Infusorien ist auch für die Jungfische tödlich, deshalb soll so früh wie möglich mit Teilwasserwechsel begonnen werden.

Bedotia geayi

Beilbauchfisch

1. → *Carnegiella.* – **2.** → *Gasteropelecus.*– **3.** → *Thoracocharax.*

Belonesox belizanus

Hechtkärpfling
Familie: *Poeciliidae*

Vorkommen: Südmexiko bis Honduras. **Größe:** ♂ 12 cm, ♀ 20 cm. **GU:** Das kleinere ♂ besitzt das für die Familie typische Begattungsorgan (Gonopodium). **Ansprüche:** Becken nicht unter 100 cm Länge; Wasser 25–35 °dH, pH-Wert 7,5–8,2; Temperatur 26–32 °C, nicht darunter. Ein Zusatz von einem Eßlöffel Kochsalz je 10 l Wasser wirkt sich sehr günstig auf das Wohlbefinden der Tiere aus. Die Beschaffenheit des Bodengrundes ist ohne Bedeutung. *B.b.* ist ein Stoßräuber nach Hechtart, der gern zwischen Pflanzen steht und von dieser Position aus seine Beute (unter Aquarienbedingungen vor allem Guppys) durch raschen Vorstoß schnappt. Die Auswahl der für das harte Wasser geeigneten Pflanzen kann zum Problem

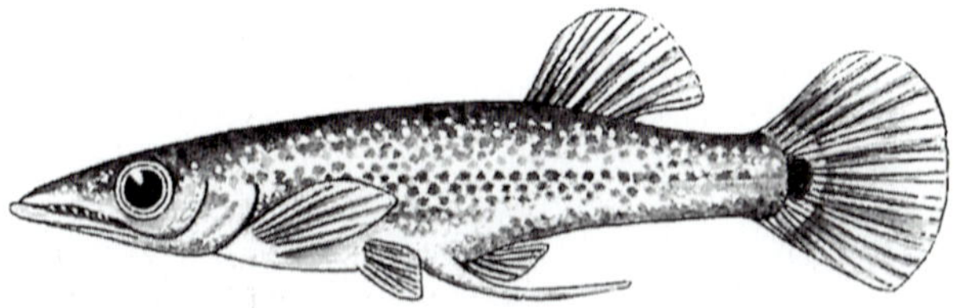

Belonesox belizanus, ♂

werden, mit Riesenvallisnerien liegen gute Erfahrungen vor. Pflanzenverstecke sind auch deshalb wichtig, weil die erwachsenen ♀♀ oft sehr beißlustig gegenüber den kleinen ♂♂ sind und diese Rückzugs- und Versteckplätze benötigen. Reich verästelte Wurzeln im Oberflächenbereich können hier gute Dienste leisten.

Zucht: Die Trächtigkeitsdauer dieses Lebendgebärenden liegt zwischen 4 und 7 Wochen. Für die ♂♂ ist es oft gar nicht einfach, die ♀♀ zu begatten. Es ist sehr interessant, zu beobachten, wie sich die ♂♂ oft blitzschnell aus der Deckung heraus dem ♀ zur Kopulation nähern. Ihre Chancen sind am größten, wenn die ♀♀ vorher sehr gut gefüttert wurden. 3 Wochen nach der Kopulation wird das ♀ allein in ein Becken von 120 cm Länge umgesetzt, welches den gleichen oder einen etwas höheren Salzgehalt aufweist als das Hälterungswasser. Die Jungfische sind zwischen 2 und 3 cm groß, das ♀ stellt ihnen sofort nach. Nur im sehr dicht bepflanzten Becken haben viele der manchmal über 100 Jungen je Wurf eine Überlebenschance. Nach dem Werfen muß das ♀ schnellstens aus dem Zuchtbecken herausgefangen werden. Die Jungfische wachsen bei guter Fütterung sehr rasch und gehen sehr früh auch an Jungguppys.

Belontia (Großmakropoden)

Eine Gattung der Familie *Belontiidae* aus Südostasien (Labyrinth- oder Kletterfische). Die beiden aquaristisch eingeführten Arten der Gattung haben trotz ihrer Anspruchslosigkeit leider nicht die Verbreitung erfahren, die sei verdienen. Bereits der Name »Makropode« ist für viele Aquarianer negativ besetzt, doch rühren diese Vorbehalte noch aus den Zeiten der viel zu kleinen Becken her und haben heute unter den Bedingungen der großen Heimaquarien keine Bedeutung mehr. Die beiden Arten der Gattung können problemlos sowohl miteinander als auch mit großen Vertretern der Gattungen → *Barbus,* → *Danio,* → *Trichogaster* u.a. Asiaten vergesellschaftet werden, wie langjährige Erfahrungen im Aquarium Erfurt belegen.

B. hasselti

Wabenschwanzmakropode

Vorkommen: Große Sunda-Inseln und Malakka. **Größe:** 18 cm. **GU:** Die Wabenzeichnung auf den Flossen des ♂ ist deutlicher ausgeprägt als beim ♀, wo sie zeitweise ganz verschwinden kann. Die Bauchflossenstrahlen des ♂ sind meist intensiver gelb gefärbt als beim ♀, bei alten Tieren schwinden diese Unterschiede jedoch immer mehr, das ♀ ist dann nur noch an der größeren Körperfülle vom schlanker bleibenden ♂ zu unterscheiden. **Ansprüche:** Becken nicht unter 120 cm Länge bzw. 200 l Inhalt, die Wasserhöhe braucht 30 cm nicht zu überschreiten; Wasser 15–35 °dH, pH-Wert 6,5–8; Temperatur 25–30 °C, nicht darunter. Besonders wichtig ist es, daß die Lufttemperatur über dem Becken auf keinen Fall unter der Wassertemperatur liegt, günstiger ist es, wenn sie 2 °C darüber liegt. Eine intensive Beleuchtung, die den notwendigen kräftigen Pflanzenwuchs fördert, sichert auch die Erfüllung dieser Haltungsvoraussetzung ab. Von Vorteil für das Wohlbefinden der Tiere ist es, wenn das Becken Sonnenlicht erhält. Hält man eine größere Gruppe dieser Art, dann versammeln sich die Fische sehr häufig dichtgedrängt unter langwurzeligen Schwimmpflanzen und ruhen als Knäuel in den eigenartigsten Körperhaltungen.

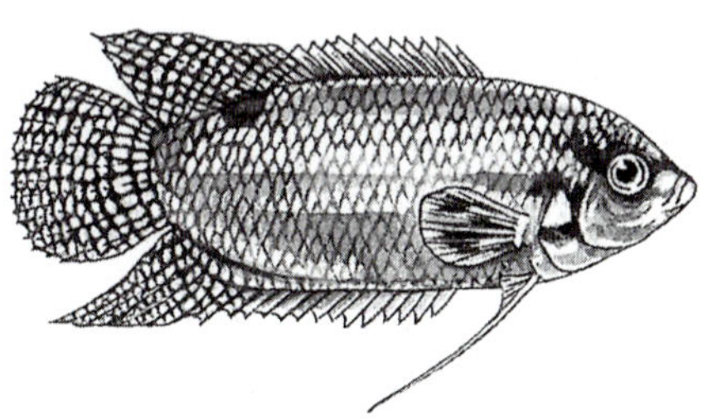

Belontia hasselti

Zucht: *B.h.* laicht im Gegensatz zu vielen anderen Vertretern der Familie *Belontiidae* niemals in Gesellschaft anderer Fische ab. Wichtige Vorbedingung für eine Zucht ist ein ausreichend großes, gut bepflanztes und dunkel stehendes Becken, in welches ein Paar eingesetzt wird. Während des Zuchtansatzes hat jede Störung der Tiere zu unterbleiben. Der Wasserstand im Zuchtbecken muß zwischen 12 und 15 cm Höhe liegen. Nicht in jedem Fall wird vom ♂ ein lockeres Schaumnest gebaut, so daß die erfolgte Paarung nur daran zu erkennen ist, daß das ♀ sehr blaß geworden ist und vom ♂ heftig gejagt wird. Nimmt man es nicht sofort heraus, dann kann das zum Tode des ♀ führen. Das ♂ verteidigt die Eier heftig und attackiert selbst Hand und Netz des Pflegers. Die ölhaltigen Eier schwimmen an der Wasseroberfläche. Bei Temperaturen zwischen 28 und 30 °C schlüpfen die Jungen nach 30–48 Stunden, nach weiteren 48–72 Stunden beginnen die Jungfische freizuschwimmen. Sie sind sehr klein und benötigen große Mengen feinsten Staubfutters, ersatzweise auch Trockeneipulver oder durch ein feines Sieb geriebenes hartgekochtes Eidotter. Zwischen der 4. und 7. Lebenswoche bildet sich das Labyrinth aus und die Jungfische beginnen, atmosphärische Luft aufzunehmen, die erwärmt sein muß. Von diesem Zeitpunkt an ist die Aufzucht problemlos.

B. signata

Kammschwanzmakropode, Ceylonmakropode

Vorkommen: Stehende Gewässer in Sri Lanka. **Größe:** 13 cm. **GU:** Die letzten Strahlen der Rücken- und Afterflosse sowie die mittleren Schwanzflossenstrahlen sind beim ♂ fadenförmig verlängert, beim ♀ nicht. Das ♀ bleibt etwas kleiner und blasser in der Farbe als das ♂. **Ansprüche:** Becken nicht unter 100 cm, bei Vergesellschaftung mit anderen Arten (siehe Gattungsbeschreibung) ab 120 cm Länge; Wasser 10–25 °dH, pH-Wert 6,5–7,5; Temperatur 24–28 °C. Die Beschaffenheit des Bodengrundes ist ohne Bedeutung, über dunklem Boden wirken die Fische farbiger. Eine dichte Bepflanzung mit schnellwüchsigen Pflanzen in Gruppen muß ausreichend Schwimmraum frei lassen. Durch zahlreiche Wurzeln müssen vor allem für die manchmal bedrängten ♀♀ ausreichend Versteckplätze geschaffen werden.

Zucht: Der Paaransatz erfolgt in einem Becken von 100 cm Länge mit einer Wasserhöhe von 15–20 cm, das mit einigen großblättrigen Pflanzen als Laichplatz sowie einem Pflanzendickicht als Versteck für das ♀ ausgestattet ist. Ein Schaumnest wird nicht gebaut, das ♂ sammelt lediglich eine Luftblase unter einem größeren Blatt, in welcher die Eier in mehreren Klumpen abgelegt werden. Das ♀ wird sofort nach dem Laichen herausgefangen, das ♂ betreut das Gelege allein. Bei Temperaturen um 28 °C schlüpfen die Jungen bereits nach 24 Stunden, die Jungfische schwimmen aber erst am 6. Tag frei und können als Erstfutter Artemia-Nauplien erhalten. Sie entwickeln sich wie *B. hasselti* weiter und wachsen sehr zügig.

Bertholds Prachtkärpfling

→ *Roloffia bertholdi.*

Bester

→ *Acipenser.*

Betta (Kampffische)

Eine Gattung von Labyrinthfischen der Familie *Belontiidae* aus Südostasien. Die deutsche Namensgebung für eine ganze Gattung ist unglücklich gewählt, weil sie falsche Vorstellungen assoziiert, die der Verbreitung dieser Gattung mit vielen interessanten Arten im Wege stehen. Sie trifft im engen Sinne nur auf *B. splendens,* den Siamesischen Kampffisch, zu, dessen ♂♂ in ihrer Heimat zu Kampfwettbewerben eingesetzt werden und die sich auch im Aquarium heftig bekämpfen, obwohl sie zu allen anderen Arten friedlich sind und außerhalb der Laichzeit in jedes Gesellschaftsbecken passen. Innerhalb der Gattung gibt es Schaumnestbauer und Maulbrüter, in beiden Fällen üben die ♂♂ die Brutpflege aus.

B. imbellis

Friedlicher Kampffisch

Vorkommen: Kuala Lumpur in Indonesien. **Größe:** 4,5 cm. **GU:** Das ♂ ist deutlich farbiger als das ♀ und hat etwas größere Flossen. **Ansprüche:** In einem gut bepflanzten Becken ab 30 cm Länge ist die Haltung von 2–3 Paaren möglich; Wasser 6–10 °dH, in härterem Wasser werden die Fische nicht sehr alt, pH-Wert um 7; Temperatur 24–25 °C. Eine bräunliche Färbung des Wassers durch Torfextraktstoffe aus torfhaltigem Bodengrund oder Filterung über Torf erhöht die farbliche Wirkung und hat günstigen Einfluß auf die Gesundheit und die Laichbereitschaft.

Zucht: Leider ist diese schöne Art nicht sehr produktiv und bringt selten mehr als zwei Zuchten im Jahr. Das ♂ baut ein kleines Schaumnest, eine Beckengröße von 20 cm Länge ist für den Ansatz eines Paares ausreichend. Die Höhe des Wasserstandes soll zwischen 12 und 15 cm liegen. Einige feinfiedrige, bis an die Oberfläche reichende Pflanzen sind günstig, um dem Nest einen gewissen Halt zu geben, das ♀ wird nach dem Ablaichen vorsichtig herausgefangen. Die Jungen schlüpfen bei 25 °C meist bereits nach 24 Stunden und benötigen nach dem Freischwimmen feinstes Staubfutter oder ersatzweise durch ein feines Sieb geriebenes hartgekochtes Eidotter. Während der Aufzuchtphase sollte der Temperaturbereich von 24–25 °C eingehalten werden, höhere Temperaturen ergeben Tiere mit geringerer Widerstandsfähigkeit, vor allem gegen Fischtuberkulose.

B. picta

Javakampffisch

Vorkommen: Java, Sumatra und einige kleine Inseln im Gebiet der Großen Sundainseln. **Größe:** 5,5 cm, ♀ bleiben etwas kleiner. **GU:** Der Kopf des ♂ wirkt etwas massiger und sein Afterflossensaum ist breiter als beim ♀. **Ansprüche:** Becken ab 60 cm Länge, in denen die Haltung mehrerer Paare durchaus möglich ist, in kleineren Becken bleiben die Fische auch bei Paarhaltung klein; Wasser 10–22 °dH, pH-Wert 6,5–7,5; Temperatur 22–24 °C, nicht darüber, da sonst die Fische schnell hinfällig werden. Dagegen sind den Fischen Temperaturen bis 17 °C durchaus zuträglich. *B.p.* liebt dichtbepflanzte Becken mit vielen Versteckplätzen.

Zucht: *B.p.* gehört zu den maulbrütenden Kampffischen. Bei Haltung im Gesellschaftsbecken wird vor der Paarung ein ungefähr 30 cm großes Revier, meist eine pflanzenfreie Stelle, gegen andere Fische verteidigt, und es werden einige Scheinpaarungen durchgeführt. Bei der Paarung krümmt sich das ♂ U-förmig über dem Boden und umschlingt das ♀, welches dabei die Eier in die durch Körper und Afterflosse des ♂ gebildete Schale ablegt. Das ♀ nimmt die Eier auf und spuckt sie dem ♂ vor, der sie ins Maul nimmt. Ist nach einigen Paarungen der Kehlsack des ♂ gefüllt, werden die überzähligen Eier vom ♂ gefressen, sein letztes Futter vor einer längeren Fastenperiode. Es ist günstig, das ♂ vorsichtig mit Hilfe einer Glasglocke oder eines kleinen Glases in ein Extrabecken umzusetzen, in dem es in Ruhe die folgenden 10–14 Maulbruttage verbringen kann. Im Gesellschaftsbecken werden nämlich auch ♂♂ mit vollem Kehlsack, vor allem wenn es sich um größere ♂♂ handelt, von anderen laichbereiten ♀♀ so bedrängt, daß sie gelegentlich die Eier abschlucken und sich neu paaren. Nach dem Freilassen der Jungfische, die zu diesem Zeitpunkt bereits 7 mm groß sind, sollte das ♂ ins Hälterungsbecken zurück-

Betta picta, ♂ und ♀

gesetzt und kräftig gefüttert werden. Die Jungfische nehmen Artemia-Nauplien als Erstfutter mühelos an, ihre Aufzucht ist problemlos.

B. pugnax

Maulbrütender Kampffisch

Vorkommen: Kambodscha, Malaysia, Indonesien. **Größe:** 10 cm. **GU:** Die Flossen des ♂ sind länger, seine Färbung ist kräftiger als beim ♀. **Ansprüche:** Bei Haltung eines Paares sollte das Gesellschaftsbecken eine Länge ab 80 cm, bei Haltung mehrerer Tiere ab 100 cm haben; Wasser 5–12 °dH, pH-Wert 6–7,2; Temperatur 22–28 °C, nicht darunter. *B.p.* liebt einen nicht zu hellen Standort des Beckens, zu dessen Ausstattung neben dichten Pflanzengruppen auch Schwimmpflanzen gehören sollten. 1–2 Stunden Morgensonne im Becken machen die im Alter meist etwas trägen Fische jedoch lebhafter. Eine kräftige Filterung, die eine Wasserströmung bewirkt und ständig klares Wasser absichert, erhöht die Lebenserwartung der Art wesentlich, während ständig hohe Temperaturen und stehendes Wasser sie verkürzen.

Zucht: Paarung und Zuchtverlauf gleichen weitgehend dem von *B. picta*. Die Jungfische werden jedoch meist früher aus dem Maul des ♂ entlassen und benötigen als Erstfutter Staubfutter, mit Artemia-Nauplien werden sie meist erst nach einer Woche fertig.

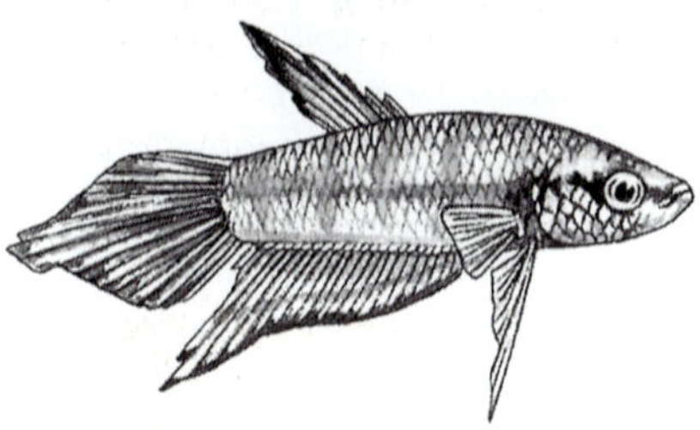

Betta pugnax

B. smaragdina

Smaragdkampffisch

Vorkommen: Nordostthailand. **Größe:** 7 cm. **GU:** Die Bauchflossen des farblich intensiveren ♂ sind länger als die des ♀. **Ansprüche:** Becken ab 70 cm Länge; Wasser 10–25 °dH, pH-Wert 6–7,8; Temperatur 24–27 °C. In ausreichend großen

Betta smaragdina, ♂ und ♀

und dichtbepflanzten Becken ist die Haltung mehrerer Paare vor allem dann möglich, wenn die Fische gemeinsam aufgewachsen sind. Setzt man erwachsene ♂♂ neu zusammen, dann kann es zu heftigen Kämpfen kommen.

Zucht: Der Paaransatz erfolgt in einem Becken ab 50 cm Länge, das nur zu 1/3 bepflanzt sein braucht und einige Schwimmpflanzen enthält. Ein Zusatz von 25–30 % Frischwasser ins Zuchtbecken wirkt stimulierend auf die Laichbereitschaft. *B.s.* ist Schaumnestbauer und laicht bei Temperaturen von 28 °C ab, in der Regel unter Pflanzenblättern. Es gibt jedoch auch einige Stämme, die in Höhlen ablaichen und im nur mit Pflanzen bestückten Becken keinerlei Anstalten zum Ablaichen machen. In solchen Fällen sollte zumindest ein großer umgestülpter Blumentopf die Beckeneinrichtung ergänzen. Das ♂ betreut das Nest und die nach etwa 24 Stunden schlüpfenden Jungen allein, das ♀ wird sofort nach dem Ablaichen herausgefangen. Die Jungfische benötigen nach dem Freischwimmen feinstes Staubfutter oder ersatzweise durch ein feines Sieb geriebenes hartgekochtes Eidotter. Um die Tiere nicht zu verweichlichen, sollte eine Aufzuchttemperatur um 26 °C eingehalten werden.

B. splendens

Siamesischer Kampffisch

Vorkommen der Wildform: Thailand, Kambodscha. **Größe** der Wildform: 6 cm, ♀ etwas kleiner, die langflossige Zuchtform Schleierkampffisch kann im männlichen Geschlecht bei Spitzentieren einschließlich der Schwanzflosse 10 cm erreichen. **GU:** Das ♀ ist weniger farbig, hat kürzere Flossen und zeigt stets eine kurze Genitalpapille. **Ansprüche:** Keiner anderen Zierfischart wird bei der Minimierung der Hälterungsgefäße soviel zugemutet wie den männlichen Schleierkampffischen. Ihre Unverträglichkeit untereinander dient geschäftstüchtigen Züchtern als Vorwand, sie in den ersten Lebensmonaten in Marmeladen- oder bestenfalls Konservengläsern zur Verkaufsreife hochzuquälen. Bestenfalls den Tieren, die auf Ausstellungen Preise erzielen sollen, wird ein einoder anderthalb Liter fassendes Gefäß zugestanden, das, um die »Pflege« so bequem wie möglich zu gestalten, weder Bodengrund noch Pflanzen enthält. Um den Bedürfnissen der Fische (Wild- und Zuchtform) gerecht zu werden, sollten die Becken dunklen, möglichst torfhaltigen Bodengrund, dichte Bepflanzung mit einigen Schwimmpflanzen und Algenaufwuchs enthalten. Ein sonniger Standort des Beckens fördert das Wohlbefinden. Wer sich zur Haltung mehrerer ♂♂ entschließt, um sich an ihrer Farbenpracht und ihren Kampfposen zu erfreuen, der sollte ein langgestrecktes 20 cm hohes Becken durch Einfügen von durchsichtigen Trennscheiben (Kunstglas, Decelith o. ä.) in Abteile mit jeweils 5 l Inhalt aufgliedern und mit Bodengrund und Pflanzen einrichten. Vorteilhaft ist es, die Trennscheiben mit zahlreichen Löchern zu versehen, damit ist eine Filterung des gesamten Beckens in gewissem Umfang möglich. Der Filterauslauf muß an der dem Filtereinlauf entgegengesetzten Kammer sein, so daß ein Durchlauf durch alle Abteile gewährleistet ist. Gegenüber den Wasserwerten ist *B.s.* sehr tolerant, die Härte kann zwischen 10 und 25 °dH, der pH-Wert zwischen 6 und 8 liegen. Die Temperatur sollte allerdings 24 °C nicht unterschreiten und kann bis 30 °C betragen. Ständig zu hohe Temperaturen verkürzen allerdings die Lebenserwartung der sowieso nicht sehr langlebigen Fische noch mehr, die zwischen dem 4. und 12. Lebensmonat ihre Pracht am besten entfalten. Danach setzt rasche Vergreisung ein. Die Haltung eines einzelnen ♂ im Gesellschaftsbecken ist ebenso möglich wie die eines Paares oder eines ♂ mit mehreren ♀♀, allerdings sollte in diesem Fall die Temperatur bei 24–25 °C gehalten werden, um die Laichbereitschaft zu dämpfen, die zu aggressivem Verhalten gegenüber anderen Beckeninsassen bei der Revierteilung führen könnte.

Betta splendens, ♂

Zucht: Eine erfolgreiche Zucht ist unter nahezu allen Wasserbedingungen möglich, sofern sie die unter den Haltungsansprüchen angegebenen Werte nicht überschreiten. Die Zuchttemperatur sollte zwischen 28 und 30 °C liegen. Das Zuchtbecken darf im Hinblick auf die zu erwartenden Jungfische nicht zu klein bemessen sein, obwohl ein Paar bereits in einem 5-l-Becken zum Ablaichen gebracht werden kann. In diesem Fall sollte das Schaumnest mit den geschlüpften Jungen in ein größeres Aufzuchtbecken überführt werden. Die Wasserhöhe für Zucht und Aufzucht sollte 15 cm nicht überschreiten. Das ♀ muß, vor allem in kleinen Becken, unmittelbar nach dem Ablaichen herausgefangen werden, das ♂ betreut Gelege und Brut im Nest sehr intensiv. Die Jungen schlüpfen bereits nach 24 Stunden und werden beim Freischwimmen mit feinem Staubfutter, ersatzweise auch mit durch ein feines Sieb geriebenem hartgekochtem Eidotter angefüttert. Nach 8–10 Tagen werden Artemia-Nauplien und Mikrowürmchen angenommen, das Wachstum verläuft bis zur vollen Ausbildung des Labyrinths nach vier Wochen relativ langsam, danach zügig. Sobald die Geschlechter zu unterscheiden sind, sollten sie getrennt werden. Während die ♀♀ bis zum Eintritt der Zuchtreife gemeinsam gehalten werden können, geht dies bei den ♂♂ nur in großen und dicht bepflanzten Aufzuchtbecken für eine Weile gut. Man kann zwar durch regelmäßiges Herausfangen der Vorwüchser die Ordnung im Becken aufrechterhalten, wenn jedoch der Großteil der ♂♂ mehr als 1 cm breite Afterflossen ausgebildet hat, dann müssen sie getrennt gehältert werden, um Beschädigungen der Beflossung zu vermeiden. Die Mindestgröße für ein Hälterungsgefäß sollte ein Becken mit 1,5 l Inhalt sein (Ausstellungsbeckengröße). Was darunter liegt, hat mit dem Begriff »Tierpflege« nichts mehr gemein und ist eines Aquarianers unwürdig. Wer nicht vom Ehrgeiz besessen ist, auf einer Ausstellung Sieger mit extrem langflossigen, jedoch kaum noch schwimmfähigen Fischen zu werden, der sollte seine Kampffischmännchen bei nicht zu hohen Temperaturen (um 25 °C) aufziehen, er erzielt damit körperlich große und kräftige Tiere, die zwar keine extrem langen Flossen bilden, dafür aber widerstandsfähig sind und eine höhere Lebenserwartung haben als die bei hohen Temperaturen zur Verkaufs- oder Ausstellungsreife getriebenen. Sparsame, aber regelmäßige Fütterung und sehr häufiger Teilwasserwechsel im Hälterungsgefäß sind Grundanforderungen, die Umgebungstemperatur sollte 2–3 °C über der Wassertemperatur liegen, was am besten durch Anbringen einiger Glühbirnen mit niedriger Wattzahl über den Hälterungsbecken erreicht werden kann. Vom Schleierkampffisch existieren eine ganze Reihe von Farbstandards, zu denen laufend weitere kommen.

B. taeniata

Gebänderter Kampffisch

Vorkommen: Nordwestborneo. **Größe:** 8 cm. **GU:** Die Flossenstrahlen des ♂ sind etwas verlängert, die Schwanzflosse wirkt dadurch kammartig. **Ansprüche:** Bei Haltung eines Paares ist eine Beckenlänge ab 60 cm erforderlich, bei der durchaus möglichen Haltung mehrerer Paare ab 100 cm; Wasser 5–18 °dH, pH-Wert 6,5–7,8; Temperatur 23–26 °C. Einem dunklen Bodengrund wird der Vorzug gegeben, um die nicht sehr auffällig gefärbten Fische besser zur Wirkung zu bringen. Mehrere dichte Pflanzengruppen, Wurzeln und Steinaufbauten sollten ausreichend Versteckmöglichkeiten bieten. Die Fische springen sehr gut, deshalb muß das Becken absolut lückenlos abgedeckt sein, denn sie finden die kleinste Ritze.

Betta taeniata

Zucht: *B.t.* gehört zu den maulbrütenden Kampffischen. Laichakt, Eiübergabe und Bebrütung verlaufen wie bei *B. picta,* jedoch sind die ♂♂ weitaus anfälliger gegen Störungen während der Maulbrut und schlucken dann Eier oder Jungtiere ab. Es hat sich bewährt, das ♂ vor dem Zuchtansatz sehr kräftig mit Enchyträen zu füttern, das ♀ nach dem Ablaichen sofort herauszufangen und das Becken mit dem maulbrütenden ♂ an einem von jeglicher Störung freien Standort teilweise abzudunkeln. Erst vom zehnten Tag ab kann vorsichtig kontrolliert werden, ob die Jungfische vom ♂ freigelassen wurden, um es danach herauszufangen. Die Jungfische benötigen nicht mehr sehr kleines Futter, sie nehmen bereits Artemia-Nauplien und Mikrowürmchen an. Um kräftige und widerstandsfähige Tiere zu erzielen, sollte auch bei der Aufzucht eine Temperatur von 25 °C nicht überschritten werden, die Aufzucht selbst ist problemlos.

B. tussyae

Schlanker kleiner Kampffisch

Vorkommen: Osten der Malaiischen Halbinsel. **Größe:** 5 cm. **GU:** Beim ♂ sind die Flossen großflächiger als beim ♀ und die Bauchflossen sind länger ausgezogen. **Ansprüche:** *B. tussyae* gehört wie die nahe verwandte Art *B. coccina* zu den prachtvoll rotgefärbten kleinen und friedlichen Kampffischen, die erst in den letzten Jahren die Aufmerksamkeit der Aquarianer auf sich zogen. Wasser 1–10 °dH, pH-Wert 4,5–6,5; Temperatur 23–26 °C, nicht längerfristig darüber. Eine Pflege im Artbecken wird dieser scheuen Art am besten gerecht, bei 50 cm Länge und einer Wasserhöhe von 20 cm können 2–3 Paare gemeinsam gepflegt werden. Eine gemeinsame Haltung mit kleinen Arten aus der Gattung → *Rasbora* ist ebenfalls gut möglich. Der Bodengrund sollte feinkörnig sein und Torfanteil enthalten. Zwischen Pflanzengruppen sollte für jedes Paar ein Freiwasserbereich als Revier geschaffen werden. Wenn eine gute Filterung installiert ist, genügt ein Teilwasserwechsel im Abstand von 14 Tagen, der 1/4 des Beckeninhaltes umfaßt. Vom lebenden Cyclops bis zur gefrosteten Mückenlarve wird alles an Futter angenommen.

Zucht: Die Art ist ein Schaumnestbauer. Für den Ansatz eines Paares ist ein Zuchtbecken von 25 cm Länge ausreichend. Das

Wasser im Zuchtbecken sollte in der Härte unter 6 °dH und im pH-Wert etwas unter 6 liegen. Im Gegensatz zu anderen *Betta*-Arten stellen die ♀♀ weder Eiern noch Jungbrut nach und bauen oft sogar ein kleines Zusatznest, wo sie dem ♂ aus dem Schaumnest gestohlene Eier pflegen. Bei der optimalen Zuchttemperatur von 25 °C schlüpft die Brut nach 3 Tagen und schwimmt 3 Tage danach frei. Das Anfüttern mit Pantoffeltierchen und Rädertierchen sollte erst einen Tag nach dem Freischwimmen erfolgen, um eine Wasserbelastung durch nicht aufgenommenes Futter zu vermeiden.

B. unimaculata

Schlanker Riesenkampffisch

Vorkommen: Borneo. **Größe:** ♂ 11 cm, ♀ 8 cm. **GU:** Das ♂ ist farblich intensiver, sein Kopf wirkt massiger als der des kleineren ♀. **Ansprüche:** Eine Beckenlänge von 60 cm ist für diese wenig bewegungsfreudige Art bei Paarhaltung ausreichend. Gemeinsam aufgewachsene Tiere vertragen sich, wenn ausreichend Unterstände und Versteckmöglichkeiten geboten werden. Dann braucht das Becken auch bei Haltung von 2 oder 3 Paaren nicht viel größer zu sein; Wasser 3–15 °dH, pH-Wert 6–7,5 (Optimum 6,8); Temperatur 22–28 °C. Über dunklem, möglichst torfhaltigem Bodengrund wirken die Fische farblich am besten. In der Beckeneinrichtung sollten sich Pflanzendickichte mit Schwimmraum abwechseln, die Fische stellen sich unter und zwischen Wurzeln gern ein. Mindestens eine Beckenecke wird mit Schwimmpflanzen zur Lichtdämpfung versehen.

Zucht: *B.u.* gehört zu den maulbrütenden Kampffischen, seine Zucht ist ebenso leicht wie bei *B. picta.* Im Unterschied zu dieser Art spuckt allerdings das ♀ die Eier dem ♂ nicht vor das Maul, er muß sie selbst aufsammeln. Auch wenn das ♂ ziemlich sicher brütet, sollten doch vermeidbare Störungen von seinem Becken ferngehalten werden. Die Jungfische werden meist am neunten Tag aus dem Maul entlassen und nehmen sofort Artemia-Nauplien als Erstfutter an, sie sind problemlos aufzuziehen.

Beulenkopfmaulbrüter

→ *Cyrtocara moorii.*

Biotodoma cupido

Schwarzstreifenbuntbarsch
Familie: *Cichlidae*

Vorkommen: Amazonas und Nebenflüsse. **Größe:** 15 cm. **GU:** Die Geschlechter sind nur bei erwachsenen Tieren mit einiger Sicherheit zu unterscheiden, Rücken- und Afterflosse sind beim ♂ dann etwas kräftiger ausgebildet und zugespitzt und seine Schwanzflosse weist fadenartig verlängerte äußere Strahlen auf. **Ansprüche:** Becken ab 100 cm Länge; Wasser 3–18 °dH, pH-Wert 6,5–7; Temperatur 23–25 °C. Der Bodengrund sollte feinkörnig sein oder zumindest in einem Teilbereich aus Sand bestehen. Dichte Pflanzengruppen, Wurzeln und Steinaufbauten mit Höhlen und Spalten müssen ausreichend Unterstand und Versteckplätze bieten. *B.c.* benötigt trotz seiner Größe relativ wenig, aber abwechslungsreiches und gehaltvolles Futter (Mückenlarven, Regenwurmstückchen, Rinderherzwürfel).

Zucht: Diese selten gehaltene Art wird noch nicht regelmäßig gezüchtet. Das ♀ hebt im Sand eine Grube aus, in welche abgelaicht wird, die etwa 100 Eier kleben am Bodengrund fest und werden vom ♀ betreut. Das ♂ wird nicht verjagt und beteiligt sich an der Führung der Jungfische, die 10 Tage nach der Laichabgabe freischwimmen und mit Nauplien angefüttert werden können.

Bischofskärpfling

→ *Brachyrhaphis episcopi.*

Bitterling

→ *Rhodeus sericeus amarus.*

Bitterlingsbarbe

→ *Barbus titteya.*

Black Molly

→ *Poecilia sphenops.*

Blattfisch

→ *Monocirrhus polyacanthus.*

Blauaugen

→ *Pseudomugil.*

Blauaugenharnischwels

→ *Panaque suttoni.*

Blaubarsch

→ *Badis badis.*

Blaue Kubagambuse

→ *Gambusia punctata.*

Blaue Prachtschmerle

→ *Botia modesta.*

Blauer Antennenwels

→ *Ancistrus dolichopterus.*

Blauer Diamantsalmler

→ *Alestopetersius smykalai.*

Blauer Fächerfisch

→ *Cynolebias bellottii.*

Blauer Fadenfisch

→ *Trichogaster trichopterus.*

Blauer Fadenmaulbrüter

→ *Ophthalmotilapia ventralis.*

Blauer Flügelbärbling

→ *Chela cachius.*

Blauer Kielbauchbärbling

→ *Chela caeruleostigmata.*

Blauer Kongocichlide

→ *Nanochromis parilus.*

Blauer Kongosalmler

→ *Phenacogrammus interruptus.*

Blauer Leuchtaugenfisch

→ *Aplocheilichthys macrophthalmus.*

Blauer Maulbrüter

→ *Pseudotropheus socolofi.*

Blauer Neon

→ *Paracheirodon simulans.*

Blauer Njassabuntbarsch

→ *Pseudotropheus zebra.*

Blauer Panzerwels

→ *Corydoras nattereri.*

Blauer Prachtkärpfling

→ *Aphyosemion sjöstedti.*

Blauer Schwertträger

→ *Xiphophorus alvarezi.*

Blaugestreifte Glaswelse

→ *Eutropiellus.*

Blaukehlschneckenbarsch

→ *Pseudotropheus livingstonii.*

Blaupunktbuntbarsch

→ *Aequidens latifrons.*

Blaupunktgrundelbarsch

→ *Spathodus erythrodon.*

Blaupunktschlanksalmler

→ *Copella nattereri.*

Blauroter Kolumbiensalmler

→ *Hyphessobrycon ecuadoriensis.*

Blaustreifenbärbling

→ *Rivulus xiphidius.*

Blaustreifenglaswels

→ *Eutropiellus debauwi.*

Blaustreifenmaulbrüter

→ *Pseudotropheus fuscus.*

Blaustrichbarbe

→ *Barbus barilioides.*

Blinder Höhlensalmler

→ *Astyanax fasciatus mexicanus.*

Blutsalmler

→ *Hyphessobrycon callistus.*

Blutschwanzsalmler

→ *Hemigrammus stictus.*

Boesemans Regenbogenfisch

→ *Melanotaenia boesemani.*

Bolivianischer Schmetterlingsbuntbarsch

→ *Papiliochromis altispinosa.*

Borellis Zwergbuntbarsch

→ *Apistogramma borelli.*

Botia (Schmerlen)

Eine Gattung aus der Familie der *Cobitidae* mit Verbreitungsschwerpunkt in Südostasien, von der einige Arten sehr häufig importiert werden. Wegen der Ähnlichkeit der Jungfische einiger Arten oder alters- bzw. fundortbedingter Färbungsunterschiede sind sie jedoch häufig schwer bestimmbar und werden unter falschem Namen eingeführt. Eine sichere Bestimmung ist nur durch einen Spezialisten möglich. Da die Ansprüche der einzelnen Arten sehr ähnlich sind, hat die genaue Zuordnung der aus einer Importsendung gekauften Fische zu einer bestimmten Art gegenwärtig noch keine Bedeutung für die aquaristische Praxis, zumal bisher bei noch keiner Art die Zucht gelungen ist.

Alle Arten der Gattung *B.* haben einen hohen Sauerstoffbedarf, der durch eine kräftige Filterung oder Durchlüftung befriedigt werden muß, ergänzt durch regelmäßigen wöchentlichen Wasserwechsel, der mindestens 1/10 des Beckeninhalts umfassen sollte. Ihr lebhaftes Wesen zeigen die Schmerlen vor allem in Wasser, in das eine Strömung installiert wurde, gegen welche sie anschwimmen können. Phasen hoher Aktivität wechseln sich dabei mit Ruhephasen ab, die soweit gehen können, daß die Fische auf dem Boden auf der Seite liegend, manchmal sogar mit dem Bauch nach oben, regelrecht schlafen, ohne sich dabei von anderen Beckeninsassen stören zu lassen. Mancher Neuling glaubte bei diesem Anblick schon an Totalverlust. Tonröhren oder andere Höhlungen aus Wurzeln und Steinen werden sehr gern von den Fischen als Versteck- und Ruheplätze aufgesucht. Alle Arten der Gattung gründeln gern, der Bodengrund sollte daher feinkörnig sein, bei Verwendung von Kies muß darauf geachtet werden, daß er keinesfalls scharfkantig ist, damit sich die Fische nicht ihre zarten Barteln verletzen. Kräftige und abwechslungsreiche Fütterung verlangen alle Arten der Gattung, die Palette reicht dabei von Daphnien, Mückenlarven und Rinderherzwürfeln bis zu Haferflocken und Feinfrosterbsen. Zur Deckung des Ballaststoffbedarfs sollten in regelmäßigen Abständen Moorkienholz oder -wurzeln oder morsche Wurzeln aus sauberen Waldteichen gegeben werden, die nicht gescheuert, sondern nur abgespült wurden. In kürzester Zeit versammeln sich alle Tiere eines Beckens darauf, um zu fressen. Nach Erfahrungen des Verfassers ist es eine der wichtigen Voraussetzungen, die Tiere zum Laichansatz und zur Paarungsbereitschaft zu bringen, die sich darin äußert, daß ein oder mehrere ♂♂ ein laichvolles ♀ in T-Stellung seitlich in die Seite stupsen. Welcher Umweltfaktor jedoch die Tiere ohne hormonelle Beeinflussung zur Laichabgabe bringen könnte, das ist gegenwärtig noch unbekannt. Vermutlich führen die Fische in ihrer Heimat eine Laichwanderung durch, die zur endgültigen Reifung der Geschlechtszellen führt. Bisher hat auch die Installation einer starken Bodenströmung, die bei → *Labeo* ein Ablaichen auslöste, in einem herkömmlichen Rechteckaquarium zu keinem Erfolg geführt.

B. eos

Sonnenschmerle

Vorkommen: Laos, Thailand. **Größe:** 6 cm. Diese geringe Größe ist der deutlichste Unterschied zur farblich sehr ähnlichen *B. modesta*. Die Körpergrundfarbe von *B.e.* liegt mehr im gelbbraunen Farbbereich, in den Flossen sind orangegelbe Farbtöne vorherrschend, After-, Rücken- und Schwanzflosse können jedoch auch intensiver rot gefärbt sein. **GU:** Sichere äußere Geschlechtsmerkmale sind bisher nicht bekannt. **Ansprüche:** Becken ab 70 cm Länge; Wasser 2–8 °dH, pH-Wert 6–6,5; Temperatur 24–27 °C. Die Beckeneinrichtung und der Wasserwechsel erfolgen wie in der Gattungsbeschreibung angegeben.

Bepflanzung mit robusteren Pflanzen ist gut möglich, zusätzlich sollte zur Lichtdämpfung eine Schwimmpflanzendecke gegeben werden.

Zucht: Eine Zucht ist noch nicht gelungen (siehe Gattungsbeschreibung).

B. hymenophysa

Tigerschmerle

Vorkommen: Thailand, Malaiische Halbinsel, Große Sunda-Inseln. **Größe:** 22 cm. **GU:** Es gibt keine sicheren Unterscheidungsmerkmale, die ♂♂ scheinen jedoch etwas kleiner zu bleiben. **Ansprüche:** Becken ab 120 cm Länge; Wasser 2–5 °dH, pH-Wert 6–6,5; Temperatur 24–30 °C. *B.h.* läßt sich in härterem (bis 20 °dH) und neutralem Wasser lange Zeit gut halten, die Fische wirken darin jedoch viel blasser als im optimalen Bereich. Diese vorwiegend nachtaktive Art benötigt viele Röhren und Höhlen als Tagesversteck, ist dies nicht gegeben, dann kann sie anderen Fischen gegenüber unverträglich werden. Sie ist ein relativ starker Wühler, der Bodengrund sollte deshalb aus Sand bestehen, und die Pflanzen müssen in Töpfen gepflanzt werden. Der Sauerstoffbedarf ist sehr hoch, kräftige Filterung oder Durchlüftung und regelmäßiger Teilwasserwechsel (mindestens 1/10 wöchentlich) sind unerläßlich für die Pflege dieser Art, die sehr ausdauernd sein kann.

Zucht: Eine Zucht ist bisher noch nicht gelungen (siehe Gattungsbeschreibung).

B. lecontei

Rotflossenprachtschmerle

Vorkommen: Laos, Thailand. **Größe:** 15 cm. **GU:** Die Geschlechter sind äußerlich nicht zu unterscheiden. *B.l.*, die sehr häufig mit *B. modesta* verwechselt wird, ist durch ihren goldenen bis metallisch-grünlichen Glanz auf schwach olivbrauner Körpergrundfarbe charakterisiert. Sie behält im Gegensatz zu *B. modesta* mehr oder weniger deutlich immer einen schwarzen Fleck auf dem Schwanzstiel. **Ansprüche:** Diese vorwiegend dämmerungs- und nachtaktive Art, die jedoch auch am Tag Aktivitätszeiten hat, ist ein idealer Zweitbesatz für ein Barbenbecken, dessen Länge nicht unter 120 cm liegen sollte; Wasser 2–8 °dH, pH-Wert 6–6,5; Temperatur 24–28 °C. Feiner Sand als Bodengrund, dichte Bepflanzung mit robusten Arten sowie Verstecke aus Wurzeln und Steinen gehören zur Grundausstattung des Beckens, das zumindest in einem Teil eine Schwimmpflanzendecke besitzen sollte. Ohne Teilwasserwechsel kümmert die Art sehr schnell und zeigt keine Farben. Die übrigen Anforderungen sind in der Gattungsbeschreibung erläutert.

Zucht: Eine Zucht ist bisher noch nicht gelungen (siehe Gattungsbeschreibung).

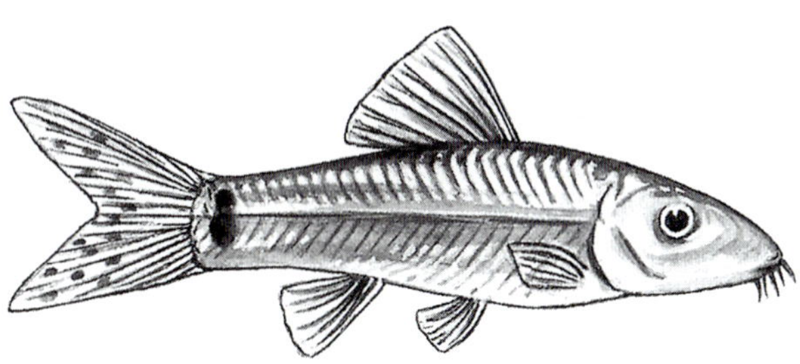

Botia lecontei

B. macracantha

Prachtschmerle

Vorkommen: Sumatra, Borneo. **Größe:** 15 cm, nur in sehr großen Becken mit Durchfluß auch größer werdend; *B.m.* ist in ihrer Heimat bei 30 cm Länge ein beliebter und wohlschmeckender Speisefisch. **GU:** Die äußerlich sichtbaren Geschlechtsunterschiede sind geringfügig und schwer beschreibbar, sie liegen in der Körperform, der Höhe des Schwanzstiels und in der Form der Schwanzflossenzipfel, deutlicher sichtbar werden sie jedoch erst dann, wenn die ♀♀ durch Laichansatz unförmig werden. **Ansprüche:** Becken ab 120 cm Länge sind die Mindestanforderung zur Haltung dieses schwimmfreudigen Schwarmfischs, der allerdings tagsüber manchmal regelrechte Tiefschlafpausen einlegt (siehe Gattungsbeschreibung); Wasser um 5 °dH und ein pH-Wert 6,5 stellen das Optimum dar, entscheidender für eine erfolgreiche, lang-

Botia macracantha

jährige Haltung sind jedoch die Erfüllung der anderen, in der Gattungsbeschreibung genannten Bedingungen (Fütterung, Wasserwechsel, Durchlüftung). Bei deren Einhaltung kann *B.m.* auch bei 25 °dH und pH 7,2 zum Laichansatz gebracht werden. Die Temperatur sollte 25–30 °C betragen, dabei werden Temperaturabsenkungen nach dem Wasserwechsel von den Fischen mit gesteigerter Aktivität beantwortet und steigern ihr Wohlbefinden. Temperaturen unter 22 °C über längere Zeit sollten jedoch vermieden werden, da die Fische dann verblassen. Die der Art nachgesagte Anfälligkeit gegen Ichthyophtirius wird nur in wenig gewechseltem und belastetem Altwasser wirksam.

Zucht: Die Zucht ist bisher nur durch hormonelle Beeinflussung oder als Zufallszucht geglückt, sie steht ansonsten noch aus (siehe Gattungsbeschreibung).

B. modesta

Grüne Schmerle, Blaue Prachtschmerle

Vorkommen: Laos, Thailand, Kambodscha. **Größe:** 25 cm, allerdings nur in großen Becken. **GU:** Äußerlich sichtbare Geschlechtsunterschiede sind bei dieser in der Körper- und Flossenfärbung sehr variablen Art (grünlich, bläulich, bräunlich, gräulich) nicht feststellbar, die ♂♂ scheinen jedoch etwas kleiner zu bleiben. **Ansprüche:** Becken ab 120 cm Länge; Wasser 5–15 °dH, pH-Wert 6–6,8; Temperatur 25–30 °C. *B.m.* ist tagsüber wenig aktiv, sie benötigt zahlreiche Röhren sowie Wurzel- und Steinverstecke, die möglichst im Dämmer von Pflanzendickichten liegen sollten. Die *B.m.* nachgesagte Unverträglichkeit gegenüber anderen Fischen oder innerhalb der Art tritt nur in kleinen Becken auf, in großen verhält sie sich viel eher als Schwarmfisch mit gelegentlichen innerartlichen Rangeleien. Während dieser Auseinandersetzungen sind auch außerhalb des Beckens deutlich knackende Geräusche zu vernehmen.

Eine **Zucht** ist noch nicht gelungen.

B. morleti

Horas Schmerle, Mausschmerle

Vorkommen: Thailand. **Größe:** 10 cm. **GU:** Äußerlich sichtbare Geschlechtsunterschiede sind bei dieser Art, die sich durch einen dunklen Längsstrich auf dem Rükken, einen dunklen Ring um den Schwanzstiel und eine gelblichbraune Grundfärbung deutlich von ähnlichen Arten unterscheiden läßt, nicht zu erkennen. **Ansprüche:** Becken ab 90 cm Länge, das niedrig sein kann, da diese Art vorwiegend im Bodenbereich aktiv ist, 20 cm Wasserhöhe sind bereits ausreichend; Wasser 2–7 °dH, pH-Wert 6–6,7; Temperatur 25–30 °C. Wasserwechsel und Beckeneinrichtung erfolgen wie in der Gattungsbeschreibung angegeben. Die Pflanzen müssen durch Abdecken der Wurzeln mit flachen Steinen gut gesichert werden, da *B.m.* häufig stark wühlt. Eine Schwimmpflanzendecke muß für gedämpftes Licht sorgen.

Zucht: Eine Zucht ist bisher noch nicht gelungen (siehe Gattungsbeschreibung).

B. sidthimunki

Schachbrettschmerle, Zwergschmerle

Vorkommen: Nördliches Thailand, in kleinen, schlammigen Gewässern. **Größe:** 6 cm. **GU:** Die Geschlechter sind kaum zu unterscheiden. Die ♂♂ bleiben geringfügig kleiner und wirken etwas blasser, vor allem wenn sie von laichvollen ♀♀ bedrängt werden. Die Intensität der Färbung wird jedoch von den Umweltfaktoren weit mehr beeinflußt als von der Zugehörigkeit zu einem Geschlecht. **Ansprüche:** *B.s.* als kleinste Art der Gattung kann bereits in einem Becken ab 50 cm Länge gehalten werden, als lebhafter und friedlicher tagaktiver Schwarmfisch fühlt sie sich in einem größeren Gesellschaftsbecken jedoch wohler; Wasser 2–10 (bis 20) °dH, pH-Wert 6–6,5(–7); Temperatur 25–28 °C. Der Bodengrund sollte feinkörnig und nicht zu hell sein, eine Mulmschicht aus abgestorbenen Pflanzenteilen sowie eine Torfauflage in einer Beckenecke wird von den Tieren gern aufgesucht. Das Wasser kann durch Torffilterung oder Torfextraktstoffe bräunlich gefärbt sein, sollte jedoch immer klar und gut durchlüftet sein. Wenn genügend Pflanzendickichte vorhanden sind sowie einige morsche Wurzeln, erübrigt sich das Einbringen weiterer Versteckmöglichkeiten. An das Futter werden keine besonderen Ansprüche gestellt, doch scheint die Möglichkeit, Algenaufwuchs aufnehmen zu können, den Laichansatz zu fördern.

Zucht: Die Zucht ist unter Aquarienbedingungen bereits gelungen, über die Bedingungen war jedoch nichts in Erfahrung zu bringen.

Brabantbuntbarsch

→ *Tropheus moorii.*

Brachsensalmler

→ *Abramites hypselonotus.*

Botia modesta

Brachydanio (Bärblinge)

Eine Gattung schlanker, lebhafter Schwarmfische der Familie *Cyprinide* aus Südostasien. Die meisten Arten der Gattung sind wegen ihrer relativen Anspruchslosigkeit und ihrer leichten Züchtbarkeit ideale Fische für den Anfänger in der Aquaristik. Leider brachte jedoch gerade ihre Vermehrungsfreude einige Arten fast zum Verschwinden, da sie durch zu niedrige Preise für die Züchter uninteressant wurden. Bei der Art *B. rerio* und der Form *B. frankei* wurden Schleierformen zur Mode, welche die vorhandenen Stämme so durchseuchten, daß kaum noch ursprüngliche Stämme im Angebot sind. Die Schleierflossigkeit wurde oft soweit getrieben, daß die Fische kaum noch etwas von der Lebhaftigkeit und Schwimmfreude der Ausgangsform zeigten und nur noch flossenwedelnd durch das Becken driften können. Andererseits wurden die Nachzuchten durch zu hohe Aufzuchttemperaturen schnell zur Verkaufsreife getrieben, so daß die meisten Stämme Zwergwüchsigkeit zeigen und kaum noch etwas von den *B.* früherer Jahre erkennen lassen.

Alle Arten der Gattung lieben langgestreckte Becken, deren Wasserhöhe 20 cm nicht zu überschreiten braucht. Lockere Bepflanzung muß ausreichend Schwimmraum, besonders im oberflächennahen Bereich, frei lassen, als Bodengrund ist grober Sand oder Kies geeignet. Regelmäßiger wöchentlicher Teilwasserwechsel, der 1/4 des Beckeninhalts umfassen sollte, und eine kräftige Filterung oder Durchlüftung tragen wesentlich zum Wohlbefinden bei. Die bei den einzelnen Arten aufgeführten Temperaturen sind als Höchstgrenze zu sehen, Temperaturschwankungen zwischen Tag und Nacht werden nicht nur gut vertragen, sondern erhöhen auch die Lebenserwartung, die Fortpflanzungsbereitschaft und die Zuchtergebnisse.

B. albolineatus

Schillerbärbling

Vorkommen: Burma, Thailand, Malaiische Halbinsel und Sumatra. **Größe:** 6 cm. **GU:** Das ♂ bleibt kleiner, schlanker und ist intensiver gefärbt als das ♀. **Ansprüche:** Für einen Schwarm, der mindestens 10 Tiere umfassen sollte, ist ein Becken von 80 cm Länge ausreichend. Kann man diese Art über dunklerem Bodengrund, unter einer lichtdämpfenden Schwimmpflanzendecke und auffallendem Licht halten, so gehört *B.a.* zu den farbenprächtigsten kleinen Aquarienfischen, die in keinem Gesellschaftsaquarium fehlen sollten; Wasser 5–12 (–20) °dH, pH-Wert 6,5–7; Temperatur 20–25 °C. Die Temperatur kann nachts bis auf 18 °C absinken. Beckeneinrichtung und Wasserwechsel erfolgen wie in der Gattungsbeschreibung angegeben.

Zucht: Die Zucht ist in einem Becken von 50 cm Länge bei einem Wasserstand von 10–15 cm möglich. Die Zuchttemperatur sollte 2–3 °C über der Hälterungstemperatur liegen. Der Boden wird mit runden Kieseln oder einem Laichrost ausgelegt, um die Eier vor dem Zugriff der Alttiere zu schützen. Das Becken ist mindestens zur Hälfte mit feinfiedrigen Pflanzen dicht auszustatten. Frischwasser, welches einen Tag lang vor dem Zuchtansatz kräftig durchlüftet wurde, erhöht die Laichbereitschaft. Soll die Zucht mit Tieren aus einem Jungfischschwarm erfolgen, so ist es günstig, ein laichvolles ♀ einen oder zwei Tage vor den ♂♂ ins Zuchtbecken zu setzen und zwei ♂♂ am Abend vor dem Abschalten des Lichts hinzuzusetzen. Abgelaicht wird zwischen den Pflanzen am frühen Morgen, die Alttiere müssen unmittelbar danach herausgefangen werden. Plant man weitere Zuchten, so ist es vorteilhaft, das Paar, das miteinander abgelaicht hat, getrennt vom Schwarm zu hältern, denn Tiere, die einmal zusammen abgelaicht haben, tun dies willig immer wieder und ein Partnertausch kann zu Mißerfolg führen. In Abhängigkeit von der Temperatur schlüpfen die Jungen nach 36–48 Stunden, hängen noch einen Tag an

Brachydanio albolineatus

Brachydanio frankei

den Pflanzen oder Scheiben und sind mit Zuchtpantoffeltierchen gut anzufüttern. Nach dem Freischwimmen der Jungfische sollte die Temperatur auf 23 °C gesenkt werden, da unter diesen Bedingungen schöne und große Tiere heranwachsen. Am 3. Lebenstag nehmen die Jungfische bereits Mikrowürmchen und durch ein feines Sieb geriebenes hochwertiges Trockenfutter an. Mit dem Teilwasserwechsel im Aufzuchtbecken ist so früh wie möglich zu beginnen, dabei muß der Säuberung des Beckenbodens besondere Aufmerksamkeit gewidmet werden. Bilden sich dort schleimige Beläge, so ist häufig in der vierten Lebenswoche mit hohen Verlusten unter den Jungfischen zu rechnen, deren genaue Ursachen noch nicht geklärt sind, die aber durch mangelhafte Becken- und Wasserhygiene begünstigt werden. Auf Jungfische, die sich in der 2. Lebenswoche noch im Bodenbereich aufhalten, braucht beim Wasserwechsel keine Rücksicht genommen werden, die gesunden Fische schwimmen zu diesem Zeitpunkt bereits in der mittleren und oberen Wasserregion. Ein Weniger an Jungfischen bedeutet ein Mehr an Qualität, das gilt für die folgenden Arten ebenso.

B. frankei

Leopardbärbling, Golddanio

Der Artstatus dieser 1963 erstmals beschriebenen Form ist umstritten, da sie sich fruchtbar mit *B. rerio* kreuzen läßt und heute sehr oft in der Nachzucht eines Paares von *B. rerio* »Frankeis« auftauchen. Größe, Ansprüche und Zucht sind mit *B. rerio* identisch.

B. kerri

Inselbärbling

Vorkommen: Thailand. **Größe:** 6 cm. **GU:** Das ♂ bleibt etwas kleiner und ist deutlich schlanker als das meist auch etwas blasser gefärbte ♀. **Ansprüche:** Die Schwarmhaltung erfolgt gemeinsam mit anderen Arten der Gattung oder kleinen Arten von → *Barbus* in einem Becken ab 70 cm Länge; Wasser 5–15 °dH, pH-Wert 6,5–7; Temperatur 22–25 °C. Beckeneinrichtung und Wasserwechsel werden wie in der Gattungsbeschreibung angegeben vorgenommen, die Bepflanzung kann sehr sparsam erfolgen.

Zucht: Die Zuchtvorbereitung und der Ansatz erfolgen wie bei *B. albolineatus,* auf Pflanzen kann im Zuchtbecken verzichtet werden, da die Fische bevorzugt über kiesigem Bodengrund ablaichen. Es hat sich jedoch bewährt, in einer Ecke ein Büschel Javamoos anzubringen, in welches sich das ♀ in den Laichpausen vor zu heftigen Nachstellungen der ♂♂ kurzzeitig zurückziehen kann. Die Jungen schlüpfen meist nicht vor dem 4. Tag, als günstigste Temperatur sollten 24 °C eingehalten werden, denn höhere Aufzuchttemperaturen führen zu lebenslang krankheitsanfälligen Fischen. Die Aufzuchtbedingungen gleichen den bei *B. albolineatus* angegeben.

Brachydanio kerri

B. nigrofasciatus

Tüpfelbärbling

Vorkommen: Burma. **Größe:** 4,5 cm. **GU:** Die Afterflosse der deutlich schlankeren ♂♂ ist am unteren Rand hellbraun und goldglänzend gesäumt. **Ansprüche:** Diese schöne kleine und etwas ruhigere Art ist leider in unseren Becken zur Rarität geworden, dabei sind Becken mit 60 cm Länge bereits ausreichend; Wasser 3–12 °dH, pH-Wert 6,5. *B.n.* ist die wärmebedürftigste Art der Gattung und fordert Temperaturen zwischen 24 und 28 °C, die nicht unterschritten werden dürfen. Beckeneinrichtung und Wasserwechsel erfolgen wie in der Gattungsbeschreibung angegeben, eine Filterung über Torf oder die Zugabe von Torfextrakten wirkt sich günstig auf Wohlbefinden und Farbigkeit aus.

Zucht: Die Zucht ist insofern etwas schwieriger als bei den anderen Arten der Gattung, da nicht auf Anhieb jedes ♀ mit jedem ♂ zum Ablaichen bereit ist. Hat man aber ein Paar gefunden, so bleibt dies ein Leben lang zusammen und geht meist sogar beim Fang im Schwarm gemeinsam ins Netz. Besser ist es jedoch, diese Paare für sich zu hältern und erst einige Tage vor dem geplanten Zuchtansatz voneinander getrennt zu halten. Das Zuchtwasser sollte weich, leicht sauer und auf eine Temperatur von 26–28 °C eingestellt sein. Die Verwendung von über ausgekochtem Torf gefiltertem Frischwasser, das leicht bräunlich verfärbt sein kann, aber glasklar sein muß, hat sich bewährt. Nach dem Einsetzen des Paares am Abend wird am nächsten Morgen zwischen dichten feinfiedrigen Pflanzen abgelaicht. Macht das Paar keine Anstalten, dann wird abends ein weiteres ♂ dazugesetzt, um am nächsten Morgen Erfolg zu haben. Die Brut schlüpft nach 48–72 Stunden, die Aufzucht entspricht der bei *B. albolineatus* angegebenen, dabei sollten 25 °C nicht unterschritten und der Becken- und Wasserhygiene besondere Aufmerksamkeit geschenkt werden. Die Produktivität liegt unter der anderer Arten der Gattung, 200–250 aufgezogene Jungfische sind bereits ein sehr gutes Ergebnis. Als *B.n.* noch häufiger vertreten war, tauchten gelegentlich Kreuzungstiere mit *B. rerio* auf, die durch ihre Farbigkeit bestachen. Sie erwiesen sich jedoch als unfruchtbar.

Brachydanio rerio, langflossig

B. rerio

Zebrabärbling

Vorkommen: Östliches Vorderindien. **Größe:** 6 cm. **GU:** Die Körpergrundfarbe zwischen den blauen Streifen und vor allem auf den unpaaren Flossen ist beim ♀ silbrigweiß, beim ♂ leuchtend goldgelb. **Ansprüche:** Bei Becken ab 70 cm Länge sollte ein Schwarm von mindestens 10 Tieren gehalten werden; Wasser 5–15 °dH. Wenn keine Zuchtabsichten bestehen, ist die Haltung bis 30 °dH möglich, der pH-Wert sollte dann möglichst nicht über 7 liegen, Optimum pH 6,5–7. Beckeneinrichtung und Wasserwechsel werden wie in der Gattungsbeschreibung angegeben vorgenommen. *B.r.* ist ein idealer Fisch für unbeheizte Wohnzimmeraquarien, der bei Temperaturen von 20–21 °C am lebhaftesten ist. Die Temperatur kann längere Zeit auf 18 °C, kurzfristig auf 16 °C absinken, ohne daß das Wohlbefinden der Fische beeinträchtigt wird, im Gegenteil: Temperaturschwankungen zwischen Tag und Nacht und etwas kühlere Haltung im Winter führt zu gut durchgefärbten, großen und kerngesunden, langlebigen Tieren. Temperaturen über 24 °C verkürzen sein Leben und machen ihn träge und hinfällig.

Zucht: Die Zucht ist sehr leicht und jedem Neuling in der Aquaristik zu empfehlen, um erste Erfahrungen mit eierlegenden Fischen zu sammeln. Obwohl die Fische auch in kleinen Becken ablaichen, sollte wegen der zu erwartenden großen Jungfischzahl (400–500 bei einem guten Paar) die Beckenlänge nicht unter 60 cm liegen, ein größeres ist jedoch besser. Der Beckenboden wird mindestens zur Hälfte mit kirschgroßen Kieseln bedeckt, um die Eier vor den Nachstellungen der Alttiere zu schützen, oder aber mit einem Laichrost versehen. Zur Zucht ist Frischwasser geeignet, das einen Tag lang kräftig durchlüftet wurde, die Zuchttemperatur von 24 °C sollte nicht überschritten werden, da sonst die Fische, vor allem die ♂♂, zu schnell ermatten. Das Becken wird mit Büscheln feinfiedriger Pflanzen ausgestattet, mindestens aber in einer Hälfte, die dem Licht abgewandt ist. Der andere Beckenteil sollte etwas Morgensonne erhalten, zumindest ihren Widerschein. Das ♀ wird einen Tag vor dem ♂ ins Zuchtbecken gesetzt. Werden Tiere aus einem Jungfischschwarm erstmals zur Zucht angesetzt, dann können auch zwei ♂♂ am Abend vor dem Zuchttag unmittelbar vor dem Ausschalten des Lichts zugesetzt werden. Das ♀ laicht meist nur mit einem der ♂♂ ab, das andere kann herausgefangen werden, ohne daß das Laichgeschehen beeinträchtigt wird. Von diesem Zeitpunkt an bleibt das Paar, das einmal zusammen abgelaicht hat, zusammen und kann sein Leben lang immer wieder mit Erfolg zur Zucht angesetzt werden, eine Verpaarung mit einem anderen Partner bleibt häufig erfolglos. Das Ablaichen erfolgt in den ersten Morgenstunden und ist spätestens nach zwei Stunden beendet, die Eier werden in mehreren Laichgängen in den Pflanzendickichten abgegeben. In der Literatur wird häufig empfohlen, die Fische während des Laichens mit Enchyträen zu füttern, um das Laichfressen zu verhindern. Gut angefütterte Fische brauchen das nicht, es besteht im Gegenteil die Gefahr, daß sich nicht gefressene Enchyträen an den Eiern vergreifen, die am Bodengrund liegen. Nach dem Ablaichen werden die Alttiere sofort herausgefangen. Die Jungen schlüpfen nach 48 Stunden und hängen noch einen Tag an Pflanzen oder Scheiben. Nach dem Freischwimmen erhalten sie Pantoffeltierchen, 3–4 Tage später Mikrowürmchen und feinzerriebenes hochwertiges Trockenfutter.

Die Fütterung sollte mindestens zweimal täglich erfolgen. Mit dem Teilwasserwechsel ist vor allem in kleinen Becken so früh wie möglich zu beginnen, dabei sollte von der zweiten Woche an, da sich die gesunden Jungfische in den mittleren und oberen Wasserschichten aufhalten, vor allem der Bodengrund sehr sorgfältig von schleimigen Belägen aus nicht verbrauchtem Futter gesäubert werden. Die Wasserhöhe während der Zucht und der Aufzucht braucht 15 cm nicht zu überschreiten. Gesunde, große und widerstandsfähige Tiere werden dann erzielt, wenn die Aufzuchttemperatur zwischen 22 und 24 °C liegt und von der dritten Lebenswoche an zwischen Tag und Nacht eine Temperaturdifferenz von 2–3 °C liegt. Fische, die unter diesen Bedingungen aufwachsen, sind nach drei Monaten verkaufsreif und zwischen dem 4. und 5. Lebensmonat bereits wieder zuchtreif, wenn auch noch nicht sehr produktiv. Die volle Leistungsfähigkeit wird ab einem Jahr erreicht.

Brachygobius xanthozona

Goldringelgrundel
Familie: *Gobiidae*

Vorkommen: Thailand, Südvietnam, Malaiische Halbinsel, Große Sunda-Inseln. **Größe:** 4,5 cm. **GU:** Das ♀ ist meist matter gefärbt, sicher aber erst an der kurzen Legeröhre zu erkennen, die meist zwei Tage vor dem Ablaichen hervortritt. **Ansprüche:** Die Beckenlänge sollte 60 cm nicht unterschreiten, damit mehrere Paare gehalten werden können, die jeweils ein kleines Revier bilden. Wasser: *B.x.* ist ein Fisch für hartes Wasser, das nicht unter 15 °dH, besser zwischen 20 und 30 °dH Härte aufweisen sollte, bei einem pH-Wert zwischen 7,5 und 8,5. Im reinen Süßwasser bleiben die Fische meist klein und sind anfällig gegen jede durch das Futter eingeschleppte Infektion. Ein Zusatz von einem bis zwei Eßlöffel Seesalz, notfalls auch Kochsalz, je 10 l Wasser, wirkt sich in jedem Falle günstig auf das Wohlbefinden und die Widerstandsfähigkeit aus. Für Tiere, mit denen man züchten will, ist die Zugabe von Salz im Hälterungswasser unerläßlich. Die Temperatur sollte 25–30 °C betragen, nur kurzzeitig werden Temperaturen bis 22 °C ohne Schaden vertragen. Der Bodengrund sollte feinkörnig und dunkel sein, durch Wurzeln, Steine, kleine umgedrehte Blumentöpfe oder Kokosnußschalen können zahlreiche, über das Becken verteilte Versteckplätze geschaffen werden. Am meisten Freude bereiten die Tiere bei der Pflege im Artbecken, in Gesellschaft lebhafter Fische sind sie kaum zu sehen. Für eine erfolgreiche Haltung über längere Zeit muß ständig Lebendfutter zur Verfügung stehen, darunter Mückenlarven und Enchyträen im Winter. Frostfutter wird angenommen, Trockenfutter kaum.

Zucht: Bei Haltung im ausreichend großen Artbecken laichen die Paare innerhalb ihres Reviers unter Steinen oder in Blumentöpfen ab, eine größere Menge Frischwasser löst oft die Laichbereitschaft aus, vor allem, wenn sie mit einer Temperaturerhöhung verbunden ist (auf 28–30 °C). Für den Paaransatz ist ein 10- bis 15-l-Becken ausreichend, dessen Bodengrund aus dunklem Sand und dessen Einrichtung aus einem umgedrehten Blumentopf, einer halben Kokosnußschale oder einem Steinübergang in Bodennähe besteht. Das 150, nur selten mehr Eier umfassende Gelege wird vom ♂ betreut, ebenso die Jungen, die nach 4–5 Tagen schlüpfen (in Ausnahmefällen bei 30 °C bereits nach

Brachygobius xanthozona

Brachyrhamdia marthae

48 Stunden). Zwei Tage später beginnen die Jungfische freizuschwimmen, oft noch mit deutlich sichtbarem Dottersack und sollten vom nächsten Tag ab feinstes Staubfutter erhalten. Sie halten sich zunächst in den mittleren Wasserbereichen auf und gehen erst nach dem Beginn des Umfärbens ab der 4. Woche zum bodennahen Leben über.

B.x. wird häufig mit *B. nunus* verwechselt. Während bei *B.x.* der vordere Kopf gelb gefärbt ist, ist er bei *B. nunus* völlig dunkel.

Brachyrhamdia imitator

Imitatorwels
Familie: *Pimelodidae*

Vorkommen: Venezuela. **Größe:** 6 cm. **GU:** Sichere Geschlechtsunterschiede sind nicht beschrieben. **Ansprüche:** Dieser friedliche, tagaktive Vertreter der Antennenwelse lebt im gleichen Lebensraum und in Gesellschaft von → *Corydors melanistius,* dem er in Größe, Färbung und Gestalt ähnelt. Er sollte deshalb in kleiner Gruppe in Gesellschaft ähnlich gezeichneter *Corydoras*-Arten in Becken nicht unter 70 cm Länge gepflegt werden; Wasser 5–12 °dH, pH-Wert 6,5–7; Temperatur 24–27 °C. Als Bodengrund ist ein Sand-Torf-Gemisch geeignet, scharfe Kiesel oder scharfkantige Dekorationsmaterialien sind zu vermeiden. Die Art ist lebhaft und benötigt viel Schwimmraum, die Pflanzen sollten deshalb in Gruppen gesetzt werden, die genügend Platz lassen. Neben den Pflanzengruppen werden auch Wurzelverstecke als Unterstände aufgesucht. Der Sauerstoffbedarf ist hoch, intensive Filterung und regelmäßiger wöchentlicher Teilwasserwechsel, der 1/4 des Beckeninhalts umfaßt, tragen sehr zum Wohlbefinden bei. Chlorbelastetes Wasser muß vor Verwendung aufbereitet werden. Die Nahrung sollte vielseitig zusammengesetzt sein und neben Tümpelfutter auch einen pflanzlichen Anteil enthalten. Trocken- und Tablettenfutter werden nach Eingewöhnung gut angenommen.

Von der bisher als monotypisch geltenden Gattung *Brachyrhamdia* wurden inzwischen 4 Arten beschrieben und einige Exemplare importiert, z.B. *B. marthae.* Eine erfolgreiche Nachzucht scheint bisher noch nicht gelungen zu sein.

Brachyrhaphis (Kärpflinge)

Eine Gattung lebendgebärender Fische der Familie *Poeciliidae,* die in Mittelamerika beheimatet ist.

B. episcopi

Bischofskärpfling

Vorkommen: Panama. **Größe:** ♂ 3 cm, ♀ 5 cm. **GU:** Neben seiner geringeren Größe und intensiveren Farbe ist das ♂ am Begattungsorgan (Gonopodium) deutlich vom ♀ zu unterscheiden. **Ansprüche:** Diese immer noch heikle und scheue Art sollte möglichst in Artbecken ab 80 cm Länge gehalten werden, das mit 3–5 Paaren besetzt wird; Wasser 2–5 °dH, pH-Wert 8; Temperatur 25–30 °C. Feinkörniger, möglichst dunkler Bodengrund, dichte Bepflanzung, zwischen der sich Mulm aus abgestorbenen Pflanzenteilen bildet und einige Zeit Sonnenlicht in das Becken, damit sich Algenaufwuchs bilden kann, sind wichtige Voraussetzungen zur längeren erfolgreichen Haltung dieser Art. Eine sehr kräftige Filterung muß für biologisch sauberes Wasser sorgen. Gegen Wasserverunreinigungen aller Art ist diese Art ebenso empfindlich wie gegenüber mit dem Futter eingeschleppten Krankheitserregern. Steht kein Lebendfutter aus bekannten gesunden Teichen zur Verfügung, dann ist der Einsatz von Frostfutter anzuraten. Die Gegenwart von Gerbstoffen im Wasser erhöht die Widerstandsfähigkeit der Fische, es hat sich deshalb bewährt, etwas Eichenrinde oder Erlenzäpfchen bei gleichzeitigem Einsatz von Muschelgrus zur Aufrechterhaltung des alkalischen pH-Wertes in den Außenfilter zu geben. Oft wirkt sich auch die Zugabe von einem Teelöffel Seesalz auf 10 l Wasser günstig aus.

Zucht: Die Tragzeit dieser lebendgebärenden Art liegt zwischen 28 und 35 Tagen, die Jungenzahl je Wurf schwankt zwischen 10 und 20. Obwohl einige Jungfische auch im Artbecken aufkommen, ist es günstiger, die trächtigen ♀♀ in ein Aufzuchtbecken von 100 l Inhalt zu setzen, das wie für das Hälterungsbecken angegeben eingerichtet ist. Die wichtigste Voraussetzung für das Großwerden der Jungfische ist ein ständig hohes Angebot an Algenaufwuchs mit seiner Kleinlebewelt. Kann dieser nicht durch einen sonnigen Standort des Beckens abgesichert werden, muß man sich durch Einbringen algenbewachsener Steine aus sehr sauberen Freilandteichen helfen. Dieser schöne Lebendgebärende verdient jeden Aufwand und viel weitere Verbreitung als bisher.

Brachyrhaphis episcopi, ♂ und ♀

B. rhabdophora

Bullenkärpfling

Vorkommen: Costa Rica. **Größe:** ♂ 4 cm, ♀ 6 cm. **GU:** Das ♂ ist am Gonopodium leicht zu erkennen, der Trivialname ist auf das bullige Aussehen des ♀ zurückzuführen. **Ansprüche:** Das Becken sollte eine Länge ab 60 cm haben, in welchem ein Paar oder eine Gruppe mit ♂♂-Überzahl gehalten wird, da die ♀♀ oft ruppig gegenüber den kleinen ♂♂ werden; Wasser 6–10 °dH, pH-Wert 8–8,5; Temperatur 25–28 °C. Als Bodengrund ist Kies geeignet, die Bepflanzung sollte in Gruppen erfolgen, die den ♂♂ ausreichend Verstecke bietet, jedoch ausreichend Schwimmraum läßt. Eine kräftige Fütterung mit Wasserströmung fördert deutlich das Wohlbefinden der Fische.

Zucht: Die Tragzeit dieses Lebendgebärenden beträgt 28–35 Tage, die Jungenzahl je Wurf schwankt zwischen 10 und 30. Ältere ♀♀ setzen sowohl den ♂♂ sehr zu als auch den Jungfischen, auf die sie regelrecht Jagd machen. Für die Zucht sind deshalb junge ♀♀ (4–5 Monate alt) am besten geeignet, die durch Fütterung mit Mückenlarven und Jungguppys vorbereitet wurden. Spätestens 3 Wochen nach der Paarung sollten sie in ein dichtbepflanztes Becken umgesetzt und gut weitergefüttert werden. Auf Umsetzen selbst in größere Ablaichkästen antworten die ♀♀ mit Fehl- und Frühgeburten. Nach dem Werfen wird das ♀ sofort herausgefangen. Die Jungfische, die bei der Geburt etwa 7 mm groß sind, benötigen neben Artemia- und ausgesiebten kleinen Cyclops-Nauplien als Erstfutter für ihre gesunde Entwicklung unbedingt Algenaufwuchs.

Brasilianischer Leierflosser

→ *Simpsonichthys.*

Brasilperlmutterfisch

→ *Geophagus brasiliensis.*

Brassenbarbe

→ *Barbus schwanefeldi.*

Bratpfannenwels

→ *Bunocephalichthys.*

Brauner Panzerwels

→ *Corydoras zygatus.*

Breitflossenkärpfling

→ *Poecilia latipinna.*

Breitschwanzsalmler

→ *Glandulocauda inaequalis.*

Brillantsalmler

→ *Moenkhausia pittieri.*

Brochis splendens

Smaragdpanzerwels
Familie: *Callichthyidae*

Vorkommen: Peru und nördliches Brasilien. **Größe:** 7 cm, ♀ bis 9 cm. **GU:** Die Bauchpartie des ♀ ist kräftiger, es wirkt dadurch plumper, der Ansatz der Afterflosse verläuft schräger als beim ♂. **Ansprüche:** Die Mindestlänge des Beckens für diesen friedlichen Wels, der möglichst im Schwarm gehalten werden sollte, liegt bei 80 cm. Für die Haltung ohne Zuchtabsichten ist *B.s.* sehr tolerant in bezug auf die Wasserwerte: 2–30 °dH, pH-Wert 5,8–8; Temperatur 22–28 °C, wobei die Art sich in nicht zu warmem Wasser sichtlich wohler fühlt. Seine Toleranz und Verträglichkeit macht ihn zum idealen Partner der verschiedensten Beckengesellschaften. Der Bodengrund kann aus grobem Sand oder Kies bestehen, muß jedoch immer frei von scharfen Kanten sein, um eine Beschädigung der Barteln zu vermeiden. Eine als Futterplatz dienende Sanddecke ist auch im Kiesbodenbecken günstig. Über dunklem Bodengrund wirken die Fische farblich am besten. Das Becken kann gut bepflanzt sein, andernfalls eine leichte Decke aus Schwimmpflanzen, vor allem *Riccia*, zur Lichtdämpfung erhalten. *B.s.* besitzt, wie alle Vertreter der Familie *Callichthyidae*, die Fähigkeit zur Darmatmung und taucht regelmäßig zur Oberfläche auf, um Luft zu schlucken. Die Außentemperatur sollte deshalb möglichst 1–2 °C über der Wassertemperatur liegen. Eine kräftige Filterung, die nach Möglichkeit eine Wasserströmung erzeugen sollte, trägt zum Wohlbefinden der recht langlebigen Art bei, daneben muß regelmäßig wöchentlich 1/3 des Beckeninhalts durch Frischwasser ersetzt werden.

Brochis splendens

Zucht: Die Zucht ist möglich, gelingt jedoch noch nicht regelmäßig. Die besten Aussichten bieten vielseitig und kräftig ernährte Tiere, die in einem Becken mit Wasserströmung gehalten werden. Mit einiger Sicherheit finden sich im Schwarm Paare, die sich füreinander interessieren, vor allem im Herbst. Die Aktivitäten der Paare erhöhen sich deutlich, wenn ein größerer Teilwasserwechsel im Zusammenhang mit dem Absinken des Luftdrucks verbunden ist. Es ist daher günstig, die zusammengehörenden Paare einzeln in flache, gut durchlüftete Becken mit hohem Frischwasseranteil zu überführen, das in seinen Werten unter denen des Hälterungswassers liegt (Härte bis 4 °dH, pH-Wert 6–6,5), damit wird ein naturnaher Regenwassereffekt simuliert. Das Zuchtbecken kann ohne Bodengrund sein, sollte aber kleinblättrige Pflanzen und *Riccia* enthalten. Das laichbereite ♂ reitet über dem ♀ und gleitet über dessen Kopf nach vorn. Ist das ♀ laichbereit, so schiebt es das ♂ vor sich her. Die Paarung findet am Boden statt. Die bei jedem Laichakt austretenden Eier werden in einer von den Flossen gebildeten Tasche des ♀ gesammelt und einzeln am Boden oder an den Wasserpflanzenblättern angeklebt. Da die Gesamtzahl der abgelegten Eier sehr hoch

Brycinus-Biotop, Kamerun

sein kann (800 und mehr), und damit die Gefahr einer schnellen Entwicklung laichschädigender Keime besteht, ist es günstig, die Eier abzulesen und in mehrere peinlichst saubere, flache Aufzuchtschalen zu überführen, die feinperlig durchlüftet werden und denen eine Spur Methylenblau zugegeben wurde. Die Jungen schlüpfen bei 24 °C nach 4 Tagen. Zwischen dem 6. und 8. Tag ist die kritischste Phase in der Aufzucht, vor allem dann, wenn sich am Beckenboden ein schleimiger Belag gebildet hat. Die Verluste sind dann sehr hoch. Als Erstfutter sind feines Staubfutter, zerriebene Enchyträen und durch ein feines Sieb geriebenes hartgekochtes Eidotter geeignet. Das Futter wird jeweils in kleinen Portionen in die Nähe der Jungfische pipettiert. Mit vorsichtigem Wasserwechsel wird so früh wie möglich begonnen. Das Wachstum der Jungfische verläuft anfangs relativ zügig und stagniert, wenn sie 4 cm Länge erreicht haben; es ist daher von Vorteil, wenn in diesem Entwicklungsstadium Algenaufwuchs angeboten werden kann. Die Jungfische durchlaufen während ihrer Entwicklung verschiedene Färbungs- und Zeichnungsmuster.

Brokatbarbe

→ *Barbus semifasciolatus schuberti.*

Bronzefarbener Maulbrüter

→ *Astatoreochromis vanderhorsti.*

Brycinus

Eine Gattung aus der Familie *Alestidae* (Echte Afrikanische Salmler), deren Vertreter lebhafte Schwarmfische sind. Die Arten der Gattung benötigen entsprechend ihrer Größe langgestreckte Becken, in denen sich lockere Pflanzengruppen mit viel Schwimmraum abwechseln. Der Bodengrund sollte nicht zu grob sein und dunkel gehalten werden, dabei erhöht eine leichte Schicht ausgekochten Torfs die Farbigkeit der Fische besonders. In leicht bräunlich gefärbtem Wasser fühlen sich die Fische besonders wohl, es sollte jedoch durch kräftige Filterung sauber und klar sein. Eine Schwimmpflanzendecke schränkt die Springfreudigkeit der Fische etwas ein und hilft, verbunden mit einer lückenlosen Beckenabdeckung, Verluste vor allem bei frisch importierten und noch schreckhaften Fischen zu vermeiden.

Zucht: Die Zucht ist in ausreichend großen Becken möglich, jedoch noch nicht oft gelungen. Im großen Becken laichen die Fische selbst in Gegenwart anderer Arten im Schwarm ab, versagen jedoch, wenn sie in ein Zuchtbecken umgesetzt werden. Ein Zuchtansatz ist nur im Schwarm sinnvoll. Voraussetzung für die Laichbereitschaft ist kräftige und abwechslungsreiche Fütterung, zu der neben Mückenlarven auch Fruchtfliegen (Drosophila) und andere, auf die Wasseroberfläche gestreute Kleininsekten gehören müssen. Daneben werden auch Haferflocken und angequetschte Feinfrosterbsen gern angenommen. Die ♀♀ lassen ihre Laichbereitschaft daran erkennen, daß ihre Genitalpapille deutlich sichtbar hervortritt. Abgelaicht wird zwischen Pflanzenbüscheln. Die Jungen schlüpfen nach 5–6 Tagen und benötigen feines Staubfutter als Erstfutter.

B. imberi

Roter Kongosalmler

Vorkommen: Kamerun, Sambia, Zaire. **Größe:** 10 cm. **GU:** Das ♂ ist schlanker und seine Rückenflosse etwas länger als die des ♀, das deutlich voller wirkt. **Ansprüche:** Becken ab 100 cm Länge; Wasser 3–20 °dH, pH-Wert 6,2–6,5; Temperatur 22–26 °C. Die Beckeneinrichtung ist wie in der Gattungsbeschreibung angegeben vorzunehmen. Es ist ausreichend, wenn nur eine Ecke des Beckens einige Schwimmpflanzen enthält, unter denen sich die Fische einstellen können. Besonders farbig wirkt *B.i.*, wenn das Becken zeitweise etwas Sonnenlicht erhält.

Zuchtversuche sollten nach den in der Gattungsbeschreibung angeführten Grundsätzen durchgeführt werden.

B. longipinnis

Langflossensalmler

Vorkommen: Nigerdelta, Sierra Leone, Ghana, Togo. **Größe:** 13 cm. **GU:** Die Rückenflosse des ♂ ist länger als beim ♀. **Ansprüche:** Wasser 5–25 °dH, pH-Wert 6,5–7,8; Temperatur 22–26 °C. Bei Importtieren unbekannter Herkunft ist zur Eingewöhnung die Haltung in nicht zu hartem und neutralem Wasser zu empfehlen. Zur vollen Wirkung gelangen diese schönen Salmler erst bei Schwarmhaltung ab 10 Tieren in einem großen Becken von mindestens 120 cm Länge, das wenigstens zeitweise etwas Sonnenlicht erhält. Die Beckeneinrichtung erfolgt wie in der Gattungsbeschreibung angegeben, ein regelmäßiger Teilwasserwechsel (1/3 wöchentlich erneuern) ist besonders wichtig. Dabei sollte ein Teil des Frischwassers über Torf aufbereitet werden. Auf belastetes Wasser, vor allem durch Nitrate, reagieren die Fische mit Wachstumshemmungen, wiederholt sich die Belastung häufig, so ist kaum noch mit einem Laichansatz oder Laichbereitschaft zu rechnen.

Zucht: Die Zucht ist, wenn die in der Gattungsbeschreibung angeführten Voraussetzungen erfüllt werden, im Schwarmansatz im großen Becken möglich.

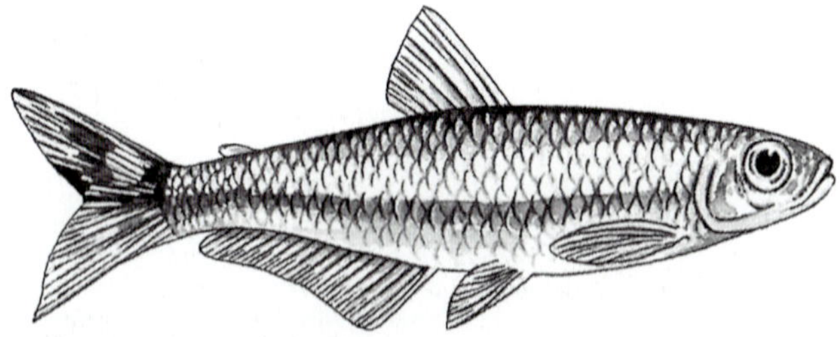

Bryconops affinis

Brycinus longipinnis

Bryconops affinis

Gestreckter Silbersalmler
Familie: *Characidae*

Vorkommen: Rio Sao Francisco in Ostbrasilien. **Größe:** 12 cm. **GU:** Das ♀ ist deutlich fülliger als das ♂. **Ansprüche:** Wasser 5–20 °dH, pH-Wert 5,5–7,5; Temperatur 22–28 °C. Die Beckenlänge für diesen großen und sehr lebhaften Schwarmfisch sollte nicht unter 120 cm liegen, in zu kleinen Becken gibt es vor allem unter erwachsenen Tieren Raufereien. *B.a.* ist mit anderen großen Salmlern gut zu vergesellschaften (z. B. → *Triportheus*, → *Aphyocharax dentatus* u. a.), eignet sich jedoch auch als belebender Beifisch im Cichlidenbecken mit → *Aequidens* oder → *Cichlasoma*. Die Art ist sehr sauerstoffbedürftig, je höher die Hälterungstemperatur liegt, um so kräftiger muß Filterung und Durchlüftung sein, ansonsten werden die Fische schnell hinfällig. Der wöchentlich notwendige Teilwasserwechsel muß 1/4–1/3 des Beckeninhalts umfassen. Die Bepflanzung sollte stellenweise dicht sein, damit gejagte Fische Versteckplätze finden können. Die Beschaffenheit des Bodengrundes ist ohne Bedeutung, *B.a.* ist ein Fisch der oberen Wasserbereiche.

Zucht: Die Zucht ist in sehr großen Becken gut möglich. Paaransatz bringt kaum Erfolg, die Fische laichen im Schwarm ab, der mindestens aus drei Paaren bestehen sollte. Voraussetzung für die Zucht ist abwechslungsreiche und kräftige Kost, zu der neben Mückenlarven auch Kleininsekten gehören sollten. Gut vorbereitete Tiere laichen meist kurz nach dem Umsetzen ins Zuchtbecken ab, wenn das Wasser zur Hälfte aus Frischwasser besteht und in seinen Werten bei 5 °dH und einem pH-Wert etwas unter 7 liegt. Abgelaicht wird zwischen dichten Büscheln feinfiedriger Pflanzen. Große Kiesel oder ein Laichrost als Bodenbedeckung sind erforderlich, um die Eier vor den Nachstellungen der Alttiere zu schützen. Diese müssen nach dem Ablaichen herausgefangen werden, der Laich sollte vor zu grellem Licht geschützt werden. Die Jungen schlüpfen in Abhängigkeit von der Temperatur nach 48–72 Stunden, hängen 2–3 Tage an Pflanzen und Scheiben und schwimmen dann frei. Feinperlige Durchlüftung während der Entwicklungszeit und Teilwasserwechsel bei guter Fütterung sind wichtige Voraussetzungen. Die Jungfische wachsen schnell, wenn dafür gesorgt wird, daß keine Wasserbelastungen auftreten.

Buckelkopfbuntbarsch

→ *Steatocranus casuarius.*

Buckelbarbe

→ *Barbus camptacanthus.*

Bujurquina

Eine Gattung larvophiler Maulbrüter der Familie *Cichlidae* mit Arten, die vor der Revision durch Kullander 1986 zu den *Aequidens* gezählt wurden. **Vorkommen:** Südamerika. **GU:** Die Geschlechter sind farblich nicht zu unterscheiden, meist werden jedoch die ♂♂ etwas größer. Letzte Sicherheit gibt erst die runde Genitalpapille des ♀. **Ansprüche:** Wasser 2–15 °dH, pH-Wert 6,5–7,5; Temperatur 24–26 °C. Trotz ihrer Größe sind die Arten friedlich, wühlen nicht und vergreifen sich nicht an Pflanzen. Reichbepflanzte Becken mit dunklem Bodengrund und Versteckplätzen unter Wurzeln ab 100 cm Länge werden den Ansprüchen der Arten gerecht. Um das Becken biotopnah einzurichten, sollte eine Handvoll Buchen- oder Eichenblätter eingebracht werden, die für die Fortpflanzung eine Rolle spielen können. Beim regelmäßigen wöchentlichen Teilwasserwechsel genügt es, 1/5 des Beckeninhaltes zu erneuern, starke Schwankungen im Wasserchemismus sind dabei zu vermeiden. An das Futter werden keine spezifischen Anforderungen gestellt.

Zucht: Das Zuchtpaar sollte man sich aus einer Gruppe finden lassen, da willkürlich zusammengesetzte Paare nicht in jedem Fall miteinander harmonieren. Abgelaicht wird auf festem Substrat, einem Stein, einer Wurzel oder einem breiten Blatt einer Wasserpflanze, bevorzugt jedoch auf Fallaub, z. B. einem Eichenblatt, das bei Gefahr mitsamt dem Gelege zwischen Pflanzen in Sicherheit gebracht werden kann. Das Gelege wird zwei Tage lang wie bei Offenbrütern betreut. Die schlüpfende Brut wird dann vom ♀ ins Maul genommen und bis zum Freischwimmen 8 Tage später bebrütet. In unregelmäßigen Abständen übernimmt auch das ♂ die Jungen. Nach dem Freischwimmen wird der Jungfischschwarm wie bei Offenbrütern geführt und verteidigt. Erfolgte die Zucht im Gemeinschaftsbecken, dann sollte der Jungfischschwarm bald herausgefangen werden, da der Pflegetrieb der Alttiere nicht sehr lange anhält. Die Jungfische nehmen Artemia-Nauplien als Erstfutter an.

B. mariae

Nackenbinden-Buntbarsch

Vorkommen: Kolumbien, West- und Nordbrasilien. **Größe:** ♂ 15 cm, ♀ 10 cm. **GU:** Die Flossen des ♂ sind viel stärker ausgezogen als beim ♀, das ♀ zeigt während der Laichzeit deutlich sichtbar die Legeröhre. **Ansprüche:** Becken ab 100 cm Länge, besser darüber; Wasser 5–20 °dH, pH-Wert 6–8; Temperatur 24–26 °C. Für die Beckeneinrichtung gilt das in der Gattungsbeschreibung Gesagte. Für die Bepflanzung sind vorwiegend breitblättrige Pflanzen zu verwenden. *A.m.* gehört zu den friedlichsten Arten unter den größeren Buntbarschen.

Zucht: Zuchtverlauf wie in der Gattungsbeschreibung angegeben. Die Eiablage erfolgt bevorzugt auf breiten Pflanzenblättern, nur in Ausnahmefällen auf flachen Wurzeln. In weichem, leicht saurem Wasser und bei Temperaturen zwischen 25–28 °C werden die besten Nachzuchtergebnisse erzielt. Gute Paare ziehen bis zu 400 Jungfische groß, die Brutpflegedauer erstreckt sich über einen Zeitraum von 4–8 Wochen.

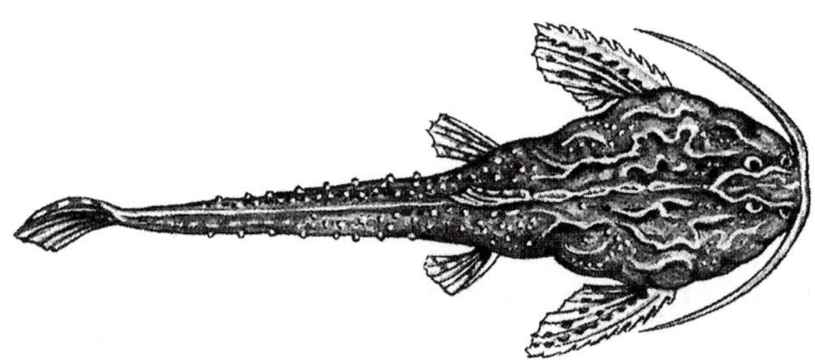

Bunocephalichthys spec.

B. syspilus

Vorkommen: Rio Ucayali und Nebenflüsse, oberer Amazonas. **Größe:** 15 cm. **GU:** Die Flossen des etwas größeren ♂ sind länger ausgezogen. **Ansprüche:** Wie in der Gattungsbeschreibung angegeben. Diese Art sollte nicht mit stärkeren Buntbarschen gemeinsam gehalten werden, da sie sonst kaum aus ihrem Versteck herauskommt. Zuchtverlauf wie in der Gattungsbeschreibung angegeben, die Paare bleiben ein Leben lang zusammen.

B. vittatus

Gebänderter Buntbarsch

Vorkommen: Brasilien und nördliches Argentinien. **Größe:** 15 cm. **GU:** Die Geschlechter sind kaum zu unterscheiden, die ♂♂ werden etwas größer. Ansprüche und Zuchtverlauf wie in der Gattungsbeschreibung angegeben. Die ca. 200 Jungen eines Geleges schlüpfen bei 27 °C nach 36 Stunden.

Bullenkärpfling

→ *Brachyrhaphis rhabdophora.*

Bunocephalichthys (Bratpfannenwelse)

Eine Gattung von Welsen mit ungewöhnlicher Gestalt aus der Familie *Aspredinidae,* zu der einige unter den nicht mehr gültigen Gattungsbezeichnungen *Agmus* und *Bunocephalus* aquaristisch eingeführte Arten gehören. **Vorkommen:** Nördliches Südamerika. Wenn die verschiedenen importierten Arten nicht bereits beim Händler eindeutig definiert wurden, ist die genaue Bestimmung der Artzugehörigkeit mit Hilfe von Spezialliteratur möglich. **Ansprüche:** Obwohl diese bizarren Fischgestalten tagsüber kaum zu sehen sind, werden sie nachts sehr aktiv und benötigen deshalb ein Becken, das nicht unter 100 cm lang sein sollte; Wasser 2–20 °dH, pH-Wert 5,8–7,5; Temperatur 20–27 °C. Da sich die Fische gern einwühlen, muß der

Bodengrund weich und dunkel sein, Sand mit Torfanteil ist vorteilhaft. Wenn in einer Beckenecke eine Handvoll abgekochter Erlen- oder Buchenblätter eingebracht wird, so nehmen die Fische häufig auch diese als Tagesversteck an und wühlen nicht so viele Pflanzen frei. Es ist in jedem Fall günstig, die Pflanzen in flache Schalen zu setzen und diese mit Steinen abzudecken. Bratpfannenwelse können sehr ausdauernde Pfleglinge sein, wenn durch kräftige Fütterung und Durchlüftung ständig Wasserbewegung im Becken ist und das Becken von organischen Wasserbelastungen freigehalten wird. Die Fische verlangen kräftiges und abwechslungsreiches Futter, das vor allem dann, wenn sie in einem Gesellschaftsbecken gehalten werden, erst abends vor dem Ausschalten des Lichtes gegeben werden soll.

Zucht: Eine erfolgreiche Nachzucht von Bratpfannenwelsen gehört noch nicht zu den Selbstverständlichkeiten. Sinnvoll ist ein Zuchtansatz nur dann, wenn das ♀ durch einen kugelrunden Bauch volle Laichfülle zeigt. Das Zuchtbecken sollte an einer störungsfreien, dunklen Stelle eingerichtet werden. Es muß mindestens 100 cm lang sein und ein Sand-Torf-Gemisch als Bodengrund erhalten. Zur Ausstattung gehören einige Pflanzengruppen und Moorkienwurzeln mit Versteckplätzen. Gefüttert wird im Zuchtbecken grundsätzlich nur abends. Zum Ansatz kommen ein ♀ und möglichst zwei ♂♂. Vor einem nach dem Wetterbericht zu erwartenden starken Luftdruckabfall empfiehlt sich ein 50%iger Teilwasserwechsel, bei dem durch Osmosewasser die Gesamthärte um mindestens 5°dH gesenkt wird. Abgelaicht wird nachts. Die Eier kleben stark und haften überall im Becken auf Pflanzen und Einrichtungsgegenständen. Der Schlupf der Jungen mit kleinem, gelblichgrünem Dottersack erfolgt nicht gleichmäßig, er beginnt nach etwa 60 Stunden und kann sich bis zu 100 Stunden nach der Eiablage hinziehen. Sowohl frischgeschlüpfte als auch die 2 Tage nach dem Schlupf freischwimmenden Jungfische reagieren sehr schreckhaft auf plötzlichen Lichteinfall. Das günstigste Erstfutter bilden Rädertierchen, sie können durch Mikrowürmchen und feines Trockenfutter ergänzt werden. Im Alter von 10 Wochen häuten sich die Jungfische zum ersten Mal, wie es später auch gelegentlich die Alttiere tun. Während des gesamten Zuchtverlaufs sollte eine Temperatur zwischen 26 und 28°C eingehalten werden. Durch regelmäßigen Teilwasserwechsel sind Wasserbelastungen und Infusorienvermehrung, die den Aufzuchterfolg infrage stellen können, auszuschließen.

B. bicolor

Zweifarbiger Bratpfannenwels

Vorkommen: Amazonas und Nebenflüsse. **Größe:** ♂ 10 cm, ♀ 15 cm. **GU:** Neben der unterschiedlichen Größe erwachsener Tiere wirken die ♂♂ vor allem in der Draufsicht schlanker als die plumperen ♀♀. Bei jüngeren Tieren sind Unterschiede kaum feststellbar. **Ansprüche** und **Zucht:** Wie in der Gattungsbeschreibung angegeben.

B. verrucosus

Hoher Bratpfannenwels (bisher aquaristisch als *Agmus lyriformis* bekannt)

Vorkommen: Guayana. **Größe:** 10 cm. Diese und die nur 8 cm groß werdende Art *B. scabriceps* aus dem mittleren Amazonas kommen ab und zu als Importtiere nach Europa. Sie gleichen sich in ihren Ansprüchen und ihrem Verhalten, so daß sie hier gemeinsam besprochen werden sollen.

GU: Sichtbare Unterscheidungsmerkmale sind bisher nicht beschrieben worden, selbst der Laichansatz der ♀♀ ist bei diesen bizarr gestalteten Tieren kaum auszumachen. **Ansprüche:** Becken ab 60 cm Länge; Wasser 9–18°dH, pH-Wert 6,8–7,5; Temperatur 20–24°C. Der Bodengrund wird von diesen nachtaktiven Fischen nicht durchwühlt, deshalb ist seine Beschaffenheit von untergeordneter Bedeutung. Er sollte aber dunkel und nicht scharfkantig sein. Den Tag verbringen die Fische wie tot auf dem Boden liegend oder zwischen Blättern großblättriger Pflanzen, die unbedingt zur Beckeneinrichtung gehören müssen. Feinfiedrige Pflanzen werden unbehelligt gelassen. Beide Arten sind sehr friedlich und können bedenkenlos zur Bereicherung jedes Salmlerbeckens eingesetzt werden.

Zucht: Eine erfolgreiche Nachzucht ist noch nicht belegt, für Zuchtversuche sollten die in der Gattungsbeschreibung angeführten Bedingungen geschaffen werden.

Bunter Bachling

→ *Rivulus ornatus.*

Bunter Prachtkärpfling

→ *Aphyosemion australe.*

Burmastichling

→ *Indostomus paradoxus.*

Burtons Maulbrüter

→ *Astatotilapia burtoni.*

Buschfische

→ *Ctenopoma.*

Butterflyprachtgrundkärpfling

→ *Nothobranchius foerschi.*

C

Caenotropis labyrinthicus

Labyrinthsalmler
Familie: *Curimatidae*

Vorkommen: Orinoco und Amazonasbecken bis Kolumbien. **Größe:** 16 cm. **GU:** Mit einiger Sicherheit sind die Geschlechter erst ab einer Länge von 9 cm zu unterscheiden. Das ♂ behält eine fast gerade Bauchlinie, das ♀ wird fülliger. **Ansprüche:** Trotz ihrer Endgröße ist diese friedliche, in lockeren Verbänden lebende Art für ein Gemeinschaftsbecken ab 140 cm Länge mit anderen Salmlern sehr zu empfehlen. Nützlich machen sich die Fische dadurch, daß sie den größten Teil des Tages damit beschäftigt sind, Algenbeläge abzuweiden. Sie vergreifen sich allerdings auch an zarten Pflanzen. Frisch importierte Tiere erweisen sich als heikel und erfordern größere Aufmerksamkeit, eingewöhnt sind sie dann jedoch ausdauernd. Der Autor hatte die besten Ergebnisse bei der Verwendung von Regenwasser, das zuvor über ein Sieb mit Torf geleitet und mit Leitungswasser auf eine Härte von 8 °dH und einen pH-Wert von 6,5 eingestellt wurde. Die optimale Temperatur liegt bei 25 °C. Für das Wohlbefinden der Fische ist die Installation einer Strömung wichtig. Neben lebenden und gefrosteten Futtertieren nehmen sie gern blanchierte oder gefrostete Erbsen und Futtertabletten mit Pflanzenanteil auf. Eine wirksame Filterung und wöchentlicher Teilwasserwechsel (20 % des Beckeninhaltes) tragen zur notwendigen Entfernung der Ausscheidungsprodukte bei, die vor allem bei erwachsenen Tieren reichlich anfallen. Das ergänzte Wasser muß in seinen Werten dem des Aquariums gleichen. In der Beckeneinrichtung sorgen viele Wurzeln für die notwendigen Ruheplätze, bei ausreichender Zufütterung pflanzlicher Stoffe haben hartblättrige Aquarienpflanzen gute Chancen.

Zucht: Eine erfolgreiche planmäßige Nachzucht ist noch nicht gelungen. Im Gemeinschaftsbecken zeigten die Tiere nach Wasserwechsel mit reinem Regenwasser und an einem trüben Tag vor Einschalten des Lichtes verstärkte Balzaktivitäten im oberflächennahen Bereich. Das deutet darauf hin, daß die Zucht ähnlich verläuft wie bei der verwandten Art → *Chilodus punctatus* aus der gleichen Familie, und möglich werden könnte.

Caete-Zwergbuntbarsch

→ *Apistogramma caetei.*

Callichthys callichthys

Schwielenwels
Familie: *Callichthyidae*

Vorkommen: Nördliches Südamerika. **Größe:** 18 cm. **GU:** Das ♂ besitzt stärkere und längere Brustflossenstacheln. **Ansprüche:** Becken ab 120 cm Länge; Wasser 0–30 °dH, pH-Wert 5,8–8,3; Temperatur 18–28 °C. *C.c.* ist ausdauernd und anpassungsfähig, dennoch sollten plötzliche extreme Schwankungen in den Wasserwerten vermieden und die Tiere allmählich an neue Verhältnisse angepaßt werden. Als Bodengrund ist grober Sand oder abgerundeter feinkörniger Kies geeignet. Das Becken kann mit Pflanzen aller Art dicht bepflanzt sein, *C.c.* wühlt keine Pflanzen aus. Zahlreiche Wurzel- und Steinverstecke müssen dem vorwiegend dämmerungs- und nachtaktiven Wels Tagesunterstände bieten. Er kann trotz seiner Größe mit allen Fischen ab 3 cm Länge vergesellschaftet werden. *C.c.* ist wie die anderen Vertreter der Familie zur Darmatmung befähigt, fühlt sich aber in sauerstoffreichem Wasser bei kräftiger Filterung am wohlsten. Vorteilhaft ist es, den Filterauslauf als längere Röhre mit einigen Löchern zu gestalten, um einen Regeneffekt zu erzeugen, der besonders dann günstig ist, wenn man züchten will. Die ♂♂ werden durch bewegtes Oberflächenwasser stimuliert.

Zucht: Die Zucht im großen Gesellschaftsbecken ist möglich, jedoch nicht empfehlenswert, da das ♂ sehr energisch den Laichplatz verteidigt. Das ♂ baut unter einem großen Blatt (Seerose oder durch das Wasser geleitete Philodendrontriebe) ein Schaumnest. In dieses Nest drückt das ♀ die nach jeder Paarung in einer von den Bauchflossen gebildeten Flossentasche gesammelten Eier. Es schwimmt dabei mit dem Bauch nach oben. Nach der Paarung wird das ♀ entfernt, das ♂ betreut Gelege und die nach fünf Tagen schlüpfende Brut durch ständige Erneuerung des Schaumnestes solange, bis die Jungfische das zerfallende Nest verlassen und zu Boden gehen. Zu diesem Zeitpunkt wird auch das ♂ herausgefangen. 2–3 Tage später gehen die Jungfische nach Aufzehren des Dottersacks auf Futtersuche. Es ist günstig, sie in ein Becken ohne Bodengrund umzusetzen, um die notwendigen Säuberungsarbeiten durchführen zu können. Der Boden muß peinlich sauber gehalten werden. Rädertierchen und gefrostete Nauplien sind als Erstfutter geeignet. Ersatzweise kann auch durch ein feines Sieb geriebenes Eidotter aufgeschwemmt werden. Wenn regelmäßig Teilwasserwechsel durchgeführt

Callichthys callichthys

und häufig gefüttert wird, können die Jungwelse im Alter von sechs Wochen bereits 3 cm groß sein.

Caquetaia spectabilis

Glänzender Rotkehlbuntbarsch
Familie: *Cichlidae*

Vorkommen: Amazonas von Mitte bis Mündung. **Größe:** ♂ 25 cm, ♀ 20 cm. **GU:** Abgesehen vom Größenunterschied, der sich etwa ab dem 9. Lebensmonat deutlich abzuzeichnen beginnt, sind die Geschlechter nur am Sozialverhalten der Tiere zu unterscheiden. **Ansprüche:** Aquarien ab 400 Liter Inhalt bei einer Mindesthöhe von 50 cm sind das Minimum dessen, was man diesen prächtigen Fischen bieten muß. Im Gegensatz zu ähnlich großen Verwandten halten sie sich oft in den oberen und mittleren Regionen im freien Wasser auf. Ihr weit vorstreckbares und großes Maul weist sie als Großbrockenfresser aus und läßt Aggressivität vermuten. Tatsächlich sind sie sehr ruhige Fische, die im Aquarium Erfurt im 1000-Liter-Becken jahrelang in einer aus drei Paaren dieser Art bestehenden Gruppe in Gemeinschaft mit anderen Großcichliden lebten und selbst kleinere Arten der Gattungen → *Archocentrus* und → *Thorichthys* unbehelligt ließen. An den Chemismus des Wassers werden keine besonderen Anforderungen gestellt, selbst bei einer Wasserhärte von 35 °dH und einem pH-Wert von 8,2 schritten sie noch erfolgreich zur Fortpflanzung. Ihr Sauerstoffbedarf ist hoch, eine gute Filterung und zusätzliche Belüftung tragen sehr zum Wohlbefinden bei. Die günstigste Temperatur liegt zwischen 24 und 27 °C. Zur Grundausstattung der Beckeneinrichtung gehören große Moorkienwurzeln oder Steinaufbauten, die den Tieren Versteckplätze bieten können. Wird die Art allein gehalten, dann kann das Becken mit großen Pflanzen (Riesenvallisnerien, große Echinodorusarten) bepflanzt werden, denn Pflanzen werden nicht angefressen, aber gern als Unterstand genutzt.

Zucht: Paare finden sich in einer Gruppe relativ früh und bleiben ein Leben lang zusammen. Die Ablage der mehrere 100 Eier umfassenden Gelege erfolgt an vorher intensiv geputzten offenen Stellen, Steinplatten werden bevorzugt. Die Embryonen schlüpfen nach 4 Tagen und werden von beiden Eltern in Gruben gesammelt. Die Aufzucht ist problemlos.

Carassius auratus

Goldfisch
Familie: *Cyprinidae*

Vorkommen: China. **Größe:** Bei Freilandhaltung bis 35 cm, im Aquarium kleiner bleibend. **GU:** Die Afterpartie des ♂ ist konkav, die des ♀ konvex gerundet. Das schlankere ♂ zeigt während der Laichzeit einen pünktchenförmigen Laichausschlag auf Kopf und Körper. **Ansprüche:** Der Goldfisch benötigt als lebhafter Schwarmfisch auch in seiner Jugend ein Becken nicht unter 80 cm Länge. Die leider wieder in Mode kommende Haltung in einer Kugel ist, als antiquiertes Relikt aus einer tierfeindlichen Zeit, Tierquälerei und verwerflich, auch wenn der Goldfisch im zoologischen Sinne zum domestizierten Haustier geworden ist, Wasser 5–35 °dH, pH-Wert 6,5–8; Temperatur 10–20 °C. Als Bodengrund ist Kies mittlerer Körnung geeignet, die Bepflanzung sollte mit robusten Kaltwasserpflanzen erfolgen. Kräftige Filterung und wöchentlich ein Teilwasserwechsel, der 1/4 des Beckeninhalts umfaßt, sind die wichtigsten Voraussetzungen zur Haltung des Goldfischs im Aquarium. Dies gilt auch für kleiner bleibende Zuchtformen. Die Fütterung muß vielseitig sein und sowohl tierische als auch pflanzliche Kost enthalten.

Zucht: Die Zucht kleinerer Formen im Aquarium ist durchaus möglich. Ein ausreichend großes Becken, das mindestens das 10fache der Länge der Zuchttiere haben sollte, wird mit feinfiedrigen Pflanzen ausgestattet. Da die Fische unter Aquarienbedingungen dem Laich nachstellen, muß der Bodengrund mit kirschgroßen Kieseln bedeckt oder mit einem Laichrost versehen sein. Die Laichbereitschaft der ♀♀ ist an deren Körperfülle, die der ♂♂ am Laichausschlag zu erkennen. Die Zuchttemperatur sollte bei 22 °C, der pH-Wert im Neutralbereich um 7 liegen. Nach dem Ablaichen müssen die Alttiere entfernt werden. Die Jungen schlüpfen nach 5–7 Tagen, 1–2 Tage später schwimmen die Jungfische frei und nehmen Artemia-Nauplien und Rädertierchen als Erstfutter an. Um gesunde, große und widerstandsfähige Tiere zu erzielen, sollte die Temperatur ab der zweiten Lebenswoche allmählich gesenkt werden und die Aufzucht bei 16–18 °C erfolgen. Der jeweiligen Größe entsprechendes Lebendfutter und häufiger Teilwasserwechsel sowie kräftige Filterung bilden die Voraussetzung für eine zügige Entwicklung der Fische. Die Umfärbung der anfangs graugrünen Jungfische beginnt in der Regel ab dem achten Lebensmonat, bei in Freilandteichen gezogenen kann sich das Umfärben bis in das zweite oder dritte Lebensjahr hinein verzögern.

Vom Goldfisch gibt es weltweit inzwischen mehr als 300, teilweise recht monströse Zuchtformen mit klangvollen Namen. Neben China und Japan sind es vor allem die Goldfish Society of America (GFSA) und die Federation of British Aquatic Society (FBAS), welche Standards für verschiedene Zuchtformen entwickelt haben und auf Ausstellungen entsprechend bewerten. Es ist nicht nur eine Frage des persönlichen Geschmacks, ob man sich der Zucht mancher Monster widmet und über das Tier als Ware das große Geschäft zu machen versucht. Die Grenzen menschlichen Gestaltungswillens sollten dort gezogen werden, wo der Tierkörper nicht mehr in der Lage ist, fischgerechte Verhaltensweisen ausleben zu können oder krankhafte Wucherungen zum Schönheitsideal erhoben werden. So sind Hautwucherungen auf dem Kopf beim Kappenfisch, Hautwucherungen auf Kopf und Kopfseiten beim Löwenkopf oder auf den Nasenhöckern beim Nasenbukett oder Pomponfisch für den tierschutzgerecht praktizierenden Aquarianer genau so erschütternde Anblicke wie das Blasenauge mit seinen riesigen Wassersäcken unter den Glotzaugen. Die Zuchtformen Eierfisch, Himmelgucker und Büffelkopf müssen nach menschlichem Willen ohne Rückenflosse leben, bei Schleierschwanz, Fächerschwanz und Pfauenschwanz zeigen die meisten Tiere durch hilfloses Wackeln, Schwanzlastigkeit oder Kopfstand an, wie durch menschengewollte Teilung der Schwanzflosse tierisches Leben mißbraucht wurde. Es gibt unter den Zuchtformen mit normaler Fischgestalt genügend Farben und Farbkombinationen, um die verschiedenen Geschmacksansprüche zu befriedigen. Wer es dennoch etwas absonderlicher liebt, der sollte sich als Tierfreund auf die verschiedenen Kometenschweifformen beschränken, die trotz ihrer verlängerten Flossen gute und wendige Schwimmer bleiben.

Carinotetraodon somphongsi

→ *Tetraodon lorteti.*

Carlhubbsia stuarti

Carlhubbsia stuarti

Stuarts Nadelkärpfling
Familie: *Poeciliidae*

Vorkommen: Gebiet des Rio Polochic in Guatemala. **Größe:** ♂ 4 cm, ♀ 5 cm. **GU:** Das ♀ besitzt das für die Familie typische Gonopodium, seine Färbung ist kräftiger als die des ♀. **Ansprüche:** Becken ab 60 cm Länge; Wasser 5–20 °dH, pH-Wert 7–7,8; Temperatur 25–28 °C. Dunkler, feinkörniger Bodengrund, dichte Bepflanzung und nicht zu heller Stand des Beckens lassen die Fische farblich intensiver werden, in hellen Becken bleiben sie blaß. Wöchentlicher Teilwasserwechsel, der 1/4 des Beckeninhalts umfaßt, ist für das Wohlbefinden unerläßlich, auf wiederholte Wasserbelastungen reagieren sie mit Hinfälligkeit, sonst sind sie ausdauernd. Bei Haltung mehrerer ♂♂ in der Gruppe zeigt oft nur eines die intensive Schwarzzeichnung der Flossen, die übrigen sind blaß wie die Weibchen.

Zucht: Die Tragzeit dieses Lebendgebärenden beträgt 24 Tage. Die Zahl der Jungfische je Wurf kann zwischen 15 und 50 schwanken, sie wird von der Qualität der Fütterung stark beeinflußt. Die ♀♀ sollten vor der Geburt in ein dicht bepflanztes Becken gesetzt werden, in Ablaichkästen kommt es häufig zu Frühgeburten mit lebensunfähigen Jungen. Gut ernährte ♀♀ stellen den Jungfischen kaum nach, dennoch ist es besser, sie nach der Geburt herauszufangen. Die Geschlechtsreife erlangen die ♀♀ bereits mit vier, die ♂♂ frühestens nach fünf Monaten.

Carnegiella strigata strigata

Marmorierter Beilbauchfisch
Familie: *Gasteropelecidae*

Vorkommen: Peru. **Größe:** 4 cm. **GU:** Die ♀♀ wirken, besonders in der Draufsicht, fülliger. **Ansprüche:** Becken ab 70 cm Länge mit einer Wasserhöhe von 25 cm sind für die Haltung eines Schwarms von 8–10 Tieren ausreichend, Wasser 3–20 °dH, pH-Wert 5,5–7,5; Temperatur 24–28 °C. Die Beschaffenheit des Bodengrundes ist für diese Oberflächenfische ohne Bedeutung, jedoch ist Torfanteil zur Qualitätsverbesserung des Wassers günstig. Die Bepflanzung wird in lockeren Gruppen durchgeführt, dabei werden Arten gewählt, die das obere Beckendrittel kaum erreichen. Zur Lichtdämpfung sind Schwimmpflanzen oder über die Oberfläche ragende Blätter von Landpflanzen angeraten. Der Auslauf eines kräftig arbeitenden Filters muß so angelegt werden, daß er eine starke Oberflächenwasserbewegung bewirkt. Zum Futterangebot sollten neben Mückenlarven auch auf die Oberfläche gestreute Kleininsekten (Drosophila u. a.) gehören, vor allem, wenn eine Nachzucht geplant ist.

Zucht: Bei der Balz springen die Fische oft hoch über die Wasseroberfläche hinaus, deshalb sollte das Zuchtbecken bei 25–30 cm Wasserhöhe eine Gesamthöhe von 50 cm besitzen. Das Wasser muß sehr weich sein, ohne Gesamthärte und mit einer Karbonathärte unter 5 °KH bei pH-Werten zwischen 5,5 und 6,5. Der Bodengrund des Zuchtbeckens kann mit ausgekochtem Torf belegt werden. Erfolgt dies nicht, dann muß das Wasser einen hohen Anteil an Torfextrakten enthalten. Das Finden miteinander harmonierender Paare ist schwierig, deshalb wird ein Schwarmansatz vorgezogen. Abgelaicht wird in Oberflächennähe zwischen feinfiedrigen Pflanzen oder den Wurzeln von Schwimmpflanzen. Die Fische sind Laichräuber und müssen deshalb unmittelbar nach dem Ablaichen herausgefangen werden. Die Jungen schlüpfen nach 30–36 Stunden, die Jungfische schwimmen am fünften Tag frei und benötigen feinstes Staubfutter. Während der Ei- und Jungfischentwicklung wird das Zuchtbecken feinperlig, aber gut durchlüftet. Beim Teilwasserwechsel sind in den ersten vier Lebenswochen die Wasserwerte des Zuchtwassers einzuhalten, erst dann kann eine allmähliche Umstellung auf das künftige Hälterungswasser erfolgen.

Carnegiella strigata strigata

Haltungsansprüche und Zuchtbedingungen für die anderen gelegentlich importierten Arten der Gattung gleichen weitgehend den von *C.s.s.* Zur Zuchtmöglichkeit siehe auch → *Gasteropelecus.*

Celebessonnenstrahlfisch

→ *Telmatherina ladigesi.*

Centrarchis macropterus

Pfauenaugensonnenbarsch
Familie: *Centrarchidae*

Vorkommen: USA, östlich des Mississippi. **Größe:** 16 cm. **GU:** Die Afterflosse des ♂ ist schwarz, die des ♀ weiß gesäumt. **Ansprüche:** Becken ab 120 cm Länge; Wasser 10–30 °dH, pH-Wert 6,8–7,5. Bei Schwankungen im pH-Wert um mehr als 0,2 werden die Fische anfällig gegen Pilzerkrankungen, beim notwendigen regelmäßigen Teilwasserwechsel muß deshalb auf die Einhaltung dieses Wertes unbedingt geachtet werden. Temperatur 12–22 °C, deshalb für sommerliche Freilandhaltung sehr gut geeignet. Der Bodengrund sollte feinkörnig sein, zur Bepflanzung eignen sich alle feinblättrigen Pflanzen, die mit den genannten Temperaturen zurechtkommen (*Myriophyllum, Cabomba,* Wasserpest). Die Bepflanzung sollte sich in lockeren Gruppen auf Rand und Hintergrund beschränken, um genügend Schwimmraum für diese verspielten Fische frei zu lassen. Als Versteckmöglichkeit können einige Wurzeln und Steine eingebracht werden.

Zucht: Für den Ansatz eines Paares ist ein Becken von 80 cm Länge ausreichend, das einen Wasserstand von 12–15 cm aufweist. Das Wasser sollte 10–15 °dH, pH-Wert 7 und eine Temperatur von 20–22 °C aufweisen. Als Bodengrund sind Sand oder feinkörniger Kies zu verwenden und einige Pflanzen einzubringen. Wegen der Empfindlichkeit der Fische gegen Frischwasser ist es günstig, wenn das Zuchtbecken mindestens eine Woche vor dem Einsetzen der Fische eingerichtet und gut durchlüftet wird. Das ♂ hebt, meist in Pflanzennähe, eine Grube im Bodengrund aus, in welche hinein abgelaicht wird. Nach dem Ablaichen wird das ♀ herausgefangen, das ♂ betreut das etwa 200 Eier umfassende Gelege allein. Die nach 24–36 Stunden schlüpfenden Jungen werden vom ♂ durch Schwanzflossenbewegungen aus der Grube gewedelt und hängen sich, meist an den Pflanzen, noch 3–4 Tage fest. Nach dem Freischwimmen halten sie sich in Bodennähe auf und sind sehr schwimmfaul; das Erstfutter, Rädertierchen und Artemia-Nauplien, muß ihnen regelrecht vor die Mäuler pipettiert werden, damit sie fressen. Die weitere Aufzucht ist problemlos, wenn beim notwendigen Teilwasserwechsel frisches Leitungswasser vermieden wird. Leider ist dieser friedliche, sehr zahm werdende Fisch etwas aus der Mode gekommen. Er verdiente eine weitere Verbreitung.

Ceylonbarbe

→ *Barbus cumingi.*

Ceylonmakropode

→ *Belontia signata.*

Chaca chaca

Großmaulwels
Familie: *Chacidae*

Vorkommen: Burma, Indien, Borneo, Sumatra. **Größe:** 20 cm. **GU:** Äußerlich sind keine Geschlechtsunterschiede erkennbar. **Ansprüche:** Auch wenn diese absonderliche Fischgestalt tagsüber nur wie ein Stück Baumrinde im Becken liegt, sollte dessen Länge 80 cm nicht unterschreiten, da der Großmaulwels nachts recht munter und bewegungsfreudig wird; Wasser 4–25 °dH, pH-Wert 6–8; Temperatur 22–24 °C. Ein nicht zu grober Bodengrund mit Torfanteil hat sich als günstig erwiesen. Die Bepflanzung kann dicht sein, einige Wurzeln und Steine werden gern als Versteckplätze angenommen, meist genügen den Fischen aber auch Javamoospolster an dunkler Stelle oder die Dickichte von *Cryptocrynen*-Blattstielen, um in oft unbeschreiblicher Schräglage den Tag zu verdösen. Er kann im Becken »umgelagert« werden, ohne daß dieser Wels ein Lebenszeichen von sich gibt. *C.c.* benötigt kräftiges Lebendfutter, das vorrangig aus Guppys bis 6 cm Größe bestehen kann. Bei Haltung im Gesellschaftsbecken müssen die Beifische diese Mindestlänge haben, sonst werden sie nachts gefressen.

Zucht: Eine Zucht ist vermutlich noch nicht gelungen.

Chaetostoma (Gebirgsharnischwels)

Eine Gattung der Familie *Loricariidae*, aus der einige kleiner bleibende Arten mit 10–16 cm Endgröße aquaristisch eingeführt sind. Nur selten ist bei diesen Tieren die Artzugehörigkeit eindeutig bestimmt. Da sich die Ansprüche der kleineren Arten, die aus meist schnell fließenden Gebirgsbächen und -flüssen des nördlichen Südamerika stammen, weitgehend gleichen, hat dies für die aquaristische Praxis wenig Bedeutung. **GU:** Die ♂♂ sind sicher an ihrer wulstartig verdickten Oberlippe von den kleiner bleibenden, plumperen ♀♀ zu unterscheiden. **Ansprüche:** Wasser 3–12 °dH, pH-Wert 6,7–7; Temperatur 20–24 °C, keinesfalls längerfristig darüber. Das Becken sollte nicht unter 100 cm lang sein, eine Höhe von 25 cm ist bereits ausreichend. Von entscheidender Bedeutung für Wohlbefinden und lange Lebenserwartung ist eine sehr starke Wasserströmung im Becken. Wenn die Fische sich meist nur an der Ausströmöffnung der Motorpumpe aufhalten, dann ist die gewählte Stärke noch nicht ausreichend. Der geeignetste Bodengrund ist grober Flußkies ohne scharfe Kanten, die Beckeneinrichtung kann sich auf große Moorkienwurzeln beschränken. Für eine Bepflanzung kommen nur Pflanzen mit derben Blättern in Frage, da die Welse auf der Suche nach Algenbelägen dünnere Blätter durchraspeln. Bei der Fütterung ist auf ein ausgewogenes Verhältnis von tierischen und pflanzlichen Anteilen zu achten. Alle Arten Frostfutter werden genommen, der pflanzliche Anteil kann durch Feinfrosterbsen, besser aber durch kurz aufgekochten Rosenkohl und rohe Kartoffelscheiben abgedeckt werden. Flockenfutter und Futtertabletten sollten höchstens als Ergänzung eingesetzt werden. Pflegt man diese Welse im Gemeinschaftsbecken, was bei ihrer Friedlichkeit gut möglich ist, dann muß abends für die Welse nachgefüttert werden.

Zucht: Wenn die Haltungsbedingungen optimal gestaltet wurden, dann ist eine Zucht durchaus möglich. Sobald die ♀♀ Laichansatz zeigen, bewirkt Teilwasserwechsel in zweitägigem Abstand eine Erhöhung der Laichbereitschaft. Einige Steinplatten sollten senkrecht gestaffelt so aufgestellt werden, daß die vorderen voll vom Strahl der Motorpumpe gestreift werden und sich auf den dahinterliegenden eine strömungsarme Zone bildet. In diesen Strömungsschatten wird das stark klebende Gelege abgelegt. Die Eier sind mit fast 4 mm Durchmesser relativ groß, ihre Anzahl überschreitet selten 40–50. Das Gelege wird vom ♂ bewacht. Da die nach 6–7 Tagen schlüpfenden Jungwelse hohe Anforderungen an die Wasser- und Beckenhygiene stellen, ist es empfehlenswert, am 4. Tag den Stein mit dem Gelege in ein sauberes Aufzuchtbecken ohne Einrichtung, aber mit Wasserströmung ausgestattet, zu überführen. Nach dem Freischwimmen wären algenbewachsene Steine und Blätter mit ihrer reichen Kleinlebewelt das idealste Futter für die Jungtiere. Da dies jedoch in den seltensten Fällen beschaffbar ist, können Artemia-Nauplien, gefrostete Cyclops, vom Frostwürfel feingeschabtes Tubifex und gut zerquetschte Feinfrosterbsen als Futter angeboten werden. Der Boden im Aufzuchtbecken muß frei von schleimigen Belägen gehalten werden und sollte in den ersten Lebenstagen zweimal täglich mit einer Klinge abgeschabt und zusätzlich abgesaugt werden. Auch der Schwamminnenfilter ist zweimal täglich auszuwaschen. Bei Einhaltung dieser Bedingungen ist die Aufzucht nicht schwieriger als die anderer Loricariiden.

Chalinochromis brichardi

Maskenbuntbarsch
Familie: *Cichlidae*

Vorkommen: Tanganjikasee. **Größe:** 12 cm. **GU:** Das ♂ weist einen scharf begrenzten schwarzen Fleck im hinteren Teil der Rückenflosse auf und trägt im Alter einen Stirnbuckel. Der Rückenflossenfleck des ♀

ist blasser und ohne scharfe Begrenzung. **Ansprüche:** Becken ab 90 cm Länge; Wasser 6–15 °dH, pH-Wert 7,2–9, keinesfalls darunter; Temperatur 24–27 °C. Grober Kies als Bodengrund, höhlenreiche Steinaufbauten und einige robuste Pflanzen genügen als Beckeneinrichtung. Werden mehrere Arten aus dem Tanganjikasee gemeinsam gehalten, dann sollte das Becken mindestens 120 cm lang sein und durch Wurzeln und Steine optische Reviergrenzen für die einzelnen Arten aufweisen.

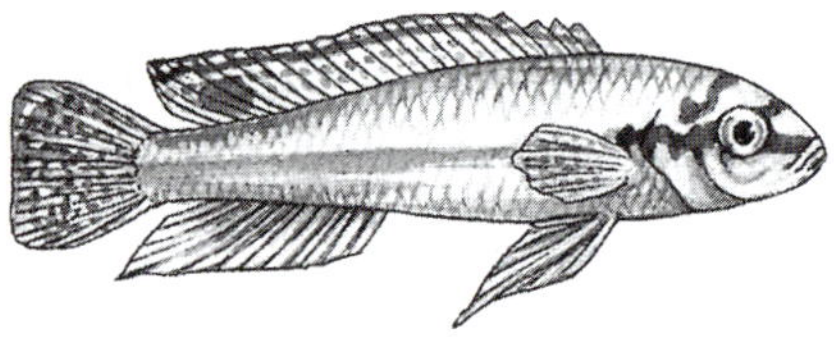

Chalinochromis brichardi

Zucht: Die Zucht ist bei Paaransatz bereits in einem Becken von 60 cm Länge möglich. *C.b.* ist Höhlenbrüter, der zwar Felsspalten und Steinhöhlen bevorzugt, notfalls aber auch mit einem seiner Größe entsprechenden umgestülpten Blumentopf vorlieb nimmt. Die Entwicklungsdauer des etwa 120 Eier umfassenden Geleges beträgt 2–4 Tage (bei Temperaturen zwischen 27 und 24 °C). Gelege und Brut werden von beiden Eltern betreut, die nach 8–10 Tagen freischwimmenden Jungfische werden allerdings nicht geführt. Die elterliche Fürsorge beschränkt sich bei Anwesenheit anderer Fische auf die Revierverteidigung, sie können deshalb nach dem Freischwimmen der Jungen entfernt werden. Rädertierchen und Artemia-Nauplien sind als Erstfutter geeignet, sie sollten durch Pantoffeltierchen ergänzt werden. Für eine gute Entwicklung der Jungfische ist regelmäßiger Teilwasserwechsel erforderlich.

Chamäleonfisch

→ *Badis badis burmanicus.*

Chamäleonmaulbrüter

→ *Melanochromis crabro.*

Chanchito

→ *»Cichlasoma« facetum.*

Chanda ranga

Indischer Glasbarsch
Familie: *Chandidae*

Vorkommen: Indien, Burma, Thailand. **Größe:** 8 cm. **GU:** Beim ♂ ist das durch den durchsichtigen Körper deutlich erkennbare Ende der Schwimmblase zugespitzt, beim ♀ abgerundet. Rücken- und Afterflosse sind beim ♂ blau gesäumt. **Ansprüche:** Für einen kleinen Schwarm von 6–8 Tieren ist ein Becken ab 80 cm Länge ausreichend, einzeln gehaltene Tiere bleiben schreckhaft; Wasser 5–20 °dH, pH-Wert 6,8–8; Temperatur 20–26 °C. In alteingerichteten Becken mit dunklem Bodengrund und dichter Bepflanzung fühlen sich die Fische am wohlsten, der Teilwasserwechsel sollte in kleinen Mengen und nur mit abgestandenem Wasser durchgeführt werden. Ein Zusatz von 1–2 Eßlöffeln (See-)Salz je 10 l Wasser erhöht die Widerstandsfähigkeit der Fische beträchtlich. Neben den Pflanzen sollten einige Wurzeln und Steine als Versteckplätze angeboten werden. Günstig ist es, wenn das Becken wenigstens stundenweise Sonnenstrahlen erhält.

Zucht: Die Probleme bei der Vermehrung dieser leider selten gewordenen Art liegen nicht im Paarungsgeschehen, sondern bei der Aufzucht. Zur Zucht im Paaransatz ist ein Becken von 50 cm Länge ausreichend. Das zur Zucht vorgesehene Paar muß für einige Tage getrennt voneinander gehältert werden. Die Temperatur im Zuchtbecken sollte beim Einsetzen der Tiere 2–3 °C über der Hälterungstemperatur liegen und das Zuchtwasser zu einem Drittel aus gut durchlüftetem Frischwasser bestehen. Die Eiablage erfolgt zwischen feinblättrigen Wasserpflanzen, an denen die Eier haften bleiben, oder an Wurzeln von Schwimmpflanzen. Die bis zu 150 abgelegten Eier sind sehr klein und lichtempfindlich. Die Alttiere vergreifen sich kaum an den Eiern, dennoch ist es günstiger, sie herauszufangen und den Wasserstand im Becken auf 10–12 cm abzusenken. Die Jungen schlüpfen nach 24–30 Stunden, einen Tag später schwimmen die winzigen Jungfische frei. Um die Eier während ihrer Entwicklung vor der Zerstörung durch Bakterien- oder Pilzkeime zu schützen, hat sich die Zugabe von 1 g Acriflavin auf 100 l Wasser vielfach bewährt. Mit dem Freischwimmen der Jungfische beginnen die eigentlichen Probleme, da sie sehr wählerisch sind und nicht jedes Staubfutter annehmen. Der flache Wasserstand im Becken erleichtert die Kontrolle darüber, ob sie, im Futter stehend, auch davon gefressen haben. Hatte man beim Finden des richtigen Staubfuttertümpels keine glückliche Hand, so verhungern sie meist am vierten Tag, überleben sie diesen Zeit-

Chanda ranga, ♂ und ♀

punkt, dann ist die Aufzucht nicht mehr sehr schwer. Günstig ist in jedem Fall eine feinperlige Durchlüftung des Aufzuchtbeckens, um den jungen Glasbarschen immer wieder Futtertiere vor die Mäuler zu wirbeln.

Channa (Schlangenkopffische)

Eine Gattung der Familie *Channidae*, deren Vertreter mit einem zusätzlichen Atmungsorgan (dem Labyrinth der Kletterfische vergleichbar) ausgestattet sind. Die meisten der etwa 30 Arten, die weit über Süd-, Südost- und Ostasien sowie Afrika verbreitet sind, werden für das Heimaquarium zu groß. Als Jungfische sehen fast alle Arten sehr attraktiv aus und verleiten so den unerfahrenen Aquarianer zum Kauf, der erst dann bereut wird, wenn alle anderen Beckeninsassen bis zur halben Körperlänge des Schlangenkopffisches verschwunden sind. Wer aber mit dem Wissen über diese Fische an die Haltung im Artbecken herangeht, wird seine Freude an den Tieren haben. Sie bevorzugen zwar leicht saures und nicht zu hartes Wasser, erweisen sich jedoch in jedem Wasser von Trinkwasserqualität als zählebig und anspruchslos. Ihr ständiger Hunger läßt die Fische, die ihr Maul weiter aufreißen können als es ihrem Körperdurchmesser entspricht, sehr schnell zahm werden. Das Becken kann dicht bepflanzt werden, vor allem die Jungfische stehen gern zwischen den Pflanzen. Eine Schwimmpflanzendecke ist besonders bei Zuchtabsichten anzuraten. Die günstigste Haltungstemperatur liegt zwischen 24 und 28 °C. Die Geschlechter sind kaum auseinanderzuhalten, erst nach Eintritt der Zuchtreife sind die ♀♀ am Laichansatz vom schlankeren ♂ zu unterscheiden. Auch wenn keine Futterfische zur Verfügung stehen, sind alle Arten gut mit Rinderherzwürfeln, großen Garnelen (auch gefrostet), mit Fischfleisch, Regenwürmern u. ä. zu ernähren.

Zucht: Zur Zucht sollte ein Paar angesetzt werden, dessen Partner etwa gleich groß sind. Zur Ausstattung des Zuchtbeckens gehören eine Schwimmpflanzendecke (z. B. Sumatrafarn) und Versteckplätze für das ♀. Das Becken muß lückenlos und stabil abgedeckt sein, zu sehr getriebene ♀♀ springen schnell heraus. Abgelaicht wird nach Labyrinthfischart: Das ♂ umschlingt das ♀ und die stark ölhaltigen Eier schwimmen zur Wasseroberfläche. Nach Beendigung des Laichaktes muß das ♀ sofort herausgefangen werden. Das ♂ bewacht und verteidigt sehr aggressiv Eier und Brut. Die Jungen schlüpfen nach 36–48 Stunden und treiben mit dem Dottersack nach oben durch das Wasser. 3–4 Tage später ist der Dottervorrat aufgezehrt, die Jungfische nehmen normale Schwimmhaltung ein und müssen sofort mit ausreichenden Mengen von Cyclops- und Artemia-Nauplien angefüttert werden. Das ♂ betreut auch die Jungfische noch einige Tage, kann aber herausgefangen werden. Kannibalismus unter den Jungfischen tritt vor allem bei unzureichender Ernährung auf. Wenn einige vorwachsende Tiere rechtzeitig herausgefangen werden, ist die gemeinsame Aufzucht der übrigen, oftmals mehrere hundert Tiere umfassenden Jungfischgruppe, nahezu verlustlos möglich.

Für die Aquarienhaltung sind folgende Arten zu empfehlen:

C. africana

Afrikanischer Schlangenkopffisch

Vorkommen: Lagos bis Kamerun in Westafrika. **Größe:** Bis 30 cm. **Ansprüche:** Diese ruhige, attraktive Art kann paarweise in Becken ab 100 cm Länge gepflegt werden. Ansprüche und Zucht wie in der Gattungsbeschreibung angegeben. Die Tiere sind ab 15 cm Länge zuchtreif.

C. melanosoma

Schwarzer Schlangenkopffisch

Vorkommen: Vietnam und fast alle großen Inseln Südostasiens. **Größe:** Bis 35 cm. **Ansprüche:** Diese besonders farbenprächtige Art (dunkel-blaugrüne Körpergrundfarbe mit leuchtendrotem Längsband) kann in Becken ab 120 cm Länge gepflegt werden. Übrige Ansprüche und Zucht wie in der Gattungsbeschreibung angegeben. Die Geschlechtsreife wird ab einer Länge von 15 cm erreicht.

C. obscura

Dunkelbäuchiger Schlangenkopffisch

Vorkommen: West- und Zentralafrika. **Größe:** Bis 35 cm. **Ansprüche:** Diese bisher am häufigsten angebotene, gepflegte und gezüchtete Art ist vergleichsweise unverträglich und sollte deshalb nur in Becken ab 150 cm mit vielen Versteckplätzen gepflegt werden. Übrige Ansprüche und Zucht wie in der Gattungsbeschreibung angegeben. Die Tiere sind ab 18 cm Körperlänge fortpflanzungsfähig.

C. orientalis

Vorkommen: Sri Lanka, Vorder- und Hinterindien sowie fast alle Inseln Südostasiens. **Größe:** Bis 20 cm. **Ansprüche:** Für die Pflege eines Paares dieser kleinsten und sehr empfehlenswerten Art ist ein Becken ab 80 cm Länge bereits ausreichend. Übrige Ansprüche und Zucht wie in der Gattungsbeschreibung angegeben. Die Tiere sind bereits ab 10 cm Körperlänge fortpflanzungsfähig.

C. striata

Quergestreifter Schlangenkopf

Vorkommen: Über Südostasien weit verbreitet. **Größe:** Als Maximallänge wird 100 cm angegeben, eine 1987 in Sachsen nachgezogene und dadurch im Osten Deutschlands aquaristisch verbreitete vietnamesische Fundortform war bereits mit 20 cm Länge fortpflanzungsfähig und stellte im 1000-l-Becken des Aquariums Erfurt bei 30 cm das Wachstum ein. Ansprüche und Zucht wie in der Gattungsbeschreibung angeführt. Die Vergesellschaftung mit Schilderwelsen der Gattungen → *Panaque* und → *Hypostomus* sowie → *Polypterus ornatipinnis* erwies sich als problemlos.

Characidium fasciatum

Gebänderter Bodensalmler
Familie: *Characidiidae*

Vorkommen: Klare Wasserläufe Südamerikas. **Größe:** 8 cm. **GU:** Beim ♂ ist die Basis der Rückenflosse gepunktet. **Ansprüche:** Becken ab 60 cm Länge; Wasser 5–25 °dH, pH-Wert 5,6–7,5; Temperatur 18–24 °C. Der Bodengrund soll aus nicht zu grobem Flußkies bestehen, auf den einige flache Steine als Ruheplätze für die Fische gelegt werden. Die Bepflanzung sollte nicht zu dicht gestaltet werden, dabei wird horizontal wachsenden Pflanzenarten mit nicht zu kleinen Blättern der

Vorzug gegeben, da auch diese als Ruheplätze gern benutzt werden. Die Fische lieben klares und bewegtes Wasser über eine kräftige Filterung, die von Zeit zu Zeit über Torf laufen sollte. *C.f.* kann leicht mit dem Afrikanischen Bodensalmler → *Nannocharax* verwechselt werden. Die für den Laien einfachste Unterscheidungsmöglichkeit liegt im Ruheverhalten der beiden Arten: *C.f.* stützt sich nur mit Brust- und Bauchflossen auf den Grund, während → *Nannocharax* zusätzlich noch die Schwanzflosse dazu verwendet.

Zucht: Zur Zucht sollten Tiere angesetzt werden, die bereits im Hälterungsbecken trotz Revierabgrenzung Interesse füreinander zeigen. Frisches, über Torf gefiltertes und bernsteingelbes, aber klares Wasser unter 10 °dH bei einem pH-Wert von 6,5 ist eine wichtige Voraussetzung für die Zucht. Die Zuchttemperatur sollte etwa 2 °C über der Hälterungstemperatur liegen und nicht unter 23 °C betragen. Die Fische laichen frei zwischen Büscheln feinfiedriger Pflanzen und stellen dem Laich nach. Grobe Kiesel oder ein Laichrost sind empfehlenswert. Nach dem Ablaichen werden die Alttiere herausgefangen, der Laich ist vor zu hellem Licht zu schützen. Die Jungen schlüpfen nach 35–40 Stunden und schwimmen drei Tage später frei. Sie sind sehr klein und benötigen feinstes Staubfutter. Ist dies vorhanden und wird regelmäßiger Wasserwechsel durchgeführt, so wachsen sie rasch.

Chaytors Prachtkärpfling

→ *Roloffia chaytori.*

Cheilochromis euchilus

Großlippenmaulbrüter, Sauglippenbuntbarsch
Familie: *Cichlidae*

Vorkommen: Malawisee. **Größe:** 25 cm, kann in sehr großen Aquarien auch noch größer werden. **GU:** Das ♂ ist deutlich intensiver gefärbt als das ♀. **Ansprüche:** Wasser 10–20 °dH, pH-Wert 7,5–8,5; Temperatur 24–26 °C. Der Bodengrund sollte aus grobem Sand bestehen, auf dem einige flache Steine liegen. Durch Steinaufbauten und Wurzeln sind der Größe der Fische entsprechende Versteckplätze zu schaffen. Trotz ihrer Größe sind die Fische sehr friedlich und lassen sich von kleineren, robusteren Arten manchmal sogar bedrängen. Die Pflege sollte immer im Harem (ein ♂ mit 3–4 ♀♀) erfolgen. Bei Haltung im Artbecken ist eine Beckenlänge von 120 cm ausreichend, das Gemeinschaftsbecken sollte 150 cm Länge nicht unterschreiten. Die großen Lippen weisen *C.e.* als spezialisierten Algenaufwuchsfresser aus. Der Algenaufwuchs sollte deshalb durch intensive Beleuchtung des Beckens, besser noch durch sonnigen Stand erzeugt werden, andernfalls sind so oft wie möglich algenbewachsene Steine aus Freilandteichen einzubringen. Angequetschte Feinfrosterbsen werden gern genommen, ebenso Futtertabletten. Das wichtigste Grundfutter sind Mückenlarven, lebend oder gefrostet. An Wasserreinheit und Sauerstoffgehalt werden hohe Ansprüche gestellt, die durch intensive Filterung und wöchentlichen Teilwasserwechsel zu befriedigen sind. Dabei sollte 1/4 des Beckeninhaltes erneuert werden.

Zucht: Aus dem Harem kommt das jeweils laichreife ♀ zu dem Stein, welchen das ♂ zur Eiablage ausgesucht hat. Die Eier werden vom ♀ sofort ins Maul genommen und nach der Eifleckmethode (siehe → *Cyrtocara*) befruchtet. Die Maulbrutdauer beträgt bei 26 °C 21 Tage.

Chela

Flügelbärblinge

Eine Gattung kleiner Fische aus der Familie *Cyprinidae* mit Heimat in Südostasien. Neben bereits bewährten Aquarienfischen sind einige neue Arten hinzugekommen, die für die Aquarienhaltung zu empfehlen sind. **GU:** Die Geschlechter sind farblich kaum zu unterscheiden, das ♀ besitzt einen volleren Leib und zeigt von vorn betrachtet ein kantiges Bauchprofil, während es beim ♂ immer kielförmig ist. **Ansprüche:** Flügelbärblinge erweisen sich bei Einhaltung von Wasserhygiene (wirksame Filterung, wöchentlicher Teilwasserwechsel von 20 % des Beckeninhaltes), artspezifischen Wasserwerten (siehe Artbeschreibungen) und artgerechter Fütterung als ausdauernde Pfleglinge. Sie sind meist oberflächenorientierte Fische, deren Nahrungsbedarf weitgehend über Anflugnahrung gedeckt wird. Auf das Wasser gestreute flugunfähige Drosophila, Blattläuse und notfalls kleine Fliegenmaden (Anglerbedarf) decken den Grundbedarf an essentiellen Substanzen, die vor allem zur Zuchtvorbereitung wichtig sind. Schwarze Mückenlarven (auch als Frostfutter) und Mysis ergänzen die Nahrungspalette. Als schädigend hat sich Tubifex erwiesen.

Zucht: Alle eingeführten Arten schritten bei artgerechter Ernährung bisher willig zur Fortpflanzung, das Problem liegt in der Aufzucht der meist winzigen Jungfische. Wenn in der Artbeschreibung nicht anders angegeben, erfolgt das Ablaichen im oberen Beckenbereich zwischen feinblättrigen Pflanzen, Schwimmpflanzenwurzeln oder über aufgelockertem Javamoos. Paar- oder Gruppenansatz mit ♂♂-Überzahl hat sich bei den meisten Arten als erfolgreich erwiesen.

C. cachius

Blauer Flügelbärbling

Vorkommen: Indien. **Größe:** 10 cm. **GU:** Das ♀ ist voller als das ♂. **Ansprüche:** Diese Art, im Händlerbecken als graue Maus meist unbeachtet, entfaltet bei optimalen Haltungsbedingungen eine Prachtfärbung, die nur mit der des Neon-Regenbogenfischs vergleichbar ist. Die oberen Grenzen liegen in der Wasserhärte bei 10 °dH und im pH-Wert bei 7,2. Höhere Werte werden problemlos vertragen, doch die Blaufärbung verschwindet. Dunkler Bodengrund und durch oberflächennahen Pflanzenwuchs gedämpftes Licht tragen ebenso zur Farbausprägung bei wie eine Filterung über Torf oder die regelmäßige Zugabe von Torfextrakten. Die Temperatur sollte im Bereich zwischen 22 und 26 °C gehalten werden, die Beckenlänge für die Pflege eines Schwarms nicht unter 100 cm liegen. Schwarze Mücken, Anflugnahrung und Mysis bilden die Grundversorgung, sie kann durch andere Futtermittel mit Ausnahme von Tubifex ergänzt werden.

Zucht: Die Laichbereitschaft signalisieren die Tiere durch heftiges Treiben in den Abendstunden, abgelaicht wird jedoch erst im Dunkeln. Dem Laich stellen die Alttiere kaum nach. Auf Bodengrund im Zuchtbecken sollte verzichtet werden, sonst sind die sehr kleinen Eier nicht zu entdecken. Der Schlupf der Larven erfolgt nach 24 Stunden, sie schwimmen 3 Tage später frei und benötigen feinstes Futter. Flüssigfutter, welches zur Fütterung von Korallen oder zur Artemia-Aufzucht eingesetzt wird, und durch ein Teesieb gedrücktes hartgekochtes Eigelb helfen ebenso wie hochwertiges Aufzuchtpulver, die ersten Tage zu überstehen. Wasserbelastungen werden durch regelmäßigen und vorsichtigen Teilwasserwechsel vermieden.

C. caeruleostigmata

Blauer Kielbauchbärbling

Vorkommen: Zentral-Thailand. **Größe:** 6 cm. **GU:** Das ♂ ist schlanker. **Ansprüche:** Diese unter optimalen Haltungsbedingungen ansprechend gefärbte Art ist relativ schwimmfreudig, das Becken sollte nicht unter 80 cm lang sein und neben Hintergrundbepflanzung auch Schwimmraum aufweisen. Bewährte Fischpartner sind alle Arten → *Brachydanio* oder schlanke → *Rasbora* vergleichbarer Größe. Die bevorzugten Wasserwerte liegen in der Härte bei 5–12 °dH, bei einem pH-Wert von 6,5–7 und bei Temperaturen von 24–26 °C. Schwarze Mücken und Anflugnahrung sind auch bei dieser Art wichtige Voraussetzungen dafür, die Tiere in Laichbereitschaft zu bringen.

Zucht: Zum Ansatz kommen 2 ♂♂ und 1 ♀. Es hat sich als günstig erwiesen, das ♀ bereits zwei Tage früher in das Zuchtbecken zu setzen, dessen Wasserstand nicht höher als 15 cm sein sollte. Die Tiere laichen in der Dämmerung. Die Larven schlüpfen 24 Stunden später, 3–4 Tage danach schwimmen die Jungfische frei. Sie sind größer als die anderer Arten dieser Gattung und nehmen bereits Artemia-Nauplien an.

C. dadyburjori

Kleiner Kielbauchbärbling

Vorkommen: Burma bis Südindien. **Größe:** Bis 4 cm. **GU:** Das ♂ ist etwas schlanker, After- und Rückenflosse sind im zuchtfähigen Alter rot gefärbt und zeigen einen dünnen schwarzen Saum. **Ansprüche:** Becken mit 30 cm Wasserhöhe und einer Länge von 60 cm sind für die Pflege eines Schwarmes dieser ansprechenden und friedlichen, weitgehend oberflächenorientierten Art ausreichend. Sie ist ein idealer Partner für kleine *Rasbora*-Arten. Wenn Anflugnahrung und kleine Schwarze Mückenlarven wenigstens einmal wöchentlich im Futterangebot vorhanden sind, dann ist die zu Unrecht als heikel eingeordnete Art ein ausdauernder Pflegling. Tubifex ist allerdings tödlich. Die bevorzugten Temperaturen liegen zwischen 22 und 25 °C. Die übrigen Ansprüche gleichen den in der Gattungsbeschreibung angeführten.

Zucht: Abgelaicht wird zwischen lockeren und feinblättrigen Pflanzen in Oberflächennähe, dichte Fadenalgenbestände erfreuen sich besonderer Beliebtheit. Der Zuchtverlauf ähnelt dem von *C. caeruleostigmata*.

C. laubuca

Indische Glasbarbe

Vorkommen: Südostasien. **Größe:** 6 cm. **GU:** Das ♂ ist deutlich schlanker als das ♀. **Ansprüche:** Becken ab 70 cm Länge; Wasser 5–15 °dH, pH-Wert 6,5–7; Temperatur 24–26 °C. Feinkörniger, dunkler Bodengrund und eine dichte Hintergrundbepflanzung mit nicht zu hellen Pflanzenarten steigern die Wirkung dieses ansprechenden Fisches, der im kleinen Schwarm gehalten werden sollte. Eine kräftige Filterung und regelmäßiger wöchentlicher Teilwasserwechsel erhöhen die Aktivität der Fische und beugen der »Rotseuche« vor, die bei zu reichlicher Fütterung und Haltung in zu kleinen Becken mit ungenügendem Schwimmraum bei dieser Art gelegentlich zu Verlusten führt. **Zucht:** Ansatz von 1–3 Paaren in einem Becken ab 60 cm Länge, das einige Büschel feinfiedriger Pflanzen enthält. Die Alttiere stellen dem Laich nicht nach, auf einen Laichrost kann daher verzichtet werden. Die Fische stellen an den Wasserchemismus keine hohen Ansprüche, die besten Schlupfergebnisse werden allerdings bei 5–10 °dH und einem pH-Wert von 6,5–6,8 erzielt. Die Fische werden morgens eingesetzt und die Temperatur auf 26–28 °C erhöht. Mit Einsetzen der Dämmerung beginnt meist bereits das Ablaichen zwischen den Pflanzen. Die Alttiere werden am folgenden Morgen herausgefangen, am Abend hängen bereits die frischgeschlüpften Jungen an den Pflanzen. 3–4 Tage später schwimmen die Jungfische frei und nehmen neben Tümpelstaub und Zuchtpantoffeltierchen bald auch Mikrowürmchen und Artemia-Nauplien an. Eine feinperlige Durchlüftung sollte absichern, daß die Futtertiere ständig an den Jungfischen vorbeibewegt werden. Bei regelmäßigem Teilwasserwechsel ist die weitere Aufzucht problemlos.

Chilatherina sentaniensis

Sentaniregenbogenfisch
Familie: *Melanotaeniidae*

Vorkommen: Sentanisee in Neuguinea. **Größe:** ♂ 11,5 cm, ♀ 10 cm. **GU:** Das ♂ ist farblich etwas intensiver als das ♀. **Ansprüche:** Die Haltung erfolgt im kleinen Schwarm in Becken ab 100 cm Länge, um die ♂♂ in Farbe zu bringen. Wasser 10–20 °dH, pH-Wert 7,5; Temperatur 24–28 °C. Auf Frischwasser reagieren die Fische oft empfindlich, ebenso auf Schwankungen im Wasserchemismus. Beim Teilwasserwechsel, der im Abstand von 14 Tagen jeweils 1/10 des Beckeninhalts umfassen sollte, ist daher abgestandenes, gut durchlüftetes Wasser mit den Werten des Beckenwassers einzusetzen. Nicht zu grober, dunkler Bodengrund, dichte Hintergrundbepflanzung und eine Schwimmpflanzendecke zur Dämpfung des Lichts erhöhen die Farbigkeit der Fische, die viel Schwimmraum benötigen.

Zucht: *C.s.* ist Dauerlaicher zwischen feinfiedrigen Pflanzen. In ein an dunkler Stelle stehendes, dicht mit feinfiedrigen Pflanzen bestücktes und 100 cm langes Becken werden 2–3 Paare eingesetzt, die mit Mückenlarven und anderen kräftigen Futtermitteln gut vorbereitet werden. Die Alttiere werden nach 4–5 Tagen herausgefangen, das Becken weitere 4–5 Tage bis zum Schlüpfen der ersten Jungen abgedunkelt. Zur Aufzucht ist in den ersten Lebenstagen feinstes Staubfutter erforderlich. Wenn nach Säuberungsarbeiten Wasser ergänzt werden muß, so sollte auf die Einhaltung von Temperatur und Wasserchemismus geachtet werden, keinesfalls darf Leitungswasser frisch zugesetzt werden.

Chilatherina sentaniensis, ♂ und ♀

Chilodus punctatus

Punktierter Kopfsteher
Familie: *Curimatidae*

Vorkommen: Guayana, oberer Amazonas, oberer Orinoco. **Größe:** 9 cm. **GU:** Die Geschlechter sind äußerlich kaum zu unterscheiden, nur bei Laichansatz ist das ♀ rundlicher. **Ansprüche:** Becken ab 100 cm Länge und nicht unter 50 cm Höhe, um aufrechtwachsenden Pflanzen Raum zu geben, zwischen denen die Fische Unterstand finden können; Wasser 2–10 °dH, pH-Wert 6–7; Temperatur 24–28 °C. Dunkler, möglichst torfhaltiger Bodengrund oder Filterung über Torf sollten dem Wasser eine bräunliche Farbe geben, zur Lichtdämpfung werden einige Schwimmpflanzen eingebracht. Zwischen den Pflanzen kann sich eine Mulmschicht aus abgestorbenen Pflanzenteilen befinden, diese wird ebenso wie algenbewachsene Steine von den Fischen gern nach Freßbarem durchsucht.

Zucht: Die Zucht gelang bisher nur wenigen Spezialisten. Voraussetzung ist sehr weiches Wasser unter 3 °dH mit einem pH-Wert von 6,5–6,8. Das Zuchtwasser muß mehrmals über ausgekochtem Torf gefiltert sein und eine braune Farbe zeigen, jedoch sehr klar bleiben. Wichtig ist eine vielseitige Fütterung der Tiere, zu der neben Mückenlarven auch pflanzliche Kost gehört, darunter Salat, zarte Algen und angequetschte Feinfrosterbsen. Die Laichbereitschaft signalisieren die Fische durch das Auftreten eines schwarzen Schulterflecks. Von diesem Zeitpunkt an muß das Zuchtbecken an den Seiten verdunkelt werden, heftiges Plätschern an der Wasseroberfläche verrät, daß die Tiere ablaichen, meist zwischen Wurzeln von Schwimmpflanzen. Die Eier sinken auf den Boden, werden aber von den Alttieren nicht behelligt. Bei optimalen Wasserbedingungen schlüpfen die Jungen nach 48 Stunden, in den meisten Fällen muß jedoch Schlupfhilfe geleistet werden. Diese ist zwar mühsam, bei der Größe der Eier von 2,5 mm jedoch auch für den Ungeübten machbar. Am sichersten ist es, Ei für Ei unter einer feststehenden Lupe mit zwei Präpariernadeln anzureißen. Wer diese Mühe scheut, kann auch mehrere Eier zwischen zwei dünne Glasscheiben (Objektträger) legen und vorsichtig zusammendrücken oder die Eier einem scharfen Wasserstrahl aussetzen. Die Verluste bei diesen Verfahren sind jedoch höher. Nach fünf Tagen schwimmen die Jungfische frei und stehen sofort Kopf, manchmal sogar mit dem Bauch nach oben. Zarter Algenaufwuchs mit seinen Kleinlebewesen, Rädertierchen und Artemia-Nauplien werden als Erstfutter angenommen, der Wasserstand im Aufzuchtgefäß sollte in der ersten Zeit bei 8–10 cm Höhe gehalten werden, damit die Jungfische an das Futter herankommen.

Chilodus punctatus, ♀

Chiloglanis

Afrikanische Stromschnellenwelse
Familie: *Mochocidae*

Vertreter dieser Gattung aus schnellfließenden Gebirgsbächen des tropischen Afrikas tauchen immer häufiger in Importsendungen und im Angebot spezialisierter Fachhandlungen auf. Da alle bisher eingeführten Arten in der Endgröße unter 10 cm lagen und sich als friedlich erwiesen, sind sie als Aquarienfische geeignet. **GU:** Mit einiger Sicherheit ist erst bei erwachsenen Tieren das ♀ am deutlich volleren Bauch vom stets schlank bleibenden ♂ zu unterscheiden. **Ansprüche:** Die importierten Tiere erfordern in der Anfangszeit einige Aufmerksamkeit, da sie häufig mit Darmparasiten behaftet sind. Wurmmittel auf pflanzlicher Basis helfen meist und schädigen die Fische nicht. Kleine Störpellets tragen bei den oft sehr mageren Fischen zur Herstellung einer stabilen Kondition bei. Analog den Bedingungen im natürlichen Lebensraum bestehen die wichtigsten Anforderungen der Fische an die Aquarienbedingungen in sauerstoffreichem, von organischen Belastungen freiem Wasser und einer kräftigen Strömung im Bodenbereich. Neben einer wirksamen Filterung und Durchlüftung ist regelmäßiger wöchentlicher Teilwasserwechsel (25 % des Beckeninhaltes erneuern) für die Gesunderhaltung der Fische wichtig. Stromschnellenwelse schwimmen kaum, sie bewegen sich rutschend mit ihrem Saugmaul vorwärts, auf der Suche nach Nahrung, vor allem Algenaufwuchs. Flache, abgerundete Flußkiesel sind der beste Bodengrund. Als Pflanzen sind Anubias und Bolbitis sehr gut geeignet, deren Blätter regelmäßig auf der Suche nach Algen abgeweidet werden. Geeignete Fischpartner in Becken ab 70 cm Länge sind → *Neolebias*-Arten. Das Wasser sollte in seiner Härte zwischen 5 und 15 °dH, im pH-Wert zwischen 6,5 und 7 liegen. Temperaturen über 26 °C werden von den Welsen nicht vertragen, das Optimum für die meisten Arten liegt zwischen 20 und 24 °C.

Zucht: Es konnte noch nicht ermittelt werden, unter welchen Bedingungen die Fische zur Laichbereitschaft gelangen.

Chilotilapia rhoadesii

Maulbrüter der Familie *Cichlidae*

Vorkommen: Sandflächen des Malawisees. **Größe:** 22 cm. **GU:** Das ♂ ist farbenprächtiger als das unscheinbar gefärbte ♀ und besitzt zahlreiche, deutlich sichtbare Eiflecken auf der Afterflosse. **Ansprüche:** Wasser 10–20 °dH, pH-Wert 7,5–8,5; Temperatur 24–26 °C. Für die Pflege eines ♂ mit 2–3 ♀♀ ist eine Beckenlänge ab 130 cm ausreichend, mehrere ♂♂ sind nur in großen Becken ab 200 cm und bei Einrichtung zahlreicher Versteckplätze zu halten. Als Bodengrund ist grober Sand zu empfehlen, auf Felsaufbauten sollte verzichtet werden, da die Fische viel freien Schwimmraum benötigen. Pflanzen, vor allem Anubias und große Vallisnerien, werden nicht behelligt. Das Wasser muß durch eine intensive Filterung stets klar und sauerstoffreich sein. Für eine artgerechte Haltung ist eine gut florierende Apfelschneckenzucht Voraussetzung; die Schneckengehäuse werden mit kräftigen Zähnen zermalmt. Auf den Einsatz von einheimischen Wasserschnecken ist wegen der Parasitengefahr zu verzichten. Als Ergänzungsfutter werden auch gefrostete Garnelen und Mückenlarven, Rinderherz-

Chiloglanis-Biotop, Tsavo-Nationalpark

würfel und Regenwürmer sowie Futtertabletten angenommen.

Zucht: Bei vielseitiger Ernährung ist die Zucht dieses Maulbrüters nicht schwierig, eine Temperaturerhöhung auf 28 °C erhöht die Laichbereitschaft. Abgelaicht wird auf dem Sand, manchmal in einer vom ♂ angelegten Grube. Die Eier werden sofort vom ♀ ins Maul genommen und nach der Eifleckmethode (siehe → *Cyrtocara*) befruchtet. Die Maulbrutdauer beträgt 20–21 Tage, die Jungfische nehmen ausgesiebte Cyclops, Mikrowürmchen und feinzerriebene Futterflocken als Erstfutter an.

Chipokamaulbrüter

→ *Melanochromis chipokae.*

Chlamydogobius eremius

Wüstengrundel
Familie: *Gobiidae*

Vorkommen: Zentral- und Südaustralien. **Größe:** 6 cm. **GU:** Das ♂ ist größer und farbiger als das schlicht gefärbte ♀. **Ansprüche:** Die Wüstengrundel ist gegen andere Arten friedlich und kann bei Paarhaltung in flachen Becken ab 60 cm Länge gepflegt werden. Bei Haltung mehrerer Paare sollte jedem ♂ ein Revier von etwa 35 cm Durchmesser zur Verfügung stehen; Wasser 12–35 °dH, pH-Wert 7,3–8; Temperatur 15–30 °C. Vorübergehend werden 10 °C ebenso gut vertragen wie 35 °C, plötzliche Temperaturänderungen sollten jedoch vermieden werden, vor allem in dem kalten Bereich. Als Bodengrund ist Sand am besten geeignet. Mit Hilfe von flachen Flußkieseln werden höhlenbildende kleine Steinaufbauten geschaffen, daneben nehmen die Fische gern auch kleine Wurzelstücke als Unterstände an. Eine lockere Bepflanzung mit allen Arten ist gut möglich, sie sollte vor allem bei Haltung mehrerer Paare so gestaltet sein, daß optische Reviergrenzen entstehen. Bei guter Filterung ist Teilwasserwechsel im Abstand von zwei Wochen, bei dem 1/4 des Beckeninhalts erneuert wird, ausreichend. An die Zusammensetzung der Nahrung werden zwar keine besonderen Ansprüche gestellt, sie sollte jedoch einen hohen Anteil pflanzlicher Nahrung enthalten. Bei ausschließlicher Fütterung mit tierischem Eiweiß neigen die Tiere zur Verpilzung, eine der häufigsten Todesursachen dieser schönen Fische.

Zucht: Laichreife ♀♀ kommen ins Revier des ♂. Abgelaicht wird im Dach von Höhlen, in Steinaufbauten oder kleinen Blumentöpfen. Die Eier sind relativ groß und werden vom ♂ betreut. Bei Temperaturen zwischen 25 und 27 °C schlüpfen die Jungen nach 10–14 Tagen. Höhere Temperaturen verkürzen zwar die Entwicklungszeit, führen meist aber zu lebensschwachen Jungfischen und sollten daher vermieden werden. Nach dem Freischwimmen nehmen die Jungfische sofort Artemia-Nauplien und anderes Futter vergleichbarer Größe an und wachsen sehr

Chlamydogobius eremius

zügig. Die Geschlechtsreife tritt zwischen dem 7. und 8. Lebensmonat ein.

Chromidotilapia

Eine Gattung afrikanischer Maulbrüter aus der Familie *Cichlidae.*

C. finleyi

Finleys Prachtbarsch

Vorkommen: Südwestkamerun. **Größe:** 12 cm. **GU:** Die Rückenflosse des ♂ ist rotgesäumt, das ♀ hat einen rotgefärbten Bauch. **Ansprüche:** Becken ab 100 cm Länge; Wasser 1–10 °dH, pH-Wert 4,8–7; Temperatur 23–25 °C. Der Bodengrund sollte feinkörnig sein, zahlreiche Wurzeln und Steine müssen den Tieren ausreichende Versteckmöglichkeiten bieten. *C.f.* wühlt ziemlich stark, die nicht zu zarten Pflanzen müssen deshalb in flache Töpfe gesetzt werden, die mit flachen Steinen abgedeckt werden können.

Zucht: Paaransatz in einem Becken von 80 cm Länge. Um ein hohes Schlupfergebnis zu erreichen, sollte die Wasserhärte unter 7 °dH liegen. Die Art zeigt keine Vorliebe für ein besonderes Laichsubstrat, nach der Eiablage werden die Eier sofort vom ♀ ins Maul genommen. Das Besondere an dieser maulbrütenden Art ist, daß sowohl die Eier als auch die Frischgeschlüpften und Jungfische täglich von einem Partner zum anderen gewechselt werden, so daß immer bei einem Gelegenheit zum Fressen besteht. Bei Temperaturen um 25 °C sind Zucht und Aufzucht problemlos, die Jungfische können sofort nach dem Freilassen aus dem Maul mit Nauplien gefüttert werden, nehmen aber auch Mikrowürmchen an.

C. guentheri

Günthers Prachtbarsch

Vorkommen: Westafrika von Sierra Leone bis Kamerun. **Größe:** ♂ 20 cm, ♀ 15 cm. **GU:** Das ♀ ist wesentlich farbenprächtiger als das ♂ und besitzt in der Rückenflosse ein helles Längsband. **Ansprüche:** Becken ab 120 cm Länge; Wasser 8–15 °dH, pH-Wert 7; Temperatur 23–25 °C. Feinkörniger Bodengrund kommt den Bedürfnissen der Art, die sehr gern wühlt, entgegen. Pflanzen werden nicht angefressen, sollten aber in Töpfe gesetzt werden, die mit Steinen abgedeckt sind. Leider ist diese schöne Art gegenüber Artgenossen sehr aggressiv, so daß nur in sehr großen Becken, die mit viel Versteckmöglichkeiten durch Wurzeln und Steine versehen sind, mehrere Tiere gehalten werden können. Im Gegensatz zu vielen anderen Maulbrütern ist hier das ♂ nicht polygam, sondern geht eine feste Paarbindung mit einem ♀ ein, die lebenslang hält.

Zucht: Die Eier werden innerhalb des Reviers an einer Stelle abgelegt und vom ♂ ins Maul genommen. Die besten Schlupfergebnisse (bis zu 150 Stück) werden bei Temperaturen zwischen 25 und 28 °C, einer Wasserhärte zwischen 8 und 10 °dH sowie bei pH-Wert 7 erzielt. Das ♂ brütet allein, erst nach dem Freilassen der Jungfische beteiligt sich auch das ♀ an der Betreuung der Jungfische und nimmt bei vermeintlicher Gefahr einen Teil des Schwarms ins Maul. Wie die Alttiere haben auch die Jungfische einen hohen Futterbedarf. Kann der befriedigt werden, wachsen sie rasch.

Chuco microphthalmus

Familie: *Cichlidae*

Vorkommen: Atlantikzuflüsse in Guatemala und Honduras. **Größe:** 25 cm. **GU:** Bei Jungtieren unter 17 cm sind keine Geschlechtsunterschiede zu erkennen, danach entwickeln die ♂♂ eine steiler ansteigende Stirn, und die Flossen werden etwas großflächiger und länger als beim ♀. Tüpfelzeichnung und der metallische Glanz der Körpergrundfarbe leuchten bei fast erwachsenen ♂♂ intensiver als beim ♀, bei dem in verschiedenen Stimmungszuständen häufig Querbänder auftreten. **Ansprüche:** Wasser 8–15 °dH, pH-Wert 7,5–8,5; Temperatur 24–26 °C. Diese farbenprächtige Art gehört sicher zu den schönsten Großcichliden, die in den letzten Jahren aus Mittelamerika eingeführt wurden. Zur artgerechten Haltung sollte die Beckenlänge nicht wesentlich unter 200 cm liegen. Diese Beckengröße ermöglicht die Pflege einer Gruppe, aus der sich Paare finden können, die untereinander kaum aggressiv sind. Gegenüber Pflanzen sind die Fische nur dann tolerant, wenn neben kräftiger animalischer Kost (tiefgefrorene Garnelen und Mückenlarven, Rinderherzwürfel und kleinen Regenwürmern usw.) stets auch ausreichend pflanzliches Futter, darunter Feinfrosterbsen, angeboten wird. Die Dekoration sollte hauptsächlich aus Moorkienwurzeln und Steinaufbauten bestehen, mit denen Versteck- und Unterstellplätze geschaffen werden. Für das Wohlbefinden der Fische sorgt vor allem eine kräftige Filterung, deren Auslauf so installiert ist, daß eine Wasserströmung entsteht. Der regelmäßige wöchentliche Teilwasserwechsel sollte 1/4–1/3 des Beckeninhaltes, je nach Besatzdichte, umfassen.

Chromidotilapia-Biotop, Kamerun

Zucht: Die Fische schreiten erst im fast erwachsenen Zustand zur Fortpflanzung. Zur effektiven Zucht sollte ein Paar, das sich im Gemeinschaftsbecken füreinander interessiert hat, in ein Zuchtbecken von 150 cm Länge umgesetzt werden, dessen Bodengrund aus grobem Sand besteht und das mit einigen schräg gestellten Steinplatten ausgestattet wurde. Auf eine Wasserströmung kann im Zuchtbecken verzichtet werden. Im Bereich der Steinplatten ist das Becken auf der Deckscheibe mit Papier abzudunkeln. Nach oft tagelangem Putzen einer Steinplatte und Ausheben einer Sandgrube im Bereich dieser Platte wird sehr ruhig abgelaicht. Die großen, durchsichtig gelbbraunen Eier werden ausschließlich vom ♀ gepflegt, es legt dabei ein von der Normalfärbung völlig unterschiedenes Brutkleid an. Die Jungen werden am 5. Tag aus den Eihüllen gelutscht und in der Grube untergebracht. Sie schwimmen 12 Tage nach der Eiablage frei und sind mit Artemia-Nauplien und Mikrowürmchen gut anzufüttern. Die Jungfische werden sehr lange von beiden Eltern betreut.

Cichlasoma

Eine Gattung von Buntbarschen der Familie *Cichlidae,* zu der heute nach mehreren Revisionen durch verschiedene Autoren nur noch wenige, einander sehr ähnlich aussehende Arten gehören. Ursprünglich war sie eine der artenreichsten amerikanischen Cichlidengattungen, deren Arten bereits sehr früh in Untergattungen und Sektionen aufgegliedert wurden. Das Verwirrspiel um Namen, Homonyme und Synonyme hält gegenwärtig noch an, ein für den praktizierenden Aquarianer wenig erfreulicher Zustand. Da in vielen aquaristischen Fachzeitschriften einige der länger bekannten Arten bereits häufig unter den zur Zeit »modernen« Namen abgehandelt werden, mußte dem auch der Verfasser dieses Lexikons Rechnung tragen. So findet der Leser viele der bereits längere Zeit gepflegten und der neu in unsere Aquarien gekommenen Arten der bisherigen Sammelgattung *Cichlasoma* unter den neuen Gattungsnamen → *Amphilophus,* → *Archocentrus,* → *Chuco,* → *Copora,* → *Herichthys,* → *Heros,* → *Mesonauta,* → *Parapetenia,* → *Paratheraps,* → *Theraps* und → *Thorichthys.* Arten, die bisher noch keiner dieser Gattungen endgültig zugeordnet oder neu definiert wurden, werden hier unter dem Stichwort »*Cichlasoma*« geführt.

Es sei an dieser Stelle ausdrücklich auf das Synonymverzeichnis im Anhang des vorliegenden Lexikons verwiesen.

C. dimerus

Vorkommen: Flußsysteme von Rio Paraguay und Rio Parana. **Größe:** ♂ 25 cm, ♀ 20 cm. **GU:** Die hinteren Flossenstrahlen der Rückenflosse (Weichstrahlen) sind beim ♂ länger als beim ♀. **Ansprüche:** Wasser 5–12 °dH, pH-Wert 6–7; Temperatur 23–26 °C. Die Art kann sowohl in kleiner Gruppe als auch mit nicht zu aggressiven anderen amerikanischen Buntbarschen in Becken ab 120 cm Länge gemeinsam gepflegt werden. Die gute Pflanzenverträglichkeit ermöglicht dichte Bepflanzung, die neben Wurzeln und einigen Steinaufbauten die notwendigen Versteckplätze bieten. Gute Filterung und regelmäßiger Teilwasserwechsel (wöchentlich 1/4 des Beckeninhalts) sichern die Ansprüche der Art an belastungsfreies Wasser ab. Gefressen werden alle Arten von Lebend-, Frost- und Flockenfutter, die der Größe des relativ kleinen Maules entsprechen. Für die Zuchtvorbereitung müssen schwarze Mückenlarven einen hohen Anteil der täglichen Ration ausmachen.

Zucht: Die Art ist Offenbrüter und laicht gern auf flachen Steinen in geschützter Umgebung ab. Wenn die Alttiere in härterem und neutralem Wasser gehalten wurden, so kann rasches Senken der Wasserhärte durch Zugabe von Osmosewasser und vorsichtiges, schrittweises Absenken des pH-Wertes bis auf pH 5,8–6 die Laichbereitschaft auslösen. Die Jungen werden nach drei Tagen aus den Eihüllen gekaut. Wurde das Gelege zur künstlichen Aufzucht herausgenommen, dann bleiben viele in der Hülle stecken. 5–6 Tage später schwimmen die bis zu 500 Jungfrische frei und nehmen Cyclops-Nauplien als Erstfutter an. Artemia-Nauplien, Mikrowürmchen und feines Trockenfutter sollte nur als Ergänzung gereicht werden.

C. portalegrense

Streifenbuntbarsch

Vorkommen: Weit verbreitet über Südbrasilien, Bolivien und Paraguay. **Größe:** ♂ 15 cm, ♀ etwas kleiner. **GU:** Die Geschlechter sind schwer zu unterscheiden, bei manchen Aquarienstämmen zeigen die ♂♂ eine mehr grünliche, die ♀♀ eine mehr braunrötliche Körpergrundfarbe. **Ansprüche:** Becken ab 100 cm Länge; Wasser 3–15 °dH, pH-Wert 6,5–7; Temperatur 20–24 °C, im Winterhalbjahr werden über längere Zeit auch Temperaturen um 18 °C, kurzfristig bis 16 °C ohne Schaden vertragen.

Der Bodengrund kann grobkörnig sein, um robusteren Pflanzen besseren Halt zu geben. Die Pflanzen werden nicht angefressen, oft aber herausgewühlt. Wurzeln und Steine als Versteckmöglichkeiten für diesen gegenüber anderen Arten friedlichen Buntbarsch sollten nicht fehlen, zwischen gleichgeschlechtlichen Artgenossen kommt es oft zu heftigen Kämpfen, selbst die Jungfische sind ständig in Raufereien verwickelt. Bei regelmäßigem Wasserwechsel, der wöchentlich 1/3 des Beckeninhalts umfassen sollte, können die Fische sehr alt werden.

Zucht: Paaransatz in Wasser unter 10 °dH bei pH-Werten zwischen 6,5 und 7 und Temperaturen zwischen 23 und 26 °C bringt die Fische schnell in Laichbereitschaft. In Laichstimmung färben sich beide Partner fast schwarz um. Der Zuchtverlauf entspricht dem von *C. dimerus,* gut vorbereitete Tiere ziehen bis zu 500 Jungfische auf, dabei ist regelmäßiger Teilwasserwechsel eine wichtige Vorbedingung.

»Cichlasoma« facetum

Chanchito

Vorkommen: Südbrasilien, Nordargentinien, Paraguay, Uruguay. **Größe:** Im Aquarium bis 30 cm. **GU:** Die Geschlechter sind mit Sicherheit nur an der Form der Genitalpapille zu unterscheiden (♂ spitz, ♀ stumpf). **Ansprüche:** Becken ab 150 cm, Wasser 5–12 °dH, pH-Wert 6,5–7; Temperatur 27–30 °C, nicht über längere Zeit unter 25 °C absinkend.

Becken ab 150 cm Länge bzw. mit 300 l Inhalt sind Mindestanforderungen zur Pflege dieser Art, die zu den ersten eingeführten Großcichliden gehörte, heute leider aber nur noch von wenigen Liebhabern gepflegt wird. Der Bodengrund kann aus grobem Kies bestehen. Er wird von den Tieren oft durchgewühlt und vor allem in der Laichzeit umgelagert, so daß Pflanzen keine Chance besitzen. Steinaufbauten, welche die notwendigen Versteckplätze enthalten sollten, müssen auf jeden Fall unmittelbar auf dem Beckenboden aufsitzen, da sie andernfalls bei den Aktionen der Tiere zum Einsturz gebracht würden. Die Nahrung sollte vielseitig zusammengesetzt sein, gefressen wird alles, was nicht zu klein ist. Dem hohen Stoffwechselumsatz entsprechend muß die Filterung hochwirksam sein und wöchentlich mindestens 1/4 des Beckeninhaltes beim Wasserwechsel erneuert werden. Obwohl der Chanchito besonders während der Laichzeit sehr unverträglich ist, gehört er zu den Arten, die sehr bald ihren Pfleger erkennen und ihm gegenüber recht zahm werden.

Zucht: Die Fische sind mit 15 cm Länge fortpflanzungsfähig, manchmal auch schon vorher.

Die Zucht ist verhältnismäßig leicht. Von Vorteil ist es in jedem Fall, wenn sich das für die Zucht vorgesehene Paar aus einer Gruppe von Jungfischen findet, man läuft dann nicht Gefahr, wegen Gleichgeschlechtlichkeit der zusammengesetzten Tiere vergeblich auf Nachzucht hoffen zu müssen; denn davor sind auch langjährige Aquarianer nicht gefeit. Paare, die sich gefunden haben, bleiben ihr Leben lang zuverlässige Zuchttiere.

Chanchitos sind Offenbrüter, die Eier werden auf Steinen abgelegt. Beide Eltern pflegen. Nach dem Schlupf werden die Jungen mehrmals in Gruben umgebettet, stehen Wurzeln von Schwimmpflanzen zur Verfügung, dann werden die Jungen darauf angeheftet.

Die Eltern führen den Jungfischschwarm so lange, bis sie erneut laichbereit werden. Erst dann müssen die Jungfische, deren Aufzucht problemlos ist, herausgefangen werden. Da die Zahl der Jungen sehr groß ist, entscheiden allein Futterangebot und Beckengröße über den mengenmäßigen Erfolg. Fällt die Nachzucht in eine futterarme Zeit, dann sollte besser nur ein Teil des Schwarms aufgezogen werden, als alle Tiere großzuhungern, denn daraus werden später nur selten ansehnliche Tiere.

Clarias batrachus

Froschwels, Kiemensackwels
Familie: *Clariidae*

Vorkommen: Ostindien bis Malaysia und Sri Lanka. **Größe:** 55 cm, ♂ etwas kleiner. **GU:** Das ♂ ist schlanker, intensiver in der Farbe und seine Rückenflosse weist dunkle Punkte auf. **Ansprüche:** *C.b.* ist wie die anderen Arten der Gattung (auf die hier nicht eingegangen wird, die sich in den Ansprüchen jedoch gleichen) gefräßig, unverträglich und nachtaktiv und wird deshalb auch künftig nur von Freunden sonderlicher Fischgestalten gepflegt werden. Für die Haltung eines Einzeltieres ist ein Becken von 100 cm Länge ausreichend, soll der Versuch der Haltung mehrerer Tiere unternommen werden, dann ist dies nur in einem mit zahlreichen Verstecken aus Wurzeln, Steinen und Tonröhren ausgestatteten Becken von mehr als 150 cm Länge möglich. Die Fische springen oder klettern heraus, das Becken muß daher fest und sicher abgedeckt werden. Wasser 5–35 °dH, pH-Wert 5–8; Temperatur 15–25 °C. Der Bodengrund sollte feinkörnig, weich und dunkel sein, er wird nachts von den Fischen durchwühlt, so daß Pflanzen höchstens in einer gut abgedeckten Schale eine Überlebenschance haben. In seinen Nahrungsansprüchen ist *C.b.* nicht wählerisch, von der gekochten Kartoffel bis zur Babymaus nimmt er alles. Ein Sättigungsgefühl scheint es bei ihm nicht zu geben, denn bei reichlichem Futterangebot schwillt sein Bauch zur unförmigen Kugel an. Andererseits übersteht er eine mehrtägige Fastenzeit ohne Probleme, er ist dann aber kaum noch in den Grenzen seines Beckens zu halten. Beim Heraus- oder Einfangen (!) der Fische muß man sich vor Verletzungen an den Brustflossenstacheln hüten, sie haben langblutende Wunden zur Folge, bei empfindlichen Menschen schwillt die Wundumgebung auch an.

Eine **Zucht** im Aquarium ist noch nicht gelungen (bisher nur Zufallszucht im Gewächshausteich).

Cleithracara maronii

Maronitibuntbarsch

Bei der Revision der Gattung *Aequidens* aus dieser ausgegliederten Gattung der Familie *Cichlidae.* **Vorkommen:** Guyana. **Größe:** Bis 15 cm, die meisten Aquarienstämme erreichen jedoch diese Größe nicht mehr. **GU:** Die Geschlechter sind sehr schwer zu unterscheiden, erst bei älteren ♂♂ sind Rücken- und Afterflosse deutlicher verlängert, die Genitalpapille des ♀ wird nur beim Laichen sichtbar. **Ansprüche:** Becken ab 70 cm Länge; Wasser 5–20 °dH, pH-Wert 6–7,5; Temperatur 22–25 °C.

Dieser friedliche Cichlide kann im nicht zu kleinen Becken, welches neben dichter Bepflanzung viel Schwimmraum aufweist, sehr gut in einer Gruppe gehalten werden. Dunkler, feinkiesiger Bodengrund erhöht die farbliche Wirkung der Fische. Die oft zu beoachtende Zwergwüchsigkeit bei dieser Art ist nicht nur auf zuchtbedingte Degenerationserscheinungen zurückzuführen, sondern vor allem auf die Haltungsbedingungen, da man den Tieren scheinbar fast alles zumuten kann. Die stattlichsten Tiere wachsen in weichem, leicht saurem, über Torf gefiltertem Wasser heran, welches regelmäßig teilweise gewechselt wird.

Cleithracara maronii

Zucht: Zur Zucht werden Paare verwendet, die sich aus einer Gruppe gefunden haben sollten. In weichem, leicht saurem Wasser und bei Temperaturen zwischen 24 und 27°C laichen diese Offenbrüter meist in einer von Pflanzen geschützten Ecke auf einem Stein ab, gelegentlich auch auf bodennahen breiten Blättern oder Wurzeln. Das Laichsubstrat wurde vorher sehr sorgfältig geputzt. Die Gelegestärke kann bis zu 350 Eier betragen. Beide Eltern betreuen und pflegen Gelege und Jungfische sehr intensiv und länger als die meisten anderen Cichliden (sechs Monate und mehr).

Clownbarbe

→ *Barbus everetti.*

Cnesterodon decemmaculatus

Zehnfleckkärpfling
Familie: *Poeciliidae*

Vorkommen: Südbrasilien, Uruguay, Argentinien. **Größe:** ♂ 2 cm, ♀ 3,5 cm. **GU:** Das wesentlich kleinere ♂ besitzt das für die Familie typische Gonopodium. **Ansprüche:** Ein Becken ab 40 cm Länge ist zur Haltung einer Gruppe dieser ansprechenden Zwerge bereits gut geeignet; Wasser 5–25°dH, pH-Wert 6,5–8; Temperatur 18–26°C. Heller Stand des Beckens zur Förderung eines Algenaufwuchses, dichte Bepflanzung als Unterstand und grober Sand als Bodengrund erfüllen bereits die Anforderungen dieser recht anspruchslosen Art, die auch gut den Sommer über in veralgten kleinen Freilandteichen gehalten werden kann. Eine mäßige Filterung und Teilwasserwechsel in 2–3 Wochen Abstand ist ausreichend, jedoch sollten zu große plötzliche Schwankungen im Wasserchemismus vermieden werden.

Zucht: Die Tragzeit dieses Lebendgebärenden beträgt 24–28 Tage, die Zahl der Jungfische je Wurf liegt mit 5–15 sehr niedrig. Es ist deshalb vorteilhaft, wenn jedes geborene Tier auch groß werden soll, das ♀ einige Tage vor dem Werfen in ein dicht bepflanztes und stark veralgtes 2-l-Becken umzusetzen. Nach dem Werfen wird das ♀ herausgefangen. Für eine gute Entwicklung der Jungfische ist das Angebot von Algenaufwuchs mit seinem Gehalt an Kleinlebewesen unerläßlich, sie können dann bereits mit 8–10 Wochen wieder zuchtfähig sein.

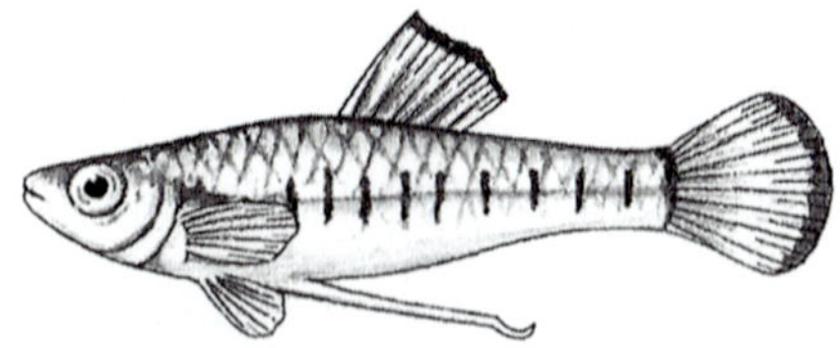

Cnesterodon decemmaculatus

Cobitis taenia

Dorngrundel, Steinbeißer
Familie: *Cobitidae*

Vorkommen: Europa und Westasien. **Größe:** 12 cm. **GU:** Der zweite Strahl der Brustflosse ist beim ♂ verdickt und es bleibt kleiner als das ♀. **Ansprüche:** Bekken ab 100 cm Länge; Wasser 10–15°dH, pH-Wert 7–7,7; Temperatur 14–18°C; keinesfalls über 20°C. Der Bodengrund muß feinkörnig sein und unter flachen Steinen und Wurzeln ausreichend Versteckmöglichkeiten enthalten. Die Bepflanzung sollte sich auf wenige Kaltwasserpflanzen beschränken. Eine kräftige Filterung mit starker Wasserströmung und häufiger, mindestens wöchentlicher Teilwasserwechsel, der die Hälfte des Beckeninhalts umfassen muß, sind notwendige Grundbedingungen zur Haltung dieser Art über längere Zeit.

Zucht: Die Zucht ist unter Aquariumbedingungen durchaus möglich, bei Temperaturen um 18°C laichen die Fische frei über kiesigem Bodengrund oder zwischen lockeren Pflanzenbüscheln. Die Alttiere sollten herausgefangen werden. Der Sauerstoffbedarf bei der Eientwicklung und beim Jungfischwachstum ist hoch, eine kräftige Durchlüftung, die so angebracht ist, daß das gesamte Beckenwasser in Bewegung gerät, ist erforderlich. Pantoffeltierchen, Rädertierchen und Mikrowürmchen sind zur Aufzucht geeignet.

Cobitis taenia

Coelurichthys (Barberos-Tetras)

Eine Gattung von Salmlern aus der Unterfamilie *Glandulocaudinae* der Familie *Characidae* aus Südamerika. Barberos-Tetras sind friedliche, in lockeren Schwärmen lebende Fische mit ansprechender Färbung in vorwiegend zarten Blautönen. Sie gelten als sehr heikel und haben meist keine große Lebenserwartung in den Wohnzimmeraquarien. Die Ursache dafür ist eine viel zu warme Haltung, denn anhaltende Temperaturen über 22°C führen zum Tod der Fische. Zwischen 18 und maximal 21°C fühlen sich die Tiere am wohlsten und können dabei älter als 6 Jahre werden. Die Einhaltung dieser Werte wird vor allem in den Sommermonaten problematisch, und wer keine Möglichkeit der Kühlung oder einen kühl bleibenden Hobbyraum im Keller besitzt, sollte auf die Anschaffung dieser Fische verzichten. Becken ab 80 cm Länge sind für die Pflege eines Schwarmes ausreichend, die gemeinsame Haltung mit dem ebenfalls niedrigere Temperaturen liebenden Neonsalmler → *Paracheirodon innesi* und → *Corydoras*-Arten aus Gebirgsbächen ist gut möglich. Dunkler Bodengrund, gedämpftes Licht, starke Randbepflanzung mit zentralem Schwimmraum und über Torf gefiltertes, von Trübstoffen freies und bernsteingelbes Wasser bringen die Glanzfarben der Tiere am besten zur Wirkung. Eine kräftige Filterung und regelmäßiger Teilwasserwechsel (wöchentlich bis zu 1/4 des Beckeninhaltes) tragen zum Wohlbefinden der Tiere bei. Die optimalen Wasserwerte liegen beim pH-Wert um 7, bei der Härte unter 10°dH.

C. microlepis

Kleinschuppiger Barberos-Tetra

Vorkommen: Südost-Brasilien. **Größe:** ♂ 6 cm, ♀ 5 cm. **GU:** Die blauen Glanzfarben beim ♂ sind intensiver, seine Rücken- und Afterflossen länger ausgezogen. Von oben betrachtet sind bereits halbwüchsige ♀♀

an einem breiteren Vorderkörper zu erkennen. **Ansprüche:** Sie entsprechen den in der Gattungsbeschreibung angegebenen.

Zucht: Anflugnahrung (auf das Wasser gestreute Fruchtfliegen, Blattläuse usw.) wird von den Fischen immer gern genommen, doch zur Vorbereitung der Zucht ist sie unverzichtbar. Wenn die Fische im Gemeinschaftsbecken verstärkte Balzaktionen zeigen, sollten 2–3 Paare in ein 50–60 cm langes Zuchtbecken umgesetzt werden, das mit aufgelockertem Javamoos, ersatzweise auch mit Perlonwolle ausgestattet ist. Nach dem Ablaichen werden die Eltern herausgefangen, der Laich ist vor zu hellem Licht zu schützen. Aus den gut erkennbaren, weißlichen Eiern schlüpfen nach etwa 60 Stunden die Jungfische. Tümpelstaubfutter, ergänzt mit spirulinahaltigem Aufzuchtfutter, ist nach dem Freischwimmen Voraussetzung für ein gutes Aufzuchtergebnis. Wasserbelastungen führen schnell zum Verlust der Jungbrut, deshalb ist vorsichtiger und regelmäßiger Teilwasserwechsel unerläßlich.

C. tenuis

Barberos-Tetra

Vorkommen: Schnellfließende, an Huminsäuren reiche Bäche in den Hügelländern zwischen Südost-Brasilien, Paraguay und Nord-Argentinien. **Größe:** 5 cm. **GU:** Rücken- und Afterflossen sind beim ♀ abgerundet, beim intensiver gefärbten ♂ länger und spitz ausgezogen. **Ansprüche:** Als Bewohner schnellfließender Gewässer haben die Fische einen hohen Sauerstoffbedarf und stellen große Anforderungen an die Wasserhygiene. Übrige Ansprüche siehe Gattungsbeschreibung.

Zucht: *C. tenuis* gehört zu den wenigen Salmlerarten, bei denen eine innere Befruchtung stattfindet. Man muß seine Tiere ständig gut beobachten, um den Tag zu finden, an dem es dem intensiv balzenden ♂ gelingt, während einer innigen Umschlingung sein Samenpaket in das ♀ zu übertragen. Zeigen die ♀♀ deutlich Laichansatz, so kann dieser Vorgang durch vorübergehende Erhöhung der Temperatur auf 24 °C über höchstens eine Woche gefördert werden. Nach der Samenübertragung sollte das ♀ in ein mit Cryptocorynen bepflanztes Becken umgesetzt werden. Die Eiablage erfolgt an der Unterseite von Blättern, sie kann nach Tagen, aber auch erst nach Wochen erfolgen, setzt also viel Geduld des Züchters voraus. Wenn das ♀ deutlich schlanker geworden ist, sollte man die Blattunterseiten sehr intensiv absuchen, denn bereits 24 Stunden nach der Eiablage schlüpfen die Jungfische. Sie sind winzig klein und benötigen feinstes Futter. Steht feinstes Tümpelstaubfutter nicht zur Verfügung, dann helfen ein Büschel Javamoos mit seinen Kleinlebewesen und in geringen Dosen durch ein Teesieb geriebenes hartgekochtes Eigelb zumindest einem Teil der Jungen über die ersten zwei Wochen, bis sie Artemia-Nauplien aufnehmen können.

Colisa (Fadenfische)

Eine Gattung von Labyrinthfischen aus der Familie der *Belontiidae* mit Verbreitungsschwerpunkt auf dem indischen Subkontinent, wo die Fische in stehenden oder langsam fließenden, meist stark verkrauteten Gewässern leben. Da sie mit Hilfe des Labyrinths als zusätzlichem Atmungsorgan in der Lage sind, atmosphärische Luft aufzunehmen, ist ihr Anspruch an den Sauerstoffgehalt des Wassers nicht sehr hoch. In gut und möglichst über Torf gefiltertem Wasser fühlen sie sich dennoch wohler und zeigen bessere Farben. Gegenüber dem Chemismus des Wassers sind sie relativ tolerant, zur vollen Größe entwickeln sie sich jedoch nur in weichem und leicht saurem Wasser. Die Umgebungstemperatur sollte immer 2–3 °C über der Wassertemperatur liegen, um Erkältungen und Siechtum der Fische durch kalte Atemluft zu vermeiden. Dunkler Bodengrund ist bei allen Arten von Vorteil, die Bepflanzung kann locker gestaltet sein und sollte immer auch einige Schwimmpflanzen beinhalten.

Zucht: Die Arten der Gattung sind Schaumnestbauer. Nestbau sowie Betreuung von Gelege und Brut werden ausschließlich vom ♂ durchgeführt. Während der Laichzeit können manche Tiere durch Revierverteidigung unverträglich werden, die Zucht sollte deshalb im Paaransatz in einem Zuchtbecken erfolgen, dessen Wasserstand nicht höher als 15 cm zu sein braucht. Die Paarung ist für den Beobachter sehr reizvoll: das ♂ umschlingt das ♀ und dreht es mit der Bauchseite nach oben. Die abgegebenen Eier werden nach jedem Laichakt gesammelt und in das Schaumnest eingebaut. Nach Ende der Paarung wird das ♀ entfernt, da es vom ♂ stark getrieben wird. Die Jungen schlüpfen temperaturunabhängig nach 24–36 Stunden und beginnen 1–2 Tage später das Nest zu verlassen. Das ♂ versucht anfangs, die Jungfische ins Nest zurückzuholen, sollte aber zu diesem Zeitpunkt auch herausgefangen werden. Für die Aufzucht ist in den ersten Tagen feinstes Staubfutter erforderlich, ersatzweise kann auch durch ein feines Sieb geriebenes hartgekochtes Eidotter gegeben werden, doch zur Erzielung einer großen Zahl gesunder und gutwüchsiger Jungfische kann auf lebendes Staubfutter auf Dauer nicht verzichtet werden. Etwa nach 14 Tagen sollte die Temperatur von 28 auf 26 °C gesenkt werden, nach der vollen Ausbildung des Labyrinths dann noch einmal um 1–2 °C. Die üble Praxis, die Labyrinthfische mit hohen Temperaturen schneller zur Verkaufsreife zu treiben (sogenannte »Dampfzüchterei«) führt zu schwächlichen und kleinbleibenden Tieren, die zwar früh Farbe zeigen, aber sehr anfällig gegen wechselnde Wasserbedingungen und vor allem gegen Fischtuberkulose werden. Aus dem gleichen Grund sollten die Fische, die nach einiger Zeit in ihrer Entwicklung deutlich unter dem Durchschnitt der Geschwister geblieben sind, selektiert werden. Der Verkauf solcher Nachwüchser mit großem Kopf und schmächtigem Körper gereicht den Aquarianern nicht zur Ehre, denn aus ihnen werden niemals ansprechende Aquarienfische, die den Arten dieser Gattung neue Freunde gewinnen können.

C. fasciata

Gestreifter Fadenfisch

Vorkommen: Indien bis Burma. **Größe:** 10 cm. **GU:** Das ♂ ist intensiver gefärbt, seine Rückenflosse spitz ausgezogen. **Ansprüche:** Die Haltung in einem Becken mit 60 cm Länge ist möglich, doch zur vollen Größe entwickeln sich die Fische nur in größeren Becken; Wasser 4–15 °dH, pH-Wert 6–7; Temperatur 24–28 °C. Die Bekkeneinrichtung erfolgt wie in der Gattungsbeschreibung angegeben.

Zucht: Das Zuchtwasser sollte bei einem pH-Wert von 6,5 nach Möglichkeit eine Härte unter 5 °dH aufweisen, eine Filterung über Torf bis zur leichten Braunfärbung ist von Vorteil. Das ♂ baut ein großes Schaumnest unter und zwischen Schwimmpflanzenblättern. Bei einer Temperatur von 28 °C schlüpfen aus den 500–800 Eiern nach 24–30 Stunden die

Colisa fasciata

Jungen, drei Tage später schwimmen die Jungfische frei und werden, wie in der Gattungsbeschreibung angegeben, aufgezogen.

C. labiosa

Dicklippiger Fadenfisch

Vorkommen: Flußgebiet des Irawadi, Burma. **Größe:** 8 cm. **GU:** Das ♂ ist farbiger, seine Rückenflosse ist lang ausgezogen. **Ansprüche:** Becken ab 60 cm Länge, besser darüber; Wasser 2–10 °dH, pH-Wert 6–7; Temperatur 23–28 °C. Die Beckeneinrichtung erfolgt wie in der Gattungsbeschreibung angegeben.

Zucht: Die Zucht ist in dem für die Haltung angegebenen Bereich der Wasserwerte möglich, in weichem und leicht saurem Wasser sind jedoch die Schlupfergebnisse besser. Der Wasserstand im Zuchtbecken sollte 20 cm Höhe nicht überschreiten, die Zuchttemperatur kann zwischen 28 und 30 °C liegen. Das ♂ baut ein sehr großes, jedoch meist nicht sehr stabiles Schaumnest, die Zahl der Eier liegt zwischen 500 und 600. Die Jungen schlüpfen nach 24–30 Stunden und schwimmen meist bereits zwei Tage später frei. Für die Aufzucht gilt das in der Gattungsbeschreibung Gesagte.

Colisa labiosa, ♂ und ♀

C. lalia

Zwergfadenfisch

Vorkommen: Flußgebiete des Ganges und Brahmaputra. **Größe:** 6 cm. **GU:** Das ♀ ist sehr schlicht, das ♂ prächtig gefärbt. **Ansprüche:** Die Haltung eines Paares in einem Becken von 40 cm Länge ist möglich, jedoch erreichen die Fische darin nicht ihre volle Größe. Wasser: In seinen Ansprüchen an den Chemismus des Wassers ist *C.l.* relativ tolerant, kümmert jedoch in hartem und alkalischem Wasser. Das Optimum liegt bei 2–8 °dH, pH-Wert 6,5; Temperatur 24–28 °C, sie darf nicht über längere Zeit darunter absinken. Die Beckeneinrichtung erfolgt wie in der Gattungsbeschreibung angegeben, in einem stark veralgten Becken fühlen sich die Fische am wohlsten.

Zucht: Die Zucht ist im kleinen Becken bei einem Wasserstand von 15–20 cm Höhe möglich, sollte jedoch im Hinblick auf die zu erwartenden 500–600 möglichen Jungfische nicht zu klein bemessen sein. Das ♂ baut ein hohes und stabiles Schaumnest unter Verwendung von Pflanzenteilen, deshalb müssen *Riccia*, Fadenalgen, Javamoossprosse u.ä. im Zuchtbecken vorhanden sein. Die Temperatur kann während der Laichphase und der Ei- und Embryonenentwicklung auf 32 °C erhöht werden, sollte dann aber wieder auf 28 °C abgesenkt werden. Die Jungen schlüpfen bei dieser Temperatur nach 24 Stunden und verlassen spätestens am dritten Tag das Schaumnest. Die Aufzucht ist nach den in der Gattungsbeschreibung angeführten Grundsätzen durchzuführen. Bei dieser Art ist durch unsachgemäße Aufzucht die Zwergwüchsigkeit besonders stark zu beobachten, Tiere von 6 cm Länge sind leider nur noch selten zu sehen. Um wieder auf das alte Niveau zu kommen, sollten zur Zucht nur die ♂♂ eingesetzt werden, die sehr spät durchfärben, nur von ihnen ist Größe zu erwarten. Inzwischen sind von *C.l.* rote, blaue und langflossige Zuchtformen verbreitet, die jedoch in der Körpergröße hinter der Wildform zurückbleiben.

Colisa lalia, ♂

C. sota

Honiggurami

Vorkommen: Flußgebiet des Brahmaputra. **Größe:** 6 cm. **GU:** Die Geschlechter sind außerhalb der Laichzeit für das ungeübte Auge schwer zu unterscheiden, das ♀ ist etwas höher als das ♂. Im Brutpflegekleid gehört das ♂ zu den prächtigsten Labyrinthfischen (Körper dunkel honigfarben, Kehle und Vorderteil der Afterflosse tiefschwarz). **Ansprüche:** *C.s.* gehört noch immer zu den empfindlichen Labyrinthfischen, die Vergesellschaftung mit lebhaften Fischen verkürzt seine Lebenserwartung. Die Haltung mehrerer Paare in einem Becken wirkt sich günstig aus, dabei sollte jedem Paar, durch entsprechende Bepflanzung gegliedert, ein Revier von 25–30 cm Durchmesser zur Verfügung stehen. Es muß unbedingt darauf geachtet werden, daß die atmosphärische Luft über dem Becken in der Temperatur 2–3 °C über der Wassertemperatur liegt, sonst werden die Fische hinfällig; Wasser 3–15 °dH, pH-Wert 6–7; Temperatur 23–27 °C. Die Beckeneinrichtung erfolgt wie in der Gattungsbeschreibung angegeben, ausgekochte Torffasern im Bodengrund oder Filterung über Torf erhöhen die Widerstandsfähigkeit der Fische. Als günstig hat sich auch das Einhängen von einem Erlenzäpfchen in den Filter erwiesen, das im Abstand von drei Wochen erneuert werden muß.

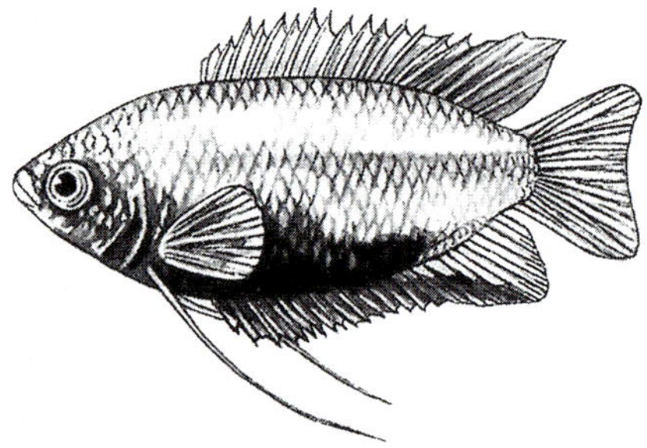

Colisa sota

Zucht: Bei Haltung im Artbecken mit einem Wasserstand von 15–20 cm ist die Zucht möglich. Das ♂ baut ein sehr lockeres Schaumnest, wenn ein laichreifes ♀ sehr drängt, wird manchmal auch abgelaicht, wenn das Nest nur aus wenigen symbolischen Schaumbläschen besteht. Schaumnester, die unter den Blättern von Schwimmpflanzen angelegt werden, können dagegen groß und relativ stabil sein. Bei Zucht im Artbecken ist es vorteilhaft, das gesamte Nest abzuschöpfen und in ein Aufzuchtbecken mit 10 cm Wasserstand zu überführen. Die Jungen schlüpfen nach 24–36 Stunden (in Abhängigkeit von der Temperatur), die Jungfische verlassen einen Tag später bereits das Nest, nur unter ungünstigen Bedingungen verzögert sich das Freischwimmen bis zu drei Tagen. Die Aufzucht erfolgt nach den in der Gattungsbeschreibung genannten Grundsätzen.

Colossoma macropomum

Pacu
Familie: *Serrasalmidae*

Vorkommen: Amazonasgebiet. **Größe:** Unter den Bedingungen eines 1000-l-Großaquariums (Aquarium Erfurt) bei erwachsenen Tieren ♂ 40 cm; ♀ 60 cm. **GU:** Neben einem deutlichen Größenunterschied sind die ♂♂ durch eine vorn in eine kleine Spitze auslaufende Afterflosse zu erkennen. **Ansprüche:** Jüngere Tiere können als kleiner Schwarm in einem Becken ab 120 cm Länge gehalten werden, für ein Paar erwachsene Fische sind 1000 l die unterste Größe. Sie können mit Arten von → *Cichlasoma* und → *Aequidens* gut gemeinsam gehalten werden. Wasser 5–25 °dH, pH-Wert 5,5–7,5; Temperatur 20–28 °C. Der Bodengrund kann aus grobem Kies bestehen, eine Bepflanzung des Beckens ist nicht möglich, da die Fische alles Grüne fressen. Große, hochragende und stark verzweigte Wurzeln werden gern als Unterstand angenommen und dienen als Dekoration. Die oft in der Literatur zu findende Behauptung, daß *Pacus* reine Pflanzenfresser seien, ist falsch. Sie fressen zwar alles Pflanzliche (Salat, Erbsen, Apfel- und Birnenstückchen, Beerenobst u.a.), benötigen aber in großen Mengen auch Würmer, Rinderherzwürfel, Fischfiletstückchen und Babymäuse. Um den damit verbundenen hohen Anfall an Ausscheidungen zu beseitigen, muß die Filterung sehr kräftig sein, sie sollte mindestens einmal je Stunde den Beckeninhalt durch den Filter fördern. Ein Teilwasserwechsel, der jeweils 1/3 des Beckeninhalts umfassen sollte, muß spätestens im Abstand von sieben Tagen erfolgen.

Zucht: Bisher wurde nur einmal unter Aquariumbedingungen abgelaicht (im Aquarium Erfurt). Die Aktivitäten gehen vom laichvollen ♀ aus, abgelaicht wurde frei in den frühen Morgenstunden in einem 1000-l-Gesellschaftsbecken. Nach dem Ablaichen war die 1,2 m^2 Bodenfläche mehr als 1 cm hoch mit (aufgequollenen) 4 mm großen Eiern bedeckt, die jedoch (vermutlich wegen der hohen Wasserhärte von 35 °dH) nicht zum Schlupf gebracht werden konnten.

Von unseriösen Zoohändlern wird gelegentlich unter der Bezeichnung **»Pflanzenfressender Piranha«** eine weitere Pacu-Art angeboten. Meist handelt es sich dabei um *C. brachypomus,* den Silbernen Pacu. Tiere dieser Art erreichen eine Größe von 45 cm und mehr, ihre Heimat ist der obere Amazonas. Sie sind als Jungtiere sehr attraktiv gefärbt, sehen dem Roten Piranha → *Serrasalmus nattereri* verblüffend ähnlich und sind erst bei genauem Hinsehen an Flossenstellung und Schnauzenform zu unterscheiden. Der ahnungslose Käufer wundert sich dann, daß die Fische sich durchaus nicht nur mit Flockenfutter und Salat zufriedengeben, sondern in kurzer Zeit sein Aquarium pflanzenfrei fressen und sehr schnell zur Speisefischgröße heranwachsen. Ihre Ansprüche sind mit denen der obengenannten Art identisch. Trotz ihrer Anspruchslosigkeit und Farbigkeit rate ich dringend vom Erwerb dieser Fische für das Wohnzimmeraquarium ab.

Copadichromis

Eine Gattung von Maulbrütern der Familie *Cichlidae,* bei der die männlichen Tiere meist sehr farbenprächtig sind. **Vorkommen:** Ufernahe Freiwasserbereiche an den Felsenküsten des Malawisees. **Ansprüche:** Wasser 10–20 °dH, pH-Wert 7,5–8,5; Temperatur 24–26 °C. Die Arten der Gattung benötigen zum Wohlbefinden viel freien Schwimmraum, die Beckenlänge sollte deshalb für eine artgerechte Haltung nicht wesentlich unter 150 cm liegen, für die Pflege einer Art sind 100 cm ausreichend. Felsaufbauten, die auch Versteckplätze bieten müssen, sollten bis zur Wasseroberfläche reichen. Eine Bodengrundgestaltung, bei der sich Kies- und Sandflächen abwechseln, die mit einigen flachen Steinen belegt sind, kommt dem Fortpflanzungsverhalten der Fische entgegen. Eine Bepflanzung mit Anubias und Riesenvallisnerien an den Rändern ist möglich, Pflanzen werden von den Arten der Gattung nicht abgefressen. Der hohe Sauerstoffbedarf muß durch eine kräftige Filterung und Belüftung befriedigt werden, der wöchentliche Teilwasserwechsel sollte 1/4 bis 1/3 des Beckeninhalts umfassen. Die Arten der Gattung sind Allesfresser, das Futterangebot sollte vielseitig sein.

Zucht: Eine Temperaturerhöhung auf 28 °C fördert die Laichbereitschaft. Die Haltung im Harem (ein ♂, 2–4 ♀♀) ist vor allem bei Pflege und Zucht im Gemeinschaftsbecken günstig, die laichbereiten ♀♀ kommen ins Revier des ♂. Nach der Eiablage auf einem waagerechten Stein, auf Sand oder Kies werden die Eier sofort vom ♀ ins Maul genommen und nach der Eifleckmethode (siehe → *Cyrtocara*) befruchtet. Nach 20 oder 21 Tagen Maulbrutzeit schwimmen die Jungfische frei und nehmen Nauplien als Erstfutter an. Für eine rationelle Zucht sollte das brütende ♀ zwei Tage vor Brutende vorsichtig herausgefangen und in ein Aufzuchtbecken überführt werden, welches einen auf die Seite gelegten Blumentopf als Unterstand und groben Kies als Bodengrund enthält. Das vorzeitige »Melken« des ♀ durch Druck auf die Kiemendeckel und nachfolgende künstliche Aufzucht der Embryonen sollte unterbleiben, um die Maulbrutbereitschaft dieser Arten nicht zu beeinträchtigen.

C. boadzulu

Größe: 15 cm. **GU:** Rücken- und Afterflosse des farbigeren ♂ sind spitz ausgezogen, das ♀ ist silbergrau gefärbt. Die Ansprüche und die Zucht sind wie in der

Gattungsbeschreibung angegeben, die Maulbrutdauer beträgt bei 26 °C 20 Tage.

C. borleyi

Größe: 14 cm. **GU:** Das ♂ ist farbenprächtiger und trägt Eiflecken auf der Afterflosse; das graubraun gefärbte ♀ bleibt kleiner als das ♂. Die Ansprüche und die Zucht sind wie in der Gattungsbeschreibung angegeben, die Maulbrutdauer beträgt bei 26 °C 20 Tage.

C. chrysonotus

Gelbrückenmaulbrüter

Größe: 15 cm. **GU:** Das insgesamt farbigere ♂ hat ein gelbes Stirnband, das von der Oberlippe bis zur Rückenflosse reicht. Die Eiflecken sind deutlich sichtbar. Das Stirnband ist beim unscheinbar gefärbten ♀ kaum sichtbar, die Eiflecken sind blaß. Die Ansprüche und die Zucht sind wie in der Gattungsbeschreibung angegeben, die Eiablage erfolgt bevorzugt in selbstangelegten Laichgruben. Die Maulbrutdauer beträgt bei 26 °C 21 Tage.

Copeina guttata

Forellensalmler
Familie: *Lebiasinidae*

Vorkommen: Amazonasbecken. **Größe:** 10 cm. **GU:** Der obere Teil der Schwanzflosse ist beim intensiver gefärbten ♂ länger ausgezogen als beim ♀. **Ansprüche:** Becken ab 80 cm Länge; Wasser 5–12 °dH, pH-Wert 6–7; Temperatur 23–25 °C. Feinkörniger, nicht zu heller Bodengrund und eine dichte Bepflanzung des Beckens kommen den Bedürfnissen der Art entgegen. Eine kräftige Filterung, möglichst über Torf, erhöht Wohlbefinden und Farbigkeit der Fische. *C.g.* ist ein lebhafter Schwarmfisch, der gern springt, das Becken ist deshalb lückenlos abzudecken.

Zucht: Paaransatz in einem langgestreckten Becken, das als Einrichtung nur eine etwa 4 cm hohe Schicht feinen Sandes enthalten muß. Abgelaicht wird in eine vom ♂ ausgewählte Grube. Das ♂ bewacht und befächelt das Gelege, das ♀ sollte entfernt werden. Für Zucht und Aufzucht ist eine Temperatur von 24–26 °C ausreichend. Erwachsene Tiere können sehr produktiv sein (bis 2500 Eier), die Jungen schlüpfen nach 32–48 Stunden. Das Aufzuchtergebnis ist allein davon abhängig, welche Futtermengen (Rädertierchen, Nauplien, Mikrowürmchen) man in den ersten Lebenstagen beschaffen kann. Bei häufigem Teilwasserwechsel und gutem Futter wachsen die Jungfische zügig.

Copella

Eine Gattung von Salmlern der Familie *Lebiasinidae* aus dem Amazonas, deren Arten durch einen langgestreckten Körper und einen im männlichen Geschlecht verlängerten oberen Schwanzflossenlappen gekennzeichnet sind.

C. arnoldi

Spritzsalmler

Vorkommen: Britisch-Guayana. **Größe:** ♂ 8 cm, ♀ 6 cm. **GU:** Das ♂ ist, vor allem in den stark verlängerten Flossen, farbenprächtiger als das ♀. **Ansprüche:** Die Haltung von 2–3 Paaren ist bereits in einem Becken ab 60 cm Länge gut möglich. Wasser 2–15 °dH, pH-Wert 6,5; Temperatur 23–28 °C. Für diese Art, die sich vorwiegend in mittleren und oberen Wasserschichten aufhält, ist die Beschaffenheit des Bodengrundes ohne Bedeutung, über dunklen Boden kommen jedoch die Farben besser zur Wirkung, deshalb ist auch eine Filterung des Wassers über Torf von Vorteil, das Wasser kann bernsteingelb bis hellbraun gefärbt sein, sollte jedoch klar bleiben. Bei guter Bepflanzung, die ausreichend Schwimmraum frei läßt, sollte der Stand des Beckens hell sein, einige Schwimmpflanzen bieten den Fischen Unterstand. Das Becken muß sehr gut abgedeckt werden, die Fische springen auch außerhalb der Laichzeit gern.

Zucht: *C.a.* ist wegen seiner besonderen Fortpflanzungsbiologie ein Fisch, den jeder Aquarianer einmal gepflegt haben muß, denn die Laichablage erfolgt außerhalb des Wassers. Die Paare springen gemeinsam aus dem Wasser und laichen an der Deckscheibe oder unter Blättern ab, die sich über dem Wasserspiegel befinden. Das Zuchtbecken wird dementsprechend gestaltet. Ausreichend für ein Paar ist ein Becken von 40 cm Länge, das lückenlos abgedeckt sein muß. Der Abstand zwischen Wasseroberfläche und Deckscheibe muß zwischen 5 und 10 cm liegen. Man kann einen Philodendronsproß durch diesen Luftraum leiten, dann laichen die Fische unter dessen Blättern ab. Um aber die Entwicklung der Eier beobachten zu können, läßt man die Fische beim ersten Mal besser an der Deckscheibe ablaichen.

Die Zucht kann in fast jedem Wasser erfolgreich sein, jedoch sind die Schlupfergebnisse in weicherem und leicht saurem Wasser besser. Wenn das Zuchtbecken unbepflanzt bleibt, dann ist es günstig, ein Stück Papier oder ein Blatt auf die Deckscheibe zu legen, um dem ♂, das den Ablaichplatz auswählt, eine Orientierung zu ermöglichen. Bei jedem gemeinsamen Sprung an die Deckscheibe werden ungefähr zehn Eier abgelegt, das ♂ bleibt meist etwas länger an der Deckscheibe haften als das ♀. Insgesamt werden 100–200 Eier dicht nebeneinander abgelegt, die in einer geleeartigen Substanz fest haften. Nach dem Ablaichen wird das Gelege vom ♂ in unregelmäßigen Abständen durch rasche Bewegung der Schwanzflosse mit Wasser bespritzt. Die Entwicklung der Embryonen in den Eiern ist mit einer Lupe sehr gut zu beobachten. In Abhängigkeit von der Temperatur im Deckscheibenbereich schlüpfen die Jungen nach 48–72 Stunden. Dem Schlupf gehen heftige Bewegungen der Fischchen im Ei voraus, was gut zu beobachten ist. Mit weiteren Wasserspritzern des ♂ werden sie ins Becken gespült. Für eine rationelle Zucht ist es möglich, kurz vor dem Schlupf das Gelege mit dem Fingernagel oder einer Rasierklinge vorsichtig von der Unterlage zu lösen und in ein feinperlig durchlüftetes Aufzuchtbecken zu überführen. Die Jungfische schwimmen 30–48 Stunden nach dem Schlupf frei, sie sind mit Zuchtpantoffeltierchen gut anzufüttern, nehmen

Copella arnoldi, Ablaichverhalten

aber ersatzweise auch qualitativ hochwertiges, durch ein Teesieb geriebenes Trockenfutter an, sofern es durch die Belüftung in Bewegung gehalten wird. Auf lebendes Staubfutter sollte jedoch nicht ganz verzichtet werden. Die Aufzucht ist problemlos.

C. nattereri

Blaupunktschlanksalmler

Vorkommen: Unterer Amazonas. **Größe:** 5 cm. **GU:** Das ♂ ist kräftiger gefärbt und hat eine längere Rückenflosse als das ♀. **Ansprüche:** Für die Haltung von 2–3 Paaren ist ein Becken ab 60 cm Länge ausreichend. Wasser 5–25 °dH, pH-Wert 5,8–7,5; Temperatur 23–27 °C, nicht darunter. Bei zu hellem Stand des Beckens wirken die Fische blaß. Dunkler Bodengrund, der Torfanteile enthalten kann, und eine lockere Schwimmpflanzendecke schaffen die für die Fische günstigsten Bedingungen. Zur Bepflanzung werden vor allem breitblättrige Arten ausgewählt, eine mäßige Filterung ist ausreichend, jedoch sollte durch den Filterauslauf eine Wasserströmung entstehen. Wöchentlicher Teilwasserwechsel, der 10–15 % des Beckeninhalts umfaßt, ist günstiger als ein großer in längeren Abständen.

Zucht: Das Zuchtbecken von 40 cm Länge muß Sand oder ein Sand-Torf-Gemisch als Bodengrund mit horizontalliegenden Blättern enthalten. Abgelaicht wird auf einem Blatt, die Eier haften nicht, doch bei günstiger Form des Blattes bleiben sie liegen und werden vom ♂ betreut. Es entwickeln sich jedoch auch die auf den Boden gefallenen Eier. In weichem Wasser und bei einer Temperatur von 26 °C schlüpfen die Jungen nach 30–36 Stunden, hängen sich nach 48 Stunden an Pflanzen und Scheiben und zehren noch fünf Tage lang vom Dottersack. Erst danach müssen sie mit feinstem Staubfutter angefüttert werden. Sie nehmen bald auch große Pantoffeltierchen, Rädertierchen und Mikrowürmchen an.

Copora nicaraguensis

Nikaraguabuntbarsch, Traumbarsch

Gattung der Familie *Cichlidae*, die 1969 von Fernandez-Yepez aufgestellt, und in welche diese Art nach Ausgliederung aus Cichlasoma eingegliedert wurde. **Vorkommen:** Atlantikseite von Nikaragua und Costa Rica. **Größe:** ♂ 20 cm, ♀ 15 cm. **GU:** Die Geschlechter sind bereits bei halbwüchsigen Tieren gut zu unterscheiden, da die ♂♂ in den unpaaren Flossen ein auffälliges Tüpfelungsmuster tragen, das den ♀♀ fehlt. Die Grundfarbe der ♀♀ ist gelb- bis blaugrün, die der ♂ messing- bis kupferfarben. Erwachsene ♂♂ haben einen sehr bullig wirkenden Kopf mit fast senkrecht ansteigendem Stirnprofil. **Ansprüche:** Becken ab 120 cm Länge. *C.n.* gehört zu den friedlichen Buntbarschen, der sich bei Vergesellschaftung mit anderen Arten eher unterdrücken läßt, als aggressiv zu werden; Wasser 10–20 °dH, pH-Wert 78–8,5; Temperatur 23–27 °C. Die Beckeneinrichtung muß den Bedürfnissen der Art nach Schwimmraum Rechnung tragen. Versteckplätze in Steinaufbauten an der Rückwand sind vor allem dann angebracht, wenn mehrere Tiere gepflegt werden. Robuste Pflanzen, wie *Anubias*, *Echinodoras* und Riesenvallisnerien haben gute Überlebenschancen, wenn sie in Blumentöpfe gepflanzt werden. Der Bodengrund sollte aus grobem Sand von mindestens 8 cm Höhe bestehen, auf dem einige Steinplatten so gelegt sind, daß die Fische bei Bedarf darunter Laichgruben wühlen können. Ein Wasserwechsel muß regelmäßig wöchentlich durchgeführt werden und 1/4 des Beckeninhalts umfassen.

Zur Futterpalette gehören neben Wasserflöhen und Mückenlarven auch Algen und Schnecken.

Zucht: Im Unterschied zu anderen Arten der Gattung haften die Eier nicht an einem Laichsubstrat, sondern werden in Gruben am Boden abgelegt, die oft von beiden Eltern gemeinsam in den sandigen Bodengrund gegraben werden. Sehr gern werden auch Tongefäße als Laichplatz angenommen (auf die Seite gelegte Blumenvasen u.ä.), deren Öffnung gerade so groß ist, daß die Tiere hineinschlüpfen können. Die Art ist sehr produktiv, selbst junge Paare bringen bei der ersten Brut weit über 500 Jungfische auf. Die Jungen schlüpfen nach 3–4 Tagen, die Jungfische schwimmen 5–6 Tage später frei und nehmen Artemia-Nauplien und Mikrowürmchen als Erstfutter an. Die Eltern pflegen sehr gut, dennoch ist es wegen der großen Jungfischzahl besser, aus kleineren Zuchtbekken einen Teil der Jungfische herauszufangen und bei häufigem Teilwasserwechsel getrennt aufzuziehen. Auch bei optimalen Aufzuchtbedingungen dauert es ein halbes Jahr und mehr, bevor die Fische die prächtige Färbung der Alttiere zeigen.

Corumba-Zwergbuntbarsch

→ *Apistogramma commbrae.*

Corydoras (Panzerwelse)

Diese Gattung ist die artenreichste innerhalb der Familie *Callichthyidae*. Bisher wurden etwa 150 Arten wissenschaftlich beschrieben. Weitere 50 Arten und Fundortformen wurden entdeckt und zum Teil bereits eingeführt und gezüchtet. Da das Verbreitungsgebiet von Trinidad im Norden bis Argentinien über das gesamte Mittelamerika und große Teile Südamerikas reicht und längst nicht alle Gewässer erkundet wurden, kann davon ausgegangen werden, daß zahlreiche neue Arten hinzukommen werden. Viele Arten ähneln sich, so daß eine exakte Artbestimmung importierter Tiere meist nur noch dem Spezialisten möglich ist. Die nachfolgende Auswahl wurde auf einige charakteristische Arten beschränkt, die seit längerem zum festen Bestand der Aquaristik gehören. Sie leben in langsam fließenden oder stehenden Gewässern, die oft verschlammt sind, und haben die Fähigkeit, bei sauerstoffarmem Wasser atmosphärische Luft über ein spezielles Epithel im Enddarm zur Deckung des Sauerstoffbedarfs verwerten zu können (Darmatmung). Panzerwelse gehen deshalb auch unter Aquarienbedingungen regelmäßig zum Luftschnappen an die Wasseroberfläche. Alle bisher eingeführten Arten sind friedlich und für jedes Gesellschaftsbecken geeignet, wo sie sich als Beseitiger der zu Boden gefallenen Futterreste nützlich machen. Es ist in jedem Fall empfehlenswert, einen kleinen Schwarm dieser stets lebhaften Fische zu pflegen. Bewährt hat sich bei den meisten Arten eine Gruppengröße von 5–7 Tieren mit ♂♂ in der Überzahl. Die schwimmfreudigen Zwerge fühlen sich in Schwärmen von 10–15 Tieren am wohlsten, und lediglich die großen langschnäuzigen Arten sind eher Einzelgänger. Die Geschlechter sind mit einiger Erfahrung relativ gut zu unterscheiden. Die ♂♂ bleiben in der Regel kleiner, die ♀♀ sind fülliger. Bei einigen Arten besitzen die ♂♂ verlängerte oder farblich abgesetzte erste Rückenflossenstrahlen, in jedem Fall aber sind bei ihnen die Brustflossenstacheln verdickt. Dies ist am sichersten zu erkennen, wenn man die Tiere von oben betrachtet.

In ihren **Ansprüchen** an den Chemismus des Wassers sind sie nach Eingewöhnung sehr tolerant bei einer Härte zwischen 2 und 25 °dH und pH-Werten zwischen 6 und 8. Die optimalen Werte liegen bei 5–10 °dH und einem pH-Wert um 7. Die Temperaturansprüche sind je nach Herkunft verschieden und werden bei den einzelnen Arten aufgeführt. Während Panzerwelse mit Mulm aus abgestorbenen Pflanzenteilen gut zurechtkommen, reagieren sie empfindlich auf Wasserbelastungen durch die Ausscheidung der Fische. Eine kräftige Filterung, die eine leichte Wasserströmung erzeugen sollte, regelmäßige Kotentfernung sowie wöchentlicher Teilwasserwechsel, der 1/4 des Beckeninhalts umfassen muß, gehören deshalb zu den Grundforderungen an eine langfristige Pflege dieser Fische.

Der Bodengrund sollte dunkel, feinkörnig und frei von scharfen Kanten sein, an denen sich die Welse Barteln und Mäuler verletzen können. Die Bepflanzung kann mittel bis dicht sein und ist mit allen Pflanzenarten möglich. Wenn durch etwas sonnigen Stand des Beckens die Voraussetzungen für Algenaufwuchs gegeben ist, so wird dieser gern von den Fischen aufgenommen. Neben allen Arten von Lebend- und Trockenfutter werden auch überbrühter Salat, zerquetschte Feinfrosterbsen und morsches Moorkienholz angenommen. Letzteres dient ebenso wie morsches Holz aus sauberen Waldteichen dazu, den Ballaststoffbedarf der Fische zu befriedigen, und ist durch seinen Gehalt an Spurenelementen oft der Schlüssel zum Laichansatz.

Die **Zucht** war bisher noch nicht bei allen eingeführten Arten problemlos möglich, während andere bereits regelmäßig gezüchtet werden. Bewährt hat sich in den meisten Fällen ein Gruppenansatz mit Männchenüberzahl (5 ♂/3 ♀) oder der Ansatz von 2–3 ♂♂ zu einem ♀. Bei durch kräftige Fütterung, vor allem mit Mückenlarven, gut vorbereiteten Tieren kann in vielen Fällen die Laichbereitschaft durch einen einmaligen oder mehrere Tage hintereinander wiederholten umfangreichen Teilwasserwechsel (60% erneuern), verbunden mit einem Absenken der Temperatur um 4–5 °C ausgelöst werden. Die Temperatur wird danach wieder auf den Ausgangswert erhöht. Die günstigsten Voraussetzungen für die Zucht liegen bei Wasserwerten von 5–10 °dH, einem pH-Wert von 7 und Temperaturen zwischen 26 und 30 °C. Frisch importierte Tiere behalten meist lebenslang die Laichperioden ihres Herkunftsgebiets bei. Zuchtversuche mit ihnen haben nur in den Monaten Dezember bis März und August bis Oktober Aussicht auf Erfolg. Die aquaristisch bereits länger eingeführten Arten können dagegen das ganze Jahr über zum Ansatz gebracht werden, doch sollte nach der dritten oder vierten Laichabgabe eine Pause eingelegt werden. Die Laichphase wird in der Regel vom ♀ eingeleitet, das durch unruhiges Umherschwimmen seine bevorstehende Laichbereitschaft signalisiert, worauf es von den ♂♂ umschwärmt wird. Der Laichakt selbst verläuft so, daß ein ♂ sich quer vor das ♀ stellt (T-Stellung) und unmittelbar darauf die Barteln des ♀ mit seinen Brustflossen festklemmt. Während das ♂ den Kopf des ♀ gegen seine Körperseite drückt, stößt es eine Spermawolke aus. Das ♀ hat gleichzeitig seine Bauchflossen zu einer Flossentasche gefaltet und legt je nach Art ein oder mehrere Eier hinein. Die Fische lösen sich, das ♀ putzt eine Unterlage (Stein, Scheibe oder Blatt) und drückt die stark klebenden Eier auf die geputzte Stelle (Ausnahmen siehe bei den Artbeschreibungen). Da manche Tiere in den Laichpausen die Eier fressen, hat sich das Einbringen einer schräg an die Seitenscheiben gelehnten kleinen Glasscheibe bewährt, die nach dem Ablaichen mit dem Gelege in ein gesondertes Aufzuchtbecken überführt wird. Die Eier sind jedoch so stabil, daß man sie auch mit dem Fingernagel von der Unterlage lösen und in das Aufzuchtbecken übertragen kann. Werden die Welse zwischen den Paarungen gut gefüttert, so wird die Gefahr des Laichfressens erheblich gemindert. Für die Eientwicklung und Aufzucht ist ein Becken mit 10 cm Höhe gut geeignet, da darin die notwendige peinliche Sauberkeit am besten gewährleistet werden kann. Das Wasser im Aufzuchtbecken muß feinperlig, aber kräftig durchgelüftet werden, der Zusatz eines keimhemmenden Mittels (Acriflavin o. ä. bis zu 1 g je 100 l) hat sich bewährt. Die Entwicklung der Jungen ist in den dunkler werdenden Eiern gut zu verfolgen, der Schlupf erfolgt je nach Temperatur und Art zwischen dem 4. und 7. Tag nach dem Ablaichen. Zwei Tage später muß mit dem Anfüttern begonnen werden, dabei haben sich Rädertierchen, gefrostete Cyclops-Nauplien und kleine Grindalwürmchen bewährt, während mit Mikrowürmchen unterschiedliche Erfahrungen vorliegen. Der Boden des Aufzuchtbeckens ist vor allem von schleimigen Belägen peinlich sauberzuhalten, wird dies nicht beachtet, so kann es zum Totalverlust der Jungwelse führen. Der Teilwasserwechsel muß täglich durchgeführt werden und sollte 1/4–1/3 des Beckeninhalts umfassen. Das Wachstum verläuft bei den meisten Arten zügig.

Corydoras agassitzii, ♀

Corydoras axelrodi

Corydoras sodalis, ♀

Corydoras schwartzi, ♀

Corydoras caudimaculatus

C. aeneus

Goldstreifenpanzerwels, Metallpanzerwels

Vorkommen: Amazonasnebenflüsse. **Größe:** 7 cm. **GU:** Das ♂ ist schlanker und bleibt kleiner als das ♀. **Ansprüche:** Diese bisher unter dem Synonym *C. schultzei* weitverbreitete Art gehört zu den anspruchslosesten der Gattung und ist innerhalb der in der Gattungsbeschreibung angegebenen Toleranzen in den Wasserwerten ein ausdauernder Pflegling. Temperaturen von 20–24 °C sind ausreichend, vorübergehend werden selbst Temperaturen bis 17 °C ohne Schaden überstanden. Die Beckenlänge sollte 70 cm nicht unterschreiten und die Beckeneinrichtung wird laut Gattungsbeschreibung vorgenommen.

Zucht: *C.a.* gehört zu den am leichtesten züchtbaren Arten der Gattung, die Zucht verläuft wie in der Gattungsbeschreibung angegeben. Sie ist hervorragend geeignet,

Corydoras aeneus

dem Neuling Erfahrungen in der Zucht von Panzerwelsen zu vermitteln.

C. barbatus

Schabrackenpanzerwels

Vorkommen: Ostbrasilien. **Größe:** 8 cm. **GU:** Der Kopfrand des ♂ ist mit kurzen Borsten besetzt, sein erster Brustflossenstrahl ist stark verlängert und schwärzlich gefärbt. **Ansprüche:** Becken ab 90 cm Länge. Wasserwerte wie in der Gattungsbeschreibung angegeben; Temperatur 22–27 °C. Laichreife ♀♀ können gelegentlich sehr aufdringlich gegenüber nicht laichbereiten ♂♂ sein, deshalb sollten zahlreiche Versteckplätze geschaffen werden, die übrigen Ansprüche gleichen den in der Gattungsbeschreibung angeführten.

Zucht: *C.b.* ist bisher noch nicht regelmäßig nachgezogen worden, dabei laichten die Tiere bei 18 °dH und 24 °C Temperatur in den frühen Nachmittagsstunden. Die Ablage der Eitrauben erfolgte an den Seitenscheiben in Oberflächennähe.

C. bondi bondi

Längsbindenpanzerwels

Vorkommen: Venezuela, Guayana. **Größe:** 4 cm. **GU:** Das ♂ ist schlanker und bleibt geringfügig kleiner als das ♀. **Ansprüche:** Becken ab 50 cm Länge; Temperatur 25–27 °C, sonstige Ansprüche wie in der Gattungsbeschreibung angegeben.

Zucht: Die bisher wenigen Nachzuchten glückten bei 12 °dH, pH-Wert 7,2 und einer Temperatur von 28 °C. Abgelaicht wird vorwiegend in den frühen Morgenstunden, die Eier werden nur selten angeheftet, sondern bevorzugt zwischen lockeren Javamoosbüscheln abgestreift. Die Aufzucht der Jungwelse erfolgt wie in der Gattungsbeschreibung angegeben, das Wachstum verläuft anfangs sehr langsam.

C. cochui

Schachbrettzwergpanzerwels

Vorkommen: Brasilien. **Größe:** 2,5 cm. **GU:** Die Geschlechter sind außerhalb der Laichzeit, während der das ♀ am fülligeren Körper deutlich vom schlanken ♂ zu unterscheiden ist, nicht mit Sicherheit erkennbar. **Ansprüche:** Dieser reizende Zwerg sollte in einem Artbecken ab 40 cm Länge gehalten werden, da er bei Vergesellschaftung mit lebhaften Fischen kaum aus seinen Verstecken hervorkommt. Temperatur 23–27 °C, die übrigen

Corydoras barbatus

Corydoras cochui

Ansprüche gleichen den in der Gattungsbeschreibung angeführten.

Zucht: Für Zuchtversuche dieser erst in den letzten Jahren importierten Art sollten die in der Gattungsbeschreibung genannten Laichperioden genutzt werden. Die Ablage der Eier erfolgte bei den bisher erfolgreichen Versuchen an Scheiben und im Javamoos, die Stückzahl war jedoch gering. Die Aufzucht verläuft wie in der Gattungsbeschreibung angegeben.

C. elegans

Schraffierter Panzerwels

Vorkommen: Mittlerer Amazonas. **Größe:** 6 cm. **GU:** Geschlechtsunterschiede sind außerhalb der Laichzeit kaum feststellbar. **Ansprüche:** Becken ab 60 cm Länge; Temperatur 23–28 °C, sonst wie in der Gattungsbeschreibung angegeben.

Zucht: Die Zucht verläuft nach den in der Gattungsbeschreibung angeführten Regeln, zur Eiablage werden die Unterseiten von glattblättrigen Pflanzen *(Cryptocorynen)* bevorzugt. Bei dieser Art konnte ermittelt werden, daß die Geschlechtsreife nach einem Jahr eintritt.

C. eques

Dreieckspanzerwels

Vorkommen: Amazonasgebiet. **Größe:** 5,5 cm. **GU:** Die Geschlechter sind außerhalb der Laichzeit kaum zu unterscheiden, die ♂♂ sind nur geringfügig kleiner als die ♀♀. **Ansprüche:** Becken ab 60 cm Länge; Temperatur 23–28 °C, sonst wie in der Gattungsbeschreibung angegeben.

Corydoras elegans

Zucht: *C.e.* ist mit bis zu 800 Eiern eine der produktivsten der Gattung, der Zuchtverlauf entspricht dem in der Gattungsbeschreibung angegebenen.

C. hastatus

Sichelfleckpanzerwels

Vorkommen: Rio Guapore in Brasilien. **Größe:** 3,5 cm. **GU:** Die Geschlechter sind außerhalb der Laichzeit schwer zu unterscheiden, doch wirken die ♂♂ auffallend schlank. **Ansprüche:** Becken ab 50 cm Länge; Temperatur 24–28 °C, sonst wie in der Gattungsbeschreibung angegeben, wobei sich die Fische in sehr weichem Wasser und pH-Werten zwischen 6,5 und 6,8 deutlich wohler fühlen als in hartem und alkalischem, in diesem Fall sollte die Filterung über Torf erfolgen.

Zucht: Die Zucht verläuft wie in der Gattungsbeschreibung angegeben, je Laichakt wird meist nur ein Ei abgegeben, das an Pflanzenwurzeln oder Seitenscheiben abgelegt wird. Die sehr kleinen Jungwelse schlüpfen am vierten Tag nach dem Ablaichen und benötigen unbedingt Rädertierchen als Erstfutter.

C. loxozonus

Ariaripanzerwels

Vorkommen: Rio Ariari in Westkolumbien. **Größe:** 4 cm. **GU:** Das ♂ bleibt etwas kleiner und schlanker als das ♀. **Ansprüche:** Becken ab 50 cm Länge; Temperatur 22–26 °C, sonst wie in der Gattungsbeschreibung angegeben.

Zucht: Diese gelegentlich unter dem Synonym *C. deckeri* importierte Art wurde vermutlich noch nicht nachgezogen, die Zuchtbedingungen dürften sich jedoch von denen anderer Arten der Gattung nicht unterscheiden.

C. melanistius melanistius

Schwarzbindenpanzerwels

Vorkommen: Guayana. **Größe:** 6 cm. **GU:** Das ♂ bleibt geringfügig kleiner und schlanker als das ♀. **Ansprüche:** Becken ab 70 cm Länge; Temperatur 23–26 °C, sonst wie in der Gattungsbeschreibung angegeben. Diese Art stellt besonders hohe Ansprüche an die biologische Sauberkeit des

Corydoras melanistius, Paar

Wassers und ist empfindlich gegen Infusorientrübungen, eine kräftige Filterung über Torf ist daher angeraten.

Zucht: Zuchterfolge sind bisher noch nicht regelmäßig zu verzeichnen, die Fische laichen bevorzugt in den Abendstunden oder nachts und heften ihre Eier an Pflanzen, Steine oder Glasscheiben, der Zuchtverlauf entspricht dem in der Gattungsbeschreibung angegebenen. Das Einschalten von Licht während des Laichens führt zum Abbruch des Laichgeschehens.

C. metae

Metapanzerwels, Schwarzrückenpanzerwels

Vorkommen: Rio Meta in Kolumbien. **Größe:** 5 cm. **GU:** Die Geschlechter sind außerhalb der Laichzeit schwer zu unterscheiden, die ♂♂ sind geringfügig schlanker. **Ansprüche:** Becken ab 70 cm Länge;

Corydoras metae

Temperatur 21–25 °C, sonst wie in der Gattungsbeschreibung angegeben. *C.m.* ist manchmal empfindlich gegen Tubifex, dieses Futter sollte mindestens zehn Tage intensiv gewässert werden, bevor es verfüttert wird.

Zucht: Die Zucht ist nicht ganz problemlos, wird aber von Spezialisten bereits beherrscht. Die ♀♀ legen bei jedem Laichgang nur ein Ei und befestigen es an großblättrigen Wasserpflanzen, zwischen Javamoos oder in Oberflächennähe an Seitenscheiben. Das Ablaichen beginnt meist abends und dauert, wenn die Beleuchtung nicht abgeschaltet wird, bis zu acht Stunden. Diese Art ist leider nicht sehr produktiv. Die Jungwelse schlüpfen nach 5–7 Tagen und nehmen vier Tage später Rädertierchen auf.

C. nanus

Kleiner Panzerwels

Vorkommen: La-Plata-Stromgebiet in Argentinien. **Größe:** 4,5 cm. **GU:** Das ♂ besitzt einen Goldglanz auf den Körperseiten, die Rückenflosse ist schwarz mit gelber Querbinde, der untere Lappen der Schwanzflosse gelb-schwarz quergebändert. **Ansprüche:** Becken ab 50 cm Länge; Temperatur 21–26 °C, sonst wie in der Gattungsbeschreibung angegeben. *C.n.* ist eine sehr schwimmfreudige Art, die sich bei Abwesenheit von lebhaften Beifischen auch in den mittleren Wasserbereichen aufhält.

Zucht: Die Zucht ist nach den in der Gattungsbeschreibung angeführten Grundsätzen bereits erfolgt, die bis zu 600 Eier werden bevorzugt an Pflanzen abgesetzt. Die Jungwelse schlüpfen bei 26 °C bereits nach drei Tagen.

C. nattereri

Blauer Panzerwels

Vorkommen: Ostbrasilien. **Größe:** 6,5 cm. **GU:** Das ♂ bleibt kleiner als das ♀. **Ansprüche:** Becken ab 80 cm Länge; Temperatur 20–24 °C, sonst wie in der Gattungsbeschreibung angegeben.

Zucht: Die Zucht verläuft nicht immer erfolgreich, jedoch nach den in der Gattungsbeschreibung angeführten Grundsätzen. Zu warm gehaltene Tiere kommen kaum in Laichstimmung, dagegen wirkt häufige Zugabe von kühlem Wasser (20 °C)

Corydoras nattereri

stimulierend. Die Art ist nicht sehr produktiv, mehr als 30 Jungwelse sind bereits ein sehr gutes Ergebnis. Die Jungfische schlüpfen bei 23 °C nach fünf Tagen, ihre Aufzucht verläuft wie bei anderen Arten der Gattung.

C. paleatus

Marmorierter Panzerwels

Vorkommen: Stromgebiet des Rio de la Plata. **Größe:** 7 cm. **GU:** Das ♂ ist etwas kleiner und schlanker als das ♀. **Ansprüche:** Becken ab 80 cm Länge; Temperatur 19–24 °C. *C.p.* ist die anspruchsloseste Art der Gattung, die unter fast allen Wasserbedingungen sehr alt werden kann, allerdings sollten zu hohe Temperaturen auf Dauer vermieden werden. Die Beckeneinrichtung ist nach den in der Gattungsbeschreibung angeführten Grundsätzen durchzuführen, sehr häufiger Wasserwechsel erhöht die Aktivität der Fische.

Corydoras paleatus

Zucht: Wenn die Grundanforderungen der Fische erfüllt werden, ist die Zucht völlig problemlos und gelingt nach den in der Gattungsbeschreibung genannten Regeln jedem Neuling als Einstieg in die Panzerwelszucht. Von einem guten ♀ sind 250–400 Eier zu erwarten. Wenn die Grundregeln der Wasser- und Beckenhygiene eingehalten werden, verläuft auch die Aufzucht der Jungwelse verlustlos.

Inzwischen ist von *C.p.* eine albinotische Form mit roten Augen verbreitet, die etwas wärmebedürftiger und weniger produktiv ist als die Stammform.

C. panda

Pandapanzerwels

Vorkommen: Peru. **Größe:** 5,5 cm. **GU:** Das ♂ ist schlanker als das ♀. **Ansprüche:** Becken ab 70 cm Länge; Temperatur 22–26 °C. Für diese schöne und seltene Art ist sauberes und klares Wasser überlebenswichtig. Die Bepflanzung sollte sehr locker gestaltet sein und Pflanzen enthalten, zwischen denen sich kein Mulm festsetzen kann. Regelmäßige Mulmentfernung, kräftige Filterung und häufige Frischwassergaben sind unerläßlich bei der Pflege dieser Art.

Zucht: Die Zucht ist bei einer Wasserhärte von 16 °dH und Temperaturen zwischen 22 und 26 °C bereits gelungen. Die Fische, jeweils zu zwei Paaren angesetzt, laichten in 30-l-Becken ab, die Eier wurden an Seiten- und Bodenscheibe sowie an Javamoos angeheftet. Die Eizahl war mit 20–30 gering. Der Schlupf der Jungwelse erfolgte nach etwas mehr als 100 Stunden, die relativ großen Jungwelse nahmen Artemia-Nauplien und Grindalwürmchen

Corydoras panda

als Erstfutter an. Bei dieser Fütterung hatten die Jungfische nach drei Wochen bereits 2 cm Länge erreicht.

C. pygmaeus

Zwergpanzerwels

Vorkommen: Rio Madeira in Brasilien. **Größe:** 2,5 cm. **GU:** Das ♂ ist schlanker als das ♀. **Ansprüche:** Dieser sehr schwimmlustige Zwerg sollte in einem Schwarm nicht unter zehn Tieren gehalten werden, bei Vergesellschaftung mit lebhaften Arten ist er allerdings kaum zu sehen und verbirgt sich am und oft sogar im Bodengrund. Ideale Partner für ihn sind → *Nannostomus marginatus* und → *Rasbora maculata* bzw. → *Rasbora urophthalma*. Der Bodengrund sollte aus einem Sand-Torf-Gemisch bestehen und mit einer dünnen Schicht lockerer Javamoosbüschel bedeckt sein, um den manchmal bei Erschrecken blitzartig in Richtung Boden stürzenden Fischen Verletzungen zu ersparen. Als Beckenlänge sind 50 cm ausreichend, kleiner sollte das Becken jedoch nicht sein, um einer Anreicherung von Schadstoffen entgegenzuwirken, gegen die Fische empfindlich sind. Regelmäßiger Wasserwechsel erhöht deutlich die Aktivität der Welse.

Zucht: Die Zucht verläuft entsprechend den in der Gattungsbeschreibung angeführten Regeln. Die Art ist nicht sehr produktiv, mehr als 20 Eier sind kaum zu erwarten. Jedes Ei wird einzeln an Pflanzen oder Scheiben angeheftet. Die günstigste Zuchttemperatur liegt bei 24 °C, dabei schlüpfen die Jungwelse nach drei Tagen. Nach dem Freischwimmen nehmen sie trotz ihrer geringen Größe bereits kleine Grindalwürmchen an und wachsen recht zügig, sie können im Alter von acht Wochen bereits 2 cm lang sein.

Corydoras pygmaeus

C. rabauti

Rostpanzerwels

Vorkommen: Flußgebiet des Rio Ucayali (Peru/Brasilien). **GU:** Das ♂ bleibt kleiner und ist schlanker als das ♀. **Ansprüche:** Becken ab 60 cm Länge; Temperatur 22–26 °C, Beckeneinrichtung und Pflege erfolgen wie in der Gattungsbeschreibung angegeben.

Corydoras rabauti im Jugendkleid

Zucht: Die Zucht ist nach den in der Gattungsbeschreibung angegebenen Grundsätzen wiederholt gelungen. Die Eiablage erfolgt bevorzugt zwischen Javamoosbüscheln. Obwohl die insgesamt abgelegte Eizahl 80 kaum überschreitet, ziehen sich die Paarungen über einen längeren Zeitraum hin, da bei jedem Laichgang nur wenige Eier abgegeben werden und die ♀♀ große Pausen einlegen. Die Zuchttemperatur sollte zwischen 26 und 27 °C liegen, bei dieser Temperatur schlüpfen die Jungwelse nach vier Tagen. Rädertierchen und kleine Grindalwürmchen sind als Erstfutter geeignet. Bis zu ihrer 14. Lebenswoche sind die Jungwelse prächtig dreifarbig gefärbt, wie es bei keiner anderen Art der Gattung zu sehen ist.

C. trilineatus

Leopardpanzerwels

Vorkommen: Peru. **Größe:** 5 cm. **GU:** Das ♂ ist schlanker als das ♀. **Ansprüche:** Bekken ab 60 cm Länge; Temperatur 25– 28 °C, nicht längerfristig darunter, sonst wie in der Gattungsbeschreibung angegeben.

Zucht: Die Nachzucht dieses begehrten, aquaristisch bisher unter dem Synonym *C. julii* gehandelten Panzerwelses ist bisher nur vereinzelt in den Wintermonaten gelungen. Voraussetzung dazu bildet jeweils wiederholter Teilwasserwechsel, der 2/3 des Beckeninhalts umfaßte und mit einer Temperaturabsenkung um 2–4 °C verbunden war. Das Zuchtwasser muß sehr weich (unter 3 °dH) und leicht sauer sein, denn selbst mittelhartes Wasser scheint die Lebensfähigkeit der Jungwelse zu beeinträchtigen. Bei jeder Paarung werden nur 1–2 Eier abgegeben, die an die Unterseite von Pflanzenblättern, zwischen Javamoos und nur selten auch an Scheiben abgelegt werden. In Abhängigkeit von der Temperatur schlüpfen die Jungwelse nach 4–6 Tagen.

C. zygatus

Brauner Panzerwels

Vorkommen: Peru. **Größe:** 6 cm. **GU:** Das ♂ ist schlanker und kleiner als das ♀. **Ansprüche:** Becken ab 60 cm Länge; Temperatur 23–27 °C, sonst wie in der Gattungsbeschreibung angegeben.

Zucht: Zuchtversuche haben vor allem in den Wintermonaten Aussicht auf Erfolg, der Zuchtverlauf entspricht den in der Gattungsbeschreibung angeführten Grundsätzen. Zur Eiablage wird Javamoos bevorzugt. Die Jungwelse schlüpfen bei einer Temperatur von 27 °C nach vier Tagen, ihre weitere Aufzucht ist bei Beachtung von Becken- und Wasserhygiene nicht sehr schwer. Neben den beschriebenen sind in den letzten Jahren eine Reihe weiterer Arten eingeführt und teilweise auch gezüchtet worden, die sich in ihren Ansprüchen von den genannten nicht wesentlich unterscheiden.

Corydoras zygatus

Corynopoma riisei

Corynopoma riisei

Zwergdrachenflosser
Familie: *Characidae*

Vorkommen: Rio Meta in Kolumbien. **Größe:** 6 cm. **GU:** Die Rücken- und unteren Schwanzflossenstrahlen sind beim ♂ lang ausgezogen, an seinen Kiemendekkeln befindet sich ein fadenförmiger Anhang mit einer Verdickung am Ende, die sich besonders während der Balz dunkel färbt. **Ansprüche:** Die Beckenlänge für diesen friedlichen Schwarmfisch sollte nicht unter 70 cm liegen, Wasser 5–25 °dH, pH-Wert 6–7,8; Temperatur 22–28 °C. Über dunklem Bodengrund, der einen Torfanteil enthalten kann, kommen die Fische gut zur Geltung. Die Bepflanzung sollte genügend Schwimmraum frei lassen, zur Lichtdämpfung sind einige Schwimmpflanzen zu empfehlen. Die leider recht selten gewordene Art ist anspruchslos. Sonniger Stand des Beckens und kräftige Filterung tragen jedoch sehr zum Wohlbefinden bei, ebenso wöchentlicher Teilwasserwechsel, bei dem 1/5 des Beckeninhalts erneuert wird.

Zucht: *C.r.* zeichnet sich durch eine besonders interessante Form der Fortpflanzung aus, es erfolgt Vorratsbefruchtung. Während der Balz, bei der das ♀ seine Aufmerksamkeit auf die dunkle Verdickung des Kiemendeckelanhangs richtet, wird vom ♂ ein Samenzellpaket in den Eileiter des ♀ eingeführt. Dieses Samenpaket reicht meist zur Befruchtung aller vom ♀ im Verlaufe seines Lebens abgelegten Eier, die Anwesenheit des ♂ ist dabei nicht mehr erforderlich. Laichvolle ♀♀ sollten in ein Becken überführt werden, das sowohl mit feinfiedrigen als auch mit breitblättrigen Pflanzen ausgestattet ist. Die Eier werden manchmal nur abgestreift, häufig jedoch schwimmen die ♀♀ mit dem Bauch nach oben und legen die Eier an die Blattunterseiten. Nach der Eiablage werden die ♀♀ herausgefangen. In Abhängigkeit von der Temperatur schlüpfen die Jungen nach 20–36 Stunden, drei Tage später schwimmen die Jungfische frei und benötigen feinstes Staubfutter zur Aufzucht, nehmen jedoch bald auch Artemia-Nauplien und Mikrowürmchen an. Bei regelmäßigem Teilwasserwechsel verläuft das Wachstum zügig, die Aufzucht ist ohne besondere Probleme.

Costa-Rica-Kärpfling

→ *Poecilia gillii.*

Costellosalmler

→ *Hemigrammus hyanuary.*

Crenicara filamentosa

Gabelschwanzschachbrettcichlide
Familie: *Cichlidae*

Vorkommen: Rio Negro und Orinoco-Flußgebiet. **Größe:** ♂ 9 cm; ♀ 6 cm. **GU:** Die Schwanzflosse des ♂ ist zweizipflig ausgezogen, alle Flossen sind farbig, beim ♀ nur die Bauchflossen. **Ansprüche:** Für die Haltung eines Paares mit einigen Salmlern als Beifische ist ein Becken ab 70 cm Länge ausreichend, doch sollte die Beckengröße für diese immer noch seltene und heikle Art größer gewählt werden. Damit wird die Pflege eines Harems (ein ♂ und 3–4 ♀♀) möglich und gleichzeitig werden nitrathaltige Abbauprodukte, auf welche die Tiere empfindlich reagieren, verdünnt; Wasser 1–5 °dH, höchstens 10 °dH, pH-Wert 4,7–5,5; Temperatur 25–29 °C, nicht unter 23 °C. Der Bodengrund soll feinkörnig sein und Torfanteile enthalten, ist dies nicht gegeben, dann muß die Filterung, die kräftig und wirkungsvoll sein sollte, über Torf erfolgen. Die Zugabe von gerb- und huminsäurehaltigen Pflanzenextrakten (Erlenzäpfchen-, Walnußschalen-, Eichenrinden- oder Torfextrakt) erhöhen die Widerstandsfähigkeit der Fische. Die Bepflanzung sollte dicht sein und größere Javamoospolster enthalten. Als Versteckmöglichkeiten sind daneben Moorkienwurzeln zu bieten. Regelmäßiger wöchentlicher Teilwasserwechsel, der jeweils 1/4 des Beckeninhalts umfaßt, trägt zur Befriedigung des hohen Sauerstoffbedarfs der Art bei.

Zucht: *C.f.* gehört in der Zucht noch zu den heikelsten Zwergcichliden. Am erfolgversprechendsten ist die Zucht im Artbecken, das nach den oben beschriebenen Bedingungen eingerichtet ist. Als Beifische sind einige ruhige Salmler empfehlenswert. Das Zuchtwasser muß völlig frei von Nitraten sein, weniger als 2 °dH Härte, eine geringe Karbonathärte aufweisen und im pH-Wert auf 4,5–4,8 eingestellt sein. Während des Zuchtversuchs muß die Filterung, bei ständiger Kontrolle des pH-Werts, über Torf erfolgen, eine Braunfärbung des sonst kristallklaren Wassers ist von großem Vorteil. Das Zuchtbecken muß an einer ruhigen Stelle stehen, damit jegliche Störungen vermieden werden, die Pflegearbeiten sind auf das unbedingt Notwendige einzuschränken.

Crenicara filamentosa

Die günstigste Zuchttemperatur liegt zwischen 28 und 29 °C. Ihre Laichbereitschaft kündigen die Fische durch Umfärbung des Schachbrettmusters in ein Längsband an. Das ♀ beginnt auf einem waagerechtliegenden Blatt, manchmal auch auf einem Stein oder in liegenden Blumentöpfen zu picken. An dieser Stelle wird schließlich abgelaicht. Die Eier sind sehr klein und nur mit Mühe erkennbar, doch zeigt die auffällige Umfärbung des ♀ (gelbe Bauchflossen mit schwarzem Saum sowie eine rot eingefärbte Afterflosse) an, daß es Gelege oder Brut betreut. Das ♂ wird bis an die Außengrenze des Reviers verjagt, das ♀ pflegt allein. Die Jungen schlüpfen nach 48–60 Stunden. Diese Stunden sind die heikelsten der gesamten Zucht, denn die geringste Störung von außen veranlaßt das ♀, den Laich zu fressen. Bis zum Freischwimmen der Jungfische nach 3–4 Tagen werden sie mehrmals umgebettet. Als Erstfutter werden nur von einigen Jungfischen bereits Artemia-Nauplien angenommen, Tümpelstaub mit Rädertierchen ist empfehlenswert. Erfolgte die Zucht in Gegenwart von Artgenossen, so sollte mit dem Freischwimmen der Jungfische ein Teil des bis zu 100 Tiere umfassenden Schwarms abgesaugt und in einem gesonderten Becken mit identischen Wasserwerten aufgezogen werden.

Peinlichst genaue Beachtung von Wasser- und Beckenhygiene, verbunden mit regelmäßigem Teilwasserwechsel bei abwechslungsreicher Fütterung, sind die Bedingungen, unter denen die langsamwachsenden Fische groß werden können.

C. maculata (neuer Name *Dicrossus maculatus*) ist als neu eingeführte Art inzwischen z. B. in Thüringen und Sachsen unter den gleichen Bedingungen gehalten und erfolgreich gezüchtet worden.

Crenicara (Dicrossus) maculatus, ♂

Crenicichla (Kammbarsche)

Eine Gattung räuberisch lebender Buntbarsche der Familie *Cichlidae* aus Südamerika. Die Arten der Gattung besitzen ein großes, tief gespaltenes Maul, das die Fische befähigt, Beutefische zu verschlingen, die nicht wesentlich kleiner sind als sie selbst. Aus dieser artenreichen Gattung haben bisher nur wenige Arten Eingang in die Aquarien gefunden. Neben der räuberischen Lebensweise und oftmals nicht unerheblichen Größe erschweren hohe Ansprüche an die Wasserqualität eine weitere aquaristische Verbreitung. Sorgfältig eingewöhnt, erweisen sie sich jedoch als ausdauernde Pfleglinge. **Ansprüche:** Wasser 3–10 °dH, pH-Wert 6–6,8; Temperatur 24–28 °C. Die Beckenlänge sollte mindestens das 8fache der Länge der gepflegten Art betragen. Der Bodengrund soll nicht zu grobkörnig sein, eine Beimischung von Torf hat sich als Stabilisator des leicht sauren pH-Wertes bewährt. Die Fische benötigen zahlreiche Versteckplätze zwischen Wurzeln, Steinen und in eingebrachten Röhren, die der Größe der Art entsprechen. Pflanzen werden nicht behelligt und können in dichten Gruppen stehen. Auf Wasserbelastungen reagieren die Tiere empfindlich, eine hochwirksame Filterung und wöchentlicher Teilwasserwechsel, der 1/3 des Beckeninhaltes umfaßt, sind für das Wohlbefinden der Fische unerläßlich. Dem Frischwasser sollte dabei stets ein gutes Wasseraufbereitungsmittel zugefügt werden. Bei Wildfängen kann zumindest in der Eingewöhnungsphase auf die Verfütterung lebender Futterfische nicht verzichtet werden, später werden auch Würmer, große Fliegenmaden und Käferlarven (Anglerbedarf) sowie Fischfleisch und Garnelen (tiefgekühlt) angenommen. Die in älterer Literatur empfohlene Verfütterung von Libellenlarven und Kaulquappen verbietet sich aus Gründen des Naturschutzes und sollte für jeden guten Aquarianer ein Tabu sein, nicht nur bei der Pflege von *Crenicichla*-Arten. Eine Gemeinschaftshaltung mit nicht aggressiven Cichliden, die annähernd die Größe der gepflegten *Crenicichla*-Arten haben, ist möglich.

Die **Zucht** ist nicht leicht, Ansätze scheitern häufig an der Unverträglichkeit der Partner, an der Nichterfüllung der hohen Ansprüche an Wasserchemismus und Wasserqualität oder scheinbar geringfügigen Störungen des pflegenden Tieres. Abgelaicht wird in Höhlen (Röhren oder Keramikvasen), die vom ♀ ausgewählt wurden, die Eier werden an der Höhlenwand befestigt. Das ♀ betreut das Gelege, die nach 4–5 Tagen schlüpfende Brut und nach etwa 12 Tagen freischwimmenden Jungfische, während das ♂ das Revier verteidigt. Die Anwesenheit von »Feindfischen« erhöht die Pflegebereitschaft. Während der Brutpflege sind die Alttiere besonders abwechslungsreich zu füttern. Die Aufzucht der Jungfische mit Cyclops-Nauplien ist problemlos.

C. anthurus

Vorkommen: Zuflüsse des oberen Amazonas. **Größe:** ♂ 25 cm, ♀ 20 cm. **GU:** Das ♀ ist am roten Bauch sicher zu erkennen. Ansprüche und Zucht wie in der Gattungsbeschreibung angeführt, die Art ist auch in mittelhartem (bis 18 °dH) und neutralem Wasser noch gut zu halten.

C. compressiceps

Vorkommen: Einzugsbereich von Rio Tocantin und Rio Araguaia in NO-Brasilien. **Größe:** ♂ 9 cm, ♀ 7 cm. **GU:** Mit einiger Sicherheit ist das ♀ nur bei Laichansatz am hellen, rundlichen Bauch zu erkennen. Diese kleine, attraktiv gefärbte Art ist recht unverträglich und fordert sehr weiches Wasser (unter 5 °dH) bei einem pH-Wert um 6. Übrige Ansprüche wie in der Gattungsbeschreibung angegeben.

Zucht: Schräg in einen etwa 10 cm hohen Bodengrund gesteckte Steinplatten, deren Unterseite von den Fischen zur Eiablage freigewühlt werden kann, wirken stimulierend auf die Laichbereitschaft. Zuchtverlauf wie in der Gattungsbeschreibung angeführt.

C. notophthalmus

Augenfleck-Kammbuntbarsch

Vorkommen: Amazonas. **Größe:** 15 cm. **GU:** Das ♀ besitzt weißbegrenzte Flecke im hinteren Teil der Rückenflosse, die beim ♂ fehlen. Die Bauchlinie des ♀ ist deutlich gerundet. **Ansprüche:** Beckenlänge für die Haltung eines Paares ab 100 cm, eine Vergesellschaftung mit anderen friedlichen Buntbarschen ist möglich, wenn das Becken dicht bepflanzt ist und viele Versteckmöglichkeiten aus Wurzeln und Steinen bietet. Wasser 5–10 °dH, bei eingewöhnten Tieren bis 20 °dH, pH-Wert 6,5–7,2; Temperatur 24–27 °C. Der Bodengrund sollte feinkörnig sein, die Filterung kräftig, dabei ist Torfanteil im Boden oder im Filter, der zu einer leichten Braunfärbung des Wassers führt, günstig. Der Teilwasserwechsel sollte im Abstand von 10–14 Tagen 1/4 des Beckeninhalts umfassen.

Zucht: Das Zuchtbecken für den Ansatz eines Paares sollte nicht unter 80 cm lang sein und mehrere größere Höhlen (Tonröhren, Blumentöpfe u. ä.) enthalten. Die günstigste Zuchttemperatur liegt zwischen 28 und 30 °C. Die Eiablage erfolgt in einer vom ♀ ausgesuchten Höhle, die Eier sind von weißer Farbe. Die Brutpflege erfolgt durch das ♀, die Anwesenheit von wenigen Fremdfischen (Guppys) erhöht die Pflegebereitschaft und gibt dem ♂ eine Aufgabe, andernfalls wird es herausgefangen. Die Brut schlüpft nach 70 bis 75 Stunden, die Jungfische schwimmen sechs Tage später frei und nehmen Artemia-Nauplien und Grindalwürmchen als Erstfutter an.

Crenuchus spilurus

Kleiner Raubsalmler, Fleckschwanz-Prachtsalmler, Segelflossensalmler
Familie: *Crenuchidae*

Vorkommen: Britisch-Guayana. **Größe:** 6 cm. **GU:** Die Rückenflosse des ♂ ist rötlich gefärbt, wie die Afterflosse schachbrettartig gefleckt und lang ausgezogen. **Ansprüche:** *C.s.* ist ein scheuer Raubfisch und Lauerjäger, der Fische bis zu 4 cm Größe verspeisen kann, gegenüber gleich großen Tieren anderer Arten jedoch nicht aggressiv ist. Er ist kein Schwarmfisch, die ♂♂ besetzen kleine Reviere in Höhlungen, z. B. Bambusröhren, zwischen Wurzeln usw. Für die Pflege eines Paares ist eine Beckenlänge ab 50 cm ausreichend, bei mehreren Paaren sollten jedem ♂ etwa 40 cm Beckenlänge zur Verfügung stehen. Wasser 2–8 °dH, pH-Wert 5,5–6,5; Temperatur 23–26 °C. Der Bodengrund sollte dunkel und feinkörnig sein und Torfanteil enthalten. Eine dichte Bepflanzung schafft zusätzliche Versteckplätze. Teilwasserwechsel ist im Abstand von 14 Tagen erforderlich und sollte 1/4 des Beckeninhaltes umfassen. Schwankungen im Wasserchemismus sind dabei zu vermeiden. Wenn auch lebende Futterfische gern genommen werden, ist eine Umstellung auf Mückenlarven, Tubifex und Enchyträen gut möglich.

Zucht: Zur Zucht werden ein ♀ mit deutlichem Laichansatz und ein kräftiges ♂ in ein nicht zu hell stehendes Zuchtbecken von 50 cm Länge gesetzt. Die besten Zuchtergebnisse sind bei 2–5 °dH und einem pH-Wert von 5,5–6 zu erwarten. Zur Ausstattung des Zuchtbeckens gehören neben dichten Pflanzenbeständen oder Javamoos Bambusröhren mit 2 cm Innendurchmesser. Wenn nach einiger Zeit beide Tiere am Tage gemeinsam eine Röhre aufsuchen, kann in der darauffolgenden Nacht mit dem Ablaichen gerechnet werden. Die braunen Eier werden an der Röhrenwand befestigt und vom ♂ allein betreut. Die Jungen schlüpfen nach 48 Stunden und hängen weiter in der Röhre. Drei Tage später werden sie durch das Fächeln des ♂ aus der Röhre gespült. Acht Tage nach dem Ablaichen ist ihr Dottersack aufgezehrt und die Jungfische nehmen Cyclops- und Artemia-Nauplien als Erstfutter an. Sie sind nach 12 Monaten geschlechtsreif.

Crossocheilus siamensis

Algenfresser, Siamesische Rüsselbarbe
Familie: *Cyprinidae*

Vorkommen: Thailand, Malaiische Halbinsel. **Größe:** 14 cm. **GU:** Geschlechtsunterschiede wurden bisher nicht beschrieben, nach eigenen Erfahrungen bleiben jedoch die ♂♂ kleiner. **Ansprüche:** Der Algenfresser ist als friedlicher Beifisch für jedes Gesellschaftsbecken ab 100 cm Länge geeignet. Er macht sich als Vertilger von Planarien nützlich; Wasser 2–8 °dH, nach Eingewöhnung bis 20 °dH möglich, pH-Wert 6,5–7,2; Temperatur 24–28 °C. Feinkörniger Bodengrund mit Torfanteil und etwas Mulm sowie dichte Bepflanzung kommen den Bedürfnissen der Art entgegen. Wenn nicht durch sonnigen Stand des Beckens Algenaufwuchs erzielt werden kann, dann sind die Algen unbedingt zuzufüttern, sonst bleiben die bisher nur als Importfische zu uns gelangten Tiere klein. Neben Lebend- und Frostfutter wird auch Trockenfutter angenommen, daneben sollten überbrühter Salat und angedrückte Feinfrosterbsen nicht fehlen. Die Fische raspeln gern auch morsches Moorkienholz oder Holz aus sauberen Waldteichen zur Befriedigung ihres Ballaststoffbedarfs ab. Durch die Inhaltsstoffe wird der Laichansatz gefördert.

Eine **Zucht** ist vermutlich noch nicht gelungen.

Ctenobrycon spilurus

Talerfisch
Familie: *Characidae*

Vorkommen: Amazonas. **Größe:** 8 cm. **GU:** Das ♂ bleibt etwas kleiner, schlanker und zeigt mehr Farbe in den Flossen. **Ansprüche:** Als lebhafter Schwarmfisch benötigt *C.s.* ein Becken ab 100 cm Länge; Wasser 5–25 °dH, pH-Wert 6–8; Temperatur 20–28 °C. Die Beschaffenheit des Bodengrundes ist ohne Bedeutung, jedoch wirken die Fische über dunklem Boden besser. Diese anspruchslose Art ist leider dadurch selten geworden, daß sie im Ruf stand, Pflanzen zu fressen. Dies trifft aber nur dann zu, wenn die Fische keinerlei Pflanzennahrung (Salat, Feinfrosterbsen, Algen) erhalten und gilt dann nur für zarte Pflanzen. Eine Bepflanzung mit robusten

Crossocheilus siamensis

Arten (*Echinodorus* u.ä.) ist jederzeit möglich und wird von den Fischen als Unterstand gern angenommen. Eine gute Filterung ist notwendig.

Zucht: Die Zucht ist leicht und jedem Neuling in der Aquaristik zu empfehlen, die Wasserwerte spielen kaum eine Rolle, jedoch sind in weichem und leicht saurem Wasser die Schlupfergebnisse besser. Als Schutz für die Eier vor den Nachstellungen der Alttiere wird der Boden des Zuchtbeckens mit einem Laichrost oder kirschgroßen Kieseln abgedeckt, als Ausstattung genügen einige Büschel feinfiedriger Pflanzen, zwischen denen die Fische, paarweise angesetzt, frei ablaichen. Der Laich ist vor hellem Licht zu schützen, die Alttiere sind nach dem Ablaichen herauszufangen. Nach 24 Stunden schlüpfen bereits die Jungen, hängen noch 1–2 Tage an Pflanzen und Scheiben und nehmen nach dem Freischwimmen neben Staubfutter auch durch ein feines Sieb geriebenes hochwertiges Trockenfutter, geriebenes hartgekochtes Eidotter und Mikrowürmchen an. Wegen der hohen Jungfischzahl ist häufiger Teilwasserwechsel bei der Aufzucht sehr wichtig, das Wachstum der Jungfische verläuft zügig.

Ctenolucius hujeta hujeta

Augenfleckhechtsalmler
Familie: *Ctenoluciidae*

Vorkommen: Panama, Kolumbien, Venezuela. **Größe:** 20 cm. **GU:** Die Außenkante der Afterflosse ist beim ♂ ausgefranst, beim ♀ geradlinig. Die Afterflosse des ♂ ist größer. **Ansprüche:** Das Becken für diese Art, die sich kaum von der Wasseroberfläche löst, braucht nicht hoch, sollte aber nicht unter 120 cm lang sein, um mehrere Tiere halten zu können; Wasser 5–25 °dH, pH-Wert 6,5–7,5; Temperatur 22–25 °C. Die Beschaffenheit des Bodengrundes ist ohne Bedeutung, die Bepflanzung sollte locker sein und genügend Schwimmraum im oberen Beckendrittel frei lassen. Einige Schwimmpflanzen dienen der Lichtdämpfung und als Unterstand für die Fische. Hechtsalmler verlangen eine kräftige Filterung, die im Auslauf eine Wasserströmung erzeugt. Ihr Sauerstoffbedarf ist hoch, deshalb sind wöchentlich 50% des Beckeninhalts durch Wasserwechsel zu erneuern. Hechtsalmler benötigen kräftiges Lebendfutter, sie sind in der Lage, erwachsene Guppyweibchen abzuschlukken, nehmen aber auch gewürfeltes Rinderherz an. Eine Vergesellschaftung mit südamerikanischen Buntbarschen, mit großen Salmlern (→ *Metynnis*, → *Leporinus*) und Welsen ist gut möglich.

Zucht: Bei ausreichender Beckengröße ist die Zucht auch im Gemeinschaftsbecken möglich, wenn dies mit Schwimmpflanzen, vor allem *Riccia* ausgestattet ist. Eine ♂♂-Überzahl ist empfehlenswert. Die Balz ist stürmisch und erfolgt zwischen den Schwimmpflanzen, beim Laichen wird der hintere Körperteil aus dem Wasser über die *Riccia*-Polster gehoben, die Eier bleiben in ihnen hängen. Es genügt, die *Riccia* in ein Aufzuchtbecken zu überführen. Nach 20–24 Stunden schlüpfen die Jungen, am dritten Tag schwimmen die Jungfische frei, ihre Aufzucht ist problemlos.

Ctenopoma (Buschfische)

Labyrinthfische der Familie *Anabantidae*, die im tropischen Afrika beheimatet sind. Alle Arten der Gattung sind ruhige, in Gesellschaft lebhafter Beifische sogar scheue Arten, die jedoch oft räuberisch leben und nur mit größeren und ruhigeren Arten vergesellschaftet werden können. Buschfische bevorzugen nicht zu helle Becken mit dunklem, weichem Bodengrund und einer Bepflanzung, die sowohl Unterstand als auch Schwimmraum bietet. Auf und zwischen Steinen und Wurzeln lassen sie sich zur Ruhe nieder. Eine kräftige Filterung, möglichst über Torf, ist vorteilhaft, eine Braunfärbung des Wassers kommt ihren Bedürfnissen entgegen. Bei Erschrecken zeigen manche Buschfische ein Verhalten, das vom Autor nur bei wenigen anderen Arten beobachtet werden konnte: Sie fallen regelrecht in Ohnmacht und können, wenn man sie dann nicht vorsichtig an die Wasseroberfläche hebt, damit sie das Labyrinth füllen können, ertrinken. Die Fütterung soll vielseitig und kräftig sein, ihr vorstülpbares Maul befähigt Buschfische auch zur Aufnahme größerer Fleischbrocken, kleiner Regenwürmer, Mehlkäferlarven und anderer. Damit kann die Verfütterung kleiner Fische vermieden werden.

C. acutirostre

Leopardbuschfisch

Vorkommen: Flußgebiet des Zaire. **Größe:** 15 cm. **GU:** Die Geschlechter sind äußerlich schwer zu unterscheiden, erst wenn man ein Tier im Netz hat, spürt man mit den Fingerspitzen oder erkennt mit einer Lupe beim ♂ hinter dem Auge auf dem Kiemendeckel und auf der Schwanzwurzel deutlich rauhe Dornenfelder. **Ansprüche:** Zur Haltung von 2–3 Tieren ist ein Becken ab 100 cm Länge erforderlich. *C.a.* ist eine dämmerungsaktive Art, die allerdings nach Eingewöhnung auch am Tage aktiv wird; Wasser 5–20 °dH, pH-Wert 6,5–7,2; Temperatur 20–24 °C, bei höheren Temperaturen über längere Zeit werden die Fische hinfällig. Der Lebensweise der Fische entsprechend, müssen durch Wurzeln, Steine und große Röhren ausreichend Tagesversteckplätze geschaffen und durch eine Schwimmpflanzendecke für gedämpftes Licht gesorgt werden. Beim Herausfangen darf keinesfalls ein grobmaschiges Netz verwendet werden, die Fische verhaken sich darin mit ihren Kiemendeckelstacheln so, daß die Tiere herausgeschnitten werden müssen.

Zucht: Voraussetzung für eine erfolgreiche Zucht ist ein Paar, das sich bereits im Gesellschaftsbecken füreinander interessiert. Das Zuchtbecken sollte dunkel stehen, das Wasser in seiner Härte unter 4 °dH liegen, die Temperatur kann bis auf 29 °C erhöht werden. Das ♂ baut ein Schaumnest, das manchmal nur aus wenigen Bläschen besteht, die bei der Paarung abgegebenen Eier steigen an die Wasseroberfläche, können nach dem Ablaichen abgeschöpft und in einem Aufzuchtbecken mit niedrigem Wasserstand zur Entwicklung gebracht werden.

Die Entwicklung der Jungen in den Eiern ist gut zu verfolgen, sie schlüpfen meist schon nach 24 Stunden und benötigen nach dem Freischwimmen zwei Tage später reichlich Infusorien als Erstfutter, ersatzweise auch durch ein feines Sieb

Ctenolucius hujeta

Ctenopoma-Biotop, Kamerun

geriebenes hartgekochtes Eigelb. Eine Woche nach dem Freischwimmen werden auch Artemia-Nauplien und Mikrowürmchen angenommen. Mit der Ausbildung des Labyrinths nach 4–6 Wochen sollte die Temperatur auf 25 °C gesenkt werden, um widerstandsfähige Tiere zu erhalten.

C. ansorgii

Orangebuschfisch

Vorkommen: Kamerun und Zaire. **Größe:** ♂ 8 cm, ♀ 7 cm. **GU:** Das ♂ ist farbiger, seine Rücken- und Afterflosse sind verlängert und insgesamt großflächiger als die des ♀. **Ansprüche:** Becken ab 60 cm Länge, die Einrichtung erfolgt wie in der Gattungsbeschreibung angegeben; Wasser 2–10 °dH, pH-Wert 5–6, nach Eingewöhnung bis 7; Temperatur 19–23 °C, keinesfalls längerfristig darüber. Die häufig in der Literatur angegebenen hohen Temperaturwerte machen die Fische schnell hinfällig und führen zum Tod. Eine gute Filterung über Torf und häufiger Wasserwechsel tragen sehr zum Wohlbefinden und damit zur Farbigkeit der Fische bei.

Zucht: Die Zucht ist am aussichtsreichsten in sehr weichem Wasser unter 5 °dH bei pH 6, die Temperatur kann bis auf 26 °C erhöht werden. Vom ♂ wird, meist unter einem größeren Pflanzenblatt, ein großperliges Schaumnest gebaut. Torfgefiltertes braungefärbtes Wasser, dichte Bepflanzung im Zuchtbecken und ein Wasserstand nicht über 12 cm Höhe sowie ein von Störungen freier Stand des Beckens bei nur schwacher Beleuchtung sind weitere Bedingungen, die erfüllt sein sollten. Abgelaicht wird sowohl unter dem Schaumnest als auch am Boden, die Eier steigen in jedem Fall langsam nach oben und werden vom ♂ gesammelt und ins Nest eingetragen. Nach dem Ablaichen sollte in kleinen Becken das ♀ entfernt werden. Die Jungen schlüpfen bereits nach 24 Stunden, die Aufzucht ohne ♂ ist ohne weiteres möglich, es sollte spätestens entfernt werden, wenn drei Tage nach dem Schlupf die Jungtiere freischwimmen. Die Anfütterung der Jungfische wird wie bei *C. acutirostre* angegeben vorgenommen. Die arttypische Färbung tritt bereits bei 1 cm Länge auf.

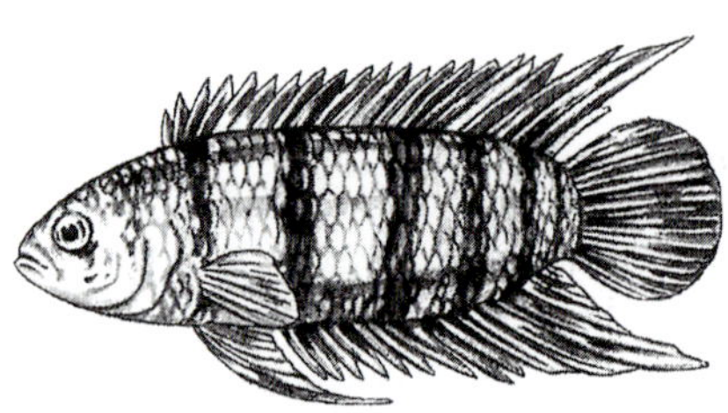

Ctenopoma ansorgii

Gebänderter Buschfisch

Vorkommen: Flußgebiet des Zaire. **Größe:** ♂ 8 cm, ♀ 6,5 cm. **GU:** Rücken- und Afterflosse des ♂ sind großflächiger als beim ♀, sie laufen am Ende spitz aus. Die Bauchflossen sind blau gefärbt. **Ansprüche:** Becken ab 80 cm Länge; Wasser 4–20 °dH, pH-Wert 6,5–7,3; Temperatur 20–24 °C, keinesfalls über längere Zeit darüber. Die Beckeneinrichtung erfolgt wie in der Gattungsbeschreibung angegeben. Häufiger Teilwasserwechsel ist eine wichtige Voraussetzung, um die Fische lange am Leben zu erhalten.

Zucht: In torfgefiltertem Frischwasser mit einer Wasserhärte unter 5 °dH und einem pH-Wert leicht unter 7 bereitet die Zucht keine größeren Probleme. Der Wasserstand im Zuchtbecken sollte unter 15 cm Höhe liegen, neben dichter Bepflanzung sind einige Schwimmpflanzen aufzubringen, unter denen das ♂ sein Nest bauen kann. Fehlen diese, so entsteht ein zwar großflächiges, aber schnell zerfallendes Nest. Die Zucht ist bereits bei einer Temperatur von 22 °C erfolgreich, dabei schlüpfen die Jungen nach 40–48 Stunden. Zwei Tage später schwimmen die Jungfische frei. Die Aufzucht verläuft wie bei *C. acutirostre* angegeben. Wird das Schaumnest nach dem Ablaichen entfernt und in ein Aufzuchtbecken übertragen, so können gutgenährte Paare mehrmals hintereinander ablaichen.

C. nanum

Zwergbuntbarsch

Vorkommen: Kamerun und Zaire. **Größe:** ♂ 7 cm, ♀ 6 cm. **GU:** Rücken- und Afterflosse des ♂ sind länger ausgezogen als beim ♀, es ist dunkler gefärbt. **Ansprüche:** Für die Haltung eines Paares ist ein Becken ab 60 cm Länge ausreichend. Bei der Haltung einer kleinen Gruppe muß das Becken sehr dicht bepflanzt und länger als 100 cm sein; Wasser 5–20 °dH, pH-Wert 6,5–7,5; Temperatur 23–25 °C, nicht längerfristig darüber. Die Beckeneinrichtung erfolgt wie in der Gattungsbeschreibung angegeben.

Zucht: Der Zuchtverlauf entspricht dem von *C. fasciolatum*, die Jungfische schlüpfen 24 Stunden nach dem Ablaichen und schwimmen drei Tage später frei. Die Aufzucht folgt den in der Gattungsbeschreibung angegebenen und beschriebenen Grundsätzen.

C. oxyrhynchum

Pfauenaugenbuschfisch

Vorkommen: Zaire. **Größe:** 11 cm. **GU:** Außerhalb der Laichzeit, in der die ♀♀ deutlich voller und die ♂♂ schlanker sind, ist eine sichere Unterscheidung nur außerhalb des Wassers möglich: Die ♂♂ besitzen auf Kiemendeckel und Schwanzwurzel Dornenfelder, die mit den Fingerspitzen fühlbar und mit einer Lupe erkennbar sind. **Ansprüche:** In Becken ab 120 cm Länge ist die Haltung einer Gruppe dieser Art gut möglich, die Fische sind dann untereinander nicht so unverträglich, wie ihnen nachgesagt wird, sie versammeln sich sogar von Zeit zu Zeit zur gemeinsamen Ruhe unter großen Schwimmpflanzen zum lockeren Verband; Wasser 4–20 °dH, pH-Wert 6,2–7,2; Temperatur 22–24 °C, höchstens kurzfristig darüber, da die Tiere sonst hinfällig werden. Zwischen Wurzeln, Steinen und robusten Pflanzen müssen den Fischen ausreichend Tagesverstecke geboten werden, ein größerer Teilwasserwechsel sollte spätestens nach jeweils 14 Tagen erfolgen. Es ist eine kräftige Filterung erforderlich. Zum Herausfangen der Fische sind unbedingt feinmaschige (Plankton-)Netze zu verwenden, da sich die Tiere sonst mit den gezähnten Kiemendeckeln verhaken und herausgeschnitten werden müssen.

Zucht: Für die Zucht ist ein Paaransatz empfehlenswert. Fische, die bei normaler Fütterung keinen Laichansatz zeigen wollen, müssen mit lebenden Jungfischen von Lebendgebärenden gefüttert werden. Das Zuchtbecken darf nicht zu hell stehen, in weichem, leicht saurem und über Torf gefiltertem Wasser sind die Ergebnisse am besten. *C.o.* baut kein Schaumnest, abgelaicht wird an dunklen Stellen am Bodengrund, die Eier steigen zur Wasseroberfläche und können dort abgeschöpft und in ein Aufzuchtbecken überführt werden. Der Schlupf der Jungen erfolgt nach 24 Stunden, die Jungfische schwimmen drei Tage später frei. Die Aufzucht erfolgt wie in der Gattungsbeschreibung angegeben.

Diese bekannte Art wird künftig als *C. weeksi* geführt.

Cyathopharynx furcifer

Großer Fadenmaulbrüter
Familie: *Cichlidae*

Vorkommen: Tanganjikasee. **Größe:** 15 cm. **GU:** Das ♂ besitzt stark verlängerte Bauchflossen, seine Körperfarbe ist von blauem bis blaugrünem, metallischem Glanz. Das ♀ ist unscheinbar grünlich-silbern gefärbt und besitzt abgerundete Flossen. **Ansprüche:** Wasser 7–15 °dH, pH-Wert 7,5–9, keinesfalls darunter; Temperatur 23–26 °C. Die Art ist Bewohner der Sandzonen und baut zahlreiche Gruben, der Bodengrund muß deshalb aus grobem Sand bestehen und mindestens 10 cm hoch liegen. Für eine artgerechte Haltung dieser schönen Art sollte die Beckenlänge nicht unter 200 cm liegen. Für die Bepflanzung hat sich vor allem Anubias bewährt, die Pflanzen sollten jedoch in Töpfen stehen. Der Sauerstoffbedarf der Art ist hoch, eine wirksame Fütterung und Belüftung ist unerläßlich. Das Futter muß vielseitig sein und häufig Mückenlarven (tiefgefroren) u. ä. enthalten.

Zucht: Die Laichbereitschaft des ♀ ist am Hervortreten der Laichpapille deutlich zu erkennen. Das paarungsbereite ♂ baut regelrechte Laichkrater mit einem Durchmesser bis zu 25 cm und einer Tiefe bis etwa 7 cm; es schafft dazu Sand aus allen Bereichen des Beckens herbei. Auf den Grund der Grube wird feinerer Sand gespuckt. Nach stürmischem Werben vollzieht sich der Laichakt sehr schnell und ohne Körperkontakt. Das ♀ legt Eier ab und nimmt sie sofort ins Maul, das ♂ samt auf dem Grund der Laichgrube ab, von dort nimmt das ♀ die Spermien auf. Die Befruchtung der Eier findet im Maul statt. Die Jungfische werden nach 21–23 Tagen aus dem Maul entlassen, sie nehmen Nauplien und kleine Cyclops als Erstfutter auf. Die ♂♂ sind im Alter von 6–7 Monaten an spitzer werdenden Rücken- und Afterflossenenden mit gelbem Saum zu erkennen. ♀♀ sind im Alter von 8 Monaten laichreif. Neben der blauen Form ist eine goldkupfern metallisch glänzende Fundortvariante dieser Art beliebt.

Cyclocheilichthys apogon

Indische Flußbarbe
Familie: *Cyprinidae*

Vorkommen: Hinterindien, Malaiische Halbinsel, Große Sunda-Inseln. **Größe:** 20 cm, in großen Becken auch darüber. **GU:** Das ♂ ist deutlich schlanker als das ♀, seine Afterflosse ist etwas mehr zugespitzt als die des ♀. **Ansprüche:** Trotz ihrer Größe kommt die Art mit einem Becken ab 150 cm Länge gut aus und läßt sich darin mit anderen großen Arten der Gattungen

→ *Barbus,* mit → *Botia* und → *Schilbe* gemeinsam halten; Wasser 5–30 °dH, pH-Wert 6,5–7,5; Temperatur 24–26 °C. Der Bodengrund sollte feinkörnig und nicht zu hell sein. Die Bepflanzung mit robusten Arten kann sich auf Hintergrund und Rand beschränken, um den Fischen ausreichend Schwimmraum zu bieten, einige größere Wurzeln werden als Unterstand angenommen. Der Sauerstoffbedarf der Fische ist hoch, durch kräftige Filterung und regelmäßigen wöchentlichen Teilwasserwechsel wird dem Rechnung getragen. Dabei ist 1/4 des Beckeninhalts zu erneuern.

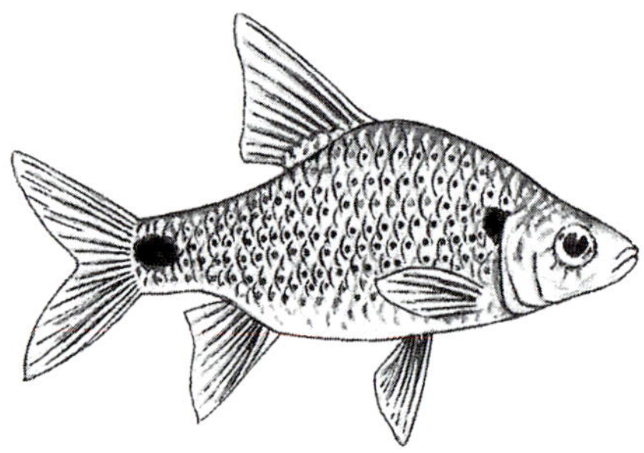

Cyclocheilichthys apogon

Zucht: Die Zucht ist in weichem, leicht saurem Wasser in ausreichend großen Becken möglich. Die Fische laichen in den Morgenstunden nach heftigem Treiben frei in der Nähe von Pflanzengruppen. Bei durch sehr abwechslungsreiche und kräftige Fütterung gut vorbereiteten Tieren kann die Laichbereitschaft durch einen umfangreichen Wasserwechsel bei gleichzeitiger Temperaturerhöhung um 3–4 °C ausgelöst werden. Da die Laichabgabe bisher nur in großen Gemeinschaftsbecken erfolgte, ist eine Bergung der Eier und eine erfolgreiche Aufzucht bisher noch nicht gelungen.

Cynolebias (Fächerfische)

Eine südamerikanische Gattung aus der Familie *Aplocheilidae.* Fächerfische sind langflossige Saisonfische aus Gewässern, die regelmäßig austrocknen. Dementsprechend ist die Lebensdauer der Fische kurz, sie läßt sich auch bei optimalen Haltungsbedingungen nicht über ein Jahr verlängern, meist beginnen sie bereits im Alter von acht Monaten zu vergreisen. Da ihre Zucht leicht ist, sind sie dennoch ideale Aquarienfische, die allerdings wegen ihrer Unverträglichkeit für Gemeinschaftsbecken nur sehr bedingt geeignet sind. Am besten bewährt sich die Haltung nach Geschlechtern getrennt im Artbecken, dabei sollte im ♂♂-Becken stets eine größere Zahl gehalten werden, da sich zwei ♂♂ zu sehr bekämpfen. Der Bodengrund muß aus einer mindestens 5 cm dicken Schicht ausgekochten Torfs bestehen, auf Bepflanzung kann verzichtet werden. Die Pflanzen sollten in kleine Töpfe gesetzt werden, weil besonders die ♂♂ ständig den Bodengrund durchwühlen. Bei sonnigem Stand des Beckens fühlen sich die Fische am wohlsten, dabei sollte darauf geachtet werden, daß die Temperatur nicht zu sehr ansteigt, denn bei Temperaturen über 22 °C altern die Fische sehr schnell, die günstigsten Temperaturen liegen zwischen 18 und 21 °C. Regelmäßiger wöchentlicher Teilwasserwechsel, der 1/5 des Beckeninhalts umfassen soll, trägt ebenfalls zur Verlängerung der Lebenserwartung bei. Im Zuchtgeschehen stimmen die Arten der Gattung weitgehend überein, die Paare laichen am Boden oder dringen in den Bodengrund ein. Das Zuchtbecken muß eine mindestens 5 cm hohe Schicht ausgekochten Torfs enthalten, es kann bepflanzt sein, um zu sehr getriebenen ♀♀ Versteckplätze zu geben. Angesetzt werden jeweils ein ♂ und mehrere ♀♀. Das ♂ muß täglich ausgetauscht werden, im Abstand von einigen Tagen auch die ♀♀-Gruppe. Nach 10–14 Tagen wird der gesamte Bodengrund, der voller Laichkörner ist, aus dem Becken herausgenommen, in einem engmaschigen Netz leicht ausgedrückt und in verschließbaren Dosen oder Plastiktüten aufbewahrt. Bei einer Lagertemperatur zwischen 25 und 30 °C ist die Embryonalentwicklung nach 2–4 Monaten abgeschlossen. Die Kontrolle über den Entwicklungsstand ist leicht, denn bei Abschluß der Entwicklung sind deutlich die Augen der Larven in den durchsichtigen Eiern zu erkennen. Zu diesem Zeitpunkt wird der Torf in flache Schalen überführt und mit weichem bis mittelhartem Wasser mit einer Temperatur von 15 °C übergossen. Die Jungfische schlüpfen innerhalb weniger Stunden und werden in eine flache Aufzuchtschale überführt. Im Laichsubstrat befinden sich häufig Dauereier, die beim ersten Aufguß noch nicht entwickelt sind. Es ist daher empfehlenswert, den Torf noch einmal trockenzulegen. Die Jungfische nehmen sofort größeres Aufzuchtfutter (Artemia-Nauplien) an und wachsen bei gutem Futterangebot und regelmäßigem Teilwasserwechsel sehr schnell. Die meisten Arten sind bereits im Alter von zwei Monaten wieder zuchtfähig. Die Geschlechter sollten getrennt werden, sobald sie zu erkennen sind.

C. adloffi

Gebänderter Fächerfisch

Vorkommen: Zeitweilige Wasserlöcher in Südostbrasilien und Uruguay. **Größe:** 5 cm. **GU:** Das ♂ besitzt senkrechte dunkle Querstreifen auf blaugrüner bis brauner Grundfarbe, das ♀ ist hell- und dunkelbraun gefleckt. **Ansprüche:** Becken ab 50 cm Länge; Wasser 3–8 °dH, pH-Wert 6,5; Temperatur 20–22 °C. Die Beckeneinrichtung erfolgt wie in der Gattungsbeschreibung angegeben.

Zucht: Verlauf wie in der Gattungsbeschreibung angegeben. Die Paare dringen beim Laichen tief in den Bodengrund ein. Die Dauer der Trockenlegungsperiode beträgt in Abhängigkeit von der Temperatur zehn Wochen bis fünf Monate, bei sehr hohen Lagertemperaturen ist ein Aufguß bereits nach 6–8 Wochen möglich. Unter kühleren Aufzuchtbedingungen (16–18 °C) verläuft das Wachstum der Jungfische besonders rasch.

C. bellotti

Blauer Fächerfisch

Vorkommen: Zeitweilige Wasseransammlungen vom La-Plata-Gebiet bis Südbrasilien. **Größe:** 7 cm. **GU:** Die Färbung des ♂ ist dunkel- bis blaugrau, die des ♀ gelbgrau mit unregelmäßigen dunklen Querbinden. **Ansprüche:** Becken ab 60 cm Länge; Wasser 2–5 °dH, pH-Wert 6,5; Temperatur 20 °C. Die Beckeneinrichtung erfolgt wie in der Gattungsbeschreibung angegeben.

Zucht: Der Zuchtverlauf ist wie in der Gattungsbeschreibung angegeben; der Ansatz der Fische im Trio (ein ♂ und zwei

Cynolebias bellotti

♀♀) hat sich am besten bewährt, ebenso eine Wasserhöhe im Zuchtbecken von 30 cm. Die Entwicklungsdauer der trockengelegten Eier beträgt temperaturabhängig 2–5 Monate, meist können die Eier nach 3–4 Monaten aufgegossen werden. Diese schöne Art wird auch bei niedrigen Haltungstemperaturen nicht älter als zehn Monate, ist aber problemlos züchtbar.

C. constanciae

Vorkommen: Zeitweilige Wasseransammlungen im Gebiet des Rio de Janeiro. **Größe:** 5 cm. **GU:** Die Iris des ♂ ist gelb, die des ♀ rotbraun gefärbt, die Geschlechter sind daran bereits früh zu unterscheiden. **Ansprüche:** Becken ab 50 cm Länge; Wasser 8–10 °dH, nach Eingewöhnung 20 °dH möglich, pH-Wert 6,5–7; Temperatur 20–22 °C. Die Beckeneinrichtung wird wie in der Gattungsbeschreibung angegeben vorgenommen.

Zucht: Bei dieser relativ friedlichen Art ist ein Gruppenansatz mit ♀♀-Überzahl gut möglich, der Zuchtverlauf entspricht dem in der Gattungsbeschreibung angegebenen. Bei dieser Art muß der Torf mit den Laichkörnern vor Einlagerung sehr stark austrocknen, er sollte strohtrocken sein. Der Aufguß kann nach 4–6 Monaten erfolgen, in der Aufzucht ist häufiger Wasserwechsel günstig. Die ♂♂ färben erst nach 6–8 Wochen ein.

C. constanciae ist durch Zerstörung des natürlichen Lebensraums von der Ausrottung bedroht und darf nach den Bestimmungen des Washingtoner Artenschutzabkommens nicht mehr eingeführt werden.

Daraus ergibt sich die große Verpflichtung für jeden Aquarianer, die vorhandenen Aquarienbestände mit hoher Aufmerksamkeit zu behandeln und durch Fortpflanzung zu erhalten.

C. elongatus

Vorkommen: Zeitweilige Wasseransammlungen in der argentinischen Pampa. **Größe:** 15 cm. **GU:** Die ♀♀ sind heller als die ♂♂ und haben dunkle Flecken an den Flossen. **Ansprüche:** Diese große und interessante Art ist sehr gefräßig und unverträglich, eine Vergesellschaftung ist nicht möglich. Nur in sehr großen Becken mit vielen Versteckmöglichkeiten können mehrere ♂♂ gemeinsam gehalten werden, besser ist die Einzelhaltung der Tiere in Becken ab 60 cm Länge. Die Beckeneinrichtung erfolgt wie in der Gattungsbeschreibung angegeben; Wasser 6–15 °dH, pH-Wert 6,5–7,5; Temperatur 17–20 °C, keinesfalls darüber.

Zucht: Die Zucht ist nur im Paaransatz möglich, der Zuchtverlauf entspricht dem in der Gattungsbeschreibung angegebenen. Nach dem Ablaichen muß das ♀ sofort herausgefangen werden. Die Entwicklungsdauer der Eier im Torf beträgt 5–6 Monate, bei der Aufzucht der Jungfische sind 20 °C als obere Temperaturgrenze zu beachten.

C. nigripinnis alexandri

Vorkommen: Entre Rios in Argentinien. **Größe:** 5 cm. **GU:** Das ♂ ist zart graugrün gefärbt und trägt 7–10 schwärzliche Streifen, die Grundfarbe des ♀ ist braun mit kleinen dunklen Flecken. **Ansprüche:** Becken ab 60 cm Länge; Wasser 5–10 °dH, pH-Wert 6,5–7; Temperatur 22–24 °C. Die Beckeneinrichtung erfolgt wie in der Gattungsbeschreibung angegeben.

Zucht: Der Zuchtansatz sollte paarweise erfolgen. Da die Tiere oft tief in den Bodengrund eintauchen, empfiehlt sich eine Torfschicht von mindestens 7 cm Höhe. Der Zuchtverlauf entspricht dem in der Gattungsbeschreibung angegebenen. Der eihaltige Bodengrund ist gut auszudrücken und anschließend noch auf saugfähigem Papier etwas nachzutrocknen. Während der Lagerzeit sind im Abstand von drei Wochen die Gefäße zu öffnen und der Torf gut umzuschütteln. Die Lagertemperatur liegt zwischen 22 und 24 °C. Der Aufguß kann nach drei Wochen erfolgen, die Wasserhöhe in der Aufgußschale sollte bei 10 cm liegen. Für die Aufzucht gilt das in der Gattungsbeschreibung Gesagte.

C. nigripinnis nigripinnis

Schwarzer Fächerfisch

Vorkommen: Argentinien bis Südbrasilien. **Größe:** 4,5 cm. **GU:** Das ♂ ist tief blauschwarz gefärbt und trägt irisierende Tüpfel, die Grundfarbe des ♀ ist schlicht hellgrau bis ockerfarben. **Ansprüche:** Becken ab 50 cm Länge; Wasser 2–4 °dH, pH-Wert 6; Temperatur 22 °C. Die Beckeneinrichtung wird wie in der Gattungsbeschreibung angegeben vorgenommen.

Zucht: Der Zuchtansatz erfolgt paarweise, der Zuchtverlauf entspricht dem in der Gattungsbeschreibung angegebenen. Der Aufguß kann nach 3–5 Monaten erfolgen. Bei dieser prächtigen Art können die Eier drei Jahre lang lebensfähig bleiben, wenn sie aus dem Torfsubstrat herausgelesen und in Schlamm eingebettet werden. Der eihaltige Schlamm wird in ein dichtschließendes Gefäß gefüllt, mit Wasser übergossen und so dicht verschlossen, daß keine Flüssigkeit während der dreijährigen Lagerzeit verdunsten kann. Die Lagertemperatur kann zwischen 17 und 19 °C liegen. Nach Luftzutritt beim Aufguß schlüpfen die Jungfische rasch.

C. whitei

Perlmuttfächerfisch, Smaragdfächerfisch

Vorkommen: Umgebung von Rio de Janeiro. **Größe:** 7 cm. **GU:** Der Körper des ♂ weist zahlreiche senkrechte blaugrüne Tüpfelreihen auf, seine Iris ist gelb. Das ♀ ist bräunlich gefärbt, besitzt zwei dunkle Flecken, seine Iris ist rotbraun. **Ansprüche:** Becken ab 60 cm Länge; Wasser 12–15 °dH, pH-Wert 7; Temperatur 22 °C. Die Beckeneinrichtung erfolgt wie in der Gattungsbeschreibung angegeben.

Cynolebias whitei

Zucht: Für eine rationelle Zucht ist der Daueransatz eines Paares über 14 Tage in einem Becken mit 10 cm Wasserhöhe empfehlenswert. Besonders effektiv ist die Verwendung junger ♀♀ zur Zucht. Sie können angesetzt werden, wenn sie eine Mindestgröße von 4 cm erreicht haben, das ist meist im Alter von 6–8 Wochen der Fall. Der Zuchtverlauf entspricht dem in der Gattungsbeschreibung angegebenen. Der Aufguß kann nach 8–10 Wochen erfolgen, er ist jedoch auch erst nach fünf Monaten möglich. Der Aufguß sollte mit kaltem Leitungswasser im scharfen Strahl erfolgen. Wenn nach einigen Stunden die Jungfische dennoch nicht geschlüpft sind, dann hat sich die Zugabe von einer Zuchtpantoffeltierchenkultur als Schlupfhilfe bewährt.

Cynopoecilus ladigesi

Ladiges' Fächerfisch
Familie: *Aplocheilidae*

Vorkommen: Umgebung von Rio de Janeiro. **Größe:** 3 cm. **GU:** Die Grundfarbe des ♂ ist rotbraun bis grünbraun mit weinroten Querstreifen, die des ♀ bräunlich und ohne Streifen. **Ansprüche:** Ein Becken ab 50 cm ist für die Haltung einer kleinen Gruppe dieses friedlichen Fächerfisches ausreichend, wenn durch Wurzeln und dichte Rand- und Hintergrundbepflanzung ausreichend Versteckmöglichkeiten für die einzelnen Tiere geschaffen werden; Wasser 5–10 °dH, pH-Wert 6; Temperatur 20–22 °C. Der Bodengrund soll weich, möglichst aus Torf sein.

Zucht: Für die Zucht ist bereits ein 5-l-Becken ausreichend, das mit einer 2 cm dicken Schicht ausgekochten Torfs als Bodengrund versehen ist. Die Paare laichen im Bodengrund ab. Nach dem Ablaichen wird der Torf mit den Eiern entnommen, durch ein feinmaschiges Netz ausgedrückt und danach noch auf saugfähigem Papier ausgebreitet und bis zur Krümelfeuchte nachgetrocknet. Anschließend wird er in lose verschlossenen Dosen oder Plastiktüten so aufbewahrt, daß er noch nachtrocknen kann. Der Aufguß erfolgt, wie bei → *Cynolebias* angegeben, nach 2–3 Monaten.

Da manche Dauereier bis zu acht Monate bis zur Reifung brauchen, ist es günstig, den Torf nach erneuter Trockenlegung noch zwei- oder dreimal aufzugießen. Die Jungfische sind sehr klein und benötigen in den ersten Tagen der Aufzucht Staubfutter. *C.l.* ist kurzlebig, durch sehr kühle Haltung (bis 12 °C) kann die Lebensdauer erheblich verlängert werden, ohne daß es negative Auswirkungen auf die Fruchtbarkeit der Tiere hat. Gute ♀♀ sollen im Verlauf von zwölf Monaten bis zu 3000 Eier abgelegt haben. Die Gattung *C.* unterscheidet sich von der nahe verwandten Gattung *Cynolebias* vor allem durch das Wabenmuster der Eioberfläche.

Cynotilapia afra

Rotflossiger Malawizebrabuntbarsch
Familie: *Cichlidae*

Vorkommen: Malawisee. **Größe:** 12 cm. **GU:** Das ♂ ist leuchtend hellblau gefärbt und besitzt sieben Querstreifen sowie 3–4 Eiflecken in der Afterflosse, das ♀ ist unscheinbar schiefergrau bis taubenblau gefärbt. **Ansprüche:** Becken ab 100 cm Länge, bei der empfehlenswerten Vergesellschaftung mit anderen Malawicichliden ab 130 cm; Wasser 12–20 °dH, pH-Wert 7,5–8,6, nicht darunter; Temperatur 23–27 °C. Als Bodengrund eignet sich Kies mit Anteil an Kalkgestein zur Pufferung der Wasserwerte, die Steinaufbauten sollten durch viele Höhlen und Spalten ausreichend Versteckmöglichkeiten bieten. Eine Bepflanzung mit robusten Pflanzen ist möglich. Da es bei dieser Art keine feste Paarbindung gibt, ist die Haltung eines ♂ mit mehreren ♀♀ vorteilhaft. Eine kräftige Filterung und wöchentlicher Teilwasserwechsel, der 1/4 des Beckeninhalts umfassen sollte, sind zur Befriedigung des hohen Sauerstoffbedarfs der Art erforderlich.

Zucht: *C.a.* gehört zu den Maulbrütern. Die auf einem Substrat abgelegten Eier werden sofort vom ♀ ins Maul genommen und nach der »Eifleckmethode« befruchtet, d.h. beim Aufpicken der Eier werden auch die Eiattrappen auf der Afterflosse des ♂ berührt und die dabei abgegebenen Spermien mit aufgenommen. Die Maulbrutdauer beträgt bei 25–27 °C 20 Tage. Für eine rationelle Zucht ist es günstig, das ♀ einige Tage vorher vorsichtig herauszufangen und in ein Aufzuchtbecken umzusetzen, dessen Boden mit runden Kieseln bedeckt ist und einen auf die Seite gelegten Blumentopf als Versteck enthält. Nach dem Freilassen kann die Mutter herausgefangen werden, die Jungfische nehmen Artemia-Nauplien und Grindalwürmchen als Erstfutter an. Bei regelmäßigem Wasserwechsel ist ihr Wachstum zügig, und im Alter von 6–8 Monaten sind sie bereits geschlechtsreif.

Cyphotilapia frontosa

Tanganjikabeulenkopf
Familie: *Cichlidae*

Vorkommen: Tanganjikasee. **Größe:** 35 cm. **GU:** Die Geschlechter sind am Aussehen kaum zu unterscheiden, erst im Alter zeigt das ♂ einen größeren Stirnbuckel und wird etwas größer als das ♀. **Ansprüche:** Die Beckenlänge bei dieser trotz ihrer Größe relativ verträglichen und attraktiven Art sollte nicht unter 150 cm liegen; Wasser 8–15 °dH, pH-Wert 7,8–8,5; Temperatur 24–26 °C. Als Bodengrund wird Sand verwendet. Steinaufbauten sollten für ausreichend große Spalten und Höhlen als Versteckplätze sorgen. Die Bepflanzung mit robusteren Arten ist möglich. Kräftige Filterung und wöchentlicher Teilwasserwechsel sind für das Wohlbefinden unerläßlich, dabei kann bis zu 1/3 des Wassers gewechselt werden. Die Fische beanspruchen ihrer Größe entsprechend kräftiges Futter, zu dem neben Rinderherzwürfeln auch Regenwürmer und Futterfische gehören sollten, aber auch Nackt- und Gehäuseschnecken werden angenommen.

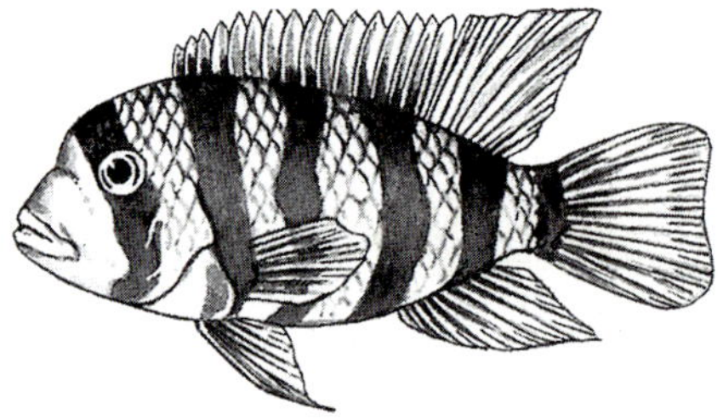

Cyphotilapia frontosa

Zucht: *C.f.* gehört zu den Maulbrütern. Da die ♀♀ sehr gut und lange pflegen, ist es vorteilhaft, das Zuchtpaar in einem Zuchtbecken anzusetzen, dessen pH-Wert nicht unter 7,2 liegen sollte. Die günstigste Zuchttemperatur liegt zwischen 25 und 28 °C. Abgelaicht wird in großen Höhlen, die Eier werden sofort nach dem Ablaichen vom ♀ ins Maul genommen. Bei Zucht im Gemeinschaftsbecken übernimmt das ♂ die Verteidigung des Brutreviers, aus dem Zuchtbecken sollte es besser herausgefangen werden. Die Jungfische, die Artemia-Nauplien und Grindalwürmchen als Erstfutter nach dem Verlassen des Mauls erhalten können, sollten 5–6 Wochen unter der Obhut der Mutter bleiben und erst danach allein großgezogen werden. Damit wird abgesichert, daß auch die folgenden Generationen gut pflegen.

Cyprichromis (Kärpflingsbuntbarsche)

Eine Gattung der Familie *Cichlidae*, die im Tanganjikasee beheimatet ist. Die Vertreter dieser Gattung zeichnen sich durch einen langgestreckten und schlanken Körper aus und unterscheiden sich im Verhalten von den meisten anderen Cichliden dadurch, daß sie in lockeren Schwärmen leben. Die

Unter Wasser blühende *Barclaya.*

innerartlichen Auseinandersetzungen verlaufen meist harmlos und Revierverhalten ist nur während der Laichzeit zu beobachten. Zur artgerechten Pflege sind die Arten dieser Gattung stets in einer kleinen Gruppe zu halten, die Becken sollten als Mindestmaß das Zehnfache der Körperlänge aufweisen und genügend Schwimmraum im oberen Beckendrittel frei lassen. Der Herkunft entsprechend, sind die Ansprüche an den Wasserchemismus bei allen Arten gleich: 10–18 °dH, pH-Wert 7,5–8,5 und Temperatur zwischen 23 und 26 °C. Die Beschaffenheit des Bodengrundes ist, wenn in den Artbeschreibungen nicht anders angegeben, ohne Bedeutung, Bepflanzung mit robusten Arten ist gut möglich.

Zucht: Die Arten der Gattung sind Maulbrüter, die Zucht bereitet inzwischen keine Probleme mehr, Einzelheiten siehe bei den Artbeschreibungen.

C. leptosoma

Zitronenschwanz

Größe: 14 cm. **GU:** Das ♂ ist in Körper und Flossen vielfarbig, das ♀ unscheinbar grau mit silbrig glänzenden Körperseiten; Becken ab 140 cm Länge; Wasserwerte und Beckeneinrichtung wie in der Gattungsbeschreibung angegeben.

Cyprichromis leptosoma

Zucht: Die Zucht ist auch innerhalb einer Gruppe gut möglich. Die Balz und das Ablaichen finden an der Wasseroberfläche statt, jedes Ei wird einzeln abgegeben und vom ♀ aufgenommen. Die Maulbrutzeit dauert drei Wochen. Nach dem Freilassen schwimmen die Jungfische an der Wasseroberfläche und werden von den Alttieren nicht gefressen. Um jedoch die Jungfische kontrolliert füttern zu können, ist es günstiger, sie abzuschöpfen und in einem flacheren Aufzuchtbecken großzuziehen. Artemia-Nauplien und Grindalwürmchen werden als Erstfutter ebenso angenommen wie ausgesiebte kleine Cyclops.

C. microlepidotus

Kleinschuppiger Kärpflingsbuntbarsch

Größe: 14 cm. **GU:** Das ♂ ist dunkler gefärbt als das ♀, zur Laichzeit färbt sich seine Kehle schwarz. Die Beckenlänge zur Haltung eines Schwarms von mindestens sechs Tieren sollte wenigstens 140 cm betragen. Wasserwerte und Beckeneinrichtung sind wie in der Gattungsbeschreibung angegeben.

Zucht: Die Zucht ist in der Gruppe möglich und entspricht der von *C. leptosoma.* Die Maulbrutdauer beträgt 26–29 Tage, eine weitere Betreuung nach dem Freilassen aus dem Maul der Mutter erfolgt auch bei dieser Art nicht.

C. nigripinnis

Schwarzflossiger Kärpflingsbuntbarsch

Größe: 10 cm. **GU:** Die Afterflosse des ♂ ist schwarz, auf den Körperseiten hat es schwache hellblaue Längsstreifen, die Afterflosse des ♀ ist gelb, es besitzt keine Längsstreifen. Die Beckenlänge sollte bei Haltung eines kleinen Schwarms nicht unter 120 cm betragen. Die **Ansprüche** an das Wasser und die Beckeneinrichtung sind wie in der Gattungsbeschreibung angegeben, auf den Bodengrund sollten jedoch einige flache Steine gelegt werden.

Zucht: Aus dem Schwarm finden sich Paare, die auf flachen Steinen am Boden ablaichen, das ♀ nimmt die Eier von dieser Stelle auf und führt die Maulbrut durch, die im weiteren Verlauf der der anderen Arten der Gattung entspricht. Nach dem Freilassen bilden auch hier die Jungfische einen kleinen Schwarm im freien Wasser.

Cyprinodon (Wüstenfische)

Eine Gattung aus der Unterfamilie *Cyprinodontinae* der Eierlegenden Zahnkarpfen *(Cyprinodontidae)*, deren Verbreitungsgebiet vom südlichen Nordamerika bis Venezuela reicht. Wüstenfische sind einzelgängerisch lebende und wärmeliebende Fische, die allerdings auch erhebliche Temperaturschwankungen vertragen und deshalb selbst den Sommer über in Freilandteichen gehalten werden können. Das Wasser soll hart sein und einen pH-Wert über 7 aufweisen. Sandiger Bodengrund, in den sich die ♀♀ als Reviermittelpunkt kleine Gruben graben können, und starke Besonnung des Beckens mit viel Algenwuchs, der eine wichtige Nahrungsgrundlage bildet, sind die Grundanforderungen für die Haltung dieser Fische. Neben Algen gehören überbrühter Salat, Spinat oder angequetschte Feinfrosterbsen ebenso in die Nahrungspalette wie Tümpelfutter und Mückenlarven. Da die meisten Arten der Gattung besser im Artbecken gepflegt werden sollten, reichen Becken ab 50 cm Länge aus, der Wasserstand braucht nicht über 20 cm Höhe zu liegen. Eine mäßige Filterung und Teilwasserwechsel in 14tägigem Abstand sind ausreichend.

Zur **Zucht** werden die Partner, die vorher 2–3 Tage getrennt gehältert sein sollten, in ein 10-l-Becken gesetzt, das als Laichsubstrat Fadenalgenbüschel, Javamoos oder Dederonwolle enthält. Die Fische sind starke Laichräuber, Dederonwolle schützt den Laich am sichersten vor dem Zugriff. Die Laichabgabe ist meist nach einer Stunde abgeschlossen, die ♂♂ werden den ♀♀ gegenüber sehr aggressiv. Das Laichsubstrat mit den unempfindlichen Eiern wird zweckmäßigerweise in eine Aufzuchtschale überführt, in welcher die Jungfische nach 6–10 Tagen schlüpfen. Besonders gute Ergebnisse werden erzielt, wenn sowohl im Zuchtbecken als auch in der Aufzuchtschale dem Wasser Seesalz (2–3 Teelöffel je 10 l Wasser) zugesetzt wurde. Die Jungfische nehmen Artemia-Nauplien und Grindalwürmchen als Erstfutter an, ihnen sollte Gelegenheit gegeben werden, auch Algenrasen abweisen zu können. Die Aufzucht ist problemlos, das Wachstum rasch.

C. macularius

Stahlblauer Wüstenfisch

Vorkommen: Süden der USA und Nordmexiko, zum Teil in heißen Quellen, die bis zu 45 °C Wassertemperatur erreichen und in Wasserlöchern, die mit 20 %igem Salzgehalt den 6fachen Wert des Meerwassers haben können. **Größe:** 6,5 cm. **GU:** Das ♂ ist intensiv hellblau, das ♀ graubraun gefärbt. **Ansprüche:** Beckengröße und Einrichtung wie in der Gattungsbeschreibung angegeben; Wasser-Härte über 15 °dH, pH-Wert 8, ein Zusatz von drei Teelöffel Seesalz auf 10 l Wasser wirkt sich auf das Wohlbefinden der Fische günstig aus; Temperatur 25–25 °C.

Manche ♂♂ dieser Art können sich bei der Revierverteidigung zu Raufbolden entwickeln und andere Fische erheblich verletzen, in solchen Fällen sollten durch Wurzeln und Steine optische Reviergrenzen geschaffen werden.

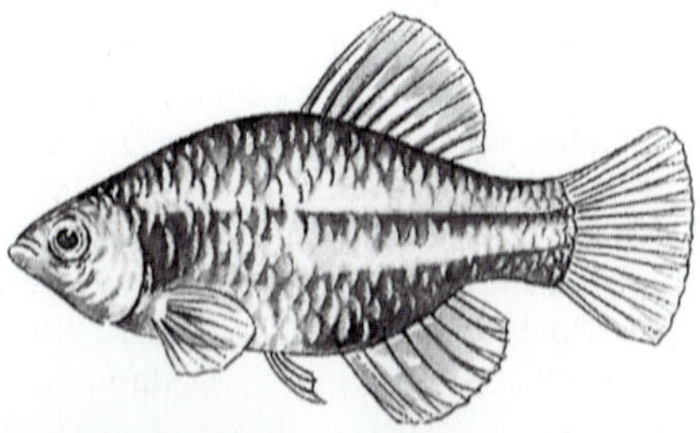

Cyprinodon macularius

Zucht: Ein 5-l-Becken mit etwas Dederonwolle ist für ein Paar bereits ausreichend, der Zuchtverlauf ist bei 30 °C wie in der Gattungsbeschreibung angegeben.

C. nevadensis

Nevadawüstenfisch

Vorkommen: Kalifornien, Nevada. **Größe:** 4,5 cm. **GU:** Das ♂ ist kräftig dunkelblau-irisierend, das ♀ mattblau bis bräunlich gefärbt. **Ansprüche:** Beckeneinrichtung und -größe wie in der Gattungsbeschreibung angegeben. Wasser 15 °dH, pH-Wert 8, ein Seesalzzusatz von 1–2 Teelöffel je 10 l Wasser ist ausreichend; Temperatur 25–32 °C.

Zucht: Zur Zucht sollte ein flaches 10-l-Becken mit größerer Grundfläche verwendet werden, mit Dederonwolle als Laichsubstrat. Die Entwicklungsdauer der Eier kann bis zu 14 Tage betragen. Die Geschlechtsreife tritt mit vier Monaten ein. *C.n.* ist besonders gut für die sommerliche Haltung in flachen, durchsonnten und algenreichen Freilandteichen geeignet, unter diesen Bedingungen ist die Nachzucht besonders erfolgreich. Das Zurücksetzen im Herbst muß allerdings zuerst in ein stark veralgtes Hälterungsbecken mit Wasser aus dem Freilandteich erfolgen. Durch vorsichtigen Teilwasserwechsel in kürzeren Abständen werden die Fische dann wieder an die Haltungsbedingungen im Zimmeraquarium gewöhnt. Fische aus Freilandhaltung sind besonders kräftig und prächtig gefärbt.

Cyprinus carpio Koi

Zierkarpfen, Koi
Familie: *Cyprinidae*

Heimat der Zuchtform: China und Japan. **Größe:** Unter Aquarienbedingungen 20 cm, im Freilandteich größerwerdend. **GU:** Die Geschlechter sind nur zur Laichzeit sicher zu unterscheiden, die ♀♀ sind dann deutlich voller und die ♂♂ bekommen einen schwachen Laichausschlag (kleine weiße Pünktchen). **Ansprüche:** Kois sind in ihrer Jugend wie die Wildform Schwarmfische, das Becken für die Haltung mehrerer Tiere sollte deshalb nicht unter 120 cm lang sein; Wasser 10–15 °dH, pH-Wert 7–7,5; Temperatur 10–23 °C, nicht darunter, denn Kois sind wärmebedürftiger als die Wildform. Bei sommerlicher Freilandhaltung müssen die Fische deshalb bei Unterschreiten der 10-°C-Grenze in das Haus genommen werden. Der Bodengrund sollte feinkörnig sein, über dunklem Bodengrund wirken besonders die weißgescheckten Farbformen attraktiver. Die Bepflanzung mit kaltwasserverträglichen Pflanzen kann dicht sein. Das Futter muß abwechslungsreich zusammengesetzt sein, neben tierischer Nahrung (Würmer aller Art) gehören auch aufgequollene Getreidekörner, Haferflocken und gekochte, ungesalzene Kartoffeln neben Trockenfutter zur Nahrungspalette. Wegen des hohen Kotanfalls sind eine sehr kräftige Filterung und häufiger Teilwasserwechsel unerläßlich, am günstigsten ist ein Wasserdurchlauf.

Zucht: Auch wenn der Zierkarpfen mit einer Maximallänge von 60 cm nur die halbe Größe der Stammform erreicht, ist eine Zucht unter Aquariumbedingungen kaum möglich. Sie gelingt in Betonbecken ab 4 m Länge in Gewächshäusern und in Freilandteichen bei Temperaturen über 20 °C. Abgelaicht wird frei, bevorzugt im Bereich von Pflanzenbeständen. Anzahl und Qualität der Jungfische werden ausschließlich vom Futterangebot und der Wasserqualität bestimmt.

Cyrtocara moorii

Beulenkopfmaulbrüter
Familie: *Cichlidae*

Vorkommen: Malawisee. **Größe:** 20 cm, nur bei sehr guten Haltungsbedingungen (sehr häufiger Teilwasserwechsel) bis 25 cm. **GU:** Die Geschlechtsunterschiede sind gering, da beide Geschlechter den Stirnbuckel bekommen. Das ♂ ist jedoch meist größer und heller blau gefärbt als das ♀. Die **Ansprüche** gleichen denen anderer Haplochrominen des Malawisees, mit denen die Art gut gemeinsam gehalten werden kann. **Ansprüche:** Becken ab 150 cm Länge, dabei sollte auch bei der Pflege weniger Tiere das Becken nicht kleiner als 120 cm sein; Wasser 10–18 °dH, pH-Wert 7,5–8,5; Temperatur 24–26 °C. Der Bodengrund kann kiesig sein, sollte jedoch in einigen Bereichen aus Sand bestehen. Neben einigen flachen Steinen auf dem Boden sind höhlen- und spaltenreiche Steinaufbauten, die bis zur Wasseroberfläche reichen, als Unterstände und Versteckplätze erforderlich. Eine Bepflanzung mit robusteren Pflanzen, z.B. *Anubias*, ist gut möglich, dabei muß auf ausreichend freien Schwimmraum geachtet werden. Ihrer Größe entsprechend, verlangen die Fische kräftiges und abwechslungsreiches Futter, wobei neben Mückenlarven und Würmern auch pflanzliches Futter und

Cyrtocara moorii

Cichliden-Sticks angenommen werden.

Die Filterung muß kräftig sein, eine leichte Wasserströmung trägt zum Wohlbefinden der Fische bei. Ein Teilwasserwechsel sollte wöchentlich erfolgen und 1/4–1/3 des Beckeninhalts umfassen.

Zucht: Die Zucht ist auch im Gemeinschaftsbecken möglich, wenn ein ♂ mit mehreren ♀♀ gehalten wird. Bei Temperaturen zwischen 25 und 28 °C und einem pH-Wert um 8 sind die Ergebnisse am besten. Nach kurzer Balz werden die Eier auf flachen Steinen, in Höhlen oder senkrechten Spalten oder an den Seitenscheiben des Aquariums abgelegt. Nach der Eiablage nimmt das ♀ die Eier in den Kehlsack, die Befruchtung erfolgt nach der »Eifleckmethode«, d.h., das ♀ bringt die meist auffälligen Eifleckenmuster auf seiner Afterflosse in die Nähe des Geleges. Das ♀ saugt bei der Aufnahme der Eier auch die Spermienwolke des ♂ mit ein und die Befruchtung findet im Kehlsack des ♀ statt. Das ♀ brütet allein und führt auch die Jungfische, die je nach Temperatur das Maul nach 21–25 Tagen verlassen. Erfolgte die Zucht im Gemeinschaftsbecken, dann ist es für eine rationelle Zucht günstiger, das ♀ 20 Tage nach der Eiablage vorsichtig herauszufangen und in ein Aufzuchtbecken umzusetzen, das Kies als Bodengrund und einen auf die Seite gelegten Blumentopf als Unterstand enthält. Das Herausfangen des ♀ muß vorsichtig erfolgen, damit das ♀ die Jungen nicht abschluckt oder vorzeitig entläßt. Am günstigsten verläuft das Herausfangen bei schwacher Beleuchtung in den Abendstunden (Taschenlampe), wobei das ♀ in ein Glas getrieben wird. Das vorzeitige »Melken« des ♀ und die künstliche Aufzucht der unterentwickelten Jungen sollte unterbleiben, um die Maulbrutbereitschaft dieser Arten nicht zu beeinträchtigen. Die Aufzucht der Jungfische ist meist problemlos. Rädertierchen, Artemia-Nauplien, Mikrowürmchen und ausgesiebte kleine Cyclops werden als Erstfutter angenommen.

Cyrtocara: Befruchtung nach der Eifleckmethode. Das ♀ hat die Eier ins Maul genommen, pickt nach den Eiflecken auf der Afterflosse des ♂ und saugt dabei dessen Spermawolke ein.

D

Danio (Bärblinge)

Eine Gattung lebhafter Schwarmfische aus der Familie *Cyprinidae*, die in Vorderindien und Sri Lanka beheimatet sind. Ihrer Größe entsprechend, sollte das Becken zur Haltung eines Schwarms von 8–10 Tieren nicht unter 120 cm lang sein, eine Höhe von 30 cm ist dabei ausreichend. Die Arten der Gattung kommen nach Eingewöhnung mit fast jedem Wasser zurecht, die optimalen Werte liegen zwischen 5 und 12 °dH und pH-Werten zwischen 6,5 und 7. Der Bodengrund sollte nicht zu grobkörnig sein, für die Bepflanzung sind robustere Arten zu wählen, die im oberen Beckendrittel ausreichend Schwimmraum frei lassen. Kräftige Filterung und regelmäßiger Teilwasserwechsel, der in wöchentlichem Abstand 1/3 des Beckeninhalts umfaßt, tragen sehr zum Wohlbefinden der Fische bei. Vielseitige Fütterung ist vor allem in der Zuchtvorbereitung wichtig, doch kommen die Fische auch über gewisse Zeit mit einem guten Trockenfutter zurecht.

Die **Zucht** ist nicht sehr schwer, sie erfolgt im Paaransatz oder mit zwei ♂♂ je ♀, dabei ist das ♀ einen Tag vor dem ♂ in das ausreichend große Zuchtbecken zu setzen. Die Laichbereitschaft kann erhöht werden, wenn als Zuchtwasser Frischwasser verwendet wird, das 24 Stunden lang vor Einsetzen der Tiere kräftig durchlüftet wurde. Die Fische stellen dem Laich nach, deshalb sollte der Boden des Zuchtbeckens entweder mit kirschgroßen Kieseln oder mit einem Laichrost bedeckt sein. Abgelaicht wird frei zwischen oder über Büscheln feinfiedriger Pflanzen. Man kann während des Laichens Enchyträen füttern, um das Eierfressen einzuschränken, sollte jedoch darauf achten, daß nur soviel gegeben wird, wie die Tiere aufnehmen, denn übriggebliebene Enchyträen können am Laich mehr Schaden anrichten als die Alttiere beim Fressen. Nach dem Ablaichen sind die Alttiere herauszufangen. Der Laich ist vor Sonnenlicht zu schützen. Die Jungen schlüpfen in Abhängigkeit von der Temperatur nach 24–48 Stunden, hängen sich dann bis zum Aufzehren des Dottersacks noch 1–2 Tage an Pflanzen oder Scheiben und benötigen nach dem Freischwimmen feines Staubfutter. Während der Ei-, Larven- und Jungfischentwicklung sollten zu hohe Temperaturen vermieden werden, die Fische können damit zwar schneller zur Verkaufsreife getrieben werden, verlieren aber an Widerstandsfähigkeit und erreichen nie die volle mögliche Größe. Die gesündesten Tiere erhält man, wenn zwischen Tag und Nacht eine Temperaturdifferenz von 3–4 °C liegt. Bei regelmäßigem Teilwasserwechsel und kräftiger Fütterung wachsen die Jungfische auch bei kühlerer Haltung zügig.

D. aequipinnatus

Malabarbärbling

Vorkommen: Westküste Vorderindiens und Sri Lanka. **Größe:** 10 cm. **GU:** Beim schlankeren und farblich intensiveren ♂ verläuft der blaue Mittelstreifen der Zeichnung in gerader Linie bis in die Schwanzflosse, beim ♀ biegt er an der Schwanzflosse nach oben. Die **Ansprüche** sind wie in der Gattungsbeschreibung angegeben, die Temperatur sollte 22–24 °C betragen.

Danio aequipinnatus

Zucht: Die Zucht sollte immer im Paaransatz erfolgen, wobei unter Umständen ein Partner ausgetauscht werden muß, bis sich ein harmonierendes Paar gefunden hat. Dieses laicht dann immer wieder willig zusammen. Das Zuchtbecken kann sehr schmal sein, sollte jedoch nicht weniger als 70 cm Länge aufweisen. Zucht und Aufzucht verlaufen bei Temperaturen von 25–26 °C wie in der Gattungsbeschreibung angegeben.

D. devario

Devariobärbling

Vorkommen: Pakistan, Nordindien, Bangladesh. **Größe:** 15 cm. **GU:** Das ♂ bleibt kleiner, schlanker und ist intensiver gefärbt als das ♀. Die **Ansprüche** sind wie in der Gattungsbeschreibung angegeben, über dunklem Bodengrund färben sich die Fische intensiver, die Temperatur sollte 20–26 °C betragen.

Zucht: Die Fische sind ab 7 cm Länge bereits fortpflanzungsfähig, werden sie zur Zucht angesetzt, so ist die Zufügung eines zweiten ♂ vorteilhaft. Als Zuchtbeckenlänge für Jungfische sind 70 cm ausreichend, für erwachsene Fische muß es entsprechend groß sein. Der Zuchtverlauf entspricht dem in der Gattungsbeschreibung angegebenen. Es ist vorteilhaft, die Zuchttemperatur von 24–26 °C auch in den

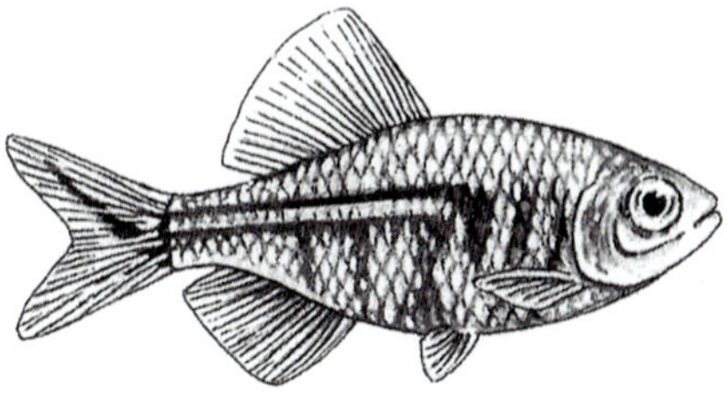

Danio devario

ersten vier Lebenswochen der Jungfische beizubehalten und erst nach diesem Zeitpunkt abzusenken.

D. pathirana

Pathiranabärbling, Tigerbärbling

Vorkommen: Klare Flüsse in Sri Lanka. **Größe:** 6 cm. **GU:** Das ♂ ist schlanker und zeigt bei optimalen Haltungsbedingungen im Gegensatz zum goldfarbenen ♀ orangefarbene Töne. **Ansprüche:** Diese neu eingeführte Art ist bei richtiger Haltung die farbenprächtigste der Gattung. Sie ist nach unseren Erfahrungen zwar auch bei einer Härte bis 20 °dH und pH-Werten bis 7,2 jahrelang zu halten, die Farben beginnen jedoch erst bei einer Härte unter 5 °dH und leicht saurem pH-Wert (6,5–6,8) zu leuchten. Ihr Sauerstoffbedarf ist hoch, eine kräftige Filterung oder Durchlüftung und regelmäßiger wöchentlicher Teilwasserwechsel (25% erneuern) sind zum Wohlbefinden unerläßlich. Temperaturen über 25 °C werden auf Dauer schlecht vertragen, das Optimum liegt zwischen 21 und 24 °C. Sie bevorzugt Schwimmraum über kiesig-sandigem Bodengrund, die Bepflanzung sollte sich auf den Hintergrund beschränken. Die Art ist friedlich und kann mit allen *Danio-*, → *Brachydanio-*, → *Rasbora-* und friedlichen → *Barbus-*Arten vergleichbarer Größe in Becken ab 80 cm Länge vergesellschaftet werden.

Zucht: Kirschgroße Kiesel als Bodengrund schützen die Eier vor den Nachstellungen der Alttiere und kommen den Ansprüchen des Zuchtpaares entgegen. Als Ausstattung im mindestens 60 cm langen Zuchtbecken genügt ein lockeres Büschel Javamoos. Regenwasser, das einmal über Torf gelaufen ist und kräftig durchlüftet wurde, bringt die besten Aufzuchtergebnisse. Der Zuchtverlauf und die Aufzucht der Jungfische entsprechen den in der Gattungsbeschreibung angeführten.

Dasyloricaria filamentosa

Hexenwels
Familie: *Loricariidae*

Vorkommen: Kolumbien. **Größe:** 25 cm. **GU:** Kopfränder und Brustflossen des ♂ sind schwach beborstet, dem ♀ fehlen diese Borsten. **Ansprüche:** Becken ab 80 cm Länge; Wasser 8–10 °dH, nach Eingewöhnung bis 20 °dH möglich, pH-Wert 5,8–7; Temperatur 22–26 °C. Der Bodengrund sollte feinkörnig sein und kann Torfanteil enthalten. Eine dichte Bepflanzung sowie Röhren, Wurzeln und Steine müssen ausreichend Versteckmöglichkeiten bieten. Die Welse fühlen sich in sauerstoffreichem Wasser am wohlsten, deshalb ist eine kräftige Filterung, die nach Möglichkeit eine Wasserströmung erzeugen sollte, sehr wichtig. Sauerstoffmangel geben die Welse dadurch zu erkennen, daß sie ihre Unterstände verlassen und in Oberflächennähe an den Aquarienscheiben hängen. Durch zusätzlich regelmäßigen wöchentlichen Teilwasserwechsel, der bis zu 1/3 des Beckeninhalts umfassen kann, werden solche Erscheinungen vermieden. Der pflanzliche Anteil an der Nahrung muß hoch sein, es sollte, vor allem bei der Haltung in einem Gesellschaftsbecken, abends vor Ausschalten des Lichts gefüttert werden. Den Hexenwels müssen immer Moorkien- oder andere morsche Wurzeln zur Verfügung stehen, die sie zur Deckung ihres Bedarfs an Ballaststoffen abraspeln können. Sie nehmen dabei gleichzeitig wichtige Mikronährstoffe auf, die für eine mögliche Zucht ausschlaggebend sein können. Neben Algenaufwuchs werden von den Welsen sehr gern auch Feinfrosterbsen angenommen.

Zucht: Für eine erfolgreiche Zucht bietet weiches, leicht saures Wasser mit Gehalt an Torfextrakt oder Gerbstoffen die günstigsten Voraussetzungen. Ein größerer Teilwasserwechsel, durch den die Wasserhärte gesenkt und die Temperatur erhöht wird, kann die Laichbereitschaft fördern. Abgelaicht wird bevorzugt in Röhren, die vom ♂ ausgesucht und gesäubert werden. Nach dem Ablaichen wird die Gelegepflege vom ♂ übernommen. Haben die Fische im Gemeinschaftsbecken abgelaicht, so kann man problemlos mit Hilfe einer flachen Schale die Röhre einschließlich des pflegenden ♂ herausheben und in ein Aufzuchtbecken überführen. Die Wasserwerte darin müssen mit dem des ursprünglichen Beckens identisch sein. Die Jungwelse schlüpfen nach 8–9 Tagen und verlassen die Röhre. Sie zehren noch eine Zeit von ihrem Dottersack und müssen, sobald sie beginnen aufzuschwimmen, mit gefrosteten Nauplien angefüttert werden. Eine verlustarme Aufzucht ist vor allem dann möglich, wenn man ständig zarten Algenaufwuchs anbieten kann, den die Jungwelse nach den darin enthaltenen Kleinlebewesen durchsuchen. Für eine gesunde Entwicklung der Jungfische ist neben regelmäßiger Fütterung häufiger Teilwasserwechsel von großer Bedeutung.

Danio pathirana, ♀

Dasyloricaria filamentosa

Delphinbuntbarsch

→ *Krobia guianensis.*

Deltaprachtkärpfling

→ *Aphyosemion deltaense.*

Deltaflügel-Zwergwels

→ *Hara jerdoni.*

Dermogenys pusillus

Hechtköpfiger Halbschnäbler
Familie: *Hemirhamphidae*

Vorkommen: Süß- und Brackwasser in Indonesien, der Malaiischen Halbinsel und Thailand. **Größe:** 7 cm. **GU:** Das ♂ hat einen roten Fleck in der Rückenflosse, seine Afterflosse ist zum Begattungsorgan (Andropodium) umgebildet. **Ansprüche:** Becken ab 70 cm Länge; Wasser 10–15 °dH, pH-Wert 7; Temperatur 20–30 °C. Ein Zusatz von 2–3 Teelöffeln See- oder Kochsalz je 10 l Wasser ist vor allem bei mineralarmem Ausgangswasser für die Gesunderhaltung der Fische wichtig. Halbschnäbler sind Oberflächenfische, für die die Beschaffenheit des Bodengrundes ohne Bedeutung ist, eine Wasserhöhe von 20 cm ist völlig ausreichend. Die Bepflanzung sollte nicht zu dicht sein und sich auf den Rand beschränken, dagegen dürfen Schwimmpflanzen als Unterstand nicht fehlen. Den Hauptbestandteil des Futters bildet Anflugnahrung, neben Mückenlarven sollten so oft wie möglich Fruchtfliegen (Drosophila), Blattläuse u.ä. auf die Wasseroberfläche gestreut werden.

Zucht: Die regelmäßige Zucht dieses Lebendgebärenden ist noch immer nicht ganz ohne Probleme, sie hat vielseitige Ernährung zur Voraussetzung. Die Trächtigkeitsdauer ist starken Schwankungen unterworfen und kann zwischen 20 und 60 Tagen liegen, selbst beim gleichen ♀. Dies gilt auch für die Zahl der Jungfische je Wurf, die zwischen 10 und 30 liegen kann. Bei Beunruhigung des trächtigen ♀ sind Fehl- und Frühgeburten nicht selten. Die günstigsten Voraussetzungen schafft ein Becken, das an einem ruhigen und sonnigen Platz steht, zu veralgen beginnt und Temperaturen zwischen 26 und 30 °C aufweist. Es muß durch dichte Bepflanzung in allen Wasserschichten ausreichend Verstecke für die Jungfische bieten, die sonst ihrer Mutter zum Opfer fallen. Diese sollte sofort nach dem Werfen herausgefangen werden. Die Aufzucht der Jungfische ist nicht schwer, sie nehmen Artemia-Nauplien, Mikrowürmchen und bald auch kleine Grindalwürmchen an.

D. p. sumatranus

Sumatrahalbschnäbler

Vorkommen: Borneo und Sumatra. **Größe:** ♂ 5 cm, ♀ 6 cm. **Ansprüche:** Diese Unterart der *D.p.* ist wärmebedürftiger als die Nominatform, sie muß zwischen 26 und 30 °C gehalten werden. Auf Salzzusatz im Wasser kann bei ihr völlig verzichtet werden. Die übrigen Ansprüche und das Zuchtgeschehen gleichen der Nominatform, die Tragzeit liegt selten unter sechs Wochen.

Devariobärbling

→ *Danio devario.*

Diamantbarsch

→ *Enneacanthus obesus.*

Diamantkillifisch

→ *Adinia multifasciata.*

Diamantregenbogenfisch

→ *Melanotaenia praecox.*

Dianema (Torpedowelse)

Familie der *Callichthydae.* Eine Gattung friedlicher Welse von langgestreckter Gestalt, die sich gern im lockeren Schwarm bewegen. Sie sind nach Eingewöhnung in jedem Wasser gut zu halten, sofern es keine Extremwerte aufweist. Ihre volle Größe und Laichbereitschaft erreichen sie jedoch nur in weicherem und leicht saurem Wasser. Der Bodengrund muß feinkörnig und weich sein, ein Torfanteil ist günstig. Zur Bepflanzung sind vor allem großblättrige Pflanzen *(Echinodorus)* auszuwählen, zwischen deren Blättern die Welse gern ruhen, daneben sollten Versteckmöglichkeiten zwischen Steinen und Wurzeln vorhanden sein. Regelmäßiger wöchentlicher Teilwasserwechsel, der 1/4 des Beckeninhalts umfaßt, erhöht die Aktivität der Welse.

Die **Zucht** der beiden aquaristisch eingeführten Arten der Gattung ist noch nicht ganz problemlos. Nach den vorliegenden Erfahrungen kann fallender Luftdruck und eine beginnende Schlechtwetterperiode bei fütterungsmäßig gut vorbereiteten Tieren auslösender Faktor für das Ablaichen sein. Die ♂♂ bauen ein Schaumnest unter einem großen Wasserpflanzenblatt oder unter einem auf die Wasseroberfläche gelegten Kunststoffdeckel von möglichst grünlicher Färbung. Das ♀ drückt die Eier, die bei der Eiabgabe in einer von den Bauchflossen gebildeten Flossentasche gesammelt wurden, durch den Schaum an die Unterseite von Blatt oder Kunststoff. Da nach den bisherigen Erfahrungen die ♂♂ nicht zuverlässig pflegen, hat sich das Überführen der Eier mit Hilfe eines Pinsels in ein Aufzuchtbecken bewährt, dessen Wasser mit einem keimhemmenden Mittel (Methylenblau oder Acriflavin) versetzt wurde. Bei kräftiger Durchlüftung und 25 °C schlüpfen die Jungen nach 5 Tagen und beginnen 1 Tag später mit der Nahrungssuche. Als Erstfutter werden Artemia-Nauplien und Rädertierchen angenommen. Für eine gesunde Entwicklung der Jungwelse sind peinliche Sauberkeit im Aufzuchtbecken und regelmäßiger Wasserwechsel Bedingungen.

D. longibarbis

Torpedoschwielenwels

Vorkommen: Amazonasgebiet. **Größe:** 10 cm. **GU:** Die Brustflossen des ♂ sind etwas kräftiger ausgebildet als beim ♀. **Ansprüche:** Becken ab 90 cm Länge; Wasser 2–20 °dH, pH-Wert 5,5–7,5; Temperatur 22–26 °C. Die Beckeneinrichtung erfolgt wie in der Gattungsbeschreibung angegeben.

Zucht: Der Zuchtverlauf entspricht ebenfalls dem in der Gattungsbeschreibung angegebenen.

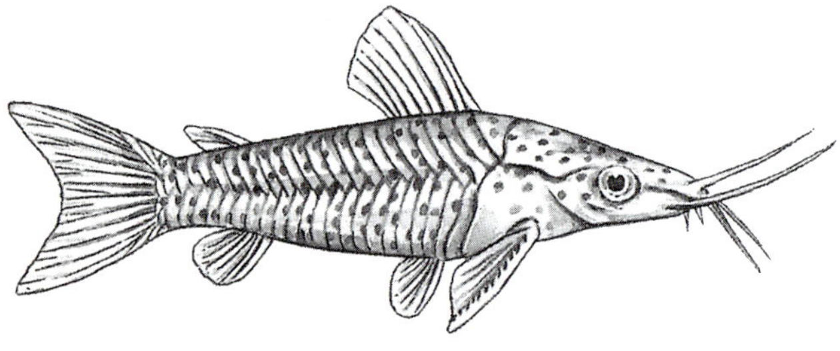

Dianema longibarbis

D. urostriata

Schwanzstreifentorpedowels

Vorkommen: Mittleres Amazonasgebiet, Mato Grosso. **Größe:** 15 cm. **GU:** Der Brustflossenstachel ist beim ♂ kräftiger als beim ♀. **Ansprüche:** Becken ab 100 cm Länge, möglichst darüber, denn in kleinen Becken erreichen die Welse nicht ihre maximale Größe; Wasser 2–15 °dH, pH-Wert 5,5–7; Temperatur 22–26 °C. Die Beckeneinrichtung ist wie in der Gattungsbeschreibung angegeben vorzunehmen.

Zucht: Der Zuchtverlauf entspricht dem in der Gattungsbeschreibung angegebenen, die Jungen schlüpfen 4 Tage nach dem Ablaichen.

Diapteron (Zwergprachtkärpflinge)

Eine Gattung kleiner, farbenprächtiger Killifische der Familie *Aplocheilidae* aus dem Ivindo-Becken in Gabun. **Ansprüche:** Wasser 2–8 °dH, pH-Wert 5,8–6,8; Temperatur 18–22 °C, keinesfalls längerfristig darüber. Die immer noch heiklen Arten der Gattung pflegt man am besten im Artbecken ab 60 cm Länge, dessen Bodengrund aus einer Mischung von ausgekochtem Fasertorf und Sand besteht. Eine dichte Bepflanzung sichert ab, daß sich die häufig in Rangordnungskämpfen befindlichen ♂♂ zurückziehen können. Eine nur mäßige Filterung und Teilwasserwechsel im Abstand von 14 Tagen sind ausreichend. Neben Cyclops werden sehr gern auch auf die Oberfläche gestreute Drosophilafliegen als Futter angenommen.

Zucht: Die Zucht ist im Gruppenansatz am aussichtsreichsten, da willkürlich zusammengesetzte Paare oft keine Laichbereitschaft zeigen. Abgelaicht wird an und in lockeren Javamoosbüscheln und Torffasern. Die Alttiere stellen dem Laich kaum nach, so daß man von den nach 10–14 Tagen schlüpfenden Jungfischen immer einige abfischen kann. Für eine rationelle Zucht wird die Gruppe in ein Zuchtbecken mit Fasertorf gesetzt. Wenn die Laichaktivitäten deutlich nachgelassen haben, wird die Gruppe ins Aquarium zurückgesetzt und der Torf trockengelegt. Man schüttet ihn dabei in ein Planktonnetz und drückt ihn soweit aus, daß er nur noch erdfeucht ist. Nach 3–4 Wochen Lagerung in einem Kunststoffbehälter wird er dann mit 18 °C kaltem Wasser übergossen. Die Jungfische schlüpfen innerhalb weniger Stunden und werden mit Zuchtpantoffeltierchen oder feinem Tümpelstaubfutter angefüttert. Auf Infusorientrübung und andere Wasserbelastungen reagieren die Jungfische empfindlich, so daß die Aufzucht sehr viel Fingerspitzengefühl erfordert. Als vorteilhaft hat sich das Einbringen eines Javamoosbüschels ins Jungfischbecken erwiesen, weil es nicht nur Kleinlebewesen als Ergänzungsfutter liefert, sondern auch stabilisierend auf den Wasserchemismus wirkt.

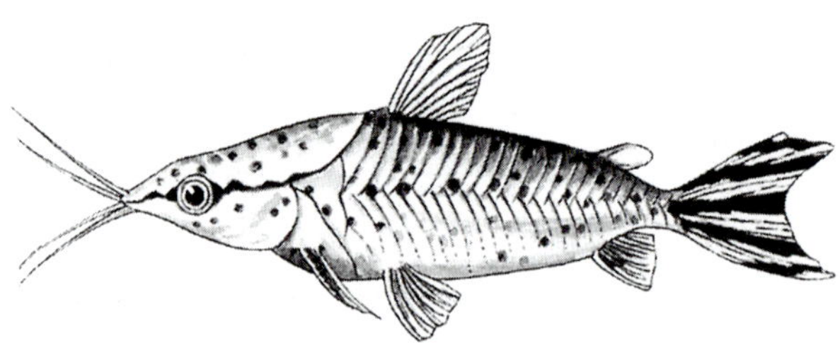

Dianema urostriata

D. cyanostictum

Größe: 3 cm. **GU:** Die rote Körpergrundfarbe ist beim ♂ dunkler als beim ♀, dadurch hebt sich die helle Punktzeichnung mehr ab. **Ansprüche:** Diese Art liebt helle, möglichst besonnte Becken und wöchentlichen Teilwasserwechsel. Die übrigen Ansprüche gleichen den in der Gattungsbeschreibung angeführten.

Zucht: *D.c.* ist die am leichtesten zu züchtende Art der Gattung. Der Zuchtverlauf entspricht dem in der Gattungsbeschreibung angeführten. Bei einer Entwicklungstemperatur von 25 °C schlüpfen die ersten Jungfische bereits nach 6 Tagen.

D. fulgens

Größe: ♂ 3,5 cm, ♀ 3 cm. **GU:** Die Flossen des ♂ sind prächtig gefärbt, die des ♀ nahezu farblos. **Ansprüche** und Zuchtverlauf wie in der Gattungsbeschreibung angegeben.

D. georgiae

Größe: ♂ 3,5 cm, ♀ 3 cm. **GU:** Körpergrundfarbe beim ♂ intensiv rotbraun, alle Flossen sind farbig, beim ♀ ist die Körpergrundfarbe hellbraun und die Flossen sind fast farblos. **Ansprüche** und Zuchtverlauf wie in der Gattungsbeschreibung angegeben.

Dickfelds Schlankcichlide

→ *Julidochromis dickfeldi.*

Dickkopfscheibensalmler

→ *Metynnis hypsauchen.*

Dicklippenmaulbrüter

→ *Petrotilapia tridentiger.*

Dicklippiger Fadenfisch

→ *Colisa labiosa.*

Dimidiochromis compressiceps

Messerbuntbarsch

Maulbrüter aus der Familie *Cichlidae.* **Vorkommen:** Malawisee. **Größe:** 20 cm. **GU:** Die Kopfregion des geschlechtsreifen ♂ glänzt blaugrün, die des ♀ golden. Das ♂ besitzt Eiflecken an der Afterflosse. **Ansprüche:** Wasser 10–20 °dH, pH-Wert 7,5–8,5; Temperatur 24–26 °C. Um diese in der Körperform und im Verhalten ungewöhnliche Art artgerecht zu pflegen, sollte die Beckenlänge mindestens 200 cm betragen. *D.c.* ist die räuberischste Art unter den Haplochrominen des Malawisees. Die Fische lauern ihrer Beute als Stoßräuber auf und sind die einzigen unter den bekannten Raubfischen, die ihre Fischbeute vom Schwanz her beginnend verschlingen. Zur Vergesellschaftung eignen sich nur große, robuste Arten des gleichen Lebensraumes. Bei ständig ausreichender Fütterung mit großen Garnelen, Mückenlarven und gelegentlich Fischfiletstückchen, ergänzt durch Cichliden-Trockenfuttersticks, werden die anderen Beckeninsassen weitgehend in Ruhe gelassen. Bei Nahrungsmangel beißen manche Tiere anderen Beckeninsassen, vor allem wenn diese geschwächt sind, gezielt die Augen aus. Zur Beckeneinrichtung sollte deshalb neben ausgedehnten Flächen groben Sandes eine Vielzahl von Versteckplätzen in Steinaufbauten gehören. Eine wirksame Filterung und wöchentlicher Teilwasserwechsel, der 1/3 des Beckeninhaltes umfaßt, sind für das Wohlbefinden der Tiere unerläßlich.

Zucht: Während der Balz legt das ♂ im Sand eine Grube von etwa 20 cm Durchmesser an, in welcher dann die Eiablage erfolgt. Die Eier werden vom ♂ sofort aufgenommen und nach der Eifleckmethode (siehe → *Cyrtocara*) befruchtet. Die Maulbrutdauer beträgt bei 26 °C 21 Tage, die Aufzucht der Jungfische verläuft ohne besondere Probleme.

Diskusbuntbarsch

→ *Symphysodon aequifasciata.*

Distichodus (Geradsalmler)

Eine Gattung der Familie *Citharinidae,* deren Arten in Afrika beheimatet sind und gelegentlich als Importtiere zu uns kommen. Sie sehen als Jungfische oft sehr attraktiv aus, werden mit zunehmendem Alter jedoch farblich unscheinbarer. Viele Arten können sehr groß werden, für Cichlidenbecken sind sie dann ideale Beifische. Die Arten der Gattung sind ausgesprochene Pflanzenfresser, die nach eigenen Erfahrungen selbst die robusteste Pflanze früher oder später vernichten, auch wenn ständig Grünzeug aller Art gegeben wird. Der Menge des aufgenommenen Futters entsprechend, ist der Kotanfall sehr hoch, eine kräftige Filterung mit hoher Durchflußleistung ist daher unbedingt notwendig. In ihren Ansprüchen an die Wasserbeschaffenheit sind *D.* sehr tolerant, sie dauern aus in Wasser zwischen 5 und 20 °dH, pH-Werten zwischen 6,5 und 7,5 und Temperaturen zwischen 22 und 27 °C. Der wöchentliche Teilwasserwechsel kann 1/3 bis die Hälfte des Beckeninhalts umfassen. Die Vergesellschaftung mehrerer Arten der Gattung ist in großen Becken gut möglich, bei der Haltung nur einer Art sollte man sich für einen kleinen Schwarm entscheiden, denn bei Paarhaltung wird das ♀ bald zu Tode gehetzt. Die Geschlechter sind farblich nicht zu unterscheiden, bei den ♂♂ verläuft die Bauchlinie gerader und die Afterflosse ist vorn meist etwas spitzer als beim ♀.

Die Nachzucht ist bisher noch nicht häufig erfolgt, in ausreichend großen Becken aber möglich. Die Fische laichen nach heftigem Treiben an der Wasseroberfläche frei ab, die Eier sinken zu Boden. Wegen der hohen Eizahl ist eine kräftige Durchlüftung des Beckens erforderlich, sonst sterben die Eier wegen Sauerstoffmangels sehr schnell ab.

D. noboli

Rotflossengeradsalmler

Die bisher am häufigsten gepflegte und nachgezüchtete Art. **Vorkommen:** Oberer Zaire. **Größe:** 20 cm. *D.n.* unterscheidet sich von der ähnlichen, ebenfalls in der Jugend rotflossigen Art. *D. affinis* aus dem unteren Zaire vor allem dadurch, daß bei *D.n.* die Afterflosse kürzer als die Rückenflosse ist, bei *D. affinis,* die zudem etwas kleiner bleibt, ist es umgekehrt. **GU:** Geschlechtsunterschiede sind wie in der Gattungsbeschreibung angegeben. **Ansprüche:** Das Becken sollte nicht unter 150 cm lang sein; die übrigen Ansprüche sind wie in der Gattungsbeschreibung angegeben. Nach eigenen Erfahrungen kann die Art

Distichodus noboli

gut mit Schwärmen von großen → *Astyanax*- und → *Ctenobrycon*-Arten vergesellschaftet werden.

Zucht: Der Zuchtverlauf erfolgt wie in der Gattungsbeschreibung angegeben.

Dorngrundel

→ *Cobitis taenia taenia.*

Dornwels

1. → *Acanthodoras.*– **2.** → *Agamyxis.*– **3.** → *Amblydoras.*– **4.** → *Hassar.*– **5.** → *Platydoras*

Dreibandsalmler

→ *Hyphessobrycon heterorhabdus.*

Dreibindenziersalmler

→ *Nannostomus trifasciatus.*

Dreieckpanzerwels

→ *Corydoras eques.*

Dreifarbiger Jamaikakärpfling

→ *Poecilia melanogaster.*

Dreifleckkopfsteher

→ *Anostomus trimaculatus.*

Dreipunkttetra

→ *Odontostilbe kriegi.*

Dreistachliger Stichling

→ *Gasterosteus aculeatus.*

Dreistreifenzwergbuntbarsch

→ *Apristogramma trifasciata.*

E

Echter Diskus

→ *Symphysodon discus*.

Edelia vittata

Westaustralischer Zwergbarsch
Familie: *Kuhliidae*

Vorkommen: Küstenflüsse und Seen in Westaustralien. **Größe:** 7 cm. **GU:** Das ♂ besitzt dunkle, fast schwarze Flossen, eine nahezu gerade Bauchlinie und wirkt vor allem bei auffallendem Licht farblich intensiver. **Ansprüche:** Diese sowohl untereinander als auch gegenüber anderen Fischen friedliche und attraktive Art ist in ihrer Heimat ein beliebter Aquarienfisch und leider bei uns bisher nur selten im Angebot. Obwohl sie an den Wasserchemismus keine besonderen Ansprüche stellt, erwies sie sich beim Autor bei länger anhaltenden Temperaturen über 25 °C als anfällig gegenüber Krankheiten. Das Optimum der Temperatur liegt bei 20 °C und kann zwischen 15 und 25 °C schwanken. In weichem bis mittelhartem Wasser mit einem pH-Wert um 7 und über nicht zu hellem Bodengrund zeigen die Fische ihre besten Farben. Dieser Barschfisch ist ein idealer Partner für die Regenbogenfische (→ *Melanotaenia*, → *Chilatherina*), die mit der niedrigen Temperatur keine Probleme haben. Für das Artbecken ist eine Länge von 60 cm ausreichend, für Gemeinschaftsbecken sollte die Mindestlänge 80 cm betragen. Zur Beckeneinrichtung gehören Versteckplätze zwischen Pflanzen, Wurzeln und Steinen sowie Schwimmraum über grobem Sand. Aus dem Frostfutterangebot bevorzugen die Zwergbarsche Mysis, daneben wird Lebendfutter aller Art angenommen. Bei guter Filterung ist ein Teilwasserwechsel von 20 % des Beckeninhaltes im Abstand von 14 Tagen ausreichend.

Zucht: Im Artenbecken werden regelmäßig einige Jungfische groß, für eine rationelle Zucht ist ein Becken von 40 cm Länge zum Ansatz eines Paares ausreichend. Für die Einrichtung genügen eine flache Schicht grober Sand und eine kleine Wurzel oder Pflanze als Deckung. Das ♀ muß deutlich Laichansatz zeigen. Mischt man das Beckenwasser zu gleichen Teilen mit Frischwasser gleichen pH-Wertes, so laichen die Tiere meist schon am nächsten Tag ab. Die Art betreibt keine Brutpflege. Die in Schüben abgegebenen Eier haften am Boden oder der Einrichtung. Obwohl gutgenährte Alttiere den Eiern kaum nachstellen, sollten sie am Nachmittag herausgefangen werden. Die Embryonen schlüpfen bei 22 °C bereits nach etwa 60 Stunden und liegen bis zum Freischwimmen fast 3 Wochen. Eine in der Mitte des Beckens angebrachte feinperlige Durchlüftung (Lindenholzausströmer) muß eine kontinuierliche Wasserbewegung im Bodenbereich absichern. Nach dem Freischwimmen nehmen die Jungfische bereits Artemia-Nauplien auf. Die Geschlechtsreife tritt erst nach einem Jahr ein.

Eigenmannia virescens

Grüner Messerfisch
Familie: *Ramphichthyidae*

Vorkommen: Tropisches Südamerika. **Größe:** ♂ 35 cm, ♀ 20 cm. **GU:** Das ♀ bleibt deutlich kleiner. **Ansprüche:** Becken ab 120 cm Länge; Wasser 2–15 °dH, pH-Wert 6–7; Temperatur 22–28 °C. Diese vorwiegend nachtaktive Art liebt Altwasser mit guter Filterung und starker Strömung, der Teilwasserwechsel sollte im Abstand von 14 Tagen erfolgen und nicht mehr als 1/5 des Beckeninhalts umfassen. Es ist vorteilhaft, dabei über Torf aufbereitetes und abgestandenes Frischwasser zu verwenden, das frei von Chlor sein muß.

Über dunklem, nicht zu grobem Bodengrund fühlen sich die Fische am wohlsten, zahlreiche Wurzeln, Steine und Röhren sollten ausreichend Tagesverstecke bieten. Die Bepflanzung kann dicht bis locker sein, doch sollte eine Schwimmpflanzendecke für gedämpftes Licht sorgen. Die den Messerfischen nachgesagte Unverträglichkeit tritt nur in zu kleinen Becken in Erscheinung, in größeren bilden die Fische Gruppen mit einer festen Rangordnung, die vom stärksten ♂ geführt wird; sie sollte nicht durch Hinzusetzen weiterer Tiere gestört werden, da sie auch eine der Voraussetzungen für einen Zuchterfolg ist. Messerfische benötigen kräftiges Lebendfutter, das abends gegeben werden sollte.

Zucht: Die Zucht ist bisher dann gelungen, wenn die natürlichen Bedingungen eines Tropenregens mit Hochwasser nachvollzogen werden konnten. Das bedeutet für die Aquarienhaltung allmähliches Absenken von Wasserhärte und pH-Wert und die Simulation von Regen durch einen mit Bohrungen versehenen verlängerten Filterauslauf sowie eine Erhöhung des Wasserstandes im Becken um 20–30 cm. Aus der Gruppe heraus laicht das größte ♂ mit einem paarungsbereiten ♀ über mehrere Stunden ab. Die Eier werden an Schwimmpflanzen abgesetzt, an denen sie klebenbleiben.

Eilandbarbe

→ *Barbus oligolepis*.

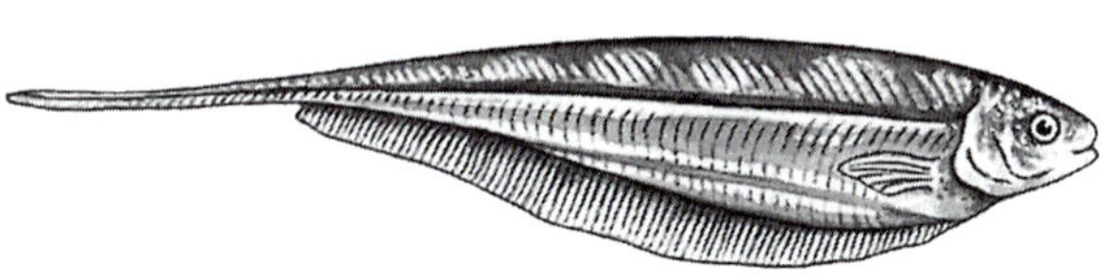

Eigenmannia virescens

Elassoma evergladei

Schwarzbarsch, Zwergbarsch
Familie: *Centrarchidae*

Vorkommen: Nordkarolina bis Florida in den USA. **Größe:** 3,5 cm. **GU:** Die Flossen des ♀ sind immer farblos, die des ♂ dunkel. Zur Laichzeit färbt das ♂ blauschwarz um und ist mit metallisch glänzenden Pünktchen bedeckt. **Ansprüche:** *E.e.* ist eine ruhige und scheue Art, die am besten in einer kleinen Gruppe im Artbecken ab 40 cm Länge gehalten werden sollte; Wasser 5–15 °dH, pH-Wert 7–7,5; Temperatur 10–30 °C. Eine schwache Filterung und Teilwasserwechsel im Abstand von 14 Tagen sind ausreichend, diese sehr schöne Art ist anspruchslos. Der Bodengrund sollte feinkörnig und dunkel sein, damit die Fische Farbe zeigen, die Bepflanzung muß mit Pflanzen erfolgen, die niedrige Temperaturen vertragen (Wasserpest, Wassernabel, Hornblatt u.ä.). Einige Steine und Wurzeln werden von den Fischen als Abgrenzung ihrer kleinen Reviere gern angenommen. Die Pflege ist sowohl in unbeheizten Aquarien als auch in kleinen schattigen Freilandteichen gut möglich.

Zucht: Voraussetzung für eine erfolgreiche Zucht bildet die kühle Überwinterung der Fische bei 15 °C und darunter. Nach abwechslungsreicher und kräftiger Anfütterung laichen die Fische im Daueransatz bei Temperaturen zwischen 15 und 25 °C vom Frühjahr bis in den Spätsommer hinein ab. Die Eier werden zwischen Pflanzen abgelegt und bleiben ebenso wie die nach 2–3 (bei 15 °C erst nach 6) Tagen schlüpfenden Jungen von den Alttieren unbehelligt. Die Jungfische sind winzig und benötigen am Anfang feinstes Staubfutter. Sie sind schnellwüchsig und mit 3–4 Monaten bereits wieder geschlechtsreif.

Eleanora-Schlanksalmler

→ *Pyrrhulina eleanorae.*

Elefantenrüsselfisch

→ *Gnathonemus petersi.*

Elfenbuntbarsch

→ *Triglachromis otostigma.*

Elritze

→ *Phoxinus phoxinus.*

Enneacampus ansorgii

Süßwassernadel
Familie: *Syngnathidae*

Vorkommen: Westafrikanische Küstenregionen von Senegal bis Angola. **Größe:** 17 cm. **GU:** Das ♂ besitzt zwei hinter dem After beginnende Hautfalten (Schwanztaschen). **Ansprüche:** Süßwassernadeln sind ruhige, untereinander verträgliche Fische, die viel Zeit und Ruhe zum Fressen benötigen und deshalb nur im Artbecken gepflegt werden sollten. Für die Haltung einer Gruppe von 6–10 Tieren ist ein Becken ab 60 cm Länge ausreichend. Eine Wasserhärte unter 10 °dH, pH-Wert 6–7 und Temperaturen zwischen 23-26 °C haben sich als die optimalen Werte für die erfolgreiche Haltung und Zucht erwiesen. Nach unseren Erfahrungen kamen die Tiere mit härterem Wasser gut zurecht, pH-Werte über 7 wirkten jedoch schädigend. Für die Randbepflanzung bieten sich langblättrige Arten wie Sagittarien und Vallisnerien an, in der Mitte muß den Tieren ausreichend freier Schwimmraum zur Verfügung stehen. Wie die mit ihnen verwandten Seepferdchen fressen die Nadeln in der Regel nur Futter, das sich bewegt. Cyclops, Artemia-Nauplien und kleine Mückenlarven liegen in der Beliebtheitsskala vorn, stehen diese nicht zur Verfügung, dann können vorübergehend auch Grindalwürmchen und kleine Enchythräen gegeben werden.

Zucht: Ihre Laichbereitschaft signalisieren die Fische durch Umfärbung zu kräftigen Farben. Beim ♂ klaffen die Hauttaschen weit auseinander. Wollen die Tiere auch nach längerer Pflege nicht in Laichstimmung kommen, dann kann die Zugabe von bis zu 10 g Meersalz auf 10 l Wasser stimulierend wirken. Die Balz beginnt in den Abendstunden, die Paarung findet meist nachts statt. Das ♀ drückt dabei dem ♂ mit Hilfe einer Legeröhre bis zu 40 Eier in die Schwanztasche, gleichzeitig werden die Laichkörner vom ♂ besamt. Die Hautfalten schließen sich danach. 20-22 Tage später und meist in den Nachtstunden entläßt das ♂ die voll entwickelten, etwa 15 mm langen Jungfische aus der Tasche. Die fadendünnen Jungfische gehen nicht aktiv auf Jagd, sondern fressen nur das, was ihnen direkt vor das Maul schwimmt. Es ist deshalb günstiger, sie herauszufangen und in einem kleineren Becken mit schwacher Wasserbewegung aufzuziehen, das 15 Stunden lang beleuchtet wird. Fein ausgesiebtes Tümpelfutter und Rädertierchen sind als Erstfutter geeignet. Die Geschlechtsreife wird mit etwa 8 cm Länge erreicht.

Enneacanthus

Kaltwasserfische der Gattung der Sonnenbarsche aus der Familie *Centrarchidae* aus dem Osten der USA.

E. chaetodon

Scheibenbarsch

Größe: 10 cm. **GU:** Die Geschlechter sind sehr schwer zu unterscheiden. Das ♀ wirkt etwas voller und ist geringfügig intensiver gefärbt. Eine sichere Unterscheidung ist nur durch das Verhalten möglich: Tiere, welche Gruben im Boden ausfächeln, sind immer ♂♂. **Ansprüche:** Becken ab 90 cm Länge gestatten die Pflege einer kleinen Gruppe; Wasser 10–20 °dH, pH-Wert 7; Temperatur 5–22 °C. Trotz dieses weiten Temperaturbereichs sind Scheibenbarsche empfindlich gegen plötzlich auftretende Temperaturschwankungen, eine Erhöhung oder ein Absenken der Temperatur muß allmählich geschehen. Der Bodengrund muß sandig, höchstens feinkiesig sein, die Bepflanzung mit kaltwasserverträglichen Arten sollte sich auf den Rand und Hintergrund beschränken, um ausreichend Schwimmraum frei zu lassen. Der Sauerstoffbedarf der Fische ist hoch, eine kräftige Filterung oder Durchlüftung ist unumgänglich. Scheibenbarsche reagieren empfindlich auf Wasserverunreinigungen und starke Schwankungen im Wasserchemismus, zum notwendigen wöchentlichen Teilwasserwechsel sollte deshalb abgestandenes und gut durchlüftetes Wasser mit den Werten des Beckenwassers verwendet werden.

Zucht: Für die Zucht sollte aus der Gruppe ein Paar herausgefangen werden, das bereits füreinander Interesse zeigte, die Zucht ist bei Temperaturen zwischen 15 und 25 °C möglich. Das ♂ fächelt im Schutze von Pflanzen eine Grube im Sand aus, in welche hinein abgelaicht wird. Die Eier verkleben zu Klumpen. Das ♀ wird nach dem Ablaichen herausgefangen, das

♂ befächelt das Gelege und die nach 2–4 Tagen schlüpfenden Jungen. Wenn die Jungfische am 7. Tag freischwimmen, sollte auch das ♂ entfernt werden. Die Aufzucht mit Tümpelstaubfutter verläuft ohne Schwierigkeiten. Die Geschlechtsreife wird ab 5 cm Länge erreicht. Die Zuchterfolge sind vor allem mit den Tieren gut, die bei Temperaturen unter 15 °C überwintert wurden, große und kräftige Tiere werden auch bei sommerlicher Freilandhaltung erzielt.

E. obesus

Diamantbarsch

Größe: 10 cm. **GU:** Die Geschlechter sind äußerlich nicht zu unterscheiden, im durchfallenden Licht sind jedoch beim ♂ ein spitzes und beim ♀ ein abgerundetes hinteres Ende der Schwimmblase zu erkennen. Bei erwachsenen ♂♂ sind die hinteren Bereiche von Rücken- und Afterflosse größer und höher als beim ♀. **Ansprüche:** Becken ab 80 cm Länge; Wasser 8–12 °dH, pH-Wert 7–7,5; Temperatur 10–20 °C. *E.o.* ist sehr empfindlich gegen Veränderungen im pH-Wert, der notwendige wöchentliche Teilwasserwechsel darf daher nur mit genau eingestelltem, gut durchlüftetem Altwasser erfolgen. Beim Umsetzen der Fische in ein anderes Becken ist vorher der pH-Wert zehntelgenau anzugleichen, das gilt auch beim Umsetzen ins Zuchtbecken. Der Bodengrund sollte aus einer dicken Sandschicht bestehen, zum Verhaltensniveau der Tiere gehört es, sich gelegentlich eingraben zu können. Neben einer dichten Bepflanzung mit temperaturtoleranten Arten gehört zur Beckeneinrichtung ein Angebot aus Wurzeln und Steinen zum Verstecken.

Zucht: *E.o.* wird frühestens im zweiten Lebensjahr geschlechtsreif. Nach kühler Überwinterung wird ein Paar in einem Zuchtbecken angesetzt, dessen Wasserstand 15 cm niedriger als der des Hälterungsbeckens sein sollte. Die Zuchtperiode geht von Mai bis September, außerhalb dieser Zeit sind Zuchtversuche sinnlos. Das ♂ fächelt in Pflanzennähe eine Grube im Sand aus, die allerdings nur als Ablaichplatz dient, die Eier werden beim Ablaichen in die Pflanzenbüschel der Umgebung gewedelt und bleiben darin hängen. Das ♀ ist danach zu entfernen, das ♂ betreut Eier und die nach 2–4 Tagen schlüpfende Brut allein. Gut vorbereitete Tiere können bis zu 500 Jungtiere bringen.

Sieben Tage nach dem Schlupf beginnen die Jungfische freizuschwimmen, sie benötigen feines Staubfutter.

Epalzeorhynchus kallopterus

Schönflossige Rüsselbarbe
Familie: *Cyprinidae*

Vorkommen: Thailand, Sumatra, Borneo. **Größe:** 15 cm. **GU:** äußerlich nicht feststellbar, doch scheinen die ♂♂ kleiner zu bleiben. **Ansprüche:** Becken ab 80 cm Länge sind für diesen ruhigen und friedlichen Fisch ausreichend; Wasser 5–15 °dH, pH-Wert 6,5–7; Temperatur 24–26 °C. Als Bodengrund kann nicht zu grober Flußkies ohne scharfe Kanten verwendet werden. Die Bepflanzung sollte mit großblättrigen Pflanzen erfolgen, auf denen die Fische gern ruhen, daneben werden Wurzeln und Steine als Verstecke gern angenommen. Neben kräftiger Filterung ist wöchentlicher Teilwasserwechsel, der 1/4 des Beckeninhalts umfaßt, für das Wohlbefinden der Fische unerläßlich. Rüsselbarben machen sich als Vertilger von Planarien in jedem Becken nützlich und arbeiten den Mulm durch, trotzdem sollten sie vielseitig zusammengesetzte animalische und pflanzliche Kost erhalten. Morsche Wurzeln werden gern gefressen, die darin enthaltenen Mikronährstoffe scheinen eine der Voraussetzungen zu sein, die Tiere zum Laichansatz und möglicherweise zur **Zucht,** die bisher noch nicht gelungen ist, zu bringen.

Epiplatys (Afrikanische Hechtlinge)

Eine Gattung aus der Familie *Aplocheilidae,* deren Verbreitungsgebiet im westlichen und zentralen Afrika südlich der Sahara liegt. Alle Arten der Gattung sind Oberflächenfische, die vorwiegend von Anflugnahrung leben und eine dichte Schwimmpflanzendecke als Unterstand lieben. Kräftiges Lebendfutter (Mückenlarven, Wurmfutter sowie auf die Oberfläche gestreute Kleininsekten) ist eine Vorbedingung für eine erfolgreiche Haltung. Afrikanische Hechtlinge lieben Altwasser und sind gegenüber Frischwasser, vor allem wenn es chlorbelastet ist, empfindlich. Der Teilwasserwechsel muß daher vorsichtig und in kleineren Mengen durchgeführt werden, eine kräftige Filterung muß die notwendige Wasserhygiene absichern. Alle Arten sind Haftlaicher in oberflächennahen Pflanzenteilen, die jedoch nicht dem Licht ausgesetzt sein dürfen, die Eier sind vor allem gegenüber Sonnenlicht sehr empfindlich. Es ist zweckmäßig, sie aus den Pflanzen herauszulesen und in ein dunkel stehendes flaches Aufzuchtbecken bis zum Schlupf nach 10–15 Tagen zu überführen. Eine feinperlige Durchlüftung ist angezeigt. Die Aufzucht der Jungfische ist nicht schwer, Rädertierchen und Artemia-Nauplien werden als Erstfutter angenommen.

E. chaperi

Vorkommen: Diese Art ist mit vier Unterarten über die Elfenbeinküste und Ghana verbreitet. **Größe:** 7 cm. **GU:** Die unpaaren Flossen des ♂ sind gelborange marmoriert, die des ♀ farblos. **Ansprüche:** Becken ab 70 cm Länge; Wasser 10 °dH, pH-Wert 6,5; Temperatur 23–27 °C, vorübergehend werden auch Temperaturen bis 15 °C vertragen. Die übrigen Ansprüche sind wie in der Gattungsbeschreibung angegeben.

Zucht: Der Ansatz ist im Paar oder als Gruppe möglich. Die Aufzuchtergebnisse sind bei dieser Art noch zufriedenstellend, wenn die Eier im Becken belassen werden, es kommen genügend Jungfische auf. Für die rationelle Zucht sollten die Eier herausgelesen werden, die Jungen schlüpfen nach 14 Tagen.

E. dageti

Querbandhechtling

Vorkommen: Südwestghana bis Sierra Leone. **Größe:** 7 cm. **GU:** Die Afterflosse

Epiplatys dageti, ♀

des größeren ♂ ist zugespitzt. **Ansprüche:** Becken ab 70 cm Länge; Wasser 5–20 °dH, pH-Wert 6–6,5; Temperatur 21–23 °C. Die übrigen Ansprüche sind wie in der Gattungsbeschreibung angegeben. Erwachsene Querbandhechtlinge entwickeln sich oft zu angriffslustigen und unverträglichen Raubfischen, die kleinere Beckeninsassen fressen.

Zucht: Bei Temperaturen zwischen 24 und 26 °C werden ein ♀ und mehrere ♂♂ angesetzt. Die Laichperiode geht über mehrere Wochen. Die Eier halten sehr gut in feinfiedrigen Pflanzen, so daß es günstig ist, diese insgesamt in wöchentlichem Abstand herauszunehmen und durch neue zu ersetzen. Die Jungen schlüpfen nach 8–10 Tagen.

E. grahami

Grahams Hechtling

Vorkommen: Küstennahe Gebiete von Südbenin, Nigeria und Kamerun. **Größe:** 6 cm. **GU:** Beim ♂ sind die Flossen mehr zugespitzt und deutlicher gefärbt als beim ♀, die Querstreifen sind beim ♂ angedeutet, beim ♀ immer deutlich erkennbar. **Ansprüche:** Gut abgedeckte Becken ab 70 cm Länge sind für diese springfreudige, für das Gesellschaftsbecken gut geeignete Art erforderlich; Wasser 5–15 °dH, pH-Wert 6–7,2; Temperatur 23–28 °C. Wenn Wasserbelastungen vermieden werden, ist die Art auch gegen Werte, die außerhalb der angegebenen liegen, nach Eingewöhnung sehr tolerant. Die übrigen Ansprüche gleichen den in der Gattungsbeschreibung angeführten.

Zucht: Die Zucht ist in nicht zu hohen und mit Schwimmpflanzen und Javamoos ausgestatteten Zuchtbecken ohne größere Probleme bei Temperaturen ab 25 °C möglich. Sie entspricht in ihrem Verlauf dem in der Gattungsbeschreibung angeführten. Die Jungfische sind relativ groß und nehmen sofort Artemia-Nauplien als Erstfutter an.

E. lamottei

Vorkommen: Liberia, Guinea. **Größe:** 7 cm. **GU:** Das ♂ besitzt längere Bauch-

Epiplatys-Biotop, Kamerun

Epiplatys grahami

flossen und ist prächtiger gefärbt als das schlichte ♀. **Ansprüche:** Becken ab 70 cm Länge; Wasser 3–8 °dH, pH-Wert 7–7,8, nicht darunter; Temperatur 21–23 °C. *E.l.* verträgt sehr gut Wasserwechsel im Abstand von 14 Tagen, bei dem die Hälfte des Beckeninhalts erneuert werden kann. Diese Art fühlt sich am wohlsten in dunkel gestalteten Becken, die nur von vorn Licht erhalten, sie zeigt darin auch die beste Farbentwicklung.

Zucht: Bei Paaransatz ist die Zucht bereits in einem 10-l-Becken möglich, in dem die Tiere für eine Woche belassen werden. Das bevorzugte Laichsubstrat ist Javamoos, die Temperatur sollte bei 23 °C gehalten werden, der pH-Wert bei 7,5 liegen. Das Ergebnis eines Wochenansatzes sind 50–70 Eier, die Jungen schlüpfen nach 14 Tagen.

E. roloffi

Roloffs Hechtling

Vorkommen: Liberia. **Größe:** 7 cm. **GU:** Die Flossen sind beim ♂ schwarz gerandet. **Ansprüche:** Becken ab 70 cm Länge; Wasser 5–10 °dH, pH-Wert 7; Temperatur 22–25 °C. *E.r.* ist besonders empfindlich gegen Wasserverunreinigungen, regelmäßiges Entfernen des Mulms und gute Filterung sind deshalb überlebenswichtig. Als wirksames Heilmittel beim Auftauchen der ersten Erscheinungen des Unwohlseins hat sich Methylenblau bestens bewährt. Zu den in der Gattungsbeschreibung aufgeführten Futterarten zusätzlich auf die Wasseroberfläche gestreute Ameisen werden von den Fischen gern genommen und scheinen günstige Auswirkungen auf die Erhöhung der Widerstandsfähigkeit der Fische zu haben.

Zucht: Der Ansatz erfolgt als Paar oder Gruppe in Wasser um 6 °dH und 25 °C. Die Jungen schlüpfen nach 14 Tagen: Möglich ist bei dieser Art auch eine halbtrockene Zwischenlagerung der Laichkörner. Für diese Methode wird auf Pflanzen im Zuchtbecken verzichtet, stattdessen werden lange Torffasern ins Wasser gehängt, die mit Hilfe der Deckscheibe festgeklemmt werden. Die Fische heften ihre Eier an diese Fasern. Sie werden nach dem Ablaichen herausgenommen und in einer Plastiktüte oder einer gut verschließbaren Kunststoffdose aufbewahrt. Wenn die Eier nach 3 Wochen in einer flachen Schale aufgegossen werden, dann schlüpfen innerhalb kurzer Zeit alle Jungen gleichzeitig.

E. sexfasciatus

Sechsbandhechtling

Vorkommen: Togo bis Zaire. **Größe:** 11 cm. **GU:** Beim ♂ sind After- und Bauchflosse zugespitzt. **Ansprüche:** Becken ab 80 cm Länge; Wasser 5–10 °dH, pH-Wert 6–6,5; Temperatur 22–28 °C. Die Art reagiert sehr empfindlich auf kurzfristige Änderungen im Wasserchemismus und in der Temperatur, der Wasserwechsel ist deshalb mit großer Umsicht durchzuführen, es sollte ausschließlich gut durchlüftetes Altwasser eingesetzt werden.

Zucht: Bei einer Wasserhöhe von 20 cm im Zuchtbecken kann der Ansatz als Paar oder in der Gruppe durchgeführt werden, die Temperatur sollte dabei nicht unter 24 °C liegen. Die Jungen schlüpfen nach 10–12 Tagen. Da die Jungfische sehr anfällig gegen bakterielle Flossenfäule sind, ist es geraten, während der gesamten Aufzuchtzeit das Wasser mit Methylenblau zu versetzen.

Epiplatys sexfasciatus

E. singa

Großpunkthechtling

Vorkommen: Gebiet des unteren Zaire. **Größe:** 5,5 cm. **GU:** Die Rücken- und Afterflosse des ♂ sind zu kurzer Spitze ausgezogen, die des ♀ gerundet. **Ansprüche:** Becken ab 60 cm Länge; Wasser 5 °dH, pH-Wert 6; Temperatur 23–25 °C. *E.s.* fühlt sich nur in Altwasser wohl, auf Frischwasser reagiert er empfindlich. Es ist eine sehr scheue Art, die noch am ehesten in dunklen Becken in Gesellschaft wenig schwimmfreudiger Beifische ihre Scheu ablegt. Das Becken muß dicht bepflanzt werden.

Zucht: Zur Zucht wird ein Paar in ein mit feinfiedrigen Pflanzen dichtbepflanztes und mit *Riccia*-Polstern belegtes Becken mit 10 l Inhalt und einer Wasserhöhe von 20 cm gesetzt. Das Becken wird dunkel gestellt. Die Eier werden sehr verstreut abgesetzt. Sie sind hochgradig lichtempfindlich und sollten daher bis zum Schlupf der Jungen nach 10 Tagen im abgedunkelten Becken verbleiben.

Erdfresser

1. → *Geophagus*.– **2.** → *Gymnogeophagus*.– **3.** → *Satanopercus*.

Eretmodus cyanostictus

Gestreifter Grundelbuntbarsch, Tanganjikaclown
Familie: *Cichlidae*

Vorkommen: Tanganjikasee. **Größe:** 8 cm. **GU:** Da das ♂ keine Eiflecken in der Afterflosse besitzt, sind die Geschlechter sehr schwer zu unterscheiden, beim ♂ sind jedoch meist die Bauchflossen etwas länger als beim ♀. **Ansprüche:** Becken ab 80 cm Länge; Wasser 15–25 °dH, pH-Wert 8,5–9; Temperatur 24–26 °C. Als Bodengrund ist Kies geeignet, als Versteckplätze sollten ausschließlich Steinaufbauten eingesetzt werden; von der Verwendung von Moorkienwurzeln ist abzuraten, da sie das Wasser ansäuern könnten. Eine Bepflanzung mit robusten Pflanzen ist möglich. Der Sauerstoffbedarf der Art ist hoch, eine kräftige Filterung und Durchlüftung ist unbedingt erforderlich. Gegen Wasserverunreinigungen ist die Art empfindlich, beim wöchentlich durchzuführenden Teilwasserwechsel sollte deshalb 1/3 des Beckeninhalts erneuert werden.

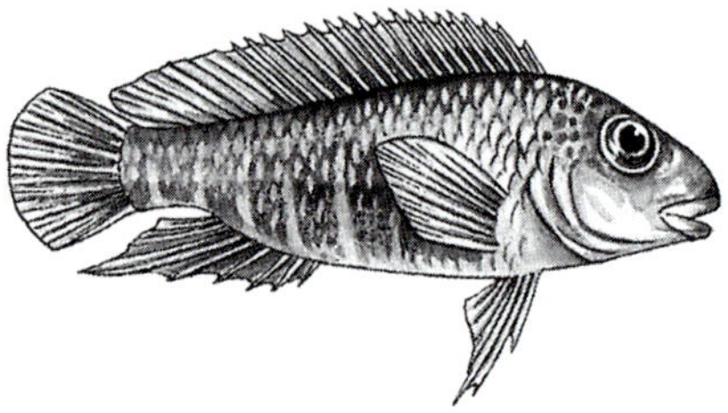

Eretmodus cyanostictus

Zucht: Die Art gehört noch immer zu den schwierigeren Maulbrütern. Vielseitig zusammengesetzte und abwechslungsreiche Fütterung sind eine der Voraussetzungen, die Fische zur Laichbereitschaft zu bringen. Bei Temperaturen zwischen 26 und 28 °C werden die Fische als Paar angesetzt. Sie laichen auf einem vorher von ihnen geputzten Stein ab. Im Unterschied zu vielen anderen Maulbrütern werden die Eier zuerst vom ♂ ins Maul genommen und im Wechsel auch vom ♀ mit bebrütet. Beide Eltern beteiligen sich an der Betreuung des Jungfischschwarms. Obwohl die Zahl der Jungfische relativ niedrig liegt, sie beträgt selten über 20 Stück, sind sie sehr klein und benötigen feinstes Aufzuchtfutter. Vorteilhaft ist es, wenn ihnen Algenaufwuchs zur Verfügung steht, den sie, wie auch die erwachsenen Tiere, nach Kleinlebewesen durchsuchen können.

Erpethoichthys calabaricus

Flösselaal
Familie: *Polypteridae*

Vorkommen: Nigerdelta, Kamerun. **Größe:** 40 cm. **GU:** Die Afterflosse des ♂ ist dunkeloliv, die des ♀ orange gefärbt. Das ♀ besitzt nur 9 Strahlen in der Afterflosse, das ♂ 12 und mehr. **Ansprüche:** Flösselaale sind wie die Flösselhechte (→ *Polypterus*) die letzten lebenden Vertreter einer längst ausgestorbenen urtümlichen Fischgruppe und sehr interessante Pfleglinge. Halberwachsene Wildfangtiere bleiben ihr Leben lang dämmerungs- und nachtaktiv, während Jungtiere in nicht zu hellen Becken auch am Tag aktiv werden und bleiben. Ihr Gesichtssinn ist unterentwickelt, mit hochempfindlichem Geruchssinn nehmen sie jedoch jedes Futterstückchen wahr. Da es zwischen den Tieren kaum zu Auseinandersetzungen kommt, ist die Pflege einer Gruppe im Artbecken zu empfehlen. Nach unseren Erfahrungen ist jedoch auch die Gemeinschaftshaltung mit größeren und lebhaften afrikanischen Salmlern (→ *Phenacogrammus*, → *Arnoldichthys*, → *Brycinus*) ohne Probleme möglich. Das Becken sollte nicht unter 100 cm lang sein und Sand als Bodengrund, eine dichte Bepflanzung und zahlreiche Versteckplätze unter Moorkienwurzeln enthalten. Als Wasserwerte haben sich bewährt: ein pH-Wert leicht unter 7 und eine Härte im Bereich zwischen 5–10 °dH. Das Optimum der Temperatur liegt bei 26 °C, mit einer Toleranz zwischen 23 und 28 °C. Bevorzugtes Futter sind Garnelen, Tintenfischstücke, Muschelfleisch und Regenwürmer. Jüngere Tiere fressen Mückenlarven und Bachflohkrebse. Flösselaale sind kaum anfällig gegen die häufigsten Fischkrankheiten. Sie reagieren jedoch empfindlich auf viele Heilmittel und versuchen, das Wasser zu verlassen. Ein zusätzliches Atmungsorgan erlaubt ihnen das Überleben in feuchter Umgebung außerhalb des Wassers.

Zucht: Nach größerem Wasserwechsel, Zugabe von Meersalz oder Kaliumjodid waren Balzaktivitäten zu beobachten, eine erfolgreiche Nachzucht ist jedoch noch nicht gelungen.

Esomus malayensis

Malayische Flugbarbe
Familie: *Cyprinidae*

Vorkommen: Thailand, Malayische Halbinsel. **Größe:** 8 cm. **GU:** Das ♀ wird größer, wirkt voller und hat eine nach außen gerundete Bauchlinie, die des ♂ verläuft fast gerade. **Ansprüche:** Becken ab 80 cm Länge; Wasser 5–12 °dH, pH-Wert 6,5–7; Temperatur 21–25 °C. Für diesen im Schwarm lebenden Oberflächenfisch ist die Beschaffenheit des Bodengrundes ohne Bedeutung. Die Bepflanzung sollte so erfolgen, daß im oberen Beckendrittel ausreichend Schwimmraum zur Verfügung bleibt. Einige Schwimmpflanzen sollten den Fischen als Unterstand gegeben werden. Das Becken muß gut abgedeckt werden, die Fische springen gern. Eine gute Filterung und wöchentlicher Teilwasserwechsel tragen zum Wohlbefinden bei, dabei sollten 1/5–1/4 des Beckeninhalts mit Wasser von gleichem Chemismus und gleicher Temperatur ausgetauscht werden. Starke Schwankungen werden von den Fischen nicht gut vertragen. Als Nahrung sind neben Mückenlarven auch auf die Oberfläche gestreute Kleininsekten (Drosophila, Blattläuse u. ä.) zu geben.

Zucht: Ein Becken ab 50 cm Länge ist für den Ansatz eines Paares ausreichend. Als Zuchtwasser sollte abgestandenes, gut durchlüftetes Frischwasser verwendet werden, der Wasserstand im Becken kann zwischen 15 und 20 cm Höhe liegen. Bei Temperaturen zwischen 14 und 28 °C laichen die Fische meist in den Morgenstunden (bevorzugt bei Sonne) zwischen feinfiedrigen Pflanzen ab. Sie stellen dem Laich nach, ein Laichrost ist deshalb zu empfehlen. Nach spätestens anderthalb Stunden ist das Ablaichen beendet und die Alttiere sind herauszufangen. Die Jungen schlüpfen nach 24 Stunden, 2 Tage später schwimmen die Jungfische frei und benötigen feines Staubfutter als Erstfutter. Während des Wachstums sind die Jungfische besonders empfindlich gegen Schwankungen bei pH-Wert und Temperatur, die genaue Einhaltung dieser Werte ist eine wichtige Voraussetzung für eine erfolgreiche Aufzucht. Das Wachstum verläuft zügig, die Geschlechtsreife wird bereits im Alter von 12 Wochen erreicht.

Espes Ziersalmler

→ *Nannostomus espei.*

Etroplus maculatus

Indischer Buntbarsch
Familie: *Cichlidae*

Vorkommen: Süß- und Brackwasser in Vorderindien und Sri Lanka. **Größe:** 8 cm. **GU:** Das ♀ ist matter gefärbt, in den Flossensäumen fehlt das beim ♂ vorhandene Rot, unter der dunkelgefärbten Ober- und Unterkante der Schwanzflosse ist ein weißlicher bis bläulicher Streifen deutlich erkennbar. Bei der etwas kleiner bleibenden xanthoristischen Form, dem Gold-Etroplus, sind die ♀♀ am weißlichen Streifen an den Säumen der Schwanzflosse zu erkennen. **Ansprüche:** Becken ab 60 cm Länge sind für diesen ruhigen und friedlichen Buntbarsch ausreichend; Wasser 15–30 °dH, nicht darunter, pH-Wert 7,5–8,5, nicht darunter; Temperatur 20–25 °C. Ein Zusatz von 1–2 Teelöffel Koch- oder Seesalz je 10 l Wasser erhöht das Wohlbefinden und die Lebenserwartung der Fische, dabei sind Schwankungen im Salzgehalt besonders günstig. Der Bodengrund sollte feinkörnig und nicht zu hell, die Bepflanzung dicht sein. Als Versteckplätze werden Steine und Wurzeln angeboten, wobei darauf zu achten ist, daß die Wurzeln keinen pH-Wert-senkenden Einfluß haben. In der Ernährung stellen die Fische keine besonderen Ansprüche. Eine gute Filterung ist erforderlich, da der Teilwasserwechsel nur in größeren Abständen erfolgen sollte. Er muß sehr vorsichtig durchgeführt werden, dabei darf nur abgestandenes und gut durchlüftetes Wasser zum Einsatz kommen.

Zucht: Die Zucht erfolgt im Paaransatz bei einer Temperatur zwischen 25 und 27 °C. Es hat sich bewährt, auch dem Zuchtwasser 2 Teelöffel Salz je 10 l zuzusetzen. Der Bodengrund des Zuchtbeckens sollte aus Sand bestehen, auf den einige flache Steine und Wurzeln aufgelegt sind.

Ergänzt werden sollte die Einrichtung durch einige senkrechtstehende Steinplatten an schattiger Stelle, vor allem dann, wenn man den Gold-Etroplus züchten will. Ihre Laichbereitschaft signalisieren die Fische damit, daß beide Partner beginnen, an einer durch Dekoration oder Pflanzen geschützten Stelle eine Grube auszuheben. Die zum Laichen ausgewählte Stelle an Stein oder Wurzel wird sorgfältig geputzt. Das Gelege umfaßt 200–300 graugrüne Eier, die an kurzen Stielen sitzen und von beiden Eltern sehr intensiv gepflegt werden. Nach 3 Tagen schlüpfen die Jungen und werden sofort von den Eltern in die Grube gebracht. 5–6 Tage später schwimmen die Jungfische frei und nehmen Cyclops- und Artemia-Nauplien als Erstfutter an. Die Eltern betreuen den Jungfischschwarm sechs Wochen und länger, trotzdem ist die Aufzucht nicht ganz problemlos, weil manchmal nach einem Teilwasserwechsel die gesamte Brut umfällt, ohne daß die Ursachen zu ergründen sind. Der Wasserwechsel ist notwendig, muß jedoch mit viel Fingerspitzengefühl durchgeführt werden.

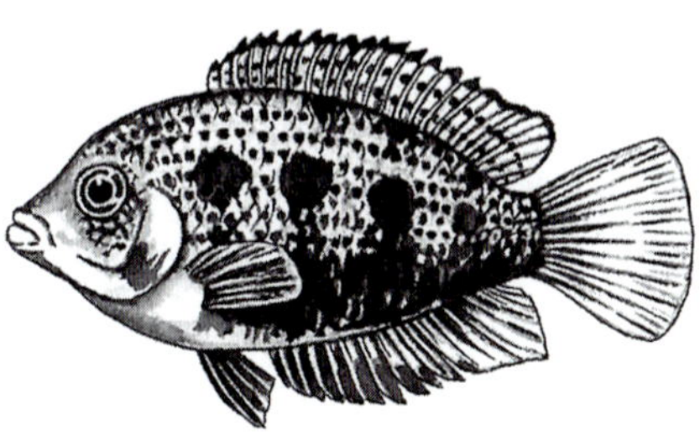

Etroplus maculatus

Eutropiellus (Blaugestreifte Glaswelse)

Eine Gattung ruhiger und friedlicher, sehr attraktiver Schwarmfische der Familie *Schilbeidae* aus Afrika. Die Geschlechter sind schwer unterscheidbar, doch werden erwachsene ♀♀ größer und wirken voller als die ♂♂. Sie kommen erst im Schwarm ab 10 Tieren richtig zur Wirkung, das Becken sollte deshalb nicht unter 100 cm lang sein. Ihr Sauerstoffbedarf ist hoch, eine kräftige Filterung, die möglichst eine Wasserströmung erzeugt, sowie ein wöchentlicher Teilwasserwechsel, der die Hälfte des Beckeninhalts umfaßt, werden diesem Anspruch gerecht. Zum Wasserwechsel sollte durch kräftige Durchlüftung aufbereitetes Frischwasser verwendet werden; Wasser 5–18 °dH, pH-Wert 6,5–7,2; Temperatur 22–27 °C. Bei Vergesellschaftung mit sehr lebhaften Arten muß darauf geachtet werden, daß die Glaswelse genügend Futter abbekommen, ruhige Beifische sind besser geeignet.

Zucht: Zum Laichansatz sind die Tiere nur bei optimalen Wasserbedingungen einschließlich einer Wasserströmung und kräftigem Futter, vor allem Mückenlarven, zu bringen. Zum Ansatz kommen zwei ♂♂ und ein ♀. Die Fische treiben stark, das Zuchtbecken sollte deshalb nicht unter 80 cm lang sein. Abgelaicht wird frei zwischen feinfiedrigen Pflanzen, den weißen Eiern wird nachgestellt, sie sollten durch einen Laichrost am Boden vor dem Zugriff der Alttiere geschützt werden. Diese müssen nach dem Ablaichen herausgefangen werden, das Zuchtbecken ist kräftig zu durchlüften. Die sehr kleinen Jungwelse schlüpfen nach 3 Tagen und benötigen feines Staubfutter bis zu Rädertierchengröße als Erstfutter. Es ist günstig, das Futter vor die Jungfische zu pipettieren. Peinliche Sauberkeit, vor allem des Beckenbodens, und regelmäßiger Wasserwechsel sind wichtige Voraussetzungen für eine erfolgreiche Aufzucht.

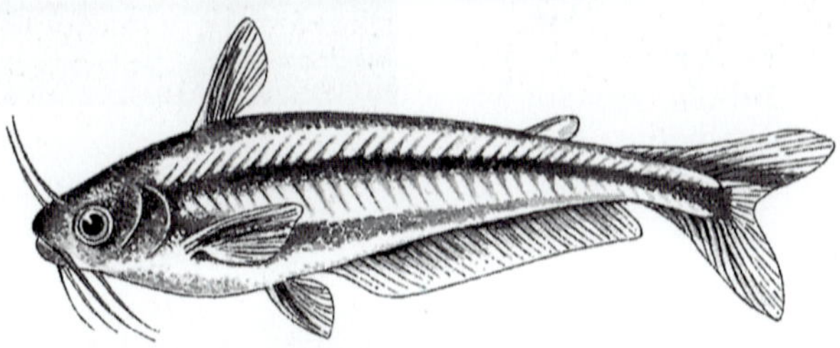

Eutropiellus debauwi

E. debauwi

Blaustreifenglaswels

Vorkommen: Gabun, Zaire. **Größe:** 8 cm; *E.d.*, der leicht mit *E. vanderweyeri* verwechselt werden kann, ist daran zu erkennen, daß der Rückenstreifen bis in den oberen Schwanzflossenlappen verläuft, die Enden der Schwanzflossenlappen zugespitzt sind und der untere Schwanzflossenlappen ohne dunklen Punkt ist. Haltung und **Zucht** erfolgen wie in der Gattungsbeschreibung angegeben.

E. vanderweyeri

Schwalbenschwanzglaswels

Vorkommen: Nigerdelta. **Größe:** 8 cm; charakteristisch für diese Art sind gerundete Schwanzflossenlappen, die beide einen dunklen Punkt besitzen. Haltung und **Zucht** erfolgen wie in der Gattungsbeschreibung angegeben.

Everetts Barbe

→ *Barbus everetti.*

Exodon paradoxus

Zweitupfenraubsalmler
Familie: *Characidae*

Vorkommen: Guayana und Amazonasgebiet. **Größe:** 15 cm. **GU:** Die Flossen des ♂ sind rötlich, die des ♀ farblos. **Ansprüche:** Diese besonders als Jungfisch prächtige Art ist ein großer Räuber, der anderen Fischen bei ungenügender Ernährung Schuppen oder sogar Fleischteile herausbeißen kann. Die Haltung sollte deshalb nur in einer großen Gruppe von 10–15 Tieren im Artbecken oder mit wesentlich größeren Beifischen im Gemeinschaftsbecken nicht unter 130 cm Länge erfolgen; Wasser 1–20 °dH, pH-Wert 5,5–7,5; Temperatur 23–28 °C. Die Beschaffenheit des Bodengrundes ist ohne Bedeutung, jedoch ist ein Torfanteil günstig, wenn man auf eine Filterung über Torf verzichten will. In torfbraunem Wasser und bei dichter Bepflanzung fühlen sich die Fische am wohlsten, kräftige Filterung und wöchentlicher Teilwasserwechsel, der 1/5 des Beckeninhalts umfaßt, tragen ebenso dazu bei. Die Verwendung von über Torf aufbereitetem Frischwasser ist vorteilhaft; auf belastetes Wasser, vor allem auf Chlor, reagieren die Fische empfindlich. Die Fütterung muß regelmäßig erfolgen, um Kannibalismus zu verhindern. Neben Würmern, Rinderherzwürfeln und Fischfleischstückchen kann auf die Dauer auf die Verfütterung von Lebendgebärenden oder Kümmerern aus anderen Zuchten nicht verzichtet werden.

Exodon paradoxus

Zucht: Zur Zucht in einem dicht mit feinfiedrigen Pflanzen bestückten Becken ab 80 cm Länge sollte nur ein ♀ angesetzt werden, das deutlichen Laichansatz zeigt. Das Wasser muß torfgefiltert, weich (0–4 °dH) und sauer (pH-Wert 5,5–6) sein, die günstigste Temperatur liegt bei 26–28 °C. Abgelaicht wird frei zwischen den Wasserpflanzen, die Alttiere müssen anschließend herausgefangen werden, die Jungen schlüpfen nach 24–36 Stunden. Die Jungfische schwimmen 2 Tage später frei und müssen während der gesamten Zeit ihrer Entwicklung im Futter stehen, da sonst starker Kannibalismus auftritt. Es ist vorteilhaft, die Jungfische so früh wie möglich auf mehrere Becken zu verteilen, um eine annehmbare Zahl groß zu bekommen, mehr als 15–20 Stück sollten jedoch nicht gemeinsam aufgezogen werden. Die Werte des Zuchtwassers sollten mindestens in den ersten 6 Lebenswochen beibehalten werden, erst dann kann mit der Umgewöhnung auf das normale Hälterungswasser ohne größere Verluste begonnen werden.

F

Fächerfisch

1. → *Cynolebias*.– 2. → *Cynopoecilus*.– 3. → *Simpsonichthys*.

Fadenfische

1. → *Colisa*.– 2. → *Trichogaster*.

Fadenflossenzwergbuntbarsch

→ *Apistogramma iniridae*.

Fadenprachtkärpfling

→ *Aphyosemion filamentosum*.

Fahnenkirschflecksalmler

→ *Hyphessobrycon erythrostigma*.

Fairweatherkärpfling

→ *Phallichthys fairweatheri*.

Falscher Rotflossensalmler

→ *Aphyocharax dentatus*.

Farlowella acus

Gemeiner Nadelwels
Familie: *Loricariidae*

Vorkommen: Südliche Amazonasnebenflüsse. **Größe:** 15 cm. **GU:** Der Schnabelfortsatz des ♂ ist breit und mit Borsten besetzt. **Ansprüche:** Becken ab 90 cm Länge; Wasser 3–8 °dH, pH-Wert 6–7; Temperatur 24–26 °C. Die Art ist empfindlich gegen Frischwasser und fühlt sich in gut durchlüftetem Altwasser am wohlsten. Eine Filterung über Torf ist vorteilhaft, dabei ist eine Braunfärbung des Wassers den Bedürfnissen der Fische angemessen. Der Teilwasserwechsel kann im wöchentlichen Abstand durchgeführt werden, dabei sollte jeweils nur 1/10 des Beckeninhalts mit über Torf aufbereitetem, abgestandenem und gut durchlüftetem Frischwasser erneuert werden. Der Bodengrund sollte dunkel und feinkörnig, die Bepflanzung nur mäßig dicht sein. Mulm aus abgestorbenem Pflanzenmaterial kommt dem Stöberbedürfnis der Welse entgegen. Zur Ausstattung des Beckens gehört unbedingt morsches Moorkienholz, das von den Welsen beraspelt werden kann und durch seine Mikronährstoffe einen wichtigen Beitrag zum Laichansatz und zur Laichbereitschaft bildet. Mindestens eine Beckenecke sollte Sonnenlicht erhalten, damit sich Algenaufwuchs bilden kann. Das Futter muß vielseitig aus tierischen und pflanzlichen Anteilen zusammengesetzt sein, u.a. werden Feinfrosterbsen sehr gern gefressen.

Zucht: Die bevorstehende Laichbereitschaft des ♀ ist 12–24 Stunden vorher durch Hervortreten der Legeröhre zu erkennen. Die Erfolgsaussichten sind in weichem, leicht saurem und durch kräftige feinperlige Durchlüftung sauerstoffreichem Altwasser am größten, das Zuchtbecken sollte nur diffus beleuchtet sein. Die Eiablage erfolgt meist an den Aquarienscheiben. Das Gelege wird vom ♂ betreut, es befreit auch aktiv die Larven bei ihrem Schlupf nach 9–11 Tagen aus den Eihüllen. Bei höherer Temperatur läßt sich der Schlupf vorverlegen. Dies ist jedoch auf keinen Fall empfehlenswert, da die Larven dann noch lange mit dem Dottersack am Boden liegen und den Keimen ungeschützt ausgesetzt sind. Bei einer Temperatur von 21–22 °C dagegen zehren sie den Dottersack noch in der schützenden Eihülle auf und beginnen kurz nach dem Schlupf aktiv mit der Futtersuche. Nach dem Freischwimmen kann die Temperatur auf 26 °C erhöht werden. Für eine erfolgreiche Aufzucht der Jungwelse sind algenbewachsene, glatte Steine oder Holzstücke mit Algenaufwuchs eine wichtige Voraussetzung. Pürierter Spinat u.ä. kann bestenfalls eine kurzzeitige Ersatzlösung sein. Peinliche Sauberkeit im Aufzuchtbecken mit gründlicher Reinigung der Bodenscheibe und Mulmentfernung sowie täglicher Teilwasserwechsel mit über Torf aufbereitetem Frischwasser sind weitere Vorbedingungen für den Aufzuchterfolg.

Neben der genannten Art sind weitere Vertreter der Gattung unter den Trivialnamen Nadel- oder Schnabelwelse importiert worden, die zum Teil noch nicht eindeutig bestimmt sind. Für ihre Haltung gilt das oben Gesagte.

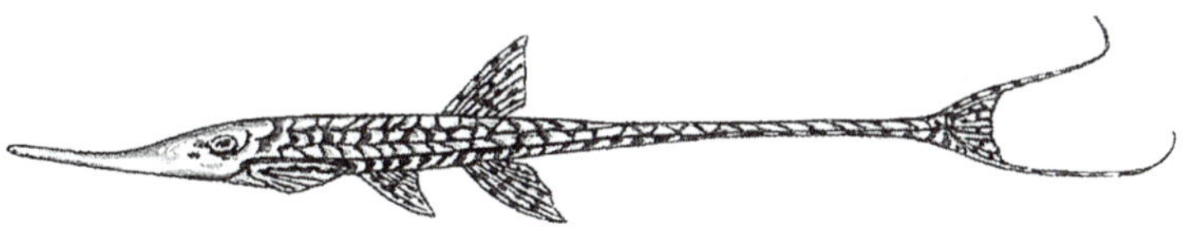

Farlowella acus

Federsalmler

→ *Hemiodopsis gracilis*.

Feenbarsche

→ *Trematocranus*.

Feenbuntbarsch

→ *Trematocranus jacobfreibergi*.

Feueraal

→ *Mastacembelus eryhtrotaenia*.

Feuerkopfbuntbarsch

→ *Paratheraps synspilum*.

Feuermaulbuntbarsch

→ *Thorichthys meeki.*

Feuerrochen

→ *Potamotrygon henlei.*

Feuerschwanzfransenlipper

→ *Labeo bicolor.*

Fiederbartwels

→ *Synodontis spec.*

Filigranährenfisch

→ *Iriatherina werneri.*

Finleys Prachtbarsch

→ *Chromidotilapia finleyi.*

Flaggenbuntbarsch

→ *Mesonauta festiva.*

Flaggensalmler

→ *Hemigrammus ulreyi.*

Flamingobuntbarsch

→ *Amphilophus labiatus.*

Fleckenbarbe

→ *Barbus gelius.*

Flitterkärpfling

→ *Ameca splendens.*

Flösselaal

→ *Erpethoichthys calabaricus.*

Flösselhechte

→ *Polypterus.*

Floridakärpfling

→ *Jordanella floridae.*

Flossensauger

→ *Glaniopsis multiradiata.*

Flügelbärblinge

→ *Chela.*

Flügelblattsegelflosser

→ *Pterophyllum dumerilii.*

Flügelflosser

→ *Terranatos dolichopterus.*

Flußbarsch

→ *Perca fluviatilis.*

Foerschs Prachtgrundkärpfling

→ *Nothobranchius foerschi.*

Forellensalmler

→ *Copeina guttata.*

Fossorochromis (Fünffleckmaulbrüter)

Eine monotypische Gattung der Familie *Cichlidae* mit der Art *F. rostratus.* **Vorkommen:** Malawisee. **Größe:** 20 cm. **GU:** Die Körpergrundfarbe des ♂ ist graubläulich, die des ♀ silbrigweiß. **Ansprüche:** Wasser 10–20 °dH, pH-Wert 7,5–8,5; Temperatur 24–26 °C. Beckenlänge ab 120 cm, bei der empfehlenswerten Gemeinschaftshaltung mit anderen Haplochrominen des Malawisees nicht unter 150 cm. Steinaufbauten und Wurzeln sollten ausreichend Versteckplätze bieten. Der Bodengrund sollte aus einer dickeren Sandschicht bestehen, da vor allem jüngere Fische bis 12 cm Länge sich bei Beunruhigung gern in den Sand eingraben. Pflanzen müssen deshalb in Töpfe gesetzt werden. Interessante Verhaltensbeobachtungen sind dann möglich, wenn diese Art mit → *Cyrtocara moorii* vergesellschaftet wird. Beide Arten bilden eine Freßgemeinschaft, bei welcher *F.r.* den Bodengrund aufwühlt und *C. moorii* danebenstehend das aufgewirbelte Futter aufnimmt. Das Futter muß der Größe der Fische entsprechen. Neben allen Arten von Tiefkühlfutter werden auch Cichliden-Cracker und Feinfrosterbsen gern genommen. Bei nicht zu starker Besetzung des Beckens und kräftiger Filterung ist ein wöchentlicher Teilwasserwechsel, der 1/4 des Beckeninhaltes umfaßt, ausreichend.

Zucht: Bei diesem Maulbrüter ist auch die Zucht im Gemeinschaftsbecken möglich, wenn einem ♂ mehrere ♀♀ beigesellt werden. Die Eiablage erfolgt in vom ♂ angelegten Laichgruben, die vom ♀ sofort aufgenommenen Eier werden nach der Eifleckmethode (siehe → *Cyrtocara*) befruchtet. Bei 26 °C beträgt die Maulbrutdauer 21 Tage. Die Aufzucht der Jungfische mit Rädertierchen, Artemia-Nauplien, Mikrowürmchen und ausgesiebten kleinen Cyclops ist relativ problemlos.

Fransenlipper

1. → *Labeo.*– **2.** → *Morulius.*

Freibergs Maulbrüter

→ *Labidochromis freibergi.*

Friedlicher Kampffisch

→ *Betta imbellis.*

Froschfisch

→ *Batrachus grunniens.*

Froschwels

→ Clarias batrachus.

Fundulus (Fundulen)

Eine Gattung aus der Familie *Cyprinodontidae,* deren Verbreitungsgebiet die Ostküste von Nord- und Mittelamerika umfaßt. Fundulen leben gesellig in lockeren Schwärmen und sind anspruchslose Allesfresser mit niedrigen Temperaturansprüchen, die auch eine sommerliche Freilandhaltung möglich machen. Mittelhartes Wasser im leicht alkalischen Bereich ist zur Haltung am besten geeignet. Der Bodengrund sollte nicht zu grob, die Bepflanzung dicht sein.

Die Zucht ist nicht sehr schwer. Fundulen sind Haftlaicher an feinfiedrigen Pflanzen oder Dederonwolle, die Laichperiode ist lang (Dauerlaicher). Da sie jedoch meist starke Laichräuber sind, ist es günstig, die ziemlich stabilen Eier von Zeit zu Zeit aus dem Substrat abzulesen und in flachen Aufzuchtschalen zur Entwicklung zu bringen.

F. chrysotus

Goldauge

Vorkommen: Südosten der USA. **Größe:** 7 cm. **GU:** Das ♂ ist lebhaft gefärbt und besitzt rotbraune Punkte, das ♀ besitzt silbrige Schuppenpunkte auf blaßbrauner Grundfarbe. **Ansprüche:** Becken ab 80 cm Länge mit sonnigem Stand; Wasser 8–15 °dH, pH-Wert 7–8; Temperatur 18–25 °C. Eine Überwinterung bei 18–20 °C wirkt sich günstig auf Lebenserwartung und Fortpflanzungsbereitschaft aus.

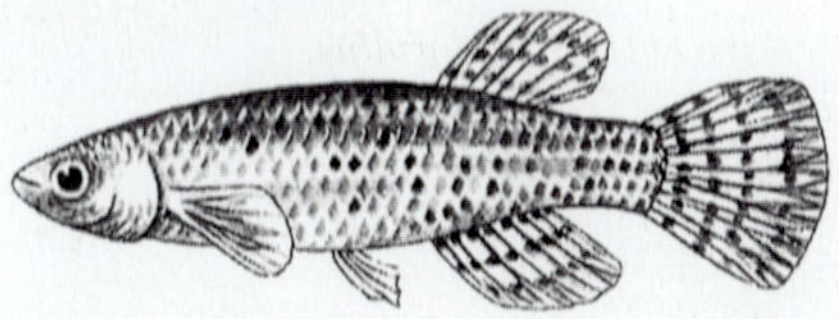

Fundulus chrysotus

Zucht: *F.c.* ist Haft- und Dauerlaicher wie in der Gattungsbeschreibung angegeben, die Entwicklungsdauer der Eier beträgt 10–12 Tage.

F. grandis

Golfkillifisch

Vorkommen: Süß- und Brackwasser in Florida und Mexiko. **Größe:** 15 cm. **GU:** Das ♂ besitzt metallisch glänzende Flecken auf olivbrauner Grundfärbung, das ♀ dunkle Querstreifen am Hinterkörper bei blaßolivgrüner Grundfarbe. **Ansprüche:** Diese trotz ihrer Größe friedlichen Fische können in einem Becken ab 100 cm Länge gehalten werden, erreichen ihre volle Größe jedoch nur in größeren Becken. Wenn die Fische trotz guter Filterung und Durchlüftung Unbehagen zeigen, dann schaffen meist 1–2 Teelöffel See- oder Kochsalz je 10 l Wasser Abhilfe; Wasser 15–20 °dH, pH-Wert 8–8,5; Temperatur 22–26 °C.

Zucht: Das Zuchtbecken sollte nicht zu klein bemessen sein, da die ♂♂ oft sehr stark treiben, eine dichte Bepflanzung als Versteck für die ♀♀ ist vorteilhaft. Wenn die abgelesenen Eier anfangs etwas kühler gehalten werden (18 °C), dann verläuft der Schlupf gleichmäßiger, er erfolgt nach 12–14 Tagen.

F. lineolatus

Linienkärpfling

Vorkommen: Florida bis Nordkarolina. **Größe:** 7 cm. **GU:** Das ♂ trägt auf silbrigem Grund dünne Längslinien, über die 11–15 breite Querstreifen verlaufen, das ♀ besitzt 7–9 kräftige Längsstreifen, die Querstreifen sind nur angedeutet. **Ansprüche:** Becken ab 70 cm Länge; Wasser 5–8 °dH, pH-Wert 6,8–7,3; Temperatur 18–24 °C. Bei Temperaturen über 27 °C werden die Fische schnell hinfällig, dagegen erhöht eine kühle Überwinterung ihre Lebenserwartung und Widerstandsfähigkeit.

Zucht: Das Zuchtbecken für diese Art sollte nicht zu hell stehen, die Eier sind lichtempfindlich. Nach dem Überführen der Eier in die Aufzuchtschale muß diese abgedunkelt werden. Die Jungfische schlüpfen nach 14–16 Tagen und nehmen wie die anderen Arten der Gattung sofort Artemia-Nauplien an.

F. zebrinus

Zebrafundule

Vorkommen: Südosten der USA. **Größe:** 6 cm. **GU:** Die Flossen des ♂ sind olivbraun bis rot gefärbt, die des ♀ farblos. **Ansprüche:** *F.z.* ist bei Einzel- oder Paarhaltung sehr scheu, er sollte deshalb immer im Schwarm ab 8 Tieren in einem Becken ab 60 cm Länge gepflegt werden; Wasser 15 °dH, pH-Wert 7,5–8,5; Temperatur 20–25 °C. Die übrigen Ansprüche sind wie in der Gattungsbeschreibung angegeben.
Zucht: Der Zuchtverlauf entspricht dem in der Gattungsbeschreibung angegebenen, als Ablaichsubstrat wird Javamoos bevorzugt. Die Jungfische schlüpfen nach 14–16 Tagen und nehmen sofort Artemia-Nauplien auf.

Fundulosoma thierryi

Ein afrikanischer Vertreter der Familie *Aplocheilidae.* **Vorkommen:** Savannen von Guinea bis Südwestnigeria. **Größe:** 3,5 cm. **GU:** Das ♂ schimmert auf dem Körper metallisch blau, das ♀ ist grau. **Ansprüche:** Diese Art fühlt sich in Artbecken mit niedrigem Wasserstand am wohlsten, die eine Grundfläche ab 40 cm x 40 cm haben; Wasser 5–10 °dH, pH-Wert 7; Temperatur 21–23 °C. Der Bodengrund sollte aus einer 2–3 cm dicken Schicht ausgekochten Torfs bestehen und es müssen

Fundulusoma thierryi

ausreichend Schwimmpflanzen vorhanden sein. Die Filterung kann kräftig sein, der Teilwasserwechsel ist wöchentlich durchzuführen, dabei sollte jeweils 1/4 des Beckeninhalts durch über Torf aufbereitetes Frischwasser ersetzt werden. Ein dunkler Stand des Beckens kommt den Bedürfnissen der Tiere entgegen. *F.t.* ist sehr empfindlich gegen den Außenparasiten *Oodinium,* gute Erfolgsaussichten verspricht die Behandlung mit Acriflavin (0,6 g/100 l Wasser). Die Fütterung sollte vorwiegend mit Lebendfutter erfolgen.

Zucht: Mit gut gefütterten Tieren ist die Zucht nicht schwer. Als Zuchtgefäß genügt bereits eine Kunststoffschale mit einer 1 cm hohen Schicht ausgekochten Torfs bei einem Wasserstand von 5–8 cm Höhe. In dieser Schale wird ein Paar für 3–4 Stunden angesetzt. Nach dem Herausfangen der Tiere wird das Wasser vorsichtig abgegossen und die Torfschicht, auf und in der sich die Eier befinden, in der Schale belassen. Bei Temperaturen um 20 °C trocknet der Torf ein und wird anschließend für 3–4 Monate in einer verschließbaren Plastikdose oder -tüte aufbewahrt. Nach dieser Zeit wird der Torf in einem flachen Becken mit Frischwasser aufgegossen, die Jungfische schlüpfen innerhalb weniger Stunden. Sie werden abgeschöpft und in einer weiteren Schale mit Infusorien angefüttert.

Die Aufzucht ist bei regelmäßigem Teilwasserwechsel und regelmäßiger Fütterung ohne besondere Probleme.

Fünffleckmaulbrüter

→ *Fossorochromis rostratus.*

Fünfgürtelbarbe

→ *Barbus pentazona.*

Furzers Prachtgrundkärpfling

→ *Nothobranchius furzeri.*

G

Gabelschwanzbrabantbuntbarsch

→ *Tropheus polli.*

Gabelschwanzbuntbarsch

→ *Neolamprologus elongatus.*

Gabelschwanzschachbrettcichlide

→ *Crenicara filamentosa.*

Gabunprachtkärpfling

→ *Aphyosemion gabunense.*

Gambiabarbe

→ *Barbus gambiensis.*

Gambusia (Gambusen)

Eine Gattung von Lebendgebärenden aus der Familie *Poeciliidae.* Ihr Verbreitungsgebiet erstreckt sich von dem Südosten der USA über Ostmexiko und den atlantischen Teil Mittelamerikas bis zu den Inseln der Karibik. Einige Arten wurden inzwischen als hervorragende Mückenlarvenvertilger in fast allen Fiebergebieten der Erde, darunter in Südosteuropa, eingebürgert. Charakteristisch für die Vertreter dieser Gattung ist eine schwarze Augenbinde.

Die meisten Arten der Gattung sind sehr anpassungsfähig, können in Becken ab 50 cm Länge gehalten werden und kommen nach Eingewöhnung mit Wasserwerten zwischen 19 und 35 °dH und pH-Werten zwischen 6 und 8,5 zurecht. Die Haltungstemperaturen sind von der Herkunft abhängig und werden bei den Artbeschreibungen angegeben. Die größeren Arten können erwachsen manchmal unverträglich sein, die Haltung sollte dann im Artbecken oder in Gemeinschaft mit größeren, nicht zu ruhigen Arten erfolgen. Nicht zu heller und nicht zu grober Bodengrund, eine dichte Bepflanzung, Schwimmpflanzen sowie eine mäßige Filterung werden den Ansprüchen der Tiere am besten gerecht. Für die oftmals stark durch die ♂♂ bedrängten ♀♀ sollten zudem verzweigte Wurzeln als Versteckplätze zur Verfügung stehen. Die Zucht ist meist nicht schwierig. Zur Zucht sollten jedoch nur erwachsene ♀♀ eingesetzt werden, die bis zu diesem Zeitpunkt in einem ♀♀-Becken gehalten wurden. Die Tragzeit liegt meist etwas über 28 Tagen. Den Jungfischen wird sehr nachgestellt, nach der Geburt müssen die ♀♀ deshalb herausgefangen werden. Vor allem für die zur Zucht vorgesehenen Tiere muß die Nahrung sehr vielseitig sein, neben kräftigem Lebendfutter, vor allem Mückenlarven, darf pflanzliche Zukost nicht fehlen.

Üppig bepflanztes südamerikanisches Gesellschaftsbecken

G. affinis affinis

Texaskärpfling

Vorkommen: Texas, in Asien und Südosteuropa eingebürgert. **Größe:** ♂ 4 cm, ♀ 6,5 cm. **GU:** Die Färbung beider Geschlechter ist gleich, das ♂ ist am für die Familie typischen Begattungsorgan, dem Gonopodium, gut zu erkennen. **Ansprüche:** Der Texaskärpfling ist sehr anpassungsfähig und innerhalb der in der Gattungsbeschreibung angegebenen Wasserwerte und Beckeneinrichtung bei Temperaturen zwischen 18 und 26 °C gut zu halten.

Zucht: Die ♀♀ sollten frühestens im Alter von 12 Monaten zur Zucht eingesetzt werden, da jüngere Tiere oft Fehl- und Frühgeburten bringen. Zum Ansatz kommen einige ♂♂ mit einer niedrigeren Zahl

Gambusia affinis affinis, ♀

von ♀♀. Die Tragzeit beträgt bei 24 °C 24–26 Tage, bei niedrigeren Temperaturen 28–35 Tage. Je nach Größe und Alter des ♀ liegt die Zahl der Jungfische je Wurf zwischen 10 und 60.

G. affinis holbrooki

Silberkärpfling

Vorkommen: Texas bis Florida und Nordmexiko, in Asien und Südosteuropa verbreitet. **Größe:** ♂ 3,5 cm, ♀ 8 cm. **GU:** Das ♂ ist kräftiger gefärbt und besitzt das familientypische Gonopodium. **Ansprüche:** Becken ab 60 cm Länge; Wasserwerte und Beckeneinrichtung wie in der Gattungsbeschreibung angegeben. Diese Art dauert selbst noch in Wasser bis 40 °dH aus; ist jedoch gegen Chlor sehr empfindlich. Der günstigste Temperaturbereich liegt zwischen 20 und 24 °C.

Zucht: Trotz der Anspruchslosigkeit in der Haltung ist die Zucht nicht immer erfolgreich. Die zur Zucht eingesetzten ♀♀ sollten mindestens 6 cm groß sein, eine Größe, die meist erst nach 2 Jahren erreicht wird. Vor der Verpaarung müssen die Tiere durch kräftiges Lebendfutter, vor allem Mückenlarven, gut vorbereitet werden. Das Zuchtbecken sollte einen Wasserstand von 20–25 cm Höhe haben und etwas veralgt sein. Die Tragzeit liegt zwischen 5 und 8 Wochen, die Zahl der Jungfische je Wurf schwankt zwischen 40 und 80 Stück. Die Ausfärbung der Fische kann durch die Höhe der Aufzuchttemperatur beeinflußt werden, liegen die Werte zwischen 22 und 24 °C, dann ist die Anzahl intensiv schwarz gefärbter Tiere am größten.

G. marshi

Saladokärpfling

Vorkommen: Nordöstliches Mexiko. **Größe:** ♂ 3 cm, ♀ 5 cm. **GU:** Das ♂ ist schlank, besitzt stahlblauen Glanz auf den Körperseiten und das familientypische Gonopodium, das ♀ ist hochrückig und unscheinbar gefärbt. **Ansprüche:** Wasserwerte und Beckeneinrichtung wie in der Gattungsbeschreibung angegeben.

Zucht: Die Tragzeit beträgt 28 Tage bei Temperaturen zwischen 22 und 26 °C. Die Zahl der Jungfische je Wurf ist starken Schwankungen unterworfen und kann beim gleichen ♀ zwischen 5 und 60 liegen.

G. punctata

Blaue Kubagambuse

Vorkommen: Kuba. **Größe:** ♂ 4 cm, ♀ 8 cm. **GU:** Das ♂ besitzt das familientypische Gonopodium. **Ansprüche:** Das Bekken für *G.p.* als eine der größten Arten der Gattung sollte nicht unter 70 cm lang sein, zahlreiche Versteckmöglichkeiten enthalten und die Temperatur zwischen 24 und 28 °C liegen. Die übrigen Ansprüche sind wie in der Gattungsbeschreibung angegeben.

Zucht: Bei einer Tragzeit zwischen 28 und 35 Tagen ist die Zahl der Jungfische je Wurf ziemlich ausgeglichen und schwankt lediglich zwischen 30 und 50.

G. puncticulata

Punktgambuse

Vorkommen: Kuba. **Größe:** ♂ 4,5 cm, ♀ 7 cm. **GU:** Rücken- und Schwanzflosse des ♂ sind rötlich gesäumt, es besitzt das familientypische Gonopodium. **Ansprüche:** Die Punktgambuse ist eine verträgliche, für Gemeinschaftsbecken gut geeignete Art in Becken ab 60 cm Länge. Die Temperatur für Haltung und Zucht sollte 22–25 °C betragen, die übrigen Ansprüche und der Zuchtverlauf sind wie in der Gattungsbeschreibung angegeben. Die Anzahl der Jungfische je Wurf beträgt 20–30.

G. regana

Regans Kärpfling

Vorkommen: Mexiko. **Größe:** ♂ 3 cm, ♀ 4 cm. **GU:** Das ♂ besitzt das familientypische Gonopodium. **Ansprüche:** Temperatur 22–25 °C, die übrigen Ansprüche wie in der Gattungsbeschreibung angegeben.

Zucht: *G.r.* ist eine der wenigen frühreifen Arten der Gattung, die ♀♀ können bereits im Alter von 3 Monaten zur Zucht eingesetzt werden. Die Tragzeit beträgt 24–26 Tage, die Zahl der Jungfische je Wurf liegt zwischen 10 und 30 Stück.

G. wrayi

Jamaikakärpfling

Vorkommen: Jamaika. **Größe:** ♂ 4,5 cm, ♀ 6 cm. **GU:** Das ♂ besitzt das familientypische Gonopodium. **Ansprüche:** Temperatur 22–26 °C, die übrigen Ansprüche und Zucht wie in der Gattungsbeschreibung angegeben. Bei einer Tragzeit von 26–28 Tagen beträgt die Zahl der Jungfische je Wurf 10–30 Stück.

Gardaseegrundel

→ *Padogobius (Knipowitschia) panizzai.*

Garra (Saugbarben)

Eine Gattung schlanker Fische aus der Familie *Cyprinidae,* deren Vertreter sich wegen ihrer Vorliebe für Algenaufwuchs zunehmender Beliebtheit erfreuen. Ihre Heimat liegt in Süd- und Südostasien. In den letzten Jahren wurden viele Tiere importiert, deren Artzugehörigkeit nicht geklärt werden konnte, zumal sich Jugend- und Altersfärbung oft unterscheiden. **GU:** Die Geschlechter sind, abgesehen von der runderen Bauchlinie erwachsener ♀♀ kaum zu unterscheiden. Bei Tieren, die sich gegenseitig ihre Ruheplätze streitig machen, handelt es sich immer um ♂♂. **Ansprüche:** Saugbarben lieben stellenweise dicht bepflanzte Bekken mit einer freien Fläche über sandigem Grund. Alle bisher von uns gepflegten Arten erwiesen sich als sehr tolerant gegenüber unterschiedlichen Wasserwerten, wobei man auch bei Arten ungeklärter Herkunft mit einem pH-Wert um 7, einer Härte zwischen 10 und 15 °dH und Temperaturen zwischen 23 und 26 °C am sichersten fährt. Einige Garras können bis zu 20 cm groß werden, die Beckenlänge sollte deshalb nicht zu klein gewählt werden, mindestens 100 cm. Sie bleiben friedlich und können mit allen ruhigeren Barben, Bärblingen und Labyrinthfischen vergesellschaftet werden. Regelmäßiger Teilwasserwechsel (wöchentlich 20 % des Beckeninhaltes) steigert ihre Aktivitäten. Obwohl sie ständig auf der Suche nach Algenbelägen sind, fressen sie alles, was an Futter am Boden ankommt. Es sollte immer auch einen hohen Anteil pflanzlicher Bestandteile enthalten.

Zucht: Balzaktivitäten wurden bereits bei Tieren beobachtet, die erst die Hälfte ihrer Endgröße erreicht hatten. Eine erfolgreiche Nachzucht ist jedoch bisher noch nicht gelungen.

Gasteropelecus (Beilbauchfisch)

Eine Gattung ruhiger und friedlicher Schwarmfische der oberen Wasserschichten der Familie *Gasteropelecidae* aus dem nördlichen Südamerika. Die Geschlechter sind äußerlich kaum zu unterscheiden, die ♂♂ scheinen etwas kleiner zu bleiben und erwachsene ♀♀ erscheinen in der Draufsicht etwas voller. Ihre mögliche Größe erreichen Beilbauchfische nur in Becken ab 100 cm Länge und bei ständigem Angebot von auf die Wasseroberfläche gestreuten Insekten (Blattläuse, Drosophila, Schaben u. ä.); Wasser 2–15 °dH, pH-Wert 6–7; Temperatur 22–28 °C. Beilbauchfische sind gute Springer und Flieger, sie schnellen aus dem Wasser heraus und legen sich beim Flug auf die Seite. Das ermöglicht ihnen, die kleinste Randritze in der Abdeckung zum Verlassen des Beckens zu nutzen. Die Abdeckung muß absolut lückenlos sein; um Verletzungen der Tiere an der Deckscheibe zu vermeiden, sollte zwischen dieser und der Wasseroberfläche ein Abstand von mindestens 10 cm liegen. Die Beschaffenheit des Bodengrundes ist ohne Bedeutung, über dunklem Boden sind sie nach eigenen Erfahrungen weniger scheu. Das Wasser sollte klar sein, kann aber durch Filterung über Torf eine bräunliche Farbe besitzen. Ein starker Filter sollte in seinem Auslauf eine Oberflächenströmung erzeugen. Für die Bepflanzung sind Arten auszuwählen, die das obere Beckendrittel als Schwimmraum frei lassen, einige Schwimmpflanzen werden von den Fischen gern als Unterstand angenommen. Die Verwendung von über Torf aufbereitetem Frischwasser beim wöchentlichen Teilwasserwechsel, der 1/5 des Beckeninhalts umfassen sollte, ist besonders dann angeraten, wenn das Leitungswasser mit Chlor belastet ist. Auf anhaltende Wasserbelastungen reagieren die Fische mit Wachstumsstillstand.

Zucht: Gut mit Anflugnahrung vorbereitete Tiere beginnen in großen, flachen Becken manchmal dann zu treiben, wenn durch einen Teilwasserwechsel die Wasserhärte und der pH-Wert leicht gesenkt und die Temperatur um 2–3 °C erhöht wurden. Der Schwarm tanzt dann regelrecht auf der Wasseroberfläche, wobei abgelaicht wird. Die Eier sinken zu Boden, auch wenn zwischen oberflächennahen Pflanzenteilen weiter gelaicht wird. In allen bisher bekanntgewordenen Fällen fand diese Balz nur in Gegenwart anderer Salmler in Gemeinschaftsbecken statt. Um wenigstens einen Teil der Eier vor dem Zugriff der Beifische zu bewahren, hat es sich bewährt, im oberen Beckendrittel einen Laichrost so einzubringen, daß die Beifische nur in diesem Bereich schwimmen können. Die Eier fallen durch den Laichrost in den fischfreien unteren Beckenteil und kommen dort zur Entwicklung.

Nach Beendigung des Ablaichens werden alle Fische herausgefangen und das Becken vor hellem Licht geschützt. Nach 4–5 Tagen erscheinen die ersten Jungfische im Becken, finden im alteingerichteten Becken ausreichend Mikrofauna als Erstfutter vor und wachsen mit Zuchtpantoffeltierchen, Rädertierchen und Mikrowürmchen recht zügig heran. Unter den angegebenen Bedingungen ist auch die Nachzucht der verwandten Gattungen → *Carnegiella* und → *Thoracocharax* gut möglich.

G. maculatus

Gefleckter Beilbauchfisch

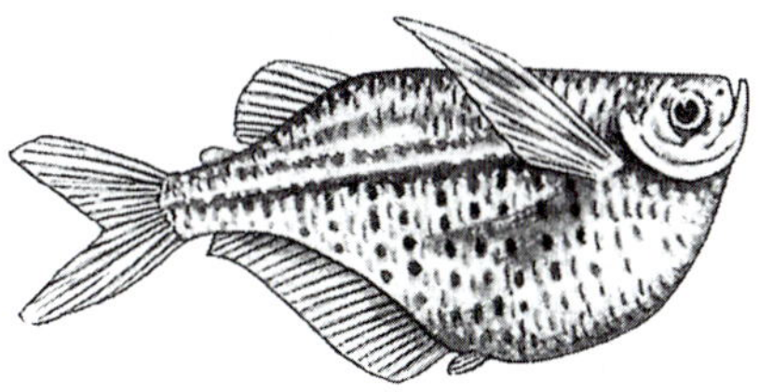

Gasteropelecus maculatus

Vorkommen: Nordwestliches Südamerika. **Größe:** 9 cm. Ansprüche an Wasser, Beckeneinrichtung und Fütterung wie in der Gattungsbeschreibung angegeben.

G. sternicla

Silberbeilbauchfisch

Vorkommen: Guayana, Suriname, südliche Zuflüsse des Amazonas. **Größe:** 6,5 cm. Diese Art liebt etwas dichter bepflanzte Becken und ist anfangs sehr scheu, die Ansprüche an die übrigen Haltungsbedingungen sind in der Gattungsbeschreibung angegeben.

Gasterosteus aculeatus

Dreistachliger Stichling
Familie: *Gasterosteidae*

Vorkommen: Europa außer Donaugebiet, Nordasien, Nordamerika. **Größe:** 12 cm. **GU:** Das ♂ ist schlanker als das ♀ und zur Laichzeit prächtig rot und bläulich gefärbt. **Ansprüche:** Becken ab 80 cm Länge; Wasser 2–8 °dH, pH-Wert 6,5–7; Temperatur 4–20 °C. Kalkhaltiges Wasser macht den Stichling krankheitsanfällig und vermindert beträchtlich seine Lebenserwartung. Stichlinge lieben sonnig stehende Becken mit feinkörnigem Bodengrund, mäßiger Bepflanzung und zahlreichen Verstecken aus Steinen und Wurzeln. Ihr Sauerstoffbedarf ist hoch, durch kräftige Filterung und Durchlüftung sowie wöchentlichen Teilwasserwechsel, der 1/3 des Beckeninhalts umfaßt, ist dem Rechnung zu tragen. Der Stichling nimmt jedes Tümpelfutter an, in der Zuchtvorbereitung sollten neben Mückenlarven auch Bachflohkrebse gegeben werden.

Zucht: Nach kalter Überwinterung bei 5–8 °C beginnt das ♂ nach Erhöhung der Temperatur ab 10 (bis 20) °C mit dem Bau eines Nestes aus Pflanzenteilen. Wenn mehrere ♀♀ im Becken leben, werden sie nacheinander in dieses Nest gelockt und laichen darin ab. Die Gelegepflege wird vom prächtig gefärbten ♂ allein durchgeführt, die ♀♀ werden nach dem Ablaichen herausgefangen. Wenn die Jungfische beginnen, das Nest zu verlassen, werden sie mit Zuchtpantoffeltierchen, Rädertierchen und Artemia-Nauplien angefüttert. Eine Woche später kann das ♂ herausgefangen werden.

Gebänderter Bodensalmler

→ *Characidium fasciatum.*

Gebänderter Buntbarsch

→ *Bujurquina vittatus.*

Gebänderter Buschfisch

→ *Ctenopoma fasciolatum.*

Gebänderter Fächerfisch

→ *Cynolebias adloffi.*

Gebänderter Kampffisch

→ *Betta taeniata.*

Gebänderter Leporinus

→ *Leporinus fasciatus.*

Gebänderter Prachtkärpfling

→ *Aphyosemion bivittatum.*

Gebänderter Schneckenbuntbarsch

→ *Neolamprologus brevis.*

Gebänderter Ziersalmler

→ *Nannostomus espei.*

Gebänderter Zwergschilderwels

→ *Peckoltia pulcher.*

Gebirgsharnischwels

→ *Chaetostomus.*

Geflammter Bachling

→ *Rivulus uroflammeus.*

Gefleckte Grundel

→ *Stigmatogobius sadanundio.*

Gefleckter Beilbauchfisch

→ *Gasteropelecus maculatus.*

Gefleckter Leporinus

→ *Leporinus maculatus.*

Gefleckter Scheibensalmler

→ *Metynnis lippincottianus.*

Gefleckter Schwielenwels

→ *Hoplosternum thoracatum.*

Geflecktes Dornauge

→ *Acanthophthalmus kuhlii.*

Gelbbrauner Antennenwels

→ *Ancistrus temmincki.*

Gelbbrustzwergbuntbarsch

→ *Apistogramma linkei.*

Gelber Hochlandkärpfling

→ *Ilyodon xantusi.*

Gelber Kongosalmler

→ *Hemigrammopetersius caudalis.*

Gelber Maulbrüter

→ *Pseudotropheus tropheops.*

Gelber Phantomsalmler

→ *Megalamphodus roseus.*

Gelber Prachtkärpfling

→ *Aphyosemion gulare.*

Gelber Schlankcichlide

→ *Julidochromis ornatus.*

Gelber von Rio

→ *Hyphessobrycon bifasciatus.*

Gelber Zwergbuntbarsch

→ *Apistogramma borelli.*

Gelbflossen-Sandbarsch

→ *Xenotilapia flavipinnis.*

Gelbflossige Zwergbarbe

→ *Oreichthys cosuatis.*

Gelbroter Cichlide

→ *Hemichromis paynei.*

Gelbrückenmaulbrüter

→ *Copadichromis chrysonotus.*

Gemalter Antennenwels

→ *Pimelodus pictus.*

Gemeiner Dornwels

→ *Acanthodoras cataphractus.*

Gemeiner Nadelwels

→ *Farlowella acus.*

Gemeiner Stachelrochen

→ *Potamotrygon laticeps.*

Genetzter Stachelrochen

→ *Potamotrygon reticulatus.*

Genetzter Zwergbuntbarsch

→ *Apistogramma pertensis.*

Geophagus (Erdfresser)

Eine Gattung der Familie *Cichlidae,* deren Arten von Panama bis Südostbrasilien über Südamerika verbreitet sind.

Nach der Revision durch Kullander 1986 gehört von den aquaristisch verbreiteten Arten nur noch *G. surinamensis* hierher. Die anderen hier besprochenen Arten müßten bis zur endgültigen Einordnung korrekt als »*Geophagus*« bezeichnet werden. Ihren Trivialnamen verdanken sie der Tatsache, daß die Fische den Bodengrund auf der Suche nach Nahrung aufnehmen, durchkauen und das Unverdauliche durch die Kiemendeckel wieder abgeben. Alle Arten nehmen jedoch auch im Wasser schwimmende Nahrung auf (Daphnien, Mückenlarven u. ä.). Der Bodengrund sollte deshalb aus Sand bestehen, in Becken mit Kiesboden muß zumindest eine größere Sandfläche als Futterplatz vorhanden sein. Für die Haltung ist meist die Vergesellschaftung eines ♂ mit mehreren ♀♀ günstig, denen durch zahlreiche Steine und Wurzeln ausreichend Versteckplätze gegeben werden. Pflanzen werden nicht angefressen, jedoch bei der Futtersuche herausgewühlt, so daß es sich empfiehlt, sie in Töpfe zu setzen, die mit größeren Steinen abgedeckt sind. Bei guter Filterung ist Wasserwechsel im Abstand von 14 Tagen, der 1/4 des Beckeninhalts umfaßt, ausreichend.

G. brasiliensis

Brasilperlmutterfisch

Vorkommen: Küstenflüsse Ostbrasiliens. **Größe:** In großen Becken bis 30 cm lang werdend. **GU:** Beim älteren ♂ sind Rükken- und Afterflosse lang ausgezogen. Die Genitalpapille des ♂ ist länglich und zugespitzt, die des ♀ kurz und abgerundet. **Ansprüche:** Becken nicht unter 120 cm Länge; Wasser 5–15 °dH, pH-Wert 6,5–7; Temperatur 20–23 °C. Die Beckeneinrichtung erfolgt wie in der Gattungsbeschreibung angegeben, zur Bepflanzung sollten nur robuste Pflanzen verwendet werden, da erwachsene Fische sich an zarten Arten vergreifen. Tiere ab 15 cm Länge benötigen als Zusatzkost Fischfleischstückchen, vor allem in der Phase der Zuchtvorbereitung.

Zucht: Die geringsten Probleme in der Zucht ergeben sich beim Ansatz eines Paares, das sich selbst aus einer Jungfischgruppe gefunden hat. *G.b.* ist Offenbrüter, die Eier werden auf Steinen an dunklen Stellen oder in Spalten abgelegt, Gelege und Jungfische von beiden Eltern betreut und bewacht. Nach dem Freischwimmen nehmen die Jungfische Artemia-Nauplien als Erstfutter an. Die Temperatur während der Brutentwicklung und in den ersten Lebenstagen der Jungfische sollte zwischen 24 und 27 °C liegen. Gute Paare bringen bis zu 800 Jungfische.

G. steindachneri

Rothaubenerdfresser

Vorkommen: Kolumbien. **Größe:** 25 cm. **GU:** Bei jüngeren ♂♂ ist bereits ein rotbrauner Fleck auf der Stirn zu erkennen, der im Alter zu einer großen Haube heranwächst. Die spitze Genitalpapille des ♂ wird bereits zehn Tage vor dem Ablaichen sichtbar, beim ♀ erst wenige Stunden vorher. **Ansprüche:** Becken ab 100 cm Länge; Wasser 5–15 °dH, pH-Wert 6,5–7; Temperatur 24–26 °C. Die Beckeneinrichtung wird wie in der Gattungsbeschreibung angegeben vorgenommen. *G.s.* ist ein starker Wühler, dem eine 6–8 cm dicke Sandschicht gegeben werden sollte.

Zucht: Der Ansatz als Paar ist möglich, wenn nach dem Ablaichen das ♂ entfernt wird, besser ist der Ansatz mit mehreren ♀♀. *G.s.* gehört zu den ovophilen Maulbrütern. Die auf Steinen oder Wurzeln abgelegten Eier werden sofort vom ♀ ins Maul genommen und dort 18–20 Tage bebrütet. Es hat sich bewährt, das ♀ in dieser Zeit nicht zu füttern, da sonst, ebenso wie bei der Bedrängung durch das ♂, die Gefahr des Laichabschluckens besteht.

G. surinamensis

Surinamperlfisch

Vorkommen: Guayana und Amazonasgebiet. **Größe:** 30 cm. **GU:** Die Geschlechter sind an Körperform und Beflossung kaum zu unterscheiden, die ♂♂ erscheinen im farblichen Gesamteindruck mehr goldgelblich, die ♀♀ mehr silbrigweiß. **Ansprüche:** Becken ab 150 cm Länge; Wasser 5–10 °dH, pH-Wert 6,8–7; Temperatur 22–25 °C. Die Haltung erwachsener Tiere ist nur paarweise möglich, die Art ist meist auch gegenüber anderen Buntbarschen unverträglich. Eine Vergesellschaftung mit großen Welsen ist jedoch sehr gut möglich. Die Fische sind starke Wühler und benötigen eine mindestens 6 cm dicke Sandschicht als Bodengrund. Die Beckenrückwand sollte als Steinaufbau gestaltet werden, der zahlreiche große Höhlen enthält und auf dem Beckenboden aufsitzt. Eine Bepflanzung mit robusten Pflanzen in Töpfen ist möglich.

Zucht: Bei den bei uns gepflegten *G.s.* kommen zwei Formen der Maulbrut vor, die darauf hindeuten, daß es sich um zwei verschiedene, noch nicht exakt bestimmte Arten aus verschiedenen Herkunftsgebieten handelt. Beide Formen legen die Eier auf einem flachen Stein am Bodengrund ab. Die ovophile Form, kenntlich an kräftig orange gefärbter Kehl- und Brustregion, nimmt die Eier sofort ins Maul. Die Maulbrut wird in der Regel nur vom ♀ durchgeführt. Bei der larvophilen Form werden die Eier bis zum Schlupf der Larven, der in Abhängigkeit von der Temperatur nach 1 1/2–3 Tagen erfolgt, offen betreut und erst dann, meist von beiden Eltern, ins Maul genommen. Eine weitere Besonderheit, die schon manchen Aquarianer erschreckt hat, weil plötzlich die Eier verschwunden waren, liegt darin, daß das Gelege mit einer dünnen Sandschicht bedeckt wird. Diese larvophile Form von *G.s.* ist daran zu erkennen, daß die Tiere einen kleinen schwarzen Strich im unteren Winkel des Vorkiemendeckels besitzen. Die kräftigen Orangetöne fehlen. Bei Temperaturen zwischen 25 und 28 °C ist die Aufzucht der Jungfische, die einige Wochen gut von den Eltern betreut werden, problemlos.

Gepunkteter Prachtkärpfling

→ *Aphyosemion cognatum.*

Geradsalmler

→ *Distichodus.*

Gerundeter Kopfsalmler

→ *Triportheus rotundatus.*

Geschmückter Regenbogenfisch

→ *Rhadinocentrus ornatus.*

Gestreckter Schabemundbuntbarsch

→ *Labeotropheus trewavasae.*

Gestreckter Silbersalmler

→ *Bryconops affinis.*

Gestreifter Erdfresser

→ *Gymnogeophagus rhabdotus.*

Gestreifter Fadenfisch

→ *Colisa fasciata.*

Gestreifter Grundelbuntbarsch

→ *Eretmodus cyanostictus.*

Gestreifter Kopfsteher

→ *Anostomus taeniatus.*

Gestreifter Leporinus

→ *Leporinus striatus.*

Gestreifter Nannacara

→ *Nannacara taenia.*

Gestreifter Ohrgitterharnischwels

→ *Otocinclus affinis.*

Gestreifter Prachtkärpfling

→ *Aphyosemion striatum.*

Gestreifter Schleierkärpfling

→ *Pterolebias zonatus.*

Ghanaprachtkärpfling

→ *Aphyosemion walkeri.*

Girardinichthys viviparus

Amarillokärpfling
Familie: *Goodeidae*

Vorkommen: Süß- und Brackwasser in Mexiko. **Größe:** ♂ 3,5 cm, ♀ 7 cm. **GU:** Die Afterflosse des ♂ ist zu einem Begattungsorgan (Andropodium) umgebildet. **Ansprüche:** Becken ab 60 cm Länge; Wasser 10–20 °dH, pH-Wert 7–8; Temperatur 18–22 °C. Temperaturen über 22 °C über längere Zeit beeinträchtigen das Wohlbefinden und verkürzen die Lebenserwartung. Der Bodengrund sollte aus nicht zu hellem Kies bestehen, die Bepflanzung dicht sein. Eine Zugabe von 10 g Koch- oder Seesalz je 10 l Wasser wirkt sich oft günstig auf das Wohlbefinden und die Färbung aus. Neben einer guten Filterung ist ein wöchentlicher Teilwasserwechsel, bei dem 1/5 des Beckeninhalts erneuert werden sollte, erforderlich.

Girardinichthys viviparus

Zucht: Die Tragzeit dieses Lebendgebärenden beträgt 54–60 Tage, die Zahl der Jungfische je Wurf liegt zwischen 20 und 50 Stück. In einem gut bepflanzten Artbecken werden immer ausreichend Jungfische groß, für eine rationelle Zucht ist jedoch die Verwendung eines Wurfbeckens zu empfehlen, aus dem nach der Geburt das ♀ herausgefangen wird. Etwas Algenaufwuchs, in dem die Jungfische nach Kleinlebewesen suchen können, ist für ihre Entwicklung günstig. Bei mineralarmem Ausgangswasser ist die Zugabe einer Prise Salz angeraten.

Girardinus metallicus

Metallkärpfling
Familie: *Poeciliidae*

Vorkommen: Kuba, Costa Rica. **Größe:** ♂ 5 cm, ♀ 9 cm. **GU:** Das ♂ besitzt ein schwarzes, für die Familie typisches Gonopodium. **Ansprüche:** Becken ab 70 cm; Wasser 10–25 °dH, pH-Wert 6,5–7,5; Temperatur 22–25 °C. *G.m.* ist sehr empfindlich gegen biologische Wasserbelastungen und plötzliche Veränderungen im Wasserchemismus. Eine kräftige Filterung, die möglichst das Wasser bewegen sollte, regelmäßiger Teilwasserwechsel, bei dem der Mulm restlos abgesaugt wird und Verwendung von Wasser mit den gleichen Werten gehören deshalb zu den Grundforderungen, welche diese schöne Art an die Pflege stellt. Der Bodengrund sollte dunkel und grobkörnig, die Bepflanzung dicht sein. Einige Schwimmpflanzen dienen der Lichtdämpfung und bieten den Fischen Unterstand.

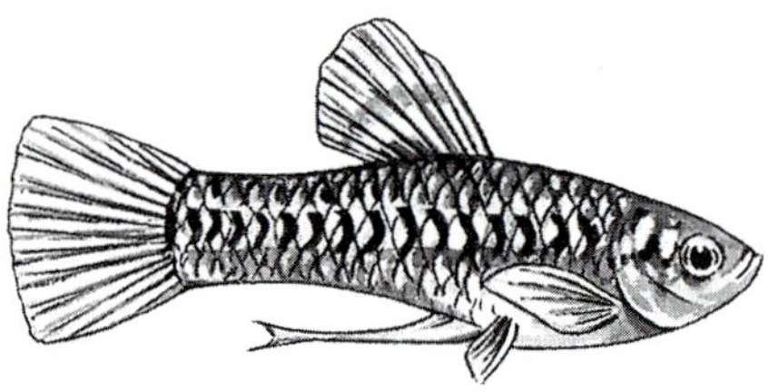

Girardinus metallicus, ♂

Zucht: Die Tragzeit dieses Lebendgebärenden liegt zwischen 28 und 35 Tagen, sie kann sich bei kühler Haltung (20 °C) bis auf fünf Monate verlängern. Die Zahl der Jungfische je Wurf schwankt zwischen 10 und 100. Das Zuchtbecken sollte hell stehen. Nach dem Werfen muß die Mutter entfernt werden, da sie den Jungfischen nachstellt.

Glandulocauda inaequalis

Blauer Tetra, Breitschwanzsalmler
Familie: *Characidae*

Vorkommen: Rio Grande de Sol, Uruguay. **Größe:** ♂ 6 cm, ♀ 4,5 cm. **GU:** Beim ♀ sind beide Schwanzflossen gleichgroß, beim ♂ ist der untere Schwanzflossenlappen vergrößert, es besitzt zudem eine drüsige Erhebung hinter dem Schwanzstiel auf der Schwanzflossenbasis und ist intensiver metallischblau gefärbt. **Ansprüche:** Wasser 5–10 °dH, pH-Wert 6–7; Temperatur 20–25 °C, nicht längerfristig darüber. Diese lebhaften Schwarmfische fühlen sich in einem besonnten Becken ab 100 cm Länge am wohlsten. Sie lieben eine kräftige Wasserströmung, der Auslauf der Filterpumpe sollte entsprechend installiert werden. Die Beschaffenheit des Bodengrundes ist ohne Bedeutung, die Fische sind oberflächenorientiert, die Bepflanzung sollte sich auf den Hintergrund beschränken, um genügend Schwimmraum zu lassen. Für eine erfolgreiche Haltung über lange Zeit und vor allem bei Zuchtabsichten müssen täglich Drosophila gefüttert werden, die durch Flockenfutter ergänzt werden können. Wenn Laute aus dem Becken der Blauen Tetra kommen, die an das Zirpen einer Grille erinnern, dann signalisiert das Sauerstoffmangel im Wasser, die Fische setzen dann ein zusätzliches Atmungsorgan ein. Dieses Zirpen ist besonders häufig bei zu hohen Temperaturen und der damit verbundenen niedrigen Sauerstoffsättigung des Wassers zu vernehmen, eine zusätzliche, feinperlige Durchlüftung schafft Abhilfe.

Zucht: Wie bei der verwandten Gattung → *Corynopoma* vollzieht sich die Fortpflanzung nach der bei Salmlern seltenen Form der inneren Befruchtung. Die Balzspiele dieser Art gehören zu den reizvollsten, die Salmler zu bieten haben. Wenn die Fütterung artgerecht war, können einige Sonnenstrahlen, die frühmorgens ins Becken fallen, regelrechte Balztänze auslösen, bei denen ein Pärchen beginnt und dem sich im Artbecken bald die meisten anderen Paare anschließen. Meist erst am späten Nachmittag kommt es zum eigentlichen Fortpflanzungsakt, bei dem das ♂ das ♀ ringförmig vollständig umschlingt und dabei das Samenpaket überträgt. Die Tiere heben sich manchmal sogar halb aus dem Wasser heraus. Eier werden dabei nicht abgegeben, dies geschieht häufig erst viele Tage später, wenn dem ♀ die Bedingungen günstig erscheinen. Um diesen Vorgang kontrollierbar zu gestalten, ist es günstig, 4–5 Tage nach der Balz das ♀ oder die ♀♀ herauszufangen und in ein Becken umzusetzen, das am nächsten Morgen von der Sonne beschienen wird und mehrere kleine Pflanzenbüschel enthält. Das ♀ legt die Eier sehr ruhig und über längere Zeit überall im Becken an Pflanzen, Scheiben und anderen Einrichtungsgegenständen verteilt ab. 24–30 Stunden nach der Eiablage schlüpfen die Jungfische und schwimmen bald frei. Wenn kein Tümpelstaubfutter verfügbar ist, muß eine Pantoffeltierzucht das erste Futter liefern, wird größeres Futter gereicht, verhungern die Jungfische. Artemia-Nauplien können erst nach etwa einer Woche bewältigt werden. Die weitere Aufzucht ist problemlos, wenn auf Wasserhygiene geachtet wird.

Glaniopsis multiradiata

Flossensauger
Familie: *Homalopteridae*

Vorkommen: Borneo. **Größe:** 6 cm. **GU:** Äußerlich erkennbare Geschlechtsunterschiede sind bisher nicht bekannt. **Ansprüche:** Die bisher als Importtiere zu uns gekommenen Flossensauger erwiesen sich als friedliche Arten, die in Becken, welche das 10fache der Körperlänge der Art als Mindestlänge aufwiesen, gut zu halten sind. Wasser 5–10 °dH, pH-Wert 7; Temperatur 22–24 °C. Neben dunklem und nicht zu grobem Bodengrund gehören flache Steine, breite Wurzeln und großblättrige, robuste Pflanzen zur Grundausstattung des Beckens. Neben kräftigem Lebendfutter (Mückenlarven) benötigen die Fische Algenaufwuchs, der am günstigsten durch sonnigen Stand des Beckens zu erreichen ist. Für das Wohlbefinden ist eine kräftige Filterung unerläßlich. Beim regelmäßigen wöchentlichen Teilwasserwechsel ist 1/4 des Beckeninhalts zu erneuern. Das zugesetzte Frischwasser muß gut durchlüftet und chlorfrei sein und kann über Torf aufbereitet werden.

Zucht: Eine erfolgreiche Nachzucht scheint bisher noch nicht gelungen zu sein.

Glossolepis incisus, imponierende ♂♂

Glänzender Rotkehlbuntbarsch

→ *Caquetaia spectabilis.*

Glänzender Zwergbuntbarsch

→ *Nannacara anomala.*

Glaskärpfling

→ *Quintana atrizona.*

Glasraubsalmler

→ *Roeboides.*

Glimmlampenrasbora

→ *Rasbora espei.*

Glossolepis incisus

Lachsroter Regenbogenfisch
Familie: *Melanotaeniidae*

Vorkommen: Nördliches Neuguinea. **Größe:** 15 cm. **GU:** Die Geschlechter sind erst bei ausgefärbten Tieren sicher zu unterscheiden, das ♂ ist tief lachsrot und hochrückig, das ♀ gelboliv gefärbt und langgestreckt. **Ansprüche:** Das Becken für diesen Schwarmfisch sollte nicht unter 100 cm lang sein, ihre volle Größe erreichen die Fische nur in großen Becken; Wasser 18–25 °dH, pH-Wert 7–7,5; Temperatur 22–24 °C. Über feinkörnigem, nicht zu hellem Bodengrund und einer mäßigen Hintergrund- und Randbepflanzung, die viel Schwimmraum läßt, fühlen sich die Fische am wohlsten. Die Filterung sollte kräftig sein, beim wöchentlichen Teilwasserwechsel, der 1/5 des Beckeninhalts umfaßt, ist die Verwendung von abgestandenem und

Glaniopsis multiradiata

gut durchlüftetem Wasser angeraten, gegen Chlor im Wasser sind die Fische empfindlich. Neben dem üblichen Tümpelfutter nehmen Regenbogenfische sehr gern auf die Wasseroberfläche gestreute Kleininsekten (Drosophila, Blattläuse, Schaben) an. Sie sind neben Mückenlarven vor allem in der Vorbereitung der Fische zur Zucht vorteilhaft.

Zucht: Die Fische können als Paar und im kleinen Schwarm angesetzt werden. Das Zuchtbecken sollte nicht unter 80 cm lang sein und viele aufgelockerte Javamoosbüschel als Laichsubstrat enthalten. Die Tiere laichen über mehrere Tage ab, die stärkste Laichaktivität liegt in den Stunden nach Sonnenaufgang oder nach Einschalten des Lichts. Die Eier hängen an kurzen Fäden im Javamoos und sind lichtempfindlich, vor allem gegen Sonnenlicht. Die Entwicklung der Embryonen im Ei ist an der Ausbildung der Augen gut zu verfolgen, die nach 7–8 Tagen schlüpfenden Jungfische beginnen sofort freizuschwimmen und nach Futter zu suchen. Als Erstfutter werden Zuchtpantoffeltierchen angenommen. Wenn eine feinperlige Durchlüftung vorhanden ist, kann auch durch ein feines Sieb geriebenes hartgekochtes Eidotter und hochwertiges Trockenfutter zusätzlich gereicht werden. Das Wachstum verläuft relativ langsam, die Fische bleiben sehr lange unscheinbar gefärbt. Frühestens ab 5 cm, meist erst ab 7 cm Länge, beginnt die Umfärbung in das attraktive Prachtkleid der ♂♂.

Glühlichtsalmler

→ *Hemigrammus erythrozonus.*

Gnathonemus petersi

Tapirfisch, Elefantenrüsselfisch
Familie: *Mormyridae*

Vorkommen: Nigeria, Kamerun, Zaire. **Größe:** 23 cm. **GU:** Die Geschlechter sind äußerlich nicht zu unterscheiden. **Ansprüche:** Für die Haltung eines Tieres ist ein Becken von 100 cm Länge ausreichend, bei der Haltung von 2–3 Fischen sind 150 cm die unterste Grenze; Wasser 5–20 °dH, pH-Wert 6–7,8; Temperatur 22–28 °C. Die Art ist unverträglich und revierbildend untereinander, gegenüber anderen Arten jedoch friedlich und kann nach eigenen Erfahrungen gut mit → *Pantodon*, → *Barbus*, → *Labeo* und → *Botia* sowie → *Corydoras* gemeinsam gepflegt werden. Die von einem elektrischen Organ der Tiere abgegebenen 800 Impulse/min dienen der Revierabgrenzung und Ortung und haben auf andere Fischarten keine Auswirkungen. Der Bodengrund sollte aus Sand bestehen, nicht zu hell sein und kann stellenweise eine dünne Mulmschicht aus abgestorbenen Pflanzenteilen enthalten. Die Art ist dämmerungs- und nachtaktiv und benötigt neben einer dichten Bepflanzung zahlreiche Tagesverstecke zwischen Wurzeln und Steinen. Helles Licht bekommt den Tieren auf Dauer nicht! Durch eine Schwimmpflanzendecke und torfgefiltertes, braungefärbtes Wasser ist eine Lichtdämpfung am besten abzusichern. Sehr günstig auf die Verlängerung der Lebenserwartung wirkt es sich aus, wenn in regelmäßigen Abständen nachts eine schwache diffuse Beleuchtung eingesetzt wird (Mondlichtsimulation), Aktivität und Futteraufnahme werden dadurch günstig beeinflußt. Gegen frisches Leitungswasser sind die Fische empfindlich, ihr Sauerstoffbedarf ist durch kräftige Filterung oder Durchlüftung zu befriedigen. Wenn Wasserwechsel erforderlich wird, dann ist dazu abgestandenes und gut durchlüftetes Wasser einzusetzen, das entweder über Torf gefiltert oder dem Torfextrakt zugesetzt wurde.

Zucht: Über eine gelungene Zucht ist bisher noch nichts bekannt.

Gnathonemus petersi

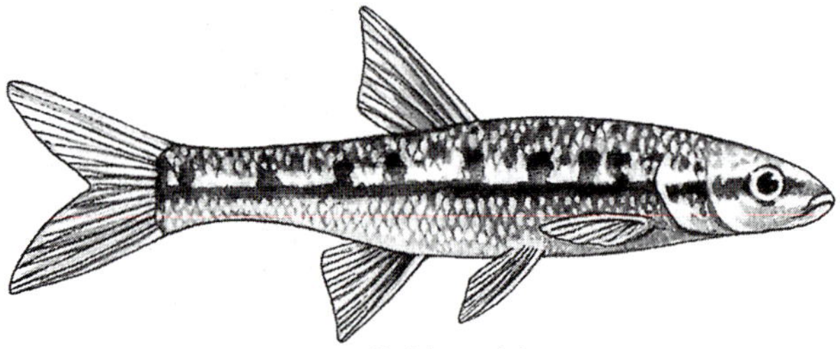

Gobio gobio

Gobio gobio

Gründling
Familie: *Cyprinidae*

Vorkommen: Europa. **Größe:** 20 cm. **GU:** Die Geschlechter sind nur zur Laichzeit sicher zu unterscheiden, wenn die ♂♂ Laichausschlag tragen. **Ansprüche:** Becken ab 100 cm Länge; Wasser 10–20 °dH, pH-Wert 7–7,5; Temperatur 10–18 °C, höchstens kurzzeitig etwas darüber. Als Bodengrund sind grober Sand oder Kies geeignet, die Bepflanzung sollte nicht zu dicht sein. Für eine erfolgreiche Haltung über längere Zeit ist eine kräftige Filterung oder Durchlüftung, die eine Wasserströmung erzeugt, unerläßliche Voraussetzung. Wenn kein Wasserdurchlauf installiert werden kann, so muß wöchentlich 1/3 des Beckeninhalts durch chlorfreies Frischwasser ersetzt werden.

Zucht: Die Zucht unter Aquarienbedingungen ist möglich, wenn kristallklares Wasser mit kräftiger Strömung gegeben ist. Bei Temperaturen zwischen 15 und 18 °C laichen die Paare im Bereich von feinfiedrigen Pflanzen über kiesigem Bodengrund frei ab.

Goldauge

→ *Fundulus chrysotus.*

Golddanio

→ *Brachydanio frankei.*

Goldfasanprachtkärpfling

→ *Roloffia occidentalis.*

Goldfisch

→ *Carassius auratus.*

Goldflossensalmler

→ *Astyanax spec. Lago Tefé.*

Goldkehlmaulbrüter

→ *Pseudotropheus aurora.*

Goldkopf-Nannacara

→ *Nannacara aureocephalus.*

Goldorfe

→ *Leuciscus idus.*

Goldringelgrundel

→ *Brachygobius xanthozona.*

Goldsaum-Hochlandkärpfling

→ *Zoogeneticus quitzeoensis.*

Goldschwanzbachling

→ *Rivulus magdalenae.*

Goldstreifenbärbling

→ *Rasbora chrysotaenia.*

Goldstreifen-Kopfsteher

→ *Anostomus ternetzi.*

Goldstreifenpanzerwels

→ *Corydoras aeneus.*

Goldtetra

→ *Hemigrammus rodwayi.*

Golfkillifisch

→ *Fundulus grandis.*

Grahams Hechtling

→ *Epiplatys grahami.*

Greenways Kärpfling

→ *Scolichthys greenwayi.*

Große Fleckenbarbe

→ *Barbus binotatus.*

Großer Bachling

→ *Rivulus holmiae.*

Großer Fadenmaulbrüter

→ *Cyathopharynx furcifer.*

Großer Regenbogenfisch

→ *Melanotaenia nigrans.*

Großlippenmaulbrüter

→ *Cheilochromis euchilus.*

Großmakropoden

→ *Belontia.*

Großmaulwels

→ *Chaca chaca.*

Großpunkthechtling

→ *Epiplatys singa.*

Großschuppiger Nilhecht

→ *Marcusenius macrolepidotus.*

Grundelbarsche

→ *Orthochromis.*

Gründling

→ *Gobio gobio.*

Grüner Argusfisch

→ *Scatophagus argus.*

Grüner Fransenlipper

→ *Labeo frenatus.*

Grüner Kugelfisch

→ *Tetraodon fluviatilis.*

Grüner Messerfisch

→ *Eigenmannia virescens.*

Grüner Neolebias

→ *Neolebias ansorgei.*

Grüner Streifenhechtling

→ *Aplocheilus dayi.*

Grüne Schmerle

→ *Botia modesta.*

Grünflossenbuntbarsch

→ *Archocentrus nigrofasciatus.*

Grünglanzbuntbarsch

→ *Aequidens tetramerus.*

Grünpunkttetra

→ *Poecilocharax weitzmani.*

Guatemalakärpfling

→ *Phallichthys amates amates.*

Guineaprachtkärpfling

→ *Roloffia guineensis.*

Günthers Prachtbarsch

→ *Chromidotilapia guentheri.*

Günthers Prachtgrundkärpfling

→ *Nothobranchius guentheri.*

Guppy

→ *Poecilia reticulata.*

Gurami

1. → *Helostoma.*– **2.** → *Osphronemus.*– **3.** → *Trichopsis.*

Gürtelstachelaal

→ *Mastacembelus circumcinctus.*

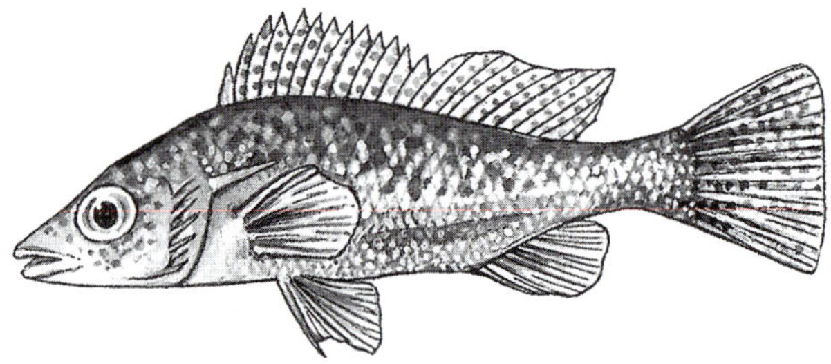

Gymnocephalus cernua

Gymnocephalus cernua

Kaulbarsch
Familie: *Percidae*

Vorkommen: Weite Teile Europas und Asiens. **Größe:** 25 cm. **GU:** Geschlechtsunterschiede sind kaum feststellbar, nur zur Laichzeit ist das ♀ deutlich voller. **Ansprüche:** Becken ab 120 cm Länge; Wasser 5–12 °dH, pH-Wert 7–7,5; Temperatur 10–20 °C, nicht längerfristig darüber. Für eine längere Haltung dieser interessanten einheimischen Fischart ist eine kräftige Filterung und Durchlüftung, besser noch ein Wasserdurchlauf mit chlorfreiem Wasser, Vorbedingung. Der Bodengrund sollte feinkörnig sein. Neben dichter Bepflanzung mit kaltwasserverträglichen Arten sollten einige Steine und Wurzeln Versteckplätze für die Fische bieten.

Zucht: Bei kühl (10 °C) überwinterten Tieren ist nach kräftiger Fütterung die Zucht in einem kräftig durchlüfteten Becken ab 120 cm Länge bei Temperaturen zwischen 15 und 20 °C möglich. Die Eier werden einzeln an Pflanzen und Steinen abgesetzt, die Jungfische schlüpfen nach 12–14 Tagen.

Gymnocorymbus ternetzi

Trauermantelsalmler
Familie: *Characidae*

Vorkommen: Bolivien. **Größe:** 5,5 cm. **GU:** Das ♂ bleibt etwas kleiner als das ♀, seine Rückenflosse ist etwas schlanker und spitzer und die Afterflosse am vorderen Ende breiter als beim ♀. **Ansprüche:** Für die Haltung einer Gruppe dieses Schwarmfisches ist ein Becken ab 60 cm Länge ausreichend; Wasser 5–30 °dH, pH-Wert 5,8–8; Temperatur 20–26 °C, vorübergehend werden auch 18 °C gut vertragen. Der Bodengrund sollte nicht zu grob und dunkel, die Bepflanzung nur mäßig sein, um genügend Schwimmraum zu lassen. Zwischen den Blattstielen langstengliger Pflanzen stellen sich die Fische gern unter. *G.t.* gehört zu den anspruchslosesten Salmlern, volle Farbe über viele Jahre hinweg zeigt er jedoch nur in weicherem und leicht saurem Wasser und in Wasser, das durch Torffilterung oder Torfextraktzusatz bernsteingelb bis bräunlich gefärbt ist. Wöchentlich sollte 1/4 des Wassers gewechselt werden.

Gymnocorymbus ternetzi, Paar

Zucht: Die Zucht ist nicht schwer, manchmal bereitet das Zusammenstellen geeigneter Partner Schwierigkeiten. Die Fische sollten auf keinen Fall aus einem gut bepflanzten Gemeinschaftsbecken in ein sparsam ausgestattetes Zuchtbecken gesetzt werden, denn es besteht die Gefahr, daß sie sich darin die Köpfe einrennen. Besser ist es, sie aus einem Hälterungsbecken ohne jede Einrichtung in ein Zuchtbecken zu setzen, das auf einer dunklen Unterlage steht und mit einigen Büscheln *Myriophyllum* oder aufgelockertem Javamoos bestückt ist. Sie laichen darin meist sofort willig ab. Da sie die Eier fressen, sollte ein Laichrost eingesetzt werden. Nach dem Herausfangen der Zuchttiere ist der Laich bis zum Schlüpfen der Jungen nach 24–30 Stunden vor Sonnenlicht zu schützen. Die Jungfische hängen noch 1–2 Tage an Pflanzen oder Scheiben und müssen nach dem Freischwimmen feinstes Staubfutter erhalten. Trauermantelsalmler laichen in fast jedem Wasser ab, die Schlupf- und Aufzuchtergebnisse sind jedoch in weichem und leicht saurem Wasser am besten. Bei guter Fütterung und regelmäßigem Teilwasserwechsel im ausreichend großen Becken verläuft das Wachstum zügig.

Gymnogeophagus (Erdfresser)

Eine Gattung der Familie *Cichlidae,* deren Verbreitungsgebiet im östlichen Teil des zentralen Südamerika liegt. Alle Arten benötigen feinen Sand als Bodengrund, den sie bei der Nahrungssuche durchwühlen können. Pflanzen werden meist nicht angefressen, sie müssen jedoch in Töpfen stehen, um nicht herausgewühlt zu werden. Als Versteckplätze werden Steine und Wurzeln eingebracht. In ihren Futteransprüchen sind die Fische nicht wählerisch, kräftiges Futter ist jedoch eine wichtige Vorbedingung zur Zucht. Die Filterung sollte kräftig sein und der Teilwasserwechsel wöchentlich erfolgen.

G. australis

La-Plata-Erdfresser

Vorkommen: La-Plata-Gebiet in Argentinien. **Größe:** 12 cm. **GU:** Die Geschlechter sind schwer zu unterscheiden, erst beim Laichakt ist beim ♂ die spitze und nach hinten gerichtete und beim ♀ die stumpfe, 2 mm starke Genitalpapille zu erkennen. **Ansprüche:** Becken ab 100 cm Länge; Wasser 8–20 °dH, pH-Wert 6,5–7,5; Temperatur 20–24 °C. Eine Überwinterung bei 18–20 °C ist möglich und wirkt sich vorteilhaft auf Lebenserwartung und Fruchtbarkeit aus. Beckeneinrichtung siehe Gattungsbeschreibung.

Zucht: Die Zucht erfolgt im Paaransatz mit einem Paar, das sich aus einer Jungfischgruppe gefunden haben sollte, bei einer Temperatur von 24 °C. Während der Balz werden Gruben im Sandboden ausgehoben und Steine oder ein Wurzelstück als Ablaichplatz gesäubert. *G.a.* gehört zu den Offenbrütern, die Betreuung des Geleges und der nach dem Schlupf in Gruben gesammelten Brut wird vorwiegend vom ♀ mit gelegentlicher Ablösung durch das ♂ betrieben. Der Schlupf erfolgt 60–72 Stunden nach dem Ablaichen, am 6. Tag schwimmen die Jungfische auf und können mit Rädertierchen und Artemia-Nauplien angefüttert werden.

G. balzanii

Ballonkopferdfresser

Vorkommen: Paraguay. **Größe:** 20 cm. **GU:** Rücken- und Afterflosse des ♂ sind lang ausgezogen, beim erwachsenen ♂ bildet sich ein deutlicher Stirnbuckel, die Kiemendeckel sind mit grünen Punkten gezeichnet, während die Kiemendeckel des ♀ orangerot gefärbt sind. **Ansprüche:** Becken nicht unter 120 cm Länge, besser größer, da *G.b.* relativ friedlich ist und sich gut mit Arten der Gattungen → *Aequidens* und → *Geophagus* vergesellschaften läßt; Wasser 5–15 °dH, pH-Wert 6,5–7,2; Temperatur 22–26 °C. *G.b.* ist relativ anspruchslos und läßt sich auch in härterem und leicht alkalischem Wasser noch gut halten. Die Beckeneinrichtung erfolgt wie in der Gattungsbeschreibung angegeben.

Zucht: Die Art gehört zu den larvophilen Maulbrütern. Die auf einen Stein oder einer Wurzel abgelegten Eier werden bis kurz vor dem Schlupf der Jungen nach 24–36 Stunden offen betreut und danach vom ♀ aufgenommen und bis zum Freischwimmen bebrütet. Die Betreuung des Jungfischschwarms erfolgt ebenfalls durch das ♀.

G. rhabdotus

Gestreifter Erdfresser

Vorkommen: Südbrasilien, Uruguay, NW-Argentinien. **Größe:** 15 cm. **GU:** Das ♂ ist größer und farbiger als das ♀. **Ansprüche:** Becken ab 120 cm Länge; Wasser 10–30 °dH, pH-Wert 6,8–7,5; Temperatur 20–25 °C. Die Beckeneinrichtung erfolgt wie in der Gattungsbeschreibung angegeben.

Zucht: *G.r.* gehört zu den Offenbrütern, der Ansatz erfolgt als Paar. Die Eier werden auf flachen Steinen oder Wurzeln abgelegt. Die nach 48 Stunden schlüpfenden Jungen werden in Gruben umgesetzt. Nach 4–5 Tagen schwimmen die Jungfische frei. Sie sind sehr klein und ihre Aufzucht ist nicht ganz einfach. Am günstigsten ist es, wenn das Zuchtbecken Bodenmulm enthält, in dem die Jungfische nach Mikroorganismen suchen können. Erst eine Woche nach dem Freischwimmen ist die kritische Phase überstanden und die Jungfische nehmen auch größeres Futter an.

Gymnothorax tile

Süßwassermuräne
Familie: *Muraenidae*

Vorkommen: Küstengebiete in Südostasien. **Größe:** 60 cm. **GU:** Nicht erkennbar. **Ansprüche:** Es wird immer wieder behauptet, daß diese Art problemlos im Süßwasser gepflegt werden kann, deshalb wurde sie hier mit aufgenommen. Eigene Erfahrungen zeigen jedoch, daß es bestenfalls bei sehr jungen Tieren in sehr hartem und leicht alkalischem Wasser einige Monate gutgeht, die Tiere mit zunehmendem Alter jedoch immer anfälliger gegen Krankheiten werden. Genügt am Anfang noch eine Seesalzzugabe von 10–15 g je l Wasser, damit die Tiere gesund bleiben, so sind später Schleimhauttrübungen das erste Signal dafür, daß eine Umstellung auf Brack- und später Seewasser erfolgen muß. Das kann innerhalb von 14 Tagen geschehen, die Tiere gesunden zusehends. Wer sich zum Kauf dieser Tiere entschließt, sollte ein Aquarium von mindestens 100 cm Länge mit zahlreichen Versteckplätzen in Reserve haben. Sehr gern werden unglasierte Tonkrüge angenommen. Die Tiere sind untereinander gut verträglich und beziehen größere Gefäße oft gemeinsam. Das Futter ist der Größe der Tiere entsprechend auszuwählen, in der Beliebtheitsskala stehen Stinte, Tintenfischstücke und größere Garnelen oben an. Ihre Scheu legen Muränen sehr schnell ab und nehmen Futter auch aus der Hand. Da ein versehentlicher Biß jedoch wegen einer Unverträglichkeitsreaktion des Menschen gegenüber den Eiweißen aus der Mundschleimhaut der Tiere sehr schmerzhaft ist, empfehle ich, die Futterbrocken auf ein Stäbchen gespießt anzubieten. Eine Vergesellschaftung ist nur mit Arten möglich, die von entsprechender Größe sind und von ihren Ansprüchen her mit in das Seewasser umsiedeln können. Geeignet sind → *Monodactylus argenteus* und → *Scatophagus argus.*

Zucht: Eine Nachzucht von Muränen unter Aquarienbedingungen ist noch nicht gelungen.

Gyrinocheilus aymonieri

Saugschmerle,
Siamesische Saugschmerle
Familie: *Gyrinocheilidae*

Vorkommen: Zentrales Thailand. **Größe:** 25 cm. **GU:** Sichere Geschlechtsunterschiede sind nicht beschrieben, die ♂♂ scheinen jedoch etwas kleiner zu bleiben und die Dornen um ihr Maul sind etwas kräftiger ausgebildet als beim ♀. **Ansprüche:** Für jüngere Tiere unter 10 cm Länge sind Becken ab 80 cm Länge ausreichend, größere Saugschmerlen benötigen Becken, in denen für jedes Tier etwa 50 cm Länge zur Verfügung gestellt werden. Unter solchen Bedingungen ist die Vergesellschaftung mit → *Botia*, → *Labeo* und asiatischen Welsen problemlos möglich. Wasser 5–30 °dH, pH-Wert 5,5–8; Temperatur 24–28 °C. *G.a.* ist beliebt als Algenvertilger und kommt mit fast jeder Wasserqualität zurecht, vorausgesetzt, seine relativ hohen Ansprüche an den Sauerstoffgehalt des Wassers werden durch eine kräftige Filterung oder Durchlüftung und regelmäßigen Teilwasserwechsel befriedigt. Neben der bevorzugten pflanzlichen Nahrung, zu der neben Algenaufwuchs auch Feinfrosterbsen gehören, werden auch gern Fischfiletstückchen und Rinderherzwürfel sowie zu Boden gegangene Frostfutterportionen beraspelt. Zur Deckung des Ballaststoffbedarfs werden morsche Moorkienholzstücke gegeben, sie bilden eine wichtige Voraussetzung, um den Laichansatz bei den ♀♀ zu bewirken. Eine erfolgreiche Zucht ist bisher unter Aquarienbedingungen noch nicht gelungen. Die meisten der importierten Tiere sind jedoch Nachzuchten aus Ostasien, wo sie in Freilandteichen vermehrt werden. Die Zuchttiere werden, wie in der europäischen Teichfischzucht üblich, abgestreift und die Eier künstlich befruchtet. Aus Ostasien stammt auch die unter der Bezeichnung »Zitronen-Saugschmerle« gehandelte und inzwischen sehr beliebte gelbe Zuchtform. Die Jungtiere dieser Zuchtform sind empfindlicher als die der Stammform und erfordern besondere Aufmerksamkeit. Ein alteingerichtetes, gut besonntes und mit Algenaufwuchs ausgestattetes Becken sowie Temperaturen nicht unter 26 °C erleichtern die Eingewöhnung. Erwachsene Tiere sind dagegen genauso anspruchslos wie die der Stammform.

H

Haibarbe

→ *Balantiocheilus melanopterus.*

Haiwels

→ *Pangasius sutchi.*

Hakenhalbschnäbler

→ *Nomorhamphus liemi.*

Halbschnäbler

1. → *Dermogenys.*– **2.** → *Nomorhamphus.*

Halbstrich-Schlanksalmler

→ *Pyrrhulina laeta.*

Haplochromis obliquidens

Victoriaseeprachtmaulbrüter
Familie: Cichlidae

Vorkommen: Victoriasee. **Größe:** 12 cm. **GU:** Das ♂ ist größer, bedeutend farbenprächtiger und besitzt deutlich erkennbare Eiflecken an der Afterflosse. **Ansprüche:** Die Haltung dieses wohl farbenprächtigsten Maulbrüters sollte in einer Gruppe von einem ♂ mit 2–3 ♀♀ in einem Becken nicht unter 100 cm erfolgen; Wasser 12–20 °dH, pH-Wert 8–8,5; Temperatur 24–26 °C. Der Bodengrund sollte feinkörnig sein und Steinaufbauten mit zahlreichen Höhlen und Spalten sowie ausreichend Versteckplätzen bieten. Eine nicht zu dichte Bepflanzung mit robusteren Pflanzen ist gut möglich, sie sollte vor allem zur optischen Markierung von Reviergrenzen eingesetzt werden, da im kahlen Becken die Tiere große Reviere oft aggressiv verteidigen. Durch eine kräftige Filterung und regelmäßigen wöchentlichen Teilwasserwechsel, der 1/3 des Beckeninhalts umfassen kann, wird der hohe Sauerstoffbedarf der Art befriedigt.

Zucht: Bei Temperaturen um 26 °C und Haltung im Harem (1 ♂, 2–4 ♀♀) ist die Zucht auch im Gesellschaftsbecken möglich. Die Eiablage erfolgt auf flachen Steinen oder in Gruben am Boden, die Eier werden sofort vom ♀ ins Maul genommen und nach der »Eifleckmethode« (→ *Cyrtocara*) befruchtet. Die Maulbrutdauer beträgt 21 Tage. Es ist vorteilhaft, das ♀ 1–2 Tage vor Ende der Brutzeit vorsichtig aus dem Gemeinschaftsbecken herauszufangen und in ein Aufzuchtbecken umzusetzen, in dem es seine Jungfische freilassen kann. Ein auf die Seite gelegter Blumentopf genügt als Einrichtung dieses Bekkens, der dem ♀ Unterstand bietet. Die Jungfische sind verhältnismäßig groß und können bereits ausgesiebte kleine Daphnien als Erstfutter aufnehmen. Spätestens eine Woche nach dem Verlassen des Mauls kann die Mutter herausgefangen werden, die Aufzucht der Jungfische bereitet bei guter Fütterung und regelmäßigem Teilwasserwechsel keine Probleme.

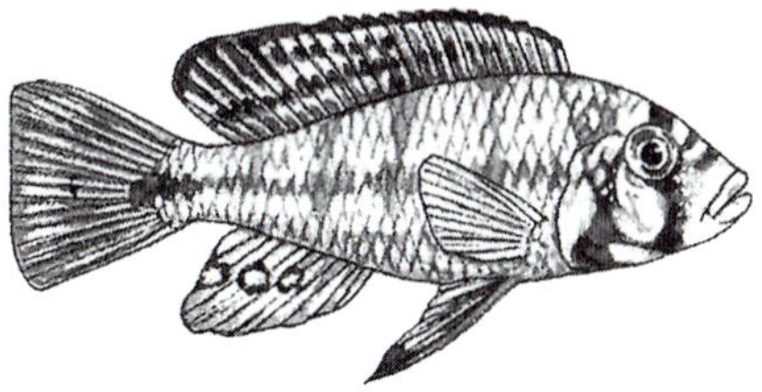

Haplochromis obliquidens

Hara (Indische Gebirgswelse)

Familie: *Sisoridae*

Eine Gattung kleinerbleibender Arten, die erst in den letzten Jahren nach Europa kamen und sich als dankbare und interessante Pfleglinge erwiesen. Probleme gab es bisher nur bei zu warmer Haltung oder dem Fehlen von Versteckmöglichkeiten. Die Tiere bilden kleine Reviere und werden meist erst in der Dämmerung aktiv. Bei Auseinandersetzungen zwischen den ♂♂ werden sehr oft die Brustflossen verletzt; die Wunden verpilzen schnell und müssen umgehend mit Methylenblau oder anderen Antimykotica behandelt werden.

H. hara

Indischer Gebirgswels

Vorkommen: Gebirgsbäche in Indien. **Größe:** 6 cm. **GU:** Die Geschlechter sind nur in der Draufsicht zu unterscheiden, die ♂♂ am schlankeren Vorderkörper zu erkennen. **Ansprüche:** Diese sehr attraktiv gezeichnete Art ist vorwiegend dämmerungsaktiv. Obwohl gegenüber anderen Arten friedlich, zeigen die Welse bei sehr lebhaften Partnern deutlichen Streß und verteidigen ihren Ruheplatz. Bewährt haben sich beim Autor ruhigere Vertreter der Gattung → *Rasbora,* wie → *R. heteromorpha,* → *R. espei* und → *R. vaterifloris.* Den Tag verbringen die Welse im Schutz von Wurzeln oder zwischen Pflanzenblättern. Jedes ♂ nimmt dabei ein kleines Revier von etwa 15 cm Durchmesser in Anspruch, aus dem es andere ♂♂ vertreibt. Die Zahl der gepflegten ♂♂ bestimmt die Mindestgröße des Beckens, es sollte jedoch nicht unter 80 cm lang sein. Das Optimum der Temperatur liegt zwischen 21 und 23 °C und sollte eingehalten werden. Eine vorübergehende Absenkung der Temperatur beim wöchentlichen Teilwasserwechsel (20 % erneuern) auf 18 °C wird von den Tieren gut vertragen. An den Wasserchemismus stellen diese Welse keine besonderen Ansprüche, sie werden bei einem pH-Wert um 7 und einer Härte zwischen 8 und 20 °dH erfüllt. Anspruchsvoll sind sie beim Sauerstoffgehalt des Wassers, er muß durch eine gute Filterung mit kräftigem Filterauslauf im unteren Beckenbereich, gegebenenfalls durch zusätzliche Durchlüftung befriedigt werden. Nicht zu grober Flußkies ist der geeignete Bodengrund. Dichte Bepflanzung oder eine Pflanzendecke sollte für gedämpftes Licht sorgen. Gefüttert wird abends; Mysis aus dem Frost, Stör-Pellets sowie das speziell für Diskusbuntbarsche angebotene Frostfutter mit Pflanzenanteil werden bevorzugt.

Zucht: Eine erfolgreiche Nachzucht ist noch nicht gelungen.

H. jerdoni

Deltaflügel-Zwergwels

Vorkommen: Bäche und Flüsse mit starker Strömung im Gebiet des Brahmaputra in Bangladesh. **Größe:** Mit 3 cm einer der kleinsten Welse der Erde. **GU:** Von oben betrachtet gleichen die ♀♀ einem Dreieck, die ♂♂ einem T. **Ansprüche:** Diese Fischzwerge sind eine Bereicherung für Aquarienfreunde, die vor allem abends Zeit für ihre Fische haben. Sie sind ideale Partner für → *Horadandia,* → *Microrasbora* und kleine → *Rasbora*-Arten. In Gesellschaft sehr lebhafter Fische zeigen sie Unbehagen und leben nicht sehr lange. Tagsüber ruhen sie unter Wurzeln oder zwischen Pflanzenblättern. Jedes ♂ nimmt dabei ein kleines Revier von etwa 10 cm Durchmesser in Anspruch, aus dem es andere ♂♂ vertreibt. Die Mindestgröße des Beckens sollte dem Rechnung tragen und bei der Pflege mehrerer Tiere nicht unter 50 cm lang sein. Wasser mit einem pH-Wert um 7 und einer Härte zwischen 8 und 20 °dH erfüllt ihre Ansprüche. Bei länger anhaltenden Temperaturen über 24 °C verringert sich die Lebenserwartung, das Optimum liegt zwischen 20 und 22 °C. Ihrer Herkunft entsprechend, ist ihr Sauerstoffbedarf hoch, er kann durch eine gute Filterung mit kräftigem Filterauslauf im mittleren Beckenbereich befriedigt werden. Zwischen grobkiesigem Bodengrund sind die Fische kaum zu entdecken, grober Sand ist besser geeignet. Dichte Bepflanzung oder eine Pflanzendecke sollte für gedämpftes Licht sorgen. Bevorzugtes Futter beim Autor waren Mysis aus dem Frost, kleine Stör-Pellets sowie das speziell für Diskusbuntbarsche angebotene Frostfutter mit Pflanzenanteil. Die Fütterung muß abends erfolgen, eine schwache Beleuchtung stört dabei nicht.

Zucht: Obwohl laichvolle ♀♀ nach Tiefdruck-Wetterlagen mehrmals morgens schlank waren, konnte bisher weder das Fortpflanzungsverhalten beobachtet werden, noch wurden Eier oder Jungfische gesichtet.

Harnischwels

1. → *Panaque.*– **2.** → *Rineloricaria.*

Hasemania nana

Kupfersalmler
Familie: *Characidae*

Vorkommen: Ost- und Westbrasilien. **GU:** Das ♂ ist intensiv kupferfarben, die Spitzen seiner Afterflosse sind weiß. Das ♀ ist blasser gefärbt, seine Afterflossenspitzen sind gelblich. **Ansprüche:** Als Beckenlänge für einen Schwarm dieser friedlichen Salmler sind 60 cm ausreichend; Wasser 2–15 °dH, nach Eingewöhnung bis 30 °dH möglich, pH-Wert 6–7; Temperatur 22–28 °C. In seinen Ansprüchen ist *H.n.* ein sehr toleranter Fisch, auch für den Neuling in der Aquaristik deshalb hervorragend geeignet. Seine volle Farbigkeit zeigt er jedoch vor allem über dunklem Bodengrund und in torfgefiltertem, bernsteingelbem Wasser. Eine kräftige Filterung oder Durchlüftung trägt sehr zum Wohlbefinden bei. Die Bepflanzung ist mit allen Arten möglich, sollte jedoch ausreichend Schwimmraum frei lassen.

Zucht: Die Zucht im Paaransatz ist nicht schwer, wenn das Wasser in seiner Härte unter 10 °dH und im pH-Wert zwischen 6 und 6,5 liegt. Torfgefiltertes Frischwassser ist vorteilhaft, die günstigste Zuchttemperatur liegt zwischen 25 und 28 °C. Zur Ausstattung des Zuchtbeckens genügen einige Büschel feinfiedriger Pflanzen und ein Laichrost am Boden, der die Eier vor dem Zugriff der Alttiere schützt. Abgelaicht wird frei zwischen den Pflanzen, die Alttiere werden danach herausgefangen. Bis zum Schlupf der Jungen nach 24–30 Stunden ist der Laich vor zu hellem Licht zu schützen. Zwei Tage nach dem Schlupf schwimmen die Jungfische frei, nachdem sie, an Pflanzen oder Scheiben hängend, ihren Dottersack aufgezehrt haben. Als Erstfutter ist feinstes Staubfutter erforderlich, die Jungfische müssen in den Futterwolken stehen. Wenn sie eine Größe erreicht haben, in der sie Nauplien aufnehmen können, ist ihre weitere Aufzucht bei regelmäßigem Wasserwechsel nicht sehr schwer.

Hasemania nana

Hasenmaul

→ *Leporinus friderici.*

Hasenmaulsalmler

→ *Leporinus.*

Hassar notospilus

Zwergdornwels
Familie: *Doradidae*

Vorkommen: Guayana. **Größe:** 7 cm. **GU:** Beim ♂ ist die Rückenflosse zugespitzt, beim ♀ ist sie abgerundet, seine Bauchflossen sind fächerartig verbreitert. **Ansprüche:** Als Beckenlänge für diesen friedlichen und vorwiegend dämmerungsaktiven Zwerg, der in jedes Salmlerbecken paßt, sind 80 cm ausreichend; Wasser 5–15 °dH, pH-Wert 6,5–7; Temperatur 22–25 °C. Gegen biologische und chemische Wasserverunreinigungen ist *H.n.* empfindlich, eine kräftige Filterung, möglichst über Torf oder mit Zugabe von Torfextrakt, ist deshalb notwendig. Der Bodengrund sollte dunkel und feinkörnig sein, eine dichte Bepflanzung und einige Wurzeln müssen ausreichend Tagesversteckplätze bieten. Die Fütterung muß vielseitig sein und sollte vor allem bei Haltung in Gemeinschaftsbecken in den Abendstunden erfolgen. Neben Mückenlarven und Feinfrosterbsen werden auch bevorzugt morsche Moorkienholzstücke beraspelt.

Hassar notospilus

Zucht: Eine erfolgreiche Zucht ist vermutlich noch nicht gelungen.

Hechtkärpfling

→ *Belonesox belizanus.*

Hechtköpfiger Halbschnäbler

→ *Dermogenys pusillus.*

Hechtling

1. → *Aplocheilus.*– **2.** → *Epiplatys.*– **3.** → *Pachypanchax.*– **4.** → *Pseudepiplatys.*

Heckels Buntbarsch

→ *Acarichthys heckelii.*

Helostoma temminckii

Küssender Gurami
Familie: *Helostomadidae*

Vorkommen: Thailand (grüne Farbmorphe), Java (rosa Farbmorphe). **Größe:** 15 cm. **GU:** Die Geschlechter sind nur schwer zu unterscheiden, erst erwachsene ♀♀ wirken etwas fülliger. **Ansprüche:** Becken ab 100 cm Länge, in kleineren Becken erreichen die Fische nicht ihre mögliche Größe; Wasser 5–30 °dH, pH-Wert 6,8–8,5; Temperatur 22–28 °C. Als Labyrinthfisch verlangt *H.t.* eine Umgebungstemperatur, die etwas über der Beckentemperatur liegen sollte, bei kühler Atemluft werden die Fische schnell hinfällig. Als Bodengrund ist Kies geeignet. Für die Bepflanzung sollten vor allem Schwarzwurzelfarn und Javamoos ausgewählt werden, zartere Pflanzen werden gelegentlich gefressen. Ein sonniger Stand des Beckens zur Förderung des Algenaufwuchses, der von den Fischen abgeweidet werden kann, wirkt sich günstig auf das Wohlbefinden der Fische aus. Trotz ihrer Größe sind Küssende Guramis Kleinfutterfresser. Ohne die regelmäßige Fütterung von frischen oder gefrorenen Cyclops, kleinen Daphnienarten oder ersatzweise Blut- und Fleischmehl können sie nicht auf längere Zeit gepflegt werden.

Zucht: Bei Temperaturen zwischen 25 und 28 °C in neutralem Wasser unter 10 °dH ist die Zucht mit einem gut gefütterten Paar nicht allzu schwer. Die Art baut kein Schaumnest, abgelaicht wird unter einem größeren Blatt. Wenn keine Seerose zur Verfügung steht, kann bereits ein auf die Oberfläche gelegtes Salatblatt gute Dienste leisten. Meist wird an verschiedenen Stellen des Beckens abgelaicht, die ölhaltigen Eier steigen zur Wasseroberfläche auf, es können bis zu 10000 Stück abgegeben werden. Von daher ist es günstig, die Eier abzuschöpfen und in einem großen und flachen Becken weiterzubetreuen. Die meisten Jungen schlüpfen nach 17 Stunden, 30 Stunden später schwimmen die Jungfische frei und benötigen kaum beschaffbare Mengen an feinem Staubfutter. Ist dies nicht gegeben, so ist es besser, nur einen Teil der Jungfische aufzuziehen, als die gesamte Menge großzuhungern. Bei häufigem Teilwasserwechsel verläuft das Wachstum zügig.

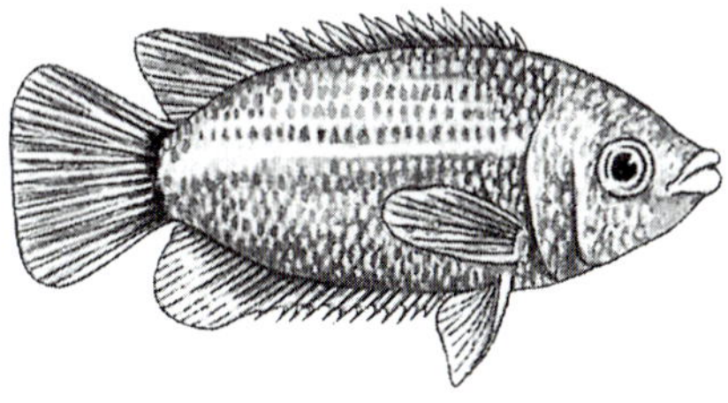

Helostoma temminckii

Hemichromis

Eine Gattung afrikanischer Buntbarsche der Familie *Chichlidae,* deren Vertreter wegen ihrer kräftigen Farben sehr beliebt sind (Rote Cichliden), sehr häufig jedoch gegen Artgenossen u. a. Cichliden ziemlich unverträglich sind. Sie gleichen sich in ihren Ansprüchen weitgehend. Bei Paarhaltung kann bereits ein Becken von 60 cm Länge ausreichend sein. Gegenüber den Wasserwerten sind sie sehr tolerant, bei 4–20 °dH, pH-Werten zwischen 6,5 und 7,3 sowie Temperaturen zwischen 22 und 25 °C sind sie jahrelang gut zu halten. Eine kräftige Filterung ist vor allem in kleineren Becken notwendig, der Teilwasserwechsel sollte wöchentlich 1/4–1/3 des Beckeninhalts umfassen.

Der bestgeeignete Bodengrund ist grober Sand, bei Verwendung von Kies sollte zumindest eine Sanddecke mit einigen flachen Steinen, die im Schutze größerer Steine liegen, vorhanden sein. Eine Bepflanzung mit robusten Arten im kiesigen Teil des Beckens ist durchaus möglich, die Wurzeln sollten jedoch durch Steinplatten vor dem Herauswühlen geschützt werden.

Zucht: Wegen der meist nur schwer zu unterscheidenden Geschlechter sollte man sich ein Paar aus einer jungerwachsenen Gruppe von 5–6 Tieren finden lassen. Die anderen Tiere sind zu entfernen, da sie sonst verletzt oder getötet werden. Abgelaicht wird auf flachen, geschützt liegenden Steinen, in deren Umgebung auch die Laichgruben angelegt werden. Eier und die geschlüpften Jungen, die mehrmals umgebettet werden, werden von beiden Eltern sehr intensiv betreut. Auch an der Führung des Jungfischschwarms, der 200–500 Tiere umfassen kann, beteiligen sich beide Eltern über viele Wochen. Bei guter Fütterung und regelmäßigem wöchentlichem Teilwasserwechsel ist die Aufzucht völlig problemlos.

H. bimaculatus

Roter Cichlide

Vorkommen: Südguinea bis Zentralliberia. **Größe:** 10–15 cm, je nach Beckengröße. **GU:** Die Geschlechter sind mit Sicherheit nur an der Form der Genitalpapille zu unterscheiden, die beim ♂ spitz, beim ♀ abgerundet ist. Ältere ♂♂ wirken oft etwas bulliger. **Ansprüche:** Becken ab 80 cm Länge, die übrigen Ansprüche sind wie in der Gattungsbeschreibung angegeben.

H.b. ist die unverträglichste Art der Gattung und wühlt stark, Pflanzen müssen deshalb immer durch Abdeckung mit Steinplatten geschützt werden.

Zucht: Der Zuchtverlauf entspricht dem in der Gattungsbeschreibung angegebenen, die Zucht ist in nahezu jedem Wasser möglich.

H. cristatus

Orangeroter Cichlide

Vorkommen: Ghana, Guinea, Nigeria. **Größe:** 9 cm. **GU:** Die Geschlechter sind mit Sicherheit nur an der Form der Genitalpapille zu unterscheiden, die beim ♂ spitz, beim ♀ abgerundet ist. Die ♀♀ bleiben meist etwas kleiner und zeigen relativ früh Laichansatz. **Ansprüche:** *H.c.* ist eine friedliche Art der Gattung und kann in Becken ab 100 cm gut mit kleinen → *Aequidens* und → *Cichlasoma*-Arten vergesellschaftet werden. Die Art fühlt sich in weicherem Wasser unter 10 °dH bei pH-Werten um 6 am wohlsten, kann nach Eingewöhnung jedoch auch in den in der Gattungsbeschreibung angeführten Grenzen gut gehalten werden. Die übrigen Ansprüche gleichen den dort angegebenen, dabei wird durch Filterung des Wassers über Torf die Farbigkeit der Fische gesteigert.

Zucht: Der Zuchtverlauf entspricht dem in der Gattungsbeschreibung angegebenen, dabei sind die Schlupfergebnisse in nicht zu hartem Wasser, das im pH-Wert etwas unter 7 liegt, am höchsten.

Hemichromis cristatus

H. lifalili

Lifalilibuntbarsch

Vorkommen: Flußgebiet des Zaire. **Größe:** 10 cm, ♀ etwas kleiner. **GU:** Die Grundfarbe des ♂ ist ein dunkles, bläulich überhauchtes Rot, die des ♀ mehr möhrenrot. **Ansprüche:** *H.l.* ist farblich eine der schönsten Arten der Gattung und wird, da sie friedlicher und pflanzenverträglicher als *H. bimaculatus* ist, den klassischen Roten Cichliden sicher früher oder später verdrängen. Die Haltung eines Paares ist bereits in einem Becken ab 50 cm Länge problemlos möglich, sie wirkt vor dem Grün der Pflanzen besonders attraktiv, die übrigen Ansprüche gleichen den in der Gattungsbeschreibung angeführten.

Hemichromis lifalili, vorne ♀

Zucht: Die Zucht bringt bereits in einem Becken von 50 cm Länge mehr als 200 Jungfische, die dann allerdings nach 14 Tagen zur Aufzucht in ein größeres Becken überführt werden sollten. Der Zuchtverlauf entspricht dem in der Gattungsbeschreibung angegebenen, die Zucht ist sehr leicht und problemlos.

H. paynei

Gelbroter Cichlide

Vorkommen: Guinea, Sierra Leone, Liberia. **Größe:** 10 cm. **GU:** Die Geschlechter sind vor Eintritt der Geschlechtsreife kaum zu unterscheiden, die Vorwüchse in einem Jungfischschwarm sind jedoch meist ♂♂. Bei erwachsenen Tieren tritt bei Rivalenkämpfen und während der Balz eine farbliche Zweiteilung bei den Fischen auf: Kinn, Kehle und Teile des Bauches färben sich beim ♂ intensiv rot, beim ♀ färbt sich dazu noch der vordere Rücken rot ein, so daß das Gelb vom Schwanz her wie ein Keil in den Körper ragt. **Ansprüche:** *H.p.* ist relativ friedlich und wenig anspruchsvoll und in Becken ab 60 cm Länge bereits gut zu halten. Die übrigen Ansprüche gleichen den in der Gattungsbeschreibung angegebenen; in nicht zu hartem und durch Torffilterung bräunlich verfärbtem Wasser wirkt er farblich am besten.

Zucht: Die Zucht verläuft wie in der Gattungsbeschreibung angegeben und ist sehr leicht. Beim Verfasser laichte ein Paar selbst in einem Quarantänebecken ohne jede Einrichtung bei 25 °dH und pH-Wert 7,2 auf dem Beckenboden ab und zog darin auch mehr als 200 Jungfische groß.

Hemigrammopetersius caudalis

Gelber Kongosalmler
Familie: *Alestidae*

Vorkommen: Flußgebiet des unteren Zaire. **Größe:** 7 cm. **GU:** Bauch- und Afterflosse sind beim ♂ weiß gesäumt, beim ♀ ohne Farbe. **Ansprüche:** Die Beckenlänge für diesen lebhaften Schwarmfisch sollte nicht unter 90 cm liegen; Wasser 5–20 °dH, pH-Wert 6,5–7,5; Temperatur 22–26 °C. Als Bodengrund ist feinkörniger, nicht zu heller Kies geeignet, die Bepflanzung sollte so erfolgen, daß ausreichend Schwimmraum bleibt. Das Wohlbefinden wird bei kräftiger Filterung über Torf oder durch Torfextraktzusatz bis zur bernsteingelben Färbung des Wassers deutlich erhöht. Der wöchentliche Teilwasserwechsel sollte 1/4 des Beckeninhalts umfassen, chlorbelastetes Frischwasser ist gut zu durchlüften oder über Torf aufzubereiten. Neben dem üblichen Futter werden gern auch Kleininsekten von der Wasseroberfläche aufgenommen (Drosophila, Blattläuse u.ä.), sie fördern Laichansatz und Laichbereitschaft.

Zucht: Der Ansatz kann als Paar oder im Schwarm in torfgefiltertem Wasser erfolgen. Die Härte sollte unter 10 °dH, der pH-Wert zwischen 6,5 und 6,8 und die Temperatur bei 26 °C liegen. Neben einem Laichrost zum Schutz der Eier vor den Nachstellungen der Alttiere genügt als Zuchtbeckeneinrichtung ein größeres, lockeres Büschel feinfiedriger Pflanzen. Die Fische laichen frei in der Nähe der Pflanzen ab. Nach dem Ablaichen werden die Alttiere herausgefangen und der Laich vor Licht geschützt. Ein zu kräftiges Aufwirbeln der Eier muß vermieden werden, da sich dies negativ auf das Schlupfergebnis auswirken kann; dagegen wirkt eine feinperlige Durchlüftung günstig. Die Jungen schlüpfen nach 6 Tagen und schwimmen kurze Zeit darauf frei. Sie benötigen in den ersten Lebenstagen feinstes Staubfutter und wachsen bei regelmäßigem Teilwasserwechsel recht zügig.

Hemigrammus

Eine Gattung südamerikanischer Salmler aus der Familie *Characidae* mit vielen aquaristisch weitverbreiteten Arten. Die Arten der Gattung sind friedliche Schwarmfische, die erst in Gruppen ab 10 Tieren ihr volles artspezifisches Verhalten zeigen. Sie sollten niemals einzeln oder nur als Paar gepflegt werden, da sie dann meist scheu und versteckt leben. Manche Arten sind sehr tolerant in ihren Ansprüchen, die optimalen Werte liegen jedoch im weichen und leicht sauren Bereich. Über dunklem Bodengrund wirken alle Arten der Gattung farblich intensiver, durch über Torf gefiltertes, bernsteinfarbenes Wasser wird dieser Effekt noch verstärkt. Die Filterung sollte kräftig sein, regelmäßiger wöchentlicher Teilwasserwechsel, der 1/4 des Beckeninhalts umfaßt, trägt sehr zum Wohlbefinden der Fische bei. Wenn in den Artbeschreibungen nicht anders angegeben, ist die Verwendung aller Pflanzenarten möglich. Die Bepflanzung sollte so gestaltet werden, daß neben Gruppen, zwischen denen die Fische Unterstand finden können, jeweils ausreichend Schwimmraum frei bleibt. Die Arten der Gattung sind in ihren Futteransprüchen nicht wählerisch und können eine Zeitlang auch mit Trockenfutter ernährt werden; soll mit den Tieren gezüchtet werden, dann ist abwechslungsreiches Lebendfutter unerläßlich.

Zucht: Die Zucht ist mit einem gut vorbereiteten Paar bereits in einem Becken möglich, dessen Länge das 10fache der Körperlänge der Fischart beträgt. Nach heftigem Treiben wird frei zwischen feinfiedrigen Pflanzen oder Dederonlaichwolle abgelaicht. Um die Eier vor dem Zugriff der Alttiere zu schützen, wird der Boden mit einem Laichrost versehen oder mit kirschgroßen Kieseln belegt, zwischen welche die Eier fallen können. Nach dem Ablaichen müssen die Alttiere herausgefangen werden, dabei sollte ein zu starkes Aufwirbeln der Eier vermieden werden, weil dies das Schlupfergebnis negativ beeinflussen kann. Die Eier sind vor Licht zu schützen. Meist nach 24, spätestens nach 36–40 Stunden schlüpfen die Jungen und hängen bis zum Aufzehren des Dottersacks als winzige Stäbchen an Pflanzen und Scheiben. 3–4 Tage später schwimmen die Jungfische frei und benötigen feinstes Staubfutter als Erstfutter. Wenn eine feinperlige Durchlüftung installiert wurde, dann kann auch als vorübergehender Ersatz durch ein feines Sieb geriebenes hartgekochtes Eidotter gegeben werden. Bei ausreichender Fütterung und regelmäßigem Teilwasserwechsel verläuft das Wachstum der Jungfische der meisten Arten zügig.

H. caudovittatus

Rautenflecksalmler

Vorkommen: La-Plata-Gebiet. **Größe:** 10 cm, meist kleiner bleibend. **GU:** Die Flossen des ♂ sind intensiver rot gefärbt, es bleibt kleiner und ist deutlich schlanker als das ♀. **Ansprüche:** Becken ab 100 cm Länge; Wasser 2–35 °dH, pH-Wert 5,8–8,5; Temperatur 18–28 °C. *H.c.* ist mit dieser Toleranz in seinen Ansprüchen einer der am leichtesten zu pflegenden amerikanischen Salmler und der ideale Fisch für den Salmlerneuling. Er steht im Ruf, sich an zarten Pflanzen zu vergreifen; durch regelmäßige Fütterung pflanzlicher Kost (Feinfrostspinat, kleingeschnittener Salat und angequetschte Feinfrosterbsen) wird dies weitgehend vermieden.

Zucht: Die Zucht des Rautenflecksalmlers gelingt jedem Anfänger, wenn ein Becken ab 70 cm Länge zur Verfügung steht, das Wasser nicht über 20 °dH aufweist und nicht alkalischer als pH-Wert 7,5 ist. Das ♂ treibt sehr stark, deshalb ist der Ansatz mit zwei ♀♀ günstiger. Als Zuchttemperatur sind 24 °C ausreichend, als Laichsubstrat hat sich vor allem Dederonwolle bewährt. Der Zuchtverlauf ist wie in der Gattungsbeschreibung angegeben.

Hemigrammus caudovittatus, Paar

H. erythrozonus

Glühlichtsalmler

Vorkommen: Nordöstliches Südamerika. **Größe:** 4 cm. **GU:** Das ♂ ist deutlich schlanker, das Ende seiner Schwimmblase, die gut zu erkennen ist, erscheint zugespitzt, beim ♀ abgerundet. **Ansprüche:** Becken ab 60 cm Länge; Wasser 2–6 °dH, nach Eingewöhnung noch bis 15 °dH gut zu halten, pH-Wert 5,8–7,4; Temperatur 24–28 °C. Vor allem bei Haltung in etwas härterem und leicht alkalischem Wasser sollte über Torf gefiltert werden, um die Widerstandsfähigkeit der Fische zu erhöhen. Die Färbung der Fische kommt bei

Hemigrammus erythrozonus

gedämpftem Licht und in bernsteingelbem Wasser am besten zur Entfaltung, in hellen Becken bleiben sie blaß. Die übrigen Ansprüche sind wie in der Gattungsbeschreibung angegeben.

Zucht: Voraussetzung für eine erfolgreiche Zucht sind sehr weiches Wasser (unter 2 °dH) mit pH-Werten zwischen 5,8 und 6,5 und einer Temperatur von 28 °C sowie ein miteinander harmonierendes Paar, das oft erst nach mehrmaligem Partneraustausch gefunden wird. Paare, die einmal zusammen gelaicht haben, züchten über lange Zeit erfolgreich. Das Zuchtbecken sollte dunkel stehen, eine Filterung des Zuchtwassers über Torf kann nach wiederholten Mißerfolgen manchmal der Schlüssel zum Zuchterfolg sein. Der Zuchtverlauf entspricht dem in der Gattungsbeschreibung angegebenen.

H. hyanuary

Costellosalmler

Vorkommen: Mittlerer und oberer Amazonas. **Größe:** 4 cm. **GU:** Das ♂ ist schlanker als das ♀ und besitzt Häkchen an der Afterflosse. **Ansprüche:** Becken ab 50 cm Länge; Wasser 2–15 °dH, pH-Wert 6–7,5; Temperatur 23–27 °C. *H.h.* liebt einen hellen Stand des Beckens, torfgefiltertes Wasser und verlangt sehr regelmäßigen wöchentlichen Teilwasserwechsel zum Wohlbefinden, die übrigen Ansprüche entsprechen den in der Gattungsbeschreibung angegebenen.

Zucht: Der Zuchtverlauf entspricht bei einer Wasserhärte unter 2 °dH, pH-Werten zwischen 6 und 6,5 sowie einer Temperatur von 26 °C dem in der Gattungsbeschreibung angegebenen. Voraussetzung

Hemigrammus hyanuary

Hemigrammus ocellifer

für eine erfolgreiche Zucht ist auch bei dieser Art ein miteinander harmonierendes Paar, das oft erst nach wiederholtem Partnertausch gefunden wird. Die Jungfische schlüpfen meist bereits nach 24 Stunden, für ihre Entwicklung ist sehr häufiger Teilwasserwechsel wichtig.

H. marginatus

Bassamsalmler

Vorkommen: Kolumbien, Ostbrasilien, Paraguay. **Größe:** 6 cm, bleibt in kleinen Becken meist kleiner. **GU:** Das ♂ ist intensiver gefärbt, die Spitzen seiner Rücken- und Afterflossen sind kräftig weiß gezeichnet. **Ansprüche:** Becken nicht unter 70 cm Länge mit viel Schwimmraum; Wasser 2–15 °dH, pH-Wert 5,8–7,2; Temperatur 23–25 °C. Die Beckeneinrichtung entspricht der in der Gattungsbeschreibung angegebenen, desgleichen seine übrigen Ansprüche.

Zucht: *H.m.* gehört zu den leichter züchtbaren Arten der Gattung, Zuchtverlauf und Aufzucht entsprechen *H. caudovittatus*.

H. ocellifer

Laternensalmler, Schlußlichtsalmler

Vorkommen: Guayana bis ins Stromgebiet des Amazonas. **Größe:** 4,5 cm. **GU:** Das ♂ ist deutlich schlanker und besitzt eine Häkchenleiste auf der Afterflosse, durch die es beim Herausfangen oft im Netz hängenbleibt. **Ansprüche:** Becken ab 60 cm Länge; Wasser 2–20 °dH, pH-Wert 6–7,5; Temperatur 22–26 °C. Die übrigen Ansprüche entsprechen den in der Gattungsbeschreibung angegebenen. *H.o.* ist sehr tolerant und ein ausdauernder Fisch auch unter nicht optimalen Bedingungen, er erreicht dann allerdings kaum seine volle Größe.

Zucht: Wenn man ein passendes Paar gefunden hat, dann gehört *H.o.* zu den in der Zucht weniger problematischen Arten der Gattung. Um hohe Aufzuchtergebnisse zu erreichen, sollte die Wasserhärte jedoch 8 °dH nicht überschreiten und der pH-Wert zwischen 6 und 6,8 liegen bei einer Zuchttemperatur von 25 °C. Der Zuchtverlauf entspricht dem in der Gattungsbeschreibung angegebenen.

H. pulcher

Karfunkelsalmler

Vorkommen: Oberer Amazonas. **Größe:** 4,5 cm. **GU:** Das ♂ ist schlanker, das deutlich erkennbare Schwimmblasenende erscheint spitz auslaufend, beim ♀ ist es abgerundet. **Ansprüche:** Becken ab 60 cm Länge; Wasser 2–15 °dH, pH-Wert 6–7,5; Temperatur 23–27 °C. *H.p.* liebt einen dunklen Stand des Beckens und torfbraunes, aber kristallklares Wasser. Auf Infusorientrübungen reagieren die Fische empfindlich, durch Torffilterung läßt sich dies weitgehend vermeiden. Die übrigen Ansprüche entsprechen den in der Gattungsbeschreibung angegebenen.

Zucht: Das größte Problem für eine erfolgreiche Zucht liegt im Finden eines passenden Paares, es bedarf manchmal häufiger Partnerwechsel, um das Paar zu finden, das ein Leben lang erfolgreich mit-

Hemigrammus pulcher

Hemigrammus (rhodost.) bleheri

einander ablaicht. Das Zuchtbecken muß dunkel stehen, das Wasser in der Härte unter 4 °dH liegen und einen pH-Wert zwischen 6 und 6,5 aufweisen. Kristallklares und absolut infusorienfreies Wasser ist eine weitere wichtige Voraussetzung für den Zuchterfolg. Die günstigste Zuchttemperatur liegt zwischen 26 und 28 °C. Nach dem Herausfangen der Alttiere wird das Becken völlig abgedunkelt, die Abdunklung darf erst mit dem Freischwimmen der Jungfische 4 Tage nach dem Schlupf entfernt werden. Der Zuchtverlauf entspricht dem in der Gattungsbeschreibung angegebenen.

H. rhodostomus

Rotmaulsalmler

Vorkommen: Amazonasdelta. **Größe:** 4,5 cm. **GU:** Das ♂ ist schlanker. **Ansprüche:** Becken ab 80 cm Länge; Wasser 2–15 °dH, pH-Wert 6–6,8; Temperatur 23–26 °C. Der Rotmaulsalmler ist sehr empfindlich gegen organische Wasserverunreinigungen und Nitrate im Wasser, die kritische Grenze für ihn liegt bei 30 mg Nitrat/Nitrit je Liter Wasser. Ein hochwirksamer, großer Außenfilter, häufiges Entfernen des Mulms und regelmäßiger Teilwasserwechsel mit über Torf gefiltertem Wasser sind wichtige Vorbedingungen, um die Art über lange Zeit erfolgreich halten zu können. Die Bepflanzung des Beckens mit raschwachsenden und damit nitratzehrenden Pflanzen ist angeraten. Das Wasser kann bernsteingelb bis torfbraun sein, muß jedoch immer kristallklar sein.

Zucht: Die besten Erfolgsaussichten bringt ein Schwarmansatz in einem Becken ab 80 cm Länge, das starke Treiben im Schwarm verringert gleichzeitig die Gefahr des Laichfressens. Das Zuchtwasser muß kristallklar, möglichst torfgefiltert und sehr weich sein. Bei einer Karbonathärte von 5 °KH darf die Gesamthärte 2 °dH nicht überschreiten, der pH-Wert kann zwischen 6 und 6,5, die Temperatur zwischen 25 und 28 °C liegen. Die Jungen schlüpfen im abgedunkelten Becken nach 30–36 Stunden, die 4 Tage später freischwimmenden Jungfische sind sehr winzig und benötigen in den ersten Lebenstagen sorgfältig ausgesiebtes, feinstes Staubfutter. Die Aufzucht erfordert sehr viel Aufmerksamkeit und Fingerspitzengefühl. Jedes Zuviel an Futter kann zur Wasserbelastung und damit zum Verlust der gesamten Brut führen. Beim notwendigen Teilwasserwechsel sind die Werte des Zuchtwassers zumindest in den ersten 4 Lebenswochen genau einzuhalten, erst wenn sich die Rotfärbung zeigt, kann etwas großzügiger verfahren werden.

Nach neueren Erkenntnissen handelt es sich bei der bei uns unter dem Namen *H.rh.* gepflegten und gezüchteten Art um *H. bleheri.*

H. rodwayi

Goldtetra, Messingsalmler

Vorkommen: Guayana. **Größe:** 5 cm. **GU:** Die Afterflosse des ♂ ist rötlich gefärbt und am vorderen Rand weiß gesäumt. **Ansprüche:** Becken ab 60 cm Länge; Wasser 2–15 °dH, pH-Wert 6–7; Temperatur 24–28 °C. Eine Filterung über Torf ist sehr empfehlenswert. Beim Goldtetra tritt das Paradoxon auf, daß die am besten gepflegten Tiere am unscheinbarsten gefärbt sind. Der intensive Messingglanz, der vor allem bei manchen ♂♂ zu beobachten ist, tritt nur dann auf, wenn die Fische eine Infektion mit Hautparasiten (Trematoden) durchgemacht haben. Die Fischhaut scheidet zur Parasitenabwehr Guanin aus, und dieses bewirkt den Glanz. Die übrigen Ansprüche gleichen den in der Gattungsbeschreibung angegebenen.

Zucht: Bei Paaransatz in torfgefiltertem klarem Wasser mit einer Härte unter 8 °dH bei einem pH-Wert von 6,3 und einer Temperatur von 26–28 °C entspricht der Zuchtverlauf dem in der Gattungsbeschreibung angeführten. Die Zucht ist mit einem miteinander harmonierenden Paar vergleichsweise problemlos.

H. stictus

Blutschwanzsalmler

Vorkommen: Guayana, Kolumbien, Amazonasgebiet. **Größe:** 6 cm. **GU:** Die Afterflosse des ♂ ist vorn spitz ausgezogen, die des ♀ gerade. **Ansprüche:** Becken ab 80 cm Länge; Wasser 2–10 °dH, pH-Wert 6–7; Temperatur 23–27 °C. *H.s.* ist zwar auch in härterem Wasser nach Eingewöhnung recht gut zu halten, bleibt darin jedoch meist unscheinbar und blaß wie im Jugendkleid gefärbt. Die intensive goldgelbe Färbung mit blutrotem Schwanzstiel entwickelt sich nur in weichem, durch Torffilterung bernsteingelbem und nitratarmem Wasser. Auf sehr zarte Pflanzen sollte bei der Pflege dieses schönen, leider viel zu selten gehaltenen Salmlers verzichtet werden, da er die jungen Triebe auch bei ausreichendem pflanzlichem Futterangebot gern verbeißt. Für eine Schwimm-

Hemigrammus stictus

pflanzendecke zur Lichtdämpfung ist der Blutschwanzsalmler dankbar.

Zucht: Bei einer Wasserhärte unter 5 °dH, pH-Wert zwischen 6 und 6,5 ist in torfgefiltertem Zuchtwasser die Zucht nicht allzu schwer. Das Zuchtbecken sollte dunkel stehen und eine Temperatur von 26 °C aufweisen. Die Eier haften eine Zeitlang in den Pflanzen, bevor sie zu Boden sinken und sind deshalb den Nachstellungen der Alttiere stark ausgesetzt, vor allem in zu klein bemessenen Zuchtbecken. Die Jungen schlüpfen bereits nach 24 Stunden, die Jungfische schwimmen 3 Tage später frei und benötigen feinstes Staubfutter. Vom 5. Lebenstag an bewältigen sie dann auch Artemia-Nauplien und wachsen bei regelmäßigem Teilwasserwechsel mit nitratfreiem, torfgefiltertem Frischwasser sehr zügig.

H. ulreyi

Flaggensalmler

Vorkommen: Rio Paraguay. **Größe:** 5 cm. **GU:** Das ♀ ist größer und voller als das ♂, das durchscheinende Schwimmblasenende erscheint abgerundet, beim ♂ dagegen spitz auslaufend. **Ansprüche:** Becken ab 80 cm Länge; Wasser 2–10 °dH, pH-Wert 5,8–7; Temperatur 23–27 °C. *H.u.* liebt helle und nur sparsam bepflanzte Becken, in denen lediglich eine Ecke mit Schwimmpflanzen den Tieren Unterstand bietet, sowie eine kräftige Filterströmung.

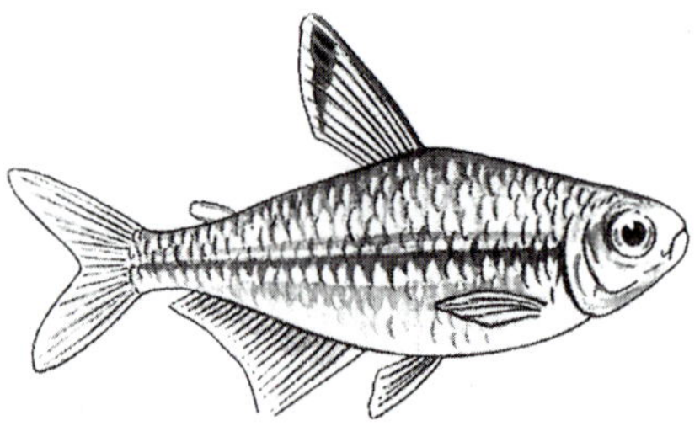

Hemigrammus ulreyi

Zucht: Voraussetzung, die Tiere zum Laichansatz und zur Laichbereitschaft zu bringen, ist eine kräftige Fütterung mit Mückenlarven und auf die Wasseroberfläche gestreuten Kleininsekten. Bei Haltung eines Schwarms im Artbecken setzt bei so vorbereiteten Tieren heftiges Treiben mit Laichabgabe nach einem größeren Teilwasserwechsel mit torfgefiltertem Frischwasser ein. Werden die Tiere dagegen in ein Zuchtbecken umgesetzt, dann erlischt die Laichbereitschaft, so daß eine produktive Zucht bisher noch nicht gelungen ist.

H. unilineatus

Schwanzstrichsalmler

Vorkommen: Nördliches Südamerika und Trinidad. **Größe:** 5 cm. **GU:** Das ♂ ist schlanker als das ♀, sein Schwimmblasenende ist spitz ausgezogen. **Ansprüche:** Becken ab 60 cm Länge; Wasser 2–20 °dH, pH-Wert 6–7,5; Temperatur 23–28 °C. Dieser trotz seiner Anspruchslosigkeit viel zu selten gepflegte Salmler liebt helle Becken und wirkt bei sonnigem Stand recht attraktiv, die übrigen Ansprüche gleichen den in der Gattungsbeschreibung angeführten.

Zucht: *H.u.* gehört zu den leicht züchtbaren Arten der Gattung, zum Ansatz sollten jedoch stets 2 ♂♂ und 1 ♀ kommen, um das manchmal etwas träge ♀ zum Ablaichen zu bringen. Die Zucht gelingt auch noch in mittelhartem und neutralem Wasser, die Schlupfergebnisse sind jedoch bei weichem und leicht saurem Wasser besser. Die Jungen schlüpfen meist erst nach 60 Stunden und hängen noch weitere 4 Tage an Pflanzen und Scheiben. Zuchtverlauf und Aufzucht entsprechen den in der Gattungsbeschreibung angeführten Grundsätzen.

Hemiodopsis gracilis

Federsalmler
Familie: *Hemiodidae*

Vorkommen: Guayana und Amazonasgebiet. **Größe:** 15 cm. **GU:** Die Geschlechter sind sehr schwer voneinander zu unterscheiden. Erst ab dem 3. Lebensjahr wachsen die ♀♀ etwas vor und bekommen eine konkave Bauchlinie; das Rot in Rücken- und Schwanzflosse wird blasser, beim ♂ bleibt es erhalten. Das ♂ besitzt zudem eine leichte Bronzefärbung, die im Rückenbereich zwischen Rücken- und Schwanzflosse besonders intensiv ist. **Ansprüche:** Der Federsalmler bleibt immer schlank und bereichert trotz seiner zu erwartenden Größe durch seine interessante Färbung jedes Salmlerbecken. Schwierig ist er nur als Wildfang in der Eingewöhnungszeit. Die Tiere kommen meist stark abgemagert und mit Endoparasiten befallen in Europa an. Auch bei intensiver Zuwendung kann es nach unseren Erfahrungen bis zu 6 Monate dauern, bis sich die Tiere dauerhaft stabilisiert haben, sind dann jedoch sehr ausdauernd. Wurmmittel auf pflanzlicher Basis werden von den Wildfängen gut vertragen. Als bestes Frostfutter hat sich garnelenhaltiges Mischfutter mit hohem Pflanzenanteil bewährt, ergänzt durch Schwarze Mückenlarven und Mysis. Wenn Algenaufwuchs zur Verfügung steht und auch den größeren Tieren regelmäßig pflanzliche Kost zugefüttert wird, bleiben Aquarienpflanzen weitgehend verschont. Das Wasser sollte in der Eingewöhnungszeit weich (unter 8 °dH), leicht sauer (pH-Wert 6,5) und mit Huminsäuren (Torffilterung) angereichert sein. Die Fische leben im lockeren Schwarm, Becken ab 140 cm Länge geben den Tieren ausreichend Schwimmraum. Zwischen langblättrigen Pflanzen der Rand- und Hintergrundbepflanzung stellen sich die Fische in den Ruhephasen gern ein; zumindest in einem Teil des Beckens sollte gedämpftes Licht herrschen. Organische Belastung des Wassers wird schlecht vertragen, eine wirksame Filterung und regelmäßiger wöchentlicher Teilwasserwechsel (20 % des Beckeninhaltes) lösen das Problem.

Zucht: Bei Tieren ab 10 cm Länge konnte lebhaftes Treiben zwischen Pflanzen beobachtet werden, eine erfolgreiche Nachzucht ist uns noch nicht gelungen.

Hemiodus orthonops

Keulensalmler
Familie: *Hemiodidae*

Vorkommen: Rio Paraguay. **Größe:** 10 cm, nur in sehr großen Becken bis 15 cm. **GU:** Das ♂ bleibt etwas kleiner und ist schlanker als das ♀. **Ansprüche:** Keulensalmler sind sehr schwimmfreudige Schwarmfische und sollten nur in Becken ab 120 cm, besser darüber gepflegt werden; Wasser 2–15 °dH, pH-Wert 6,5–7,2; Temperatur 22–26 °C. Als Bodengrund ist nicht zu heller Kies geeignet, eine kräftige Filterung mit Wasserströmung erhöht deutlich das Wohlbefinden. Jungfische lassen Pflanzen unbehelligt, ab 10 cm Länge werden jedoch zarte Pflanzen verbissen, so daß das Becken mit robusteren Arten ausgestattet werden muß. Neben Lebend- und Frostfutter aller Art nehmen die Fische gern Algenaufwuchs an, auch solchen aus Freilandteichen. Auf organische Wasserbelastungen und höheren Nitratgehalt reagieren die Fische mit Wachstumsstockun-

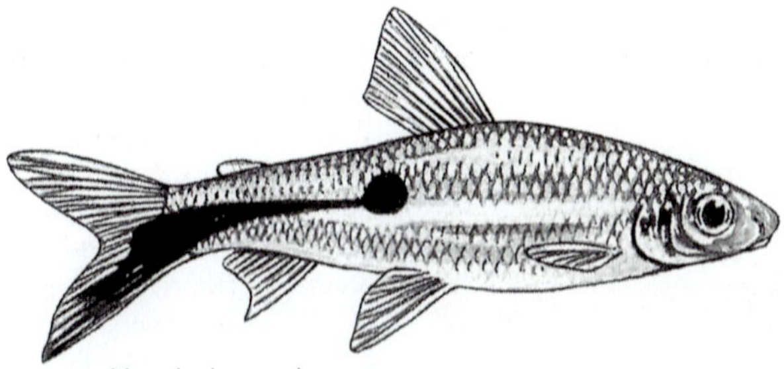

Hemiodus orthonops

gen, ein regelmäßiges Absaugen des Mulms und häufiger Teilwasserwechsel sind deshalb unbedingt erforderlich, dabei kann bis zu 1/3 des Wassers erneuert werden.

Zucht: Keulensalmler sind bisher nur als Importtiere zu uns gekommen, eine Zucht scheint noch nicht gelungen zu sein.

Herichthys (Perlcichliden)

Aus der Sammelgattung *Cichlasoma* ausgegliederte Gattung von vorwiegend pflanzenfressenden Buntbarschen der Familie *Cichlidae*. Das Verbreitungsgebiet der Gattung erstreckt sich von SW-Texas bis Mexiko.

H. cyanoguttatum carpinte

Perlmutterbuntbarsch

Vorkommen: Laguna carpintero in Mexiko. **Größe:** 20–25 cm. **GU:** Das ♂ wird etwas größer, ist intensiver gefärbt und besitzt im Alter einen Stirnbuckel, das ♀ zeigt während der Brutpflege einen hellen, dreieckigen Fleck in der vorderen, oberen Körperhälfte. **Ansprüche:** Wasser 5–25 °dH, pH-Wert 7; Temperatur 22–26 °C. Bei Paarhaltung sind Becken ab 120 cm Länge ausreichend, Gemeinschaftsbecken sollten nicht unter 150 cm lang sein. Als Bodengrund ist feiner Kies geeignet. Da Pflanzen meist angefressen werden, muß sich die Beckeneinrichtung auf zahlreiche Moorkienwurzeln und Steinaufbauten beschränken. Die Einrichtung ist so zu gestalten, daß große Höhlen zum Verstecken gegeben sind, da sowohl bei noch nicht zusammengewöhnten Paaren und erst recht bei der Haltung mehrerer Tiere Auseinandersetzungen häufig sind. Wöchentlicher Teilwasserwechsel, der 1/4 des Beckeninhaltes umfaßt, sowie eine wirksame Filterung tragen zum Wohlbefinden der Tiere bei. Neben pflanzlicher Nahrung aller Art (Feinfrosterbsen, überbrühter Rosenkohl usw.) werden auch Mückenlarven und Fischfleisch gern genommen.

Zucht: Die Geschlechtsreife tritt beim ♂ bei 11 cm, beim ♀ mit 8 cm Körperlänge ein. Die Paare raufen sich in der Regel bereits aus einer Jungfischgruppe heraus zusammen. Nach intensiver Reinigung des vorgesehenen Ablaichplatzes, meist handelt es sich dabei um einen flachen Stein in geschützter Lage, werden mehrere hundert durchsichtige Eier von bräunlicher bis weißlicher Farbe abgelegt. Ihre Größe beträgt etwa 1,5 mm. Das Gelege dieses Offenbrüters wird vorwiegend vom ♀ betreut. Die Jungen schlüpfen nach 4 Tagen. Die Schlupfergebnisse sind am höchsten, wenn die Härte des Zuchtwassers unter 5 °dH lag. Bei 28 °C schwimmen die Jungfische nach 4, bei 24 °C nach 6 Tagen frei und nehmen sofort Cyclops-Nauplien als Erstfutter an.

H. cyanoguttatum cyanoguttatum

Texas-Perlcichlide

Vorkommen: SW-Texas. **Größe:** Maximal 20 cm. Diese ebenfalls seit längerem in Aquarien gepflegte Unterart ist von der vorhergehenden am sichersten daran zu unterscheiden, daß beim ♀ im Brutpflegekleid kein helles Dreieck in der vorderen Körperhälfte sichtbar wird, sondern der Vorderkörper insgesamt aufgehellt ist. **Ansprüche** und Zuchtanforderungen entsprechen weitgehend denen der vorgenannten Unterart. *H.c. cyanoguttatum* kommt darüber hinaus auch mit einer Temperatur von 20 °C gut zurecht.

Heros severus

Augenfleckbuntbarsch
Familie: *Cichlidae*

Vorkommen: Über das tropische Südamerika weit verbreitet. **Größe:** 20 cm, nur in sehr großen Becken bis 25 cm groß werdend. **GU:** Die Geschlechter sind mit Sicherheit nur an der Form der Genitalpapille zu unterscheiden, doch zeigen viele ♀♀ in der Rückenflosse den schwarzen Fleck, welcher der Art den Trivialnamen einbrachte. Der Kopf des ♂ zeigt rotbraune Tüpfel, jedoch ist die Färbung der Fische sehr von Umweltfaktoren und Stimmung abhängig.

Ansprüche: Beckenlänge nicht unter 120 cm, sonst bleiben die Fische klein. *H.s.* ist eine sehr ruhige Art, die sich deshalb im Aquarium Erfurt jahrelang als idealer Beifischbesatz im Piranhabecken (→ *Serrasalmus nattereri*) bewährt und als Gruppe behauptet hat. Außerhalb der Laichzeit bleiben selbst erwachsene Fische im lockeren Schwarm zusammen, während der Brutpflege wird nur ein Revier von 50 cm Größe beansprucht; Wasser 2–10 °dH, bei Eingewöhnung bis 20 °dH, pH-Wert 6–7,2; Temperatur 23–25 °C. Bei längerdauernden niedrigeren Temperaturen zeigen die Fische durch Dunkelfärbung deutliches Unbehagen und werden anfällig gegen Infektionen. Die Beckeneinrichtung sollte viele Versteckplätze zwischen Moorkienwurzeln und Steinaufbauten enthalten. Wenn intensive Filterung und wöchentlicher Teilwasserwechsel (1/4 des Beckeninhaltes) die hohen Ansprüche der Art an von Belastungen freies Wasser befriedigen, dann ist eine Beckenlänge ab 120 cm ausreichend. Der Bodengrund sollte dunkel sein. Bei ungenügendem Angebot an pflanzlicher Kost werden zartere Pflanzen verbissen, robustere Arten bleiben unberührt.

Zucht: Wichtige Voraussetzung für eine erfolgreiche Zucht ist ein Paar, das sich aus einer Gruppe gefunden hat. Willkürlich zusammengesetzte Paare versagen in den meisten Fällen selbst bei reichlichem Laichansatz des ♀. Um die hohe Produktivität der Art voll auszuschöpfen, sollte das Wasser weich (unter 5 °dH) und leicht sauer (pH-Wert 6–6,5), am besten über Torf gefiltert sein. Bei Temperaturen zwischen 25 und 28 °C verlaufen Ablaichen, Brut- und Schwarmpflege wie bei den anderen Offenbrütern, die bis auf wenige Ausnahmen die Eier auf Steinen ablegen und die Jungen nach dem Schlüpfen in Gruben

Heros severus

am Boden sammeln, oft mehrmals umbetten. Beide Eltern kümmern sich um Gelege und Jungbrut und führen den Jungfischschwarm so lange, bis sie erneut laichbereit werden. Erst dann müssen die Jungfische, deren Aufzucht problemlos ist, herausgefangen werden. Da die Zahl der Jungen sehr groß ist, entscheiden allein Futterangebot und Beckengröße über den mengenmäßigen Erfolg. Fällt die Nachzucht in eine futterarme Zeit, dann sollte besser nur ein Teil des Schwarms aufgezogen werden, als alle Tiere großzuhungern. Um Verluste in der Aufzuchtphase zu vermeiden, sollten die Wasserwerte des Zuchtwassers bis zur 8. Lebenswoche der Jungfische beibehalten und erst danach allmählich auf die künftigen Halterungsbedingungen umgestellt werden. Neben dem Augenfleckbuntbarsch mit dieser »klassischen« Fortpflanzungsmethode hat in den letzten Jahren eine *Heros*-Variante Verbreitung gefunden, die Maulbrut betreibt.

Herotilapia multispinosa

Regenbogencichlide
Familie: *Cichlidae*

Vorkommen: Nikaragua bis Panama. **Größe:** 8–13 cm. **GU:** Die Geschlechter sind schwer zu unterscheiden, erst beim erwachsenen ♂ sind Rücken- und Afterflosse spitzer ausgezogen als beim ♀. **Ansprüche:** Becken ab 80 cm Länge; Wasser 5–12 °dH, pH-Wert 6,5–7,2; Temperatur 22–25 °C. Als Bodengrund sollte grober Sand oder feiner Kies verwendet werden, der einigen robusten und langwurzelnden Pflanzen ausreichend Halt gibt. Neben Wurzeln und Steinen werden auch auf die Seite gelegte Blumentöpfe gern als Verstecke angenommen. Kräftige Filterung und regelmäßiger wöchentlicher Teilwasserwechsel, der 1/4 des Beckeninhalts umfassen sollte, tragen sehr zum Wohlbefinden der Fische bei.

Zucht: Zur Zucht sollte ein Paar angesetzt werden, das sich aus einer Gruppe halberwachsener Fische selbst gefunden hat. Bei Temperaturen von 26–27 °C laicht dieser Offenbrüter auf Steinen und Wurzeln ab, die vorher geputzt werden. Durch kräftiges und vielseitiges Futter (Mückenlarven, Regenwürmer u.ä.) vorbereitete Tiere können sehr produktiv sein und 600–1000 Eier bringen. Die Gelegepflege wird vorwiegend vom ♀ ausgeführt. Nach dem Schlupf werden die Jungen in Gruben untergebracht und von diesem Zeitpunkt an meist von beiden Eltern betreut. Man sollte die Eltern lange pflegen lassen und auf künstliche Aufzucht verzichten, denn bei dieser Art ist in besonderem Maße zu verzeichnen, daß Paare, die aus künstlicher Aufzucht stammen, ihre Gelege ganz oder teilweise fressen. Für eine gute Entwicklung der Jungfische und zur Intensivierung der Farbe der Fische ist es günstig, den Jungfischen so früh wie möglich Algenaufwuchs neben dem üblichen Aufzuchtfutter anzubieten. Sie nehmen sehr gern auch Feinfrostspinat auf.

Heterandria (Kärpflinge)

Eine Gattung aus der Familie *Poeciliidae* mit zwei in der Größe sehr unterschiedlichen Arten, deren ♂♂ durch ein sehr langes Begattungsorgan (Gonopodium) von einfachem Bau gekennzeichnet sind.

H. bimaculata

Zweifleckkärpfling

Vorkommen: Sowohl in hochgelegenen Gebirgsbächen als auch im Brackwasser im südlichen Küstenbereich des Golfs von Mexiko bis Honduras. **Größe:** ♂ 7 cm, ♀ 15 cm. **GU:** Neben der unterschiedlichen Größe ist das ♂ am Gonopodium zu erkennen. **Ansprüche:** Becken ab 100 cm Länge, in dem eine Vergesellschaftung mit gleichgroßen Arten möglich ist; Wasser: Die Ansprüche an den Chemismus des Wassers sind je nach Herkunft der Fische sehr unterschiedlich. Tiere unbekannter Herkunft sollten daher zur Eingewöhnung bei 10–15 °dH und pH-Wert 7 gepflegt werden. Beim Erwerb nachgezogener Tiere sind beim Züchter die Haltungsbedingungen zu erfragen. Bei intensiver gefärbten Stämmen steigert oft die Zugabe von 1–2 Teelöffeln Satz das Wohlbefinden der Tiere. Der Bodengrund sollte aus nicht zu hellem und nicht zu grobem Kies bestehen. Die Bepflanzung kann stellenweise sehr dicht sein, muß aber ausreichend Schwimmraum frei lassen. Eine kräftige Filterung mit leichter Wasserströmung trägt ebenso zum Wohlbefinden bei wie regelmäßiger wöchentlicher Teilwasserwechsel, der 1/4 des Beckeninhalts umfaßt. Vor allem die erwachsenen Tiere benötigen kräftiges und abwechslungsreiches Futter, dabei werden kleine Fische bis 2 cm Länge mühelos von den großen ♀♀ bewältigt.

Heterandria bimaculata, ♂

Zucht: Die Tragzeit dieses Lebendgebärenden liegt zwischen 6 und 8 Wochen, die Zahl der Jungfische je Wurf kann dabei zwischen 20 und 110 Stück schwanken. Sie sind bei der Geburt bereits 15 mm lang und werden, wenn diese nicht sofort nach dem Werfen herausgefangen wird, in kurzer Zeit ein Opfer ihrer Mutter. Das Wachstum der Jungen eines Wurfs verläuft sehr ungleichmäßig; um Kannibalismus der Jungfische untereinander vorzubeugen, ist es günstig, diese von Zeit zu Zeit nach Größe zu trennen. Ist dies nicht möglich, dann sollten ausreichend Verstecke in Pflanzenbüscheln, vor allem Javamoos im Aufzuchtbecken, gegeben sein. Die Jungfische sind in den ersten Lebenswochen etwas empfindlich gegen bakterielle Infektionen, durch Zugabe von einem Teelöffel Salz je 10 l und etwas Methylenblau oder Acriflavin kann dem, bei Einhaltung der allgemeinen Regeln der Wasserhygiene, vorgebeugt werden.

H. formosa

Zwergkärpfling

Vorkommen: Südkarolina und Florida. **Größe:** ♂ 2 cm, ♀ 4,5 cm; das ♂ des Zwergkärpflings steht damit in der »Weltrangliste« der kleinsten Wirbeltiere unserer Erde an 7. Stelle. **GU:** Neben seiner geringeren Größe ist das ♂ am Gonopodium deutlich zu erkennen. **Ansprüche:** Ein Becken ab 40 cm Länge ist für die Haltung einer Gruppe bereits ausreichend; Wasser 10–25 °dH, pH-Wert 7–7,5; Temperatur 20–26 °C, nicht längerfristig darüber. Der Bodengrund sollte dunkel und feinkörnig sein. Die Fische lieben nicht zu hellen Stand des Beckens und eine dichte Bepflanzung, zu der auch ausgedehnte Javamoospolster gehören sollten. Eine mäßige Filterung ist ausreichend, der Teilwasserwechsel kann im Abstand von 2 Wochen durchgeführt werden und sollte dann 1/4 des Beckeninhalts umfassen. Der Zwergkärpfling ist relativ anspruchslos, reagiert jedoch empfindlich auf chlorbelastetes Wasser, es ist daher empfehlenswert, Frischwasser längere Zeit gut zu durchlüften oder über Torf aufzubereiten. Das Futter muß in seiner Größe den kleinen Mäulern der Fische angemessen sein. Stehen Cyclops nicht zur Verfügung, so kann gut über längere Zeit ausgesiebtes Trockenfutter gemeinsam mit Grindalwürmchen die Fische fortpflanzungsfähig halten.

Zucht: Bei diesem Lebendgebärenden werden die Jungfische vom ♀ nicht innerhalb weniger Stunden zur Welt gebracht, sondern kommen in kleinen Schüben in einer längeren Wurfperiode, die 10–14 Tage, im Extremfall bis 77 Tage, umfassen kann, zur Welt. Dementsprechend schwankt die Zahl der Jungfische je ♀ und Wurfperiode auch zwischen 25 und 80 Stück. Bei ausreichender Fütterung der Alttiere kommen in dichtbepflanzten Artbecken immer genügend Jungfische auf, die den Bestand erhalten. Vor allem in dichten Javamoospolstern finden sie Deckung und Nahrung. Wer jedoch alle Jungfische großziehen will, der muß sich die Mühe machen, die kleinen Jungfische täglich mit einer Fangglocke herauszufangen.

Heteropneustes fossilis

Speichenwels, Kiemenschlauchwels
Familie: *Heteropneustidae*

Vorkommen: Über Südostasien weit verbreitet. **Größe:** ♂ 20, ♀ 30. **GU:** Das ♂ ist deutlich kleiner und schlanker als das ♀ und zeigt mit Eintritt der Geschlechtsreife (ab 8 cm Länge) eine deutlich sichtbare Laichpapille. **Ansprüche:** Becken ab 100 cm Länge; Wasser 5–30 °dH, pH-Wert 6–8; Temperatur 20–25 °C. Diese vorwiegend dämmerungs- und nachtaktive Art benötigt feinkörnigen Bodengrund, der keine scharfen Kanten enthalten sollte. Als Tagesverstecke werden dichte Pflanzenbestände, Steine und Wurzeln angenommen. Werden Tonröhren (Drainagerohre) gegeben, so liegen selbst erwachsene Tiere dichtgedrängt in einer Röhre und verbringen so den Tag. In hellen Becken fühlen sich die Fische nicht wohl. Speichenwelse sind gefräßige Allesfresser, erwachsene ♀♀ schaffen es, Fische bis zu Sumatrabarbengröße zu verspeisen, wenn diese sich nachts in Bodennähe aufhalten. Bei großem Futterangebot fressen sich die Welse so voll, daß ihre Bäuche zu unförmigen Kugeln anschwellen. Beim Herausfangen der Fische und beim Hantieren im Becken ohne Sichtkontakt ist Vorsicht geboten. Eine Handverletzung durch die Brustflossenstacheln kann bei empfindlichen Menschen zu starken Schwellungen führen, die den Wirkungen eines Wespenstichs gleichen.

Zucht: Die Welse sind ab 15 cm Länge fortpflanzungsfähig. Nach eigenen Erfahrungen neigen die Welse besonders dann leicht zur Fortpflanzung, wenn bei bevorstehendem Luftdruckabfall ein umfangreicher Wasserwechsel durchgeführt wird, der die Hälfte des Beckeninhalts umfaßt. Die Tiere laichen dann selbst über blankem Kiesboden ab, obwohl sonst die Nähe von Pflanzen bevorzugt wird. Das ♂ beginnt bereits nachmittags zu treiben, beim Laichgang in den Abendstunden bildet das ♂ mit seinem Körper ein U, durch welches das ♀ langsam gleitet und dabei die

Heterandria formosa

Eier absetzt. In mehreren Laichgängen können von großen ♀♀ bis zu 6000 Eier abgesetzt werden. Um alle Jungen zum Schlupf zu bringen, ist eine kräftige Durchlüftung des Beckens erforderlich. Die Jungen schlüpfen nach 24 Stunden und bleiben noch zwischen den Bodenkieseln liegen. 4–5 Tage später haben sie ihren Dottersack aufgezehrt und beginnen mit der Futtersuche. Sie sind bereits in der Lage, Grindalwürmchen aufzunehmen. Bei guter Fütterung, kräftiger Filterung und Durchlüftung sowie häufigem Teilwasserwechsel verläuft das Wachstum zügig. Das Aufzuchtergebnis hängt ausschließlich davon ab, wieviel Futter man den ständig hungrigen Jungwelsen beschaffen kann.

Im Handel wird auch die kleinere Art *H. microps* angeboten, die nur in Sri Lanka vorkommt. Sie wird höchstens 14 cm groß und ist rötlichbraun gefärbt. Als Jungtier kann man sie bereits dadurch von *H. fossilis* unterscheiden, daß After- und Schwanzflosse miteinander verwachsen sind, während bei *H. fossilis* zwischen diesen Flossen ein Spalt erkennbar ist.

Hexenwels

1. → *Dasyloricaria.*– **2.** → *Rineloricaria.*

Hochflossenbarbe

→ *Oreichthys spec. High Fin.*

Hochlandkärpfling

1. → *Ilyodon.*– **2.** → *Xenotaenia.*– **3.** → *Xenotoca.*– **4.** → *Zoogeneticus.*

Hochlandplaty

→ *Xiphophorus evelynae.*

Heteropneustes fossilis

Hochrückiger Schabemundbuntbarsch

→ *Labeotropheus fuelleborni.*

Hoher Bratpfannenwels

→ *Bunocephalichthys verrucosus.*

Hoher Segelflosser

→ *Pterophyllum altum.*

Hongkongbarbe

→ *Barbus tetrazona.*

Honigfadenfisch

→ *Colisa sota.*

Honiggurami

→ *Colisa sota.*

Hoplosternum thoracatum

Gefleckter Schwielenwels
Familie: *Callichthyidae*

Vorkommen: Mittleres und nördliches Südamerika. **Größe:** 18 cm. **GU:** Beim ♂ ist der erste Brustflossenstrahl rotbraun gefärbt und verbreitert, seine Bauchunterseite ist zur Laichzeit bläulich-violett, beim ♀ weiß gefärbt. **Ansprüche:** Becken ab 120 cm Länge; Wasser 5–30 °dH, pH-Wert 5,5–8,3; Temperatur 20–28 °C. Der Bodengrund sollte feinkörnig und möglichst dunkel sein, die Bepflanzung mit festwurzelnden und robusten Pflanzen ist gut möglich. *H.t.* kann gut im Gemeinschaftsbecken mit Lebendgebärenden und nicht zu kleinen Salmlern gehalten werden, dabei sollte eine wirksame Fütterung für das Entfernen des beim Wühlen aufgewirbelten Mulms sorgen. Bei Haltung im Artbecken kann auf Filterung verzichtet werden, die Welse sind zur Darmatmung befähigt und kommen auch mit sauerstoffarmem Wasser zurecht. Auf Steinen und größeren Wurzeln ruhen die Welse mit Vorliebe, sie sollten deshalb die Beckeneinrichtung ergänzen.

Zucht: Die Zucht ist im Paaransatz bereits in einem Becken ab 60 cm Länge möglich, das für das noch nicht laichreife ♀ einige Verstecke enthalten muß. Das ♂ baut unter einem größeren Blatt ein Schaumnest. Als Bauplatz wird aber ebensogern eine etwa 10 cm große Schaumstoffplatte angenommen, deren Unterseite mit wasserfester dunkelgrüner Farbe (Schultafelfarbe) gestrichen wurde. Die bei der Paarung austretenden Eier werden vom ♀ in einer von ihren Bauchflossen gebildeten Flossentasche aufgenommen und zum Nest transportiert. Mit der Bauchseite nach oben schwimmend, drückt sie die Eier durch das Schaumnest gegen die Unterseite von Blatt oder Schaumstoffplatte, wo die Eier fest klebenbleiben. Nach mehreren Laichgängen umfaßt das Nest 300 und mehr Eier. Das Gelege wird vom ♂ betreut, das ♀ sollte nach dem Ablaichen entfernt werden. In Abhängigkeit von der Temperatur schlüpfen die Jungen nach 4–6 Tagen, 24 Stunden später schwimmen die Jungfische frei auf Futtersuche. Vor allem bei jüngeren ♂♂ erlischt der Pflegebetrieb oft vorzeitig. In diesem Fall wird das Gelege in ein Aufzuchtbecken überführt, dessen Wasser eine Spur Methylenblau oder Acriflavin zugegeben wurde. Ein Ausströmer wird so unter der Gelegeplatte angebracht, daß die Luftblasen im Bereich der Eier einen Wasserstrom bewirken. Wenn bei dieser künstlichen Aufzucht die Jungen nach 6 Tagen nicht von allein ihre Eihüllen sprengen konnten, kann man dadurch Schlupfhilfe geben, daß jedes Ei mit einem feinen Pinsel betupft wird. Da sich die Jungwelse vorwiegend im Bodenbereich aufhalten, ist peinliche Sauberkeit der Bodenscheibe erforderlich. Jede Schleimschichtbildung kann zum Verlust aller Jungwelse führen. Bei regelmäßiger Fütterung, anfangs mit Rädertierchen, Mikrowürmchen und gefrosteten Cyclops, wachsen die Jungtiere zügig. Bei großen Jungfischzahlen treten eine Reihe Vorwüchser auf, die ihren kleinen Geschwistern gefährlich werden können. Es ist daher günstig, nach 10–12

Tagen die größeren Jungwelse herauszusortieren. Dies geschieht am einfachsten dadurch, daß man die gesamte Brut durch ein Sieb gießt, durch dessen Löcher die kleinen Welse hindurchrutschen können. Sie werden getrennt aufgezogen und wachsen zu brauchbaren Tieren heran.

Horadandia atukorali

Ceylon-Zwergbarbe
Familie: *Cyprinidae*

Vorkommen: Pflanzenreiche Teiche in Sri Lanka. **Größe:** ♂ 2,2 cm, ♀ 2,8 cm. **GU:** Das ♂ bleibt kleiner und ist deutlich schlanker als das ♀. **Ansprüche:** Die Ceylon-Zwergbarbe zeichnet sich nicht durch Farbenpracht aus, ist aber als friedlicher und ruhiger Fisch der ideale Partner für andere Fischzwerge aus Südostasien, vor allem kleine → *Rasbora* usw. Beim Autor erwiesen sich die Fische in der angegebenen Gesellschaft im 60-Liter-Becken als sehr ausdauernd und wenig anfällig gegen Krankheiten. Sie leben im lockeren Schwarm. Helle Beleuchtung behagt ihnen nicht. Das Aquarium sollte über dunklem, nicht zu grobem Bodengrund gut bepflanzt sein und viel Javamoos enthalten, in das sich die Fische in Ruhephasen zurückziehen können. Das Wasser ihrer Heimatgewässer ist leicht sauer und mittelhart, im Aquarium tolerieren sie Wasserhärten bis 25 °dH und pH-Werte bis 7,5. Bei einer Temperatur um 25 °C zeigen sie die meisten Aktivitäten. Frischwasser in größerem Umfang sagt ihnen nicht zu, es sollte deshalb wöchentlich nicht mehr als 1/10 gewechselt werden. Mulmecken werden gern auf der Suche nach Freßbarem durchstöbert.

Zucht: Die Zucht bereitet keine Probleme. Im Artenbecken und selbst im Gemeinschaftsbecken kommen viele Jungfische auf, vorausgesetzt, daß größere Partien Javamoos vorhanden sind. Für eine produktive Zucht werden zwei bis drei Paare in ein 10-Liter-Becken gesetzt, das als einzige Ausstattung Javamoos enthält und eine Woche lang mit schwacher Durchlüftung gestanden haben sollte. Die Fische laichen im Moos ab. Die Jungfische verlassen nach 10–12 Tagen das schützende Moos, in dem sie ausreichend Mikrofutter gefunden haben, und nehmen dann neben Tümpelstaub auch Artemia-Nauplien an.

Horas Schmerle

→ *Botia morleti.*

Hummelwels

→ *Microglanis iheringi.*

Hundsbarbe

→ *Barbus canius.*

Hundskopfcichlide

→ *Telmatochromis dhonti.*

Hypancistrus zebra

Zebra-Harnischwels
Familie: *Loricariidae*

Vorkommen: Rio-Xingu-Gebiet in Brasilien. **Größe:** Bis 8 cm. **GU:** Beim ♂ sind die Dornen auf den vorderen Brustflossenstrahlen länger als beim ♀. **Ansprüche:** Dieser friedliche und schön gezeichnete Harnischwels erweist sich, wenn nicht optimale Bedingungen geschaffen und eingehalten werden, noch immer als sehr heikler Pflegling. Die importierten Fische erkranken leicht an der Weißpünktchenkrankheit (Ichthyophtirius) und vertragen eine Behandlung mit handelsüblichen Heilmitteln nur schwer. Heilmittel auf pflanzlicher Basis schädigen die Fische dagegen nicht. Die Quarantäne sollte in einem peinlich saubergehaltenen Becken ohne Bodengrund erfolgen, auftretende schleimige Bakterien- oder Pilzbeläge auf dem Boden müssen sofort entfernt werden. Mit Javamoos überzogene Moorkienwurzeln und mit Algen bewachsene Steine erleichtern den Fischen die Eingewöhnung. Bewährt haben sich neben gefrosteten Cyclops, kleinen Mückenlarven und Mysis als Zusatzfutter die speziell für Störe entwickelten Pellets. Eine Fütterung am Abend ist sinnvoll. Da die Fische innerartliche Aggressivität mit hoher Verletzungsrate zeigen können, empfehle ich die Einzelquarantäne. In ein Gemeinschaftsbecken von mindestens 80 cm, besser aber mehr als 120 cm Länge, sollte man die Fische erst dann überführen, wenn sie deutlich an Körperfülle zugenommen haben und das Becken mehr Versteckplätze (halbierte Kokosnußschalen, Lochsteine, enge kleine Keramikvasen, Spalten in Wurzeln und Steinaufbauten) aufweist, als Tiere eingesetzt werden. Die optimalen Wasserwerte liegen bei pH-Werten zwischen 6,5 und 7,5 und einer Wasserhärte unter 8 °dH. Das Optimum der Temperatur liegt bei 27 °C. Während eines Wasserwechsels (zweimal wöchentlich jeweils 15 % des Beckeninhaltes) kann die Temperatur ohne Schaden für die Tiere bis auf 23 °C sinken. Die Installation von mindestens einer Tauchpumpe, deren Strömung alle Teile der Einrichtung erreicht, ist zur Gesunderhaltung unbedingt erforderlich.

Zucht: Wildfänge behalten den Biorhythmus ihrer Heimat bei und sind außerhalb einer Zeit, die im September und Oktober liegt, kaum zur Fortpflanzung zu bewegen. Nachzuchttiere dagegen bringen auch zu anderen Jahreszeiten Gelege. Wenn die ♀♀ deutlichen Laichansatz zeigen, ist die Temperatur auf 28 bis 30 °C zu erhöhen. Hygiene ist für den Zuchterfolg ausschlaggebend. Abzusichern ist dies nur in einem Becken ohne Bodengrund, eingerichtet mit einigen Schwarzwurzelfarnen oder Anubias sowie zahlreichen Höhlen unterschiedlicher Größe (Lochsteine, englumige kleine Keramikvasen). Die Installation einer kräftigen Strömung erhöht die Laichbereitschaft. Das ♂ lockt das ♀ in seine Höhle, wo an der Wand die Laichabgabe stattfindet. Das Gelege wird vom ♂ bewacht und betreut. Wenn die Jungfische nach etwa 14 Tagen die Höhle verlassen, nehmen sie bevorzugt die Stör-Pellets an, fressen aber auch das andere obengenannte Futter. Sie bleiben von den Alttieren weitgehend unbehelligt. In den ersten Lebenswochen muß der Wasserwechsel (10 % erneuern) mit Reinigung der Bodenscheibe täglich erfolgen. Der Gattung *Hypancistrus* wurde inzwischen eine Reihe weiterer kleinbleibender Arten (meist mit L-Nummern) zugeordnet, bei denen Haltung und Zucht nach den gleichen Regeln verlaufen.

Hyphessobrycon (Salmler)

Eine Gattung der Familie *Characidae* aus Süd- und Mittelamerika, deren Vertreter sich von der nahe verwandten Gattung → *Hemigrammus* vor allem durch eine unbeschuppte Schwanzflosse unterscheiden. Alle Arten der Gattung sind friedliche Schwarmfische, die zwar auch in kleinen Becken gut zu halten sind, jedoch erst in größeren Becken im großen Schwarm richtig zur Geltung kommen. Dunkler, nicht zu grober Bodengrund, gut gefiltertes, klares Wasser mit leichter Bewegung und eine Bepflanzung mit zarten Pflanzen, die ausreichend Schwimmraum frei läßt, kommen den Ansprüchen der Arten am besten entgegen. Viele Arten wirken in durch Torffilterung bernsteingelbem Wasser farblich intensiver. Wenn keine äußeren Geschlechtsunterschiede zu erkennen sind, dann ist bereits bei halbwüchsigen Tieren die Form des hinteren Endes der Schwimmblase zur Geschlechtsbestimmung geeignet: Es erscheint beim ♂ zugespitzt, beim ♀ deutlich abgerundet. An die Futterzusammensetzung stellen die Arten der Gattung keine besonderen Ansprüche, für die Vorbereitung von Zuchttieren ist jedoch kräftiges und abwechslungsreiches Lebendfutter, darunter Mückenlarven und auf die Oberfläche gestreute Kleininsekten vor allem bei den heikleren Arten, eine der Voraussetzungen zum Zuchterfolg.

Für den Zuchtansatz eines Paares sind Becken mit 30 cm x 30 cm oder 30 cm x 40 cm Grundfläche und 25 cm Höhe ausreichend. Als Ausstattung genügen einige Büschel feinfiedriger Pflanzen und ein Laichrost über dem Boden zum Schutz der Eier vor den Nachstellungen der Alttiere. Die Paare laichen frei zwischen den Pflanzen ab und werden danach, ohne die Eier allzusehr aufzuwirbeln, herausgefangen. Die Laichkörner müssen vor hellem Licht geschützt werden. Die Jungen schlüpfen meist bereits nach 24 Stunden und hängen bis zum Aufzehren des Dottersacks an Pflanzen und Scheiben. Ab dem 5. Tag schwimmen die Jungfische frei und benötigen feinstes Staubfutter. Wenn bei der Aufzucht Trockenfutter eingesetzt wird, dann darf dieses nur in sehr kleinen Portionen, dafür aber 4–6mal täglich gegeben werden. Um ein zügiges Wachstum der Jungfische abzusichern, sollte der Teilwasserwechsel so oft wie möglich, spätestens aber im wöchentlichen Abstand, durchgeführt werden. Ungefähr vom zehnten Lebenstag an sind die Jungfische in der Lage, Artemia-Nauplien aufzunehmen.

H. amandae

Feuersalmler, Funkensalmler

Vorkommen: Rio das Mortes in Mato Grosso, Brasilien. **Größe:** ♂ 1,5 cm; ♀ 1,8 cm. **GU:** ♂ kleiner, schlanker und nur wenig farbintensiver als das fülliger wirkende ♀. **Ansprüche:** Dieser prächtige, erst 1986 entdeckte Zwergsalmler kommt im kleinen Schwarm nicht unter 10 Tieren im Artaquarium ab 40 cm Seitenlänge am wirkungsvollsten zur Geltung. Über dunklem Bodengrund, zwischen feinfiedrigen Pflanzen und durch Schwimmpflanzen abgeschatteten Schwimmraum ist seine Färbung am intensivsten. Wasser 2–25 °dH, pH-Wert 6–7; Temperatur 24–26 °C. Da sich *H.a.* in alteingerichteten Becken am wohlsten fühlt, sollte sich der wöchentliche Teilwasserwechsel auf das Entfernen von Mulm beschränken und nicht mehr als 10% betragen. Der Kleinheit der Fische entsprechend, sollte der Hauptteil des Futters aus Cyclops und Grindal bestehen, es werden jedoch auch tiefgekühlte Rote und Weiße Mückenlarven sowie auf die Oberfläche gestreute Drosophila bewältigt. Eine Vergesellschaftung mit → *Rasbora maculata*, → *Barbus gelius* und kleinen → *Corydoras*-Arten ist nach eigenen Erfahrungen problemlos möglich.

Zucht: Paaransatz bereits im 5-Liter-Becken möglich. Wasserwerte: 2–5 °dH, pH-Wert 6,2–6,5; Temperatur 26 °C. Bei Verwendung von Frischwasser sollte dies 24 Stunden sehr intensiv durchlüftet werden, bevor das Paar eingesetzt wird. Abgelaicht wird zwischen *Myriophyllum* oder aufgelockertem Javamoos. Die Zahl der abgegebenen Eier liegt zwischen 30 und 70. Sie sind wasserklar und kleben kaum, ein Laichrost muß sie daher vor dem Zugriff der Alttiere schützen. Bei 25 °C schlüpfen die Jungen nach 36 Stunden. Mit dem Freischwimmen am 4. Tag benötigen sie feinen Tümpelstaub bis zur Rädertierchengröße, erst eine Woche später werden auch Artemia-Nauplien angenommen.

Hyphessobrycon amandae

Hyphessobrycon bentosi; White Fin ♂

H. bentosi

Schmucksalmler

Vorkommen: Unterer Amazonas. **Größe:** 4 cm. **GU:** Die Rückenflosse des ♂ ist spitz ausgezogen, die des ♀ abgerundet und mit weißem Rand im oberen Teil. **Ansprüche:** Becken ab 60 cm Länge; Wasser 2–20 °dH, pH-Wert 5,8–7,2; Temperatur 24–28 °C. Die Beckeneinrichtung und übrigen Ansprüche entsprechen den in der Gattungsbeschreibung angegebenen.

Zucht: Es ist nicht immer leicht, ein zusammen harmonierendes Paar zu finden, oft ist wiederholter Partnerwechsel notwendig. Paare, die einmal zusammen gelaicht haben, tun dies willig immer wieder. Besonders wichtig bei dieser Art ist es, daß nach dem ersten Ablaichen die weiteren Zuchtansätze in kurzen Abständen aufeinanderfolgen (nach 5, spätestens nach 8 Tagen), da sonst viele Eier nicht mehr befruchtungsfähig sind und weiß werden. Da die Tiere stark treiben, sollte die Zuchtbeckengröße nicht unter 50 Liter Inhalt gewählt werden. Torfgefiltertes, bräunlich gefärbtes, aber klares Wasser erhöht die Erfolgsaussichten. Entgegen älteren Literaturangaben, die sehr weiches Wasser fordern, hat sich eine Härte zwischen 7–12 °dH als optimal erwiesen; pH-Wert 5,8–6,5, Zuchttemperatur 26–29 °C. Das Zuchtbecken darf nur gedämpftes Licht erhalten. Abgelaicht wird gern auch zwischen den Wurzeln von Schwimmpflanzen. Die Jungen schlüpfen nach 25–28 Stunden und hängen zunächst mit pendelnden Bewegungen an den Scheiben. 5–6 Tage später ist der Dottersack aufgezehrt, zu diesem Zeitpunkt muß unbedingt angefüttert werden. Eine der häufigsten Ursachen für scheinbaren Mißerfolg bei der Nachzucht liegt darin begründet, daß die Jungfische meist noch nicht freischwimmen wie andere Salmlerarten, sondern noch immer an den Scheiben hängen, allerdings jetzt in ruhiger Lage, ohne Pendelbewegungen. Die weitere Aufzucht entspricht der in der Gattungsbeschreibung angegebenen.

H. bifasciatus

Gelber von Rio, Messingtetra

Vorkommen: Ostbrasilien. **Größe:** 4 cm. **GU:** Erwachsene ♀♀ wirken voller, eine sichere Unterscheidung ist nur an der Form des Schwimmblasenendes möglich. **Ansprüche:** Becken ab 60 cm Länge; Wasser 2–30 °dH, pH-Wert 5,8–7,8; Temperatur 20–25 °C. Die übrigen Ansprüche entsprechen den in der Gattungsbeschreibung angegebenen. *H.b.* ist trotz seiner Anspruchslosigkeit leider sehr selten geworden.

Zucht: Die Zucht ist nicht schwer und bringt selbst noch in mittelhartem und leicht alkalischem Wasser befriedigende Ergebnisse, die optimalen Werte liegen bei einer Härte unter 10 °dH und pH-Werten zwischen 5,8 und 7 bei Temperaturen zwischen 24 und 26 °C. Der Zuchtverlauf entspricht dem in der Gattungsbeschreibung angegebenen, die Aufzucht bringt kaum Probleme.

Hyphessobrycon bifasciatus

Hyphessobrycon callistus

H. callistus

Blutsalmler

Vorkommen: Südliches Amazonas- und Rio-Paraguay-Becken. **Größe:** 3,5 cm. **GU:** Eine sichere Unterscheidung der Geschlechter ist vor allem an der Form der Schwimmblase möglich, die ♀♀ wirken jedoch meist voller. **Ansprüche:** Becken ab 60 cm Länge; Wasser 2–25 °dH, pH-Wert 5,8–7,3; Temperatur 22–28 °C. Die übrigen Ansprüche entsprechen den in der Gattungsbeschreibung angegebenen. Unzureichend ernährte Blutsalmler können sich gelegentlich wie kleine Piranhas gebärden, sie gehen anderen Beckeninsassen an Flossen, Augen und Schuppen oder fallen im Schwarm über einen erkrankten Fisch her. Ein ständiges Angebot von kräftigem Futter ist deshalb besonders dann erforderlich, wenn man diese sehr beliebten Salmler im Gemeinschaftsbecken mit zarten Arten hält.

Zucht: Bei einer Härte zwischen 2 und 8 °dH, pH-Wert zwischen 5,8 und 6,5 und Temperaturen von 25 bis 28 °C entspricht der Zuchtverlauf dem in der Gattungsbeschreibung angeführten. Bei gedämpftem Licht laichen die Fische williger ab.

H. ecuadoriensis

Blauroter Kolumbiensalmler

Vorkommen: Rio Acanti in Kolumbien. **Größe:** 5 cm. **GU:** Die Afterflosse des ♂ ist durchgehend rot gefärbt und endet vorn in einer Spitze, beim ♀ ist sie abgerundet und nur im vorderen Bereich intensiv rot. **Ansprüche:** Dieser erst 1995 durch deutsche Aquarianer eingeführte Salmler ist

Hyphessobrycon ecuadoriensis

durch seine Farbenpracht, relative Anspruchslosigkeit und leichte Züchtbarkeit wohl die wichtigste Aquarienfischneuheit unter den Salmlern des letzten Jahrzehnts. Er sollte immer im Schwarm von mindestens 8 Tieren und in Becken nicht unter 80 cm Länge gepflegt werden. Er ist verträglich und zur Vergesellschaftung mit anderen südamerikanischen Salmlern geeignet. Über dunklem Bodengrund und in nicht zu hellen, mit einigen Schwimmpflanzen beschatteten Becken zeigte er seine beste Färbung. Gegenüber den Wasserwerten ist er tolerant, im Aquarium Erfurt begannen die Fische jedoch bei einer Härte von 25 °dH und einem pH-Wert von 7,5 nach vier Jahren zu vergreisen, während Vergleichstiere in weichem und leicht saurem Wasser noch volle Aktivität zeigten. Auffallend war die Bildung von schwarzen Guaninschuppen bei älteren Tieren.

Zucht: Zur Zucht ist bereits ein Aquarium von 50 cm Länge geeignet, das ein größeres, aufgelockertes Büschel Javamoos als einzige Einrichtung enthält. Laichrost oder Kiesel bzw. Glaskugeln schützen den Laich vor den Nachstellungen der Eltern. Die Zucht ist auch bei den obengenannten Wasserwerten möglich, in weicherem, leicht saurem Wasser sind jedoch die Schlupfergebnisse dieser sehr produktiven Art höher. Schlupf und Aufzucht der Jungfische wie in der Gattungsbeschreibung angegeben.

H. eythrostigma

Fahnenkirschflecksalmler

Vorkommen: Oberes Amazonasbecken. **Größe:** 6 cm. **GU:** Die Rückenflosse des ♂ ist lang, fahnenförmig ausgezogen, seine

Hyphessobrycon erythrostigma

Hyphessobrycon griemi

Afterflosse vorn sehr deutlich zugespitzt. **Ansprüche:** Becken ab 80 cm Länge; Wasser 2–12 °dH, pH-Wert 5,6–7,2; Temperatur 23–28 °C. Filterung über Torf mit Wasserströmung und dunkler Bodengrund erhöhen die farbliche Wirkung dieses schönen Salmlers sehr. Die übrigen Ansprüche sind wie in der Gattungsbeschreibung angegeben.

Zucht: Über eine gelungene Zucht gibt es bisher keine Angaben. Beim Verfasser laichten die Fische im Schwarm im alteingerichteten Gemeinschaftsbecken an dunkler Stelle zwischen den Blattstielen von *Cryptocorynen* ab, Eier konnten jedoch nicht geborgen werden. Jeder Ansatz im Zuchtbecken mit laichvollen ♀♀ blieb ohne Ergebnis, es fanden nicht einmal Balzhandlungen statt.

H. flammeus

Roter von Rio

Vorkommen: Gebiet um Rio de Janeiro in Ostbrasilien. **Größe:** 3,5 cm. **GU:** Die Afterflosse des ♂ ist dunkelrot gefärbt und schwarz gesäumt, die des ♀ hellrot bis gelb. **Ansprüche:** Becken ab 50 cm Länge; Wasser 2–25 °dH, pH-Wert 5,8–7,8; Temperatur 22–28 °C. Die übrigen Ansprüche sind wie in der Gattungsbeschreibung angegeben. Der Rote von Rio ist einer der anspruchslosesten Salmler in unseren Becken, dem man fast alles zumuten kann, doch bleibt er unter extremen Bedingungen meist blaß. Seine volle Farbigkeit tritt erst über dunklem Bodengrund, in torfgefiltertem, nicht zu hartem und leicht saurem Wasser bei gedämpftem Licht in Erscheinung.

Zucht: Bei einer Härte unter 10 °dH, pH-Wert 5,8–7 und Temperaturen zwischen 24 und 26 °C gelingt die Zucht jedem Neuling in der Aquaristik unter den in der Gattungsbeschreibung angeführten Bedingungen. Zur Zucht sollten jedoch immer nur die größten und farblich intensivsten Tiere angesetzt werden, um einer Verzwergung und Verblassung der bei uns gehaltenen Tiere vorzubeugen. Sie ist teilweise bei der Massenvermehrung bereits zu beobachten und hat die Nachfrage schon deutlich negativ beeinflußt.

H. griemi

Roter Goldflecksalmler

Vorkommen: Mittelbrasilien. **Größe:** 3,5 cm. **GU:** Die Afterflosse des ♂ ist blutrot gefärbt. **Ansprüche:** Becken ab 50 cm Länge; Wasser 8–20 °dH, pH-Wert 5,8–7,5;

Hyphessobrycon flammeus

Temperatur 23–28 °C. Die übrigen Ansprüche entsprechen den in der Gattungsbeschreibung angegebenen. Die Art ist sehr tolerant, wirkt aber über dunklem Bodengrund und in durch Torffilterung leicht bräunlich gefärbtem Wasser am besten.

Zucht: Die Zucht ist leicht und entspricht in ihrem Verlauf dem in der Gattungsbeschreibung angegebenen. Sie bringt auch in mittelhartem und neutralem Wasser noch zufriedenstellende Ergebnisse, bei einer Härte unter 8 °dH und pH-Wert um 6,5 sind die Schlupfergebnisse höher. Die Zucht ist im Temperaturbereich von 24–28 °C möglich. Bei gedämpftem Licht laichen die Fische williger. Wenn die Grundregeln der Wasserhygiene eingehalten werden, ist die Aufzucht ohne besondere Probleme.

H. herbertaxelrodi

Schwarzer Flaggensalmler, Schwarzer Neon

Vorkommen: Mato Grosso in Brasilien. **Größe:** 4 cm. **GU:** Die Bauchlinie des ♀ verläuft konkaver als beim ♂. **Ansprüche:** Beckeneinrichtung ab 60 cm Länge; Wasser 2–15 °dH, pH-Wert 5,5–7,3; Temperatur 23–27 °C. *H.h.* wird bei organisch oder mit Nitraten belastetem Wasser etwas anfällig gegen Flossenfäule, Filterung über Torf oder Zugabe von Torfextrakt erhöhen die Widerstandsfähigkeit der Fische. Häufiges Entfernen des Mulms ist ebenso notwendig wie wöchentlicher Teilwasserwechsel mit möglichst über Torf aufbereitetem Frischwasser. *H.h.* ist eine ruhige Art, die nur mit anderen ruhigen Arten vergesellschaftet werden sollte. Die Becken-

Hyphessobrycon herbertaxelrodi

Hyphessobrycon pulchripinnis

einrichtung ist wie in der Gattungsbeschreibung angegeben vorzunehmen.

Zucht: Die Zucht dieser Art ist nicht ganz leicht. Wasser mit einer Gesamthärte unter 2 °dH bei 5 °KH und einem pH-Wert von 6, das frei von Nitraten und Infusorien sein muß, bildet eine der Voraussetzungen, die für eine erfolgreiche Zucht erfüllt sein müssen. Über Torf aufbereitetes, hellbraun gefärbtes, aber kristallklares Wasser und dunkler Stand des Zuchtbeckens erhöhen die Laichwilligkeit der Tiere, vorausgesetzt, man hat nach oft mehrmals notwendigem Partnertausch ein zusammen harmonierendes Paar gefunden. Der Zuchtverlauf entspricht dann dem in der Gattungsbeschreibung angegebenen. Die Jungen schlüpfen bei 26 °C nach 36 Stunden und benötigen nach dem Freischwimmen feinstes Staubfutter.

H. heterorhabdus

Dreibandsalmler

Vorkommen: Südliche Zuflüsse des mittleren Amazonas. **Größe:** 4,5 cm. **GU:** Das ♂ ist schlanker und bleibt etwas kleiner als da ♀. **Ansprüche:** Becken ab 60 cm Länge; Wasser 2–15 °dH, pH-Wert 5,5–7,2; Temperatur 23–28 °C. Die übrigen Ansprüche sind wie in der Gattungsbeschreibung angegeben, bei hellen Becken sollte zumindest an einer Ecke durch Schwimmpflanzen den Fischen Unterstand und Deckung gegeben werden.

Zucht: Diese schöne Art ist leider nicht sehr produktiv und dadurch sehr selten geworden. Für eine erfolgreiche Zucht müssen die gleichen Bedingungen erfüllt werden, wie sie bei *H. herbertaxelrodi* beschrieben sind, gute Paare laichen auch noch in etwas heller stehenden Becken ab.

H. pulchripinnis

Zitronensalmler, Schönflossensalmler

Vorkommen: Stark verkrautete Bäche in Mittelbrasilien. **Größe:** 4,5 cm. **GU:** Die Afterflosse des ♂ ist kräftiger schwarz gesäumt als die des ♀. **Ansprüche:** Becken ab 70 cm Länge mit Wechsel von dichter Bepflanzung und freiem Schwimmraum sowie dunklem Bodengrund; Wasser 2–25 °dH, pH-Wert 5,5–7,5; Temperatur 23–28 °C. Der Zitronensalmler ist zwar sehr tolerant in seinen Wasseransprüchen, was an Farbigkeit in ihm steckt, zeigt er jedoch nur bei Haltung in durch Torffilterung bräunlich gefärbtem Wasser unter 8 °dH und einem pH-Wert von 6. Von entscheidendem Einfluß auf die Farbausprägung ist auch die Qualität des Futters, welches die notwendigen Farbstoffe enthalten muß (rote Daphnien, Cyclops und Mückenlarven). Es hat sich bewährt, von Zeit zu Zeit mit Edelsüß-Paprikapulver vermischtes Trockenfutter zu verabreichen.

Hyphessobrycon heterorhabdus

Zucht: Die Zucht ist nicht ganz so leicht, wie mancherorts in der Literatur behauptet wird. Tiere, die wegen nicht optimaler Haltungsbedingungen und einseitiger Fütterung blaß sind, kommen kaum in Laichstimmung. Der Laichansatz der ♀♀ ist durch abwechslungsreiches und kräftiges Lebendfutter anzuregen. Um schließlich den vom ♀ akzeptierten Partner herauszufinden, muß man oft den halben Schwarm durchprobieren. Ist diese Hürde überwunden, dann verlaufen Zuchtgeschehen und Aufzucht wie in der Gattungsbeschreibung angegeben und ohne besondere Probleme.

H. pyrrhonotus

Rotrücken-Kirschflecksalmler

Vorkommen: Bereich des Rio Negro in Brasilien. **Größe:** 6 cm. **GU:** Das ♂ besitzt eine sichelförmig verlängerte Rückenflosse, das ♀ ist deutlich fülliger. **Ansprüche:** Dieser friedliche und pflanzenverträgliche Schwarmfisch stellt an Beckengröße, Einrichtung und Wasserwerte die gleichen Ansprüche wie → *H. erythrostigma.* Er kommt zwar auch mit härterem Wasser zurecht, die prachtvolle Rotfärbung seiner Rückenpartie ist jedoch in weicherem und leicht saurem Wasser viel intensiver.

Zucht: Wie → *H. erythrostigma* balzten beim Autor die Tiere im Gemeinschaftsbecken und im 25 Tiere zählenden

Schwarm nach Teilwasserwechsel mit Regenwasser sehr intensiv und setzten auch Laich ab, beim Umsetzen in ein Zuchtbecken stellten sie jedoch alle Aktivitäten ein.

H. scholzei

Schwarzbandsalmler

Vorkommen: Ostbrasilien, Paraguay. **Größe:** 4,5 cm. **GU:** Das ♂ ist schlanker und kleiner als das ♀, seine Schwanzflosse ist tiefer gegabelt. **Ansprüche:** Becken ab 60 cm Länge; Wasser 2–25 °dH, pH-Wert 6,8–8; Temperatur 22–28 °C. *H.s.* ist sehr anpassungsfähig und ausdauernd. Pflanzliche Beikost (Feinfrostspinat oder -erbsen, angequetscht) ist unbedingt erforderlich, da sich die Fische sonst an zarten Pflanzen vergreifen. Die übrigen Ansprüche gleichen den in der Gattungsbeschreibung angegebenen. **Zucht:** Die Zucht dieses produktiven Salmlers bereitet wenig Schwierigkeiten und ist bei Wasserwerten von 2–10 °dH, pH-Werten zwischen 6,5 und 7 und Temperaturen zwischen 26 und 28 °C unter den in der Gattungsbeschreibung angeführten Voraussetzungen gut möglich. Bei eingespielten Paaren sind 800 Eier keine Seltenheit, die Fische sind jedoch sehr starke Laichräuber. Die Aufzucht der rasch wachsenden Jungfische ist bei regelmäßigem Teilwasserwechsel problemlos.

Hyphessobrycon scholzei

Hypostomus spec.

Hypostomus punctatus

Punktierter Schilderwels
Familie: *Loricariidae*

Vorkommen: Südamerika zwischen Amazonas und Rio de la Plata. **Größe:** 30 cm. **GU:** Sichere Geschlechtsunterschiede sind nicht zu erkennen. **Ansprüche:** Die Länge des Beckens für *H.p.*, der hier stellvertretend für die anderen gelegentlich eingeführten und meist nicht genau bestimmten Arten der Gattung beschrieben werden soll, sollte nicht unter 120 cm liegen; Wasser 1–25 °dH, pH-Wert 6–8; Temperatur 22–28 °C. Schilderwelse sind sehr anspruchslos und ausdauernd, sie überstehen plötzliche Veränderungen im Chemismus des Wassers ebenso wie größere Temperaturschwankungen, allerdings sollten 22 °C nicht längere Zeit unterschritten werden.

Der Bodengrund kann aus grobem Kies bestehen, die Bepflanzung des Beckens mit festwurzelnden und robusten Pflanzen ist gut möglich. Ihre zarten Austriebe werden nur dann angefressen, wenn der hohe Bedarf der Schilderwelse an pflanzlicher Nahrung nicht befriedigt wird. Neben Salatblättern werden besonders gern frische oder Feinfrosterbsen gefressen, daneben auch angekochte oder vorgequollene Getreidekörner. Entgegen anderslautenden Literaturangaben haben Schilderwelse im Aquarium Erfurt ständig auch Pinselalgenrasen abgeraspelt. Große Wurzeln werden nicht nur als Versteckplätze gern angenommen, sondern auch zur Deckung des Ballaststoffbedarfs beraspelt, morsches Moorkienholz gehört deshalb zur Grundausstattung des Beckens. An animalischer Kost wird praktisch alles angenommen, daneben machen sich die Schilderwelse als Aasfresser nützlich, von einem mittelgroßen Buntbarsch bleibt nach einer langen Stunde nur das Kopfskelett übrig.

Trotz ihrer Fähigkeit, mittels Darmatmung auch in sauerstoffarmem Wasser gut überleben zu können, fühlen sich die Schilderwelse in gut gefiltertem und durchlüftetem Wasser und bei regelmäßigem Teilwasserwechsel deutlich wohler und zeigen auch am Tage erhöhte Aktivität.

Zucht: Wegen der Größe der Tiere und der Schwierigkeit, die Geschlechter eindeutig zu unterscheiden, sind bisher lediglich Zufallszuchten in großem Becken ab 300 l Inhalt gelungen. Die Eier wurden dabei in Röhren abgelegt und vom ♂ betreut. Die Jungen schlüpfen nach 5 Tagen und begannen 9 Tage später mit der Futtersuche.

Hypselacara temporalis

Rotgrüner Buntbarsch, Smaragdbuntbarsch
Familie: *Cichlidae*

Vorkommen: Amazonas und Guayana. **Größe:** 20 cm. **GU:** Die Geschlechter sind sehr schwer zu unterscheiden, denn erst im Alter weist das ♂ länger ausgezogene Rücken- und Afterflossen sowie eine steiler ansteigende Stirn als das ♀ auf. **Ansprüche:** Für die Haltung eines Paares ist eine Beckenlänge mit 100 cm ausreichend, bei Vergesellschaftung mit anderen sollte die Mindestlänge 150 cm nicht unterschreiten; Wasser 4–10 °dH, pH-Wert 6–7; Temperatur 25–28 °C. Seine prächtige weinrote Färbung zeigt *C.t.* vor allem über dunklem Bodengrund und bei durch Schwimmpflanzen gedämpftem Licht, in zu hellen Becken wirkt er farblos. Steinplatten und Wurzeln müssen ausreichend Versteckplätze bieten. Im vielseitig zusammengesetzten Futterangebot sollten bei großen Tieren Fischstückchen nicht fehlen.

Zucht: Die Zusammenstellung eines geeigneten Paares ist das größte Problem in der Zucht dieser Art, es sollte sich aus einer Gruppe selbst finden. Zufriedenstellende Aufzuchtergebnisse sind vor allem in sehr weichem, leicht saurem Wasser zu erwarten. Abgelaicht wird an senkrechten Flächen von Steinen, notfalls auch an einer dunkelliegenden Aquarienseitenscheibe. Die nach 3 Tagen schlüpfenden Jungen werden in Gruben gesammelt, in der Aufzucht liegen keine Probleme.

I

Ictalurus nebulosus

Katzenwels
Familie: *Ictaluridae*

Vorkommen: USA, in Europa eingebürgert. **Größe:** 40 cm. **GU:** Die Geschlechter sind äußerlich kaum zu unterscheiden. **Ansprüche:** In Kaltwasseraquarien nicht unter 100 cm Länge sind junge Katzenwelse hochinteressante und gut haltbare Pfleglinge. Eine Haltung in Freilandteichen ist ebenso möglich; Wasser 4–30 °dH, pH-Wert 6–8; Temperatur 10–20 °C, bei längerdauernden höheren Temperaturen werden Katzenwelse schnell hinfällig. In Freilandteichen tritt bei Temperaturen unter 6 °C eine Kältestarre ein. Eine Überwinterung im Hause ist empfehlenswert, da die Fische im Freiland den Winter nur in Teichen von mehr als 180 cm Tiefe überstehen. Als Bodengrund ist nicht zu grober Kies ohne scharfe Kanten geeignet. Neben Verstecken aus Wurzeln und Steinen werden auch dichte Bestände robuster Kaltwasserpflanzen gern als Unterstand angenommen. Bei zu hellem Stand des Beckens fühlen sich die Welse nicht wohl. Eine kräftige Filterung und Durchlüftung, besser noch ein ständiger Wasserdurchlauf erhöhen das Wohlbefinden der Tiere. Sie sind gefräßige Allesfresser. Der hohe Anfall an Ausscheidungsprodukten muß regelmäßig entfernt werden. Eine Vergesellschaftung mit nicht zu kleinen anderen einheimischen Arten ist gut möglich.

Ictalurus nebulosus

Zucht: Eine Zucht ist unter Aquarienbedingungen noch nicht gelungen. Im Freiland werden zwischen März und Mai an schattigen Stellen der Uferböschung flache Gruben ausgehoben, in welche die Eier abgelegt und 8 Tage lang betreut werden. Die an Kaulquappen erinnernden Jungwelse werden noch eine Zeitlang von den Eltern bewacht.

Ilyodon (Hochlandkärpflinge)

Eine Gattung Lebendgebärender Zahnkarpfen aus der Familie *Goodeidae* aus Mittelamerika. Die Geschlechter lassen sich bei dieser Gattung gut an der Form der Afterflosse unterscheiden, die beim ♂ geteilt und zum Begattungsorgan (Andropodium) umgebildet und beim ♀ glatt abgerundet ist. Bei den meisten Arten sind die ♂♂ intensiver gefärbt als die ♀♀. Die Arten der Gattung sind relativ tolerant in ihren Ansprüchen. Bei Wasserwerten von 8–15 °dH, pH-Werten zwischen 7,5 und 8,5 und Temperaturen zwischen 23 und 28 °C sind sie in Becken ab 80 cm Länge gut zu pflegen. Sie sind friedliche, für das Gesellschaftsbecken gut geeignete Fische, die mit lockerer Bepflanzung und mäßiger Filterung zufrieden sind. Neben Tümpelfutter wird pflanzliche Koste gern genommen, darunter Fadenalgen und angequetschte Feinfrosterbsen.

Für eine erfolgreiche Zucht sind Becken ab 100 l Inhalt mit einer Wasserhöhe von 20–25 cm erforderlich. Bei Temperaturen zwischen 25 und 27 °C liegt die Tragzeit bei 7–8 Wochen. Die Jungfische sind bei der Geburt meist 1 cm lang, ihre Zahl je Wurf schwankt zwischen 15 und 40 Stück. Nach dem Werfen werden entweder die Jungen oder das ♀ herausgefangen, da sonst die Jungfische gefressen werden. Bei guter Fütterung können die Jungfische im Alter von 4–5 Monaten bereits wieder geschlechtsreif sein.

I. lennoni

Lennons Hochlandkärpfling

Vorkommen: Mexiko. **Größe:** ♂ 6,5 cm; ♀ 8 cm. **GU, Ansprüche** und **Zucht** wie in der Gattungsbeschreibung angegeben.

I whitei

Balsas Hochlandkärpfling

Vorkommen: Mexiko. **Größe:** ♂ 6 cm, ♀ 7 cm. **GU, Ansprüche** und **Zucht** wie in der Gattungsbeschreibung angegeben.

I. xantusi

Gelber Hochlandkärpfling

Vorkommen: Rio Colima und Rio Terrero in Mexiko. **Größe:** 6 cm. **Ansprüche:** Diese

Ilyodon xantusi

schöne Art ist für die Haltung in Becken ohne Zusatzheizung gut geeignet, Wasser 12–18 °dH, pH-Wert 7,5–7,8. Das Temperaturoptimum liegt zwischen 18 und 22 °C, bei höheren Temperaturen werden die Fische schnell hinfällig, dagegen werden vorübergehende Temperaturen bis zu 15 °C problemlos vertragen. Die Art benötigt sauerstoffreiches, bewegtes Wasser, die übrigen **Ansprüche** und der Zuchtverlauf entsprechen der Gattungsbeschreibung.

Imitatorwels

→ *Brachyrhamdia imitator.*

Indische Flußbarbe

→ *Cycloheilichthys apogon.*

Indische Glasbarbe

→ *Chela laubuca.*

Indischer Buntbarsch

→ *Etroplus maculatus.*

Indischer Gebirgswels

→ *Hara hara*

Indischer Glasbarsch

→ *Chanda ranga.*

Indischer Glaswels

→ *Kryptopterus bicirrhis.*

Indische Zwergbarbe

→ *Horadandia atukorali.*

Indostomus paradoxus

Burma-Stichling
Familie: *Indostomidae*

Vorkommen: Thailand und Ober-Burma. **Größe:** 3 cm. **GU:** Die ♂♂ sind deutlich schlanker als die ♀♀, ihre Rückenflossen besitzen einen breiten schwarzen Rand. **Ansprüche:** Tiere dieser Art werden in letzter Zeit gelegentlich angeboten. Sie sind eine echte Bereicherung für die Liebhaber von Fischzwergen, erfordern aber in der Eingewöhnungszeit besondere Aufmerksamkeit. Die Pflege im Artbecken ist empfehlenswert; es sollte, da die Männchen kleine Reviere bilden, nicht unter 60 cm lang und abwechslungsreich eingerichtet sein. Neben lichtdämpfender Bepflanzung gehören zu Gruppen vereinte Steine und Moorkienwurzeln, zwischen denen Spalten und Höhlungen gebildet werden, zur Grundausstattung. Grober, nicht zu heller Sand ist der geeignete Bodengrund. Eine Vergesellschaftung mit kleinen Arten aus der Region wie → *Microrasbora*, → *Horadandia* und kleinen → *Rasbora* ist gut möglich. Weiches (unter 6 dH) und leicht saures (pH-Wert zwischen 6–7) Wasser, am besten über Torf aufbereitet, erfüllt die Ansprüche der Tiere. Die Temperatur sollte mit geringen Schwankungen um 26 °C gehalten werden. Der Größe der Fische entsprechend, sollten vorwiegend kleine Futtertierarten (Bosmiden, Moina, Grindal) angeboten werden. Mit Trockenfutter allein sind die Stichlinge nicht über längere Zeit zu halten.

Zucht: Der Ansatz zur Zucht erfolgt vorteilhaft im Trio (1 ♂, 2 ♀♀). Becken mit einer Länge zwischen 40 und 50 cm sind ausreichend, sie sollten eine ähnliche Einrichtung wie das Gemeinschaftsaquarium besitzen. Die Eiablage erfolgt nach interessanten Balzspielen an der glatten Fläche eines Steines oder einer Wurzel. Bei der Balz wird besonders deutlich, daß Burma-Stichlinge zu den wenigen Fischen gehören, die mit dem Kopf nicken können. Wenn sich die anfangs leuchtendgrünen Eier nach einem Tag milchig verfärben, so ist dies kein Hinweis auf ein unbefruchtetes Gelege, sondern der natürliche Verlauf der Entwicklung. Das kleine Gelege wird ebenso wie die nach 2 Tagen schlüpfenden Jungfische vom ♂ bewacht und betreut. Feiner Tümpelstaub und Mikrowürmchen sind als Erstfutter geeignet, nach einer Woche werden auch Artemia-Nauplien angenommen.

Inka-Steinfisch

→ *Tahuantinsuyoa macantzatza.*

Inlecypris auropurpureus

Inlé-Bärbling
Familie: *Cyprinidae*

Vorkommen: Gebiet des Inlé-Sees in Burma. **Größe:** 6 cm. **GU:** Die ♀♀ sind nur durch ihren fülligeren Körper vom ♂ zu unterscheiden. **Ansprüche:** Diese wunderschön gefärbte und gezeichnete Art erwies sich beim Autor als relativ unempfindlich gegenüber den häufigsten Fischkrankheiten. Sie ist nicht ganz so lebhaft wie die → *Brachydanio*-Arten, kann aber mit ihnen, mit → *Rasbora* und kleinen Barben problemlos vergesellschaftet werden. Einzeltiere bleiben scheu, erst im Schwarm ab 10 Tieren zeigen sie ihre ganze Pracht. Das Becken sollte nicht unter 70 cm lang sein und groben, nicht zu hellen Sand als Bodengrund aufweisen. Zwischen den Stengeln von Cryptocorynen stellen sie sich gern ein; neben den Pflanzengruppen sollte Schwimmraum zur Verfügung stehen. Der pH-Wert kann zwischen 6,8 und 7,5 liegen, das Wasser mittelhart bis hart sein. Bei längeranhaltenden Temperaturen über 26 °C zeigen die Tiere Unbehagen, die optimale Temperatur liegt zwischen 21 und 24 °C. Auf umfangreichen Wasserwechsel reagieren die Fische mit Verblassen der Farben, ein wöchentlicher Teilwasserwechsel, der 1/10 des Beckeninhaltes umfaßt, ist angezeigt. Die Fische nehmen sehr gern Anflugnahrung (Drosophila, Blattläuse) auf, beim Frostfutter bevorzugen sie Mysis und Mückenlarven.

Zucht: Zur Zuchtvorbereitung sollten die obengenannten Futterarten gegeben werden. Zum Ansatz kommen zwei ♀♀ mit deutlichem Laichansatz und zwei aktive ♂♂. Ein Anteil von Regenwasser im Zuchtbecken erhöht die Laichbereitschaft. Für das Zuchtbecken ist eine Länge von 50 cm ausreichend, als Ausstattung genügen aufgelockertes Javamoos und kirschgroße Kiesel als Bodengrund, zwischen denen die Eier vor den Nachstellungen der Alttiere geschützt sind. Zuchtverlauf und Aufzucht der Jungbrut entsprechen den bei → *Brachydanio* beschriebenen Abläufen.

Inlé-Bärbling

→ *Inlecypris auropurpureus.*

Inpaichthys kerri

Königssalmler
Familie: *Characidae*

Vorkommen: Amazonasgebiet. **Größe:** ♂ 4 cm, ♀ 3 cm. **GU:** Die Fettflosse des ♂ ist blaßblau, die des ♀ intensiv orange gefärbt. **Ansprüche:** Ein Schwarm von 10–15 Tieren dieses ruhigen und friedlichen Salmlers kann bereits in einem Becken ab 60 cm Länge gut gehalten werden; Wasser 2–10 °dH, pH-Wert 6–7; Temperatur 24–27 °C. Die Farbigkeit dieses prächtigen Fisches kommt nur in Becken mit gedämpftem Licht und über dunklem, möglichst torfhaltigem Bodengrund voll zur Wirkung, in hellen Becken wirkt er meist blaß und unscheinbar. Die Bepflanzung ist mit allen Arten möglich und sollte so gestaltet werden, daß sich freier Schwimmraum mit Pflanzengruppen abwechselt, in denen die Fische Unterstand finden können. Eine kräftige Filterung über Torf erhöht die Widerstandsfähigkeit der Fische. Torffilterung oder Zusatz von Torfextrakt ist besonders dann angeraten, wenn die Fische in härterem Wasser gehalten werden, sie sind dann auch noch bei 25 °dH jahrelang gut zu pflegen. An die Fütterung stellen Königssalmler keine besonderen Ansprüche, für die Vorbereitung von Zuchttieren ist jedoch kräftiges Lebendfutter unerläßlich.

Zucht: Bei der Zucht kann gelegentlich das Finden des geeigneten Paares Schwierigkeiten bereiten, denn laichvolle ♀♀ laichen auch mit unfruchtbaren ♂♂ ab. Das möglichst über Torf aufbereitete Zuchtwasser sollte in der Härte unter 5 °dH liegen und einen pH-Wert von 6–6,5 haben. Die beste Zuchttemperatur liegt zwischen 26 und 28 °C. Dunkler Stand des Zuchtbeckens erhöht die Laichbereitschaft der Fische, die zwischen feinfiedrigen Pflanzen frei ablaichen. Gut gefütterte Tiere stellen den Eiern kaum nach, dennoch ist die Verwendung eines Laichrostes zu empfehlen. Beim Herausfangen der Alttiere nach dem Ablaichen sollte vermieden werden, die Eier zu sehr aufzuwirbeln, da sich dies ungünstig auf das Schlupfergebnis auswirken kann. Der Laich ist bis zum Schlüpfen der Jungen nach 24–36 Stunden vor hellem Licht zu schützen. 2–3 Tage nach dem Schlupf schwimmen die Jungfische frei und benötigen feinstes Staubfutter als Erstfutter, das durch hartgekochtes und durch ein feines Sieb geriebenes Eidotter ergänzt werden kann. Die Zufütterung muß mit Sorgfalt geschehen, denn jede durch Futterreste verursachte Verunreinigung des Wassers kann zum Verlust der gesamten Brut führen. Bei mehrmaliger täglicher Fütterung in kleinen Dosen und regelmäßigem Teilwasserwechsel mit chlor- und nitratfreiem Frischwasser verläuft das Wachstum der Jungfische zügig.

Inpaichthys kerri

Inselbärbling

→ *Brachydanio kerri.*

Iodotropheus sprengerae

Lavendelblauer Maulbrüter
Familie: *Cichlidae*

Vorkommen: Malawisee. **Größe:** 10 cm. **GU:** Das ♂ besitzt violetten Glanz auf den Körperseiten und deutlich sichtbare Eiflecken auf der Afterflosse, die Grundfarbe des ♀ ist bräunlich ohne Glanz, die Eiflecken sind nicht vorhanden oder nur schwach angedeutet. **Ansprüche:** Dieser angenehme und relativ friedliche Maulbrüter kann im kleinen Harem (1 ♂, 2–4 ♀♀) bereits in einem Artbecken von 60 cm Länge gepflegt werden, erreicht darin jedoch nicht seine maximale Größe; Wasser 12–20 °dH, pH-Wert 7,5–8,5; Temperatur 23–26 °C. Über feinkörnigem Bodengrund sollten zahlreiche Verstecke aus Steinen und Wurzeln aufgebaut sein, zusätzlich gibt Javamoos den ♀♀ Dekkung. Eine Bepflanzung mit gut wurzelnden, nicht zu zarten Pflanzen ist möglich, sie werden nur in der Umgebung der Laichgruben herausgewühlt. Eine kräftige Filterung und wöchentlicher Teilwasserwechsel, der 1/4 des Beckeninhalts umfaßt, erhöhen das Wohlbefinden. Die Qualität des Futters hat wesentlichen Einfluß auf die Ausprägung der Farbe, ohne Fütterung von Cyclops bleiben die Fische stumpf braun gefärbt, daneben sollten regelmäßig frische oder gefrostete Mückenlarven angeboten werden.

Zucht: Die Zucht bereitet keine Probleme, sie ist am erfolgreichsten bei Haremshaltung im Artbecken. Die Eiablage erfolgt in Gruben, auf Steinen oder Wurzeln, die Eier werden sofort vom ♀ ins Maul genommen und dort nach der »Eifleckmethode« (→ *Cyrtocara*) befruchtet. Bei 28 °C beträgt die Maulbrutdauer 20 Tage. Für eine rationelle Zucht ist es günstig, das ♀ einen Tag vorher vorsichtig herauszufangen und in ein Aufzuchtbekken umzusetzen, in dem sie die Jungfische entlassen kann. Sie werden nach dem Freischwimmen nur noch 2–6 Tage vom ♀ betreut, dieses kann ins Artbecken zurückgesetzt werden. Die Aufzucht der Jungfische bereitet mit Rädertierchen und Mikrowürmchen keine Probleme, ihr Wachstum verläuft bei regelmäßigem Wasserwechsel zügig.

Iriatherina werneri

Filigranährenfisch
Familie: *Melanotaeniidae*

Vorkommen: Neuguinea und Nordaustralien. **Größe:** ♂ 5 cm, ♀ 3,5 cm. **GU:** Das ♂ ist intensiver gefärbt und besitzt lang ausgezogene Rücken-, After- und Schwanzflossenstrahlen. **Ansprüche:** Die Haltung einer kleinen Gruppe von 2 ♂♂ und 4–5 ♀♀ im Artbecken ab 50 cm Länge wird den Ansprüchen dieser sehr ruhigen Art am besten gerecht. Zur Vergesellschaftung sind höchstens Zwerge der Gattung → *Rasbora* geeignet, in Gemeinschaft lebhafter Arten bleibt *I.w.* scheu; Wasser 10–15 °dH, pH-Wert 7; Temperatur 22–26 °C, nur während der Laichperiode bis 28 °C, sonst werden die ♂♂ schnell hinfällig.

Der Bodengrund sollte feinkörnig und nicht zu hell sein, die Bepflanzung mit feinfiedrigen Pflanzen erfolgen, zwischen denen Schwimmraum bleibt. Bei zu hellem Stand des Beckens bleiben die Fische blaß, etwas *Riccia* zur Lichtdämpfung ist

Iriatherina werneri

günstig. Das Futter muß in seiner Größe den kleinen Mäulern der Fische entsprechen und vorrangig aus Cyclops, Grindalwürmchen und ausgesiebten kleinen Daphnien bestehen. Mikrowürmchen werden ebenfalls gern angenommen, dagegen wird die Aufnahme von Trockenfutter von den meisten Tieren verweigert. Eine mäßige Filterung oder Durchlüftung ist ausreichend, wenn wöchentlich 1/4 des Beckeninhalts mit gut durchlüftetem Frischwasser erneuert wird. Gegen Chlor im Wasser sind die Fische empfindlich.

Zucht: Bei gut mit Cyclops und Grindal gefütterten Fischen ist die Zucht bereits im Artbecken bei einem Ansatz von ♂♂ und 3–4 ♀♀ gut möglich. *Myriophyllum*-Büschel oder aufgelockertes Javamoos sollten in Abständen so über das Becken verteilt werden, daß jedem ♂ ein Balzrevier zur Verfügung steht, vor dem es flossenspreizend die ♀♀ anlockt. Abgelaicht wird in den Pflanzen, die Eier hängen darin an kurzen Fäden und werden von den Fischen kaum beachtet. Die Art ist Dauerlaicher mit mehreren Laichperioden im Jahr. Gedämpftes Licht erhöht die Laichwilligkeit, Zugabe von Frischwasser löst die Laichbereitschaft aus. Die Entwicklung der Embryonen im Ei ist deutlich an der Ausbildung der Augen zu erkennen. Eine Woche nach Laichbeginn schlüpfen die ersten Jungfische und werden von den Alttieren kaum beachtet. Sie sollten in regelmäßigen Abständen von der Oberfläche abgeschöpft und in einem gesonderten Becken aufgezogen werden. Unter den geschilderten Bedingungen können wöchentlich 15–25 Jungfische abgefischt werden. Für eine rationelle Zucht ist es günstig, entweder im Abstand von einigen Tagen die Alttiere umzusetzen oder die Pflanzen auszutauschen. Etwas problematisch ist die Ernährung der Jungfische in den ersten Lebenstagen, da sie nicht alles Staubfutter annehmen und auf manche Infusorien sogar empfindlich reagieren, darunter auch auf manche Zuchtpantoffeltierchenstämme, so daß Verluste in der ersten Lebenswoche auftreten können. Danach bereitet die weitere Aufzucht keinerlei Schwierigkeiten mehr. Das Wachstum verläuft zügig und nach 3–4 Monaten sind die Fische bereits geschlechtsreif. Nach eigenen Erfahrungen sind die Befruchtungsergebnisse beim Einsatz junger ♂♂, die gerade ihre langen Flossen auszubilden beginnen, höher als bei den prächtigen alten langflossigen ♂♂, die nach einem Jahr meist bereits verbraucht sind. Zu warme Haltung und selten durchgeführter Wasserwechsel begünstigt das Altern.

J

Jae-Barbe

→ *Barbus jae.*

Jamaikakärpfling

→ *Gambusia wrayi.*

Japankärpfling

→ *Oryzias latipes.*

Javakampffisch

→ *Betta picta.*

Javakärpfling

→ *Oryzias melastigmus.*

Jokabuntbarsch

→ *Tilapia joka.*

Jordanella floridae

Floridakärpfling
Familie: Cyprinodontidae

Vorkommen: Küstennahe Gebiete von Florida bis Yukatan. **Größe:** 6 cm. **GU:** Die Grundfarbe des ♂ ist oliv, die des ♀ gelblich, das ♂ ist deutlich farbiger als das ♀.

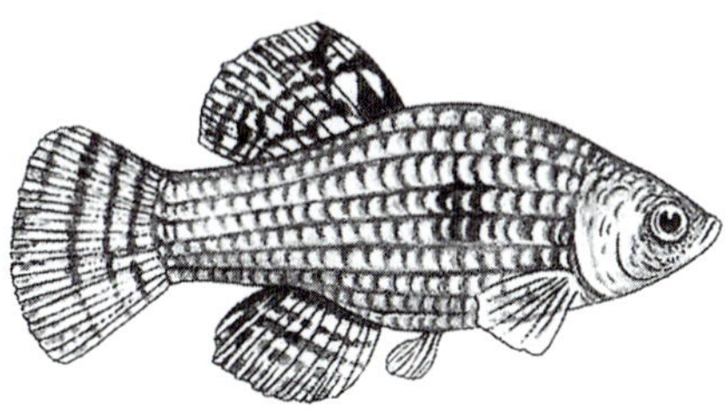

Jordanella floridae

Ansprüche: Ein Becken ab 50 cm Länge ist für die Haltung einer kleinen Gruppe bereits geeignet; Wasser 5–20 °dH, pH-Wert 6,5–7,5; Temperatur 19–22 °C, nicht längerfristig darüber. Feinkörniger, dunkler Bodengrund trägt zur Erhöhung der Farbigkeit bei, die Bepflanzung kann stellenweise dicht sein, muß jedoch genügend Schwimmraum frei lassen. Heller und sonniger Stand des Beckens, der einen von den Fischen dringend benötigten Algenaufwuchs fördert, trägt ebenso zum Wohlbefinden bei wie Teilwasserwechsel im Abstand von 14 Tagen, der 1/4 des Beckeninhalts umfaßt. Neben Algen nehmen die Fische gern kräftiges Lebendfutter an, zu dem Mückenlarven und auf die Oberfläche gestreute Kleininsekten gehören sollten.

Zucht: Die Zucht ist bei Paaransatz in einem Becken ab 30 cm Länge möglich, zu dessen Ausstattung sandiger Bodengrund, einige feinblättrige Pflanzen sowie Schwimmpflanzen gehören. Eine dünne Schicht von Torffasern auf dem Sandboden erhöht die Laichwilligkeit. Bei Temperaturen zwischen 23 und 25 °C wird in Gruben am Boden oder zwischen den Pflanzen abgelaicht, die Laichperiode kann bis zu einer Woche dauern. Wenn das ♂ das ♀ zu sehr zu treiben beginnt, muß das ♀ entfernt werden, das ♂ bewacht die Umgebung des Geleges, aus dem nach 6–8 Tagen die Jungfische schlüpfen. Zu diesem Zeitpunkt wird auch das ♂ herausgefangen. Die Aufzucht mit Tümpelstaub ist ohne Probleme.

Jubbs Prachtgrundkärpfling

→ *Nothobranchius jubbi.*

Julidochromis (Schlankcichliden)

Eine Gattung der Familie *Cichlidae* aus dem Tanganjikasee. Schlankcichliden leben meist paarweise, sind revierbildend und gegen Artgenossen aggressiv, während eine Vergesellschaftung mit anderen Arten aus afrikanischen Seen durchaus möglich ist. Die Geschlechter sind annähernd gleichgefärbt und äußerlich kaum zu unterscheiden, erst während des Ablaichens wird beim ♀ eine etwas größere und stumpfe Genitalpapille sichtbar, während diese beim ♂ spitz und meist kaum sichtbar ist. Für die Haltung im Artbecken ist eine Beckenlänge von 60 cm ausreichend; Wasser 8–20 °dH, nicht darunter, pH-Wert 7,5–9, nicht darunter; Temperatur 22–25 °C. Der Bodengrund sollte feinkörnig sein. Steinaufbauten werden am zweckmäßigsten aus kleinen Steinplatten gestaltet, die ausreichend Höhlen und Spalten bieten können. Eine Bepflanzung ist gut möglich, bewährt haben sich *Cryptocorynen* und Javamoos, das über die Steinaufbauten wächst. Eine kräftige Filterung und regelmäßiger wöchentlicher Teilwasserwechsel, der 1/4–1/3 des Beckeninhalts umfaßt, tragen sehr zum Wohlbefinden dieser ausdauernden Fische bei.

Abwechslungsreiches und kräftiges Lebendfutter ist vor allem in der Phase der Zuchtvorbereitung wichtig, im übrigen sind die Fische beim Futter nicht wählerisch. Bei Haltung im Artbecken ist darin die Zucht ohne größere Probleme möglich, vorausgesetzt, man hat sich aus einem Schwarm jungerwachsener Fische ein Paar finden lassen. Dieses züchtet dann ein Leben lang erfolgreich miteinander. In ausreichend großen Becken können mehrere Generationen nebeneinander leben, man braucht nur von Zeit zu Zeit die größeren Jungfische herauszufangen. Bei Temperaturen zwischen 25 und 28 °C erfolgt die Laichabgabe am Dach oder an den Seitenwänden von Höhlen und Spalten. Die Betreuung des Geleges wird vorwiegend vom ♀ betrieben. In Abhängigkeit von der Temperatur schlüpfen die Jungen nach 60–72 Stunden. Rädertierchen, Mikrowürmchen und Artemia-Nauplien werden als Erstfutter angenommen. Die Jungfische bleiben lange Zeit in unmittelbarer Nähe ihres Geburtsortes, das Futter sollte deshalb in den ersten Tagen in diesen Bereich pipettiert werden. Diese Bindung bleibt über Wochen bestehen und wird von den Eltern auch dann noch geduldet, wenn sie die nächste Brut aufziehen, in kleinen Becken besteht dann allerdings die Gefahr, daß sich die älteren Jungfische an den gerade freischwimmenden Geschwistern vergreifen. Bei Zucht mit kommerziellem Hintergrund sollten deshalb die größeren Jungfische herausgefangen werden.

Julidochromis marlieri

J. dickfeldi

Dickfelds Schlankcichlide

Größe: 8 cm. **GU, Ansprüche** und **Zucht** wie in der Gattungsbeschreibung angegeben. *J.d.* ist die einzige Art der Gattung mit hellbrauner Grundfarbe.

J. marlieri

Schachbrettschlankcichlide

Größe: 10–15 cm. **GU:** Das ♂ bleibt meist kleiner und bildet erwachsen einen leichten Nackenbuckel aus. **Ansprüche** und **Zucht** sind wie in der Gattungsbeschreibung angegeben. *J.m.* ist mit bis zu 350 Eiern eine sehr produktive Art.

J. ornatus

Gelber Schlankcichlide

Größe: 8 cm. **GU, Ansprüche** und **Zucht** sind wie in der Gattungsbeschreibung angegeben. Diese schöne Art ist nicht sehr produktiv, die Nachzuchtergebnisse liegen zwischen 20 und 50 Jungfischen, nur im Ausnahmefall auch darüber (bis 100). Die Jungfische zeigen in den ersten Lebenstagen oft eine eigenartige Schwimmhaltung: Sie schwimmen mit dem Bauch nach oben und drücken sich so gegen die Steinspalten. Die gelegentlich im Handel auftauchenden und attraktiv aussehenden Artbastarde mit *J. marlieri* sind unfruchtbar.

J. regani

Vierstreifenschlankcichlide

Größe: ♂ 10 cm, ♀ 12 cm. *J.r.* ist einer der friedlichsten Vertreter der Gattung. Seine maximale Größe erreicht er nur in Becken über 100 cm Länge. **GU, Ansprüche** und **Zucht** wie in der Gattungsbeschreibung angegeben, die Zahl der möglichen Jungfische liegt zwischen 200 und 300. Bei Haltung in kleinen Becken ist wöchentlicher Teilwasserwechsel unbedingt erforderlich, da die Fische empfindlich auf Zersetzungsprodukte aus organischer Substanz, vor allem auf Schwefelverbindungen, reagieren. Das gilt auch für Medikamente, die Sulfonamide enthalten.

Julidochromis regani

J. transcriptus

Schwarzweißer Schlankcichlide

Größe: 7 cm. **GU, Ansprüche** und **Zucht** entsprechen bei dieser kleinsten Art der Gattung den in der Gattungsbeschreibung angeführten. *J.t.* ist am wenigsten produktiv, meist werden nur 20 Jungfische aufgezogen, 35 Stück sind bereits ein außergewöhnliches Ergebnis.

Juwelenregenbogenfisch

→ *Melanotaenia trifasciata.*

K

Kaiserbuntbarsch

→ *Aulonocara hansbaenschi.*

Kaisersalmler

→ *Nematobrycon palmeri.*

Kakaduzwergbuntbarsch

→ *Apistogramma cacatuoides.*

Kamerunprachtkärpfling

→ *Aphyosemioin exiguum.*

Kammdornwels

→ *Acanthodoras spinosissimus.*

Kammkugelfisch

→ *Tetraodon lorteti.*

Kammschwanzmakropode

→ *Belontia signata.*

Kampffische

→ *Betta.*

Kap-Lopez-Prachtkärpfling

→ *Aphyosemion australe.*

Kardinalfisch

→ *Tanichthys albonubes.*

Karfunkelsalmler

→ *Hemigrammus pulcher.*

Kärpflinge

1. → *Brachyrhaphis.*– **2.** → *Heterandria.*

Kärpflingsbuntbarsche

1. → *Cyprichromis.*– **2.** → *Paracyprichromis.*

Katangaleuchtaugenfisch

→ *Aplocheilichthys katangae.*

Katzenwels

→ *Ictalurus nebulosus.*

Kaudi

→ *Phalloceros caudomaculatus.*

Kaulbarsch

→ *Gymnocephalus cernua.*

Keilfleckbärbling

→ *Rasbora heteromorpha.*

Keilfleckbuntbarsch

→ *Uaru amphiacanthoides.*

Keulensalmler

→ *Hemiodus orthonops.*

Kelbauchbärblinge

→ *Chela.*

Kiemensackwels

→ *Clarias batrachus.*

Kleiner Harlekinwels

→ *Microglanis iheringi.*

Kleiner Kielbauchbärbling

→ *Chela dadyburjori.*

Kleiner Maulbrüter

→ *Pseudocrenilabrus multicolor.*

Kleiner Panzerwels

→ *Corydoras nanus.*

Kleiner Raubsalmler

→ *Crenuchus spilurus.*

Kleiner Schneckenbarsch

→ *Neolamprologus ocellatus.*

Kleiner Schneckenbuntbarsch

→ *Pseudotropheus lanisticola.*

Kleinschuppiger Barberostetra

→ *Coelurichthys microlepis.*

Kleinschuppiger Kärpflingsbuntbarsch

→ *Cyprichromis microlepidotus.*

Kletterfisch

→ *Anabas testudineus.*

Knurrende Guramis

→ *Trichopsis.*

Knurrender Dornwels

→ *Amblydoras hancocki.*

Knurrender Gurami

→ *Trichopsis vittatus.*

Knurrender Zwerggurami

→ *Trichopsis pumilus.*

Kobaltorangebuntbarsch

→ *Melanochromis johanni.*

Koi

→ *Cyprinus carpio.*

Kongoprachtkärpfling

→ *Aphyosemion christyi.*

Kongosalmler

1. → *Brycinus.*– **2.** → *Hemigrammopetersius.*– **3.** → *Phenacogrammus.*

Königssalmler

→ *Inpaichthys kerri.*

Kopfbindenschlanksalmler

→ *Pyrrhulina vittata.*

Kopfsteher

→ *Anostomus.*

Korthaus' Prachtgrundkärpfling

→ *Nothobranchius korthausae.*

Krobia guianensis (itanyi)

Delphinbuntbarsch

Bei der Revision der alten Gattung *Aequidens* aus dieser herausgelöste und neu definierte Gattung der Familie der *Cichlidae.* **Vorkommen:** Zuflüsse des Rio Itanyi in Französisch-Guayana. **Größe:** ♂ 15 cm, ♀ 10–12 cm. **GU:** Das ♂ ist intensiver gefärbt als das ♀ und besitzt länger ausgezogene Rücken- und Afterflossen. **Ansprüche:** Becken ab 100 cm Länge; Wasser 5–20 °dH, pH-Wert 6–7,2; Temperatur 23–25 °C. Als Bodengrund ist Kies gut geeignet, zur Bepflanzung sollten besser robustere Arten verwendet werden, auch wenn sich die Art nur selten an Pflanzen vergreift. *K.g.* stellt sehr hohe Ansprüche an die Reinheit und den Sauerstoffgehalt des Wassers, beim wöchentlichen Teilwasserwechsel ist deshalb 1/3 des Beckeninhalts zu erneuern.

Zucht: Während der Laichzeit kann diese Art recht aggressiv gegen andere Fische werden, ein Paaransatz im Zuchtbecken ist daher anzuraten. Abgelaicht wird offen auf Steinen, bei einer Temperatur von 26 °C können in weichem (bis 12 °dH), leicht saurem (pH-Wert 6,8) Wasser bis zu 500 Jungfische je Gelege heranwachsen. Sowohl die Zeit bis zum Schlupf der Jungen, die bis zum Freischwimmen mehrmals von den Eltern umgebettet werden, als auch der Zeitpunkt des Freischwimmens ist nach eigenen Erfahrungen nicht nur von der Temperatur, sondern auch vom Wasserchemismus beeinflußt und kann von Brut zu Brut deshalb stark schwanken. Im Durchschnitt erfolgt der Schlupf nach 72 Stunden, das Freischwimmen 5–7 Tage später. Artemia- und kleine Cyclops-Nauplien sowie Mikrowürmchen werden als Erstfutter gut angenommen.

Kropfsalmler

→ *Triportheus.*

Kryptopterus bicirrhis

Indischer Glaswels
Familie: *Siluridae*

Vorkommen: Hinterindien, Sir Lanka, Sundainseln. **Größe:** 10 cm. **GU:** Geschlechtsunterschiede sind nicht erkennbar, obwohl es kaum eine zweite Fischart mit einer derartig gläsernen Durchsichtigkeit gibt. **Ansprüche:** Die grazile Schönheit dieses Fisches kommt erst bei Schwarmhaltung in Becken ab 60 cm Länge voll zur Wirkung; Wasser 5–15 °dH, pH-Wert 6,8–7,5; Temperatur 21–26 °C. Der Bodengrund sollte dunkel und feinkörnig, die Bepflanzung locker sein. Einige Schwimmpflanzen werden als lichtdämpfender Unterstand gern angenommen. Glaswelse lieben eine von einem kräftigen Filterauslauf erzeugte Wasserströmung und stellen sich im Schwarm hinein. Sie können sehr ausdauernd sein, wenn wöchentlich über Torf gefiltertes Frischwasser, das 1/3 des Beckeninhalts umfaßt, zugeführt wird. Damit werden Wasserbelastungen vermieden. Beim ersten Auftreten von Zeichen des Unwohlseins hilft meist die Zugabe von einem Teelöffel Salz auf 10 l Wasser, das Wohlbefinden wiederherzustellen. Eine planmäßige **Zucht** ist bisher nicht gelungen.

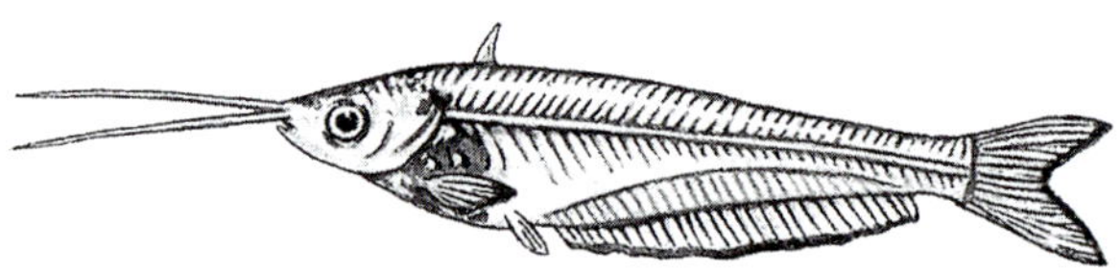

Kryptopterus bicirrhis

Kubabachling

→ *Rivulus cylindraceus.*

Kuckuckswels

→ *Synodontis petricola.*

Kugelfisch

→ *Tetraodon.*

Kupfersalmler

→ *Hasemania nana.*

Kurzkopfmaulbrüter

→ *Pseudosimochromis curvifrons.*

Küssender Gurami

→ *Helostoma teminckii.*

L

Labeo (Fransenlipper)

Eine Gattung aus der Familie *Cyprinidae,* zu der nach Revision heute nur noch als Aquarienfische wenig geeignete große afrikanische Arten wie *L. forskalli,* der Nilfransenlipper, *L. parvus* oder *L. variegatus* gezählt werden, die alle 30 cm und mehr an Größe erreichen. Vor ihrem Erwerb sei ausdrücklich gewarnt. Die beiden aquaristisch beliebten nachfolgenden Arten werden heute zur Gattung → *Epalzeorhynchus* gestellt. Da es jedoch den Anschein hat, als würde sich diese Regelung in der Handelspraxis kaum durchsetzen, werden sie hier unter ihrer alten Bezeichnung aufgeführt. Ihre Heimat liegt in Südostasien. Sie bevorzugen die unteren Beckenbereiche, sind untereinander oft unverträglich und sollten auch als Jungfische nur im Schwarm in Becken von mindestens 100 cm Länge gehalten werden. Bei Haltung von nur 2 oder 3 Tieren können die Auseinandersetzungen so heftig sein, daß sie zum Verlust des unterdrückten Tieres führen, bei Haltung im Schwarm bleibt die Belastung des Einzeltieres in Grenzen. Zahlreiche Steine, Wurzeln und Röhren müssen ausreichend Versteckmöglichkeiten für jedes Tier bieten, die Bepflanzung wird so gestaltet, daß sie um die Versteckplätze optische Reviergrenzen markiert. Als Bodengrund ist Sand oder feiner Kies geeignet, eine Auflage mit Torf ist vorteilhaft. Gegenüber den Wasserwerten sind die Fransenlipper relativ tolerant, die optimalen Werte liegen bei 2–15 °dH, pH-Werten zwischen 6 und 7 und Temperaturen zwischen 22 und 26 °C. Eine kräftige Filterung und regelmäßiger wöchentlicher Teilwasserwechsel, der 1/4 des Beckeninhalts umfassen kann, tragen sehr zum Wohlbefinden der Fische bei. In sehr hellen Becken sind die Fische selten zu sehen, ihre beste Aktivität zeigen sie in düster gestalteten Becken, in denen eine Schwimmpflanzendecke für gedämpftes Licht sorgt. Fransenlipper sind Allesfresser, die neben allen Arten von Lebend- und Trockenfutter unbedingt pflanzliche Kost benötigen und gern Feinfrosterbsen beraspeln.

Die **Zucht** ist wegen der Unverträglichkeit der Fische noch immer problematisch, denn selbst laichreife ♀♀ werden vom ♂ oft so getrieben, daß sie aus dem Becken springen. Sehr große Becken ohne Bodengrund oder mit einer Torfschicht und zahlreichen Verstecken aus Steinaufbauten sowie einigen in Töpfe gesetzten Pflanzen bieten noch die besten Erfolgsaussichten. Das Wasser im Zuchtbecken sollte weich (2–5 °dH), leicht sauer (pH-Wert 6–6,5) und über Torf gefiltert sein, die Temperatur zwischen 26 und 27 °C liegen. Dunkler Stand des Zuchtbeckens ist erforderlich. Wenn die Laichablage erfolgt ist, müssen die Alttiere herausgefangen und die Eier bis zum Schlupf der Jungen, besser bis zum Freischwimmen der Jungfische, dunkel gehalten werden.

L. bicolor

Feuerschwanzfransenlipper

Vorkommen: Zentrales Thailand. **Größe:** 12 cm. **GU:** Die Bauchlinie des ♀ ist etwas gerundet, der hintere Rand der Rückenflosse bildet einen rechten Winkel. Die Bauchlinie des ♂ verläuft gerade, seine Rückenflosse ist am hinteren Ende spitzwinklig. Die **Ansprüche** sind wie in der Gattungsbeschreibung angegeben.

Zucht: Für die Zucht werden die in der Gattungsbeschreibung genannten Voraussetzungen geschaffen. Die Eiablage erfolgte in den bisher bekanntgewordenen Fällen in Höhlen. Die Jungen schlüpfen nach 48 Stunden, nach weiteren 48–72 Stunden beginnen die Jungfische mit der Futtersuche.

Labeo (Epalz.) bicolor

L. frenatus

Grüner Fransenlipper

Vorkommen: Nördliches Thailand. **Größe:** 15 cm. **GU:** Die Afterflosse des ♂ ist kräftig schwarz gesäumt oder insgesamt schwarz, die des ♀ ohne Schwärzung. **Ansprüche:** *L.f.* ist etwas verträglicher als *L. bicolor,* die Ansprüche entsprechen den in der Gattungsbeschreibung angegebenen.

Zucht: Bei Vorliegen der in der Gattungsbeschreibung genannten Zuchtvoraussetzungen ist die Zucht bisher häufiger gelungen. Die Laichabgabe erfolgt auf blankgeputztem Boden des Zuchtbeckens. Erfolgte die Laichabgabe im Artbecken, so wird das Gelege vom ♂ verteidigt und das ♀ in der Nähe geduldet, in der Natur wird

Labeo frenatus

vermutlich auch Brutpflege betrieben. Da bei Störungen von außen das Gelege gefressen wird, sollten die Alttiere nach dem Ablaichen herausgefangen werden. Die Jungen schlüpfen nach 48 Stunden, die Jungfische schwimmen 2–3 Tage später frei und nehmen Rädertierchen und Mikrowürmchen, ersatzweise auch aufgeschwemmtes, hartgekochtes Eidotter, das mit Hilfe einer Pipette in ihre Nähe gebracht wird, als Erstfutter an. Nach einer Woche werden bereits Artemia-Nauplien und pürierte zarte Pflanzen gefressen.

Labeotropheus
(Schabemundbuntbarsche)

Eine Gattung maulbrütender Buntbarsche der Familie *Cichlidae.* **Vorkommen:** Malawisee. **Ansprüche:** Die Haltung sollte in Becken von mindestens 100 cm Länge erfolgen, um ausreichend Fläche zur Erzeugung des für das Wohlbefinden der Fische unbedingt erforderlichen Algenaufwuchses zur Verfügung zu haben; Wasser 10–20 °dH, pH-Wert 7,2–8,5; Temperatur 21–25 °C. Der Bodengrund sollte kiesig sein und einige flache Steine enthalten. Steinaufbauten mit vielen Höhlen und Spalten sowie einige Wurzeln müssen ausreichend Versteckplätze bieten. Eine Bepflanzung mit robusten Arten ist gut möglich. Das Becken muß hell, möglichst sonnig stehen. Ist dies nicht gegeben, dann sollte eine starke Beleuchtung die Voraussetzung für den Algenaufwuchs schaffen, den diese Nahrungsspezialisten neben jeder Art von Lebendfutter benötigen. Daneben werden auch überbrühter Salat und Spinat sowie angequetschte Feinfrosterbsen angenommen. *L.* sollten immer im Harem gehalten werden, wobei einem ♂ mindestens drei ♀♀ beigegeben werden.

Zucht: Mit optimal ernährten Tieren ist die Zucht nicht schwierig. Bei Temperaturen zwischen 24 und 28 °C erfolgt die Eiablage auf flachen Steinen, die vorher intensiv geputzt wurden. Sofort nach der Eiablage werden die Eier vom ♂ ins Maul genommen und dort nach der Eifleckmethode (→ *Cyrtocara*) befruchtet. In kleinen Becken sollte das ♂ nach dem Ablaichen herausgefangen werden, während bei Haltung in großen Becken das ♀ erst am 20. Maulbruttag vorsichtig herausgefangen und in ein gesondertes Becken umgesetzt zu werden braucht. In Abhängigkeit von Eizahl und Temperatur werden die Jungfische nach 22–32 Tagen aus dem Maul entlassen. Den Jungfischen sollte so früh wie möglich neben dem üblichen Tümpelstaubfutter zarter Algenaufwuchsrasen angeboten werden, den sie nach Kleinlebewesen und einzelligen Algen absuchen können.

L. fuelleborni

Hochrückiger Schabemundbuntbarsch

Größe: 15 cm. **GU:** Die Afterflosse des ♂ zeigt deutlich sichtbare Eiflecke, die beim ♀ fehlen. **Ansprüche:** Die Haltungsansprüche dieser Art, von der vor allem bei den ♀♀ mehrere geschlechtsgebundene Farbvarianten existieren, gleichen den in der Gattungsbeschreibung angeführten.

Zucht: Bei einer Wasserhärte um 12 °dH sind die Schlupf- und Aufzuchtergebnisse am besten, der Zuchtverlauf entspricht dem in der Gattungsbeschreibung angegebenen.

L. trewavasae

Gestreckter Schabemundbuntbarsch

Größe: 12 cm. **GU:** Das ♂ besitzt deutlich sichtbare Eiflecken in der Afterflosse, während diese beim ♀ fehlen oder höchstens schwach angedeutet sind. **Ansprüche:** Von dieser Art sind inzwischen einige farblich unterschiedliche geographische Rassen sowie Weißlinge eingeführt worden, deren Ansprüche den in der Gattungsbeschreibung angeführten gleichen.

Zucht: Für eine erfolgreiche Zucht sollte die Wasserhärte zwischen 10 und 15 °dH liegen, der Zuchtverlauf entspricht dem in der Gattungsbeschreibung angegebenen.

Labidochromis

Eine Gattung kleiner maulbrütender Buntbarsche der Familie *Cichlidae* aus dem Malawisee, die im kleinen Harem von einem ♂ mit 2–4 ♀♀ bereits in Becken ab 80 cm Länge gut zu halten sind; Wasser 10–15 °dH, pH-Wert 7,5–8,5; Temperatur 23–26 °C. Über feinkörnigem Bodengrund ist eine dichte Bepflanzung möglich, da sich die Arten dieser Gattung nicht an Pflanzen vergreifen. Steinaufbauten mit Höhlen und Spalten sowie einige Wurzeln müssen genügend Versteckmöglichkeiten bieten. An das Futter werden keine besonderen Ansprüche gestellt. Zufütterung von Mückenlarven ist jedoch vor allem in der Zuchtvorbereitung vorteilhaft. Ein regelmäßiger wöchentlicher Teilwasserwechsel, der $^1/_5$ – $^1/_4$ des Beckeninhalts umfaßt, und eine kräftige Filterung tragen sehr zum Wohlbefinden der Fische bei.

Die Zucht ist sowohl im Art- als auch im Gemeinschaftsbecken möglich. Die Eiablage erfolgt in flachen Sandgruben oder auf Steinen, die Eier werden vom ♀ ins Maul genommen und dort nach der Eifleckmethode (→ *Cyrtocara*) befruchtet. Wenn ausreichend Versteckmöglichkeiten vorhanden sind, dann kann das ♀ bis kurz vor dem Termin des Freilassens der Jungfische im Gemeinschaftsbecken verbleiben. Spätestens einen Tag vor diesem Zeitpunkt wird das ♀ herausgefangen und in ein Aufzuchtbecken umgesetzt. Bewährt hat sich, das ♀ nach Ausschalten des Lichts mit Hilfe einer Taschenlampe vorsichtig in ein entsprechend großes Fangglas zu treiben und mit diesem umzusetzen. In den meisten Fällen betreut das ♀ die Jungfische noch eine Woche lang nach dem Freischwimmen. Rädertierchen und Mikrowürmchen werden als Erstfutter angenommen.

L. caeruleus

Wasserblauer Maulbrüter

Größe: 9 cm. **GU:** Das ♂ besitzt 1–2 Eiflecke auf der Afterflosse, ab 6 cm Körperlänge tritt seine hellblaue Körperfarbe in Erscheinung. Das ♀ ist ohne Eiflecke und ohne Blaufärbung. **Ansprüche:** Wie in der Gattungsbeschreibung angegeben.

Zucht: Der Zuchtverlauf entspricht dem in der Gattungsbeschreibung angeführten. Bei niedrigen Temperaturen (23 °C) kann die Maulbrutdauer bis zu 40 Tagen betragen, bei Temperaturen von 27–28 °C verlassen die Jungfische nach 25 Tagen das Maul.

L. freibergi

Freibergs Maulbrüter

Größe: 9 cm. **GU:** Das ♂ hat 2–4 Eiflecken auf der Afterflosse und leuchtende Farben, die Färbung des ♀ ist schlicht graubraun. **Ansprüche:** Die Haltungsanforderungen dieser kleinsten Art der Gattung entsprechen den in der Gattungsbeschreibung genannten.

Zucht: Der Zuchtverlauf entspricht dem in der Gattungsbeschreibung angegebenen, die Maulbrutdauer beträgt bei 27 °C 20–21 Tage, bei niedrigeren Temperaturen entsprechend länger.

L. vellicans

Spitzkopfmaulbrüter

Größe: 10 cm. **GU:** Das ♂ besitzt 1–5 Eiflecke und eine glänzend blaue Färbung, das ♀ ist unscheinbar gefärbt, seine unpaaren Flossen können jedoch orangefarben gesäumt sein. Häufig haben auch die ♀♀ Eiflecke. **Ansprüche:** Wie in der Gattungsbeschreibung angegeben.

Zucht: Der Zuchtverlauf entspricht dem in der Gattungsbeschreibung angeführten. Bei hohen Temperaturen (über 28 °C) kann die Maulbrutdauer auf 18 Tage verkürzt sein, meist beträgt sie 20–21 Tage.

Labyrinthsalmler

→ *Caenotropis labyrinthicus.*

Lachsroter Regenbogenfisch

→ *Glossolepis incisus.*

Ladiges Fächerfisch

→ *Cynopoecilus ladigesi.*

Ladigesia roloffi

Orangeroter Zwergsalmler
Familie: *Alestidae*

Vorkommen: Westafrika von Liberia bis Elfenbeinküste. **Größe:** ♂ 4 cm, ♀ 3 cm. **GU:** Beim ♂ ist das Orangerot der Flossen intensiver, seine Afterflosse bauchig verbreitert, die des ♀ verläuft geradlinig. **Ansprüche:** Die Art ist ruhig, friedlich und wenig schwimmfreudig, ein Becken ab 60 cm Länge ist deshalb für die Pflege eines Schwarms von 10–15 Tieren ausreichend. Vergleichbar dem Adonissalmler → *Lepidarchus,* der gleichzeitig idealer Fischpartner ist, verträgt er hartes Wasser auf Dauer nur schwer, die besten Haltungserfolge brachte bei uns Regenwasser, das über Torf gelaufen war und dem 1 g Natriumbikarbonat je 10 l zugesetzt wurde, um eine Karbonathärte von 2–3 °KH zu erreichen. Der pH-Wert sollte zwischen 6 und 6,9 liegen. Bei hohen Temperaturen vergreist die Art sehr schnell, am günstigsten sind Werte zwischen 22 und 25 °C. Das Becken sollte dicht bepflanzt sein und nicht zu hell beleuchtet werden oder eine Schwimmpflanzendecke tragen. Eine schwache Filterung und wöchentlicher Teilwasserwechsel mit 10–20 % des Beckeninhaltes sind ausreichend. Weitere gute Partner sind → *Neolebias*-Arten, in ihrer Gegenwart verliert er seine im Artbecken oft gezeigte Scheu.

Ladigesia roloffi, Paar

Zucht: Die Art ist nicht sehr produktiv, für den Zuchtansatz reicht ein 10-Liter-Becken aus. Ein Anteil von 50 % frischem Regenwasser erhöht die Laichbereitschaft. Abgelaicht wird am Grunde von feinfiedrigen Pflanzen oder lockerem Javamoos. Wurde faseriger Torf als Bodengrund eingebracht, so erfolgt das Ablaichen auch zwischen den Torffasern. Der Laich ist nach dem Herausfangen der Alttiere vor direktem Licht zu schützen. Die Jungfische sind winzig, ihre erfolgreiche Aufzucht vom Angebot feinsten Staubfutters abhängig. Hartgekochtes, durch ein Teesieb geriebenes und aufgeschwemmtes Eigelb, das in die Nähe der Jungfische pipettiert wird, hilft, einen Teil der Jungfische so lange am Leben zu erhalten, bis sie nach etwa 10 Tagen in der Lage sind, Artemia-Nauplien aufzunehmen.

Laetacara (Tüpfelbuntbarsche)

Eine Gattung kleiner, friedlicher Buntbarsche der Familie *Cichlidae* aus Südamerika, deren Arten früher zu den *Aequidens* gezählt wurden.

L. curviceps

Türkisblauer Tüpfelbuntbarsch

Vorkommen: Stromgebiet des Amazonas, außer in Peru. **Größe:** ♂ 8–10 cm, ♀ 6 cm. **GU:** Rücken- und Afterflosse sind beim ♂ lang ausgezogen. **Ansprüche:** Becken ab 70 cm Länge; Wasser 5–20 °dH, pH-Wert 6–7,2; Temperatur 22–26 °C. Als Boden-

Laetacara curviceps

grund hat sich grober Sand oder feiner Kies bewährt, der mit Torffasern durchsetzt ist. Zahlreiche Moorkienwurzeln und kleinere Steinaufbauten bieten den Fischen die notwendigen Versteckplätze. *L.c.* ist für dichte Bepflanzung sehr dankbar. Als friedlicher kleiner Cichlide sollte er mit anderen Friedfischen vergesellschaftet werden, in Gegenwart großer und lebhafter Arten bleibt er scheu. Obwohl er relativ anspruchslos ist, was den Wasserchemismus betrifft, ist er sehr anfällig gegen Darmparasiten. Daher sollte auf sorgfältige Entfernung des Mulms beim notwendigen Wasserwechsel geachtet werden, um die Gefahr von Reinfektionen zu mindern. Auf belastetes Altwasser reagiert er mit Hervorquellen der Augen und schneller Erblindung.

Zucht: Diese Art ist ein Offenbrüter, die Laichablage erfolgt bevorzugt an schrägen Steinen oder Wurzelstücken. Gute Paare können bis zu 300 Eier bringen. Nur in seltenen Fällen ziehen die Paare bereits vom ersten Gelege an gut auf, meist gelingt dies erst beim dritten oder vierten Gelege. Die nach 2 Tagen schlüpfenden Jungen beginnen 8–10 Tage später freizuschwimmen und sind mit gesiebtem Tümpelfutter und Mikrowürmchen problemlos anzufüttern.

L. dorsiger

Roter Tüpfelbuntbarsch

Vorkommen: Rio Paraguay in Bolivien. **Größe:** ♂ 8 cm, ♀ 6 cm. **GU:** Die Flossen des ♂ sind stärker entwickelt, es ist hochrückiger als das ♀. **Ansprüche:** Becken ab 60 cm Länge; Wasser 5–20 °dH, pH-Wert 6,8–7,2; Temperatur 23–26 °C.

Laetacara dorsiger

Die Beckeneinrichtung und Vergesellschaftung sind wie bei *L. curviceps*, die Haltung von zwei oder drei Paaren in einem Becken von 100 cm Länge ist ohne Probleme möglich. *L.d.* sind ideale Beifische für Gesellschaftsbecken mit südamerikanischen Salmlern.

Zucht: Bei Temperaturen zwischen 26 und 30 °C, einer Gesamthärte, die unter 10 °dH liegt, und bei einem pH-Wert von 6,5–6,8 legen diese Offenbrüter ihre Eier bevorzugt auf flach liegenden Steinen, seltener auf Wurzeln ab, die in der Nähe von oder zwischen Pflanzen liegen. Die Jungen werden häufig bereits im Embryonalstadium von den Eltern aus den Eiern herausgekaut (40–44 Stunden nach der Laichablage) und in kleine Gruben gelegt. Wurden Beifische im Zuchtbecken belassen, so wird häufig beobachtet, daß die Grube mit den Jungen regelrecht mit Mulm oder Pflanzenteilen zugedeckt wird, unsichtbar auch für den unerfahrenen Aquarianer, der glauben kann, die Brut sei aufgefressen. 6–7 Tage nach der Eiablage beginnen die Jungfische freizuschwimmen. Als Erstfutter müssen Rädertierchen und Cyclops-Nauplien gegeben werden. Die Jungfische sind vor allem in den ersten 2 Lebenswochen sehr empfindlich gegen Veränderungen im Wasserchemismus. Der notwendige Teilwasserwechsel sollte sehr sorgfältig geschehen und keinesfalls mehr als 1/10 des Beckeninhalts betragen. Auch in den folgenden Wochen kann das Umsetzen des bis zu 300 Tiere großen Jungfischschwarms in ein anderes Becken den Verlust aller Tiere nach sich ziehen. Im Alter von 6–8 Monaten tritt die Geschlechtsreife ein.

Lamberts Prachtkärpfling

→ *Aphyosemion lamberti.*

Lamprichthys tanganicanus

Tanganjikakillifisch,
Tanganjika-Goldaugenfisch
Familie: *Aplocheilichthyidae*

Vorkommen: Felsküste des Tanganjikasees. **Größe:** ♂ 15 cm, ♀ 10 cm. **GU:** Die Körperseiten des ♂ sind blau, die des ♀ silbern gepunktet. **Ansprüche:** Becken nicht unter 120 cm Länge bei einer Mindesthöhe von 40 cm. *L.t.* lebt im lockeren Schwarm, in dem ein ♂ dominiert; Wasser 12–15 °dH, pH-Wert 8,5; Temperatur 23–25 °C. Als Bodengrund ist grober Kies geeignet. Die Rückwand des Beckens sollte als Felsaufbau gestaltet sein, der bis zur Wasseroberfläche reicht und zahlreiche Spalten und enge Höhlen enthalten muß. Auf Bepflanzung kann verzichtet werden, wenn bepflanzt wird, dann sind große Vallisnerien am besten geeignet. Für die Gesunderhaltung und besonders die Zuchtvorbereitung ist ein ständiges Angebot an kräftigem, möglichst lebendem Futter notwendig. Neben kräftiger Filterung trägt regelmäßiger wöchentlicher Teilwasserwechsel, der bis zu 1/4 des Beckeninhalts umfassen kann, zum Wohlbefinden der Fische bei. Die Tiere besitzen Kammschuppen, diesem Umstand muß vor allem beim Transport Rechnung getragen werden. Sie sollten dabei stets einzeln gehältert werden, um Verletzungen, die oft nur schwer abheilen, zu verhindern.

Zucht: Die Zucht erfolgt am günstigsten im Artbecken, in dem das stärkste ♂ ein Revier besetzen kann, in welches die laichbereiten ♀♀ kommen. Die Eier werden bevorzugt in enge Spalten abgelegt und meist so kräftig hineingedrückt, daß sie deformiert sind und sich kaum ohne Beschädigung daraus entfernen lassen.

Für eine rationelle Zucht ist es empfehlenswert, in größere Spalten Topfkratzer aus Plastik zu stecken, sie werden von den Fischen zum Ablaichen angenommen und können mit den Eiern in ein Aufzuchtbecken überführt werden. Die Eier besitzen einen Durchmesser von fast 3 mm. *L.t.* ist Dauerlaicher, täglich werden je 4–5 Eier abgegeben. Die Zeitigungsdauer bis zum Schlupf wird wesentlich von der Wasserhärte beeinflußt, sie liegt in weicherem (10–12 °dH) Wasser bei 3 Wochen, in sehr hartem Wasser kann sie sich auf 6 Wochen verlängern. Die Jungfische schlüpfen stets nachts, sind bereits 8 mm lang und schwimmen an der Wasseroberfläche, von der sie nach Einschalten des Lichts mühelos abgeschöpft werden können. Die Aufzucht in einem niedrigen Becken mit einem Wasserstand nicht über 10 cm Höhe ist ohne größere Probleme, wenn das Becken feinperlig durchlüftet und das Wasser regelmäßig teilweise erneuert

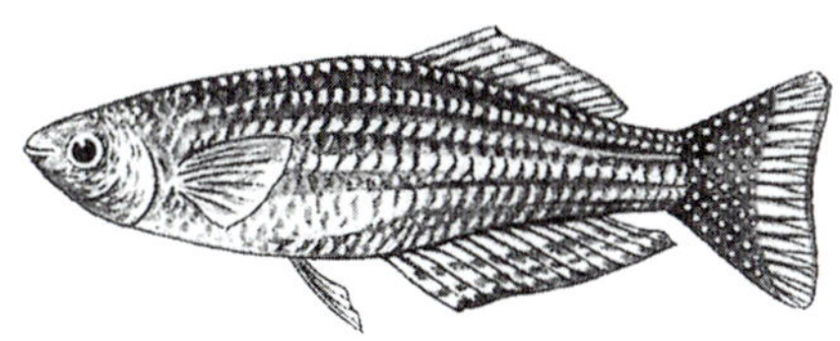

Lamprichthys tanganicanus

wird. Neben Rädertierchen und Mikrowürmchen werden auch Artemia-Nauplien als Erstfutter angenommen. Das Wachstum verläuft zügig.

Lamprologus

Eine Gattung afrikanischer Buntbarsche der Familie *Cichlidae,* zu der auch einige Schneckenbarsche gehören.

L. callipterus

Tempo-Lamprologus

Vorkommen: Sand-Geröll-Übergangszone im Tanganjikasee. **Größe:** ♂ 15 cm, ♀ 6 cm. **GU:** Das wesentlich größere ♂ ist etwas dunkler in der Grundfärbung, seine Rükken- und Afterflossen sind zugespitzt. **Ansprüche:** Wasser 10–20 °dH, pH-Wert 7,2–8,5; Temperatur 23–26 °C. Beckenlänge ab 120 cm, um artgerecht ein ♂ mit mehreren ♀♀ pflegen zu können. Wenn keine Zuchtabsichten bestehen, dann ist die Haltung eines Männchenschwarmes gut möglich. Der Bodengrund kann aus grobem Sand oder feinem Kies bestehen, auf dem mindestens so viele Schneckengehäuse (Apfelschnecken) verteilt werden, wie ♀♀ gepflegt werden. Durch kleine Steinaufbauten und Pflanzengruppen sollten optische Reviergrenzen und weitere Versteckplätze für die ♀♀ geschaffen werden. Eine wirksame Filterung und wöchentlicher Teilwasserwechsel, der 1/4 des Beckeninhaltes umfaßt, sind für das Wohlbefinden der Fische unverzichtbar. Alle größeren Arten von Frostfutter (Artemia, Mysis, Mückenlarven) werden gern genommen.

Zucht: Eine Temperaturerhöhung auf 28 °C regt die Laichbereitschaft an. Laichwillige ♀♀ locken das ♂ in ihr Revier. Während das ♀ im Schneckenhaus die Eier anheftet, steht das ♂ davor, seine Spermien werden beim Herausschwimmen des ♀ ins Schneckenhaus gewirbelt und befruchten die Eier. Die Jungen schlüpfen bereits am nächsten Tag, 6 Tage später schwimmen die Jungfische zum ersten Mal aus dem Schneckenhaus. Für eine rationelle Zucht kann das Schneckengehäuse mit dem ♀ vor dem Freischwimmen der Jungen in ein kleines Aufzuchtbecken überführt werden. Der Jungfischschwarm wird noch einige Zeit vom ♀ betreut. Wird das ♀ schließlich ins Gemeinschaftsbecken zurückgesetzt, dann sollte sein Schneckenhaus wieder an den Entnahmeplatz zurückgelegt werden. Die Jungfische nehmen Cyclops-Nauplien, ergänzt durch Artemia-Nauplien und Mikrowürmchen, als Erstfutter an.

L. congoensis

Kongo-Grundcichlide

Vorkommen: Stromschnellen des Kongo. **Größe:** ♂ 15 cm, ♀ 10 cm. **GU:** Das ♂ besitzt goldglänzende Schuppen auf den Körperseiten und bildet im zuchtfähigen Alter einen Stirnbuckel aus. **Ansprüche:** Wasser 8–15 °dH, pH-Wert 6,5–7; Temperatur 23–26 °C. Die Fische sind für eine Wasserströmung dankbar, sie läßt sich am einfachsten in einem nur 25–30 cm hohen Becken ab 100 cm Länge mit Hilfe einer Motorpumpe realisieren. Diese Art sollte stets in einer Gruppe mit Weibchenüberzahl gepflegt werden. Das stärkste ♂ bildet einen Harem. Über die gesamte Fläche sollten mindestens so viele Höhlen und Unterstände in Steinaufbauten und Wurzeln angeboten werden, wie ♀♀ im Becken gepflegt werden. Es ist vorteilhaft, durch Bepflanzung und kleine Wurzelstücke die einzelnen Reviere optisch voneinander abzugrenzen. Grober Sand oder feiner Kies sind als Bodengrund geeignet. Der Sauerstoffbedarf der Art ist hoch, wenn irgend möglich, sollte der Teilwasserwechsel zweimal wöchentlich durchgeführt werden und 1/5 des Beckeninhalts umfassen. Bei wöchentlichem Abstand ist 1/3 zu wechseln. An das Futter werden keine spezifischen Anforderungen gestellt, für eine erfolgreiche Zucht sind Mückenlarven, frisch oder tiefgefroren, unerläßlich.

Zucht: Beim Verfasser wurden kleine Keramikvasen, die in Länge und Durchmesser gerade der Größe des ♂ entsprachen, allen anderen Höhlen vorgezogen. Das jeweils laichwillige ♀ lockt das ♂ in seine Höhle, wo an der Decke die Eiablage erfolgt. In Abhängigkeit von der Temperatur schlüpfen die Jungen nach 54–60 Stunden. Gelege, Brut und die 10 Tage nach der Eiablage freischwimmenden Jungfische werden ausschließlich vom ♀ betreut. Bei großen, gut ernährten ♀♀ kann die Zahl der Jungfische zwischen 80 und 100 liegen. Für eine gute Entwicklung der Jungfische sind vom ersten Lebenstage an Cyclops-Nauplien wichtig, die durch Artemia-Nauplien und Mikrowürmchen lediglich ergänzt werden sollten.

L. ocellatus

Kleiner Schneckenbarsch

Vorkommen: Tanganjikasee. **Größe:** ♂ 6 cm, ♀ 3,5 cm. **GU:** Die Geschlechter sind mit Sicherheit nur am Größenunterschied zu bestimmen. **Ansprüche:** Ein Becken von 50 cm Länge ist für die Haltung und Zucht dieser Art bereits ausreichend. Der Beckenboden muß aus feinem Sand bestehen, als Schneckenhäuser werden auch die von Apfelschnecken angenommen, wenn keine anderen zur Verfügung stehen. Die übrigen Ansprüche entsprechen denen von *L. callipterus.* Diese Art sollte paarweise gepflegt werden. Jedes Tier besetzt eine eigene Schnecke, die es nach seinen Vorstellungen so in den Sand einarbeitet, daß meist nur die Öffnung herausschaut.

Zucht: Das ♀ signalisiert durch Anstupsen dem ♂ seine Laichbereitschaft und verschwindet zur Eiablage im Schnekkenhaus. Das ♂ gibt die Spermien vor dem Schneckenhaus ab, sie werden beim Herausschwimmen des ♀ hineingewirbelt und befruchten das Gelege. Die bis zu 30 Jungen schlüpfen bereits 24 Stunden später, 6 Tage später verlassen die Jungfische zum ersten Mal mit dem ♀ die Höhle. Sie nehmen Cyclops- und Artemia-Nauplien als Erstfutter an.

L. ornatipinnis

Vorkommen: Sandflächen im Tanganjikasee sowie in Flüssen in Zaire und Tansania. **Größe:** ♂ 8 cm, ♀ 5 cm. **GU:** Außer der unterschiedlichen Größe sind die Geschlechter schwer unterscheidbar. **Ansprüche:** Die Art sollte nur paarweise gepflegt werden, dabei sind jedem Pärchen etwa 50 cm Beckenlänge als Revier zuzuordnen. Jedes Tier bezieht ein Schneckenhaus, das seiner Größe entsprechen muß. Als Bodengrund ist grober Sand zu wählen, Wasserwerte und weitere Ansprüche wie bei *L. callipterus* angegeben.

Zucht: Die Zucht verläuft weitgehend wie bei *L. ocellatus,* jedoch sollten Schneckengehäuse von einer Größe gewählt werden, die es dem ♂ ermöglichen, bis in den ersten Gang einzudringen. Die Jungfische verlassen meist erst nach dem 12. Tag das Schneckenhaus.

L. werneri

Werners Grundcichlide

Vorkommen: Stromschnellengebiet des Zaire. **Größe:** ♂ 12 cm, ♀ 6 cm. **GU:** Beim ♂ sind Rücken- und Afterflosse zugespitzt. **Ansprüche:** Becken ab 90 cm Länge; Wasser 10–20 °dH, pH-Wert 7,5–8; Temperatur 22–25 °C. Als Bodengrund ist Kies ohne scharfe Kanten geeignet, eine Bepflanzung mit robusten Pflanzen ist möglich. Der Sauerstoffbedarf der Art ist sehr hoch und muß durch eine starke Filterung oder kräftige Durchlüftung, durch die nach Möglichkeit eine Wasserströmung bewirkt werden sollte, befriedigt werden. Daneben ist regelmäßiger wöchentlicher Teilwasserwechsel, der 1/3 des Beckeninhalts umfassen sollte, für das Wohlbefinden und die Lebenserwartung der Fische von großer Bedeutung. Die Haltung im Harem hat sich bewährt, dabei können einem ♂ 2–4 ♀♀ beigegeben werden. Durch Steine und Wurzeln ist für ausreichend Versteckmöglichkeit zu sorgen. Zum vielseitigen Futterangebot sollten immer auch lebende oder tiefgefrorene Mückenlarven gehören.

Zucht: Der Ansatz einer Gruppe jungerwachsener Tiere im Artbecken mit vielen Höhlen bei guter Durchlüftung bringt die besten Ergebnisse. Abgelaicht wird in Höhlen, die Eizahl liegt zwischen 30 und 100. Gelege und Jungfische werden vom ♀ betreut. Bei einer Temperatur von 25 °C schlüpfen die Jungen nach 48 Stunden, 2 Tage später schwimmen die Jungfische frei und nehmen Rädertierchen als Erstfutter, neben Tümpelstaubfutter und feinperliger Durchlüftung ist die Aufzucht verhältnismäßig problemlos.

Langflossensalmler

→ *Brycinus longipinnis.*

Langflossiger Schleierkärpfling

→ *Pterolebias longipinnis.*

Längsbandziersalmler

→ *Nannostomus beckfordi.*

Längsbindenpanzerwels

→ *Corydoras bondi bondi.*

Lanzenharnischwels

→ *Rineloricaria lanceolata.*

La-Plata-Erdfresser

→ *Gymnogeophagus australis.*

Lasurwunderkärpfling

→ *Aphyosemion mirabile.*

Laternensalmler

→ *Hemigrammus ocellifer.*

Lavendelblauer Maulbrüter

→ *Iodotropheus sprengerae.*

Lehmgrundel

→ *Batanga lebretonis.*

Lennons Hochlandkärpfling

→ *Ilyodon lennoni.*

Leopardbärbling

→ *Brachydanio frankei.*

Leopardbuschfisch

→ *Ctenopoma acutirostre.*

Leopardpanzerwels

→ *Corydoras trilineatus.*

Leopolds Stachelrochen

→ *Potamotrygon leopoldi.*

Lepidarchus adonis

Adonissalmler
Familie: *Alestidae*

Vorkommen: Westafrika. **Größe:** 2 cm. **GU:** Das ♀ ist fast farblos, das ♂ besitzt auf Hinterkörper und Schwanzflosse rote Flecken. **Ansprüche:** Trotz seiner geringen Größe sollte man diesem reizvollen Zwerg ein Becken von mindestens 50 cm Länge zugestehen und ihn in einem Schwarm von 10–15 Tieren pflegen. Hartes Wasser verträgt er nicht, die besten Haltungserfolge hatten wir in Regenwasser, das über Torf gelaufen war und dem 1 g Natriumbikarbonat je 10 l zugesetzt wurde, um eine Karbonathärte von 2–3 °KH zu erreichen. Der pH-Wert sollte zwischen 6 und 6,9 liegen. Bei hohen Temperaturen wird der Adonissalmler hinfällig, am günstigsten sind Werte zwischen 22 und 25 °C. Seine afrikanische Heimat bietet mit Ausnahme von → *Ladigesia roloffi* oder → *Neolebias* kaum Partner, so daß man zur Gesellschaft auf kleine amerikanische Salmler oder kleine → *Rasbora*-Arten mit vergleichbaren Ansprüchen zurückgreifen muß. Gute Erfahrungen haben wir mit → *Hyphessobrycon amandae, Paracheirodon simulans* und *Rasbora axelrodi* gesammelt. Kleine → *Nannostomus* sind ebenfalls geeignete Partner. Das Becken sollte dicht bepflanzt sein und nicht zu hell beleuchtet werden. Eine schwache Filterung und wöchentlicher Teilwasserwechsel mit 10–20 % des Beckeninhaltes sind ausreichend.

Zucht: Die Art ist nicht sehr produktiv, für den Zuchtansatz reicht ein 5-Liter-Becken völlig aus. Abgelaicht wird zwischen feinfiedrigen Pflanzen oder locke-

Lepidarchus adonis, ♀ in der Bildmitte

rem Javamoos. Der Laich ist lichtempfindlich, die nach etwa 36 Stunden schlüpfenden Larven lichtscheu. Nach Herausfangen der Alttiere sollte das Zuchtbecken deshalb abgedunkelt werden. Erst ab dem 7. Tag nach dem Schlüpfen gehen die Jungfische auf Futtersuche. Von diesem Zeitpunkt an kann man die Verdunkelung um 1/3 zurücknehmen. Neben Tümpelstaub und Rädertierchen werden bereits auch frisch geschlüpfte Artemia-Nauplien angenommen.

Lepidiolamprologus

Eine Gattung meist schlanker, räuberisch lebender Buntbarsche der Familie *Cichlidae* aus dem Tanganjikasee. **Ansprüche:** Wasser 10–20 °dH, pH-Wert 7,4–8,5; Temperatur 23–26 °C. Obwohl die Arten dieser Gattung im natürlichen Lebensraum Fischfresser sind, können sie durchaus mit anderen, nicht zu kleinen Cichlidenarten aus dem Tanganjikasee gemeinsam gepflegt werden. Die Beckenlänge sollte dabei das 8–10fache der Körperlänge der größten gepflegten Art betragen und die Einrichtung zahlreiche Versteckplätze in Form von Höhlen und Spalten in Steinaufbauten bieten. Als Bepflanzung haben sich Anubias und Riesenvallisnerien bewährt. Wird in Gruppen gepflanzt, finden die Fische darin weitere Unterstellplätze. Ein regelmäßiger Teilwasserwechsel in wöchentlichem Turnus ist für das Wohlbefinden der Fische unerläßlich, dabei sollte bis zu 1/3 des Beckeninhaltes erneuert werden. Dem hohen Sauerstoffbedürfnis der Arten muß eine intensive Filterung Rechnung tragen. Da in den meisten Fällen für die Ernährung der Fische Futterfische nicht in ausreichendem Maße zur Verfügung stehen, ist als Ersatz Fischfilet anzubieten. Es kann ergänzt werden durch kleine Regenwürmer, Garnelen und Mückenlarven, auch tiefgefroren.

Zucht: Bei den Arten der Gattung, die bisher im Aquarium nachgezogen wurden, hat sich Paaransatz als optimale Variante erwiesen. Verstärkte Fütterung von Schwarzen Mückenlarven und eine Temperaturerhöhung auf 28 °C fördern die Laichbereitschaft. Als Laichplatz wird besonders gern eine auf den Bodengrund gelegte bauchige Keramikvase mit nicht zu weiter Öffnung angenommen. Hat man sich das Paar aus einer Gruppe heraus selbst finden lassen, dann müssen die anderen Artgenossen spätestens dann herausgefangen werden, wenn sich ein Paar für die Vase interessiert. Die meist großen Gelege werden an der Innenwand abgesetzt und vorwiegend vom ♀ betreut. Zwischen der 48. und 72. Stunde schlüpfen die Jungen. 4–5 Tage später schwimmen sie frei. Während der Gelege- und Brutpflege sollte man möglichst nicht mit den Händen in die Nähe der Höhle kommen, die Fische können schmerzhaft zubeißen! Als Erstfutter für die Jungfische sollten Cyclops-Nauplien und ausgesiebte kleine Cyclops angeboten werden, sie können durch Artemia-Nauplien und Mikrowürmchen ergänzt werden.

L. cunningtoni

Cunningtons Tanganjikabarsch

Größe: ♂ 25 cm, ♀ 10 cm. **GU:** Farblich keine Unterschiede erkennbar, sicherstes Unterscheidungsmerkmal ist die Größe. **Ansprüche:** Wie in der Gattungsbeschreibung angeführt. Beckenlänge nicht unter 150 cm, zumindest ein Teil des Bodengrundes sollte aus grobem Sand bestehen.

Zucht: Eine im Schutz von in Blumentöpfen gesetzten Pflanzen in den sandigen Bodengrund gedrückte Keramikvase wird als Laichplatz angenommen. Der Zuchtverlauf entspricht dem in der Gattungsbeschreibung angeführten.

L. elongatus

Größe: ♂ 20 cm, ♀ 12 cm. **GU:** Die Geschlechter sind nur an ihrer unterschiedlichen Größe sicher zu erkennen. **Ansprüche:** Beckenlänge nicht unter 130 cm, Bodengrund nicht zu grober Kies. Übrige Ansprüche wie in der Gattungsbeschreibung angegeben.

Zucht: Die Zucht ist nur im Paaransatz möglich und verläuft wie in der Gattungsbeschreibung angegeben.

L. nkambae

Nkamba-Tanganjikabarsch

Größe: 14 cm. **GU:** Das ♀ bleibt etwas kleiner als das ♂. **Ansprüche:** Becken ab 100 cm Länge sind zur Pflege eines Paares dieser prächtigen Art ausreichend. Übrige Ansprüche wie in der Gattungsbeschreibung angegeben.

Zucht: Die Zucht ist nur im Paaransatz möglich. Die Öffnung der als Ablaichplatz vorgesehenen Keramikvase sollte so eng sein, daß die Fische gerade hineinschlüpfen können. Der Zuchtverlauf entspricht dem in der Gattungsbeschreibung angeführten.

Leporinus (Hasenmaulsalmler)

Eine artenreiche Gattung der Familie *Anostomidae* aus Südamerika, deren Vertreter meist recht groß werden und nur für die Haltung in Becken ab 500 l Inhalt geeignet sind; Wasser 5–18 °dH, pH-Wert 6,5–7,2; Temperatur 22–26 °C. Als Bodengrund ist Kies geeignet, große und sparrige Wurzeln werden gern als Unterstand angenommen. Eine Bepflanzung ist bei den meisten Arten der Gattung kaum möglich, da jeder Neuaustrieb sofort verbissen wird. Eine kräftige Filterung, die eine Wasserströmung erzeugen sollte, sowie regelmäßiger wöchentlicher Teilwasserwechsel, der 1/4 des Beckeninhalts umfassen kann, sind wesentliche Voraussetzungen für das Wohlbefinden der Fische. Neben kräftiger und abwechslungsreicher tierischer Kost aller Art ist die Zufütterung pflanzlicher Nahrung (Salat, Obststückchen, Feinfrosterbsen usw.) unbedingt erforderlich.

Zucht: Obwohl gut ernährte, erwachsene ♀♀ reichlich Laich ansetzen, ist die erfolgreiche Nachzucht unter den Bedingungen eines Zimmeraquariums kaum möglich, da die Fische sehr stark treiben. Meist sind die ♀♀ die aktiveren Partner und treiben die ♂♂ so sehr, daß sich diese unter Wurzeln verkriechen oder aus dem Becken springen. Getriebene oder erschreckte Tiere können bis 1 m hoch senkrecht aus dem Wasser springen. So haben sich bisher Becken von 250 cm Länge als zu klein für eine erfolgreiche Zucht erwiesen, Versuche mit beheizten Freilandteichen stehen noch aus.

L. arcus

Rotkehl-Leporinus

Vorkommen: Venezuela, Guayana-Länder. **Größe:** 30 cm unter Aquarienbedingungen (1000-Liter-Becken). **GU:** Erst ab 18 cm Länge sind die fülliger wirkenden ♀♀ von den schlank bleibenden ♂ zu unterscheiden. Diese schöne Art wurde in den ver-

Leporinus arcus

gangenen Jahren häufig als Jungfisch angeboten. Sie ist ruhiger als die anderen Arten der Gattung und gut mit pflanzenfressenden Großsalmlern (→ *Metynnis*, → *Myleus* u. ä.) gemeinsam zu pflegen. Ansprüche wie in der Gattungsbeschreibung angegeben.

L. fasciatus

Gebänderter Leporinus, Schwarzringelsalmler

Vorkommen: Diese sehr attraktive Art ist mit mehreren Unterarten in den Nebenflüssen des Amazonas beheimatet. **Größe:** 30 (bis 50) cm. **GU:** Das ♂ bleibt etwas kleiner als das ♀, seine Afterflosse endet recht- bis spitzwinklig, die des ♀ ist abgerundet. **Ansprüche** und Zuchtaussichten sind wie in der Gattungsbeschreibung angegeben.

L. frederici

Hasenmaul

Vorkommen: Zuflüsse des unteren Amazonas. **Größe:** 30 cm. **GU:** Die Afterflosse des etwas kleineren ♂ endet spitzwinklig, zur Laichzeit sind seine Brust- und Bauchflossen kräftig orangerot gefärbt, die des ♀ sind zur gleichen Zeit lediglich gelblich getönt. Die Afterflosse des ♂ endet abgerundet. **Ansprüche** und Zuchtaussichten sind wie in der Gattungsbeschreibung angegeben.

L. maculatus

Gefleckter Leporinus

Vorkommen: Klare Bäche im Amazonasgebiet. **Größe:** 25 cm. **GU:** Das ♂ ist etwas kleiner und schlanker als das ♀, seine Fettflosse ist orangerot gefärbt, die des ♀ gelblich. **Ansprüche:** Diese Art zeigt ihre volle Farbigkeit und Fleckung nur bei optimalen Bedingungen. Wasser 3–5 °dH, pH-Wert 6–6,5, bei klarem, stark bewegtem und Torfextrakte enthaltendem Wasser, Buchenlaub als Bodenuntergrund und eine Schwimmpflanzendecke aus *Riccia* haben sich darüber hinaus gut bewährt, das Wohlbefinden der Fische zu erhöhen.

L. striatus

Gestreifter Leporinus

Vorkommen: Nördliches Südamerika. **Größe:** 15 cm. **GU:** Das ♂ bleibt kleiner und ist deutlich schlanker als das ♀. Die Afterflosse des ♂ ist zugespitzt, die des ♀ abgerundet. **Ansprüche:** Wie in der Gattungsbeschreibung angegeben.

Zucht: Wegen ihrer geringen Größe ist diese Art am besten zur Haltung und Zucht im Heimaquarium geeignet. Im Aquarium Erfurt laichte ein Paar im 1000-l-Becken frei über kiesigem Bodengrund in Gesellschaft anderer Arten der Gattung, das ♂ war wegen Überalterung jedoch nicht mehr befruchtungsfähig.

Leptobarbus hoevenii

Schlankbarbe, Siambarbe
Familie: *Cyprinidae*

Vorkommen: Thailand, Große Sundainseln. **Größe:** 30 cm, nur in sehr großen Becken auch darüber (bis 50 cm). **GU:** Geschlechtsunterschiede wurden bisher nicht beschrieben, denn Farbe und Flossenform sind in beiden Geschlechtern gleich. Nach Beobachtungen des Verfassers bei im Aquarium Erfurt gepflegten Tieren wachsen die ♀♀ ab 15 cm Körperlänge vor, der zu diesem Zeitpunkt erstmals auftretende Laichansatz läßt den Körper im Bauchbereich kantig erscheinen. Die ♂♂ bleiben kleiner und schlanker. **Ansprüche:** Die Beckenlänge für diese in der Jugend unscheinbare, erwachsen sehr ansprechend gefärbte Art sollte für die Haltung eines kleinen Schwarms nicht

Leporinus striatus, Paar

unter 150 cm Länge liegen; Wasser 5–12 °dH, pH-Wert 7; Temperatur 23–26 °C. Der Bodengrund sollte feinkörnig sein, eine Bepflanzung ist nur bei Jungfischen bis etwa 15 cm Größe mit robusteren Arten sinnvoll. Einige sparrige Wurzeln werden gern als Unterstand angenommen, daneben benötigen die Fische viel Schwimmraum. Neben kräftiger Filterung trägt regelmäßiger wöchentlicher Teilwasserwechsel, der 1/4 des Beckeninhalts umfaßt, zum Wohlbefinden bei. Neben kräftiger und abwechslungsreicher tierischer Nahrung ist pflanzliche Beikost unbedingt erforderlich, so werden Feinfrosterbsen sehr gern genommen.

Zucht: Über das Zuchtgeschehen liegen in der Literatur keine Angaben vor. Beim Verfasser laichten zum Zeitpunkt der Manuskriptabgabe drei Paare gemeinsam in ein kopfgroßes Knäuel Perlonwolle, welches für große → Barbusarten ins 1000-Liter-Gemeinschaftsbecken eingehängt worden war. Die ♀♀ hatten eine Größe von 15 cm, die ♂♂ eine von 13 cm. Die weit über 1000 abgegebenen Eier quollen innerhalb einer Stunde auf eine Größe von 3 mm auf.

Leptura-Maulbrüter

→ *Asprotilapia leptura.*

Leucaspius delineatus

Moderlieschen
Familie: *Cyprinidae*

Vorkommen: Eurasien vom Rhein bis zum Kaspisee. **Größe:** 9 cm. **GU:** Das ♂ ist kleiner und schlanker als das ♀. **Ansprüche:** Zur Haltung eines kleinen Schwarms dieses einheimischen Kaltwasserfisches ist ein Becken ab 80 cm Länge ausreichend; Wasser 12–18 °dH, pH-Wert um 7; Temperatur 10–20 °C, keinesfalls darüber. Über einen Bodengrund aus grobem Sand sind Kaltwasserpflanzen so in Büscheln zu pflanzen, daß dazwischen ausreichend Schwimmraum frei bleibt. Dem hohen Sauerstoffbedarf der Fische ist durch gute Filterung und Durchlüftung Rechnung zu tragen, am vorteilhaftesten ist ständiger Wasserdurchlauf. Ist dies nicht gegeben, so sollte mindestens einmal wöchentlich 1/3 des Wassers gewechselt werden. An die Ernährung werden keine besonderen Ansprüche gestellt.

Zucht: Die Zucht ist bei Schwarmansatz von 6–8 Tieren im Artbecken gut möglich. Das Zuchtbecken wird mit einem kleinen Schilfwurzelstock mit mehreren Seitensprossen ausgestattet. Die günstigste Zuchttemperatur liegt zwischen 18 und 21 °C. Die Eier werden beim Ablaichen ringförmig um die Schilfstengel gelegt und vom ♂ bewacht und betreut. Durch Anstoßen der Stengel sorgt das ♂ für die notwendige Wasserbewegung in der Umgebung des Geleges. Untersuchungen haben darüber hinaus ergeben, daß das Gelege vom ♂ mit einem bakterienhemmenden Sekret bestrichen wird. Nach dem Schlupf sollten die Alttiere entfernt werden, die Aufzucht der Jungfische ist problemlos, wenn durch eine gute Durchlüftung eine ständige Wasserbewegung abgesichert wird.

Leuchtenaugenfische

→ *Aplocheilichthys.*

Leuchtaugenkärpfling

→ *Priapella intermedia.*

Leuciscus idus

Aland, Goldorfe
Familie: *Cyprinidae*

Vorkommen: Europa vom Rhein bis zum Ural. Größe bis 80 cm. **GU:** Das ♂ ist schlanker als das ♀ und trägt zur Laichzeit einen pünktchenförmigen Laichausschlag. **Ansprüche:** Dieser einheimische Kaltwasserfisch kann als langsam wachsender Jungfisch 2–3 Jahre lang im unbeheizten Zimmeraquarium gehalten werden, dessen Länge etwa das 10fache der jeweiligen Körperlänge betragen sollte. Größere Tiere sind hervorragend für die Haltung in Freilandteichen geeignet; Wasser 10–15 °dH, pH-Wert 7–7,5; Temperatur 4–20 °C. Als Bodengrund ist feiner Kies geeignet, die Bepflanzung kann mit allen Kaltwasserpflanzen erfolgen und sollte so gestaltet sein, daß ausreichend freier Schwimmraum bleibt. Die Installation eines ständigen Wasserdurchlaufs ist günstig, ist dies nicht möglich, dann muß neben kräftiger Filterung und Durchlüftung regelmäßiger wöchentlicher Teilwasserwechsel erfolgen, der 1/3 des Beckeninhalts umfaßt. An die Ernährung stellen die Goldorfen als Allesfresser keine besonderen Anforderungen. Die Farbigkeit wird durch das Angebot natürlicher Träger roten Farbstoffs (Rote Mückenlarven, Rote Daphnien, angequollener oder gekochter Mais, Luzerneblättchen, unter Trockenfutter gemischter Edelsüßpaprika u. a.) günstig beeinflußt.

Zucht: Wegen der Größe der zuchtfähigen Tiere ist die Zucht unter Aquarienbedingungen nicht möglich, im Freilandteich laichen die Fische zwischen April und Juli.

Liberiaprachtkärpfling

→ *Roloffia liberiensis.*

Lifalilibuntbarsch

→ *Hemichromis lifalili.*

Likomamaulbrüter

→ *Placidochromis electra.*

Linienbarbe

→ *Barbus eugrammus.*

Liniendornwels

→ *Platydoras costatus.*

Linienkärpfling

→ *Fundulus lineolatus.*

Louesseprachtkärpfling

→ *Aphyosemion louessense.*

Lucania goodei

Rotschwanzkärpfling
Familie: *Cyprinodontidae*

Vorkommen: Florida. **Größe:** 6 cm. **GU:** Das ♂ ist intensiv gefärbt und besitzt eine rote Schwanzwurzelbasis, beim blasseren ♀ ist die Schwanzwurzelbasis weiß. **Ansprüche:** Wasser 10–15 °dH, pH-Wert 6,5–6,8; Temperatur 16–22 °C. Dieser schöne eierlegende Zahnkarpfen ist der ideale Fisch für unbeheizte Aquarien, er kann bei Temperaturen zwischen 12 und 16 °C problemlos überwintert werden. Er ist sehr schwimmfreudig und sollte in Becken nicht unter 60 cm Länge mit viel freiem Schwimmraum zwischen Pflanzengruppen gepflegt werden. Eine Vergesellschaftung sollte nur mit anderen lebhaften Arten erfolgen. Er liebt Altwasser und reagiert empfindlich auf zu große Frischwassergaben, wöchentlich sollte deshalb nicht mehr als 1/8 des Beckeninhaltes erneuert und dem Frischwasser ein Aufbereitungsmittel zugegeben werden. Als Bodengrund ist grober Sand mit Torfanteil am besten geeignet. Neben Mückenlarven werden gern auch auf die Wasseroberfläche gestreute Drosophila angenommen.

Zucht: Die Art gehört zu den Dauerlaichern, dabei werden etwa 5 Wochen lang täglich 3–6 Eier vom ♀ in feinfiedrige Pflanzen (*Myriophyllum*, Javamoos u. ä.) abgelegt, die Eier hängen an kurzen Fäden. Sehr häufig stellen die Alttiere den Eiern nach, so daß es empfehlenswert ist, sofort nach dem Ablaichen das Pflanzenbüschel in ein Aufzuchtbecken zu überführen und den Tieren ein neues anzubieten. Bei 22 °C schlüpfen die Jungfische nach 7 Tagen und nehmen Nauplien als Erstfutter an. Eine Pflege dieser Art im schattigen, kleinen Gartenteich ist gut möglich, wenn die Temperaturen nicht längerfristig 24 °C überschreiten.

Lülings Zwergbuntbarsch

→ *Apistogramma luelingi.*

L-Welse

Sammelbezeichnung für Harnischwelse der Familie *Loricariidae,* zu der die Unterfamilien *Hypostominae, Ancistrinae, Hypoptopomatinae* und *Loricariinae* gezählt werden. Sie beinhalten eine kaum noch überschaubare Zahl von Neuentdeckungen und Importen aus dieser großen Familie, die unter den verschiedensten Phantasienamen auf den Markt kamen. Um eine einheitliche Sprache für die meist wissenschaftlich noch nicht bestimmten Arten zu finden, wurde auf Vorschlag der deutschen Aquarienzeitschrift DATZ eine Numerierung für diese Arten eingeführt, die sogenannten L-Nummern. Damit wurde sichergestellt, daß alle Aquarianer und Ichthyologen im Handel und bei Publikationen jeweils die gleiche Art meinen. Die wichtigsten Gattungen, aus denen sich Welse mit L-Nummern rekrutieren, sind: → *Ancistrus, Baryancistrus, Cochliodon,* → *Chaetostoma, Glyptoperichthys (früher* → *Pterygoplichthys), Hemiancistrus, Hopliancistrus,* → *Hypancistrus, Lasiancistrus, Lithoxancistrus,* → *Panaque, Parancistrus,* → *Peckoltia, Pseudacanthicus, Pseudorinelepis,* → *Hypostomus* und *Scobinancistrus.*

M

Macrognathus aculeatus

Pfauenaugenstachelaal
Familie: *Mastacembelidae*

Vorkommen: Große Sundainseln und Indien bis Vietnam. **Größe:** Im Aquarium bis 25 cm, in der Natur bis 35 cm. **GU:** Das ♀ ist deutlich kräftiger als das ♂. *M.a.* kann mit dem selteneren → *Mastacembelus argus* verwechselt werden. Die wesentlichsten Unterschiede bestehen darin, daß *M.a.* eine geringere Zahl von Rückenstacheln (14–22, bei *Mastacembelus* 32–34) sowie eine geriffelte Unterseite des Schnauzenfortsatzes besitzt. Die Augenflecke an der Rückenflossenbasis sind deutlich ausgeprägt und stets hell umrandet, an der Basis der Schwanzflosse befindet sich ein weiterer Augenfleck, der bei *Mastacembelus argus* fehlt. **Ansprüche:** Bei Haltung mehrerer Tiere kommt es in zu kleinen Becken zu häufigen Auseinandersetzungen, die Beckenlänge sollte deshalb nicht unter 80 cm liegen, besser darüber. Eine Wasserhöhe von 30 cm ist ausreichend; Wasser 2–15 °dH, pH-Wert um 7; Temperatur 23–28 °C. Die Fische sind dämmerungs- und nachtaktiv und graben sich am Tage oft ein, der Bodengrund sollte deshalb feinkörnig und weich sein, ein Sand-Torf-Gemisch kommt den Bedürfnissen der Tiere am besten entgegen. In dunkel gehaltenen Becken sind die Tiere auch am Tage zu sehen, wenn dichte Bepflanzung und Wurzeln für Unterstand sorgen, eine Schwimmpflanzendecke zur Lichtdämpfung ist vorteilhaft. Zum Wohlbefinden tragen auch eine Filterung über Torf oder die Zugabe von Torfextraktstoffen bis zur bräunlichen Verfärbung des Wassers bei. An das Futter werden keine besonderen Anforderungen gestellt, doch sollten Mückenlarven in der Futterpalette besonders dann nicht fehlen, wenn Zuchtabsichten bestehen. Bei der gut möglichen Haltung im Gemeinschaftsbecken ist abends vor dem Ausschalten des Lichts nachzufüttern. Verletzungen in scharfkantigem Bodengrund oder nach Auseinandersetzungen heilen vor allem in belastetem Wasser oft schwer aus. Eine regelmäßige prophylaktische Zugabe von 10 g Koch- oder Seesalz je 10 l Wasser erhöht deutlich die Widerstandsfähigkeit der Fischhaut, auch gegenüber infektiösen Hauträubern.

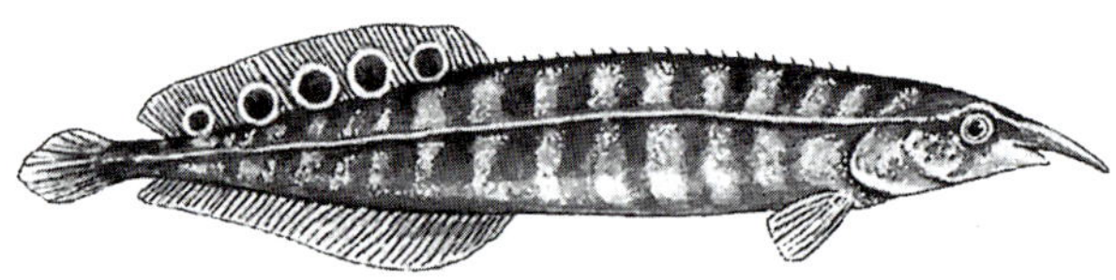

Macrognathus aculeatus

Zucht: Die Zucht ist auch ohne hormonelle Beeinflussung bereits gelungen, bei gut ernährten Tieren tritt die Geschlechtsreife etwa ab 15 cm Körperlänge ein. Laichreife ♀♀ sind bei fallendem Luftdruck nach einem größeren Wasserwechsel auch tagsüber häufiger umherschwimmend zu sehen. Die Laichabgabe erfolgt häufig in den Morgenstunden in oder über Javamoospolstern oder dichten *Riccia*-Beständen. Meist merkt man jedoch erst am dünnergewordenen ♀, daß die Tiere abgelaicht haben und entdeckt mit einigem Glück die 3 Tage später geschlüpften Jungen in den Pflanzen hängend. Es ist zu empfehlen, diese Pflanzen vorsichtig in ein flaches Aufzuchtbecken zu überführen, in dem die Jungfische nach weiteren 3 Tagen mit ruckartigen Bewegungen freizuschwimmen beginnen. Als Erstfutter werden Artemia-Nauplien angenommen, die Fütterung muß häufig, jedoch in kleinen Portionen erfolgen, da Wasserverunreinigung durch sich zersetzende Futterreste zum Verlust der Jungfische führt. Neben dem beschriebenen unkontrollierten Ablaichen liegen bei *M.a.* und der nahe verwandten Gattung *Mastacembelus* Beobachtungen vor, daß die Paare während des Wasserwechsels beim Zulauf des Frischwassers spontan am Frischwasserstrahl ablaichten.

Macropodus (Makropoden)

Eine Gattung von Labyrinthfischen der Familie *Belontiidae* mit drei aquaristisch eingeführten Arten. **Ansprüche:** Makropoden sind ausdauernde und relativ anspruchslose Fische, die bei Wasserraten zwischen 5 und 25 °dH Härte und pH-Werten zwischen 6 und 7,8 gut zu halten sind. Die Pflege von mehr als einem Paar ist jedoch nur in größeren Becken möglich, in denen jedes ♂ ein Revier bilden kann, für einzelne Paare sind Becken ab 60 cm Länge ausreichend, dabei braucht der Wasserstand nicht höher als 25 cm zu sein. Die Beschaffenheit des Bodengrunds ist ohne Bedeutung, die Bepflanzung mit nicht zu zarten Arten sollte in Gruppen erfolgen, zwischen denen ausreichend Schwimmraum bleibt. Eine Schwimmpflanzendecke, die bis zur Hälfte die Oberfläche bedeckt, ist vorteilhaft, dabei bieten langwurzlige Schwimmfarne bedrängten ♀♀ den besten Schutz. Eine mäßige Filterung ist ausreichend, der Teilwasserwechsel kann im Abstand von 14 Tagen durchgeführt werden und sollte dann 1/4 des Beckeninhalts umfassen. An die Art des Futters stellen Makropoden keine besonderen Ansprüche, große und farblich intensive Tiere sind jedoch ohne abwechslungsreiches Lebendfutter kaum zu erzielen.

Zucht: Alle Arten der Gattung sind Schaumnestbauer, der Zuchtansatz erfolgt paarweise. Eine Trennung der Geschlechter vor der Zucht führt meist bereits in den ersten 2 Tagen nach dem Zusammensetzen zum Zuchterfolg. Eine Wasserhöhe von 20–25 cm im Zuchtbecken ist ausreichend und sollte nicht überschritten werden, bei wenig laichwilligen Tieren kann ein Absenken auf 15 cm Wasserhöhe die Fortpflanzungsbreitschaft erhöhen. Das Nest wird stets vom ♂ aufgebaut und unter oder zwischen Schwimmpflanzen, manchmal unter Verwendung von Pflanzenteilen angelegt. Nach reizvollem Liebesspiel, bei dem die Fische ihre prächtigste Farbe zeigen, werden in mehreren Paarungen die Eier abgegeben, dabei umschlingt das ♂ das ♀. Die Eier werden vom ♂ gesammelt und in das Schaumnest gespuckt. In kleinen Becken wird nach dem Ablaichen das ♀ herausgefangen, da es sonst vom ♂ stark gejagt und oft verletzt wird. Das ♂ betreut das Gelege und die meist bereits nach 24 Stunden schlüpfenden Jungen durch ständiges Umbetten im Schaumnest. Zwei Tage nach dem Schlüpfen beginnen die Jungfische nach Futter zu suchen, als Erstfutter ist feinstes Staubfutter erforderlich, ersatzweise kann Eierkuchenmehl oder anderes durch ein feines Sieb geriebenes Trockenfutter gegeben werden, um wenigstens einen Teil des umfangreichen Geleges aufziehen zu können. Mit regelmäßigem Teilwasserwechsel und nicht zu hohen Temperaturen werden kräftige und gesunde Tiere erzielt. Die leider noch oft praktizierte »Dampfzüchterei« mit hohen Aufzuchttemperaturen führt zwar schnell zur Verkaufsgröße, diese Tiere sind dann jedoch besonders krankheitsanfällig (besonders gegen Fischtuberkulose) und erreichen nie die artspezifische mögliche volle Größe.

Macropodus concolor, »gähnend«

M. chinensis *(M. ocellatus)*

Rundschwanzmakropode

Vorkommen: Korea und östliches China. **Größe:** ♂ 8 cm, ♀ 6 cm. **GU:** Beim ♂ ragen die Spitzen von Rücken- und Afterflosse über die Schwanzflosse hinaus, es ist intensiver gefärbt als das ♀. **Ansprüche:** Temperatur 15–22 °C, höchstens im Sommer kurzzeitig darüber. Eine kühle Überwinterung erhöht die Widerstandsfähigkeit und Lebenserwartung der Fische, sie sollte bei Temperaturen zwischen 8 und 15 °C erfolgen. Die übrigen Ansprüche sind wie in der Gattungsbeschreibung angegeben.

Zucht: Der Zuchtverlauf entspricht dem in der Gattungsbeschreibung angegebenen. Die Zuchttemperatur kann zwischen 28 und 30 °C liegen, eine Wasserhöhe zwischen 5 und 10 cm im Zuchtbecken ist ausreichend. *M.c.* ist die am wenigsten produktive Art der Gattung, das Schaumnest wird oft sehr liederlich gebaut. Die Aufzucht der Jungfische bei einer Temperatur nicht über 24 °C erfolgt wie in der Gattungsbeschreibung angegeben.

M. concolor

Schwarzer Makropode

Herkunft und Artstatus sind umstritten, vermutlich Südchina und Vietnam. **Größe:** ♂ 12 cm, ♀ 8 cm. **GU:** Rücken- und Afterflosse beim ♂ lang und spitz ausgezogen. **Ansprüche:** *M.c.* ist ein für das Gemeinschaftsbecken gut geeigneter Makropode, der nur in der Laichzeit etwas aggressiv werden kann. Die Temperatur sollte zwischen 20 und 26 °C liegen, die Wasserhärte möglichst 20 °dH nicht überschreiten, die übrigen Ansprüche gleichen den in der Gattungsbeschreibung angegebenen.

Zucht: Bei Temperaturen zwischen 26 und 30 °C und in sehr weichem Wasser sind die Nachzuchtergebnisse am besten, die Zucht ist jedoch auch in härterem Wasser noch möglich. Zuchtverlauf und Aufzucht entsprechen den in der Gattungsbeschreibung angeführten Grundsätzen.

Macropodus chinensis

M. opercularis

Paradiesfisch, Makropode

Vorkommen: China, Korea, Vietnam. **Größe:** ♂ 11 cm, ♀ 8 cm. **GU:** Die Flossen des ♂ sind großflächiger und länger ausgezogen als beim ♀. **Ansprüche:** Der Paradiesfisch ist nach dem Goldfisch die älteste Aquarienfischart (1869 in Europa eingeführt) und besitzt inzwischen Haustiercharakter, der ihn zur anpassungsfähigsten Makropodenart macht. Er kann noch bei 30 °dH Wasserhärte und pH-Werten bis 8 gehalten und gezüchtet werden. Mit einer Temperaturtoleranz von 16–26 °C ist er nicht nur für das unbeheizte Zimmeraquarium, sondern ebensogut für sommerliche Haltung im Freiland geeignet. Als Besatz für das leider wieder in Mode kommende nostalgische Kugelbecken der Nichtaquarianer ist der Paradiesfisch weit eher geeignet als der bedauernswerte Goldfisch. Inzwischen sind vom Paradiesfisch sowohl eine helle Form (rote Streifen auf rosa Körpergrundfarbe) als auch eine hellblaue Form im Angebot. Für eine artgerechte Haltung gelten die in der Gattungsbeschreibung angeführten Grundsätze.

Zucht: Die günstigste Zuchttemperatur liegt zwischen 25 und 28 °C. Das Schaumnest ist meist sehr groß, die Art kann sehr produktiv sein, mehr als 500 Eier sind bei großen Paaren keine Seltenheit. Der Zuchtverlauf entspricht dem in der Gattungsbeschreibung angegebenen. Der Paradiesfisch gehört inzwischen zu den Aquarienfischarten, die in Größe und Farbe auf Ausstellungen bewertet werden. Für die planmäßige Zucht hin zum Ausstellungstier sollten nur die größten und farblich intensivsten Tiere mit gleichmäßig ausgebildeter Streifung verpaart werden. Durch Aufzucht bei niedrigen Temperaturen wird erreicht, daß zuerst ein großer und kräftiger Körper ausgebildet wird und das Flossenwachstum danach erfolgt. »Dampfzüchterei« bei hohen Temperaturen hat frühes Flossenwachstum auf zwergenhaftem Körper zur Folge.

Madagaskarährenfisch

→ *Bedotia geayi.*

Madrashechtling

→ *Aplocheilus blockii.*

Mafiaprachtgrundkärpfling

→ *Nothobranchius korthausae.*

Makropode

→ *Macropodus opercularis.*

Malabarbärbling

→ *Danio aequipinnatus.*

Macropodus opercularis

Malawiblaubarsch

→ *Pseudotropheus zebra.*

Malawiprachtmaulbrüter

→ *Pseudotropheus lombardoi.*

Malawischmalbarsch

→ *Pseudotropheus elongatus.*

Malayische Flugbarbe

→ *Esomus malayensis.*

Managuabuntbarsch

→ *Parapetenia managuense.*

Madagaskarbuntbarsch

→ *Paratilapia polleni.*

Maravichromis mola

Maulbrüter der Familie *Cichlidae* aus dem Malawisee. **Größe:** 17 cm. **GU:** Das ♂ ist farbenprächtiger als das ♀. Stirn, Nacken und Kiemendeckel leuchten intensiv blau, beim ♀ ist lediglich ein kleiner blauer Kiemendeckelfleck ausgebildet. **Ansprüche:** Wasser 10–20 °dH, pH-Wert 7,5–8,5; Temperatur 24–26 °C. Für die Pflege dieser wenig aggressiven Art in Gemeinschaft mit vergleichbaren Haplochrominen des Malawisees sollte ein Becken von nicht weniger als 140 cm Länge gewählt werden, dessen Bodengrund aus grobem Sand besteht. Besonders wohl fühlen sich die Fische, wenn 1/3 des Beckens mit langblättrigen Pflanzen, wie Riesenvallisnerien, *Echinodorus usteriana* u. ä. bepflanzt ist, zwischen denen sie sich aufhalten können. Einige Steinaufbauten mit Versteckplätzen sollten die Beckeneinrichtung ergänzen. Eine kräftige Filterung muß für stets klares und sauerstoffreiches Wasser sorgen. Eine gut florierende Apfelschneckenzucht ist Voraussetzung dafür, die auf Schneckennahrung spezialisierten Fische artgerecht ernähren zu können, daneben werden Garnelen, frisch und tiefgefroren, kleine Regenwürmer, Rinderherzwürfel und als Ergänzung Futtertabletten angenommen. Regelmäßiger wöchentlicher Teilwasserwechsel, der 1/3 des Beckeninhaltes umfaßt, hält die Wasserbelastung in Grenzen.

Zucht: Eine Temperaturerhöhung auf 28 °C erhöht die Laichbereitschaft der Fische. Für die Eiablage wird ein Platz am Rande des Pflanzenbestandes ausgewählt, in den sich das ♀ während der 21 Tage dauernden Maulbrutzeit zurückzieht. Die Befruchtung der Eier, die sofort nach der Ablage vom ♀ aufgenommen werden, vollzieht sich nach der Eifleckmethode (siehe → *Cyrtocara*).

Marcusenius macrolepidotus

Großschuppiger Nilhecht
Familie: *Mormyridae*

Vorkommen: Südliches Ostafrika. **Größe:** 20 cm, nur in sehr großen Becken bis 25 cm groß werdend. **GU:** Die Geschlechter sind äußerlich nicht zu unterscheiden. **Ansprü-**

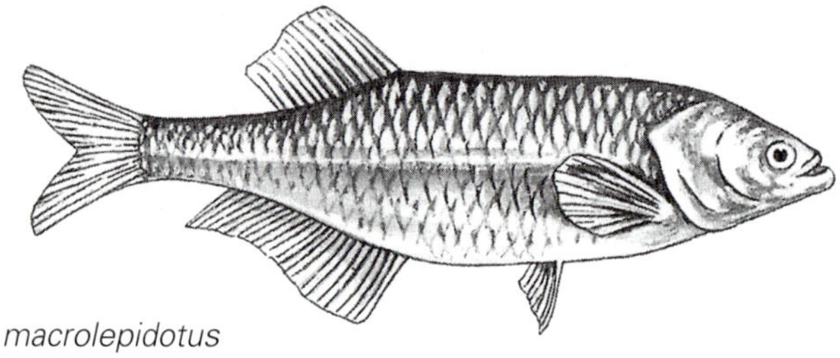

Marcusenius macrolepidotus

che: Die Beckenlänge sollte sich an der Zahl der zu haltenden Tiere orientieren, dabei wird für jedes Tier ein Revier von mindestens 50 cm Durchmesser vorgesehen. *M.m.* ist wie die anderen gelegentlich importierten Arten der Gattung dämmerungs- und nachtaktiv und befähigt, schwache elektrische Stromstöße zur Orientierung auszusenden, die in zu kleinen Becken zu Störungen beim Zusammenleben der Tiere führen können; Wasser 5–10 °dH, pH-Wert um 7; Temperatur 23–26 °C. Der Bodengrund sollte feinkörnig sein, ein Sand-Torf-Gemisch hat sich bewährt. Eine dichte, den Boden beschattende Bepflanzung und zahlreiche Unterstände unter Wurzeln tragen zum Wohlbefinden der Fische bei, zusätzlich können Schwimmpflanzen zur Dämpfung des Lichts beitragen. In solchen Becken sind die Fische auch am Tage gelegentlich aktiv. Von Zeit zu Zeit ist eine schwache nächtliche Beleuchtung als Mondscheinsimulation empfehlenswert. Auf belastetes Wasser reagieren die Nilhechte empfindlich, eine kräftige Filterung und regelmäßiger wöchentlicher Teilwasserwechsel, der 1/4 des Beckeninhalts umfaßt, sind deshalb wichtige Voraussetzungen, um die Tiere lange am Leben zu erhalten. Eine Vergesellschaftung mit Oberflächenfischen (Hechtlinge oder → *Pantodon*) ist gut möglich. Als Futter kommt vorwiegend nicht zu großes Lebendfutter in Betracht, bei Haltung im Artbecken sollte abends gefüttert werden.

Zucht: Die Schwierigkeiten für eine erfolgreiche Nachzucht liegen neben der Schwierigkeit, die Geschlechter zu unterscheiden, darin, daß bei der deshalb notwendigen Gruppenhaltung der für die Revierbildung und Ausbildung der Rangordnung notwendige Platz nicht gegeben ist. Jungfische tauchten deshalb bisher nur in Großaquarien auf, in denen zufällig ein Paar gemeinsam gepflegt wurde.

Marienbuntbarsch

→ *Tilapia mariae.*

Marmorierter Beilbauchfisch

→ *Carnegiella strigata strigata.*

Marmorierter Ohrgitterharnischwels

→ *Otocinclus maculipinnis.*

Marmorierter Panzerwels

→ *Corydoras paleatus.*

Marmorierter Prachtkärpfling

→ *Aphyosemion marmoratum.*

Marmorierter Stachelrochen

→ *Potamotrygon hystrix.*

Maronibuntbarsch

→ *Cleithracara maronii.*

Martiniquebachling

→ *Rivulus cryptocallus.*

Maskenbuntbarsch

→ *Chalinochromis brichardi.*

Mastacembelus (Stachelaale)

Eine Gattung von Fischen mit aalförmiger Gestalt und verlängerter Schnauze der Familie *Mastacembeliadae,* die dämmerungs- und nachtaktiv sind und sich tagsüber meist im Bodengrund eingraben. Um Verletzungen auszuschließen, sollte der Bodengrund feinkörnig und ohne scharfe Kanten sein, am günstigsten ist eine Mischung von Sand und Torf. Wasser 5–15 °dH, pH-Wert um 7; Temperatur 23–28 °C. Für die Bepflanzung sind festwurzelnde Arten zu wählen, vorteilhafter vor allem bei der Pflege größerer Arten der Gattung ist die Pflanzung in Töpfe, die mit flachen Steinen abgedeckt werden. Neben Wurzelverstecken werden gern selbst senkrechtstehende Bambusrohre als Tagesverstecke benutzt. Bei stark gedämpftem Licht sind die Tiere auch am Tag auf Futtersuche zu sehen, eine Schwimmpflanzendecke ist empfehlenswert. Werden Stachelaale in helleren Gemeinschaftsbecken gepflegt, so muß abends vor dem Ausschalten des Lichts nachgefüttert werden, an die Zusammensetzung des Futters werden keine besonderen Ansprüche gestellt, für den Laichansatz sind jedoch Mückenlarven und anderes Lebendfutter unverzichtbar.

Zucht: Die Zucht einiger Arten ist bisher nur wenigen Spezialisten oder zufällig gelungen, wobei einfallendes Licht der ersten Morgensonnenstrahlen die Laichbereitschaft auszulösen scheint. Abgelaicht wird in oder an Pflanzenbüscheln oder Javamoos in Bodennähe oder zwischen dicken Polstern von *Riccia* an der Oberfläche flacher Becken. Bei 25 °C schlüpfen die Jungen nach 60 Stunden, 4 Tage später schwimmen die Jungfische frei und nehmen Artemia-Nauplien als Erstfutter an. Die Jungfische halten sich anfangs zwischen Pflanzen auf und gehen erst ab etwa 3 cm Länge zum Bodenleben über. Besonders in den ersten 3 Lebenswochen reagieren die Jungfische empfindlich auf zu reichliche Futtergaben und die damit verbundenen Verunreinigungen des Bodengrundes. Die Geschlechtsreife tritt im Alter von einem Jahr ein.

M. argus

Augenfleckstachelaal

Vorkommen: Thailand. **Größe:** 30–35 cm. Diese auch in ihrer Heimat seltene Art wurde nur gelegentlich importiert, die unter diesem Namen angebotenen Tiere sind meist → *Macrognathus aculeatus,* die Unterschiede sind unter diesem Stichwort beschrieben. **GU:** Das ♀ wird etwas größer und wirkt deutlich voller als das ♂. **Ansprüche:** Becken ab 90 cm Länge mit vielen Versteckplätzen, die übrigen Ansprüche sind wie in der Gattungsbeschreibung angegeben.

Zucht: Über eine erfolgreiche Zucht ist noch nichts bekannt.

M. armatus

Riesenstachelaal

Vorkommen: Sumatra und Sri Lanka sowie von Indien bis Südchina mit zwei Unterarten weit verbreitet. **Größe:** 50 (bis 70) cm. **GU:** Das ♀ wird deutlich größer und wirkt fülliger als das ♂. **Ansprüche:** Becken ab 100 cm Länge. Als Versteckplätze werden sehr gern Tonröhren ange-

Mastacembelus circumcinctus

nommen, die von mehreren Tieren gemeinsam genutzt werden, trotzdem sollte für jedes Tier ein eigenes Versteck zwischen Wurzeln vorhanden sein. Bei importierten Tieren unbekannter Herkunft kann bei auftretenden Hauttrübungen oder bei Verletzungen der Zusatz von 15g Seesalz je 10 l Wasser schnelle Hilfe bringen, ebenso bei der Hälterung in sehr weichem Wasser. Ihrer Größe entsprechend, benötigen die Fische kräftigeres Futter, erwachsene Tiere vergreifen sich auch an kleineren Fischen. Eine Vergesellschaftung mit größeren Labyrinthfischen und Barben ist nach eigenen Erfahrungen jedoch sehr gut möglich. Die übrigen Ansprüche sind wie in der Gattungsbeschreibung angegeben.

Zucht: Bisher konnte die Art nur einmal durch hormonelle Stimulation zur Laichabgabe ohne Aufzuchtergebnis gebracht werden.

M. circumcinctus

Gürtelstachelaal

Vorkommen: Südostthailand. **Größe:** 16 cm. **GU:** Die Geschlechter sind kaum zu unterscheiden, das ♀ wird geringfügig größer und ist am Laichansatz zu erkennen. **Ansprüche:** Ein Becken ab 70 cm Länge ist für die Haltung dieser kleinen und sehr friedlichen Art bereits ausreichend. Von den Fischen ist jedoch auch in dunkleren Becken tagsüber kaum mehr als die Schnauzenspitze zu sehen, die aus dem Bodengrund ragt. Dieser sollte sehr weich sein und Torfanteil enthalten. Die übrigen Ansprüche sind wie in der Gattungsbeschreibung angegeben.

Zucht: Eine Zucht ist vermutlich noch nicht gelungen.

M. erythrotaenia

Rotstreifenstachelaal, Feueraal

Vorkommen: Burma, Thailand, Sumatra, Borneo. **Größe:** 50 cm und darüber. **GU:** Das ♀ ist etwas größer als das ♂. **Ansprüche:** Diese farbenprächtige Art scheint die empfindlichste der Gattung zu sein, bei der jede Hautverletzung zu großflächigen und schwer heilbaren Entzündungen führt. Der Zusatz von 20g Seesalz auf 10 l Wasser erhöht die Widerstandsfähigkeit der Fische. Der Bodengrund sollte möglichst nur aus Torf bestehen, und für den Bau von Versteckplätzen abgerundeten Steinen und weichen Wurzeln der Vorzug gegeben werden. Die übrigen Ansprüche können der Gattungsbeschreibung entnommen werden, die Beckenlänge sollte dabei 120 cm nicht unterschreiten, eine Beckenhöhe von 30 cm ist auch bei großen Tieren ausreichend. Kleinere Tiere werden mit Kleinkrebsen und Mückenlarven gut ernährt, ab 50 cm Länge ist die Zufütterung von Regenwürmern und Guppys angeraten.

Zucht: Die Zucht ist bisher nur durch hormonelle Stimulation (Hypophysierung) gelungen, dabei erwiesen sich die Fische als sehr produktiv.

Maulbrütender Kampffisch

→ *Betta pugnax.*

Maulbrüter

1. → *Cyrtocara.*– **2.** → *Haplochromis.*–**3.** → *Iodotropheus.*– **4.** → *Labidochromis.*– **5.** → *Melanochromis.*– **6.** → *Oreochromis.*– **7.** → *Petrotilapia.*– **8.** → *Pseudocrenilabrus.*– **9.** → *Pseudosimochromis.*– **10.** → *Pseudotropheus.*

Mausschmerle

→ *Botia morleti.*

Meels Schneckenbarsch

→ *Neolamprologus meeli.*

Megalamphodus (Phantomsalmler)

Südamerikanische Salmler aus der Unterfamilie *Tetragonopterinae* der Familie *Characidae.* Phantomsalmler sind farblich attraktive und friedliche Schwarmfische, die bei Einhaltung der jeweils artspezifischen Anforderungen in jedem Gesellschaftsbecken gut zu pflegen sind. Für die Haltung eines Schwarms ab 10 Tieren ist eine Beckenlänge ab 60 cm ausreichend. An das Futter werden keine besonderen Ansprüche gestellt, zur Zuchtvorbereitung kann allerdings auf Mückenlarven kaum verzichtet werden. Der Bodengrund sollte aus nicht zu hellem, feinkörnigem Kies bestehen. Torfanteil im Bodengrund ist bei allen Arten der Gattung von Vorteil. Die Bepflanzung ist mit allen Arten möglich, sie sollte genügend Schwimmraum frei lassen. Die Farben der Fische kommen bei gedämpftem Licht am besten zur Wirkung, es sollte daher mindestens ein Teil des Beckens mit Schwimmpflanzen bedeckt sein.

In der Zucht gehören Phantomsalmler nicht unbedingt zu den Anfängerfischen, sie ist bei Beachtung der bei den einzelnen Arten unterschiedlichen Ansprüche jedoch möglich. Der Zuchtansatz erfolgt in einem Becken von 50 cm Länge ohne Bodengrund, das mit Büscheln feinfiedriger Pflanzen oder Dederonwolle ausgestattet ist; es wird ein Paar angesetzt. Häufig ist es erforderlich, durch Partnertausch die zusammen harmonierenden Tiere herauszufinden. Paare, die einmal zusammen abgelaicht haben, tun dies willig immer wieder. Dunkler Stand des Beckens ist eine der wichtigsten Voraussetzungen für den Zuchterfolg. Nach dem Ablaichen, das frei zwischen oder über dem Laichsubstrat erfolgt, werden die Alttiere herausgefangen, dabei ist darauf zu achten, daß die Eier nicht zu sehr aufgewirbelt werden, da sich dies negativ auf das Schlupfergebnis auswirken kann. Während der Laichentwicklung muß die Temperatur konstantgehalten und der Laich vor jedem Lichteinfall geschützt werden. Die Jungen schlüpfen nach 24–30 Stunden, liegen meist noch 4 Tage auf dem Boden und hängen sich anschließend noch einige Zeit an den dunkelsten Stellen des Beckens an Scheiben oder Pflanzen. Die Einwirkung von direktem Sonnenlicht auf die Jungfische in dieser Phase wirkt tödlich. Nach dem Freischwimmen bewegen sich die Jungfische vorrangig in Bodennähe, die Bodenscheibe muß peinlichst saubergehalten werden. Als Erstfutter werden bereits Artemia-Nauplien angenommen. In allen Phasen der Aufzucht ist peinliche Sauberkeit äußerst wichtig, sie muß durch regelmäßigen Teilwasserwechsel ergänzt werden.

M. megalopterus

Schwarzer Phantomsalmler

Vorkommen: Quellgebiet des Rio San Francisco in Zentralbrasilien. **Größe:** 4,5 cm. **GU:** Die Körperfarbe des ♂ ist rauchgrau, die Flossen sind einfarbig schwarz. Beim ♀ sind Brust- und Afterflossen rot, der Körper ist rötlich überhaucht. **Ansprüche:** Wasser 1–10 °dH, nach Eingewöhnung bis 18 °dH, pH-Wert 6–6,8, nach Eingewöhnung bis 7,5 möglich; Temperatur 22–28 °C, nicht darunter. Die übrigen Ansprüche entsprechen der Gattungsbeschreibung.

Zucht: Eine erfolgreiche Zucht ist nur in sehr weichem Wasser möglich, das bei

Megalamphodus megalopterus

0 °dH in der Karbonathärte unter 4 °KH liegen sollte, dabei sollte der pH-Wert zwischen 5,5 und 6 liegen. Tiere, die in Wasser mit höheren Werten gehalten werden, sind allmählich auf die Zuchtwasserwerte umzustellen. Die Absenkung von Wasserhärte und pH-Wert wirkt in den meisten Fällen stimulierend auf die Laichbereitschaft. Zuchtverlauf sowie die Anforderungen an die äußeren und hygienischen Bedingungen entsprechen den in der Gattungsbeschreibung genannten. Die günstigsten Zucht- und Aufzuchttemperaturen liegen zwischen 27 und 30 °C.

M. roseus

Gelber Phantomsalmler

Vorkommen: Flußgebiet des Rio Maroni in Guayana. **Größe:** 3 cm. **GU:** Das ♂ ist etwas kleiner und schlanker als das ♀, sein Schulterfleck ist etwas kleiner. Während der vordere Rumpfbereich des ♀ ein kräftiges Gelb zeigt, ist das ♂ in diesem Bereich mehr orange gefärbt. **Ansprüche:** Diese gegenwärtig noch seltene Neueinführung ist nach Eingewöhnung noch in Wasser bis zu 30 °dH und einem pH-Wert bis 7,8 gut zu halten. Unter diesen Extrembedingungen ist sie jedoch gegen Wasserverunreinigungen und Nitratbelastung sehr empfindlich, die Filterung sollte deshalb unbedingt über Torf erfolgen. Die optimalen Werte liegen bei 2–12 °dH und pH-Werten zwischen 6 und 6,8; Temperatur 23–27 °C. Bei der Haltung im Gemeinschaftsbecken muß in der Auswahl der Beifische die geringe Größe der Art berücksichtigt werden, die übrigen Ansprüche gleichen den in der Gattungsbeschreibung angeführten.

Zucht: Bei Wasserwerten unter 4 °dH, pH-Werten zwischen 6 und 6,5 und einer Temperatur zwischen 26 und 28 °C entspricht der Zuchtverlauf dem in der Gattungsbeschreibung angegebenen, die Lichtempfindlichkeit ist dabei nicht ganz so groß wie bei den anderen Arten der Gattung.

M. sweglesi

Roter Phantomsalmler

Vorkommen: Kolumbien. **Größe:** 4 cm. **GU:** Die abgerundete Rückenflosse des ♀ besitzt eine weiße Zeichnung, die der verlängerten Rückenflosse des ♂ fehlt. **Ansprüche:** Wasser 2–8 °dH (bis 20 °dH möglich), pH-Wert 5,5–6 (bis 7,5 möglich); Temperatur 20–23 °C, nicht längerzeitig darüber, denn Temperaturen über 24 °C lassen die Fische schnell hinfällig werden.

Megalamphodus sweglesi

Zucht: Als Zuchttemperatur sollten 20–22 °C eingehalten werden, höhere Temperaturen machen die Fische träge und bringen kaum Erfolg. Die Schlupfergebnisse sind noch bei einer Wasserhärte von 3 °dH zufriedenstellend, der pH-Wert muß allerdings in jedem Fall zwischen 5,5 und 6 liegen. Zuchtbedingungen, Zuchtverlauf und Aufzucht entsprechen den in der Gattungsbeschreibung genannten Regeln.

Neben den genannten drei Arten wird sich mit Sicherheit eine prächtig rot gefärbte, als Prachtphantomsalmler bezeichnete Form in den kommenden Jahren verbreiten, von der bisher nicht bekannt ist, ob es sich um eine neue Art oder eine neue Zuchtform handelt.

Melanochromis

Eine Gattung maulbrütender Buntbarsche der Familie *Cichlidae* aus dem Malawisee mit meist schlankem Körper. **Ansprüche:** Die Haltung der meisten Arten der Gattung im Harem von einem ♂ und 2–4 ♀♀ hat sich bewährt, dabei sind Becken ab 120 cm Länge ausreichend; Wasser 8–18 °dH, pH-Wert 7,3–8,5; Temperatur 24–26 °C. Der Bodengrund sollte feinkörnig sein. Neben Wurzeln müssen größere Steinaufbauten mit zahlreichen Höhlen und Spalten ausreichend Versteckplätze für die Einzeltiere bieten. Eine Bepflanzung mit robusteren Arten, vor allem Vallisnerien, ist gut möglich. Neben einer kräftigen Filterung trägt regelmäßiger wöchentlicher Teilwasserwechsel, der 1/4 des Beckeninhalts umfassen sollte, wesentlich zum Wohlbefinden der Fische bei. Die Fütterung muß kräftig und abwechslungsreich sein und vor allem während der Zucht Mückenlarven enthalten.

Zucht: Die Eiablage erfolgt bei Temperaturen zwischen 25 und 28 °C auf Steinen oder in Gruben. Die Eier werden vom ♀ ins Maul genommen und dort nach der Eifleckmethode (→ *Cyrtocara*) befruchtet. Wenn ausreichend Versteckmöglichkeiten vorhanden sind, kann das ♀ bis kurz vor Ende der Maulbrutzeit im Gemeinschaftsbecken belassen werden. Bei einer konstanten Temperatur von 26 °C während der Brutzeit verlassen die Jungfische das Maul nach 20 Tagen. Einen Tag vorher sollte das ♀ vorsichtig herausgefangen und in ein Aufzuchtbecken überführt werden, das einen auf die Seite gelegten Blumentopf oder ein ähnliches Versteck enthält. Die Jungfische werden nach dem Verlassen des Mauls nur wenige Tage von der Mutter betreut, diese kann deshalb bald in das Gemeinschaftsbecken zurückgesetzt werden. Artemia-Nauplien und Tümpelfutter entsprechender Größe werden von den Jungfischen als Erstfutter angenommen. Bei guter Fütterung und häufigem Teilwasserwechsel wachsen die Jungfische der meisten Arten der Gattung zügig.

M. auratus

Türkisgoldbarsch

Größe: ♂ 12–15 cm, ♀ 10 cm. **GU:** Die Grundfarbe des ♂ ist grauschwarz mit zwei türkisfarbenen Längsstreifen, die des ♀ goldgelb mit drei schwarzen Längsstreifen. **Ansprüche** wie in der Gattungsbeschreibung angegeben.

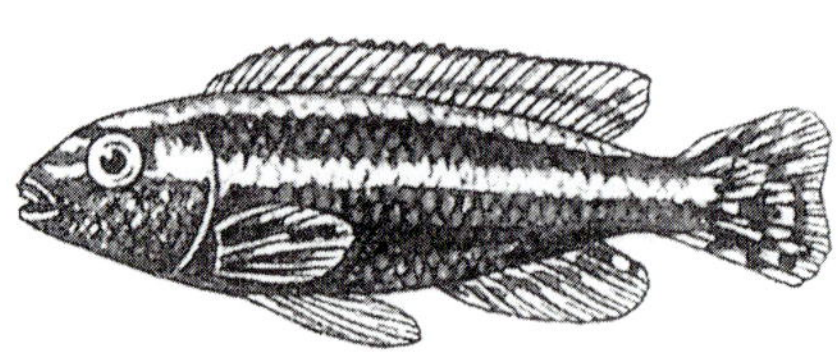

Melanochromis auratus, ♂

Zucht: Zu einem ♂ sollten mindestens 4 ♀♀ gesellt werden, der Zuchtverlauf entspricht dem in der Gattungsbeschreibung angegebenen. Die Jungfische werden meist noch eine Woche nach Verlassen des Mauls vom ♀ betreut. Die Brutdauer beträgt 21–25 Tage.

M. brevis

Rotbrauner Maulbrüter

Größe: ♂ 12 cm, ♀ 10 cm. **GU:** Das ♂ ist intensiver gefärbt und besitzt deutlich sichtbare Eiflecke, beim ♀ fehlen diese oder sind nur schwach angedeutet. **Ansprüche:** Die Ansprüche gleichen den in der Gattungsbeschreibung angegebenen. Die Qualität des Futters beeinflußt die Färbung, ohne ständiges Angebot von Kleinkrebsen bleiben die Fische blaß.

Zucht: Der Zuchtverlauf entspricht dem in der Gattungsbeschreibung angegebenen, die Maulbrutdauer beträgt 21–24 Tage, die Jungfische nehmen bereits ausgesiebte kleine Cyclops als Erstfutter an.

M. chipokae

Chipokamaulbrüter

Größe: ♂ 14 cm, ♀ 12 cm. **GU:** Das ♂ ist tief dunkelblau gefärbt und besitzt zwei hellblaue Längsbinden sowie Eiflecken auf der Afterflosse, das ♀ besitzt zwei schwarze Längsbinden auf gelbem bis graugelbem Grund. **Ansprüche:** Die Art vergreift sich nicht an Pflanzen, die Bepflanzung ist deshalb auch mit zarteren Arten möglich. Die übrigen Ansprüche entsprechen der Gattungsbeschreibung. *M.c.* ist ein echter Raubfisch, der kleinere Fische frißt, eine Vergesellschaftung ist nur mit annähernd gleichgroßen Fischen möglich.

Zucht: Die Zucht entspricht der in der Gattungsbeschreibung angegebenen.

Melanochromis chipokae, ♂

M. crabro

Chamäleonmaulbrüter

Größe: ♂ 14 cm, ♀ etwas kleiner. **GU:** Im Jugendkleid sind beide Geschlechter einheitlich leuchtendgelb gefärbt und haben senkrecht dunkelbraune Binden. Mit Eintritt der Geschlechtsreife färben sich die ♀♀ in ein schmutziges Gelbbraun die ♂♂ in Grauschwarz um. **Ansprüche** und **Zucht** sind wie in der Gattungsbeschreibung angegeben.

M. joanjohnsonae (exasperatus)

Perle von Likoma

Größe: 8 cm. **GU:** Das ♂ ist blau gefärbt und trägt stimmungsabhängig mehrere senkrechte Binden sowie immer Eiflecken auf der Afterflosse. Das ♀ trägt auf grüngrauem Grund mehrere unterbrochene orangefarbene und metallisch blau glänzende schmale Längslinien. **Ansprüche:** *M.j.* ist Aufwuchsfresser wie die Arten von → *Labidochromis* und wird deshalb manchmal in diese Gattung gestellt. Durch intensive Beleuchtung des Beckens muß für reichlich Algenaufwuchs gesorgt werden. Trotz ihrer geringen Größe benötigen die ♂♂ große Reviere, die Beckengröße sollte deshalb auch bei dieser Art nicht unter 100 cm Länge liegen. Die übrigen Ansprüche entsprechen der Gattungsbeschreibung.

Zucht: Der Zuchtverlauf entspricht dem in der Gattungsbeschreibung angegebenen, für eine gesunde Entwicklung der Jungfische ist die Bereitstellung von Algenaufwuchs zum Abweiden von großer Bedeutung.

Melanochromis joanjohnsonae

M. johanni

Kobaltorangebuntbarsch

Größe: ♂ 12 cm, ♀ 9 cm. Das ♂ trägt auf schwarzer Grundfarbe kobaltblaue Längsbinden und Eiflecken auf der Afterflosse, das ♀ ist einheitlich gelborange gefärbt. **Ansprüche:** Die Fische zeigen ihre prächtige Färbung nur in Wasser mit den in der Gattungsbeschreibung genannten Werten, je mehr davon bei der Haltung abgewichen wird, desto mehr verblassen die Farben.

Zucht: Der Ansatz erfolgt mit einem ♂ und mindestens 3 ♀♀, der Zuchtverlauf ist wie in der Gattungsbeschreibung angegeben, gute ♀♀ betreuen die Jungfische bis zu einer Woche nach dem Freilassen aus dem Maul.

M. labrosus

Wulstlippenbuntbarsch

Diese Art wurde erst 1989 mit der Neuordnung der Malawisee-Haplochrominen durch Eccles & Trewavas in diese Gattung eingeordnet, was wegen des vom Gattungstypus völlig abweichenden Zeichnungsmusters nicht unumstritten ist.

Größe: 20 cm. **GU:** Bei erwachsenen ♂♂ treten am Kopf Blautöne auf, die dem ♀ fehlen, die Eiflecken auf der Afterflosse des ♂ sind intensiver gefärbt als beim ♀. **Ansprüche** und **Zucht** sind wie in der Gattungsbeschreibung angegeben. Algenaufwuchs wird gern nach Kleinlebewesen durchstöbert. Jedem ♂ sind 2–3 ♀♀ zuzugeben, die Maulbrutdauer beträgt bei 26 °C 20 Tage.

M. melanopterus

Schwarzflossenmaulbrüter

Größe: 13 cm. **GU:** Das ♂ besitzt auf graubrauner Grundfarbe zwei grünliche Längsbinden sowie Eiflecken auf der Afterflosse. Die Grundfärbung des ♀ ist heller, seine Längsstreifen sind schwarz. **Ansprüche:** Wie in der Gattungsbeschreibung angegeben.

Zucht: Der Zuchtverlauf ist wie in der Gattungsbeschreibung angegeben, eine Betreuung der Jungfische nach dem Verlassen des Mauls findet nur in seltenen Fällen statt.

M. parallelus

Schwarzweißer Maulbrüter

Größe: ♂ 12 cm, ♀ 9 cm. **GU:** Das ♂ trägt auf schwarzer Grundfarbe zwei tiefblaue Längsstreifen und besitzt Eiflecken in der Afterflosse. Das ♀ hat auf schmutzigweißer Grundfarbe zwei tiefschwarze Längsbinden.

Ansprüche und Zuchtverlauf sind wie in der Gattungsbeschreibung angegeben, eine Betreuung der Jungfische nach dem Verlassen des Mauls findet nicht statt.

M. vermivorus

Stahlblauer Maulbrüter

Größe: ♂ 5 cm, ♀ 12 cm. **GU:** Beim ♂ verlaufen auf tiefschwarzer Grundfarbe zwei unterschiedlich breite stahlblaue Längsbinden, die Afterflosse trägt Eiflecken. Das ♀ besitzt auf graubrauner bis graugelber Grundfarbe zwei schwarze Längsstreifen.

Ansprüche und **Zucht** entsprechen der Gattungsbeschreibung. Haltung und Zuchtansatz sollten nur im Harem erfolgen.

Melanotaenia (Regenbogenfische)

Eine artenreiche Gattung von Schwarmfischen der Familie *Melanotaeniidae* mit Verbreitungsschwerpunkt in Australien und Neuguinea. **Ansprüche:** Regenbogenfische sollten immer im Schwarm nicht unter 10 Tieren gehalten werden und in Becken, die etwa das 10fache der Körperlänge der jeweiligen Art lang sind. Eine Wasserhöhe von 30 cm ist bei allen Arten ausreichend; Wasser 10–20 °dH, pH-Wert 7–8; Temperatur je nach Herkunft der Art 20–30 °C. Über hellem Boden wirken viele Arten blaß, der Bodengrund sollte daher dunkel und feinkörnig sein. Pflanzen werden nicht behelligt, bewährt hat sich eine lockere Bepflanzung mit einigen Pflanzendickichten, zwischen denen ausreichend Schwimmraum frei bleibt. Gute Filterung und Durchlüftung sowie regelmäßiger Teilwasserwechsel im Abstand von 14 Tagen tragen sehr zum Wohlbefinden bei. Für den Wasserwechsel ist abgestandenes, gut durchlüftetes Wasser zu verwenden, denn vor allem auf Chlor reagieren einige Arten empfindlich. Alle Arten der Gattung lieben kräftiges und abwechslungsreiches Lebendfutter, können über eine kurze Zeit jedoch auch mit Trockenfutter ernährt werden. Für die Vorbereitung zur Zucht wirkt sich Anflugnahrung (Schaben, Blattläuse u. a. Kleininsekten) sowohl auf Laichbereitschaft als auch auf die Produktivität spürbar förderlich aus.

Zucht: Alle Arten der Gattung sind Dauerlaicher mit mehreren Laichperioden im Jahr. Paaransatz ist möglich, doch wird dem Schwarmansatz der Vorzug gegeben. Als Ausstattung des Zuchtbeckens genügen einige Büschel feinfiedriger Pflanzen, zwischen denen die Fische ablaichen. Die Eier hängen an kurzen Fäden wie Weihnachtsbaumschmuck in den Pflanzen und sind lichtempfindlich. Es ist deshalb vorteilhaft, eine Hälfte des Zuchtbeckens etwas abzudunkeln, keinesfalls das gesamte Becken, denn vor allem die ersten Morgensonnenstrahlen lösen die Laichbereitschaft auch bei schwierigen Arten aus. Die Embryonalentwicklung ist an der Ausbildung der Augen in den glasklaren Eiern gut zu verfolgen. Die Alttiere stellen den Eiern nicht nach, dennoch ist es besser, nach spätestens 10 Tagen die Alttiere herauszufangen und das Becken bis zum Freischwimmen der ersten Jungfische dunkelzuhalten. In Abhängigkeit von der Temperatur schlüpfen die Jungen nach 6–10 Tagen, 2 Tage später schwimmen die Jungfische frei und benötigen feines Staubfutter als Erstfutter. Der Einsatz von Zuchtpantoffeltierchen ist möglich, die Aufzuchtergebnisse sind dabei jedoch etwas niedriger. Bei ausreichender Fütterung und regelmäßigem Teilwasserwechsel mit abgestandenem Frischwasser ist die Aufzucht problemlos. In Einzugsbereichen mit belastetem Wasser tritt bei Jungfischen gelegentlich Flossenfäule auf, durch Zugabe von einem Eßlöffel Salz auf 10 l Wasser kann vorgebeugt und behandelt werden.

M. boesemani

Boesemans Regenbogenfisch, Prachtregenbogenfisch

Vorkommen: Neuguinea. **Größe:** ♂ 10 cm, ♀ 8 cm. **GU:** Das ♂ ist in der Färbung intensiver, in der Körperform hochrückiger als das ♀. **Ansprüche:** Wasser 7–15 °dH, pH-Wert 6,5–7,2; Temperatur 26–30 °C, nicht darunter. Die übrigen Ansprüche entsprechen der Gattungsbeschreibung.

Zucht: Die günstigste Zimmertemperatur liegt zwischen 28 und 30 °C, der Zuchtverlauf entspricht dem in der Gattungsbe-

Melanotaenia boesemani, oben ♀

Melanotaenia fluviatilis, ♀

schreibung angegebenen. Ihre prächtige Färbung erreichen die Fische erst im zwölften Lebensmonat.

M. fluviatilis

Perlmutterregenbogenfisch

Vorkommen: Südostaustralien. **Größe:** ♂ 10 cm, ♀ 8 cm. **GU:** Beide Geschlechter besitzen den arttypischen kirschroten Kiemendeckelfleck. Das ♂ ist intensiver gefärbt, besonders während der Laichzeit sind seine unpaaren Flossen intensiv schwarz gesäumt, die des ♀ farblos.

Ansprüche und Zuchtverlauf sind wie in der Gattungsbeschreibung angegeben.

M. lacustris

Aquamarin-Regenbogenfisch

Vorkommen: Kutubu-See in Papua-Neuguinea. **Größe:** 10 cm. **GU:** Die etwas hochrückigeren, intensiver blauen ♂♂ zeigen bei der Balz einen leuchtend gelben Nackenstreifen. Diese prächtige, leicht zu pflegende und zu züchtende Art muß in unseren Aquarien mit großer Aufmerksamkeit erhalten werden, da ihr begrenzter natürlicher Lebensraum durch Entdeckung von Ölvorkommen am Kutubu-See kurz vor der Vernichtung steht!

Ansprüche und **Zucht** wie in der Gattungsbeschreibung angegeben.

M. maccullochi

Zwergregenbogenfisch

Vorkommen: Papua-Neuguinea und Nordostaustralien. **Größe:** 7 cm. **GU:** Der zentrale Teil der Schwanzflosse ist beim ♂ intensiv rot, beim ♀ gelborange gefärbt. **Ansprüche:** Diese bisher am weitesten verbreitete Art der Gattung ist sehr anpassungsfähig im Temperaturbereich von 20–25 °C, die Wasserhärte sollte jedoch nicht unter 10 °dH liegen. *M.m.* ist für einen sonnigen Stand des Beckens besonders dankbar und zeigt darin seine beste Farbe.

Zucht: Bei Temperaturen zwischen 24 und 26 °C ist die Zucht in fast jedem Wasser möglich, bei mehr als 20 °dH sind jedoch die Schlupfergebnisse nicht mehr befriedigend. Der Zuchtverlauf entspricht dem in der Gattungsbeschreibung angegebenen.

Melanotaenia maccullochi

M. nigrans

Großer Regenbogenfisch, Schwarzbandregenbogenfisch

Vorkommen: Südwestpapua, Nordaustralien. **Größe:** ♂ 8 cm, ♀ 6,5 cm. **GU:** Die für die Art charakteristische schwarze Längsbinde ist beim ♂ kräftiger gefärbt, seine Flossen sind gelb, beim ♀ fast farblos. **Ansprüche:** Die Art ist bei Temperaturen zwischen 19 und 24 °C zu halten, beim Wasserwechsel sollte ein Temperaturabfall jedoch vermieden werden, sonst erfolgt die Haltung wie in der Gattungsbeschreibung angegeben.

Melanotaenia nigrans

Zucht: Der Zuchtverlauf entspricht bei Temperaturen von 24 bis 26 °C dem in der Gattungsbeschreibung angegebenen.

M. praecox

Neon-Regenbogenfisch, Diamant-Regenbogenfisch

Vorkommen: Irian Jaya, Mamberamofluß. **Größe:** 6 cm. **GU:** Die Flossen des ♂ sind kräftig rot, die des ♀ gelborange gefärbt. **Ansprüche:** Unter den zahlreichen neuen Melanotaenia-Arten, die im vergangenen

Jahrzehnt nach Europa kamen, war diese von Heiko Bleher 1992 gefangene Art eine echte Sensation. Bei Haltung im Schwarm in Aquarien ab 80 cm Länge, die gut bepflanzt und nicht zu hell beleuchtet sein sollten, bringen die Tiere eine Farbigkeit, die ihresgleichen sucht. Die günstigsten Wasserwerte liegen um 10 °dH, einem pH-Wert um 7 und Temperaturen zwischen 22 und 25 °C. Anhaltend höhere Temperaturen verkürzen die Lebenserwartung. Anflugnahrung wird sehr gern genommen, die übrigen Ansprüche gleichen den in der Gattungsbeschreibung angeführten.

Zucht: Das Aquarium Erfurt war unter den ersten, die diesen Fisch erfolgreich und in großen Stückzahlen vermehrten. Bewährt hat sich der Schwarmansatz. In Wasser mit einer Härte unter 10 °dH sind die Schlupfergebnisse am höchsten. Die Art ist nicht ganz so produktiv wie die größeren Vertreter dieser Gattung, der Zuchtverlauf und die Aufzucht der Jungfische erfolgen in der in der Gattungsbeschreibung angegebenen Weise. Die Geschlechter lassen sich bereits bei Jungfischen von 10 mm Länge an der unterschiedlichen Flossenfärbung gut unterscheiden.

M. splendida rubrostriata

Rotstreifenregenbogenfisch

Vorkommen: Papua-Neuguinea. **Größe:** ♂ 14 cm, ♀ 8 cm. **GU:** Das ♂ ist wesentlich kleiner und unscheinbar gefärbt. **Ansprüche:** Temperatur 24–28 °C, sonst wie in der Gattungsbeschreibung angegeben.

Zucht: Der Zuchtverlauf entspricht dem in der Gattungsbeschreibung angeführten.

Melanotaenia splendida rubrostriata

Melanotaenia trifasciata, ♂

Neben den genannten Unterarten von *M. splendida* sind inzwischen weitere in die internationale Aquaristik eingeführt.

M. trifasciata

Juwelenregenbogenfisch

Vorkommen: Mit verschiedenen Fundortformen, die sich farblich sehr unterscheiden, über das nördliche Australien weit verbreitet. **Größe:** ♂ 12 cm, ♀ 9 cm. **GU:** Die ♂♂ aller Varietäten sind farblich intensiver als die ♀♀ und hochrückiger. **Ansprüche:** Die Anforderungen an die Wasserhärte sind bei den einzelnen Fundortformen unterschiedlich; die bei uns inzwischen eingeführte rote Form scheint weicheres Wasser zu bevorzugen, kann aber bis 20 °dH gut gehalten werden. Die günstigsten Temperaturen liegen zwischen 25 und 30 °C. Um die prächtigen Farben voll zur Entfaltung zu bringen, ist die Haltung über dunklem Bodengrund, möglichst Basalt, Vorbedingung. Übrige Ansprüche wie in der Gattungsbeschreibung angegeben.

Zucht: Die Laichbereitschaft dieser Art wird durch einen umfangreicheren Teilwasserwechsel stark stimuliert. Die Zucht ist problemlos und verläuft nach den in der Gattungsbeschreibung angeführten Grundsätzen. Bei Temperaturen über 28 °C schlüpfen die Jungen meist bereits nach 6 Tagen.

Mesonauta festiva

Flaggenbuntbarsch
Familie: *Cichlidae*

Vorkommen: Stromgebiet des Amazonas. **Größe:** 15 cm. **GU:** Die Geschlechter sind äußerlich schwer unterscheidbar, erst bei erwachsenen ♂♂ sind Rücken- und Afterflosse etwas länger ausgezogen als beim ♀. Die Genitalpapille ist beim ♂ kurz und spitz, beim ♀ etwas länger und stumpf. **Ansprüche:** Beckenlänge nicht unter 100 cm; Wasser 2–12 °dH, pH-Wert 6,5–7; Temperatur 23–25 °C. Als Bodengrund ist nicht zu heller Kies zu verwenden, auf dem einige flache Steine liegen sollten. Zwischen dichter Bepflanzung, für welche robustere Arten eingesetzt werden, fühlen sich die Fische wohl. Daneben müssen Wurzeln und Steinaufbauten mit vielen Höhlen als Versteckmöglichkeiten angeboten werden, vor allem wenn eine Gruppe jungerwachsener Tiere zum Zweck der

Mesonauta festiva, Jungtier

Paarbildung gehalten wird. Flaggenbuntbarsche sind empfindlich gegen organisch und chemisch belastetes Wasser. Eine kräftige Filterung und regelmäßiges Absaugen des Mulms mit Teilwasserwechsel sind deshalb wichtige Voraussetzungen, die Fische gesundzuerhalten. Eine abwechslungsreiche und kräftige Ernährung mit Lebend- oder Frostfutter ist vor allem dann wichtig, wenn die Fische zur Fortpflanzung gebracht werden sollen.

Zucht: Die Zucht ist noch immer nicht ganz einfach und erfordert aquaristisches Fingerspitzengefühl. Wichtige Voraussetzung ist ein zusammen harmonierendes Paar, das sich aus einer kleinen Gruppe gefunden haben sollte. Torfgefiltertes, bernsteingelbes, jedoch klares Wasser mit einer Härte unter 5 °dH bei einem pH-Wert von 6,5 sowie Temperaturen zwischen 25 und 28 °C erhöhen die Erfolgsaussichten. Zur Ausstattung des Zuchtbeckens sollten neben flachen Steinen einige großblättrige Pflanzen *(Echinodorus)* gehören. Das Becken darf nicht zu hell sein, alle Störungen müssen nach Einsetzen der Fische vermieden werden. Die Eier werden offen auf Steinen oder Blättern auf Stellen abgelegt, die vorher intensiv von den Fischen geputzt wurden. Beide Eltern betreuen Gelege und Jungbrut, die Jungen werden nach dem Schlupf meist an der Unterseite von Blättern angeheftet und nach dem Freischwimmen von beiden Eltern geführt. Der Schlupf der Brut erfolgt zwischen dem 3. und 4. Tag nach dem Ablaichen, nach weiteren 4 Tagen, wenn der Dottersack aufgezehrt ist, schwimmen die Jungfische frei und nehmen Rädertierchen und Artemia-Nauplien als Erstfutter an. Das Überführen des Geleges am zweiten Tag in eine gut durchlüftete Aufzuchtschale ist möglich, der natürlichen Aufzucht sollte jedoch von jedem Aquarianer der Vorzug gegeben werden. Für eine gesunde und verlustarme Aufzucht ist peinlichste Sauberkeit im Zuchtbecken Vorbedingung. Der Bodengrund ist regelmäßig von Futterresten zu säubern. Für den Teilwasserwechsel ist in der ersten Zeit die Einhaltung der Wasserwerte sehr wichtig.

Messerbuntbarsch

→ *Dimidiochromis compressiceps.*

Messerkärpfling

→ *Alfaro cultratus.*

Messingbarbe

→ *Barbus semifasciolatus.*

Messingmaulbrüter

→ *Pseudocrenilabrus philander dispersus.*

Messingtetra

→ *Hyphessobrycon bifasciatus.*

Metabuntbarsch

→ *Aequidens metae.*

Metallkärpfling

→ *Girardinus metallicus.*

Metallpanzerwelse

→ *Corydoras aeneus.*

Metapanzerwels

→ *Corydoras metae.*

Metynnis (Scheibensalmler)

Eine Gattung meist größerer und scheibenförmiger Schwarmfische aus der Familie *Serrasalmidae* (Sägesalmler) mit vorwiegend pflanzlichen Nahrungsansprüchen. Die Geschlechter sind relativ gut an der Form der Afterflosse zu unterscheiden: Während diese beim ♀ fast gleichmäßig breit und höchstens am vorderen Ende leicht zugespitzt ist, zeigt sie beim ♂ Ausbuchtungen oder Verlängerungen, die fast sichelförmig verlaufen. **Ansprüche:** Scheibensalmler sollten immer im kleinen Schwarm in einem Becken gepflegt werden, dessen Länge nicht unter 120 cm beträgt; Wasser 5–12 °dH, pH-Wert 5,5–7; Temperatur 23–28 °C. Über dunklem Kies, möglichst Basalt, als Bodengrund wirken die Fische weniger blaß, als Unterstand und Versteckplätze sind sperrige Wurzeln einzubringen. Eine Bepflanzung ist nicht möglich, außer *Riccia* werden alle Pflanzen früher oder später gefressen. Ein dichtes *Riccia*-Polster zur Lichtdämpfung ist notwendig, denn in zu hellem Becken bleiben die Fische scheu und schreckhaft. Neben dem regelmäßigen Angebot von Lebend- und Frostfutter müssen den Tieren täglich ausreichend pflanzliche Futtermittel geboten werden, darunter Salat, Spinat, Vogelmiere, aber auch Haferflocken und Feinfrosterbsen werden gern genommen. Eine kräftige Filterung, gute Durchlüftung und Zusatz von Torfextrakt bei der häufig notwendig werdenden Teilerneuerung des Wassers tragen dazu bei, organische Belastung des Wassers und Infusorientrübung zu verhüten, auf welche die Fische empfindlich reagieren.

Zucht: Die Zucht ist mit allen Arten der Gattung in ausreichend großen Becken grundsätzlich möglich. Bei Paaransatz wird ein deutlich laichvolles ♀ mit einem besonders intensiv gefärbten und damit laichbereiten ♂ in ein langgestrecktes, 30 cm hohes Becken gesetzt, dessen Wasser dem des Hälterungsbeckens gleicht. Am folgenden Tag wird die Hälfte dieses Wassers durch Zuchtwasser ersetzt, das wesentlich weicher ist und im pH-Wert etwas niedriger liegt als das Ausgangswasser. Dabei wird die Temperatur auf 26–28 °C erhöht und konstant gehalten. Das Zuchtbecken wird mit *Riccia* und langwurzeligen Schwimmpflanzen besetzt und einen Tag lang ohne Licht gelassen. Wird am darauffolgenden Tag die Beleuchtung eingeschaltet, so beginnen die Tiere meist sofort mit dem Ablaichen zwischen den Schwimmpflanzen. Die Eier fallen zu Boden und werden von den Fischen kaum beachtet. Gut vorbereitete ♀♀ können sehr produktiv sein. Nach dem Ablaichen werden die Alttiere herausgefangen und die Eier vor direktem Lichteinfall geschützt. Die Jungen schlüpfen nach 72 Stunden, 4–5 Tage später schwimmen die Jungfische frei und nehmen Artemia-Nauplien und Cyclops-Nauplien als Erstfutter an. Bei häufiger Fütterung und regelmäßigem Teilwasserwechsel verläuft das Wachstum sehr zügig, ab dem 6. Lebensmonat kann bereits die Größe der Alttiere erreicht sein. Unter den gleichen Bedingungen ist auch der Ansatz eines ♀ mit 2 ♂♂ oder eines kleinen Schwarms aus 3 Paaren möglich und erfolgversprechend.

M. argenteus

Silberdollar, Silberner Scheibensalmler

Vorkommen: Guayana und Nebenflüsse des mittleren Amazonas. **Größe:** 14 cm.

GU: Die Afterflosse des ♂ ist vorn spitz ausgezogen und rötlich, bei laichbereiten ♂♂ färben sich Kehle und Brust rötlich bis rot.

Ansprüche und Zuchtmöglichkeit wie in der Gattungsbeschreibung angegeben.

M. hypsauchen

Dickkopfscheibensalmler

Vorkommen: Guayana, Amazonasbecken und Flußgebiet des Paraguayflusses. **Größe:** 14 cm. **GU:** Die Afterflosse des ♂ ist spitz ausgezogen und mehr oder weniger intensiv schwarz und rot gesäumt, die des ♀ meist farblos.

Ansprüche und Zuchtmöglichkeiten wie in der Gattungsbeschreibung angegeben.

M. lippincottianus

Gefleckter Scheibensalmler, Roosevelts Scheibensalmler

Vorkommen: Amazonasbecken. **Größe:** 15 cm. **GU:** Beim ♂ ist der Saum der Afterflosse ausgebuchtet, dieser verläuft beim ♀ fast gerade. **Ansprüche:** Wie in der Gattungsbeschreibung angegeben.

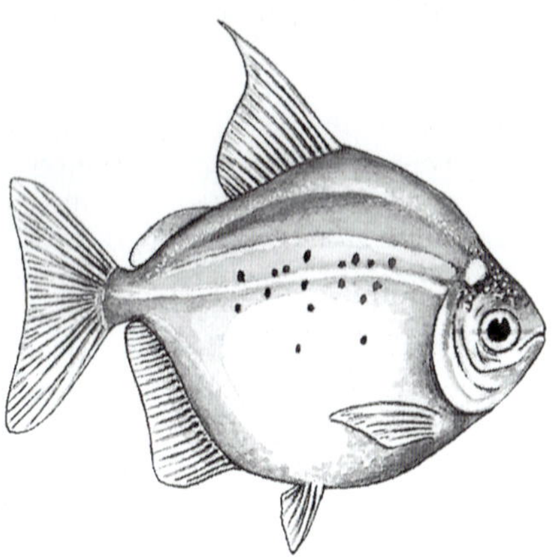

Metynnis lippincottianus

Zucht: Die Zucht ist vermutlich noch nicht gelungen, jedoch möglich. *M.l.* wird häufig mit *M. maculatus* verwechselt, der sich jedoch durch eine ungetüpfelte Rückenflosse und geringere Körpergröße von *M.l.* unterscheiden läßt und bereits gezüchtet wurde. Die Ansprüche gleichen denen der anderen Arten der Gattung.

Mexikobachling

→ *Rivulus tenuis.*

Mexikomolly

→ *Poecilia mexicana.*

Microchromis zebroides

Zwergzebracichlide
Familie: *Cichlidae*

Vorkommen: Malawisee. **Größe:** 10 cm. **GU:** Das ♂ ist in der Färbung intensiver und besitzt 1–3 deutliche Eiflecken in der Afterflosse. **Ansprüche:** Die Haltung eines kleinen Harems von einem ♂ und 2–3 ♀♀ ist bereits in Becken ab 80 cm Länge möglich; Wasser 10–18 °dH, pH-Wert 7,8–8,5; Temperatur 22–28 °C. Auf feinkörnigem Bodengrund werden einige flache Steine gelegt, Steinaufbauten mit Höhlen und Spalten sowie einige Wurzeln müssen ausreichend Versteckplätze bieten. Eine Bepflanzung mit robusten Arten ist möglich. Eine kräftige Filterung und Durchlüftung sowie regelmäßiger wöchentlicher Teilwasserwechsel, der 1/4 des Beckeninhalts umfaßt, sind für das Wohlbefinden der Tiere unumgänglich. Das Futter muß kräftig und abwechslungsreich sein, vor allem in der Zuchtvorbereitung kann auf Lebendfutter nicht verzichtet werden.

Zucht: Die Zucht dieses Maulbrüters ist sowohl im Gemeinschaftsbecken als auch im Ansatz von einem ♂ mit 2–3 ♀♀ im Zuchtbecken möglich. Die Eiablage erfolgt auf flachen Steinen, unmittelbar danach werden die Eier vom ♀ ins Maul genommen und dort nach der Eifleckmethode (→ *Cyrtocara*) befruchtet. In Abhängigkeit von der Temperatur beträgt die Maulbrutdauer 20–23 Tage. Kurz vor Ende der Maulbrutzeit sollte das ♀ vorsichtig, am besten abends und bei sehr schwachem Licht, herausgefangen und in ein Aufzuchtbecken mit einem auf die Seite gelegten Blumentopf als Unterstand überführt werden. Nach dem Freilassen der Jungfische kann das ♀ zurückgesetzt werden, die Betreuung der Jungfische beschränkt sich nur auf wenige Tage. Rädertierchen und Artemia-Nauplien sind als Erstfutter geeignet.

Microglanis iheringi

Hummelwels, Kleiner Harlekinwels
Familie: *Pimelodidae*

Vorkommen: Venezuela und Kolumbien. **Größe:** 7 cm. **GU:** Die Geschlechter sind äußerlich kaum zu unterscheiden, solange die ♀♀ keinen Laichansatz zeigen. **Ansprüche:** Ein Becken ab 60 cm Länge ist zur Haltung einer kleinen Gruppe dieser friedlichen und attraktiven Welse bereits ausreichend; Wasser 6–12 °dH, nach Eingewöhnung bis 20 °dH gut ausdauernd, pH-Wert 6,5–7,2; Temperatur 23–25 °C. Als Bodengrund ist feiner, nicht zu heller Flußkies ohne scharfe Kanten geeignet, der Torfanteile enthalten kann. Eine Sandstelle wird als Freßplatz eingerichtet. Die Fische sind tagsüber wenig aktiv und ruhen gern in engen Röhren, zwischen Wurzeln und Steinen und in Pflanzendickichten, zwischen denen für die nächtlichen Aktivitäten ausreichend Schwimmraum frei gelassen wird. Organische Verunreinigungen müssen durch regelmäßiges Entfernen des Mulms und kräftige

Microglanis iheringi

Filterung vermieden werden, auch auf chlorbelastetes Wasser reagieren die Welse empfindlich. Beim Teilwasserwechsel sollte daher nur gut durchlüftetes, abgestandenes Frischwasser eingesetzt werden, das über Torf gefiltert sein kann. Die Fütterung muß abwechslungsreich gestaltet werden und sollte Mückenlarven enthalten. Dabei muß darauf geachtet werden, daß das Futter aus nicht belasteten Gewässern stammt, weil das zu Verdauungsstörungen führt und die Tiere aufbläht. Dies gilt vor allem für Tubifex, das deshalb möglichst nicht gefüttert werden sollte.

Zucht: Die ersten Zuchten gelangen mit hormoneller Beeinflussung im Gruppenansatz. Abgelaicht wurde nachts oder in den Morgenstunden frei in Oberflächennähe in Ablaichkästen. Die glasig bräunlichgrünen Eier haften nicht. Bei 28 °C schlüpfen die Jungen nach 24, bei 25 °C nach 36 Stunden. Um ein Verpilzen der Eier zu verhindern, hat sich die Zugabe von Methylenblau bewährt. 3–4 Tage nach dem Schlupf beginnen die Jungwelse mit der Futtersuche. Artemia- und kleine Cyclops-Nauplien sind als Erstfutter geeignet. Da bereits die Jungwelse dämmerungsaktiv sind, sollte die Fütterung abends erfolgen. In allen Phasen der Aufzucht ist auf peinliche Sauberkeit im Aufzuchtbecken zu achten, vor allem ist der Beckenboden ständig von auftretenden schleimigen Belägen zu befreien. Bei guter Fütterung und regelmäßigem Teilwasserwechsel verläuft das Wachstum der Jungwelse zügig.

Minihai

→ *Arius seemani.*

Misgurnus fossilis

Schlammpeitzger
Familie: *Cobitidae*

Vorkommen: Europäisches Festland außer Skandinavien und Mittelmeerländer. **Größe:** 30 cm. **GU:** Beim kleineren und schlankeren ♂ ist der zweite Strahl der Brustflosse verdickt. **Ansprüche:** Diese Art ist durch Gewässerverschmutzung stark bedroht und sollte deshalb nur in Ausnahmesituationen in Pflege genommen werden. Die Beckenlänge zur Pflege dieses friedlichen und nachtaktiven Bodenfisches sollte mindestens 100 cm betragen; Wasser 5–25 °dH, pH-Wert um 7; Temperatur 5–24 °C, nicht längerfristig darüber. Schlammiger Bodengrund sagt dieser Art am meisten zu, unter Aquarienbedingungen hat sich ein Sand-Torf-Gemisch bewährt. Die Fische wühlen sehr, Pflanzen müssen deshalb in Töpfe gesetzt werden. Durch Einbringen von Steinen, Wurzeln oder halben Kokosnußschalen müssen ausreichend dunkelliegende Versteckplätze geschaffen werden, eine schwache Beleuchtung ist ausreichend, helleres Licht sollte durch eine Decke aus Wasserlinsen gedämpft werden. Schlammpeitzger sind zwar zur Darmatmung befähigt, die ihnen ermöglicht, auch in sauerstoffarmen Gewässern auszudauern, unter Aquarienbedingungen sollte jedoch eine starke Filterung eingesetzt werden. Wenn kein leichter Wasserdurchlauf installiert werden kann, dann muß wöchentlich 1/4 des Beckeninhalts durch Wasserwechsel erneuert werden. In der Eingewöhnungszeit nehmen die Fische nur Lebendfutter an, darunter vor allem Insektenlarven, Bachflohkrebse und gut gewässertes Tubifex, später gehen sie auch an Frostfutter. Die Fütterung sollte stets abends vor Ausschalten des Lichts erfolgen, vor allem dann, wenn die Fische in Gemeinschaft mit anderen Arten gehalten werden. Als Beifische sollten ruhigere einheimische Arten gewählt werden.

Zucht: Die Nachzucht unter Aquarienbedingungen ist gelegentlich als Zufallszucht gelungen. Voraussetzung für den Zuchterfolg ist eine kühle Überwinterung bei Temperaturen zwischen 4 und 10 °C. Wie in der natürlichen Umgebung liegt die Laichzeit zwischen April und Juli.

Die Anwesenheit eines zweiten ♂ hat sich als vorteilhaft erwiesen. Die rötlichgelben Eier werden reihenweise an Pflanzen, Steinen und Wurzeln, manchmal auch an den Bodengrund geklebt. Da ihre Zahl bis zu 150 000 betragen kann, die unter Aquarienbedingungen wegen Sauerstoffmangels keine Entwicklungschance haben, sollte der überwiegende Teil abgesaugt werden. Die Entwicklungszeit der Eier liegt je nach Temperatur und Sauerstoffgehalt des Wassers zwischen 8 und 14 Tagen. Wenn der Bodengrund des Zuchtbeckens bereits einen Anteil von Teichschlamm enthielt, so ernähren sich die Jungfische in den ersten Lebenstagen ausschließlich von pflanzlichem und tierischem Plankton des Schlammes. Die Infusorienbildung kann durch gelegentliche Zugabe von Flockenfutter begünstigt werden. Die Geschlechtsreife tritt nach den bisherigen Erkenntnissen nicht vor dem 2. Lebensjahr ein.

Moderlieschen

→ *Leucaspius delineatus.*

Moenkhausia

Eine artenreiche Gattung von Salmlern der Familie *Characidae* aus dem nördlichen Südamerika, deren Vertreter sich in der Körperform oft stark voneinander unterscheiden. **Ansprüche:** Die Arten der Gattung sind friedliche, zum Teil lebhafte Schwarmfische, die nur im Schwarm ab 8 Tieren in Becken ab 70 cm Länge gehalten werden sollten. In sehr großen Becken grenzen erwachsene Tiere Zuchtreviere ab, die kaum verlassen werden. Die Anforderungen an Wasserbeschaffenheit und Temperatur sind unterschiedlich und bei den Artbeschreibungen angegeben. Als Bodengrund wird von allen Arten dunkler, feinkörniger Kies bevorzugt, der Torfanteile enthalten kann. Kräftige Filterung über Torf erhöht das Wohlbefinden der Fische. Für die Bepflanzung sind alle Arten geeignet, nur in Ausnahmefällen werden zarte Triebe verbissen. Zwischen den Pflanzengruppen ist ausreichend Schwimmraum frei zu lassen. Bei gedämpftem Licht kommen die meist nicht sehr intensiven Farben der Arten am besten zur Geltung, zumindest ein Teil der Beckenoberfläche sollte deshalb Schwimmpflanzen tragen. An die Zusammensetzung des Futters werden keine besonderen Ansprüche gestellt, jedes gute Tümpelfutter ist geeignet, daneben wird auch gutes Trockenfutter angenommen.

Zucht: Die Zucht ist mit allen Arten in sehr weichem Wasser, das weniger als 4 °dH aufweist, bei pH-Werten zwischen 5,5 und 6,5 möglich. Der Ansatz erfolgt als Paar in einem Becken von mindestens 40 cm Länge, welches mit einigen Büscheln feinfiedriger Pflanzen und einem Laichrost am Boden zum Schutz der Eier vor den Nachstellungen der Alttiere ausgestattet ist. Wenn man nicht ein Paar ansetzen kann, das bereits im Gemeinschaftsbecken Interesse füreinander zeigte, dann macht sich in manchen Fällen ein Partnerwechsel oder das Zufügen eines zweiten ♂ erforderlich. Paare, die einmal zusammen abgelaicht haben, züchten immer wieder erfolgreich. Es ist bei den meisten Arten vorteilhaft, nach dem Einsetzen der Tiere das Becken einen Tag dunkelzuhalten; wird dann am darauffolgenden Morgen das Licht eingeschaltet, dann beginnen die

Moenkhausia colletti

Fische meist sofort mit dem Treiben. Abgelaicht wird zwischen den Pflanzen, die Alttiere werden anschließend herausgefangen, wobei die Eier so wenig wie möglich bewegt werden sollten. Meist nach 2 Tagen schlüpfen die Jungen und hängen weitere 2–3 Tage an Scheiben und Pflanzen. Nach dem Freischwimmen muß feinstes Staubfutter gegeben werden, durch ein feines Sieb gedrücktes und aufgeschwemmtes hartgekochtes Eidotter kann nur eine Notlösung sein, um einige der Jungfische am Leben zu erhalten.

M. colletti

Rotflossenmoenkhausia

Vorkommen: Guayana und Amazonasgebiet. **Größe:** 5 cm. **GU:** Das ♂ ist deutlich schlanker als das ♀, die ersten Strahlen der Afterflosse sind etwas verlängert. **Ansprüche:** Wasser 2–15 °dH, pH-Wert 5,6–7,2; Temperatur 23–27 °C. Eine Schwimmpflanzendecke zur Lichtdämpfung ist erforderlich, die übrigen Ansprüche entsprechen den in der Gattungsbeschreibung angegebenen.

Zucht: Die Zucht ist unter Beachtung der in der Gattungsbeschreibung angeführten Regeln möglich, das Zuchtwasser sollte über Torf gefiltert, bräunlich verfärbt, jedoch kristallklar sein.

M. oligolepis

Schwanztupfensalmler

Vorkommen: Kleine Gewässer in Guayana und im Amazonasbecken. **Größe:** 10 cm. **GU:** Beim ♂ sind die Flossen, vor allem die ersten Afterflossenstrahlen, verlängert, beim ♀ nicht. **Ansprüche:** Die Beckenlänge für diesen vor allem durch seine großen Schuppen mit prächtigem Silberglanz und bläulichem Schimmer auffallenden Salmler sollte nicht unter 100 cm liegen. Wegen seiner relativen Anspruchslosigkeit verdiente er wieder eine weitere Verbreitung; Wasser 5–25 °dH, pH-Wert 5,8–7,2; Temperatur 23–27 °C. Teilwasserwechsel ist nur im Abstand von 2 Wochen notwendig, wenn für eine gute Durchlüftung gesorgt wird. Die übrigen Ansprüche sind wie in der Gattungsbeschreibung angegeben.

Zucht: Der Größe der Fische entsprechend, sollte das Zuchtbecken mindestens 80 cm lang sein. Die Zucht ist bei Beachtung der in der Gattungsbeschreibung angeführten Grundsätze nicht schwer.

M. pittieri

Brillantsalmler

Vorkommen: Venezuela. **Größe:** 6 cm, meist jedoch kleiner bleibend. **GU:** Die Rückenflosse des ♂ ist fahnenartig ausgezogen, seine Körper- und Flossenfärbung ist intensiver als beim blasser wirkenden ♀. **Ansprüche:** Wasser 2–8 °dH, pH-Wert 5,5–6,8; Temperatur 24–28 °C. Der feinkörnige Bodengrund sollte Torfanteil enthalten, zusätzliche Filterung über Torf erhöht Widerstandsfähigkeit und Wohlbefinden der Tiere, die ihre volle mögliche Größe nur in sehr weichem und leicht saurem Wasser erreichen. Die übrigen Ansprüche gleichen den in der Gattungsbeschreibung genannten.

Zucht: Die Zucht ist bereits in Becken mit 20 l Inhalt gut möglich, die 24stündige

Moenkhausia pittieri

Moenkhausia sanctaefilomenae

Abdunkelung ist vor allem bei dieser Art zur Auslösung der Laichbereitschaft von großer Bedeutung. Der Zuchtverlauf entspricht dem in der Gattungsbeschreibung angegebenen.

M. sanctaefilomenae

Rotaugenmoenkhausia

Vorkommen: Paraguay, Westbrasilien, Ostperu, Ostbolivien. **Größe:** 6 cm. **GU:** Die Geschlechter sind mit einiger Sicherheit nur an der stärker gewölbten Bauchlinie erwachsener ♀♀ zu unterscheiden. **Ansprüche:** Die Art ist die anspruchsloseste der Gattung in der Haltung; Wasser 5–30 °dH, pH-Wert 5,5–8,5; Temperatur 22–26 °C. Eine Schwimmpflanzendecke zur Lichtdämpfung erhöht das Wohlbefinden der Tiere, die übrigen Ansprüche gleichen den in der Gattungsbeschreibung angeführten.

Zucht: Eine erfolgreiche Zucht setzt Wasser mit den in der Gattungsbeschreibung genannten Werten voraus und ist dann nicht schwierig, sie ist auch im Schwarmansatz möglich. Bei Temperaturen über 26 °C können die Jungfische nach 24 Stunden schlüpfen.

Mogurnda (Tüpfel-Schläfergrundeln)

Familie: *Eleotrididae*

Eine Gattung von Grundeln, deren Arten durch Verhalten und Zeichnung interessante Aquarienfische sind. Die Heimat der meist zwischen 10 und 20 cm groß werdenden Fische liegt in Papua-Neuguinea und Australien. Manche Arten können untereinander relativ unverträglich sein, wenn das Becken zu klein ist und zu wenig Versteck- und Rückzugsmöglichkeiten bietet. Werden jedoch mehr als 8 Tiere gemeinsam gepflegt, dann gehen nach unseren Erfahrungen die innerartlichen Auseinandersetzungen zurück. Schläfergrundeln sind weitgehend bodenorientiert, ruhen gern auf Blättern, Steinen und Wurzeln. Die Einrichtung des Beckens muß dem Rechnung tragen. Kleine, in Bodennähe lebende oder dort ruhende Fische werden als Beute betrachtet. Gute Erfahrungen hat das Aquarium Erfurt mit großen Danio-Arten (→ *D. aequipinnatus*, → *D. devario*) bzw. großen Regenbogenfischen (→ *Glossolepis*, → *Melanotaenia*) als Fischpartnern sammeln können. Tüpfelgrundeln sind ausdauernd und können sehr alt werden. Gegenüber verschiedenen Wasserwerten sind sie sehr tolerant. Optimal für die Haltung sind ein pH-Wert um 7, eine Wasserhärte zwischen 8 und 15 °dH und Temperaturen um 25 °C. Die meisten Arten sind nicht sehr schwimmfreudig, die Beckenlänge sollte dennoch nicht unter 100 cm liegen. Bei wirksamer Filterung ist ein Teilwasserwechsel im Abstand von 14 Tagen, bei dem jeweils 25 % des Beckeninhaltes erneuert werden, ausreichend. Appetit und Maul der Grundeln sind groß, Krill, Mysis und Muschelfleisch werden gern genommen.

Zucht: Die Nachzucht bereitet keine großen Probleme. Eine sichere Geschlechtsunterscheidung ist auch bei den Arten, wo beide Geschlechter fast gleich gefärbt sind, am Aussehen der Genitalpapille möglich. Sie ist beim ♀ stumpf und wirkt stets ausgefranst, während sie beim ♂ in einer Spitze endet. Die Laichablage erfolgt an geschützten Stellen auf Blättern, Wurzeln, Steinen oder in großen Höhlen selbst im Gemeinschaftsbecken. Das Gelege umfaßt meist mehr als 100 Eier und wird vom ♂ bewacht und betreut. Je nach Art schlüpfen die Larven nach 2–8 Tagen und können zur rationellen Aufzucht abgesaugt werden. Nach dem Freischwimmen nehmen die relativ großen Jungfische bereits Artemia-Nauplien als Nahrung an. Bei Einhaltung der Grundregeln der Wasserhygiene ist ihre Aufzucht problemlos.

M. mogurnda

Tüpfelgrundel

Vorkommen: Australien und Neuguinea. **Größe:** ♂ bis 10 cm, ♀ bis 15 cm. **GU:** Neben der unterschiedlichen Größe und der Form der Genitalpapille sind die ♀♀ am rundlichen und helleren Bauch zu erkennen. **Ansprüche:** Die Art bevorzugt etwas härteres Wasser (ab 15 °dH), die übrigen Ansprüche gleichen den in der Gattungsbeschreibung angegebenen.

Zucht: Zuchtverlauf wie in der Gattungsbeschreibung angeführt. Zur Laichabgabe werden Höhlendächer oder die Unterseiten von dunkelstehenden Moorkienwurzeln bevorzugt. Die Larven schlüpfen bereits am 3. Tag nach dem Ablaichen.

M. pulchra

Moresby-Tüpfelgrundel

Vorkommen: Südliches Papua-Neuguinea. **Größe:** 10 cm. **GU:** ♀♀ zeigen ab etwa 5 cm Größe eine Orangefärbung des Bauches und die ausgefranst endende Genitalpapille. **Ansprüche:** Diese Art kommt auch mit weicherem Wasser und Temperaturen bis 28 °C gut zurecht. Die übrigen Ansprüche entsprechen den in der Gattungsbeschreibung angeführten.

Zucht: Zuchtverlauf wie in der Gattungsbeschreibung angegeben. Abgelaicht wird an offenen, jedoch geschützt liegenden Blättern und Wurzeln. Die Larven schlüpfen meist erst 8 Tage nach der Eiablage.

Eine *M. pulchra* ähnlich sehende, noch unbeschriebene attraktive Tüpfelgrundel wurde unter der Bezeichnung »Australische Riesengrundel« als *M. spec. aff. pulchra* aus Australien eingeführt. Bei ihr zeigen die ♀♀ keine Orangefärbung des Bauches. Sie wird mindestens 15 cm groß und im Aquarium Erfurt unter den gleichen Bedingungen gepflegt und gezüchtet wie *M. pulchra.*

Mondsalmler, Afrikanischer

→ *Bathyaethiops caudomaculatus.*

Mondscheinfadenfisch

→ *Trichogaster microlepis.*

Monocirrhus polyacanthus

Blattfisch
Familie: *Nandidae*

Vorkommen: Flußgebiete von Rio Negro und Amazonas. **Größe:** 8 cm. **GU:** Die Färbung ist umgebungs- und stimmungsabhängig und gibt keine Hinweise auf das Geschlecht, mit einiger Sicherheit ist nur das ♀ mit Laichansatz zu erkennen. **Ansprüche:** Blattfische sollten als Gruppe im Artbecken ab 90 cm Länge gehalten werden, in dem sie, mit dem Kopf schräg nach unten gerichtet, wie Blätter langsam treiben können. Bei Vergesellschaftung mit lebhaften Fischen leben sie sehr versteckt und durch ihre Farbanpassung so getarnt, daß sie kaum auszumachen sind. Wasser: Bei einem Optimum von 2–4 °dH halten Blattfische nach vorsichtiger Eingewöhnung auch bei einer Härte von 10 °dH noch gut aus, der pH-Wert sollte jedoch immer im leicht sauren Bereich (pH 6–6,5) liegen. Auf Frischwasser reagieren die Fische empfindlich, das Becken sollte deshalb mindestens 2 Wochen vor dem geplanten Erwerb der Fische eingerichtet werden. Dabei ist es vorteilhaft, über Torf aufbereitetes, gut durchlüftetes Altwasser einzusetzen, dieses ist auch beim Teilwasserwechsel günstig. Wenn die Tiere im Artbecken gepflegt werden, reicht ein Teilwasserwechsel im Abstand von 3–4 Wochen aus, bei dem $^1/_5$ des Beckeninhalts erneuert wird, eine gute Filterung vorausgesetzt. Der Bodengrund sollte dunkel und nicht zu grobkörnig sein, er kann Torfanteile enthalten. Zur Bepflanzung sind vor allem großblättrige Pflanzen einzusetzen, die ebenso wie bis unter die Wasseroberfläche reichende Wurzeln den Fischen genügend Unterstand bieten. Temperaturen zwischen 22 und 25 °C sind ausreichend und sollten nicht für längere Zeit überschritten werden. Blattfische sind Nahrungsspezialisten, die ausschließlich von Lebendfutter leben. Neben Mückenlarven verlangen sie Futterfische, vor allem Guppys, die sie mit plötzlich vorgestülptem Maul regelrecht einsaugen. Ihr Nahrungsbedarf ist hoch und beträgt täglich die Masse ihres eigenen Körpergewichts.

Zucht: Das Zuchtpaar sollte sich aus einer Gruppe selbst gefunden haben. Die Zucht im Artbecken ist möglich, besser ist der Ansatz des Paares im Zuchtbecken. Auf großen Blättern, Steinen oder auch an den Aquarienscheiben wird eine Stelle geputzt, auf die ohne großes Vorspiel die Eier abgelegt werden. Das Gelege wird vom ♂ betreut, das ♀ wird vertrieben und sollte herausgefangen werden. Bei 27 °C Zuchttemperatur schlüpfen die Jungen nach 72 Stunden und hängen weitere 72 Stunden mit Fäden an Pflanzen und Scheiben. Das ♂ sollte nach dem Schlupf entfernt werden, das Becken muß feinperlig, aber kräftig durchlüftet werden. Nach dem Freischwimmen nehmen die relativ großen Jungfische neben Nauplien und Mikrowürmchen bereits auch ausgesiebte kleine Cyclops an. Ab dem 4. Lebensmonat neigen die Jungfische zu Kannibalismus und sollten für einige Wochen getrennt aufgezogen werden. Die während dieser Zeit auftretenden weißen Tüpfel sind ohne Bedeutung und verschwinden bald.

Monocirrhus polyacanthus

Monodactylus argenteus

Silberflossenblatt
Familie: *Monodactylidae*

Vorkommen: Küstengebiete vom östlichen Afrika bis Südostasien. **Größe:** Bis 25 cm. **GU:** Nach unseren Beobachtungen bleiben die ♂♂ kleiner und behalten auch im Alter ihre intensiv schwarz gefärbten Streifen und einen Gelbanteil in den unpaarigen Flossen. **Ansprüche:** Die Art wird nur deshalb hier aufgeführt, weil sie sehr häufig als Süßwasserfisch im Handel angeboten wird. Jungtiere halten es einige Monate in sehr hartem Wasser aus, müssen aber dann über Brackwasser ins Meerwasser überführt werden. Als Schwarmfische benötigen bereits halberwachsene Tiere Aquarien mit mindestens 500 Liter Inhalt. Im Meerwasser können sie dann 10 Jahre und älter werden. Silberflossenblätter sind Alles- (einschließlich kleiner Fische) und Vielfresser, für deren Gesunderhaltung ein hoher Anteil pflanzlicher Nahrung erforderlich ist. Der große Anfall an Ausscheidungsprodukten macht eine wirksame Filterung unverzichtbar. Vom Kauf dieser Tiere wird dem Liebhaber von Süßwasserfischen dringend abgeraten.

Montezumaschwertträger

→ *Xiphophorus montezumae.*

Moosbarbe

→ *Barbus tetrazona.*

Moresby-Tüpfelgrundel

→ *Mogurnda pulchra.*

Morulius chrysophekadion

Schwarzer Fransenlipper
Familie: *Cyprinidae*

Vorkommen: Thailand, Kambodscha, Laos und die Großen Sundainseln. **Größe:** In der Heimat als wichtiger Speisefisch 60 cm und mehr, im Aquarium wesentlich kleiner bleibend. **GU:** Sichere Geschlechtsunterschiede sind nicht zu erkennen. Die manchmal unterschiedliche Form der Schwanzflosse scheint nicht geschlechtsspezifisch zu sein. **Ansprüche:** *M.c.* ist nur für die Haltung in großen Becken ab 150 cm Länge geeignet. In Becken dieser Größe kann eine kleine Gruppe von Tieren unter 20 cm Länge gemeinsam gehalten werden und ist mehr zu empfehlen als die Haltung von nur 2 oder 3 Tieren, weil sich die Auseinandersetzungen auf alle Tiere verteilen. Voraussetzung sind allerdings zahlreiche Versteckplätze aus Wurzeln und Steinen sowie eine dichte Bepflanzung, die optische Reviergrenzen markiert. Größere Tiere vertragen sich nur in Ausnahmefällen. Die Vergesellschaftung mit großen Barben ist dagegen problemlos möglich. Wasser 5–15 °dH, pH-Wert um 7; Temperatur 24–27 °C. Der Bodengrund sollte dunkel und feinkörnig sein und ohne scharfe Kanten. Torfanteil im Bodengrund ist vorteilhaft. In ihren Nahrungsansprüchen stellt die Art keine besonderen Anforderungen, der Anteil an Pflanzenkost (Salat, Spinat, Haferflocken, Feinfrosterbsen u.a.) sollte jedoch hoch sein. Der damit verbundene hohe Anfall von Ausscheidungsprodukten macht eine kräftige Filterung notwendig. Der Teilwasserwech<sel sollte wöchentlich $^1/_4$ des Beckeninhalts umfassen.

Zucht: Wegen der Größe der Tiere ist die Zucht unter Aquarienbedingungen noch nicht gelungen.

Mosaikfadenfisch

→ *Trichogaster leeri.*

Mühlsteinsalmler

→ *Mylossoma duriventre.*

Myleus rubripinnis

Prachtmühlsteinsalmler
Familie: Serrasalmidae

Vorkommen: Suriname, Guayana. **Größe:** 20 cm. **GU:** Beim ♂ ist die Afterflosse zweilappig und bei älteren Tieren die Rückenflosse fädig ausgezogen. Die Afterflosse des ♀ verläuft sichelförmig, der Rand der Rückenflosse ist gerade. **Ansprüche:** *M.r.* ist sicher die farbenprächtigste Art aus der Gattungsgruppe der vorwiegend pflanzenfressenden Sägesalmler und wird viel zu selten importiert. Für einen kleinen Schwarm wird ein Becken ab 150 cm Länge und 50 cm Höhe benötigt; Wasser 2–10 °dH, nach Eingewöhnung bis 20 °dH möglich, pH-Wert 5,5–7,2; Temperatur 23–27 °C. Als Bodengrund ist nicht zu heller Kies geeignet. Die Ansprüche an den Sauerstoffgehalt und die Reinheit des Wassers sind hoch, deshalb sind kräftige Filterung und Durchlüftung erforderlich. Die Filterung über Torf oder die Zugabe von Torfextrakt erhöhen Wohlbefinden und Farbigkeit der Fische. Eine Bepflanzung hat keine Chance, lediglich eine Decke aus *Riccia* zur Lichtdämpfung kann sich halten. Neben kräftigem Lebendfutter und Rinderherzwürfeln ist ständig pflanzliche Nahrung anzubieten. Die Blätter von Blattgemüse brauchen nicht zerkleinert zu werden, es können unbesorgt ganze Salatköpfe, an einem Stein befestigt, verfüttert werden. Steht kein Blattgemüse zur Verfügung, dann werden auch Feinfrosterbsen gern genommen.

Zucht: Eine erfolgreiche Nachzucht ist vermutlich noch nicht gelungen.

In den letzten Jahren wurde auch die Unterart *M.r. rubripinnis*, der Hakenmühlsteinsalmler, importiert. Sie ist ungefleckt, zeichnet sich aber durch eine intensive Rotfärbung von Kopf und Brust sowie sehr langausgezogene Afterflossen aus.

Mylossoma duriventre

Mühlsteinsalmler
Familie: *Serrasalmidae*

Vorkommen: Stromgebiete von Amazonas und Oriniko. **Größe:** 25 cm, unter Aquarienbedingungen kleiner bleibend. **GU:** Sind bisher nicht bekannt, ab 15 cm Länge können gut gehaltene ♀♀ jedoch deutlich Laichansatz zeigen. **Ansprüche:** Diese in keiner Altersstufe farblich auffällige Art mit ihrem hohen Bedarf an Pflanzenkost ist ein Fisch für den Liebhaber besonderer Fischgestalten, der ein Becken ab 150 cm Länge und nicht unter 50 cm Höhe besitzt, in dem ein kleiner Schwarm gehalten werden kann; Wasser 2–15 °dH, pH-Wert 5,5–7; Temperatur 22–27 °C. Mit Arten der Gattungen → *Methynnis* und → *Myleus* kann *M.d.* gut zusammen gepflegt werden und bildet mit ihnen gemeinsam einen Schwarm. *M.d.* liebt dunkel gestaltete Becken mit durch Torfextrakte oder Torffilterung bräunlich verfärbtem Wasser. Da außer Oberflächenpolstern von *Riccia* Pflanzen keine Überlebenschance haben, sollten größere und gut verzweigte Moorkienwurzeln den Fischen ausreichend Unterstand bieten. Als Futter ist vom Wasserfloh bis zum Regenwurm alles geeignet, daneben müssen den Tieren immer pflanzliche Futtermittel, vor allem Salat, Löwenzahn und Feinfrosterbsen zur Verfügung stehen. Die Filterung muß dem hohen Futterbedarf angemessen, also kräftig sein. Regelmäßig wöchentlich sollte ein Teilwasserwechsel durchgeführt werden, der 1/4 des Beckeninhalts umfaßt.

Zucht: In sehr großen Gemeinschaftsbecken haben *M.d.* bereits abgelaicht, die Initiative ging dabei von laichvollen ♀♀ aus, welche die ♂♂ des Schwarms trieben. Ein größerer Teilwasserwechsel, bei dem die Wasserhärte gesenkt und die Temperatur erhöht wurde, wirkte stimulierend. Abgelaicht wird zwischen Schwimmpflanzen im Oberflächenbereich, die Eier sinken zu Boden. Wenn Eier geborgen werden können, dann entspricht die Aufzucht der von → *Metynnis.*

Mystus (Stachelwelse)

Eine Gattung der Familie *Bagridae* mit vielen, zum Teil wissenschaftlich noch nicht beschriebenen Arten, von denen einige unter der Bezeichnung *M.spec.* in unseren Aquarien heimisch wurden und sich als ausdauernde Pfleglinge erwiesen. Ihr Verbreitungsgebiet reicht von Kleinasien über den Süden Rußlands bis Südostasien.

Die Geschlechter sind in den meisten Fällen nicht an der Färbung zu unterscheiden, die ♂♂ scheinen jedoch etwas kleiner zu bleiben und haben längere Barteln als die ♀♀. Da gut ernährte ♀♀ sehr schnell Laich ansetzen, sind sie daran mit Sicherheit zu erkennen. Hinweise auf die Geschlechtszugehörigkeit kann oft auch das Verhalten der Tiere geben: Während die ♀♀ bevorzugt Höhlen und andere Unterstände besetzen und verteidigen, halten sich die ♂♂ mehr über freiem Boden auf und verteidigen diese Plätze gegen Artgenossen. **Ansprüche:** Becken von 100 cm Länge sind zur Haltung der bisher eingeführten Arten ausreichend; Wasser 4–25 °dH, pH-Wert 6–7,5; Temperatur 21–27 °C. Als Bodengrund sollte nicht zu heller Flußkies ohne scharfe Kanten eingesetzt werden. Eine dichte Bepflanzung ist mit allen Arten möglich, die Welse vergreifen sich nicht an Pflanzen und wühlen sie auch nicht aus. Wurzeln, Steine, Röhren oder halbe Kokosnußschalen müssen den Tieren ausreichend Versteckplätze bieten, eine Schwimmpflanzendecke sollte zumindest in einem Teil des Beckens für gedämpftes Licht sorgen. Eine gute Filterung und Durchlüftung, die durchaus eine Wasserströmung erzeugen kann, wirken sich günstig auf das Wohlbefinden aus, ebenso regelmäßiger wöchentlicher Teilwasserwechsel, der 1/4 des Beckeninhalts umfaßt. An die Futterzusammensetzung werden keine besonderen Ansprüche gestellt, als Allesfresser nehmen sie alle Arten von Lebend-, Tiefkühl- und Trokkenfutter an.

Zucht: Die Nachzucht einiger Arten ist bisher nur als Zufallszucht oder nach hormoneller Beeinflussung (Hypophysierung) gelungen. Die Eier werden meist nachts zwischen Pflanzen, Wurzeln oder im freien Wasser abgegeben und kleben fest. Nach 24 Stunden schlüpfen die Jungen und hängen sich an Scheiben oder Pflanzen. Nach 2 Tagen gehen die Jungwelse auf Futtersuche und sind sehr wählerisch. Nach den vorliegenden Erfahrungen nehmen sie nur kleingehackte, durch ein feines Sieb gedrückte Tubifex und Grindalwürmchen an. Erst nach einer Woche wird auch feines Frostfutter angenommen. Von diesem Zeitpunkt an verläuft das Wachstum bei regelmäßigem Teilwasserwechsel und Beachtung peinlicher Sauberkeit im Zuchtbecken sehr zügig.

M. bimaculatus

Zweipunkt-Zwergstachelwels

Vorkommen: Sumatra, Java, Sri Lanka. **Größe:** 9 cm. **GU:** Die ♂♂ bleiben etwas kleiner und sind immer schlanker. **Ansprüche:** Wasser 8–25 °dH, pH-Wert 7–7,5; Temperatur 24–28 °C. Bei Pflege im Artbecken ist für diese tagaktiven Welse ein Becken ab 70 cm Länge ausreichend, Beckeneinrichtung wie in der Gattungsbeschreibung angegeben.

Zucht: Ein paarweiser Ansatz zur Zucht ist dann erfolgversprechend, wenn das ♀ deutlichen Laichansatz zeigt, vor allem in den Frühjahrsmonaten. Das Zuchtbecken sollte außer Javamoos keine weitere Einrichtung enthalten. Wenn das ♂ zu treiben beginnt, signalisiert das ♀ seine Laichbereitschaft durch plötzliches Verharren aus der Bewegung heraus, wobei der Kopf nach unten gerichtet ist und der Schwanz heftig schlägt. Das heftige Treiben kann manchmal einen ganzen Tag andauern, abgelaicht wird erst am späten Nachmittag. Das ♂ umschlingt über dem Javamoos das ♀, wobei es seinen Körper zum Kreis krümmt. Die Eier sind sehr klein und glasklar, ihre Zahl liegt über 1000 Stück. Nach dem Herausfangen der Alttiere sollte das Zuchtbecken feinperlig, aber sehr kräftig durchlüftet werden. Die Jungen schlüpfen bereits am Vormittag des nächsten Tages und hängen noch 3 Tage an den Scheiben oder im Javamoos. Wenn sie beginnen, nach Futter zu suchen, müssen frischgeschlüpfte Artemia-Nauplien gegeben werden, die durch vom Würfel feingeschabte Frost-Tubifex ergänzt werden können. Bei Vermeidung von Wasserbelastungen durch häufigen Teilwasserwechsel wachsen die Jungwelse recht zügig.

M. mica

Zwergstachelwels

Vorkommen: Stromgebiet des Amur. **Größe:** 5 cm. **GU:** Das ♂ ist etwas kleiner als das ♀. **Ansprüche:** Becken ab 60 cm

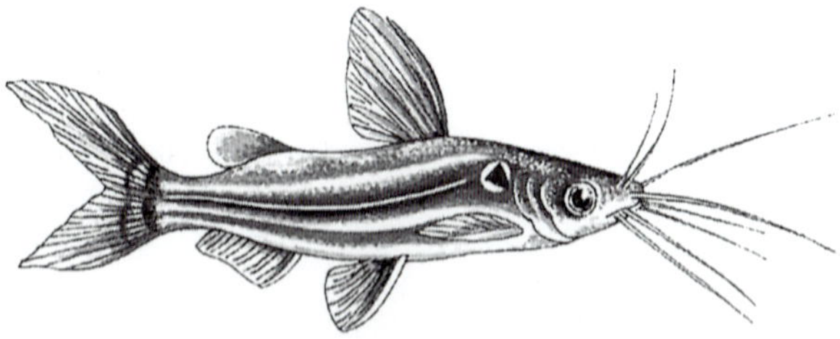

Mystus vittatus

Länge sind ausreichend; Wasser: Temperatur 18–23 °C, sonst wie in der Gattungsbeschreibung angegeben.

Zucht: Über eine erfolgreiche Aquarienzucht ist nichts bekannt geworden.

M. vittatus

Weißbindenstachelwels,
Asiastischer Streifenwels

Vorkommen: Sri Lanka, Burma, Laos, Indien. **Größe:** 17 cm. **GU:** Die ♀♀ sind mit Sicherheit nur am Laichansatz zu erkennen. **Ansprüche:** Beckenlänge, Wasserwerte, Beckeneinrichtung und Futter wie in der Gattungsbeschreibung angegeben.

Zucht: Bisher nur als Zufallszucht ohne Aufzuchtergebnis erfolgt. Eine *M.v.* sehr nahestehende Art oder Unterart hat inzwischen unter dem Trivialnamen Violetter Weißbindenwels Eingang in unsere Aquarien gefunden und ist unten den in der Gattungsbeschreibung angeführten Umständen auch gezüchtet worden.

Myxocyprinus asiaticus

Wimpelkarpfen
Familie: *Cyprinidae*

Vorkommen: Nördliches China. **Größe:** Bis 60 cm. **GU:** Bei Jungtieren in aquarientauglicher Größe nicht erkennbar. **Ansprüche:** Der Wimpelkarpfen gehört zu den Fischen, die als attraktiv aussehende Jungfische zum Kauf verlocken, für die Haltung im Wohnzimmeraquarium auf Dauer jedoch völlig ungeeignet sind. Manche Händler bieten ihn unter dem Phantasienamen »Chinesische Hochflossenschmerle« an. Die weitere Pflege zu groß gewordener Tiere im Gartenteich ist nicht möglich, weil die Art Temperaturen von mindestens 12 °C benötigt. Bereits als Jungfische weisen sie sich als Allesfresser mit einem hohen, das Wasser belastenden Stoffwechsel aus. Bevorzugt werden Mükkenlarven (auch gefrostet) und Pellets. Wer sich trotz aller Warnungen zur Pflege entschließt, der sollte ein Aquarium von mindestens 150 cm Länge bieten, das mit einer sehr intensiven Filterung ausgestattet ist. Wöchentlicher Wasserwechsel von 1/4 des Beckeninhaltes ist unbedingtes Muß, noch besser ist ein kontinuierlicher Wasserdurchfluß. An die Wasserwerte wie Härte und pH-Wert stellen die Fische keine besonderen Ansprüche, das Optimum liegt bei mittelhart und neutral, die beste Haltungstemperatur zwischen 18 und 23 °C.

Zucht: Wegen ihrer Größe ist die Zucht dieser in China als Mastfisch geschätzten Art im Aquarium noch nicht versucht worden.

N

Nachtsalmler

→ *Semaprochilodus taeniurus.*

Nackenbindenbuntbarsch

→ *Bujurquina mariae.*

Nacktlaube

→ *Sawbwa resplendens.*

Nannacara

Eine Gattung von weitgehend friedlichen Zwergbuntbarschen aus der Familie *Cichlidae* aus dem nördlichen Südamerika. Nachdem sich viele Jahrzehnte lang nur *N. anomala* als weitverbreiteter Aquarienfisch großer Beliebtheit erfreute, haben in den letzten Jahren auch die beiden anderen beschriebenen Arten der Gattung Einzug in die Aquarien gehalten.

N. anomala

Glänzender Zwergbuntbarsch
Familie: *Cichlidae*

Vorkommen: Westliches Guayana. **Größe:** ♂ 9 cm, ♀ 6 cm. **GU:** Das ♀ besitzt eine stumpfe gelbbraune Grundfarbe und zeigt bei Erregung und besonders in der Brutpflege eine auffällige Gitterzeichnung. Das ♂ ist farbenprächtig und glänzend. Bei Jungtieren sind die ♀♀ an einer hellbraunen Rückenflossenbasis gut zu erkennen, bereits ab der 4. Lebenswoche können junge ♀♀ die Gitterzeichnung ausbilden. **Ansprüche:** *N.a.* ist ein gegen andere Arten sehr friedlicher Buntbarsch, der in jedes Salmlerbecken paßt. In Becken unter 70 cm Länge ist nur die Haltung eines Paares oder eines ♂ mit zwei ♀♀ möglich, in Becken über 100 cm können gut zwei ♂♂ mit mehreren ♀♀ gehalten werden. Voraussetzung dazu ist ein reich gestaltetes Becken mit viel Versteckplätzen aus Wurzeln und Steinen und einer dichten Bepflanzung. *N.a.* vergreift sich auch an zarten Pflanzen nicht und wühlt sie nicht aus. Wasser 5–12 °dH, pH-Wert 6,2–7,3; Temperatur 22–25 °C. Über feinkörnigem und dunklem Bodengrund und in nicht zu hellen Becken entfalten die Tiere ihre Farben am besten. Ein Teilwasserwechsel im Abstand von 14 Tagen, der 1/5 des Beckeninhalts umfaßt, ist ausreichend, wenn eine gute Filterung oder Durchlüftung gegeben ist. An die Zusammensetzung der Nahrung werden keine besonderen Ansprüche gestellt.

Zucht: Für den Zuchtansatz im Paar ist ein Becken von 50 cm Länge ausreichend. Die Eiablage erfolgt an dunkelliegenden Stellen, wie Steinübergängen, unter Wurzeln oder in Höhlen. Die Eizahl kann zwischen 50 und 300 betragen. Gelege und Brut werden vom ♀ allein gepflegt, das ♂ wird in kleinen Becken sehr heftig angegriffen und oft schwer verwundet. In größeren Becken dagegen, vor allem wenn Beifische vorhanden sind, übernimmt das ♂ arbeitsteilig die Verteidigung des Außenreviers und darf sich bis auf 20 cm dem Gelege nähern. Sind in einem großen Becken mehrere ♀♀ vorhanden, so wechselt das ♂ nach der Paarung in das Revier eines anderen ♀, so daß gleichzeitig mehrere ♀♀ Jungfische führen können. Die Jungen schlüpfen je nach Temperatur nach 2–3 Tagen und werden vom ♀ meist in unmittelbarer Nähe des Laichplatzes in Gruben gesammelt, manchmal auch mehrmals umgebettet. Fünf Tage später schwimmen die Jungfische frei und nehmen Mikrowürmchen, Artemia- und Cyclops-Nauplien als Erstfutter an. Bei Einzelhaltung des ♀ werden die Jungfische 4 Wochen und länger geführt. Die mutterlose Aufzucht ist gut möglich, jedoch sollte der natürlichen immer der Vorzug gegeben werden, da sich dabei das Verhalten der Jungfische besser entwickelt. So beginnen noch im Jungfischschwarm die kleinen ♀♀ an Daphnien u. ä. Brutpflege zu üben und im Alter von 3 Monaten können sie bereits ihr erstes kleines Gelege von etwa 20 Eiern erfolgreich großziehen.

Nannacara anomala, ♀ bei Brutpflege

N. aureocephalus

Goldkopf-Nannacara

Vorkommen: Französisch-Guayana und Nordbrasilien. **Größe:** ♂ 12 cm, ♀ 6 cm. **GU:** Beim ♂ sind die hinteren Flossenstrahlen von Rücken- und Afterflosse lang ausgezogen, beim zierlicher wirkenden ♀ abgerundet. Der Kopf des erwachsenen ♂ ist goldgelb gefärbt, seine Schuppen fallen durch einen metallischen Glanz auf. **Ansprüche:** Der Goldkopf ist die größte und temperamentvollste Art der Gattung und erfordert damit eine Haltung in Becken, die nicht unter 120 cm lang sein dürfen. An die Wasserwerte stellen die Tiere hohe Anforderungen. Die höchsten Lebenserwartungen haben die Tiere in Regenwasser, das über Torf gelaufen ist und auf einen pH-Wert von 5,5–6 eingestellt wurde. Torfzusatz im Bodengrund, der aus feinem Sand bestehen sollte, und

Nannacara aureocephalus, ♂

die Einrichtung einer Ecke mit Buchenlaub sichern die für die Fische wichtige Anwesenheit von Huminsäuren im Wasser ab. Die optimalen Temperaturen liegen im Bereich zwischen 23 und 27 °C, sie können vorübergehend bis auf 21 °C absinken oder auf 30 °C steigen. Wildfänge sind oft sehr scheu, eine dichte Bepflanzung und die Vergesellschaftung mit größeren Salmlern oder Lebendgebärenden erleichtern das Eingewöhnen. Regelmäßiger wöchentlicher Teilwasserwechsel von 25% des Beckeninhaltes mit in pH-Wert und Härte identischem Wasser ist unverzichtbar, damit die Fische gesund bleiben. Das Futter sollte stets einen Anteil pflanzlicher Stoffe enthalten.

Zucht: Der Zuchtverlauf unterscheidet sich kaum von dem bei → *N. anomala* beschriebenen, allerdings sind gute Schlupf- und Aufzuchtergebnisse nur in mit Huminsäuren (Erlenzäpfchen, Torfextrakt, Buchenlaub) angereichertem Wasser mit 0 °dH und einem pH-Wert unter 5,5 zu erwarten.

N. taenia

Gestreifter Nannacara

Vorkommen: Mittlerer Amazonas. **Größe:** 5 cm. **GU:** Beim ♂ enden Rücken- und Afterflosse in Spitzen, das hintere Drittel der Rückenflosse ist leuchtend rot gesäumt. **Ansprüche:** Diese kleinste Art der Gattung pflegt man am besten und verhaltensgerecht in einer Gruppe von mehr als 12 Tieren in Becken ab 120 cm Länge. Wie im natürlichen Lebensraum baut sich eine Sozialstruktur zwischen den Tieren auf. Das wird erleichtert, wenn als Freßfeinde angesehene andere Zwergcichliden wie → *Apistogramma*-Arten als Gesellschaft gegeben werden. Eine Vergesellschaftung mit Salmlern der gleichen Körpergröße ist ebenso möglich. Die Einrichtung des Beckens sollte abwechslungsreiche Strukturen aufweisen: Pflanzengruppen, Verstecke und Höhlen zwischen Steinen und Wurzeln. Wasserwerte: Die Art toleriert neutrales Wasser mit einer Härte bis 15 °dH, optimal sind jedoch 1–6 °dH sowie pH-Werte zwischen 5,5 und 6,5. Eine Ecke mit Buchenlaub bietet nicht nur Versteckmöglichkeiten und reichert mit Huminsäuren an, sondern stabilisiert auch die optimalen Wasserwerte. Regelmäßiger wöchentlicher Teilwasserwechsel von 25% des Beckeninhaltes ist zur Gesunderhaltung der Tiere überlebenswichtig.

Zucht: Im Gegensatz zu den anderen Arten der Gattung sind die Zuchtaussichten bei Gruppenhaltung besser als bei Paar- oder Haremsansatz. Hat sich ein Paar gefunden oder ist bereits länger zusammen, dann ist die eigentliche Balz sehr kurz. Es putzt gemeinsam die Oberfläche eines Blattes oder eine kleine Höhle (Keramikväschen oder Filmdose) und legt innerhalb einer Stunde die Eier ab. Das ♂ darf sich an der Gelegepflege und der Führung der 10 Tage später freischwimmenden Jungfische beteiligen, ist jedoch bei starkem Konkurrenzdruck meist mit der Verteidigung des Reviers beschäftigt. Die Aufzucht der Jungen verläuft wie bei → *N. anomala.*

Nannaethiops unitaeniatus

Afrikanischer Einstreifensalmler
Familie: *Citharinidae*

Vorkommen: Zaire, Niger, Weißer Nil. **Größe:** 6,5 cm. **GU:** Das ♂ ist schlanker, seine kupferne Färbung intensiver als beim ♀. In der Laichzeit färben sich beim ♂ das Vorderteil der Rückenflosse und der obere Schwanzflossenlappen intensiv rot. **Ansprüche:** Die Beckenlänge für diesen friedlichen Schwarmfisch sollte mindestens 70 cm betragen; Wasser 3–12 °dH, pH-Wert 6,5–7,5; Temperatur 23–26 °C. Der Bodengrund sollte feinkörnig sein und einen Zusatz von gut ausgewaschenen Torffasern haben. Die Art liebt hell stehende oder gut beleuchtete Becken, es wird eine lichte Bepflanzung gewählt, die ausreichend Schwimmraum frei läßt. Eine starke Filterung, möglichst über Torf, trägt sehr zum Wohlbefinden und zur Farbentfaltung bei. In zu dicht besetzten Gemeinschaftsbecken fühlt sich die Art nicht wohl und bleibt blaß. Beim regelmäßigen wöchentlichen Teilwasserwechsel wird 1/5 des Beckeninhalts mit vorher gut durchlüftetem Frischwasser ausgetauscht, belastetes Leitungswasser sollte einmal über Torf laufen. An die Zusammensetzung der Nahrung werden keine besonderen Anforderungen gestellt, bei der Vorbereitung der Fische auf die Zucht kann allerdings auf Mückenlarven nicht verzichtet werden.

Zucht: Die Zucht ist im Paaransatz in einem Becken ab 50 cm Länge möglich, das mit weichem (unter 6 °dH), neutralem bis leicht saurem und über Torf gefiltertem Frischwasser versehen ist. Als Beckeneinrichtung genügen einige Büschel feinfiedrige Pflanzen sowie ein Laichrost am Boden, der die Eier vor dem Zugriff der Alttiere schützt. Der Boden kann auch mit einer Schicht kirschgroßer Kiesel bedeckt sein. Abgelaicht wird frei zwischen den Pflanzen oder über dem Bodengrund. Die Alttiere werden nach dem Ablaichen entfernt, der Laich vor direktem Sonnenlicht geschützt und das Becken feinperlig durchlüftet. Die Jungen schlüpfen nach etwa 30 Stunden, 5 Tage später schwimmen die Jungfische frei und benötigen als Erstfutter feines Staubfutter.

Nannocharax

Eine Gattung kleinbleibender Geradsalmler aus der Familie *Citharinidae* mit Verbreitungsschwerpunkt im tropischen Afrika.

N. fasciatus

Afrikanischer Bodensalmler

Vorkommen: Kamerun, Burkina Faso, Gabun, Niger, Guinea. **Größe:** 7 cm. Die Art ähnelt sehr dem südamerikanischen Grundsalmler → *Characidium* und wird gelegentlich mit ihm verwechselt, über Unterscheidungsmerkmale ist dort nachzulesen. **GU:** Die Geschlechter sind schwer unterscheidbar, bei gut gepflegten Tieren ist die Bauchlinie des ♀ etwas runder. **Ansprüche:** Becken ab 60 cm Länge; Wasser 2–15 °dH, pH-Wert 6–7,3; Temperatur 23–27 °C. Als Bodengrund ist feiner, nicht zu heller Flußkies ohne scharfe Kanten einzusetzen. Für die Bepflanzung eignen sich vor allem mittelhohe Pflanzen mit nicht zu kleinen Blättern, auf denen die Fische ebenso gern ruhen wie auf flachen Steinen des Bodengrunds. Die Beleuchtung kann hell sein, eine kräftige Filterung mit Wasserströmung und Zusatz von Torfextrakt tragen sehr zum Wohlbefinden dieser relativ anspruchslosen Art bei. Bei regelmäßigem wöchentlichem Teilwasserwechsel wird 1/4 des Beckeninhalts erneuert. Bodensalmler lieben kräftiges Futter, wie Mückenlarven und Bachflohkrebse, nehmen aber auch Tümpelfutter, frisch oder gefrostet, an.

Zucht: Eine Zucht ist vermutlich noch nicht versucht worden, dürfte aber wie bei → *Characidium* möglich sein.

N. latifasciatus *(parvus)*

Afrikanischer Breitbandsalmler

Vorkommen: Senegal, Gambia, Äquatorialafrika. **Größe:** 5,5 cm. **GU:** Das ♂ ist farbenprächtiger. Schwanz-, Bauch- und Afterflossen sind intensiv rot gefärbt, das ♀ ist 0,5 cm kleiner und blasser gefärbt. **Ansprüche:** Wasser 1–20 °dH, pH-Wert 7,2– 7,8, nicht darunter; Temperatur 25–28 °C. Die Farbenpracht dieser Fische kommt erst im Schwarm ab 8 Tieren voll zur Wirkung. Da sie auf Wasserbelastungen empfindlich reagieren, sollte das Becken nicht unter 100 cm lang sein. Eine kräftige Filterung und Durchlüftung sowie regelmäßiger Teilwasserwechsel (2mal wöchentlich 1/3 des Beckeninhaltes erneuern) tragen sehr zum Wohlbefinden bei. Das Becken sollte gut bepflanzt und nicht zu hell sein. Lebendfutter wird bevorzugt genommen, auch auf die Oberfläche gestreute Drosophila, und kann durch tiefgefrorene Mükkenlarven ergänzt werden.

Zucht: Der Zuchtansatz eines Paares ist erst dann sinnvoll, wenn die Tiere mindestens 10, besser 12 Monate alt sind. Ein mit Javamoos ausgestattetes Zuchtbecken ab 30 cm Länge ist ausreichend. Das Zuchtwasser sollte sehr weich sein, in seiner Karbonathärte jedoch so eingestellt werden, daß ein Absinken des pH-Wertes in den sauren Bereich vermieden wird. Das Ablaichen dauert 1–2 Stunden, die glasklaren, 1 mm großen Eier hängen an kurzen Fäden im Javamoos. Eine bisher nur bei dieser Art beobachtete Besonderheit im Ablaichverhalten besteht darin, daß das Männchen mit seiner Kopfspitze unter den Kiemendeckel des Weibchens fährt und sich dort während der Paarung festklemmt. Die Alttiere sind aus dem Zuchtbecken zu entfernen. Bis zum Schlupf der Jungen nach 30 Stunden schwimmen die Jungfische frei und sollten möglichst mit Rädertierchen angefüttert werden. Die Jungfische reagieren sehr empfindlich auf Wasserbelastung, wie sie nach Fütterung mit Zuchtpantoffeltierchen zwangsläufig entsteht.

Nannocharax parvus (latifasciatus), Paar

Nannostomus (Ziersalmler)

Eine Gattung schlanker, ruhiger Schwarmfische der Familie *Lebiasinidae* aus dem nördlichen Südamerika mit kleinem endständigem Maul. **Ansprüche:** Ziersalmler sollten immer im Schwarm nicht unter 10 Tieren gepflegt werden, dabei sind Becken ab 60 cm Länge ausreichend; Wasser 2–12 °dH, nach Eingewöhnung sind die meisten Arten noch bei 20 °dH gut zu halten, pH-Wert 6–7,2; Temperatur 23–27 °C. Nicht zu grober und dunkler Bodengrund mit einem Anteil an ausgewaschenem Fasertorf erhöht die farbliche Wirkung der Fische und trägt ebenso wie eine kräftige Filterung und bernsteingelbes, aber kristallklares Wasser zum Wohlbefinden der Fische bei. Die Bepflanzung sollte so in lockeren Gruppen erfolgen, daß ausreichend Schwimmraum frei bleibt. Teilwasserwechsel im Abstand von 14 Tagen ist ausreichend, dabei sollte das Frischwasser immer über Torf aufbereitet werden. Dem kleinen Maul der Fische entsprechend, wird vorwiegend kleines Futter angeboten, es werden gern auch Weiße Mückenlarven und auf die Wasseroberfläche gestreute Drosophila und Blattläuse aufgenommen.

Zucht: Die Zucht ist bei den meisten Arten der Gattung nicht schwierig und bei Paaransatz bereits im 5-l-Becken möglich, die Aufzuchtergebnisse sind jedoch meist gering, keine Art ist sehr produktiv. Die besten Voraussetzungen erfüllt sehr weiches (unter 5 °dH), möglichst über Torf gefiltertes und kristallklares Wasser mit einem pH-Wert von 6–6,5. Die günstigste Zuchttemperatur liegt zwischen 28 und 30 °C. Abgelaicht wird zwischen feinfiedrigen Pflanzen, die je Laichakt abgegebene Eizahl ist sehr niedrig und liegt meist nur bei 1–3 Stück. In kleinen Becken suchen oft die Alttiere erst die abgelegten Eier, bevor sie zum nächsten Laichakt schreiten, so daß auch bei Einsatz von einem Laichrost die Ergebnisse unbefriedigend bleiben. Man kann die Eier mit einer Pipette nach jedem Laichakt absaugen, die Laichkörner sind jedoch glasklar und werden von den Tieren oft früher entdeckt als vom Züchter. Neue verhaltensbiologische Erkenntnisse haben den Weg gewiesen, auch Ziersalmler mit hohen Aufzuchtergebnissen züchten zu können: Die Zucht erfolgt in langgestreckten Becken ab 80 cm Länge, die über die gesamte Länge mit lockeren Javamoosbüscheln oder *Myriophyllum* ausgestattet sind. In diesen Pflanzen besetzen die ♂♂ fest umschriebene Reviere, die hartnäckig verteidigt werden. Innerhalb dieser Reviere wird abgelaicht und durch die Revierverteidigung kommen die Tiere nicht mehr zum Laichfressen. Nach 1–2 Tagen werden alle Alttiere herausgefangen und das Becken bis zum Freischwimmen der Jungfische dunkel gestellt. Bei hohen Temperaturen schlüpfen die ersten Jungen bereits nach 24, bei niedrigeren erst nach 72 Stunden. Die nach ungefähr 5 Tagen freischwimmenden Jungfische sind winzige Nadeln, die sich kaum bewegen und leicht übersehen werden. Eine feinperlige Durchlüftung muß absichern, daß das feine Staubfutter ständig an ihnen vorbeibewegt wird. Sie wachsen auch bei gutem Futterangebot sehr langsam. Der Zuchttierschwarm kann nach kräftiger Zwischenfütterung bereits nach 3–4 Tagen erneut zur Zucht angesetzt werden.

N. beckfordi

Längsbandziersalmler

Vorkommen: Guayana und mittlerer Amazonas, aus dem eine besonders intensiv gefärbte Form kommt, die unter der Bezeichnung Aripirangasalmler eine weite Verbreitung erfahren hat. **Größe:** 6 cm. **GU:** Das ♂ ist wesentlich intensiver gefärbt, seine Flossenspitzen sind weiß. **Ansprüche:** Diese Art ist die am wenigsten

Nannostomus beckfordi, ♂ beim Imponieren

empfindliche der Gattung und kann auch unter Wasserbedingungen, die von den in der Gattungsbeschreibung angegebenen abweichen, ausdauernd sein. Ihre volle Größe erreicht sie jedoch nur unter den optimalen Bedingungen. Sie zeigt eine von der Normalfärbung völlig unterschiedliche Nachtfärbung. Ihre prächtigste Färbung zeigen die ♂♂ bei der Balz und Revierverteidigung.

Zucht: Die Zucht ist bei Beachtung der in der Gattungsbeschreibung angeführten Grundsätze problemlos möglich.

N. bifasciatus

Zweibindenziersalmler

Vorkommen: Guayana, Suriname. **Größe:** 4 cm. **GU:** Die Bauchflossen des ♂ sind bläulichweiß gefärbt, die des ♀ farblos. **Ansprüche:** *N.b.* ist bereits zur Haltung in Becken ab 40 cm Länge gut geeignet, sollte darin aber nur mit sehr ruhigen anderen Arten vergesellschaftet werden, sonst bleibt er blaß. Übrige Ansprüche wie in der Gattungsbeschreibung angegeben.

Zucht: Der Zuchtverlauf entspricht dem in der Gattungsbeschreibung angegebenen und bringt mit gut vorbereiteten Tieren zufriedenstellende Ergebnisse.

N. eques

Schrägsteher

Vorkommen: Amazonasgebiet und Guayana. **Größe:** 5 cm. **GU:** Die Bauchlinie des ♂ verläuft fast gerade, es ist etwas intensiver gefärbt als das ♀, dessen Bauchlinie etwas konkav verläuft. **Ansprüche:** Die Art sollte immer im Schwarm von mindestens 10–15 Tieren gehalten werden, dabei ist eine Beckenlänge ab 60 cm ausreichend; Wasser 2–12 °dH, nach Eingewöhnung bis 20 °dH, pH-Wert 5,5–7, nicht darüber; Temperatur 23–28 °C. Ein dunkler und nicht zu grobkörniger Bodengrund sollte möglichst einen Anteil an gut ausgewaschenem Fasertorf enthalten. Für die Bepflanzung sind vorrangig schmalblättrige, lange Arten einzusetzen. Bei guter Filterung ist Teilwasserwechsel im Abstand von 14 Tagen ausreichend, wobei $^1/_5$ des Beckeninhalts erneuert wird. Es muß dabei darauf geachtet werden, daß das Frischwasser im Wasserchemismus dem Beckenwasser gleicht, gegen starke Schwankungen sind die Fische empfindlich. Dem kleinen Maul der Tiere entsprechend, sind für die Fütterung vorrangig kleine Wasserfloharten, Cyclops und Grindalwürmchen einzusetzen, die günstigste Fütterungszeit ist nachmittags.

Zucht: Voraussetzung für eine erfolgreiche Zucht ist sehr weiches Wasser ohne Gesamthärte mit einer Karbonathärte unter 4 °KH und bei einem pH-Wert von 6 bei Temperaturen zwischen 26 und 28 °C. Üblich war bisher der Paaransatz in einem kleinen Becken, das mit kleinblättrigen Pflanzen, *Myriophyllum*, Javamoos oder Dederonwolle als Laichsubstrat ausgestattet wurde und einen Laichrost enthielt. Die Fische stellen vor allem den Eiern nach, die an den Pflanzen hängenblieben. Da je Laichgang immer nur 1–3 Eier abgegeben werden, endete der Zuchtversuch oft mit einem Nullergebnis, wenn man sich nicht die Mühe machte, Ei für Ei sofort nach dem Laichakt mit der Pipette abzusaugen. Die erfolgversprechendere moderne Form, die verhaltensbiologische Erkenntnisse berücksichtigt, ist der Schwarmansatz im mindestens 80 cm langen Artbecken, das mit großen Büscheln *Myriophyllum* oder aufgelockertem Javamoos ausgestattet ist. Die ♂♂ besetzen in diesem Laichsubstrat feste Reviere, in welche die laichbereiten ♀♀ kommen oder gelockt werden, um darin abzulaichen. Da die ♂♂ mit der Revierverteidigung beschäftigt sind, kommen sie nicht zum Laichfressen und lassen selbst die, je nach Temperatur nach 24–72 Stunden schlüpfende Brut, die in den Pflanzen hängt, unbehelligt. Am 2. Tag nach Beginn des Laichvorgangs wird der gesamte Schwarm herausgefangen und kann, wenn er mit Schwarzen Mückenlarven und Drosophila gut aufgefüttert wird, 3 Tage später erneut zur Zucht angesetzt werden. Laich und Brut sind bis zum Freischwimmen der Jungfische, das 5–6 Tage nach dem Schlupf erfolgt, vor hellem Licht zu schützen. Zur Aufzucht ist feines Staubfutter erforderlich. In den ersten 4 Lebenswochen müssen die Werte des Zuchtwassers eingehalten werden, erst danach kann vorsichtig mit der Umgewöhnung auf härteres Wasser begonnen werden. Die Jungfische wachsen anfangs sehr langsam und fallen, wenn zu früh mit der Fütterung von Cyclops-Nauplien begonnen wird, oft den sich schnell entwickelnden Cyclops zum Opfer.

N. espei

Espes Ziersalmler, Gebänderter Ziersalmler

Vorkommen: Guayana. **Größe:** 3,5 cm. **GU:** Der Goldglanz des Längsstreifens ist beim schlankeren ♂ intensiver als beim ♀. **Ansprüche:** *N.e.* stellt vergleichsweise hohe Anforderungen an die Wasserqualität und reagiert auf organische und chemische Belastung oder auf plötzliche Ver-

Nannostomus eques

änderungen im Wasserchemismus empfindlich. Trotz ihrer geringen Größe sollte die Art deshalb in Becken gepflegt werden, die nicht unter 60 cm lang sind und in denen Zersetzungsprodukte ausreichend verdünnt werden. Die übrigen Ansprüche sind wie in der Gattungsbeschreibung angegeben.

Zucht: Die Zucht, besonders die Aufzucht der Jungfische erfordert besondere Sorgfalt und Aufmerksamkeit, ist bei Einhaltung einer guten Wasserqualität aber nach den in der Gattungsbeschreibung angeführten Grundsätzen möglich. Die Eier werden an Blätter geheftet.

Nannostomus trifasciatus

N. marginatus

Zwergziersalmler

Vorkommen: Guayana, Suriname. **Größe:** 4 cm. **GU:** Die Afterflosse ist beim ♂ vollständig, beim ♀ nur teilweise schwarz gerandet. **Ansprüche:** Wie in der Gattungsbeschreibung angegeben.

Zucht: Wenn die Zucht nicht nach den in der Gattungsbeschreibung genannten Regeln im Schwarmansatz, sondern in kleinen Becken im Paaransatz erfolgen soll, dann bringt dunkler Stand des Beckens während des Ablaichens die geringsten Verluste durch Laichfressen. Durch Aufquellen erreichen die Eier eine für diese kleine Art beachtliche Größe.

Wie die anderen Arten der Gattung besitzt auch *N.n.* eine von der Normalfärbung völlig abweichende Nachtfärbung.

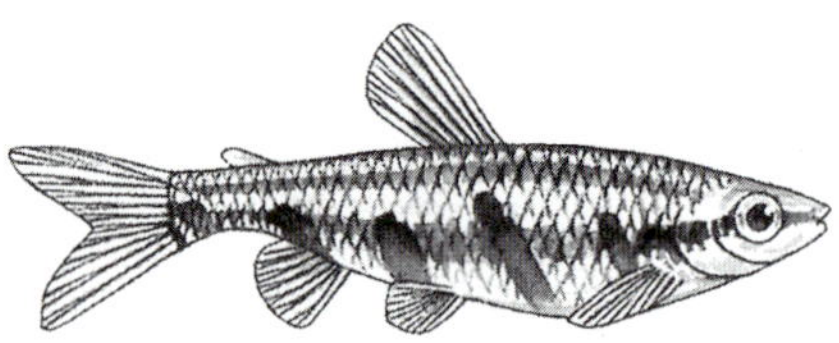

Nannostomus espei

Nannostomus marginatus

N. trifasciatus

Dreibindenziersalmler

Vorkommen: Stromgebiete von Rio Negro und Amazonas sowie Guayana. **Größe:** 6 cm. **GU:** Das ♂ ist schlanker als das ♀, seine Färbung intensiver. **Ansprüche:** Ihre volle mögliche Größe und Farbigkeit erreicht diese schöne Art nur bei optimalen Wasserverhältnissen in biologisch sauberem Altwasser, welches ständig über Torf gefiltert wird und kräftige Bernsteinfärbung zeigt. Die übrigen Ansprüche entsprechen der Gattungsbeschreibung.

Zucht: Die erfolgreiche Zucht ist nicht ganz einfach und selten produktiv. Die größten Erfolgsaussichten bestehen dann, wenn man Wasser aus einem alteingerichteten und gut besonnten Pflanzenbecken verwendet, das vor Gebrauch über Torf gefiltert und kräftig durchlüftet wurde. Der Zuchtverlauf entspricht dem in der Gattungsbeschreibung angeführten.

Nanochromis

Eine Gattung relativ kleiner und friedlicher afrikanischer Buntbarsche der Familie *Cichlidae.*

Ansprüche: Für die Haltung eines Paares in Gesellschaft afrikanischer Salmler ist ein Becken ab 80 cm Länge ausreichend. Da die ♂♂ revierbildend und untereinander aggressiv sein können, ist bei Haltung mehrerer Paare jedem ♂ ein Revier von etwa 50 cm Größe zuzumessen. Das Wasser muß weich, leicht sauer und gut durchlüftet sein und Temperaturen zwischen 22 und 25 °C aufweisen. Als Bodengrund ist feiner Kies einzusetzen. Wurzeln und Steinspalten werden zwar als Unterstände angenommen, zum Wohlbefinden benötigen diese Cichliden jedoch Höhlen, deren Eingänge nicht größer als ihre Körperhöhe sind. Dazu eignen sich vor allem Kokosnußschalen oder Blumentöpfe mit entsprechender Öffnung. Torfzusatz im Bodengrund oder Filterung über Torf erhöhen die Widerstandsfähigkeit der Fische und ihre Farbigkeit. Für die Bepflanzung sollten vor allem festwurzelnde Arten verwendet werden. Beim regelmäßig wöchentlich vorzunehmenden Teilwasserwechsel, bei dem 1/4 des Beckeninhalts erneuert wird, ist auf Chlorfreiheit zu achten, auf chemisch oder organisch belastetes Wasser reagieren alle Arten empfindlich und kommen kaum in Laichstimmung. Alle Arten verlangen kräftiges Lebendfutter.

Zucht: *Nanochromis* sind Höhlenbrüter, die Zucht erfolgt im Paaransatz. Die zum Ablaichen vorgesehene Höhe wird vom ♀ ausgesucht, welches auch Gelege und Brut betreut. Die Jungen schlüpfen nach 2–3 Tagen, 6–7 Tage später verlassen die Jungfische meist das erste Mal die Höhle. Als Erstfutter werden neben Artemia-Nauplien auch Mikrowürmchen angenommen.

N. caudifasciatus

Vorkommen: Nordgabun, südliches und westliches Kamerun. **Größe:** ♂ 12 cm, ♀ 8 cm. **GU:** Der Bauch des ♂ ist weißlich, der des ♀ rötlich gefärbt. Das ♀ trägt zudem ein kräftig schwarzes Zeichnungsmuster, das beim ♂ nur angedeutet ist. **Ansprüche:** Diese Art ist noch immer etwas heikel und deshalb bisher wenig verbreitet. Die besten Haltungserfolge können in Wasser mit weniger als 2 °dH Härte bei pH-Wert 6 verzeichnet werden. Der hohe Sauerstoffbedarf der Art muß durch eine kräftige Filterung und Durchlüftung befriedigt werden. Sehr häufiges Absaugen des Mulms trägt dazu bei, ein hohes Maß an Wasserhygiene zu schaffen, die für diese Art notwendig ist. Wenn die Fische durch Verblassen der Farben Unwohlsein signalisieren, dann hilft manchmal die Zugabe von 2–3 ml Wasserstoffperoxid (30 %ig) auf 100 l Wasser, das Wohlbefinden wiederherzustellen. Die übrigen Ansprüche gleichen den in der Gattungsbeschreibung angeführten.

Zucht: Die Zucht ist in sehr weichem Wasser von höchster Reinheit möglich. Bei Temperaturen zwischen 4 und 26 °C verläuft sie wie in der Gattungsbeschreibung angegeben. Wenn die Jungfische nach 9–10 Tagen die Höhle verlassen, beteiligt sich auch das ♂ an der Betreuung des Jungfischschwarms.

N. dimidiatus

Roter Kongocichlide

Vorkommen: Ubangifluß im Einzugsbereich des Zaire. **Größe:** ♂ 8 cm, ♀ 6 cm. **GU:** Das ♂ besitzt eine dunkle Netzzeichnung in den unpaaren Flossen, das ♀ im letzten Drittel der Rückenflosse einen schwarzen Fleck. Die Bauchpartie des ♀ ist intensiver violett gefärbt als beim ♂.

Ansprüche: Alle Haltungsanforderungen entsprechen den in der Gattungsbeschreibung genannten. Weichen die Bedingungen von den optimalen Werten weit ab, dann verfärben sich die Fische bräunlich und das Zeichnungsmuster verschwindet fast.

Zucht: Die Nachzucht dieser Art ist noch immer nicht einfach und gelingt nur, wenn alle in der Gattungsbeschreibung genannten Anforderungen erfüllt werden. Nach dem Verlassen der Höhle werden die Jungfische von beiden Eltern betreut.

N. parilius

Blauer Kongocichlide

Vorkommen: Unterer Zaire. **Größe:** ♂ 7 cm, ♀ 5 cm. **GU:** Das ♂ ist immer schlank, seine Rücken- und Afterflossen sind spitz ausgezogen. Für das erwachsene ♀ ist ein fast kugelförmig wirkender Bauch charakteristisch, die Genitalpapille ist fast immer sichtbar. **Ansprüche:** Alle Haltungsanforderungen entsprechen den in der Gattungsbeschreibung genannten. Die Art ist nach Eingewöhnung auch in etwas härterem Wasser zu halten, pH-Werte über 7 werden jedoch nicht vertragen.

Zucht: Bei Beachtung der in der Gattungsbeschreibung angeführten Bedingungen ist *N.p.* die am leichtesten züchtbare Art der Gattung, der Zuchtverlauf entspricht dem oben genannten. Von der sehr ähnlichen Art *N. nudiceps* unterscheidet sich *N.p.* durch die einfarbig hellviolette untere Schwanzflossenhälfte, die bei *N. nudiceps* ein Muster aus rotbraunen Tüpfeln auf hellblauem Untergrund trägt. Die Ansprüche beider Arten sind gleich.

Natterers Sägesalmler

→ *Serrasalmus nattereri.*

Neetroplus nematopus

Weißbindenbuckelkopf
Familie: *Cichlidae*

Vorkommen: Flüsse und Seen des Nikaraguagrabens. **Größe:** ♂ 11 cm, ♀ 8 cm. **GU:** Beim erwachsenen ♂ sind Rücken- und Afterflosse stark ausgezogen und es bildet sich ein Kopfbuckel. Diese Art besitzt ein Brutkleid, welches nahezu die farbliche Umkehrung des Ruhekleides darstellt: Eine im Ruhekleid schwarze Binde auf heller, bräunlicher Grundfarbe färbt sich im Brutkleid kräftig weiß, während der übrige Körper grauschwarz wird. **Ansprüche:** Für die Haltung eines Paares ist ein Becken von 90 cm Länge ausreichend, bei größerer Grundfläche können mehrere Paare gehalten werden. Wasser: 10–25 °dH, pH-Wert 6,8–7,5 mit Optimum im Neutralbereich; Temperatur 24–26 °C. Als Bodengrund ist Flußkies geeignet, der größere Steine enthalten kann. Unter Wurzeln und Steinüberhängen stellen sich die Fische gern ein, Höhlen sind nicht unbedingt erforderlich, werden aber angenommen. Mit robusteren Pflanzen ist eine Bepflanzung gut möglich, die Bestände können stellenweise sehr dicht sein. Eine kräftige Filterung ist ebenso erforderlich wie regelmäßiger wöchentlicher Teilwasserwechsel, der 1/4 des Beckeninhalts umfaßt. An die Zusammensetzung des Futters werden keine besonderen Ansprüche gestellt, neben Tümpelfutter, Regenwürmern und Rinderherzwürfeln werden auch Trockenfutter und Feinfrosterbsen genommen.

Zucht: *N.n.* gehört zu den Arten, die faktisch durch nichts an der Fortpflanzung zu hindern sind. Nach eigenen Erfahrungen im Aquarium Erfurt ziehen sie selbst im dichtbesetzten Gemeinschaftsbecken und unter dem Druck großer Arten (→ *Leporinus*, → *Metynnis* und → *Pterygoplichthys*) laufend Jungfische groß, die sie mit großem Einsatz gegenüber viel größeren Fischen verteidigen. Als Ablaichplatz wird jede etwas dunkel liegende Stelle ausgewählt. Sind mehrere Paare im Becken und alle guten Stellen vergeben, dann genügt bereits eine Seitenscheibe im Bodenbereich des Beckens. Die Eizahl je Gelege ist relativ niedrig und beträgt selten mehr als 60 Stück. Die Jungen schlüpfen nicht vor dem 5. Tag und brauchen eine weitere Woche bis zum Freischwimmen. Sie sind dann bereits in der Lage, neben Nauplien auch ausgesiebte kleine Cyclops und Grindalwürmchen aufzunehmen. Es dauert lange Zeit, bevor sie ihren Geburtsort verlassen, auch bei Paaransatz im Einzelbecken scheint die Bindung an das Brutrevier größer zu sein als die an die Eltern. Darin liegt sicher die Ursache für die hohe Überlebensrate auch in dichtbesetzten Gemeinschaftsbecken.

Nematobrycon palmeri

Kaisersalmler
Familie: *Characidae*

Vorkommen: Westkolumbien. **Größe:** 5 cm. **GU:** Beim ♂ sind die Rückenflosse und der Mittelstrahl der Afterflosse verlängert. **Ansprüche:** Dieser friedliche und ruhige Salmler sollte nur im Schwarm von mindestens 8 Tieren in Becken nicht unter 60 cm Länge gehalten werden; Wasser 5–15 °dH, nach Eingewöhnung bis 25 °dH möglich, pH-Wert 5–7,5; Temperatur 23–27 °C. Dunkler, nicht zu grober Bodengrund, der möglichst gut ausgewaschenen Fasertorf enthalten sollte, entspricht den Anforderungen der Fische am besten. Dichte Bepflanzung in Gruppen, zwischen ausreichend Schwimmpflanzen, unter denen sich die Fische einstellen können, gehört zur Grundausstattung des Beckens. Die Fische sind nach entsprechender Eingewöhnung sehr anpassungsfähig, vertragen jedoch keine plötzlichen Veränderungen im Wasserchemismus. Darauf muß beim Einsetzen zugekaufter Tiere oder beim wöchentlichen Teilwasserwechsel geachtet werden. Filterung über Torf oder die Zugabe von Torfextrakten tragen wesentlich zum Wohlbefinden, zur Farbausprägung und zur Verlängerung der Lebenserwartung bei. An die Zusammensetzung des Futters werden keine besonderen Anforderungen gestellt, in der Vorbereitung der Tiere auf die Zucht dürfen jedoch Mückenlarven nicht fehlen.

Zucht: Die Zucht ist bei Paaransatz bereits in einem kleinen Becken möglich, das dunkel stehen sollte. Torfgefiltertes, braungefärbtes oder klares Wasser mit einer Härte unter 10 °dH und pH-Werten zwischen 5 und 6 sowie einer Temperatur von 26–28 °C verspricht bei dieser nicht sehr produktiven Art noch die besten Ergebnisse. Zum Ansatz sollten nur ♀♀ kommen, die deutlichen Laichansatz zeigen. Abgelaicht wird zwischen feinfiedrigen Pflanzen, dabei wird jedes Ei einzeln abgelegt. Manchmal stellen beide Eltern den Eiern nach, und ein Laichrost oder noch besser locker über den Boden ausgebreitetes Javamoos schützen einen großen Teil der Eier vor dem Zugriff. Ein gutes ♂ zeigt nach Ende des Laichgangs Territorialverhalten bei der Verteidigung des Laichplatzes. In sehr kleinen Becken ohne Versteckplätze kann dabei das ♀ stark beschädigt oder gar getötet werden. In großen Artbecken besetzen die stärksten ♂♂ jeweils ein Revier und lassen die laichbereiten ♀♀ zu sich kommen. Verluste bei den ♀♀ sind dabei nahezu ausgeschlossen. Ist der Bodengrund des Schwarmbeckens mit einer mindestens 5 cm hohen Schicht Javamoos bedeckt, dann kommen von den nach 24–36 Stunden schlüpfenden und 2–3 Tage später freischwimmenden Jungfischen eine große Zahl auf. Sie halten sich längere Zeit im bodennahen Bereich auf und können dort von Zeit zu Zeit abgesaugt werden. Die Jungfische benötigen feinstes Staubfutter als Erstfutter und finden daneben im Javamoos eine reiche Kleinlebewelt.

Vom Kaisersalmler existiert inzwischen eine in den 80er Jahren in Thüringen entstandene schwarze Zuchtform, die sich in ihren Ansprüchen und im Zuchtverlauf nicht von der Ausgangsform unterscheidet.

Nematobrycon palmeri

Neochromis nigricans

Maulbrüter
Familie: *Cichlidae*

Vorkommen: Viktoriasee und Viktoria-Nil. **Größe:** ♂ 12 cm, ♀ 9 cm. **GU:** Das ♂ zeigt eine metallisch graublaue Körpergrundfarbe und besitzt Eiflecke auf der Afterflosse. **Ansprüche:** Wasser 10–20 °dH, pH-Wert 7,5–8,5; Temperatur 24–26 °C, nicht längerfristig darunter. Von dieser attraktiven, nur wenig aggressiven Art können 2–3 ♂♂ mit 4–5 ♀♀ im Artbecken gepflegt werden, wenn es mindestens 120 cm lang ist und zahlreiche Versteckplätze unter Steinaufbauten aufweist. Zur Bepflanzung sind größere Anubiasarten geeignet, als Bodengrund feiner Kies. Durch wirksame Filterung und wöchentlichen Teilwasserwechsel, der 1/4 des Beckeninhalts umfaßt, werden die Ansprüche der Fische nach klarem, sauberem Wasser befriedigt. Zum Futterangebot müssen neben Tiefkühl- und Flockenfutter auch pflanzliche Anteile in Form von zerquetschten Feinfrosterbsen, Spinat und vorgekochten Rosenkohlröschen gehören.

Zucht: Zwischen Pflanzen und unter Steinüberhängen legen die ♂♂ flache Gruben an, in welchen abgelaicht wird. Die Befruchtung der Eier erfolgt nach der Eifleckmethode (siehe → *Cyrtocara*) im Maul des ♀. Die Maulbrutdauer beträgt 20–21 Tage. Aus einem Gemeinschaftsbecken sollte das ♀ am 18. Maulbruttag vorsichtig herausgefangen werden, am besten dadurch, daß es in ein Konservenglas geleitet wird. Im Aufzuchtbecken werden bei Störungen die Jungfische auch nach dem Freischwimmen ins Maul genommen. Als Erstfutter sind Cyclops- und Artemia-Nauplien einzusetzen. Zur Ergänzung kann ein hochwertiges Aufzuchtfutter für Fischbrut eingesetzt werden, das einen hohen Anteil an Grünmehl enthält.

Neolamprologus

Eine artenreiche Gattung der Familie *Cichlidae* aus dem Tanganjikasee, zu der bekannte Schneckenbarsche und Gabelschwanzcichliden gehören.

Ansprüche: Wasser 7–15 °dH, pH-Wert 7,5–9, keinesfalls darunter; Temperatur 23–26 °C, vorübergehende Abkühlungen auf 20 °C werden gut vertragen und erhöhen die Widerstandsfähigkeit. Als Bodengrund kommen vor allem Sand oder feinkörniger Kies in Frage. Wurzeln und Steinaufbauten mit vielen Höhlen werden als Versteckplätze benötigt, viele Arten bevorzugen als Verstecke leere, ihrer Größe entsprechende Schneckenhäuser. Für die Steinaufbauten sollte Kalkgestein verwendet werden, um einen pH-Wert im alkalischen Bereich abzusichern. Dies ist besonders dann wichtig, wenn Moorkienholz als Dekoration eingesetzt wird, welches den pH-Wert senken kann. Eine Bepflanzung mit nicht zu zarten Arten ist gut möglich. Bei den echten Schneckenhausbewohnern, die häufig die Lage ihrer Behausung verändern und dabei Pflanzen auswühlen können, ist die Bepflanzung der unteren Stufen der Steinaufbauten zu empfehlen. Alle Arten der Gattung fühlen sich in sauberem und kristallklarem Wasser richtig wohl, deshalb ist eine hochwirksame Filterung ebenso notwendig wie regelmäßiger wöchentlicher Teilwasserwechsel, der 1/4 des Beckeninhalts umfassen sollte. Neben allem Lebendfutter wird auch Frostfutter, kleingewürfeltes Rinderherz und Fischfleisch angenommen, die größeren Arten benötigen gelegentlich Futterguppys.

Die Befriedigung der sozialen Ansprüche der einzelnen Arten beeinflußt sehr wesentlich den Haltungs- und vor allem Zuchterfolg. Da nicht alle Arten im Rahmen dieses Handbuches vorgestellt werden können, in der Literatur aber nicht immer zutreffende Aussagen gemacht werden, sollen an dieser Stelle für den an *Neolamprologus* interessierten Aquarianer die häufiger gepflegten Arten entsprechend ihren Sozialansprüchen (Paar, Harem oder Gruppe) aufgelistet werden, wie sie sich aus unseren Erfahrungen ergeben:

Paarweise zu pflegen sind die Arten *N. boulengeri, brevis, calliurus, fasciatus, furcifer, leloupi, meeli, modestus, mondabu, moorii, niger, obscurus, pleuromaculatus, schreyeni, sexfasciatus, tetracanthus, toae, tretocephalus.*

Im Harem (ein ♂ mit mehreren ♀♀) zu pflegen sind die Arten *N. christyi, cylindricus, leleupi* (alle Unterarten), *magara, mustax, petricola.*

In der Gruppe (je nach Beckengröße zwei bis drei ♂♂ mit Überzahl von ♀) zu pflegen sind die Arten *N. brichardi, buescheri, daffodil, elongatus, multifasciatus, pulcher, savoryi, spec. walteri.*

Ausgangspunkt für die Entwicklung der Sozialstruktur der letztgenannten Kategorie sollte eine kleine Gruppe von Jungfischen aus einem Familienverband bilden. Bei willkürlich zusammengesetzten Tieren unterschiedlicher Herkunft bleibt häufig nach Auseinandersetzungen nur ein Paar übrig, aus dessen Nachkommen sich die Gruppenstruktur aufbaut. Sie geht unter optimalen Haltungsbedingungen so weit, daß ältere Jungfische die Betreuung ihrer jüngeren Geschwister übernehmen, während die Alttiere das nächste Gelege pflegen. Wenn Zuchtabsichten keinen Vorrang haben, können alle Arten der Gattung mit in der Größe vergleichbaren Tanganjikacichliden gemeinsam gepflegt werden. Voraussetzung ist, daß Beckengröße und Beckeneinrichtung den Bedürfnissen der einzelnen Arten gerecht werden.

Zucht: Der Ansatz zur Zucht erfolgt entsprechend der artspezifischen Sozialstruktur. Abgelaicht wird in Höhlen, Spalten oder Schneckenhäusern. Neben großen Gehäusen von Weinbergschnecken sind vor allem Rapanaschneckengehäuse vom Schwarzen Meer gut geeignet. Das Gelege wird vom ♀ betreut und bewacht, das ♂ verteidigt das Außenrevier. Manchmal nach einem, häufiger nach 3 Tagen schlüpfen die Jungen, in vielen Fällen leistet das ♀ dabei aktive Schlupfhilfe und kaut sie aus den Eihüllen. Die Larven werden in Sandgruben gesammelt und schwimmen bei Einhaltung einer Temperatur von 25–30 °C 6 Tage später frei. Als Erstfutter werden Rädertierchen und Nauplien angenommen, die durch Mikrowürmchen ergänzt werden können.

N. brevis

Gebänderter Schneckenbuntbarsch

Größe: ♂ 6 cm, ♀ 3,5 cm. **GU:** Der obere Rand der Rückenflosse ist beim deutlich größeren ♂ orangefarben gesäumt. **Ansprüche:** Becken ab 50 cm Länge bei Paarhaltung, sonst größer. Der Beckenboden sollte in weiten Teilen mit einer mindestens 5 cm dicken Sandschicht bedeckt sein, auf die zahlreiche mittelgroße Schneckenhäuser gelegt werden. Die Fische graben diese selbst ein, so daß meist nur noch die Öffnung aus dem Sand herausschaut. Die übrigen Ansprüche entsprechen der Gattungsbeschreibung.

Zucht: Die Eiablage erfolgt in einem Schneckenhaus, welches vom ♀ ausgesucht wurde. Durch ständiges Hineinschlüpfen lockt es das ♂ an. Die Gehäuse sind meist so klein, daß das ♂ nicht hineinpaßt, es gibt seine Spermien vor dem Gehäuse ab. Das ♀ nimmt beim Hineinschwimmen die Spermawolke mit, so daß die Befruchtung des kleinen, meist nur 20–30 Eier umfassenden Geleges im Innern abgesichert wird. Das ♂ wird anschließend nicht mehr in der Nähe geduldet. Der Brutpflegetrieb ist so stark, daß man mühelos das ♀ mit Schneckenhaus in ein Aufzuchtbecken umsetzen kann, falls das Ablaichen in einem Gemeinschaftsbecken erfolgte. Bei einer Temperatur von 26 °C schlüpfen die Jungen bereits nach 24 Stunden, schwimmen 6 Tage später frei und werden noch 2 Wochen lang vom ♀ betreut.

N. brichardi

Prinzessin von Burundi, Gabelschwanzbuntbarsch

Größe: ♂ 10 cm, ♀ geringfügig kleiner. **GU:** Die Geschlechter sind schwer zu unterscheiden, manchmal ist das Ende der Rückenflosse beim ♂ länger ausgezogen als beim ♀. **Ansprüche:** *N.b.* lebt bevorzugt in lockeren Schwärmen, die meist einen aus mehreren Generationen zusammengesetzten Familienverband darstellen. Die Haltung sollte deshalb möglichst im Artbecken ab 100 cm Länge erfolgen. Den Grundstock für die Entwicklung eines untereinander verträglichen Familienver-

Neolamprologus brevis

Neolamprologus brichardi

bandes kann ein Paar bilden, das sich in einer Gruppe jungerwachsener Tiere selbst gefunden hat. Ein Aufbau aus Schieferplatten, zwischen denen ausreichend horizontale Spalten bleiben, und lockere Javamoosbüschel genügen als Ausstattung. Zur Dekoration können selbst zarteste Pflanzenarten eingesetzt werden, sie bleiben immer unbehelligt. Die übrigen Ansprüche entsprechen der Gattungsbeschreibung.

Zucht: Die Zucht verläuft in einem den oben beschriebenen Ansprüchen gerecht werdenden Artbecken über viele Jahre lang problemlos. Oft schwimmen mehrere Jungfischschwärme gleichen Alters zur gleichen Zeit im Becken, da sich mehrere Paare aus einem Familienverband gegenseitig nicht stören. Für die rationelle Zucht können diese Jungfischschwärme abgesaugt und in Aufzuchtbecken überführt werden, der Liebhaberaquarianer kann sich darauf beschränken, ab und zu die halbwüchsigen Tiere herauszufangen, wenn der Besatz im Becken zu groß wird.

N. elongatus

Gabelschwanzbuntbarsch, Tanganjikaschmalbarsch

Größe: ♂ 20 cm, ♀ 12 cm. **GU:** Die ♂♂ sind bereits ab 5 cm Körperlänge am rascheren Wachstum von den ♀♀ zu unterscheiden. Beim ♀ bleiben die Bauchflossen kürzer als beim ♂. **Ansprüche:** Die Beckenlänge zur Pflege dieser schönen, aber sehr räuberischen Art, sollte mindestens 150 cm betragen, eine Vergesellschaftung ist nur mit annähernd gleichgroßen Arten zu empfehlen. Wenn nur Tümpelfutter gegeben wird, dann erreichen die Fische kaum Größe und Farbigkeit. Es sollten daher sehr häufig Lebendgebärende als Zusatzfutter gegeben werden. Die übrigen Ansprüche entsprechen der Gattungsbeschreibung.

Zucht: Das Paar sollte sich aus einer kleinen Gruppe jungerwachsener Tiere selbst gefunden haben. Wenn als Ablaichplatz Höhlen geeigneter Größe nicht zur Verfügung stehen, dann wird auch auf flachen Steinen abgelaicht. Gelege und die nach 3–4 Tagen schlüpfenden Jungen werden bis zum Freischwimmen auch vom ♂ mit betreut. Die Jungfische sind verhältnismäßig groß und können mit Cyclops angefüttert werden. Ihr Wachstum ist bei gutem Futterangebot schnell.

N. leleupi leleupi

Tanganjikagoldcichlide

Größe: ♂ 10 cm, ♀ 8–9 cm. **GU:** Die Geschlechter sind erst bei erwachsenen Tieren mit einiger Sicherheit zu unterscheiden. Die ♀♀ wirken dann kurzschnäuziger, da ihre Stirnlinie steiler ansteigt als bei den ♂♂, die Bauchflossen des ♂ sind etwas länger. **Ansprüche:** Becken ab 100 cm Länge, sonst wie in der Gattungsbeschreibung angegeben. Die Art ist etwas empfindlich gegenüber Infusorientrübung oder Fäulnisbakterien im Mulm, dieser sollte deshalb häufig abgesaugt werden.

Zucht: Die Eiablage erfolgt bevorzugt an den Decken von Höhlen oder Spalten. Das bis zu 150 Eier umfassende Gelege und die nach 3 Tagen schlüpfenden Jungen werden bis zum Freischwimmen der Jungfische 6 Tage später von beiden Eltern betreut, der Jungfischschwarm danach vom ♀ allein.

Neben *N.l.l.* existieren als weitere Unterarten *N.l. melas* mit schwärzlicher Körpergrundfarbe sowie die schlankere, kräftig orangefarbene *N.l. longior.* Die Ansprüche gleichen der beschriebenen Unterart. Um unerwünschte Unterartbastarde zu vermeiden und die Unterarten in reiner Form in den Aquarien erhalten zu können, sollten sie immer nur getrennt gepflegt werden. Sind dennoch Bastarde entstanden, so sollten diese von jedem verantwortungsbewußten Aquarianer vernichtet werden.

N. meeli

Meels Schneckenbarsch

Größe: ♂ 7 cm, ♀ 4,5 cm. **GU:** Die Geschlechter sind nur an ihrer unterschiedlichen Größe sicher zu unterscheiden. **Ansprüche** und Zuchtverlauf entsprechen denen von *N. brevis.*

N. moorii

Veränderlicher Tanganjikacichlide

Größe: 10 cm. **GU:** Die Geschlechter sind schwer zu unterscheiden, erst bei erwachsenen ♂♂ sind Rücken- und Afterflosse etwas spitzer ausgezogen als beim ♀ und die Bauchflossen länger. Diese Art zeigt in den einzelnen Altersstufen völlig voneinander unterschiedliche Färbung. Jungtiere sind grünlichgelb bis braungelb, halberwachsene Tiere blaugrau und erwachsene Tiere schokoladenbraun, zur Brutpflege fast schwarz gefärbt. **Ansprüche:** Die Art ist relativ friedlich und kann mit vergleichbaren Arten des Tanganjikasees (→ *Julidochromis,* → *Tropheus moorii,* → *Eretmodus cyanostictus* u.a.) in Becken ab 120 cm Länge gut vergesellschaftet werden; Wasser 10–18 °dH, pH-Wert 7,5–9, nicht darunter; Temperatur 24–26 °C. Kiesiger Bodengrund sowie Steinhaufen und Felsaufbauten mit zahlreichen Höhlen und Spalten befriedigen die Ansprüche der Art am besten. Die Bepflanzung sollte nicht auf dem Bodengrund, sondern in den Steinhaufen erfolgen, dabei haben sich Stufenfarn und *Anubias*-Arten am besten bewährt. Der Sauerstoffbedarf ist hoch, er ist durch eine kräftige Filterung und regelmäßigen wöchentlichen Teilwasserwechsel zu befriedigen, bei dem 1/4 des Beckeninhalts erneuert wird. An die Zusammensetzung des Futters werden keine besonderen Ansprüche gestellt.

Zucht: Die Art ist Höhlenbrüter, der Zuchtansatz erfolgt paarweise bei Tempe-

Neolamprologus leleupi leleupi

Neolamprologus multifasciatus

raturen zwischen 25 und 28 °C. Die Jungen schlüpfen nach 2–3 Tagen und werden von den Eltern betreut. 7 Tage nach der Eiablage verlassen die Jungfische die Höhle und bleiben als Schwarm in der Höhlenumgebung, die von den Eltern bewacht wird. Als Erstfutter werden Artemia-Nauplien und als Ergänzung feines, hochwertiges Trockenfutter angenommen.

N. multifasciatus

Größe: 6 cm. **GU:** Die ♂♂ werden etwas größer als die ♀♀. **Ansprüche** und Zuchtverlauf dieser selten gehaltenen Art entsprechen denen von *N. brevis.*

N. tretocephalus

Tanganjikafünfstreifenbuntbarsch

Größe: ♂ 15 cm, ♀ etwas kleiner. **GU:** In der Färbung gibt es keine deutlichen Geschlechtsunterschiede, beim erwachsenen ♂ sind Rücken- und Afterflosse etwas länger ausgezogen. **Ansprüche:** Die Art beansprucht ein großes Territorium im Becken, das deshalb 150 cm lang sein sollte. Die Wasserhärte hat bei dieser Art Auswirkungen auf die Fortpflanzungsbereitschaft und sollte nicht viel über 7 °dH liegen. Die übrigen Ansprüche gleichen den in der Gattungsbeschreibung genannten.

Zucht: Die Zucht ist etwas schwieriger als bei den meisten anderen Arten der Gattung und nur in sehr großen Becken erfolgreich. Das Paar sollte sich aus einer Gruppe jungerwachsener Tiere gefunden haben, das Becken muß viele Versteckmöglichkeiten aufweisen, zu denen auch große Büschel Javamoos gehören können. Die Eiablage erfolgt ausschließlich in Höhlen, deren Ausmaße der Größe der Tiere entsprechen müssen. Die Jungen schlüpfen nach 48 Stunden, Gelege und Jungfische werden von beiden Eltern betreut. Die Jungfische benötigen in den ersten Lebenstagen sehr kleines Futter.

Neolebias ansorgei

Ansorges Salmler, Grüner Neolebias
Familie: *Citharinidae*

Vorkommen: Kamerun, Angola, Zentralafrika. **Größe:** 3,5 cm. **GU:** Beim ♂ sind das Rot des Bauches und das Grün der Körperseiten intensiver als beim ♀. **Ansprüche:** Becken ab 50 cm Länge zur Haltung eines kleinen Schwarms, die möglichst im Artbecken erfolgen sollte; Wasser 2–15 °dH, pH-Wert 6,2–7; Temperatur 21–24 °C. Die Fische lieben dunkel gehaltene Becken und kommen darin am besten zur farblichen Wirkung. Der Bodengrund sollte feinkörnig und dunkel sein und Torfanteile enthalten. Für die Bepflanzung sind feinblättrige Pflanzen zu verwenden, die in lockeren Gruppen gesetzt werden. Eine Wasserhöhe von 20 cm ist völlig ausreichend. Bei Haltung im Artbecken kann die Filterung mäßig sein. Auf Frischwasser reagieren die Tiere oft empfindlich, beim Teilwasserwechsel, der im Abstand von 14 Tagen 1/5 des Beckeninhalts umfassen kann, darf nur über Torf gefiltertes Altwasser eingesetzt werden. Diese schöne Art verlangt viel Aufmerksamkeit und Fingerspitzengefühl, kann bei guter Pflege aber viele Jahre ausdauern.

Zucht: Der Zuchtansatz erfolgt im Trio (ein ♂, 2 ♀♀) in einem 10-l-Becken, das als Bodengrund ausgekochten Fasertorf und als Einrichtung lockere Javamoosbüschel enthält. Abgelaicht wird bevorzugt an den Pflanzenbüscheln oder an herausragenden Torffasern. Den Eiern wird kaum nachgestellt. Die Jungen schlüpfen nach 36 Stunden, 5 Tage später schwimmen die Jungfische frei. Sie sind sehr träge und jagen den feinen Staubfuttertieren nicht nach. Sie müssen deshalb, um nicht zu verhungern, ständig in einer Futterwolke stehen können. Die Geschlechtsreife tritt mit dem 7. Lebensmonat ein. Häufiger als vorgenannte Art sind in den letzten Jahren aus Westafrika Fische dieser Gattung importiert worden, die unter der Bezeichnung »Schwarzer Neolebias« bzw. »Afrikanischer Längsbandsalmler« angeboten werden. Es handelt sich dabei um zwei verschiedene Arten, die sich ähnlichsehen und beide nur maximal 5 cm groß werden. Es handelt sich um *N. trewavasae,* der eine Fettflosse besitzt, und *N. unifasciatus* ohne Fettflosse. Bei beiden Arten bleiben die ♂♂ kleiner als die ♀♀, die deutlich fülliger wirken. Bei Wohlbefinden und in der Balz

Neolamprologus tretocephalus

Neolebias unifasciatus, ♀

zeigen die ♂♂ Rotfärbung in Flossen und Körper. Beide Arten sind in der Eingewöhnungszeit sehr scheu und bleiben es auch in Gesellschaft lebhafter Fischpartner. Die Ansprüche gleichen denen von *N. ansorgei.* Die Fische lieben dichtbepflanzte Becken und gedämpftes Licht. Werden die Anforderungen erfüllt, dann sind es sehr ausdauernde Aquarienfische. Die Zucht gelingt unter den gleichen Voraussetzungen wie bei *N. ansorgei.* Der Ansatz erfolgt in kleinen Zuchtbecken als Paar, ist in größeren und mit mehreren Javamoosbüscheln ausgestatteten auch als Gruppe möglich. Die Aufzucht der winzigen und trägen Jungfische ist ebenso schwierig wie bei *N. ansorgei.*

Neonregenbogenfisch

→ *Melanotaenia praecox.*

Neonsalmler

→ *Paracheirodon innesi.*

Neunstachliger Stichling

→ *Pungitius pungitius.*

Nevadawüstenfisch

→ *Cyprinodon nevadensis.*

Nikaraguabuntbarsch

→ *Copora nicaraguense.*

Nilkugelfisch

→ *Tetraodon fahaka.*

Nimbochromis

Eine Gattung von Maulbrütern der Familie *Cichlidae,* deren Arten meist durch eine Fleckenzeichnung gekennzeichnet sind. **Vorkommen:** Malawisee. **Ansprüche:** Wasser 10–20 °dH, pH-Wert 7,5–8,5; Temperatur 24–26 °C. Die Beckenlänge sollte das 10fache der Länge der gepflegten Art betragen, der Bodengrund Bereiche mit Sand und solche mit abgerundetem Kies mittlerer Körnung enthalten. Steinaufbauten aus Kalkgestein und Wurzeln müssen ausreichend Versteckplätze bieten. Eine Bepflanzung mit gröberen Arten, z. B. *Anubias,* ist gut möglich, dabei sollten die Pflanzen in Blumentöpfen stehen. Alle Arten von Frostfutter sowie cichlidengerechtes Trockenfutter werden gut angenommen. Der Sauerstoffbedarf ist hoch, eine kräftige Filterung sowie wöchentlicher Teilwasserwechsel, der mindestens 1/3 des Beckeninhaltes umfaßt, sind für das Wohlbefinden der Arten unerläßlich.

Zucht: Die Nachzucht der meisten Arten ist auch im Gemeinschaftsbecken möglich, wenn einem ♂ mehrere ♀♀ beigesellt wurden und sich das maulbrütende ♀ zurückziehen kann. Die Eiablage erfolgt meist in kleinen Gruben im Sand, die Eier werden nach der Eifleckmethode (→ *Cyrtocara*) befruchtet. Für eine rationelle Zucht sollten die ♀♀ am 19. oder 20. Tag nach der Eiablage vorsichtig herausgefangen und in ein mit einem umgestülpten Blumentopf als Versteckplatz eingerichtetes Becken überführt werden. Am besten geschieht dies abends beim schwachen Licht einer Taschenlampe und mit Hilfe einer großen Fangglocke. Wenn das ♀ zu sehr getrieben wird, besteht die Gefahr, daß es die Brut abschluckt. Die Jungfische werden meist noch einige Tage lang betreut und sind mit Rädertierchen, Nauplien und Mikrowürmchen als Erstfutter gut aufzuziehen.

N. linni

Rüsselmaulbrüter

Größe: 25 cm. **GU:** Beim ♂ sind deutliche Eiflecken in der Afterflosse zu erkennen, der Randstreifen der Rückenflosse enthält einen Rotanteil, beim ♀ ist sie nur gelbweiß gerandet. **Ansprüche:** Wasserwerte und Beckeneinrichtung wie in der Gat-

Nothobranchius-Biotop, Tsaro-Nationalpark

tungsbeschreibung angegeben. Der Trivialname bezieht sich auf das weit ausstülpbare, nach unten gerichtete Maul, das die Art als Raubfisch ausweist. Die Haltung ist nur gemeinsam mit großen, robusten Haplochrominen ratsam. Einem ♂ sind stets mehrere ♀♀ zuzuordnen, um innerartliche Aggressivitäten zu vermindern. Es sollten stets große Futterbrocken angeboten werden (Frostgarnelen, Rinderherz, Fischfiletstücke und Futtertabletten). Pflanzen werden nicht verbissen, dichte Bestände als Randbepflanzung können somit zusätzliche Versteckplätze schaffen.

Zucht: Der Zuchtverlauf entspricht dem in der Gattungsbeschreibung angegebenen. Die Fortpflanzungsbereitschaft wird durch gezielte Fütterung mit Futterfischen erhöht.

N. livingstonii

Schläferbuntbarsch

Größe: 20 cm. **GU:** Das ♂ ist im Balzkleid grünlichblau gefärbt, in der übrigen Zeit sind die Fische, je nach Farbe und Beschaffenheit des Bodengrundes, sehr variabel in der Färbung. Die Eiflecken in der Afterflosse des ♂ sind jedoch meist deutlich zu erkennen. *N.l.* ist Lauerräuber, der sich am Boden auf die Seite legt und aus dieser Position kleine Fische, die sich dem scheinbar toten Tier nähern, blitzschnell schnappt und frißt. Neben animalischer Kost werden aber auch Salat, Spinat und angequetschte Feinfrosterbsen sowie grobes Flockenfutter angenommen; sonstige **Ansprüche** und **Zucht** wie in der Gattungsbeschreibung angegeben. Die Eiablage erfolgt bevorzugt in flachen Gruben im Sand. Die Maulbrutdauer beträgt bei 26 °C 21 Tage, die Jungfische sind verhältnismäßig klein und benötigen entsprechend kleines Erstfutter.

N. polystigma

Vielfleckmaulbrüter

Größe: 20 cm. **GU:** Das ♂ ist gelbgrün und hinter den Augen blau gefleckt, das ♀ trägt auf Körper und Flossen zahlreiche braune Flecken und Tüpfel. *N.p.* ist sehr gefräßig, was kleineren Fischen anderer Arten gefährlich werden kann. Es wird ausschließlich animalische Kost (Würmer, Rinderherz, Fischfleisch bzw. eiweißreiches Trockenfutter) angenommen. **Ansprüche** und **Zucht** siehe Gattungsbeschreibung. Die Maulbrutdauer beträgt bei 26 °C 20 Tage, die Jungfische werden vom ♀ länger betreut als bei vielen anderen Arten der Gattung, sie gehen noch nach einer Woche zum Schlafen ins Maul der Mutter zurück.

N. venustus

Pfauenmaulbrüter

Größe: 20 cm. **GU:** Das ♂ ist meist größer und immer intensiver gefärbt als das ♀, besonders auffällig sind seine pfauenblauen Lippen. Die **Ansprüche** und die **Zucht** sind wie in der Gattungsbeschreibung angegeben, die Eier werden bevorzugt in Sandgruben abgelegt. Die Haltung mehrerer ♀♀ auf ein ♂ ist wichtig, da ein einzelnes ♀ bei Bedrängung durch das ♂ die Eier ausspucken oder abschlucken kann. Die Maulbrutdauer beträgt bei 26 °C 20 Tage, die Jungfische gehen noch 10 Tage nach dem Freilassen nachts ins Maul der Mutter zurück.

Noemachilus barbatulus

Schmerle
Familie: *Cobitidae*

Vorkommen: Klare und schnellfließende Gewässer in Eurasien. **Größe:** ♂ 10 cm, ♀ 12–15 cm. **GU:** Die Brustflossen sind beim ♂ länger als beim ♀, der zweite Brustflossenstachel ist verdickt. **Ansprüche:** Becken ab 100 cm Länge; Wasser 10–15 °dH, pH-Wert 7–7,7; Temperatur 16–18 °C, keinesfalls über 20 °C. Der Bodengrund sollte feinkörnig sein, Steine und Wurzeln sowie eine lockere Bepflanzung mit kaltwasserverträglichen Arten müssen ausreichend Versteckplätze bieten. Kräftige Filterung und Durchlüftung müssen den hohen Sauerstoffbedarf der Art befriedigen und sollten so installiert sein, daß sie eine Wasserströmung erzeugen. Gegen chemische Wasserbelastungen sind Schmerlen sehr empfindlich, chlorbelastetes Leitungswasser muß vor dem Einsatz beim Teilwasserwechsel gut durchlüftet oder aufbereitet werden. Als Futter ist Lebendfutter aller Art und Größe geeignet, Tubifex muß aus unbelasteten Gewässern stammen, sonst sollte auf die Verwendung verzichtet werden.

Zucht: Die Zucht ist mit bei niedrigen Temperaturen (12–15 °C) überwinterten Tieren und ♀♀, die deutlichen Laichansatz zeigen, unter Aquarienbedingungen möglich. Geeignet sind langgestreckte Becken, die zu einem Drittel abgerundet sind und in diesem Bereich groben Flußkies enthalten. Bei der Paarung wird das ♀ vom ♂ mit den Brustflossen festgeklemmt, die Eiablage erfolgt zwischen den Steinen oder auch in Oberflächennähe. Die Eier fallen zwischen die Steine, die Alttiere werden entfernt, das Becken abgedunkelt und kräftig durchlüftet. Die Jungen schlüpfen nach 7 Tagen und werden nach dem Aufschwimmen mit feinem Tümpelstaub ernährt.

Nomorhamphus (Hakenhalbschnäbler)

Eine Gattung von Lebendgebärenden der Familie *Hemirhamphidae* (nach einer neueren Systematik Unterfamilie *Hemirhamphinae* der Fliegenden Fische, Familie *Exocoetidae*) mit Verbreitungsschwerpunkt in

Nomorhamphus liemi, ♂

Sulawesi (Celebes). **Ansprüche:** Becken ab 70 cm Länge mit einer Wasserhöhe von 20 cm. Wasser 5–12 °dH, pH-Wert 7–7,5; Temperatur 24–26 °C. Die Beschaffenheit des Bodengrundes ist bei diesen vorwiegend im Oberflächenbereich lebenden Fischen ohne Bedeutung. Die Bepflanzung kann sich auf einige lockere Pflanzengruppen beschränken, als Unterstände werden einige Schwimmpflanzen aufgebracht. Das Becken muß gut und lückenlos abgedeckt werden, da die Fische gern springen. Sie lieben eine kräftige Filterung, die am Auslauf eine Wasserströmung erzeugt. Hakenhalbschnäbler verlangen kräftige Lebendnahrung, die sich im Oberflächenbereich befindet. Mückenlarven und Jungfische von Lebendgebärenden sind bevorzugte Nahrung, daneben werden alle Arten von Anfluginsekten von der Wasseroberfläche aufgenommen (Schaben, Drosophila, Blattläuse u.a.). Kleingeschnittenes Fischfleisch oder Rinderherz werden nur angenommen, solange sie im Wasser schweben. Zu Boden gesunkenes Futter wird kaum angerührt und muß regelmäßig abgesaugt werden, um organische Wasserbelastungen zu vermeiden, auf welche die Tiere empfindlich reagieren können. Das beim wöchentlichen Teilwasserwechsel (1/5 des Beckeninhalts) eingesetzte Frischwasser muß durch kräftige Durchlüftung chlorfrei gemacht sein, es kann über Torf aufbereitet werden. Chlorhaltiges Wasser führt häufig zu Fehl- und Frühgeburten.

Zucht: Hakenhalbschnäbler sind wenig produktiv, der Zuchterfolg wird von vielen Zufälligkeiten belastet. Häufig folgt auf ein oder zwei gesunde Geburten eine Serie von Fehl- oder Frühgeburten, deren Ursachen nicht zu erkennen sind. Die Tragzeit schwankt zwischen 6 und 8 Wochen, in der Regel werden nur 9–11 Jungtiere geboren. Sie sind etwa 18 mm groß, können bei sehr großen ♀♀ auch bis zu 30 mm lang sein. Voraussetzungen für eine längere Serie erfolgreicher Zuchtergebnisse sind neben weichem Wasser langfristig durch kräftige Insektennahrung vorbereitete ♀♀. Den Jungfischen wird meist sofort nach der Geburt sehr intensiv nachgestellt, das Wurfbecken sollte deshalb sehr dicht mit *Myriophyllum*-Ranken und *Riccia* im Oberflächenbereich sowie aufgelockerten Javamoosbüscheln über dem Bodengrund versehen sein. Die Jungfische sind am besten herauszufangen und in einem flachen Becken aufzuziehen, wo sie mit Grindalwürmchen und Drosophila gut zu ernähren sind.

Aquaristisch eingeführt sind bei uns zwei Arten, deren Artstatus jedoch noch umstritten ist. Sie unterscheiden sich deutlich in der Färbung.

N. celebensis

Grundfarbe der Flossen orange bis rötlich, zum Teil mit schwarzem Saum.

N. liemi

Grundfarbe der Flossen grünlich oder bläulich, teilweise oder fast ganz tiefdunkelblau oder schwarz durchgefärbt bzw. zumindest gerandet. Die Zahl der Schuppen in der Längsreihe ist geringfügig größer als bei *N. celebensis.* **GU:** Bei beiden Formen sind die ♂♂ intensiver gefärbt und mit 6 cm Maximallänge kleiner als die ♀♀, die 9–10 cm erreichen können. Die Afterflosse der ♂♂ ist zum Begattungsorgan (Andropodium) umgebildet, ihr charakteristischer Haken am Unterschnabel ist größer und intensiver gefärbt als der der ♀♀. Beide Formen sind untereinander kreuzbar und sollten immer getrennt gepflegt werden.

Nothobranchius
(Prachtgrundkärpflinge)

Eine Gattung eierlegender Saisonfische der Familie *Aplocheilidae.* Verbreitungsschwerpunkt dieser in völlig austrocknenden Kleingewässern lebenden Fische sind die Savannengebiete Zentral- und Ostafrikas. Den meist sehr farbenprächtigen ♂♂ stehen relativ unscheinbar gefärbte ♀♀ gegenüber. Kennzeichnend ist eine rasche Jugendentwicklung, früher Eintritt der Geschlechtsreife sowie eine Kurzlebigkeit, die auch bei optimalen Haltungsbedingungen nicht wesentlich zu verlängern ist, spätestens zwischen dem 7. und 9. Lebensmonat beginnen die Fische sichtbar zu vergreisen. Da sie jedoch leicht zu halten und zu züchten sind, gehören sie zu den idealen Pfleglingen und verdienen eine weit größere Aufmerksamkeit als bisher, auch außerhalb des Kreises von Spezialisten, welche diese Arten erhalten.

Becken ab 50 cm Länge sind zur Pflege bereits ausreichend, ebenso eine Wasserhöhe von 20 cm. Der Bodengrund sollte dunkel und weich sein und kann aus reinem Torf bestehen. Die Wasserwerte sind für die einzelnen Arten unterschiedlich und werden bei den Artbeschreibungen angegeben. Eine lockere Bepflanzung genügt, sie kann ausschließlich aus Javamoosbüscheln bestehen, in denen sich getriebene Tiere verstecken können, als weitere Versteckplätze können einige Moorkienwurzeln eingebracht werden. Wenn die Fische im Artbecken gehalten werden, kann auf eine Filterung verzichtet werden, eine leichte Durchlüftung, welche das Wasser nicht zu sehr bewegt, ist ausreichend. Gruppen von ♂♂ eignen sich gut auch für die Haltung in Gemeinschaftsbecken, das sie mit ihrer Farbenpracht beleben. Bei den meisten Arten ist bis zum geplanten Zuchtansatz die getrennte Hälterung von ♂♂ und ♀♀ empfehlenswert. Alle Arten der Gattung verlangen kräftiges Lebendfutter, neben Mückenlarven als Hauptnahrung werden alle Anfluginsekten gern genommen und sollten bei der Zuchtvorbereitung nicht fehlen. Um einer zu raschen Vergreisung im Altwasser vorzubeugen, sollte regelmäßig wöchentlich 1/4 des Beckeninhalts durch chlorfreies, gut durchlüftetes Frischwasser ersetzt werden. Bei mineralarmem Leitungswasser trägt der Zusatz von 10 g See- oder Kochsalz je 10 l Wasser dazu bei, die Widerstandsfähigkeit der Fische und die Lebenserwartung zu erhöhen.

Zucht: Bei den meisten Arten ist der Zuchtansatz im Trio (1 ♂, 2 ♀♀) oder als Gruppe empfehlenswert, in der die ♀♀ immer in der Überzahl sein müssen. Der Zuchtansatz wird in Becken mit 10 l Inhalt durchgeführt, deren Boden mit einer 2–3 cm hohen Schicht ausgekochten Fasertorfs bedeckt ist. Etwas Javamoos dient den ♀♀ als Versteckplatz, wenn das oder die ♂♂ zu sehr treiben. Prachtgrundkärpflinge sind Bodenlaicher, die bei der Eiablage auf der Bodenoberfläche die Eier oft regelrecht einpflügen. Obwohl manche Arten bereits im Alter von 4 Wochen fortpflanzungsfähig sind, ist es im Interesse einer längeren Lebensdauer der Fische besser, sie frühestens im Alter von drei Monaten zur Zucht anzusetzen. Vom Eintritt der Geschlechtsreife ab sind die Prachtgrundkärpflinge Dauerlaicher bis zur Vergreisung. Um ihre Produktivität voll auszuschöpfen, werden in den Zuchtbecken im Abstand von einer Woche der Bodengrund und das Wasser ausgetauscht. Es ist von Vorteil, dabei gleichzeitig die ♂♂ auszutauschen. Eine Zugabe von 10 g Salz je 10 l bei jeder Wassererneuerung wirkt sich ebenso günstig aus wie regelmäßige Tag-Nacht-Temperaturschwankungen.

Der eihaltige Bodengrund wird durch ein feines Netz ausgedrückt und dabei vom Hauptteil des Wassers befreit, die festen Eier nehmen dabei keinen Schaden. Anschließend wird die Torfmasse auf einer saugfähigen Unterlage noch etwas angetrocknet, bis sie Krümelfeuchte besitzt, und in verschließbaren Kunststoffdosen oder -tüten bei Zimmertemperatur gelagert. Die notwendige Trockenlagerzeit ist bei den Arten unterschiedlich und liegt zwischen 1 und 6 Monaten. Da Feuchtigkeit und Lagertemperatur unterschiedlich sein können, ist eine regelmäßige Kontrolle ab der 4. Lagerwoche erforderlich. Die bevorstehende Reife ist an der Augenentwicklung der Embryonen in den Eiern deutlich zu erkennen, sie beginnen sich dann auch in den Eihüllen zu bewegen. Zu diesem Zeitpunkt wird der Torf in eine flache Aufzuchtschale überführt und mit Frischwasser übergossen, dessen Temperatur 5–10 °C unter der Lagertemperatur liegt. Der Wasserstand in der Aufzuchtschale sollte 10 cm Höhe nicht überschreiten. Innerhalb weniger Stunden schlüpfen die Jungfische und nehmen sofort Rädertierchen, Artemia- und Cyclops-Nauplien an. Sauerstoffmangel im Aufgußgefäß beschleunigt meist den Schlupf, er ist einmal dadurch zu erreichen, daß das Erstfutter bereits mit dem Aufgußwasser gegeben wird oder durch Zusatz einer Prise getrockneter Wasserflöhe, deren bakterielle Zersetzung eine Sauerstoffzehrung bewirkt. Auch Wasser aus alten Zuchtpantoffeltierchen ist zum Aufguß geeignet. Nach dem Schlupf der Jungfische muß sofort ein Teil des Wassers gewechselt und eine feinperlige Durchlüftung eingebracht werden. Eine Zugabe von einem Eßlöffel Kochsalz von Anfang der Jungfischentwicklung an erhöht deren Widerstandsfähigkeit. Da im Torf häufig Dauereier liegen, kann dieser nach dem ersten Schlupf erneut trockengelegt und 4 Wochen später ein zweites Mal aufgegossen werden. Das Wachstum der Jungfische verläuft bei guter Fütterung sehr rasch. Sobald die Geschlechter zu unterscheiden sind, sollten sie bis zum Zuchtansatz getrennt gepflegt werden.

N. eggersi

Orchideenprachtgrundkärpfling

Vorkommen: Osttansania. **Größe:** ♂ 5 cm, ♀ kleiner. **GU:** Das ♂ ist intensiv gefärbt, das ♀ einfarbig graubraun. **Ansprüche:** Wasser 10–20 °dH, pH-Wert 6,8; Temperatur tagsüber 27–29 °C, nachts bis 24 °C absinkend, nicht darunter. *N.e.* gehört zu den wärmebedürftigen Arten der Gattung. Häufiger Teilwasserwechsel ist erforderlich, die übrigen Ansprüche sind wie in der Gattungsbeschreibung angegeben.

Nothobranchius eggersi

Zucht: Verlauf wie in der Gattungsbeschreibung angegeben, die Lagertemperatur des Trockentorfs sollte nicht unter 23 °C absinken. Bei hoher Lagertemperatur kann bereits nach 4 Wochen die Embryonalentwicklung abgeschlossen sein, sie kann aber auch bis zu 4 Monaten betragen. Für den Aufguß ist 15 °C kaltes Leitungswasser zu nehmen.

N. foerschi

Foerschs Prachtgrundkärpfling, Butterflyprachtgrundkärpfling

Vorkommen: Umgebung von Daressalaam. **Größe:** 5 cm. **GU:** Die Flossen sind beim insgesamt prächtigeren ♂ farbig, beim ♀ durchsichtig. **Ansprüche:** Wasser 10–27 °dH, häufiger Teilwasserwechsel ist erforderlich. Die übrigen Ansprüche entsprechen denen der Gattungsbeschreibung.

Zucht: Verlauf wie in der Gattungsbeschreibung angegeben, die Entwicklungsdauer liegt bei Lagertemperaturen des Torfs von 20–24 °C zwischen 2 und 3 Monaten. Für den Aufguß ist Frischwasser mit einer Temperatur von 15 °C zu verwenden.

N. furzeri

Furzers Prachtgrundkärpfling

Vorkommen: Südostsimbabwe. **Größe:** 6 cm. **GU:** Das ♂ besitzt ein Netzmuster, das ♀ ist ohne Zeichnung. **Ansprüche:** Wasser 4–15 °dH, pH-Wert 6,5–7; Temperatur 20–30 °C. *N.f.* ist auch zur Pflege in Hartwassergebieten geeignet, bei 30 °dH sind die Zuchtergebnisse noch befriedigend. Übrige Ansprüche wie in der Gattungsbeschreibung angegeben, die Temperatur kann nachts auf 15 °C gesenkt werden.

Zucht: Bei dieser Art ist einem kontrollierten Kurzansatz der Vorzug vor dem Daueransatz zu geben, da ♀♀, die ausgelaicht haben, von den ♂♂ totgebissen werden könnten; sonst wie in der Gattungsbeschreibung angegeben. Die Entwicklungsdauer wird bei dieser Art besonders stark von der Lagertemperatur des Torfs beeinflußt und kann zwischen 3 und 7 Monaten liegen, das Lagergut ist deshalb häufig zu kontrollieren. Es ist bei *N.f.* auch möglich, die Eier aus dem Torf herauszulesen und in einer flachen Wasserschale zur Entwicklung zu bringen, bei Temperaturen zwischen 23 und 25 °C schlüpfen die ersten Jungfische bereits nach 3 Wochen. Die Schlupfergebnisse sind besser, wenn zum Aufguß des Torfs weiches Wasser von 5 °dH eingesetzt wird, welches Temperaturen zwischen 15 und 18 °C aufweist. Bereits während des Schlupfs kann ein Eßlöffel Salz je 10 l Wasser zugegeben werden. Schon die Jungfische dieser Art sind gierige Fresser, die mit 8 Wochen die volle Körpergröße erreicht haben können, die Lebenserwartung liegt bei 6–7 Monaten.

N. guentheri

Blauer Prachtgrundkärpfling, Günthers Prachtgrundkärpfling

Vorkommen: Sansibar, Küstengebiet von Kenia und Tansania. **Größe:** 4,5 cm. **GU:** Das ♂ ist prächtiger gefärbt und größer als das ♀. **Ansprüche:** Wasser 10–12 °dH, pH-Wert 6,5–7; Temperatur 22–25 °C. Diese schöne Art ist wenig empfindlich, aber unverträglich und kurzlebig, auch wenn die in der Gattungsbeschreibung angeführten Grundregeln eingehalten werden.

Zucht: Zuchtverlauf wie in der Gattungsbeschreibung angegeben, Trockenperiode des Torfs 3–4 Monate, bei höheren Temperaturen ist der Aufguß bereits nach 2 Monaten möglich.

Nothobranchius guentheri

N. jubbi

Jubbs Prachtgrundkärpfling

Vorkommen: Küstenbereich von Südkenia. **Größe:** 5,5 cm. **GU:** Das ♂ ist blaugrau, das ♀ graubraun gefärbt. **Ansprüche:** Wasser 5–10 °dH, pH-Wert 6,5; Temperatur 24–30 °C, die übrigen **Ansprüche** wie in der Gattungsbeschreibung angegeben. Die Art ist wenig empfindlich.

Zucht: Das günstigste Zuchtverfahren bei dieser Art ist der kontinuierliche Ansatz in Trios (1 ♂, 2 ♀♀), die über mindestens 2 Wochen alle 2 Tage ausgewechselt werden. Nachdem das letzte Trio abgelaicht hat, läßt man das Wasser noch für 1–2 Wochen im Zuchtbecken und gießt erst dann ab, um den Torf trockenzulegen. Der Aufguß kann frühestens nach 2, meist erst nach 4–5 Monaten nach den in der Gattungsbeschreibung genannten Verfahren erfolgen, die Embryonalentwicklung sollte regelmäßig kontrolliert werden.

N. korthausae

Korthaus' Prachtgrundkärpfling, Mafiaprachtgrundkärpfling

Vorkommen: Insel Mafia (Tansania). **Größe:** 5 cm. **GU:** Die Flossen des prächtigeren ♂ besitzen einen himmelblauen Saum, die des ♀ sind farblos. **Ansprüche:** Wasser 5 °dH, höchstens bis 10 °dH länger ausdauernd, pH-Wert 5,8–6,4, nicht darüber; ein pH-Wert von 6,8 kann bereits zum Tod der Tiere führen; Temperatur 23–26 °C.

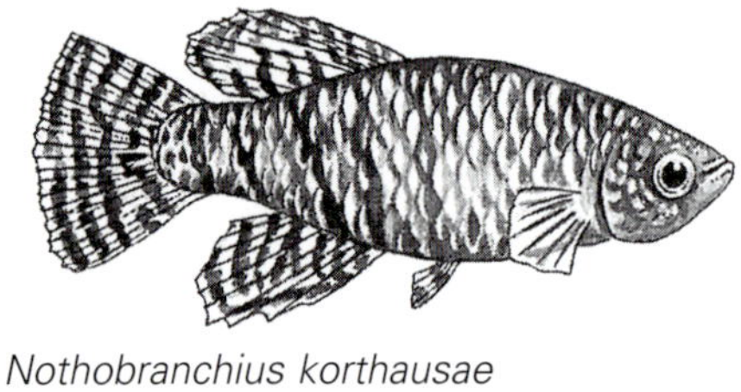

Nothobranchius korthausae

Zucht: Die ♂♂ treiben sehr stark, beim Ansatz sollten deshalb einem ♂ mindestens 3 ♀♀ zugegeben werden, der Zuchtverlauf entspricht dem in der Gattungsbeschreibung angegebenen. Die Eier dieser Art können auch in ständig feuchter Umgebung zur Entwicklung gebracht werden, unter diesen Bedingungen ist der Schlupf der Jungfische bereits nach 3 Wochen möglich. Bei Trockenlegung dauert die Entwicklung 3–4, manchmal auch 5 Monate und ist häufig zu kontrollieren.

N. microlepis

Kleinschuppiger Prachtgrundkärpfling

Vorkommen: Küstengebiete von Kenia und Südostsomalia. **Größe:** 6,5 cm. **GU:** Das ♂ wirkt bullig, seine Flossen sind blau gefärbt, die des ♀ hellbraun bis farblos. **Ansprüche:** Wasser 4–15 °dH, pH-Wert 6,5–7; Temperatur 23–28 °C, übrige Ansprüche wie in der Gattungsbeschreibung angegeben.

Zucht: Der Ansatz ist als Paar, Trio oder Gruppe mit ♀♀-Überzahl möglich. Die Art ist wenig produktiv, zudem sterben aus Gründen, die nicht zu erkennen sind, viele Eier während der Trockenlegung ab. Die Trockenlegungsphase dauert bei Temperaturen von 25 °C und leicht darüber 3, bei niedrigen Temperaturen bis zu 7 Monate, dabei hat die Lagertemperatur keinen spürbaren Einfluß auf die Absterberate.

N. orthonotus

Anamalugo

Vorkommen: Süd- und Südostafrika. **Größe:** 9 cm. **GU:** Das ♂ ist vielfarbig, seine Flossen sind gefleckt und farbig, das ♀ schlicht hellbraun mit einigen kleinen dunklen Flecken auf dem Hinterkörper gefärbt. **Ansprüche:** Wasser 10–15 °dH, pH-Wert 6,5–7,5; Temperatur 23–29 °C. Häufiger Wasserwechsel und Zusatz von einem Eßlöffel Kochsalz je 10 l Wasser können die Lebenserwartung dieser sehr kurzlebigen Art bis auf 6 Monate steigern.

Zucht: Die Zucht in Wasser mit einer Härte von 8 °dH und einem pH-Wert von

Nothobranchius rachovii, ♂

6,5 bringt die besten Ergebnisse. Da die ♂♂ sehr aggressiv werden können, ist kontrollierter Kurzansatz im Trio (1 ♂, 2 ♀♀) empfehlenswert. Zuchtfähig sind die Fische im Alter von 8–10 Wochen, wenn sie ein ihrer Größe entsprechend großes und kräftiges Lebendfutter erhalten haben. Bei Lagertemperaturen zwischen 25 und 28 °C dauert die Trockenperiode 8–12 Wochen.

N. palmqvisti

Palmqvists Prachtgrundkärpfling

Vorkommen: Küstenniederungen von Südkenia und Tansania. **Größe:** 6 cm. **GU:** Das ♂ ist bunt und trägt Netzzeichnung, das ♀ ist schlicht grau oder braun gefärbt. **Ansprüche:** Wasser 10 °dH, bis 20 °dH möglich, pH-Wert 7; Temperatur 18–20 °C, höhere Temperaturen lassen die Tiere sehr schnell vergreisen. Die übrigen Ansprüche entsprechen der Gattungsbeschreibung.

Zucht: Während des Zuchtansatzes (Trio oder Gruppe) kann die Temperatur auf 22–24 °C erhöht werden, der Zuchtverlauf entspricht dem in der Gattungsbeschreibung angegebenen. Der Aufguß kann nach einer Trockenperiode von 2–3 Monaten erfolgen. Diese schöne Art bereitet in Haltung und Zucht keine Probleme und ist daher besonders dem Neuling zu empfehlen, der Erfahrungen bei der Pflege von Saisonfischen sammeln will.

N. patrizii

Vorkommen: Ostkenia, Somalia. **Größe:** 5 cm. **GU:** Die Körperfarbe des ♂ ist blau, seine Schwanzflosse rot, die Schwanzflosse des braunen ♀ ist farblos. **Ansprüche:** Wasser 5–10 °dH, die Härte darf nur dann höher liegen, wenn eine Mindesttemperatur von 23 °C nie unterschritten wird, pH-Wert 6,5–7; Temperatur 23–30 °C. Die übrigen Ansprüche entsprechen der Gattungsbeschreibung.

Zucht: Der Ansatz eines Trios oder einer Gruppe über eine Woche ist ohne weiteres möglich, da die ♂♂ dieser Art kaum aggressiv sind, der Zuchtverlauf entspricht dem in der Gattungsbeschreibung angegebenen. Bei höheren Lagertemperaturen kann die Embryonalentwicklung bereits nach 8 Wochen abgeschlossen sein, spätestens aber nach 4 Monaten. Regelmäßige Kochsalzgaben erhöhen bei Jungfischen und Alttieren gleichermaßen die Widerstandsfähigkeit und Lebenserwartung.

N. rachovii

Rachows Prachtgrundkärpfling

Vorkommen: Mozambique. **Größe:** 5 cm. **GU:** Das ♂ ist groß und farbenprächtig, einer der schönsten Vertreter der Gattung, das ♀ ist klein und schlicht graubraun gefärbt. **Ansprüche:** Wasser 4–6 °dH, pH-Wert 6,5; Temperatur 20–24 °C, höhere Temperaturen lassen die Fische schnell vergreisen. Die übrigen Ansprüche entsprechen der Gattungsbeschreibung.

Zucht: Die ♂♂ sind friedlich, ein Paaransatz ist daher möglich. Der Zuchtverlauf entspricht dem in der Gattungsbeschreibung angegebenen. Ein Aufguß nach 10–12 Wochen ist möglich, bringt meist aber kein hohes Ergebnis, günstiger ist der Aufguß nach 5 Monaten, doch häufig sind alle Embryonen erst nach 7–9 Monaten entwickelt, eine Laichkontrolle ist daher notwendig. Der Aufguß sollte mit sehr weichem (2 °dH) Wasser erfolgen und sofort nach dem Aufguß ein Teelöffel Salz je l Wasser zugesetzt werden.

N. rubripinnis

Rotflossiger Prachtgrundkärpfling

Vorkommen: Ost-Tanzania. **Größe:** ♂ bis 6 cm, ♀ bis 5,5 cm. **GU:** Das ♂ ist farbenprächtig, Brust-, Bauch, After- und Schwanzflossen sind kräftig rot gefärbt, das ♀ ist fast farblos bis zartrosa gefärbt. **Ansprüche:** Diese farbenprächtige Art verlangt Temperaturen zwischen 24 und 27 °C. Bei anhaltend niedrigeren Temperaturen wird sie anfällig gegen die Infektion mit Oodinium. Sie toleriert pH-Werte zwischen 6,5 und 7,5 und kommt noch mit einer Wasserhärte bis 15 °dH gut zurecht. Empfindlich reagiert sie dagegen auf Nitrat- und besonders Nitritbelastung des Wassers, daher ist ein regelmäßiger Teilwasserwechsel (wöchentlich 1/3 austauschen) wichtig. Die natürliche Lebenserwartung liegt selbst bei optimalen Bedingungen bei 6 Monaten. Die Pflege sollte im Artbecken erfolgen. Bewährt hat sich die Haltung mit einem Geschlechtsverhältnis ♂ : ♀ von 1:3. Die Haltung mehrerer ♂♂ ist möglich, dabei muß jedem ♂ ein Revier von etwa 10–12 cm Durchmesser zur Verfügung stehen. Die Bepflanzung kann dicht sein, sollte in Gruppen erfolgen und Javamoos enthalten. Lücken in der Bepflanzung werden als Reviergrenzen akzeptiert.

Zucht: Der Zuchtansatz erfolgt mit 1 ♂ und 2–3 ♀♀ in einem 5-Liter-Becken, dessen Bodengrund aus einer mindestens 2 cm hohen Schicht von fasrigem Torf oder abgekochten Kokosfasern besteht. Die ♀♀ sind produktiver, wenn man sie 2–3 Tage vor dem Zuchtansatz vom ♂ getrennt hält und gut füttert. Nach dem Ablaichen werden die Alttiere herausgefangen und der Bodengrund wie in der Gattungsbeschreibung angeführt trockengelegt. Über die Lagertemperatur ist der Aufguß- und damit der Schlupftermin zu steuern. Bei 30 °C liegt er bei etwa 6 Wochen, bei 20 °C bei 6 Monaten. Die 3,5 mm großen Jungfische nehmen sofort Cyclops- und Artemia-Nauplien an, die Geschlechtsreife tritt bereits im Alter von 30–36 Tagen ein.

O

Odessabarbe

→ *Barbus ticto ticto.*

Odontocharacidium aphanes
(Klausewitzia)

Zwergpfeilsalmler
Familie: *Characidiidae*

Vorkommen: Rio Negro und Amazonas in Brasilien. **Größe:** 2 cm. **GU:** Beim ♂ ist die Bauchlinie fast gerade, beim ♀ im Bauchbereich deutlich vorgewölbt. **Ansprüche:** Dieser interessante Zwerg tauchte bisher meist nur als Beifang im Händlerbecken auf, ist es aber wert, gepflegt zu werden. Seinem Trivialnamen macht er alle Ehre, denn er schießt unvermittelt aus seinem Versteck wie ein winziger Pfeil durch das Becken, um sofort wieder zu erstarren. Gelegentlich wird er als »Zorniger Zwergpfeilsalmler« bezeichnet. Die ♂♂ bilden Reviere von 20–30 cm Durchmesser, die sie mit Blitzangriffen gegenüber Rivalen verteidigen. Die Größe des Beckens muß sich also nach der Anzahl der gepflegten Tiere richten und sollte bei mehreren Tieren nicht unter 100 cm lang sein. Eine Vergesellschaftung mit anderen kleinen und ruhigen Salmlern (erprobt wurden von uns → *Paracheirodon simulans*, → *Hyphessobrycon amandae* und verschiedene → *Nannostomus*) ist problemlos möglich. Javamoos ist der bevorzugte Versteckplatz, gibt man allerdings zuviel, sieht man die Fische kaum noch. Das Wasser sollte neutral bis leicht sauer sein und in der Härte nicht über 15 °dH liegen. Die optimale Wassertemperatur liegt um 24 °C.

Zucht: Wegen der versteckten Lebensweise der Fischzwerge sieht man keine Laichaktivitäten. Im Artbecken tauchen dann aber immer wieder Jungfische ab 5 mm Länge auf, die im Javamoos ausreichend Mikroorganismen als Futter gefunden haben.

Odontostilbe

Eine Gattung südamerikanischer Salmler der Familie *Characidae*, die in der Vergangenheit lediglich aquaristisch wenig bekannte Arten umfaßte. 1987 wurden aus der Gattung *Cheirodon* die nachfolgend beschriebenen, seit langem in der Aquaristik bekannten und gezüchteten Arten ausgegliedert und dieser Gattung zugeordnet.

O. kriegi

Dreipunkttetra

Vorkommen: Rio-Paraguay-Becken. **Größe:** 5 cm. **GU:** Das ♂ ist schlanker, das deutlich sichtbare Ende der Schwimmblase läuft spitz aus (beim ♀ rund) und an der Schwanzwurzel trägt es feine Häkchen, die im Netz mit dem Finger spürbar sind. **Ansprüche:** Becken ab 80 cm Länge; Wasser 3–15 °dH, pH-Wert 6–7,2; Temperatur 24–27 °C. Über dunklem, nicht zu grobem Bodengrund mit Torfanteil und bei durch Schwimmpflanzen gedämpftem Licht kommen diese leider zu selten gehaltenen Fische im Schwarm gut zur Wirkung. Dichte Bepflanzung sollte mit freiem Schwimmraum abwechseln. Eine kräftige Filterung erhöht die Lebenserwartung dieser ausdauernden und weitgehend anspruchslosen Art erheblich.

Zucht: *O.k.* ist noch bei einer Härte von 8 °dH und einem pH-Wert von 6,8 gut zu züchten, wenn das Wasser über Torf aufbereitet wurde. Zum Ansatz in einem Becken ab 50 cm Länge, das mit feinfiedrigen Pflanzen und einem Laichrost ausgestattet wurde, kommen zwei ♂♂ und ein ♀. Bei dunklem Stand des Beckens sind die Fische laichwilliger. Nach dem Ablaichen, das zwischen den Pflanzen erfolgt, werden die Alttiere herausgefangen und das Bekken vor hellem Licht geschützt. Die Jungen schlüpfen nach 5 Tagen, hängen noch 3–4 Tage zwischen den Pflanzen und nehmen neben Tümpelstaub auch bereits Artemia-Nauplien als Erstfutter an. Die Aufzucht bereitet keine besonderen Schwierigkeiten, wenn die Regeln der Aufzuchthygiene (Wasserwechsel und Sauberkeit) beachtet werden. *O.k.* kann auch dem Anfänger zur Haltung und Zucht empfohlen werden.

O. piaba

Piabatetra, Schwarzaugensalmler

Vorkommen: Weit verbreitet über die Stromgebiete des La Plata, des Amazonas und des Rio Sao Francisco. Je nach Herkunft der Tiere sind die Flossen unterschiedlich gefärbt, die Farbskala reicht von blassem Gelb bis zum kräftigen Rot. **Größe:** 5 cm. **GU:** Beim ♀ zeigt die Afterflosse durchgehend eine einheitliche Färbung, beim ♂ ist nur ihr vorderer Teil gefärbt. Beim erwachsenen ♂ erscheint der Schwanzstiel keulig aufgetrieben und trägt kleine Häkchen, mit denen der Fisch im Netz hängenbleiben kann. **Ansprüche:** Die Art sollte immer im Schwarm von mindestens 8 Tieren gehalten werden, ihre Ansprüche an Wasserchemismus und Beckeneinrichtung gleichen denen von *O. kriegi.*

Zucht: Ein Ansatz im kleinen Schwarm ist dem Paaransatz besonders dann vorzuziehen, wenn die Fische längere Zeit keine Gelegenheit zur Laichabgabe hatten. Da der Laich relativ schnell verhärtet, empfiehlt sich eine Laichserie im Abstand von 8–10 Tagen. Abgelaicht wird bevorzugt in den frühen Abendstunden, der Zuchtverlauf entspricht dem von *O. kriegi.*

Ophthalmotilapia ventralis

Blauer Fadenmaulbrüter
Familie: *Cichlidae*

Vorkommen: Tanganjikasee. **Größe:** ♂ 15 cm, ♀ 10 cm. **GU:** Die Bauchflossen des ♂ sind lang fadenförmig ausgezogen, seine Rücken- und Afterflossen sind zugespitzt. Gegenüber dem nur unscheinbar grauen

♀ ist es bedeutend prächtiger gefärbt. **Ansprüche:** Für die Haltung im Artbecken mit einem Harem von einem ♂ und 3–4 ♀♀ ist ein Becken ab 120 m Länge ausreichend, bei Vergesellschaftung mit anderen Arten gleicher Herkunft sollte die Länge 150 cm nicht unterschreiten, da die Art in Laichstimmung sehr unverträglich sein kann; Wasser 8–12 °dH, pH-Wert 7,5–8,5; Temperatur 23–25 °C. Der Bodengrund sollte feinkörnig sein, zur Beckeneinrichtung gehören neben einer spaltenreichen Rückwand aus Steinen einige Steinhaufen in den mittleren Beckenbereichen, die der Revierbegrenzung dienen und gleichzeitig einigen robusten Pflanzen genügend Halt geben können. *O.v.* liebt helle, möglichst sonnige Becken, in denen etwas Algenaufwuchs aufkommen kann. Dieser gehört neben kräftigem Lebendfutter aller Art zur bevorzugten Nahrung. Eine intensive Filterung sollte für ständig sauberes und klares Wasser sorgen, beim wöchentlich notwendigen Teilwasserwechsel wird 1/5–1/4 des Beckeninhalts erneuert.

Ophthalmotilapia ventralis

Zucht: Zur Zucht kann die Temperatur auf 25–27 °C erhöht werden. Vor dem Ablaichen graben die Tiere flache Mulden in den Bodengrund, in welche hinein abgelaicht wird. Die Eier werden vom ♀ sofort ins Maul genommen und dort nach einer etwas abgewandelten Eifleckmethode (→ *Cyrtocara*) befruchtet: Da beim ♂ Eiflecke auf der Afterflosse fehlen, fungieren die verdickten und gelbgefärbten Enden der langen Bauchflossen des ♂ als Eiattrappen. Je nach Temperatur dauert die Maulbrutzeit zwischen 20 und 24 Tagen. In nicht zu kleinen und nicht zu dicht besetzten Becken kann das ♀ bis zum 19. Tag belassen werden, sollte dann aber vorsichtig (am besten spätabends beim Schein einer Taschenlampe) herausgefangen und in ein Aufzuchtbecken überführt werden, in dem es im Schutz einer Höhle oder eines Unterstandes den Jungfischschwarm entlassen kann. Da die Jungfische meist nur sehr kurze Zeit betreut werden, kann das ♀ bald zurückgesetzt werden. Die Jungfische nehmen Rädertierchen, Artemia-Nauplien und bald auch Grindalwürmchen an und wachsen bei regelmäßigem Teilwasserwechsel und gutem Futterangebot recht zügig.

Orangebuschfisch

→ *Ctenopoma ansorgei.*

Orangeroter Cichlide

→ *Hemichromis cristatus.*

Orangeroter Tigerbuntbarsch

→ *Parapetenia festae.*

Orangeroter Zwergsalmler

→ *Ladigesia roloffi.*

Orangesaumbuntbarsch

→ *Aequidens rivulatus.*

Orchideenprachtgrundkärpfling

→ *Nothobranchius eggersi.*

Oreichthys

Eine Gattung kleiner Barben aus der Familie *Cyprinidae* aus Südostasien, deren aquaristisch eingeführte Vertreter durch eine mehr oder weniger gelb gefärbte Rückenflosse und relativ große Schuppen auffallen. *O.* sind sehr friedliche und gut haltbare Fische, die stets im kleinen Schwarm gepflegt werden sollten.

O. cosuatis

Gelbflossen-Zwergbarbe

Vorkommen: Süd-Thailand. **Größe:** 4 cm. **GU:** Das ♂ ist schlanker und bleibt kleiner, Schwanz- und Rückenflosse sind gelblich gefärbt, beim ♀ zeigt die Rückenflosse orangefarbene Töne. **Ansprüche:** Durch die schwarze Strichzeichnung auf jeder Schuppe ist diese friedliche und gut zu haltende Barbe ein durchaus attraktiver und sehr empfehlenswerter, doch leider viel zu wenig beachteter Aquarienfisch. Intensivere Flossenfarbe zeigen allerdings nur Tiere, deren Haltungsbedingungen optimal gestaltet wurden. Das Wasser sollte leicht sauer (pH-Wert 6,5–6,9) und höchstens mittelhart (Wasserhärte 5–12 °dH) sein und von Zeit zu Zeit über Torf gefiltert werden. In hellen Becken zeigen die Fische kaum Farbe.

Zucht: Die Fische zeigen bereits im Gemeinschaftsbecken Paarbindung, das sollte beim Herausfangen zur Zucht beachtet werden. Zuchtbedingungen und Zuchtverlauf entsprechen dem der folgenden Art, Eier und Jungfische sind jedoch größer und damit in der Aufzucht weniger problematisch.

O. spec. High Fin

Hochflossenbarbe

Vorkommen: Nordbengalen, Assam. **Größe:** 3 cm. **GU:** Das ♂ zeigt eine deutlich verlängerte, netzartig gezeichnete Rückenflosse, beim ♀ endet sie schwarz mit goldgelber Basis. **Ansprüche:** Diese neue, durch ihre für Barben ungewöhnlich lange Rückenflosse und interessante Zeichnung auffallende Art stellt keine besonders hohen Haltungsanforderungen. Sie ist vergleichbar mit ähnlichen großen Barbenarten wie → *Barbus titteya*, → *B. rhomboocellatus* oder → *B. oligolepis*, mit denen sie sehr gut gemeinsam in Becken ab 80 cm Länge gepflegt werden kann. Die bevorzugten Wasserwerte liegen bei einer Wasserhärte zwischen 10 und 15 °dH, einem pH-Wert zwischen 6,5 und 7,2 und Temperaturen zwischen 23 und 26 °C. Der Bodengrund darf keine scharfen Kanten enthalten, grober Flußsand ist am geeignetsten. Froschbiß, Sumatrafarn und andere Schwimmpflanzen mit langen Wurzeln werden gern als Unterstand aufgesucht, zur lockeren Hintergrundbepflanzung eignen sich Cryptocorynen am besten. An Futter wird alles genommen, was der Größe der Fische entspricht. Der Bildautor J. Glaser beobachtete und dokumentierte als erster Maulzerren bei Kommentkämpfen, das bisher nur bei Buntbarschen beschrieben wurde.

Oreichthys spec. High Fin, Paar

Zucht: Der Zuchtansatz mit 1 im Gemeinschaftsbecken bereits aktiven ♂ und 1 laichvollen ♀ erfolgt in einem Zuchtbecken ab 10 Liter Inhalt. Die Zugabe von über Torf gefiltertem Regenwasser (50–60 %) senkt die Wasserhärte, fördert die Laichbereitschaft und erhöht das Schlupfergebnis. Obwohl der Laichvorgang mit dem Bauch nach oben gegen Pflanzenteile erfolgt, besitzen die Eier auch in weicherem Wasser keine große Klebkraft. Abgelaicht wird im Bereich von Schwimmpflanzenwurzeln und -blättern oder über lockerem Javamoos. Die Alttiere sind danach herauszufangen. Die Larven schlüpfen etwa 72 Stunden später, hängen zunächst an Pflanzen und Scheiben und schwimmen 2 Tage später frei. Sie benötigen anfangs feinstes Futter und sind erst 4 Tage später zur Aufnahme von Artemia-Nauplien in der Lage.

Oreochromis mossambicus

Weißkehlmaulbrüter
Familie: *Cichlidae*

Vorkommen: Vom Nil im Norden bis nach Natal in Südafrika über das gesamte östliche Afrika verbreitet und in einigen tropischen und subtropischen Ländern der Erde ausgesetzt bzw. verwildert. **Größe:** ♂ bis 40 cm, ♀ bis 25 cm. **GU:** Außerhalb der Laichzeit sind die Geschlechter nahezu gleich unscheinbar gefärbt. In der Laichzeit färben sich der Körper des ♂ intensiv schwarz, die Kehle weiß und die Säume der unpaaren Flossen kräftig rot. **Ansprüche:** Die Haltung eines ♂ und mehrerer ♀♀ ist bereits in einem Becken von 100 cm Länge möglich, die Fische erreichen darin jedoch nicht ihre volle mögliche Größe. Da Geschlechtsreife und Ausfärbung der ♂♂ bereits ab 10 cm Größe eintreten, sind größere Becken nicht unbedingt erforderlich; Wasser 10–25 °dH, pH-Wert 6,5–7,5; Temperatur 20–25 °C.

Die Art gehört zu den anpassungsfähigsten und ausdauerndsten Aquarienfischen. Auf feinkörnigem Bodengrund sollten einige flache Steine liegen, als Dekoration und Versteckplätze können nur Wurzeln eingesetzt werden, denn eine Bepflanzung ist nicht möglich. Selbst robuste Pflanzen werden angefressen und herausgewühlt. Die Ernährung ist problemlos. Neben kräftigem Lebendfutter wird von Rinderherzwürfeln bis zu Feinfrosterbsen alles Freßbare aufgenommen. Die Filterung sollte kräftig sein, regelmäßiger wöchentlicher Teilwasserwechsel bis zu 1/3 des Beckeninhalts wirkt sich günstig auf die Laichbereitschaft aus.

Zucht: Zur Zucht sollte immer ein ♂ mit mehreren ♀♀ angesetzt werden. Das ♂ wühlt sehr große und selbst bei dickem Bodengrund meist bis auf den Beckenboden reichende Gruben aus, in welche hinein abgelaicht wird. Nur in Ausnahmefällen wird auch auf flachen Steinen abgelaicht. Die Eier werden sofort vom ♀ aufgenommen, die Kehlsäcke großer ♀♀ können bis zu 300 Eier fassen. Die ♀♀ können bis zu dem Zeitpunkt im Gemeinschaftsbecken belassen werden, an dem die Augen der Larven deutlich durch den Kehlsack zu erkennen sind, und sollten dann in ein Aufzuchtbecken umgesetzt werden. Die Maulbrutdauer beträgt je nach Temperatur 19–25 Tage. Wenn beim Umsetzen des ♀ die noch nicht vollentwickelten Jungfische ausgespuckt werden sollten, dann ist deren Aufzucht in einem feinperlig gut durchlüfteten Becken auch mutterlos möglich, sonst ist die Betreuung durch die Mutter für etwa eine Woche nach dem Freilassen vorzuziehen. Die Jungfische nehmen Cyclops und Grindalwürmchen problemlos als Erstfutter an und wachsen sehr schnell.

Orientkärpfling

→ *Aphanisus mento.*

Orthochromis

Grundelbarsche
Familie: *Cichlidae*

Vorkommen: Flüsse im Bereich des Tanganjikasees (Malagarasi, Kongo-Einzug) in Ostafrika. **GU:** Die ♂♂ sind farbiger und tragen bei den meisten bisher bekannten Arten orange bis rote Punkte oder Flecken in der Kopfregion oder in den Afterflossenstacheln, die als Eiattrappen gedeutet werden. **Ansprüche:** Die mittelgroß werdenden Arten dieser Gattung gehören noch nicht zum Standardangebot des Fachhandels, verdienen jedoch wegen ihrer Form und Lebensweise stärkeres Interesse. Als Anpassung an das Leben in rasch fließenden Gewässern ist ihre Schwimmblase nur gering entwickelt. Sie schwimmen nicht gern, ihr bevorzugter Lebensraum ist der Boden. Die Beckengestaltung sollte dem Rechnung tragen und neben einer Randbepflanzung große Freiflächen mit grobem Flußkies enthalten. Einige Wurzeln werden als Unterstand gern angenommen. Eine mit Hilfe einer Tauchpumpe erzeugte kräftige Grundströmung trägt sehr zum Wohlbefinden und zur Absicherung des hohen Sauerstoffbedarfs der Fische bei. Die Beckenlänge sollte nicht unter 100 cm liegen. Wasserwerte: 8-15 °dH, pH-Wert 6,5–7,2, Temperatur 23–26 °C. Gegenüber anderen

Oreochromis-Biotop, Amboseli-Nationalpark

Cichliden ist die Art nicht gerade friedlich, oberflächenorientierte größere afrikanische Salmler (→ *Brycinus*, → *Arnoldichthys* usw.) können jedoch ohne Probleme vergesellschaftet werden. Neben Lebendfutter werden gefrostete Bachflohkrebse, Mükkenlarven und Mysis bevorzugt genommen.

Zucht: Grundelbarsche sind Maulbrüter. Die Brut wird vom ♀ übernommen. Zuchtverlauf und Aufzucht der Jungfische entsprechen den bei → *Cyrtocara* beschriebenen.

Oryzias (Reiskärpflinge)

Eine Gattung aus der Familie *Oryziidae*, deren Arten in Reisfeldern und küstennahen Binnenseen in den tropischen und subtropischen Gebieten Südostasiens weit verbreitet sind. Reiskärpflinge sind lebhafte, in Schwärmen lebende Oberflächenfische, die kaum Pigmentfarben, dafür aber metallisch glänzende Interferenzfarben aufweisen. Sie sollten im Hinblick auf ihr spezifisches Fortpflanzungsverhalten am besten im Artbecken gepflegt werden, für welches eine Länge von 50 cm ausreichend ist. Die günstigsten Wasserwerte liegen zwischen 8 und 15 °dH, einem pH-Wert um 7 und Temperaturen zwischen 22 und 30 °C. Dunkler Bodengrund, durch eine leichte Schwimmpflanzendecke gedämpftes Oberlicht sowie Lichteinfall von vorn bringen die zarten Farben der Fische am besten zur Entfaltung. Für die Bepflanzung sind bevorzugt Javamoos und feinfiedrige Pflanzen auszuwählen, die ausreichend Schwimmraum frei lassen. Die Filterung kann mäßig sein, ein Anteil von Fasertorf in der Filtermasse ist vorteilhaft. Ist das nicht gegeben, so sollte dem Beckenwasser Torfextrakt bis zur Bernsteinfärbung zugesetzt werden. Auf chlorbelastetes Frischwasser reagieren die Fische empfindlich, beim Teilwasserwechsel, der im Abstand von 14 Tagen erfolgen kann und nicht mehr als $^1/_5$ des Beckeninhalts zu umfassen braucht, sollte deshalb über Torf aufbereitetes und gut durchlüftetes Wasser eingesetzt werden. Neben nicht zu grobem Tümpelfutter werden sehr gern Drosophila und Blattläuse als Anflugnahrung von der Oberfläche aufgenommen.

Zucht: Die ♀♀ sind bei allen Arten größer und fülliger als die ♂♂, der Zuchtansatz sollte immer im Schwarm erfolgen. Abgelaicht wird meist sofort bei Tagesanbruch, dabei legt das ♂ seine After- und gelegentlich auch die Rückenflosse um das ♀. Die Eier werden nicht frei ins Wasser ausgestoßen, sondern bleiben an kurzen Fäden als kleine Eipakete an der Afterflosse des ♀ hängen. Das ♀ trägt diese

Eipakete oft bis in die Nachmittagsstunden hinein mit sich herum, bevor sie an Pflanzen abgestreift werden. Die Entwicklungsdauer der Eier beträgt 14 Tage, die Entwicklung der Embryonen ist in den glasklaren Eiern an der Ausbildung der Augen gut zu verfolgen. Eine Laichperiode eines ♀ erstreckt sich über einen Zeitraum von 2 Wochen, so daß in einem Schwarm fast stets ♀♀ mit Eipaketen zu finden sind. Bei ausreichender Fütterung stellen die Alttiere weder den Eiern noch den Jungfischen nach, so daß im Artbecken ausreichend Jungtiere großwerden können, vorausgesetzt, es wird täglich mit Zuchtpantoffeltierchen und Mikrowürmchen zugefüttert. Für eine produktive Zucht werden die Eipakete von den ♀♀ oder den Pflanzen abgesammelt und in flachen, feinperlig durchlüfteten Aufzuchtschalen mit 10 cm Wasserhöhe zur Entwicklung gebracht. Das Wachstum verläuft auch bei ständig gutem Futterangebot sehr langsam, die Geschlechtsreife tritt nicht vor dem 6. Lebensmonat ein.

O. latipes

Japankärpfling

Vorkommen: In verschiedenen Farbvarianten, außer den Japanischen Inseln und Taiwan, in China, Korea und im Süden von Rußland verbreitet, daneben existiert eine als Japanischer Goldhecht bezeichnete xanthoristische Form. **Größe:** 5 cm. **GU:** Die Geschlechter lassen sich nur schwer unterscheiden, beim etwas schlankeren ♂ ist die Afterflosse etwas breiter als beim ♀ und erscheint durch etwas verlängerte Flossenstrahlen an der Kante ausgefranst. **Ansprüche:** Wie in der Gattungsbeschreibung angegeben, bei sehr weichem Wasser trägt die Zugabe von einem Teelöffel Salz je 10 l Wasser zur Verbesserung des Wohlbefindens bei. In der Vorbereitung der Tiere zur Zucht können auch Mückenlarven eingesetzt werden.

Zucht: Der Zuchtverlauf entspricht dem in der Gattungsbeschreibung angegeben.

O. melastigmus

Javakärpfling

Vorkommen: Süß- und Brackwasser in Indonesien, Sri Lanka, Burma, Malaiische Halbinsel und östliches Indien. **Größe:** 4 cm. **GU:** Beim ♂ sind die Strahlen der Afterflosse fransenartig verlängert, sein hellblauer Metallglanz ist intensiver als beim ♀. **Ansprüche:** Die Art gedeiht in etwas härterem Wasser (15–25 °dH) sowie bei pH-Werten zwischen 7,5 und 8 am besten, der Zusatz von einem Eßlöffel Salz je 10 l Wasser ist in jedem Fall günstig. Regelmäßige Temperaturschwankungen zwischen Tag und Nacht im Bereich von 18–25 °C erhöhen die Widerstandsfähigkeit und Lebenserwartung der Fische. Die übrigen Ansprüche entsprechen der Gattungsbeschreibung.

Zucht: Temperaturerhöhung auf 27–30 °C und gleichzeitige Senkung der Wasserhärte durch Teilwasserwechsel auf 5–10 °dH erhöhen die Laichbereitschaft und die Produktivität. Der Zuchtverlauf entspricht dem in der Gattungsbeschreibung angegebenen.

O. spec. »Hanoi«

Diese bisher noch nicht bestimmte Art wurde von I. Hertel in der Nähe von Hanoi gefangen und durch Nachzucht in der ehemaligen DDR verbreitet. **Größe:** 3,5 cm. **GU:** Das ♂ ist deutlich schlanker als das ♀. **Ansprüche:** Diese Art fühlt sich besonders in gut besonnten Becken wohl, die übrigen Ansprüche gleichen den in der Gattungsbeschreibung angegebenen.

Zucht: Der Zuchtverlauf entspricht dem in der Gattungsbeschreibung angegebenen, die Art brachte im Aquarium Erfurt über Jahre bei 30 °dH und pH-Wert 7 befriedigende Nachzuchtergebnisse.

Oryzias spec. »Hanoi«

Osphronemus goramy

Riesengurami, Speisegurami
Familie: *Osphronemidae*

Vorkommen: Große Sundainseln, als Speisefisch in weiten Gebieten Ost- und Südostasiens, in Australien, Südamerika und Nordafrika eingebürgert. **Größe:** ♂ 50 cm und darüber, ♀ etwas kleiner. **GU:** Das ♂ besitzt einen sehr bullig wirkenden Kopf mit großem Stirnbuckel, After- und Rückenflosse sind am hinteren Ende etwas zugespitzt, während sie beim ♀ abgerundet sind. Während der Laichzeit färben sich beim ♂ die Flossen dunkel, fast schwarz ein, beim ♀ dagegen orangefarben. **Ansprüche:** Für einen kleinen Schwarm der farblich sehr attraktiven Jungfische bis zum Alter von einem Jahr ist ein Becken ab 150 cm Länge ausreichend. Erwachsene Tiere sind gegen Artgenossen beiderlei Geschlechts unverträglich, so daß auch in einem 1000 l fassenden Becken jeweils nur ein Tier gehalten werden kann. Gegenüber anderen Arten sind Riesenguramis verträglich, eine Vergesellschaftung mit Barben usw. ab Sumatrabarbengröße ist nach eigenen Erfahrungen problemlos möglich. Artgenossen werden dagegen hart bedrängt und oft sehr stark verletzt; Wasser 5–20 °dH, bis 30 °dH noch möglich, pH-Wert 6,5–7,5; Temperatur 20–30 °C, nicht darunter. Die Beschaffenheit des Bodengrunds ist ohne Bedeutung. Eine Bepflanzung ist nicht möglich, da außer *Riccia* alles pflanzliche Material verspeist wird. Der Bedarf an Pflanzennahrung aller Art bis hin zu Schilfstengeln ist gewaltig, daneben werden auch alle größeren Fleischbrocken (Herzwürfel, junge Mäuse, Regenwürmer u.a.) gern genommen. Um die mit dieser hohen Nahrungsmenge verbundene Wasserverschmutzung zu verhindern, ist eine sehr starke und wirksame Filterung erforderlich, noch vorteilhafter ist die zusätzliche Installation eines Wasserdurchlaufs. Ist dies nicht möglich, dann muß 1–2mal wöchentlich mindestens 1/3 des Beckeninhalts durch Teilwasserwechsel erneuert werden.

Zucht: Die Zucht ist in Großaquarien über 2000 l Inhalt oder Freilandteichen, die beheizt werden können, möglich. Zum Ansatz sollten nur ♀♀ kommen, die starken Laichansatz aufweisen, der Ansatz erfolgt paarweise. Große Mengen langstengligen Pflanzenmaterials müssen eingebracht werden, damit das ♂ zum Nestbau stimuliert wird (darunter an Seitensprossen reiche Schilfwurzelstöcke, Wasserpest, Laichkraut u.a.). Unterhalb des Wasserspiegels baut das ♂ aus diesen Pflanzenteilen ein nach unten offenes, mehr oder weniger kugelförmiges Nest, das mit Hilfe des Stirnbuckels geformt wird. Abgelaicht wird unter oder neben diesem Nest, die ölhaltigen Eier steigen zur Wasseroberfläche auf und werden vom ♂ eingesammelt. Das ♀ muß nach dem Ablaichen entfernt werden, da es vom ♂ stark attackiert wird. Unter naturnahen Bedingungen werden die Jungfische noch bis zu 14 Tagen nach dem Schlupf vom ♂ betreut, unter Aquarienbedingungen ist es günstiger, die Eier abzuschöpfen und in einem sehr großen, aber flachen Aufzuchtbecken zur Entwicklung zu bringen. Bei 28 °C schlüpfen die Jungen nach 40–42 Stunden, sie schwimmen am 6. Tag frei und benötigen von diesem Zeitpunkt an sehr große Mengen feines Staubfutter, das durch hochwertiges feines Trockenfutter (Eimehl u.ä.) ergänzt werden kann. Für eine gesunde Entwicklung von Larven und Jungfischen sind neben feinperliger Durchlüftung täglicher Teilwasserwechsel (50%) eine wesentliche Voraussetzung für den Aufzuchterfolg. In den ersten 6 Lebensmonaten wird ausschließlich tierische Nahrung angenommen (Lebend- und Tiefkühlfutter aller Art), erst danach beginnen die Jungfische auch Pflanzenteile zu fressen. Das Wachstum verläuft sehr zügig.

Gesellschaftsbecken mit südamerikanischen Arten

Otocinclus (Ohrgitterharnischwelse)

Eine Gattung kleinbleibender und für die Aquarienhaltung hervorragend geeigneter Welse der Familie *Loricariidae* aus dem nördlichen und mittleren Südamerika. Die Geschlechter sind äußerlich nur schwer zu unterscheiden, meist werden die ♀♀ etwas größer als die ♂♂ und wirken fülliger. **Ansprüche:** Ohrgitterharnischwelse sollten immer in einer Gruppe und in Becken gehalten werden, deren Länge mindestens 50 cm beträgt. Sie sind zur Vergesellschaftung mit allen nicht zu großen Friedfischen geeignet; Wasser 2–15 °dH, nach Eingewöhnung bis 20 °dH, pH-Wert 5,5–7,5; Temperatur 21–25 °C. Ohrgitterharnischwelse sind zwar zur Darmatmung befähigt, fühlen sich aber in klarem und sauerstoffreichem Wasser am wohlsten. Bei Sauerstoffmangel hängen sie in Oberflächennähe an den Seitenscheiben, oft strecken sie den Kopf sogar über die Wasseroberfläche hinaus. Eine kräftige Filterung und regelmäßiger wöchentlicher Teilwasserwechsel, der 1/4 des Beckeninhalts umfaßt, sind für das Gedeihen der Tiere wichtig.

Neben Tümpelfutter und Futtertabletten benötigen sie pflanzliche Nahrung, bevorzugt Algenaufwuchs, sie gehen jedoch auch an überbrühten Salat und etwas angequetschte Feinfrosterbsen gern heran. Aquarienpflanzen werden meist unbehelligt belassen und nur die Algenbeläge beraspelt. Die Bepflanzung kann dicht sein, andernfalls sind einige Schwimmpflanzen zur Lichtdämpfung aufzubringen. Als Versteckplätze werden gern von Wurzeln gebildete Halbhöhlen benutzt. Der Bodengrund sollte aus nicht zu hellem und nicht zu grobem, abgerundetem Flußkies bestehen. Zusatz von Torfextrakt oder Filterung über Torf erhöhen das Wohlbefinden.

Zucht: Die Zucht ist bei einigen Arten der Gattung bereits gelungen, die Fische scheinen jedoch erst sehr spät geschlechtsreif zu werden. Das für die Zucht vorgesehene Paar sollte sich aus der Gruppe gefunden haben oder aber das anzusetzende ♀ deutlichen Laichansatz zeigen. Die Fortpflanzungsbereitschaft kann durch 2- bis 3maligen, kurz aufeinanderfolgenden Teilwasserwechsel, der jeweils etwa 40% betragen sollte, gefördert werden. Wesentlich ist ein Ansteigen des Kohlensäuregehaltes im Zuchtbecken. Da eine Durchlüftung das CO_2 austreibt, sollte auf sie verzichtet werden, eine Zugabe von kohlensäurehaltigem Mineralwasser ins Zuchtbecken ist sehr vorteilhaft. Um die Photosynthese der Pflanzen einzuschränken, ist das Licht abzuschirmen oder der Lichteinfall zu reduzieren. Wegen ihres hohen Gehaltes an essentiellen Fettsäuren sollten verstärkt Kieselalgenbeläge als Futter angeboten werden. Sichtbares Zeichen der Laichbereitschaft sind erhöhte Tagesaktivität und gesteigerter Nahrungsbedarf, die ♀♀ werden heller, ihr Längsband verschwindet. Auf dem Höhepunkt der Laichbereitschaft saugt sich das ♀ an der Scheibe fest und dreht sich sehr schnell um diesen Ansaugpunkt, was die ♂♂ in ihre Nähe lockt.

Die für die Laichabgabe vorgesehenen Plätze auf Blättern oder auf der Scheibe werden vom ♀ abgeraspelt. Peinliche Sauberkeit im Zuchtbecken, das keinen Bodengrund und nur einige wenige in Töpfe mit sehr sauberem Kies gesetzte *Cryptocorynen* enthalten sollte, ist die wichtigste und unabdingbare Vorbedingung für eine erfolgreiche Nachzucht. Eine Brutpflege an den in Gruppen an den Blättern haftenden Eiern findet nicht statt, so daß die Alttiere nach dem Ablaichen entfernt werden müssen, anschließend sollte die Hälfte des Beckeninhalts durch gut durchlüftetes Frischwasser ersetzt und das Becken weiterhin kräftig, aber feinperlig durchlüftet werden. Die Jungen schlüpfen nach 3 Tagen und hängen danach 1–2 Tage an den Seitenscheiben. Als Erstfutter eignen sich vor allem Rädertierchen, die von den Plätzen, an denen sie sich festgesetzt haben, von den Jungwelsen abgeweidet werden können. Besonders vorteilhaft ist es, wenn aus einem gut belichteten Pflanzenbecken flache Steine mit Algenrasen ins Aufzuchtbecken gegeben werden können, in denen die Jungwelse alles für ihre Entwicklung Notwendige finden. Bei Verfütterung von Artemia-Nauplien wurden, vermutlich verursacht durch Verdauungsstörungen, Verluste registriert.

Otocinclus notatus

O. affinis

Gestreifter Ohrgitterharnischwels

Vorkommen: Umgebung von Rio de Janeiro. **Größe:** ♀ 4 cm, ♂ 3,5 cm. **GU:** Das ♂ ist kleiner und schlanker. **Ansprüche:** wie in der Gattungsbeschreibung angegeben.

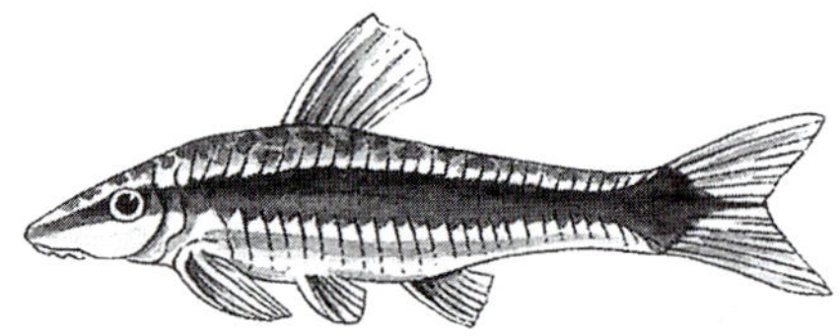

Otocinclus affinis

Zucht: Die Zucht ist nach den in der Gattungsbeschreibung genannten Grundsätzen möglich.

O. maculipinnis

Marmorierter Ohrgitterharnischwels

Vorkommen: Stromgebiet des La Plata. **Größe:** ♀ 5,5 cm, ♂ 5 cm. **GU:** Das ♂ ist kleiner und schlanker. **Ansprüche:** Wie in der Gattungsbeschreibung angegeben.

Zucht: Der Zuchtverlauf entspricht dem in der Gattungsbeschreibung angeführten.

O. notatus

Punktierter Ohrgitterharnischwels

Vorkommen: Umgebung von Rio de Janeiro. **Größe:** ♀ 4 cm, ♂ 3,5 cm. **GU:** Das ♂ ist kleiner und schlanker als das ♀. **Ansprüche:** Wie in der Gattungsbeschreibung angegeben.

Zucht: Der Zuchtverlauf entspricht dem in der Gattungsbeschreibung angeführten.

P

Pachypanchax playfairii

Tüpfelhechtling
Familie: *Aplocheilidae*

Vorkommen: Madagaskar, Seychellen. **Größe:** ♂ 10 cm, ♀ 8 cm. **GU:** Das ♂ ist farbiger, das ♀ hat einen dunklen Fleck am Grunde der Rückenflosse. **Ansprüche:** Becken ab 80 cm Länge, die Haltung mehrerer Paare ist dabei möglich, eine Wasserhöhe von 25 cm ist ausreichend; Wasser 5–15 °dH, pH-Wert 6,5–7; Temperatur 22–25 °C. Die Art ist auch in härterem Wasser noch gut ausdauernd, erreicht darin jedoch nicht ihre mögliche Größe. Dunkler, nicht zu grober Bodengrund, eine dichte Bepflanzung sowie eine lockere Schwimmpflanzendecke kommen den Bedürfnissen der Tiere nach nicht zu heller Umgebung entgegen. Bei einer kräftigen Filterung ist Teilwasserwechsel im Abstand von 14 Tagen ausreichend, dabei sollte 1/4 des Beckeninhalts erneuert werden. Filterung über Torf oder Zusatz von Torfextrakten wirkt sich günstig auf die Farbigkeit aus. Auf chlorbelastetes Wasser reagieren die Fische empfindlich, solches Leitungswasser sollte vor Verwendung kräftig durchlüftet oder über Torf aufbereitet werden. Als echte Hechtlinge benötigen die Fische kräftiges Lebendfutter aller Art, vor allem Mückenlarven. Sie nehmen alle Arten von Anflugnahrung von der Oberfläche auf, aber auch größere Futterflocken. Kleine Fische werden nicht verschmäht, jedoch sind Tüpfelhechtlinge besser als ihr Ruf in der Literatur. Wenn sie in einem Salmlerbecken aufwachsen, dann bleiben nach eigenen Erfahrungen selbst sehr kleine Arten unbehelligt, jeder neu hinzugesetzte Jungfisch wird allerdings sofort gejagt.

Zucht: Die Zucht ist sowohl im Paaransatz in einem Becken von 50 cm Länge als auch in der Gruppe im Artbecken möglich. Die Tiere haben mehrere Laichperioden im Jahr, die jeweils nur eine Woche dauern. Laichbereite ♀♀ sind daran zu erkennen, daß ihnen die Schuppen etwas abstehen, der Ansatz zur Zucht ist nur in dieser Phase sinnvoll. Als Beckeneinrichtung genügen einige sehr lockere Büschel Javamoos sowie Schwimmpflanzen. Abgelaicht wird zwischen Pflanzenteilen im oberen Beckenbereich, die Eier haften sehr gut. Den Eiern wird kaum nachgestellt, die Zuchttiere können eine Woche lang im Becken belassen werden. Die Embryonalentwicklung ist sehr gut an der Ausbildung der Augen in den klaren Eiern zu erkennen. Bei einer Temperatur von 24 °C schlüpfen die Jungen nach 12 Tagen, kurze Zeit darauf schwimmen die Jungfische bereits frei und sind sehr gut mit Zuchtpantoffeltierchen anzufüttern, ebenso gern werden Mikrowürmchen genommen. Für eine rationelle Zucht ist es möglich, täglich das Laichsubstrat herauszunehmen und kräftig über einem flachen Aufzuchtbecken auszuschütteln, in welchem ein Kunststoffsieb hängt. Die Eier sollten während der Entwicklungszeit nicht auf dem Boden des Glases liegen, da dort durch Keimbefall die Verluste hoch sein können. Eine unter das Sieb gebrachte kräftige Durchlüftung muß für Wasserbewegung und damit Sauerstoffversorgung der Eier sorgen. Bei häufigem Teilwasserwechsel und guter Fütterung verläuft das Wachstum der Jungfische rasch und ohne Probleme, ab 2 cm Körperlänge sind die ♀♀ bereits am dunklen Rückenflossenfleck zu erkennen.

Pacu

→ *Colossoma macropomum.*

Padogobius (Knipowitschia) panizzai

Gardaseegrundel
Familie: *Gobiidae*

Vorkommen: Flüsse und Seen in Norditalien. **Größe:** 6 cm. **GU:** Beim ♂ verläuft die Bauchlinie gerade, seine erste Rückenflosse besitzt einen dunklen Fleck, der beim rundlicher wirkenden ♀ fehlt. **Ansprüche:** Diese Grundel stellt eine interessante Bereicherung für das Kaltwasserbekken mit einheimischen Arten dar. Für die Haltung eines Paares ist ein Becken ab 50 cm Länge ausreichend, sonst muß jedem Tier ein Revier von etwa 30 cm Durchmesser zur Verfügung stehen; Wasser 5–12 °dH, pH-Wert 7–7,5; Temperatur 10–18 °C, nur bei sehr intensiver Durchlüftung zeitweise auch darüber möglich. Auf feinkörnigem Bodengrund sollten mehrere höhlenreiche Steinhaufen aus großen Kieseln als Versteckplätze für die Fische errichtet werden, eine lockere Bepflanzung mit kaltwasserverträglichen Arten ist ausreichend. Wenn chlorfreies Leitungswasser zur Verfügung steht, ist Wasserdurchlauf empfehlenswert, sonst muß eine kräftige Filterung den hohen Sauerstoffbedarf der Grundeln befriedigen. Lebendfutter aller Art wird bevorzugt, nach Gewöhnung werden auch Frost- und gutes Flockenfutter angenommen.

Padogobius panizzai

Zucht: Nach kühler Überwinterung bei 10–12 °C wird die Laichbereitschaft durch Temperaturerhöhung auf 18 °C und kräftige Fütterung (Mückenlarven) in den Frühjahrsmonaten ausgelöst. Die Laichabgabe erfolgt in den Höhlen der Steinhaufen, das Gelege wird vom ♂ bewacht und betreut, das ♀ sollte entfernt werden. In Abhängigkeit von der Temperatur schwimmen die Jungfische 5–8 Tage nach der Eiablage frei und nehmen Artemia-Nauplien als Erstfutter an. Zu diesem Zeitpunkt muß auch das ♂ herausgefangen werden. Eine Wasserhöhe von 10 cm im Aufzuchtbecken ist ausreichend, dabei sollte eine kräftige, aber feinperlige Belüftung für Wasserbewegung sorgen.

Palembangkugelfisch

→ *Tetraodon steindachneri.*

Palmqvists Prachtgrundkärpfling

→ *Nothobranchius palmqvisti.*

Panamakärpfling

→ *Phallichthys amates pittieri.*

Panaque (Harnischwelse)

Eine Gattung relativ groß werdender, vorwiegend dämmerungs- und nachtaktiver Welse der Familie *Loricariidae* aus dem nördlichen Südamerika, aus der bisher zwei Arten importiert wurden. Geschlechtsunterschiede sind bislang noch nicht bekannt. **Ansprüche:** Becken nicht unter 120 cm Länge; Wasser 2–15 °dH, pH-Wert 6,5–7,2; Temperatur 20–23 °C. Als Bodengrund kann sehr grober Flußkies ohne scharfe Kanten verwendet werden. Die Bepflanzung mit sehr harten Pflanzen ist nur bei Jungtieren unter 10 cm Länge sinnvoll, größere Tiere verzehren alles nur erreichbar Pflanzliche.

Bevorzugt werden Algenrasen aller Art, die zumindest in den Sommermonaten ab und zu aus gut besonnten Freilandteichen geholt werden sollten. In den Wintermonaten sind Feinfrosterbsen neben Blattgemüse ein guter Ersatz. Abgeraspelt werden auch Moorkienwurzeln, zur Deckung des Ballaststoffbedarfs sind sie unverzichtbar. Die Wurzeln sind so einzubringen, daß zwischen ihnen und dem Boden ausreichend Platz für die Welse bleibt, die unter ihnen den Tag verbringen. Eine sehr kräftige Filterung mit Wasserströmung ist erforderlich, um die großen Mengen anfallender Ausscheidungsprodukte zu beseitigen und den hohen Sauerstoffbedarf der Welse zu befriedigen, aus dem gleichen Grund muß regelmäßig wöchentlich, besser noch häufiger, Teilwasserwechsel durchgeführt werden. Das verwendete Frischwasser sollte durch Aufbereitung oder gute Durchlüftung chlorfrei sein. Da besonders größere Welse alles Erreichbare, selbst Kunststoffleitungen, beraspeln, müssen alle ins Becken führenden Leitungen gut geschützt werden. Eine erfolgreiche Nachzucht unter Aquarienbedingungen ist vermutlich noch nicht gelungen.

P. nigrolineatus

Streifenharnischwels

Vorkommen: Südkolumbien. **Größe:** Diese Art kann in der Natur 50 cm erreichen, sie wird unter Aquarienbedingungen wahrscheinlich nicht größer als 25 cm. **Ansprüche:** Alle Ansprüche gleichen den in der Gattungsbeschreibung angegebenen. Dieser sehr attraktiven Art sollten ab und zu abends größere Fischfiletstücke als Ergänzungsfutter gegeben werden.

P. suttoni

Blauaugenharnischwels

Vorkommen: Venezuela. **Größe:** In der Natur über 35 cm, unter Aquarienbedingungen kaum über 25 cm. **Ansprüche:** Wie in der Gattungsbeschreibung angegeben.

Panchax

→ *Aplocheilus panchax.*

Panaque suttoni

Pandapanzerwels

→ *Corydoras panda.*

Pandazwergbuntbarsch

→ *Apistogramma nijsseni.*

Pangasius sutchi

Haiwels
Familie: *Pangasiidae*

Vorkommen: Thailand, Laos. **Größe:** Unter Aquarienbedingungen bis 25 cm. **GU:** bisher nicht beschrieben, doch scheinen die ♂♂ kleiner zu bleiben als die ♀♀. **Ansprüche:** Dieser trotz seines gefährlich klingenden Händlernamens friedliche Wels sollte stets im kleinen Schwarm in Becken nicht unter 120 cm Länge gehalten werden, für erwachsene Welse, die sehr schwimmfreudig sind, kommen nur Bekken von 200 cm Länge in Frage. Haiwelse bleiben oft sehr lange scheu und schreckhaft und verletzen sich dabei durch Anstoßen an den Scheiben. Auf beiden Seiten des Beckens sollten deshalb dichte Bestände robuster Pflanzen eine optische Begrenzung bieten. Bei ausreichender Fütterung von Pflanzenkost, darunter auch Feinfrosterbsen, haben robuste Pflanzen Überlebenschancen. Leider scheinen die Welse Glasscheiben als Hindernis kaum zu erkennen und reiben sich beim Entlangschwimmen früher oder später die Augen auf. Augentrübungen oder Totalverlust der Augen sind die Folge. Da jedoch Geschmacks- und Geruchssinn der Welse hervorragend sind, finden auch erblindete Haiwelse mühelos ihr Futter; Wasser 2–20 °dH, pH-Wert 6,8–7,2; Temperatur 22–26 °C. Als Bodengrund ist nicht zu heller Flußkies gut geeignet. Moorkienwurzeln werden als Unterstände eingebracht, eine Decke aus Schwimmpflanzen, vor allem *Riccia,* dient der Dämpfung des Lichts. Eine kräftige Filterung, die eine Wasserströmung erzeugt sowie regelmäßiger wöchentlicher Teilwasserwechsel, der 1/4 des Beckeninhalts umfassen kann, tragen sehr zum Wohlbefinden der Welse bei. Unbehagen zeigen sie nur bei chlorbelastetem Frischwasser, ansonsten sind die Haiwelse bei abwechslungsreicher Fütterung tierischer und pflanzlicher Herkunft sehr ausdauernd und anspruchslos.

Zucht: Eine Zucht unter Aquarienbedingungen ist noch nicht gelungen.

Pantodon buchholzi

Pantodon buchholzi

Schmetterlingsfisch
Familie: *Pantodontidae*

Vorkommen: Tropisches Westafrika. **Größe:** 10 cm. **GU:** Beim ♂ sind die mittleren Strahlen der Afterflosse stark verlängert, der Rand der Afterflosse des ♀ verläuft geradlinig. **Ansprüche:** Für die Haltung einer Gruppe von 8–10 Tieren ist ein Becken ab 100 cm Länge mit 15–20 cm Wasserhöhe ausreichend. Zwischen dem Wasserspiegel und der Deckscheibe sollten mindestens 10 cm Abstand bleiben. Die Tiere springen gern und finden jede Lücke in der Abdeckung, die deshalb lückenlos sein muß; Wasser 2–10 °dH, bei Haltung ohne Zuchtabsichten bis 25 °dH möglich, pH-Wert 6,3–6,8; Temperatur 23–30 °C. Die Beschaffenheit des Bodengrundes ist für diese Oberflächenfische ohne Bedeutung, etwas Torfanteil ist jedoch wegen der abgegebenen Huminstoffe von Vorteil. Für die Bepflanzung sind vor allem großblättrige *Cryptocorynen*-Arten zu empfehlen, zwischen deren waagerechten Blättern die Fische gern ruhen. Die Filterung muß kräftig sein und am Auslauf Oberflächenströmung erzeugen. Der Mulm wird wöchentlich abgesaugt, beim Teilwasserwechsel im Abstand von 14 Tagen sollte $^1/_4$ des Wassers erneuert werden. Eine Aufbereitung des Frischwassers ist besonders dann notwendig, wenn das Wasser chlorbelastet ist. Die Fütterung muß ausschließlich mit Oberflächenfutter erfolgen, Futtertiere oder -teile, die mehr als 4 cm unter die Oberfläche abgesunken sind, werden nicht mehr angenommen. Eine gutgehende Insektenzucht ist daher Voraussetzung für die erfolgreiche Haltung von Schmetterlingsfischen über einen langen Zeitraum. Eingesetzt werden können Schaben, Fliegen, junge Wanderheuschrecken und gelegentlich frisch gehäutete Mehlwürmer. Tiefgefrorene Mückenlarven werden dann angenommen, wenn sie nach dem Auftauen etwas angetrocknet werden und damit an der Oberfläche schwimmend bleiben. Kleine Welsarten, welche die zu Boden gesunkenen Futterstoffe aufnehmen, sollten als Zweitbesatz im Becken nicht fehlen.

Zucht: Die Zucht mit vielseitig ernährten Tieren ist dann aussichtsreich, wenn die ♀♀ deutlich Laichansatz zeigen. Der Ansatz erfolgt als Paar in einem Becken ab 50 l Inhalt. Das zur Zucht verwendete Wasser muß bis zur Braunfärbung mehrmals über Torf gefiltert werden, jedoch klar sein. Einige Schwimmpflanzen mit Wurzeln sind als Beckenausstattung ausreichend. Vor der eigentlichen Paarung schwimmt das ♂ wie reitend über dem ♀. Die Abgabe des Laichs erfolgt im freien Wasser oder zwischen den Wurzeln der Schwimmpflanzen. Die Eier schwimmen zur Oberfläche auf und können von dort abgeschöpft und in ein flaches Aufzuchtbecken überführt werden, welches Wasser mit den gleichen Werten wie das Zuchtwasser enthält. Die Eizahl kann zwischen 80 und etwas über 200 Stück liegen. Die Jungen schlüpfen bei 25 °C nach 36–40 Stunden. Sie sinken zu Boden, bis der Dottersack aufgezehrt ist, und steigen dann zur Oberfläche auf. Die Anfütterung der Jungfische stellt das größte Problem im Zuchtgeschehen dar, da sie nur Oberflächennahrung annehmen und der Nahrung nicht nachjagen. Eine schwache Oberflächenströmung muß ständig die Nahrung an ihnen vorbeitreiben. Die höchsten Aufzuchtraten werden erreicht, wenn rechtzeitig Eipakete von Mücken gesammelt werden konnten, die winzigen frischgeschlüpften Mückenlarven sind die Idealnahrung. Ersatznahrung können kleine Blattläuse, Drosophilalarven sowie andere winzige Insekten oder Nauplien und kleine Daphnien *(Moina)* sein, die vor Verwendung etwas abgetrocknet werden, damit sie in der Wasseroberfläche hängenbleiben. Die kleinen Schmetterlingsfische sind noch nicht in der Lage, die Oberflächenspannung des Wassers zu überwinden, deshalb sind beispielsweise Springschwänze, die auf der Oberfläche liegen, als Nahrung nicht geeignet. Steht von all diesen Futterstoffen nichts zur Verfügung, dann ist zumindest ein Teil der Jungfische mit Fleisch- oder Blutmehl über die schwierige erste Woche zu bringen. Die weitere Aufzucht ist, vor allem wenn Drosophila zur Verfügung steht, nicht mehr schwer.

Panzerwelse

→ *Corydoras.*

Papageienplaty

→ *Xiphophorus variatus.*

Papiliochromis *(Mikrogeophagus)* (Schmetterlingsbuntbarsche)

Eine Gattung aus der Familie der *Cichlidae* aus Südamerika mit zwei Arten.

P. altispinosa

Bolivianischer Schmetterlingsbuntbarsch

Vorkommen: Bolivien. **Größe:** ♂ 9 cm, ♀ 7 cm. **GU:** Das ♂ zeigt deutlich verlängerte Spitzen von Rücken- und Afterflosse, seine Bauchflossen sind länger als die des ♀. **Ansprüche:** Diese erst 1985 lebend nach Europa eingeführte farbenprächtige Art hat sich als sehr anpassungsfähig erwiesen, sie ist friedlich, sollte erwachsen paarweise und in Becken ab 90 cm Länge gehalten werden. Wasser 4–20 °dH, pH-Wert 6,8–7,5; Temperatur 24–27 °C. Der Bodengrund sollte aus grobem Sand oder feinem Kies bestehen und zur Erhöhung der Farbigkeit der Fische dunkel sein. Einige flache Steine in der Nähe von Pflanzen-

Papiliochromis altispinosa, Paar

gruppen und Moorkienwurzeln vervollständigen die Beckeneinrichtung. Wöchentlicher Teilwasserwechsel, bei dem 15–20% des Wassers erneuert werden, ist ausreichend. An das Futter werden keine besonderen Anforderungen gestellt, Lebend- und Frostfutter aller Art werden angenommen.

Zucht: *P.a.* ist bei Erfüllung ihrer Ansprüche leichter zu züchten als der bekannte *P. ramirezi.* In Gegenwart des laichvollen und laichbereiten ♀ legt das ♂ in der Nähe eines flachen Steines mehrere flache Gruben an. ♂ und ♀ putzen gemeinsam den Stein, auf den schließlich die Eier abgesetzt und besamt werden. Gut vorbereitete Tiere können bis zu 500 Eier bringen. Das Gelege wird vorwiegend vom ♀ betreut. Die Jungen schlüpfen bei 25–27°C nach 60 Stunden und werden in einer Grube gesammelt, danach häufig umgelagert. Fünf Tage nach dem Schlupf schwimmen die Jungfische frei, werden von beiden Eltern geführt und nehmen Artemia- und Cyclops-Nauplien als Erstfutter an. Die Geschlechtsreife wird nach etwa 9 Monaten erreicht.

Papiliochromis ramirezi, Paar mit Jungfischen

P. ramirezi

Schmetterlingsbuntbarsch

Vorkommen: Westliches Venezuela. **Größe:** ♂ 7 cm, ♀ 6 cm. **GU:** Bereits junge ♀♀ sind an einem rotgefärbten Bauch deutlich zu erkennen, dieser Farbfleck fehlt den ♂♂, bei denen sich dagegen der zweite Strahl der Rückenflosse erheblich verlängert. **Ansprüche:** Becken von 50 cm Länge sind für die Haltung eines Paars, größere auch für die Haltung mehrerer Paare geeignet; Wasser 2–10°dH, für die Pflege ohne Zuchtabsichten bis 20°dH möglich, die Tiere bleiben dann allerdings klein, pH-Wert 6,8–7,2; Temperatur 22–26°C. Als Bodengrund sind grober Sand oder feiner Kies geeignet, ein Anteil von Torf im Bodengrund ist vor allem bei hartem Wasser anzuraten. In jedem Fall erhöhen Zusatz von Torfextrakt oder die Filterung über Torf Farbigkeit, Wohlbefinden und Widerstandsfähigkeit der Fische. Auf Veränderungen im Wasserchemismus beim Umsetzen oder beim Wasserwechsel reagieren die Fische oft empfindlich, das gilt auch bei chlorhaltigem Frischwasser. Beim wöchentlich durchzuführenden Teilwasserwechsel, der 1/4 des Beckeninhalts umfassen kann, sollte das Frischwasser zumindest vor Einsatz gut durchlüftet werden. Wurzeln und Steine werden von den Fischen ebenso gern als Versteck angenommen wie dichte Pflanzengruppen, zwischen denen ausreichend Schwimmraum frei bleibt. Abwechslungsreiches Lebend- oder Tiefkühlfutter ist vor allem in der Vorbereitung auf die Zucht notwendig, Tubifex darf nur verwendet werden, wenn es aus chemisch unbelasteten Gewässern stammt und lange gut gewässert wurde.

Zucht: *P.r.* gehört zwar zu den beliebtesten Aquarienfischen, die erfolgreiche Nachzucht erfordert jedoch immer noch einiges Fingerspitzengefühl. Zur Zucht, die im Paaransatz erfolgt, sollten nur große und farblich intensive Tiere angesetzt werden, um der inzwischen zu verzeichnenden Verzwergung und Verblassung der Bestände vorzubeugen. Ein Becken von 40 cm Länge ist ausreichend. Die beste Zuchttemperatur liegt zwischen 27 und 29°C. Weiches Wasser um 3°dH, welches durch Torfextrakt oder Filterung über Torf bernsteingelb gefärbt ist, beeinflußt die Aufzuchtergebnisse günstig. Zur Ausstattung des Zuchtbeckens gehören Sand als Bodengrund sowie einige flache Steine, die sich im Schatten von 1–2 großblättrigen Wasserpflanzen befinden. Abgelaicht wird auf diesen Steinen oder in Gruben im Sand im Schutze von Pflanzen. Beide Eltern pflegen Gehege und Brut mit unterschiedlicher Intensität. Sie reagieren empfindlich auf Störungen von außen, nicht selten werden Gelege, vor allem von jungen Paaren, gefressen. Eine Methode, die sich inzwischen bewährt hat, besteht darin, mehrere Paare mit gegenseitigem Sichtkontakt, jedoch durch Glasscheiben getrennt, gleichzeitig anzusetzen. Man kann zu diesem Zweck mehrere Becken nebeneinander stellen. Günstiger ist die Verwendung eines großen Beckens von 100 cm Länge und mindestens 35 cm Tiefe, welches durch herausnehmbare Trennscheiben in 4 Abteile unterteilt wird, jedes Abteil erhält die gleiche Ausstattung. Der ständige Sichtkontakt mit dem Nachbarpaar verstärkt die Brutpflegeintensität. Die Gelege werden kaum noch gefressen. Nach Ende der elterlichen Betreuung werden die Trennwände herausgenommen, und die Jungfischschwärme aller Paare können gemeinsam großgezogen werden. Die Entwicklungsdauer der Gelege ist stark temperaturabhängig, bei 29–30°C schlüpfen die Jungen nach 36 Stunden und schwimmen nach 6 Tagen frei, bei 25°C erfolgt der Schlupf nach 72 Stunden und das Freischwimmen nach 10–11 Tagen. Für die Entwicklung von Jungtieren, die später die Maximalgröße der Art erreichen sollen, ist es besser, die Entwicklungs- und Aufzuchttemperatur nicht zu hoch zu wählen. Tümpelstaub, Rädertierchen und Artemia-Nauplien sind als Erstfutter geeignet. Während der gesamten Aufzuchtzeit sind die chemischen Wasserwerte bei jedem Wasserwechsel genau einzuhalten, eine einzige größere Abweichung oder Chlorbelastung kann den Verlust der gesamten Brut zur Folge haben.

Paracheirodon (Neonsalmler)

Eine Gattung ruhiger Schwarmfische der Familie *Characidae* aus Südamerika, deren Vertreter durch leuchtende Farben charakterisiert sind und zu den beliebtesten Aquarienfischen gehören.

Paracheirodon axelrodi

Paracheirodon innesi

P. axelrodi

Roter Neon

Vorkommen: Zuflüsse von Rio Negro und Orinoco. **Größe:** 4,5 cm, ♂ geringfügig kleiner. **GU:** Die Bauchlinie des ♀ ist deutlich konkaver als beim ♂. **Ansprüche:** Die Beckenlänge für diesen schönen Fisch, der erst im Schwarm ab mindestens 10 Tieren zur vollen Wirkung kommt, sollte nicht unter 60 cm liegen, größere sind besser; Wasser 0–10 °dH und pH-Wert 5,3–6,5 sind die optimalen Haltungsbedingungen. Wenn keine Zuchtabsichten bestehen, dann ist die Haltung noch bis 20 °dH und pH-Werten bis 7,8 möglich. Temperatur 24–28 °, nicht über längere Zeit darunter absinkend, höhere Temperaturen werden dagegen gut vertragen. Der Bodengrund kann aus nicht zu grobem, aber dunklem Kies bestehen, der einen Anteil an ausgekochtem Torf enthalten sollte. Ist dies nicht gegeben, so sollte die Filterung über Torf erfolgen; denn in leicht torfbraun gefärbtem Wasser leuchten die Farben der Fische am besten. Dichte Pflanzengruppen, zwischen denen die Fische Unterstand finden, müssen sich mit freiem Schwimmraum abwechseln. Eine kräftige Filterung und regelmäßiger Teilwasserwechsel (wöchentlich 1/5) wirken sich positiv auf Wohlbefinden und Lebenserwartung aus.

Zucht: Voraussetzung für die Zucht sind sehr weiches Wasser (unter 4 °dH) mit einem pH-Wert zwischen 5,3 und 6,5 sowie ein Zuchtpaar, das miteinander harmoniert. Das Finden des geeigneten Paares stellt meist das größte Problem dar und oft ist wiederholter Austausch der Partner erforderlich. Paare, die einmal zusammen abgelaicht haben, sind dann allerdings auch für lange Zeit erfolgreiche Zuchttiere. Die Zuchttemperatur des torfgefilterten, aber kristallklaren Wassers soll zwischen 28 und 30 °C liegen, bei Tieren, die kühler gehalten werden, genügen auch schon 26 °C. Das 60 cm lange und mit feinfiedrigen Pflanzenbüscheln ausgestattete Becken muß einen dunklen Standplatz erhalten. Abgelaicht wird in den späten Abendstunden oder nachts. Manche Paare laichen ab, wenn der Zuchtraum vom Licht einer Taschenlampe schwach erhellt wird, andere kommen erst in Laichstimmung, wenn der Mond in den Zuchtraum scheint. Ein Laichrost schützt die Eier vor dem Zugriff der Alttiere. Bei Sonnenaufgang müssen diese herausgefangen werden. Das sollte vorsichtig geschehen, um die Eier nicht zu sehr durcheinanderzuwirbeln, da dies negative Auswirkungen auf das Schlupfergebnis haben kann. Das Becken muß abgedunkelt werden, bis die nach 24–30 Stunden schlüpfenden Jungen am 5. Tag freischwimmen. Die - Aufzucht muß mit feinstem Staubfutter erfolgen. Bei ausreichender Fütterung, regelmäßigem Teilwasserwechsel und Beachtung peinlichster Sauberkeit im Aufzuchtbecken ist die weitere Aufzucht verhältnismäßig einfach.

P. innesi

Neonsalmler
Familie: *Characidae*

Vorkommen: Ostperu. **Größe:** 4 cm. **GU:** Das ♂ ist deutlich schlanker, der blaugrüne Längsstreifen verläuft gerade, beim ♀ ist er etwas abgeknickt. **Ansprüche:** Dieser beliebte Schwarmfisch sollte nur in Gruppen ab 10 Tieren gehalten werden, ein Becken ab 60 cm Länge ist dafür ausreichend; Wasser 2–10 °dH, pH-Wert 5–6,8, bei Pflege ohne Zuchtabsichten ist die Haltung noch bis 30 °dH Wasserhärte und pH-Werten bis 8 möglich; Temperatur 20–25 °C, keinesfalls darüber, die Fische werden bei höheren Temperaturen schnell hinfällig und fühlen sich bei 22 °C am wohlsten. Nachts kann die Temperatur ohne Schaden für die Fische auf 18 °C absinken. Dunkler Bodengrund, dichte Bepflanzung und Torfanteil im Wasser bis zur Braunfärbung erhöhen die Farbigkeit der Fische beträchtlich, in sehr hellen Becken bleiben sie blaß. Bei guter Filterung, wöchentlichem, regelmäßigem Teilwasserwechsel (25%) und niedriger Temperatur können Neonsalmler 10 Jahre und älter werden. An die Zusammensetzung des Futters werden keine besonderen Ansprüche gestellt.

Zucht: Die Zucht des Neonsalmlers ist nicht so schwierig und geheimnisumwittert, wie es oftmals dargestellt wird, und jedem Aquarianer möglich, der bereits einige Erfahrungen mit Salmlern gesammelt hat. Zwei Voraussetzungen müssen allerdings erfüllt sein: geeignetes Wasser und geeignete Zuchttiere. Das Wasser sollte sehr weich (unter 2 °dH) und sauer (pH-Wert 5–6) sein. Steht Quellwasser mit diesen Werten zur Verfügung, dann ist die Zucht, was die Wasserfrage anbelangt, völlig problemlos. Inzwischen existieren genügend Neonstämme, die sich auch in etwas härterem Wasser fortpflanzen, dieses Ausgangswasser sollte jedoch mehrmals über ausgekochtem Fasertorf bis zur Bernsteinfärbung gefiltert werden. Bei der Auswahl der Zuchttiere ist es entscheidend, ♀♀ zu verwenden, die frisch Laich angesetzt haben, besonders günstig sind junge ♀♀ mit erstem Laichansatz. Mit diesen Tieren muß kontinuierlich gezüchtet werden, nach jedem neuen Laichansatz muß der Zuchtansatz erfolgen. Es ist sehr schwer, ♀♀ mit überaltertem Laich zum Ablaichen zu bringen, gelingt es dennoch, sind die Eier nicht entwicklungsfähig. Paare, die einmal zusammen abgelaicht haben, tun dies willig immer wieder, ein Partnertausch ist nur selten notwendig und meist wenig sinnvoll. Besser ist dann der Aufbau eines neuen jungen Paares. Als Ausstattung des Zuchtbeckens ab 10 l Inhalt genügen einige Büschel feinfiedriger Pflanzen und ein Laichrost zum Schutz der Eier vor den Nachstellungen der Alttiere. Das Zuchtbecken muß peinlich sauber sein. Nach dem Einsetzen der Fische darf das Becken nicht mehr hell stehen. Abgelaicht wird zwischen den Pflanzen, die Eier haften kaum und fallen meist zu Boden. Große ♀♀ können bis zu 130 Eier bringen. Nach dem Ablaichen werden die Alttiere herausgefangen. Dabei muß darauf geachtet werden, daß die Eier nicht zu sehr bewegt werden, da sich dies erheblich ungünstig auf die Schlupfergebnisse auswirken kann, manchmal sogar die einzige Ursache für eine scheinbar mißlungene Zucht darstellt. Das Becken muß völlig abgedunkelt werden, bis die Jungfische am 6. Tag nach dem Ablaichen freischwimmen. Die Jungen schlüpfen in Abhängigkeit von der Temperatur nach 22–28 Stunden. Die Jungfische sind besonders in den ersten Lebenstagen empfindlich gegen Wasserbelastungen durch abgestorbenes Staubfutter, es sollte daher sehr oft und in geringeren Mengen gefüttert werden. Je früher mit dem Teilwasserwechsel begonnen wird, um so größer sind die Aussichten, Tiere mit geringer Anfälligkeit gegen die gefürchtete Neonkrankheit großziehen zu können. Die Verwendung von etwas härterem Wasser mit 5–10 °dH erhöht zusätzlich die Widerstandsfähigkeit. Die weitere Aufzucht bereitet dann keine größeren Probleme. In den letzten Jahren tauchten auch bei dieser Art abnorm gefärbte oder gestaltete Zuchtformen im Angebot auf, wie der Diamantkopf- und der Schleier-Neon. Sie sollten vom verantwortungsbewußten Fischfreund als Mißbildungen betrachtet und nicht erworben werden.

P. simulans

Blauer Neon

Vorkommen: Flußgebiet des Rio Negro in Brasilien. **Größe:** 3 cm. **GU:** Die ♀♀ können unter guten Bedingungen 3,5 cm lang werden, während die ♂♂ meist 2,5 cm Länge nicht überschreiten, die ♀♀ wirken daneben deutlich voller. **Ansprüche:** Trotz der relativ geringen Größe der Fische sollte die Beckenlänge nicht unter 60 cm liegen, um eine ausreichende Verdünnung der Ausscheidungsprodukte abzusichern. *H.s.* ist empfindlich gegen organische Belastungen des Wassers und Nitrate. Wasser: Bei maximal 5 °KH sollte die Gesamthärte unter 2 °dH liegen, der pH-Wert zwischen 5,2 und 6. Eine Filterung des Wassers über Torf setzt nicht nur die Anfälligkeit der Fische herab, sondern erhöht gleichzeitig auch ihre Farbigkeit. In hellen Becken wirken die Fische blaß, eine Schwimmpflanzendecke sollte deshalb für gedämpftes Licht sorgen. Der für die Fische günstigste Temperaturbereich liegt zwischen 23 und 27 °C, zu starke Schwankungen sollten vermieden werden.

Zucht: Eine erfolgreiche Zucht setzt viel Erfahrungen mit anderen südamerikanischen Salmlern voraus und ist nur in extrem weichem (1–2 °KH) und damit im pH-Wert sehr labilem Wasser aussichtsreich. Da die Pufferwirkung bei dieser niedrigen Karbonathärte kaum noch vorhanden ist, muß der pH-Wert ständig kontrolliert werden, er sollte im Zuchtbecken zwischen 5,2 und 5,5 liegen. Bei Haltung im Artbecken setzt nach längerer guter Fütterung mit gehaltvollem kleinem Futter (rote Cyclops) Treiben im Schwarm ein, aus dem sich jeweils Paare absondern und an dunklen Stellen des Beckens zwischen Javamoos ablaichen. Nach Umsetzen in ein Zuchtbecken erlischt meist die Laichbereitschaft, so daß das Herausfangen und Umsetzen des Schwarms nach dem Ablaichen noch der sicherste Weg ist, aus den nicht sehr zahlreich im Artbecken abgesetzten Eiern einige Jungfische mit feinstem Tümpelstaubfutter großziehen zu können.

Paracyprichromis brieni

Kärpflingsbuntbarsch
Familie: *Cichlidae*

Vorkommen: Oberflächennahe Wasserbereiche im Tanganjikasee. **Größe:** ♂ 11 cm,

Paracheirodon simulans, Paar

♀ 9 cm. **GU:** Die Geschlechter sind bei noch nicht zuchtreifen Tieren nur schwer zu unterscheiden, zumal verschiedene Fundortformen aquaristisch eingeführt sind. Meist sind jedoch beim ♀ alle Flossen mehr oder weniger gelblich, während das ♂ dunklere Farbtöne in der Rückenflosse aufweist. **Ansprüche:** Wasser 10–18 °dH, pH-Wert 7,2–8,5; Temperatur 23–26 °C. Zur vollen Wirkung kommen Kärpflingscichliden nur dann, wenn sie in einer Gruppe von 10–12 Tieren und in einem Becken mit viel freiem Schwimmraum ab 130 cm Länge gepflegt werden. Der Bodengrund kann aus Sand oder Kies bestehen, Steinaufbauten sollten auf die Rückwand beschränkt werden. Pflanzen werden nicht behelligt, empfehlenswert sind Anubias und Vallisnerien. Eine wirksame Filterung muß für stets klares und sauerstoffreiches Wasser sorgen, durch wöchentlichen Teilwasserwechsel sind 1/5–1/4 des Beckeninhaltes zu erneuern. Die Futterbrocken dürfen für diesen Planktonfresser nicht zu groß bemessen sein. Frostfutter geringer Größe bis hin zu Weißen Mückenlarven wird angenommen.

Zucht: Eine Temperaturerhöhung auf 28 °C erhöht die Laichbereitschaft dieses Maulbrüters. Abgelaicht wird auf einer schrägliegenden Steinplatte. Das Gelege wird vom ♂ besamt und danach vom ♀ ins Maul genommen. Die Zahl der Jungfische, die nach 20 Tagen aus dem Maul entlassen werden, übersteigt nur in seltenen Fällen 10 Stück. Wenn das ♀ die Jungfische am 22. Tage noch nicht entlassen hat, hilft manchmal das Umsetzen in etwas kühleres Wasser, verbunden mit sanftem Druck auf die Kiemendeckel, die Sperre zu lösen und das ♀ zur Freigabe der Brut zu bewegen. Artemia-Nauplien werden als Erstfutter angenommen.

Paradiesfisch

→ *Macropodus operuclaris.*

Parapetenia

Eine Gattung relativ großer Buntbarsche der Familie *Cichlidae* aus Mittelamerika, die aus der Gattungsgruppe *Cichlasoma* ausgegliedert wurde.

Die Unterscheidung der Geschlechter ist bei den meisten Arten äußerlich nur schwer möglich, nur selten kommt Farb- oder Gestaltsdimorphismus vor. Mit einiger Sicherheit ist das Geschlecht an der Form der Genitalpapille zu unterscheiden, die einige Zeit vor dem Ablaichen sichtbar wird: Sie ist beim ♂ spitz und meist nach hinten gerichtet, beim ♀ stumpf abgerundet und meist nach unten gerichtet.

Da viele Arten der Gattung groß bis sehr groß werden, sind Becken ab 150 cm Länge zur Haltung und Zucht erforderlich. Der Bodengrund sollte, wenn in den Artbeschreibungen nicht anders angegeben, aus grobem Sand oder feinkörnigem Kies bestehen. Die meisten Arten wühlen gern, vor allem in der Laichzeit, zur Bepflanzung sollten deshalb nur einige Exemplare robusterer Pflanzen ausgewählt werden, die entweder in Schalen gepflanzt und mit großen Steinen abgedeckt werden oder aber auf einer etwas über dem Bodengrund liegenden Terrasse im Becken stehen. Behindern jedoch Pflanzen die Sicht um einen von den Fischen ausgesuchten Laichplatz, dann werden sie, ganz gleich, wie fest sie stehen, früher oder später weggeräumt.

Zur Grundausstattung eines Beckens für die Arten der Gattung gehören zahlreiche Verstecke und Höhlen zwischen Wurzeln und Steinen. Steinaufbauten müssen in jedem Fall direkt auf dem Beckenboden stehen, werden sie nur auf den Kies gesetzt, so werden sie bald von den Fischen durch Unterwühlen zum Einsturz gebracht. Alle Arten bilden Reviere, die oft groß sind und gegen Artgenossen hartnäckig und sehr aggressiv verteidigt werden. Von wenigen Ausnahmen abgesehen, ist auf Dauer nur die Haltung eines Paares möglich.

In ihren Ansprüchen an die Wasserhärte und den pH-Wert sind die meisten Arten sehr tolerant. Sehr hoch sind dagegen die Ansprüche an die biologische Reinheit des Wassers, bei stark mit Ausscheidungen belastetem Wasser werden sie schnell anfällig gegen mit dem Futter eingetragene Pilz- oder Bakterienkeime. Innerhalb weniger Stunden kann ein ganzes *P.*-Becken befallen sein. Eine sehr leistungsfähige Filterung ist deshalb zur Haltung unerläßlich, sie muß ergänzt werden durch regelmäßigen, wöchentlichen Teilwasserwechsel, der 1/4 des Beckeninhalts umfassen sollte.

Die Zucht ist verhältnismäßig leicht. Von Vorteil ist es in jedem Fall, wenn sich das für die Zucht vorgesehene Paar aus einer Gruppe von Jungfischen findet, man läuft dann nicht Gefahr, bei Arten ohne Geschlechtsdimorphismus wegen Gleichgeschlechtlichkeit der zusammengesetzten Tiere vergeblich auf Nachzucht hoffen zu müssen; denn davor sind auch langjährige Aquarianer nicht gefeit. Paare, die sich gefunden und zusammen Brutpflege betrieben haben, bleiben ihr Leben lang zuverlässige Zuchttiere. Die Arten der Gattungsgruppe sind Offenbrüter, die bis auf wenige Ausnahmen ihre Eier auf Steinen ablegen und die Jungen nach dem Schlüpfen in Gruben am Boden sammeln, oft sogar mehrmals umbetten. Beide Eltern kümmern sich um Gelege und Jungbrut und führen den Jungfischschwarm so lange, bis sie erneut laichbereit werden. Erst dann müssen die Jungfische, deren Aufzucht problemlos ist, herausgefangen werden. Da die Zahl der Jungen sehr groß ist, entscheiden allein Futterangebot und Beckengröße über den mengenmäßigen Erfolg. Fällt die Nachzucht in eine futterarme Zeit, dann sollte besser nur ein Teil des Schwarms aufgezogen werden, als alle Tiere großzuhungern, denn daraus werden später nur selten ansehnliche Tiere.

Die Arten der Gattung benötigen als Allesfresser kräftiges Futter, darunter Würmer, Rinderherz und Futterguppys, aber auch pflanzliche Kost, wie abgespülte Haferflocken und Feinfrosterbsen.

P. bartoni

Schwarzweißer Buntbarsch

Vorkommen: Rio Verde in Nordostmexiko. **Größe:** 20 cm. **GU:** Die Geschlechter sind nur an der Form der Genitalpapille unterscheidbar, erwachsene ♂♂ sind geringfügig größer als die gleichaltrigen ♀♀. **Ansprüche:** Becken ab 120 cm Länge; Wasser 15–35 °dH, nicht darunter, pH-Wert 7,5–8, nicht darunter; Temperatur 25–30 °C. *P.b.* hält sich auch in sehr hartem Wasser ausgezeichnet. Die Beckeneinrichtung erfolgt wie in der Gattungsbeschreibung angegeben.

Zucht: Die Geschlechtsreife erlangen die ♂♂ ab 9 cm, die ♀♀ ab 7,5 cm Länge, bei Tieren dieser Größe ist ein Becken von 80 cm Länge für die Zucht ausreichend. Ihre Laichbereitschaft signalisieren die Fische durch einen innerhalb der Gattungsgruppe einmaligen Farbwechsel: Die sonst relativ unscheinbar beige bis graugrün gefärbten Fische, die lediglich einige unregelmäßige schwarze Tüpfel aufweisen, verfärben sich auf der oberen Körperhälfte in silbrigweiß, während der übrige Körper mit scharfer Trennung tiefschwarz wird.

Wie in der Gattungsbeschreibung angegeben wird auf Steinen abgelaicht, die Jungen schlüpfen nach 3–4 Tagen und schwimmen meist erst am 11. Tag nach dem Ablaichen frei.

P. festae

Orangeroter Tigerbuntbarsch, Roter Ekuadorbuntbarsch

Vorkommen: Westliches Ekuador. **Größe:** 30 cm, in großen Becken auch darüber. **GU:** Ab 10 cm Länge sind die Geschlechter deutlich zu unterscheiden. Die Körpergrundfarbe des ♂ ist grüngelb, unpaare und Bauchflossen sind himmelblau getüpfelt. Die Grundfarbe des ♀ ist orangerot, die Bauchflossen sind dunkel und immer ohne Tüpfel, in den unpaaren Flossen sind höchstens einige wenige Tüpfel vorhanden. **Ansprüche:** Becken für die Haltung eines Paares ab 150 cm Länge; Wasser 10–30 °dH, pH-Wert um 7; Temperatur 22–28 °C. Der Bodengrund kann aus sehr grobem Kies bestehen. *P.f.* ist sicher einer der stärksten Wühler der Gattung, der selbst noch Kiesel bis 5 cm Größe mühelos bewegt und eine 25 cm starke Kieselschicht bis auf den Beckenboden freischaufelt. Pflanzen im Bodenbereich haben keine Chance, in höhergelegene Terrassen gesetzte oder Schwimmpflanzen bleiben dagegen unbehelligt. *P.f.* ist ein Großbrockenfresser mit vorstülpbarem Maul. Im Aquarium Erfurt waren Malawibuntbarsche bis 12 cm Größe ausgesprochene Leckerbissen selbst für jüngere, nur 25 cm lange Tiere, die manchmal 24 Stunden brauchten, bis der letzte Teil der Schwanzflosse des Beutefisches im Maul verschwunden war. Große Regenwürmer und Rinderherzwürfel ab 1 cm^3 Größe sollten zum Grundfutter der Art gehören, die sicher eine der schönsten der Gattung ist.

Zucht: *P.f.* ist spätestens ab 20 cm Länge zuchtfähig, die Zucht ist sehr leicht und produktiv, große Tiere bringen bis 3000 Eier. Die Gelege, die bevorzugt an etwas dunkler liegenden Stellen auf großen Steinen oder dem blankgeputzten Beckenboden gezeitigt werden, können ein Ausmaß von 30 cm Durchmesser aufweisen. Der Schlupf der Jungen erfolgt nach 3–5 Tagen, die Jungfische schwimmen 6 Tage darauf frei und werden sehr intensiv von beiden Eltern betreut, in sehr großen Becken vom ♂ noch allein, während das ♀ bereits das nächste Gelege befächelt. Spätestens zu diesem Zeitpunkt sollten allerdings die Jungfische herausgefangen werden. Wie viele Jungfische groß werden, hängt allein von der Größe des Aufzuchtbeckens und der Bereitstellung ausreichenden Futters ab. Bei Futtermangel gehen die Jungfische an die Haut der Elterntiere und können dort großflächige Verletzungen herbeiführen, ohne daß die Alttiere sich dagegen wehren. Sie schwimmen dann meist ängstlich in senkrechter Haltung, um die Signalwirkung zu verlieren, ein bemerkenswertes Verhalten der sonst so aggressiv und wehrhaften Tiere. Es ist günstig, wenn in solchen Fällen Versteckplätze für die belästigten und deutlich gestreßten Eltern zur Verfügung stehen.

P. managuense

Managuabuntbarsch, Jaguarcichlide

Vorkommen: Honduras, Nikaragua, Costa Rica. **Größe:** In seiner Heimat als geschätzter Speisefisch bis 70 cm, im Aquarium selten größer als 30 cm werdend. **GU:** Die Geschlechter sind kaum unterscheidbar, gelegentlich zeigen die ♂♂ ein kräftiger ausgebildetes Fleckenmuster und ihre Rücken- und Afterflossen sind etwas länger ausgezogen. **Ansprüche:** Becken ab 150 cm Länge; Wasser 10–20 °dH, pH-Wert 7–7,5; Temperatur 23–28 °C. Die Beckeneinrichtung erfolgt wie in der Gattungsbeschreibung angegeben. *P.m.* ist im Wesen und seiner Wühltätigkeit vergleichbar mit *C. festae,* deshalb werden auch hier große Kiesel als Bodengrund verwendet.

Zucht: Da die Fische bereits ab 12 cm Körperlänge zuchtfähig sind, ist die Zucht auch unter Liebhaberbedingungen gut möglich. Da bei dieser Größe keinerlei Geschlechtsunterschiede zu erkennen sind, sollte man aus einer Jungfischgruppe 2 Tiere herausfangen, die bereits gemeinsam ein Revier verteidigen. In den meisten Fällen besitzt man damit ein gutes Zuchtpaar. Laichablage, Gelegepflege und Jungfischaufzucht verlaufen wie in der Gattungsbeschreibung angegeben. Auch Jungtiere sind bereits sehr produktiv, das sollte bei der Bemessung des Zuchtbeckens berücksichtigt werden. Erwachsene Tiere können bis 5000 Eier bringen.

P. octofasciatum

Achtbindenbuntbarsch

Vorkommen: Südmexiko bis Honduras. **Größe:** 20 cm. **GU:** Die Geschlechter sind erst mit Eintritt der Geschlechtsreife etwas besser zu unterscheiden. Das ♂ besitzt dann etwas verlängerte Rücken- und Afterflossen, ist meist intensiver gefärbt und größer, und der obere Rand der Rückenflosse ist dunkelrot, während er beim ♀ hellrot bleibt. **Ansprüche:** Becken ab 100 cm Länge; Wasser 8–15 (bis 25) °dH, pH-Wert 6,5–7; Temperatur 22–25 °C.

Zucht: Die Zucht ist kaum schwierig, wenn sich aus einer Gruppe ein Paar gefunden hat und das Wasser in der Härte nicht über 10 °dH liegt, sie ist in härterem Wasser bei angepaßten Tieren möglich, jedoch sind dann die Schlupfergebnisse (möglich sind 500–800 Jungfische) nicht ganz so hoch. Paarung, Brutpflege und Aufzucht verlaufen nach den in der Gattungsbeschreibung angegebenen Regeln.

P. salvini

Salvins Buntbarsch

Vorkommen: Flußgebiete der atlantischen Seite von Mexiko und Guatemala. **Größe:** ♂ 15 cm, ♀ 12–13 cm. **GU:** Die Körperfärbung des ♀ ist gelblich bis grünlich, zur Brutzeit fast zitronengelb, das ♀ ist insgesamt farbenprächtiger als das ♂, es zeigt zumindest in der unteren Körperhälfte unter der schwarzen Längsbinde rötliche bis intensiv rote Färbung sowie einen schwarzen, glänzend umrahmten Fleck auf dem Kiemendeckelrand. Die Flossen sind etwas weniger lang ausgezogen als beim ♂. **Ansprüche:** Diese prächtige Art hat in der Literatur einen schlechten Ruf, ist jedoch bei gut eingestellten Umweltbedingungen nicht unverträglicher oder bissiger als andere räuberisch lebende Arten der Gattung. Bei Haltung im Artbecken ist eine Beckenlänge von 100 cm ausreichend. Soll sie in einem ausreichend mit Versteckmöglichkeiten ausgestatteten Becken mit anderen Arten vergesellschaftet werden, so muß dessen Länge 150 cm überschreiten; Wasser 10 °dH, pH-Wert 7; Temperatur 22–26 °C. Die Beckeneinrichtung erfolgt wie in der Gattungsbeschreibung angegeben. Das Becken kann dicht mit starkwurzelnden, robusten Pflanzen ausgestattet sein, zwischen denen die prächtige Art besonders gut wirkt. Sie wühlt nicht, vergreift sich nicht an Pflanzen und räumt höchstens aus der Umgebung des Laichplatzes einige sichtbehindernde Stengel weg.

Zucht: Bei Temperaturen zwischen 25 und 28 °C ist in weichem Wasser unter

10°dH die Zucht dieses Offenbrüters problemlos möglich und verläuft nach den in der Gattungsbeschreibung angeführten Grundsätzen. Sie kann bis zu 500 Jungfische erbringen.

Paratheraps

Eine Gattung großer und farbenprächtiger Buntbarsche der Familie *Cichlidae*, die nach der Revision der Gattung *Cichlasoma* aus dieser ausgegliedert wurde. Die Angehörigen dieser Gattung werden oft als die Paradiesvögel unter den Cichliden bezeichnet, die ihre volle Schönheit vor allem während der Balz zeigen. Die Heimat der Vertreter dieser Gattung ist Mittelamerika. **Ansprüche:** Wasser 8–15°dH, pH-Wert 7–8; Temperatur 23–27°C. Die unterste Grenze für eine annähernd artgerechte Haltung dieser Fische sind Becken ab 150 cm Länge mit 300 Liter Inhalt. Je größer die Becken sind, desto mehr Raum ist für die Gestaltung von Versteckplätzen durch Steinaufbauten und Moorkienwurzeln gegeben, welche die Haltung mehrerer Cichlidenarten aus Mittelamerika ermöglichen. Untereinander und gegen andere Arten sind die Vertreter dieser Gattung in großen Becken im allgemeinen friedlich. Nach jahrelangen eigenen Erfahrungen im Aquarium Erfurt mit verschiedenen Arten mußte der Autor jedoch mehrmals registrieren, daß gleichsam über Nacht einzelne Tiere höchste Aggressivität zeigten. Selbst Partner von Paaren, die mehrmals zusammen abgelaicht hatten, fügten dem anderen innerhalb einer Stunde lebensbedrohliche Verletzungen zu. Auslöser für diese plötzliche Aggressivität waren hohe Temperaturen, ein größerer Wasserwechsel nach einer längeren Pause (2 Wochen Abstand statt wöchentlich) und große Helligkeit nach Entfernen größerer Teile der Schwimmpflanzendecke *(Riccia)*. Am sichersten dämpft man Raufbolde dadurch, daß man das Becken abdunkelt und die Temperatur durch Leitungswasserzulauf auf 22°C senkt. Andererseits kann man Laichbereitschaft und Brutpflegeverhalten durch die genannten aktivitätssteigernden Maßnahmen stimulieren. *Paratheraps* sind starke Fresser. Alle Arten gröberen Futters, frisch oder tiefgefroren, werden begierig genommen. Annähernd die Hälfte des angebotenen Futters sollte pflanzlicher Herkunft sein. Feinfrosterbsen, überbrühte und halbierte Rosenkohlröschen werden gern genommen, aber auch Bananenscheiben, geraspelte gekochte Möhren und vorgequollener Mais usw. Die durch diese Fütterung in großer Menge anfallenden Ausscheidungsprodukte müssen durch eine leistungsfähige Motorfilterung, die mindestens zweimal stündlich den Beckeninhalt fördert, entfernt werden.

Zucht: Alle Arten der Gattung sind Offenbrüter. Da die Geschlechter bei den meisten Arten erst bei erwachsenen Tieren mit einiger Sicherheit zu unterscheiden sind, ist sehr zu empfehlen, sich die Paare aus Gruppen von 5–6 Tieren selbst finden zu lassen. Nach der Paarfindung sollten die anderen Tiere der gleichen Art herausgefangen werden. Im Zuchtbecken von mindestens 250 Liter Inhalt ist die Anwesenheit von 2 Tieren einer kleineren Cichlidenart als »Feindfaktor« günstig, es verkürzt die sonst manchmal wochenlange Balzzeit und sichert eine intensivere Gelegepflege. Als vorteilhaft hat sich auch eine Verminderung der Beleuchtungsstärke erwiesen. Die Gelege, häufig auf einem großen, flachen Stein abgesetzt, zählen mehrere hundert Eier. Die Gelegepflege wird vom ♀ durchgeführt, es bettet auch die nach 4–5 Tagen schlüpfenden Jungen in eine Grube. 5–6 Tage später schwimmt der Jungfischschwarm frei, geht sofort an Artemia-Nauplien und ähnliches Futter vergleichbarer Größe und wird von beiden Eltern sehr lange geführt. Das Herausfangen nur eines Teiles der Jungfische muß unterbleiben, es könnte ansonsten erhebliche Aggressionen zwischen den Eltern auslösen. Bei unzureichender Ernährung der ständig hungrigen Jungfische gehen diese den Eltern an Schleimhäute und Schuppen, ohne daß die Alttiere sich wehren. Dabei können sogar großflächige Hautdefekte entstehen. Zu diesem Zeitpunkt ist es besser, die Alttiere in ein kühleres, einige Tage lang nur schwach beleuchtetes Becken umzusetzen. So können Auseinandersetzungen zwischen den Eltern nach dem Verlust der Jungtiere weitgehend vermieden werden.

P. bifasciatum

Vorkommen: Rio-Usumacinta-Becken, Guatemala und Mexiko. **Größe:** 25 cm. **GU:** Kaum unterscheidbar, bei Auseinandersetzungen färben sich die ♀♀ etwas dunkler, ebenso bei der Brutpflege. **Ansprüche:** Die Art ist sehr tolerant in ihren Ansprüchen an den Wasserchemismus, vorausgesetzt, das Wasser ist frei von organischen Belastungen. Ansprüche, Beckeneinrichtung und Fütterung wie in der Gattungsbeschreibung angegeben. Zuchtbedingungen und Zuchtverlauf wie in der Gattungsbeschreibung angeführt.

P. (Vieja) maculicauda

Schwarzgürtelbuntbarsch

Vorkommen: Von Südmexiko bis Panama über Mittelamerika verbreitet. **Größe:** 30 cm. **GU:** Das ♂ ist größer, prächtiger gefärbt und zeigt erwachsen einen leichten Stirnbuckel. **Ansprüche:** Becken ab 150 cm Länge; Wasser 8–25°dH, pH-Wert 7–8; Temperatur 24–28°C. Bei mineralsalzarmem Leitungswasser ist die gelegentliche Zugabe von etwas See- oder Kochsalz ins Wasser (bis zu einem Eßlöffel auf 10 l Wasser) empfehlenswert. Neben kräftiger animalischer Nahrung, zu der auch Fischstückchen gehören sollten, haben die Fische einen hohen Bedarf an Pflanzenkost, die neben reichlich Algen auch durch Feinfrosterbsen befriedigt werden kann. Eine Bepflanzung des Beckens hat wenig Überlebenschancen, im übrigen ist die Beckeneinrichtung vorzunehmen, wie in der Gattungsbeschreibung angegeben.

Zucht: Die Zucht ist, wenn man ein miteinander harmonisierendes Paar gefunden hat, ohne Probleme möglich und verläuft in der in der Gattungsbeschreibung angegebenen Weise bei einer Temperatur von 27–28°C. Aus den bis zu 600 Eiern schlüpfen nach 48 Stunden die Jungen, die Jungfische schwimmen nach 5 Tagen frei und werden bis zu 5 Wochen von beiden Eltern sehr gut betreut, manchmal auch länger.

P. regani

Vorkommen: Zuflüsse des Rio Coatcacoalcos in Südmexiko. **Größe:** 25 cm. **GU:** Das ♀ bleibt geringfügig kleiner, seine Farben besitzen nicht ganz die Brillanz wie die des ♂. **Ansprüche:** Die Art kommt auch mit einer Temperatur von 28°C noch gut zurecht, ohne verstärkte Aggressivität zu zeigen. Eine Vergesellschaftung mit kleineren Buntbarschen der Gattung → *Thorichthys* und → *Archocentrus* ist sehr gut möglich. Die übrigen Ansprüche entsprechen den in der Gattungsbeschreibung angeführten.

Zucht: Die Gegenwart kleinerer Buntbarsche der oben genannten Gattungen sowie das Aufbringen einer dichten Schwimmpflanzendecke aus *Riccia* zur Verminderung der Helligkeit machen die Tiere laichwilliger. Der Zuchtverlauf entspricht dem in der Gattungsbeschreibung angegebenen.

P. synspilum

Feuerkopfbuntbarsch, Quetzalbuntbarsch

Vorkommen: Belize, Nordguatemala. **Größe:** ♂ 30 cm, ♀ 25 cm. **GU:** Die Geschlechter sind sehr schwer zu unterscheiden, selbst die Form der Genitalpapille weist keine so großen Unterschiede auf wie bei anderen Arten dieser Gattung, sie ist beim ♂ jedoch nach hinten, beim ♀ nach unten gerichtet. Erst als erwachsene Tiere bekommen die ♂♂ einen kräftigen Stirnbuckel. **Ansprüche:** Dieser farbenprächtige Cichlide, der wegen seines ruhigen Wesens in einer Gruppe von 5–6 Tieren gehalten werden kann, benötigt ein Becken nicht unter 150 cm Länge; Wasser 5–15 °dH, pH-Wert 6,5–7,5; Temperatur 24–28 °C. Eine Bepflanzung ist höchstens mit einigen robusten und großen Einzelpflanzen möglich, zur Beckeneinrichtung sollten daher zahlreiche größere Moorkienwurzeln und Aufbauten aus Steinplatten gehören. Um die prächtige Färbung zu erhalten, muß das Futter sehr vielseitig zusammengesetzt sein, Würmer und Fischfleisch enthalten. Bei überwiegender Fütterung mit Rinderherz verblassen die Farben sehr schnell.

Zucht: Die wichtigste Zuchtvoraussetzung ist, daß sich das Paar selbst aus einer Gruppe gefunden hat, denn Zwangsverpaarungen führen nur selten zum Erfolg. Die Eiablage erfolgt auf Steinen und Wurzeln. Die nach 4 Tagen schlüpfenden Jungen und die 4–5 Tage später freischwimmenden Jungfische werden von beiden Eltern betreut. Da die Zahl der Jungfische sehr groß sein kann (bis 1000) ist häufiger Teilwasserwechsel bei der Aufzucht dringend erforderlich, wird dies versäumt, so kümmern die Jungfische.

Paratilapia polleni

Madagaskar-Buntbarsch
Familie: *Cichlidae*

Vorkommen: Alle Gewässertypen Madagaskars bis in Brackwasserbereiche. **Größe:** 25 cm, an einigen Fundorten auch größer. **GU:** Die Geschlechter sind erst bei fast erwachsenen Tieren zu unterscheiden, die ♂♂ zeigen dann länger ausgezogene Rücken- und Afterflossenspitzen. **Ansprüche:** Wasser 8–15 °dH, pH-Wert 7–8; Temperatur 24–26 °C. Dieser durch seine weiße Tüpfelung auf dunklem Grund sehr attraktive Großcichlide wird bisher noch sehr selten gepflegt. Obwohl er nach bisher vorliegenden Kenntnissen friedlicher als mancher amerikanische Cichlide vergleichbarer Größe ist, sollte ihm ein Artbecken von 200 cm Länge eingeräumt werden, bis er durch Nachzucht weiter verbreitet ist. Beim Bodengrund sollten sich Zonen von grobem Sand und Kies abwechseln. Da Pflanzen kaum eine Überlebenschance haben, muß sich die Gestaltung des Beckens auf das Einbringen zahlreicher größerer Moorkienwurzeln beschränken, welche eine Vielzahl von Versteckplätzen bieten sollten. Das Futter muß der Größe der Fische entsprechend kräftig sein, neben tiefgefrorenen Garnelen und Mückenlarven werden auch Regenwürmer und große Futtertabletten sowie Feinfrosterbsen genommen. Wöchentlicher Teilwasserwechsel, der 1/3 des Beckeninhaltes umfaßt, sowie eine intensive Filterung helfen, Wasserbelastungen zu vermeiden, die durch den regen Stoffwechsel der Tiere entstehen.

Zucht: Wegen der Schwierigkeit, bei jüngeren Tieren die Geschlechter zu unterscheiden, sollte sich ein Paar aus einer Gruppe finden. Abgelaicht wird in Gruben, die Eizahl überschreitet 1000 Stück. Die Jungen schlüpfen nach 9–10 Tagen, die Jungfische schwimmen nach einer weiteren Woche frei und nehmen Nauplien als Erstfutter an. Gelege und Brut werden von beiden Eltern betreut.

Parodon pongoense

Algensalmler
Familie: *Hemiodidae*

Vorkommen: Peru, Ecuador, Kolumbien. **Größe:** 8 cm. **GU:** Unterschiede sind nur bei erwachsenen Tieren erkennbar, die Bauchlinie des ♂ bleibt gerade, während die des ♀ konkav verläuft. **Ansprüche:** Unter der Bezeichnung Algensalmler wurden bisher verschiedene Arten der Gattung *Paradon* eingeführt, die sich jedoch in ihrem Aussehen wenig und in ihren Ansprüchen gar nicht unterscheiden. Die friedlichen Tiere sind ständig auf der Suche nach Algenaufwuchs und dürften daher in keinem Salmlerbecken fehlen. Gesättigt ruhen sie, auf ihre Brustflossen gestützt, auf Steinen, Wurzeln und Blättern. Dem sollte bei der Beckeneinrichtung Rechnung getragen werden. Beckenlängen ab 80 cm sind ausreichend. An den Chemismus des Wassers stellen sie keine besonderen Anforderungen, mit Härten bis 18 °dH, pH-Werten zwischen 6 und 7,5 sowie Temperaturen im Bereich 22–26 °C kommen sie gut zurecht. Ihr Sauerstoffbedarf ist allerdings hoch und muß durch kräftige Durchlüftung oder wirksame Filterung sowie durch regelmäßigen Teilwasserwechsel (wöchentlich 25 % des Beckeninhaltes) befriedigt werden. Im Futterangebot dürfen Spirulinaflocken nicht fehlen, gern werden auch gekochte grüne Erbsen und Stör-Pellets gefressen. An tierischer Nahrung nehmen sie fast alles, was bei der Fütterung auf den Boden fällt.

Zucht: Über Zuchtversuche wurde bisher nichts bekannt.

Parosphromenus
(Prachtzwerggurami s)

Eine Gattung kleiner, während der Brutzeit kontrastreich gefärbter Labyrinthfische aus der Familie *Belontiidae*. Ihr Verbreitungsschwerpunkt liegt auf den Inseln und Halbinseln Südostasiens.

P. deissneri

Prachtzwerggurami

Vorkommen: Sumatra, Malaysia, Singapur. **Größe:** 3,5 cm. **GU:** Beim ♂ irisieren die Bauchflossen blaugrün, beim ♀ sind sie nahezu farblos, das ♂ ist insgesamt farbenprächtiger, vor allem während der Balz. **Ansprüche:** Dieser prächtige Zwerg sollte nur im Artbecken ab 60 cm Länge in Gruppen von 8–10 Tieren gepflegt werden; Wasser 5–12 °dH, pH-Wert 5,8–7,2; Temperatur 24–28 °C. Der Bodengrund sollte nicht zu grobkörnig sein und kann ausgekochten Fasertorf enthalten. Einige Pflanzengruppen, zwischen denen Schwimmraum frei bleibt, werden von den Fischen als Unterstand angenommen. Die Art gehört zu den Labyrinthfischen, in gut gefiltertem und durchlüftetem, sauerstoffreichem Wasser sieht man die Tiere kaum Luft holen, die Kiemenatmung ist unter diesen Bedingungen ausreichend. Das Futter muß der Größe der Fische entsprechend klein sein, neben Grindalwürmchen und Cyclops werden auch kleine Mückenlarven angenommen.

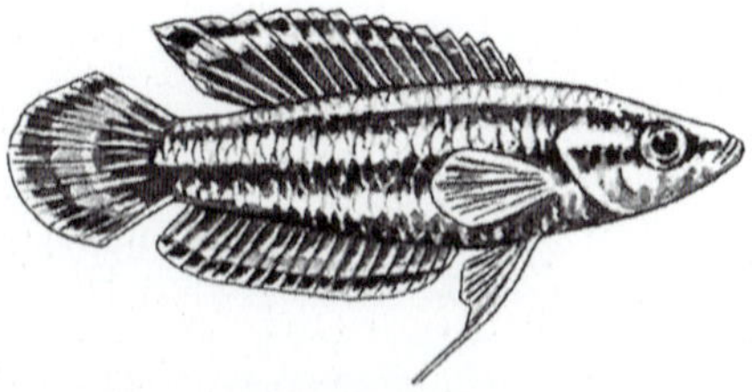

Parosphromenus deissneri

Zucht: Die Zucht ist in kleinen Becken von 30 cm Länge möglich, die als Einrichtung eine Höhle enthalten. Das kann ein auf die Seite gelegter Blumentopf oder eine auf zwei Steinen waagerecht liegende Steinplatte sein. Zur Zucht angesetzt wird ein ♀ mit deutlichem Laichansatz und ein balzaktives ♂ aus der Gruppe. Das Zuchtwasser muß extrem weich sein, denn bereits bei einer Karbonathärte über 2,5 °KH kleben die Eier nicht mehr. Der pH-Wert braucht 6,5 nicht zu unterschreiten. Beim Laichakt wird meist jeweils nur ein Ei auf die Afterflosse des ♂ gelegt. Das ♀ nimmt das Ei von dort auf und heftet es an die Decke der Höhle. Eier, die nicht sofort haften, werden von beiden Tieren aufgefangen und angebracht. Nach Abschluß der Paarungen, die insgesamt bis zu 50 Eier erbringen, übernimmt das ♂ die Gelegepflege und die Betreuung der nach 48 Stunden schlüpfenden Jungen allein. Bei Temperaturen um 24 °C kann der Schlupf 72 Stunden dauern. Die Jungfische schwimmen 5–6 Tage später frei und benötigen Rädertierchen als Erstfutter. Stehen diese nicht zur Verfügung, dann kann mit Zuchtpantoffeltierchen und Artemia-Nauplien ein Teil der Jungfische über die ersten Tage gerettet werden. Auf organisch oder mit Infusorien belastetes Wasser reagieren die Jungfische empfindlich, Pantoffeltierchen müssen daher in kleinen Mengen gefüttert werden, nicht aufgenommenes Futter wird regelmäßig vom Boden abgesaugt. Beim Teilwasserwechsel kann bereits sehr früh Wasser mit den Werten des Hälterungswassers eingesetzt werden. Die Geschlechtsreife tritt nicht vor dem 7. Lebensmonat ein.

P. filamentosus

Spitzschwanz-Prachtzwerggurami

Vorkommen: SO-Borneo. **Größe:** ♂ 4 cm, ♀ 3,5 cm. **GU:** Während der Paarungszeit ist das ♂ an seiner intensiven Farbe sicher zu erkennen, außerhalb dieser Zeit gleicht es farblich dem ♀, lediglich Schwanzflossenfaden und Rückenflosse sind etwas länger ausgezogen als beim ♀.

Ansprüche und Zuchtverlauf gleichen denen von *P. deisaneri*. *P.f.* ist jedoch nach eigenen Erfahrungen leichter zu halten und zu züchten. Nach dem Freischwimmen der Jungfische und bei guter Fütterung der Elterntiere mit Cyclops und Grindalwürmchen wird bereits bald wieder abgelaicht.

Pastellgrundel

→ *Tateurndina ocellicauda.*

Pastellprachtbarsch

→ *Trematocranus auditor.*

Peckoltia (Zwergschilderwelse)

Eine Gattung kleinbleibender, dämmerungs- und nachtaktiver Welse der Familie *Loricariidae* aus dem nördlichen Südamerika, aus der bisher zwei Arten importiert wurden. Die Geschlechter sind nicht sicher zu unterscheiden, doch scheinen erwachsene ♂♂ kleiner als gleichaltrige ♀♀ zu bleiben, die zudem durch Laichansatz etwas fülliger in der Draufsicht wirken. Zwergschilderwelse sind auch als erwachsene Tiere friedlich untereinander und zu anderen Arten, sie können in jedem Salmlerbecken gehalten werden, das mehr als 80 cm lang ist. Tagsüber bekommt man sie kaum zu Gesicht, sie verbringen den Tag unter Wurzeln und in Höhlen, die unbedingt zur Beckenausstattung gehören sollten. Bei gedämpftem Licht in den Abendstunden, das in seiner Stärke dem Mondlicht entspricht, kann man sie gut beobachten, sie erweisen sich als sehr lebhaft. Wasser 2–10 °dH, nach Eingewöhnung bis 25 °dH möglich, pH-Wert 5,5–7, nach Eingewöhnung bis 7,8 möglich; Temperatur 24– 28 °C. Der Bodengrund sollte feinkörnig und nicht zu hell sein. Sind ausreichend Versteckplätze vorhanden, dann kann das Becken am Tage stark beleuchtet werden, um einen Algenaufwuchs zu fördern, den die Welse zum Gedeihen dringend benötigen. Gesunde Wasserpflanzenbestände werden nicht angefressen, wenn ständig ausreichend Pflanzennahrung angeboten wird, neben Algen aller Art und Salat werden sehr gern Feinfrosterbsen angenommen. Zur Deckung des Ballaststoffbedarfs muß den Welsen immer Moorkienholz oder anderes gut gewässertes Holz zur Verfügung stehen, das in seinen morschen Teilen ständig beraspelt wird. Wenn durch eine gute Filterung und Durchlüftung sowie regelmäßigen Teilwasserwechsel abgesichert wird, daß die Welse in sauberem und sauerstoffreichem Wasser leben können, dann sind sie auch bei Wasserwerten, die vom Optimum abweichen, sehr ausdauernd. Eine erfolgreiche Nachzucht unter Aquarienbedingungen scheint noch nicht gelungen zu sein. Bei guten Haltungsbedingungen und vielseitiger Fütterung setzen die ♀♀ in den ersten Wintermonaten Laich an.

Peckoltia spec.

P. pulcher

Gebänderter Zwergschilderwels

Vorkommen: Mündungsgebiet des Rio Negro in Brasilien. **Größe:** 10 cm. **GU:** Geschlechtsunterschiede und Haltungs-

Peckoltia pulcher

anforderungen wie in der Gattungsbeschreibung angegeben.

P. vittata

Zierbindenzwergschilderwels

Vorkommen: Amazonasgebiet. **Größe:** 14 cm. **Ansprüche** und **GU** wie in der Gattungsbeschreibung angegeben.

Pelmatochromis buettikoferi

Afrikanischer Buntbarsch
Familie: *Cichlidae*

Vorkommen: Flüsse in Westafrika von Senegal bis Nigeria. **Größe:** 20 cm. **GU:** Beide Geschlechter sind in Färbung und Körperform gleich und mit Sicherheit nur an der Genitalpapille zu unterscheiden, die beim ♂ spitz, beim ♀ stumpf ausgebildet ist. **Ansprüche:** Wasser 6–16 °dH, pH-Wert 7–8; Temperatur 24–27 °C. Diese trotz ihrer Größe ruhige Art gehört zu den stillen Schönheiten, die weitere Verbreitung verdiente. Sie sollte nur mit anderen nicht aggressiven westafrikanischen Cichliden (→ *Anomalochromis*, → *Pelvicachromis* u. ä.) vergesellschaftet werden. Nicht zu zarte Pflanzen werden unbehelligt gelassen, dichte Bestände bilden die für die Art wichtigen Versteckplätze und Unterstände. Eine Beckenlänge ab 120 cm Länge ist für die Pflege einer Gruppe von 4–6 Tieren ausreichend. Wenn eine wirksame Filterung installiert wurde, ist Teilwasserwechsel im Abstand von 14 Tagen ausreichend. Dabei sollte 1/4 des Beckeninhaltes erneuert werden. An das Futter werden keine spezifischen Anforderungen gestellt, zur Zuchtvorbereitung sollten jedoch Schwarze Mückenlarven gefüttert werden.

Zucht: Wegen der Schwierigkeit, die Geschlechter zu unterscheiden, sollte man das Paar sich aus der Gruppe selbst finden lassen. Entscheidend für den Zuchterfolg ist das Vermeiden von Störungen im Becken und in seiner Umgebung. Abgelaicht wird auf flachen Steinen, die im Schutze von Pflanzen oder Wurzeln liegen. Die Jungen schlüpfen nach 2 Tagen, 5–6 Tage später schwimmen die Jungfische auf und nehmen Cyclops- und Artemia-Nauplien als Erstfutter an. Die Geschlechtsreife tritt etwa ab einer Körperlänge von 12 cm ein.

Pelvicachromis-Biotop, Kamerun

Pelvicachromis taeniatus »Moliwe«, ♂

Pelvicachromis (Prachtbarsche)

Eine Gattung relativ klein bleibender westafrikanischer Zwergbuntbarsche der Familie *Cichlidae*. Alle Arten sind Versteckbrüter, bilden bei der Aufzucht eine Vater-Mutter-Familie und sollten deshalb paarweise in Becken ab 80 cm Länge gehalten werden. Sie sind gegen andere Arten sehr friedlich und können gut mit Salmlern und kleineren Barben vergesellschaftet werden. **Ansprüche:** Wasser 5–12 °dH, pH-Wert 6–7; Temperatur 2–26 °C. Als Bodengrund sollte feiner Kies verwendet werden, der nicht zu hell sein darf und Torfanteile enthalten kann. Wurzeln, Steinaufbauten oder 1–2 umgedrehte Blumentöpfe mit seitlichem Loch werden als Verstecke und Unterstand angenommen. Die Bepflanzung ist mit allen Arten möglich, Pflanzen werden unbehelligt gelassen. Sie kann stellenweise dicht sein, sollte jedoch auch Schwimmraum frei lassen. Der Zusatz von Torfextrakten oder die Filterung über Torf fördern Wohlbefinden und Farbigkeit. In alteingerichteten Becken fühlen sich die Fische am wohlsten, bei guter Filterung ist ein Teilwasserwechsel im Abstand von 14 Tagen ausreichend, mehr als 1/4 des Beckeninhalts braucht dabei nicht gewechselt zu werden. Auf chlorbelastetes Wasser reagieren die meisten Arten empfindlich. An die Zusammensetzung des Futters werden keine besonderen Ansprüche gestellt. Jedoch sollten frische oder tiefgefrorene Mückenlarven, vor allem in der Zuchtvorbereitung, ab und zu gegeben werden.

Pelvicachromis taeniatus »Wouri«, ♀

Zucht: Ein umfangreicher Teilwasserwechsel mit einer Temperaturerhöhung auf 25–28 °C, bei Hälterung in hartem

Wasser auch das Vermindern der Wasserhärte, wirken stimulierend auf die Fortpflanzungsbereitschaft. Von dem zur Zucht angesetzten Paar sucht das ♀ die ihr zusagende Höhle als Laichplatz aus. Ein umgedrehter Blumentopf mit seitlichem Loch erfüllt die Anforderungen meist schon. Wird er vom ♀ nicht angenommen, dann genügt oft die Veränderung der Richtung des Eingangslochs oder die Beschattung durch einige größere Pflanzen, das ♀ zum Einzug zu bewegen. Die Gelegepflege der an der Höhlenwand befestigten Eier übernimmt das ♀ allein, das ♂ sollte im Becken belassen werden, denn es beteiligt sich an der Führung der Jungfische. Die Jungen schlüpfen nach 3 Tagen und werden in oder vor der Höhle gesammelt. Nach Aufzehren des Dottersacks schwimmen die Jungfische 6 Tage später frei. Sie gehen sofort an Mikrowürmchen, Rädertierchen und Artemia-Nauplien. Bei kräftiger Fütterung und regelmäßigem Teilwasserwechsel verläuft ihr Wachstum zügig.

P. pulcher

Purpurprachtbarsch

Vorkommen: Nigerdelta. **Größe:** ♂ 10 cm, ♀ 8 cm. **GU:** Das ♂ ist etwas blasser gefärbt als das ♀, welches vor allem in der Laichzeit einen prächtig purpurrot gefärbten Bauch besitzt. Beim ♂ sind Rücken- und Afterflosse zugespitzt. Bei der als *»camerunensis«* aquaristisch eingeführten Fundortform (die vielleicht eine eigene Art darstellt) sind beide Geschlechter intensiv gefärbt, das ♂ unterscheidet sich durch Schlankheit und Flossenform deutlich vom ♀. Die beiden Formen sollten keinesfalls bastardiert werden. **Ansprüche:** Diese Art ist die anpassungsfähigste der Gattung, die auch noch mit Wasserwerten leben kann, die von den in der Gattungsbeschreibung genannten abweichen, die übrigen Ansprüche gleichen den dort angegebenen.

Zucht: Der Zuchtverlauf entspricht dem in der Gattungsbeschreibung angeführten, die Eier werden bevorzugt an das Dach der Höhle geheftet. Große und alte ♀♀ können bis zu 300 Eier bringen. In zu kleinen Becken werden manche ♀♀ während der Zeit der Gelegepflege etwas aggressiver gegenüber dem ♂, beim Freischwimmen der Jungfische wird das ♂ jedoch wieder geduldet.

P. roloffi

Roloffs Prachtbarsch

Vorkommen: Ostguinea, Sierra Leone, Westliberia. **Größe:** ♂ 8,5 cm, ♀ 6 cm. **GU:** Das ♂ ist deutlich schlanker und blasser gefärbt als das ♀. **Ansprüche:** Auch für diese kleine Art der Gattung sollte die Beckenlänge nicht unter 80 cm liegen. Ihre prächtige Färbung zeigen die ♀♀ nur bei optimalen Bedingungen. Dazu gehören weiches Wasser (unter 5 °dH) mit einem pH-Wert von 6–6,5 sowie kräftige Filterung oder Durchlüftung zur Deckung des hohen Sauerstoffbedarfs. Sind diese Bedingungen nicht erfüllt, dann wirken sie meist unscheinbar graubeige. Die intensive Filterung des Wassers über Torf kann aber oft wenigstens einen Teil der Färbung zum Erscheinen bringen, das Wasser kann dabei hellbraun verfärbt sein. Die übrigen Ansprüche entsprechen der Gattungsbeschreibung.

Zucht: Die Zucht verläuft wie in der Gattungsbeschreibung angegeben und ist dann erfolgreich, wenn sehr weiches (unter 5 °dH) und sauerstoffreiches Wasser zur Verfügung steht. 50–60 Eier sind bereits ein gutes Ergebnis, mehr als 100 Eier sind selten. Bei optimalen Bedingungen verlassen die Jungfische bereits 7 Tage nach der Eiablage die Bruthöhle. In den ersten 4 Lebenswochen sollten die Werte des Zuchtwassers exakt beibehalten werden. Veränderungen im Wasserchemismus beim häufig notwendigen Teilwasserwechsel führen zu Wachstumsstockungen und machen die Jungfische anfällig. Die Aufbereitung des Frischwassers über Torf ist sehr empfehlenswert.

P. subocellatus

Rotvioletter Prachtbarsch, Augenfleckprachtbarsch

Vorkommen: Gabun bis ins Mündungsgebiet des Zaire. **Größe:** ♂ 10 cm, ♀ 8 cm. **GU:** Rücken- und Afterflosse beim ♂ sind zugespitzt, beim prächtiger gefärbten ♀ abgerundet. **Ansprüche:** Wie in der Gattungsbeschreibung angegeben, dabei wird etwas weicherem Wasser der Vorzug gegeben.

Zucht: Diese Art bevorzugt etwas lichtere Höhen und laicht auch an dunkler Stelle auf Steinen ab. Bei Paaren, die trotz guter Pflegebedingungen schwer in Laichstimmung kommen, können eine kräftige Durchlüftung und die Zugabe von 3 Teelöffeln Salz je 10 l Wasser stimulierend wirken. Der Bodengrund des Zuchtbeckens sollte aus Sand bestehen, da die Jungen nach dem Schlupf in Gruben untergebracht werden. Die Eizahl kann zwischen

Pelvicachromis pulcher, Paar

Pelvicachromis roloffi, Paar

Pelvicachromis subocellatus

60 und 200 liegen. Die Zugabe von 1–2 Teelöffeln Salz je 10 l Wasser während der Jungfischaufzucht erhöht deren Widerstandsfähigkeit.

P. taeniatus

Smaragdprachtbarsch,
Streifenprachtbarsch

Vorkommen: Nigeria und Kamerun, von dort wurden bisher zehn farblich unterscheidbare Fundortformen aquaristisch eingeführt, darunter Nigeria-Rot, Nigeria-Gelb, Lobé, Moliwe und Wouri. **Größe:** ♂ 9 cm, ♀ 7 cm. **GU:** Beim ♂ sind Rücken- und Afterflosse spitz ausgezogen, seine Schwanzflosse erscheint eckig, während sie beim intensiver gefärbten ♀ abgerundet ist. **Ansprüche:** Wie in der Gattungsbeschreibung angegeben, das Optimum liegt im weicheren und leicht sauren Wasser.

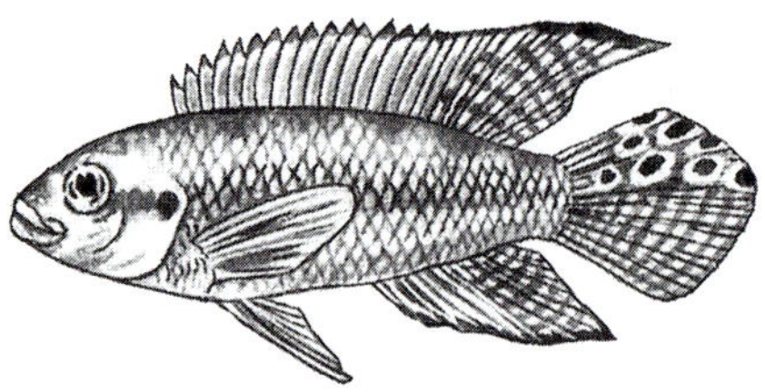

Pelvicachromis taeniatus

Zucht: Die besten Schlupfergebnisse werden in sauerstoffreichem Wasser bei pH-Werten um 6,5 und einer Wasserhärte zwischen 5 und 8 °dH erzielt. Die Bruthöhle sollte auf einer stärkeren Sandschicht stehen, da das ♀ die Jungen nach dem Schlupf in einer Grube in der Höhle unterbringt. Die Eizahl kann zwischen 40 und 150 liegen, der Aufzuchtverlauf entspricht dem in der Gattungsbeschreibung angegebenen.

Perca fluviatilis

Flußbarsch
Familie: *Percidae*

Vorkommen: Weite Teile Europas und Westasiens. **Größe:** 45 cm. **GU:** Die Bauchlinie beim ♂ verläuft gerader als beim ♀, das ♂ ist farblich intensiver gezeichnet als das ♀. **Ansprüche:** Der Flußbarsch gehört zu den einheimischen Fischarten, deren Pflege im Aquarium als Jungtier sehr zu empfehlen ist, mit 17 cm Körperlänge bereits geschlechtsreif wird und in Aussehen und Verhalten mancher beliebten tropischen Cichlidenart in nichts nachsteht. Für eine kleine Gruppe von Jungbarschen ist ein Becken ab 100 cm Länge bereits ausreichend, für erwachsene Tiere sind 150 cm angemessen; Wasser 5–15 °dH, pH-Wert 7–7,5; Temperatur 10–22 °C, nicht längerzeitig darüber. Feinkörniger, nicht zu heller Bodengrund, eine dichte Bepflanzung mit kaltwasserverträglichen Arten sowie einige Verstecke aus Steinen, Wurzeln oder Bambusstäben entsprechen den Bedürfnissen der Fische am besten. Gute Filterung und Durchlüftung, häufiger Wasserwechsel, besser noch die Installation eines Wasserdurchlaufs und kräftige tierische Nahrung (Rinderherzwürfel, Fischfleisch, Guppys, Wurmfutter) bieten die besten Voraussetzungen für eine erfolgreiche Haltung über längere Zeit.

Zucht: Die Zucht ist unter Aquarienbedingungen in Becken ab 150 cm Länge möglich und sehr interessant, denn die Eier werden in Schnüren an Pflanzen, Steinen oder Dekorationsmaterialien angeheftet. Ist eine Aufzucht vorgesehen, so sollten die Barschschnüre in ein Aufzuchtbecken mit kräftiger Durchlüftung überführt werden. Bei Temperaturen zwischen 20 und 22 °C schlüpfen die Jungen nach 18–20 Tagen und nehmen nach dem Freischwimmen Cyclops-Nauplien und Mikro- sowie Grindalwürmchen problemlos als Erstfutter an.

Perlcichlide

→ *Herichthys cyanoguttatum.*

Perle von Likoma

→ *Melanochromis joanjohnsonae.*

Perlmuttbärbling

→ *Rasbora vaterifloris.*

Perlmutterkärpfling

→ *Aphanius dispar.*

Perlmutterregenbogenfisch

→ *Melanotaenia fluviatilis.*

Perlmuttfächerfisch

→ *Cynolebias whitei.*

Peru-Altum

→ *Pterophyllum altum.*

Perugiakärpfling

→ *Poecilia perugiae.*

Peruschleierkärpfling

→ *Pterolebias peruensis.*

Pelvicachromis taeniatus (Farbform Nigeria-Gelb)

Petitella georgiae

Rotkopfsalmler
Familie: *Characidae*

Vorkommen: Kolumbien, Brasilien. **Größe:** 5 cm. **GU:** Das ♂ ist deutlich schlanker als das ♀, die Schwarzweißzeichnung in der Schwanzflosse ist kontrastreicher als beim ♀. **Ansprüche:** Dieser friedliche Schwarmfisch sollte nur in Gruppen, die nicht weniger als 10 Tiere umfassen, gehalten werden, dabei ist eine Beckenlänge ab 60 cm ausreichend; Wasser 2–12 °dH, pH-Wert 5,5–7; Temperatur 23–26 °C. Der Bodengrund sollte feinkörnig und dunkel sein und bei einer Wasserhärte von mehr als 6 °dH einen Anteil an ausgekochtem Fasertorf enthalten. Die Fische fühlen sich in sauerstoffreichem, gut gefiltertem Wasser am wohlsten, auf Wasserbelastungen aller Art reagieren sie mit Verblassen der Farben und Wachstumshemmung. Leitungswasser sollte vor der Verwendung beim wöchentlichen Teilwasserwechsel (20 %) mindestens einmal über Fasertorf gelaufen sein. Neben einer Bepflanzung in dichten Pflanzengruppen, zwischen denen Schwimmraum frei bleibt, müssen einige Schwimmpflanzen den Fischen Unterstand bieten und das Licht dämpfen. Neben Cyclops, kleinen Wasserflöhen und kleinen Mückenlarven nehmen die Fische gern auch auf die Oberfläche gestreute Drosophila an, die im besonderen Maße den Laichansatz fördern .

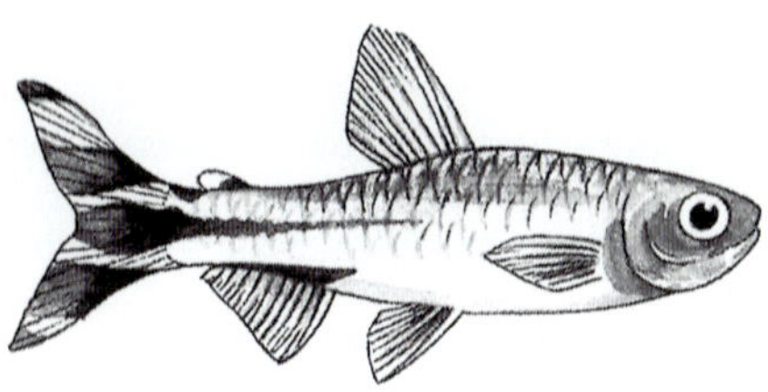

Petitella georgiae

Zucht: Die Zucht dieser Art ist noch immer nicht problemlos. Nicht selten stellen Tiere, die im alteingerichteten Artbecken im Schwarm ablaichten, nach Umsetzen in ein Zuchtbecken alle Balzhandlungen ein. Die Tiere treiben sehr, das Zuchtbecken sollte deshalb nicht unter 50 cm lang sein. Sehr weiches und leicht saures Quellwasser erfüllt die Anforderungen der Tiere am besten. Da dies nur selten gegeben ist, hilft oftmals auch die wiederholte Filterung über einen guten Fasertorf. Das Wasser kann torfbraun verfärbt, muß aber glasklar sein. Wenn die ♀♀ laichvoll sind und die Tiere 1–2 Stunden nach dem Einsetzen ins Zuchtbecken wieder volle Farbe zeigen, dann besteht Aussicht, daß bei Sonnenaufgang zwischen feinfiedrigen Pflanzen abgelaicht wird. Die Tiere stellen dem Laich stark nach und müssen nach dem Ablaichen herausgefangen werden. Dabei dürfen die Eier nicht aufgewirbelt werden, das beeinträchtigt in vielen Fällen das Schlupfergebnis. Die Eier müssen vor Licht geschützt werden. Nach 24–30 Stunden schlüpfen die Jungen und hängen als winzige glasklare Stäbchen an Pflanzen und Scheiben. Zwei Tage später beginnen die Jungfische freizuschwimmen und benötigen feinstes Staubfutter. Es muß täglich mehrmals in kleinen Portionen gefüttert werden. Zu hohe Gaben und die damit verbundene Wasserbelastung kann zum Verlust der gesamten Brut führen, die ständig höchste Anforderungen an die Becken- und Wasserhygiene stellt.

P.g. ist leicht mit dem Rotmaulsalmler (→ *Hemigrammus rhodostomus*) zu verwechseln, zu dem äußerlich nur geringfügige Unterschiede bestehen. Typisch für *P.g.* sind dunkle Spitzen der Schwanzflossenlappen (farblos bei *Hemigrammus rhodostomus*) sowie die Begrenzung der Rotfärbung bis zum Kiemendeckelhinterrand (bei *Hemigrammus rhodostomus* kann sie auf den Körper bis zur Höhe der Rückenflosse reichen).

Petrotilapia tridentiger

Dicklippenmaulbrüter
Familie: *Cichlidae*

Vorkommen: Malawisee. **Größe:** Im Aquarium bis 20 cm. **GU:** Beim ♂ sind Rücken- und Schwanzflosse hinten orangefarben gesäumt, die Eiflecken sind deutlicher als beim ♀. **Ansprüche:** Becken ab 120 cm Länge zur Haltung eines Harems von einem ♂ und 2–4 ♀♀; Wasser 10–18 °dH, pH-Wert 7,8–8,8; Temperatur 24–26 °C, der Bodengrund sollte aus Kies mit einigen Sandstellen bestehen. In kleinen Becken mit wenig Versteckplätzen kann die Art aggressiv gegen andere werden, deshalb müssen an den Steinaufbauten zahlreiche Höhlen und Spalten angelegt werden. Der Dicklippenmaulbrüter ist spezialisierter Algenaufwuchsfresser, daher ist eine sehr intensive Beleuchtung zur Förderung des Algenwuchses notwendig. Salat wird als Ersatz zwar angenommen, doch sollte in den Sommermonaten so oft wie möglich aus sauberen Freilandteichen algenbewachsenes Substrat zum Abweiden geholt werden. Die Fische verlangen sauberes und sauerstoffreiches Wasser, eine sehr wirksame Filterung ist daher notwendig. Der Wasserwechsel, der 1/4–1/3 des Beckeninhalts umfassen kann, ist regelmäßig wöchentlich durchzuführen.

Zucht: Diese Maulbrüter pflanzen sich in großen Gemeinschaftsbecken, auch im Beisein anderer Malawicichliden, fort. Wegen ihres Revieranspruchs ist die Zucht im Artbecken empfehlenswerter. Die Eiablage erfolgt auf Steinen oder in Gruben, die in den kiesigen Bodengrund gegraben wurden. Unmittelbar nach der Eiablage werden die Eier vom ♀ ins Maul genommen und dort nach der Eifleckmethode (→ *Cyrtocara*) befruchtet. Bei Temperaturen zwischen 26 und 28 °C beträgt die Maulbrutdauer 20–22 Tage, gelegentlich übernimmt auch das ♂ kurzfristig die Eier oder Jungen. Bei der Zucht im Gemeinschaftsbecken sollte das ♀ am 19. Maulbruttag abends vorsichtig herausgefangen und in ein mit einem auf die Seite gelegten Blumentopf ausgestattetes Aufzuchtbecken überführt werden, in welchem es die Jungfische freilassen kann. Die Betreuung der Jungfische nach dem Freilassen ist kurz und liegt zwischen 2–6 Tagen. Den Jungfischen sollte sehr früh bereits zarter Algenaufwuchs angeboten werden, den sie nach Kleinlebewesen absuchen können. Es ist günstig, wenn in diesen Algenrasen Rädertierchen und Mikrowürmchen hineinpipettiert werden. Nach wenigen Tagen können dann auch Nauplien und Grindalwürmchen gegeben werden, das Wachstum verläuft zügig.

Pfauenaugenbuntbarsch

→ *Astronotus ocellatus.*

Pfauenaugenbuschfisch

→ *Ctenopoma oxyrhynchus.*

Pfauenaugenkärpfling

→ *Poecilia picta.*

Pfauenaugensonnenbarsch

→ *Centrarchos macropterus.*

Pfauenaugenstachelaal

→ *Macrognathus aculeatus.*

Pfauenaugenstachelrochen

→ *Potamotrygon motoro.*

Pfauenmaulbrüter

→ *Nimbochromis venustus.*

Pflanzenfressender Piranha

→ *Colossoma brachypomus.*

Phallichthys (Kärpflinge)

Eine Gattung lebendgebärender Zahnkarpfen der Familie *Poeciliidae* aus Mittelamerika mit auffallend langem und kräftigem Begattungsorgan (Gonopodium). **Ansprüche:** Alle Arten der Gattung sollten in Gruppen mit annähernd ausgewogenem Geschlechterverhältnis gepflegt werden. Sie sind friedlich und können in jedem Gemeinschaftsbecken gehalten werden, dessen Länge nicht unter 60 cm liegt. Die Anforderungen an die Wasserbeschaffenheit sind bei den Artbeschreibungen aufgeführt, fast alle sind empfindlich gegen organisch oder chemisch belastetes Wasser. Neben einer kräftigen Filterung, die eine Wasserströmung erzeugen sollte, ist regelmäßiger Teilwasserwechsel, der wöchentlich 1/4 des Beckeninhalts umfaßt, von großer Bedeutung für die Gesunderhaltung der Fische. Als Bodengrund ist Kies geeignet. Die Bepflanzung mit allen Pflanzen ist möglich, sie sollte so in Gruppen erfolgen, daß ausreichend Schwimmraum frei bleibt. Lebendfutter wird bevorzugt, doch gehen die Fische auch an Frost- und Trockenfutter. Da das Futter meist in Bodennähe aufgenommen wird, sollten sehr unruhige und futtergierige Arten nicht als Beifische eingesetzt werden.

Die **Zucht** ist nicht schwierig, wenn die bei den einzelnen Arten angegebenen Forderungen erfüllt werden. Da alle Arten ihren lebend geborenen Jungfischen nachstellen, dürfen die Wurfbecken für die einzelnen ♀♀ nicht zu klein gewählt werden und müssen dicht bepflanzt sein. Die Verwendung der kleinen Ablaichkästen führt sehr oft zu Früh- oder Fehlgeburten. Die Zugabe von 5g See- oder Kochsalz je 10 l Wasser vermindert in der Aufzuchtphase die Anfälligkeit der Jungfische gegen Erkrankungen.

P. amates amates

Guatemalakärpfling

Vorkommen: Guatemala und von Honduras bis Panama. **Größe:** ♂ 3 cm, ♀ 6 cm. **GU:** Das ♂ ist am Gonopodium sicher zu erkennen. **Ansprüche:** Wasser 15–25 °dH, pH-Wert 6,8–7,5; Temperatur 24–28 °C. Die übrigen Ansprüche entsprechen der Gattungsbeschreibung.

Zucht: Die Tragzeit beträgt in Abhängigkeit von der Temperatur 28–42 Tage, die Zahl der Jungfische je Wurf liegt zwischen 10 und 50. Die Geschlechtsreife tritt mit 6 Monaten ein, die ♀♀ sind jedoch erst mit 12 Monaten voll ausgewachsen und sollten nicht zu früh zur Zucht verwendet werden, sonst ist wie in der Gattungsbeschreibung angegeben zu verfahren.

P. amates pittieri

Panamakärpfling

Vorkommen: Bergbäche in Costa Rica und Panama. **Größe:** ♂ 5 cm, ♀ 8 cm. **GU:** Das ♂ ist am Gonopodium sicher zu erkennen. **Ansprüche:** Der Herkunft entsprechend, fordert diese Unterart klares, sauerstoffreiches und gut gefiltertes Wasser mit Strömung; Wasser 12–25 °dH, pH-Wert 6,5–7,5; Temperatur 22–25 °C, keinesfalls über 26 °C ansteigend. Die übrigen Ansprüche entsprechen der Gattungsbeschreibung.

Phallichthys amates pittieri, ♂

Zucht: Die Tragzeit beträgt 28–40 Tage, die Zahl der Jungfische je Wurf liegt bei jüngeren ♀♀ unter 50, erwachsene können bis zu 100 Jungfische je Wurf bei optimalen Haltungsbedingungen bringen. Die Geschlechtsreife tritt zwischen dem 6. und 7. Lebensmonat ein, es ist jedoch vorteilhafter, die ♀♀ vor ihrem ersten Zuchteinsatz etwas älter werden zu lassen. Der Zuchtverlauf entspricht dem in der Gattungsbeschreibung angegebenen.

P. fairweatheri

Fairweatherkärpfling

Vorkommen: Mexiko, Guatemala, Honduras. **Größe:** ♂ 3 cm, ♀ 4,5 cm. **GU:** Das ♂ ist am Gonopodium sicher zu erkennen. **Ansprüche:** Die ♂♂ dieser relativ kleinen Art sind untereinander recht streitsüchtig, so daß das Becken dicht bepflanzt und groß sein sollte. In kleineren Becken ist nur die Pflege eines ♂ mit mehreren ♀♀ möglich; Wasser 15–25 °dH, pH-Wert 7–7,5; Temperatur 22–26 °C. Die übrigen Ansprüche sind wie in der Gattungsbeschreibung angegeben.

Zucht: Der Zuchtverlauf entspricht dem in der Gattungsbeschreibung angegebenen, nach einer Tragzeit von 24–35 Tagen werden je Wurf 15–30 Jungfische geboren.

P. quadripunctatus

Vierpunktkärpfling

Vorkommen: Costa Rica. **Größe:** ♂ 1,5 cm, ♀ 3,5 cm. **GU:** Das ♂ ist am Gonopodium sicher zu erkennen. **Ansprüche:** Diese zarte Art ist etwas anfälliger als die anderen der Gattung, sie sollte nur im Artbecken gepflegt werden, wobei auf biologisch und chemisch sauberes Wasser sehr geachtet werden muß; Wasser 8–12 °dH, pH-Wert 7; Temperatur 25–29 °C; die übrigen Ansprüche sind wie in der Gattungsbeschreibung angegeben.

Zucht: Der Zuchtverlauf entspricht dem in der Gattungsbeschreibung angegebenen, nach einer Tragzeit von 24–28 Tagen werden 8–25 sehr kleine Jungfische geworfen, die als Erstfutter unbedingt Staubfutter erhalten müssen, das durch Mikrowürmchen ergänzt werden kann. Sie erfordern viel Aufmerksamkeit und peinliche Sauberkeit im Aufzuchtbecken, Futterreste sollten täglich abgesaugt werden.

Langjährige Beobachtungen haben gezeigt, daß die Höhe der Temperatur während der Jungfischaufzucht Einfluß auf die Geschlechterverteilung hat: Bei Temperaturen über 23 °C entwickeln sich fast nur noch ♂♂, während bei einer Aufzuchttemperatur von 21–22 °C das Geschlechterverhältnis nahezu ausgeglichen ist. Die

Geschlechtsreife wird im Alter von 12 Wochen erreicht.

Phalloceros caudomaculatus

Kaudi, Rautenfleckkärpfling
Familie: *Poeciliidae*

Vorkommen: Mittelbrasilien, Paraguay, Uruguay. **Größe:** ♂ 4 cm, ♀ 7 cm. **GU:** Das ♂ ist am relativ großen Begattungsorgan (Gonopodium) sicher zu erkennen. **Ansprüche:** Der Kaudi war die erste lebendgebärende Art, die 1898 in die europäischen Aquarien kam, und ist inzwischen leider nur noch sehr selten im Angebot. Zur Pflege einer Gruppe dieser friedlichen Art ist ein Becken ab 60 cm Länge ausreichend, eine Vergesellschaftung mit Salmlern ist gut möglich; Wasser 15–30 °dH, pH-Wert 6,8–7,8; Temperatur 20–24 °C. Nicht zu grober Kies als Bodengrund und eine lockere Bepflanzung, die viel Schwimmraum frei läßt sowie einige Schwimmpflanzen als Unterstand entsprechen den Bedürfnissen der Art am besten. Die Einrichtung sollte so gestaltet werden, daß sich der anfallende Mulm regelmäßig absaugen läßt, denn gegenüber organischen Belastungen reagieren die Fische ebenso empfindlich wie auf gechlortes Frischwasser. Kräftige Filterung ist ebenso wichtig wie regelmäßiger wöchentlicher Teilwasserwechsel, der 1/4 des Beckeninhalts umfassen sollte. Eine kräftige Durchlüftung des Leitungswassers vor der Verwendung ist sehr zu empfehlen, wenn kein abgestandenes Wasser bereitsteht. An die Zusammensetzung des Futters werden keine besonderen Ansprüche gestellt, trächtigen ♀♀ sollten jedoch Mückenlarven, frisch oder tiefgefroren, angeboten werden. Tubifex kann nur dann verfüttert werden, wenn es aus unbelasteten Gewässern stammt und sehr lange gewässert wurde.

Zucht: Die Nachzuchtergebnisse sind bei einer Wasserhärte unter 20 °dH und bei Temperaturen zwischen 23 und 25 °C am besten. Die Tragzeit beträgt 28–35 Tage, je Wurf können zwischen 10 und 60 Jungfische geboren werden. Da die ♀♀ den Jungfischen nachstellen, sind die Wurfbecken gut mit langwurzeligen Schwimmpflanzen auszustatten und die ♀♀ nach Ende der Geburt herauszufangen. Die Jungfische liegen bis zum Freischwimmen eine Stunde am Boden und sind in dieser Zeit sehr empfindlich gegen Keime und Zersetzungsprodukte des Bodenmulms. Dieser sollte deshalb noch vor dem Werfen des ♀ abgesaugt werden. Beim Freischwimmen sind die Jungfische 7 mm lang und können bereits vorsichtig mit Cyclops- und Artemia-Nauplien sowie Grindalwürmchen angefüttert werden. Die weitere Aufzucht bereitet keine besonderen Schwierigkeiten, wenn auf Wasserhygiene geachtet wird. Die Zugabe von etwa 5 g Salz je 10 l Wasser erhöht die Widerstandsfähigkeit der Jungfische.

Phalloceros caudomaculatus, ♀

Phantomsalmler

→ *Megalamphodus.*

Phenacogrammus interruptus

Blauer Kongosalmler
Familie: *Alestidae*

Vorkommen: Flußgebiet des Zaire. **Größe:** ♂ 8,5 cm, ♀ 6 cm. **GU:** Das ♂ ist farbiger, seine Rücken- und Schwanzflosse sind deutlich verlängert. **Ansprüche:** Für diesen friedlichen und lebhaften Schwarmfisch, der erst in Gruppen ab 10 Tieren zu voller Wirkung kommt, sind Becken ab 90 cm Länge erforderlich. Eine Vergesellschaftung mit anderen afrikanischen Salmlern vergleichbarer Größe ist gut möglich; Wasser 4–18 °dH, pH-Wert 6–6,5, bei Haltung ohne Zuchtabsichten bis 7,2 möglich; Temperatur 24–27 °C. Dunkler und nicht zu grober Bodengrund sollte nach Möglichkeit einen Torfanteil enthalten. Dieser bringt ebenso wie eine gute Filterung über Torf bis zur hellbräunlichen Verfärbung des Wassers die Farben der Fische am besten zum Leuchten. Bei mangelhaftem Anteil pflanzlicher Stoffe in der Nahrung werden sehr zarte Pflanzen manchmal verbissen, für die Bepflanzung sollten deshalb robustere Arten ausgewählt werden. Die Bepflanzung wird so gestaltet, daß ausreichend Schwimmraum frei bleibt. Einige Schwimmpflanzen werden zur Lichtdämpfung aufgebracht. In organisch oder mit Nitrat belastetem Wasser kümmern die Fische und erreichen weder die mögliche Größe noch die Farbenpracht. Neben einer intensiven Filterung ist daher regelmäßiger wöchentlicher Teilwasserwechsel, der 1/4 des Beckeninhalts umfaßt, für das Wohlbefinden der Fische von großer Bedeutung. Eine Aufbereitung des Frischwassers über Torf ist in jedem Falle anzuraten. Der Bedarf der Tiere an kräftigem Lebend- oder Frostfutter ist groß, auf die Oberfläche gestreute Insekten aller Art werden sehr gern genommen und fördern Laichansatz und Fortpflanzungsbereitschaft. Unter den pflanzlichen Futtermitteln sind Feinfrosterbsen, die etwas angequetscht wurden, besonders beliebt.

Zucht: Die Zucht ist sowohl im Paar- als auch im Schwarmansatz möglich. Da die Tiere sehr stark treiben, sind 80 cm die Mindestbeckenlänge. Nach dem Einsetzen ins Zuchtbecken schießen die scheuen Fische oft wild durch das Becken und kön-

Phenacogrammus interruptus, gelbe Form

nen sich dabei verletzen. Das kann dadurch abgemildert werden, daß der Beckenboden außen dunkel gestrichen oder dunkel unterlegt wird und das Zuchtwasser durch Filterung über Torf bräunlich verfärbt, aber klar ist. Jede Störung der Zuchttiere muß unterlassen werden. Als Beckeneinrichtung genügen einige Büschel feinfiedriger Pflanzen. Wenn die Zuchtergebnisse befriedigend sein sollen, dann darf die Härte des Wassers 5 °dH nicht überschreiten. Die Laichbereitschaft kann in den meisten Fällen durch einfallendes Morgensonnenlicht oder starkes morgendliches Glühlampenlicht ausgelöst werden. Nach dem Ablaichen, das zwischen den Pflanzen erfolgt, müssen die Alttiere herausgefangen und der Laich vor hellem Licht geschützt werden. Nach 6 Tagen schlüpfen die Jungen, 24–48 Stunden später schwimmen die Jungfische frei und sind mit gutem Tümpelstaubfutter ohne größere Probleme anzufüttern. Bei Verwendung von durch Ionenaustausch entsalztem oder mineralarmem natürlichem Wasser kann die Zugabe von einem Teelöffel Salz je 10 l Zuchtwasser der Schlüssel zum Erfolg bei der Zucht sein. Die Zugabe der gleichen Menge während der Aufzucht der Jungfische erhöht deren Widerstandsfähigkeit.

Phoxinus phoxinus

Elritze
Familie: *Cyprinidae*

Vorkommen: Eurasien. **Größe:** 14 cm. **GU:** Die Geschlechter sind nur in der Laichzeit sicher zu unterscheiden, das ♂ ist dann intensiver gefärbt und schlanker als das ♀. **Ansprüche:** Becken ab 100 cm Länge; Wasser 10–20 °dH, pH-Wert 7–7,5; Temperatur 12–20 °C, nicht darüber. Als Bodengrund ist dunkler, feiner Kies geeignet. Die Bepflanzung mit kaltwasserverträglichen Pflanzen sollte ausreichend Schwimmraum frei lassen. Einige Steine und Wurzeln werden von den Fischen als Unterstand angenommen. Elritzen reagieren sehr empfindlich auf nitratbelastetes Wasser und haben einen hohen Sauerstoffbedarf. Eine kräftige Filterung und Durchlüftung, nach Möglichkeit Wasserdurchlauf, sind wichtige Voraussetzungen, die Fische lange gesunderhalten zu können. In bewegtem Wasser fühlen sich die Fische besonders wohl. Die Nahrung sollte vorrangig aus kräftigem Lebendfutter aller Art bestehen, nach Eingewöhnung wird auch Tiefkühl- und Trockenfutter angenommen.

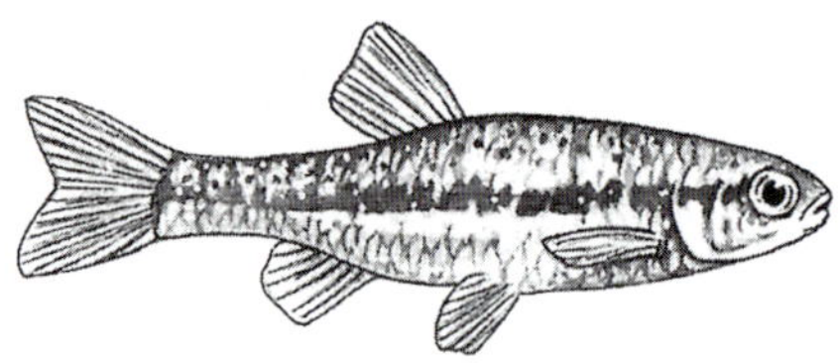

Phoxinus phoxinus

Zucht: Die Zucht ist unter Aquarienbedingungen möglich, sehr starke, sprudelnde Durchlüftung fördert die Laichbereitschaft. Eine Wasserhöhe von 12–15 cm im Zuchtbecken ist ausreichend. Das Wasser muß frisch, klar und chlorfrei sein. Als Einrichtung genügen einige flache Steine, die auf sandigen Bodengrund gelegt werden. Abgelaicht wird auf den Steinen. Nach dem Ablaichen werden die Alttiere herausgefangen und das Becken feinperlig, aber kräftig durchlüftet. Die Jungen schlüpfen nach 6 Tagen, einen Tag später schwimmen die Jungfische frei und nehmen Artemia-Nauplien als Erstfutter an. Das Wachstum verläuft auch bei guter Fütterung sehr langsam, die Geschlechtsreife tritt erst nach 3–4 Jahren ein.

Piku

→ *Aplocheilus lineatus.*

Pimelodella gracilis

Zierlicher Antennenwels,
Schlanker Fadenwels
Familie: *Pimelodidae*

Vorkommen: Flußgebiete von Amazonas, Rio de la Plata und Orinoco. **Größe:** 17 cm. **GU:** Das ♂ ist insgesamt dunkler, seine Längsbinde undeutlicher als beim ♀. **Ansprüche:** Dieser durch seine schlanke Gestalt und die langen Barteln sehr attraktive Wels kann mit Salmlern über 5 cm Länge gemeinsam in Becken ab 90 cm Länge gehalten werden. Er ist am Tage nur selten aktiv; Wasser 2–20 °dH, pH-Wert 6–7; Temperatur 23–28 °C. Der Bodengrund sollte dunkel und ohne scharfe Kanten sein und kann Torfanteil enthalten. Pflanzen werden nicht behelligt, wenn sie in Gruppen gesetzt werden, so nehmen die Welse darin ebenso gern ihren Tagesunterstand wie zwischen Wurzeln und Steinen. Für ihre nächtlichen Aktivitäten benötigen sie ausreichend Schwimmraum. Ihr Sauerstoffbedarf ist hoch und muß durch kräftige Filterung und Durchlüftung befriedigt werden. Beim regelmäßigen wöchentlichen Teilwasserwechsel kann bis zu 1/3 des Beckeninhalts erneuert werden,

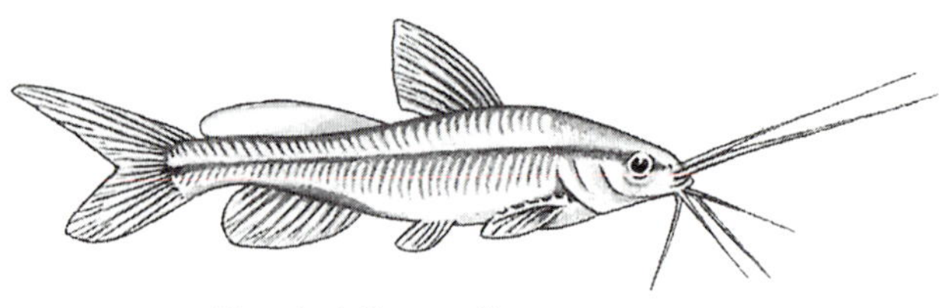

Pimelodella gracilis

dabei ist auf chlorfreies Frischwasser zu achten. An die Zusammensetzung des Futters werden keine besonderen Ansprüche gestellt, es werden alle Arten Lebend-, Tiefkühl- und Trockenfutter sowie Spinat und zerdrückte Feinfrosterbsen genommen. Bei Haltung im Gemeinschaftsbecken ist vor dem Ausschalten des Lichts nachzufüttern.

Zucht: Die Zucht ist bisher vermutlich nur nach hormoneller Beeinflussung gelungen, Angaben darüber liegen nicht vor.

Pimelodus pictus

Gemalter Antennenwels
Familie: *Pimelodidae*

Vorkommen: Kolumbien. **Größe:** 12 cm. **GU:** Geschlechtsunterschiede wurden bisher nicht beschrieben, doch scheinen nach eigenen Erfahrungen die ♂♂ etwas kleiner zu bleiben als gleichaltrige ♀♀, die zudem bei ausreichender Fütterung im Spätherbst Laichansatz und Körperfülle zeigen. **Ansprüche:** Dieser untereinander und gegenüber anderen Arten friedliche Wels kann in kleiner Gruppe in Becken ab 90 cm Länge gut gehalten werden; Wasser 4–12 °dH, pH-Wert 5,8–6,8; Temperatur 22–25 °C. Bodengrund und Beckeneinrichtung müssen ohne scharfe Kanten sein, die Welse beschädigen sich sonst sehr schnell ihre langen Barteln. Ein Gemisch von feinem Flußkies und ausgekochtem Torf sagt den Tieren am besten zu. Das Wasser sollte durch Filterung über Torf oder Zugabe von Torfextrakten leicht bräunlich verfärbt, jedoch klar sein. Die Bepflanzung muß so gestaltet werden, daß Pflanzengruppen den Welsen tagsüber Unterstand bieten und für die nächtlichen Aktivitäten ausreichend Schwimmraum bleibt. Einige Schwimmpflanzen sind zur Lichtdämpfung angebracht, unter Wurzeln, in Höhlen und Steinspalten verbringen die Welse den größten Teil des Tages. Kräftige Filterung und regelmäßiger wöchentlicher Wasserwechsel, der 1/4 des Beckeninhalts umfaßt, sind für das Wohlbefinden der Welse unerläßlich, die auf Sauerstoffmangel und belastetes Wasser sehr empfindlich reagieren können, vor allem, wenn die eingangs genannten optimalen Wasserwerte nicht gegeben sind. Beim Herausfangen der Welse muß ein feines Planktonnetz, besser aber ein Glasgefäß verwendet werden, die Fische verhaken sich sonst mit ihren widerhakenreichen Brustflossen unrettbar in den Maschen. An die Zusammensetzung des Futters werden keine besonderen Ansprüche gestellt, neben kräftigem Lebend- und Frostfutter werden auch grobflockiges Trockenfutter oder Futtertabletten angenommen. Bei Haltung im Gemeinschaftsbecken muß abends vor Ausschalten des Lichts nachgefüttert werden, damit die Welse an Futter gelangen.

Zucht: Bisher kamen Tiere dieser Art nur als Importe in den Handel, eine Zucht ist vermutlich noch nicht gelungen.

Piranha

→ *Serrasalmus nattereri.*

Placidochromis

Eine Gattung relativ friedlicher Maulbrüter der Familie *Cichlidae,* deren Arten meist durch eine mehr oder weniger deutliche Querstreifung gekennzeichnet sind. **Vorkommen:** Sandböden und Vallisnerienwiesen des Malawisees. **Ansprüche:** Wasser 10–20 °dH, pH-Wert 7,5–8,5; Temperatur 24–26 °C. Beckenlänge nicht unter 120 cm, der Bodengrund sollte aus nicht zu feinem Sand bestehen. Steinaufbauten und Wurzeln müssen genügend Versteckplätze bieten, sollten jedoch so eingebracht werden, daß genügend freier Schwimmraum bleibt. Eine Bepflanzung mit Vallisnerien und Anubias ist möglich und empfehlenswert. Kräftige Filterung und wöchentlicher Teilwasserwechsel, der 1/3 des Beckeninhaltes umfaßt, tragen sehr zum Wohlbefinden der Fische bei. Alle Arten von Lebend-, Frost- und Trockenfutter werden angenommen. Die Arten der Gattung können sowohl miteinander als auch mit anderen friedlicheren Haplochrominen des Malawisees gut vergesellschaftet werden.

Zucht: Die Eiablage erfolgt meist in vom ♂ angelegten Gruben im Sand, die Eier werden vom ♀ sofort ins Maul genommen und nach der Eifleckmethode (→ *Cyrtocara*) befruchtet. Für eine rationelle Zucht ist es empfehlenswert, das ♀ 1–2 Tage vor Ende der Maulbrutzeit vorsichtig herauszufangen und in ein gesondertes Aufzuchtbecken mit einem Versteckplatz umzusetzen. Die Aufzucht der relativ kleinen Jungfische bereitet keine Probleme, wenn Artemia-Nauplien zur Verfügung stehen.

P. electra

Likomamaulbrüter

Größe: ♂ 16 cm, ♀ 10 cm. **GU:** Das ♂ ist wesentlich farbenprächtiger als das kleinere ♀. *P.e.* gehört zu den friedlichsten Arten der Gattung. Der Bodengrund sollte aus feinem Sand bestehen, den die Fische wie die → *Geophagus*-Arten bei der Nahrungssuche durchkauen können. Sonstige **Ansprüche** und **Zucht** sind wie in der Gattungsbeschreibung angegeben. Die Maulbrutdauer beträgt bei 28 °C 18 Tage, das ♀ sollte daher bereits am 17. Tag in das Aufzuchtbecken umgesetzt werden.

P. johnstonii

Sechsstreifenmaulbrüter

Größe: 15 cm. **GU:** Das ♂ ist farbenprächtiger als das ♀ und trägt auf der Afterflosse Eiflecken. **Ansprüche** und **Zucht** sind wie in der Gattungsbeschreibung angegeben, die Eiablage erfolgt in selbstgegrabenen Laichgruben. Die Maulbrutdauer beträgt bei 26 °C 18 Tage, das ♀ sollte deshalb am 17. Tag aus dem Becken herausgefangen werden.

Platinbeilbauchfisch

→ *Thoracocharax securis.*

Platy

→ *Xiphophorus maculatus.*

Platydoras costatus

Liniendornwels
Familie: *Doradidae*

Vorkommen: Amazonasbecken. **Größe:** 22 cm, im Aquarium kaum größer als 15 cm werdend. **GU:** Sichere Geschlechtsunterschiede sind bisher nicht bekannt, doch scheinen die ♂♂ etwas kleiner zu bleiben. **Ansprüche:** Für eine gute Entwicklung benötigen diese attraktiven, aber nachtaktiven Welse Becken mit einer Mindestlänge von 100 cm. Sie sind untereinander und gegenüber anderen Arten friedlich, sollten jedoch nicht mit zu kleinen Salmlern gemeinsam gehalten werden, die im Bodenbereich schlafen; Wasser 2–20 °dH, pH-Wert 5,8–7,5; Temperatur 24–30 °C. Liniendornwelse wühlen sich bereits als Jungfische gern tagsüber in den Bodengrund ein, dieser sollte deshalb mindestens in einem Teil des Beckens aus Sand bestehen. Günstiger ist eine Mischung von Sand und Torf, aus dem abschwemmbare Teilchen herausgewaschen wurden. Eine kräftige Filterung über Torf trägt zusätzlich zum Wohlbefinden der Tiere bei, das Wasser kann dabei hellbraun verfärbt sein. Die Bepflanzung ist mit allen Arten möglich und sollte an Stellen mit grobem Kies oder in Töpfe erfolgen, um ein Herauswühlen durch die Welse zu erschweren. Als Tagesverstecke werden gern auch Wurzeln und Röhren angenommen. Wenn die Welse auch am Tage unruhig umherschwimmen, dann signalisieren sie Unbehagen, das auf Sauerstoffmangel oder Wasserbelastung schließen läßt. Der Teilwasserwechsel muß regelmäßig wöchentlich durchgeführt werden und sollte 1/4 des Beckeninhalts umfassen, chlorbelastetes Frischwasser ist vor der Verwendung aufzubereiten oder kräftig zu durchlüften. An das Futter werden keine besonderen Anforderungen gestellt, es werden alle Arten tierischen und pflanzlichen Futters genommen. Zur Deckung des Ballaststoffbedarfs sollte den Welsen immer etwas morsche Moorkienwurzel oder anderes, lange im Wasser gelagertes Holz zum Abraspeln zur Verfügung stehen. Beim Herausfangen sind Planktonnetze oder Glasgefäße zu nehmen, damit sich die Welse nicht mit ihren Dornfortsätzen in den Maschen verhaken können.

Zucht: Die Zucht ist vermutlich bisher nur nach hormoneller Beeinflussung gelungen. Dabei erwiesen sich die Fische als Freilaicher. Bei einer Temperatur von 25 °C schlüpften die Jungen nach 40–45 Stunden, 2 Tage später schwammen die Jungwelse frei und wuchsen zügig heran.

Plötze

→ *Rutilus rutilus.*

Poecilia (Kärpflinge)

Eine artenreiche Gattung Lebendgebärender der Familie *Poeciliidae*, deren Vertreter über den gesamten Bereich des östlichen tropischen und subtropischen Amerikas beiderseits des Äquators verbreitet sind. Die Diskussion zur Systematik innerhalb dieser Gattung ist noch nicht abgeschlossen, teilweise wurden und werden Untergattungen geführt, die auch in die aquaristische Praxis Eingang fanden und häufig verwendet werden, z.B. *Limia* und *Mollienesia.* Sie werden hier nicht berücksichtigt und sind im Synonymwörterverzeichnis aufgeführt.

Ansprüche: Die Arten der Gattung sind friedlich gegen andere Arten und können in Gruppen gehalten werden. Die Beckenlänge sollte etwa das 10fache der Länge der ♀♀ betragen, die bei den meisten Arten größer als die ♂♂ sind; Wasser 15–30 °dH, pH-Wert 7,2–8,5; Temperatur 22–28 °C. Als Bodengrund ist Kies geeignet, die Bepflanzung kann stellenweise dicht sein und sollte genügend Schwimmraum frei lassen. Schwimmpflanzen mit langen Wurzeln werden bevorzugt als Unterstand angenommen. Die meisten Arten fühlen sich in alteingerichteten Bekken wohler als bei häufigen Frischwassergaben. Der Teilwasserwechsel braucht deshalb nur im Abstand von 14 Tagen vorgenommen zu werden, wobei nicht mehr als 1/4 des Beckeninhalts erneuert werden sollte, vorausgesetzt eine kräftige Filterung sichert biologische Sauberkeit und Sauerstoffgehalt des Wassers ab. Die meisten Arten sind sehr anpassungsfähig, reagieren aber auf plötzliche Veränderungen im Wasserchemismus mit Unbehagen und erhöhter Anfälligkeit, was zuerst durch Flossenklemmen signalisiert wird. In vielen Fällen hilft die Zugabe von einem Eßlöffel Salz je 10 l Wasser, die Umstellung auf neue Wasserverhältnisse zu erleichtern. Sonnig stehende Becken, in denen reicher Algenaufwuchs zum Abweiden gedeihen kann, sagen den Fischen am meisten zu. Stehen keine Algenbeläge zur Verfügung, dann wird durch vielseitige pflanzliche Kost (Spinat, Vogelmiere, kleingeschnittener Salat und zerdrückte Feinfrosterbsen) dem Bedürfnis der Fische nach Pflanzennahrung Rechnung getragen. Daneben werden alle Arten Lebend- oder Frostfutter, häufig zusätzlich auch auf die Wasseroberfläche gestreute Kleininsekten, benötigt.

Zucht: Die innere Befruchtung erfolgt durch ein für alle ♂♂ der Gattung typisches Begattungsorgan (Gonopodium), das gleichzeitig das wesentlichste Unterscheidungsmerkmal der Geschlechter darstellt. Bei den meisten Arten gibt es eine Vorratsbefruchtung, die auch nach Entfernen der ♂♂ für mehrere Würfe der ♀♀ ausreicht. Die Trächtigkeitsdauer wird etwas von der Höhe der Temperatur beeinflußt, beträgt jedoch oft 28 Tage. Den Jungfischen wird von den ♀♀ nachgestellt, so daß ein dicht mit feinfiedrigen Pflanzen ausgestattetes Wurfbecken den Jungfischen Sicherheit bieten muß. Auf das Umsetzen in einen Ablaichkasten reagieren manche ♀♀ mit Fehl- oder Frühgeburten. Die Aufzucht der Jungfische ist nicht schwierig, neben Zuchtpantoffeltierchen werden Rädertierchen und Mikrowürmchen, oft auch Grindalwürmchen und Nauplien als Erstfutter angenommen.

P. chica

Zwergmolly

Vorkommen: Mexiko. **Größe:** ♂ 3 cm, ♀ 3,5 cm. **GU:** Das ♂ ist prächtiger gefärbt und besitzt ein Gonopodium. **Ansprüche:** Die Art ist empfindlich gegen Nitratbelastungen im Wasser und zu große Frischwassermengen. Der Wasserwechsel muß vorsichtig durchgeführt werden, im Abstand von 4 Wochen sollte lediglich 1/4 mit abgestandenem Wasser erneuert werden. Besonders günstig ist ein im Verhältnis zum Beckeninhalt sehr großer und biologisch aktiver Filter mit geringem Wasserdurchlauf. Der Bodengrund sollte dunkel sein, der pH-Wert um den Neutralpunkt liegen. Die übrigen Ansprüche gleichen den in der Gattungsbeschreibung angeführten.

Zucht: Die besten Aufzuchtergebnisse erbringen Zuchtbecken, die durch Wasserblüte stark veralgt sind und in denen die 30–50 Jungfische je Wurf, die nach einer Tragzeit von 28–35 Tagen geboren werden, ausreichend Mikronahrung finden. Werden die Jungfische mit hohem Anteil an Trockenfutter aufgezogen, dann ist nach jeder Fütterung ein mindestens 50 %iger Wasserwechsel mit abgestandenem Wasser durchzuführen. Die Geschlechtsreife tritt mit 4 Monaten ein, durch rechtzeitige Trennung der Geschlechter ist aber dafür zu sorgen, daß die ♀♀ nicht zu früh trächtig werden.

P. dominicensis

Santo-Domingo-Kärpfling

Vorkommen: Haiti. **Größe:** ♂ 3 cm, ♀ 4,5 cm. **GU:** Das ♂ besitzt eine deutliche

Querstreifung und ein Gonopodium. **Ansprüche:** Wasser 10–20 °dH, pH-Wert 6–7,2; Temperatur 22–26 °C. Die Art verlangt kräftige Filterung und Durchlüftung sowie wöchentlichen Teilwasserwechsel mit abgestandenem Frischwasser, der 1/3 des Beckeninhalts umfaßt. Die übrigen Ansprüche entsprechen der Gattungsbeschreibung.

Zucht: Die Tragzeit beträgt 24–26 Tage, je Wurf werden zwischen 15 und 50 Jungfische geboren. Die Geschlechtsreife tritt nach 4 Monaten ein. Auch bei optimalen Haltungsbedingungen verlieren die ♀♀ meist nach dem 4. Wurf ihre Fortpflanzungsfähigkeit, sonst verläuft sie wie in der Gattungsbeschreibung angegeben.

P. gillii

Costa Rica-Molly

Vorkommen: Von Guatemala über Mittelamerika bis Kolumbien verbreitet. **Größe:** ♂ 6 cm, ♀ 10 cm. **GU:** Das ♂ ist farbiger und am Begattungsorgan sicher zu erkennen. **Ansprüche:** Die Art ist friedlich, sehr robust und produktiv und trotz ihrer nicht überwältigenden Farbigkeit ein sehr empfehlenswerter Aquarienfisch. Der Costa Rica-Molly fühlt sich in mittelhartem (ab 12 °dH) bis extrem hartem Wasser am wohlsten und kann sogar innerhalb einer Woche an Seewasser gewöhnt werden. Steht nur weiches Wasser an, dann ist dies mit 10 g Seesalz je 10 l Wasser aufzusalzen. Der optimale pH-Wert liegt zwischen 7,3 und 8, der bevorzugte Temperaturbereich zwischen 23 und 28 °C. Erwachsene Tiere benötigen viel Schwimmraum, die Bepflanzung im Becken ab 100 cm Länge sollte sich auf Hintergrund und Seiten beschränken und einige Schwimmfarne zur Lichtdämpfung enthalten. Die Fische sind Allesfresser.

Zucht: Die erwachsenen ♀♀ bringen im Abstand von etwa 60 Tagen bis zu 50 Jungfische zur Welt, die bereits 8 mm groß sind. Sind die Alttiere gut ernährt und steht den Jungfischen Deckung zur Verfügung, dann bleiben sie weitgehend unbehelligt.

P. latipinna

Breitflossenkärpfling

Vorkommen: Mexiko, Südosten der USA. **Größe:** ♂ 10 cm, ♀ 12 cm. **GU:** Das ♂ besitzt ein Gonopodium, seine Rückenflosse ist erheblich größer als beim ♀. **Ansprüche:** Die Art kommt in Süß-, Brack- und Seewasser vor, deshalb wirken sich der Zusatz von 20–30 g See- oder Kochsalz je 10 l Wasser immer günstig auf Wohlbefinden und Widerstandsfähigkeit der Fische aus. Die paarweise Haltung ist günstig, das Becken sollte nicht unter 120 cm lang sein, damit die Fische ihre volle Größe erreichen können. Der optimale Temperaturbereich liegt zwischen 20 und 24 °C und sollte eingehalten werden. Die übrigen Ansprüche entsprechen der Gattungsbeschreibung.

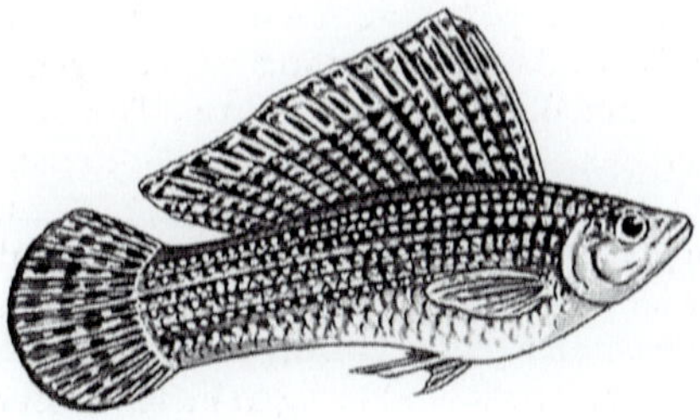

Poecilia latipinna, ♂

Zucht: Ein Wurfbecken ab 60 cm Länge ist ausreichend, wenn es dicht bepflanzt und veralgt ist. Die Tragzeit liegt zwischen 60 und 70 Tagen, die Zahl der Jungen je Wurf zwischen 10 und 60. Bei Aufzuchttemperaturen über 24 °C wachsen die Jungfische anfänglich zwar schneller, erreichen jedoch kaum die artmögliche Endgröße, und die charakteristische hohe Rückenflosse bleibt kümmerlich. Die Geschlechter sollten sehr früh getrennt und erst bei Erreichen der vollen Größe zur Zucht verpaart werden. Ihre prächtige Rückenflosse ist erst im 2. Lebensjahr bei den ♂♂ voll ausgebildet, erreicht wird sie nur in sehr großen Becken mit vielseitiger Pflanzenkost, vor allem Algen. Von *P.l.* existieren sowohl eine schwarze als auch eine albinotische Form.

P. melanogaster

Dreifarbiger Jamaikakärpfling, Schwarzbauchkärpfling

Vorkommen: Jamaika, Haiti. **Größe:** ♂ 4 cm, ♀ 6,5 cm. **GU:** Das ♂ ist intensiver gefärbt und besitzt das Gonopodium. **Ansprüche:** Wasserhärte nicht unter 20 °dH, pH-Wert 7,5–8,5; Temperatur 20–24 °C. Für die Entwicklung zu voller Größe ist Pflanzennahrung, vor allem Algen, unverzichtbar. Die übrigen Ansprüche entsprechen der Gattungsbeschreibung.

Zucht: Für den Zuchtansatz sollten Tiere mit besonders intensiver Färbung verwendet werden. Die Tragzeit beträgt 28–35 Tage, die Zahl der Jungfische je Wurf 20–50. Bei ausreichender Ernährung stellen die Alttiere den Jungfischen kaum nach, so daß die Vermehrung auch im Artbecken gut möglich ist, aus dem von Zeit zu Zeit die halbwüchsigen Jungtiere herausgefangen werden.

P. mexicana

Mexikomolly

Vorkommen: Karibikinseln und von Nordmexiko bis Kolumbien. **Größe:** ♂ 7 cm, ♀ 8,5 cm. **GU:** Das ♂ ist farbig blau bis braunschwarz und besitzt ein Gonopodium. **Ansprüche:** Die Wasserhärte sollte nicht unter 20 °dH liegen, ein Zusatz von 20–50 g Kochsalz je 10 l Wasser erhöht deutlich das Wohlbefinden und die Widerstandsfähigkeit. Die Filterung ist so kräftig einzustellen, daß mindestens ein Wasserdurchlauf je Stunde erfolgt. Diese Art ist fast ausschließlich mit Pflanzenkost zu ernähren. Übrige Ansprüche wie in der Gattungsbeschreibung angegeben.

Zucht: Die Verpaarung sollte nicht vor dem 12. Lebensmonat erfolgen, die Tiere sind bis dahin nach Geschlechtern getrennt zu pflegen. Die Tragzeit beträgt 28 Tage, die Zahl der Jungfische je Wurf 30–80. Die Geschlechtsreife wird frühestens ab dem 7. Lebensmonat erreicht.

Poecilia melanogaster

Poecilia nigrofasciata, Paar

P. nigrofasciata

Schwarzbandkärpfling

Vorkommen: Haiti. **Größe:** ♂ 4,5 cm, ♀ 7 cm. **GU:** Das ♂ ist am Gonopodium deutlich zu erkennen, dessen volle Entwicklung jedoch manchmal fast ein Jahr dauern kann. Erwachsene ♂♂ sind sehr hochrückig und machen durch einen an der Unterseite kielförmig nach oben gebogenen Schwanzstiel einen verkrüppelten Eindruck. **Ansprüche:** Die Art ist vergleichsweise empfindlich und erfordert besondere Aufmerksamkeit. Die Wasserhärte sollte keinesfalls unter 25 °dH liegen, ein Zusatz von 10 g Koch- oder Seesalz je 10 l ist sehr anzuraten. Besonders etwas ältere Tiere vertragen Umsetzen in andere Wasserverhältnisse nur schwer, wenn nicht allmählich eine vorsichtige Angleichung erfolgte. Man sollte sich beim Erwerb älterer Tiere für die Angleichung mehrere Tage Zeit nehmen. Sonniger Stand des Beckens und guter Algenwuchs erleichtern die Eingewöhnung. Die optimalen Temperaturen liegen zwischen 22 und 26 °C. Der Teilwasserwechsel ist immer nur in kleinen Mengen vorzunehmen, er sollte sich im wöchentlichen Abstand auf 1/10 des Beckeninhalts beschränken.

Zucht: Das Wasser im Wurfbecken muß mit dem des Hälterungsbeckens identisch sein, sonst verwerfen die ♀♀ in den meisten Fällen. Die Tragzeit beträgt 28–35 Tage, die Zahl der Jungfische je Wurf liegt zwischen 20 und 50.

P. perugiae

Perugiakärpfling

Vorkommen: Haiti. **Größe:** ♂ 3 cm, ♀ 5 cm. **GU:** Das ♂ ist am schwarzen Gonopodium sicher zu erkennen. **Ansprüche:** Der Perugiakärpfling fordert große Becken nicht unter 100 cm Länge, die gut besonnt und stark veralgt sind; Wasser 20–30 °dH, pH-Wert 6,8–7,5; Temperatur 24–28 °C. Die Zugabe von 5–10 g Kochsalz je 10 l Wasser fördert das Wachstum und erhöht das Wohlbefinden. Ein hoher Anteil pflanzlicher Kost ist erforderlich. Die übrigen Ansprüche entsprechen der Gattungsbeschreibung.

Zucht: Für eine erfolgreiche Zucht sind sehr große Becken erforderlich, sonst bleibt die Nachzucht in Zahl und Größe sehr klein. Je Wurf werden 100 Jungfische nur in Becken erreicht, die mehr als 200 cm lang sind oder in warmen Freilandteichen, sonst bleibt es oft bei 10 Jungfischen, die nach einer Tragzeit von 24–28 Tagen geboren werden. Die Geschlechter müssen sehr früh getrennt werden, die ♀♀ sollten erst dann zur Verpaarung angesetzt werden, wenn sie die volle Größe erreicht haben.

P. picta

Pfauenaugenkärpfling, Schwarzbindenkärpfling

Vorkommen: Trinidad, Guayana, Küstengewässer Brasiliens. **Größe:** ♂ 3 cm, ♀ 5 cm. **GU:** Das ♂ ähnelt in Gestalt und Färbung stark dem Guppy-♂, trägt über den Brustflossen jedoch immer einen dunklen Fleck. **Ansprüche:** Diese vorwiegend im Brackwasser lebende Art lebt nur bei Einhaltung optimaler Bedingungen längere Zeit auch in Süßwasser: Härte 20–40 °dH, pH-Wert 7,5–8,2; Temperatur 26–28 °C. Besser ist in jedem Fall die Zugabe von 50 g Seesalz, ersatzweise auch Kochsalz, je 10 l Wasser. Diese Konzentration wird zwar nicht von allen Pflanzen vertragen, doch lassen sich nach Anpassung mit *Vallisnerien* ausreichend dichte Bestände erzielen. Die übrigen Ansprüche entsprechen der Gattungsbeschreibung.

Zucht: Diese Art gehört bisher noch immer zu den schwierigsten Lebendgebärenden und ist daher sehr selten zu sehen. Bei Einhaltung von Salzkonzentration und Temperatur sowie kräftiger, feinperliger Durchlüftung werden nach 28–35 Tagen Tragzeit 20–50 Jungfische geworfen, die am sichersten mit Artemia-Nauplien aufgezogen werden und viel Algenaufwuchs benötigen.

P. reticulata

Guppy

Vorkommen: Heimat der in Farbe und Form variablen Wildformen sind Trinidad, Barbados, Venezuela, Guayana und Nordbrasilien. **Größe:** ♂ 3 cm, ♀ 6 cm. **GU:** Bei allen Fundortformen sind die ♂♂ prächtig gefärbt, die ♀♀ unscheinbar. **Ansprüche** des Wildguppys: Wasser 15–30 °dH, pH-Wert 7,5–8; Temperatur 25–30 °C. Der Zusatz von 20–30 g See- oder Kochsalz erhöht Wohlbefinden und Widerstandsfähigkeit der Fische, die übrigen Ansprüche sind wie in der Gattungsbeschreibung angegeben.

Zucht: Die Erhaltungszucht des Wildguppys sollte unter den oben genannten

Poecilia picta

Bedingungen (einschließlich Salzzusatz) erfolgen, die Tragzeit beträgt 33–35 Tage. In Abhängigkeit von der Größe der ♀♀, Ernährung und Umweltbedingungen beträgt die Zahl der Jungfische je Wurf 30–100.

Der Wildguppy wird nur selten gepflegt, als Millionenfische verbreitet sind zahlreiche Zuchtformen. Wegen ihrer scheinbaren Anspruchslosigkeit wird den Guppys fast alles zugemutet. So sind neben Tieren, bei denen Farbe, Größe und Form harmonisch übereinstimmen, oft auch Kümmerzwerge, Krüppel oder ♀♀ mit monströsen Flossenbehängen zu sehen, die kaum mehr vorwärtsschwimmen, sondern sich nur noch flossenwedelnd in Schräglage mühsam an einer Stelle im Wasser halten können. Solche Tiere müssen aus unseren Becken verschwinden, dem Lebewesen Guppy muß genausoviel Aufmerksamkeit zugewendet werden wie anderen, preislich höherliegenden Fischen auch. Züchterfleiß, basierend auf genauer Kenntnis der Vererbungslehre, hat in den letzten Jahrzehnten zahlreiche, inzwischen erbfeste und gesunde Stämme verschiedener Farben und Formen hervorgebracht. Diese zu erhalten, sollte sich auch jeder Durchschnittsaquarianer, der sich nur an der Pracht der Fische erfreuen will, zur Aufgabe machen, auch wenn er nicht auf Ausstellungen Lorbeeren ernten will. Es gibt inzwischen so viele Farb-Form-Kombinationen, daß jeder die ihn interessierende Guppyvariante finden kann, ohne durch wahlloses Bastardieren die mühsam aufgebauten Stämme wieder zu zerstören. Ihre volle Schönheit entwickeln alle Zuchtformen unter den Bedingungen, wie sie als Ansprüche beim Wildguppy beschrieben sind, dabei können durchaus Temperaturen vorübergehend auf 20 °C absinken. Die übrigen Ansprüche gleichen den in der Gattungsbeschreibung angeführten.

Für eine planmäßige Linienzucht werden jeweils ♂♂, die dem Typus des jeweiligen Stammes in Farbe, Form und vor allem Körpergröße am besten entsprechen, mit jungfräulichen ♀♀ verpaart, die aus Würfen stammen, bei denen die Geschlechter sofort nach Erkennen getrennt

Poecilia reticulata, Wildform, ♂ und ♀

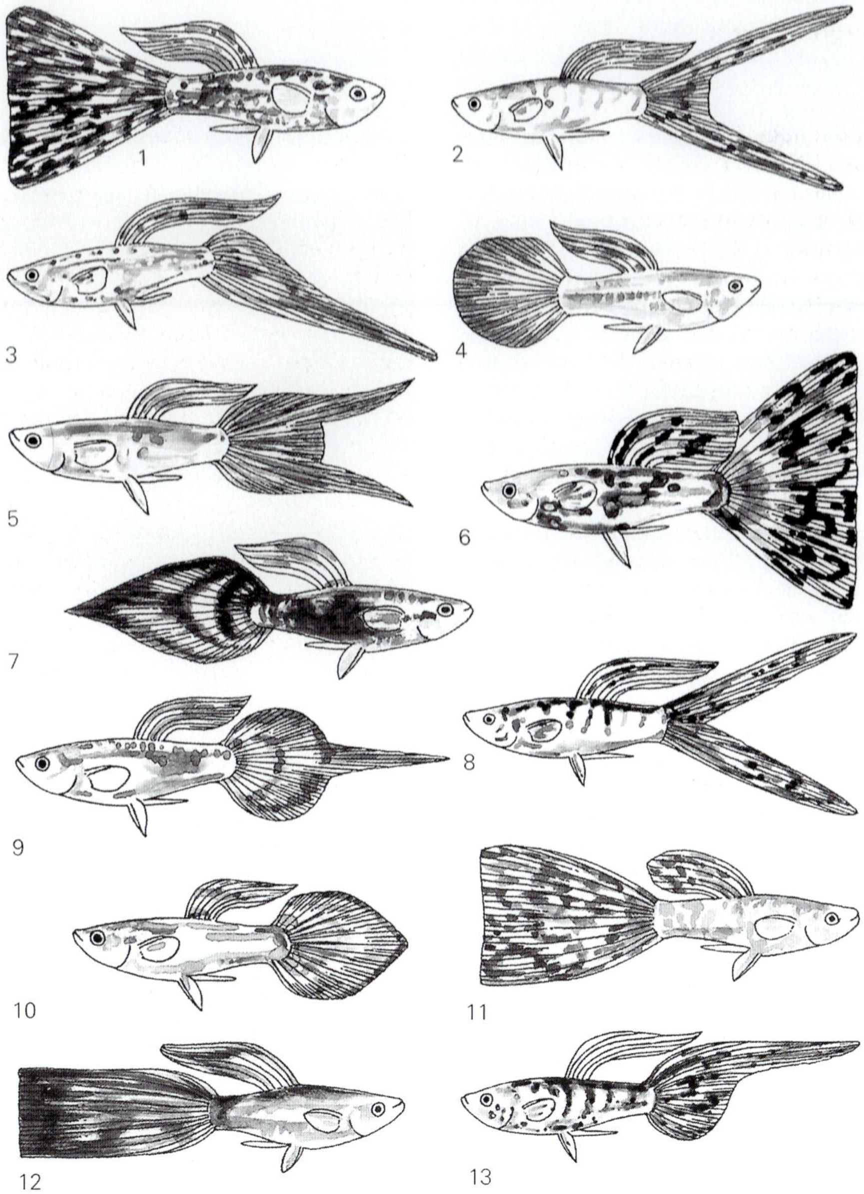

Standards von *Poecilia reticulata;* 1 Fächerschwanz, 2 Doppelschwert, 3 Untenschwert, 4 Rundschwanz, 5 Leierschwanz, 6 Triangel, 7 Speerschwanz, 8 Scherenschwanz, 9 Nadelschwanz, 10 Spatenschwanz, 11 Schleierschwanz, 12 Fahnenschwanz, 13 Obenschwert

aufgezogen wurden. Die Trächtigkeit beträgt meist 33 Tage, Zuchtverlauf und Aufzucht entsprechen den in der Gattungsbeschreibung angegebenen, die Aufzuchttemperatur sollte um 25 °C liegen.

P. sphenops

Black Molly, Spitzmaulkärpfling

Vorkommen: Mit vielen Lokalrassen von Mexiko und Texas über Mittelamerika bis Venezuela und Kolumbien sowohl im Süß- als auch im Brackwasser verbreitet. **Größe:** ♂ 7 cm, ♀ 12 cm. **GU:** Das schlankere ♂ ist am Gonopodium sicher zu erkennen. **Ansprüche:** Um attraktive große Tiere zu erzielen, sollte die Beckenlänge nicht unter 100 cm liegen; Wasser 18–30 °dH, pH-Wert 7,5–8,2; Temperatur 20–28 °C. Der Zusatz von 10 g Koch- oder Seesalz je 10 l Wasser erhöht das Wohlbefinden der Tiere und fördert ihr Wachstum. Die aus der Panamaunterart durch Zuchtwahl entwickelte Form Libertymolly benötigt zur Entwicklung einer prächtigen Rückenflosse mindestens 20 g Seesalzzusatz je 10 l Wasser. Die übrigen Ansprüche sind wie in der Gattungsbeschreibung angegeben.

Zucht: Nach einer Tragzeit zwischen 35 und 56 Tagen werden je Wurf 40–100 Jungfische geboren. Bei intensiver Fütterung und sehr hohen Temperaturen kann die Trächtigkeitsdauer auf 28 Tage verkürzt werden, dabei ist die Zahl der ungenügend entwickelten Jungfische jedoch hoch, das Zuchtverfahren entspricht dem in der Gattungsbeschreibung angeführten. Die Geschlechter sollten getrennt aufgezogen werden, sobald sie zu unterscheiden sind, und die ♀♀ nicht vor ihrem 9. Lebensmonat zur Zucht angesetzt werden.

Von den vielen Zuchtformen dieser Art hat besonders der Black Molly (schwarz oder gescheckt) eine sehr weite Verbreitung gefunden. Der tropischen Herkunft seiner Ausgangsform entsprechend, liegt die beste Hälterungstemperatur zwischen 25 und 28 °C. Um zur vollen möglichen Größe heranzuwachsen, verlangt er sehr klares, gut gefiltertes, bakterien- und infusorienfreies Wasser und einen geringen Salzzusatz von einem Teelöffel Salz je 50 l Wasser. Der Black Molly hat einen hohen Bedarf an pflanzlicher Nahrung, der am besten durch reiches Algenwachstum im Becken zu befriedigen ist, daneben werden die Blättchen von Vogelmiere, kleingeschnittener Salat und Spinat und zerquetschte Feinfrosterbsen gern genommen.

Der Zuchtverlauf entspricht der Wildform, ♀♀ sollten nicht vor ihrem 10. Lebensmonat zur Paarung angesetzt werden, da bei jüngeren ♀♀ oft die Zahl der lebensunfähigen Jungfische sehr hoch sein kann. Als Wurfbecken reicht ein flaches Becken mit 10–15 cm Wasserhöhe. Die Tragzeit schwankt zwischen 40 und 70 Tagen, die Zahl der Jungfische je Wurf zwischen 40 und 100. Für die gesunde Entwicklung ist Algen- und andere Pflanzenkost unbedingt erforderlich, belastetes Wasser läßt die Jungfische kümmern.

P. velifera

Segelkärpfling

Vorkommen: Yucatan in Mexiko. **Größe:** ♂ bis 15 cm, ♀ bis 18 cm, diese Größe wird jedoch nur bei optimalen Haltungsbedingungen erreicht. **GU:** Das ♂ ist am Gonopodium sicher zu erkennen, erwachsene ♂♂ bilden eine sehr hohe Rückenflosse aus. **Ansprüche:** Becken nicht unter 100 cm Länge; Wasser 25–35 °dH, nicht darunter, pH-Wert 7,5–8,5; Temperatur 25–28 °C. Für eine gute Entwicklung ist der Zusatz von 20–30 g Koch-, besser Seesalz je 10 l unbedingt erforderlich. Die prächtigsten Tiere entwickeln sich in Brack- oder Seewasser mit mehr als 100 g Salzzusatz je 10 l, allerdings ist unter solchen Bedingungen kein Pflanzenwuchs mehr gegeben. Diese Art reagiert empfindlich auf Belastungen durch Nitrate im Wasser bzw. auf Bakterien- und Infusorienmassenvermehrung. Neben einer kräftigen und wirksamen Filterung muß daher sehr regelmäßig der Bodenmulm entfernt und Teilwasserwechsel durchgeführt werden, der wöchentlich 1/4 des Beckeninhalts umfaßt. Der Bedarf an pflanzlicher Nahrung aller Art ist hoch.

Zucht: Zur Verpaarung sollten nur erwachsene ♂♂ mit gut entwickelter Rückenflosse ab dem 18. Lebensmonat

Poecilia sphenops, Wildform, ♀

Poecilia sphenops, Zuchtform Lyratail-Blackmolly

Poecilia velifera, ♂

und jungfräulich gehaltene ♀♀ ab dem 12. Lebensmonat eingesetzt werden. Eine erfolgreiche Zucht erfordert peinlichste Sauberkeit und Wasserhygiene. Bei Temperaturen zwischen 28 und 30 °C beträgt die Trächtigkeitsdauer 56–60 Tage, die Zahl der Jungfische kann je Wurf zwischen 30 und 50, in Ausnahmefällen auch bei 200 liegen. Der Wasserstand im Wurfbecken sollte anfangs 10–15 cm nicht überschreiten und erst mit dem Wachstum der Jungfische allmählich erhöht werden. Beim Wasserwechsel im Jungfischbecken muß in den ersten Lebenswochen die Temperatur des Frischwassers mit der des Hälterungswassers genau übereinstimmen. Zumindest die für die spätere Zucht vorgesehenen Tiere sollten nach Geschlechtern getrennt aufgezogen werden, sobald sie zu erkennen sind.

P. vittata

Bänderkärpfling

Vorkommen: Kuba. **Größe:** ♂ 6 cm, ♀ 10 cm. **GU:** Das ♂ ist farbiger in Schwanz- und Rückenflosse und besitzt ein Gonopodium. **Ansprüche:** Wasser 25–35 °dH, pH-Wert 7,5–8,2; Temperatur 22–25 °C. Ein Zusatz von 30 g Seesalz oder Kochsalz je 10 l Wasser erhöht die Widerstandsfähigkeit und Lebenserwartung der Fische, die sich in gut belüftetem oder kräftig gefiltertem Wasser am wohlsten fühlen und auf Frischwasser oft empfindlich reagieren. Der Teilwasserwechsel in nicht zu stark besetzten Becken sollte im Abstand von 2–3 Wochen stets nur 1/5 des Beckeninhalts umfassen, wobei gut abgestandenes Wasser verwendet wird. Die übrigen

Poecilia vittata, Paar

Ansprüche sind wie in der Gattungsbeschreibung angegeben.

Zucht: Bei Temperaturen zwischen 24 und 26 °C liegt die Trächtigkeitsdauer zwischen 24 und 35 Tagen, je Wurf werden 20–50 Jungfische geboren. Gut ernährte Alttiere stellen den Jungfischen in gut bepflanzten Artbecken ab 80 cm Länge kaum nach, so daß darin immer ausreichend Jungfische aufkommen. Auf Frischwasser reagieren die Jungfische noch empfindlicher als die Erwachsenen, der im Aufzuchtbecken notwendige Teilwasserwechsel muß daher mit größter Sorgfalt durchgeführt werden.

P. vivipara

Augenfleckkärpfling

Vorkommen: Kleine Antillen, nördliches und östliches Südamerika. **Größe:** ♂ 5 cm, ♀ 7 cm. **GU:** Das ♂ hat in der Mitte der Rückenflosse eine halbmondförmige dunkle Querbinde und ist am Gonopodium sicher zu erkennen. **Ansprüche:** Für die Pflege sind bereits Becken ab 60 cm Länge mit einer Wasserhöhe von 15–20 cm ausreichend; Wasser 10–40 °dH, pH-Wert 7–8,2; Temperatur 24–28 °C. Ein Teelöffel voll See- oder Kochsalz je 10 l Wasser erhöht Wohlbefinden und Widerstandsfähigkeit dieser sehr anpassungsfähigen, leider viel zu selten gepflegten Art. Der Teilwasserwechsel kann im Abstand von 14 Tagen durchgeführt werden und dabei 1/3 des Beckeninhalts umfassen. Das eingesetzte Frischwasser sollte abgestanden oder gut durchlüftet sein, auf Chlor reagieren die Fische empfindlich.

Zucht: Die Tiere sind im Alter von 3 Monaten nach guter Fütterung bereits geschlechtsreif, zu jung angesetzte ♀♀ bringen jedoch keine guten Ergebnisse. Die Trächtigkeitsdauer kann zwischen 28 und 56 Tagen schwanken, auch die Zahl der Jungfische je Wurf ist sehr unterschiedlich und liegt zwischen 20 und 150. Bei vielseitiger Fütterung und regelmäßigem Teilwasserwechsel mit unbelastetem Wasser verläuft ihr Wachstum zügig und birgt keine Probleme.

Poecilia vivipara, ♂

Poeciliopsis gracilis

Seitenfleckkärpfling
Familie: *Poeciliidae*

Vorkommen: Südmexiko, Guatemala, Honduras. **Größe:** ♂ 3,5 cm, ♀ 6 cm. **GU:** Die ♂♂ besitzen das für die Familie typische Begattungsorgan (Gonopodium). **Ansprüche:** Diese friedliche Art kann sowohl im Gemeinschaftsbecken mit ruhigen Arten als auch im Artbecken in Gruppe mit leichter ♀♀-Überzahl ab Beckenlängen von 80 cm gehalten werden; Wasser 15–25 °dH, pH-Wert 6,5–7,8; Temperatur 24–28 °C. Dunkler Kies als Bodengrund, einige algenbewachsene Steine, eine kräftige Filterung sowie eine Schwimmpflanzendecke zur Dämpfung des Lichts erfüllen die Anforderungen der Fische am besten. Für die Bepflanzung sollten vorwiegend großblättrige Pflanzen verwendet werden, zwischen denen die Tiere gern Unterstand nehmen. Für den Teilwasserwechsel, der im Abstand von 14 Tagen 1/4 des Beckeninhalts umfassen sollte, wird abgestandenes oder gut durchlüftetes Frischwasser eingesetzt. Der Bedarf an pflanzlicher Nahrung aller Art ist groß, daneben werden alle üblichen Futterarten angenommen.

Poeciliopsis gracilis, ♂

Zucht: Die Tragzeit bei diesen Lebendgebärenden beträgt 28 Tage, je Wurf werden 10–50 Jungfische geboren. Die besten Aufzuchtergebnisse bringen große und stark veralgte Wurfbecken, aus denen die ♀♀ nach der Geburt herausgefangen werden. Die Jungfische wachsen bei gutem Algenangebot sehr zügig und sind im Alter von 3 Monaten geschlechtsreif.

Poecilocharax weitzmani

Grünpunkttetra, Weitzman's Raubsalmler
Familie: *Crenuchidae*

Vorkommen: Nördliches Amazonasbekken, oberer Orinoco, oberer Rio Negro. **Größe:** ♂ 4 cm, ♀ etwas kleiner. **GU:** Die ♂♂ sind sehr schlank, fast hohlbäuchig und tragen eine lange, segelartige Rückenflosse. **Ansprüche:** Trotz seiner verwandtschaftlichen Zuordnung zu den Raubsalmlern ist dieser prächtige Fisch ein friedlicher, eher scheuer Schwarmfisch mit einem für Salmler außergewöhnlichen Brutpflegeverhalten, der jedoch einige Anforderungen an seinen Pfleger stellt. Das für eine erfolgreiche Haltung erforderliche Wasser sollte am zweckmäßigsten auf der Basis von Osmosewasser zubereitet werden, dem dosiert nur soviel Leitungswasser zugefügt wird, bis eine Gesamthärte von 4–5 °dH bei völligem Fehlen von Karbonathärte erreicht wird. Durch Filterung über Torffasern und Erlenzäpfchen ist ein pH-Wert von 5–5,5 einzustellen; Temperatur 24–26 °C. Eine Vergesellschaftung mit anderen Salmlern, die ähnliche Bedingungen erwarten, ist durchaus möglich. Der echte Liebhaber außergewöhnlicher Fischschönheiten wird diesen Salmler jedoch im Artbecken pflegen, für das eine Länge von 60 cm ausreichend ist. Als Bodengrund eignet sich jedes Material, das den Wasserchemismus nicht beeinträchtigt, je dunkler der Bodengrund ist, desto intensiver leuchten die Farben der Fische. Von vielen getesteten Pflanzen hat sich nur Sumatrafarn für diese Bedingungen als ausreichend haltbar bewährt, er bringt zusätzlich noch die Beschattung, welche die Fische für ihr Wohlbefinden benötigen. Als wichtigste Beckeneinrichtung werden gut ausgekochte Bambusrohrstücke mit etwa 2 cm Innendurchmesser und unterschiedlicher Länge liegend, schräg- und senkrechtstehend im gesamten Becken verteilt. Zwischen ihrer Oberkante und der Wasseroberfläche sollten mindestens 3 cm Wasser liegen. Eine ruhiglaufende Filterung ist ausreichend, ebenso ein Teilwasserwechsel im Abstand von 14 Tagen, der 1/5 des Beckeninhaltes umfaßt. Lebendfutter aller Art wird genommen, darunter auch auf die Wasseroberfläche gestreute Drosophila. Für die Zuchtvorbereitung sind Mückenlarven, insbesondere Weiße, unverzichtbar.

Zucht: Nach einer Periode intensiver Fütterung mit Weißen Mückenlarven, wenn einige ♀♀ deutlichen Laichansatz zeigen, kann die Laichbereitschaft durch ein weiteres Absenken des pH-Wertes auf 4,7–4,5 durch Torffilterung ausgelöst werden. Vom ♀ wird die Bambusröhre ausgewählt, in welcher abgelaicht werden soll, ihr folgt das zugehörige ♂ und verläßt sie während des gesamten Zuchtverlaufes nicht mehr. Das ♂ wird bereits vor dem Ablaichen häufig in seiner Röhre kurzzeitig besucht. Das Ablaichen geschieht abends, man erkennt es nur am schlanker gewordenen ♀. Das Gelege klebt an der Innenwand der Röhre und wird vom ♂ pausenlos betreut. Nach 4 Tagen schlüpfen die Jungen und hängen an Fäden an der Innenwand. 6–7 Tage später schwimmen die Jungfische frei und nehmen Artemia-Nauplien als Erstfutter an. Da gut ernährte ♀♀ im Wochenabstand neue Gelege bringen können, ist es empfehlenswert, für eine rationelle Zucht kurz vor dem Freischwimmen die Röhre vorsichtig, mit dem Daumen verschlossen, herauszunehmen und die Jungfische mit einem feinperligen Ausströmer in ein Aufzuchtbecken herauszuspülen. Der Brutpflegetrieb des ♂ ist so stark, daß er auch nach solcher Prozedur sofort die Röhre wieder aufsucht, um das neue Gelege zu pflegen.

Polycentrus schomburgki

Vielstachler
Familie: *Nandidae*

Vorkommen: Trinidad, Guayana, Venezuela. **Größe:** 10 cm. **GU:** Während der Laichzeit ist das ♂ schwarz, das ♀ hellbraun. Außerhalb dieser Zeit sind die Tiere oft schwer zu unterscheiden, da sie häufig stimmungsabhängig die Farbe ändern. Die Grundfarbe des ♂ tendiert zu schwarzbraun, die des ♀ mehr zu grauem Rehbraun, es zeigt zudem etwas mehr Körperfülle. **Ansprüche:** Diese interessante Art ist leider sehr selten geworden, obwohl sie gerade in den modernen großen Becken sehr gut zu halten und zu vermehren ist. Becken unter 100 cm Länge sind nur für eine Gruppe Jungtiere bis zur Paarfindung geeignet, erwachsene Tiere benötigen als Einzelgänger Reviere von etwa 50 cm Durchmesser. Eine Vergesellschaftung ist mit allen nicht zu lebhaften und nicht zu kleinen Fischen mit ähnlichen Ansprüchen möglich; Wasser 15–25 °dH, pH-Wert 6–7,2; Temperatur 22–26 °C. Der Bodengrund sollte feinkörnig sein. Pflanzen werden unbehelligt gelassen. Die Fische lieben Versteckplätze zwischen Steinen und Wurzeln, nehmen Höhlen aus Blumentöpfen und Kokosnüssen an, stellen sich aber auch zwischen großen Pflanzenblättern unter. Mindestens ein Teil der Beckenoberfläche sollte lichtdämpfende Schwimmpflanzen enthalten oder nur schwach beleuchtet sein. Eine mäßige Filterung und Teilwasserwechsel im Abstand von 14 Tagen sind ausreichend, dabei kann bis zu 1/4 des Beckeninhalts durch abgestandenes, gut durchlüftetes Frischwasser erneuert werden. Der Vielstachler benötigt kräftiges Lebendfutter aller Art, darunter Mückenlarven, nicht unter Naturschutz stehende Wasserinsekten, Würmer und Futterfische, er kann mit großen Wasserflöhen eine Zeitlang ernährt werden, kommt dabei aber kaum in Laichbereitschaft.

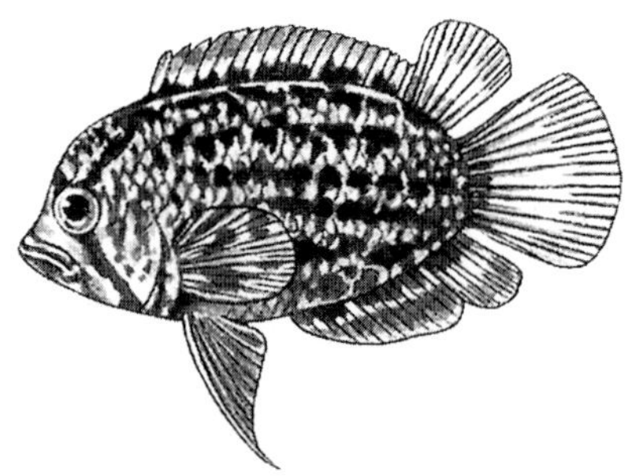

Polycentrus schomburgki

Zucht: Wenn ein deutlich laichvolles ♀ vorhanden ist, kann der Paaransatz in einem Becken ab 50 cm Länge problemlos erfolgen. Bei Temperaturen zwischen 28 und 30 °C laichen die Fische in einem Blumentopf oder an der Unterseite von großen Blättern ab. Das ♀ wird herausgefangen, das Gelege vom ♂ betreut. Aus den an kurzen Fäden hängenden Eiern schlüpfen nach 72 Stunden die Jungen, bleiben noch einige Zeit an den Fäden hängen und fallen dann zu Boden. Zu diesem Zeitpunkt kann auch das ♂ herausgefangen werden. Nach Aufzehren des Dottersacks zwischen dem 7. und 9. Tag schwimmen die Jungfische frei und nehmen kleine

Cyclops und Grindalwürmchen als Erstfutter an. Da die vorwachsenden Tiere ihre Geschwister fressen, ist eine Sortierung empfehlenswert.

Polypterus (Flösselhechte)

Familie: *Polypteridae*

Eine Gattung von Fischen aus dem tropischen Afrika, die in ihrer langgestreckten Gestalt eher an Salamander als an Fische erinnern. Sie weisen zahlreiche Besonderheiten in ihrer Anatomie und Fortpflanzung auf, gehören zu den ältesten Tiergruppen der Erde, sind lebende Fossilien. Ihren Namen verdanken sie der in viele Segmente, Flössel, aufgeteilten Rückenflosse. Die Brustflossen ähneln einem Handgelenk, sie werden außer zum Schwimmen auch zum Kriechen auf dem Boden eingesetzt. Die Schwimmblase erinnert an die Vorstufe einer Lunge, sie ist zusätzliches Atmungsorgan und befähigt die Tiere, einige Zeit in feuchter Umgebung auch außerhalb des Wassers zu überleben. Jungfische tragen wie die Molchlarven bäumchenförmige Außenkiemen. **GU:** Die Geschlechter sind mit einiger Erfahrung nur bei größeren Tieren zu unterscheiden. Der Kopf des ♀ ist breiter, wirkt bulliger, die Körperzeichnungen sind weniger konturiert als beim ♂. Fortpflanzungsfähige ♂♂ zeigen deutlich verlängerte Afterflossen. **Ansprüche:** Flösselhechte sind relativ anspruchslos und ausdauernd, sie wären ideale Aquarienfische, wenn sie nicht so groß würden. Wer sich zur Pflege dieser interessanten Fische entschließt, sollte ein Aquarium mit mindestens 600, besser aber 1000 Liter Inhalt besitzen. Sie sind reine Fleischfresser und schlucken das Futter unzerkaut. Mit Tintenfischstücken, Garnelen, Muschelfleisch, Regenwürmern und Stinten sind sie problemlos zu ernähren. Lebende Fische werden etwa bis zur Größe einer Sumatrabarbe erbeutet, größere Fische bleiben dagegen unbehelligt. Nach den Erfahrungen im Aquarium Erfurt mit einigen Polypterus-Arten können u.a. alle Arten von → *Synodontis,* → *Distichodus* und → *Chromidotilapia* problemlos vergesellschaftet werden und erlauben damit die Einrichtung eines interessanten Afrika-Flußbiotop-Aquariums. Untereinander sind Flösselhechte dann friedlich, wenn jedem Tier ein ausreichendes Tagesversteck zur Verfügung steht. Verzichtet man im Besatz auf pflanzenfressende Arten, dann kann das Aquarium gut und dicht bepflanzt werden. Regelmäßiger wöchentlicher Teilwasserwechsel von 25% des Beckeninhaltes ist einzuhalten, eine wirksame Filterung Bedingung. Die optimalen Wasserwerte liegen bei pH-Werten um 7, einer Härte um 15°dH und Temperaturen um 25°C. Abweichungen werden ohne Probleme toleriert.

Zucht: Die Fortpflanzung verläuft bei allen bisher im Aquarium gepflegten Arten ähnlich und findet stets in den späten Abendstunden statt: Das bisher ruhige ♂ beginnt, mit gespreizten Flösseln unruhig durch das Becken zu schwimmen. Hat es das ♀ gefunden, dann bemüht es sich, mit ruckartigen Kopfbewegungen den Kopf und später die Kehlregion des ♀ zu berühren. Das ♀ bleibt lange Zeit passiv. Schließlich folgt es dem ♂. Das ♂ formt seine Afterflossen zur Tasche und drückt diese gegen die Genitalöffnung des ♀. Die Eier rieseln frei durch das Wasser oder die Pflanzen und sind am Bodengrund kaum zu entdecken. Gelingt es, einige zu bergen, dann schlüpfen die Jungfische 4 Tage später.

Folgende Arten haben sich für die Aquarienhaltung als gut geeignet erwiesen:

P. delhezi

Vorkommen: Oberer und mittlerer Kongo. **Größe:** 35 cm. **GU, Ansprüche** und **Zucht:** Siehe Gattungsbeschreibung. Mit Ausnahme eines sicheren Paares kann diese sehr attraktiv gezeichnete, untereinander jedoch etwas unverträgliche Art nur dann in der Gruppe gepflegt werden, wenn das Becken groß ist, sehr reich dekoriert und mit vielen Versteckplätzen ausgestattet wurde.

P. ornatipinnis

Schmuckflössler

Vorkommen: Oberer und mittlerer Kongo. **Größe:** 40 cm. **GU, Ansprüche** und **Zucht:** Siehe Gattungsbeschreibung.

P. palmas

Vorkommen: Sierra Leone, Liberia, Kongo. **Größe:** 30 cm. **GU, Ansprüche** und **Zucht:** Siehe Gattungsbeschreibung. Diese Art ist vor allem im Alter farblich nicht ganz so attraktiv wie die vorigen, kann aber wegen ihrer vergleichsweise geringen Größe bereits in Aquarien ab 500 Liter gut gehalten werden.

Pompadourfisch

→ *Symphysodon discus.*

Popondetta-Regenbogenfisch

→ *Pseudomugil conniae.*

Potamotrygon

Süßwasser-Stachelrochen
Familie: *Dasyatidae*

Vorkommen: Südamerika. Junge Süßwasserrochen mit Scheibendurchmessern um 15 cm tauchen immer häufiger im Angebot zoologischer Fachhandlungen auf und reizen durch ungewöhnliche Form, Zeichnung und Verhalten zum unüberlegten Kauf. Obwohl sie keine Aquarienfische im klassischen Sinn darstellen, werden sie deshalb in dieses Buch aufgenommen. Voraussetzung für eine Pflege, die das Minimum der Anforderungen für eine tierschutzgerechte Haltung erfüllt, ist ein Aquarium, das mindestens doppelt so breit und fünfmal so lang wie die zu erwartende Endgröße (Scheibendurchmesser) der Tiere ist. Als Wasserhöhe sind 50 cm ausreichend. Zu beachten dabei ist, daß die ♀♀ wesentlich größer werden als die ♂♂. Die Geschlechter sind relativ früh zu unterscheiden, denn die Männchen besitzen zum paarigen Begattungsorgan Klasper umgebildete Bauchflossen. Die meisten Arten der Gattung sind Bewohner freier Sandflächen, in die sie sich gern eingraben, deshalb sollte der Bodengrund für ihre Haltung aus feinem bis mittelgrobem Sand bestehen und mindestens 12 cm hoch liegen. Pflanzen haben wegen der Wühltätigkeit der Rochen keine Chance, eine Schwimmpflanzendecke trägt dagegen zum Wohlbefinden der Tiere bei. An Futter wird alles aus tierischer Herkunft angenommen. Junge Tiere sind mit gut gereinigten lebenden Tubifex, Mysis, Krill und Mückenlarven aus dem Frost zu ernähren, für ältere Tiere bieten sich große Garnelen, in Stücke geschnittene Tintenfische, Forellen, Regenwürmer und Geflügelherz an. Zur Lieblingsnahrung gehören Muscheln und Garnelen. Rochen werden sehr schnell zahm und nehmen das Futter aus der Hand, ein versehentlicher Biß kann jedoch sehr schmerzhaft sein. Besondere Aufmerksamkeit ist dem mit Widerhaken versehenen Stachel über dem Schwanz zu widmen. Giftdrüsen wurden bisher noch nicht nachgewiesen, jedoch enthält die Haut des Stachels Eiweiße, die beim Eindringen in die menschliche Haut zu Reaktionen führen. Zudem birgt eine Verletzung mit dem Stachel, zwischen dessen Häkchen zahllose Verunreinigungen sitzen, eine hohe Infektionsgefahr in sich. Werden ruhende Tiere erschreckt, dann kann es durchaus geschehen, daß sie mit einer peitschenschnellen Bewegung den Schwanz über den Körper schlagen und der Kalkstachel im Unterarm des Pflegers steckenbleibt. Der Stachel wird ein- bis zweimal im Jahr abgestoßen und erneuert. An Sauberkeit und Sauerstoffgehalt des Wassers werden hohe Ansprüche gestellt. Gute Filterung und Durchlüftung sowie regelmäßiger, wöchentlich durchzuführender Teilwasserwechsel, der ein Drittel des Beckeninhaltes umfaßt, sind überlebenswichtig für die Rochen. Bewährt hat sich die regelmäßige Zugabe einer handelsüblichen Reinkultur nitrifizierender Bakterien. Wenn Art und Herkunft der angebotenen Tiere nicht ermittelt werden können, dann sollten die durchschnittlichen Wasserwerte bei einer Härte zwischen 10 und 15 °dH, einem pH-Wert leicht unter 7 und Temperaturen zwischen 20 und 25 °C liegen. Untereinander und gegen andere Rochen vergleichbarer Größe sind sie bei entsprechendem Raumangebot verträglich. Eine Vergesellschaftung mit sehr großen Salmlern ist bei gut gefütterten Rochen möglich. Bodenorientierte Fische oder solche, die am Boden schlafen, haben allerdings kaum Überlebenschancen.

Zucht: Die Stachelrochen sind ovovivipar, d.h. die Jungfische verlassen kurz vor der Geburt im Uterus das Ei und werden lebend und voll entwickelt zur Welt gebracht. Ihre Zahl beträgt je nach Art und Alter des ♀ zwischen 2 und 12. Sie sollten herausgefangen und in einem Extrabecken aufgezogen werden. Die Tragzeit der meisten Arten liegt zwischen 4 und 5 Monaten.

P. henlei

Feuerrochen

Vorkommen: Rio Tocantis und Rio Araguaia in Brasilien. **Größe:** ♂ bis 35 cm, ♀ bis 50 cm. **Ansprüche:** Temperatur 24–28 °C, pH-Wert unter 7, Wasser um 10 °dH. Die übrigen Ansprüche gleichen den in der Gattungsbeschreibung angegebenen.

P. hystrix

Marmorierter Stachelrochen

Vorkommen: Südamerika. **Größe:** ♀♀ können bis zu 80 cm Scheibendurchmesser erreichen. **Ansprüche:** Diese Art verlangt Aquarien mit mindestens 300 x 100 cm Grundfläche und ist damit für das Zimmeraquarium zu groß. Die übrigen Ansprüche gleichen den in der Gattungsbeschreibung angegebenen.

P. laticeps

Gemeiner Stechrochen

Vorkommen: Brasilien, Uruguay, Argentinien. **Größe:** Scheibendurchmesser beim ♀ bis 40 cm. **Ansprüche:** Becken ab 200 cm Länge. Die übrigen Ansprüche gleichen den in der Gattungsbeschreibung angegebenen.

P. leopoldi

Leopolds Stachelrochen

Vorkommen: Riu Xingu in Brasilien. **Größe:** ♂ bis 25 cm, ♀ bis 40 cm. **Ansprüche:** Relativ kleiner, attraktiv gezeichneter und sehr schwimmfreudiger, tagaktiver Rochen, der bereits in Becken von 200 cm Länge ausdauernd haltbar ist. Wasser weich, möglichst unter 10 °dH, pH-Wert 6–6,5, Temperatur 22–25 °C. Die übrigen Ansprüche gleichen den in der Gattungsbeschreibung angegebenen.

P. motoro

Pfauenaugen-Stachelrochen

Vorkommen: Paraguay, Uruguay, Brasilien. **Größe:** Scheibendurchmesser beim ♂ bis 40 cm, beim ♀ bis 70 cm. **Ansprüche:** Diese am häufigsten angebotene und bereits wiederholt nachgezogene (Zoo Frankfurt/M.) Art gehört zu den schwimmfreudigen Süßwasserrochen. Eine Haltung in Aquarien, die nicht mindestens 300 cm lang und 120 cm breit sind, sollte den Tieren deshalb nicht zugemutet werden. Eine Wasserhöhe von 50 cm ist ausreichend. Die Art bevorzugt weiches (unter 12 °dH) und leicht saures (pH-Wert 6–6,5) Wasser.

Zucht: Die Geschlechtsreife tritt ab 25 cm Scheibendurchmesser ein. Je größer das ♀ ist, desto mehr Junge (bis zu 12 Stück) werden geboren. Ihr Scheibendurchmesser bei der Geburt kann zwischen 8 und 15 cm liegen.

P. reticulatus

Genetzter Süßwasser-Stachelrochen

Vorkommen: Peru, Brasilien, Argentinien. **Größe:** Scheibendurchmesser beim ♀ bis 40 cm. **Ansprüche:** Die Art kommt mit weichem bis mittelhartem und neutralem Wasser gut zurecht. Die übrigen Ansprüche gleichen den in der Gattungsbeschreibung angegebenen.

Prachtbarbe

→ *Barbus conchonius.*

Prachtbarsche

→ *Pelvicachromis.*

Prachtglanzbarbe

→ *Barbus arulius.*

Prachtgrundkärpfling

→ *Nothobranchius.*

Prachtkärpfling

1. → *Aphyosemion.*– **2.** → *Roloffia.*

Prachtkopfsteher

→ *Anostomus anostomus.*

Prachtmaulbrüter

1. → *Haplochromis*.– 2. → *Pseudotropheus*.

Prachtmühlsteinsalmler

→ *Myleus rubripinnis*.

Prachtregenbogenfisch

→ *Melanotaenia boesemani*.

Prachtschmerle

→ *Botia macracantha*.

Prachtzwerggurami

→ *Parosphromenus deissneri*.

Priapella intermedia

Leuchtaugenkärpfling
Familie: *Poeciliidae*

Vorkommen: Mexiko. **Größe:** ♂ 5 cm, ♀ 7 cm. **GU:** Die Geschlechter unterscheiden sich in der Färbung kaum, die ♂♂ sind jedoch am familientypischen Gonopodium sicher zu erkennen. **Ansprüche:** Für die Haltung eines kleinen Schwarms dieser friedlichen Art ist ein Becken ab 60 cm Länge ausreichend. Zur vollen Wirkung und Entwicklung kommen die manchmal etwas heiklen Fische nur im Artbecken, das ihren Bedürfnissen entsprechend eingerichtet ist; Wasser 10–25 °dH, pH-Wert 7–7,5; Temperatur 24–26 °C. Über dunklem, nicht zu grobem Kiesbodengrund wirken die Fische farblich intensiver. Zwischen lockeren Büscheln feinblättriger Pflanzen (*Naja* u. ä.), welche die gesamte obere Beckenhälfte durchziehen können, fühlen sich die Fische wohl, in diesem Fall kann auf lichtdämpfende Schwimmpflanzen verzichtet werden. Leuchtaugenkärpflinge reagieren empfindlich auf biologische und chemische Wasserbelastungen sowie auf starke Temperaturschwankungen. Eine sehr kräftige und wirksame Filterung, die eine Wasserströmung erzeugen sollte, ist deshalb notwendig. Beim regelmäßigen wöchentlichen Teilwasserwechsel, bei dem 1/4 des Beckeninhalts zu erneuern ist, muß abgestandenes, gut durchlüftetes und genau temperiertes Wasser eingesetzt werden. In vielen Fällen hilft der Zusatz von 10 g Koch-, besser Seesalz je 10 l Wasser Reaktionen des Unbehagens bei den Fischen zu beseitigen und die Widerstandsfähigkeit zu erhöhen. An die Zusammensetzung des Futters werden keine besonderen Anforderungen gestellt.

Zucht: Die Trächtigkeitsdauer bei diesen Lebendgebärenden beträgt 28–42 Tage. Junge ♀♀ bringen oft nur 6–10, erwachsene ♀♀ 25 und mehr Jungfische je Wurf zur Welt. Gut ernährte Alttiere stellen den Jungfischen kaum nach, so daß aus einem gut mit feinblättrigen Pflanzen ausgestatteten Artbecken nur von Zeit zu Zeit die Jungfische herausgefangen werden brauchen, die abgegeben werden sollen. Voraussetzung für diese Form der Vermehrung sind regelmäßige Gaben von Kleinfutter für die Jungen.

Prinzessin von Burundi

→ *Neolamprologus brichardi*.

Prionobrama filigera

Rotflossenglassalmler
Familie: *Characidae*

Vorkommen: Südbrasilien, Argentinien. **Größe:** 6 cm. **GU:** Beim ♂ ist die Afterflosse vorn länger ausgezogen als beim ♀, ihre weiße Vorderkante ist schwarz gesäumt. **Ansprüche:** Für die Haltung eines Schwarms dieses friedlichen Salmlers ist ein Becken ab 70 cm Länge ausreichend; Wasser 4–15 °dH, pH-Wert 6–7, bei Haltung ohne Zuchtabsichten kann die Art bis zu einer Wasserhärte von 30 °dH und pH-Wert bis 7,8 über viele Jahre gehalten werden; Temperatur 22–30 °C. Über dunklem, nicht zu grobem Bodengrund kommen die zarten Farben der Fische am besten zur Wirkung. Die Bepflanzung ist mit allen Arten möglich, einige Schwimmpflanzen werden als Unterstand angenommen. Die Art benötigt viel Schwimmraum und ist jedem Neuling zu empfehlen. Sie kann zwölf Jahre alt werden, wenn beim regelmäßigen wöchentlichen Teilwasserwechsel, der 1/4 des Beckeninhalts umfassen kann, extreme Veränderungen in Wasserchemismus und Temperatur vermieden werden und für eine kräftige Filterung mit Wasserströmung gesorgt wird. An die Zusammensetzung des Futters werden keine besonderen Anforderungen gestellt.

Zucht: Um befriedigende Aufzuchtergebnisse zu erzielen, sollte das Zuchtwasser in der Härte unter 8 °dH und im pH-Wert zwischen 6 und 6,8 liegen, bei

Priapella intermedia

Prionobrama filigera

Temperaturen zwischen 26 und 30 °C. Der Zuchtansatz erfolgt paarweise in nicht zu kleinen Becken, die als Ausstattung neben einem Laichrost zum Schutz der Eier einige Büschel feinfiedriger Pflanzen enthalten sollten, die vor allem im oberen Beckenbereich vorhanden sein müssen. Die Tiere laichen jedoch auch sehr gern zwischen langen Wurzeln von Schwimmpflanzen ab. Bei Paaren, die nicht in Laichstimmung kommen, kann der Austausch eines Partners sinnvoll sein. Der Zuchtansatz im Schwarm ist ebenso möglich. Die meisten Eier fallen zu Boden und würden gefressen, wenn kein Laichrost vorhanden wäre. Nach dem Ablaichen sind die Alttiere herauszufangen, die Eier vor hellem Licht zu schützen. Die Larven schlüpfen nach 30–36 Stunden und hängen bis zum Freischwimmen an der Wasseroberfläche. Die Aufzucht mit vielseitig zusammengesetztem Tümpelstaubfutter bringt die besten Ergebnisse. Bei guter Fütterung, häufigem Teilwasserwechsel mit Einhaltung der Wasserwerte und der Temperatur von 25 °C sind die Jungfische mit 6 Monaten geschlechtsreif.

Pristella maxillaris

Sternflecksalmler, Wasserstieglitz
Familie: *Characidae*

Vorkommen: Nördliches Südamerika. **Größe:** 4,5 cm. **GU:** Das Rot der Schwanzflosse ist beim ♂ kräftiger als beim ♀, das ♂ ist schlanker, im durchscheinenden Licht erscheint das Ende der Schwimmblase spitz, beim ♀ abgerundet. **Ansprüche:** Ein Schwarm dieses friedlichen Salmlers ist bereits in Becken ab 60 cm Länge gut zu halten; Wasser 4–15 °dH, pH-Wert 6–7, bei

Pristella maxillaris

Haltung ohne Zuchtabsichten wird eine Wasserhärte bis 30 °dH und ein pH-Wert bis 8 vertragen, allerdings erreichen die Fische unter diesen Extrembedingungen nicht ihre mögliche Größe und bleiben blaß. Die Filterung des Wassers über Torf oder die Zugabe von Torfextrakt bis zur bräunlichen Verfärbung des Wassers erhöht in jedem Fall Wohlbefinden, Widerstandsfähigkeit und Farbigkeit der Fische. Als Bodengrund wird dunkler, nicht zu grober Kies gewählt. Neben einigen Schwimmpflanzen zur Dämpfung des Lichts können zur Bepflanzung alle Arten eingesetzt werden, die den Fischen Unterstand bieten und Schwimmraum frei lassen. In gut gefiltertem und von Belastungen freigehaltenem Wasser können Sternflecksalmler ein hohes Alter erreichen. Der regelmäßig wöchentlich durchzuführende Teilwasserwechsel sollte 1/4 des Beckeninhalts umfassen, dabei ist auf chlorfreies Frischwasser zu achten. An die Zusammensetzung des Futters werden keine besonderen Anforderungen gestellt, bei der Vorbereitung der Tiere zur Zucht sollten jedoch Mückenlarven in der Futterpalette nicht fehlen.

Zucht: Die Art gilt als leicht züchtbar, jedoch sind die ♀♀ oft sehr wählerisch in bezug auf den Partner. Beim Erstansatz ist deshalb die Verwendung von 2 ♂♂ günstig, oft führt erst mehrmaliger Austausch der ♂♂ zum Erfolg. Die ♀♀ müssen deutlichen Laichansatz zeigen. Paare, die einmal zusammen abgelaicht haben, tun dies willig immer wieder, sie sollten deshalb auch außerhalb der Laichzeit so gehalten werden, daß man sie wiedererkennt. Bei guter Fütterung ist mehrmaliger Ansatz im Abstand von 2–3 Wochen möglich. Die Verwendung von weichem und leicht saurem Wasser bringt die besten Schlupfergebnisse. Abgelaicht wird bei Temperaturen zwischen 25 und 28 °C über Büscheln feinfiedriger Pflanzen, die am besten den gesamten Bodenbereich des Zuchtbeckens bedecken sollten, bewährt hat sich dabei Javamoos. Morgensonnenstrahlen im Becken können in manchem scheinbar schwierigen Fall der Auslöser für das Laichgeschehen sein. Nach dem Ablaichen müssen die Alttiere herausgefangen und der Laich vor hellem Licht geschützt werden. Die Jungen schlüpfen nach 50–60 Stunden. Die bis 2 Tage später freischwimmenden Jungfische benötigen feinstes Staubfutter, sie sind in den ersten 4–6 Lebenswochen gegen Temperaturschwankungen empfindlich, wachsen sonst aber zügig.

Procatopus (Leuchtaugenfische)

Eine Gattung von friedlichen Schwarmfischen aus der Familie *Aplocheilichthyidae.* Sie unterscheiden sich von den Leuchtaugenfischen der Gattung → *Aplocheilichthys* durch Dornfortsätze am unteren Kiemendeckel. Das Verbreitungsgebiet liegt in Nigeria und Nordwestkamerun. Die Arten der Gattung sind meist nur schlicht bläulich bis blausilbrig gefärbt, durch ihre relative Anspruchslosigkeit jedoch empfehlenswerte Pfleglinge. **Ansprüche:** Für einen kleinen Schwarm ist ein Becken ab 50 cm Länge ausreichend. Hohe Ansprüche werden an den Sauerstoffgehalt des Wassers gestellt, der durch gute Filterung und Durchlüftung befriedigt werden kann. Eine Wasserströmung, gegen welche die Fische ständig anschwimmen können, trägt sehr zu ihrem Wohlbefinden bei. Über dunklem Bodengrund und unter einer lichtdämpfenden Schwimmpflanzendecke macht seitlich oder von vorn einfallendes Licht das Erscheinungsbild der Fische attraktiver. Die bei den Artbeschreibungen angegebenen oberen Temperaturwerte sollten nicht überschritten werden, da hohe Temperaturen ebenso wie die Haltung von nur einem Pärchen die Lebenserwartung erheblich verkürzen. An die Fütterung werden zwar keine besonderen Anforderungen gestellt, jedoch werden Mückenlarven und auf die Wasseroberfläche gestreute Insekten eindeutig bevorzugt und sind vor allem bei der Vorbereitung der Fische zur Zucht wichtig.

Zucht: Der Zuchtansatz sollte möglichst in der Gruppe erfolgen. Die Fische sind Haftlaicher, die ihre Eier zwar auch an Pflanzen absetzen, jedoch Spalten zur Eiablage bevorzugen. Im Zuchtbecken sollten deshalb reichstrukturierte Wurzeln oder Korkrinde vorhanden sein, sonst laichen die Fische selbst in den Ritzen der Filterpatrone ab. Die Eier, die einzeln abgesetzt werden, bleiben von den Fischen unbehelligt, so daß die Alttiere bis zum Ende der mehrere Tage währenden Laichperiode im Zuchtbecken verbleiben können. Die Jungfische nehmen nach dem Schlupf Artemia-Nauplien als Erstfutter an und wachsen bei häufig gewechseltem und kräftig durchlüftetem Wasser sehr zügig und können nach 5–7 Monaten bereits zuchtfähig sein.

Procatopus-Biotop mit Hakenlilien, Kamerun

P. abberans

Vorkommen: Südwestkamerun, Südnigeria. **Größe:** 6 cm. **GU:** Das ♂ ist schlanker und in der Grundfärbung glänzender als das ♀. Die Schwanzflossenlappen beim ♂ sind ausgezipfelt, beim ♀ abgerundet. **Ansprüche:** Wasser 10–20 °dH, pH-Wert 7; Temperatur 18–25 °C. Diese Art ist gegenüber zu weichem Wasser ebenso empfindlich wie gegen belastetes Wasser, die Zugabe von einem Teelöffel Salz je 10 l Wasser kann in weichem Wasser das Wohlbefinden der Fische erhöhen. Die übrigen Ansprüche entsprechen der Gattungsbeschreibung.

Zucht: Zuchtverlauf wie in der Gattungsbeschreibung angeführt, die Jungfische schlüpfen nach 12–16 Tagen.

P. nototaenia

Rotrückiger Procatopus,
Rotrückiger Leuchtaugenfisch

Vorkommen: Westnigeria, Südwestkamerun. **Größe:** 6 cm. GU: Das ♂ besitzt einen orangeroten Rückenstrich und farbige Flossen, das ♀ ist einfarbig blaßblau, seine Flossen sind ohne Farbe und Zeichnung. **Ansprüche:** Wasser 1–8 °dH, pH-Wert 6–6,5; Temperatur 21–25°C, übrige Ansprüche wie in der Gattungsbeschreibung angegeben.

Zucht: Der Zuchtverlauf entspricht dem in der Gattungsbeschreibung angeführten, die Jungfische schlüpfen in Abhängigkeit von Temperatur und Wasserhärte nach 12–20 Tagen, der Schlupf kann durch Frischwasserzugabe begünstigt werden, vor allem bei Zucht in etwas härterem Wasser.

Procatopus nototaenia

Protomelas

Eine Gattung von Maulbrütern der Familie *Cichlidae*, deren Vertreter an einer vom Kiemendeckel bis zur Schwanzwurzel in der Körpermitte verlaufenden Linie zu erkennen sind, die häufig von einer zweiten, schwächeren, vom Kopf bis zur Rükkenflosse reichenden Linie begleitet wird. **Vorkommen:** Mit zahlreichen Arten und Unterarten sowie Farbvarianten über den gesamten Malawisee verbreitet. **Ansprüche:** Wasser 10–20 °dH, pH-Wert 7,5–8,5; Temperatur 24–26 °C. Bei Pflege einer Art im Harem (ein ♂ mit 2–4 ♀♀) ist eine Beckenlänge von 120 cm ausreichend, andernfalls sollte sie 150 cm nicht unterschreiten! Neben freien Sand- und Kiesflächen müssen in Steinaufbauten ausreichend Versteckplätze angeboten werden. Pflanzenbestände aus *Anubias,* Riesenvallisnerien und *Echinodorus usteriana* o. ä. an den Seiten werden ebenfalls als Unterstände angenommen und kaum behelligt. Um eine Nitratbelastung zu verhindern und dem hohen Sauerstoffbedarf der Arten gerecht zu werden, ist die Installation einer wirksamen Filterung zum Wohlbefinden unerläßlich. Der wöchentliche Teilwasserwechsel sollte mindestens 1/4 des Beckeninhaltes umfassen. An das Futter werden keine spezifischen Anforderungen gestellt, es muß lediglich der Größe der einzelnen Arten gerecht werden und vielseitig zusammengesetzt sein.

Zucht: Eine Temperaturerhöhung auf 28 °C erhöht die Laichbereitschaft. Abgelaicht wird im Revier des ♂ auf Sand, Kies oder einem Stein. Die Eier werden sofort vom ♀ ins Maul genommen und nach der Eifleckmethode (→ *Cyrtocara*) befruchtet. Die Maulbrutdauer beträgt in der Regel 21 Tage. Für eine rationelle Zucht sollten die brütenden ♀♀ 2 Tage vor Ende der Maulbrutzeit vorsichtig herausgefangen und in ein mit einem auf die Seite gelegten Blumentopf ausgestattetes Zuchtbecken umgesetzt werden. Am sichersten und ohne die Gefahr des Abschluckens der Jungfische geschieht dies abends beim schwachen Schein einer Taschenlampe mit Hilfe einer großen Fangglocke oder dadurch, daß man das ♀ in ein größeres Konservenglas treibt, mit dem es dann umgesetzt wird. Nach dem Freilassen werden die Jungfische kaum noch vom ♀ betreut und können mit Artemia- und Cyclops-Nauplien ohne Probleme angefüttert werden. Einer Wasserbelastung, die zum Verlust der Brut führen kann, muß durch sehr früh einsetzenden und regelmäßig durchzuführenden Teilwasserwechsel vorgebeugt werden.

P. similis

Größe: 12 cm. **GU:** Bis zur Größe von etwa 7 cm tragen beide Geschlechter die unscheinbare Weibchenzeichnung, danach färben die ♂♂ ins blaue Prachtkleid ein. Die Art ist relativ friedlich und kann in ausreichend großen Becken in kleiner Gruppe und mit anderen friedlicheren Haplochrominen des Malawisee gepflegt werden. Die übrigen Ansprüche und der Zuchtverlauf entsprechen den in der Gattungsbeschreibung angegebenen.

P. taeniolatus

Größe: 12 cm. **GU:** In der Jugend tragen beide Geschlechter das silbrige Weibchenkleid mit Gitterzeichnung, bei halberwachsenen ♂♂ verlängern sich Bauch- und Afterflossen, und die Umfärbung ins blaugrüne Prachtkleid beginnt. **Ansprüche:** Als Aufwuchsfutter wünscht diese Art einen höheren Anteil pflanzlicher Stoffe im Futterangebot, angequetschte Feinfrosterbsen werden gern genommen. Die übrigen Ansprüche und der Zuchtverlauf entsprechen den in der Gattungsbeschreibung angegebenen.

Pseudoepiplatys annulatus

Ringelhechtling, Zwerghechtling
Familie: *Aplocheilidae*

Vorkommen: Guinea, Sierra Leone, Liberia. **Größe:** ♂ 5 cm, ♀ 4 cm. **GU:** Beim ♂ sind alle Flossen gefärbt, die Mittelstrahlen der Schwanzflosse stark verlängert, beim ♀ ist nur die Schwanzflosse schwach orangefarben gefärbt. **Ansprüche:** Diese attraktiven, etwas anspruchsvollen und immer noch seltenen Eierlegenden Zahnkarpfen sollten am besten im kleinen Schwarm im Artbecken von mindestens 50 cm Länge gehalten werden; Wasserhärte unter 5 °dH, pH-Wert 6–6,5; Temperatur 23–26 °C. Als Bodengrund kommen gut ausgekochter Fasertorf oder eine Mischung von grobem Sand und Torf in Frage. Eine nur sparsame Bepflanzung sollte sehr viel Schwimmraum frei lassen, zur Lichtdämpfung wird eine Schwimmpflanzendecke aufgebracht. Die Art verlangt eine kräftige Filterung und regelmäßigen wöchentlichen Teilwasserwechsel, der 1/4 des Beckeninhalts umfaßt. Das beim Wasserwechsel eingesetzte Frischwasser muß über Torf aufbereitet sein, gegen Chlor im Wasser sind die Fische ebenso empfindlich wie gegen Nitrat- und organische Belastungen. Neben Cyclops, kleinen Wasserflöhen und Grindalwürmchen werden von den Tieren sehr gern auf die Wasseroberfläche gestreute Kleininsekten aufgenommen, vor allem Drosophila und Blattläuse, sie sollten vor allem bei der Vorbereitung der Fische auf die Zucht nicht fehlen.

Zucht: Die Fische sind schwer zur Fortpflanzung zu bringen, wenn nicht alle Ansprüche optimal erfüllt wurden. Bewährt hat sich die Zucht im Artbecken, da Ringelhechtlinge keine Laichräuber sind. Die Laichbereitschaft kann ausgelöst werden, wenn im Artbecken breitblättrige Pflanzen durch feinfiedrige ausgetauscht und gleichzeitig durch einen größeren Teilwasserwechsel (50%) die Gesamthärte auf 1–2 °dH, der pH-Wert auf 5–5,5 gesenkt werden. Es ist auch günstig, die Temperatur 1–2 Wochen vor der geplanten Zucht auf 24 °C zu halten und nach Veränderung der Wasserhärte auf 27 °C konstant zu erhöhen. Abgelaicht wird zwischen den feinfiedrigen Pflanzen, in denen die kleinen Eier haftenbleiben. Die Jungfische schlüpfen nach 8–11 Tagen und halten sich in der Schwimmpflanzendecke auf. Sie können mit dieser abgeschöpft und in ein flaches Aufzuchtbecken mit einem Wasser überführt werden, das in allen Werten mit dem des Artbeckens übereinstimmen muß. Räder- und Zuchtpantoffeltierchen werden als Erstfutter angenommen, das Wachstum verläuft auch bei regelmäßigem Wasserwechsel und guter Fütterung nur langsam.

Pseudoepiplatys annulatus

Pseudocrenilabrus

Eine Gattung von Maulbrütern der Familie *Cichlidae* aus Afrika. **Ansprüche:** Bei Paarhaltung reicht zur Pflege dieser relativ anspruchslosen Fische bereits ein Becken ab 60 cm Länge aus; Wasser 10–15 °dH, pH-Wert 7; Temperatur 20–24 °C. Zur Beckeneinrichtung gehören neben feinkörnigem Bodengrund zahlreiche Versteckmöglichkeiten aus Steinen und Wurzeln. Zur Bepflanzung sollten robustere Arten verwendet werden, die am besten in Töpfe gepflanzt werden, da die Fische besonders in der Laichzeit gern wühlen. Kräftige Filterung und regelmäßiger wöchentlicher Teilwasserwechsel, der 1/4 des Beckeninhalts umfaßt, tragen sehr zum Wohlbefinden der Fische bei. An die Zusammensetzung des Futters werden keine besonderen Ansprüche gestellt.

Zucht: Die günstigsten Zuchttemperaturen liegen bei 25–27 °C. Die Eiablage erfolgt in Gruben, die vom ♂ ausgehoben wurden, die Befruchtung der Eier durch das ♂ erfolgt in der Grube. Die Eier werden vom ♀ ins Maul genommen. Aus sehr kleinen Becken sollte das ♂ während der Maulbrutdauer herausgefangen werden, in großen Becken genügt es, wenn das ♀ am 9. Maulbruttag vorsichtig herausgefangen und in ein Aufzuchtbecken überführt wird, in dem 10 Tage nach Beginn der Maulbrut die Jungfische entlassen werden. Die Jungfische werden eine Woche und länger vom ♀ betreut und flüchten bei Gefahr weiterhin ins mütterliche Maul zurück. Als Erstfutter sind Rädertierchen, Mikrowürmchen und Nauplien geeignet.

P. multicolor

Kleiner Maulbrüter, Vielfarbenmaulbrüter

Vorkommen: Im nordöstlichen Afrika vom unteren Nil bis Uganda und Tansania weit verbreitet. **Größe:** ♂ 8 cm, ♀ 6 cm. **GU:** Das ♂ besitzt in der Afterflosse rote Flecken, es ist vor allem zur Laichzeit viel intensiver als das unscheinbare ♀ gefärbt. **Ansprüche:** *P.m.* ist der klassische Maulbrüter der Aquaristik, der wegen seiner Anspruchslosigkeit auch heute noch jedem Neuling sehr zu empfehlen ist. Die in der Gattungsbeschreibung angeführten Wasserwerte stellen das Haltungsoptimum dar. *P.m.* ist auch bei davon abweichenden Werten gut und ausdauernd haltbar.

Zucht: Der Zuchtverlauf entspricht dem in der Gattungsbeschreibung angegebenen, die Zahl der möglichen Jungfische liegt zwischen 30 und 80.

P. nicholsi

Trikoloremaulbrüter

Vorkommen: Upemba-Seen im Zaire-Bassin. **Größe:** 7 cm. **GU:** Das ♂ wird etwas größer als das ♀, es ist farbiger und hat längere Bauchflossen als das ♀. **Ansprüche:** Diese Art gehört zu den farbenprächtigsten der Gattung, ist nach eigenen Erfahrungen jedoch leider auch die unverträglichste, sowohl gegenüber Artgenossen als auch anderen gleichgroßen afrikanischen Cichliden. In einem Becken ab 80 cm Länge kann man gut ein ♂ mit 3–4 ♀♀ pflegen, in einem Gemeinschaftsbekken sollte einem Paar mindestens ein Revier von 60 cm Länge zur Verfügung stehen. Pflanzen müssen gut abgedeckt in Töpfen stehen, da sie sonst herausgewühlt werden. Die anderen Ansprüche entsprechen den in der Gattungsbeschreibung angeführten, ebenso der Verlauf von Zucht und Maulbrut.

P. philander dispersus

Messingmaulbrüter

Vorkommen: Afrika südlich des Zaire. **Größe:** ♂ 11 cm, ♀ 8 cm. **GU:** Das ♂ ist farbenprächtiger als das ♀, besitzt Goldglanz auf dem Körper und einen roten Fleck in der Afterflosse, der dem ♀ fehlt. **Ansprüche:** Wie in der Gattungsbeschreibung angegeben; da diese Art sehr stark wühlt, müssen die Pflanzen in Töpfe gesetzt werden.

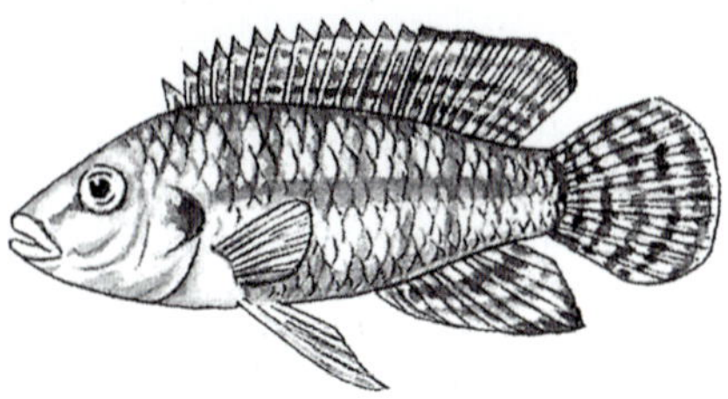

Pseudocrenilabrus philander dispersus

Zucht: Der Zuchtverlauf entspricht dem in der Gattungsbeschreibung angegebenen, die Zahl der möglichen Jungfische liegt zwischen 70 und 100.

Pseudomugil (Blauaugen)

Eine Gattung kleiner Ährenfische aus der neugeschaffenen Familie *Pseudomugilidae* (ausgegliedert aus *Melanotaeniidae*) mit Verbreitungsschwerpunkt NO-Australien und Neuguinea, deren Arten durch eine mehr oder weniger intensiv blau leuchtende Iris gekennzeichnet sind.

P. conniae (bisher *Popondetta*)

Popondetta-Regenbogenfisch

Vorkommen: Papua-Neuguinea. **Größe:** ♂ 5,5 cm, ♀ 4,5 cm. **GU:** Beim ♂ ist die erste Rückenflosse spitz ausgezogen, die Färbung ist insgesamt intensiver als beim ♀. **Ansprüche:** *P.c.* ist der ideale Fisch in den Wasserversorgungsgebieten unseres Landes, wo eine Salmlerpflege schwierig ist. Er sollte immer im Schwarm von mindestens 8–10 Tieren im Artbecken oder in Gesellschaft anderer nicht zu großer Regenbogenfische (→ *Iriatherina*, → *Pseudomugil*, → *Telmatherina*) gepflegt werden. Ein Becken ab 60 cm Länge ist dabei ausreichend. Als Beckeneinrichtung genügen Sand als Bodengrund, feinfiedrige Pflanzen oder aufgelockerte Büschel von Javamoos und einige zarte Schwimmpflanzen (*Riccia*); Wasser 10–20 °dH, pH-Wert 7,7–8; Temperatur 25–28 °C. Die Filterung bzw. Durchlüftung darf nicht zu kräftig sein, ein Teilwasserwechsel im Abstand von 14 Tagen, bei dem 1/5 des Beckeninhalts durch abgestandenes Frischwasser ersetzt wird, ist ausreichend. Zur Fütterung sind alle gebräuchlichen Futtermittel geeignet. Wie alle Regenbogenfische nimmt auch *P.c.* sehr gern auf die Wasseroberfläche gestreute Kleininsekten (Drosophila, Blattläuse u.ä.) an. Sie fördern ebenso wie Mückenlarven Laichansatz und Laichbereitschaft.

Zucht: Bei Haltung im Artbecken kommen bei gut gefütterten Alttieren immer einige Jungfische hoch, die den Bestand erhalten bzw. abgeschöpft werden können. Für eine rationelle Zucht wird ein Paar, bei sehr stark treibendem ♂ 2–3 ♀♀, in ein Zuchtbecken gesetzt, das wie für die Haltung angegeben, eingerichtet ist. Abgelaicht wird oft mehrere Tage hintereinander in den frühen Morgenstunden zwischen den Pflanzen, an denen die Eier an kurzen Fäden hängenbleiben. Nur in sehr kleinen Becken wird der Laich gefressen und die Eltern müssen herausgefangen werden. Da die Eier jedoch lichtempfindlich sind, ist es auch in größeren Becken vorteilhaft, am 2. Laichtag die Alttiere zu entfernen, um den Laich abdunkeln zu können. Die Entwicklung der Embryonen ist an der Ausbildung der Augen sehr gut zu verfolgen, die Jungen schlüpfen nach 15–20 Tagen. Das Anfüttern der freischwimmenden Jungfische stellt das größte Problem in der Zucht dieser Art dar, die Jungfische sind wählerisch und nehmen nicht jedes Staubfutter an. Vor manchem Zuchtpantoffeltierchen scheinen sie regelrecht zu flüchten: Man sollte Staubfutter aus verschiedenen Teichen ausprobieren. Mit staubfeinem Fleisch-, Blut- oder Eiermehl kann zumindest ein Teil der Jungfische über die schwierigste erste Lebenswoche gebracht werden, danach ist die Aufzucht nicht schwieriger als bei anderen Regenbogenfischen.

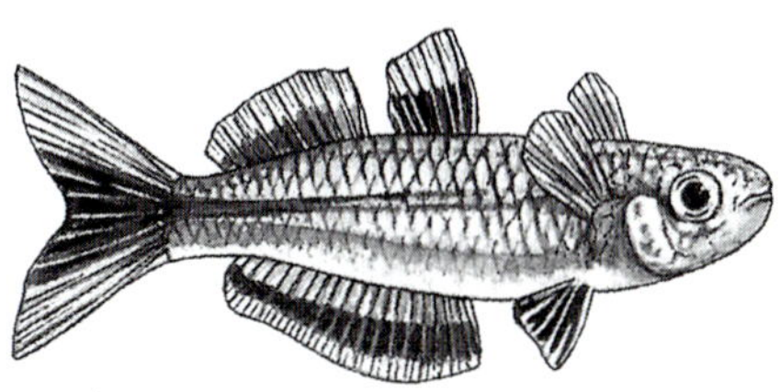

Pseudomugil connieae

P. gertrudae

Vorkommen: Nordaustralien, südl. Papua-Neuguinea. **Größe:** 3 cm. **GU:** Das ♂ besitzt attraktiv gezeichnete Flossen, das ♀ ist unscheinbar gefärbt. **Ansprüche:** Wasser 8–15 °dH, pH-Wert 5,5–7; Temperatur 24–28 °C. Bei einer empfehlenswerten Haltung im Artbecken sind Becken ab 50 cm Länge ausreichend, die Wasserhöhe braucht 25 cm nicht zu überschreiten. Grober, nicht zu heller Sand, der einige Torffasern enthält, ist der geeignete Bodengrund. Die Bepflanzung sollte nur mäßig sein, mit Javamoos überzogene Moorkienwurzeln gehören zur Beckenausstattung. Wöchentlicher Teilwasserwechsel, der 1/4 des Beckeninhaltes umfaßt, ist zum Wohlbefinden der Fische unerläßlich, der Zusatz eines guten Wasseraufbereitungsmittels ist empfehlenswert, in Wasserversorgungsgebieten mit belastetem Wasser unerläßlich. Neben Cyclops werden sehr gern Drosophilas von der Wasseroberfläche aufgenommen, für eine erfolgreiche Zucht sind sie unverzichtbar.

Zucht: Die Zucht im Artbecken ist sehr zu empfehlen. Das ♀ sucht in einem Javabüschel eine geeignete Stelle aus und lockt ein Männchen an, mit dem abgelaicht wird. Sehr oft stellen die Alttiere dem Laich nach, so daß ein Überführen des

Javamooses nach dem Ablaichen in ein Aufzuchtbecken sinnvoll ist. Ein neues Büschel sollte an gleicher Stelle wieder eingebracht werden. Die Jungfische schlüpfen nach 9–11 Tagen und benötigen Rädertierchen als Erstfutter, finden jedoch auch erstaunlich viel Mikrofauna im Javamoos, vor allem wenn diese einen Tag vor dem Schlupftermin mit einigen Futterflocken gefördert wurde. Im Alter von 4 Monaten tritt die Geschlechtsreife ein.

P. signifer

Schmetterlingsährenfisch

Vorkommen: Nord- und Ostqueensland in Australien. **Größe:** 4,5 cm. **GU:** Das ♂ ist etwas größer als das ♀ und intensiver gefärbt, zur Laichzeit färbt sich seine Afterflosse rötlich. **Ansprüche:** Dieser friedliche Schwarmfisch sollte im Artbecken oder in Gemeinschaft mit anderen Regenbogenfischen vergleichbarer Größer (→ *Iriatherina*, → *Popondetta*, → *Telmatherina*) gehalten werden bei einer Beckenlänge ab 60 cm; Wasser 12–20 °dH, pH-Wert 7; Temperatur 23–28 °C. Bei mineralsalzarmem Ausgangswasser ist der Zusatz von 10–20 g See- oder Kochsalz je 10 l Wasser empfehlenswert. Feinkörniger Bodengrund, eine gute Bepflanzung, die viel Schwimmraum frei läßt, sowie eine helle Beleuchtung werden den Ansprüchen der Fische am besten gerecht. 1–2 Stunden Morgensonne im Becken erhöht das Wohlbefinden der Tiere. Neben einer kräftigen Filterung muß durch regelmäßigen wöchentlichen Teilwasserwechsel, der 1/4 des Beckeninhalts umfaßt, dem Sauerstoffbedarf der Fische Rechnung getragen werden. Chlorbelastetes Frischwasser muß aufbereitet oder vor Einsatz gut durchlüftet werden. Anfallender Mulm sollte regelmäßig abgesaugt werden, auf organische Belastung des Wassers und Massenvermehrung von Infusorien reagieren die Tiere sehr empfindlich. Neben den üblichen Futterarten, die nicht zu groß sein sollten, werden gern auf die Wasseroberfläche gestreute Kleininsekten (Drosophila, Blattläuse) angenommen.

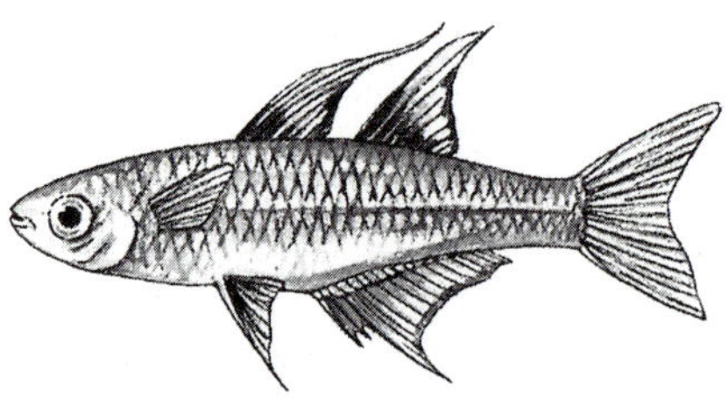

Pseudomugil signifer

Zucht: Die Art ist Dauerlaicher, eine Laichperiode dauert jeweils 6–8 Wochen, so daß Schwarmansatz im Artbecken zu empfehlen ist. Abgelaicht wird zwischen Javamoos oder anderen feinblättrigen Pflanzen, ein ♀ kann täglich zwischen 8 und 25 Eier abgeben. In ausreichend großen Becken und bei guter Fütterung stellen die Alttiere dem Laich kaum nach. Für eine rationelle Zucht sollte das Laichsubstrat alle zwei Wochen ausgewechselt und die ölhaltigen Pflanzenbüschel in einem Aufzuchtbecken zur weiteren Entwicklung gebracht werden. Die Entwicklungsdauer des Laichs ist abhängig von Temperatur und Salzgehalt, hoher Salzgehalt verkürzt die Entwicklungsdauer auf 12–18 Tage, in mineralsalzarmem Wasser kann sie 40 Tage und mehr betragen. Obwohl die Eier relativ groß sind, sind die schlüpfenden Jungfische sehr klein und benötigen feinstes Staubfutter als Erstfutter. Es muß mehrmals täglich in kleinen Portionen gefüttert werden, da bereits die Jungfische gegen Infusorientrübungen sehr empfindlich sind. In den ersten Lebenswochen sollte möglichst im Abstand von 2 Tagen 1/10 des Beckeninhalts durch abgestandenes, gut durchlüftetes und mit 10 g Salz je Liter versehenes Frischwasser erneuert werden.

Pseudosimochromis curvifrons

Kurzkopfmaulbrüter
Familie: *Cichlidae*

Vorkommen: Tanganjikasee. **Größe:** 14 cm. **GU:** Beim ♂ sind Rücken- und Afterflosse zugespitzt, seine Bauchflossen verlängert, der Körper einfarbig und ohne Bänderung. Beim ♀ zeigt der Körper eine gut ausgeprägte Bänderung. **Ansprüche:** Für die Haltung eines Paares in Gesellschaft anderer Tanganjikasee-Cichliden ist ein Becken ab 120 cm Länge erforderlich; Wasser 14–18 °dH, pH-Wert 7,5–9; Temperatur 24–26 °C. Der Bodengrund sollte aus Kies bestehen, das Becken große Felsaufbauten mit zahlreichen Höhlen und Spalten sowie einige größere Wurzeln zur Dekoration enthalten. Eine Bepflanzung ist bei erwachsenen Tieren nicht möglich, auch robuste Arten werden verbissen. Der Bedarf an pflanzlicher Nahrung aller Art ist hoch, bevorzugt wird Algenrasen. Ein sonniger Stand des Beckens oder intensive Beleuchtung zur Förderung des Algenaufwuchses sind günstig. Wenn Salat, Spinat, Vogelmiere u. a. nicht zur Verfügung stehen, werden von den Fischen sehr gern auch Feinfrosterbsen angenommen, daneben ist kräftiges Lebendfutter zu verabreichen. Der Sauerstoffbedarf ist hoch und sollte vor allem durch kräftige Filterung befriedigt werden. Beim Wasserwechsel ist Vorsicht angeraten, die Fische reagieren oft empfindlich auf zu hohe Frischwassermengen, so daß häufigerer Teilwasserwechsel, bei dem jeweils nicht mehr als 1/10 des Beckeninhalts erneuert wird, einem umfangreicheren Wasserwechsel in größeren Abständen vorzuziehen ist.

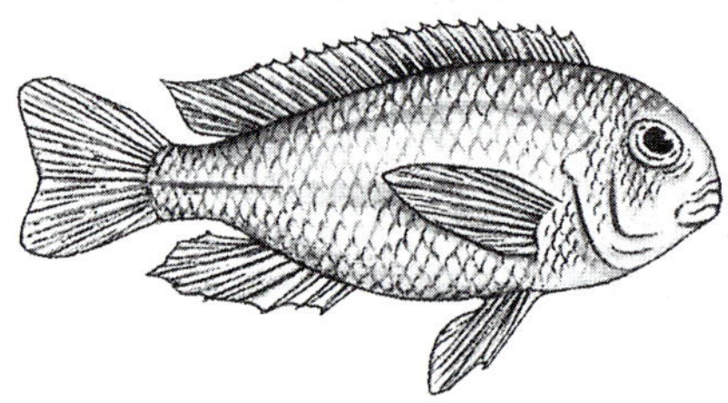

Pseudosimochromis curvifrons

Zucht: Die Zucht dieses Maulbrüters erfolgt im Paaransatz. Die Eier werden auf waagerechtliegenden Steinen abgelegt, vom ♀ aufgenommen und 21–25 Tage lang bebrütet. Als Erstfutter werden von den Jungfischen Nauplien angenommen, die Zahl der Jungfische überschreitet 30 kaum.

Pseudosphromenus

(Spitzschwanzmakropoden)

Eine Gattung der Familie **Belontiidae** mit zwei beschriebenen Arten aus Südostasien. **Ansprüche:** Spitzschwanzmakropoden sind ruhige und friedliche Fische, die gut mit nicht zu lebhaften anderen Fischen vergesellschaftet werden können, eine Beckenlänge ab 60 cm ist ausreichend; Wasser 4–15 °dH, pH-Wert 6,5–7,5; Temperatur 24–28 °C. Die Fische fühlen sich in nicht zu hellen Becken über dunklem Bodengrund und unter einer leichten Schwimmpflanzendecke am wohlsten und zeigen darin ihre besten Farben. Neben einigen feinblättrigen Pflanzen sollte im Zentrum des Beckens mindestens eine großblättrige vorhanden sein. Das Wasser kann durch Filterung über Torf oder Zusatz von Torfextrakten hellbraun verfärbt sein. Bei guter Filterung ist der

Teilwasserwechsel im Abstand von 14 Tagen, bei dem $^1/_4$ des Beckeninhalts erneuert wird, ausreichend. Das eingesetzte Frischwasser muß chlorfrei sein, eine Aufbereitung über Torf ist in jedem Fall empfehlenswert. Die Fische bevorzugen kräftiges Lebendfutter aller Art, nehmen aber auch Frost- und Trockenfutter an.

Zucht: Die Zucht erfolgt im Paaransatz in einem Becken mit 10–15 cm Wasserhöhe, das mit einer großblättrigen Pflanze ausgestattet ist, bei Temperaturen zwischen 27 und 29 °C. Vom ♂ wird unter einem Blatt oder frei an der Wasseroberfläche ein Schaumnest gebaut. Im Gemeinschaftsbecken werden auch Steinüberhänge genutzt oder das Nest unter Dekorationswurzeln angelegt. Der Boden des Zuchtbeckens sollte keinen Bodengrund enthalten, damit während des Laichaktes herunterfallende Eier nicht zwischen Kiesel u. a. fallen können. Die beim Laichakt austretenden Eier werden vom ♂, häufig auch mit Unterstützung des ♀ gesammelt und vom ♂ in das Schaumnest eingebaut. Das ♀ wird in den meisten Fällen nach dem Ablaichen vom ♂ geduldet, sollte besser aber herausgefangen und die Brutpflege dem ♂ allein überlassen werden. Die Jungen schlüpfen nach 30 Stunden, bei niedrigen Temperaturen kann sich der Schlupf bis zu 40 Stunden verzögern. Drei Tage nach dem Schlupf schwimmen die Jungfische frei und nehmen Tümpelstaub, Zuchtpantoffeltierchen und Artemia-Nauplien als Erstfutter an. Stehen diese Futterarten nicht zur Verfügung, dann kann ein Teil der Jungfische auch mit feingesiebtem, hochwertigem Trockenfutter über die ersten Tage gerettet werden. Dies sollte jedoch immer nur eine Notlösung sein, weil sich damit kaum prächtige Fische erzielen lassen. Nach der Ausbildung des Labyrinths sollte die Temperatur im Aufzuchtbecken bei 24 °C gehalten werden, um vor allem gegen Fischtuberkulose widerstandsfähige Fische heranzuziehen, die bei hohen Temperaturen herangetriebenen Jungfische sind später oft sehr anfällig.

P. cupanus

(Schwarzer) Spitzschwanzmakropode

Vorkommen: Südindien, Sri Lanka. **Größe:** 6 cm. **GU:** Der Rotanteil in den Flossen ist beim ♂ etwas intensiver, seine Rückenflosse ist etwas länger ausgezogen als beim ♀. Bei der Paarung färbt sich das ♂ rot, das ♀ schwarz. **Ansprüche:** Ihre volle mögliche Farbigkeit zeigen die Fische nur bei den in der Gattungsbeschreibung angeführten optimalen Haltungsbedingungen, sonst wirken sie sehr unscheinbar und blaß. Eine schwache Filterung ist ausreichend. Sehr hell beleuchtete Beckenbereiche werden von den Fischen oft bevorzugt. Die übrigen Ansprüche entsprechen der Gattungsbeschreibung.

Zucht: Algenbewachsene und besonnte Zuchtbecken erhöhen die Laichbereitschaft dieser Art, die gern auch unter Wurzeln und Steinen in Oberflächennähe das Schaumnest baut. Das ♀ wird in den meisten Fällen nicht nur geduldet, sondern beteiligt sich auch an der Aufzucht der Jungen, die meist erst nach 48 Stunden schlüpfen. Der Zuchtverlauf entspricht dem in der Gattungsbeschreibung angegebenen.

P. dayi

Roter Spitzschwanzmakropode

Vorkommen: Vietnam. **Größe:** 7,5 cm. **GU:** Beim ♂ sind die mittleren Schwanzflossenstrahlen stärker verlängert als beim ♀, seine Kehle ist oft rot gefärbt. Das ♀ wirkt voller und sein Bauch ist meist heller als der des ♂. **Ansprüche:** Alle Ansprüche gleichen den in der Gattungsbeschreibung angeführten.

Zucht: Der Zuchtverlauf entspricht dem in der Gattungsbeschreibung angeführten, das ♀ wird meist geduldet und beteiligt sich an der Aufzucht. Während der Aufzucht sollte die Wasserhöhe im Zuchtbecken 10 cm nicht wesentlich überschreiten.

Pseudotropheus

Eine Gattung von Maulbrütern der Familie *Cichlidae* aus dem Malawisee. Die meisten Arten dieser Gattung sind stark revierbildend und untereinander aggressiv, so daß auch bei kleineren Arten die Beckenlänge nicht unter 120 cm liegen sollte. Die Haltung im Harem (1 ♂ mit 3 und mehr ♀♀) ist die artgerechteste Form; Wasser 10–20 °dH, pH-Wert 7,5–8,5; Temperatur 24–26 °C. Der Bodengrund sollte feinkörnig sein und einige flache Steine enthalten. Höhlen- und spaltenreiche Felsaufbauten müssen genügend Versteckplätze für die einzelnen Tiere bieten, die Verwendung von Kalkgestein zur Absicherung der notwendigen Wasserhärte und des pH-Wertes im alkalischen Bereich ist empfehlenswert, vor allem wenn zur Dekoration Moorkienwurzeln mitverwendet werden, welche das Wasser ansäuern könnten. Eine Bepflanzung mit robusten Arten ist in den meisten Fällen möglich, da viele Arten der Gattung jedoch in der Laichvorbereitung Gruben ausheben, sollten die Wurzelbereiche dicht mit Steinen abgedeckt oder die Pflanzen in Töpfe gesetzt werden. Der Sauerstoffbedarf der Fische ist hoch und muß durch eine kräftige Filterung und Durchlüftung sowie regelmäßigen Teilwasserwechsel (wöchentlich mindestens 1/5 des Beckeninhalts) befriedigt werden.

Pseudosphromenus dayi

Neben allem Futter tierischer Herkunft werden von vielen Arten gern auch Feinfrosterbsen angenommen.

Zucht: Für die planmäßige Zucht sind bei Temperaturen zwischen 26 und 28 °C 1 ♂ mit mehreren ♀♀ im Zuchtbecken anzusetzen, welches Sandboden, einige flache Steine sowie Versteckplätze enthalten muß. Die Balz wird vom ♂ mit dem Ausheben einer Grube eingeleitet, abgelaicht wird in der Regel jedoch auf einem flachen Stein. Die Eier werden vom ♀ ins Maul genommen und dort nach der Eifleckmethode (→ *Cyrtocara*) befruchtet. In Abhängigkeit von der Temperatur beträgt die Maulbrutzeit 18–24 Tage. 1–2 Tage vor Ende der Maulbrutzeit sollte das ♀ vorsichtig, am besten abends bei schwacher Beleuchtung, herausgefangen und in ein Aufzuchtbecken umgesetzt werden, das einen auf die Seite gelegten Blumentopf enthält. Im Schutze dieses Verstecks werden die Jungfische aus dem Maul entlassen und meist nur noch wenige Tage lang vom ♀ intensiv betreut, es kann daher sehr bald zurückgesetzt werden. Rädertierchen, Mikrowürmchen sowie Nauplien werden als Erstfutter von den Jungfischen angenommen, die bei regelmäßigem Teilwasserwechsel und guter Fütterung zügig wachsen.

P. aurora

Goldkehlmaulbrüter

Größe: 12 cm. **GU:** Das ♂ besitzt eine hellblaue Körperfärbung und 1–2 deutlich sichtbare Eiflecken auf der Afterflosse, die Grundfarbe des ♀ ist graublau. **Ansprüche:** Wie in der Gattungsbeschreibung angegeben.

Zucht: Ansatz von mindestens 3 ♀♀ je ♂, die Maulbrutdauer beträgt bei 28 °C 18, bei 25 °C 21–22 Tage, die Zahl der Jungfische liegt zwischen 40 und 60, der Zuchtverlauf entspricht dem in der Gattungsbeschreibung angegebenen.

P. elongatus

Malawischmalbarsch

Größe: 13 cm. **GU:** Das ♂ besitzt violettblaue Binden auf schwarzblauer Körpergrundfarbe, die Eiflecken auf der Afterflosse sind deutlich sichtbar. Die Körpergrundfarbe des ♀ ist Rehbraun bis Oliv. **Ansprüche:** *P.e.* ist eine sehr aggressive Art, die am besten mit größeren Malawicichliden in sehr großen, an Verstecken reichen Becken gehalten werden kann, dabei sollten einem ♂ sowohl bei der Haltung als auch beim Zuchtansatz mindestens 5 ♀♀ beigegeben werden. Die übrigen Ansprüche entsprechen denen der Gattungsbeschreibung.

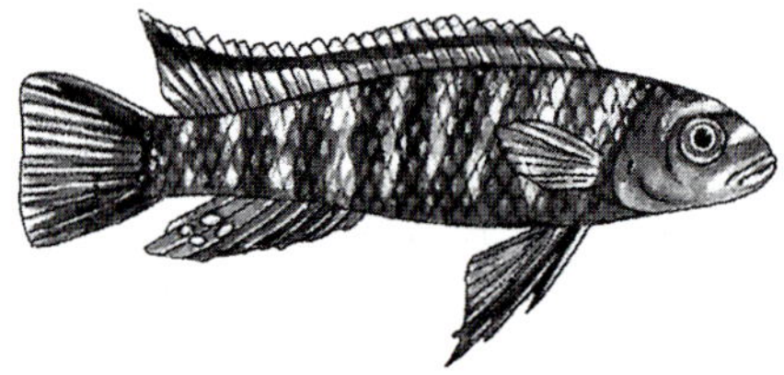

Pseudotropheus elongatus

Zucht: Der Zuchtverlauf entspricht dem in der Gattungsbeschreibung angeführten, nach dem Freilassen aus dem Maul werden die Jungfische nur selten länger als 2 Tage vom ♀ betreut, die Zahl der Jungfische beträgt etwa 25.

P. fuscus

Blaustreifenmaulbrüter

Größe: 11 cm. **GU:** Das ♂ trägt auf schwarzer Körpergrundfarbe hellblaue Längsstreifen, die Eiflecke auf der Afterflosse sind deutlich sichtbar. Das ♀ ist von graugelber bis graubrauner Körpergrundfarbe und besitzt zwei schwarze Längsstreifen. **Ansprüche:** Wie in der Gattungsbeschreibung angegeben.

Zucht: Der Zuchtverlauf entspricht dem in der Gattungsbeschreibung angeführten, häufig werden die Eier in den vom ♂ gegrabenen Gruben im Sand abgelegt und dort vom ♀ aufgenommen.

P. lanisticola

Kleiner Schneckenbarsch

Größe: 7 cm. **GU:** Die Vorderkante der Brustflossen ist beim ♂ breit schwarz gesäumt, während beim ♀ dieser Saum höchstens angedeutet ist. Die Eiflecke auf der Afterflosse des ♂ sind deutlich sichtbar. **Ansprüche:** Wenn große Schneckenhäuser zur Verfügung stehen, so werden diese als Unterschlupf bevorzugt, als Versteck werden jedoch auch nicht zu große Höhlen in Steinaufbauten angenommen. Die übrigen Ansprüche gleichen den in der Gattungsbeschreibung angeführten. Die Art ist relativ friedlich.

Zucht: Die Laichbereitschaft der Tiere wird erhöht, wenn neben Schneckengehäusen entsprechender Größe den Tieren eine ausgedehntere Sandfläche im Zuchtbecken geboten wird. Die Zahl der Schneckenhäuser sollte höher sein als die der dem ♂ beigegebenen ♀♀. Der Zuchtverlauf entspricht dem in der Gattungsbeschreibung angeführten.

P. livingstoni

Blaukehlschneckenbarsch,
Großer Schneckenbarsch

Größe: 15 cm. **GU:** Das ♂ besitzt Eiflecke auf der Afterflosse, die blauen Farbtöne sind bei ihm leuchtender als beim ♀. **Ansprüche:** Bei dieser trotz ihrer Größe relativ friedlichen Art ist in großen Becken die Haltung mehrerer ♂♂ mit entsprechender ♀♀-Überzahl gut möglich. Den Ansprüchen der Art kommt Sandboden mehr entgegen als Kies. Sind der Größe der Tiere entsprechende Schneckengehäuse vorhanden, so werden sie Höhlen in Steinaufbauten vorgezogen. Es ist günstig, wenn diese Höhlen nicht in einer Rückwand gestaltet, sondern über das gesamte Becken, in lockeren Steinhaufen auf sandigem Grund gebaut, verteilt werden. Die übrigen Ansprüche entsprechen denen der Gattungsbeschreibung.

Zucht: Der Zuchtverlauf entspricht dem in der Gattungsbeschreibung angeführten, bis zu 80 Jungfische sind als Ergebnis möglich.

P. lombardoi

Malawiprachtmaulbrüter

Größe: 15 cm. **GU:** Das ♂ ist leuchtend zitronen- bis goldgelb gefärbt, auf der Afterflosse befindet sich ein großer Eifleck. Das ♀ ist hellblau, im Alter graugelb gefärbt. **Ansprüche:** Der Zuchtverlauf entspricht dem in der Gattungsbeschreibung angegebenen, bei 26 °C beträgt die Maulbrutdauer 20–24 Tage. Bis zu einer Größe von 5 cm sind die Jungfische prächtig strahlend blau gefärbt.

Pseudotropheus socolofi

P. socolofi

Blauer Maulbrüter

Größe: 12 cm. **GU:** Die Geschlechter sind schwer zu unterscheiden, da auch die ♀♀ Eiflecke tragen können. Beim ♀ treten die dunklen Querstreifen meist kräftiger hervor als beim ♂, welches wiederum im Alter etwas verlängerte Bauchflossen aufweist. **Ansprüche:** Wie in der Gattungsbeschreibung angegeben.

Zucht: Der Zuchtverlauf entspricht der Gattungsbeschreibung.

P. tropheops

Gelber Maulbrüter

Größe: Innerhalb dieser Art existieren einige in Farbe und Größe unterschiedliche Varietäten bzw. Unterarten, die früher als eigenständige Arten beschrieben wurden und zwischen 13 und 20 cm Größe erreichen können. **GU:** Die Afterflosse des ♂ trägt einen leuchtendgelben, schwarz gesäumten Eifleck, zu dem manchmal zwei weitere kommen können. **Ansprüche:** Die Art kann sehr aggressiv werden und fordert große Becken mit zahlreichen Versteckplätzen, die übrigen Ansprüche entsprechen denen der Gattungsbeschreibung.

Zucht: Der Zuchtverlauf entspricht dem in der Gattungsbeschreibung angeführten.

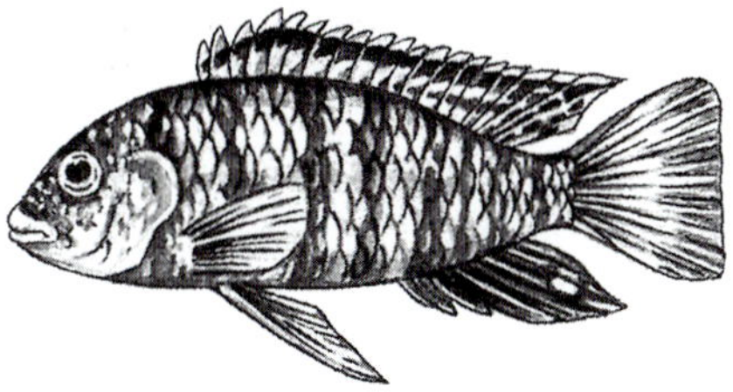

Pseudotropheus tropheops

P. zebra

Malawiblaubarsch, Blauer Njassabuntbarsch, Zebrabuntbarsch

Größe: 12 cm. **GU:** Beim ♂ sind die Eiflecke auf der Afterflosse immer deutlich sichtbar, beim ♀ sind sie blaß oder fehlen. **Ansprüche:** *P.z.* ist sehr lebhaft und gegen Artgenossen und andere Arten oft aggressiv, er benötigt deshalb ausreichend große Becken mit viel Versteckmöglichkeiten. Die ♀♀ schwimmen außerhalb der Maulbrutzeit oft in lockerer Gruppe durch das Becken, so daß die Haltung von 5 ♀♀ je ♂ sehr gut möglich und empfehlenswert ist. Die übrigen Ansprüche gleichen den in der Gattungsbeschreibung angeführten, wobei diese Art einen besonders hohen Bedarf an pflanzlicher Nahrung hat und sehr gern auch Wasserlinsen von der Oberfläche aufnimmt.

Zucht: Der Zuchtverlauf entspricht dem in der Gattungsbeschreibung angegebenen. Die bis zu 60 Jungfische werden höchstens eine Woche lang nach dem Verlassen des Mauls vom ♀ betreut. Bei den aquaristisch als »Zebra-Rot«, »Zebra-Gescheckt«, »Zebra-Orange-Blau« usw. eingeführten Formen handelt es sich vermutlich um eigenständige, noch nicht bestimmte Arten, die bis zur Klärung besser als *P. spec. aff. Zebra* und Angabe der jeweiligen Farbe geführt und nicht untereinander bastardisiert werden sollten.

Pseudotropheus spec. aff. zebra, gescheckt

Pterolebias (Schleierkärpflinge)

Eine Gattung der Familie *Aplocheilidae.* Schleierkärpflinge sind annuelle Saisonfische aus mehr oder weniger regelmäßig austrocknenden Gewässern im Bereich südamerikanischer Niederungen. Wegen ihrer speziellen Haltungsansprüche und manchmal auch Aggressivität gegen andere Arten sollten sie im Artbecken gepflegt werden. Dabei sind immer mehr als 2 ♂♂ zu halten, um die innerartlichen Auseinandersetzungen in ihren Auswirkungen auf mehrere Tiere zu verlagern. Die Becken sollten nicht unter 80 cm lang sein, ein Wasserstand von 30 cm Höhe ist völlig ausreichend. Als Bodengrund sind ausgekochter Torf oder ein Torf-Sand-Gemisch am besten geeignet; Wasser 2–5 °dH, pH-Wert um 6,5; die Temperaturen sind bei den einzelnen Arten angegeben. Für die lockere Bepflanzung sollten vorwiegend kleinblättrige Arten verwendet werden. Häufiger Teilwasserwechsel kann die Lebensdauer der recht kurzlebigen Arten verlängern helfen, dabei ist jedoch unbedingt auf die Einhaltung der im Hälterungsbecken gegebenen Wasserwerte zu achten, da die Tiere sehr empfindlich auf plötzliche Veränderungen im Wasserchemismus reagieren. Die Aufbereitung des Frischwassers über Torf ist in jedem Fall zu empfehlen. Zum Futterangebot sollten außer Daphnien, Mückenlarven und Enchyträen (diese vor allem in der Vorbereitung der Tiere auf die Zucht) auch auf die Oberfläche gestreute Insekten aller Art gehören. Steht kein Lebendfutter zur Verfügung, dann wird auch Tiefkühl- und gröberes Trockenfutter ersatzweise angenommen.

Zucht: Die Arten der Gattung sind Bodenlaicher, wobei die Fische, das ♀ vor-

Pseudotropheus spec. aff. zebra, eisblau

an, oft tief in den Bodengrund eintauchen. Eine mindestens 5 cm hohe Torfschicht als Bodengrund ist deshalb unbedingt erforderlich. Die Fische können als Trio (1 ♂, 2 ♀♀) in kleinen Becken angesetzt werden. Nach dem Ablaichen sollten die Geschlechter getrennt werden, damit sich die ♀♀ erholen können, denen sonst weiter vom ♂ nachgestellt würde. Das Wasser im Zuchtbecken wird abgegossen und die eihaltige Torfmasse durch ein feines Netz so ausgedrückt, daß nur noch Krümelfeuchte bleibt. Falls erforderlich, kann die Torfmasse auch auf saugfähigem Papier nachgetrocknet werden. Anschließend wird der Torf in verschließbaren Plastikdosen oder -tüten bei Zimmertemperatur bis zum Aufguß gelagert. Es hat sich bewährt, die Behältnisse im Abstand von 4 Wochen zu öffnen, die Torfmasse aufzuschütteln und die Behälter wieder zu verschließen. Die Entwicklung der Eier ist abgeschlossen, wenn die Augen der Embryonen im Ei zu erkennen sind und sich die Embryonen im Ei bewegen. Manchmal ist das schwer zu erkennen, weil die Eihüllen torfbraun gefärbt sind. Für den Aufguß wird die Torfmasse in einer flachen Schale ausgebreitet und mit Frischwasser von 15 °C übergossen, die Wasserhöhe soll nach dem Aufguß 10 cm nicht übersteigen. Innerhalb weniger Stunden schlüpfen die Jungfische und nehmen sofort Artemia-Nauplien als Erstfutter an. Ist das Schlupfergebnis niedrig, so kann die Torfmasse noch einmal trockengelegt und 4–8 Wochen später ein zweites Mal aufgegossen werden. Bei guter Fütterung und regelmäßigem Teilwasserwechsel mit chemisch unbelastetem Wasser verläuft das Wachstum der Jungfische zügig. Es ist vorteilhaft, die Geschlechter vor Eintritt der Geschlechtsreife, die meist mit 6 Monaten erreicht wird, zu trennen.

P. longipinnis

Langflossiger Schleierkärpfling

Vorkommen: Amazonasgebiet, Rio Parana, Rio Paraguay. **Größe:** 10 cm. **GU:** Das ♂ hat eine deutlich sichtbare Zeichnung und zugespitzte Flossen, das ♀ ist ohne Zeichnung, seine Flossen sind abgerundet. **Ansprüche:** Temperatur 17–22 °C, die übrigen Ansprüche entsprechen denen der Gattungsbeschreibung.

Zucht: Bei einer Zuchttemperatur von 20–22 °C entspricht der Zuchtverlauf dem in der Gattungsbeschreibung angeführten, die Tiere werden eine Woche nach Beginn des Ablaichens, spätestens aber, wenn die ♀♀ keine Bereitschaft zum Eintauchen mehr zeigen, herausgefangen und getrennt. Der Aufguß kann nach 3–6 Monaten erfolgen. Die Jungfische sind wie die Alttiere sehr empfindlich gegen plötzliche Veränderungen im Wasserchemismus.

Pterolebias longipinnis

P. peruensis

Peruschleierkärpfling

Vorkommen: Gebiet des oberen Amazonas in Peru. **Größe:** ♂ 10 cm, ♀ 7–8 cm. **GU:** Die Flossen des ♂ enden spitz, die des ♀ sind abgerundet. **Ansprüche:** Temperatur 18–25 °C, ein pH-Wert von 7 wird noch gut vertragen, die übrigen Ansprüche gleichen den in der Gattungsbeschreibung angegebenen.

Zucht: Der Zuchtverlauf entspricht dem in der Gattungsbeschreibung angeführten, der Aufguß kann nach 3–6 Monaten erfolgen.

P. zonatus

Gestreifter Schleierkärpfling

Vorkommen: Zeitweilige Wasseransammlungen in Venezuela. **Größe:** ♂ 9 cm, ♀ 7 cm. **GU:** Die Flossen des ♂ sind spitz und verlängert, die des ♀ abgerundet. **Ansprüche:** Temperatur 18–23 °C, die übrigen Ansprüche entsprechen denen der Gattungsbeschreibung.

Zucht: Die Zucht ist schwieriger als bei den anderen Arten der Gattung und setzt sehr gut ernährte Fische voraus, die vor allem Insekten als Anflugnahrung erhielten. Vor dem geplanten Zuchtansatz sollten die Geschlechter getrennt und mit Tag-Nacht-Temperaturschwankungen zwischen 21 und 18 °C gehalten werden. Nach dem Einsetzen eines Trios (1 ♂, 2 ♀♀) in das nicht zu klein bemessene Zuchtbecken ist darin die Temperatur auf 23 °C zu erhöhen, sie sollte nachts nicht unter 21 °C absinken. Die Fische werden weiterhin sehr kräftig und abwechslungsreich mit Mückenlarven, Enchyträen und Anfluginsekten gefüttert und sollten 14 Tage lang im Zuchtbecken verbleiben. Der Zuchtverlauf entspricht dem in der Gattungsbeschreibung angeführten, die Fische sind nicht sehr produktiv. Der Aufguß kann nach 3–6 Monaten Trockenlagerung erfolgen.

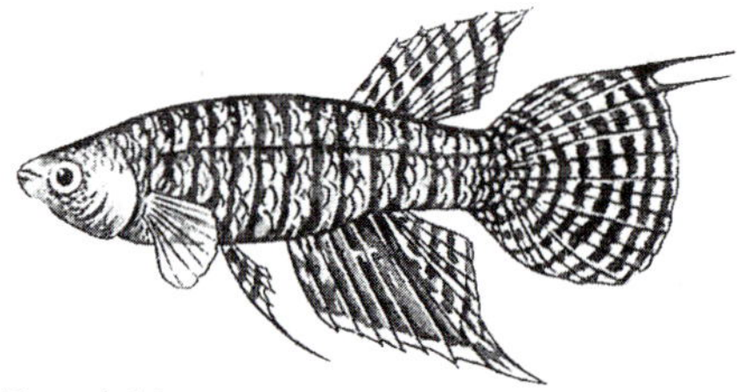

Pterolebias zonatus

Pterophyllum (Segelflosser)

Eine Gattung extrem hochflossiger Fische aus der Familie *Cichlidae* aus Südamerika. Alle Arten können in ausreichend großen Becken in Gruppen gehalten werden, wo sie als lockerer Schwarm leben und nur während der Laichzeit Reviere bilden und verteidigen. Um die volle Größenentwicklung der Tiere zu ermöglichen, sollten die Becken nicht unter 100 cm lang und mindestens 40 cm, besser 50 cm hoch sein. Wenn Segelflosser in einem Becken in Gesellschaft von Salmlern aufwachsen, dann werden selbst kleine Arten unbehelligt gelassen, jeder neu hinzugesetzte kleine Fisch wird dagegen nach echter Cichlidenart gejagt und gefressen. In den Wasserwerten liegt das Optimum bei 5 °dH, pH-Wert 6–6,5 und Temperaturen zwischen 24 und 30 °C, nach Eingewöhnung werden jedoch auch davon abweichende Werte vertragen. Als Bodengrund ist Kies geeignet, bei der Bepflanzung sollten vorrangig breit- und langblättrige größere Arten eingesetzt werden. Zwischen den Pflanzen muß ausreichend Schwimmraum frei bleiben. Neben einer kräftigen Filterung trägt regelmäßiger Teilwasserwechsel, bei dem im wöchentlichen Abstand 1/5 des Beckeninhalts erneuert wird, zum Wohlbefinden bei. Chlorbelastetes Wasser muß vor der Verwendung gut durchlüftet oder über Torf aufbereitet werden. Die Filterung über Torf oder die Zugabe von Torfextrakt bis zur bernsteingelben Verfärbung des Wassers erhöht Widerstandsfähigkeit und Laichbereitschaft der Fische. An die Zusammensetzung des Futters werden keine besonderen Ansprüche gestellt, den Vorrang sollte aber immer kräftiges Lebendfutter aller Art haben. Auf die Wasseroberfläche gebrachte Insekten werden gern angenommen.

Zucht: Die Geschlechter sind kaum zu unterscheiden, ältere ♂♂ bekommen manchmal einen etwas bullig wirkenden Kopf. Auch die unterschiedliche Form der Genitalpapille, die beim ♂ spitz, beim ♀ abgerundet endet, ist oft nur schwer zu erkennen. Es ist deshalb immer vorteilhaft, wenn sich die Paare aus einem Schwarm halberwachsener Tiere selbst gefunden haben. Abgelaicht wird an mehr oder weniger senkrechten Flächen auf größeren Blättern, an Bambusröhren oder Versorgungsleitungen oder auch an den Seitenscheiben des Aquariums. Die zur Eiablage vorgesehene Stelle wird intensiv geputzt. Beide Eltern pflegen und betreuen Gelege und Brut und führen den Jungfischschwarm. Erfolgte die Zucht nicht in einem Zuchtbecken, so ist es für die rationelle Zucht sinnvoll, das Blatt oder die Röhre mit dem Gelege 24 Stunden nach der Eiablage in ein Aufzuchtbecken zu überführen, welches Wasser mit den gleichen Wasserwerten enthält. Eine feinperlige Durchlüftung muß so installiert werden, daß ständig Frischwasser an den Eiern vorbeigeführt wird, ohne daß die Luftblasen die Eier berühren. Die Jungen schlüpfen nach 36–48 Stunden und hängen zunächst an kurzen Fäden fest. Bei der natürlichen Aufzucht werden sie von den Eltern an den Rand oder die Unterseite von Blättern angehängt. Noch vor dem Freischwimmen, das je nach Temperatur 3–6 Tage nach dem Schlupf erfolgt, werden die Larven von den Alttieren in einer Grube gesammelt. Die Jungfische nehmen Rädertierchen, Zuchtpantoffeltierchen, Mikrowürmchen und Artemia-Nauplien als Erstfutter an. Bei guter Fütterung und regelmäßigem Teilwasserwechsel ist die Aufzucht problemlos.

P. altum

Hoher Segelflosser

Vorkommen: Flußsystem des Orinoco. **Größe:** 18 cm. **GU:** Siehe Gattungsbeschreibung. **Ansprüche:** *P.a.* ist die größte und anspruchsvollste der aquaristisch eingeführten Arten der Gattung. Da die im Handel angebotenen Tiere ausschließlich Wildfänge sind, liegt der Schlüssel für eine erfolgreiche Haltung und spätere Zucht in einer sachgemäß durchgeführten Quarantäne und Eingewöhnung. Um dem an diesen edlen Tieren interessierten Aquarianer Verluste vermeiden zu helfen, soll hier das im Aquarium Erfurt erprobte Verfahren zur verlustlosen Eingewöhnung dargestellt werden: Das Wasser im Eingewöhnungsbecken (8 Liter je Fisch) wird zusammengestellt aus 80% Revers-Osmose-Wasser und 20% Altwasser aus einem gesunden, eingefahrenen Aquarium. Es erhält als Zusatz ein schleimhautschützendes Wasseraufbereitungsmittel nach Vorschrift des Herstellers. Bei starker Belüftung wird nach dem Einsetzen der Fische die Temperatur auf 30°C hochgefahren. 12 Stunden später werden 1000 mg Oxytetracyclin/100 Liter Wasser zugesetzt und lebende Weiße Mückenlarven gefüttert. Der anfallende Kot wird im Becken ohne jede Einrichtung zweimal täglich abgesaugt. Nach 48 Stunden sind transportbedingte Flossen- und Schleimhautschäden zur Heilung gebracht und 4/5 des Beckeninhaltes werden durch Wasser wie zu Beginn ausgetauscht. Zur Bekämpfung der fast immer vorhandenen Darmparasiten wird nun Metronidazol in einer Dosierung von 0,5 g je 100 Liter zugesetzt. Neben Weißen Mückenlarven nehmen die Tiere meist auch schon Tiefkühlfutter an. Wichtig bleibt das regelmäßige Entfernen des Kots, um Reinfektionen zu verhindern. Nach 48 Stunden Einwirkungszeit werden 50% des Wassers gewechselt, einen Tag später noch einmal und dabei die Temperatur schrittweise auf 26°C gesenkt. Von diesem Zeitpunkt ab können die Fische ihren artspezifischen Ansprüchen gemäß weitergepflegt werden.

Die Beckenhöhe sollte 50 cm betragen. Wasser: Härte unter 5°dH, pH-Wert um 6; Temperatur 28–30°C. Ihre intensivste Farbe und damit ihr Wohlbefinden zeigen die Fische in Wasser, welches durch intensive Filterung über Torf oder durch die Zugabe von Torfextrakten eine bernsteingelbe bis hellbraune Färbung angenommen hat, jedoch glasklar ist. Die übrigen Ansprüche sind wie in der Gattungsbeschreibung angegeben.

Zucht: Aussichten auf Zuchterfolg bieten nur erwachsene Tiere, die in großen und hohen Becken optimal gepflegt und ernährt wurden, jedoch nicht verfettet sind. Mysis und garnelenhaltiges Mischfutter kommen den Ansprüchen der Tiere am nächsten. Das Paar muß sich im Becken ab 500 Liter Inhalt aus einem Schwarm selbst gefunden haben. Ein umfangreicher Wasserwechsel, bei dem bis zu 50% des Beckeninhaltes mit über Torf gelaufenem und auf 30°C erwärmtem Regenwasser ersetzt werden, kann stimulierend wirken. Die Laichbereitschaft kündigt sich nicht nur dadurch an, daß die Tiere ein sehr großes Revier um ihren vorgesehenen Laichplatz verteidigen, sondern manchmal sogar Lebendfutter einsammeln und zu hudern beginnen. Die Anwesenheit von Artgenossen wirkt sich positiv auf das Pflegeverhalten aus. Senkrechtstehende Steinplatten, große Pflanzenblätter oder von Welsen glattgeraspelte Wurzeln in senkrechter Lage werden als Laichunterlage akzeptiert. Das Gelege kann bis zu 1000 und relativ große Eier umfassen. Die Embryonen schlüpfen nach 60 Stunden und schwimmen 6 Tage später frei. Sie nehmen sofort Artemia-Nauplien an. Wurde das Gelege zur künstlichen Aufzucht (siehe Gattungsbeschreibung) entnommen oder verpilzt, so kommt es nach 12–14 Tagen meist zum nächsten Ablaichen der Alttiere.

Im Handel wird häufig unter der Bezeichnung »Peru-Altum« eine bisher noch nicht genau definierte Fundortform angeboten. Sie ist durchaus attraktiv gefärbt, stellt jedoch vergleichsweise weniger hohe Ansprüche an Haltung und Zucht als der echte Altum und soll deshalb hier besonders empfohlen werden. Leider tauchen zunehmend Bastarde mit → *P. scalare* im Angebot auf, die nicht als solche ausgewiesen werden. Sie sind robust und gut zu halten, auf eine Nachzucht mit diesen Tieren sollte im Interesse der Arterhaltung jedoch verzichtet werden.

P. dumerilii

Flugelblattsegelflosser, Spitzkopfsegelflosser

Vorkommen: Unteres Amazonasgebiet und Guayana. **Größe:** 10 cm. **GU:** Siehe Gattungsbeschreibung. **Ansprüche:** Diese Art ist zwar bei Werten, die von dem in der Gattungsbeschreibung angegebenen Optimum abweichen, zu halten, erreicht dabei jedoch weder die maximale Größe noch die Fortpflanzungsbereitschaft. Sie ist wegen ihrer geringen Größe bereits in Becken ab 80 cm Länge und 35 cm Höhe gut zu halten, friedlich auch gegen kleinere Salmler und verdiente deshalb eine weitere Verbreitung als bisher. Der günstigste Temperaturbereich liegt zwischen 27 und 29 °C, unter 26 °C sollte die Temperatur nicht absinken. Die übrigen Ansprüche entsprechen denen der Gattungsbeschreibung.

Zucht: Paare, die sich einmal aus einem Schwarm gefunden haben, bleiben zuverlässig zusammen. Der Zuchtverlauf entspricht dem in der Gattungsbeschreibung angeführten.

Pterygoplichthys gibbiceps

P. scalare

Skalar, Segelflosser

Vorkommen: Mittlerer Amazonas mit Nebenflüssen bis Peru und Ecuador. **Größe:** 15 cm. **GU:** Siehe Gattungsbeschreibung. Bei einigen Zuchtstämmen zeigen die ♂♂ mehr Rot in der Iris als die ♀♀. **Ansprüche:** Der Skalar ist zum Symbol des Aquarienfisches schlechthin und mit seinen vielen Zuchtformen inzwischen zum echten Haustier geworden, das mit der Wildform kaum noch etwas gemein hat. Tiere, die in Farbe und Größe der Wildform nahekommen, sind kaum noch im Handel zu finden. Dagegen sind Zwergwuchs, Farbverblassung und gestörtes Brutpflegeverhalten Ausdruck und beklagenswertes Ergebnis jahrelanger planloser Vermehrungszucht. Seitdem auch noch die Schleierflossigkeit Einzug bei den Segelflossern gehalten hat, scheint dem endgültigen Niedergang dieser ehemals prachtvollen Art nichts mehr im Wege zu stehen. Tiere von 15 cm Größe wird es dann nur noch in der Erinnerung alter Aquarianer geben. Diese Art ist inzwischen sehr anpassungsfähig geworden und kommt auch mit Wasserwerten zurecht, die weit von den optimalen abweichen, vorausgesetzt, das Temperaturminimum von 24 °C wird nicht unterschritten. Trotzdem sollten bei der Pflege dieser Tiere die Erfüllung der in der Gattungsbeschreibung genannten Ansprüche zur Richtschnur auch für diese Art werden.

Pterophyllum scalare

Zucht: Die Art kann sehr produktiv sein und bis zu 1000 Eier je Gelege erbringen. Der Zuchtverlauf entspricht dem in der Gattungsbeschreibung angeführten. Eine natürliche Aufzucht sollte von jedem Aquarianer angestrebt werden, auch wenn inzwischen viele Stämme erst nach dem 3. oder 4. schlecht gepflegten oder aufgefressenen Gelege wieder eine artgerechte Gelege- und Brutpflege durchführen. Die folgenden Gelege werden dann problemlos betreut.

Pterygoplichthys (Riesenschilderwelse)

Eine Gattung der Familie *Loricariidae* mit meist recht groß werdenden Arten aus dem nördlichen und mittleren Südamerika, die sich vor allem durch eine meist hohe, mit 12–13 Weichstrahlen ausgestatteten Rückenflosse von den sonst ähnlichen Arten der Gattung → *Hypostomus* unterscheiden. Geschlechtsunterschiede wurden noch nicht beschrieben, vermutlich bleiben jedoch die ♂♂ kleiner als die ♀♀. Mehrere, zum Teil wissenschaftlich noch nicht beschriebene Arten wurden gelegentlich importiert und erwiesen sich als attraktive und ausdauernde Pfleglinge in Becken, die nicht unter 140 cm lang sein sollten; Wasser 4–20 °d H, pH-Wert 6,5–7,5; Temperatur 23–27 °C. Grober Flußkies ohne scharfe Kanten ist als Bodengrund am besten geeignet. Im Becken sind mehrere Versteckplätze zwischen großen Steinen und Wurzeln zu bieten, es werden auch Tongefäße mit nicht zu weitem Eingang gern aufgesucht. Auch größere Riesenschilderwelse sind friedlich gegenüber kleinen Arten und machen sich durch Abraspeln von Algenbelägen sehr nützlich. Reichhaltige Algennahrung, die aus Freilandteichen geholt werden kann, ist für die Entwicklung der Welse wichtig, im Winter stellen Feinfrosterbsen, die in großen Mengen aufgenommen werden, einen fast vollwertigen Ersatz dar. Zur Deckung des Ballaststoffbedarfs sollten den Welsen ständig auch morsche Moorkien- oder andere wassergelagerte Hölzer zum Abraspeln angeboten werden. Unter der tierischen Nahrung stehen Rinderherz und Fischfleisch an erster Stelle, tote Beckenmitbewohner werden in kürzester Zeit restlos verzehrt, daneben werden auch Regenwürmer aufgenommen. Die Filterung muß kräftig und wirksam sein, um die großen Mengen an Ausscheidungsprodukten abzubauen. Der Teilwasserwechsel sollte regelmäßig wöchentlich 1/4 des Beckeninhalts umfassen. Riesenschilderwelse sind zwar in der Lage, bei Sauerstoffmangel über den Magen atmosphärische Luft zu verwerten, unter Aquarienbedingungen zeigen sie aber in sauerstoffreichem Wasser mehr Aktivität. Dies wird durch die Tatsache unterstrichen, daß die einzige erfolgreiche Nachzucht, die mit Sicherheit einer *Pterygoplichthys*-Art zugeordnet werden kann, nach vollständigem Wasserwechsel erfolgte. Dabei wurden die Eier an einer Moorkienwurzel abgelegt und vom ♂ betreut. Die Jungen schlüpften am Ende des dritten Tages und wurden bis zum Freischwimmen vom ♂ bewacht. In den letzten Jahren wurde vor allem die Art *P. gibbiceps* verstärkt eingeführt. Sie weist nicht nur eine besonders attraktive Färbung auf, die Fische haben sich als Vertilger auch hartnäckiger Algenbeläge beliebt gemacht, dabei lassen selbst größere Tiere die Aquarienpflanzen weitgehend unbehelligt.

Pucallpa-Zwergbuntbarsch

→ *Apistogrammoides pucallpaensis.*

Pueblaplaty

→ *Xiphophorus evelynae.*

Pungitius pungitius

Neunstachliger Stichling
Familie: *Gasterosteidae*

Vorkommen: Europa, Nordasien, Nordamerika. **Größe:** 12 cm. **GU:** Das ♂ ist schlanker als das ♀, zur Laichzeit sind beim ♂ Kehle und Brust blauschwarz und die Bauchflossen orangerot gefärbt. **Ansprüche:** Für die Haltung dieses interessanten einheimischen Fisches über einen längeren Zeitraum hinweg sollte das Becken nicht unter 90 cm lang sein, um eine kleine Gruppe pflegen zu können; Wasser 2–8 °dH, pH-Wert 6,5–7,2; Temperatur 10–20 °C. In kalkhaltigem Wasser ist die Art krankheitsanfällig. Das muß auch bei der Auswahl des Materials für den Bodengrund, der feinkörnig sein sollte, beachtet werden. Für die Bepflanzung sind alle kaltwasserverträglichen Arten geeignet, zur Beckeneinrichtung sollte neben Steinen und Wurzeln mindestens ein nicht zu großer, mehrtriebiger Schilfwurzelstock gehören. Sonniger Stand des Beckens ist vorteilhaft. Beim hohen Sauerstoffbedarf der Fische muß durch kräftige Filterung und Durchlüftung mit Wasserströmung, besser noch einen ständigen Wasserdurchlauf, Rechnung getragen werden. Ein Wasserdurchlauf ist jedoch nur in den Gebieten möglich, wo ständig chlorfreies Wasser aus der Leitung kommt, sonst muß darauf verzichtet werden. An die Zusammensetzung des Futters werden keine besonderen Ansprüche gestellt.

Zucht: Die Zucht ist unter Aquarienbedingungen in kalkfreiem Wasser möglich, zum Ansatz kommen 1 ♂ und mehrere ♀♀. Zur Ausstattung des Zuchtbeckens müssen einige langstengelige Pflanzen oder ein Schilfwurzelstock mit einigen Trieben gehören, zwischen denen das ♂ sein Nest bauen kann. Als Baumaterial werden Quellmoos, *Myriophyllum* u.a. Pflanzenteile verarbeitet, die im Becken vorhanden sein müssen. Nach der Fertigstellung werden die ♀♀ nacheinander zum Ablaichen in das Nest gelockt, wo sie alle Eier in einem Zug ablegen. Sie werden anschließend vom ♂ verjagt und müssen herausgefangen werden. In Abhängigkeit von der Temperatur schlüpfen die Jungen nach 10–14 Tagen. Sie und die bald darauf freischwimmenden Jungfische werden weiterhin vom ♂ betreut und bewacht. Spätestens 14 Tage nach dem Freischwimmen der Jungen sollte auch das ♂ herausgefangen werden. Neben Rädertierchen und Artemia-Nauplien sind auch Mikrowürmchen als Erstfutter für die Jungfische geeignet, die bei ausreichender Sauerstoffversorgung zügig und problemlos heranwachsen.

Punktgambuse

→ *Gambusia puncticulata.*

Punktierter Kopfsteher

→ *Chilodus punctatus.*

Punktierter Kropfsalmler

→ *Triportheus angulatus.*

Punktierter Ohrgitterharnischwels

→ *Otocinclus notatus.*

Pyunktierter Schilderwels

→ *Hypostomus punctatus.*

Pyurpurkopfbarbe

→ *Barbus nigrofasciatus.*

Pyurpurprachtbarsch

→ *Pelvicachromis pulcher.*

Pyrrhulina (Schlanksalmler)

Eine Gattung meist kleiner bleibender und friedlicher Arten aus der Familie *Lebiasinidae* mit Verbreitungsgebiet Amazonien. Die Gattung ist nahe verwandt mit → *Copella* und → *Copeina* und von diesen im wesentlichen nur durch Maulform und Bezahnung zu unterscheiden.

P. eleanorae

Eleanora-Schlanksalmler

Vorkommen: Oberer Amazonas. **Größe:** ♂ 8 cm, ♀ 6,5 cm. **GU:** After- und Bauchflossen des ♂ tragen einen roten Saum, beim ♀ sind sie farblos. **Ansprüche:** Obwohl diese relativ große Art nicht zu den farbenprächtigsten der Gattung zählt, verdient sie wegen ihrer Robustheit und leichten Züchtbarkeit weitere Verbreitung. Die Beckenlänge sollte nicht unter 70 cm liegen. Die Fische stellen sich gern zwischen Pflanzen ein, eine dichte Bepflanzung sollte dem Rechnung tragen. Aus zu hellem Becken oder bei Fehlen einer Schwimmpflanzendecke springen die Fische oft heraus. Das Optimum in den Wasserwerten liegt bei einer Härte unter 12 °dH, einem pH-Wert zwischen 6 und 7 und Temperaturen zwischen 24 und 26 °C. Neben Lebendfutter entsprechender Größe wird aus dem Frostfutterangebot Mysis besonders gern genommen.

Zucht: Bei Pflege im Artenbecken und ausreichender Schwimmpflanzendecke *(Riccia)* werden auch ohne Zutun des Pflegers immer eine Anzahl Jungfische groß. Die ♂♂ besetzen Pflanzenblätter als Laichreviere, säubern die Blattfläche sehr intensiv und locken die ♀♀ heran. Die

Eiablage erfolgt auf dem Blatt, die Eier haften gut und werden vom ♂ bis zum Schlupf der Larven nach 24 Stunden bewacht. Die Jungfische verschwinden sofort im *Riccia* und finden dort genügend Mikroorganismen. Für eine produktive Zucht kann das Blatt mit dem Gelege herausgenommen und in einem kleinen Becken in der Nähe einer Durchlüftung befestigt werden. Dem Wasser ist ein pilzhemmendes Mittel zuzusetzen. Bodengrund in diesem Becken ist eher schädlich, *Riccia* sollte jedoch kurz vor dem Schlupf eingebracht werden. Tümpelstaubfutter und Rädertierchen werden als Erstnahrung angenommen. Um Verluste durch belastetes Wasser zu vermeiden, sollte täglich 1/3 des Wassers erneuert werden.

Pyrrhulina vittata

Pyrrhulina vittata, Ablaichverhalten

P. laeta

Halbstrich-Schlanksalmler

Vorkommen: Oberer und mittlerer Amazonas. **Größe:** 8 cm. **GU:** Beim ♂ sind die Rückenflosse und der obere Lappen der Schwanzflosse verlängert, von der Schnauzenspitze bis zur Körpermitte zieht sich ein dunkles Band, die Afterflosse ist orangerot gefärbt. **Ansprüche:** Die Anforderungen dieser attraktiven Art gleichen denen von → *P. eleanorae,* sie ist jedoch weniger tolerant gegenüber Abweichungen von den optimalen Werten. Empfindlich reagiert sie auf organische Wasserbelastungen und Infusorientrübung.

Zucht: Der Zuchtverlauf entspricht dem von → *P. vittata,* die Larven schlüpfen nach 36 Stunden und schwimmen 5 Tage später frei. Der Teilwasserwechsel bei den Jungfischen muß sehr vorsichtig erfolgen, frisches Leitungswasser kann zu Totalverlust führen. Dagegen bereitet 24 Stunden abgestandenes Wasser, das über Torf gelaufen ist, kaum Probleme.

Pyrrhulina laeta, Paar

P. vittata

Kopfbindenschlanksalmler

Vorkommen: Amazonasbecken. **Größe:** 6 cm. **GU:** Das ♂ ist schlanker und etwas größer als das ♀, seine Bauch- und Afterflossen färben sich während der Balz rot. **Ansprüche:** Die Beckenlänge zur Haltung eines Schwarms dieser friedlichen und sehr lebhaften Art sollte 70 cm nicht unterschreiten; Wasser 2–10 °dH, nach Eingewöhnung und Pflege ohne Zuchtabsichten bis 20 dH möglich, pH-Wert 6–7, verträgt bei Erfüllung der anderen Ansprüche bis pH 7,5; Temperatur 23–27 °C. Dunkler, feinkörniger Bodengrund sowie eine gute Bepflanzung, die viel Schwimmraum läßt, erfüllen die Anforderungen der Art am besten. Die Filterung sollte kräftig sein, eine Wasserströmung am Auslauf erzeugen und vor allem bei härterem und alkalischem Wasser über Torf erfolgen. Der Teilwasserwechsel braucht bei guter Filterung und Durchlüftung nur im Abstand von 14 Tagen vorgenommen zu werden und sollte dabei 1/4 des Beckeninhalts umfassen. Für den Wasserwechsel wird gut abgestandenes, nicht zu frisches und möglichst über Torf aufbereitetes Wasser verwendet. An die Zusammensetzung des Futters werden keine besonderen Anforderungen gestellt, als Ergänzung werden auf die Wasseroberfläche gestreute Kleininsekten (Drosophila, Blattläuse) gern genommen, mit ihnen läßt sich die Fortpflanzungsbereitschaft erhöhen.

Zucht: Zur Zucht wird ein Paar in einem nicht zu großen Becken mit über Torf gefiltertem Altwasser angesetzt, das als Einrichtung mindestens eine breitblättrige Pflanze haben sollte. Nachdem der Ablaichplatz vom ♂ gesäubert wurde, laichen die Paare auf einem Blatt (ersatzweise auch auf einem Stein) ab. Das ♀ wird vom ♂ nach dem Laichen vertrieben und sollte herausgefangen werden. Das Gelege wird vom ♂ intensiv betreut. Dabei lösen sich häufig Eier vom Blatt, fallen zu Boden und sterben dort ab. Für eine rationelle Zucht ist es daher günstiger, das Blatt mit dem Gelege in ein Aufzuchtbecken zu überführen und in seiner Nähe eine feinperlige Durchlüftung so anzubringen, daß an dem Gelege ein ständiger Wasserstrom vorbeizieht. Die Eier dürfen dabei von den Luftperlen nicht berührt werden. In Abhängigkeit von der Temperatur schlüpfen die Jungen nach 30–48 Stunden und hängen zunächst am Blatt oder an den Aquarienscheiben. Fünf Tage nach dem Ablaichen schwimmen sie frei und benötigen als Erstfutter feinstes Staubfutter. Da sie auf hohe Infusorienkonzentrationen empfindlich reagieren, sollte anfangs häufiger und in kleinen Mengen gefüttert werden.

Q

Querbandhechtling

→ *Epiplatys dageti.*

Quergestreifter Schlangenkopffisch

→ *Channa striata.*

Quetzalbuntbarsch

→ *Paratheraps synspilum.*

Quintana atrizona

Glaskärpfling
Familie: *Poeciliidae*

Vorkommen: Kuba, Umgebung von Havanna. **Größe:** ♂ 2 cm, ♀ 4 cm. **GU:** Das ♂ ist am langen Begattungsorgan (Gonopodium) gut zu erkennen. **Ansprüche:** Diese zarte und friedliche Art neigt in großen Becken aus bisher nicht bekannten Gründen zum Zwergwuchs, ein Becken von 50 cm Länge ist daher für die Haltung einer Gruppe ausreichend. Sie kann darin mit anderen kleinen Lebendgebärenden wie → *Heterandria formosa* gut vergesellschaftet werden; Wasser 12–15 °dH, pH-Wert 6,8; Temperatur 24–28 °C. Der Bodengrund sollte feinkörnig sein. Wenn das Becken gut beleuchtet wird und ausreichend mit feinblättrigen Pflanzen besetzt ist, dann ist die Haltung ohne Filterung und Durchlüftung gut möglich. Ein Teilwasserwechsel im Abstand von 14 Tagen, bei dem jeweils 1/3 des Beckeninhalts erneuert wird, ist ausreichend. Das beim Wasserwechsel eingesetzte Wasser muß chlorfrei sein, sollte daher abgestanden und gut durchlüftet oder über Torf gelaufen sein. Als Futter sind der Größe der

Quintana atrizona, ♂

Tiere entsprechende Futterarten einzusetzen, neben Cyclops und kleinen Wasserfloharten eignen sich auch Grindalwürmchen und feines Trockenfutter. Es hat sich bewährt, mehrmals am Tag in kleinen Mengen zu füttern.

Zucht: Die Trächtigkeitsdauer dieser lebendgebärenden Art beträgt 41–45 Tage, die Zahl der Jungfische je Wurf schwankt zwischen 10 und 20. Die Alttiere stellen den Jungfischen kaum nach, im Artbecken kommen deshalb die meisten Jungfische auf. Dichte *Riccia*-Polster sind in diesem Falle günstig, weil dort die Jungfische nicht nur ein Versteck, sondern auch Kleinlebewesen finden. Rädertierchen, Mikrowürmchen und Nauplien sollten zugefüttert werden. Die Geschlechtsreife wird im Alter von 3–4 Monaten erreicht.

R

Rachows Prachtgrundkärpfling

→ *Nothobranchius rachovii.*

Rasbora (Bärblinge)

Eine artenreiche Gattung der Familie *Cyprinidae* mit Verbreitungsschwerpunkt in Südostasien. Zur Gattung gehören Arten, die mit Längen unter 2,5 cm zu den kleinsten Wirbeltieren überhaupt gehören, und stattliche Fische, die 15 cm und mehr erreichen können. Alle sind friedliche und mehr oder weniger lebhafte Schwarmfische, die viel mehr Interesse verdienen, als ihnen bisher entgegengebracht wurde, zumal es bei den meisten Arten nicht schwer ist, ihren Ansprüchen gerecht zu werden, und nur die Zucht einige Aufmerksamkeit verlangt. Soweit in den Artbeschreibungen nicht anders angegeben, ist die Haltung in möglichst über Torf gefiltertem Wasser unter 10 °dH bei pH-Werten zwischen 6 und 7 und Temperaturen zwischen 23 und 26 °C problemlos möglich. Für regelmäßigen wöchentlichen Teilwasserwechsel sind alle Arten dankbar, dabei kann 1/4–1/3 des Beckeninhalts erneuert werden. Zu beachten dabei ist, daß die Fische empfindlich gegen Chlor im Wasser reagieren, das Frischwasser gut abgestanden, kräftig durchlüftet oder über Torf gelaufen sein sollte. Pflanzen werden nicht angefressen, so daß die Bepflanzung mit allen Arten möglich ist. Sie sollte so erfolgen, daß den Fischen einmal ausreichend Schwimmraum bleibt, sie zum anderen aber auch ausreichend Unterstand zwischen den Pflanzen finden. Bärblinge sollten immer im Schwarm nicht unter acht Tieren gepflegt werden. An die Zusammensetzung des Futters stellen sie keine besonderen Ansprüche, der jeweiligen Artgröße entsprechendes Lebendfutter aller Art wird genauso genommen wie Frost- und ersatzweise Trockenfutter. Viele Arten nehmen zusätzlich gern auf die Wasseroberfläche gestreute Kleininsekten (Drosophila, Blattläuse) an und danken es durch Laichansatz.

Der Zuchtverlauf ist bei den Arten unterschiedlich und dort beschrieben, die Jungen schlüpfen 24–36 Stunden nach der Eiablage, hängen meist noch 3–5 Tage an Pflanzen oder Scheiben und benötigen nach dem Freischwimmen feinstes Staubfutter. Von manchen Autoren werden einige Zwerge dieser Gattung (z. B. *editha, maculata, urophthalma*) wegen des Fehlens der Seitenlinie einer eigenen Gattung *Boraras* zugeordnet. Auf diese Trennung wurde hier verzichtet, da sie sich gegenwärtig noch nicht durchgesetzt hat.

R. axelrodi

Axelrods Rasbora

Vorkommen: Sumatra. **Größe:** 3 cm. **GU:** Das ♂ ist intensiver gefärbt, Bauch und Afterflosse sind fast schwarzrot. **Ansprüche:** Diese Art gehört zu den Perlen unter den Fischzwergen und wird leider viel zu selten angeboten. Eingewöhnt und in Wasser gepflegt, das neutral bis schwach sauer (pH-Wert 6,5–7) ist und in der Härte unter 12 °dH liegt, zeigt sie sich als ausdauernd und wenig anfällig. Sie erwies sich beim Autor als idealer Partner für andere kleine Vertreter der Gattung, für → *Horadandia* und → *Chela dadyburjori.* Sie sollte stets im Schwarm von mindestens 10 Tieren gepflegt werden. Bei wirksamer Filterung und wöchentlichem Teilwasserwechsel (20 % erneuern) ist bereits ein Becken von 60 cm Länge ausreichend. Wird beim Wasserwechsel Regenwasser eingesetzt, das über Torf gelaufen ist, dann danken es die Fische durch besonders intensive Farben. Die übrigen Ansprüche und die Zuchtbedingungen entsprechen denen von → *R. maculata.*

R. borapetensis

Rotschwanzrasbora

Vorkommen: Thailand und Westmalaysia. **Größe:** 5 cm. **GU:** Die Geschlechter sind gleich gefärbt, die ♂♂ sind etwas schlanker. **Ansprüche:** Becken ab 60 cm Länge; Wasser bis 12 °dH, pH-Wert 6,5; Temperatur 22–26 °C. Die Art wirkt in hellen Becken sehr blaß, über dunklem, möglichst torfhaltigem Bodengrund und unter einer dichten, lichtdämpfenden Schwimmpflanzendecke wird sie zu einem sehr attraktiven Fisch, der in jedes Gemeinschaftsbecken paßt. Die übrigen Ansprüche entsprechen denen der Gattungsbeschreibung.

Zucht: Für die Zucht ist ein 40 cm langes Becken mit 15 cm Wasserhöhe ausreichend, das dicht mit langwurzeligen Schwimmpflanzen ausgestattet ist und am Boden einen Laichrost enthält. Das Zuchtbecken sollte zwar an einer dunklen Stelle stehen, aber so, daß es direkt oder indirekt von Morgensonnenstrahlen erreicht wird. Zwischen dem Einsetzen des Paares und dem Ablaichen können mehrere Tage vergehen. Abgelaicht wird morgens im Bereich der Schwimmpflanzenwurzeln; nach 7–8 Laichgängen ist das ♀ bereits leer, mehr als 30–40 Eier werden nicht gebracht. Die Alttiere stellen dem Laich sehr nach und müssen sofort herausgefangen werden. Wenn nach mehreren Tagen Aufenthalt im Zuchtbecken die Fische keine Laichbereitschaft zeigen, kann häufig ein Teilwasserwechsel von 50 % stimulierend wirken, manchmal ist auch der Austausch des ♂ notwendig. Die Jungen schlüpfen bei 25–26 °C nach 36 Stunden. Bei kräftiger Fütterung können die Alttiere nach 10–14 Tagen bereits erneut zur Zucht angesetzt werden und laichen dann meist williger.

R. elegans

Schmuckbärbling

Vorkommen: Borneo, Sumatra, Halbinsel Malakka. **Größe:** Unter Aquarienbedingungen kaum über 10 cm. **GU:** Beim ♀ sind die Farben etwas stumpfer, es wird wenig größer als das ♂ und wirkt plumper. **Ansprüche:** Diese sehr lebhafte Art ist gut mit Vertretern der Gattung → *Botia* zu vergesellschaften und sollte im Schwarm im Becken ab 120 cm Länge gehalten werden. Sie liebt alteingerichtete Becken mit dunklem Bodengrund und benötigt einen Anteil an pflanzlicher Nahrung. Fehlt dieser, so werden die Triebspitzen zarter Pflanzen gelegentlich verbissen. Teilwasserwechsel im Abstand von 14 Tagen ist ausreichend, wenn ein guter Filter vorhanden ist, dabei sollte 1/5–1/4 des Beckeninhalts durch abgestandenes Frischwasser ersetzt werden. Die übrigen Ansprüche entsprechen denen der Gattungsbeschreibung.

Zucht: Die Art kann sehr produktiv sein, wenn für den Zuchtansatz gut entwickelte Paare ab dem zwölften Lebensmonat genommen werden. Bei einer Wasserhöhe von 15–20 cm sollte das Zuchtbecken 80 cm lang sein. Der Boden ist mit einem Laichrost zu versehen oder aber über weite Strecken mit dunklen Kieseln zu bedecken, zwischen welche die Eier fallen können. Über diesem Boden ist großflächig aufgelockertes Javamoos auszubreiten. Das ♀, das deutlich Laichansatz zeigen sollte, wird 24–28 Stunden vor dem ♂ ins Becken gesetzt, das ♂ am Abend vor dem geplanten Zuchttermin. Abgelaicht wird meist am folgenden Morgen, begünstigt durch Morgensonnenstrahlen, zwischen dem Javamoos. Wenn das ♀ sich versteckt, ist der Laichvorgang beendet und die Alttiere müssen herausgefangen werden. Die Eier müssen vor zu hellem Licht geschützt werden. Die Jungen schlüpfen bei 25 °C nach 24 Stunden. Der weitere Verlauf ist wie in der Gattungsbeschreibung angegeben, die Aufzucht ohne größere Probleme.

R. espei

Glimmlampenrasbora

Diese Art wurde aquaristisch bisher als *R. hengeli* geführt. **Vorkommen:** Tembesifluß auf Sumatra. **Größe:** 3 cm. **GU:** Das ♂ bleibt kleiner und schlanker, seine Farben leuchten intensiver. **Ansprüche:** Die Art ähnelt stark → *R. heteromorpha,* bleibt aber wesentlich kleiner, die Keilzeichnung ist weniger konturiert, der Keil schmaler und blasser und vor ihm liegt ein kupferfarben leuchtender Fleck. Bei optimalen Haltungsbedingungen, zu denen gedämpftes Licht im gut bepflanzten Becken gehört, scheinen die Kupfertöne in der Körperfarbe von innen heraus zu leuchten. Wasser mit einer Härte unter 10 °dH, pH-Werte zwischen 6 und 7 und Temperaturen zwischen 23 und 25 °C sowie Aquarien ab 60 cm Länge befriedigen die Ansprüche dieses Schwarmfisches am besten. Er kann mit allen kleinen *Rasbora*-Arten gut vergesellschaftet werden. Anteile von Humin- und Gerbsäuren im Wasser (Torf- und Eichenrindenextrakt, einige Buchenblätter) tragen zur Erhaltung der Gesundheit und der Leuchtkraft bei. Werden diese Voraussetzungen eingehalten, dann sind die Fische sehr langlebig.

Zucht: Der Zuchtverlauf entspricht dem von → *R. heteromorpha,* die Art ist jedoch weniger produktiv. Die besten Ergebnisse werden mit über Torf gelaufenem Regenwasser erzielt, das im 40 cm langen Zuchtbecken vor dem Einsetzen des Paares eine Woche lang gut durchlüftet wurde.

R. heteromorpha

Keilfleckbärbling

Vorkommen: Sumatra, Thailand, Malakka. **Größe:** 4 cm. **GU:** Die Vorderkante des Keils verläuft beim ♀ gerade, beim ♂ ist sie gerundet, ihr unterer Teil verläuft spitz nach vorn. **Ansprüche:** *R.h.* ist die aquaristisch am weitesten verbreitete Art der Gattung und inzwischen sehr anpassungsfähig geworden. Sie dauert auch noch in Wasser bis 25 °dH gut aus, erreicht darin aber weder Größe noch Farbigkeit wie unter optimalen Bedingungen (Härte unter 8 °dH, pH-Wert um 5,5). Dazu gehören auch dunkler Bodengrund und eine lichtdämpfende Schwimmpflanzendecke sowie Filterung über Torf bis zur bernsteingelben bis hellbräunlichen Verfärbung des Wassers. Härteres Wasser sollte in jedem Fall über Torf gefiltert werden, daneben hat das Einhängen eines Erlenzäpfchens je 30 l Wasser eine die Widerstandsfähigkeit der Fischhaut erhöhende Wirkung. Die übrigen Ansprüche entsprechen denen der Gattungsbeschreibung.

Rasbora heteromorpha, Paar beim Laichakt

Zucht: Die erfolgreiche Zucht ist inzwischen mit den bei uns verbreiteten Stämmen nicht mehr so schwierig wie in früheren Jahren, wenn einige Grundsätze befolgt werden. Neben Beachtung peinlichster Sauberkeit während des gesamten Zuchtverlaufs ist die Auswahl der geeigneten Partner von entscheidender Bedeutung. Das ♀ sollte immer ganz jung, möglichst mit dem ersten Laichansatz, das ♂ nicht vor seinem 15. Lebensmonat zur Zucht eingesetzt werden. Es ist deshalb vorteilhaft, Tiere verschiedener Altersgruppen getrennt zu pflegen und erst beim Zuchtversuch zusammenzubringen. Günstig ist der Ansatz von zwei ♂♂ für ein ♀ und die Beobachtung der Tiere. Wenn eines der ♂ längere Zeit dicht über dem ♀ schwimmt (»reitet«) und geduldet wird, dann wird das andere ♂ entfernt. Manchmal müssen dem ♀ mehrere ♂♂ zur Auswahl angeboten werden, bevor eines akzeptiert wird. Paare, die sich dann gefunden haben, können längere Zeit hintereinander immer wieder angesetzt werden und züchten erfolgreich. Ein Zuchtbecken mit 5 l Inhalt ist für die Zucht bereits ausreichend. Es sollte spätestens eine Woche, besser noch 14 Tage vor dem Einsetzen der Tiere eingerichtet werden, in Frischwasser kommen die Tiere kaum zur Laichbereitschaft. Die Wasserhöhe im Zuchtbecken sollte 15–20 cm nicht überschreiten. Wenn auch inzwischen zahlreiche Zuchtversuche in härterem Wasser erfolgreich verliefen, die optimalen Werte bei den Schlupfergebnissen liegen noch immer bei Wasserwerten unter 2 °dH und pH-Werten zwischen 5,3 und 5,7. Bei davon abweichenden Werten sollte das Wasser über Torf aufbereitet werden und 2–3 ml eines Erlenzäpfchenextraktes erhalten, der durch Auskochen von etwa zehn Erlenzäpfchen in einem halben Liter Wasser gewonnen wurde. Als Einrichtung im Zuchtbecken genügt eine *Cryptocorynen*-Pflanze, die in einer schwachen Kaliumpermanganat- oder Alaunlösung keimarm gemacht wurde. Abgelaicht wird an der Unterseite der Pflanzenblätter, die Tiere begeben sich dazu in Rückenlage. Sonnenlicht kann die Laichwilligkeit erhöhen. Nach dem Ablaichen müssen die Alttiere herausgefangen und das Becken bis zum Freischwimmen der Jungfische abgedunkelt werden. Die Jungen schlüpfen nach 24 Stunden, die Jungfische schwimmen fünf Tage später frei und benötigen feinstes Staubfutter. Wenn Schwankungen in der Temperatur und im Wasserchemismus vermieden werden, verläuft die weitere Aufzucht ohne nennenswerte Probleme.

R. maculata

Zwergbärbling

Vorkommen: Sumatra und Süden der Halbinsel Malakka. **Größe:** 2,5 cm. **GU:** Das ♂ ist geringfügig kleiner als das ♀, seine Färbung ist intensiver, seine Bauchlinie verläuft fast gerade, die des voller wirkenden ♀ gerundet. **Ansprüche:** Diese attraktive Art ist leider sehr selten geworden. Für die Haltung eines kleinen Schwarms im Artbecken sind 35 cm Länge des Beckens ausreichend. Der Verfasser pflegte die Art in Becken von 50 cm Länge gemeinsam mit → *Iriatherina werneri* bzw. → *Oryzias spec.* »Hanoi« mit gutem Erfolg, die Zwerge finden jedoch jedes Ei der anderen Arten und kommen dabei selbst zu gutem Laichansatz. Ihre volle Farbigkeit zeigt die Art nur bei Haltung im Schwarm über dunklem, möglichst torfhaltigem Bodengrund bei Temperaturen

Rasbora maculata

zwischen 24 und 26 °C; Wasser 1–12 °dH, pH-Wert 5,8–6,5. Der Zwergbärbling ist nicht heikel, fühlt sich jedoch in alteingerichteten Becken am wohlsten und reagiert empfindlich vor allem auf chlorbelastetes Wasser. Teilwasserwechsel im Abstand von 14 Tagen ist ausreichend, dabei sollte nur 1/5 bis höchstens 1/4 des Beckeninhalts erneuert werden. Das zugesetzte Wasser muß abgestanden, gut durchlüftet oder besser noch über Torf gelaufen sein. Das Futter sollte in seiner Größe dem kleinen Maul der Tiere entsprechen, neben Cyclops und Grindalwürmchen wird auch ausgesiebtes hochwertiges Trockenfutter angenommen.

Zucht: Für den Paaransatz ist ein Becken von 4 l Inhalt und einer Wasserhöhe von 10–15 cm ausreichend. Vor dem Zuchtansatz sollten die Geschlechter einige Tage getrennt gehältert und gut gefüttert werden. Das Zuchtwasser mit Werten von 1–3 °dH, pH-Wert 5,8–6,3 und einer Temperatur von 25–28 °C sollte mehrmals über Torf gefiltert sein und kann sich hellbraun verfärben. Das Zuchtbecken muß entweder auf einer dunklen Unterlage stehen oder als Bodengrund eine Schicht dunkler, kleiner Kiesel enthalten. Diese schützen, wenn kein Laichrost verwendet wird, die Eier vor dem Zugriff der Alttiere, die dem Laich sehr intensiv nachstellen. Das Becken wird dicht mit feinblättrigen Pflanzen ausgestattet, zwischen denen die Paare ablaichen. Es hat sich bewährt, das Becken so zu stellen, daß etwa 1/3 abgedunkelt ist und der übrige Beckenteil Morgenlicht erhält. Die Laichabgabe ist nach zwei Stunden bereits beendet, die Fische müssen sofort danach herausgefangen werden. Junge ♀♀ bringen kaum mehr als 50 Eier, nur bei bewährten älteren Zuchtpaaren liegt die Eizahl über 100. Das Zuchtbecken ist bis zum Freischwimmen der Jungtiere vor hellem Licht zu schützen. Die Jungen schlüpfen nach 24–30, spätestens 36 Stunden, schwimmen 4–5 Tage später frei und können mit Zuchtpantoffeltierchen, Mikrowürmchen und kleinen Rädertierchen angefüttert werden. Ersatzweise wird auch durch ein feines Sieb geriebenes hartgekochtes Eidotter angenommen. Bei diesem und auch bei Einsatz von Tümpelstaubfutter muß häufiger und in kleinen Portionen gefüttert werden, gegen Verunreinigungen und Infusorientrübungen sind die Jungfische empfindlich. Die Temperatur sollte von der Eiablage bis zum Alter der Jungfische von vier Wochen konstant bei 25–26 °C gehalten werden. Nach 3–4 Monaten sind die Geschlechter zu unterscheiden. Auch bei günstigen Bedingungen sind die ♀♀ nicht vor dem sechsten, die ♂♂ nicht vor dem neunten Lebensmonat zuchtfähig.

R. pauciperforata

Rotstreifenbärbling

Vorkommen: Sumatra, Malaysia. **Größe:** 7 cm. **GU:** Das ♂ ist schlanker als das ♀ und sieht durch seine geradeverlaufende Bauchlinie immer etwas unterernährt aus. **Ansprüche:** *R.p.* ähnelt im Aussehen dem bekannten Glühlichtsalmler *(Hemigrammus erythrozonus)*, ist aber viel lebhafter und schwimmfreudiger als dieser und verdiente weitere Verbreitung. Die Beckenlänge zur Haltung eines Schwarms ab zehn Tieren sollte nicht unter 80 cm liegen, dabei ist die Vergesellschaftung mit schwimmfreudigen Salmlern oder Bärblingen der Gattungen → *Brachydanio* und → *Danio* sehr gut möglich. Bei Haltung von nur wenigen Tieren bleibt *R.p.* scheu. Alle Ansprüche gleichen den in der Gattungsbeschreibung angeführten.

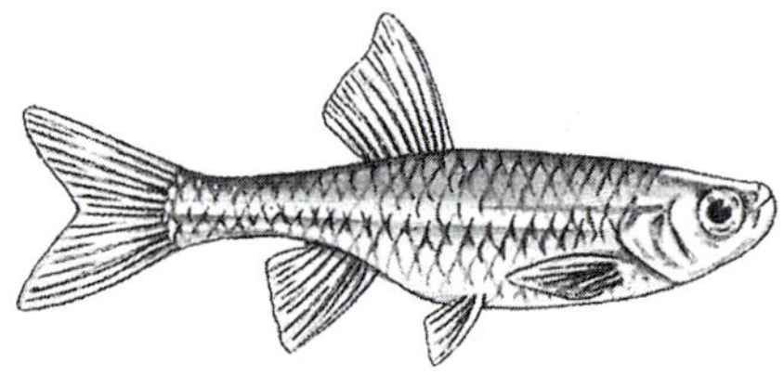

Rasbora pauciperforata

Zucht: Die Zucht ist in langgestreckten Becken ab 60 cm Länge und bei Wasserhöhen zwischen 12 und 20 cm möglich, deren Boden mit kleinen dunklen Kieseln oder einem Laichrost bedeckt ist und das in der unteren Hälfte dicht mit Javamoos oder anderen feinblättrigen Pflanzen bestückt ist. Wenn es nicht gelingt, aus dem Gemeinschaftsbecken ein Paar herauszufangen, welches sich bereits füreinander interessiert, dann ist oft wiederholter Austausch des ♂ erforderlich, um das miteinander laichbereite Paar zu finden. Paare, die einmal zusammen abgelaicht haben, tun dies willig immer wieder und sollten deshalb so gehältert werden, daß sie stets wiedererkannt werden. Wie bei *R. heteromorpha* ist es vorteilhafter, wenn die ♀♀ sehr jung und die ♂♂ älter sind. Der Laichansatz bei jungen ♀♀ kann auch durch reiche Gaben an Algenaufwuchs gefördert werden. Das Zuchtwasser sollte über Torf gefiltert sein und Werte unter 3°dH bei einem pH-Wert 5,8–6,2 aufweisen, die günstigste Temperatur liegt bei 25 °C. Nachdem im Pflanzendickicht abgelaicht wurde, werden die Alttiere herausgefangen. Die Eier müssen vor Licht geschützt werden. Nach 24–36 Stunden schlüpfen die Jungen, 3–4 Tage später schwimmen die Jungfische frei und werden wie die anderen Arten der Gattung gezogen.

R. sumatrana

Sumatrabärbling

Vorkommen: Große Sundainseln, auf dem Festland von der Halbinsel Malakka bis Vietnam. **Größe:** 12 cm. **GU:** Das ♂ ist deutlich schlanker als das ♀. **Ansprüche:** *R.s.* gehört zwar zu den schlichter gefärbten Arten der Gattung, wirkt im Schwarm in größeren Becken ab 100 cm Länge aber sehr attraktiv. Die Art ist sehr anpassungsfähig und dauert nach Eingewöhnung auch noch gut unter Bedingungen aus, die von den in der Gattungsbeschreibung angeführten Optimalwerten etwas abweichen. Sie kann daher auch dem aquaristischen Neuling sehr empfohlen werden, wenn die in der Gattungsbeschreibung angeführten Haltungsbedingungen annähernd erfüllt werden können.

Zucht: Das Zuchtgeschehen verläuft ähnlich wie bei *R. pauciperforata,* die Tiere sind jedoch laichwilliger und bringen auch in etwas härterem Wasser noch befriedigende Ergebnisse. Bis zu 2000 Eier sind möglich, die Jungen schlüpfen nach 24 Stunden, die Jungfische schwimmen bereits 48 Stunden später frei, die Aufzucht ist problemlos.

R. taeniata

Streifenbärbling

Vorkommen: Westmalaysia und Borneo. **Größe:** 7 cm. **GU:** Die Bauchlinie beim ♂ ist immer so geradlinig, daß man an Unterernährung denkt, seine Schwanzflosse ist kräftig rotorange gefärbt. Beim ♀ verläuft die Bauchlinie immer konkav, ihre Schwanzflosse ist nur blaß gelblich gefärbt. Sehr nahe verwandt mit dieser Art und häufig im Händlerbecken mit ihr verwechselt ist der Goldstreifenbärbling *R. chrysotaenia.* Er ist im Körper etwas fülliger und wird geringfügig größer. **Ansprüche:** Beide Arten sind relativ ruhige Schwarmfische für Aquarien ab 80 cm Länge. Sie stellen sich gern zwischen lockeren Pflanzenbeständen ein. Ihre Ansprüche an Wasserwerte und Pflegebedingungen gleichen denen von → *R. borapetensis.*

Zucht: Sie ist wie bei → *R. borapetensis* möglich.

R. urophthalma

Schwanzfleckbärbling

Vorkommen: Sumatra. **Größe:** ♂ 2,5 cm, ♀ 3 cm. **GU:** Die Rückenflosse des ♂ besitzt am Grunde einen weißen Fleck, über dem eine dunkle Binde liegt, beides fehlt in der Rückenflosse des ♀. **Ansprüche:** Die Haltung eines kleinen Schwarms ist bereits in Becken ab 40 cm Länge gut möglich; Wasser 2–10°dH, pH-Wert 5,8–6,5; Temperatur 23–25°C. Ihre prächtige Färbung entwickeln diese Zwerge am besten über dunklem Bodengrund, der aus einem Sand-Torf-Gemisch oder Sand mit einer Mulmauflage aus abgestorbenen Pflanzenteilen bestehen kann. Das Becken sollte dicht mit feinblättrigen Pflanzen bepflanzt sein. Auf hohe Frischwassergaben reagieren die Fische empfindlich, deshalb ist wöchentlicher Teilwasserwechsel, bei dem nur 1/10–1/8 des Beckeninhalts durch gut abgestandenes, möglichst über Torf gelaufenes Frischwasser ersetzt wird, einem größeren Wasserwechsel vorzuziehen.

Zucht: Vorbereitungen zur Zucht und Zuchtbedingungen gleichen in den wesentlichsten Punkten denen von *R. heteromorpha.* Die Ergebnisse sind dann am besten, wenn Paare angesetzt werden können, die sich bereits im Schwarm gefunden haben, ein Zuchtbecken von 25 cm Länge ist ausreichend. Die Eier werden entweder an der Unterseite von kleinen Pflanzenblättern oder zwischen feinblättrigen Pflanzen abgesetzt. Eine Laichserie geht meist über die Morgenstunden mehrerer Tage. Da die Alttiere jedoch der nach 24–36 Stunden schlüpfenden Brut nachstellen, sollten sie nach dem Ablaichen des zweiten Tages herausgefangen und gegebenenfalls in ein Zuchtbecken umgesetzt werden. Die weitere Aufzucht verläuft wie bei *R. heteromorpha.*

R. vaterifloris

Perlmuttbärbling

Von dieser Art wurden zwei farblich unterschiedliche Fundortformen aquaristisch eingeführt, eine blaugrüne und eine intensiv rote. Beide kommen aus unterschiedlichen Gebirgsflüssen in Sri Lanka. **Größe:** 3,5 cm. **GU:** Die Geschlechter sind erst bei älteren Tieren mit einiger Sicherheit zu unterscheiden. Die ♂♂ sind etwas schlanker und farblich intensiver, bei beiden Farbformen ist der Rotanteil in den Flossen kräftiger, bei den ♀♀ eher mit gelben bis orangefarbenen Tönen. Bei alten ♂♂ kann der vordere Teil der Afterflosse lappenartig verlängert sein. **Ansprüche:** Der prächtige Perlmuttglanz kommt vor allem bei von vorn einfallendem Licht voll zur Wirkung. In ihren Ansprüchen an Becken und Wasserwerte gleichen beide Farbformen denen von → *R. espei,* mit der sie beim Autor jahrelang gemeinsam gehalten wurden.

Zucht: Die Zucht ist nicht ganz einfach, es bedarf oft vieler Versuche, um ein passendes Paar zu finden. Das Wasser im Zuchtbecken muß sehr weich sein, Regenwasser, das über Torf gelaufen ist und bernsteingelbe Farbe angenommen hat, ist am besten geeignet. Die Temperatur sollte 2°C über der des Pflegebeckens liegen. Ein niedriger Wasserstand von 10–15 cm und einige Strahlen der Morgensonne im Zuchtbecken wirken sich stimulierend auf die Laichbereitschaft aus. Steht eine dünne Torfschicht als Bodengrund nicht zur Verfügung, dann muß das Zuchtbecken auf einer dunklen Unterlage stehen. Aufgelockertes Javamoos wird als Laichsubstrat angenommen. Die Alttiere sind Laichräuber und nach dem Ablaichen herauszufangen. Nach gut 24 Stunden schlüpfen die Larven und hängen sich in das Javamoos, wo sie kaum zu entdecken sind. Etwa 4 Tage schwimmen sie frei und benötigen anfangs feinen Tümpelstaub.

Raubglassalmler

→ *Roeboides.*

Rautenfleckkärpfling

→ *Phalloceros caudomaculatus.*

Rautenflecksalmler

→ *Hemigrammus caudovittatus.*

Rautensalmler

→ *Astyanax bimaculatus.*

Regans Kärpfling

→ *Gambusia regana.*

Regenbogencichlide

→ *Herotilapia multispinosa.*

Regenbogenfisch

1. → *Chilatherina.*– **2.** → *Glossolepis.*– **3.** → *Melanotaenia.*– **4.** → *Pseudomugil.*– **5.** → *Rhadinocentrus.*

Regenbogensalmler

→ *Rhoadsia altipinna.*

Reiskärpfling

→ *Oryzias.*

Resolanahochlandkärpfling

→ *Xenotaenia resolanae.*

Retroculus lapidifer

Steinträger-Buntbarsch
Familie: *Cichlidae*

Vorkommen: Nordwest-Brasilien. **Größe:** ♂ 25 cm, ♀ 20 cm. **GU:** Beim größeren ♂ sind Rücken-, After- und vor allem die Bauchflossen deutlich länger ausgezogen als beim ♀. **Ansprüche:** Diese neu eingeführte Art stellt durch ihre Gestalt und ihr Verhalten eine sehr interessante Bereicherung für die Freunde von Buntbarschen dar, die über größere Aquarien verfügen. Die Grundfläche des Beckens sollte nicht unter 200 x 60 cm betragen. Die Tiere leben bevorzugt über freien Sandstellen. Als Bodengrund ist deshalb eine 5–7 cm hohe Schicht Sand mittlerer Körnung einzubringen, dem 10% abgerundete Flußkiesel beigefügt werden. Wurzeln, Steinaufbauten und hartblättrige Pflanzen setzt man an die Ränder, sie werden von den Fischen gern als Versteckplätze aufgesucht. Nach allen bisher vorliegenden Erfahrungen ist das Wohlbefinden der Tiere besser, wenn sie in kleiner Gruppe (4–6 Tiere) und in Gemeinschaft mit Erdfressern (→ *Geophagus,* → *Satanoperca* usw.) gepflegt werden. An die Qualität des Wassers werden hohe Ansprüche gestellt. Optimal sind pH-Werte zwischen 5,5 und 6,5, eine Wasserhärte unter 10 °dH und Temperaturen zwischen 25 und 28 °C. Gegen organische Wasserbelastungen zeigten sich Wildfänge und die ersten Nachzuchtgenerationen als sehr empfindlich. Eine wirksame Filterung sowie regelmäßiger Teilwasserwechsel, der wöchentlich durchgeführt werden und bis zu 1/3 des Beckeninhaltes umfassen muß, sind für die Gesunderhaltung der Tiere unerläßlich. Der Größe der Fische angemessen sollte auch das Futter sein; Muschelfleisch, Tintenfischstückchen, Garnelen und Stinte werden gern und in großen Mengen gefressen.

Zucht: Die Fische sind Offenbrüter. Gemeinsam heben beide Tiere eine Laichgrube im Bodengrund aus, wobei größere Kiesel weggetragen werden und manchmal wie ein Wall liegen. Das Ablaichen erfolgt meist am Rand der Grube. Die Eier kleben stark und überziehen sich sofort mit einer Sandschicht. Beide Eltern sammeln die Eier ein und tragen sie in die Mitte der Grube. Bis zum Schlupf der Larven, der bei 29 °C nach 4 Tagen erfolgt, werden die Eier ständig umgebettet. Dabei geraten immer mehr Sand und Kiesel auf das Gelege. Aus bisher noch nicht geklärten Gründen ist bisher eine Aufzucht in Gesellschaft der Eltern noch nicht gelungen. Werden jedoch nach dem Ablaichen die Eier abgesaugt und in ein nicht zu hell stehendes Aufzuchtbecken mit Sandboden überführt, dann schlüpft bei ausreichender Wasserhygiene ein Großteil der Larven. 9 Tage später gehen sie auf Futtersuche und nehmen Artemia-Nauplien und Rädertierchen an.

Rhadinocentrus ornatus

Geschmückter Regenbogenfisch
Familie: *Melanotaeniidae*

Vorkommen: Ostaustralien. **Größe:** ♂ 7 cm, ♀ 4 cm. **GU:** Das größer werdende ♂ wirkt durch dunkler geränderte Schuppen farblich intensiver, seine After- und Rückenflossen sind kräftig dunkel gesäumt. Von den vier bekannten Farbformen wurden bisher die rote und die blaue in Aquarien gepflegt. **Ansprüche:** Diese attraktive Art ist leider bisher nur selten bei Liebhabern anzutreffen, weil sie als streßempfindlich gilt, besonders bei unsachgemäßem Transport. Da inzwischen genügend streßmindernde Präparate im Angebot sind, die jeder gute Zoohändler führt, steht dieses Problem kaum noch einer weiteren Verbreitung im Wege. Wasser 1–10 °dH, pH-Wert 5,5–6,8; Temperatur 24–28 °C am Tage, nachts bis auf 20–22 °C absinkend. Neuerworbene Tiere sollten anfangs im Artenbecken ab 60 cm Länge gepflegt werden, wobei Schwarmhaltung von mindestens 8 Tieren empfehlenswert ist. Über einem nicht zu hellen Bodengrund, für den sich eine Mischung aus grobem Sand mit Torffasern anbietet, und einer Bepflanzung mit feinblättrigen Pflanzen, die genügend Schwimmraum läßt, zeigen die Fische die intensivsten Farben. Ein Teil des Beckens sollte einige Schwimmpflanzen erhalten. Zur notwendigen, abwechslungsreichen Fütterung sollten mehrmals in der Woche auch Drosophila gehören. Sie sind vor allem in der Zuchtvorbereitung unverzichtbar. Bei kräftiger Filterung kann sich der Teilwasserwechsel auf das wöchentliche Absaugen von Mulm beschränken, dabei muß sehr behutsam vorgegangen werden. Das zur Ergänzung verwendete Frischwasser sollte immer mit einem Frischwasseraufbereiter versehen sein.

Zucht: Die Art ist Dauerlaicher, wobei auch im Artbecken bei ausreichender Fütterung genügend Jungfische aufkommen, die vorsichtig abgeschöpft werden können. Bei gezielter Zucht empfiehlt sich der Ansatz von 2 ♂ mit 3–4 ♀♀ in einem Becken von 50 cm Länge, das mit *Myriophyllum* ausgestattet wurde und torfgefiltertes, klares Wasser enthält, das etwas weicher als das Wasser des Gemeinschaftsbeckens sein sollte. Die Tag-Nacht-Temperaturschwankung sollte auf 24 und 28 °C eingestellt werden. Bei kräftiger Fütterung mit Enchyträen und Drosophila werden genügend Eier abgesetzt, so daß die Alttiere nach 5–6 Tagen wieder mit

Vorsicht ins Gemeinschaftsbecken zurückgesetzt werden können. Das Becken darf nicht zu hell stehen, nach dem Herausfangen der Alttiere ist es abzudunkeln. In Abhängigkeit von der Temperatur schlüpfen die Jungfische nach 7–10 Tagen. Feiner Tümpelstaub, ergänzt durch Zuchtpantoffeltierchen und ein durch ein Teesieb geriebenes hochwertiges Trockenfutter bilden das Futter in den ersten 3–4 Lebenstagen, dann werden auch frischgeschlüpfte Artemia-Nauplien und Mikrowürmchen angenommen. Auf Infusorientrübung reagieren die Jungfische empfindlich, bei Einhaltung guter Wasserhygiene wachsen sie sehr zügig und sind nach 7–8 Monaten bereits wieder zuchtreif.

Rhoadsia altipinna

Regenbogensalmler
Familie: *Characidae*

Vorkommen: Costa Rica, West-Ecuador. **Größe:** ♂ 15 cm, ♀ 7 cm. **GU:** Ab 4 cm Länge entwickeln die ♂♂ eine sichelförmige Rückenflosse, die Afterflosse beginnt sich zu röten und ihre Glanzschuppen zeigen mehr irisierende Farben. **Ansprüche:** Regenbogensalmler sind prächtige und relativ anspruchslose Fische, deren Pflege bzw. Zucht jedem Anfänger empfohlen werden könnte, wenn nicht die Endgröße des ♂ und sein Territorialverhalten dem entgegenstehen würden. Becken ab 100 cm, besser ab 150 cm Länge, stellen die Mindestanforderungen an die Haltung eines kleinen Schwarmes dar. Bewährte Partner im Aquarium Erfurt sind → *Abramites*, → *Leporinus*, → *Ctenobrycon* und verschiedene → *Scheibensalmler.* Eines der ♂ im Schwarm wächst vor und besetzt ein Revier über kiesigem Bodengrund, aus dem er sowohl Geschlechtsgenossen als auch größere Fische vertreibt. Bei Pflege im Artbecken ist eine Bepflanzung in Gruppen, zwischen denen Kiesplätze frei bleiben, gut möglich, denn vielseitig ernährte Tiere vergreifen sich nicht an Pflanzen. In so eingerichteten Aquarien bekommen auch kleinere ♂♂ die Chance, ein bescheidenes Revier bilden zu können. Bei den Wasserwerten werden Wasserhärten zwischen 10 und 25 °dH ebenso toleriert wie pH- Werte zwischen 6,5 und 8. Die optimale Temperatur liegt zwischen 22 und 25 °C. Eine gute Belüftung, wirksame Filterung und regelmäßiger wöchentlicher Teilwasserwechsel (25% des Beckeninhaltes erneuern) tragen zum Wohlbefinden und zur Langlebigkeit der Fische bei.

Zucht: Die für Salmler ungewöhnliche Form der Paarung wurde im Aquarium Erfurt entdeckt. Das stärkste ♂ steht im Zentrum seines Reviers, die laichbereiten ♀♀ kommen zu ihm, stehen manchmal regelrecht Schlange. Das größte unter ihnen nähert sich dem ♂, erfaßt mit dem Maul dessen Genitalpapille und drückt mit leichtem Zittern seine Eier zwischen die Bodenkiesel. Das ♂ drückt seine Bauchflossen gegen den Kopf des ♀ und gibt eine Spermawolke ab. Diese fließt durch die Kiemen des ♀ und an deren Körperseiten entlang auf die Eier zu. Dieser Vorgang wiederholt sich mit Unterbrechungen mehrere Male. Dauert der Vorgang den anderen wartenden ♀♀ zu lange, dann kann es geschehen, daß sich bis zu vier ♀♀ im Tandem an die Körperseiten des großen ♀ hängen, ihre Eier gleichzeitig in den Boden drücken und so von der Spermawolke partizipieren. Nach vielen Stunden erst vertreibt das ♂ alle ♀♀ aus dem Revier, verteidigt es sehr intensiv und säubert immer wieder die obenliegenden Eier mit dem Maul. Nach 5 Tagen tauchen zwischen den Kieseln die ersten Jungfische auf. Sie bleiben in Bodennähe und werden mit Tümpelstaub, Rädertierchen und Mikrowürmchen angefüttert.

Rhodeus sericeus amarus

Bitterling
Familie: *Cyprinidae*

Vorkommen: Europa und Westasien. **Größe:** 7 cm. **GU:** Der männliche Bitterling gehört in seiner Laichfärbung zu den schönsten Süßwasserfischen unserer Erde, Kehle und Bauch sind dann orange bis blutrot, Nacken und Rücken oliv- bis grasgrün gefärbt und die Körperseiten schillern in violetten bis stahlblauen Glanzfarben. Außerhalb der Laichzeit ist das ♂ an der Rotfärbung der oberen Hälfte der Iris und der Afterflosse zu erkennen. Das ♀ ist immer schlicht gefärbt, zur Laichzeit tritt eine bis zu 5 cm lange, blaßrote Legeröhre hervor.

Die Erhaltung dieser Art ist untrennbar mit der Arterhaltung von Teich- und Malermuscheln verbunden, ohne deren Miwirkung die Fortpflanzung des Bitterlings nicht möglich ist. Der Fortbestand der Muscheln ist durch Gewässerverunreinigung stark gefährdet, so daß gegenwärtig der Hauptbeitrag der Aquarianer zur Erhaltung der Art im Schutze des natürlichen Lebensraums stehen muß, damit der Bitterling eines Tages als einer der im Zuchtgeschehen interessantesten Fische der Erde auch wieder im Aquarium gepflegt werden kann. **Ansprüche:** Becken ab 60 cm Länge; Wasser 10–15 °dH, pH-Wert 7–7,5; Temperatur 18–21 °C. Sandiger Bodengrund mit Mulmschicht, schwache Filterung oder Durchlüftung, gute Bepflanzung sowie Fütterung mit Mückenlarven und Enchyträen erfüllen die Ansprüche der Art in den Fällen, wo Einzeltiere vorübergehend zwischengehältert werden müssen, um sie am Leben zu erhalten.

Rhombenbarbe

→ *Barbus rhomboocellatus.*

Riesengurami

→ *Osphronemus goramy.*

Riesenschilderwels

→ *Pterygoplichthys.*

Riesenstachelaal

→ *Mastacembelus armatus.*

Rineloricaria lanceolata

Lanzenharnischwels,
Schokoladenbrauner Hexenwels
Familie: *Loricariidae*

Vorkommen: Peru. **Größe:** 13 cm. **GU:** Beim ♂ sind Kopf- und Brustflossenkanten mit Borsten besetzt. **Ansprüche:** Diese friedliche, dämmerungsaktive Art kann als Beifisch in jedem Salmlerbecken ab 80 cm Länge gehalten werden; Wasser 2–15 °dH, nach Eingewöhnung bis 25 °dH möglich, pH-Wert 5,5–7,2; Temperatur 22–25 °C. Feinkörniger Bodengrund, der etwas Torfanteil enthält, sagt den Tieren am besten zu. Die Bepflanzung kann sehr dicht sein und sollte einige großblättrige Pflanzen enthalten, deren stabile Blätter von den

Rineloricaria lanceolata

Welsen gern als Auflage zur Ruhezeit genutzt werden. Daneben benötigen die Welse Verstecke aus Röhren und Steinen sowie unter Wurzeln. Wurzeln oder wassergelagertes Holz sind für die Deckung des hohen Ballaststoffbedarfs der Welse unerläßlich, sie werden im Laufe der Zeit oft völlig abgeraspelt. Pflanzliche Nahrung, darunter Algenaufwuchs und Feinfrosterbsen, muß einen hohen Anteil am Gesamtnahrungsangebot darstellen, daneben werden tierische Nahrung aller Art sowie Trockenfutter und Futtertabletten angenommen. Bei Haltung im Gemeinschaftsbecken wird abends nachgefüttert. Neben guter Filterung ist regelmäßiger wöchentlicher Teilwasserwechsel, bei dem 1/4 des Beckeninhalts erneuert wird, für das Wohlbefinden der Welse wichtig. Chlorbelastetes Wasser schadet den Tieren und sollte vor der Verwendung abgestanden, kräftig durchlüftet oder über Torf gelaufen sein.

Zucht: Die Welse laichen bei kräftiger und vielseitiger Fütterung auch im Gemeinschaftsbecken, wenn darin enge Röhren vorhanden sind, die das Gelege aufnehmen können. Das Gelege wird vom ♂ allein betreut, das ♀ sollte entfernt werden, da es den Laich fressen würde. Die Jungen schlüpfen nach neun Tagen und müssen nach dem Aufzehren ihres Dottersacks mit Salinenkrebs-(Artemtia-)Nauplien angefüttert werden. Da die Jungen in der Zeit zwischen Schlupf und Freischwimmen etwas empfindlich gegen Mikroorganismen sind, die sich auf unsauberem Bodengrund entwickeln, ist es günstig, sie kurz vor dem Schlupftermin mit Röhre in ein flaches, peinlichst sauberes Aufzuchtbecken mit nur 5 cm Wasserhöhe zu überführen, dessen Glasboden gut von schleimigen Belägen während der gesamten Aufzucht gesäubert werden kann. In diesem Aufzuchtbecken ist täglich die Hälfte des Wassers durch chlorfreies Frischwasser zu ersetzen. Nachdem die Jungwelse in der Lage sind, Grindalwürmchen aufzunehmen, verläuft ihr Wachstum zügig und wird durch regelmäßiges Angebot von Algenaufwuchs noch begünstigt.

Ringelhechtling

→ *Pseudepiplatys annulatus.*

Rivulus (Bachlinge)

Eine Gattung der Familie *Aplocheilidae,* deren Verbreitungsgebiet von Florida bis ins mittlere Südamerika reicht. Bachlinge leben als Oberflächenfische in Überschwemmungsgebieten oder bewachsenen Uferregionen. Flache Becken werden ihren Ansprüchen am besten gerecht. Alle Arten sind gute Springer, die sich gelegentlich sogar auf Schwimmblätter legen. Die Bekken müssen daher sorgfältig und lückenlos abgedeckt werden. Bachlinge finden die kleinste Ritze. Die meisten Arten sind relativ anspruchslose Pfleglinge, die in Wasser mit mittlerer Härte und pH-Werten um den Neutralpunkt herum völlig problemlos zu halten sind. Dunkler Bodengrund aus nicht zu grobem Kies, eine mäßige bis dichte Bepflanzung sowie einige Schwimmpflanzen erfüllen als Beckeneinrichtung bereits die Ansprüche der Bachlinge. Einige Wurzeln im Becken werden vor allem von stark getriebenen ♀♀ oder unterlegenen ♂♂ gern als Verstecke angenommen. Die Filterung braucht nur mäßig sein, Teilwasserwechsel im Abstand von 14 Tagen, bei dem 1/4 des Beckeninhalts mit gut durchlüftetem, abgestandenem Frischwasser erneuert wird, ist ausreichend. Alle Arten benötigen kräftiges und vielseitig zusammengesetztes Futter, zu dem vor allem in der Phase der Zuchtvorbereitung Mückenlarven, auch tiefgefroren, und auf die Wasseroberfläche gestreute Insekten (Schaben, Drosophila, Blattläuse u.a.) gehören müssen. Die Zucht ist bei den meisten Arten mit gut vorbereiteten Tieren nicht schwer. Um den Laichansatz der ♀♀ zu fördern, ist die Trennung der Geschlechter vor dem Zuchtansatz anzuraten. Alle Arten sind Haftlaicher, die ihre Eier bevorzugt an Pflanzenteilen in Oberflächennähe ablegen. Für eine produktive Zucht hat es sich bewährt, längere Torffasern, die mit der Deckscheibe festgeklemmt werden, ins Becken zu hängen. Die Eier sind groß und fest und können mit der Hand abgelesen und zur weiteren Entwicklung in ein Aufzuchtbecken überführt werden. Der Zuchtansatz sollte immer im Trio (1 ♂, 2 ♀♀) erfolgen, dafür ist ein Zuchtbecken ab 5 l Inhalt ausreichend. Um die Jungfische aus den zu verschiedenen Zeiten gelegten Eiern zur gleichen Zeit schlüpfen zu lassen, ist es gut möglich, die ausgelesenen Eier in krümelfeuchten Torf zu legen, diesen in einer verschließbaren Kunststoffdose oder Tüte zu lagern und nach 3–4 Wochen aufzugießen. Nach den bisher vorliegenden Erfahrungen scheint ein Zusammenhang zwischen der Höhe der Temperatur während der Entwicklungszeit der Eier und dem Geschlechterverhältnis der Nachzuchttiere zu bestehen: Bei niedrigeren Entwicklungstemperaturen ist der Anteil an ♂♂ höher. Die frisch geschlüpften Jungfische nehmen sofort Mikrowürmchen, Rädertierchen, Zuchtpantoffeltierchen und Artemia-Nauplien an. Ihre Aufzucht bringt keine besonderen Probleme. Die Geschlechter lassen sich auch bei den Jungfischen relativ früh an dem für diese Gattung typischen »Rivulusfleck« erkennen, den nur die ♀♀ als dunklen Punkt am oberen Teil der Schwanzwurzel besitzen.

R. amphoreus

Surinamebachling

Vorkommen: Suriname. **Größe:** 7 cm. **GU:** Das ♀ ist in der Färbung heller und besitzt den Rivulusfleck. **Ansprüche:** Becken ab 60 cm Länge; Wasser 12–15 °dH, pH-Wert 6,5–7,8; Temperatur 20–26 °C. Für das Wohlbefinden dieser Art ist eine kräftige Durchlüftung erforderlich, die übrigen Ansprüche sind wie in der Gattungsbeschreibung angegeben.

Zucht: Diese Art gehört zu den etwas schwieriger zu züchtenden, das Ablaichsubstrat wird jedoch leichter angenommen, wenn es von den Luftperlen eines Ausströmers berührt wird, die Fische baden oft regelrecht in diesen aufsteigenden Luftperlen. Die Entwicklungsdauer der Eier im Wasser beträgt 21 Tage, die Jungfische sind auffallend goldfarben und wachsen sehr langsam, die Geschlechter sind erst ab 2 cm Länge sicher zu unterscheiden. Die Geschlechtsreife wird mit zehn Monaten erreicht, das Zuchtverfahren entspricht dem in der Gattungsbeschreibung angegebenen.

R. cryptocallus

Martiniquebachling

Vorkommen: Kleine Antillen. **Größe:** 8 cm. **GU:** Das ♀ ist am Rivulusfleck sicher zu erkennen. **Ansprüche:** Becken ab 60 cm Länge; Wasser 10–15 °dH, pH-Wert 6,5–7,5; Temperatur 22–26 °C. Die übrigen Ansprüche entsprechen denen in der Gattungsbeschreibung.

Zucht: Der Zuchtansatz kann im Paar, im Trio oder in der Gruppe im Artbecken erfolgen, der Zuchtverlauf entspricht dem in der Gattungsbeschreibung angegebenen, die Jungfische schlüpfen im Wasser je nach Temperatur nach 14–21 Tagen.

R. cylindraceus

Kubabachling

Vorkommen: Klare Gebirgsbäche in Kuba. **Größe:** 5,5 cm. **GU:** Das ♂ ist intensiv gefärbt, das relativ unscheinbare ♀ trägt den Rivulusfleck. **Ansprüche:** Becken ab 50 cm Länge; Wasser 6–9 °dH, pH-Wert 7; Temperatur 22–24 °C. Die Art ist für eine kräftige Filterung oder Durchlüftung, die eine Wasserströmung erzeugt, dankbar. Der Teilwasserwechsel sollte im Abstand von einer Woche durchgeführt werden und jeweils 1/4 des Beckeninhalts umfassen. Die übrigen Ansprüche entsprechen denen der Gattungsbeschreibung.

Zucht: Die Geschlechter sollten vor dem Zuchtansatz unbedingt getrennt gehalten werden, da die ♀♀ sonst wenig produktiv sind. Für den Trioansatz ist ein 5-l-Becken ausreichend, als Laichsubstrat werden neben Torffasern auch *Myriophyllum*, Javamoos oder Dederonwolle angenommen. Bei Temperaturen zwischen 23 und 24 °C schlüpfen die Jungfische nach 12–14 Tagen, für ihre gute Entwicklung ist häufiger Teilwasserwechsel in der Aufzuchtschale notwendig. Der Zuchtverlauf entspricht dem in der Gattungsbeschreibung angeführten.

R. holmiae

Großer Bachling

Vorkommen: Guayana. **Größe:** 10 cm. **GU:** Das ♀ ist am Rivulusfleck sicher zu erkennen. **Ansprüche:** Becken ab 70 cm Länge; Wasser 10–12 °dH, pH-Wert 6,5–7,2; Temperatur 22–26 °C. Die Art ist auch in härterem Wasser zu halten, erreicht dort aber nicht ihre maximale Größe. Die übrigen Ansprüche entsprechen denen der Gattungsbeschreibung.

Rivulus holmiae

Zucht: Der Zuchtverlauf entspricht dem in der Gattungsbeschreibung angeführten, die Jungfische schlüpfen nach 14–20 Tagen, ihre Aufzucht ist leicht.

R. magdalenae

Goldschwanzbachling

Vorkommen: Rio Magdalena in Kolumbien. **Größe:** 7 cm. **GU:** Das ♀ ist am Rivulusfleck sicher zu erkennen. **Ansprüche:** Becken ab 60 cm Länge; Wasser 7–12 °dH, pH-Wert 7; Temperatur 24 °C. Die übrigen Ansprüche entsprechen denen der Gattungsbeschreibung. Nach eigenen Erfahrungen kann diese Art auch noch bei 30 °dH gut gehalten und gezüchtet werden, wenn dem Hälterungswasser Torfextrakt beigesetzt wird.

Zucht: Der Zuchtverlauf entspricht dem in der Gattungsbeschreibung angegebenen, bei hartem Wasser sind die Schlupfergebnisse bei Zugabe von Torfextrakten in die Eientwicklungsschale noch durchaus befriedigend. Die Jungfische schlüpfen nach 12–15 Tagen, Einwirkung von Licht beschleunigt die Entwicklung.

R. micropus

Vorkommen: Rio Negro in Brasilien. **Größe:** 7 cm. **GU:** Das ♀ ist am Rivulusfleck sicher zu erkennen. **Ansprüche:** Becken ab 60 cm Länge; Wasser 5–12 °dH, pH-Wert 6,5–7; Temperatur 24 °C. Die übrigen Ansprüche entsprechen denen der Gattungsbeschreibung.

Zucht: Die Zucht ist sowohl im 5-l-Becken mit einem Trio im Kurzansatz als auch im Artbecken mit einer Gruppe im Daueransatz möglich, dabei sollte das Artbecken mit dichten Javamoosbüscheln ausgestattet sein. Die Eier sind bernsteinfarben und relativ klein, jedoch so hartschalig, daß sie auch im dichten Laichsubstrat gut mit den Fingern erfühlt und entnommen werden können. Im dichtbepflanzten Artbecken kommen immer einige Jungfische auf, das Überführen der Laichkörner in flache Wasserschalen mit 2–4 cm Wasserhöhe ist jedoch ergiebiger. Die Jungfische schlüpfen nach 12–16 Tagen.

R. ornatus

Bunter Bachling, Rotpunktrivulus, Zwergrivulus

Vorkommen: Zentrales Amazonasbecken. **Größe:** Ca. 3,5 cm. **GU:** Die unpaaren Flossen des ♂ sind rot gepunktet, die des ♀ einfarbig hellgelb. Das ♀ besitzt den Rivulusfleck. **Ansprüche:** Becken ab 40 cm Länge, die Haltung im Artbecken ist bei diesen Zwergen empfehlenswert; Wasser 5–12 °dH, pH-Wert 7; Temperatur 23–28 °C. Die übrigen Ansprüche entsprechen denen der Gattungsbeschreibung.

Zucht: Diese Art ist bei ungenügender Versorgung mit Anflugnahrung (Drosophila, Blattläuse) wenig produktiv. Da die Fische dem Laich kaum nachstellen, ist die Zucht im mit Javamoos ausgestatteten Artbecken gut möglich, sonst kann der Ansatz als Paar oder im Trio im 5-l-Becken erfolgen. Der Zuchtverlauf entspricht dem in der Gattungsbeschreibung angeführten, die günstigste Zuchttemperatur liegt bei 24 °C. Bei Zucht im Artbecken können die nach 14–20 Tagen schlüpfenden Jungtiere von Zeit zu Zeit abgeschöpft werden, um sie in einem Aufzuchtbecken kontrolliert und der Größe entsprechend zu füttern.

R. tenuis

Mexikobachling

Vorkommen: Mexiko bis Honduras. **Größe:** 6 cm. **GU:** Das ♀ besitzt den Rivulusfleck. **Ansprüche:** Becken ab 50 cm Länge;

Wasser 2–10 °dH, pH-Wert 6–6,8; Temperatur 22–28 °C. Die übrigen Ansprüche entsprechen denen der Gattungsbeschreibung. Bei Haltung in hartem Wasser wird die Art nicht sehr alt.

Zucht: Der Zuchtverlauf entspricht dem in der Gattungsbeschreibung angeführten, die Wasserhärte sollte im Zuchtbecken unter 3 °dH, der pH-Wert zwischen 6 und 6,4 liegen. Die Jungfische schlüpfen nach 14–18 Tagen.

R. uroflammeus

Geflammter Bachling

Vorkommen: Der Südwesten von Costa Rica. **Größe:** 4,5 cm. **GU:** Das ♂ ist rot gepunktet, das ♀ braun gefleckt. **Ansprüche:** Artbecken ab 40 cm; Wasser 5–12 °dH, pH-Wert 6,5; Temperatur 24–26 °C. Die übrigen Ansprüche entsprechen denen der Gattungsbeschreibung.

Zucht: Die Fische können bereits im Alter von 4–5 Monaten zur Zucht angesetzt werden, der Zuchtverlauf entspricht dem in der Gattungsbeschreibung angegebenen. Die Art ist auch bei reichlichem Futterangebot einschließlich Anflugnahrung wenig produktiv. Die Jungfische schlüpfen nach 14–21 Tagen.

R. xiphidius

Blaustreifenbachling

Vorkommen: Küstenbereiche des nordöstlichen Südamerika. **Größe:** 4 cm. **GU:** Das ♀ besitzt bei dieser Art keinen Rivulusfleck, alle Flossen sind fast farblos, die des ♂ dagegen vielfarbig. **Ansprüche:** Diese wunderschöne kleine Art verlangt mehr Aufmerksamkeit als viele andere Arten der Gattung. Trotz ihrer geringen Größe sind vor allem die ♂♂ untereinander sehr aggressiv, in der Gegenwart anderer Fische dagegen scheue Einzelgänger. Die Fische fühlen sich im nicht zu hellen und reich mit Javamoos ausgestatteten Becken am wohlsten, das an einem ruhigen Platz stehen sollte. Dort zeigen sie ihre prächtige Färbung am ehesten. Bei Haltung mehrerer Paare bzw. ♂♂ sollte das Becken so lang bemessen sein, daß jedem ♂ ein Revier von etwa 25–30 cm Größe zur Verfügung steht. Wasser 2–6 °dH, pH-Wert 6–6,5; Temperatur 22–25 °C. Für das Wohlbefinden ist regelmäßiger wöchentlicher Teilwasserwechsel erforderlich, bei dem jeweils 1/4–1/3 des Beckeninhalts erneuert wird. Das verwendete Frischwasser muß chlorfrei und gut durchlüftet sein, es sollte mindestens einmal langsam über Torf laufen, bevor es ins Becken kommt. Die übrigen Ansprüche entsprechen denen der Gattungsbeschreibung.

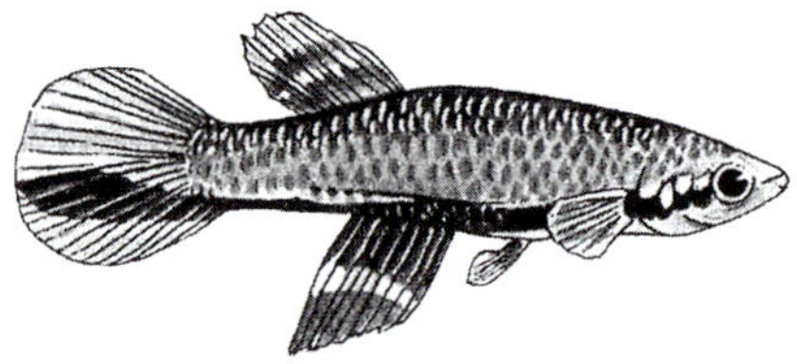

Rivulus xiphidius

Zucht: Der Zuchtverlauf entspricht dem in der Gattungsbeschreibung angeführten, der Ansatz kann paarweise oder im Trio im 5-l-Becken erfolgen, dessen Bodengrund aus langfaserigem Torf bestehen sollte. Dieser kann dann nach einer Woche Zuchtansatz trockengelegt und drei Wochen später mit weichem Wasser aufgegossen werden. Wird Javamoos als Laichsubstrat verwendet und die Eier entwickeln sich im Wasser, dann schlüpfen bei 25 °C die Jungfische bereits nach 14–16 Tagen. Sie können mit Zuchtpantoffeltierchen angefüttert werden und wachsen sehr langsam.

Robertsons Prachtkärpfling

→ *Aphyosemion robertsoni.*

Roeboides

Raubglassalmler
Familie: *Characidae*

Einige Arten dieser Gattung, deren Vertreter im gesamten nördlichen Südamerika vorkommen, sind häufig in Importsendungen als Beifische zu finden. Ihre genaue Artzugehörigkeit läßt sich meist nur schwer bestimmen, doch reizen sie durch ihr ungewöhnliches Aussehen zum Kauf. Erwachsene ♀♀ erreichen eine Endgröße zwischen 5 und 6 cm. Die Vergesellschaftung von Raubglassalmlern mit kleineren Arten ist problematisch, da sie gern an Schuppen oder Augen anderer Fische gehen. Dabei tritt dieses Verhalten nach eigenen Beobachtungen vor allem dann auf, wenn ein kleiner Schwarm von ihnen gepflegt wird, während Einzeltiere eher schüchtern und selten zu sehen sind. Jungfische bis zu 1/3 der eigenen Körpergröße können von den Raubglassalmlern als Beute bewältigt werden, man sollte sie deshalb nur mit gleich großen, besser aber größeren Arten vergesellschaften. **GU:** Die ♂♂ bleiben etwas kleiner, sind schlanker und ihre im durchsichtigen Körper gut und im Gegensatz zum ♀ fast vollständig sichtbare Schwimmblase endet hinten spitz. **Ansprüche:** Je nach Herkunft der jeweiligen Art wird weiches bis mittelhartes Wasser mit einem pH-Wert zwischen 6 und 7,5 verlangt. Als Durchschnittswert, mit dem alle bisher gepflegten Arten gut zurechtkamen und ein Alter von bis zu 10 Jahren erreichten, erwiesen sich eine Wasserhärte zwischen 10 und 15 °dH, ein pH-Wert von 7 und Temperaturen um 25 °C. Der Bodengrund sollte dunkel gehalten werden und eine Schwimmpflanzendecke bei lockerer Bepflanzung für gedämpftes Licht sorgen. Je größer das Becken ist, um so seltener tritt aggressives Verhalten auf, deshalb sollte die Beckenlänge 80 cm nicht unterschreiten. Als Futter kommen alle Arten Lebendfutter in Frage, beim Frostfutter wird Mysis bevorzugt.

Zucht: Die besten Erfahrungen wurden mit Regenwasser gemacht, das über Torf gelaufen war und eine bernsteingelbe Färbung angenommen hatte. Zum Ansatz kommen 1–2 Paare in einem Becken von 40 cm Länge, das als Einrichtung Myriophyllum oder aufgelockertes Javamoos enthält. Das Zuchtbecken ist während des Ablaichens, das zwischen den Pflanzen erfolgt, und nach dem Herausfangen der Alttiere bis zum Freischwimmen der Jungfische dunkel zu halten. Bei einer Temperatur von 26 °C schlüpfen die Larven nach 24 Stunden, hängen an Pflanzen oder Scheiben und benötigen nach dem Freischwimmen feines Tümpelstaubfutter. Artemia-Nauplien können erst im Alter von 8 Tagen bewältigt werden.

Roloffia (Prachtkärpflinge)

Roloffia war viele Jahre lang eine eigenständige und artenreiche Gattung der Familie *Aplocheilidae,* die unter den Verwandten von → *Aphyosemion* diejenigen erfaßte, deren Verbreitungsgebiet isoliert und nördlich der eigentlichen Aphyosemion liegt und von Ghana bis Senegal reicht. Diese Klassifizierung war logisch, ist aber wissenschaftlich nach Auffassung der Internationalen Nomenklaturkommission nicht mehr korrekt. Die Revision ist in vollem Gange. Bis das geklärt ist und viele neue Namen auftauchen werden, stellt man in der Übergangszeit die bisherigen *Roloffia* zur Gattung *Aphyosemion*. Weil die folgenden Arten noch sehr oft unter ihrer alten Bezeichnung angeboten werden, habe ich aus praktischen Gründen den nicht mehr gültigen Gattungsnamen beibehalten. Der Züchter sollte sie jedoch künftig nur noch unter ihrer neuen Gattungsbezeichnung *Aphyosemion* weitergeben. Die ♂♂ aller Arten der Gattung sind sehr farbenprächtig, die ♀♀ unscheinbar gefärbt. Da sich die ♀♀ der meisten Arten sehr ähnlich sehen, und oft nur das geübte Auge Unterschiede erkennt, sollten sie bei Haltung und Zucht streng voneinander getrennt gehalten werden, um Art- oder Unterartbastarde auszuschließen. Nicht zu helle, reich bepflanzte Becken mit dunklem, möglichst torfhaltigem Bodengrund und weiches, leicht saures Wasser sind die Grundanforderungen der Arten an die Haltungsbedingungen. Die bei den Artbeschreibungen angegebenen Temperaturwerte stellen die Höchstgrenze dar, die nicht überschritten werden sollten. Zu hohe Temperaturen lassen die Fische sehr schnell vergreisen, dagegen tragen Temperaturschwankungen zwischen Tag und Nacht zur Verlängerung der Lebenserwartung bei. Für regelmäßigen Teilwasserwechsel sind die Tiere dankbar, das eingesetzte Frischwasser muß durch Aufbereitung, gute Durchlüftung oder Filterung über Torf völlig chlorfrei sein. Die Fische benötigen vor allem in der Zuchtvorbereitung kräftiges Lebendfutter, vor allem Mückenlarven, nehmen gern aber auch Enchyträen und auf die Oberfläche gestreute Insekten aller Art an. Nach Gewöhnung gehen sie auch an Tiefkühl-, schwieriger an Trockenfutter heran.

Die kleineren Arten sind in der Regel Haftlaicher, die größeren Bodenlaicher, deren Laich eine Zeitlang trockengelegt werden muß. Für die Haftlaicher haben sich als Laichsubstrat Javamoos, ins Bekken gehängte lange Torffasern oder Dederonwolle bewährt. Die Eier der Haftlaicher sind so hart, daß sie mit den Fingern aus dem Substrat herausgelesen und in die flachen Aufzuchtschalen überführt werden können. Der Wasserstand in den Schalen sollte 2–3 cm hoch sein, auf 100 ml Wasser kommen maximal 30–35 Eier. Die Schlupfreife ist an der Augenentwicklung der Embryonen und ihren Bewegungen im Ei gut zu erkennen. Die Eier der Bodenlaicher werden entweder aus dem Torfbodengrund herausgelesen und in sauberen, ausgekochten Torf überführt oder mit dem gesamten Bodengrund entnommen, dieser in einem feinmaschigen Netz leicht ausgedrückt und das Ganze halbfeucht in verschließbaren Kunststoffdosen oder -tüten aufbewahrt. Als Faustregel für die Feuchte in beiden Verfahren kann das Masseverhältnis Trockentorf zu Wasser 1:5 gelten. Auch bei diesem Verfahren zeigt die Augenentwicklung der Embryonen an, wann aufgegossen werden kann. Die günstigste Lagertemperatur entspricht im wesentlichen den für die einzelnen Arten angegebenen Haltungswerten, eine kühlere Lagerung verzögert die Entwicklung, was manchmal durchaus erwünscht sein kann. Für den Aufguß wird die eihaltige Torfmasse in einer flachen Schale mit Wasser übergossen, dessen Temperatur 10 °C unter der Lagertemperatur liegen sollte. Für viele Arten ist Sauerstoffmangel im Aufgußwasser der Schlupfauslöser, dazu bietet sich am besten das Wasser alter Zuchtpantoffeltierchenkulturen an. Steht dies nicht zur Verfügung, so hilft die Zugabe von einigen getrockneten Wasserflöhen rasch eine sauerstoffzehrende Mikrofauna zu entwickeln, um den Schlupf der Jungfische innerhalb weniger Stunden auszulösen. Die Jungfische müssen sofort nach dem Schlupf in sauberes, weiches und leicht saures Wasser von 22–24 °C überführt werden und nehmen dort als Erstfutter Pantoffeltierchen und Rädertierchen an. Das Wachstum der Jungfische der meisten Arten verläuft bei guter Fütterung und regelmäßigem Wasserwechsel rasch.

R. bertholdi

Bertholds Prachtkärpfling

Vorkommen: Sierra Leone, Guinea, Liberia. **Größe:** 5 cm. **GU:** Das ♂ ist farbenprächtig, das ♀ einfach hellbraun-olivgrün gefärbt. **Ansprüche:** Becken ab 50 cm Länge; Wasser 4–8 °dH, pH-Wert 6,5; Temperatur 22–24 °C. Häufiger Teilwasserwechsel und getrennte Pflege der Geschlechter verlängern die Lebenserwartung der Fische. Sie sind sehr gute Springer und finden den kleinsten Spalt, das Becken muß deshalb lückenlos abgedeckt sein. Die übrigen Ansprüche entsprechen denen der Gattungsbeschreibung.

Zucht: Ansatz als Paar oder Trio (1 ♂, 2 ♀♀) in kleinen Zuchtbecken mit einer Wasserhöhe von 10 cm und einer 1–2 cm dicken Torfschicht am Boden. Bei Temperaturen zwischen 23 und 24 °C laichen die Fische auf dem Bodengrund. Nach dem Ablaichen werden die Alttiere entfernt und der Wasserstand im Becken auf 3 cm gesenkt. Die Jungfische schlüpfen nach 14–18 Tagen und werden, wie in der Gattungsbeschreibung angegeben, in Aufzuchtschalen überführt.

R. chaytori

Chaytors Prachtkärpfling

Vorkommen: Fließgewässer und Quelltümpel in Sierra Leone. **Größe:** 5 cm. **GU:** Das ♂ ist farbenprächtig, das ♀ trägt auf olivbrauner Grundfarbe einige rote Punkte. **Ansprüche:** Diese Art verlangt dichtbepflanzte Becken ab 50 cm Länge und ohne Beleuchtung von oben. Je dunkler die Art gehalten werden kann, umso länger ist ihre Lebenserwartung. Sie können dabei 2 – $2^1/_2$ Jahre erreichen und fortpflanzungsfähig bleiben; Wasser 1–6 °dH, pH-Wert 6,3–7; Temperatur 22–24 °C. Die übrigen Ansprüche entsprechen denen der Gattungsbeschreibung.

Zucht: Die Art ist Haftlaicher in oberflächennahen Pflanzenteilen, der Zuchtansatz erfolgt paarweise. Die Eier werden, wie in der Gattungsbeschreibung angeführt, abgelesen. Die Jungfische schlüpfen nach 12–14 Tagen, die Aufzuchtschale sollte bereits in den ersten Lebenswochen der Jungfische nur gedämpftes Licht erhalten, zu hell aufgezogene Tiere bleiben blaß.

R. geryi

Zickzackprachtkärpfling

Vorkommen: Küstennahe Gebiete von Gambia bis Sierra Leone. **Größe:** 5 cm. **GU:** Das ♂ trägt auf braungrüner Grundfarbe ein kräftig rotes Zickzackmuster, das hellbraune ♀ ein dunkelbraunes Muster. **Ansprüche:** Becken ab 50 cm Länge. Die Art ist sehr tolerant in bezug auf die Wasserhärte, sie kann bis 25 °dH gut gehalten werden, wenn der Bodengrund aus Torf besteht oder dem Wasser Torfextrakt zugefügt wird, pH-Wert 5,5–6,5; Temperatur 22–25 °C. Die übrigen Ansprüche entsprechen denen der Gattungsbeschreibung.

Roloffia geryi, ♂

Zucht: Der Ansatz erfolgt im Trio oder in der Gruppe mit ♀♀-Überzahl, die Art ist Haftlaicher. Mit den Eiern wird wie in der Gattungsbeschreibung angeführt verfahren, die Jungfische schlüpfen nach 14–16 Tagen. Bei dieser Art ist auch eine Trockenlegung der Eier für 20–25 Tage möglich.

R. guineensis

Guineaprachtkärpfling

Vorkommen: Guinea bis Elfenbeinküste. **Größe:** 9 cm. **GU:** Das ♂ ist dunkelbraun mit violettem Glanz, das ♀ hellbraun. **Ansprüche:** *R.g.* ist eine sehr scheue Art, die auch in dichtbepflanzten Becken versteckt in Bodennähe lebt. Ihren Ansprüchen kommen Becken ab 70 cm Länge mit einer Wasserhöhe von 15 cm entgegen. Das Wasser muß klar, sauerstoffreich und gut durchlüftet sein: 3–12 °dH, pH-Wert 6,5; Temperatur 18–23 °C, keinesfalls darüber. Die übrigen Ansprüche entsprechen denen der Gattungsbeschreibung.

Zucht: Die Art ist Haftlaicher in Oberflächennähe, der Ansatz erfolgt im Trio (1 ♂, 2 ♀♀), mit den Eiern ist wie oben angegeben zu verfahren. Die Jungfische schlüpfen nach 14–20 Tagen und sind mit 9 Monaten ausgewachsen.

R. liberiensis

Kalabarprachtkärpfling,
Liberiaprachtkärpfling

Vorkommen: Liberia, Nigeria. **Größe:** 6 cm. **GU:** Das ♂ ist sehr farbig, das ♀ olivgrün bis braun mit einem unregelmäßigen Zeichnungsmuster auf den Körperseiten. **Ansprüche:** Becken ab 50 cm Länge; Wasser 5–10 °dH, pH-Wert 5–6; Temperatur 22–24 °C. Torf als Bodengrund wirkt sich auf Färbung und Wohlbefinden günstig aus. Die übrigen Ansprüche entsprechen denen der Gattungsbeschreibung.

Zucht: Der Ansatz erfolgt als Paar oder im Trio, die Tiere laichen bevorzugt an aus dem Boden herausragenden Torffasern oder im Javamoos in Bodennähe ab. Die Eier müssen sehr vorsichtig vom Substrat gelöst werden. In der Aufzuchtschale schlüpfen die Jungfische nach 14–20 Tagen. Bei dieser Art ist eine Trockenlegung der Eier möglich, wenn Fasertorf als Laichsubstrat verwendet wurde. In Abhängigkeit von Feuchte und Temperatur ist die Entwicklung der Embryonen nach 3–8 Wochen abgeschlossen, das Lagergut sollte deshalb ab der dritten Woche einmal wöchentlich kontrolliert werden. Der Aufguß erfolgt nach den in der Gattungsbeschreibung angeführten Grundsätzen.

R. occidentalis

Goldfasanprachtkärpfling

Vorkommen: Sierra Leone. **Größe:** 9 cm. **GU:** Das ♂ ist vielfarbig und farbenprächtig, das ♀ schlicht rotbraun. **Ansprüche:** Becken ab 80 cm Länge; Wasser 5–10 °dH, pH-Wert 6–7; Temperatur 20–24 °C. Die übrigen Ansprüche entsprechen denen der Gattungsbeschreibung. Die Lebenserwartung dieser schönen Art überschreitet auch bei optimalen Haltungsbedingungen selten ein Jahr.

Zucht: Die Art ist Bodenlaicher, die neben Torf auch feinen Sand als Laichgrund akzeptiert. Der Ansatz eines Paares erfolgt in einem 10-l-Becken für 1–2 Tage. Danach wird aus dem Becken das Wasser abgegossen und das Laichsubstrat feucht in Kunststoffdosen oder -tüten gefüllt und bei 30 °C gelagert. Das Gefäß wird einmal wöchentlich geöffnet und gelüftet. Der Aufguß erfolgt nach 3 Monaten nach dem in der Gattungsbeschreibung angegebenen Verfahren, jedoch mit Wasser von 20 °C. Bei niedrigeren Lagertemperaturen kann sich die Entwicklung um bis zu 5 Monate verzögern.

R. toddi

Vorkommen: Urwaldquelltümpel in Sierra Leone. **Größe:** 8 cm. **GU:** Das ♂ ist farbiger als das ♀. **Ansprüche:** Becken ab 70 cm Länge; Wasser 2–8 °dH, pH-Wert 6–6,5; Temperatur 22–24 °C. Die Art verlangt Torfgrund oder mindestens Torfextraktzusatz sowie sehr häufigen Teilwasserwechsel. Die übrigen Ansprüche entsprechen denen der Gattungsbeschreibung.

Zucht: Der Ansatz dieses Bodenlaichers erfolgt im Trio (1 ♂, 2 ♀♀) in Becken mit einer 5 cm dicken Torfschicht bei 23 °C. Der eihaltige Torfgrund wird 8–14 Tage nach dem Einsetzen der Tiere herausgenommen, nur leicht ausgedrückt und in einer verschlossenen Plastikschachtel bei 22–24 °C an dunkler Stelle aufbewahrt. Der erste Aufguß nach dem in der Gattungsbeschreibung angeführten Verfahren ist kaum vor Ende des fünften Monats sinnvoll. Die Jungfische werden abgeschöpft, nach 24 Stunden kann der Torf noch einmal trockengelegt, einen Monat später ein zweites Mal aufgegossen werden.

Roloffs Hechtling

→ *Epiplatys roloffi.*

Roloffs Prachtbarsch

→ *Pelvicachromis roloffi.*

Rostpanzerwels

→ *Corydoras rabauti.*

Rotaugenmoenkhausia

→ *Moenkhausia sanctaefilomenae.*

Rotbrauner Maulbrüter

→ *Melanochromis brevis.*

Roter Badis

→ *Badis badis burmanicus.*

Roter Cichlide

→ *Hemichromis bimaculatus.*

Roter Ekuadorbuntbarsch

→ *Parapetenia festae.*

Roter Goldflecksalmler

→ *Hyphessobrycon griemi.*

Roter Kongocichlide

→ *Nanochromis dimidiatus.*

Roter Kongosalmler

→ *Brycinus imberi.*

Roter Leuchtaugenfisch

→ *Aplocheilichthys macrophthalmus.*

Roter Neon

→ *Paracheirodon axelrodi.*

Roter Phantomsalmler

→ *Megalamphodus sweglesi.*

Roter Piranha

→ *Serrasalmus nattereri.*

Roter Spitzschwanzmakropode

→ *Pseudophromenus dayi.*

Roter Tüpfelbuntbarsch

→ *Laetacara dorsigera.*

Roter von Rio

→ *Hyphessobrycon flammeus.*

Rotfeder

→ *Scardinius erythrophthalmus.*

Rotflankenmaulbrüter

→ *Simochromis pleurospilus.*

Rotflossengeradsalmler

→ *Distichodus noboli.*

Rotflossenglassalmler

→ *Prionobrama filigera.*

Rotflossenmoenkhausia

→ *Moenkhausia colletti.*

Rotflossenprachtschmerle

→ *Botia lecontei.*

Rotflossensalmler

→ *Aphyocharax anisitsi.*

Rotflossiger Malawizebrabuntbarsch

→ *Cynotilapia afra.*

Rotflossiger Prachtgrundkärpfling

→ *Nothobranchius rubripinnis.*

Rotgrüner Buntbarsch

→ *Hypselecara temporalis.*

Rothaubenerdfresser

→ *Geophagus steindachneri.*

Rotkopfsalmler

→ *Petitella georgiae.*

Rotmaulprachtkärpfling

→ *Aphyosemion rubrolabiale.*

Rotmaulsalmler

→ *Hemigrammus rhodostomus.*

Rotpunktrivulus

→ *Rivulus ornatus.*

Rotrücken-Kirschflecksalmler

→ *Hyphessobrycon pyrrhonotus.*

Rotrückiger Leuchtaugenfisch

→ *Procatopus nototaenia.*

Rotrückiger Procatopus

→ *Procatopus nototaenia.*

Rotsaumprachtkärpfling

→ *Aphyosemion calliurum.*

Rotschwanzährenfisch

→ *Bedotia geayi.*

Rotschwanzhochlandkärpfling

→ *Xenotoca eiseni.*

Rotschwanzrasbora

→ *Rasbora borapetensis.*

Rotstreifenbärbling

→ *Rasbora pauciperforata.*

Rotstreifenregenbogenfisch

→ *Melanotaenia splendida rubrostriata.*

Rotstreifenstachelaal

→ *Mastacembelus erythrotaenia.*

Rotstreifenzwergbuntbarsch

→ *Apistogramma hongsloi.*

Rotvioletter Prachtbarsch

→ *Pelviachromis roloffi.*

Rückenschwimmender Kongowels

→ *Synodontis nigriventris.*

Rundschwanzmakropode

→ *Macropodus chinensis.*

Rüsselschmerle

→ *Acanthopsis choirohynchus.*

Rüsselmaulbrüter

→ *Nimbochromis linni.*

Rutilus rutilus

Plötze
Familie: *Cyprinidae*

Vorkommen: Europa und Sibirien. **Größe:** Unter Aquarienbedingungen bis 25 cm, sonst bis 40 cm. **GU:** Die Geschlechter sind außerhalb der Laichzeit, während der die ♀♀ Laichausschlag zeigen und schlanker sind, nur schwer zu unterscheiden.

Die Plötze wird sehr häufig mit der ähnlichen Rotfeder (→ *Scardinius erythrophthalmus*) verwechselt, ist von dieser jedoch sehr leicht durch die Augenfarbe zu unterscheiden, die bei der Plötze rot, bei der Rotfeder goldfarben ist. **Ansprüche:** Ein kleiner Schwarm von Jungfischen unter 15 cm Länge dieser einheimischen, bereits in der Jugend attraktiven Fischart, kann in Becken ab 120 cm Länge gut gehalten werden; Wasser 5–20 °dH, pH-Wert um 7; Temperatur 10–20 °C, bei kräftiger Durchlüftung werden Temperaturen bis 25 °C noch gut vertragen. Als Bodengrund ist Sand geeignet, das Becken kann mit kaltwasserverträglichen Pflanzen dicht bepflanzt sein. Wenn das Leitungswasser frei von Chlor ist, sollte ein Wasserdurchlauf installiert werden, sonst ist eine kräftige Filterung über Torf und Durchlüftung, die nach Möglichkeit eine Wasserströmung erzeugen sollte, für das Wohlbefinden ebenso wichtig wie regelmäßiger wöchentlicher Teilwasserwechsel. Tümpel- und Wurmfutter werden ebenso angenommen wie grobes Trockenfutter oder heiß abgespülte Haferflocken.

Zucht: Wegen der Größe der Tiere ist die Zucht unter Aquarienbedingungen kaum, in Freilandteichen nach kühlerer Überwinterung dagegen gut möglich.

S

Säbelflosser

→ *Terranatos dolichopterus.*

Sajicabuntbarsch

→ *Archocentrus sajica.*

Saladokärpfling

→ *Gambusia marshi.*

Salmler

1. → *Hemigrammus.*– **2.** → *Hyphessobryon.*– **3.** → *Moenkhausia.*

Salvins Buntbarsch

→ *Parapetenia salvini.*

Santo-Domingo-Kärpfling

→ *Poecilia dominicensis.*

Sapayobuntbarsch

→ *Aequidens sapayensis.*

Satanoperca (Erdfresser)

Eine Gattung der Familie *Cichlidae* aus Südamerika. **Ansprüche:** Die meisten Arten dieser Gattung bevorzugen weiches Wasser mit einer Härte von 5–10 °dH und einen pH-Wert von 6–7. Sie sind meist wärmeliebend und benötigen Temperaturen über 25 °C. Ihren Namen verdanken sie der Tatsache, daß sie Bodengrund nach Freßbarem durchkauen. Diesem Bedürfnis entsprechend, müssen die Becken ab 120 cm Länge größere Freiflächen mit Sandboden enthalten. Scharfkantiges Material ist zu vermeiden. Pflanzen werden nicht behelligt, sollten jedoch in Gruppen gepflanzt und im wurzelnahen Bereich mit flachen Steinen abgedeckt werden. Durch einige Steinaufbauten und Moorkienwurzeln sind die notwendigen Versteckplätze zu schaffen. Neben einer wirksamen Filterung schafft wöchentlicher Teilwasserwechsel, der mindestens 1/4 des Beckeninhalts umfassen sollte, die Vorausset-zung für das Wohlbefinden der Tiere. Das Futter muß vielseitig zusammengesetzt sein und vor allem bei der Zuchtvorbereitung gefrorene Mückenlarven enthalten. Weitere dieser Gattung zugeordnete Erdfresser sind die Arten *S. daemon, S. leucosticta* und *S. pappaterra.* Sie haben in Becken von Spezialisten bereits Eingang gefunden, sind aber nach eigenen Erfahrungen bisher noch heikle Pfleglinge, die in der Eingewöhnungszeit große Aufmerksamkeit verlangen.

S. jurupari

Teufelsangel

Vorkommen: Guayana, Brasilien. **Größe:** 15–25 cm. **GU:** Die Geschlechter sind sicher nur an der Form der Genitalpapille zu unterscheiden, die beim ♂ spitz und

Satanoperca jurupari

beim ♀ abgerundet ist, das ♂ wirkt zudem schlanker. **Ansprüche:** Becken ab 100 cm bei Paarhaltung, Wasser 5–15 °dH, pH-Wert 6,3–6,5; Temperatur 24–26 °C. Trotz seines Trivialnamens ist *S.j.* die friedlichste Art der Gattung. Die Beckeneinrichtung erfolgt wie in der Gattungsbeschreibung angegeben.

Zucht: *S.j.* gehört zu den larvophilen Maulbrütern. Die Eier werden offen auf einem Stein abgelegt, 24 Stunden lang dort betreut, und dann von beiden Eltern ins Maul genommen. Die Zuchttemperatur sollte zwischen 27 und 29 °C liegen, um die Entwicklung aller Eier (150–400 Stück) abzusichern. Die Jungfische werden auch nach dem Freischwimmen nachts und bei Gefahr wieder ins Maul genommen und mehrere Wochen betreut.

Sarotherodon

Eine Gattung von Maulbrütern der Familie *Cichlidae* aus Afrika. Die meisten Arten dieser Gattung werden verhältnismäßig groß und sind selten auffallend gefärbt, so daß sie bisher nicht die Aufmerksamkeit bei Aquarianern gefunden haben, die sie wegen ihrer Anspruchslosigkeit und ihres interessanten Brutpflegeverhaltens verdient hätten.

S. leucostictus

Weißfleckmaulbrüter

Vorkommen: Albert-, Eduard- und Georgsee in Uganda. **Größe:** 25 cm. **GU:** Die hellen Flecken in Rücken-, Schwanz- und Afterflosse sind beim insgesamt dunkler gefärbten ♂ deutlicher konturiert als beim ♀. **Ansprüche:** Wasser 8–15 °dH, pH-Wert 7–7,8; Temperatur 24–28 °C, nicht längerfristig darunter. Bei der empfehlenswerten Pflege von einem ♂ mit 2–3 ♀♀ sollte die Beckenlänge für diese nur mäßig aggressive Art nicht unter 150 cm liegen. Als Bodengrund ist grober Sand zu wählen, auf dem einige flache Steine liegen. Da Pflanzen kaum eine Überlebenschance besitzen, muß sich die Beckeneinrichtung auf zahlreiche Wurzeln und Steinaufbauten beschränken. Für die ♀♀ sollten ausreichend Versteckplätze vor dem ständig balzenden ♂ gegeben sein. Die Fische sind Allesfresser mit einem hohen Bedarf an pflanzlicher Nahrung. Dementsprechend muß die Filterung hochwirksam sein, um die Ausscheidungen der Tiere schnell abzuführen. Zweimal wöchentlich ist zudem ein Teilwasserwechsel durchzuführen, der mindestens 1/4 des Beckeninhalts umfaßt.

Zucht: Nach dem Ablaichen auf dem Sand, einem flachen Stein oder einer Wurzel werden die bis zu 100 Eier sofort vom ♀ ins Maul genommen und je nach Temperatur 22–23 Tage lang bebrütet. Die Jungfische nehmen sofort Cyclops-Nauplien an und werden noch einige Tage lang vom ♀ betreut.

S. melanotheron

Schwarzkinnmaulbrüter

Vorkommen: Mit bisher fünf beschriebenen Unterarten über weite Teile Westafrikas bis in Brackwasserbereiche verbreitet. **Größe:** 25 cm. **GU:** Die ♀♀ bleiben einige Zentimeter kleiner als die ♂♂. **Ansprüche:** Wasser 8–35 °dH, pH-Wert 7–7,8; Temperatur 24–26 °C. Beckenlänge, Einrichtung und übrige Ansprüche wie bei *S. leucostictus.* Es ist empfehlenswert, diese Art entweder paarweise oder in der Gruppe mit 1–2 überzähligen ♂♂ zu pflegen, da bei dieser Art ♂♂ in Unterzahl zu stark von laichwilligen ♀♀ bedrängt werden.

Zucht: ***S.m.*** gehört zu den wenigen Maulbrüterarten unter den Buntbarschen, bei denen das ♂ die Maulbrut durchführt, nur in seltenen Fällen werden auch einmal von einem ♀ Eier aufgenommen. Die Eiablage erfolgt in vom ♂ vorbereiteten Gruben im Sand. Im Gemeinschaftsbecken werden die Eier nach jedem Laichgang, bei Paarhaltung erst bei komplettem Gelege, vom ♂ aufgenommen. Je nach Alter und Größe des ♀ liegt die Eizahl zwischen 30 und 150. 14 Tage nach der Eiablage verlassen die Jungfische das Maul und werden nicht wieder aufgenommen. Die Jungfische nehmen sofort ausgesiebte Cyclops an und wachsen bei ständig gutem Futterangebot rasch. Ab einer Größe von 10 cm bei den ♀♀ und 12 cm bei den ♂♂ sind die Fische fortpflanzungsfähig.

Sattelfleckbuntbarsch

→ *Acarichthys geayi.*

Saugbarben

→ *Garra.*

Sauglippenbuntbarsch

→ *Cheilochromis euchilus.*

Saugschmerle

→ *Gyrinocheilus aymonieri.*

Sawbwa resplendens

Nacktlaube
Familie: *Cyprinidae*

Vorkommen: Inlé-See und Umgebung in Burma. **Größe:** 4 cm. **GU:** Beim ♂ sind Schnauze und Schwanzflossenlappen rot, der Körper grünmetallisch glänzend, das ♀ ist farblos. **Ansprüche:** Es ist ein sehr friedlicher Schwarmfisch mit schuppenlosem Körper. Ein Becken ab 60 cm Länge mit gedämpftem Licht, Hintergrundbepflanzung und zentralem Schwimmraum ist notwendig. Wasser neutral und mittelhart bis hart, nicht unter 12 °dH, Temperatur 21–25 °C, nicht längerfristig darüber. Bei hohen Temperaturen und in sehr weichem Wasser werden die Fische sehr hinfällig. Haltung im Schwarm von 8–10 Tieren, Vergesellschaftung mit anderen Arten des Gebietes (→ *Inlecypris,* → *Badis badis* usw.) oder kleinen → *Rasbora,* die mit mittelhartem Wasser zurechtkommen, ist gut möglich. Nacktlauben bevorzugen Altwasser, bei zu umfangreichem Wasserwechsel zeigen sie durch Verblassen der Farben Unbehagen. Die Art ist Allesfresser, kleine Schwarze Mückenlarven werden beim Frostfutter bevorzugt.

Zucht: Die Zucht ist nicht allzu schwer, doch ist die Art nicht sehr produktiv. Auch Tiere der zweiten Nachzuchtgeneration zeigen deutlich noch jahreszeitlich bedingte Schwankungen in der Laichbereitschaft. Sie ist dann gegeben, wenn die ♂♂ fast plakative grüne und rote Farben tragen. Zuchtansätze mit 1 oder 2 Paaren im Frühjahr bringen die besten Ergebnisse. Die Zugabe von Regenwasser mit der damit verbundenen Absenkung der Wasserhärte (von 20 °dH auf 8–10 °dH) fördert die Laichbereitschaft. Abgelaicht wird über und an aufgelockertem Javamoos. 2 Wochen später können die Paare erneut angesetzt werden. Dem Laich wird kaum nachgestellt. Die Jungfische verlassen relativ spät das schützende Javamoos und nehmen Mikrowürmchen und Artemia-Nauplien an.

Scardinius erythrophthalmus

Rotfeder
Familie: *Cyprinidae*

Vorkommen: Europa und Asien bis zum Aralsee. **Größe:** Unter Aquarienbedingungen 25–30 cm, sonst bis 40 cm. **GU:** Die Geschlechter sind außerhalb der Laichzeit, in der das ♂ Laichausschlag zeigt, schwer unterscheidbar. Die Bauchlinie des ♂ verläuft jedoch meist fast gerade, die des ♀ ab 15 cm Länge mehr oder weniger nach unten gerundet. Über Unterschiede zur ähnlichen → *Rutilus rutilus* siehe dort. **Ansprüche:** Die Rotfeder kann als Jungfisch bis 15 cm Länge im kleinen Schwarm gut in Becken ab 120 cm Länge gepflegt werden; Wasser 5–20 °dH, pH-Wert um 7; Temperatur 10–20 °C, bei guter Durchlüftung werden vorübergehend auch Temperaturen bis 27 °C gut vertragen. Die Ansprüche gleichen denen von → *Rutilus rutilus,* mit der sie ebenso gut vergesellschaftet werden kann wie mit → *Leuciscus idus.* In belastetem Wasser verblaßt die Flossenrotfärbung, kräftige Filterung ist erforderlich, wenn kein Wasserdurchlauf mit chlorfreiem Wasser möglich ist.

Zucht: Die Zucht unter Aquarienbedingungen ist mit kalt überwinterten und gut gefütterten Tieren ab 25 cm Länge möglich, jedoch nicht empfehlenswert. Der Sauerstoffbedarf der mehr als 100000 abgelegten Eier kann unter Aquarienbedingungen nicht befriedigt werden, so daß sie sich schnell zersetzen und das Wasser verderben. In großen Freilandteichen, wo zwischen April und Juni abgelaicht wird, kommen dagegen immer einige Jungfische auf.

Scatophagus argus

Grüner Argusfisch
Familie: *Scatophagidae*

Vorkommen: Küstengebiete des tropischen Südostasiens. **Größe:** 25 cm. **GU:** Die ♂♂ bleiben wesentlich kleiner und erreichen ausgewachsen maximal 2/3 der Größe des ♀. **Ansprüche:** Die Art wird deshalb hier aufgeführt, weil die sehr attraktiv gefärbten Jungfische sehr häufig als Süßwasserfische im Handel angeboten werden. Für Süßwasser sind sie jedoch nur sehr bedingt geeignet. Selbst im Brackwasser erkranken sie sehr häufig an Infektionen mit einzelligen Ektoparasiten oder zeigen Trübungen der Schleimhaut. Jungtiere halten es einige Monate in sehr hartem Wasser aus, müssen aber dann über Brackwasser ins Meerwasser überführt werden. Ältere Tiere faszinieren eher durch ihre Gestalt als durch auffällige Farben. Als Schwarmfische benötigen bereits halberwachsene Tiere Aquarien mit mindestens 500 Liter Inhalt. Im Meerwasser können sie dann 10 Jahre und älter werden. Argusfische sind Allesfresser, für deren Gesunderhaltung ein hoher Anteil pflanzlicher Nahrung erforderlich ist. Sie produzieren viel Ausscheidungsprodukte, sind gleichzeitig jedoch sehr empfindlich gegen Nitrit- und Nitratbelastungen im Wasser. Eine sehr wirksame Filterung ist daher unverzichtbar. Regelmäßiger Teilwasserwechsel ist erforderlich, beim Meerwasser jedoch kostenintensiv. Die regelmäßige Zugabe von handelsüblichen Präparaten mit nitrifizierenden Bakterien zum Abbau der Eiweiß-Zersetzungsprodukte hat sich als zusätzliche Vorsorgemaßnahme bewährt. Vom Kauf dieser Tiere wird dem Liebhaber von Süßwasserfischen dringend abgeraten.

Schabemundbuntbarsche

→ *Labeotropheus.*

Schabrackenpanzerwels

→ *Corydoras barbatus.*

Schachbrettpanzerwels

→ *Corydoras cochui.*

Schachbrettschlankcichlide

→ *Julidochromis marlieri.*

Schachbrettschmerle

→ *Botia sidthimunki.*

Schallers Knurrender Gurami

→ *Trichopsis schalleri.*

Scharlachroter Badis

→ *Badis spec. »Scarlet«.*

Schattenkärpfling

→ *Xenophallus umbratilis.*

Schaufelfadenfisch

→ *Trichogaster pectoralis.*

Scheibenbarsch

→ *Enneacanthus chaetodon.*

Scheibensalmler

→ *Metynnis.*

Schilbe mystus

Silberwels
Familie: *Schilbeidae*

Vorkommen: Nil, Viktoria- und Tschadsee, Nigerdelta. **Größe:** ♂ 20 cm, ♀ 30 cm. **GU:** Die ♂♂ bleiben deutlich kleiner und schlanker als die ♀♀, die ♀♀ wachsen ab dem dritten Lebensmonat vor. **Ansprüche:** Die Beckenlänge für diesen sehr lebhaften und gefräßigen Schwarmfisch, der Fische bis Sumatrabarbengröße frißt, sollte nicht unter 150 cm liegen; Wasser 5–25 °C, pH-Wert 6,5–7,2; Temperatur 23–27 °C. Als Bodengrund ist dunkler Kies geeignet, der Torfanteil enthalten kann. Robuste Pflanzen haben nur dann eine Überlebenschance, wenn neben kräftiger tierischer Nahrung aller Art (Fischfleischstücke, Rinderherzwürfel, Wurmfutter, großes Tümpelfutter) auch ausreichend pflanzliche Nahrung angeboten wird (Haferflocken, Feinfrosterbsen, Blattgemüse). *Riccia* und Hornfarn als Schwimmpflanzendecke werden dagegen kaum behelligt und sollten zur Lichtdämpfung vorhanden sein. Silberwelse gehen nur zur Futtersuche in Bodennähe, einige sparrige Wurzeln werden jedoch gelegentlich als Unterstand aufgesucht. Eine sehr kräftige Filterung ist wegen des hohen Anfalls an Ausscheidungsprodukten unbedingt erforderlich, die Welse stellen sich gern in eine Wasserströmung. Wasserwechsel ist regelmäßig wöchentlich notwendig, dabei sollte 1/3 des Beckeninhalts erneuert werden. Die Welse sind in ihren Ansprüchen sehr tolerant, auf chlorbelastetes Frischwasser reagieren sie jedoch empfindlich, es muß daher vor dem Einsatz aufbereitet oder kräftig durchlüftet werden.

Zucht: Die nach 1985 in der ehemaligen DDR im Handel angebotenen Silberwelse gehen auf eine Nachzucht zurück, die Knaack nach leichter hormoneller Beeinflussung mit Alttieren des Aquariums Erfurt gelang. Inzwischen ist die Zucht mit diesen Nachzuchttieren auch ohne Hormonbeeinflussung gut möglich, die ♀♀ setzen bei kräftiger Fütterung sehr schnell Laich an. Zum Ansatz können sowohl Paare als auch eine kleine Gruppe mit ♂♂-Überzahl kommen, die Beckenlänge sollte 150 cm nicht unterschreiten. Abgelaicht wird frei über kiesigem Bodengrund. Ein größerer Teilwasserwechsel, bei dem die Wasserhärte und der pH-Wert (evtl. durch Aufbereitung des Frischwassers über Torf) gesenkt und die Temperatur um 2–3 °C erhöht werden, stimuliert die Laichbereitschaft, vor allem wenn es in einer Phase fallenden Luftdrucks erfolgt. Die Alttiere kümmern sich kaum um die Eier. Große ♀♀ bringen mehrere tausend Eier, die sich sehr schnell wegen Sauerstoffmangels zersetzen, wenn nicht sofort ein Teil abgesaugt wird und im Zuchtbecken 9/10 des stark organisch belasteten Frischwassers ausgetauscht werden. Wenn das Zuchtbecken mit lockerem Javamoos o.a. Laichsubstrat versehen war, kann man auch

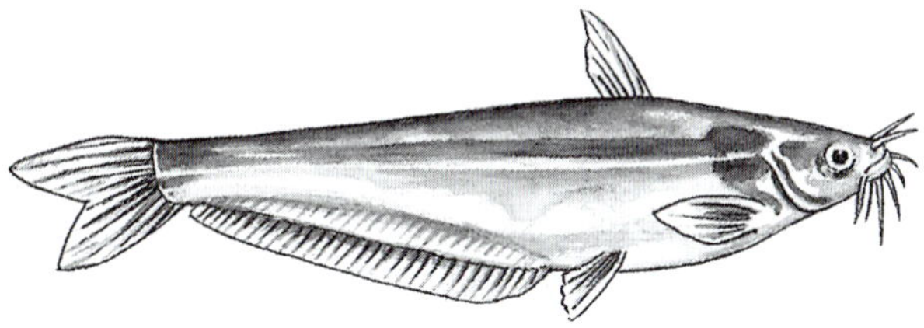

Schilbe mystus, ♂

diese Büschel mit den anhaftenden Eiern in ein anderes, stark durchlüftetes Becken überführen. Die Jungen schlüpfen spätestens nach 48 Stunden und hängen noch zwei Tage an Pflanzen oder Scheiben. Danach nehmen sie Rädertierchen, Mikrowürmchen und bald auch Grindal an und wachsen bei häufigem Teilwasserwechsel sehr schnell.

Schilderwels

1. → *Hypostomus*.– **2.** *Peckoltia*.–**3.** → *Pterygoplichthys*.

Schillerbärbling

→ *Brachydanio albolineatus*.

Schillersalmler

→ *Tetragonopterus argenteus*.

Schläferbuntbarsch

→ *Nimbochromis livingstonii*.

Schlammpeitzger

→ *Misgurnus fossilis*.

Schlangenkärpfling

→ *Xenophallus umbratilis*.

Schlangenkopf

→ *Channa obscura*.

Schlankbarbe

→ *Leptobarbus hoeveni*.

Schlankcichliden

→ *Julidochromis*.

Schlanker Fadenwels

→ *Pimelodella gracilis*.

Schlanker Riesenkampffisch

→ *Betta unimaculata*.

Schleierkärpfling

→ *Pterolebias*.

Schleierschwanz

→ *Carassius auratus*.

Schlußlichtsalmler

→ *Hemigrammus ocellifer*.

Schmerle

→ *Noemacheilus barbatulus*.

Schmerlen

→ *Botia*.

Schmerlenpanzerwelse

→ *Aspidoras*.

Schmetterlingsährenfisch

→ *Pseudomugil signifer*.

Schmetterlingsbarbe

→ *Barbus hulstaerti*.

Schmetterlingsbuntbarsche

→ *Papiliochromis*.

Schmetterlingsfisch

→ *Pantodon buchholzi*.

Schmetterlingsgrundel

→ *Awaous strigatus*.

Schmetterlingszwergbuntbarsch

→ *Papiliochromis ramirezi*.

Schmuckbärbling

→ *Rasbora elegans*.

Schmuckflössler

→ *Polypterus ornatipinnis*.

Schmucksalmler

→ *Hyphessobrycon bentosi bentosi*.

Schneckenbarsch

1. → *Neolamprologus*.–**2.** → *Pseudotropheus*.

Schnecken-Compressiceps

→ *Altolamprologus spec. sumbu*.

Schneider

→ *Alburnoides bipunctatus*.

Schokoladenbrauner Hexenwels

→ *Rineloricaria lanceolata*.

Schokoladengurami

→ *Sphaerichthys osphromenoides*.

Schönflossensalmler

→ *Hyphessobrycon pulchripinnis*.

Schönflossige Rüsselbarbe

→ *Epalzeorhynchus kallopterus*.

Schraffierter Panzerwels

→ *Corydoras elegans*.

Schrägschwimmer

→ *Thayeria boehlkei.*

Schrägsteher

→ *Nannostomus eques.*

Schulterfleckprachtkärpfling

→ *Aphyosemion ocellatum.*

Schwanefelds Barbe

→ *Barbus schwanefeldi.*

Schwalbenschwanzglaswels

→ *Eutropiellus vanderweyeri.*

Schwanzfleckbärbling

→ *Rasbora urophthalma.*

Schwanzfleckenbuntbarsch

→ *Archocentrus spilurum.*

Schwanzstreifensalmler

→ *Semaprochilodus taeniurus.*

Schwanzstreifentorpedowels

→ *Dianema urostriata.*

Schwanzstrichsalmler

→ *Hemigrammus unilineatus.*

Schwanztupfensalmler

→ *Moenkhausia oligolepis.*

Schwarzaugensalmler

→ *Odontostilbe piaba.*

Schwarzbandbarbe

→ *Barbus lateristriga.*

Schwarzbandkärpfling

→ *Poecilia nigrofasciata.*

Schwarzbandregenbogenfisch

→ *Melanotaenia nigrans.*

Schwarzbandsalmler

→ *Hyphessobrycon scholzei.*

Schwarzbarsch

→ *Elassoma evergladei.*

Schwarzbauchkärpfling

→ *Poecilia melanogaster.*

Schwarzbindenkärpfling

→ *Poecilia picta.*

Schwarzbindenpanzerwels

→ *Corydoras melanistius melanistius.*

Schwarzbindenzwergbuntbarsch

→ *Apistogramma gibbiceps.*

Schwarzer Fächerfisch

→ *Cynolebias nigripinnis nigripinnis.*

Schwarzer Fiederbartwels

→ *Synodontis nigrita.*

Schwarzer Flaggensalmler

→ *Hyphessobrycon herbertaxelrodi.*

Schwarzer Fransenlipper

→ *Morulius chrysophekadion.*

Schwarzer Makropode

→ *Macropodus concolor.*

Schwarzer Neolebias

→ *Neolebias trewavasae.*

Schwarzer Neon

→ *Hyphessobrycon herbertaxelrodi.*

Schwarzer Phantomsalmler

→ *Megalamphodus megalopterus.*

Schwarzer Prachtkärpfling

→ *Aphyosemion melanopteron.*

Schwarzer Schlangenkopffisch

→ *Channa melanosoma.*

Schwarzfleckbarbe

→ *Barbus filamentosus.*

Schwarzflossenmaulbrüter

→ *Melanochromis melanopterus.*

Schwarzflossiger Kärpflingbuntbarsch

→ *Cyprichromis nigripinnis.*

Schwarzgürtelbuntbarsch

→ *Paratheraps maculicauda.*

Schwarzkehlmaulbrüter

→ *Astatotilapia burtoni.*

Schwarzkehlzwergbuntbarsch

→ *Apistogramma viejita.*

Schwarzringelsalmler

→ *Leporinus fasciatus fasciatus.*

Schwarzrückenpanzerwels

→ *Corydoras metae.*

Schwarzstreifenbuntbarsch

→ *Biotodoma cupido.*

Schwarzweißer Buntbarsch

→ *Parapetenia bartoni.*

Schwarzweißer Maulbrüter

→ *Melanochromis parallelus.*

Schwarzweißer Schlankcichlide

→ *Julidochromis transcriptus.*

Schwertplaty

→ *Xiphophorus xiphidium.*

Schwertträger

→ *Xiphophorus helleri.*

Schwielenwels

→ *Callichthys callichthys.*

Sciaenochromis ahli

Azurmaulbrüter
Familie: *Cichlidae*

Vorkommen: Felsenküsten des Malawisees. **Größe:** 20 cm. **GU:** Die prächtige Färbung des ♂ bildet sich erst ab etwa

Sciaenochromis ahli, Paar

12 cm Länge heraus, bis dahin tragen beide Geschlechter das unscheinbare Weibchenkleid und sind kaum zu unterscheiden. **Ansprüche:** Wasser: 10–20 °dH, pH-Wert 7,5–8,5; Temperatur 24–26 °C. *S.a.* ist in seiner Heimat Fischfresser, er sollte daher nur mit großen Haplochrominen vergesellschaftet werden. Für eine artgerechte Haltung sind Becken ab 140 cm Länge erforderlich, die mit Steinaufbauten bis an die Wasseroberfläche ausgestattet sind. Als Bodengrund ist grober Sand zweckmäßig. Neben kräftiger Filterung ist regelmäßiger Teilwasserwechsel für das Wohlbefinden der Tiere unerläßlich, er sollte in kleinen oder stark besetzten Becken zweimal, sonst einmal wöchentlich durchgeführt werden und 1/3 des Beckeninhaltes umfassen. Alle gröberen Frostfutterarten (Garnelen, Mückenlarven usw.) werden angenommen, sie können von Zeit zu Zeit durch Rinderherz und Fischfilet ergänzt werden.

Zucht: Wenn die hohen Anforderungen der Art an die Wasserhygiene eingehalten und die Tiere ausreichend und vielseitig ernährt wurden, verläuft das Zuchtgeschehen ohne Probleme. Die Eier werden meist in der Übergangszone von Bodengrundsteinaufbauten abgelegt und sofort vom ♀ ins Maul genommen. Die Befruchtung erfolgt nach der Eifleckmethode (→ *Cyrtocara*) im Maul des ♀. Am 19. oder 20. Tag der Brutzeit sollte das ♀ vorsichtig, am besten abends beim schwachen Schein einer Taschenlampe und mit einem Glas oder einer Fangglocke, herausgefangen und in ein mit Kiesboden ausgestattetes Becken überführt werden. Eine Betreuung der Jungfische nach dem Verlassen des Mauls erfolgt nicht, so daß das ♀ danach sofort zurückgesetzt und die Jungfische mit Nauplien angefüttert werden können.

Scolichthys greenwayi

Greenways Kärpfling
Familie: *Poeciliidae*

Vorkommen: Guatemala. **Größe:** ♂ 3,5 cm, ♀ 5 cm. **GU:** Das ♂ ist intensiver gefärbt als das ♀ und besitzt das für die Familie charakteristische Begattungsorgan (Gonopodium). **Ansprüche:** Diese ruhige und friedliche Art sollte am besten in einer Gruppe im Artbecken gepflegt werden, dessen Länge mindestens 50 cm beträgt; Wasser 5–10 °dH, pH-Wert 7–8; Temperatur 22–26 °C. Als Bodengrund ist Sand geeignet oder feiner Kies. Die Fische lieben eine dichte Bepflanzung sowie eine Schwimmpflanzendecke zur Lichtdämpfung. Eine nur mäßige Filterung ist ausreichend, ebenso ein Teilwasserwechsel im Abstand von 14 Tagen, bei dem nicht mehr als $^1/_5$ des Beckeninhalts erneuert werden sollte. Die Fische bevorzugen Altwasser, beim Wasserwechsel muß gut abgestandenes Wasser eingesetzt werden, auf Chlorbelastungen reagieren die Tiere sehr empfindlich. An die Zusammensetzung der Nahrung werden keine besonderen Ansprüche gestellt. Algenrasen werden gern abgeweidet.

Zucht: Die Trächtigkeitsdauer bei dieser lebendgebärenden Art beträgt 28–30 Tage, je nach Wurf werden zwischen 10 und 30 Jungfische geboren, denen im Artbecken bei guter Bepflanzung und ausreichender Ernährung der Alttiere kaum nachgestellt wird.

Sechsbandhechtling

→ *Epiplatys sexfasciatus.*

Sechsstreifenmaulbrüter

→ *Placidochromis johnstonii.*

Segelflossenstörwels

→ *Sturisoma panamense.*

Segelflosser

→ *Pterophyllum scalare.*

Segelkärpfling

→ *Poecilia velifera.*

Segelschilderwels

→ *Pterygoplichthys.*

Seitenfleckkärpfling

→ *Poeciliopsis gracilis.*

Semaprochilodus taeniurus

Nachtsalmler, Schwanzstreifensalmler
Familie: *Curimatidae*

Vorkommen: Westkolumbien, Brasilien. **Größe:** Bis 30 cm. **GU:** Das ♂ besitzt eine geradeverlaufende Bauchlinie, seine Bauchflossen sind intensiver rot als die des ♀, das zudem eine konkave Bauchlinie aufweist. **Ansprüche:** Wegen ihres attraktiven Aussehens werden Jungtiere gern gekauft, sie sind jedoch wegen ihrer zu erwartenden Größe und ihres hohen Bedarfs an pflanzlicher Nahrung keine Fische für das normale Zimmeraquarium. In Becken ab 200 cm Länge können sie dagegen mit → Scheibensalmlern, → *Abramites* und anderen Pflanzenliebhabern gut gemeinsam gepflegt werden. In ihren Maulbewegungen, mit denen sie Algenbeläge abweiden oder den Bodengrund durchsuchen, erinnern sie stark an den → Küssenden Gurami. Sie sind friedlich und lassen sich von starken Arten schnell unterdrücken. In hartem und alkalischem Wasser und bei Temperaturen über 26 °C haben sie keine hohe Lebenserwartung, die optimalen Werte liegen bei einer Härte unter 15 °dH, einem pH-Wert zwischen 5,5 und 6,5 und Temperaturen zwischen 22 und 25 °C. Ihrem hohen Stoffwechselumsatz entsprechend, muß die Filterung sehr wirksam sein. Der Teilwasserwechsel ist wöchentlich durchzuführen und sollte $^1/_3$ des Beckeninhaltes umfassen. Unterläßt man dies, so sind Infusorientrübungen vorprogrammiert. Die Nachtsalmler reagieren darauf empfindlich und werden anfällig gegen Oodinium. Hauptnahrung muß grobgehacktes Grünzeug aller Art sein (Spinat, Feldsalat, Löwenzahn, Vogelmiere usw.), das durch Flockenfutter auf pflanzlicher Basis sowie mit Wasserflöhen, Artemien und Mysis ergänzt wird.

Zucht: Laichaktivitäten wurden bisher nicht beobachtet, eine Zucht ist noch nicht gelungen.

Sentaniregenbogenfisch

→ *Chilatherina sentaniensis.*

Serrasalmus nattereri

Natterers Sägesalmler, Roter Piranha
Familie: *Serrasalmidae*

Vorkommen: Guayana bis La-Plata-Gebiet. **Größe:** 25 cm. **GU:** Die ♂♂ bleiben kleiner als die ♀♀. Diese haben auch außerhalb der Laichzeit von vorn gesehen einen abgerundeten Bauchquerschnitt, die ♂♂ bleiben immer scharf gekielt. Die Rotfärbung von Kehle und Bauch ist stimmungsabhängig und in ihrer unterschiedlichen Intensität kein Unterscheidungsmerkmal der Geschlechter. **Ansprüche:** Piranhas sind nur im Schwarm von mindestens 8 Tieren und in Becken ab 550 l Inhalt artgerecht zu halten. Da sie 10 Jahre und älter werden können, sind sie nur Fische für die verantwortungsbewußten Aquarianer, die bereit sind, 10 Jahre und länger mit diesen Tieren zusammenzuleben. Piranhas sind keine Prestigefische für jedermann, die man einmal gepflegt haben muß, um zu imponieren. In ausreichend großen Becken ist nach eigenen Erfahrungen im Aquarium Erfurt die Vergesellschaftung mit Buntbarschen sehr gut möglich, vorausgesetzt, die Piranhas werden immer gut ernährt. Erprobt sind → *Aequidens tetramerus,* → *Aequidens portalegrensis,* → *Cichlasoma severum* und erwachsene →

Serrasalmus nattereri

Ancistrus spec. Guppys werden als Futter nicht beachtet und gelangen zur Massenvermehrung. Es hat sich bewährt, die Beifische entweder eine Stunde nach der Fütterung der Piranhas einzusetzen, oder in einem durchsichtigen, mit Bohrungen versehenen Kunststoffgefäß in das Becken einzubringen, das ihnen gestattet, sich mit dem Becken optisch vertraut zu machen und in dem sie den Geruch und Geschmack des Beckenwassers annehmen können. Da sie sich nach dem Freilassen nicht schreckhaft benehmen, werden sie von den Piranhas nicht beachtet; Wasser 4–20 °dH, pH-Wert 5,5–7,2; Temperatur 23–27 °C. Der Bodengrund sollte aus dunklem, nicht zu grobem Flußkies bestehen. Zur Bepflanzung werden vorwiegend robuste Arten eingesetzt, zartere werden sowohl durch die kräftigen Schwimmbewegungen der Fische bei innerartlichen Auseinandersetzungen als auch bei der Balz und der Brutplatzvorbereitung beschädigt bzw. verbissen. Zahlreiche größere und sparrige Wurzeln müssen gejagten Tieren ausreichend Versteck und Unterstand bieten, die Fische ziehen sich auch beim Hantieren im Becken gern unter die Wurzeln zurück. Gut ernährte Piranhas beißen eher aus Angst als aus Aggressivität zu, wenn unvorsichtig im Becken hantiert wird, sie sind meist scheu. Leichtsinn führt jedoch früher oder später zu ernsthaften Verletzungen des Pflegers. Nicht selten reagieren die Fische nach Störungen ihre Angst an Artgenossen ab, wobei es zu erheblichen Wunden kommen kann. Diese verheilen meist sehr schnell und gut, dennoch sollten unnötige Störungen unterbleiben. Für die Ernährung sind vorrangig Rinderherz und Fischfleisch geeignet. Piranhas fühlen sich in sehr kräftig gefiltertem Altwasser wohler als in Frischwasser, auf das sie manchmal, besonders wenn es chlorbelastet ist, empfindlich reagieren können. Teilwasserwechsel im Abstand von 14 Tagen, bei dem 1/5 des Beckeninhalts durch abgestandenes Frischwasser ersetzt wird, ist ausreichend, kräftige Filterung vorausgesetzt.

Zucht: Die Zucht ist bei ausreichend großen Becken in nicht zu hartem und leicht saurem Wasser unter Aquarienbedingungen im Schwarm mit ♀♀-Überzahl möglich. Nach einem Teilwasserwechsel mit Temperaturerhöhung wirkt sich besonders die Zuführung einiger Liter Zuchtpantoffeltierchenkultur stimulierend auf die Laichbereitschaft aus, die durch starkes Treiben im Schwarm und Verfärbung der Tiere in schwarzgrau signalisiert wird. In zu kleinen Becken kann dabei das ranghöchste ♂ kleinere ♂♂ tödlich verletzen, wenn nicht ausreichend Versteckplätze vorhanden sind. Im Bereich großer Pflanzen wird vom ♂ eine Grube ausgehoben, in welche hinein mehrere ♀♀ nacheinander ablaichen können. ♀♀ werden nach dem Ablaichen vom Laichplatz vertrieben, die teilweise verklumpten Eier vom ♂ befächelt und sehr intensiv verteidigt. Ein Absaugen der Eier ist nur mit einem sehr starken Plastikrohr möglich, weicheres Material wird restlos zerbissen, in Metall beißen sich die ♂♂ die Zähne aus. Nach 36–48 Stunden schlüpfen die Jungen, bleiben am Boden und schwimmen je nach Temperatur 5–8 Tage später frei. Die Jungfische sind relativ groß und nehmen Grindalwürmchen, Cyclops und kleine ausgesiebte Wasserflöhe als Erstfutter an. Mit der Fütterung darf erst dann begonnen werden, wenn der Dottersack völlig aufgezehrt ist. Wurden die Eier aus der Grube abgesaugt und in ein Aufzuchtbecken überführt, so müssen sie dort vor hellem Licht geschützt werden. Das Wachstum verläuft rasch. Da je ♀ 300–400 Eier abgelegt werden, ist der Futterbedarf der vielen Jungfische groß.

Zwischen der fünften und sechsten Lebenswoche beginnen die vorwachsenden Jungfische ihre kleinergebliebenen Geschwister zu fressen; wem genügend Futter zur Verfügung steht, sollte vor diesem Zeitpunkt die Jungfische nach Größe sortieren und getrennt aufziehen.

Siambarbe

→ *Leptobarbus hoeveni.*

Siamesischer Kampffisch

→ *Betta splendens.*

Siamesische Rüsselbarbe

→ *Crossocheilus siamensis.*

Siamesische Saugschmerle

→ *Gyrinocheilus aymonieri.*

Sichelfleckpanzerwels

→ *Corydoras hastatus.*

Silberbeilbauchfisch

→ *Gasteropelecus sternicla.*

Silberdollar

→ *Metynnis argenteus.*

Silberflossenblatt

→ *Monodactylus argenteus.*

Silberkärpfling

→ *Gambusia affinis holbrooki.*

Silberner Scheibensalmler

→ *Metynnis argenteus.*

Silbersaumbuntbarsch

→ *Aequidens rivulatus.*

Silberwels

→ *Schilbe mystus.*

Simochromis pleurospilus

Rotflankenmaulbrüter
Familie: *Cichlidae*

Vorkommen: Tanganjikasee. **Größe:** ♂ 12 cm. ♀ 10 cm. **GU:** Das ♂ ist farblich intensiver und zeigt auf der Afterflosse einen orangegelben Eifleck, die Körpergrundfarbe unter den roten Punktreihen ist graubraun, das ♀ weist eine mattgold-glänzende Körpergrundfarbe auf und zeigt eine mehr oder weniger deutliche bräunliche Gitterzeichnung, die bereits bei jungen ♀♀ ab 4–5 cm Körperlänge zu erkennen ist. **Ansprüche:** Wasser: 10–25 °dH, nicht darunter, pH-Wert 7,2–8,5, nicht darunter; Temperatur 24–28 °C. Becken mit weniger als 150 cm Länge werden den Ansprüchen dieser Art nicht gerecht. Neben ausgedehnten Flächen groben Sandes sollte die Einrichtung durch Steinaufbauten und Wurzeln reich gegliedert sein. Pflanzen werden nicht angefressen, sollten aber in Töpfe gepflanzt sein. Anubias hat sich bestens bewährt. Ein wöchentlicher Teilwasserwechsel, der $^1/_4$ des Beckeninhaltes umfaßt, ist für das Wohlbefinden der Art unerläßlich. Das Futter muß der Größe der Tiere entsprechen und vielseitig sein. In ausreichend großen Becken ist die Haltung von 2–3 ♂♂ mit ♀♀-Überzahl gut möglich, wenn das Becken die Bildung von mehr als einem Revier zuläßt.

Zucht: Das ♂ lockt das ♀ zur Sandmulde, welche den Mittelpunkt seines Reviers bildet. In der Mulde wird abgelaicht. Das ♀ nimmt die mehr als 3 mm großen Eier sofort ins Maul und bebrütet sie dort ohne jegliche Nahrungsaufnahme etwa vier Wochen. Nach dem Verlassen des Mauls nehmen die Jungfische sofort Cyclops an. Ab 6 cm Länge sind die Fische geschlechtsreif.

Simpsonichthys (Cynolebias) boitonei

Brasilianischer Leierflosser
Familie: *Aplocheilidae*

Vorkommen: Tümpel in der Umgebung von Brasilia in Brasilien. **Größe:** 4 cm. **GU:** Rücken- und Afterflosse beim ♂ sind lyraförmig ausgezogen und haben wie die Schwanzflosse blaue Punkte, die Flossen des ♂ sind kleiner und farblos. Die Gattung *S.* steht der Gattung → *Cynolebias* sehr nahe, aus der sie ausgegliedert wurde. **Ansprüche:** Die Art gehört zu den kurzlebigen Saisonfischen und kann sowohl als Gruppe im Artbecken als auch in Gemeinschaftsbecken mit nicht zu großen → *Rivulus*-Arten ab 50 cm Länge gehalten werden, wenn dichte Bepflanzung für ausreichende Versteckplätze sorgt; Wasser 6–15 °dH, pH-Wert 6,5–7,3; Temperatur 20–23 °C, nicht längerzeitig darüber, zu hohe Temperaturen lassen die Fische schnell vergreisen. Der Bodengrund im Artbecken sollte aus Torf bestehen oder zumindest eine flache Schale mit Torf enthalten. Für die Bepflanzung eignen sich besonders gut lockere Büschel von Javamoos, in welche getriebene Tiere eintauchen können. Regelmäßiger wöchentlicher Teilwasserwechsel, der 1/4 des Beckeninhalts umfaßt und bei dem die Temperatur auf 20 °C abgesenkt wird, trägt zum Wohlbefinden und zur Erhöhung der

Lebenserwartung bei. Neben Tümpelfutter entsprechender Größe werden sehr gern auf die Wasseroberfläche gestreute Kleininsekten (Drosophila, Blattläuse) angenommen, sie fördern wesentlich den Laichansatz und die Produktivität der Fische.

Simpsonichthys boitonei

Zucht: *S.b.* ist Bodenlaicher, der Zuchtansatz erfolgt paarweise in einem 5 bis 10-l-Becken mit 2–4 cm dicker Bodenschicht aus ausgekochtem Torf, auf oder in den die Eier abgelegt werden. Um die Fische nicht zu sehr zu erschöpfen, werden sie nach einer Woche herausgenommen. Während des Zuchtansatzes sollten sie wenig, aber kräftig gefüttert werden. Das Wasser aus dem Zuchtbecken wird abgegossen, der eihaltige Bodengrund in ein feinmaschiges Netz gefüllt und ausgedrückt, anschließend auf einer saugfähigen Unterlage bis zur Krümelfeuchte nachgetrocknet und in verschließbare Kunststoffdosen oder -tüten gefüllt. Bei einer Lagertemperatur von 28–30 °C ist die Embyronalentwicklung nach etwa 8 Wochen, bei 25 °C und darunter nach bis zu 4 Monaten abgeschlossen. Wenn die Augen der Embryonen in den Eiern deutlich zu erkennen sind, kann aufgegossen werden. Das Substrat wird dazu in einer flachen Schale ausgebreitet und mit weichem bis mittelhartem Wasser von 15 °C Temperatur übergossen. Die Jungfische schlüpfen innerhalb weniger Stunden. Sie werden abgeschöpft und in einem flachen Aufzuchtbecken bei Temperaturen zwischen 22 und 24 °C mit Artemia-Nauplien angefüttert. Sie wachsen bei guter Fütterung und regelmäßigem Teilwasserwechsel sehr rasch und können mit 2–3 Monaten bereits zuchtreif sein. Im aufgegossenen Torf befinden sich häufig Dauereier, die erst nach einer erneuten Trockenlegung und Aufguß nach 16–18 Wochen schlupffähig sind.

Skalar

→ *Pterophyllum scalare.*

Skiffia bilineata

Zweilinienkärpfling
Familie: *Goodeidae*

Vorkommen: Zentralmexiko. **Größe:** ♂ 3,5 cm, ♀ 6 cm. **GU:** Die Afterflosse des ♂ ist zweigeteilt, der vordere Teil zum Begattungsorgan (Andropodium) umgebildet. **Ansprüche:** Für die Haltung einer Gruppe sind alteingerichtete Becken ab 60 cm Länge ausreichend; Wasser 10–20 °dH, pH-Wert 8; Temperatur 22–25 °C. Als Bodengrund ist nicht zu heller Kies geeignet, die Bepflanzung sollte dicht, die Filterung mäßig sein. Die Art ist gegen Frischwasser sehr empfindlich, der Teilwasserwechsel muß daher mit Umsicht und in kleinen Mengen durchgeführt werden. Am günstigsten ist es, wenn Wasser aus einem gut eingerichteten Pflanzenbecken zur Verfügung steht. Frischwasser muß bei schwacher Durchlüftung mehrere Tage abstehen.

An die Zusammensetzung des Futters werden keine besonderen Ansprüche gestellt, zur Zuchtvorbereitung sind jedoch Mückenlarven und Kleininsekten vorteilhaft.

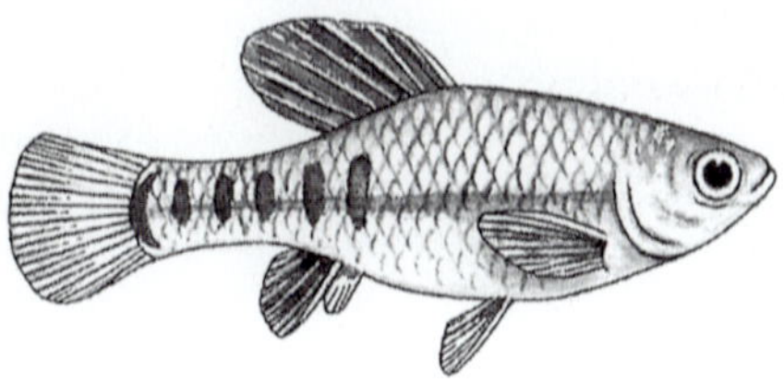

Skiffia bilineata

Zucht: Die Tragzeit dieser lebendgebärenden Art beträgt bei Temperaturen um 25 °C etwa 8 Wochen. Je Wurf werden zwischen 5 und 40 Jungfische abgesetzt. Bei ausreichender Ernährung der Alttiere kommen in dichtbepflanzten Artbecken ausreichend Jungfische auf, aus kleineren Becken sollten entweder die Alt- oder die Jungtiere herausgefangen werden. Beim Umsetzen von ♀♀ in Ablaichbecken muß unbedingt auf die Einhaltung der Wasserwerte des Hälterungsbeckens geachtet werden, da sonst sehr häufig verworfen wird.

Smaragdbuntbarsch

→ *Hypselecara temporalis.*

Smaragdfächerfisch

→ *Cynolebias whitei.*

Smaragdkampffisch

→ *Betta smaragdina.*

Smaragdpanzerwels

→ *Brochis splendens.*

Smaragdprachtbarsch

→ *Pelvicachromis taeniatus.*

Sonnenfleckbarbe

→ *Barbus ticto stoliczkanus.*

Sonnenschmerle

→ *Botia eos.*

Sonnenstrahlährenfisch

→ *Telmatherina ladigesi.*

Spanienkärpfling

→ *Aphanius iberus.*

Spathodus erythrodon

Blaupunktgrundelbarsch
Familie: *Cichlidae*

Vorkommen: Brandungszonen im Tanganjikasee. **Größe:** 8 cm. **GU:** Die Geschlechter sind gleich gefärbt und nur schwer zu unterscheiden. Erwachsene ♂♂ sind geringfügig größer als gleichaltrige ♀♀ und haben etwas verlängerte Bauchflossen. **Ansprüche:** Für die Haltung eines Paares im Artbecken sind 70 cm Beckenlänge ausreichend, bei Vergesellschaftung mit nicht zu großen Arten der Gattung → *Julidochromis* und → *Neolamprologus* sollte die Beckenlänge nicht unter 100 cm liegen; Wasser 10–20 °dH, pH-Wert 7,2–8,5, keinesfalls darunter; Temperatur 24–27 °C.

Sandiger Bodengrund, auf dem abgerundete Flußkiesel stellenweise Spalten und Höhlen bilden, kommt den Ansprüchen der Art am besten entgegen. Pflanzen kommen zwar im natürlichen Lebensraum nicht vor, doch ist eine Bepflanzung mit allen Arten gut möglich. Der Sauerstoffbedarf der Fische ist hoch und muß durch kräftige Filterung, die möglichst eine Wasserbewegung erzeugen sollte, sowie regelmäßigen wöchentlichen Teilwasserwechsel befriedigt werden. Dabei kann bis zu 1/3 des Beckeninhalts erneuert werden. An die Zusammensetzung des Futters werden keine besonderen Ansprüche gestellt, bei der Zuchtvorbereitung sollten jedoch Mückenlarven nicht im Futterangebot fehlen.

Zucht: Die Art gehört zu den Maulbrütern und sollte wegen ihres besonderen Brutverhaltens (das ♂ beteiligt sich an der Maulbrut) in einem gesonderten, gut durchlüfteten Zuchtbecken bei 26–29 °C als Paar angesetzt werden. Die Eier werden auf einer glatten Steinfläche abgelegt und sofort vom ♀ aufgenommen, die Befruchtung erfolgt erst im Maul, indem das ♀ die Spermawolke des ♂ einsaugt. Nach zwei Wochen Maulbrutdauer werden die Eier in einem interessanten Ritual dem ♂ übergeben, der sie bis zum Freilassen der Jungfische eine Woche später betreut. Die Zahl der Jungfische überschreitet selten 25 Stück. Sie sind beim Freischwimmen bereits 10 mm lang, jedoch sehr dünn und nehmen Artemia-Nauplien als Erstfutter an. Die Alttiere können bald nach dem Freischwimmen zurückgesetzt werden, für die gute Entwicklung der Jungfische ist eine kräftige Durchlüftung des Aufzuchtbeckens erforderlich.

Speichenwels

→ *Heteropneustes fossilis.*

Speisegurami

→ *Osphronemus goramy.*

Sphaerichthys osphromenoides

Schokoladengurami
Familie: *Belontiidae*

Vorkommen: Sumatra, Borneo und Süden der Malaiischen Halbinsel. **Größe:** 6 cm. **GU:** Beim erwachsenen ♂ ist die Rückenflosse etwas spitzer ausgezogen als beim ♀, die Afterflosse ist immer deutlich gelblich gesäumt. **Ansprüche:** Der Schokoladengurami ist noch immer eine der heikelsten Labyrinthfischarten und stellt hohe Ansprüche an das aquaristische Fingerspitzengefühl, wenn er längere Zeit am Leben bleiben oder sogar gezüchtet werden soll. Da die Fische meist als Import kommen, verlangen sie in der Eingewöhnungszeit besondere Aufmerksamkeit. Die Beckenlänge sollte nicht unter 100 cm liegen, eine Wasserhöhe von 20 cm ist ausreichend; Wasser 1–4 °dH, pH-Wert 6–8; Temperatur 25–30 °C, nicht darunter. Feinkörniger, dunkler Bodengrund mit hohem Anteil an ausgekochtem Torf, eine nicht zu kräftige Filterung, dichte Bepflanzung und nicht zu heller Stand des Beckens kommen den Bedürfnissen der Tiere entgegen. Häufiger Teilwasserwechsel trägt zum Wohlbefinden bei, das dabei eingesetzte Wasser muß in allen Werten denen des Hälterungswassers entsprechen und sollte über guten Torf aufbereitet sein. Die hohe Empfindlichkeit der Fische gegenüber Hautparasiten und Bakterien kann durch Zugabe von gerbsäurehaltigen Extrakten aus Erlenzäpfchen oder Walnußschalen verringert werden, die durch Auskochen gewonnen wurden. Die Widerstandsfähigkeit der Fischhaut wird dadurch erhöht. Bevorzugte Nahrung sind Mückenlarven, wobei darauf zu achten ist, daß diese aus unbelasteten Gewässern kommen und gegebenenfalls längere Zeit gut durchgespült wurden. Daneben werden auch gröberes Tümpelfutter und auf die Oberfläche gestreute Kleininsekten (Schaben, Drosophila u. a.) sowie nach Eingewöhnung Tiefkühl- und Trockenfutter angenommen.

Sphaerichthys osphromenoides, ♂

Zucht: Erfolgreiche Nachzuchten sind noch immer selten, dabei wurden bisher zwei Formen beobachtet, die mit der Herkunft der Tiere in Zusammenhang stehen könnten: Das ♂ baut wie andere Labyrinthfische auch ein Schaumnest, das jedoch wenig stabil ist und, wenn es unter einem Blatt angelegt wurde, zu einer Luftblase zusammenfließt. Die beim Laichakt ausgestoßenen Eier werden vom ♂ an die Oberfläche gebracht und betreut. Bei 30 °C schlüpfen die Jungen nach 24 Stunden, fünf Tage später schwimmen die Jungfische frei. Die zweite Form ist die der Maulbrut durch das ♀, welches die zu Boden fallenden Eier ins Maul nimmt und Eier und Jungfische bis zu 14 Tagen betreut. Inzwischen wurde auch eine Kombination beider Verfahren beobachtet, wobei das ♂ die Eier im Schaumnest, das ♀ gleichzeitig die am Boden liegenden durch Maulbrut pflegte. Die Jungfische benötigen feinstes Staubfutter als Erstfutter, ihre Zahl ist nicht sehr hoch.

Spitzkopfmaulbrüter

→ *Labidochromis vellicans.*

Spitzkopfsegelflosser

→ *Pterophyllum dumerilii.*

Spitzmaulkärpfling

→ *Poecilia sphenops.*

Spitzschwanzmakropode

→ *Pseudosphromenus cupanus.*

Spoorenbergs Prachtkärpfling

→ *Aphyosemion spoorenbergi.*

Spritzsalmler

→ *Copella arnoldi.*

Stachelaal

1. → *Macrognathus.*– **2.** → *Mastacembelus.*

Stachelwels

→ *Mystus.*

Stahlblauer Maulbrüter

→ *Melanochromis vermivorus.*

Stahlblauer Prachtkärpfling

→ *Aphyosemion gardneri.*

Stahlblauer Wüstenfisch

→ *Cyprinodon macularius.*

Steatocranus

Stromschnellencichliden
Familie: *Cichlidae*

Die Arten dieser Gattung besitzen eine reduzierte Schwimmblase und eine schlanke Gestalt, die sie befähigt, sich im ruhigen Bereich von Stromschnellen ohne großen Kraftaufwand in Bodennähe zu halten. Sie schwimmen deshalb meist nur ruckartig. Ihr Sauerstoffbedarf ist hoch und muß durch ausreichend große Becken sowie kräftige Filterung und Durchlüftung befriedigt werden. Feiner Kies ist der geeignete Bodengrund, Steine und Wurzeln müssen ausreichend Versteckplätze bieten, eine Bepflanzung mit robusten Arten ist gut möglich. An die Zusammensetzung des Futters werden keine besonderen Anforderungen gestellt, es sollte jedoch der Größe der Fische angemessen sein.

S. casuarius

Buckelkopfbuntbarsch

Vorkommen: Unterer und mittlerer Zaire und ruhige Zonen von Stromschnellen. **Größe:** ♂ 11 cm, ♀ 8 cm. **GU:** Ein als deutlich sichtbarer Stirnbuckel angelegtes Fettpolster bleibt beim ♀ wesentlich kleiner als beim ♂. **Ansprüche:** Diese interessante Art kann sehr rauflustig werden und sollte deshalb am besten paarweise im Becken ab 70 cm Länge gehalten werden; Wasser 12–18 °dH, pH-Wert 6,5–7; Temperatur 24–28 °C, die übrigen Ansprüche entsprechen denen der Gattungsbeschreibung.

Zucht: Die Art ist Höhlenbrüter, die ihre Eier in tiefen Steinspalten, in Blumentöpfen oder Kokosnußschalen ablegt. Das Paar sollte sich aus einer Jungfischgruppe selbst gefunden haben, die Tiere sind sehr gattentreu und verpaaren sich nach Verlust des Partners kaum mit einem anderen. Gelege- und Brutpflege wird von beiden Eltern betrieben, dabei ist das ♀ der aktivere Partner. Die Jungen schlüpfen nach 4–5 Tagen, eine Woche später schwimmen die Jungfische frei, ihre Zahl überschreitet nur selten 60 Stück. Steht den Jungfischen nicht ausreichend kleines Futter zur Verfügung, dann zerbeißt das ♀ größere Brocken vor den Jungen und diese nehmen die dabei abfallenden Teilchen auf.

Steatocranus casuarius

S. tinanti

Stromschnellenbuntbarsch

Vorkommen: Gebiet um Kinshasa im Zaire im Uferbereich von Stromschnellen. **Größe:** ♂ 15 cm, ♀ 12 cm. **GU:** Rücken- und Afterflosse sind beim ♂ lang ausgezogen, sein Kopf ist kräftiger als der des ♀. **Ansprüche:** Becken ab 120 cm Länge; Wasser 5–8 °dH, pH-Wert 7; Temperatur 25–27 °C. Große Blumentöpfe oder Höhlen in Felsaufbauten werden als Wohnhöhlen bezogen, die übrigen Ansprüche entsprechen denen der Gattungsbeschreibung.

Zucht: Das Paar sollte sich bei diesem Höhlenbrüter aus einer Jungfischgruppe selbst gefunden haben. Die Zucht ist nicht einfach. Neben der Einhaltung der angegebenen Grundansprüche ist zur Auslösung der Laichbereitschaft eine sehr intensive Wasserströmung erforderlich, die am besten mit einer Umwälzpumpe erreicht werden kann. Abgelaicht wird in der Wohnhöhle des ♂, die Gelegepflege wird dann jedoch vom ♀ übernommen. Nach fünf Tagen schlüpfen die Jungen, eine Woche später schwimmen sie frei und werden dann von beiden Eltern betreut. Unter günstigen Bedingungen sind bis zu 100 Jungfische als Zuchtergebnis möglich, als Erstfutter werden Artemia-Nauplien und kleinere Grindalwürmchen angenommen. Bei dieser Art ist die Schwimmblase so weit zurückgebildet, daß die Fische nicht mehr zum Schweben im Wasser befähigt sind.

S. ubanguiensis

Zwergbuckelkopf

Vorkommen: Ubangi-Nebenfluß, River Mbomon in Westafrika. **Größe:** ♂ 7 cm, ♀ 5 cm. **GU:** Das ♂ bildet einen Kopfbuckel aus, seine Rücken- und Afterflossen sind zugespitzt. **Ansprüche:** Wasser: 5–15 °dH, pH-Wert 6,5–7,2; Temperatur 24–27 °C. Der Zwergbuckelkopf ist ein liebenswerter, ausgesprochen friedlicher Zwergbuntbarsch, der nach eigenen Erfahrungen problemlos im Gemeinschaftsbecken mit Salmlern, Bärblingen und Regenbogenfischen vergesellschaftet werden kann. Die Pflege mehrerer Paare ist möglich, wenn jedem Paar ein Revier von 40 cm Länge zur Verfügung gestellt wird. Als Bodengrund sollte grober Sand oder feiner Kies ohne scharfe Kanten zum Einsatz kommen. In dichtbepflanzten, nicht zu hellen Becken mit vielen Versteckplätzen zwischen Wurzeln und kleinen Höhlen in Bodennähe fühlen sich die Fische am wohlsten. Wöchentlicher Teilwasserwechsel, der $^1/_4$ des Beckeninhaltes umfaßt, sowie eine mäßige Filterströmung fördern die Fortpflanzungsbereitschaft. An die Fütterung werden keine spezifischen Anforderungen gestellt, doch sollten Mükkenlarven vor allem in der Zuchtvorbereitungsphase nicht fehlen.

Zucht: Die Zucht ist einfach, wenn den Tieren kleine, schlanke Keramikvasen als Bruthöhle angeboten werden. Die Zahl der an der Höhlenwand abgelegten Eier überschreitet selten 25. Gelege und Brut werden vom ♂ betreut. Wenn die Bruthöhle zu groß bemessen war, werden die Larven an geschützten Stellen des Beckens, manchmal zwischen größeren Kieselsteinen versteckt. Die Jungfische schwimmen 14 Tage nach der Eiablage auf und nehmen sofort Cyclops-Nauplien als Erstfutter an. Das ♀ beteiligt sich an der Führung des Jungfischschwarms. Mit einer Größe von 3 cm sind die ♀♀ bereits zuchtreif, erkennbar an einer aufgehellten, rundlichen Bauchregion.

Steinbarsch

→ *Ambloplites rupestris.*

Steinbeißer

→ *Cobitis taenia.*

Steindachners Zwergbuntbarsch

→ *Apistogramma steindachneri.*

Steinträgerbuntbarsch

→ *Retroculus lapidifer*

Sterlet

→ *Acipenser.*

Sterndornwels

→ *Agamyxis flavopictus.*

Sternflecksalmler

→ *Pristella maxillaris.*

Stichling

1. → *Gasterosteus.* – **2.** → *Pungitius.*

Stigmatogobius sadanundio

Gefleckte Grundel, Rittergrundel
Familie: *Gobiidae*

Vorkommen: Südostasien, Philippinen, Große Sundainseln. **Größe:** ♂ 9 cm, ♀ 7 cm. **GU:** Wegen des großen Verbreitungsgebietes variieren die verschiedenen Herkunftsformen stark in Grundfärbung und Zeichnung, doch sind die ♀♀ meist etwas heller und gelblicher in der Körpergrundfarbe als die ♂♂. Bei erwachsenen ♂♂ sind Rücken- und Afterflossen etwas größer und lassen mehr oder weniger deutlich einen weißen Saum erkennen. **Ansprüche:** Bei Haltung eines Paares ist eine Beckenlänge von 70 cm ausreichend, bei der Haltung mehrerer Tiere sind mindestens 100 cm Beckenlänge erforderlich. Wasser: 15–30 °dH, pH-Wert 7–8; Temperatur 22–28 °C, Tag-Nacht-Unterschiede in der Temperatur wirken sich positiv aus. Bei sehr weichem Ausgangswasser empfiehlt sich die Zugabe von 10–20 g Meersalz je 10 Liter Wasser. Als Bodengrund ist grober Sand vorteilhaft. Diese Grundel ist schwimmfreudiger als andere Vertreter der Familie und benötigt deshalb neben dichter Hintergrundbepflanzung viel freien Schwimmraum. Unter Wurzeln und durch Steinaufbauten sollten mehr Versteckplätze eingerichtet werden, als Fische im Becken sind.

Zucht: Bei abwechslungsreicher Fütterung, darunter Mückenlarven kommen erwachsene Tiere relativ schnell in Paarungsbereitschaft, erkennbar am Dunkelwerden der Körperfarbe. Der Ansatz sollte paarweise erfolgen. Zur Einrichtung des mindestens 70 cm langen Zuchtbeckens muß eine Höhle als Männchenrevier und Laichplatz sowie Versteckplatz für das ♀ (Pflanzendickicht) vorhanden sein. Das laichbereite ♀, bei dem eine etwa 3 mm lange, dünne Laichpapille sichtbar wird, folgt dem ♂ in die Höhle und legt an alle Höhleninnenflächen eine sehr große Zahl von Eiern ab. Das ♂ betreut das Gelege allein, falls nicht genügend Versteckplätze gegeben sind, muß das ♀ herausgefangen werden. Die Jungen schlüpfen nach vier Tagen, zwei Tage später schwimmen die Jungfische frei. Sie nehmen Rädertierchen als Erstfutter an, die bald durch Cyclops- und frischgeschlüpfte Artemia-Nauplien sowie Mikrowürmchen und feingeriebenes Trockenfutter ergänzt werden können. Bei Vermeidung von Wasserbelastung durch regelmäßigen Teilwasserwechsel verläuft das Wachstum zügig.

Stör

→ *Acipenser.*

Störwels

→ *Sturisoma nigrirostrum.*

Streifenbärbling

→ *Rasbora taeniata.*

Streifenbuntbarsch

→ *Cichlasoma portalegrensis.*

Streifenharnischwels

→ *Panaque nigrolineatus.*

Streifenhechtling

→ *Aplocheilus lineatus.*

Streifenprachtbarsch

→ *Pelvicachromis taeniatus.*

Stromschnellenbuntbarsch

→ *Steatocranus tinanti.*

Stromschnellenwelse, Afrikanische

→ *Chiloglanis.*

Stromschnellencichliden

→ *Steatocranus.*

Stuarts Nadelkärpfling

→ *Carlhubbsia stuarti.*

Sturisoma (Störwelse)

Eine Gattung der Familie *Loricariidae* aus Mittel- und Südamerika. Diese attraktiven schlanken Welse benötigen langgestreckte Becken nicht unter 100 cm Länge, um ihre volle mögliche Größe zu erreichen. Etwas problematisch ist die Auswahl des geeigneten Bodengrundes. Die besten Bedingungen für die Entwicklung der Welse sind bei Haltung auf blankem Glasboden gegeben; denn die Welse reagieren zum einen empfindlich auf Nitrat-/Nitritbelastungen, die sich aus zersetzendem Mulm im Bodengrund ergeben können, und zum anderen sind sie kaum in der Lage, Futterteile, die zwischen Bodenkies geraten, aufzunehmen. Vor allem bei Haltung in einem Gemeinschaftsbecken mit gefräßigeren Beifischen bekommen sie dabei kaum etwas ab und verhungern. Wenn aus optischen Gründen auf Bodengrund nicht verzichtet werden soll, dann darf dafür nur eine dünne Schicht gröberen Sandes genommen werden, von der sehr oft der Mulm abgesaugt werden kann; Wasser 3–20 °dH, pH-Wert 6,5–7,2; Temperatur 25–30 °C. Neben einer guten Bepflanzung sollten die Becken mit etwas morschen Moorkienwurzeln ausgestattet sein, die von den Tieren als Ruheplätze benutzt und zur Deckung des Ballaststoffbedarfs regelmäßig auch beraspelt werden. Der Bedarf an pflanzlicher Nahrung ist hoch, neben dem bevorzugten Algenaufwuchs werden Salat, Spinat, Vogelmiere und Futtertabletten, sehr gern auch Feinfrosterbsen angenommen. Diese sind im Winter das wertvollste Futter für die Welse. Der Sauerstoffbedarf ist hoch und muß durch intensive Filterung, kräftige Durchlüftung und regelmäßigen Teilwasserwechsel befriedigt werden. Dieser sollte wöchentlich $^1/_4 - ^1/_3$ des Beckeninhalts umfassen und trägt gleichzeitig dazu bei, die mögliche Massenvermehrung von Infusorien, die sich durch die große Menge pflanzlicher Nahrung entwickeln könnte und auf welche die Störwelse sehr empfindlich reagieren, zu vermeiden.

Zucht: Für den Zuchterfolg ist peinlichste Sauberkeit im Zuchtbecken neben gut genährten Tieren die wichtigste Voraussetzung. Der Zuchtansatz sollte deshalb nur in Becken ohne Bodengrund erfolgen, der Beckenboden muß von schleimigen Belägen völlig freigehaltenen werden. Wasser mit den oben angegebenen Werten ist für die Zucht durchaus geeignet, jedoch läßt die Haftfähigkeit der Eier mit zunehmender Härte nach, so daß eine Härte unter 10 °dH empfehlenswert ist. Die Zucht erfolgt im Paaransatz bei Temperaturen zwischen 27 und 30 °C. Die Welse laichen oft auf den Glasboden des Beckens, wenn vorhanden auch auf flache Steine oder breitere Pflanzenblätter. Das Gelege wird vom ♂ betreut. Für die rationelle Zucht können die Eier aus dem Zuchtbecken entnommen und in eine flache, saubere Schale überführt werden, deren Wasser einen Zusatz von Methylenblau enthält, um das Bakterienwachstum einzuschränken. In diesen Schalen werden zweimal täglich jeweils 2/3 des Wassers gewechselt. Jungen, die nach Ablauf der für die Art charakteristischen Entwicklungszeit nicht von allein schlüpfen, kann Schlupfhilfe gegeben werden. Das wird meist bereits dadurch erreicht, daß die Eier mit einer Pipette aufgesaugt und danach aus 20–30 cm Höhe zurück auf die Wasseroberfläche der Aufzuchtschale fallengelassen werden. Hilft dies nicht, so kann mit feinen Präpariernadeln bei jedem einzelnen Ei die Eihülle vorsichtig aufgebrochen werden. Solche Schlupfhilfe ist jedoch meist nur in härterem Wasser notwendig. Nach Aufzehren des Dottersacks werden die Jungwelse in den ersten Tagen mit gefrosteten Nauplien angefüttert und nehmen dann auch Grindalwürmchen, kleine Cyclops und überbrühten Salat bzw. Vogelmiere an. Regelmäßiger Teilwasserwechsel und peinliche Sauberhaltung des Beckenbodens sind für die gesamte Aufzuchtphase unbedingt erforderlich.

Sturisoma nigrirostrum

S. nigrirostrum

Störwels

Vorkommen: Peru. **Größe:** 20 (bis 25) cm. **GU:** Das ♂ wird etwas größer als das ♀, seine Flossen sind rauchfarben getönt, die des ♀ durchsichtig klar mit braunen Punkten. **Ansprüche:** Diese Art ist am Tage wenig aktiv, die Ansprüche gleichen den in der Gattungsbeschreibung angegebenen.

Zucht: Der Zuchtverlauf entspricht den in der Gattungsbeschreibung angeführten Grundsätzen. Die Jungen schlüpfen bei Temperaturen zwischen 26 und 28 °C nach fünf Tagen, hängen danach noch 2–3 Tage an den Scheiben, bevor sie nach Aufzehren des Dottersacks mit der Futtersuche beginnen. Diese Art bringt noch bis zu einer Wasserhärte von 20 °dH zufriedenstellende Nachzuchtergebnisse.

S. panamense

Segelflossenstörwels

Vorkommen: Panama, Kolumbien. **Größe:** 15 (bis 18) cm. **GU:** Erwachsene ♂♂ tragen eine deutlich erkennbare Beborstung an den Kopfseiten. Ihre Färbung ist intensiver. **Ansprüche:** *S.p.* ist auch am Tage häufiger aktiv und verträgt noch gut eine Wasserhärte bis 25 °dH. Die übrigen Ansprüche gleichen den in der Gattungsbeschreibung angegebenen.

Zucht: Die Welse laichen nachts, der Zuchtverlauf entspricht den in der Gattungsbeschreibung angeführten Grundsätzen. Die Jungwelse schlüpfen bei 25 °C nach 6 Tagen, bei niedrigeren Temperaturen kann sich der Schlupf bis auf 9 Tage verzögern. Der Dottersack ist nach 5–6 Tagen aufgezehrt.

Süßwassermuräne

→ *Gymnothorax tile.*

Sturisoma panamense

Sumatrabarbe

→ *Barbus tetrazona.*

Sumatrabärbling

→ *Rasbora sumatrana.*

Sumatrahalbschnäbler

→ *Dermogenys pusillus sumatranus.*

Surinamebachling

→ *Rivulus amphoreus.*

Surinameperlfische

→ *Geophagus surinamensis.*

Symphysodon (Diskusbuntbarsche)

Eine Gattung scheibenförmiger, meist prächtig gefärbter Fische der Familie *Cichlidae,* die mit wenigen Arten und Unterarten über das gesamte Amazonasgebiet verbreitet ist. Die Geschlechter sind außerhalb der Laichzeit nur sehr schwer zu unterscheiden, die Intensität der Färbung hängt von Umwelt und Stimmung der Fische ab und zeigt kaum geschlechtsspezifische Unterschiede. Kurz vor und während des Ablaichens werden die Genitalpapillen sichtbar, beim ♂ meist wenig hervortretend und spitz, beim ♀ deutlicher sichtbar und an der Spitze stumpf. **Ansprüche:** Diskusbuntbarsche gelten noch immer als sehr heikle Aquarienfische, sie sind jedoch, wenn ihre wichtigsten Grundanforderungen erfüllt werden, genauso ausdauernde Pfleglinge wie andere Arten aus Amazonien. Sie sind ruhige, manchmal fast langweilige und friedliche Fische, die außerhalb der Laichzeit in lockeren Schwärmen leben und durchaus mit Salmlern vergesellschaftet werden können. Becken von 100 cm Länge bilden die unterste Grenze für die Haltung, die Höhe sollte in jedem Fall 50 cm betragen. Der pH-Wert muß unter 7 liegen bei einem Optimum von pH 6–6,5. Für eine Haltung ohne Zuchtabsichten werden Härtegrade bis 20 °dH toleriert, die Fische zeigen darin jedoch kaum ihre volle Farbigkeit, dafür ist eine Wasserhärte unter 4 °dH erforderlich. Kräftige Filterung über Torf erhöht immer Wohlbefinden, Farbigkeit und Widerstandsfähigkeit der Fische. Der Bodengrund sollte feinkörnig und dunkel sein, Torfanteil im Bodengrund ist vorteilhaft. Für die Bepflanzung sind vor allem langstengelige oder langblättrige Arten einzusetzen, zwischen denen sich die Tiere einstellen können. Über einem Teil des Beckens ist durch Aufbringen einer Schwimmpflanzendecke für gedämpftes Licht zu sorgen. Auf belastetes Altwasser reagieren die Fische empfindlich, ebenso auf chlorbelastetes Frischwasser. Der Teilwasserwechsel sollte daher wöchentlich durchgeführt werden und 1/5 des Beckeninhalts umfassen. Nur bei einwandfreiem Frischwasser kann der Wasserwechsel im Abstand von 14 Tagen mit einer Erneuerung von 25% erfolgen. Eine Aufbereitung des Frischwassers über Torf ist in jedem Falle günstig. Wurmfutter wird von Diskusbuntbarschen bevorzugt, die Verwendung von Tubifex aus belasteten Gewässern stellt jedoch eine der Hauptursachen für Erkrankungen und Verluste dar. Tubifex unbekannter Herkunft muß mindestens zehn Tage lang intensiv gewässert sein, bevor es an Diskusbuntbarsche verfüttert wird. Auch Mückenlarven sollten mehrmals gut durchgespült werden, bevor sie verwendet werden. Es ist günstig, die als Jungtiere erworbenen Fische an tiefgefrorenes Futter zu gewöhnen, um wenigstens einen Teil pathogener Keime und Parasiten auszuschalten. Die Krankheitsanfälligkeit ist vor allem bei zu kühler Haltung sehr groß, 26 °C sollten nicht unterschritten werden, die Pflege bei ständig zu hohen Temperaturen macht die Fische jedoch auch nicht widerstandsfähiger, so daß der günstigste Temperaturbereich zwischen 28 und 30 °C liegt. Damit hält man sich die Möglichkeit offen, bei ersten Anzeichen einer Erkrankung durch Erhöhung der Temperatur auf 33–35 °C ohne Medikamenteneinsatz therapeutisch wirksam werden zu können und hat in den meisten Fällen damit Erfolg.

Zucht: Das Zuchtpaar sollte sich aus einer Gruppe zuchtfähiger Tiere selbst gefunden haben und deutliches Revierverhalten gegenüber den Artgenossen zeigen. Die Laichzeit ist bei den über viele Generationen gezüchteten Formen nicht mehr fest fixiert, die Laichwilligkeit ist jedoch im Frühjahr am größten. Das Zuchtbecken sollte als Mindestmaße 80 cm Länge und 45 cm Höhe nicht unterschreiten, an einem störungsfreien Platz stehen und wie das Hälterungsbecken eingerichtet sein. Es kann neben breitblättrigen Pflanzen auch einige glattflächige Steine enthalten. Spätestens 14 Tage vor Einsetzen des Paares sollte das Becken mit über Torf gefiltertem Frischwasser versehen und eingerichtet sein. Es muß bis zum Einsatz der Fische gut belichtet und durchlüftet werden, nach Einsetzen des Paares wird das Licht gedämpft. Diskusbuntbarsche sind Offenbrüter und laichen auf Blättern oder ebenen Steinflächen ab, der Laichplatz wurde von beiden Partnern vorher gesäubert. Die Jungen schlüpfen bei Temperaturen von 31–32 °C nach etwa 48 Stunden und werden von den Eltern an Blätter angeheftet. Sie werden ebenso wie das Gelege befächelt. Ungefähr 60 Stunden nach dem Schlupf beginnen die Jungfische aufzuschwimmen und heften sich an den Körper eines der Elterntiere, meist zuerst der Mutter. Sie ernähren sich anfangs ausschließlich von einem Hautsekret, das von den Alttieren abgesondert wird, eine künstliche Aufzucht ist aus diesem Grund nicht möglich. Der Jungfischschwarm wird nahezu regelmäßig mit einem Ritual dem anderen Partner übergeben. In den ersten Tagen nach dem Freischwimmen werden die Jungfische abends wieder an Blätter angeheftet und von beiden Elterntieren bewacht.

Etwa eine Woche nach dem Freischwimmen nehmen die Jungfische auch Infusorien auf, darunter Zuchtpantoffel- und Rädertierchen, die nach Möglichkeit vorsichtig in die Nähe der Jungfische pipettiert werden sollten. Die charakteristische Scheibenform wird im Alter von drei Monaten erreicht. Die so häufig beklagte Erscheinung, daß Diskusbuntbarsche ihre Gelege auffressen, hat in den meisten Fällen ihre Ursachen in Störungen von außen.

S. aequifasciata

Diskusbuntbarsch

Diese Art ist mit ihren Unterarten *S.ae. aeauifasciata* (Grüner Diskus), *S.ae. axelrodi* (Brauner Diskus) und *S.ae. haraldi* (Blauer Diskus) über das gesamte Amazonasgebiet verbreitet. Daneben existieren inzwischen von einigen Unterarten teilweise farblich attraktive Zuchtformen. **Größe:** 15 cm. **GU:** Ansprüche und Zuchtverlauf entsprechen bei allen Unterarten und Zuchtformen den in der Gattungsbeschreibung angegebenen.

Symphysodon aequifasciata, Paar

S. discus

Echter Diskus, Pompadourfisch

Vorkommen: Rio Negro in Amazonien. **Größe:** 20 cm. **GU:** Ansprüche und Zuchtverlauf wie in der Gattungsbeschreibung angegeben, die Zucht ist allerdings bisher nur selten gelungen. Nach den vorliegenden Erfahrungen scheint jedoch eine Hälterungstemperatur von 26–28 °C, eine kühle Überwinterung von 4–8 Wochen Dauer bei 23 °C und das allmähliche Ansteigen der Temperaturwerte bis zur Zuchttemperatur von 30–31 °C für das Wohlbefinden der Fische und das Auslösen der Laichbereitschaft notwendig zu sein. Die Beckenhöhe darf auch im Zuchtbecken nicht unter 50 cm liegen.

Synodontis (Fiederbartwelse)

Eine artenreiche Gattung der Familie *Mochocidae* aus Afrika mit Verbreitungsschwerpunkt im Flußgebiet des Zaire, deren Vertreter durch gefiederte Unterkiefer- und Kinnbarteln und meist lange, ungefiederte Oberkieferbarteln gekennzeichnet sind. Fiederbartwelse kamen bisher vorwiegend als Importtiere zu uns, darunter auch einige noch nicht sicher bestimmte Arten. Da sich mit Ausnahme der aus den afrikanischen Hartwasserseen stammenden Arten *(S. petricola, S. multipunctatus, S. njassae)* die Ansprüche der meisten Arten gleichen, ist die exakte Artbestimmung nicht von entscheidender Bedeutung. Fiederbartwelse sind vorwiegend dämmerungsaktiv, stöbern jedoch auch tagsüber oft durch das Becken und bringen durch ihre häufig beachtliche Größe Unruhe unter kleinere Beifische. Die Beckenlänge für alle größeren Arten sollte nicht unter 120 cm liegen, um ausreichend Plätze zum Verstecken und daneben genügend Schwimmraum bieten zu können.

Eine Vergesellschaftung mit nicht zu kleinen afrikanischen Salmlern und Barben sowie die Haltung mehrerer Arten der Gattung ist in ausreichend großen Becken sehr gut möglich; Wasser 4–12 °dH, nach Eingewöhnung bis 25 °dH, pH-Wert 6–7; Temperatur 23–27 °C. Der Bodengrund muß weich sein, den natürlichen Anforderungen käme Schlamm am besten entgegen. Unter Aquarienbedingungen ist ein Sand-Torf-Gemisch oder feiner Sand mit einer Mulmauflage am besten geeignet, die Barteln vor Verletzungen zu schützen. Die für den Bau von Versteckplätzen verwendeten Steine sollten ohne scharfe Kanten sein, daneben werden große, ausladende Wurzeln gern von den Tieren als Ruheplätze angenommen. Fiederbartwelse fühlen sich in torfbraunem Wasser deutlich wohler als in kristallklarem, durch Zugabe von Torfextrakten oder kräftige Filterung über Torf ist dies problemlos zu erreichen. Die Bepflanzung mit robusteren Arten ist gut möglich, eine Schwimmpflanzendecke sollte für gedämpftes Licht sorgen. Der Futterbedarf der Welse ist groß, der Anteil pflanzlicher Kost aller Art in der Nahrung sollte hoch sein. Algen werden bevorzugt, doch sehr gern werden auch Feinfrosterbsen, Haferflocken, grobes Trockenfutter und überbrühtes Blattgemüse angenommen. Der Bedarf an tierischer Nahrung kann durch Rinderherzwürfel, grobes Tümpelfutter und vor allem Mückenlarven befriedigt werden. Aus Gründen des Naturschutzes dürfen Libellenlarven nicht verfüttert werden, überbrühte Fliegen und Schaben bilden einen vollwertigen Ersatz und führen in den meisten Fällen zum Laichansatz, alle anderen Insektenarten aus Futtertierzucht sind ebenso geeignet. Auf chlorbelastetes Wasser reagieren die Fische empfindlich, beim Teilwasserwechsel sollte deshalb stets aufbereitetes Frischwasser eingesetzt werden, im wöchentlichen Abstand wird 1/5 des Beckeninhalts erneuert.

Zucht: Die Geschlechter sind mit einiger Sicherheit nur außerhalb des Wassers auf dem Tisch zu unterscheiden. Die ♂♂ weisen hinter dem After eine zäpfchenförmige Genitalpapille auf, während bei den ♀♀ an dieser Stelle lediglich eine halbkreisförmige Spalte sichtbar ist. Beim Hantieren mit den Welsen ist Vorsicht angeraten, Verletzungen an den Stacheln von Rücken- und Brustflossen haben schwerheilende Wunden zur Folge. Für das Herausfangen sind Fanggeräte zu verwenden, in denen sich die Fische nicht festhaken können. Bei den größeren Arten gibt es bisher nur Zufallszuchten, eine der Ursachen dafür liegt in der Haltung in zu kleinen Becken und in unzureichender Ernährung mit Insekten oder Süßwasserschnecken, deren Gehäuse zerdrückt wurde. Sind diese Voraussetzungen gegeben, dann setzen die ♀♀ Laich an. Die Laichbereitschaft ist jedoch bisher nur schwer auszulösen, vermutlich fehlt den Welsen im Aquarium der Schlamm, auf und in welchen sie die Eier legen können. Nach eigenen Beobachtungen regt eine Schmutzschicht auf dem Boden die Welse zum Treiben an, nach Absaugen dieser Schicht erlischt das Treiben.

S. contractus

David's Fiederbartwels

Vorkommen: Flußgebiet des Zaire. **Größe:** 7 cm. **GU:** Bisher nicht bekannt. Diese kleinste bisher aquaristisch eingeführte Art der Gattung gleicht in Aussehen und Verhalten *S. nigriventris*, schwimmt aber weniger häufig in Rückenlage. Diese Art ist friedlich, kann sowohl in einer Gruppe als auch in Gemeinschaftsbecken mit afrikanischen Salmlern u.a. gehalten werden. **Ansprüche:** Artbecken ab 70 cm, Gemeinschaftsbecken ab 100 cm Länge; Wasser 4–15 °dH, pH-Wert 6–7,2; Temperatur 22–25 °C. Dunkel gestaltete Becken mit vielen Wurzel- und Steinüberhängen sowie breitblättrige Pflanzen kommen den Be-

Synodontis contractus

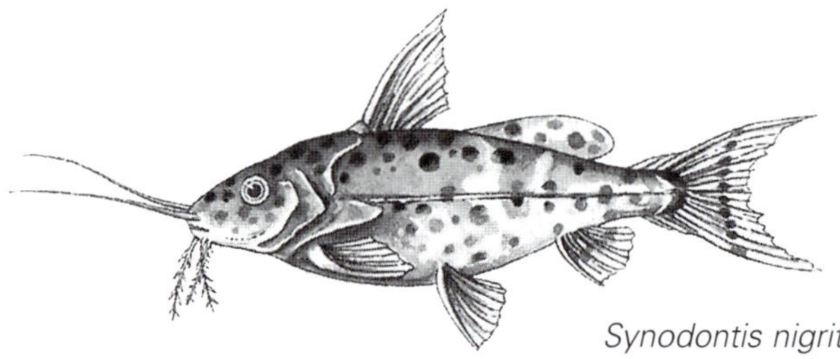

Synodontis nigrita

dürfnissen der Art entgegen. Die übrigen Ansprüche entsprechen denen der Gattungsbeschreibung.

Zucht: Eine Nachzucht ist vermutlich noch nicht gelungen.

S. nigrita

Schwarzer Fiederbartwels

Vorkommen: Flußgebiete von Nil, Niger und Senegal. **Größe:** 22 cm. **GU** und **Ansprüche:** Wie in der Gattungsbeschreibung angegeben.

Die **Zucht** ist durch hormonelle Beeinflussung bereits gelungen (Grundmann 1984).

S. nigriventris

Rückenschwimmender Kongowels

Vorkommen: Flußgebiet des Zaire. **Größe:** ♂ 8 cm, ♀ 10 cm. **GU:** Die Färbung beim ♂ wirkt etwas kontrastreicher, die des ♀ verwaschener. **Ansprüche:** Dieser kleine Vertreter der Gattung erfreut sich wegen seiner besonderen Verhaltensweise, sein Leben ab der achten Lebenswoche in Rückenschwimmlage zu verbringen, besonderer Beliebtheit, er ist im kleinen Schwarm bereits in Becken ab 60 cm Länge gut zu halten. Wegen der besonderen Lebensweise sollte das Becken ausreichend mit großblättrigen Pflanzen sowie Überhängen von Steinen und Wurzeln ausgestattet sein, unter denen die Welse den größten Teil des Tages verbringen können. Die übrigen Ansprüche entsprechen denen der Gattungsbeschreibung.

Zucht: Bei ausreichender Fütterung mit Mückenlarven setzen die ♀♀ in weichem und leicht saurem Wasser schnell Laich an. Die Laichbereitschaft der ♂♂ wird durch eine Umfärbung der Körpergrundfarbe in ein schmutziges Gelblichweiß signalisiert. Torfbraunes Wasser und eine Temperatur von 27 °C erhöhen die Laichbereitschaft. Abgelaicht wird in Höhlen oder in dunklen Nischen von Wurzelüberhängen. Die Eier sind bernsteingelb und werden von den Alttieren mehr oder weniger intensiv betreut. Die Jungen schlüpfen nach 7–8 Tagen und schwimmen nach Aufzehren des Dottersacks 4–5 Tage später frei. Artemia- oder frischgetötete Cyclops-Nauplien werden als Erstfutter von den Jungwelsen angenommen. Die Jungwelse wachsen nicht sehr schnell, die Geschlechtsreife wird kaum vor dem dritten Lebensjahr erreicht.

S. njassae

Malawifiederbartwels

Vorkommen: Malawisee. **Größe:** 12 cm. **GU:** Bisher wurden Geschlechtsunterschiede nicht erkannt. **Ansprüche:** Diese Art stellt eine ideale Ergänzung für ein Gemeinschaftsbecken mit Cichliden des Malawisees dar, das in seiner Länge 120 cm nicht unterschreitet; Wasser 15–35 °dH, pH-Wert 7,5–8,5, nicht darunter. Temperatur 20–25 °C, übrige Ansprüche wie in der Gattungsbeschreibung angegeben.

Zucht: Über den Zuchtverlauf ist noch nichts bekannt, ein Brutparasitismus wie bei *S. petricola* scheint im Bereich des Möglichen zu liegen.

S. petricola

Kuckuckswels

Vorkommen: Tanganjikasee. **Größe:** 12 cm. **GU:** Das ♂ bleibt etwas kleiner. **Ansprüche:** Die Art ist gut gemeinsam mit nicht zu großen Maulbrütern aus dem Tanganjika- und dem Malawisee zu halten, die Beckenlänge sollte dabei nicht unter 150 cm liegen; Wasser 10–20 °dH, pH-Wert 7,5–8,5, nicht darunter; Temperatur 25–29 °C. Die übrigen Ansprüche entsprechen denen der Gattungsbeschreibung.

Zucht: *S.p.* gehört neben der gleichfalls aus dem Tanganjikasee stammenden Art *S. multipunctatus* zu den wenigen Fischarten, bei denen in der Natur und im Aquarium Brutparasitismus nachgewiesen werden konnte. Dabei werden nach dem Prinzip des Kuckucks die Eier von Maulbrütern unmittelbar nach der Ablage gefressen und durch Welseier ersetzt, die von Maulbrüter-♀ aufgenommen und ausgebrütet werden. Beobachtungen liegen vor, bei denen *S.p.* die Eier dem Malawicichliden → *Cyrtocara boadzulu* unterschob, dessen ♀ die Welseier 32 Tage lang bebrütete (Vriesmann 1981). Diese für den Aquarianer wenig aufwendige Zuchtform wird dem attraktiven Brutparasiten hoffentlich zu schneller Verbreitung verhelfen.

Synodontis njassae

S. schoutedeni

Ornament-Fiederbartwels

Vorkommen: Flußsysteme des zentralen Kongobeckens. **Größe:** 14 cm. **GU:** Das ♀ erscheint in der Zeichnung etwas blasser, der Bauch ist heller als beim ♂, mit Sicherheit ist es jedoch erst am Laichansatz zu erkennen. **Ansprüche:** Wasser: 6–20 °dH, pH-Wert 6,8–8; Temperatur 24–28 °C. Diese attraktive, friedfertige, leider aber vorwiegend dämmerungs- und nachtaktive Art erfordert Becken ab 90 cm Länge, die zahlreiche Versteckplätze bieten. Sehr gern werden Tonröhren genommen, deren Zahl der Zahl der gepflegten Tiere entsprechen sollte. Als Bodengrund ist nicht zu grober Flußkies ohne scharfe Kanten geeignet. Zarte Pflanzen werden nicht in jedem Fall unbehelligt gelassen, größere *Cryptocorynen* oder *Anubias* werden kaum beschädigt. Gefüttert werden sollte abends, vorrangig tiefgefrorene Mückenlarven u.ä. Wichtig für das Wohlbefinden der Tiere sind eine wirksame Filterung und ein wöchentlicher Teilwasserwechsel, der 1/4 des Beckeninhaltes umfaßt.

Zucht: Ein Ansatz zur Zucht ist nur dann sinnvoll, wenn das ♀ deutlichen Laichansatz zeigt und eines oder mehrere ♂♂ auch tagsüber unruhig im Becken herumschwimmen. Das Paar, das sichtbar Interesse füreinander zeigt, wird in und mit seinen Schlafröhren in ein Zuchtbecken von mindestens 60 cm Länge umgesetzt. Es ist vorteilhaft, wenn das Zuchtbecken Frischwasser enthält, das in seiner Härte unter 8 °dH liegt und mehrere Tage lang kräftig durchlüftet wurde. Auf jede Art von Bodengrund sollte verzichtet werden, als einzige Ausstattung sind einige größere Stücke Schwarzwurzelfarn einzubringen. Stimulierend wirkt, wenn die Temperatur im Zuchtbecken beim Einsetzen der Tiere 2–3 °C unter der des Haltungsbeckens liegt und erst in Gegenwart der Tiere auf 27–28 °C erhöht wird. Wenn man Glück hat, zeigt das ♀ nach einigen Tagen dadurch, daß es sich vom ♂ aus seiner Röhre und durch das Becken treiben läßt, seine Laichbereitschaft an. Beim Laichakt, der meist im Schutz der Pflanzen vollzogen wird, umschlingen sich die Partner enger, als es Labyrinthfische tun. Bei jeder Paarung werden 100 und mehr hellgelbliche, fast 2 mm große Eier ausgestoßen. Wenn sich nach einigen Stunden das ♀ wieder in seine Röhre zurückzieht, ist die Paarung beendet, und beide Tiere können mit ihren Röhren wieder in das Gemeinschaftsbecken zurückgesetzt werden. Bei kräftiger, feinporiger Durchlüftung und Temperaturen zwischen 26 und 28 °C schlüpfen die Jungen zwischen der 36. und 48. Stunde. Vier Tage später ist ihr Dottersack aufgezehrt, und die Jungfische müssen angefüttert werden. Als Erstfutter werden Rädertierchen und frischgeschlüpfte Artemia-Nauplien angenommen. Wenn abgesichert werden kann, daß täglich, besser noch nach jeder Fütterung, ein Teilwasserwechsel durchgeführt werden kann, dann ist auch die Fütterung mit kleingeschnittenen gefrorenen Tubifex möglich. Wassertrübungen und Verunreinigungen können zum Verlust der gesamten Brut führen. Bei abwechslungsreicher Fütterung und konsequenter Wasserhygiene wachsen die Jungwelse jeden Monat einen Zentimeter.

T

Taeniacara candidi

Torpedo-Zwergbuntbarsch
Familie: *Cichlidae*

Vorkommen: Amazonasgebiet um Manaus und Santarem, Brasilien. **Größe:** ♂ 7 cm, ♀ 5 cm. **GU:** Bei halberwachsenen Tieren sind die ♂♂ am breiteren roten Saum der Rückenflosse zu erkennen, erwachsene ♂♂ zeigen stark verlängerte mittlere Schwanzflossenstrahlen und bis zur Schwanzflossenbasis verlängerte Bauchflossen. **Ansprüche:** Diese schöne Art gilt noch immer als heikel und kurzlebig, werden ihre Ansprüche jedoch mit Aufmerksamkeit beachtet, ist sie gut zu halten. Wasser: 2–5 °dH, pH-Wert 5–5,5; Temperatur 25–28 °C. Einmal eingestellte Wasserwerte müssen konsequent beibehalten werden, jede Änderung im Wasserchemismus beeinträchtigt Wohlbefinden und Lebenserwartung. Im Wasser muß immer ein Anteil von Humin- und Gerbsäuren vorhanden sein, was sowohl durch Beimischung von geprüftem Fasertorf in den Bodengrund als auch durch Zugabe von Erlenzäpfchen und ausgekochten Eichenrindestückchen ins Becken oder den Außenfilter erreicht wird. Das beim regelmäßigen Teilwasserwechsel einzusetzende Wasser muß genau auf die Werte des Beckens eingestellt werden. Je größer das Becken gewählt wird, desto stabiler können die wasserchemischen Verhältnisse gestaltet werden. Beckenlängen unter 100 cm sind deshalb nicht zu empfehlen. Salmler mit ähnlichen Ansprüchen sind ideale Partner. An das Futter werden keine speziellen Anforderungen gestellt, für die Zuchtvorbereitung müssen jedoch Mückenlarven gegeben werden.

Zucht: Die Zucht ist sowohl im Paaransatz als auch bei Haremshaltung (1 ♂ mit 3–5 ♀♀) möglich. Ihre beginnende Fortpflanzungsbereitschaft ist daran zu erkennen, daß lebend verabreichte Wasserflöhe wie ein Jungfischschwarm gehütet werden, dabei führen die Fische mit dem Hinterkörper vertikal pendelnde Bewegungen aus. Abgelaicht wird an der Decke von Höhlen. Das können auf die Seite gelegte Blumentöpfe im Pflanzendickicht, aber auch Nischen unter Wurzeln oder in Steinaufbauten sein. Bei Ansatz mehrerer ♀♀ sollten solche Höhlen über das gesamte Becken verteilt werden. Eine Erhöhung der Temperatur um 2–3 °C erhöht die Laichbereitschaft, 30 °C sollten jedoch nicht überschritten werden. Der Schlupf der Jungen erfolgt je nach Temperatur zwischen dem 2. und 3. Tag nach der Eiablage. Sie werden sofort vom ♀ wieder an die Höhlendecke gehängt. 10–12 Tage nach dem Ablaichen schwimmen die Jungfische frei und werden auch dann häufig abends noch einige Tage lang an der Höhlenwand angehängt. Erfolgt die Zucht im Paaransatz, dann beteiligt sich das ♂ von Anfang an an der Gelege- und Brutpflege, während bei Haremshaltung das Großrevier aller ♀♀ verteidigt wird und nur von Zeit zu Zeit der eine oder andere Jungfischschwarm vorübergehend geführt wird. Artemia- und Cyclops-Nauplien sowie Mikrowürmchen werden als Erstfutter angenommen. Die Jungfische sind noch empfindlicher gegen Veränderungen im Wasserchemismus als die Alttiere, ein Fehler beim Wasserwechsel oder beim Umsetzen kann zum Verlust der gesamten Brut führen.

Taeniacara candidi

Tahuantinsuyoa macantzatza

Inka-Steinfisch
Maulbrüter der Familie *Cichlidae*

Vorkommen: Fließgewässer im peruanischen Amazonasgebiet. **Größe:** ♂ 12 cm, ♀ 9 cm. **GU:** Beim ♂ ist die Tüpfelung auf den Flossen und die Linienzeichnung auf der Wange etwas kontrastreicher, das ♀ zeigt bei Erregung in der Rückenflosse mehr oder weniger deutlich einen dunklen Fleck. **Ansprüche:** Wasser: 4–8 °dH, pH-Wert 7–7,5; Temperatur 24–27 °C. Bei Paarhaltung im Artbecken ist eine Beckenlänge von 80 cm ausreichend, bei der gut möglichen Gemeinschaftshaltung mit anderen Cichliden vergleichbarer Größe (z. B. → *Laetacara*) sollte die Beckenlänge nicht unter 120 cm liegen. Als Bodengrund ist nicht zu grober Flußkies geeignet. Pflanzen werden nicht behelligt und sollten in dichten Gruppen stehen, durch Einbringen von Wurzeln werden die von den Fischen gewünschten Versteckplätze geschaffen. Für eine artgerechte Haltung ist die Beckeneinrichtung durch eine Handvoll Eichen- oder Buchenblätter (Fallaub) zu ergänzen. Die Installation einer mäßigen Wasserströmung steigert das Wohlbefinden der Tiere, ebenso wie wöchentlicher Teilwasserwechsel, der 1/5 des Beckeninhaltes umfaßt. An die Nahrung werden keine spezifischen Anforderungen gestellt, alle Arten von Tiefkühlfutter werden angenommen.

Zucht: Die Art gehört zu den larvophilen Maulbrütern. Nach guter Vorbereitung der Zuchttiere durch Fütterung von Mückenlarven laichen die Fische bevorzugt auf einem Fallaubblatt ab, wenn nicht vorhanden, auch auf einem flachen Stein. Das Blatt mit dem festhaltenden Gelege von 30–40 Eiern wird von beiden Eltern von Versteckplatz zu Versteckplatz bewegt. Nach etwas mehr als 48 Stunden werden die schlüpfenden Jungen vom ♀ ins Maul genommen und von Zeit zu Zeit auch dem ♂ übergeben. 5–6 Tage nach Beginn der Maulbrut verlassen die Jungfische das Maul und nehmen Artemia- und Cyclops-Nauplien sowie Mikrowürmchen als Futter an.

Talerfisch

→ *Ctenobrycon spilurus.*

Tanganjikabeulenkopf

→ *Cyphotilapia frontosa.*

Tanganjikaclown

→ *Eretmodus cyanostictus.*

Tanganjikafünfstreifenbuntbarsch

→ *Neolamprologus tretocephalus.*

Tanganjikagoldcichlide

→ *Neolamprologus leleupi leleupi.*

Tanganjikakillifisch

→ *Lamprichthys tanganicanus.*

Tanganjikaknurrhahn

→ *Triglachromis otostigma.*

Tanganjikaschmalbarsch

→ *Neolamprologus elongatus.*

Tanichthys albonubes

Kardinalfisch
Familie: *Cyprinidae*

Vorkommen: Südchina. **Größe:** 5 cm. **GU:** Das ♂ ist schlanker und intensiver gefärbt als das ♀. **Ansprüche:** Der Kardinalfisch, wegen seiner Anpassungsfähigkeit, guten Vermehrbarkeit und damit niedrigen Preises, wegen der Leuchtkraft seiner Farben lange Zeit auch »Arbeiterneon« genannt, sollte immer im Schwarm gehalten werden. Für eine Gruppe dieser friedlichen Fische von 10 Tieren ist bereits ein

Tanichthys albonubes

Becken ab 50 cm Länge ausreichend. Er kann mit allen Friedfischen vergesellschaftet werden; Wasser 4–30 °dH, pH-Wert 6–7,5; Temperatur 18–22 °C. Temperaturen bis 15 °C werden sehr gut vertragen, Temperaturen über 24 °C führen zu frühen Vergreisungserscheinungen. Sommerliche Freilandhaltung in schattigen Freilandbecken mit hohem Regenwasseranteil führt zu besonders großen und prachtvoll gefärbten Tieren. Temperaturunterschiede zwischen Tag und Nacht sowie eine etwas kühlere Überwinterung erhöhen Lebenserwartung und Produktivität der Fische. Der Bodengrund sollte feinkörnig und dunkel sein. In der Bepflanzung, die mit allen Arten möglich ist, ist der Wechsel von dichten Pflanzengruppen mit Schwimmraum vorteilhaft. Neben einer kräftigen Filterung trägt regelmäßiger wöchentlicher Teilwasserwechsel, bei dem 1/4 des Beckeninhalts erneuert wird, zum Wohlbefinden der Fische bei. Chlorbelastetes Wasser sollte vor Einsatz aufbereitet oder gut durchlüftet sein. An die Zusammensetzung des Futters werden keine besonderen Ansprüche gestellt.

Zucht: Die Zucht ist problemlos fast in jedem Wasser möglich, die Aufzuchtergebnisse sind in nicht zu hartem und neutralem Wasser jedoch höher. Für den Ansatz eines Paares ist ein Becken von 30 cm Länge bereits ausreichend. Angesetzt werden sollten nur deutlich laichvolle ♀♀. Die Zuchttemperatur kann zwischen 20 und 23 °C liegen, höhere Temperaturen machen das ♂ schnell müde und beeinträchtigen die Befruchtungsrate. Abgelaicht wird in Büscheln feinblättriger Pflanzen (*Myriophyllum* oder aufgelockertes Javamoos). Gut genährte Tiere stellen dem Laich wenig nach, sollten jedoch besser nach dem Ablaichen herausgefangen werden. Vor zu hellem Licht müssen die Eier geschützt werden. Die Jungen schlüpfen nach 36–40 Stunden und hängen sich nach 2–4 Tagen an Scheiben oder Pflanzen. Nach dem Freischwimmen kann mit Zuchtpantoffeltierchen angefüttert werden, wenn kein Tümpelstaub zur Verfügung steht. Das lebende Staubfutter kann mit hochwertigem, durch ein feines Sieb geriebenem Trockenfutter ergänzt werden. Regelmäßiger Teilwasserwechsel mit chlorfreiem Wasser und Temperaturen nicht über 23 °C erbringen frohwüchsige und widerstandsfähige Fische.

Tapirfisch

→ *Gnathonemus petersi.*

Tateurndina ocellicauda

Pastellgrundel
Familie: *Eleotridae*

Vorkommen: Ostpapua. **Größe:** 4 cm. **GU:** Die Bauchlinie des ♂ verläuft gerade, ältere ♂♂ zeigen einen etwas bullig wirkenden Kopf. Die Bauchpartie des ♀ wirkt kugelig und ist leuchtend gelb gefärbt. **Ansprüche:** Für die Haltung einer kleinen Gruppe dieser attraktiven und friedlichen Fische ist ein Becken ab 50 cm Länge bereits geeignet. Als Beifische bieten sich nicht zu große Regenbogenfische (→ *Popondetta*, → *Pseudomugil*, → *Iriatherina* u. a.) an, die Haltung ist jedoch auch in Salmlerbecken gut möglich; Wasser 5– 20 °dH, pH-Wert um 7; Temperatur 22–26 °C. Der Bodengrund sollte feinkörnig und nicht zu hell, das Becken gut bepflanzt sein. Mit Wurzeln und kleinen Steinaufbauten, für die sich Schiefergesteine besonders gut eignen, werden Versteckplätze sowie kleine Höhlen und Spalten geschaffen. Bei einer mäßigen Filterung ist Teilwasserwechsel im Abstand von 14 Tagen ausreichend, dabei sollte nicht mehr als 1/4 des Beckeninhalts erneuert werden. Auf zu häufige Frischwassergaben reagieren die Fische mit Verblassen der Farben, vor allem dann, wenn das Frischwasser belastet ist. An die Zusammensetzung des Futters werden keine besonderen Ansprüche gestellt.

Zucht: Bei Paaransatz ist ein Becken von 30 cm Länge bereits ausreichend, ♀♀ sollten dann angesetzt werden, wenn sie deutlichen Laichansatz zeigen. Das Zuchtbecken muß einige kleine Höhlen und

Tateurndina ocellicauda, ♂ mit Gelege

Spalten im Schutz von Pflanzen aufweisen. Geeignet sind auch kleine Bambus- oder Kunststoffröhren. In einem dieser Hohlräume wird der vorgesehene Laichplatz von beiden Partnern gesäubert, selten von einem Tier allein. Nach der Laichablage wird das ♀ vom ♂ vertrieben und sollte aus kleinen Becken herausgenommen werden, das Gelege wird vom ♂ betreut. Die Zucht ist in Wasser möglich, die Schlupfergebnisse sind unter 10 °dH Wasserhärte jedoch höher. Die Jungen schlüpfen nach etwa 48 Stunden, der Schlupf verläuft nur selten gleichmäßig. 4–6 Tage nach der Eiablage beginnen die Jungfische freizuschwimmen und nehmen Artemia-Nauplien als Erstfutter an, ihre Aufzucht bringt keine besonderen Probleme.

Tatia (Trugdornwelse)

Familie: *Auchenipteridae*

Eine Gattung kleinbleibender, vorwiegend dämmerungs- und nachtaktiver Welse aus dem nördlichen Südamerika. Die Gattung enthält neben Arten, die für Welse ungewöhnliche Farben aufweisen, schlicht gefärbte mit Fleckungen aller Art. **GU:** Die Geschlechter sind bei Jungtieren im Körper nur schwer zu unterscheiden, im Sozialverhalten geben sich jedoch die Tiere, die Artgenossen treiben, als ♂♂ zu erkennen. Sie bleiben als Erwachsene schlank, ihre Afterflosse ist etwas breiter und endet in einer verdickten Spitze, die bei der Fortpflanzung als Kopulationsorgan Verwendung findet. Erwachsene ♀♀ besitzen einen wie aufgetrieben wirkenden Bauch. **Ansprüche:** Trugdornwelse haben sich als ausdauernde Pfleglinge erwiesen, wenn die Grundregeln der Wasserhygiene eingehalten und ihnen Versteckplätze angeboten werden, in denen sie den Tag ungestört verbringen können. Optimal sind Wasserhärten zwischen 12 und 20 °dH und ein pH-Wert um den Neutralpunkt. Wird beim Wasserwechsel versehentlich weiches und saures Wasser eingesetzt, dann zeigen sie deutliches Unbehagen. Als Versteckplätze werden dichte Bestände von Schwarzwurzelfarn, halbierte Kokosnußschalen, höhlenreiche Dekorationswurzeln und englumige Röhren bevorzugt. Eine Schwimmpflanzendecke muß für gedämpftes Licht sorgen. Für die nächtlichen Aktivitäten sollte ausreichend Schwimmraum in einem Becken nicht unter 60 cm Länge zur Verfügung stehen. Die Welse sind friedlich und können auch mit kleinen Salmlern problemlos vergesellschaftet werden.

Zucht: Die Zucht ist bei einigen Arten, wie *T. galaxias,* bereits gelungen. Sie erfordert einen hohen Zeit- und Pflegeaufwand. Nach intensiven Verfolgungsjagden überträgt das ♂ mit Hilfe seines Kopulationsorgans ein Spermapaket in den Samenspeicher des ♀. Die Eiablage erfolgt etwa 4 Wochen später. Es empfiehlt sich, begattete ♀♀ 3 Wochen nach der Kopulation in ein 30-Liter-Becken umzusetzen. Es sollte einen Schwarzwurzelfarn und eine Wurzel als Versteckplätze, jedoch keinen Bodengrund enthalten. Die Eier werden auf den Boden lose abgelegt und sind vor hellem Licht zu schützen. Bei einer Temperatur von 26 °C und feinperliger Belüftung schlüpfen die Jungfische nach 72–75 Stunden. Am Abend des 5. Tages nach dem Schlupf schwimmen die Jungfische zum ersten Mal an der Wasseroberfläche zur nächtlichen Nahrungssuche. Tümpelstaub ohne Cyclops-Nauplien, dazu Rädertierchen, Artemia-Nauplien und ein hochwertiges, möglichst Spirulina enthaltendes, pulvriges Trockenfutter werden als Nahrung angenommen. Nur eine peinlich genaue Wasserhygiene garantiert den Aufzuchterfolg, deshalb sind stets am nächsten Morgen alle Futterreste abzusaugen, nachdem vorher der Boden mit einem Pinsel von Belägen gereinigt wurde. Lebende Cyclops töten die tagsüber ruhenden Jungwelse selbst noch bei einer Größe von 25 mm. Sie können deshalb nur als Frostfutter eingesetzt werden.

Telmatherina ladigesi

Celebessonnenstrahlfisch,
Sonnenstrahlährenfisch
Familie: *Atherinidae*

Vorkommen: Sulawesi. **Größe:** 7 cm. **GU:** Beim ♂ sind die Strahlen der After- und der zweiten Rückenflosse deutlich verlängert. **Ansprüche:** *T.l.* sollte nur im Schwarm nicht unter 10 Tieren gepflegt werden und die Beckenlänge nicht unter 70 cm liegen; Wasser 12–30 °dH, pH-Wert 7; Temperatur 22–28 °C. Bei mineralsalzarmem Ausgangswasser ist die Zugabe von 1–2 Eßlöffel See- oder Kochsalz je 10 l Wasser vorteilhaft. Der Bodengrund sollte feinkörnig und nicht zu hell sein, neben dichten Pflanzengruppen muß ausreichend Schwimmraum frei gelassen werden. Die Art kann sehr ausdauernd sein, wenn neben einer kräftigen Filterung wöchentlich regelmäßig $^1/_4$ des Beckeninhalts durch Teilwasserwechsel erneuert wird. Das Wohlbefinden der Fische wird deutlich erhöht, wenn für 1–2 Stunden täg-

Telmatherina ladigesi

lich das Aquarium von Sonnenstrahlen erreicht wird. An die Zusammensetzung des Futters werden keine besonderen Ansprüche gestellt, die Art geht auch an Trockenfutter. Für die Zuchtvorbereitung und den Laichansatz kann auf kräftiges Lebendfutter nicht verzichtet werden. Sehr gern werden von den Fischen auf die Wasseroberfläche gestreute Kleininsekten (Drosophila, Blattläuse, kleine Schaben) angenommen.

Zucht: *T.l.* gehört zu den Dauerlaichern mit langer Laichperiode. Bei Haltung im ausreichend großen und gut bepflanzten Artbecken kommen bei entsprechender Fütterung der Alttiere zahlreiche Jungfische auf. Für eine rationelle Zucht ist jedoch der Paaransatz empfehlenswerter, ein Becken von 60 cm Länge ist dabei ausreichend. Abgelaicht wird zwischen feinblättrigen Pflanzen oder den Wurzeln von Schwimmpflanzen. Abgelaicht wird meist nur in den Morgenstunden, dabei wirken Morgensonnenstrahlen im Becken fördernd auf die Laichbereitschaft. Der Zuchtansatz kann über einen oder zwei Tage laufen, danach sollten die Tiere herausgefangen und gut gefüttert werden. Sie können auf diese Weise mehrere Wochen hintereinander einmal wöchentlich erneut angesetzt werden. Die Eier müssen vor zu hellem Licht geschützt werden. Die Jungen schlüpfen nach 8–11 Tagen, die Embryonalentwicklung ist an der Ausbildung der Augen gut in den Eiern zu verfolgen. Einen Tag nach dem Schlupf der ersten Jungfische sollte mit Staubfutter angefüttert werden, die Aufzucht ist, wenn regelmäßig ein Teil des Wassers gewechselt wird, ohne größere Schwierigkeiten. Empfindlich reagieren sowohl Alt- als auch Jungtiere nur auf Umsetzen von hartem in weiches Wasser. In solchen Fällen muß unbedingt ein Eßlöffel Salz je 10 l Wasser zugegeben werden, wenn nicht eine sich über mehrere Tage erstreckende langsame Angleichung vorgenommen werden kann.

Telmatochromis

Eine Gattung von Buntbarschen der Familie *Cichlidae* aus dem Tanganjikasee von meist schlanker Gestalt. Die Arten sind außerhalb der Laichzeit relativ friedlich und können gut mit anderen Tanganjikaseecichliden entsprechender Größe in ausreichend großen Becken gemeinsam gehalten werden; Wasser 10–18 °dH, pH-Wert 8–9; Temperatur 24–27 °C. Als Bodengrund sollte Kies verwendet werden, Steinaufbauten mit zahlreichen Höhlen und Spalten müssen den Fischen ausreichende Versteckplätze bieten. Die Bepflanzung mit robusten Arten ist gut möglich. Der Sauerstoffbedarf der Fische ist hoch und muß durch kräftige Filterung und regelmäßigen wöchentlichen Teilwasserwechsel, bei dem 1/4 des Beckeninhalts zu erneuern ist, befriedigt werden. Empfindlich reagieren die Arten der Gattung auf ein Absinken des pH-Wertes unter 8, durch Verwendung von Kalkgestein beim Einrichten des Beckens kann dem weitgehend vorgebeugt werden, vor allem, wenn Moorkienwurzeln zur Dekoration verwendet werden, die das Wasser ansäuern könnten. An die Zusammensetzung des Futters werden keine besonderen Anforderungen gestellt. Lebend-, Frost- und zeitweise Trockenfutter werden angenommen. Es kann ergänzt werden durch Süßwasserschnecken, deren Gehäuse zerdrückt wurde und die sich als besonders wertvoll für den Laichansatz erwiesen haben.

Zucht: Die Zucht erfolgt, wenn in der Artbeschreibung nicht anders angegeben, im Paaransatz. Die Eiablage erfolgt bevorzugt in Höhlen (Blumentöpfe, Kokosnußschalen), die Gelege werden vom ♀ betreut, während das ♂ das Außenrevier verteidigt. Die günstigste Zuchttemperatur liegt zwischen 26 und 28 °C. Rädertierchen, Mikrowürmchen und Artemia-Nauplien sind als Erstfutter für die Jungfische geeignet, für deren gute Entwicklung ein regelmäßiger Teilwasserwechsel unerläßlich ist.

T. bifrenatus

Zweibandcichlide

Größe: ♂ 6 cm, ♀ 5 cm. **GU:** Beim ♂ sind die Bauchflossen stark verlängert, die Rücken- und Afterflosse etwas mehr ausgezogen als beim ♀. **Ansprüche:** Dieser vergleichsweise friedliche Zwerg der Gattung kann bereits im Becken ab 60 cm Länge gut gehalten werden, bei Vergesellschaftung mit Arten der Gattung → *Julidochromis*, die gut möglich ist, sollte ihm ein Revier von 40 cm² Größe zur Verfügung stehen; übrige Ansprüche wie in der Gattungsbeschreibung angegeben.

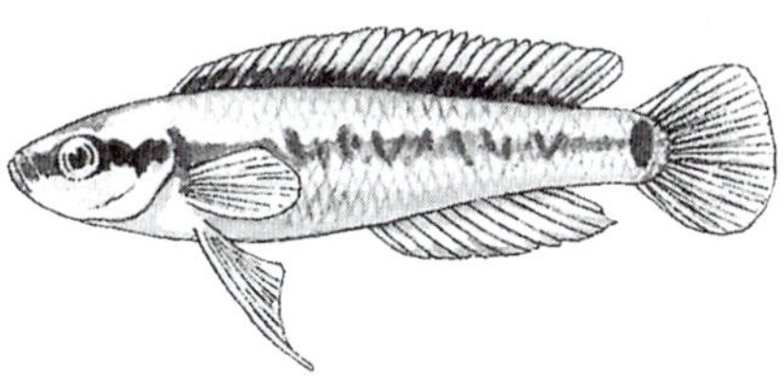

Telmatochromis bifrenatus

Zucht: Der Zuchtverlauf entspricht dem in der Gattungsbeschreibung angegebenen. Die Entwicklungsdauer der 60–80 Eier beträgt meist 10 Tage, die Jungfische schwimmen erst 8 Tage später frei.

T. dhonti (bisher *T. caninus*)

Hundskopfcichlide

Größe: ♂ 12 cm, ♀ 10 cm. **GU:** Beim ♂ sind die Bauchflossen länger ausgezogen als beim ♀, bei erwachsenen ♂♂ ist die Stirn stärker gewölbt. **Ansprüche:** Die Haltung dieser Art sollte im Harem (1 ♂, 3–4 ♀♀) in Becken ab 100 cm Länge erfolgen. Sie kann gelegentlich recht bissig sein und vor allem bei der Revierverteidigung auch den unvorsichtigen Pfleger kräftig in die Finger beißen. Die übrigen Ansprüche entsprechen denen der Gattungsbeschreibung.

Zucht: Der Zuchtansatz erfolgt im Harem in Becken ab 90 cm Länge, in dem für jedes der 3–4 ♀♀ mindestens eine Höhle zur Verfügung stehen sollte. Der Zuchtverlauf entspricht dem in der Gattungsbeschreibung angeführten, gut genährte ♀♀ können bis zu 500 Eier je Gelege bringen. In Abhängigkeit von der Temperatur schlüpfen die Jungen nach 4–7 Tagen und schwimmen 5–6 Tage später frei.

T. temporalis

Größe: ♂ 10 cm, ♀ 8 cm. **GU:** Erwachsene ♂♂ zeigen einen deutlichen Stirnbuckel und wirken meist schlanker als die ♀♀. **Ansprüche:** Diese Art ist relativ friedlich und kann im Becken ab 100 cm Länge gut mit anderen Tanganjikaseecichliden vergleichbarer Größe zusammen gepflegt werden. Die übrigen Ansprüche entsprechen denen der Gattungsbeschreibung.

Zucht: Die Zucht erfolgt im Paaransatz und ist in Becken von 80 cm Länge möglich. *T.t.* ist nicht sehr produktiv, das Gelege umfaßt selten mehr als 60 Eier. Die Jungen schlüpfen nach 4–5 Tagen, der Zuchtverlauf entspricht dem in der Gattungsbeschreibung angegebenen. Die sieben Tage nach dem Schlupf freischwimmenden Jungfische werden bei dieser Art von beiden Elterntieren betreut.

Terranatos dolichopterus

Flügelflosser, Säbelflosser, Säbelkärpfling
Familie: *Aplocheilidae*

Vorkommen: Vorübergehend austrocknende Tümpel in Venezuela. **Größe:** ♂ 5 cm, ♀ 3,5 cm. **GU:** Nur das ♂ besitzt die für diese Art namensgebenden lang ausgezogenen, sichelförmigen Rücken- und Afterflossen, es ist zudem prächtiger gefärbt als das ♀. **Ansprüche:** Diese Art ist friedlich und besonders in hellen Becken oder in Gegenwart lebhafter Arten sehr scheu, sie sollte deshalb im Artbecken ab 50 cm Länge gehalten werden; Wasser 2–6 °dH, pH-Wert 6–6,5; Temperatur 20–25 °C. Der Bodengrund sollte weich und dunkel sein, ein Sand-Torf-Gemisch ist gut geeignet. Feinblättrige Pflanzen werden so in Gruppen gesetzt, daß die Fische sowohl Unterstand als auch Schwimmraum zur Verfügung haben, einige Wurzeln können zusätzlich als Versteckplätze angeboten werden. Zur Lichtdämpfung werden einige Schwimmpflanzen aufgebracht. Bei Haltung im Artbecken ist eine schwache Filterung ausreichend. Teilwasserwechsel ist nur im Abstand von 14 Tagen erforderlich, dabei sollte 1/5 des Beckeninhalts durch chlorfreies, einmal über Torf gelaufenes Frischwasser ersetzt werden. Die Fische sind gute Springer, das Becken muß lückenlos abgedeckt werden. Als Futter wird lebendes Tümpelfutter bevorzugt, es kann durch Grindalwürmchen und Enchyträen ergänzt werden. Die Produktivität der Fische kann erhöht werden, wenn in der Zuchtvorbereitung auf die Oberfläche gestreute Kleininsekten aller Art gegeben werden. Bei optimalen Haltungsbedingungen und bei nicht zu hoher Temperatur können diese Saisonfische unter Aquarienbedingungen 1–2 Jahre alt werden.

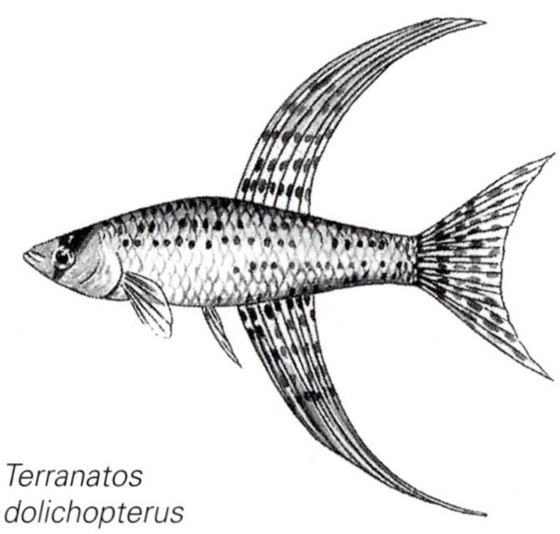

Terranatos dolichopterus

Zucht: *T.d.* gehört zu den Bodenlaichern, der Bodengrund des 20 l fassenden Zuchtbeckens sollte deshalb aus einer etwa 5 cm dicken Schicht ausgekochten Torfs bestehen. Bei einer Zuchttemperatur von 26 °C werden die Fische im Trio (1 ♂, 2 ♀♀) oder in einer Gruppe mit ♀♀-Überzahl angesetzt. Die Fische laichen mehrere Tage hintereinander im Torf ab, sollten aber spätestens nach einer Woche zur Erholung in das Hälterungsbecken zurückgesetzt werden. Kontinuierlicher Daueransatz ist zwar möglich, senkt aber die Lebenserwartung der Fische. Der eihaltige Torf wird herausgenommen, in einem feinmaschigen Netz leicht ausgedrückt und in einer offenen Kunststoffdose noch eine Woche zum Nachtrocknen aufbewahrt, danach kann die Dose verschlossen und bei 22 °C gelagert werden. Monatlich einmal wird die Dose gelüftet. Nach 5–6 Monaten ist die Entwicklung der Eier abgeschlossen, was gut an der Ausbildung der Augen der Embryonen in den Eiern zu erkennen ist. Der Torf wird in einer flachen Schale ausgebreitet und mit weichem, 15 °C kühlem Frischwasser aufgegossen. Die Jungfische schlüpfen innerhalb weniger Stunden, werden abgeschöpft und bei Temperaturen zwischen 24 und 25 °C in einem flachen Aufzuchtbecken großgezogen. Sie nehmen Artemia-Nauplien und Rädertierchen als Erstfutter an.

Tetragonopterus argenteus

Schillersalmler
Familie: *Characidae*

Vorkommen: Amazonas. **Größe:** 8 cm. **GU:** Das ♂ ist schlanker als das ♀, seine Rückenflosse ist etwas fahnenartig verlängert. **Ansprüche:** *T.a.* ist ein friedlicher und anpassungsfähiger Schwarmfisch, der leider ebenso wie die ähnliche Art → *Ctenobrycon spilurus* fast in Vergessenheit geraten ist, obwohl er in nicht zu kleinen Becken ab 100 cm Länge bei Erfüllung seiner Grundanforderungen sehr attraktiv sein kann; Wasser 2–25 °dH, Optimum unter 10 °dH, pH-Wert 5–7,5; Temperatur 20–28 °C. Dunkler, nicht zu grober Bodengrund, dichte Rand- und Hintergrundbepflanzung mit viel Schwimmraum im Zentrum sowie eine kräftige Filterung, möglichst über Torf, erfüllen die Ansprüche der Art am besten: Beim regelmäßigen wöchentlichen Teilwasserwechsel wird 1/4 des Beckeninhalts erneuert, chlorbelastetes Wasser sollte durch kräftige Durchlüftung aufbereitet werden. An die Zusammensetzung der Nahrung werden keine besonderen Anforderungen gestellt, die Art ist auch mit einem guten Trockenfutter über längere Zeit zufrieden. Zarte Pflanzentriebe werden nur dann verbissen, wenn die Tiere längere Zeit hungern mußten, sonst bleiben Pflanzen unbehelligt.

Tetragonopterus argenteus

Zucht: Die Zucht erfolgt im Paaransatz. Die Fische treiben stark, das Zuchtbecken sollte deshalb nicht unter 80 cm lang sein. Abgelaicht wird zwischen feinblättrigen Pflanzen. Ein Laichrost am Boden schützt die Eier vor den Nachstellungen der Alttiere, die nach dem Ablaichen entfernt werden müssen. Um hohe Schlupfergebnisse zu erzielen, sollten die Werte des Zuchtwassers den bei den Ansprüchen genannten Optimalwerten nahekommen. Die Tiere sind nicht schwer zur Zucht zu bringen, sollte doch einmal die Laichbereitschaft ausbleiben, dann hilft es, wenn das Zuchtbecken nach Einsetzen des Paares einen Tag lang verdunkelt und am darauffolgenden Morgen hell beleuchtet wird oder Sonnenstrahlen erhält. Bei Temperaturen über 25 °C schlüpfen die Jungen bereits nach 24 Stunden, hängen noch 1–3 Tage an Scheiben oder Pflanzen und nehmen Artemia-Nauplien und Trockenfutterpulver als Erstfutter problemlos an.

Tetraodon (Kugelfische)

Eine Gattung der Familie *Tetraodontidae*, von der inzwischen mehrere Arten aquaristisch eingeführt sind. Allen Arten gemeinsam ist die Fähigkeit, sich durch

Abschlucken von Luft oder Wasser mehr oder weniger kugelförmig aufzublähen. Charakteristisch sind ständig nachwachsende Zahnpaare auf Ober- und Unterkiefer, die nur bei regelmäßiger Fütterung von Gehäuseschnecken abgenutzt werden und damit in vertretbarer Größe bleiben. Viele Arten sind im Fleisch, vor allem in den Keimdrüsen, giftig. Die bei der Zersetzung eines gestorbenen Tieres freiwerdenden Giftstoffe können andere Aquarienbewohner töten, wenn das verendete Tier nicht sofort herausgenommen wird. Die meisten Arten sind sowohl untereinander als auch gegen andere Fische bissig, eine gemeinsame Haltung mehrerer Kugelfische ist nur in sehr großen Aquarien mit ausreichend Versteckplätzen möglich. Die Ansprüche an den Chemismus des Wassers sind je nach Herkunft unterschiedlich und bei den Artbeschreibungen angegeben. Der Bodengrund sollte immer feinkörnig und nicht zu hell sein. Robuste Pflanzen können bei den meisten Arten eingesetzt werden, sie werden meist nur dann angebissen, wenn Schnecken darauf sitzen. Durch Wurzeln und Steine werden ausreichend Versteckplätze geschaffen, die Fische sind meist sehr reviertreu und behalten das einmal auserwählte Versteck ihr ganzes Aquarienleben lang bei. Bei kräftiger Filterung ist ein Teilwasserwechsel im Abstand von 14 Tagen ausreichend, gegen Nitrat-/Nitritbelastung sind sie sehr empfindlich, bei Fäulnis entstehendes Ammoniak tötet sie in kurzer Zeit. Das beim Wasserwechsel eingesetzte Frischwasser muß durch kräftige Durchlüftung chlorfrei gemacht werden.

Wichtigstes Grundfutter für alle Arten stellen Gehäuseschnecken dar. Turmdeckelschnecken werden nur gefressen, wenn vorher das Gehäuse zertrümmert wurde. An Futterfischen werden besonders gern junge Cichliden gefressen, daneben können Wasserinsekten aller Art gegeben werden. Der Naturschutz verbietet jedoch das Verfüttern von Libellenlarven!

Die **Zucht** ist bei einigen Arten mehr oder weniger regelmäßig gelungen (siehe Artbeschreibung). Das größte Problem in der Nachzucht stellt die Fütterung der Jungfische dar, sie gehen nach dem Freischwimmen nicht auf die Jagd, das angebotene Futter muß ruhig an ihnen vorbeitreiben. Mikrowürmchen und Cyclopsnauplien sind zu schnell in der Eigenbewegung, so daß hauptsächlich Rädertierchen und gelegentlich auch Zuchtpantoffeltierchen als Erstfutter in Frage kommen.

T. fahaka

Nilkugelfisch, Araberkugelfisch

Vorkommen: Im Süßwasser vom Nil bis zum Niger über Afrika verbreitet. **Größe:** 40 cm. **GU:** Äußerlich sind keine Geschlechtsunterschiede zu erkennen, die ♂♂ bleiben jedoch etwas kleiner. **Ansprüche:** Diese großwerdende Art ist ein interessanter Leckerbissen für Liebhaber, jedoch nur zur Einzelhaltung in Becken ab 120 cm Länge geeignet. Die Tiere können sehr zahm werden, erkennen ihren Pfleger und lassen sich sogar streicheln. Im Aquarium Erfurt hob sich ein Nilkugelfisch, wenn seine Pflegerin vorbeikam, halb aus dem Wasser heraus, um sich am Bauch streichen zu lassen; Wasser 10–20 °dH, pH-Wert um 7; Temperatur 23–26 °C. Die übrigen Ansprüche entsprechen denen der Gattungsbeschreibung. Die Tiere nehmen neben Schnecken und Jungfischen auch Rinderherzwürfel und Frischfleischstücke als Futter an.

Zucht: Nachzucht ist unter Aquarienbedingungen wegen der großen Unverträglichkeit der Fische untereinander vermutlich kaum möglich.

T. fluviatilis

Grüner Kugelfisch

Vorkommen: In Süß- und Brackwasser über Südostasien weit verbreitet. **Größe:** 17 cm. **GU:** Die Geschlechter sind äußerlich kaum zu unterscheiden, erwachsene ♂♂ bleiben etwas kleiner als gleichaltrige ♀♀. **Ansprüche:** Jungfische dieser im Alter sehr unverträglichen Art können bis zu einer Größe von etwa 8 cm gemeinsam im Becken ab 80 cm Länge gehalten werden, die Beckengröße ist auch für die Pflege eines erwachsenen Einzeltieres ausreichend; Wasser 10–20 °dH, pH-Wert 7–7,5; Temperatur 24–28 °C. Wenn Importtiere unbekannter Herkunft die Flossen klemmen und Zeichen von Unbehagen zeigen, dann hilft in den meisten Fällen der Zusatz von 20–30 g See- oder Kochsalz je 10 l Wasser, er erhöht in jedem Fall die Widerstandsfähigkeit der Tiere. Die übrigen Ansprüche entsprechen denen der Gattungsbeschreibung.

Zucht: Die Schwierigkeiten der Zucht liegen in der Unverträglichkeit der zuchtfähigen Fische und der schweren Unterscheidbarkeit der Geschlechter. Sie ist daher nur in sehr großen Becken möglich und setzt Brackwasser voraus (50–120 g Seesalz je 10 l Wasser). Die Eiablage erfolgt auf Steinen, das Gelege wird bis zum Schlupf der Jungfische nach sieben Tagen vom ♀ betreut.

T. leiurus brevirostris

Augenfleckkugelfisch

Vorkommen: Thailand. **Größe:** 12 cm. **GU:** Mit einiger Sicherheit sind nur ♀♀ mit Laichansatz an ihrer unförmigen Gestalt zu erkennen. **Ansprüche:** Für die Einzelhaltung dieser sehr bissigen Art ist ein Becken von 40 cm Länge ausreichend, bei Haltung mehrerer Tiere sind 100 cm die Mindestlänge; Wasser 8–12 °dH, pH-Wert 7; Temperatur 24–28 °C. Die volle Ausfärbung zeigen die Fische nur bei durch Schwimmpflanzen gedämpftem Licht, sonst wirken sie blaß. Die übrigen Ansprüche entsprechen denen der Gattungsbeschreibung.

Zucht: Ihre Laichbereitschaft signalisieren die ♀♀ durch Umfärbung in das Negativ der bisherigen Färbung (helle Streifen werden dunkel, dunkle Flecken werden hell). In dieser Färbung putzt das ♀ einen Stein und duldet das hinzukommende ♂, das sich am Putzen beteiligt oder allein weiterführt. Die Eier werden auf dem Stein abgelegt, sofort besamt und das Gelege von beiden Partnern mit den Bäuchen geglättet. Danach wird das ♀ vertrieben und die Gelegepflege vom ♂ allein übernommen. Nach vier Tagen bei 30 °C schlüpfen die Jungfische, schwimmen an die Wasseroberfläche und werden vom ♂ nicht weiter betreut. Anfütterung siehe Gattungsbeschreibung.

Tetraodon leiurus brevirostris

T. lorteti

Kammkugelfisch

Vorkommen: Thailand. **Größe:** 6,5 cm. **GU:** Die Geschlechter sind farblich deutlich unterschiedlich, das ♂ ist mehrfarbig und besitzt eine rötliche Bauchunterseite, das ♀ ist von graublauer Grundfarbe, seine Bauchunterseite ist hellgrau gefärbt. Wegen dieses farblichen Geschlechtsdimorphismus wurden ♂ und ♀ als zwei Arten beschrieben, so daß diese Art vor allem unter dem Synonym Carinotetraodon somphongsi aquaristisch bekannt wurde. **Ansprüche:** In Becken ab 60 cm Länge ist die Haltung eines Paares möglich; Wasser 3–10 °dH, pH-Wert 6,5; Temperatur 24–28 °C. In dunkler Umgebung färben sich die Fische intensiver, die übrigen Ansprüche entsprechen denen der Gattungsbeschreibung.

Zucht: Wenn diese sonst ruhigen Fische temperamentvolle Balzspiele zeigen, dann sollte das Hälterungsbecken dicht mit Javamoos ausgestattet werden. Beim Umsetzen in ein spezielles Zuchtbecken erlischt häufig die Laichbereitschaft. Bei der Paarung beißt sich das ♂ am ♀ fest, die Eier werden im Javamoos abgelegt, große ♀♀ können bis zu 350 Eier bringen. Nach dem Ablaichen sind die Alttiere herauszufangen. Die Jungfische schlüpfen nach 30–36 Stunden, für die Problematik ihrer Aufzucht gilt das in der Gattungsbeschreibung Gesagte. Wenn Rädertierchen in die Nähe der Jungfische pipettiert werden, dann gelingt es meist, einige Tiere großzuziehen.

T. steindachneri

Palembangkugelfisch

Vorkommen: Große Sundainseln, Malaysia, Thailand. **Größe:** 6 cm. **GU:** Nur bei erwachsenen Tieren mit einiger Sicherheit zu erkennen, die ♀♀ sind dann etwas größer als die ♂♂. **Ansprüche:** Gleichgeschlechtliche Tiere sind untereinander unverträglich, in Becken ab 70 cm Länge kann jedoch ein Paar gut gemeinsam gehalten werden, wenn genügend Versteckplätze vorhanden sind; Wasser 5–12 °dH, pH-Wert um 7; Temperatur 22–26 °C, die übrigen Ansprüche entsprechen denen der Gattungsbeschreibung.

Zucht: Eine erfolgreiche Nachzucht ist vermutlich noch nicht gelungen.

Teufelsangel

→ *Satanoperca jurupari.*

Texaskärpfling

→ *Gambusia affinis affinis.*

Thayeria boehlkei

Schrägschwimmer
Familie: *Characidae*

Vorkommen: Amazonasgebiet. **Größe:** 6 cm. **GU:** Die Bauchlinie beim ♀ ist etwas mehr nach außen gerundet als beim ♂. **Ansprüche:** Für die Haltung einer Gruppe ab 10 Tieren dieses friedlichen Schwarmfisches sind Becken ab 60 cm Länge ausreichend; Wasser 4–10 °dH, nach Eingewöhnung bis 20 °dH, pH-Wert 5,8–7,2; Temperatur 22–28 °C. Für die Haltung ohne Zuchtabsichten dauert die sehr anpassungsfähige Art auch in härterem und leicht alkalischem Wasser gut aus, sie ist jedoch sehr empfindlich gegen Nitratbelastungen im Wasser. Eine kräftige und wirksame Filterung ist deshalb vor allem bei Haltung in stark besetzten Gemeinschaftsbecken unbedingt erforderlich. Der Teilwasserwechsel sollte möglichst wöchentlich erfolgen und 1/4 des Beckeninhalts umfassen, bei Wasserwechsel im Abstand von zwei Wochen ist 1/3 zu erneuern. Bei mineralsalzarmem Ausgangswasser erhöhen 1–2 Eßlöffel Kochsalz je 10 l Wasser die Widerstandsfähigkeit der Fische. Der Bodengrund sollte feinkörnig und nicht zu hell sein, die Bepflanzung ist mit allen Arten möglich und sollte ausreichend Schwimmraum freilassen. An die Zusammensetzung des Futters werden keine besonderen Anforderungen gestellt.

Thayeria boehlkei

Zucht: Wichtigste Voraussetzung für eine erfolgreiche Zucht ist peinlichste Sauberkeit im Zuchtbecken. Bei Werten zwischen 2 und 8 °dH, pH-Werten von 5,8–6,5 und Temperaturen zwischen 26 und 28 °C wird meist abends zwischen oder in der Nähe von feinblättrigen Pflanzen abgelaicht. Die Fische werden als Paar angesetzt und können recht produktiv sein. Die Alttiere müssen nach dem Ablaichen entfernt werden und unmittelbar darauf sollten mindestens 50 % des Wassers durch chemisch gleichwertiges Wasser ersetzt werden. Tritt daraufhin eine Trübung ein, wird der Wasserwechsel wiederholt. Die Eier müssen vor hellem Licht geschützt werden. Bei einer Temperatur von 25 °C schlüpfen die Jungen bereits nach 16 Stunden. Sie sind wie die Jungfische sehr lichtscheu und hängen sich bis zum Freischwimmen nach vier Tagen an dunklen Stellen des Beckens an Scheiben oder Pflanzen an. Als Erstfutter werden Zuchtpantoffeltierchen angenommen. Artemia-Nauplien werden erst nach einer Woche bewältigt. Da diese Futtertiere dem Licht zustreben, sollten sie in den ersten Tagen mit einer Pipette gezielt in die Nähe der Jungfische eingebracht werden. Der Glasboden des Aufzuchtbeckens muß laufend von Verunreinigungen und Belägen gesäubert werden, alle zwei Tage sollte 1/4 des Wassers erneuert werden. Bei Beachtung dieser Hygienemaßnahmen verläuft das Wachstum der Jungfische zügig und verlustarm.

Thoracocharax securis

Platinbeilbauchfisch
Familie: *Gasteropelecidae*

Vorkommen: Zentrales Südamerika. **Größe:** 8 cm. **GU:** Die Geschlechter sind kaum zu unterscheiden, erwachsene ♂♂ bleiben geringfügig kleiner als gleichaltrige ♀♀, die erwachsenen ♀♀ erscheinen von vorn gesehen im Bauch etwas breiter und nicht so scharf gekielt wie die ♂♂. **Ansprüche:** Diese friedlichen Schwarmfische benötigen Becken ab 120 cm Länge, sonst bleiben sie klein. Das Becken muß vor allem an den Schmalseiten lückenlos abgedeckt sein. *T.s.* gehört zu den besten Fliegern unter den Süßwasserfischen. Er schnellt, auf der Seite liegend, aus dem Wasser und entkommt so durch die kleinste Ritze;

Wasser 4–15 °dH, pH-Wert 6–7,2; Temperatur 23–30 °C. Die Beschaffenheit des Bodengrundes ist für diese oberflächenorientierten Fische ohne Bedeutung, sie scheinen sich jedoch über dunklem Boden wohler zu fühlen. Für die Bepflanzung werden Arten ausgewählt, die das obere Beckendrittel nicht erreichen. Als Unterstand für die Fische können einige Schwimmpflanzen aufgebracht werden.

Die Filterung sollte kräftig sein und etwas Oberflächenströmung erzeugen, Teilwasserwechsel im Abstand von 14 Tagen, bei dem $^{1}/_{4}$ des Beckeninhalts erneuert wird, ist ausreichend. Zur Ernährung sollte vorwiegend Oberflächennahrung eingesetzt werden. Neben Drosophila, Schaben u.a. Insekten werden auch Mückenlarven und Trockenfutter von der Oberfläche aufgenommen. Futter, das mehr als 10 cm absinkt, wird nicht mehr gefressen, als Zweitbesatz sollten deshalb → *Corydoras*-Arten vorhanden sein, die das Bodenfutter verwerten.

Thoracocharax securis

Zucht: Eine Nachzucht ist noch nicht gelungen, sie erfordert wahrscheinlich sehr langgestreckte Becken, da die Fische beim Treiben große Strecken über die Oberfläche »fliegen«, vgl. *Gasteropelecus*.

Thorichthys

Eine Gattung mittelgroßer Buntbarsche aus der Familie der Cichlidae, die seit der Revision der Gattung → *Cichlasoma* aus dieser ausgegliedert wurde und deren Arten auf der atlantischen Seite Mexikos und der zentralen mittelamerikanischen Staaten beheimatet sind. **Ansprüche:** Bei Paarhaltung ist ein Becken ab 60 cm Länge ausreichend, bei der Haltung mehrerer Paare oder Arten sollte die Mindestlänge 150 cm betragen. Wasserhärte 8–12 °dH bei Wildfängen, eingewöhnte Tiere tolerieren Werte bis 30 °dH, pH-Wert 6,8–7,5. Als Bodengrund hat sich grober Sand oder ein Sand-Kies-Gemisch bewährt, das die Fische nach Erdfresserart nach Freßbarem durchkauen können. Pflanzen werden kaum behelligt, so daß mit Ausnahme empfindlicher Arten attraktive Becken gestaltet werden können. Unverzichtbar für eine artgerechte Beckeneinrichtung sind vielgestaltige Moorkienwurzeln an vielen Stellen des Beckens. Mit Ausnahme des seit längerem in der Aquaristik verbreiteten *Th. meeki* sind viele der in den letzten Jahren eingeführten Arten anspruchsvoller in bezug auf Wasserhygiene und Sauerstoffgehalt als andere mittelamerikanische Cichliden. Eine hochwirksame Filterung ist ebenso unerläßlich wie gute Durchlüftung und regelmäßiger wöchentlicher Teilwasserwechsel, der 1/4 des Beckeninhalts umfassen sollte. Das Futter ist abwechslungsreich zu gestalten und sollte häufig frische oder tiefgefrorene Mückenlarven enthalten.

Zucht: Alle bisher bekannten Arten der Gattung sind Offenbüter. Die Laichablage erfolgt auf Steinen, Wurzeln oder anderen festen Unterlagen, die vorher intensiv geputzt wurden. Bevorzugt werden beschattete Stellen. Die Gelege können bis zu 300 Eier umfassen, sie werden vorrangig vom ♀ betreut. Aus den relativ kleinen Eiern schlüpfen je nach Art nach 48–60 Stunden die Jungen und werden bis zum Freischwimmen 3–4 Tage später in Gruben untergebracht, die das ♂ im Bodengrund anlegte. Staubfutter bis zur Rädertierchengröße ist als Erstfutter geeignet. Wurde die Zucht im alteingerichteten Artbecken durchgeführt, dann finden die Jungfische in Algenaufwuchs und Mulm in den ersten vier Futtertagen erstaunlich viel Futter, bis sie in der Lage sind, Artemia-Nauplien aufzunehmen. Die Geschlechtsreife tritt meist dann ein, wenn die am dunklen Rückenflossenfleck erkennbaren ♀♀ 5–6 cm groß sind, die gleichaltrigen ♂♂ sind dann bereits 1–2 cm größer.

T. aureum

Blauer Goldbuntbarsch

Vorkommen: Guatemala. **Größe:** ♂ 15 cm, ♀ 12 cm. **GU:** Das ♀ ist am dunklen Fleck im vorderen Teil der Rückenflosse sicher zu erkennen. **Ansprüche:** Wie in der Gattungsbeschreibung angegeben, doch erfordert diese Art besonders aufmerksame Pflege und Wasserhygiene. Auf die Fütterung von Tubifex sollte verzichtet, und Mückenlarven sollten nur tiefgefrostet gegeben werden. Die Zucht verläuft wie in der Gattungsbeschreibung aufgeführt. Der Schlupf der Jungen erfolgt nach 52 Tagen.

T. ellioti

Vorkommen: Flußgebiet des Papaloapan in SO-Mexiko. **Größe:** ♂ 10 cm, ♀ 7–8 cm. **GU:** Das ♀ ist am dunklen, von Glanzschuppen eingerahmten Fleck in der Rückenflosse zu erkennen. **Ansprüche:** In neutralem Wasser bis zu einer Härte von 8 °dH fühlen sich diese Fische am wohlsten und sind farblich schwimmende Juwelen. Unbehagen zeigen sie sehr schnell durch Flossenklemmen an, die Farben verblassen. Übrige Ansprüche wie in der Gattungsbeschreibung angegeben.

Zucht: Wie in der Gattungsbeschreibung angegeben. Schlupf nach 56–60 Stunden, Freischwimmen 4 $^{1}/_{2}$ Tage später.

T. meeki

Feuermaulbuntbarsch

Vorkommen: Yukatan, Guatemala. **Größe:** 15 cm. **GU:** Rücken- und Afterflosse des ♂ sind lang ausgezogen, es wird größer und farblich intensiver als das ♀. **Ansprüche:** Becken ab 100 cm Länge, in welchen diese Art gut gemeinsam mit anderen, etwa gleichgroßen amerikanischen Cichliden (z. B. *Archocentrus, Cichlasoma, Neetroplus* u.a.) gehalten werden kann; Wasser 8–15 °dH, pH-Wert um 7; Temperatur 21–24 °C. Die Beckeneinrichtung erfolgt wie in der Gattungsbeschreibung angegeben, robuste Pflanzen werden selten behelligt, bei Haltung mehrerer Arten müssen ausreichend Versteckplätze geschaffen werden.

Zucht: Die Zucht ist einfach, Probleme bei der Verpaarung treten kaum auf. Die Zucht ist sogar im Gesellschaftsbecken möglich, dabei vertreiben die Eltern selbst wesentlich größere Barsche sehr nachdrücklich aus der Nähe ihres Reviers, ein Zuchtbecken ab 80 cm Länge ist jedoch vorzuziehen, um aus den 100–500 auf einem Stein abgelegten Eiern eine befriedigende Zahl von Jungfischen großzuziehen. Die Jungfische werden bis zum völligen Freischwimmen von den Eltern immer wieder in Gruben gesammelt.

T. pasionis

Vorkommen: Guatemala. **Größe:** ♂ 15 cm, ♀ 13 cm. **GU:** Geschlechter sind schwer zu unterscheiden, erst beim größeren ♂ ist ein bläulicher Glanz auf dem Körper und beim ♀ ein schwaches rotes Tüpfelfeld am Bauch zu erkennen. **Ansprüche:** Nach Eingewöhnung ist *T. pasionis* eine sehr anpassungsfähige Art, die höhere Temperaturen bevorzugt (26–30 °C). Sie kann in Gruppen gepflegt und wie *T. meeki* vergesellschaftet werden.

Übrige Ansprüche und Zuchtverlauf entsprechen bei dieser, vor allem durch ihre schwarzen Kiemenhäute auffallenden Art, den in der Gattungsbeschreibung angeführten.

Tigerbuntbarsch

→ *Parapetenia festae.*

Tigerschmerle

→ *Botia hymenophysa.*

Tilapia (Tilapien)

Eine Gattung afrikanischer Buntbarsche der Familie *Cichlidae,* von denen wegen ihrer Größe einige Arten beliebte Speisefische sind. Alle aquaristisch eingeführten Arten benötigen geräumige Becken mit feinkörnigem Bodengrund sowie zahlreichen Versteckmöglichkeiten aus Wurzeln und Steinen. Sie sind nach Eingewöhnung gegenüber den Wasserwerten sehr tolerant, gedeihen in nicht zu hartem und neutralem Wasser jedoch am besten. Neben kräftiger Nahrung tierischer Herkunft haben alle Arten einen hohen Bedarf an pflanzlicher Kost, so daß auch robuste Pflanzen nur bei wenigen Arten Überlebenschancen haben. Der Sauerstoffbedarf der Fische ist hoch und muß durch eine kräftige Filterung und regelmäßigen wöchentlichen Teilwasserwechsel befriedigt werden. Dabei ist jeweils 1/4 des Beckeninhalts zu erneuern.

T. joka

Jokabuntbarsch

Vorkommen: Südliches Sierra Leone. **Größe:** 13 cm, kann in großen Becken auch größer werden. **GU:** Die Geschlechter sind außerhalb der Laichzeit kaum zu unterscheiden, die ♂♂ werden etwas größer. Die Intensität der Färbung hängt von der Stimmungslage und den Umweltbedingungen ab und ist kein Unterscheidungsmerkmal. Sicher sind die Tiere nur an der Form der Genitalpapille zu unterscheiden, die beim ♂ spitz, beim ♀ abgerundet ist. **Ansprüche:** *T.j.* gehört zu den friedlichen Tilapien, die bei ausreichender pflanzlicher Ernährung robuste Pflanzen weitgehend unbehelligt läßt. Bei Vergesellschaftung mit afrikanischen Buntbarschen vergleichbarer Größe sollte die Beckenlänge mindestens 120 cm betragen, für die Haltung eines Paares sind 80 cm ausreichend; Wasser 5–12 °dH, pH-Wert 6,5–7; Temperatur 23–25 °C. Diese attraktive Art ist empfindlich gegen organische Wasserbelastungen, der Mulm sollte deshalb sehr häufig abgesaugt werden, die Filterung muß kräftig sein. Die übrigen Ansprüche entsprechen denen der Gattungsbeschreibung.

Zucht: Die Zucht erfolgt im Paaransatz in weichem Wasser bei einer Temperatur von 26 °C. Die Art ist Höhlenbrüter, zur Eiablage werden gern Blumentöpfe entsprechender Größe oder Höhlen in Steinaufbauten benutzt, die Eier werden meist an der Höhlendecke angeheftet. Die Gelege- und Brutpflege wird vom ♀ übernommen, das ♂ kann im Becken belassen werden. Die Jungen schlüpfen nach 4–5 Tagen, die Jungfische schwimmen 4–6 Tage später auf und können mit Artemia-Nauplien angefüttert werden. Ihre Aufzucht erfordert peinlichste Sauberkeit und klares Wasser.

T. mariae

Marienbuntbarsch

Vorkommen: Elfenbeinküste bis Kamerun, Einzugsgebiet des Niger. **Größe:** 35 cm, im Aquarium meist kleiner bleibend. **GU:** Das ♂ ist größer als das ♀, seine Stirn steigt steiler an. Rücken- und Afterflosse tragen zahlreiche helle Punkte, die beim ♀ fehlen. **Ansprüche:** Für die Pflege dieser meist recht unverträglichen Art sind Becken ab 200 cm Länge erforderlich.

Erwachsene Tiere können nur paarweise gehalten werden. Eine Vergesellschaftung mit anderen großen Cichliden ist nicht mit jedem Paar möglich. Versteckplätze können nur mit Wurzeln geschaffen werden, da jede Pflanze sofort gefressen wird. Pflanzenkost aller Art stellt die Hauptnahrung dieser schönen Fische dar, die übrigen Ansprüche bei einer Wasserhärte von 6–10 °dH, pH-Wert 6,5–7 und Temperaturen zwischen 20 und 25 °C sind wie in der Gattungsbeschreibung angegeben.

Zucht: Der Zuchtansatz ist nur mit Einzelpaarhaltung möglich, da alle anderen Beckeninsassen bei der Revierverteidigung verletzt würden. Als Bodengrund wird Sand oder feiner Kies eingesetzt, das Zuchtbecken sollte einige Steinaufbauten aufweisen, die in Bodennähe Überhänge zeigen. Die Steinaufbauten müssen fest auf dem Beckenboden stehen, da sie sonst bei der Brutplatzvorbereitung durch Unterwühlen zum Einsturz gebracht werden können. Abgelaicht wird unter Überhängen oder in Halbhöhlen. Zwei Tage nach dem Ablaichen werden die Eier in einer Grube in der Umgebung des Laichplatzes vom ♀ gesammelt. Von diesem Zeitpunkt an beteiligt sich auch das ♂ an der Gelege- und Brutpflege und an der Führung des manchmal 2000 Tiere umfassenden Jungfischschwarms, der 8–10 Tage nach der Eiablage freischwimmt. Die Jungfische können mit Artemia-Nauplien und Mikrowürmchen angefüttert werden, ab der zweiten Lebenswoche kann auch feines Trockenfutter, pürierter Spinat u. a. angeboten werden.

T. (Coptodon) zillii

Zilles Buntbarsch

Vorkommen: Afrika nördlich des Äquators, auch im Brackwasser. **Größe:** Im Aquarium selten mehr als 20 cm. **GU:** Gut ausgefärbte ♂♂ zeigen auf den ersten Strahlen der Rückenflosse einen Augenfleck, das ♀ hat am Grund der Rückenflosse zwei weiße Flecke und ist in der Grundfärbung oft etwas blasser als das ♂. Die Färbung kann sehr variabel sein, so daß eine sichere Unterscheidung oft nur an der Form der Genitalpapille möglich ist, die beim ♂ spitz, beim ♀ abgerundet ist. **Ansprüche:** Die Art ist vor allem gegenüber Artgenossen rauflustig, kann aber in Becken über 150 cm Länge mit anderen afrikanischen Buntbarschen gemeinsam gehalten werden. Bei Auseinandersetzungen oder beim Erschrecken springen die Fische häufig, so daß das Becken sehr fest abgedeckt werden muß. An das Wasser werden keine besonderen Anforderungen gestellt, die Art ist sehr anpassungsfähig, zeigt jedoch in nicht zu hartem und neutralem Wasser bei Temperaturen zwischen 22 und 24 °C die intensivste Färbung. Zur Deckung des hohen Bedarfs an pflanzlicher Nahrung müssen im Sommer große Mengen an Wasserpest, Teichlinsen u. a. Kaltwasserpflanzen beschafft werden, im Winter kann die Art gut mit Feinfrosterbsen ernährt werden. Die übrigen Ansprüche entsprechen denen der Gattungsbeschreibung.

Tilapia zillii

Zucht: Die Zucht ist in ausreichend großen Becken bei Temperaturen zwischen 25 und 28 °C in fast jedem Wasser möglich. Die Eier werden auf flachen Steinen abgelegt, die Brut nach dem Schlupf in Gruben gesammelt und nach dem Freischwimmen von beiden Eltern intensiv betreut. Nach dem Anfüttern mit Mikrowürmchen und Artemia-Nauplien können den Jungfischen bald auch überbrühte Teichlinsen als Ergänzungsfutter angeboten werden.

Torpedoschwielenwels

→ *Dianema longibarbis.*

Torpedowels

→ *Dianema.*

Torpedo-Zwergbuntbarsch

→ *Taeniacara candidi.*

Trauermantelsalmler

→ *Gymnocorymbus ternetzi.*

Traumbarsch

→ *Copora nicaraguense.*

Trematocranus (Feenbarsche)

Familie: *Cichlidae*
(heute manchmal der Gattung → *Aulonocara* zugeordnet)

Vorkommen: Malawisee. Die Arten dieser Gattung zeichnen sich durch farbenprächtige ♂♂ aus, während die ♀♀ meist unscheinbar gefärbt sind. Feenbarsche sind relativ friedlich und können in kleinen Gruppen in Becken ab 120 cm Länge auch in Gesellschaft anderer vergleichbarer Arten aus dem Malawisee gepflegt werden. **Ansprüche:** Wasser 10–20 °dH, pH-Wert 7,5–8,5, nicht darunter; Temperatur 24–26 °C. Der Bodengrund sollte feinkörnig sein und einige flache Steine enthalten. Steinaufbauten mit zahlreichen Höhlen und Spalten müssen ausreichend Versteckplätze bieten. Die Bepflanzung mit robusten Arten ist möglich. Der Sauerstoffbedarf ist hoch und muß durch kräftige Filterung und wöchentlichen Teilwasserwechsel, bei dem 1/4 des Beckeninhalts erneuert wird, befriedigt werden. An die Zusammensetzung des Futters werden keine besonderen Ansprüche gestellt, es sollte der Größe der Tiere angemessen sein.

Zucht: Feenbarsche sind Maulbrüter. Bei der Haltung in der Gruppe färbt sich jeweils nur das ranghöchste ♂ durch, es sollte auch zur Zucht angesetzt werden. Für die rationelle Zucht werden im Artbecken 1 ♂ und 3–4 ♀♀ angesetzt. Die Eiablage erfolgt meist auf flachen Steinen. Unmittelbar nach der Ablage werden die Eier vom ♀ ins Maul genommen und dort nach der Eifleckmethode (→ *Cyrtocara*) befruchtet. Bei einer Temperatur von 27 °C beträgt die Maulbrutdauer 20–22 Tage. Es hat sich als günstig erwiesen, das ♀ am 19. Bruttag abends bei schwachem Licht vorsichtig aus dem Becken herauszufangen und in ein Aufzuchtbecken umzusetzen, das einen auf die Seite gelegten Blumentopf enthält. Im Schutz dieser Höhle entläßt das ♀ die Jungfische aus dem Maul. Sie werden nach dem Freilassen selten länger als vier Tage betreut, das ♀ kann deshalb zurückgesetzt werden. Die Jungfische nehmen Rädertierchen und Mikrowürmchen sowie Artemia-Nauplien als Erstfutter an. Für ihr zügiges Wachstum ist sehr häufiger Teilwasserwechsel unbedingt erforderlich.

T. auditor

Pastellprachtbarsch

Größe: ♂ 14 cm, ♀ 11 cm. **GU:** Das ♂ ist vielfarbig, das ♀ unscheinbar graubraun oder lehmfarben gefärbt. **Ansprüche** und Zuchtverlauf gleichen den in der Gattungsbeschreibung angegebenen.

T. jacobfreibergi

Feenbuntbarsch

Größe: ♂ 15 cm, ♀ 12 cm. **GU:** Rücken- und Afterflosse sind beim vielfarbigen ♂ spitz ausgezogen, das ♀ ist unscheinbar hell graubraun gefärbt und hat lediglich einen roten Saum in der Rückenflosse. **Ansprüche** und Zuchtverlauf gleichen den in der Gattungsbeschreibung angeführten.

Trichogaster (Fadenfische)

Eine Gattung von Labyrinthfischen der Familie *Belontiidae* aus Südostasien, deren Vertreter anpassungsfähige und ausdauernde Aquarienfische sind. Trotz ihrer Größe sind sie friedlich und können in jedem Gemeinschaftsbecken gepflegt werden, dessen Länge mindestens das Achtfache der artspezifischen Körperlänge aufweist, eine Wasserhöhe von 30–35 cm ist in jedem Falle ausreichend; Wasser 5–30 °dH, pH-Wert 6,5–8,5; Temperatur 23–28 °C. Die Temperatur im Luftraum über der Wasseroberfläche sollte am besten 1–2 °C über der des Wassers liegen, bei niedrigeren Temperaturen erkälten sich die Fische schnell beim notwendigen Luftholen. Die Beschaffenheit des Bodengrundes ist ohne Bedeutung, er sollte jedoch nicht zu hell sein. Eine lockere Bepflanzung muß den Fischen ausreichend Schwimmraum freilassen, als Unterstand wird gern der Schutz großer Schwimmpflanzen, vor allem aber von Schwimmfarnen, angenommen. Werden keine Beifische mit anderen Ansprüchen gepflegt, so genügen Schwimmpflanzen allein den Anforderungen der Fadenfische. Eine mäßige Filterung ist ausreichend, regelmäßiger Teilwasserwechsel, der jede Woche 1/4 des

Beckeninhalts umfaßt, erhöht das Wohlbefinden der Fische. An die Zusammensetzung des Futters werden keine besonderen Ansprüche gestellt. Fadenfische sind über längere Zeit auch mit einem guten Trockenfutter zu ernähren. Hungrige Tiere machen sich zudem als Vertilger der Süßwasserpolypen *(Hydra)* und manchmal sogar von Planarien nützlich.

Zucht: Alle Arten der Gattung sind Schaumnestbauer, die Zucht ist in fast jedem Wasser möglich, in nicht zu hartem und neutralem Wasser sind jedoch die Schlupfergebnisse höher. Die Zucht erfolgt im Paaransatz bei Temperaturen zwischen 28 und 30 °C in flachen Becken. Das Schaumnest wird vom ♂ gebaut. Abgelaicht wird in mehreren Laichgängen in unmittelbarer Nähe des Nestes, die abgegebenen Eier werden vom ♂ gesammelt und ins Schaumnest eingebracht. Nach dem Ablaichen wird das ♀ herausgefangen, Eier und Brut werden vom ♂ allein betreut. Die Jungen schlüpfen nach 24–30 Stunden, 48–72 Stunden später beginnen die Jungfische freizuschwimmen. Zu diesem Zeitpunkt sollte auch das ♂ herausgefangen werden. Für die Aufzucht der Jungfische ist feinstes Staubfutter erforderlich, es kann durch fein ausgesiebtes hochwertiges Trockenfutter oder durch ein feines Sieb geriebenes hartgekochtes Eidotter ergänzt werden. Fadenfische sind sehr produktiv, so daß stets eine sehr große Zahl von Jungfischen mit Futter versorgt werden muß. Eine feinperlige Durchlüftung und regelmäßiger Teilwasserwechsel wirken wachstumsfördernd. Zwischen der zweiten und vierten Lebenswoche bildet sich das Labyrinth aus, die Jungfische sind in dieser Zeit empfindlich gegen Temperaturschwankungen unter 27 °C. Nach Ausbildung des Labyrinths kann auf die Durchlüftung verzichtet werden. Auch bei gutem Futterangebot wachsen die Jungfische sehr ungleichmäßig, sie sollten deshalb in Abständen sortiert werden. Jungfische, die in der sechsten Lebenswoche in der Größe unter dem Durchschnitt der Geschwister liegen, sind zu merzen und keinesfalls durch monatelange Aufzucht doch noch in den Handel zu bringen, denn sie gereichen mit ihrem im Verhältnis zum Körper viel zu großen und kantigen Kopf keinem Züchter zur Ehre und stellen keine Werbung für die Fadenfische dar. Die ausschließlich auf hohen Umsatz und Gewinn bedachte und vielerorts praktizierte Form der sogenannten »Dampfzüchterei«, bei welcher die Fische bei hohen Temperaturen schnell zur Verkaufsgröße getrieben werden, hat wie bei → *Colisa* auch bei dieser Gattung zur erhöhten Krankheitsanfälligkeit, vor allem zur Durchseuchung weiter Bestände mit Fischtuberkulose, geführt. Wenn solche temperaturgetriebenen Jungfische in die normalen Bedingungen eines Liebhaberaquarianers kommen, dann treten dort oft hohe Verluste auf. Um gesunde und widerstandsfähige Tiere zu erzielen, sollte auf diese verantwortungslose Methode verzichtet werden, die Aufzuchttemperatur bis zur sechsten Lebenswoche auf 25 °C herabgesetzt, und die Fische bei Temperaturen zwischen 24 und 25 °C zur Verkaufsreife gebracht werden. Das dauert etwas länger, schwache Tiere sterben bereits beim Züchter und bringen kein Geld mehr, doch dies ist der einzige Weg, die Fischtuberkulose, gegen die es bisher kein wirksames Medikament gibt, wieder aus unseren Beständen zu eliminieren.

T. leeri

Mosaikfadenfisch

Vorkommen: Malaysia, Borneo, Sumatra. **Größe:** 12 cm. **GU:** Jüngere Tiere sind kaum zu unterscheiden, erwachsene ♂♂ bilden eine lange und spitz ausgezogene Rückenflosse aus, bei innerartlichen Auseinandersetzungen und vor allem zur Laichzeit färbt sich die Kehle des ♂ prächtig rot. **Ansprüche:** Wie in der Gattungsbeschreibung angegeben.

Zucht: Eine Wasserhöhe von 12 cm im Zuchtbecken ist ausreichend, das Schaumnest ist häufig sehr großflächig, der Zuchtverlauf entspricht in allem dem in der Gattungsbeschreibung angeführten.

T. microlepis

Mondscheinfadenfisch

Vorkommen: Thailand, Kambodscha. **Größe:** 15 cm. **GU:** Die Bauchflossenfäden des ♂ sind orangerot, die des ♀ gelblichweiß gefärbt, die Rückenflosse des erwachsenen ♂ ist etwas verlängert. **Ansprüche:** Die Wasserhöhe im Hälterungsbecken sollte 40 cm betragen; Wasser nicht über 25 °dH, pH-Wert 6–7; Temperatur 25–30 °C, die übrigen Ansprüche entsprechen denen der Gattungsbeschreibung.

Zucht: Die Wasserhöhe im Zuchtbecken sollte 20 cm betragen, dem ♂ werden feinblättrige Pflanzen angeboten, die von ihm zerzupft und in das Schaumnest eingebaut werden können, der Zuchtverlauf entspricht dem in der Gattungsbeschreibung angeführten.

T. pectoralis

Schaufelfadenfisch

Vorkommen: Thailand, Kambodscha, Malaiische Halbinsel. **Größe:** 20 cm. **GU:** Die Rückenflosse des ♂ ist spitz ausgezogen, die des ♀ gerundet. **Ansprüche:** Diese gro-

Trichogaster pectoralis

Trichogaster leeri

ße Art benötigt zur vollen Entwicklung langgestreckte Becken nicht unter 150 cm Länge, sonst bleibt sie klein. *T.p.* ist sehr anpassungsfähig und in den Bereichen 2–30 °dH und pH-Wert 6–8,3 problemlos zu halten. Sie liebt etwas dunklere Becken, die übrigen Ansprüche gleichen den in der Gattungsbeschreibung angeführten.

Zucht: Große Paare benötigen Zuchtbecken ab 100 cm Länge mit einer Wasserhöhe von 20 cm, die nicht zu hell stehen sollten. Der Zuchtverlauf entspricht dem in der Gattungsbeschreibung angeführten.

T. trichopterus

Blauer Fadenfisch

Vorkommen: Über Südostasien in den zwei Unterarten *T.t. sumatranus* und *T.t. trichopterus* weit verbreitet. Die Unterart *T.t. sumatranus* ist bisher nur aus Sumatra bekannt, die Unterart *T.t. trichopterus* (auch Punktierter Fadenfisch genannt) kommt auf den Großen Sundainseln und dem südostasiatischen Festland vor. Die zahlreichen aquaristisch verbreiteten Zuchtformen (Albino, Braun, Cosby, Gelb, Silber) gehen vermutlich alle auf die Unterart *T.t. trichopterus* zurück. Die Unterart *T.t. sumatranus* sollte dort, wo sie noch rein vorhanden ist, erhalten und nicht mit Farbformen bastardiert werden. Die Farbformen sind inzwischen standardisiert und werden auf Ausstellungen bewertet. **Ansprüche:** *T.t.* ist sehr anpassungsfähig und ausdauernd, lediglich die pigmentärmeren Zuchtformen verlangen etwas mehr Aufmerksamkeit bei der Einhaltung der Mindesttemperatur von 24 °C. Alle übrigen Ansprüche entsprechen denen der Gattungsbeschreibung.

Zucht: Die Paare schreiten problemlos und unter fast allen Bedingungen zur Zucht, die Wasserhöhe im Zuchtbecken sollte bei 15 cm liegen. Der Zuchtverlauf entspricht in allen Punkten dem in der Gattungsbeschreibung angeführten, für diese Art und ihre Zuchtformen gilt das dort über »Dampfzüchterei« Gesagte in ganz besonderem Maße. Aus kleinen Bekken müssen die ♀♀ sofort nach Beendigung des Ablaichens entfernt werden, da die ♂♂ sehr aggressiv werden und die ♀♀ erheblich verletzen können.

Trichopsis (Knurrende Guramis)

Eine Gattung aus der Familie *Belontiidae*, deren Vertreter neben ihrer geringen Größe dadurch bemerkenswert sind, daß sie bei der Balz oder bei Erregung deutlich hörbare Töne erzeugen können. **Ansprüche:** Knurrende Guramis sind friedliche und ruhige Fische, die in Gegenwart lebhafter Arten sehr scheu sind und entweder im Artbecken oder in Gesellschaft anderer kleiner Arten (→ *Rasbora*, kleine → *Barbus* u.a.) in Becken ab 40–50 cm Länge gehalten werden sollten; Wasser 2–10 °dH, nach Anpassung bis 15 °dH möglich, pH-Wert 5,8–7 (bis 7,3); Temperatur 25–28 °C. Der Bodengrund sollte feinkörnig und dunkel sein und möglichst Torfanteil enthalten, weil damit die Farbigkeit der Fische verbessert wird. Eine lockere Bepflanzung ist ausreichend, sie sollte durch einige Schwimmpflanzen ergänzt werden. Teilwasserwechsel im Abstand von 14 Tagen ist ausreichend, dabei ist 1/4 des Beckeninhalts zu erneuern. Chlorbelastetes Frischwasser sollte gut abgestanden, kräftig durchlüftet oder über Torf gelaufen sein.

Zucht: Die Zucht ist im Paaransatz bereits in kleinen Becken bei Temperaturen zwischen 28 und 30 °C möglich. Bei Tieren, die in härterem Wasser gehalten wurden, kann das Umsetzen in weiches Wasser, welches über Torf gefiltert wurde, die Laichbereitschaft auslösen. Auf die Einhaltung der angegebenen Temperatur muß geachtet werden, beim Absinken der Temperatur erlischt oft die Laichbereitschaft. Die ♀♀ bauen ein mehr oder weniger gutes Schaumnest, das manchmal sehr versteckt unter gewölbten Pflanzenblättern liegen kann, oft nicht sehr groß und schwer zu entdecken ist. Beim Laichakt umschlingt das ♂ das ♀ an der Kehlpartie und dreht es auf den Rücken. Die abgegebenen Eier werden ins Schaumnest gespuckt und vom ♂ betreut. Das ♀ wird meist geduldet. Die Jungen schlüpfen nach 45–48 Stunden, zwei Tage später schwimmen die kleinen Jungfische frei und benötigen feinstes Staubfutter als Erstfutter. Die Alttiere sollten zu diesem Zeitpunkt herausgefangen werden. Bei reichlichem Staubfutterangebot, das durch ein hochwertiges Trockenfutter in pulverisierter Form ergänzt werden kann, und regelmäßigem Teilwasserwechsel wachsen die Jungfische recht zügig.

T. pumilus

Knurrender Zwerggurami

Vorkommen: Vietnam, Thailand, Sumatra. **Größe:** 3,5 cm. **GU:** Die Rückenflosse beim ♂ ist etwas spitzer ausgezogen als beim ♀, die mittleren Strahlen der Schwanzflosse sind deutlicher verlängert. Das sicherste Erkennungsmerkmal für das ♀ ist der im Gegenlicht durch die Leibeshöhle gelblich

Trichogaster trichopterus, Zuchtform »Cosby«

Trichopsis pumilus

schimmernde Laichansatz parallel zur Wirbelsäule. **Ansprüche:** Diese kleine Art kann bereits in Becken von 30 cm Länge in kleiner Gruppe gehalten werden und fühlt sich in weicherem Wasser (unter 10 °dH) und einem pH-Wert etwas unter 7 am wohlsten. Das Futter muß der Größe der Tiere angemessen sein, neben Tümpelfutter werden Grindalwürmchen und auf die Wasseroberfläche gestreute Kleininsekten (Drosophila, Blattläuse) gern genommen, die übrigen Ansprüche entsprechen denen der Gattungsbeschreibung.

Zucht: Dieser Zwerg hält sich bei der Wahl des Nestplatzes an keine Regeln. Das Schaumnest kann sowohl an der Oberfläche als auch in 15 cm Tiefe gebaut werden, außer Blättern werden auch Höhlungen unter Wurzeln als Nestplatz genutzt. Manchmal verzichtet das ♂ ganz auf den Nestbau und klebt die Eier in losen Klümpchen in Javamoos oder *Myriophyllum,* wo man sie erst dann entdeckt, wenn einige unbefruchtete weiß werden. Der Zuchtverlauf entspricht dem in der Gattungsbeschreibung angeführten.

T. schalleri

Schallers Knurrender Gurami

Vorkommen: Thailand. **Größe:** 6 cm. **GU:** Das ♂ ist farblich etwas intensiver, die Flossen sind etwas länger ausgezogen als beim ♀, das am durch die Leibeshöhle schimmernden Laichansatz eindeutig zu erkennen ist. Ob es sich bei *T.s.* um eine eigenständige Art oder nur um eine Unterart von der folgenden *T. vittatus* handelt, ist noch nicht ausdiskutiert. Diese beiden Formen sollten in der Gebrauchszucht keinesfalls bastardiert werden, um die bei uns vorhandenen Stämme rein zu erhalten. **Ansprüche:** Wie in der Gattungsbeschreibung angegeben.

Zucht: Der Zuchtverlauf entspricht dem in der Gattungsbeschreibung angeführten. In gut bepflanzten Becken ist das oft in Bodennähe unter Pflanzen angelegte kleine Schaumnest meist schwer zu finden.

Trichopsis schalleri

T. vittatus

Knurrender Gurami

Vorkommen: Große Sundainseln. **Größe:** 7 cm. **GU:** Rücken- und Afterflosse sind beim ♂ etwas länger ausgezogen als beim ♀. Der Bauch des ♀ ist heller, der Laichansatz in der Körperhöhle ist bei Gegenlicht gut zu erkennen. **Ansprüche:** Diese Art ist etwas robuster als die vorgenannten, sie behauptet sich auch in Gegenwart anderer Fische und ist nicht sehr scheu, wenn Gemeinschaftsbecken länger als 60 cm sind. Die übrigen Ansprüche gleichen den in der Gattungsbeschreibung genannten.

Trichopsis vittatus

Zucht: *T.v.* ist die am leichtesten züchtbare und produktivste Art der Gattung, die bei 15 °dH noch sehr gute Ergebnisse bringt. Als Zuchttemperatur sind 26 °C bereits ausreichend. Die Art liebt dicht bepflanzte und sonnig stehende Zuchtbecken, das Schaumnest wird häufig auch in Oberflächennähe angelegt. Der Zuchtverlauf entspricht dem in der Gattungsbeschreibung angegebenen.

Triglachromis otostigma

Tanganjikaknurrhahn, Elfenbuntbarsch
Familie: *Cichlidae*

Vorkommen: Tanganjikasee. **Größe:** 12 cm. **GU:** Sind bisher nicht bekannt. **Ansprüche:** Diese interessante Art ist bisher noch eine der heikelsten aus dem Tanganjikasee, wo sie in Tiefen unter 20 m am Boden lebt und bislang nur als Importtier vereinzelt zu uns gelangte. Sie ist anfällig gegen viele mit dem Futter eingetragene Keime, auf die andere Arten nicht reagieren. Haltungserfolge über längere Zeit wurden in anderen Ländern bisher nur dann erzielt, wenn die Importtiere im Artbecken gepflegt wurden, in dem auf hohe Wasser- und Futterhygiene geachtet werden konnte. Becken ab 120 cm Länge ohne Bepflanzung, sandiger Bodengrund mit einigen flachen Steinen zum Ruhen sowie höhlen- und spaltenreiche Felsaufbauten an der Beckenrückwand, die bis zur Wasseroberfläche reichen, erfüllen die Anforderungen der Art am besten; Wasser 10–15 °dH, pH-Wert 8,5–9; Temperatur 24–26 °C. Anfallender Mulm wird wöchentlich einmal abgesaugt, bei kräftiger Filterung ist Teilwasserwechsel im Abstand von 2–3 Wochen ausreichend, dabei sollte 1/3 des Beckeninhalts erneuert werden. Kräftiges Lebendfutter wird bevorzugt, es sollte jedoch aus unbelasteten Gewässern stammen. Mückenlarven müssen gut ausgewaschen werden. Nach Eingewöhnung nehmen die Fische auch Tiefkühlfutter an, ihm sollte wegen seiner Keimarmut der Vorzug gegeben werden. Es kann durch kleingewürfeltes Rinderherz ergänzt werden.

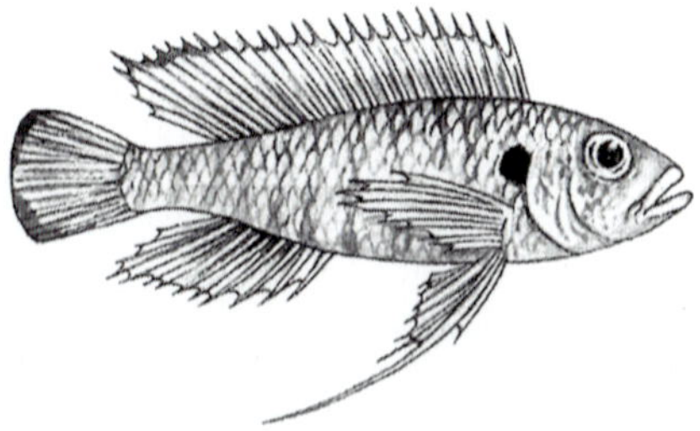

Triglachromis otostigma

Zucht: Nach den bisherigen Erkenntnissen gehört die Art zu den Maulbrütern, Jungfische kamen bisher nur bei Zufallszuchten in geringer Zahl auf.

Triportheus (Kropfsalmler)

Eine Gattung mittelgroßer, lebhafter und friedlicher Schwarmfische der Familie *Characidae* aus dem nördlichen Südamerika, deren Vertreter bisher nur als Importtiere zu uns kamen. Sie sind sehr anpassungsfähig, erreichen ihre mögliche Größe jedoch nur in Becken, deren Länge das 10fache der Körpergröße beträgt; Wasser 3–15 °dH, pH-Wert 6–7,5; Temperatur 22–28 °C. Die Beschaffenheit des Bodengrundes ist ohne Bedeutung, er sollte jedoch nicht zu hell sein. Für die Bepflanzung sind Arten zu wählen, die den oberen Beckenbereich nicht erreichen, die Kropfsalmler benötigen lange Strecken ungehinderten Schwimmraums. Ein kleiner Teil der Oberfläche kann mit Schwimmpflanzen abgedeckt sein. Der Sauerstoffbedarf der Fische ist sehr hoch und muß durch eine kräftige Filterung und Durchlüftung befriedigt werden, beides zusammen ist vor allem in kleinen Becken unbedingt erforderlich. Beim regelmäßigen wöchentlichen Teilwasserwechsel kann bis zu $^1/_3$ des Beckeninhalts erneuert werden, chlorbelastetes Frischwasser muß vor der Verwendung kräftig durchlüftet sein. An die Zusammensetzung der Nahrung werden keine besonderen Anforderungen gestellt, Mückenlarven und auf die Wasseroberfläche gestreute Insekten aus Futtertierzuchten oder Wiesenplankton werden eindeutig bevorzugt und tragen zum Laichansatz der ♀♀ bei.

Zucht: Eine Nachzucht ist bisher noch nicht versucht worden, dürfte aber in ausreichend großen Becken gut möglich sein. Nach bisher vorliegenden Erfahrungen beginnen sie nach einem größeren Teilwasserwechsel bei gleichzeitiger leichter Temperaturerhöhung so heftig im Schwarm zu treiben, daß sie sich in zu kleinen Becken (unter 120 cm Länge) an den Seitenscheiben die Mäuler wundstoßen.

T. angulatus

Armbrustsalmler, Punktierter Kropfsalmler

Vorkommen: Im gesamten Amazonasgebiet weit verbreitet. **Größe:** 15 cm. **GU:** Der mittlere Teil der Schwanzflossen ist beim ♂ sehr lang ausgezogen, beim ♀ nur als stumpfe Spitze hervortretend. **Ansprüche:** Becken ab 150 cm Länge, die übrigen Ansprüche entsprechen der Gattungsbeschreibung.

T. rotundatus

Gerundeter Kropfsalmler

Vorkommen: Guayana und Venezuela. **Größe:** 12 cm. **GU:** Das ♀ wirkt plumper als das ♂. **Ansprüche:** Diese Art läßt sich gut mit → *Brycinus longipininis* und → *Aphyocharax dentatus* gemeinsam in Becken ab 120 cm Länge pflegen. Die Ansprüche gleichen den in der Gattungsbeschreibung angegebenen.

Tropheus (Brabantbuntbarsche)

Eine varietätenreiche Gattung der Familie *Cichlidae* aus dem Tanganjikasee. Um ihr vielfältiges, artspezifisches Verhaltensinventar ausleben zu können, benötigen die teilweise sehr farbenprächtigen Arten und Lokalformen große und breite Becken nicht unter 200 cm Länge bei 60 cm Breite und Höhe; Wasser 10–15 °dH, pH-Wert 8–9; Temperatur 24–26 °C. Der Bodengrund sollte teils aus Kies, teils aus Sand bestehen, Steinhaufen und Steinaufbauten müssen ausreichend Höhlen und Spalten als Versteckplätze bieten. Die Bepflanzung mit robusten Arten ist gut möglich. Der Sauerstoffbedarf ist hoch und muß durch kräftige Filterung und regelmäßigen wöchentlichen Teilwasserwechsel, bei dem $^1/_4$ des Beckeninhalts erneuert wird, befriedigt werden. Die Arten der Gattung sind spezialisierte Aufwuchsfresser, reicher Algenwuchs in einem gut beleuchteten Becken befriedigt diesen Anspruch am besten, ist jedoch kaum in dem Maße zu erreichen, wie ihn die Fische benötigen. Als vollwertiger Ersatz können den Tieren neben Wasserlinsen und Feinfrostspinat auch Feinfrosterbsen gegeben werden, die etwas angequetscht wurden. Daneben wird Lebend- und Frostfutter aller Art angenommen.

Zucht: Die Geschlechter sind bei den meisten Arten und Formen äußerlich kaum zu unterscheiden, es ist deshalb immer empfehlenswert, eine kleine Gruppe zu pflegen, aus der sich Paare finden können. Alle Arten sind Maulbrüter und wenig produktiv, die Maulbrut wird von den ♀♀ übernommen. Die Jungfische verlassen nach 20–21 Tagen das Maul und werden höchstens noch eine Woche lang vom ♀ betreut. Bei Zucht im Artbecken haben viele Jungfische eine Überlebenschance. Für eine rationelle Zucht der vielfach noch recht teuren Lokalformen ist es günstiger, das ♀ am 19. Maulbruttag abends bei schwachem Licht vorsichtig aus dem Hälterungsbecken herauszufangen und in ein Aufzuchtbecken, das mit einer Höhle ausgestattet ist, umzusetzen. Die Jungfische nehmen Cyclops, Grindalwürmchen und ausgesiebte kleine Wasserfloharten (Moina) als Erstfutter an. Die optimale Maulbruttemperatur von 26–28 °C sollte auch in den ersten vier Lebenswochen der Jungfische beibehalten werden.

T. duboisi

Weißpunktbrabantbuntbarsch

Größe: 12 cm. **GU:** Die Geschlechter sind farblich kaum zu unterscheiden, da es auch bei dieser Art einige farblich unterschiedliche Lokalrassen gibt, häufig tragen jedoch erwachsene ♀♀ auf dem Rücken

Tropheus duboisi, adult

weiße Flecken, die den ♂♂ fehlen. **Ansprüche:** *T.d.* sollte paarweise gehalten werden, dafür sind Becken ab 120 cm Länge ausreichend, die übrigen Ansprüche entsprechen denen der Gattungsbeschreibung.

Zucht: Für den Zuchtansatz eines Paares ist ein Becken von 80 cm Länge ausreichend. Die Eiablage erfolgt zwischen großen Kieseln oder in Steinnischen, die Eizahl liegt zwischen 5 und 15. Zuchtverlauf siehe Gattungsbeschreibung. Die Jungfische gehören bis zu einer Länge von etwa 6 cm zu den attraktivsten Buntbarschjungtieren, sie tragen auf samtschwarzer Grundfarbe zahlreiche schneeweiße Punkte. Erwachsene Tiere sind weit weniger attraktiv gefärbt.

T. moorii

Brabantbuntbarsch

Größe: 15 cm. Von dieser Art wurden inzwischen weit über 20 farblich verschiedene Fundortformen beschrieben und aquaristisch eingeführt. Eine Bastardierung sollte unbedingt vermieden werden, in Gemeinschaftsbecken entstandene Bastarde werden ausgemerzt und dürfen keinesfalls in den Handel gebracht werden. Artgerecht sind alle diese Formen nur in Gruppen von fünf und mehr Tieren zu pflegen, unter denen sich eine Rangordnung ausbildet. Diese Rangordnung entscheidet über die Intensität der Färbung, sie kann nicht als Geschlechtsunterscheidungsmerkmal herangezogen werden. Die **Ansprüche** entsprechen denen der Gattungsbeschreibung. Becken von 150 cm Länge können bei einer gemeinsam aufgewachsenen Gruppe bereits ausreichend sein. Einen höheren Platzbedarf hat die als Schoko-Moorii bezeichnete Form, die gelegentlich als eigenständige Form *(T. brichardi)* geführt wird und für deren Haltung Becken von 200 cm Länge erforderlich sind.

Zucht: Bei den meisten Lokalformen dieser Art erfolgt die Laichabgabe im freien Wasser, die Eier werden vom ♀ aufgenommen, bevor sie den Boden berühren, die Eizahl liegt zwischen 5 und 17, der Zuchtverlauf siehe Gattungsbeschreibung.

T. polli

Gabelschwanzbrabantbuntbarsch

Größe: 16 cm, davon entfallen mehr als 4 cm auf die vor allem bei älteren ♂♂ lang gabelförmig ausgebildete Schwanzflosse. **GU:** Der Gabelschwanz erwachsener ♀♀ ist nicht so ausgeprägt wie der gleichaltriger ♂♂. **Ansprüche:** Die Paarhaltung dieser Art ist in Becken ab 150 cm Länge möglich, die übrigen Ansprüche siehe Gattungsbeschreibung.

Zucht: Für den Zuchtansatz eines Paares ist ein Becken von 120 cm Länge ausreichend. Die Laichabgabe erfolgt über Steinen, Wurzeln oder auch Pflanzenblättern, die Eizahl liegt zwischen 5 und 20. Der Zuchtverlauf entspricht dem in der Gattungsbeschreibung angegebenen.

Trugdornwelse

→ *Tatia.*

Tüpfelbärbling

→ *Brachydanio nigrofasciatus.*

Tüpfelgrundel

→ *Mogurnda mogurnda.*

Tüpfelhechtling

→ *Pachypanchax playfairii.*

Türkisblauer Tüpfelbuntbarsch

→ *Laetacara curviceps.*

Türkisgoldbarsch

→ *Melanochromis auratus.*

U

Uaru amphiacanthoides

Keilfleckbuntbarsch
Familie: *Cichlidae*

Vorkommen: Amazonasgebiet und Guayana. **Größe:** 25 cm, in sehr großen Becken bis 30 cm. **GU:** Die Geschlechter sind in allen Altersstufen gleich gefärbt und schwer zu unterscheiden. Laichreife ♀♀ zeigen Revierverhalten, bilden ein Zeichnungsmuster auf den Kiemendeckeln aus hellblauen Tüpfeln und sind daran zu erkennen. Eine sichere Unterscheidung ist nur während des Laichaktes an der Form der Genitalpapille möglich, die beim ♂ spitz, beim ♀ abgerundet ist. **Ansprüche:** *U.a.* gehört zu den aquaristisch lange bekannten Cichliden und galt immer als heikel. Wenn einige Minimalforderungen erfüllt werden, gilt das für die Haltung nicht mehr, wohl aber für die Zucht. Der Keilfleckbuntbarsch ist sehr friedlich und kann bis zur Länge von 10 cm nach eigenen Erfahrungen gut gemeinsam mit Salmlern aus dem gleichen Lebensraum gepflegt werden. Erwachsene Tiere sind dann in Becken ab 100 cm Länge geeignete Partner von Arten der Gattungen → *Pterophyllum* und → *Symphysodon;* Wasser 2–12 °dH, pH-Wert 5,8–7; Temperatur 26–28 °C. Die Fische halten auch bis zu einer Härte von 30 °dH gut aus, wachsen dabei jedoch sehr langsam. Als Bodengrund ist Flußkies geeignet. Steinaufbauten und Wurzeln müssen ausreichend Versteckplätze bieten. Junge bis halberwachsene Tiere vergreifen sich kaum an Pflanzen, bei älteren Tieren haben robuste Pflanzen dann eine Überlebenschance, wenn ausreichend Grünfutter (Wasserlinsen, Salat, Vogelmiere, Feinfrosterbsen u.a.) verabreicht wird. Daneben wird Lebend- und Frostfutter aller Art angenommen. Gegen organische Belastungen sind die Fische ebenso empfindlich wie gegen chemische, die Filterung muß sehr wirksam sein, das beim Teilwasserwechsel eingesetzte Wasser sollte abgestanden, gut durchlüftet und chlorfrei sein. Eine Filterung über Torf und die Aufbereitung des Frischwassers über Torf tragen zum Wohlbefinden der Tiere bei und erhöhen ihre Widerstandsfähigkeit. Der Teilwasserwechsel sollte im Abstand von acht Tagen durchgeführt werden und 1/5 des Beckeninhalts umfassen. Umfangreichere Wasserwechsel sind nur dann ohne Schaden möglich, wenn ausreichend gut aufbereitetes Wasser bereitsteht. Erste Anzeichen von auftretendem Unbehagen der Fische sind meist durch Einhängen von einem Erlenzäpfchen je 40 l Wasser wirksam zu bekämpfen. In sehr hellen Becken fühlen sich die Fische nicht wohl, so daß mindestens ein Teil des Beckens durch eine Schwimmpflanzendecke dunkelgehalten werden muß.

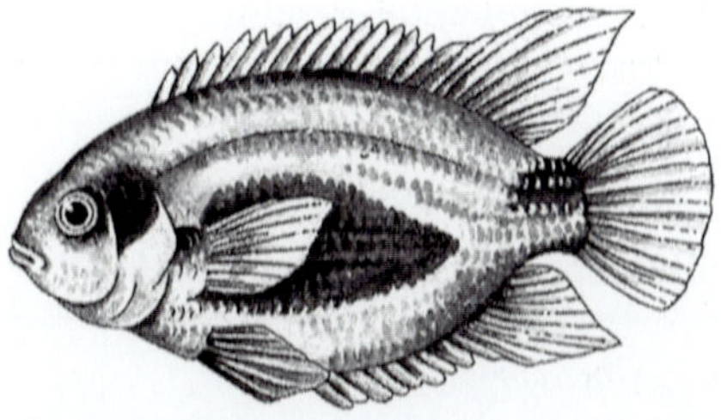

Uaru amphiacanthoides, ♂

Zucht: Eine erfolgreiche Zucht ist nur bei Schaffung optimaler Bedingungen möglich. Dazu gehören eine Wasserhärte unter 5 °dH, ein pH-Wert von 5,5–6; eine Temperatur von 28–30 °C und durch Torfextrakte bräunlich verfärbtes, aber klares Wasser. Das Zuchtbecken muß dunkel stehen oder mindestens eine sehr dunkle Ecke enthalten, an der sich großflächige Steinplatten (Schiefer) und großblättrige Pflanzen befinden. Wegen der Schwierigkeit der Geschlechtsbestimmung sollte sich das Paar aus einer kleinen Gruppe selbst gefunden haben. Der Keilfleckbuntbarsch ist Offenbrüter, die Eiablage erfolgt an der dunkelsten Stelle des Beckens an Steinen oder großen Pflanzenblättern auf Plätzen, die vorher geputzt wurden. Das Gelege umfaßt bis zu 300 Eier und wird von beiden Eltern betreut. Die Jungen schlüpfen nach zwei Tagen und werden manchmal von den Eltern umgebettet, 4–5 Tage später schwimmen die ersten Jungfische auf. Wie bei → *Symphysodon* nehmen die Jungfische Hautsekrete der Alttiere zur Ernährung auf, sind aber nicht so abhängig davon wie diese. Als Erstfutter können Zuchtpantoffeltierchen, Rädertierchen und Artemia-Nauplien eingesetzt werden. Es ist günstig, diese Futtertiere in die Nähe des Jungfischschwarms zu pipettieren. Die Temperatur darf während der ersten vier Lebenswochen nicht unter 28 °C sinken.

Ab der 4. Lebenswoche muß in zunehmendem Umfang pflanzliches Futter verabreicht werden (Seealgenmehl, pürierter Spinat u.ä.), ab der 8. Lebenswoche sollte es dann 50% der Gesamtfuttermenge ausmachen.

U.a. hat in den einzelnen Lebensabschnitten unterschiedliche Färbungen. Jungfische sind fast einheitlich schwarzbraun, später schmutziggelb mit unregelmäßigen Flecken gefärbt. Die prachtvolle Kontrastfärbung mit Keilfleck zeigen erst geschlechtsreife Tiere.

V–W

Venezuelakärpfling

→ *Austrofundulus limnaeus.*

Veränderlicher Spiegelkärpfling

→ *Xiphophorus variatus.*

Veränderlicher Tanganjikacichlide

→ *Neolamprologus moorii.*

Victoriaseeprachtmaulbrüter

→ *Haplochromis obliquidens.*

Vielfarbenmaulbrüter

→ *Pseudocrenilabrus multicolor.*

Vielfarbiger Prachtkärpfling

→ *Aphyosemion multicolor.*

Vielfleckmaulbrüter

→ *Nimbochromis polystigma.*

Vielstachler

→ *Polycentrus schomburgki.*

Vierauge

→ *Anableps anableps.*

Vierpunktkärpfling

→ *Phallichthys quadripunctatus.*

Vierstreifenschlankcichlide

→ *Julidochromis regani.*

Villavicenciozwergbuntbarsch

→ *Apistogramma macmasteri.*

Vulkanprachtkärpfling

→ *Aphyosemion volcanum.*

Wabenschwanzmakropode

→ *Belontia hasselti.*

Walkers Prachtkärpfling

→ *Aphyosemion walkeri.*

Wasserblauer Maulbrüter

→ *Labidochromis caeruleus.*

Wasserstieglitz

→ *Pristella maxillaris.*

Waxdick

→ *Acipenser.*

Weinrotflossiger Buntbarsch

→ *Archocentrus sajica.*

Weißbindenbuckelkopf

→ *Neetroplus nematopus.*

Weißbindenstachelwels

→ *Mystus vittatus.*

Weißkehlmaulbrüter

→ *Oreochromis mossambicus.*

Weißpunktbrabantbuntbarsch

→ *Tropheus duboisi.*

Werners Grundcichlide

→ *Lamprologus werneri.*

Westamerikanischer Kreuzwels

→ *Arius seemani.*

Westaustralischer Zwergbarsch

→ *Edelia vittata.*

Wimpelkarpfen

→ *Myxocyprinus asiaticus.*

Wulstlippenbuntbarsch

→ *Melanochromis labrosus.*

Wüstenfische

→ *Cyprinodon.*

Wüstengrundel

→ *Chlamydogobius eremius.*

X

Xenophallus umbratilis

Schattenkärpfling, Schlangenkärpfling
Familie: *Poeciliidae*

Vorkommen: Südöstliches Costa Rica. **Größe:** ♂ 4 cm, ♀ 6 cm. **GU:** Das beim ♂ für die Familie typische Begattungsorgan (Gonopodium) ist schlangenzungenförmig gespalten. Die Rückenflosse des ♂ ist größer als die des ♀. **Ansprüche:** Für die Haltung einer Gruppe dieser friedlichen Zahnkarpfen sind Becken ab 60 cm Länge ausreichend; Wasser 2–8 °dH, pH-Wert 7–7,5; Temperatur 22–26 °C. Die Art liebt dunkel gehaltene, nur mäßig bepflanzte Becken. Dunkler Bodengrund und eine lichtdämpfende Schwimmpflanzendecke kommen diesen Ansprüchen entgegen. Bei nicht zu stark besetzten Becken sind eine mäßige Filterung und ein Teilwasserwechsel im Abstand von zwei Wochen ausreichend. Das beim Teilwasserwechsel eingesetzte Wasser muß chlorfrei und abgestanden sein, mehr als 1/4 des Beckeninhalts sollte nicht erneuert werden. An die Ernährung werden keine besonderen Ansprüche gestellt, neben Tümpelfutter aller Art und Anflugnahrung darf ein Anteil an pflanzlicher Nahrung (Algen, Spinat, Vogelmiere) nicht fehlen.

Zucht: Die Tragzeit dieses Lebendgebärenden beträgt 28–35 Tage, die Zahl der Jungfische kann zwischen 15 und 50 schwanken. Wenn die Alttiere gut gefüttert werden und etwas Riccia als Versteckplatz für die Jungfische zur Verfügung steht, kommen im Artbecken viele Jungfische auf. Bei guter Ernährung der Jungfische, darunter Algenrasen zum Abweiden, können diese im Alter von vier Monaten geschlechtsreif sein, sollten jedoch nicht vor dem sechsten Monat verpaart werden.

Xenotaenia resolanae

Resolanahochlandkärpfling
Familie: *Goodeidae*

Vorkommen: Rio Resolana und Zuflüsse in Mexiko. **Größe:** ♂ 4 cm, ♀ 5 cm. **GU:** Die Afterflosse des ♂ ist geteilt und zum familientypischen Begattungsorgan (Andropodium) umgebildet. **Ansprüche:** Becken ab 60 cm Länge sind zur Haltung einer Gruppe dieser Art, die mit nicht zu zarten anderen Arten vergesellschaftet werden kann, geeignet; Wasser 12–18 °dH, pH-Wert 7,5–8,2; Temperatur 22–25 °C. Nicht zu heller Kies ist der geeignete Bodengrund, zur Bepflanzung sollten nicht zu zarte Pflanzen verwendet werden. Hornblatt *(Ceratophyllum)* hat sich gut bewährt. Für Wohlbefinden, Färbung und Zuchtbereitschaft ist Algennahrung unerläßlich. Kann Algenaufwuchs nicht durch hellen, sonnigen Stand des Beckens erzielt werden, dann ist zumindest in den Sommermonaten ausreichend Algennahrung zu beschaffen. Im Winter werden ersatzweise auch zerquetschte Feinfrosterbsen und Spinat angenommen. Die Art ist für kräftige Filterung und wöchentlichen Teilwasserwechsel dankbar, dabei kann 1/4 des Beckeninhalts erneuert werden. Bei mineralsalzarmem Ausgangswasser kann bereits die Zugabe von einem Teelöffel Seesalz je 10 l Wasser das Wohlbefinden steigern. Neben pflanzlicher Kost werden Lebend- und Tiefkühlfutter alle Art angenommen, auch Anfluginsekten.

Zucht: Die Tragzeit dieses Lebendgebärenden liegt zwischen 56 und 62 Tagen, mehr als 20 Jungfische je Wurf bringen meist nur guternährte ♀♀ im zweiten Lebensjahr, 30 Jungfische werden jedoch kaum überschritten. Bei ausreichender Algennahrung sind die Fische im Alter von vier Monaten geschlechtsreif, sollten aber nicht zu früh zur Zucht eingesetzt werden.

Xenotilapia (Sandcichliden)

Eine Gattung maulbrütender Buntbarsche der Familie *Cichlidae* aus dem Tanganjikasee. Ihre bevorzugten Lebensräume bilden Freiflächen über Sand bzw. über Sand-Geröll-Übergangszonen. **Ansprüche:** Wasser 12–20 °dH, pH-Wert 7,4–8,5; Temperatur 24–27 °C. Der Bodengrund sollte abschnittsweise aus feinem und grobem Sand ohne scharfe Kanten bestehen und mindestens 7 cm hoch liegen. Die Dekoration aus Wurzeln und einigen Steinen als Versteckplätze darf den benötigten großen Schwimmraum nicht zu sehr einengen, die Bepflanzung ist auf Rück- und Seitenwände zu beschränken. Dem hohen Sauerstoffbedarf der Arten dieser Gattung muß durch intensive Filterung mit Durchlüftung Rechnung getragen werden. Der wöchentliche Teil Wasserwechsel soll $^1/_4$–$^1/_3$ des Beckeninhaltes umfassen. Alle Arten der Gattung sind Allesfresser, die gelegentlich auch den Bodengrund nach Freßbarem durchkauen.

Zucht: Maulbrüter, laichreife ♀♀ werden vom ♂ ins Laichrevier gelockt, das je nach Art aus einer mehr oder weniger großen Grube im Sand besteht, manchmal erfolgt die Eiablage auch auf ebenem Sand oder einem Stein. Die Eier werden vom ♀ sofort ins Maul genommen und 21–22 Tage lang bebrütet. Zur rationellen Zucht empfiehlt es sich, das ♀ am 19. Tag vorsichtig herauszufangen, am besten abends, beim schwachen Licht einer Taschenlampe und mit einem großen Glas oder einer Fangglocke. Als Erstfutter für die Jungfische sind Artemia-Nauplien und ausgesiebte Cyclops geeignet.

X. flavipinnis

Gelbflossen-Sandbarsch

Größe: 8 cm. **GU:** Beim ♂ sind die Gelbtöne intensiver, die Bauchflossen sind kräftig gelb gefärbt. **Ansprüche:** Die Haltung mehrerer Tiere in einem Becken von mindestens 100 cm Länge ist empfehlenswert. Wasserwerte und Einrichtung wie in der Gattungsbeschreibung angegeben.

Zucht: Aus der Gruppe finden sich Paare, die längere Zeit zusammenbleiben und sich bei der Maulbrut ablösen. Das ♂ übernimmt am 8. oder 9. Tag die Embryonen vom ♀. Bei einer Temperatur von 27 °C verlassen die Jungfische bereits am 16. Tag das Maul des ♂ und werden von beiden Eltern weiterbetreut, bei Gefahr auch wieder ins Maul genommen.

X. sima

Größe: ♂ 16 cm, ♀ 14 cm. **GU:** Beim ♂ sind After- und Rückenflosse leicht zugespitzt, beim ♀ abgerundet, die Körpergrundfarbe des ♀ erscheint etwas blasser. **Ansprüche:** Trotz ihrer Größe läßt sich *X.s.* von robusteren Arten leicht unterdrücken und sollte deshalb in einer Gruppe von 2 ♂♂ mit 3–4 ♀♀ in einem Becken nicht unter 140 cm Länge gepflegt werden. Wasserwerte und Beckeneinrichtung wie in der Gattungsbeschreibung angegeben.

Zucht: Abgelaicht wird in einer Grube, die vom ♂ häufig nur andeutungsweise angelegt wird. Die Maulbrut wird vom ♀ allein übernommen. Zuchtempfehlung wie in der Gattungsbeschreibung angeführt, das ♀ betreut die Jungfische nach dem Freilassen noch einige Tage intensiv.

Xenotoca eiseni

Rotschwanzhochlandkärpfling
Familie: *Goodeidae*

Vorkommen: Mexiko. **Größe:** ♂ 6 cm, ♀ 7 cm. **GU:** Das ♂ ist durch einen kräftig orangeroten hinteren Rückenteil vom schlicht gefärbten ♀ sicher zu unterscheiden. **Ansprüche:** Diese zwar etwas plump wirkende, jedoch gut gefärbte Art ist wegen ihrer Anpassungsfähigkeit jedem Neuling zu empfehlen. Sie steht völlig zu Unrecht im Ruf, anderen Fischen die Flossen anzufressen. Diese Beobachtung kann höchstens in einem Minibecken mit halbverhungerten Tieren gemacht und danach publiziert worden sein. Eine Gruppe von 6–8 Tieren kann bereits in Becken ab 60 cm Länge gehalten werden, größere sagen ihr jedoch mehr zu, dort kann sie gut mit südamerikanischen Welsen, nicht zu rauflustigen Cichliden u.a. vergesellschaftet werden; Wasser 18–30 °dH, pH-Wert 7–8;

Xenotoca eiseni, trächtiges ♀

Xenotoca eiseni

Temperatur 18–30 °C. Kurzzeitig werden Temperaturen von 15 °C ebenso gut vertragen wie 35 °C. *X.e.* ist deshalb auch für sommerliche Freilandhaltung gut geeignet. Überwinterung bei 18–20 °C und Sommerhaltung bei 25 °C verlängert die Fruchtbarkeit der ♀♀, die bei konstantgehaltener Temperatur sonst meist nur im zweiten Lebensjahr fortpflanzungsfähig sind. Als Bodengrund ist nicht zu grober und nicht zu heller Kies geeignet, für die Bepflanzung sollten vorrangig robuste Arten gewählt werden, da bei unzureichender Ernährung zarte Pflanzen verbissen werden können. Die Fische sind Allesfresser mit hohem Futterbedarf, eine kräftige Filterung muß für die Entfernung des in großen Mengen anfallenden Kotes sorgen. Wöchentlicher Teilwasserwechsel ist erforderlich, dabei kann bis zu $^1/_3$ des Beckeninhalts erneuert werden. Temperaturschwankungen beim Wasserwechsel werden gut vertragen.

Zucht: Die Tragzeit beträgt 56–62 Tage. In kleinen und wenig bepflanzten Becken wird den Jungfischen, deren Zahl zwischen 10 und 50 schwanken kann, nachgestellt, der Einsatz eines Ablaichkastens ist angeraten. Die Jungfische nehmen sofort Cyclops an, diese können durch Grindalwürmchen ergänzt werden, um farblich intensive ♂♂ zu erzielen, sollte den Jungfischen so früh wie möglich Algenrasen zum Abweiden zur Verfügung stehen. Neben *X.e.* werden gelegentlich die schlankeren und weniger farbigen Arten *X. variata,* bei welcher der Körper mit zahlreichen filterartigen Schuppen bedeckt ist, und *X. melanosoma* gepflegt. Der Bedarf an pflanzlicher Nahrung ist bei diesen Arten etwas höher als bei *X.e.,* die übrigen Ansprüche gleichen sich.

Xiphophorus (Schwertträger, Platys)

Eine artenreiche und formenreiche Gattung der Familie *Poeciliidae* mit einem Verbreitungsgebiet, welches die atlantische Seite Mexikos und Mittelamerikas umfaßt. Alle Arten sind untereinander und gegen andere Fische friedlich. Ihre volle mögliche Größe erreichen die Tiere nur, wenn die Becken mindestens das Zehnfache der Körperlänge der meist größeren Weibchen an Länge besitzen; Wasser 10–20 °dH, häufig werden auch 30 °dH und mehr vertragen, pH-Wert 7–8,2, nicht darunter. Bei mineralsalzarmem Ausgangswasser ist die Zugabe von etwas Kochsalz empfehlenswert. Als Bodengrund sind grober Sand oder Kies geeignet, die Bepflanzung kann stellenweise dicht sein, sollte jedoch immer ausreichend Schwimmraum frei lassen, daneben müssen immer einige Schwimmpflanzen als Unterstand für die Fische zur Verfügung stehen. Eine wirksame Filterung ist ebenso wichtig wie regelmäßiger wöchentlicher Teilwasserwechsel, bei dem $^1/_4$ des Beckeninhalts erneuert wird. Organische Wasserbelastungen und hoher Nitratgehalt beeinträchtigen Wachstum und Fruchtbarkeit. Sonnig stehende Becken mit gutem Algenaufwuchs befriedigen den Bedarf an pflanzlicher Nahrung am besten und tragen zur Intensivierung der Farben der Fische bei. An die Zusammensetzung des Futters werden keine besonderen Anforderungen gestellt, alle Arten Lebend-, Tiefkühl- und Trockenfutter werden angenommen und müssen durch pflanzliche Nahrung ergänzt werden. Fruchtbarkeitsstörungen, Fehl- und Frühgeburten sind häufig das Ergebnis einseitiger Ernährung, in manchen Fällen schafft die Benetzung von Lebend- oder Trockenfutter mit einigen Tropfen eines an ungesättigten Fettsäuren reichen Pflanzenöls Abhilfe.

Zucht: X. sind Lebendgebärende, die Trächtigkeitsdauer liegt je nach Art und Temperatur zwischen 28 und 35 Tagen. In einem gut bepflanzten Artbecken kommen immer genügend Jungfische auf. Für eine rationelle Zucht ist es günstiger, die ♀♀ vor dem Werfen in einen Ablaichkasten zu setzen und nach der Geburt die Jungfische in einem Aufzuchtbecken großzuziehen. Sie sind so groß, daß sie gut mit Grindalwürmchen, kleinen Cyclops u.ä. angefüttert werden können, das Lebendfutter kann durch feines Trockenfutter ergänzt werden. In stark veralgten Becken entwickeln sich die Jungfische am besten. Viele Arten sind früh geschlechtsreif, um ansehnliche Tiere zu erreichen, sollten vor allem die ♂♂ nicht zu früh zur Zucht eingesetzt werden, eine frühzeitige Trennung der Geschlechter ist anzuraten. Die ♂♂ bilden das für die Familie typische Gonopodium aus.

X. alvarezi

Blauer Schwertträger

Vorkommen: Südliches Mexiko. **Größe:** ♂ 6 cm, ♀ 6–8 cm. **GU:** Das ♂ bildet Gonopodium und Schwert aus, das ♀ ist ab der vierten Lebenswoche an einem dunklen Fleck in der Körpermitte, dem Trächtigkeitsfleck, deutlich zu erkennen. **Ansprüche:** Die Ansprüche gleichen den in der Gattungsbeschreibung genannten, die Temperaturansprüche liegen zwischen 22 und 28 °C. Beim Teilwasserwechsel ist darauf zu achten, daß Wasser mit gleichem Wasserchemismus zum Einsatz kommt, chlorbelastetes Wasser muß gut durchlüftet werden.

Zucht: Der Zuchtverlauf entspricht dem in der Gattungsbeschreibung angegebenen, je Wurf werden 20–30, von großen ♀♀ auch bis zu 50 Jungfische geboren. Gesunde und widerstandsfähige Fische werden bei Aufzuchttemperaturen um 25 °C erzielt.

X. andersi

Atoyaschwertplaty

Vorkommen: Rio Atoyac in Mexiko. **Größe:** 4 cm. **GU:** Das ♂ besitzt das Gonopodium, seine unteren Schwanzflossenstrahlen sind 1–2 cm sichelförmig verlängert. **Ansprüche:** Diese Art verdient besondere Aufmerksamkeit, da sie in ihrem natürlichen, sehr begrenzten Verbreitungsgebiet vom Aussterben bedroht ist. Sie stellt hohe Ansprüche an ein biologisch einwandfreies und gut gefiltertes Wasser. Reicher Algenaufwuchs im Becken ist für die Erhaltung dieser Art unerläßlich. Die übrigen Ansprüche gleichen den in der Gattungsbeschreibung angeführten, die günstigste Temperatur liegt bei Werten zwischen 23 und 26 °C.

Zucht: Die Zucht ist nicht einfach und setzt einwandfreies und klares Wasser sowie stark veralgte Becken voraus. Je Wurf werden zwischen 10 und 40 Jungfische geboren. Sie müssen vom ersten Lebenstag an ihre Nahrung in Algenaufwuchsrasen finden können, sonst sind ihre Überlebenschancen gering.

X. evelynae

Hochlandplaty, Pueblaplaty

Vorkommen: Flußsystem des Rio Teculutia in Mexiko. **Größe:** ♂ 4 cm, ♀ 6 cm. **GU:** Das ♂ ist farbenprächtiger und besitzt das familientypische Gonopodium. **Ansprüche:** Wegen der Seltenheit sollte diese *X. variatus* ähnlich sehende Art im Artbecken ab 70 cm Länge mit sehr starkem Algenaufwuchs gepflegt werden; Temperatur 22–27 °C. Eine sehr intensive Filterung muß den Abbau biologischer Belastungen absichern, die übrigen Ansprüche und der Zuchtverlauf gleichen den in der Gattungsbeschreibung angeführten. Die volle Ausfärbung der ♂♂ wird zwischen dem 12. und 15. Lebensmonat erreicht und setzt ständig gutes Angebot an Algennahrung voraus.

Xiphophorus evelynae

X. helleri

Schwertträger

Vorkommen: Die Art ist mit zahlreichen Unterarten und Lokalformen in Zentralamerika zwischen dem 12. und 26. Breitengrad verbreitet. Daneben haben eine große Zahl in Farbe und Form unterschiedliche Zuchtformen (Hamburger, Berliner, Simpson- und Doppelschwertträger u.a.) aquaristische Verbreitung gefunden. **Größe** der Wildform: ♂ 10 cm, ♀ 12 cm; unsachgemäße Haltung und Aufzucht haben vielerorts kümmerliche und verzwergte Stämme entstehen lassen. **Ansprüche:** Schwertträger sind, von einigen überzüchteten Zuchtformen abgesehen, sehr anpassungsfähig und tolerant gegenüber den Wasserwerten und können zwischen 12 und 30 °dH Härte und pH-Werten zwischen 7 und 8,3 gut gehalten werden, das Optimum liegt in der Mitte der angegebenen Werte. Gleiches gilt für die Temperaturansprüche, die zwischen 18 und 28 °C liegen. Haltung in Becken unter 60 cm Länge stellt eine Zumutung für die Fische dar. Auf plötzliche Veränderungen in der Wasserhärte, im pH-Wert sowie beim Umsetzen von Altwasser in Frischwasser reagieren die Fische empfindlich und zeigen dies durch Flossenklemmen an, es sollte daher immer eine allmähliche Angleichung erfolgen, die durch Zugabe von etwas Kochsalz (10–20 g je 10 l Wasser) unterstützt werden kann.

Zucht: Der Zuchtverlauf entspricht dem in der Gattungsbeschreibung angeführten. Zur Zucht sollten nur sehr große Tiere verwendet werden. Wenn ♂♂ bereits bei geringer Körpergröße das charakteristische Schwert tragen, sind sie Kümmerer und sollten weder in den Verkauf gelangen noch zur Zucht angesetzt werden. Solche Tiere sollten auch beim Händler nicht gekauft werden, damit kann der Aquarianer Einfluß nehmen auf die dringend notwendige Qualitätsverbesserung der Schwertträger. Je Wurf können von guten ♀♀ 50–80 Jungfische geboren werden. Um große und gesunde Tiere zu errei-

Xiphophorus helleri, Wildform

chen, sollte die Aufzuchttemperatur 25 °C nicht überschreiten. Frühzeitiger Einsatz von Algennahrung ist eine der Voraussetzungen zur Erzielung farblich intensiver, frohwüchsiger und großer Tiere.

X. maculatus

Platy

Vorkommen: Mit vielen Lokalformen in Mexiko, Guatemala und Honduras verbreitet. Inzwischen existieren eine große Anzahl erbfester Zuchtformen, die nicht miteinander bastardiert werden sollten. **Größe:** ♂ 3,5 cm, ♀ 6 cm. **GU:** Das ♂ besitzt das familientypische Gonopodium. **Ansprüche:** Platys reagieren oft empfindlich auf plötzliche Wasserveränderungen in Wasserhärte und pH-Wert sowie auf Umsetzen von Alt- in Frischwasser. Bei neuerworbenen Tieren sollte deshalb immer eine allmähliche Angleichung an die neuen Bedingungen erfolgen. Sie kann in vielen Fällen durch Zugabe von einem Eßlöffel Kochsalz je 10 l Wasser erleichtert werden. Die Hälterungstemperatur sollte 25 °C nicht überschreiten, die übrigen Ansprüche gleichen den in der Gattungsbeschreibung angeführten.

Zucht: Der Zuchtverlauf entspricht dem in der Gattungsbeschreibung angegebenen, je Wurf können 30–50 Jungtiere geboren werden. Ausdauernde und widerstandsfähige Fische werden dann erreicht, wenn bei Aufzuchttemperaturen zwischen 21 und 23 °C bereits bei den Jungfischen im Abstand von vier Tagen 1/5 des Beckeninhalts mit abgestandenem Frischwasser erneuert wird.

X. montezumae

Montezumaschwertträger

Vorkommen: Mittelmexiko. **Größe:** ♂ 5,5 cm, ♀ 6,5 cm. **GU:** Die ♂♂ besitzen das familientypische Gonopodium und bilden mit Eintritt der Zuchtreife ein Schwert in der Schwanzflosse aus. **Ansprüche:** Diese selten gehaltene Art verlangt besondere Aufmerksamkeit, denn sie ist sehr empfindlich gegen organisch oder chemisch belastetes Wasser. Sie fühlt sich in großen, mit wenigen Beifischen besetzten Pflanzenbecken am wohlsten, bei anderer Haltungsform ist sehr häufiges Absaugen von Mulm und häufiger Teilwasserwechsel in nicht zu großem Umfang mit abgestandenem und gut durchlüftetem Frischwasser erforderlich.

Zucht: In gut bepflanzten Becken mit einwandfreiem Wasser entspricht der Zuchtverlauf dem in der Gattungsbeschreibung angegebenen, die Zahl der Jungfische je Wurf übersteigt kaum einmal 30 Stück. Den Jungfischen wird bereits früh Algenrasen zum Abweiden angeboten.

X. pygmaeus

Zwergschwertträger

Vorkommen: Mexiko. **Größe:** ♂ 3 cm, ♀ 4 cm. **GU:** Das ♂ ist am familientypischen Gonopodium gut zu erkennen, ein kurzes Schwert wird nur bei der Unterart *X.p. nigrensis* ausgebildet. **Ansprüche:** Diese Art verlangt etwas höhere Mindesttemperaturen als die meisten anderen der Gattung und sollte zwischen 24 und 28 °C gepflegt werden. Sie benötigt zum Wohlbefinden kräftig gefiltertes, klares und sauerstoffreiches Wasser und versteckt sich gern unter Wurzeln und in Steinaufbauten. Sind diese gegeben, dann kann die Bepflanzung mäßig sein. Die übrigen Ansprüche entsprechen der Gattungsbeschreibung.

Zucht: Die nicht mehr als 10–25 Jungfische je Wurf sind sehr klein und benötigen Futter von der Größe der Artemia-Nauplien als Erstfutter. Die Alttiere stellen den Jungfischen stark nach, so daß die Verwendung eines Ablaichkastens und getrennte Aufzucht der Jungfische in einem gesonderten Becken anzuraten ist. Der Zuchtverlauf entspricht dem in der Gattungsbeschreibung angegebenen.

Xiphophorus maculatus, Zuchtform

Xiphophorus variatus, Wildform

X. variatus

Papageienplaty,
Veränderlicher Spiegelkärpfling

Vorkommen: In verschiedenen Farbformen über Südmexiko verbreitet. **Größe:** ♂ 5,5 cm, ♀ 7 cm. **GU:** Das ♂ trägt das familientypische Gonopodium und ist bei den meisten Stämmen farbenprächtiger als das ♀. **Ansprüche:** Größe und Farbigkeit werden vor allem von der Temperatur beeinflußt, bei Aufzucht- und Hälterungstemperaturen über 25 °C bleiben die Fische kümmerlich, während sich bei Temperaturen zwischen 15 und 18 °C besonders große und farbenprächtige Fische entwickeln. Leider dauert es oft ein Jahr, bis die volle Farbenpracht einiger Farbformen erreicht ist, so daß die Art aus den Becken der nur auf schnellen Umsatz bedachten Aquarianer immer mehr verschwindet, und nur von wenigen Enthusiasten noch wirkliche Qualitätstiere geliefert werden. Da die Art Temperaturen bis 12 °C sehr gut verträgt und wochenlang nur von Algen leben kann, ist sie für die Haltung in veralgten Freilandteichen den Sommer über gut geeignet. Die übrigen Ansprüche gleichen den in der Gattungsbeschreibung angeführten.

Zucht: Die Zucht verläuft auch bei niedrigen Temperaturen problemlos und entspricht der in der Gattungsbeschreibung angegebenen. Die Zahl der Jungfische je Wurf schwankt je nach Größe des ♂ zwischen 20 und 50. Neben Artemia-Nauplien benötigen die Jungfische von Anfang an pflanzliche Nahrung, die durch Algenaufwuchs und feines Trockenfutter auf pflanzlicher Basis gegeben wird.

Eine Bastardierung der Lokalrassen und Zuchtformen sollte unterbleiben.

X. xiphidium

Schwertplaty

Vorkommen: In mehreren Lokalformen in Mexiko verbreitet. **Größe:** ♂ 4 cm, ♀ 5 cm. **GU:** Das ♂ besitzt das Gonopodium und bildet ein kurzes Schwert aus. **Ansprüche:** Diese Art ist etwas empfindlich, in Gesellschaft anderer Fische scheu und sollte deshalb in kleiner Gruppe in einem Artbecken ab 50 cm Länge gehalten werden. Gut besonnte und algenaufwuchsreiche Becken tragen zum Wohlbefinden bei. Raschwachsende und nährstoffzehrende Pflanzen müssen dazu beitragen, den Nitratgehalt niedrigzuhalten. Bei kräftiger Filterung und Temperaturen zwischen 18 und 20 °C kann auch diese Art ausdauernd sein, Temperaturen über 25 °C müssen vermieden werden.

Zucht: Der Schwertplaty bringt nur dann etwas mehr als 20 Jungfische je Wurf, wenn die ♀♀ in den Wochen vor dem Zuchtansatz ständig Algenaufwuchs und häufig Mückenlarven oder Kleininsekten erhalten haben. Der Zuchtverlauf entspricht dem in der Gattungsbeschreibung angegebenen. Den Jungfischen muß neben kleinem Tümpelfutter auch Algenaufwuchs zum Abweiden zur Verfügung stehen, im Aufzuchtbecken wird häufiger Teilwasserwechsel durchgeführt, um Wasserbelastungen zu vermeiden, welche den Verlust aller Jungfische nach sich ziehen können.

Z

Zebrabärbling

→ *Brachydanio rerio.*

Zebrafundule

→ *Fundulus zebrinus.*

Zebrakärpfling

→ *Aphanius fasciatus.*

Zebrabuntbarsch

→ *Pseudotropheus zebra.*

Zebraharnischwels

→ *Hypancistrus zebra.*

Zehnfleckkärpfling

→ *Cnesterodon decemmaculatus.*

Zickzackprachtkärpfling

→ *Roloffia geryi.*

Zierbindenzwergschilderwels

→ *Peckoltia vittata.*

Zierkarpfen

→ *Cyprinus carpio Koi.*

Zierlicher Antennenwels

→ *Pimelodella gracilis.*

Ziersalmler

→ *Nannostomus.*

Zilles Buntbarsch

→ *Tilapia zillii.*

Zimtprachtkärpfling

→ *Aphyosemion cinnamomeum.*

Zitronenbuntbarsch

→ *Amphilophus citrinellum.*

Zitronensaugschmerle

→ *Gyrinocheilus aymonieri.*

Zitronensalmler

→ *Hyphessobrycon pulchripinnis.*

Zitronenschwanz

→ *Cyprichromis leptosoma.*

Zoogeneticus quitzeoensis

Goldsaum-Hochlandkärpfling
Familie: *Goodeidae*

Vorkommen: Flüsse, Bäche und Seen in Mexiko. **Größe:** ♂ 4,5 cm, ♀ 5 cm. **GU:** Rücken- und Afterflosse sind beim ♂ orangerot gesäumt, die Afterflosse ist zum familientypischen Andropodium umgebildet. **Ansprüche:** Wasser: 5–20°dH, pH-Wert 7–8, nicht darunter; Temperatur 23–25°C. Diese schöne Art reagiert empfindlich auf Wasserverunreinigungen, für eine erfolgreiche Haltung dieses immer noch als heikel geltenden Fisches sollten deshalb Becken nicht unter 80 cm Länge verwendet werden. Der Bodengrund ist so zu gestalten, daß anfallender Mulm leicht abgesaugt werden kann. Zur Bepflanzung sind alle Arten von Wasserpflanzen geeignet, sie sollten durch Schwimmpflanzen ergänzt werden. Sauberes, sauerstoffreiches Wasser ist für diese Art überlebenswichtig, ein Motorfilter, der über ein Sprührohr das Wasser ins Becken zurückbringt, hat sich als günstigste Variante erwiesen. Bei Becken, die unter der oben genannten Größe liegen, muß täglich 1/4 des Beckeninhaltes gewechselt werden, bei größeren genügt ein 30%iger zweimal die Woche. Entscheidend für die Lebenserwartung und die Erhaltung der Fortpflanzungsfähigkeit über längere Zeit ist Futter, das einen hohen Anteil an essentiellen Fettsäuren aufweist, neben Mückenlarven vor allem Insekten-Anflugnahrung. Da nur wenige Aquarianer in der Lage sind, mehrmals wöchentlich Wiesenplankton zu keschern, ist die vom Autor seit Jahren erprobte Methode anzuwenden, Drosophila vor dem Verfüttern mit frischem Leinöl zu benetzen. Dies sollte mindestens zweimal in der Woche geschehen, bei Zuchttieren auch häufiger. Von Zeit zu Zeit kann dazu zusätzlich ein Tropfen eines Multivitaminpräparates und ein Mineralstoffgemisch mit Spurenelementen, wie es in der Terraristik gebräuchlich ist, hinzugefügt werden.

Zucht: Die Art ist lebendgebärend. Bei optimaler Fütterung bringen die ♀♀ im Abstand von 31–35 Tagen jeweils 10–20 Jungfische von etwa 12 mm Länge zur Welt. Im ausreichend großen Artbecken kommen viele Jungfische durch, sie wachsen jedoch langsamer als in einem Aufzuchtbecken großgezogene, weil dort die besonders hohen Jungfischansprüche an die Wasserhygiene besser eingehalten werden können. Bei Wasserbelastung verkrüppeln viele Jungfische. Als Erstfutter werden sofort Artemia-Nauplien angenommen, die bald durch vom Frostwürfel geschabtes Tubifex ergänzt werden können. Um ein gleichmäßiges Wachstum aller Tiere eines Wurfes zu gewährleisten, sollte die Aufzuchttemperatur 25 °C nicht überschreiten.

Zweibandcichlide

→ *Telmatochromis bifrenatus.*

Zweibindenziersalmler

→ *Nannostomus bifasciatus.*

Zweifarbiger Bratpfannenwels

→ *Bunocephalichthys bicolor.*

Zweifleckbarbe

→ *Barbus bimaculatus.*

Zweifleckkärpfling

→ *Heterandria bimaculata.*

Zweilinienkärpfling

→ *Skiffia bilineata.*

Zweipunktbarbe

→ *Barbus ticto ticto.*

Zweistreifenzwergbuntbarsch

→ *Apistogramma bitaeniata.*

Zweitupfenraubsalmler

→ *Exodon paradoxus.*

Zwergbarbe

→ *Barbus phutunio.*

Zwergbärbling

→ *Rasbora maculata.*

Zwergbarsch

→ *Elassoma evergladei.*

Zwergbuckelkopf

→ *Steatocranus ubanguiensis.*

Zwergbuntbarsch

1. → *Apistogramma.*– **2.** → *Apistogrammoides.* – **3.** → *Nannacara.*– **4.** → *Papiliochromis.*

Zwergbuschfisch

→ *Ctenopoma nanum.*

Zwergdornwels

→ *Hassar notospilus.*

Zwergdrachenflosser

→ *Corynopoma riisei.*

Zwergfadenfisch

→ *Colisa lalia.*

Zwerghechtling

→ *Pseudepiplatys annulatus.*

Zwergkärpfling

→ *Heterandria formosa.*

Zwergkillifisch

→ *Adamas formosus.*

Zwergmolly

→ *Poecilia chica.*

Zwergpanchax

→ *Aplocheilus blockii.*

Zwergpanzerwels

→ *Corydoras pygmaeus.*

Zwergpfeilsalmler

→ *Odontocharacidium aphanes.*

Zwergregenbogenfisch

→ *Melanotaenia maccullochi.*

Zwergrivulus

→ *Rivulus ornatus.*

Zwergschilderwelse

→ *Peckoltia.*

Zwergschmerle

→ *Botia sidthimunki.*

Zwergschwertträger

→ *Xiphophorus pygmaeus.*

Zwergstachelwels

→ *Mystus mica.*

Zwergzebracichlide

→ *Microchromis zebroides.*

Zwergziersalmler

→ *Nannostomus marginatus.*

Stellung der im Lexikon besprochenen Gattungen im System der Klasse der Knochenfische (Osteichthyes)

Ordnung Osteoglossiformes (Knochenzüngler)

Familie Pantodontidae (Schmetterlingsfische)
Gattung *Pantodon*
Familie Mormyridae (Nilhechte)
Gattung *Gnathonemus, Marcusenius*

Ordnung Cypriniformes (Karpfenfischartige)

Unterordnung Characoidei (Salmlerverwandte)

Familie Characidae (Echte Salmler)
Gattung *Astyanax, Bryconops, Corynopoma, Ctenobrycon, Exodon, Glandulocauda, Gymnocorymbus, Hasemania, Hemigrammus, Hyphessobrycon, Inpaichthys, Megalamphodus, Moenkhausia, Nematobrycon, Odontostilbe, Paracheirodon, Petitella, Prionobrama, Pristella, Tetragonopterus, Thayeria, Triportheus*
Familie Serrasalmidae (Sägesalmler)
Gattung Colossoma, Metynnis, Myleus, Mylossoma, Serrasalmus
Familie Gasteropelecidae (Beilbauchfische)
Gattung *Carnegiella, Gasteropelecus, Thoracocharax*
Familie Ctenoluciidae (Hechtsalmler)
Gattung *Ctenolucius*
Familie Crenuchidae (Prachtsalmler)
Gattung *Crenuchus, Poecilocharax*
Familie Characidiidae (Bodensalmler)
Gattung *Characidium*
Familie Lebiasinidae (Schlanksalmler)
Gattung *Copeina, Copella, Nannostomus, Pyrrhulina*
Familie Anostomidae (Engmaulsalmler)
Gattung *Abramites, Anostomus, Leporinus*
Familie Hemiodidae (Keulensalmler)
Gattung *Hemiodus*
Familie Curimatidae (Barbensalmler)
Gattung *Chilodus*
Familie Alestidae (Großaugensalmler)
Gattung *Arnoldichthys, Brycinus, Hemigrammopetersius, Phenacogrammus*
Familie Citharinidae (Geradsalmler)
Gattung *Distichodus, Nannaethiops, Nannocharax, Neolebias*

Unterordnung Gymnotoidei (Messeraalverwandte)

Familie Rhamphichthyidae (Amerikanische Messerfische)
Gattung *Eigenmannia*

Unterordnung Cyprinoidei (Karpfenfischverwandte)

Familie Gyrinocheilidae (Algenfresser)
Gattung *Gryinocheilus*
Familie Homalopteridae (Flossensauger)
Gattung *Glaniopsis*
Familie Cyprinidae (Karpfenfische)
Gattung *Alburnoides, Balantiocheilus, Barbus, Brachydanio, Carassius, Chela, Crossocheilus, Cycloheilichthys, Cyprinus, Danio, Epalzeorhynchus, Esomus, Labeo, Leptobarbus, Leucaspius, Leuciscus, Morulius, Phoxinus, Rasbora, Rhodeus, Rutilus, Scardinius, Tanichthys*
Familie Cobitidae (Schmerlen)
Gattung *Acanthophthalmus, Acanthopsis, Botia, Cobitis, Misgurnus, Noemachilus*

Ordnung Siluriformes (Welsartige)

Familie Ictaluridae (Katzenwelse)
Gattung *Ictalurus*
Familie Bagridae (Stachelwelse)
Gattung *Mystus*
Familie Siluridae (Echte Welse)
Gattung *Kryptopterus*
Familie Schilbeidae (Glaswelse)
Gattung *Eutropiellus, Schilbe*
Familie Pangasiidae (Schlankwelse)
Gattung *Pangasius*
Familie Clariidae (Kiemensackwelse)
Gattung *Clarias*
Familie Heteropneustidae (Kiemenschlauchwelse)
Gattung *Heteropneustes*
Familie Chacidae (Großmaulwelse)
Gattung *Chaca*
Familie Mochocidae (Fiederbartwelse)
Gattung *Synodontis*
Familie Ariidae (Kreuzwelse)
Gattung *Arius*
Familie Doradidae (Dornwelse)
Gattung *Acanthoras, Agamyxis, Amblydoras, Hassar, Platydoras*
Familie Aspredinidae (Bratpfannenwelse)
Gattung *Bunocephalichthys*
Familie Pimelodidae (Antennenwelse)
Gattung *Brachyrhamdia, Microglanis, Pimelodella, Pimelodus*
Familie Callichthyidae (Schwielenwelse)
Gattung *Aspidoras, Brochis, Callichthys, Corydoras, Dianema, Hoplosternum*
Familie Loricariidae (Harnischwelse)
Gattung *Ancistrus, Chaetostoma. Dasyloricaria, Farlowella, Hypostomus, Otocinclus, Panaque, Peckoltia, Pterygoplichthys, Rineloricaria, Sturisoma*

Ordnung Atheriniformes (Ährenfischartige)

Unterordnung Exocoetoidei (Flugfischverwandte)

Familie Exocoetidae (Fliegende Fische)
Gattung *Dermogenys, Nomorhamphus*

Unterordnung Atherinioidei (Ährenfischverwandte)

Familie Melanotaeniidae (Regenbogenfische)
Gattung *Chilatherina, Glossolepis, Iratherina, Melanotaenia, Rhadinocentrus*
Familie Atherinidae (Ährenfische)
Gattung *Bedotia, Telmatherina*
Familie Pseudomugilidae (Blauaugen)
Gattung *Pseudomugil*

Ordnung Cyprinodontiformes (Zahnkarpfenartige)

Familie Oryziidae (Reiskärpflinge)
Gattung *Oryzias*
Familie Aplocheilichthyidae (Leuchtaugenkärpflinge)
Gattung *Aplocheilichthys, Lamprichthys, Procatopus*
Familie Poeciliidae (Lebendgebärende Zahnkarpfen)
Gattung *Alfaro, Belonesox, Brachyraphis, Carlhubbsia, Cnesterodon, Gambusia, Girardinus, Heterandria, Phallichthys, Phalloceros, Poecilia, Poeciliopsis, Priapella, Quintana, Scolichthys, Xenophallus, Xiphophorus*
Familie Cyprinodontidae (Eierlegende Zahnkarpfen)
Gattung *Aphanius, Adinia, Cyprinodon, Fundulus, Jordanella, Lucania*
Familie Goodeidae
Gattung *Ameca, Girardinichthys, Ilyodon, Skiffia, Xenotaenia, Xenotoca, Zoogeneticus*
Familie Aplocheilidae (Hechtlinge, Pracht- und Grundkärpflinge)
Gattung *Adamas, Aphyosemion, Aplocheilus, Austrofundulus, Cynolebias, Cynopoecilus, Diapteron, Epiplatys, Fundulosoma, Nothobranchius, Pachypanchax, Pseudepiplatys, Pterolebias, Rivulus, Roloffia, Simpsonichthys, Terranatos*
Familie Anablepidae (Vieraugen)
Gattung *Anableps*

Ordnung Gasterosteiformes (Stichlingsartige)

Familie Gasterosteidae (Stichlinge)
Gattung *Gasterosteus, Pungitius*

Ordnung Channiformes (Schlangenkopffischartige)

Familie Channidae (Schlangenkopffische)
Gattung *Channa*

Ordnung Perciformes (Barschartige)

Unterordnung Percoidei (Barschverwandte)

Familie Chandidae (Eigentliche Glasbarsche)
Gattung *Chanda*
Familie Centrarchidae (Sonnenbarsche)
Gattung *Ambloplites, Centrarchos, Elassoma, Enneacanthus*
Familie Percidae (Echte Barsche)
Gattung *Gymnocephalus, Perca*
Familie Nandidae (Nanderbarsche)
Gattung *Monocirrhus, Polycentrus*
Familie Badidae (Blaubarsche)
Gattung *Badis*
Familie Cichlidae (Buntbarsche)
Afrikanische Gattungen *Altolamprologus, Anomalochromis, Asprotilapia, Astatoreochromis, Astatotilapia, Aulonocara, Chalinochromis, Cheilochromis, Chilotilapia, Chromidotilapia, Copadichromis, Cyathopharynx, Cynotilapia, Cyphotilapia, Cyprichromis, Cyrtocara, Dimidiochromis, Eretmodus, Fossorochromis, Haplochromis, Hemichromis, Iodotropheus, Julidochromis, Labeotropheus, Labidochromis, Lamprologus, Lepidioamprologus, Maravichromis, Melanochromis, Microchromis, Nanochromis, Neochromis, Neolamprologus, Nimbochromis, Ophthalmotilapia, Oreochromis, Paracyprichromis, Paratilapia, Pelmatochromis, Pelvicachromis, Petrotilapia, Placidochromis, Protomelas, Pseudocrenilabrus, Pseudosimochromis, Pseudotropheus, Sarotherodon, Sciaenochromis, Simochromis, Spathodus, Steatocranus, Telmatochromis, Tilapia, Trematocranus, Triglachromis, Tropheus, Xenotilapia*
Familie Cichlidae
Amerikanische Gattungen *Acarichthys, Aequidens, Amphilophus, Apistogramma, Apistogrammoides, Archocentrus, Astronotus, Biotodoma, Bujurquina, Chuco, Cichlasoma, Cleithracara, Copora, Crenicara, Crenicichla, Geophagus, Gymnogeophagus, Herichthys, Heros, Herotilapia, Hypselecara, Krobia, Laetacara, Mesonauta, Nannacara, Neetroplus, Papiliochromis, Parapetenia, Paratheraps, Pterophyllum, Satanoperca, Symphysodon, Taeniacara, Tahuantinsuyoa, Thorichthys, Uaru*
Familie Cichlidae
Asiatische Gattung *Etroplus*

Unterordnung Gobioidei (Grundelverwandte)

Familie Gobiidae (Grundeln)
Gattung *Brachygobius, Chlamydogobius, Padogobius, Stigmatogobius*
Familie Eleotridae (Schläfergrundeln)
Gattung *Tateurndina*

Unterordnung Anabantoidei (Kletterfischverwandte)

Familie Anabantidae (Kletterfische)
Gattung *Anabas, Ctenopoma*
Familie Belontiidae (Bettas, Fadenfische)
Gattung *Belontia, Betta, Colisa, Macropodus, Parosphromenus, Pseudosphromenus, Sphaerichthys, Trichogaster, Trichopsis*
Familie Helostomatidae (Buckelmäuler)
Gattung *Helostoma*
Familie Osphronemidae (Fadenfische)
Gattung *Osphronemus*

Unterordnung Mastacembeloidei (Stachelaalverwandte)

Familie Mastacembelidae (Stachelaale)
Gattung *Macrognathus, Mastacembelus*

Ordnung Tetraodontiformes (Kugelfischartige)

Familie Tetraodontidae (Kugelfische)
Gattung *Tetraodon*

Anmerkung: Die Grundlage für diese Systematik bildete die von Sterba 1987 in »Die Süßwasserfische der Welt« vorgestellte, wobei einige nach diesem Jahr publizierte Änderungen ergänzend eingearbeitet wurden (u.a. in der Unterordnung Atherinoidei und bei der neugeschaffenen Ordnung *Cyprinodontiformes* mit neu definierten Familien). Die Auflistung der Gattungen innerhalb der Familien erfolgte alphabetisch und ohne Berücksichtigung der Einordnung in Unterfamilien.

In der Familie *Cichlidae* wurden die Revisionen der letzten Jahre zur Definition neuer Gattungen insoweit berücksichtigt, wie sie in der deutschsprachigen Fachliteratur Eingang gefunden haben und verwendet werden, auch wenn der Verfasser bei einigen noch berechtigte Zweifel an ihrer Endgültigkeit hat.

Synonymwörterverzeichnis

Synonym	Stichwort im Lexikon
Abramis bipunctatus	Alburmoides bipunctatus – Bloch 1782
Abramites microcephalus	Abramites hypselonotus – Günther 1868
Acanthocephalus guppii	*Poecilia reticulata* – Peters 1859
A. reticulatus	*Poecilia reticulata* – Peters 1859
Acanthocephalus melanozonus	*Poecilia picta* – Regan 1913
Acanthophthalmus fasciatus	Acanthophthalmus kuhlii – Cuvier & Valenciennes 1846
Acanthopsis biaculeata	*Acanthopsis choirorhynchus* – Bleeker 1854
A. diazona	*Acanthopsis choirorhynchus* – Bleeker 1854
A. fossilis	*Misgurnus fossilis* – Linnaeus 1758
A. taenia	*Cobitis taenia taenia* – Linnaeus 1758
Acara aequinoctialis	*Aequidens rivulatus* – Günther 1868
A. amphiacanthoides	*Uaru amphiacanthoides* – Heckel 1840
A. bimaculatus	*Cichlasoma dimerus* – Heckel 1840
A. brasiliensis	*Geophagus brasiliensis* – Quoy & Gaimard 1824
A. crassa	*Hypselecara temporalis* – Günther 1859
A. crassipinnis	*Astronotus ocellatus* – Cuvier 1829
A. curviceps	*Laetacara curviceps* – Ahl 1924
A. dorsigera	*Laetacara dorsigera* – Heckel 1840
A. faceta	*Cichlasoma facetum* – Jenyns 1842
A. festiva	*Mesonauta festiva* – Heckel 1840
A. geayi	*Acarichthys geayi* – Pellegrin 1902
A. heckelii	*Acarichthys heckelii* – Müller & Troschel 1848
A. marginatus	*Cichlasoma dimerus* – Heckel 1840
A. maronii	*Cleithracara maronii* – Steindachner 1882
A. minuta	*Cichlasoma portalegrensis* – Heckel 1840
A. ocellatus	*Astronotus ocellatus* – Cuvier 1829
A. paraguayensis	*Bujurquina vittata* – Heckel 1840
A. portalegrenis	*Cichlasoma portalegrensis* – Hensel 1870
A. punctulata	*Nannacara anomala* – Regan 1905
A. rivulata	*Aequidens rivulatus* – Günther 1868
A. sapayensis	*Aequidens sapayensis* – Regan 1903
A. spuria	*Heros severus* – Heckel 1840
A. subocularis	*Acarichthys heckelii* – Müller & Troschel 1848
A. subocularis	*Biotodomo cupido* – Heckel 1840
A. tetramerus	*Aequidens tetramerus* – Heckel 1840
A. viridis	*Aequidens tetramerus* – Heckel 1840
Acerinacernua	*Gymnocephalus cernua* – Linnaeus 1758
A. czekanowski	*Gymnocephalus cernua* – Linnaeus 1758
A. fischeri	*Gymnocephalus cernua* – Linnaeus 1758
A. vulgaris	*Gymnocephalus cernua* – Linnaeus 1758
A. zillii	*Tilapia zillii* – Gervais 1848
Acestra acus	*Farlowella acus* – Kner 1853
Adina xenica	*Adinia multifasciata* – Girard 1859
Adiniops guentheri	*Nothobranchius guentheri* – Pfeffer 1893
A. palmqvisti	*Nothobranchius palmqvisti* – Lönnberg 1907
A. rachovii	*Nothobranchius rachovii* – Ahl 1926
Aequidens centralis	*Cichlasoma dimerus* – Heckel 1840
Ae. curviceps	*Laetacara curviceps* – Ahl 1924
Ae. dimerus	*Cichlasoma dimerus* – Heckel 1840
Ae. dorsiger	*Laetacara dorsigera* – Heckel 1840
Ae. geayi	*Acarichthys geayi* – Pellegrin 1902
Ae. guianensis	*Krobia guianensis* – Regan 1912
Ae. mariae	*Bujurquina mariae* – Eigenmann 1922
Ae. maronii	*Cleithracara maronii* – Steindachner 1882
Ae. portalegrensis	*Cichlasoma portalegrense* – Hensel 1870
Ae. subocularis	*Acarichthys heckelii* – Müller & Troschel 1848
Ae. vittata	*Bujurquina vittata* – Heckel 1840
Agnus lyriformus	*Bunocephalichthys verrucosus* – Eigenmann 1889
Alburnus bipunctatus	*Alburnoides bipunctatus* – Bloch 1782
Alestes imberi	*Brycinus imberi* – Peters 1852
A. longipinnis	*Brycinus longipinnis* – Günther 1864
Alestopetersius interruptus	*Phenacogrammus interruptus* – Boulenger 1899
Alfaro acutiventralis	*Alfaro cultratus* – Regan 1908
A. amazonum	*Alfaro cultratus* – Regan 1908
Ambassis lala	*Chanda ranga* Hamilton – Buchanan 1822
A. ranga	*Chanda ranga* Hamilton – Buchanan 1822
Ambloplites aeneus	*Ambloplites rupestris* – Rafinesque 1817
A. ictheloides	*Ambloplites rupestris* – Rafinesque 1817
Amblydoras affinis	*Amblydoras hancocki* – Cuvier & Valenciennes 1840
Amneris rubrostriatus	*Melanotaenia splendida rubrostriata* – Peters 1866
Amphiprion scansor	*Anabas testudineus* – Bloch 1795
A. testudineus	*Anabas testudineus* – Bloch 1795
Anabas ansorgii	*Ctenopoma ansorgii* – Boulenger 1912
A. elongatus	*Anabas testudineus* – Bloch 1795
A. fasciatus	*Ctenopoma fasciolatum* – Boulenger 1899
A. fasciolatus	*Ctenopoma fasciolatum* – Boulenger 1899
A. macrocephalus	*Anabas testudineus* – Bloch 1795
A. maculatus	*Ctenopoma nanum* – Günther 1896
A. microcephalus	*Anabas testudineus* – Bloch 1795
A. nanus	*Ctenopoma nanum* – Günther 1896
A. oligolepis	*Anabas testudineus* – Bloch 1795
A. oxyrhynchus	*Ctenopoma oxyrhynchus* – Boulenger 1902
A. peterici	*Anabas testudineus* – Bloch 1795
A. scandens	*Anabas testudineus* – Bloch 1795
A. spinosus	*Anabas testudineus* – Bloch 1795
A. trifoliatus	*Anabas testudineus* – Bloch 1795
A. variegatus	*Anabas testudineus* – Bloch 1795
Anableps anonymus	*Anableps anaplebs* – Linnaeus 1740
A. gronovii	*Anableps anableps* – Linnaeus 1740
A. lineatus	*Anableps anableps* – Linnaeus 1740
A. surinamensis	*Anableps anableps* – Linnaeus 1740
A. tetrophthalmus	*Anableps anableps* – Linnaeus 1740
Anas fasciatus	*Ctenopoma fasciatus* – Boulenger 1899
A. fasciolatus	*Ctenopoma fasciolatum* – Boulenger 1899
Ancistrus cirrhosus	*Ancistrus dolichopterus* – Kner 1854
A. gibbiceps	*Pterygoplichthys gibbiceps* – Kner 1854
A. multiradiatus	*Pterygoplichthys multiradiatus* – Hancock 1828
A. pulcher	*Peckoltia pulcher* – Steindachner 1917
A. vittatus	*Peckoltia vittata* – Steindachner 1882
Anematichthys apogon	*Cylcocheilichthys apogon* – Cuvier & Valenciennes 1842
A. apogonides	*Cylcocheilichthys apogon* – Cuvier & Valenciennes 1842
Anoptichthys antrobius	*Astyanax fasciatus mexicanus* – Cuvier 1819
A. hubbsi	*Astyanax fasciatus mexicanus* – Cuvier 1819
A. jordani	*Astyanax fasciatus mexicanus* – Cuvier 1819
Anostomus gronovii	*Anostomus anostomus* – Linnaeus 1758
A. plicatus	*Anostomus trimaculatus* – Kner 1858
A. salmoneus	*Anostomus anostomus* – Linnaeus 1758
Antias testudineus	*Anabas testudineus* – Bloch 1795
Aphanicus calaritanus	*Aphanius fasciatus* – Humboldt & Valenciennes 1821
A. cypris	*Aphanius mento* – Heckel 1843
A. sophiae	*Aphanius mento* – Heckel 1843
Aphiocharax analis	*Prionobrama filigera* – Cope 1870
Aphyocharax affinis	*Aphyocharax anisitsi* – Eigenmann & Kennedy 1903
A. analialbis	*Prionobrama filigera* – Cope 1870
A. analis	*Prionobrama filigera* – Cope 1870
A. filigerus	*Prionobrama filigera* – Cope 1870
A. maxillaris	*Pristella maxillaris* – Ulrey 1895
A. rubripinnis	*Aphyocharax anisitsi* – Eigenmann & Kennedy 1903
Aphyosemion beauforti	*Aphyosemion gulare* – Boulenger 1901
Aph. bertholdi	*Roloffia bertholdi* – Roloff 1965
Aph. bivittatum multicolor	*Aphyosemion multicolor* – Meinken 1930
Aph. calabaricus	*Roloffia liberiensis* – Boulenger 1908
Aph. castaneum	*Aphyosemion christyi* – Boulenger 1915
Aph. coeruleum	*Aphyosemion sjöstedti* – Lönnberg 1895
Aph. decorsei	*Aphyosemion christyi* – Boulenger 1915
Aph. elberti	*Aphyosemion bualanum* – Ahl 1924

Aph. fallax	*Aphyosemion gulare* – Boulenger 1901
Aph. guineense	*Roloffia guineensis* – Daget 1954
Aph. guineense geryi	*Roloffia geryi* – Lambert 1958
Aph. jaundense	*Aphyosemion exiguum* – Boulenger 1911
Aph. liberiense	*Roloffia liberiensis* – Boulenger 1908
Aph. loboanum	*Aphyosemion exiguum* Boulenger 1911
Aph. »mülleri«	*Roloffia bertholdi* – Roloff 1965
Aph. occidentale toddi	*Roloffia toddi* – Clausen 1966
Aph. occidentalis	*Roloffia occidentalis* – Clausen 1965
Aph. roloffi geryi	*Roloffia geryi* – Labert 1958
Aph. rubrifascium	*Aphyosemion bualanum* – Ahl 1924
Aph. »ruwenzori«	*Aphyosemion filamentosum* – Meinken 1933
Aph. schoutedeni	*Aphyosemion christyi* – Boulenger 1915
Aph. simulans	*Aphyosemion microphthalmum* – Lambert & Gery 1967
Aph. spurrelli	*Aphyosemion walkeri* – Boulenger 1911
Aph. spurrelli	*Fundulusoma thierryi* – Ahl 1924
Aph. tessmanni	*Aphyosemion bualanum* – Ahl 1924
Aph. toddi	*Roloffia toddi* – Clausen 1966
Apistogramma aequippinnis	*Apistogramma borelli* – Regan 1908
A. klausewitzi	*Apistogramma bitaeniata* – Pellegrin 1936
A. kleei	*Apistogramma bitaeniata* – Pellegrin 1936
A. ornatipinnis	*Apistogramma steindachneri* – Regan 1908
A. ortmanni rupununi	*Apistogramma macmasteri* – Kullander 1979
A. pertense var. Bitaeniata	*Apistogramma bitaeniata* – Pellegrin 1936
A. ramirezi	*Papiliochromis ramirezi* – Myers & Harry 1948
A. reitzigi	*Apistogramma borelli* – Regan 1908
A. ritense	*Apistogramma borelli* – Regan 1908
A. rondoni	*Apistogramma borelli* – Regan 1908
A. wickleri	*Apistogramma steindachneri* – Regan 1908
Aplocheilichthys carlislei	*Aplocheilichthys katangae* – Boulenger 1912
A. dhonti	*Aplocheilichthys pumilus* – Boulenger 1906
Aplocheilus affinis	*Aplocheilus lineatus* – Cuvier & Valenciennes 1846
A. chrysostigmus	*Aplocheilus panchax* – Hamilton-Buchanan 1822
A. javanicus	*Oryzias melastigmus* – McClelland 1839
A. parvus	*Aplocheilus blockii* – Arnold 1911
A. rubrostigma	*Aplocheilus lineatus* – Cuvier & Valenciennes 1846
A. sexfasciatus	*Epiplatys sexfasciatus* – Boulenger 1899
A. vittatus	*Aplocheilus lineatus* – Cuvier & Valenciennes 1846
Apomotis chaetodon	*Enneacanthus chaetodon* – Baird 1854
A. obesus	*Enneacanthus obesus* – Girard 1854
Arius jordani	*Arius seemani* – Günther 1864
Arothron dorsovittatus	*Tetraodon fluviatilis* – Hamilton-Buchanan 1822
A. simulans	*Tetraodon fluviatilis* – Hamilton-Buchanan 1822
Arthrophallus patruelis	*Gambusia affinis affinis* – Baird & Girard 1853
Aspius bipunctatus	*Alburnoides bipunctatus* – Bloch 1782
A. owsianka	*Leucaspius delineatus* – Heckel 1843
Astatheros maculicauda	*Paratheraps maculicauda* – Regan 1905
A. oblongus	*Chuco microphthalmus* – Günther 1862
Astronotus crassa	*Hypselecara temporalis* – Günther 1862
A. microphthalmus	*Chuco microphthalmus* – Günther 1862
A. nigrofasciatus	*Archocentrus nigrofasciatus* – Günther 1866
A. parma	*Paratheraps maculicauda* – Regan 1905
A. severus	*Heros severus* – Heckel 1840
Astyanax bartletti	*Astyanax bimaculatus* – Linnaeus 1758
A. jacuhiense	*Astyanax bimaculatus* – Linnaeus 1758
A. lacustris	*Astyanax bimaculatus* – Linnaeus 1758
A. orientalis	*Astyanax bimaculatus* – Linnaeus 1758
Atherina signata	*Pseudomugil signifer* – Kner 1864
Austrofundulus dolichopterus	*Terranatos dolichopterus* – Weitzmann & Wourms 1967
A. myersi	*Austrofundulus limnaeus* – Schultz 1949
A. stagnalis	*Austrofundulus limnaeus* – Schultz 1949
A. transilis limnaeus	*Austrofundulus limnaeus* – Schultz 1949
Badis buchanani	*Badis badis* – Hamilton-Buchanan 1822
Balsadichthys whitei	*Ilyodon whitei* – Meek 1904
Barbatula toni	*Noemchaeilus barbatulus* – Linnaeus 1758
B. tonifowleri	*Noemacheilus barbatulus* – Linnaeus 1758
Barbodes barilioides	*Barbus barilioides* – Boulenger 1914
B. binotatus	*Barbus binotatus* – Valenciennes 1842
B. eugrammus	*Barbus eugrammus* – Silas 1956
B. maculatus	*Barbus binotatus* – Valenciennes 1842
B. pentazona	*Barbus pentazona* – Boulenger 1894
Barbus apogon	*Cyclocheilichthys apogon* – Cuvier & Valenciennes 1842
B. bicaudtaus	*Barbus bimaculatus* – Bleeker 1864
B. bilitonensis	*Barbus binotatus* – Valenciennes 1842
B. callopterus	*Epalzeorhynchus kallopterus* – Bleeker 1850
B. camtacanthus v. cottesi	*Barbus holotaenia* – Boulenger 1904
B. fasciatus	*Barbus eugrammus* – Silas 1956
B. frenatus	*Barbus titteya* – Deraniyagala 1929
B. goniosoma	*Barbus binotatus* – Valenciennes 1842
B. husanensis	*Barbus binotatus* – Valenciennes 1842
B. kessleri	*Barbus holotaenia* – Boulenger 1904
B. maculatus	*Barbus binotatus* – Valenciennes 1842
B. mahecola	*Barbus filamentosus* – Cuvier & Valenciennes 1842
B. melanopterus	*Balantiocheilus melanopterus* – Bleeker 1851
B. oresigenes	*Barbus binotatus* – Valenciennes 1842
B. palavonensis	*Barbus binotatus* – Valenciennes 1842
B. polyspilos	*Barbus binotatus* – Valenciennes 1842
B. schuberti	*Barbus semifasciolatus* – Günther 1868
B. stoliczkanus	*Barbus ticto* – Hamilton 1822
B. zelleri	*Barbus lateristriga* – Cuvier & Valenciennes 1842
Barilius nigrofasciatus	*Brachydanio nigrofasciatus* – Day 1869
Betta brederi	*Betta pugnax* – Cantor 1850
B. macrophthalma	*Betta taeniata* – Regan 1910
B. ocellata	*Betta unimaculata* – Popta 1906
B. rubra	*Betta picta* – Valenciennes 1846
B. rubra	*Betta splendens* – Regan 1910
B. trifasciata	*Betta picta* – Valenciennes 1846
B. trifasciata	*Betta splendens* – Regan 1910
B. trifasciata	*Betta taeniata* – Regan 1910
Biotodoma agassizii	*Apistogramma agassizii* – Steindachner 1875
B. trifasciatum	*Apistogramma trifasciata* – Eigenmann & Kennedy 1903
Bleptonema amazoni	*Prionobrama filigera* – Cope 1870
Bodianus rupestris	*Ambloplites rupestris* – Rafinesque 1817
Botia horae	*Botia morleti* – Tirant 1885
B. rubripinnis	*Botia modesta* – Bleeker 1864
B. taenia	*Cobitis taenia taenia* – Linnaeus 1758
Brachydanio analipunctatus	*Brachydanio nigrofasciatus* – Day 1869
Brachyrhaphis olmina	*Brachyraphis rhabdophora* – Regan 1908
B. umbratilis	*Xenophallus umbratilis* – Meek 1912
Brochis coeruleus	*Brochis splendens* – Castelnau 1855
B. dipterus	*Brochis splendens* – Castelnau 1855
Brycinus bequaerti	*Brycinus imberi* – Peters 1852
B. curtus	*Brycinus imberi* – Peters 1852
B. jacksoni	*Brycinus imberi* – Peters 1852
Bryconalestes longipinnis	*Brycinus longipinnis* – Günther 1864
Bryconamericanus dentatus	*Aphyocharax dentatus* – Eigenmann & Kennedy 1903
Bryconops melanurus	*Bryconops affinis* – Günther 1864
Bryttus chaetodon	*Enneacanthus chaetodon* – Baird 1854
Bunocephalus bicolor	*Bunocephalichthys bicolor* – Cope 1878
Callichthys adspersus	*Dianema longibarbis* – Cope 1871
C. aeneus	*Corydoras aeneus* – Gill 1858
C. asper	*Callichthys callichthys* – Linnaeus 1758
C. barbatus	*Corydoras barbatus* – Quoy & Gaimard 1824
C. coelatus	*Callichthys callichthys* – Linnaeus 1758
C. exaratus	*Hoplosternum thoracatum* – Valenciennes 1840
C. hemiphractus	*Callichthys callichthys* – Linnaeus 1758
C. laeviceps	*Callichthys callichthys* – Linnaeus 1758
C. longifilis	*Hoplosternum thoracatum* – Valenciennes 1840
C. loricatus	*Callichthys callichthys* – Linnaeus 1758
C. paleatus	*Corydoras paleatus* – Jenyns 1842
C. personatus	*Hoplosternum thoracatum* – Valenciennes 1840
C. splendens	*Brochis splendens* – Castelnau 1855
C. tamoata	*Callichthys callichthys* – Linnaeus 1758
C. thoracatus	*Hoplosternum thoracatum* – Valenciennes 1840
Capoeta barilioides	*Barbus bariloides* – Boulenger 1914
C. guentheri	*Barbus semifasciolatus* – Günther 1868
C. hulstaerti	*Barbus hulstaerti* – Poll 1945
C. oligolepis	*Barbus oligolepis* – Bleeker 1853
Carinotetraodon chlupatyi	*Tetraodon lorteti* – Tirant 1885

C. somphongsi	*Tetraodon lorteti* – Tirant 1885
Cataphractus americanus	*Acanthodoras cataphractus* – Linnaeus 1758
C. callichthys	*Callichthys callichthys* – Linnaeus 1758
c. costatus	*Platydoras costatus* – Linnaeus 1766
C. depressus	*Callichthys callichthys* – Linnaeus 1758
Centrarchus aeneus	*Ambloplites rupestris* – Rafinesque 1817
C. pentacanthus	*Ambloplites rupestris* – Rafinesque 1817
Chaenothorax bicarinatus	*Brochis splendens* – Castelnau 1855
Ch. semiscutatus	*Brochis splendens* – Castelnau 1855
Chaenotropus punctatus	*Chilodus punctatus* – Müller & Troschel 1845
Chaetodon maculatus	*Etroplus maculatus* – Bloch 1795
Chaetostomus delochopterus	*Ancistrus dolichopterus* – Kner 1854
Ch. gibbiceps	*Pterygoplichthys gibbiceps* – Kner 1854
Ch. nigrolineatus	*Panaque nigrolineatus* – Peters 1877
ch. vittatus	*Peckoltia vittata* – Steindachner 1882
Chalceus angulatus	*Triportheus angulatus* – Spix 1829
Ch. fasciatus	*Leporinus fasciatus* – Bloch 1794
Ch. rotundatus	*Triportheus rotundatus* – Schomburgk 1841
Chalcinus angulatus	*Triportheus angulatus* – Spix 1829
Ch. brachypomis	*Triportheus rotundatus* – Schomburgk 1841
Ch. guentheri	*Triportheus rotundatus* – Schomburgk 1841
Ch. muelleri	*Triportheus rotundatus* – Schomburgk 1841
Ch. nematurus	*Triportheus angulatus* – Spix 1829
Ch. trifurcatus	*Triportheus rotundatus* – Schomburgk 1841
Chanda lala	*Chanda ranga* – Hamilton-Buchanan 1822
Charax bimaculatus	*Astyanax bimaculatus* – Linnaeus 1758
Characidium zebra	*Characidium fasciatum* – Reinhardt 1866
Characodon bilineata	*Skiffia bilineata* – Bean 1887
Ch. eiseni	*Xenotoca eiseni* – Rutter 1896
Ch. ferrugineus	*Skiffia bilineata* – Bean 1887
Ch. garmani	*Skiffia bilineata* – Bean 1887
Ch. geddesi	*Girardinichthys viviparus* – Bleeker 1860
Ch. lateralis	*Skiffia bilineata* – Bean 1887
Ch. variatus	*Skiffia bilineata* – Bean 1887
Chromis afra	*Cynotilapia afra* – Günther 1893
Ch. andreae	*Tilapia zillii* – Gervais 1848
Ch. brasiliensis	*Geophagus brasiliensis* – Quoy & Gaimard 1824
Ch. burtoni	*Astatotilapia burtoni* – Günther 1893
Ch. busumanus	*Tilapia zillii* – Gervais 1848
Ch. dumerili	*Oreochromis mossambicus* – Peters 1852
Ch. facetus	*Cichlasoma facetum* – Jenyns 1842
Ch. johnstonii	*Placidochromis johnstonii* – Günther 1893
Ch. mossambicus	*Oreochromis mossambicus* – Peters 1852
Ch. obliquidens	*Haplochromis obliquidens* – Hilgendorf 1888
Ch. proxima	*Geophagus surinamensis* – Bloch 1791
Ch. punctata	*Aequidens tetramerus* – Heckel 1840
Ch. rivulatus	*Aequidens rivulatus* – Günther 1859
Ch. tristrami	*Tilapia zillii* – Gervais 1848
Ch. uniocellatus	*Aequidens tetramerus* – Heckel 1840
Ch. zillii	*Tilapia zillii* – Gervais 1848
Chromys acora	*Mesonauta festiva* – Heckel 1840
Chuco globosum	*Paratheraps maculicauda* – Regan 1905
Ch. manna	*Paratheraps maculicauda* – Regan 1905
Ch. milleri	*Chuco microphthalmus* – Günther 1862
Cichla aenea	*Ambloplites rupestris* – Rafinesque 1817
Cichlasoma aureum	*Thorichthys aureum p – Günther 1862*
C. balteatum	Copora nicaraguensis – Günther 1864
C. bartoni	*Parapetenia bartoni* – Bean 1892
C. basilare	*Amphilophus citrinellum* – Günther 1864
C. bifasciatum	*Paratheraps bifasciatum* – Steindachner 1864
C. biocellatum	*Parapetenia octofasciatum* – Regan 1905
C. carpinte	*Herichthys cyanoguttatum carpinte* – Jordan & Snyder 1899
C. citrinellum	*Amphilophus citrinellum* – Günther 1864
C. coeruleogula	*Chuco microphthalmus* – Günther 1862
C. crassum	*Hypselecara temporalis* – Günther 1862
C. ellioti	*Thorichthys ellioti* – Meek 1904
C. erythreum	*Amphilophus labiatum* – Günther 1864
C. festae	*Parapetenia festae* – Boulenger 1899
C. festivum	*Mesonauta festiva* – Heckel 1840
C. globosum	*Paratheraps maculicauda* – Regan 1905
C. granadense	*Amphilophus citrinellum* – Günther 1864
C. guentheri	*Chuco microphthalmus* – Günther 1862
C. hedricki	*Paratheraps octofasciatum* – Regan 1905
C. hellabrunni	*Hypselecara temporalis* – Günther 1862
C. hicklingi	*Paratheraps synspilum* – Hubbs 1935
C. labiatum	*Amphilophus labiatum* – Günther 1864
C. lobochilus	*Amphilophus labiatum* – Günther 1864
C. maculicauda	*Paratheraps maculicauda* – Regan 1905
C. managuense	*Parapetenia managuense* – Günther 1866
C. manana	*Paratheraps maculicauda* – Regan 1905
C. meeki	*Thorichthys meeki* – Briard 1918
C. microphthalmus	*Chuco microphthalmus* – Günther 1862
C. milleri	*Chuco microphthalmus* – Günther 1862
C. nicaraguense	*Copora nicaraguensis* – Günther 1864
C. nigritum	*Paratheraps maculicauda* – Regan 1905
C. nigrofasciatum	*Archocentrus nigrofasciatus* – Günther 1869
C. octofasciatum	*Parapetenia octofasciatum* – regan 1905
C. parma	*Paratheraps maculicauda* – Regan 1905
C. pasionis	*Thorichthys pasionis* – Rivas 1962
C. regani	*Paratheraps regani* – Miller 1974
C. sajica	*Archocentrus sajica* – Bussing 1974
C. salvini	*Parapetenia salvini* – Günther 1862
C. severum	*Heros severus* – Heckel 1840
C. spilotum	*Copora nicaraguensis* – Günther 1864
C. spilurus	*Archocentrus spilurus* – Günther 1862
C. synspilum	*Paratheraps synspilum* – Hubbs 1935
Cichlaurus hicklingi	*Paratheraps synspilum* – Hubbs 1935
C. microphthalmus	*Chuco microphthalmus* – Günther 1862
Citharinus chilodus	*Chilodus punctatus* – Müller & Troschel 1845
Clarias magur	*Clarias batrachus* – Linnaeus 1758
C. marpus	*Clarias batrachus* – Linnaeus 1758
C. punctatus	*Clarias batrachus* – Linnaeus 1758
Clarislurus kemratensis	*Heteropneustes fossilis* – Bloch 1794
Clinodon bayoni	Haplochromis obliquidens – Hilgendorf 1888
Clupea sternicla	*Gasteropelecus sternicla* – Linnaeus 1758
Cnesterodon denticulatus	*Cnesterodon decemmaculatus* – Jenyns 1843
Cobitis anableps	*Anableps anableps* – Linnaeus 1740
C. barbatula	*Cobitis taenia taenia* – Linnaeus 1758
C. choirorhynchus	*Acanthopsis choirorhynchus* – Bleeker 1854
C. elongata	*Cobitis taenia taenia* – Linnaeus 1758
C. fossilis	*Misgurnus fossilis* – Linnaeus 1758
X. fuerstenbergii	*Noemacheilus barbatulus* – Linnaeus 1758
X. hymenophysa	*Botia hymenophysa* – Bleeker 1852
C. kuhlii	*Acanthophthalmus kuhlii* – Valenciennes 1846
C. macracanthus	*Botia macracantha* – Bleeker 1852
C. micropus	*Msigurnus fossilis* – Linnaeus 1758
C. toni	*Noemacheilus barbatulus* – Linnaeus 1758
Cochliodon nigrolineatus	*Panaque nigrolineatus* – Peters 1877
Cojus cobujius	*Anabas testudineus* – Bloch 1795
Colisa bejeus	*Colisa fasciata* – Bloch & Schneider 1801
C. chuna	*Colisa sota* – Hamilton 1822
C. cotra	*Colisa lalia* – Hamilton 1822
C. ponticeriana	*Colisa fasciata* – Bloch & Schneider 1801
C. unicolor	*Colisa lalia* – Hamilton 1822
C. vulgaris	*Colisa fasciata* – Bloch & Schneider 1801
Colossoma nigripinnis	*Colossoma macropomum* – Cope 1871
C. oculus	*Colossoma macropomum* – Cope ^87
Copeina argirops	*Copeina guttata* – Steindachner 1875
C. arnoldi	*Copella arnoldi* – Regan 1912
C. callolepis	*Copella nattereri* – Steindachner 1875
C. arsevennensis	*Copella arnoldi* – Regan 1912
C. eigenmanni	*Copella arnoldi* – Regan 1912
Copelandia eriarcha	*Enneacanthus obesus* – Girard 1854
Coptodon zillii	*Tilapia zillii* – Gervais 1848
Corydoras deckeri	*Corydoras loxozonus* – Nijssen & Isbrücker 1983
c. eigenmanni	*Corydoras barbatus* – Quoy & Gaimard 1824
c. kronie	*Corydoras barbatus* – Quoy & Gaimard 1824
C. macrosteus	*Corydoras aeneus* – Gill 1858
C. marmoratus	Corydoras plateaus – Jenyns 1842
C. myersi	*Corydoras rabauti* – La Monte 1941
C. schultzei	*Corydoras aeneus* – Gill 1858
Corynopoma albipinne	*Corynopoma riisei* – Gill 1858
C. aliata	*Corynopoma riisei* – Gill 1858
C. searlesi	*Corynopoma riisei* – Gill 1858
C. veedoni	*Corynopoma riisei* – Gill 1858
Crayracion fahaka	*Tetraodon fahaka* – Linnaeus 1757
C. fluviatilis	*Tetraodon fluviatilis* – Hamilton 1822
C. palembangensis	*Tetraodon steindachneri* Deckers 1975
Creatochanes affinis	*Bryconops affinis* – Günther 1864

C. melanurus	*Bryconops affinis* – Günther 1864
Crenicara praetoriusi	*Crenicara maculata* – Steindachner 1875
Cryptos humboldti	*Eigenmannia virescens* – Valenciennes 1849
C. lineatus	*Eigenmannia virescens* – Valenciennes 1849
C. virescens	*Eigenmannia virescens* – Valenciennes 1849
Cryptopterichthys bicirrhis	*Kryptopterus bicirrhis* – Valenciennes 1839
Cryptopterus amboinensis	*Kryptopterus bicirrhis* – Valenciennes 1839
Ctenochromis obliquidens	Haplochromis obliquidens – Hilgendorf 1888
Ctenops nobilis	*Trichopsis pumilus* – Arnold 1936
Ct. pumilus	*Trichopsis pumilus* – Arnold 1936
Ct. vittatus	*Trichopsis vittatus* – Cuvier & Valenciennes 1831
Cychla rubrocellata	*Astronotus ocellatus* – Cuvier 1829
Cychlasoma pulchrum	*Aequidens pulcher* – Gill 1858
Cycloheilichthys rubripinnis	*Cycloeilichthys apogon* – Valenciennes 1842
Cynodonichthys tenuis	*Rivulus tenuis* – Meek 1904
Cynolebias alexandri	*Cynolebias nigripinnis alexandri* – Castello & Lopez 1974
C. boitonei	*Simpsonichthys boitonei* – De Carvalhoi 1959
C. dolichopterus	*Terranatos dolichopterus* – Weitzmann & Wourms 1967
C. gibberosus	*Cynolebias bellotti* – Steindachner 1881
C. ladigesi	*Cynopoecilus ladigesi* – Foersch 1958
C. maculatus	*Cynolebias bellotti* – Steindachner 1881
C. robustus	*Cynolebias bellotti* – Steindachner 1881
Cyprichromis brieni	*Paracyprichromis brieni* – Poll 1981
Cyprinodon airebejensis	*Aphanus dispar* – Rüppell 1828
C. calaritanus	*Aphanius fasciatus* – Humboldt & Valenciennes 1821
C. cilensis	*Aphanius dispar* – Rüppell 1828
C. desioi	*Aphanius dispar* – Rüppell 1828
C. dispar	*Aphanius dispar* – Rüppell 1828
C. eilensis	*Aphanius dispar* – Rüppell 1828
C. fasciatus	*Aphanius fasciatus* – Humboldt & Valenciennes 1821
C. floridae	*Jordanella floridae* – Goode & Bean 1879
C. hammonis	*Aphanius dispar* – Rüppell 1828
C. iberus	*Aphanius iberus* – Valenciennes 1846
C. lunatus	*Aphanius dispar* – Rüppell 1828
C. marmoratus	*Aphanius fasciatus* – Humboldt & Valenciennes 1821
C. orthonotus	*Nothobranchius orthonotus* – Peters 1844
C. stoliczkanus	*Aphanius dispar* – Rüppell 1828
Cyprinus acuminiatus	*Cyprinus carpio* – Linnaeus 1758
C. auratus	*Carassius auratus* – Linnaeus 1758
C. bipinctatus	*Alburnoides bipinctatus* – Bloch 1782
C. conchonius	*Barbus conchonius* – Hamilton-Buchanan 1822
C. coriaceus	*Cyprinus carpio* – Linnaeus 1758
C. devario	*Danio devario* – Hamilton 1822
C. elatus	*Cyprinus carpio* – Linnaeus 1758
C. erythrophthalmus	*Scardinius erythrophthalmus* – Linnaeus 1758
C. gelius	*Barbus gelius* – Hamilton 1822
C. gobio	*Gobio gobio* – Linnaeus 1758
C. hungaricus	*Cyprinus carpio* – Linnaeus 1758
C. idus	*Leuciscus idus* – Linnaeus 1758
C. laubuca	*Chela laubuca* – Hamilton 1822
C. macrolepidotus	*Cyprinus carpio* – Linnaeus 1758
C. phoxinus	*Phoxinus phoxinus* – Linnaeus 1758
C. phutunio	*Barbus phutunio* – Hamilton 1822
C. regina	*Cyprinus carpio* – Linnaeus 1758
C. rerio	*Brachydanio rerio* – Hamilton 1822
C. rex cyprinorum	*Cyprinus carpio* – Linnaeus 1758
C. ticto	*Barbus ticto* – Hamilton 1822
Cyrtocara ahli	*Sciaenochromis ahli* – Trewavas 1935
C. boadzulu	*Copadichromis boadzulu* – Iles 1960
C. borleyi	*Copadichromis borleyi* – Iles 1960
C. crhysonotus	*Copadichromis chrysonotus* – Boulenger 1908
C. compressiceps	*Dimidiochromis compressiceps* – Boulenger 1908
C. electra	*Placidochromis electra* – Burgess 1979
C. euchilus	*Cheilochromis euchilus* – Trewavas 1935
C. johnstonii	*Placidochromis johnstonii* – Günther 1893
C. labrosus	*Melanochromis labrosus* – Trewavas 1935
C. livingstonii	*Nimbochromis livingstonii* – Günther 1893
C. mola	*Maravichromis mola* – Trewavas 1935
C. polystigma	*Nimbochromis polystigma* – Regan 1921
C. rostrata	*Fossorochromis rostratus* – Boulenger 1899
C. similis	*Protomelas similis* – Regan 1922
C. taeniolata	*Protomelas taeniolatus* – Trewavas 1935
C. venustus	*Nimbochromis venustus* – Boulenger 1908
Danio albolineata	*Brachydanio albolineatus* – Blyth 1860
D. alburnus	*Danio aequipinnatus* – McClelland 1839
D. anilipunctatus	*Brachydanio nigrofasciatus* – Day 1869
D. aurolineatus	*Danio aequipinnatus* – McClelland 1839
D. kerri	*Brachydanio kerri* – Smith 1931
D. lineolatus	*Danio aequipinnatus* – McClelland 1839
D. malabaricus	*Danio aequipinnatus* – McClelland 1839
D. micronema	*Danio aequipinnatus* – McClelland 1839
D. nigrofasciatus	*Brachydanio nigrofasciatus* – Day 1869
D. osteographus	*Danio aequipinnatus* – McClelland 1839
D. rerio	*Brachydanio rerio* – Hamilton 1822
Decapogon adspersus	*Dianema longibarbis* – Cope 1871
D. urostriatum	*Dianema urostriata* – Ribeiro 1912
Deschauenseeia chryseus	*Trichogaster microlepis* – Günther 1861
Dextripenis evides	*Phallichthys fairweatheri* – Rosen & Bailey 1959
Dicrossus maculatus	*Crenicara maculata* – Steindachner 1875
Doras affinis	*Amblydoras hancockii* – Valenciennes 1840
D. blochii	*Acanthodoras cataphractus* – Linnaeus 1758
D. cataphractus	*Acanthodoras cataphractus* – Linnaeus 1758
D. costatus	*Platydoras costatus* – Linnaeus 1766
D. hancockii	*Amblydoras hancockii* – Valenciennes 1840
D. pectinifrons	*Acanthodoras spinosissimus* – Cope 1870
D. polygramma	*Acanthodoras cataphractus* – Linnaeus 1758
D. truncatus	*Amblydoras hancockii* – Valenciennes 1840
Ectodus foae	*Cyathopharynx furcifer* – Boulenger 1898
Eigenmannia humboldtii	*Eigenmannia virescens* – Valenciennes 1849
Epalzeorhynchus bicolor	*Labeo bicolor* – Smith 1931
E. frenatus	*Labeo frenatus* – Fowler 1934
E. siamensis	*Crossocheilus siamensis* – Smith 1931
Epicyrtus exodon	*Exodon paradoxus* – Müller & Troschel 1845
Epiplatys annulatus	*Pseudepiplatys annulatus* – Boulenger 1915
E. chinchoxcanus	*Epiplatys singa* – Boulenger 1911
E. fasciolatus lamottei	*Epiplatys lamottei* – Daget 1954
E. macrostigma	*Epiplatys singa* – Boulenger 1911
Eptomaculata lara	*Quintana atrizona* – Hubbs 1934
Erythrichthys citrinellum	*Amphilophus citrinellum* – Günther 1864
Esox panchax	*Aplocheilus panchax* – Hamilton 1822
Etroplus coruchi	*Etroplus maculatus* – Bloch 1795
Eutropiellus buffei	*Eutropiellus vanderweyeri* – Th. v. d. A. 1964
Eu. kazai	*Eutropiellus vanderweyeri* – Th. v. d. A. 1964
Eutropius debauwi	*Eutropiellus debauwi* – Boulenger 1900
Fontinus zebrinus	*Fundulus zebrinus* – Jordan & Gilbert 1882
Fundulopanchax bivittatum	*Aphyosemion bivittatum* – Lönnberg 1895
F. filamentosus	*Aphyosemion filamentosum* – Meinken 1933
F. gardneri	*Aphyosemion gardneri* – Boulenger 1911
F. gularis	*Aphyosemion gulare* – Boulenger 1901
F. luxophthalmus	*Aplocheilichthys macrophthalmus* – Meinken 1932
F. multicolor	*Aphyosemion multicolor* – Meinken 1930
F. sjoestedti	*Aphyosemion sjöstedti* – Lönnberg 1895
Fundulus arlingtonia	*Fundulus chrysotus* – Günther 1866
F. arnoldi	*Aphyosemion arnoldi* – Boulenger 1908
F. bivittatus	*Aphyosemion bivittatum* – Lönnberg 1895
F. caeruleum	*Aphyosemion sjöstedti* – Lönnberg 1895
F. floridensis	*Fundulus grandis* – Baird & Girard 1853
F. gardneri	*Aphyosemion gardneri* – Boulenger 1911
F. guentheri	*Nothobranchius guentheri* – Pfeffer 1893
F. gularis	*Aphyosemion gulare* – Boulenger 1901
F. kansae	*Fundulus zebrinus* – Jordan & Gilbert 1882
F. kompi	*Fundulus chrysotus* – Günther 1866
F. microlepis	*Nothobranchius microlepis* – Vinciguerra 1897
F. mkuziensis	*Nothobranchius orthonotus* – Peters 1844
F. pallidus	*Fundulus grandis* – Baird & Girard 1853
F. palmqvisti	*Nothobranchius palmqvisti* – Lönnberg 1907
F. patrizii	*Nothobranchius patrizii* – Vinciguerra 1897
F. sjoestedti	*Aphyosemion sjöstedti* – Lönnberg 1895
F. xenicus	*Adinia multifasciata* – Girard 1859
Gambusia atrilatus	*Gambusia affinis affinis* – Baird & Girard 1853
G. bimaculata	*Heterandria bimaculata* – Heckel 1848
G. cubensis	*Poecilia vittata* – Guichenot 1853
G. episcopi	*Brachyraphis episcopi* – Steindachner 1878

G. finlayi	*Gambusia punctata* – Poey 1854
G. formosa	*Heterandria formosa* – Agassiz 1853
G. gracilis	*Gambusia affinis affinis* – Baird & Girard 1853
G. heckeli	*Poeciliopsis gracilis* – Heckel 1848
G. holbrooki	*Gambusia affinis holbrooki* – Girard 1859
G. humilis	*Gambusia affinis affinis* – Baird & Girard 1853
g. latipunctata	*Brachyraphis episcopi* – Steindachner 1878
G. lineolata	*Poecilia latipinna* – Lesueur 1821
G. matamorensis	*Poecilia latipinna* – Lesueur 1821
G. melanpos	*Gambusia affinis affinis* – Baird & Girard 1853
G. modesta	*Poecilia sphenops* – Valenciennes 1846
G. patruelis	*Gambusia affinis affinis* – Baird & Girard 1853
G. plumbea	*Poecilia sphenops* – Valenciennes 1846
G. poecilioides	*Poecilia latipinna* – Lesueur 1821
G. rhabdophora	*Brachyraphis rhabdophora* – Regan 1908
G. speciosa	*Gambusia affinis affinis* – Baird & Girard 1853
G. umbratilis	*Xenophallus umbratilis* – Meek 1912
G. vittata	*Poecilia vittata* – Guichenot 1853
Gardonus rutilus	*Rutilus rutilus* – Linnaeus 1758
Gasteropelecus coronatus	*Gasteropelecus sternicla* – Linnaeus 1758
G. fasciatus	*Carnegiella strigata fasciata* – Garman 1890
G. securis	*Thoracocharax securis* – Filippi 1853
G. stellatus	*Thoracocharax securis* – Filippi 1853
G. strigatus	*Carnegiella strigata strigata* – Günther 1864
Gasterostea pungitius	*Pungitius pungitius* – Linnaeus 1758
Gasterosteus argyropomus	*Gasterosteus aculeatus* – Linnaeus 1758
G. biaculeatus	*Gasterosteus aculeatus* – Linnaeus 1758
G. brachycentrus	*Gasterosteus aculeatus* – Linnaeus 1758
G. bispinosus	*Gasterosteus aculeatus* – Linnaeus 1758
G. bussei	*Pungitius pungitius* – Linnaeus 1758
G. cataphractus	*Gasterosteus aculeatus* – Linnaeus 1758
G. cuvieri	*Gasterosteus aculeatus* – Linnaeus 1758
G. gymnurus	*Gasterosteus aculeatus* – Linnaeus 1758
G. leirus	*Gasterosteus aculeatus* – Linnaeus 1758
G. niger	*Gasterosteus aculeatus* – Linnaeus 1758
G. obolarius	*Gasterosteus aculeatus* – Linnaeus 1758
G. occidentalis	*Pungitius pungitius* – Linnaeus 1758
G. ponticus	*Gasterosteus aculeatus* – Linnaeus 1758
G. pungitius	*Pungitius pungitius* – Linnaeus 1758
G. semiarmatus	*Gasterosteus aculeatus* – Linnaeus 1758
G. semiloricatus	*Gasterosteus aculeatus* – Linnaeus 1758
G. spinulosus	*Gasterosteus aculeatus* – Linnaeus 1758
G. teraculeatus	*Gasterosteus aculeatus* – Linnaeus 1758
G. tetracanthus	*Gasterosteus aculeatus* – Linnaeus 1758
G. trachurus	*Gasterosteus aculeatus* – Linnaeus 1758
Gastrodermus elegans	*Corydoras elegans* – Steindachner 1877
Geophagus agassizii	*Apistogramma agassizii* – Steindachner 1875
g. australe	*Gymnogeophagus australis* – Eigenmann 1907
G. balzanii	*Gymnogeophagus balzanii* – Perugia 1891
g. bucephalus	*Geophagus brasiliensis* – Quoy & Gaimard 1824
G. cupido	*Biotodoma cupido* – Heckel 1846
G. daemon	*Satanoperca daemon* – Heckel 1846
G. duodecimspinosus	*Gymnogeophagus balzanii* – Perugia 1891
G. hondae	*Geophagus steindachneri* – Eigenmann & Hildebrandt 1910
G. labiatus	*Geophagus brasiliensis* – Quoy & Gaimard 1824
G. jurupari	*Satanoperca jurupari* – Heckel 1840
G. magdalenae	*Geophagus steindachneri* – Eigenmann & Hildebrandt 1910
G. megasema	*Geophagus surinamensis* – Bloch 1791
G. obscura	*Geophagus brasiliensis* – Quoy & Gaimard 1824
G. pappaterra	*Satanoperca pappaterra* – Heckel 1840
G. pygmaeus	*Geophagus brasiliensis* – Quoy & Gaimard 1824
G. rhabdotus	*Gymnogeophagus rhabdotus* – Hensel 1870
G. scymnophilus	*Geophagus brasiliensis* – Quoy & Gaimard 1824
G. thayeri	*Acarichthys heckelii* – Müller & Troschel 1848
G. vittatus	*Bujurquina vittata* – Heckel 1840
Girardinichthys innominatus	*Girardinichthys viviparus* – Bleeker 1860
Girardinus decemmaculatus	*Cnesterodon decemmaculatus* – Jenyns 1843
G. formosus	*Heterandria formosa* – Agassiz 1853
g. garmani	*Girardinus metallicus* – Poey 1854
G. puppii	*Poecilia reticulata* – Peters 1859
G. januarius reticulatus	*Phalloceros caudomaculatus* – Hensel 1868
g. lutzi	*Poeciliopsis gracilis* – Heckel 1848
G. petersi	*Poecilia reticulata* – Peters 1859
G. pleurospilus	*Poeciliopsis gracilis* – Heckel 1848
G. poeciloides	*Poecilia reticulata* – Peters 1859
G. pygmaeus	*Girardinus metallicus* – Poey 1854
G. reticulata	*Phalloceros caudomaculatus* – Hensel 1868
G. reticulatus	*Poecilia reticulata* – Peters 1859
G. vandepolli	*Poecilia sphenops* – Valenciennes 1846
Glaridichthys decemmaculatus	*Cnesterodon decemmaculatus* – Jenyns 1843
Glyphisodon kakaitsel	*Etroplus maculatus* – Bloch 1795
G. zillii	*Tilapia zilli* – Gervais 1848
Gnathonemus pictus	*Gnathonemus petersii* – Günther 1862
Gnathopogon bimaculatus	*Barbus bimaculatus* – Bleeker 1864
Gobio fluviatilis	*Gobio gobio* – Linnaeus 1758
G. venatus	*Gobio gobio* – Linnaeus 1758
Gobiochromis tinanti	*Steatocranus tinanti* – Poll 1839
Gobius xanthozona	*Brachgobius xanthozona* – Bleeker 1849
Goodea bilineata	*Skiffia bilineata* – Bean 1887
G. lermae	*Skiffia bilineata* – Bean 1887
G. whitei	*Ilyodon whitei* – Meek 1904
Gulapinnus decemmaculatus	*Cnesterodon decemmaculatus* – Jenyns 1843
Gyrinocheilops kaznakovi	*Gyrinocheilus aymonieri* – Tirant 1883
Gyrinocheilus kaznakovi	*Gyrinocheilus aymonieri* – Tirant 1883
Haligenes tristrami	*Tilapia zillii* – Gervais 1848
Haplochilichthys katangae	*Aplocheilichthys katangae* – Boulenger 1912
H. pumilus	*Aplocheilichthys pumilus* – Boulenger 1906
Haplochilus annulatus	*Pseudepiplatys annulatus* – Boulenger 1915
H. bualanus	*Aphyosemion bualanum* – Ahl 1924
H. calliurus	*Aphyosemion calliurum* – Boulenger 1911
H. calliurus v. australis	*Aphyosemion australe* – Rachow 1921
H. cameronensis	*Aphyosemion cameronense* – Boulenger 1903
H. carlislei	*Aplocheilichthys katangae* – Boulenger 1912
H. christyi	*Aphyosemion christyi* – Boulenger 1915
H. chrysotus	*Fundulus chrysotus* – Günther 1866
H. dayi	*Aplocheilus dayi* – Steindachner 1892
H. dhonti	*Aplocheilichthys pumilus* – Boulenger 1906
H. exiguus	*Aphyosemion exiguum* – Boulenger 1911
H. javanicus	*Oryzias melastigmus* – McClelland 1839
H. katangae	*Aplocheilichthys katangae* – Boulenger 1912
H. liberiensis	*Roloffia liberiensis* – Boulenger 1908
H. lineatus	*Aplocheilus lineatus* – Valenciennes 1846
H. lineolatus	*Aplocheilus lineatus* – Valenciennes 1846
H. lujae louessensis	*Aphyosemion louessense* – Pellegrin 1931
H. macrostigma	*Epiplatys singa* – Boulenger 1911
H. melanops	*Gambusia affinis holbrooki* – Girard 1859
H. panchax	*Aplocheilus panchax* – Hamilton 1822
H. playfairii	*Pachypanchax playfairii* – Günther 1866
H. pumilus	*Aplocheilichthys pumilus* – Boulenger 1906
H. riggenbachi	*Aphyosemion riggenbachi* – Ahl 1924
H. striatus	*Aphyosemion striatum* – Boulenger 1911
H. tanganicanus	*Lamprichthys tanganicanus* – Boulenger 1898
H. walkeri	*Aphysemion walkeri* – Boulenger 1911
Haplochromis ahli	*Sciaenochromis ahli* – Trewavas 1935
H. boadzulu	*Copadichromis boadzulu* – Iles 1960
H. borleyi	*Copadichromis borleyi* – Iles 1960
H. cancellus	*Protomelas taeniolatus* – Trewavas 1935
H. chrysonotus	*Copadichromis chrysonotus* – Boulenger 1908
H. compressiceps	*Dimidiochromis compressiceps* – Boulenger 1908
H. electra	*Placidochromis electra* – Burgess 1979
H. euchilus	*Cheilochromis euchilus* – Trewavas 1935
H. granderus	*Copadichromis borleyi* – Iles 1960
H. hinderi	*Copadichromis boadzulu* – Iles 1960
H. jahni	*Placidochromis electra* – Burgess 1979
H. johnstonii	*Placidochromis johnstonii* – Günther 1893
H. labrosus	*Melanochromis labrosus* – Trewavas 1935
H. livingstonii	*Nimbochromis livingstonii* – Günther 1893
H. macrorhynchus	*Fossorochromis rostratus* – Boulenger 1899
H. mola	*Maravichromis mola* – Trewavas 1935
H. moorii	*Cyrtocara moorii* – Boulenger 1902
H. multicolor	*Pseudocrenilabrus multicolor* – Hilgendorf 1903
H. nicholsi	*Pseudocrenilabrus nicholsi* – Pellegrin 1928
H. philander dispersus	*Pseudocrenilabrus philander dispersus* – Trewavas 1935

H. polystigma	*Nimbochromis polystigma* – Regan 1921
H. rostratus	*Fossorochromis rostratus* – Boulenger 1899
H. sexfasciatus	*Placidochromis johnstonii* – Günther 1893
H. similis	*Protomelas similis* – Regan 1922
H. taeniolatus	*Protomelas taeniolatus* – Trewavas 1935
H. vanderhorsti	*Astatoreochromis vanderhorsti* – Greenwood 1954
H. venustus	*Nimbochromis venustus* – Boulenger 1908
Hasemania marginata	*Hasemania nana* – Reinhardt 1874
H. melanura	*Hasemania nana* – Reinhardt 1874
Helostoma oligacanthum	*Helostoma temminckii* – Cuvier & Valenciennes 1831
H. rudolfi	*Helostoma temminckii* – Cuvier & Valenciennes 1831
H. servus	*Helostoma temminckii* – Cuvier & Valenciennes 1831
H. tambakkan	*Helostoma temminckii* – Cuvier & Valenciennes 1831
Hemiancistrus pulcher	*Peckoltia pulcher* – Steindachner 1917
H. vittatus	*Peckoltia vittata* – Steindachner 1882
Hemibrycon dentatus	*Aphyocharax dentatus* – Eigenmann & Kennedy 1903
Hemichromis fugax	*Hemichromis bimaculatus* – Gill 1862
H. guentheri	*Chromidotilapia guentheri* – Sauvage 1882
H. livingstonii	*Nimbochromis livingstonii* – Günther 1893
H. subocellatus	*Pelvicachromis subocellatus* – Günther 1871
H. tersquanmatus	*Chromidotilapia guentheri* – Sauvage 1882
H. voltae	*Chromidotilapia guentheri* – Sauvage 1882
Hemidoras notospilus	*Hassar notospilus* – Eigenmann 1910
Hemigrammalestes interruptus	*Phenacogrammus interruptus* – Boulenger 1899
Hemigrammus armstrongi	*Hemigrammus rodwayi* – Durbin 1909
H. gracilis	*Hemigrammus erythrozonus* – Durbin 1909
H. heterorhabdus	*Hyphessobrycon heterorhabdus* – Ulrey 1895
H. melanopterus	*Hyphessobrycon callistus* – Boulenger 1900
H. nanus	*Hasemania nana* – Reinhardt in Lütken 1874
Hemihaplochromis multicolor	*Pseudocrenilabrus multicolor* – Hilgendorf 1903
H. philander dispersus	*Pseudocrenilabrus philander dispersus* – Trewavas 1936
Hemioplites simulans	*Enneacanthus obesus* – Girard 1854
Hemirhamphus fluviatilis	*Dermogenys pusillus* – van Hasselt 1823
H. sumatranus	*Dermogenys pusillus sumatranus* – Bleeker 1853
Hemitilapia bayoni	*Haplochromis obliquidens* – Hilgendorf 1888
Hemixiphophorus gracilis	*Gambusia affinis affinis* – Baird & Girard 1853
Heros acaroides	*Cichlasoma facetum* – Jenyns 1842
H. aureus	*Thorichthys aureus* – Günther 1862
H. basilaris	*Amphilophus citrinellum* – Günther 1864
H. centralis	*Cichlasoma dimerus* – Heckel 1840
H. citrinellus	*Amphilophus citrinellum* – Günther 1864
H. coryphaeus	*Heros severus* – Heckel 1840
H. crassa	*Hypselecara temporalis* – Günther 1862
H. cyanoguttatus	*Herichthys cyanoguttatum* – Jordan & Snyder 1899
H. efasciatus	*Heros severus* – Heckel 1840
H. facetus	*Cichlasoma facetum* – Jenyns 1842
H. festae	*Parapetenia festae* – Boulenger 1899
H. festivus	*Mesonauta festiva* – Heckel 1840
H. goeldi	*Hypselecara temporalis* – Günther 1862
H. jenynsii	*Cichlasoma facetum* – Jenyns 1842
H. labiatus	*Amphilophus labiatus* – Günther 1864
H. maculipinnis	*Thorichthys ellioti* – Meek 1904
H. managuense	*Parapetenia managuensa* – Günther 1866
H. microphthalmus	*Chuco microphthalmus* – Günther 1862
H. modestus	*Heros severus* – Heckel 1840
H. multispinosus	*Herotilapia multispinosa* – Günther 1866
H. nigrofasciatus	*Archocentrus nigrofasciatus* – Günther 1866
H. oblongus	*Chuco microphthalmus* – Günther 1862
H. octofasciatus	*Parapetenia octofasciata* – Regan 1903
H. parma	*Paratheraps maculicauda* – Regan 1905
H. salvini	*Parapetenia salvini* – Günther 1862
H. spilurus	*Archocentrus spilurus* – Günther 1862
H. spurius	*Heros severus* – Heckel 1840
H. trigramma	*Parapetenia salvini* – Günther 1862
Heterandria affinis	*Gambusia affinis affinis* – Baird & Girard 1853
H. cubensis	*Girardinus metallicus* – Poey 1854
H. guppyi	*Poecilia reticulata* – Peters 1859
H. holbrooki	*Gambusia affinis holbrooki* – Girard 1859
H. lutzi	*Poeciliopsis gracilis* – Heckel 1848
H. metallica	*Heterandria formosa* – Agassiz 1853
H. patruelis	*Gambusia affinis affinis* – Baird & Girard 1853
H. pleurospilus	*Poeciliopsis gracilis* – Heckel 1848
H. uninotata	*Gambusia affinis holbrooki* – Girard 1859
Heterogramma borellii	*Apistogramma borellii* – Regan 1906
H. commbrae	*Apistogramma commbrae* – Regan 1906
H. corumbae	*Apistogramma commbrae* – Regan 1906
H. steindachneri	*Apistogramma steindachneri* – Regan 1908
H. trifasciatum	*Apistogramma trifasciata* – Eigenmann & Kennedy 1903
Heteropneustes kemratensis	*Heteropneustes fossilis* – Bloch 1794
Hexanematichthys seemani	*Arius seemani* – Günther 1864
Holopristes riddlei	*Pristella maxillaris* – Ulrey 1895
H. ocellifer	*Hemigrammus ocellifer* – Steindachner 1882
Hoplosternum aeneum	*Corydoras aeneus* – Gill 1858
H. longfilis	*Hoplosternum thoracatum* – Valenciennes 1840
H. magdalenae	*Hoplosternum thoracatum* – Valenciennes 1840
H. thorae	*Hoplosternum thoracatum* – Valenciennes 1840
Hydrargyra formosa	*Heterandria formosa* – Agassiz 1853
Hydrogonus ocellatus	*Astronotus ocellatus* – Cuvier 1829
Hymenophysa macclallandi	*Botia hymenophysa* – Bleeker 1852
H. macracantha	*Botia macracantha* – Bleeker 1852
Hyphessobrycon anisitsi	*Hemigrammus caudovittatus* – Ahl 1923
H. callistus bentosi	*Hyphessobrycon bentosi bentosi* – Durbin 1908
H. callistus rosaceus	*Hyphessobrycon bentosi rosaceus* – Durbin 1909
H. callistus rubrostigma	*Hyphessobrycon erythrostigma* – Fowler 1943
H. cardinalis	*Paracheirodon axelrodi* – Schultz 1956
H. innesi	*Paracheirodin innesi* – Myers 1936
H. melanopterus	*Hyphessobrycon callistus* – Boulenger 1900
H. ornatus	*Hyphessobrycon bentosi bentosi* – Durbin 1908
H. rosaceus	*Hyphessobrycon rosadeus* – Durbin 1909
H. rubrostigma	*Hyphessobrycon erythrostigma* – Fowler 1943
Hypostomus multiradiatus	*Pterygoplichthys multiradiatus* – Hancock 1828
H. temminckii	*Ancistrus temminckii* – Valenciennes 1840
Hypselobagrus tengara	*Mystus vittatus* – Bloch 1794
Hystricodon paradoxus	*Exodon paradoxus* – Müller & Troschel 1845
Idus idus	*Leuciscus idus* – Linnaeus 1758
I. melanotus	*Leuciscus idus* – Linnaeus 1758
Julidochromis ocellatus	*Neolamprologus coellatus* – Steindachner 1909
Knipowitschia panizzai	*Padogobius panizzai* – Verga 1841
Kryptopterichthys palembangensis	*Kryptopterus bicirrhis* – Valenciennes 1839
Lamprichthys curtianalis	*Lamprichthys tanganicanus* – Boulenger 1898
Lamprologus brevis	*Neolamprologus brevis* – Boulenger 1899
L. brichardi	*Neolamprologus brichardi* – Poll 1974
L. calvus	*Altolamprologus calvus* – Poll 1978
L. cunningtoni	*Lepidiolamprologus cunnungtoni* – Boulenger 1906
L. dhouti	*Telmatochromis dhouti* – Poll 1942
L. leleupi	*Neolamprologus leleupi* – Poll 1956
L. modestus nyassae	*Lamprologus callipterus* – Boulenger 1906
L. moorii	*Neolamprologus moorii* – Boulenger 1898
L. reticulatus	*Lamprologus callipterus* – Boulenger 1906
L. savoryi elongatus	*Neolamprologus brichardi* – Poll 1974
L. taeniurus	*Neolamprologus brevis* – Boulenger 1899
L. tretocephalus	*Neolamprologus tretocephalus* – Boulenger 1898
Laubuca laubuca	*Chela laubuca* – Hamilton 1822
L. siamensis	*Chela laubuca* – Hamilton 1822
Labeo chrysophekadion	*Morulius chrysophekadion* – Bleeker 1849
Labeotropheus curvirostris	*Labeotropheus fuellebroni* – Ahl 1927
Labidochromis caeruleus likomae	*Melanochromis joanjohnsonae* – Johnson 1974
L. joanjohnsonae	*Melanochromis joanjohnsonae* – Johnson 1974
Labrus badis	*Badis badis* – Hamilton 1822
L. irideus	*Centrarchus macropterus* – Lacépède 1802
L. macropterus	*Centrarchus macropterus* – Lacépède 1802
L. opercularis	*Macropodus opercularis* – Linnaeus 1758
L. trichopterus	*Trichogaster trichopterus* – Pallas 1777
Laemolyta taeniata	*Anostomus taeniatus* – Kner 1858
Lebias calaritanus	*Aphanius iberus* – Valenciennes 1846
L. cypris	*Aphanius mento* – Heckel 1843
L. dispar	*Aphanius dispar* – Rüppell 1828
L. fasciatus	*Aphanius fasciatus* – Humboldt & Valenciennes 1821

L. ibericus	*Aphanius iberus* – Valenciennes 1846
L. mento	*Aphanius mento* – Heckel 1843
Lebistes melanzonus	*Poecilia picta* – Regan 1913
L. poecilioides	*Poecilia reticulata* – Peters 1859
L. reticulatus	*Poecilia reticulata* – Peters 1859
Leiurus aculeatus	*Gasterosteus aculeatus* – Linnaeus 1758
Lembesseia parvianalis	*Poecilis sphenops* – Cuvier & Valenciennes 1846
Leporinus anostomus	*Anostomus anostomus* – Linnaeus 1758
L. hypselonotus	*Abramites hypselonotus* – Günther 1868
Leptotilapia tinanti	*Steatocranus tinanti* – Poll 1939
Leucaspius abruptus	*Leucaspius delineatus* – Heckel 1843
L. relictus	*Leucaspius delineatus* – Heckel 1843
Leuciscus bipunctatus	*Alburnoides bipunctatus* – Bloch 1782
L. erythrophthalmus	*Scardinius erythrophthalmus* – Linnaeus 1758
L. filamentosus	*Barbus filamentosus* – Valenciennes 1842
L. laubuca	*Chela laubuca* – Hamilton 1822
L. lineolatus	*Danio aequipinnatus* – McClelland 1839
L. phoxinus	*Phoxinus phoxinus* – Linnaeus 1758
L. rutilus	*Rutilus rutilus* – Linnaeus 1758
L. scardafa	*Scardinius erythrophthalmus* – Linnaeus 1758
Limia arnoldi	*Poecilia nigrofasciata* – Regan 1913
L. caudofasciata	*Poecilia melanogaster* – Günther 1866
L. cubensis	*Poecilia vittata* – Guichenot 1853
L. dominicensis	*Poecilia dominicensis* – Valenciennes 1846
L. eptomaculata	*Quintana atrizona* – Hubbs 1934
L. lineolat	*Poecilia latipinna* – Lesueur 1821
L. matamorensis	*Poecilia latipinna* – Lesueur 1821
L. melanogaster	*Poecilia melanogaster* – Günther 1866
L. nigrofasciata	*Poecilia nigrofasciata* – Regan 1913
L. pavonina	*Poecilia vittata* – Guichenot 1853
L. perugiae	*Poecilia perugiae* – Evermann & Clark 1906
L. poecilioides	*Poecilia latipinna* – Lesueur 1821
L. tricolor	*Poecilia melanogaster* – Günther 1866
L. vittata	*Poecilia vittata* – Guichenot 1853
L. leptosoma	*Cyprichromis leptosoma* – Boulenger 1898
L. microlepidotus	*Cyprichromis microlepidotus* – Poll 1956
L. nigripinnis	*Cyprichromis nigripinnis* – Boulenger 1901
L. otostigma	*Triglachromis otostigma* – Regan 1920
Limnurgus innominatus	*Girardinichthys viviparus* – Bleeker 1860
L. variegatus	*Girardinichthys viviparus* – Bleeker 1860
Liposarcus spec.	*Pterygoplichthys spec.*
Lobotes ocellatus	*Astronotus ocellatus* – Cuvier 1829
Loricaria filamentosa	*Dasyloricaria filamentosa* – Steindachner 1878
L. lanceolata	*Rineloricaria lanceolata* – Günther 1868
L. plecostomoides	*Ancistrus temminckii* – Valenciennes 1840
Loricarichthys lanceolatus	*Rineloricaria lanceolata* – Günther 1868
Lucania richii	*Girardinichthys viviparus* – Bleeker 1860
Lutjanus scandens	*Anabas testudineus* – Bloch 1795
L. testudo	*Anabas testudineus* – Bloch 1795
Lycocyprinus sexfasciatus	*Epiplatys sexfasciatus* – Boulenger 1899
Makropodus ocellatus	*Macropodus operuclaris* – Linnaeus 1758
Melanochromis brevis	*Iodotropheus sprengerae* – Oliver & Loiselle 1972
M. exasperatus	*Melanochromis joanjohnsonae* – Johnson 1974
Mesogonistus chaetodon	*Enneacanthus chaetodon* – Baird 1854
Mesops agassizii	*Apistogramma agassizii* – Steindachner 1875
M. cupido	*Biotodoma cupido* – Heckel 1840
Metynnis anisurus	*Metynnis argenteus* – Ahl 1923
M. callichromus	*Metynnis hypsauchen* – Müller & Troschel 1844
M. dungerni	*Metynnis argenteus* – Ahl 1923
M. eigenmanni	*Metynnis argenteus* – Ahl 1923
M. ehrhardti	*Metynnis hypsauchen* – Müller & Troschel 1844
M. fasciatus	*Metynnis hypsauchen* – Müller & Troschel 1844
Macrognathus armatus	*Mastacembelus armatus* – Günther 1861
M. erythrotaenia	*Mastacembelus erythrotaenia* – Bleeker 1850
M. maculatus	*Macrognathus aculeatus* – Bloch 1788
Macrones tengara	*Mystus vittatus* – Bloch 1794
Macropodus cupanus	*Pseudophromenus cupanus* – Cuvier & Valenciennes 1831
M. dayi	*Pseudosphromenus dayi* – Köhler 1909
M. filamentosus	*Macropodus opercularis* – Linnaeus 1758
M. opercularis concolor	*Macropodus concolor* – Ahl 1937
M. pugnax	*Betta pugnax* – Cantor 1850
M. venustus	*Macropodus opercularis* – Linnaeus 1758
M. viridi-auratus	*Macropodus opercularis* – Linnaeus 1758
Macropteronotus batrachus	*Clarias batrachus* – Linnaeus 1758
M. magur	*Clarias batrachus* – Linnaeus 1758
Macropus viridi-auratus	*Macropodus opercularis* – Linnaeus 1758
Metynnis goeldii	*Metynnis lippincottianus* – Cope 1871
M. heinrothi	*Metynnis argenteus* – Ahl 1923
M. orbicularis	*Metynnis lippincottianus* – Cope 1871
M. roosevelti	*Metynnis lippincottianus* – Cope 1871
M. schreitmuelleri	*Metynnis hypsauchen* – Müller & Troschel 1844
M. seitzii	*Metynnis lippincottianus* – Cope 1871
M. smethlageae	*Metynnis argenteus* – Ahl 1923
Micraethiops ansorgei	*Neolebias ansorgei* – Boulenger 1912
Micralestes interruptus	*Phenacogrammus interruptus* – Boulenger 1899
Microcorydoras hastatus	*Corydoras hastatus* – Eigenmann & Eigenmann 1888
Micripoecilia melanzonus	*Poecilia picta* – Regan 1913
M. picta	*Poecilia picta* Regan 1913
Mikrogeophagus ramirezi	*Papiliochromis ramirezi* – Myers & Harry 1948
Moenkhausia agassizi	*Moenkhausia sanctaefilomenae* – Steindachner 1907
M. australis	*Moenkhausia sanctaefilomenae* – Steindachner 1907
M. filomenae	*Moenkhausia sanctaefilomenae* – Steindachner 1907
M. ternetzi	*Gymnocorymbus ternetzi* – Boulenger 1895
Mohanga tanganicana	*Lamprichthys tanganicanus* – Boulenger 1898
Molinesia surinamensis	*Poecilia vivipara* – Bloch & Schneider 1801
Mollinesia sphenops	*Poecilia sphenops* – Cuvier & Valenciennes 1846
Molliniesia fasciata	*Poecilia sphenops* – Cuvier & Valenciennes 1846
M. helleri	*Xiphophorus helleri* – Heckel 1846
M. latipinna	*Poecilia latipinna* – Lesueur 1821
M. mexicana	*Poecilia sphenops* – Cuvier & Valenciennes 1846
M. spilurus	*Poecilia sphenops* – Cuvier & Valenciennes 1846
M. surinamensis	*Poecilia vivipara* – Bloch & Schneider 1801
M. velifera	*Poecilia velifera* – Regan 1914
Monocirrhus mimophyllus	*Monocirrhus polyacanthus* – Heckel 1840
Mormyrus petersii	*Gnathonemus petersii* – Günther 1862
Morulius dinema	*Morulius chrysophekadion* – Bleeker 1849
M. erythrostictus	*Morulius chrysophekadion* – Bleeker 1849
M. pectoralis	*Morulius chrysophekadion* – Bleeker 1849
Myletes duriventris	*Mylossoma duriventre* – Cuvier 1818
M. hypsauchen	*Metynnis hypsauchen* – Müller & Troschel 1844
M. lippincottianus	*Metynnis lippincottianus* – Cope 1871
N. nigripinnis	*Colossoma macropomum* – Cope 1871
M. ocinoccensis	*Metynnis hypsauchen* – Müller & Troschel 1844
M. oculus	*Colossoma macropomum* – Cope 1871
M. schreitmuelleri	*Metynnis hypsauchen* – Müller & Troschel 1844
Myloplus asterias	*Myleus rubripinnis* – Müller & Troschel 1844
M. ellipticus	*Myleus rubripinnis* – Müller & Troschel 1844
M. rubripinnus	*Myleus rubripinnis* – Müller & Troschel 1844
Mylossoma albicopus	*Mylossoma duriventra* – Cuvier 1818
M. argentum	*Mylossoma duriventra* – Cuvier 1818
M. ocellatus	*Mylossoma duriventra* – Cuvier 1818
M. unimaculatus	*Mylossoma duriventra* – Cuvier 1818
Mystus atrifasciatus	*Mystus vittatus* – Bloch 1794
M. tengara	*Mystus vittatus* – Bloch 1794
Nannobrycon eques	*Nannostomus eques* – Steindachneri 1876
N. unifasciatus	*Nannostomus unifasciatus* – Steindachner 1876
Nannostomus anomalus	*Nannostomus beckfordi* – Günther 1866
N. aripirangensis	*Nannostomus beckfordi* – Günther 1866
N. simplex	*Nannostomus beckfordi* – Günther 1866
N. trilineatus	*Nannostomus trifasciatus* – Steindachner 1876
Neetroplus carpintis	*Herichthys cyanoguttatum carpinte* – Jordan & Snyder 1899
N. fluviatilis	*Neetroplus nematopus* – Günther 1866

N. nicaraguensis	*Neetroplus nematopus* – Günther 1866
Nemachilus compressirostris	*Noemacheilus barbatulus* – Linnaeus 1758
N. pechilensis	*Noemacheilus barbatulus* – Linnaeus 1758
N. sibiricus	*Noemacheilus barbatulus* – Linnaeus 1758
N. sturanyi	*Noemacheilus barbatulus* – Linnaeus 1758
Nematobrycon amphiloxas	*Nematobrycon palmeri* – Eigenmann 1911
Nematocentris fluviatilis	*Melanotaenia fluviatilis* – Castelnau 1878
N. maccullochi	*Melanotaenia maccullochi* – Ogilby 1915
N. nigrans	*Melanotaenia nigrans* – Richardson 1843
N. rubrostriatus	*Melanotaenia splendida rubrostriata* – Ramsay & Ogilby 1886
N. splendens	*Melanotaenia splendida* – Peters 1866
Nematopoma searlesi	*Corynopoma riisei* – Gill 1858
Neoheterandria umbratilis	*Xenophallus umbratilis* – Meek 1912
Neolebias landgrafi	*Neolebias ansorgei* – Boulenger 1912
Neopoecilia holacanthus	*Poecilia vivipara* – Bloch & Schneider 1801
Neotoca bilineata	*Skiffia bilineata* – Bean 1887
Nomorhamphus celebensis	*Nomorhamphus liemi* – Vogt 1978
Nothobranchius sjoestedti	*Aphyosemion sjöstedti* – Lönnberg 1895
Nuria albolineata	*Brachydanio albolineatus* – Blyth 1860
N. malayensis	*Esomus malayensis* – Mandee 1909
Ophiocephalus obscurus	*Channa obscura* – Günther 1861
Ophthalmochromis ventralis	*Ophthalmotilapia ventralis* – Boulenger 1898
Oreias toni	*Noemacheilus barbatulus* – Linnaeus 1758
Orthrias oreas	*Noemacheilus barbatulus* – Linnaeus 1758
Oryzias javanicus	*Oryzias melastigmus* – McClelland 1839
Osphromenus deissneri	*Paropsphromenus deissneri* – Bleeker 1859
O. gourami	*Osphronemus goramy* – Lacépède 1802
O. malayanus	*Sphaerichthys osphromenoides* – Canestrini 1860
O. microlepis	*Trichogaster microlepis* – Günther 1861
O. notatus	*Sphaerichthys osphromenoides* – Canestrini 1860
O. saigonensis	*Trichogaster trichopterus* – Pallas 1777
O. siamensis	*Trichogaster trichopterus* – Pallas 1777
O. striatus	*Trichopsis vittatus* – Cuvier & Valenciennes 1831
O. trichopterus	*Trichogaster trichopterus* – Pallas 1777
O. trichopterus var. catoris	Trichogaster pectoralis – Regan 1910
O. t. var. koelreuteri	*Trichogaster trichopterus* – Pallas 1777
O. vittatus	*Trichopsis vittatus* – Cuvier & Valenciennes 1831
Osphronemus deissneri	*Parosphromenus deissneri* – Bleeker 1859
O. notatus	*Osphronemus goramy* – Lacépède 1802
O. olfax	*Osphronemus goramy* – Lacépède 1802
O. satyrus	*Osphronemus goramy* – Lacépède 1802
O. saigonensis	*Trichogaster trichopterus* – Pallas 1777
Osteogaster eques	*Corydoras eques* – Steindachner 1877
Oxyloricaria panemensis	*Sturisoma panamense* – Eigenmann & Eigenmann 1889
Panamichthys tristani	*Brachyrhaphis rhabdophora* – Regan 1908
Panchax australe	*Aphyosemion australe* – Rachow 1921
P. buchanani	*Aplocheilus panchax* – Hamilton-Buchanan 1822
P. dayi	*Aplocheilus dayi* – Steindachner 1892
P. escherichi	*Aphyosemion cameronense* – Boulenger 1903
P. kuhlii	*Aplocheilus panchax* – Hamilton-Buchanan 1822
P. lineatum	*Aplocheilus lineatus* – Cuvier & Valenciennes 1846
P. macrostigma	*Epiplatys singa* Boulenger 1911
P. melanopterus	*Aplocheilus panchax* – Hamilton-Buchanan 1822
P. microstomus	*Aphyosemion cameronense* – Boulenger 1903
P. panchax	*Aplocheilus panchax* – Hamilton-Buchanan 1822
P. panchax var. blockii	*Aplocheilus blockii* – Arnold 1911
P. parvus	*Aplocheilus blockii* – Arnold 1911
P. pictum	*Betta picta* – Valenciennes 1846
P. playfairii	*Pachypanchax playfairii* – Günther 1866
P. polychromus	*Aphyosemion australe* – Rachow 1921
P. sexfasciatus	*Epiplatys sexfasciatus* – Boulenger 1899
P. vexillefer	*Aphyosemion calliurum* – Boulenger 1911
Paradanio aurolineatus	*Danio aequipinnatus* – McClelland 1839
Paragoniates muelleri	*Prionobrama filigera* Cope 1870
Paratilapia chrysonota	*Copadichromis chrysonotus* – Boulenger 1908
P. compressiceps	*Dimidiochromis compressiceps* – Boulenger 1908
P. frontosa	*Cyphotilapia frontosa* – Boulenger 1906
P. leptosoma	*Cyprichromis leptosoma* – Boulenger 1898
P. multicolor	*Pseudocrenilabrus multicolor* – Hilgendorf 1903
P. nicholsi	*Pseudocrenilabrus nicholsi* – Pellegrin 1928
P. nigripinnis	*Cyprichromis nigripinnis* – Boulenger 1901
P. thomasi	*Anomalochromis thomasi* – Boulenger 1915
P. ventralis	*Ophthalmotilapia ventralis* – Boulenger 1898
Paraphiocephalus obscurus	*Channa obscura* – Günther 1861
P. unimaculata	*Betta unimaculata* – Popta 1905
Pelmatochromis aureocephalus	*Pelvicachromis pulcher* – Boulenger 1901
P. corbali	*Pelmatochromis buettikoferi* – Steindachner 1895
P. dimidiatus	*Nanochromis dimidiatus* – Pellegrin 1900
P. frontosus	*Cyphotilapia frontosa* – Boulenger 1906
P. guentheri	*Chromidotilapia guentheri* – Sauvage 1882
P. klugei	*Pelvicachromis taeniatus* – Boulenger 1901
P. kribensis	*Pelvicachromis pulcher* – Boulenger 1901
P. kribensis klugei	*Pelvicachromis taeniatus* – Boulenger 1901
P. pellegrini	*Chromidotilapia guentheri* – Sauvage 1882
P. pulcher	*Pelvicachromis pulcher* – Boulenger 1901
P. subocellatus	*Pelvicachromis subocellatus* – Günther 1871
P. taeniatus	*Pelvicachromis taeniatus* – Boulenger 1901
P. thomasi	*Anomalochromis thomasi* – Boulenger 1915
Perca cernua	*Gymnocephalus cernua* – Linnaeus 1758
P. scandens	*Anabas testudineus* – Bloch 1795
Perilampus aurolineatus	*Danio aequipinnatus* – McClelland 1839
P. canarensis	*Danio aequipinnatus* – Mcclelland 1839
P. guttatus	*Chela laubuca* – Hamilton-Buchanan 1822
P. laubuca	*Chela laubuca* – Hamilton-Buchanan 1822
P. malabricus	*Danio aequipinnatus* – Mcclelland 1839
P. mysorius	*Danio aequipinnatus* – Mcclelland 1839
P. striatus	*Brachydanio rerio* – Hamilton-Buchanan 1844
Petalosoma amazonum	*Alfaro cultratus* – Regan 1908
P. cultratum	*Alfaro cultratus* – Regan 1908
Petalurichthys amazonum	*Alfaro cultratus* – Regan 1908
P. cultratus	*Alfaro cultratus* – Regan 1908
Petersius caudalis	*Hemigrammoptersius caudalis* – Boulenger 1899
P. codalis	*Phenacogrammus interruptus* – Boulenger 1899
P. spilopterus	*Arnoldichthys spilopterus* – Boulenger 1909
Phallichthys isthmensis	*Phallichthys amates pittieri* – Meek 1912
Ph. pittieri	*Phallichthys amates pittieri* – Meek 1912
Phoxinus aphya	*Phoxinus phoxinus* – Linnaeus 1758
Ph. laevis	*Phoxinus phoxinus* – Linnaeus 1758
Piaractus nigripinnis	*Colossoma macropomum* – Cope 1871
Pithecocharax anostomus	*Anostomus anostomus* – Linnaeus 1758
P. trimaculatus	*Anostomus trimaculatus* – Kner 1858
Plancterus kansae	*Fundulus zebrinus* – Jordan & Gilbert 1882
P. zebra	*Fundulus zebrinus* – Jordan & Gilbert 1882
Platax scalaris	*Pterophyllum scalare* – Lichtenstein 1823
Plataxoides dumerilii	*Pterophyllum dumerilii* – Castelnau 1855
P. leopoldi	*Pterophyllum dumerilii* – Castelnau 1855
Platypodus gurca	*Macropodus opercularis* – Linnaeus 1758
Platypoecilus maculatus	*Xiphophorus maculatus* – Günther 1866
P. maculatus dorsalis	*Xiphophorus variatus* – Meek 1904
P. mentalis	*Poecilia sphenops* – Cuvier & Valenciennes 1846
P. nelsoni	*Poecilia sphenops* – Cuvier & Valenciennes 1846
P. nigra	*Xiphophorus maculatus* – Günther 1866
P. perugiae	*Poecilia perugiae* – Evermann & Clark 1906
P. pulchra	*Xiphophorus maculatus* – Günther 1866
P. rubra	*Xiphophorus maculatus* – Günther 1866
P. spilonotus	*Poecilia sphenops* – Cuvier & Valenciennes 1846
P. tropicus	*Poecilia sphenops* – Cuvier & Valenciennes 1846
P. variatus	*Xiphophorus variatus* – Meek 1904
P. variegatus	*Xiphophorus variatus* – Meek 1904
P. xiphidium	*Xiphophorus xiphidium* – Hubbs & Gordon 1932
Platystacus chaca	*Chaca chaca* – Hamilton-Buchanan 1822
Plecostomus aculeatus	*Ancistrus temminckii* – Valenciennes 1840
P. commersoni	*Hypostomus punctatus* – Cuvier & Valenciennes 1840

P. pardalis	*Pterygoplichthys multiradiatus* – Hancock 1828
Plectrophallus tristani	*Brachyrhaphis rhabdophora* – Regan 1908
Poecilia amates	*Phallichthys amates amates* – Miller 1907
P. amazona	*Poecilia vivipara* – Bloch & Schneider 1801
P. arubensis	*Poecilia sphenops* – Cuvier & Valenciennes 1846
P. boucardii	*Poecilia sphenops* – Cuvier & Valenciennes 1846
P. butleri	*Poecilia sphenops* – Cuvier & Valenciennes 1846
P. caudata	*Poecilia sphenops* – Cuvier & Valenciennes 1846
P. chisoyensis	*Poecilia sphenops* – Cuvier & Valenciennes 1846
P. cubensis	*Poecilia vittata* – Guichenot 1853
P. decemmaculata	*Cnesterodon decemmaculatus* – Jenyns 1843
P. dovii	*Poecilia sphenops* – Cuvier & Valenciennes 1846
P. fasciata	*Poecilia sphenops* – Cuvier & Valenciennes 1846
P. gillii	*Poecilia sphenops* – Cuvier & Valenciennes 1846
P. gracilis	*Cnesterodon decemmaculatus* – Jenyns 1843
P. holacanthus	*Poecilia vivipara* – Bloch & Schneider 1801
P. limantouri	*Poecilia sphenops* – Cuvier & Valenciennes 1846
P. lineolata	Poecilia latipinna – Lesueur 1821
P. maculata	*Xiphophorus maculatus* – Günther 1866
P. metallica	*Girardinus metallicus* – Poey 1854
P. mexicana	*Poecilia sphenops* – Cuvier & Valenciennes 1846
P. multilineata	*Poecilia latipinna* – Lesueur 1821
P. orri	*Poecilia sphenops* – Cuvier & Valenciennes 1846
P. pavonina	*Poecilia vittata* – Guichenot 1853
Poecilia pittieri	*Phallichthys amates pittieri* – Meek 1912
P. poecilioides	*Poecilia reticulata* – Peters 1859
P. presidiones	*Poeciliopsis gracilis* – Heckel 1848
P. salvators	*Poecilia sphenops* – Cuvier & Valenciennes 1846
P. schneideri	*Poecilia vivipara* – Bloch & Schneider 1801
P. spilinota	*Poecilia sphenops* – Cuvier & Valenciennes 1846
P. spilurus	*Poecilia sphenops* – Cuvier & Valenciennes 1846
P. surinamensis	*Poecilia vivipara* – Bloch & Schneider 1801
P. tenuis	*Poecilia sphenops* – Cuvier & Valenciennes 1846
P. thermalis	*Poecilia sphenops* – Cuvier & Valenciennes 1846
P. tropica	*Poecilia sphenops* – Cuvier & Valenciennes 1846
P. unimaculata	*Poecilia vivipara* – Bloch & Schneider 1801
P. unipunctata	*Poecilia vivipara* – Bloch & Schneider 1801
P. vandepoli	*Poecilia sphenops* – Cuvier & Valenciennes 1846
P. veti-providencia	*Poecilia sphenops* – Cuvier & Valenciennes 1846
Poecilioides reticulatus	*Poecilia reticulata* – Peters 1859
Poeciliopsis amates	*Phallichthys amates amates* – Miller 1907
P. isthmensis	*Phallichthys amates pittieri* – Meek 1912
P. lutzii	*Poeciliopsis gracilis* – Heckel 1848
P. maculifer	*Xenophallus umbratilis* – Meek 1912
P. pittieri	*Phallichthys amates pittieri* – Meek 1912
P. pleurospilus	*Poeciliopsis gracilis* – Heckel 1848
P. presidionis	*Poeciliopsis gracilis* – Heckel 1848
Poecilistes pleurospilus	*Poeciliopsis gracilis* – Heckel 1848
Poecilobrycon auratus	*Nannostomus eques* – Steindachner 1876
P. espei	*Nannostomus espei* – Meinken 1956
P. trifasciatus	*Nannostomus trifasciatus* – Steindachner 1876
P. vittatus	*Nannostomus trifasciatus* – Steindachner 1876
Poecilurichthys agassizi	*Moenkhausia sanctaefilomenae* – Steindachner 1907
P. unilineatus	*Hemigrammus unilineatus* – Gill 1858
P. maculatus	*Astyanax bimaculatus* – Linnaeus 1758
Polyacanthus chinensis	*Macropodus chinensis* – Bloch 1790
P. cupanus	*Pseudosphromenus cupanus* – Cuvier & Valenciennes 1831
P. cupanus var. dayi	*Pseudosphromenus dayi* – Köhler 1909
P. dayi	*Pseudosphromenus dayi* – Köhler 1909
P. einthovenii	*Belontia hasselti* – Cuvier & Valenciennes 1831
P. fasciatus	*Colisa fasciata* – Bloch & Schneider 1801
P. hasseltii	*Belontia hasselti* – Cuvier & Valenciennes 1831
P. helfrichii	*Belontia hasselti* – Cuvier & Valenciennes 1831
P. kuhli	*Belontia hasselti* – Cuvier & Valenciennes 1831
P. olivaceus	*Belontia hasselti* – Cuvier & Valenciennes 1831
P. opercularis	*Macropodus opercularis* – Linnaeus 1758
P. operculatus	*Macropodus opercularis* – Linnaeus 1758
P. paludosus	*Macropodus chinensis* – Bloch 1790
P. signatus	*Belontia signata* – Günther 1861
P. viridi-auratus	*Macropodus opercularis* – Linnaeus 1758
Polycentrus tricolor	*Polycentrus schomburgki* – Müller & Troschel 1848
Pomotis bono	*Aequidens tetramerus* – Heckel 1840
P. chaetodon	*Enneacanthus chaetodon* – Baird 1854
P. fasciatus	*Uaru amphiacanthoides* – Heckel 1840
P. guttatus	*Enneacanthus obesus* – Girard 1854
P. obesus	*Enneacanthus obesus* – Girard 1854
Popondetta connieae	*Pseudomugil connieae* – Allen 1981
Popondichthys connieae	*Pseudomugil connieae* – Allen 1981
Priapichthys episcopi	*Brachyrhapis episcopi* – Steindachner 1878
P. letonai	*Poeciliopsis gracilis* – Heckel 1848
P. olimina	*Brachyrhaphis rhabdophora* – Regan 1908
Prionobrama madeirae	*Prionobrama filigera* – Cope 1870
Pristella riddlei	*Pristella maxillaris* – Ulrey 1894
Procatopus andreaseni	*Procatopus abberans* – Ahl 1927
P. gracilis	*Procatopus abberans* – Ahl 1927
P. nigromarginatus	*Procatopus abberans* – Ahl 1927
P. plumosus	*Procatopus abberans* – Ahl 1927
roseipinnis	*Procatopus abberans* – Ahl 1927
Pseudambassis lala	*Chanda ranga* – Hamilton-Buchanan 1822
Pseudobetta picta	*Betta picta* – Valenciennes 1842
Pseudohaplochromis euchilus	*Cheilochromis euchilus* – Trewavas 1935
Pseudomugil signatus	*Pseudomugil signifer* – Kner 1854
Pseudoplesops nudiceps	*Nanochromis nudiceps* – Boulenger 1899
Pseudotropheus auratus	*Melanochromis auratus* – Boulenger 1897
Ps. daviesi	*Melanochromis johannii* – Eccles 1973
Ps. joanjohnsonae	*Melanochromis joanjohnsonae* – Johnson 1974
Ps. johannii	*Melanochromis johannii* – Eccles 1973
Ps. kenyi	*Pseudotropheus lombardoi* – Burgess 1977
Ps. liliancinius	*Pseudotropheus lombardoi* – Burgess 1977
Ps. lucerna	*Pseudotropheus aurora* – Burgess 1976
Ps. macrophthalmus	*Pseudotropheus tropheops* – Regan 1921
Ps. microstoma	*Pseudotropheus tropheops* – Regan 1921
Ps. pindani	*Pseudotropheus socolofi* – Johnson 1974
Psilorhynchus aymonieri	*Gyrinocheilus aymonieri* – Tirant 1883
Pterolebias elegans	*Cynolebias whitei* – Myers 1942
Pterophyllum eimekei	*Pterophyllum scalare* – Lichtenstein 1823
Puntius arulius	*Barbus arulius* – Jerdon 1849
P. barilioides	*Barbus barilioides* – Boulenger 1914
P. binotatus	*Barbus binotatus* – Valenciennes 1842
P. conchonius	*Barbus conchonius* – Hamilton-Buchanan 1822
P. cumingii	*Barbus cumingi* – Günther 1868
P. eugrammus	*Barbus eugrammus* – Silas 1956
P. everetti	*Barbus everetti* – Boulenger 1894
P. filamentosus	*Barbus filamentosus* – Cuvier & Valenciennes 1842
P. goniosoma	*Barbus binotatus* – Valenciennes 1842
P. guentheri	*Barbus semifasciolatus* – Günther 1868
P. lateristriga	*Barbus lateristriga* – Cuvier & Valenciennes 1842
P. maculatus	*Barbus binotatus* – Valenciennes 1842
P. melanopterus	*Balantiocheilus melanopterus* – Bleeker 1851
P. nigrofasciatus	*Barbus nigrofasciatus* – Günther 1868
P. oligolepis	*Barbus oligolepis* – Bleeker 1853
P. pentazona	*Barbus pentazona* – Boulenger 1894
P. schwanefeldi	*Barbus schwanefeldi* – Bleeker 1853
P. semifasciolatus	*Barbus semifasciolatus* – Günther 1868
P. tetrazona	*Barbus tetrazona* – Bleeker 1855
P. ticto	*Barbus ticto* – Hamilton-Buchanan 1822
P. titteya	*Barbus titteya* – Deraniyagala 1929
Pygocentrus altus	*Serrasalmus nattereri* – Kner 1859

P. nattereri	*Serrasalmus nattereri* – Kner 1859
P. stigmaterythreus	*Serrasalmus nattereri* – Kner 1859
Pygosteus occidentalis	*Pungitius pungitius* – Linnaeus 1758
P. pungitius	*Pungitius pungitius* – Linnaeus 1758
Pyrrhulina filamentosa	*Copella arnoldi* – Regan 1912
P. guttata	*Copeina guttata* – Steindachner 1874
P. nattereri	*Copella nattereri* – Steindachner 1875
P. rachoviana	*Copella arnoldi* – Regan 1912
Rasbora leptosoma	*Rasbora pauciperforata* – Weber & De Beaufort 1916
Rhodeus amarus	*Rhodeus sericeus amarus* – Bloch 1792
Rivulus godmani	*Rivulus tenuis* – Meek 1904
R. hendrichsi	*Rivulus tenuis* – Meek 1904
R. macrurus	*Pterolebias longipinnis* – German 1895
R. marmoratus	*Rivulus cylindraceus* – Poey 1861
R. ommatus	*Heterandria formosa* – Agassiz 1853
Rohita chrysophekadion	*Morulius chrysophekadion* – Bleeker 1849
Roloffia calabarica	*Roloffia liberiensis* – Boulenger 1908
R. occidentalis toddi	*Roloffia toddi* – Clausen 1966
Sacccobranchus fossilis	*Heteropneustes fossilis* g Bloch 1794
Salmo anostomus	*Anostomus anostomus* – Linnaeus 1758 1758
S. bimaculatus	*Astyanax bimaculatus* – Linnaeus 1758
S. clupeoides	*Triportheus angulatus* – Spix 1829
S. fasciatus	*Leporinus fasciatus fasciatus* – Bloch 1794
S. gasteropelecus	*Gasteropelecus sternicla* – Linnaeus 1758
S. pectoralis	*Thoracocharax securis* – Filippi 1853
S. timbure	*Leporinus fasciatus fasciatus* – Bloch 1794
S. tiririca	*Leporinus striatus* – Kner 1859
Sarotherodon mossambicus	*Oreochromis mossambicus* – Peters 1852
Scalina lippincottianus	*Metynnis lippincottianus* – Cope 1871
Schizodon trimaculatus	*Anostomus trimaculatus* – Kner 1858
Schiziphallus holbrocki	*Gambusia affinis holbrocki* – Girard 1859
Scleromystax barbatus	*Corydoras barbatus* – Quoy & Gaimard 1824
Scl. kronei	*Corydoras barbatus* – Quoy & Gaimard 1824
Serrasalmo piranha	*Serrasalmus nattereri* – Kner 1859
Silurus batrachus	*Clarias batrachus* – Linnaeus 1758
S. bicirrhis	*Kryptopterus bicirrhis* – Cuvier & Valenciennes 1839
S. callichthys	*Callichthys callichthys* – Linnaeus 1758
S. cataphractus	*Acanthodoras cataphractus* – Linnaeus 1758
S. costatus	*Platydoras costatus* – Linnaeus 1766
S. fossilis	*Heteropneustes fossilis* – Bloch 1794
S. mystus	*Schilbe mystus* – Linnaeus 1758
S. palembangensis	*Kryptopterus bicirrhis* – Cuvier & Valenciennes 1839
S. singio	*Heteropneustes fossilis* – Bloch 1794
S. vittatus	*Mystus vittatus* – Bloch 1794
Simochromis curvifrons	*Pseudosimochromis curvifrons* – Poll 1942
Skiffia lermae	*Skiffia bilineata* – Bean 1887
S. variegata	*Skiffia bilineata* – Bean 1887
Sparus surinamensis	*Geophagus surinamensis* – Bloch 1795
Spirlinus bipunctatus	*Alburnoides bipunctatus* – Bloch 1782
Squalius delineatus	*Leucaspius delineatus* – Heckel 1843
Steatocranus elongatus	*Steatocranus casuarius* – Poll 1939
Sternarchus virescens	*Eigenmannia virescens* – Valenciennes 1849
Sternopygus humboldtii	*Eigenmannia virescens* – Valenciennes 1849
St. limbatus	*Eigenmannia virescens* – Valenciennes 1849
St. lineatus	*Eigenmannia virescens* – Valenciennes 1849
St. microstomus	*Eigenmannia virescens* – Valenciennes 1849
St. tumifrons	*Eigenmannia virescens* – Valenciennes 1849
Stevardia albipinnis	*Corynopoma riisei* – Gill 1858
St. aliata	*Corynopoma riisei* – Gill 1858
St. riisei	*Corynopoma riisei* – Gill 1858
Synodontis ornatipinnis	*Synodontis nigriventris* – David 1936
Systomus apogon	*Cycloheilichthys apogon* – Cuvier & Valenciennes 1842
S. apogonoides	*Cycloheilichthys apogon* – Cuvier & Valenciennes 1842
S. assimilis	*Barbus filamentosus* – Cuvier & Valenciennes 1842
S. conchonius	*Barbus conchonius* – Hamilton-Buchanan 1822
S. gelius	*Barbus gelius* – Hamilton-Buchanan 1822
S. goniosoma	*Barbus binotatus* – Valenciennes 1842
S. lateristriga	*Barbus lateristriga* – Cuvier & Valenciennes 1842
S. leptosoma	*Barbus phutunio* – Hamilton 1822
S. maculatus	*Barbus binotatus* – Valenciennes 1842
S. melanopterus	*Belantiocheilus melanopterus* – Bleeker 1851
S. oligolepis	*Barbus oligolepis* – Bleeker 1853
S. phutunio	*Barbus phutunio* – Hamilton 1822
S. ticto	*Barbus ticto* – Hamilton-Buchanan 1822
S. tripunctatus	*Barbus ticto* – Hamilton-Buchanan 1822
Tetragonopterus affinis	*Bryconops affinis* – Günther 1864
T. callistus	*Hyphessobrycon callistus* – Boulenger 1900
T. colletti	*Moenkhausia colletti* – Steindachner 1882
T. heterorhabdus	*Hyphessobrycon heterorhabdus* – Ulrey 1895
T. jacuhiensis	*Astyanax bimaculatus* – Linnaeus 1758
T. maculatus	*Astyanax bimaculatus* – Linnaeus 1758
T. ocellifer	*Hemigrammus ocellifer* – Steindachner 1882
T. orientalis	*Astyanax bimaculatus* – Linnaeus 1758
T. rubropictus	*Aphyocharax anisitsi* – Eigenmann & Kennedy 1903
T. rufipes	*Tetragonopterus argenteus* – Cuvier 1818
T. sanctaefilomenae	*Moenkhausia sanctaefilomenae* – Steindachner 1907
T. sawa	*Tetragonopterus argenteus* – Cuvier 1818
T. spilurus	*Ctenobrycon spilurus* – Cope 1870
T. ternetzi	*Gymnocorymbus ternetzi* – Boulenger 1895
T. unilineatus	*Hemigrammus unilineatus* – Gill 1858
T. ulreyi	*Hemigrammus ulreyi* – Boulenger 1895
Tetraodon lineatus	*Tetraodon fahaka* – Linnaeus 1757
T. palembangesis	*Tetraodon steindachneri* – Deckers 1975
T. potamophilus	*Tetraodon fluviatilis* – Hamilton-Buchanan 1822
T. somphongsi	*Tetraodon lorteti* – Tirant 1885
Tetraodon fahaka	*Tetraodon fahaka* – Linnaeus 1757
T. lineatus	*Tetraodon fahaka* – Linnaeus 1757
T. nigroviridis	*Tetraodon fluviatilis* – Hamilton-Buchanan 1822
T. palembangensis	*Tetraodon steindachneri* – Deckers 1975
T. physa	*Tetraodon fahaka* – Linnaeus 1757
T. simulans	*Tetraodon fluviatilis* – Hamilton-Buchanan 1822
T. strigosus	*Tetraodon fahaka* – Linnaeus 1757
Thaigobiella sua	*Brachygobius xanthozona* – Bleeker 1849
Theraps maculicauda	*Paratheraps maculicauda* – Regan 1905
Th. nicaraguense	*Copora nicaraguensa* – Günther 1864
Th. synspilum	*Paratheraps synspilum* – Hubbs 1935
Thoracocharax maculatus	*Gasteropelecus maculatus* – Steindachner 1879
Th. magdalenae	*Gasteropelecus maculatus* – Steindachner 1879
Th. pectorosus	*Thoracocharax securis* – Filippi 1853
Th. stellatus	*Thoracocharax securis* – Filippi 1853
Thorichthys helleri meeki	*Thorichthys meeki* – Brind 1918
Tilapia aurata	*Melanochromis auratus* – Boulenger 1897
T. dubia	*Tilapia mariae* – Boulenger 1899
T. dumerili	*Oreochromis mossambicus* – Peters 1852
T. grandoculis	*Cyathopharynx furcifer* – Boulenger 1898
T. johnstonii	*Placidochromis johnstonii* – Günther 1893
T. leucosticta	*Sarotherodon leucostictus* – Trewavas 1933
T. livinstonii	*Pseudotropheus livingstonii* – Boulenger 1899
T. macrocephala	*Sarotherodon melanotheron melanotheron* – Rüppel 1852
T. meeki	*Tilapia mariae* – Boulenger 1899
T. mossambica	*Oreochromis mossambicus* – Peters 1852
T. natalensis	*Oreochromis mossambicus* – Peters 1852
T. menzalensis	*Tilapia zillii* – Gervais 1848
T. obliquidens	*Haplochromis obliquidens* – Hilgendorf 1888
T. philander	*Pseudocrenilabrus philander dispersus* – Trewavas 1936
T. rostrata	*Fossorochromis rostratus* – Boulenger 1899
T. tristrami	*Tilapia zillii* – Gervais 1848
T. zebra	*Pseudotropheus zebra* – Boulenger 1899
Trematocranus trevori	*Trematocranus jacobfreibergi* – Johnson 1974
Trichogaster chuna	*Colisa sota* – Hamilton-Buchanan 1822
Tr. fasciatus	*Colisa fasciata* – Bloch & Schneider 1801
Tr. labiosus	*Colisa labiosa* – Day 1878
Tr. lalius	*Colisa lalia* – Hamilton-Buchanan 1822
Tr. sota	*Colisa sota* – Hamilton-Buchanan 1822
Tr. unicolor	*Colisa lalia* – Hamilton-Buchanan 1822
Trichopodus bejeus	*Colisa fasciata* – Bloch & Schneider 1801
Tr. chuna	*Colisa sota* – Hamilton-Buchanan 1822
Tr. colisa	*Colisa fasciata* – Bloch & Schneider 1801

Artenverzeichnis

Deutscher Name	Stichwort im Lexikon
Achtbindenbuntbarsch	*Parapetenia octofasciatum*
Adonissalmler	*Lepidarchus adonis*
Afrikanische Hechtlinge	*Epiplatys*
Afrikanische Längsstrichbarbe	*Barbus holotaenia*
Afrikanischer Bodensalmler	*Nannocharax fasciatus p*
Afrikanischer Breitbandsalmler	*Nannocharax latifasciatus*
Afrikanischer Einstreifensalmler	*Nannaethiops unitaeniatus*
Afrikanischer Großschuppensalmler	*Arnoldichthys spilopterus*
Afrikanischer Längsstreifensalmler	*Neolebis unifasciatus p*
Afrikanischer Schmetterlingsbuntbarsch	*Anomalochromis thomasi*
Afrikanischer Schlangenkopffisch	*Channa africana*
Agassiz's Zwergbuntbarsch	*Apistogramma agassizii*
Ährenfische	*1. Bedotia. – 2. Telmatherina*
Aland	*Leuciscus idus*
Algenfresser	*Crossocheilus siamensis*
Algensalmler	*Parodon pongoense*
Amarillkärpfling	*Girardinichthys viviparus*
Anamalugo	*Nothobranchius microlepis*
Anatolienkärpfling	*Aphanius anatoliae*
Ansorges Salmler	*Neolebias ansorgei*
Antennenharnischwelse	*Ancistrus*
Antennenwelse	*1. Pimelodella. 2. Pimelodus*
Aquamarin-Regenbogenfisch	*Melanotaenia lacustris*
Araberkugelfisch	*Tetraodon fahaka*
Ariari-Panzerwels	*Corydoras loxozonus*
Aripiranga-Ziersalmler	*Nannostomus beckfordi*
Armbrustsalmler	*Triportheus angulatus*
Arnolds Prachtkärpfling	*Aphyosemion arnoldi*
Arnolds Rotaugensalmler	*Arnoldichthys spilopterus*
Asiatischer Streifenwels	*Mystus vittatus*
Atoyac-Schwertplaty	*Xiphophorus alvarezi*
Augenfleckbuntbarsch	*Heros severus*
Augenfleckhechtsalmler	*Ctenolucius hujeta hujeta*
Augenfleck-Kammbuntbarsch	*Crenicichla notophthalmus*
Augenfleckkärpfling	*Poecilia vivipara*
Augenfleckkugelfisch	*Tetraodon leiurus brevirostris*
Augenfleckprachtbarsch	*Pelvicachromis subocellatus*
Augenfleckstachelaal	*Mastacembelus argus*
Australische Riesengrundel	*Mogurnda spec. aff. Pulchra*
Australischer Zwergbarsch	*Edelia vittata*
Axelrods Bärbling	*Rasbora axelrodi*
Bachlinge	*Rivulus*
Ballonkopferdfresser	*Gymnogeophagus balzanii*
Balsas Hochlandkärpfling	*Ilyodon whitei*
Bänderkärpfling	*Poecilia vittata*
Barberos-Tetra	*Coelurichthys tenuis*
Bärblinge	*1. Brachydanio. 2. Danio. 3. Rasbora*
Bassamsalmler	*Hemigrammus marginatus*
Beilbauchfische	*1. Carnegiella. 2. Gasteropelecus. 3. Thoracocharax*
Bester Acipenser	*x Huso*
Beulenkopfmaulbrüter	*Cyrtocara moorii*
Bischofskärpfling	*Brachyrhaphis episcopi*
Bitterling	*Rhodeus sericeus amarus*
Bitterlingsbarbe	*Barbus titteya*
Black Molly	*Poecilia sphenops*
Blattfisch	*Monocirrhus polyacanthus*
Blauaugen	*Pseudomugil*
Blauaugen-Harnischwels	*Panaque suttoni*
Blaubarsch	*Badis badis*
Blaue Kubagambuse	*Gambusia punctata*
Blaue Prachtschmerle	*Botia modesta*
Blauer Antennenwels	*Ancistrus dolichopterus*
Blauer Diamantsalmler	*Alestopetersius smykalai*
Blauer Fächerfisch	*Cynolebias bellotti*
Blauer Fadenfisch	*Trichogaster trichopterus*
Blauer Fadenmaulbrüter	*Ophthalmotilapia ventralis*
Blauer Flügelbärbling	*Chela cachius*
Blauer Kielbauchbärbling	*Chela caeruleostigmata*
Blauer Kongocichlide	*Nanochromis parilus*
Blauer Kongosalmler	*Phenacogrammus interruptus*
Blauer Leuchtaugenfisch	*Aplocheilichthys macrophthalmus*
Blauer Maulbrüter	*Pseudotropheus socolofi*
Blauer Neon	*Paracheirodon simulans*
Blauer Njassabuntbarsch	*Pseudotropheus zebra*
Blauer Panzerwels	*Corydoras nattereri*
Blauer Prachtkärpfling	*Aphyosemion sjöstedti*
Blauer Schwertträger	*Xiphophorus alvarezi*
Blauer Tetra	*Glandulocauda inaequalis*
Blaugestreifte Glaswelse	*Eutropiellus*
Blaukehl-Schneckenbarsch	*Pseudotropheus livingstonii*
Blaupunktbuntbarsch	*Aequidens latifrons*
Blaupunkt-Grundelbarsch	*Spathodus eryhtrodon*
Blaupunkt-Schlanksalmler	*Copella nattereri*
Blauroter Kolumbiensalmler	*Hyphessobrycon ecuadoriensis*
Blaustreifenbachling	*Rivulus xiphidius*
Blaustreifenglaswels	*Eutropiellus debauwi*
Blaustreifenmaulbrüter	*Pseudotropheus fuscus*
Blaustrichbarbe	*Barbus barilioides*
Blinder Höhlensalmler	*Astyanax fasciatus mexicanus*
Blutsalmler	*Hyphessobrycon callustus*
Blutschwanzsalmler	*Hemigrammus stictus*
Boesemans Regenbogenfisch	*Melanotaenia boesemani*
Bolivianischer Schmetterlingsbarsch	*Papiliochromis altispinosa*
Borellis Zwergbuntbarsch	*Apistogramma borellii*
Brabantbuntbarsch	*Tropheus moorii*
Brachsensalmler	*Abramites hypselonotes*
Brasilianischer Leierflosser	*Simpsonichthys boitonei*
Brasilperlmutterfisch	*Geophagus brasiliensis*
Brassenbarbe	*Barbus schwanefeldi*
Bratpfannenwelse	*Bunocephalichthys*
Brauner Panzerwels	*Corydoras zygatus*
Breitflossenkärpfling	*Poecilia latipinna*
Breitschwanzsalmler	*Glandulocauda inaequalis*
Brillantsalmler	*Moenkhausia pittieri*
Brokatbarbe	*Barbus semifasciolatus schuberti*
Bronzefarbener Maulbrüter	*Astatoreochromis vanderhorsti*
Buckelbarbe	*Barbus camptacanthus*
Buckelkopfbuntbarsch	*Steatocranus casuarius*
Bunter Bachling	*Rivulus ornatus*
Bunter Prachtkärpfling	*Aphyosemion australe*
Burma-Stichling	*Indostomus paradoxus*
Burtons Maulbrüter	*Astatotilapia burtoni*
Buschfische	*Ctenopoma*
Butterfly-Prachtgrundkärpfling	*Nothobranchius foerschi*
Caete-Zwergbuntbarsch	*Apistogramma caetei*
Celebes-Sonnenstrahlfisch	*Telmatherina ladigesi*
Ceylonbarbe	*Barbus cumingi*
Ceylonmakropode	*Belontia signata*
Chamäleonfisch	*Badis badis burmanicus*
Chamäleonmaulbrüter	*Melanochromis crabro*
Chanchito	*»Cichlasoma« facetum*
Chaytors Prachtkärpfling	*Roloffia chaytori*
Chipokamaulbrüter	*Melanochromis chipokae*

Clownbarbe	*Barbus everetti*
Corumba-Zwergbuntbarsch	*Apistogramma commbrae*
Costa-Rica-Kärpfling	*Poecilia gillii*
Costellosalmler	*Hemigrammus hyanuary*
Cunningtons Tanganjika-barsch	*Lepidiolamprologus cunningtoni*
Delphinbuntbarsch	*Krobia guianensis*
Deltaflügel-Zwergwels	*Hara jerdoni*
Deltaprachtkärpfling	*Aphyosemion deltaense*
Devariobärbling	*Danio devario*
Diamantbarsch	*Enneacanthus obesus*
Diamantkillifisch	*Adinia multifasciata*
Diamant-Regenbogenfisch	*Melanotaenia praecox*
Dickfelds Schlankcichlide	*Julidochromis dickfeldi*
Dickkopfscheibensalmler	*Metynnis hypsauchen*
Dicklippenmaulbrüter	*Petrotilapia tridentiger*
Dicklippiger Fadenfisch	*Colisa labiosa*
Diskusbuntbarsch	*Symphysodon aequifasciata*
Dorngrundel	*Cobitis taenia taenia*
Dornwelse	*1. Acanthodoras. 2. Agamyxis. 3. Amblydoras. 4. Hassar. 5. Platydoras*
Dreibandsalmler	*Hyphessobrycon heterorhabdus*
Dreibindenziersalmler	*Nannostomus trifasciatus*
Dreieckspanzerwels	*Corydoras eques*
Dreifarbiger Jamaika-kärpfling	*Poecilia melanogaster*
Dreifleckkopfsteher	*Anostomus trimaculatus*
Dreipunkttetra	*Odontostilbe kriegi*
Dreistachliger Stichling	*Gasterosteus aculeatus*
Dreistreifen-Zwergbunt-barsch	*Apistogramma trifasciata*
Echter Diskus	*Symphysodon discus*
Eilandbarbe	*Barbus oligolepis*
Elefantenrüsselfisch	*Gnathonemus petersi*
Eleanora-Schlanksalmler	*Pyrrhulina eleanorae*
Elfenbuntbarsch	*Triglachromis otostigma*
Elritze	*Phoxinus phoxinus*
Erdfresser	*1. Geophagus. 2. Gymnogeophagus. 3. Satanopercus*
Espes Ziersalmler	*Nannostomus espei*
Everetts Barbe	*Barbus everetti*
Fächerfische	*1. Cynolebias. 2. Cynopoecilus*
Fadenfische	*1. Colisa. 2. Trichogaster*
Fadenflossen-Zwergbunt-barsch	*Apistogramma iniridae*
Fadenprachtkärpfling	*Aphyosemion filamentosum*
Fächerfische	*Cynopoecilus*
Fahnenkirschflecksalmler	*Hyphessobrycon erythrostigma*
Fairweatherkärpfling	*Phallichthys fairweatheri*
Falscher Rotflossensalmler	*Aphyocharax dentatus*
Federsalmler	*Hemiodopsis gracilis*
Feenbarsche	*Trematocranus*
Feenbuntbarsch	*Trematocranus jacobfreibergi*
Feueraal	*Mastacembelus erythrotaenia*
Feuerkopfbuntbarsch	*Paratheraps synspilum*
Feuermaulbuntbarsch	*Thorichthys meeki*
Feuerrochen	*Potamotrygon henlei*
Feuersalmler	*Hyphessobrycon amandae*
Feuerschwanzfransenlipper	*Labeo bicolor*
Fiederbartwelse	*Synodontis*
Filigranährenfisch	*Iriatherina werneri*
Finleys Prachtbarsch	*Chromidotilapia finleyi*
Flaggenbuntbarsch	*Mesonauta festiva*
Flaggensalmler	*Hemigrammus ulreyi*
Flamingobuntbarsch	*Amphilophus labiatus*
Fleckenbarbe	*Barbus gelius*
Flitterkärpfling	*Ameca splendens*
Floridakärpfling	*Jordanella floridae*
Flösselaal	*Erpethoichthys calabaricus*
Flösselhechte	*Polypterus*
Flossensauger	*Glaniopsis multiradiata*
Flügelbärblinge	*Chela*
Flügelblatt-Segelflosser	*Pterophyllum dumerilii*
Flußbarsch	*Perca fluviatilis*
Foerschs Prachtgrund-kärpfling	*Nothobranchius foerschi*
Forellensalmler	*Copeina guttata*
Fransenlipper	*1. Labeo. 2. Morulius*
Freibergs Maulbrüter	*Labidochromis freibergi*
Friedlicher Kampffisch	*Betta imbellis*
Froschfisch	*Batrachus grunniens*
Froschwels	*Clarias batrachus*
Fünffleckmaulbrüter	*Fossochromis rostratus*
Fünfgürtelbarbe	*Barbus pentazona*
Funkensalmler	*Hyphessobrycon amandae*
Furzers Prachtgrundkärpfling	*Nothobranchius furzeri*
Gabelschwanz-Brabantbunt-barsch	*Tropheus polli*
Gabelschwanzbuntbarsch	*Neolamprologus elongatus*
Gabelschwanz-Schachbrett-cichlide	*Crenicara filamentosa*
Gabunprachtkärpfling	*Aphyosemion gabunense*
Gambiabarbe	*Barbus gambiense*
Gardaseegrundel	*Padogobius panizzai*
Gebänderter Bodensalmler	*Characidium fasciatum*
Gebänderter Buntbarsch	*Bujurquina vittatus*
Gebänderter Buschfisch	*Ctenopoma fasciolatum*
Gebänderter Fächerfisch	*Cynolebias adloffi*
Gebänderter Kampffisch	*Betta taeniata*
Gebänderter Leporinus	*Leporinus fasciatus*
Gebänderter Schneckenbunt-barsch	*Neolamprologus brevis*
Gebänderter Ziersalmler	*Nannostomus espei*
Gebänderter Zwergschilder-wels	*Peckoltia pulcher*
Gebirgsharnischwelse	*Chaetostomus*
Geflammter Bachling	*Rivulus uroflammeus*
Gefleckte Grundel	*Stibmatogobius sadanundio*
Gefleckter Beilbauchfisch	*Gasteropelecus maculatus*
Gefleckter Leporinus	*Leporinus maculatus*
Gefleckter Scheibensalmler	*Metynnis lippincottianus*
Gefleckter Schwielenwels	*Hoplosternum thoracatum*
Geflecktes Dornauge	*Acanthophthalmus kuhlii*
Gelbbrauner Antennenwels	*Ancistrus temmincki*
Gelbbrustzwergbuntbarsch	*Apistogramma linkei*
Gelber Hochlandkärpfling	*Ilyodon xantusi*
Gelber Kongosalmler	*Hemigrammopetersius caudalis*
Gelber Maulbrüter	*Pseudotropheus tropheops*
Gelber Phantomsalmler	*Megalamphodus roseus*
Gelber Prachtkärpfling	*Aphyosemion gulare*
Gelber Schlankcichlide	*Julidochromis ornatus*
Gelber von Rio	*Hyphessobrycon bifasciatus*
Gelber Zwergbuntbarsch	*Apistogramma borelli*
Gelbflossen-Sandbarsch	*Xenotilapia flavipinnis*
Gelbflossige Zwergbarbe	*Oreichthys cosuatis*
Gelbroter Cichlide	*Hemichromis paynei*
Gelbrückenmaulbrüter	*Copadichromis chrysonotus*
Gemalter Antennenwels	*Pimelodus pictus*
Gemeiner Dornwels	*Acanthodoras cataphractus*
Gemeiner Nadelwels	*Farlowella acus*
Gemeiner Stachelrochen	*Potamotrygon laticeps*
Genetzter Süßwasser-Sta-chelrochen	*Potamotrygon reticulatus*
Genetzter Zwergbuntbarsch	*Apistogramma pertensis*
Gepunkteter Prachtkärpfling	*Aphyosemion cognatum*
Geradsalmler	*Distichodus*
Gerundeter Kropfsalmler	*Triportheus rotundatus*
Geschmückter Regenbogen-fisch	*Rhadinocentrus ornatus*
Gestreckter Schabemund-buntbarsch	*Labeotropheus trewavasae*
Gestreckter Silbersalmler	*Bryconops affinis*
Gestreifter Erdfresser	*Gymnogeophagus rhabdotus*
Gestreifter Fadenfisch	*Colisa fasciata*
Gestreifter Grundelbarsch	*Eretmodus cyanostictus*
Gestreifter Kopfsteher	*Anostomus taeniatus*
Gestreifter Leporinus	*Leporinus striatus*
Gestreifter Nannacara	*Nannacara taenia*
Gestreifter Ohrgitterharnisch-wels	*Otocinclus affinis*
Gestreifter Prachtkärpfling	*Aphyosemion striatum*
Gestreifter Schleierkärpfling	*Pterolebias zonatus*

Ghanaprachtkärpfling	*Aphyosemion walkeri*
Glänzender Rotkehlbuntbarsch	*Caquetaia spectabilis*
Glänzender Zwergbuntbarsch	*Nannacara anomala*
Glasbarsch	*Chanda ranga*
Glaskärpfling	*Quintana atrizona*
Glasraubsalmler	*Roeboides*
Glaswels	*Kryptopterus bicirrhus*
Glimmlampenrasbora	*Rasbora espei*
Glühlichtsalmler	*Hemigrammus erythrozonus*
Goldauge	*Fundulus chrysotus*
Golddanio	*Brachydanio frankei*
Goldfasanprachtkärpfling	*Roloffia occidentalis*
Goldfisch	*Carassius auratus*
Goldflossensalmler	*Astyanax spec. Lago Tefé*
Goldkehlmaulbrüter	*Pseudotropheus aurora*
Goldkopf-Nannacara	*Nannacara aureocephalus*
Goldorfe	*Leuciscus idus*
Goldringelgrundel	*Brachygobius xanthozona*
Goldsaum-Hochlandkärpfling	*Zoogeneticus quitzeoensis*
Goldschwanzbachling	*Rivulus magdalenae*
Goldstreifenbärbling	*Rasbora chrysotaenia*
Goldstreifenkopfsteher	*Anostomus ternetzi*
Goldstreifenpanzerwels	*Corydoras aeneus*
Goldtetra	*Hemigrammus rodayi*
Golfkillifisch	*Fundulus grandis*
Grahams Hechtling	*Epiplatys grahami*
Greenways Kärpfling	*Scolichthys greenwayi*
Große Fleckenbarbe	*Barbus binotatus*
Großer Bachling	*Rivulus holmiae*
Großer Fadenmaulbrüter	*Cyathopharynx furcifer*
Großer Regenbogenfisch	*Melanotaenia nigrans*
Großlippenmaulbrüter	*Cheilochromis euchilus*
Großmakropoden	*Belontia*
Großmaulwels	*Chaca chaca*
Großpunkthechtling	*Epiplatys singa*
Großschuppiger Nilhecht	*Marcusenius macrolepidotus*
Grundelbarsche	*Orthochromis*
Gründling	*Gobio gobio*
Grüner Argusfisch	*Scatophagus argus*
Grüner Fransenlipper	*Labeo frenatus*
Grüner Kugelfisch	*Tetraodon fluviatilis*
Grüner Messerfisch	*Eigenmannia virescens*
Grüner Neolebias	*Neolebias ansorgei*
Grüner Streifenhechtling	*Aplocheilus dayi*
Grüne Schmerle	*Botia modesta*
Grünflossenbuntbarsch	*Archocentrus nigrofasciatus*
Grünglanzbuntbarsch	*Aequidens tetramerus*
Grünpunkttetra	*Poecilocharax weitzmani*
Guatemalakärpfling	*Phallichthys amates amates*
Guineaprachtkärpfling	*Roloffia guineensis*
Günthers Prachtbarsch	*Chromidotilapia guentheri*
Günthers Prachtgrundkärpfling	*Nothobranchius guentheri*
Guppy	*Poecilia reticulata*
Guramis	*1. Helostoma. 2. Osphronemus. 3. Parosphromenus. 4. Pseudosphormenus. 5. Sphaerichthys*
Gürtelstachelaal	*Mastacembelus circumcinctus*
Haibarbe	*Balantiocheilus melanopterus*
Haiwels	*Pangasius sutchi*
Hakenhalbschnäbler	*Nomorhamphus liemi*
Halbblinden-Dornauge	*Acanthophtlamus semicinctus*
Halbschnabelhechtlinge	*1. Dermogenys. 2. Nomorhamphus*
Halbstrich-Schlanksalmler	*Pyrrhulina laeta*
Harlekinbarbe	*Barbus dunckeri*
Harnischwelse	*1. Panaque. 2. Rineloricaria*
Hasenmaulsalmler	*Leporinus*
Hechtkärpfling	*Belonesox belizanus*
Hechtköpfiger Halbschnäbler	*Dermogenys pusillus*
Hechtlinge	*1. Aplocheilus. 2. Epiplatys. 3. Pachypanchax. 4. Pseudepiplatys*
Heckels Buntbarsch	*Acarichthys heckelii*
Hexenwelse	*1. Dasyloricaria. 2. Rineloricaria*
Hochflossenbarbe	*Oreichthys spec. High Fin*
Hochlandkärpflinge	*1. Ilyodon. 2. Xenotaenia. 3. Xenotoca. 4. Zoogeneticus*
Hochlandplaty	*Xiphophorus evelynae*
Hochrückiger Schabemundbuntbarsch	*Labeotropheus fuelleborni*
Hoher Bratpfannenwels	*Bunocephalichthys verrucosus*
Hoher Segelflosser	*Pterophyllum altum*
Höhlensalmler	*Astyanax fasciatus mexicanus*
Hongkongbarbe	*Barbus tetrazona*
Honigfadenfisch	*Colisa sota*
Horas Schmerle	*Botia morleti*
Hummelwels	*Microglanis iheringi*
Hundsbarbe	*Barbus canius*
Hundskopfcichlide	*Telmatochromis dhonti*
Imitatorwels	*Brachyrhamdia imitator*
Indische Flußbarbe	*Cycloheilichthys apogon*
Indische Glasbarbe	*Chela laubuca*
Indische Zwergbarbe	*Horadandia atuokorali*
Indischer Buntbarsch	*Etroplus maculatus*
Indischer Gebirgswels	*Hara hara*
Indischer Glasbarsch	*Chanda ranga*
Indischer Glaswels	*Kryptopterus bicirrhis*
Inka-Steinfisch	*Tahuantinsuyoa macantzatza*
Inlé-Barbling	*Inlecypris auropurpureus*
Inselbärbling	*Brachydanio kerri*
Jae-Barbe	*Barbus jae*
Jaguarcichlide	*Parapetenia managuense*
Jamaikakärpfling	*Gambusia wrayi*
Japankärpfling	*Oryzias latipes*
Javakampffisch	*Betta picta*
Javakärpfling	*Oryzias melastigmus*
Jokabuntbarsch	*Tilapia joka*
Jubbs Prachtgrundkärpfling	*Nothobranchius jubbi*
Juwelenregenbogenfisch	*Melanotaenia trifasciata*
Kaiserbuntbarsche	*Aulonocara*
Kaisersalmler	*Nematobrycon palmeri*
Kakaduzwergbuntbarsch	*Apistogramma cacatuoides*
Kamerunprachtkärpfling	*Aphyosemion exiguum*
Kammdornwels	*Acanthodoras spinosissimus*
Kammkugelfisch	*Tetraodon lorteti*
Kammschwanzmakropode	*Belontia signata*
Kampffische	*Betta*
Kap-Lopez-Prachtkärpfling	*Aphyosemion australe*
Kardinalfisch	*Tanichthys albonubes*
Karfunkelsalmler	*Hemigrammus pulcher*
Kärpflinge	*1. Alfaro. 2. Brachyrhaphis. 3. Carlhubbsia. 4. Cnesterodon. 5. Gambusia. 6. Girardinus. 7. Heterandria. 8. Phallichthys. 9. Phalloceros. 10. Poecilia. 11. Priapella. 12. Quintana. 13. Scolichthys. 14. Xenophallus*
Kärpflingsbuntbarsche	*1. Cyprichromis. 2. Paracyprichromis*
Katangaleuchtaugenfisch	*Aplocheilichthys katangae*
Katzenwels	*Ictalurus nebulosus*
Kaudi	*Phallocerus caudomaculatus*
Kaulbarsch	*Gymnocephalus cernua*
Keilfleckbärbling	*Rasbora heteromorpha*
Keilfleckbuntbarsch	*Uaru amphiacanthoides*
Keulensalmler	*Hemiodus orthonops*
Kielbauchbärblinge	*Chela*
Kiemensackwels	*Clarias batrachus*
Kiemenschlauchwels	*Heteropneustes fossilis*
Kleiner Harlekinwels	*Microglanis iheringi*
Kleiner Kielbauchbärbling	*Chela dadyburjori*
Kleiner Maulbrüter	*Pseudocrenilabrus multicolor*
Kleiner Panzerwels	*Corydoras nanus*
Kleiner Raubsalmler	*Crenuchus spilurus*
Kleiner Schneckenbarsch	*Lamprologus ocellatus*
Kleiner Schneckenbuntbarsch	*Pseudotropheus lanisticola*
Kleinschuppiger Barberos-Tetra	*Coelurichthys microlepis*
Kleinschuppiger Kärpflingsbarsch	*Cyprichromis microlepidotus*
Kletterfisch	*Anabas testudineus*
Knurrende Guramis	*Trichopsis*
Knurrender Dornwels	*Amblydoras hancocki*
Knurrender Gurami	*Trichopsis vittatus*

Bildnachweis

Fotos: Jürgen Glaser (131); Rainer Sawatzki (10); Save-Bild, Burkhard Kahl (5), Jürgen Geisler (98).

Illustrationen: Uta Vogel, Jens Borleis